现代数学译丛 18

变分分析与广义微分
I：基础理论

〔美〕 Boris S. Mordukhovich 著

赵亚莉　王炳武　钱伟懿　译

科学出版社

北　京

图字：01-2010-0659 号

内 容 简 介

本书是现代变分分析创始人之一的美国州立 Wayne 大学 Boris S. Mordukhovich 教授的最新专著，涵盖了无穷维空间中变分分析的最新成果及其应用. 第 1 章系统介绍了一般 Banach 空间中的广义微分理论；第 2 章细致研究了变分分析中的“极点原理”，它是本书和无穷维变分分析的主要工具；第 3 章是 Mordukhovich 广义微分理论的基石，它涵盖了 Asplund 空间中基本法锥、次梯度和上导数的完备分析法则；第 4 章研究集值映射的 Lipschitz 性质、度量正则性和线性开性/覆盖性及其在参数约束和变分系统灵敏性分析上的应用.

本书主要面向非线性分析、最优化、均衡、控制和对策论、泛函微分方程和数理经济等专业的高年级本科生和研究生，也可供运筹学、系统分析、力学、工程和经济学中涉及变分法的研究人员和工程技术人员参考.

图书在版编目(CIP)数据

变分分析与广义微分 I：基础理论/(美)莫尔杜霍维奇(Mordukhovich, B. S.)著；赵亚莉，王炳武，钱伟懿译. —北京：科学出版社，2011
现代数学译丛 18
ISBN 978-7-03-032178-7
Ⅰ. 变… Ⅱ. ① 莫… ② 赵… ③ 王… ④ 钱… Ⅲ. ① 泛函分析
Ⅳ. O117
中国版本图书馆 CIP 数据核字(2011) 第 178742 号

责任编辑：赵彦超 李 欣／责任校对：陈玉凤
责任印制：赵 博／封面设计：王 浩

科学出版社 出版
北京东黄城根北街 16 号
邮政编码：100717
http://www.sciencep.com

北京华宇信诺印刷有限公司印刷
科学出版社发行 各地新华书店经销
*
2011 年 9 月第 一 版 开本：720 × 1000 1/16
2025 年 5 月第六次印刷 印张：33 1/4
字数：650 000

定价：198.00 元

(如有印装质量问题，我社负责调换)

译 者 序

《变分分析与广义微分》是现代变分分析创始人之一的美国州立 Wayne 大学 Boris S. Mordukhovich 教授的最新专著, 涵盖了无穷维空间中变分分析的最新成果及其应用. 国际上许多知名学者都对该著作作出了高度的评价. 原著分两卷, 上卷主要是无穷维变分分析的基础理论, 下卷则主要侧重各方面的应用. 这里翻译的是上卷.

2008 年上半年, 第一译者有幸到东密歇根大学访学, 师从东密歇根大学数学系的王炳武教授, 即本书的第二译者. 王炳武教授是 Mordukhovich 教授的学生, 本书包含了很多他与 Mordukhovich 教授合作的成果. 第一译者在大连理工大学攻读博士学位的时候学习了 Rockafellar 和 Wets 的 *Variational Analysis* (该书主要讲述有限维空间中的内容), 因此到美国访问接触到 Mordukhovich 教授这本书的时候就立刻产生了浓厚的兴趣, 也特别想将本书介绍给国内的读者. 这个想法得到了王炳武教授的支持并亲自参与到翻译工作中来.

该书翻译的具体分工为：赵亚莉翻译第 1 章和第 3 章; 王炳武负责前言、第 2 章和第 4 章; 钱伟懿参与了各章的综合和协调工作. 承蒙美国 Fayetteville 州立大学的王东教授校对了第 1 章的 1~60 页、第 2 章和第 4 章; 第 1 章的剩余部分和第 3 章由王炳武校对. 在此, 对他们一丝不苟的工作态度和辛勤付出表示感谢!

译者感谢渤海大学对本书翻译工作的大力支持. 其中特别感谢数理学院副院长李春教授的帮助. 本书的翻译也得到 Mordukhovich 教授的支持和鼓励, 在此一并致谢.

希望本译著的出版能帮助更多的读者了解国际变分分析领域, 特别是无穷维空间理论的最新进展, 对我国的变分分析及其相关领域的研究和发展有所裨益. 由于时间仓促及译者水平有限, 错误或不当之处在所难免, 恳请读者批评指正.

译 者

2011 年 4 月 10 日

前　言

这就是说, 因为整个宇宙的形式是如此之完美, 事实上由最睿智之造物主所创, 世上没有任何事情之生发不为极大极小原理的光芒所指引.

Leonhard Euler (1744)

Euler[411] (“...nihil omnino in mundo contingent, in quo non maximai minimive ratio quapiam eluceat”) 的这个鲜明观点可作为“变分分析”的最基本原理. 在解决数学和应用科学中的一些本不具有变分特性的问题中, 优化和变分方法有各种引人注目的应用, 该原理给出了理论的依据. 众所周知, 优化曾是微分积分发展的主要动力. 事实上, Fermat 通过函数图像的切线斜率而引入的导数概念就是为了解决一个优化问题, 这导出了现在所谓的“Fermat 驻点原理”. Fermat 的这个原理除在优化中的应用以外, 还在微积分最重要的一些结果的证明中举足轻重, 这包括中值定理、隐函数和逆函数定理等. 这样的发展脉络在无限维的情形也可以看到, 其中最速降线问题不仅是变分法的第一个问题, 也同样是整个泛函分析的起点. 特别地, 它催生了无限维空间中的微分及相关领域的各种新概念.

现代变分分析可看为变分法和数学规划的拓展, 它致力于在各种约束下的函数优化以及优化相关问题对于扰动的灵敏性和稳定性. 像离给定点或曲线的位移这样的经典概念已不再紧要, 而问题的逼近或扰动成了关键.

现代变分分析最具代表性的特征之一是其内蕴的非光滑性, 也就是说, 必须处理不可微函数, 具有非光滑边界的集合和集值映射. 而这种非光滑性是自然而然产生的, 它并不仅仅源于优化相关问题 (特别是具有不等式和几何约束的那些) 的初始数据, 更多的来自应用于问题的变分原理及其他优化、逼近和扰动等技术, 而这些问题的数据却可以是光滑的. 事实上, 变分分析框架中经常出现的许多基本概念 (比如距离函数、优化控制中的值函数、极大极小函数、扰动约束和变分系统的解映射等) 都不可避免地是非光滑或是集值的, 这就需要发展涉及“广义微分”的新型分析.

要重点强调的是, 最优控制问题即便是最简单或是最早期的, 也与经典的变分法不同, 它们本质上是非光滑的. 这主要是因为控制函数所具有的逐点约束, 它经常只取离散的值, 比如自动控制中的一些典型问题, 而这些问题是最优控制的一个基本动力. 对变分分析和广义微分的高级方法而言, 最优控制一直是主要的动力源泉和卓有成效的应用领域.

有限维空间中变分分析的要义在 Rockafellar 与 Wets 的书 *Variational Analysis* 中已经得到论述, 但无限维变分分析的应用及发展中所需要的某些概念和工具在有限维理论中是找不到的. 本书的基本目标就是阐明变分分析在有限维和无限维的统一框架下的基本概念和原理, 发展一套与有限维情形同样完美的广义微分的详尽理论, 并提供变分理论在很多领域中广泛而有意义的应用, 这些领域包括约束优化与均衡、灵敏性与稳定性分析、常微分方程、泛函微分方程、偏微分方程的控制理论, 某些选题涉及了力学与经济模型.

变分分析及其应用的核心是广义微分理论. 本书利用对偶空间几何方法, 系统地建立了一套广义微分理论. 它是围绕着 “极点原理” 展开的, 该原理可以看做经典的凸集分离定理在非凸情形的局部变分对应版本, 它能够处理非凸的集合、集值映射和增广实值函数的类导数结构 (分别是法锥、上导数和次微分). 这些结构是直接在对偶空间中定义的. 因其取值是非凸的, 它们不能由原空间中的类导数结构 (比如切锥和方向导数) 生成. 但是, 基本非凸结构却享有详尽的分析法则, 并远远优于其在原空间中的或凸值的类似结构. 与原空间中的结构相比, 在对偶空间中能促成更多的和谐与美. 从某种意义上讲, 对上面引用的 Euler 基本观念中的完美性, 对偶观点事实上的确达到了这一要求.

在此方向可看到, 对偶结构 (乘子、伴随弧线、影子价格等) 一直就是变分理论及其应用的核心, 特别是在变分法、数学规划、最优控制和经济模型等主要最优条件的表述中. 在原空间中使用最优解的变分只能看做是推导必要最优条件的一个捷径, 这是因为, 在凸和光滑的情形, 原空间中或对偶空间中的类导数结构是等价的, 所以“原空间”方法并不会受到限制. 在现代变分分析中就不一样了, 因为即使在原空间中使用非凸的局部逼近 (比如切锥), 通过对偶而得到的法锥和次微分也不可避免地是凸的. 对偶结构的这种凸性在理论和应用上都导致很大的限制. 进一步, 有很多情形, 特别是本书中要指出的那些, 原空间逼近方法在变分分析中根本用不上, 而利用对偶结构却可得到完备的结果. 当然, 切向生成的或原空间中的结构在变分分析的其他方面还是有重要作用的, 特别是在有限维的情形, 可以通过在所研究的点附近取极限而重建这些非凸的对偶结构. 作为例子, 请见前面提到的 Rockafellar 与 Wets 的书 [1165].

在本书所录的文献中, 特别建议读者参考如下专著: Aubin 与 Frankowska[54], Bardi 与 Capuzzo Dolcetta[85], Beer[92], Bonnans 与 Shapiro[133], Clarke[255], Clarke, Ledyaev, Stern 与 Wolenski[265], Facchinei 与 Pang[424], Klatte 与 Kummer[686], Vinter[1289]. 这个领域发展很快, 对本书中未考虑的变分分析的一些重要方面及应用, 请参阅每章最后给出的评注. 特别强调同时出版的具有互补性的 Borwein 与 Zhu 的专著 [164], *Techniques of Variational Analysis*, 它介绍了本书中没有的一些现代变分分析的基本技巧, 囊括了一些重要的理论和应用.

放在读者面前的这本书是自成一体的, 主要集中了尚未见载于专著中的结果, 共两卷八章, 然后每章分成节和小节. 每章都给出了详尽的评注 (这在本书中扮演着一个特别的角色, 其中讨论了基本思想、历史、源动力、各种关系、名词选取、未解决问题等). 给出并讨论了很多关于变分分析各个方面 (本书论及或未论及的) 的文献, 包括最初的贡献和近期的发展. 尽管没有正式的练习题, 大量的注释和例子提供了进一步思考和发展的题材. 主要结果的证明是完整的, 但也预留了一些空间, 以补足细节, 研究特例及导出一些推广, 这时书中经常会给出一些提示.

第一卷“基本理论”包括 4 章, 主要涵盖广义微分的基本结构、基本的极点原理和变分原理、完备的广义微分法则以及非线性分析基本性质的完整对偶刻画及其在约束与变分系统灵敏性分析上的应用, 这些性质相关于 Lipschitz 稳定性和度量正则性.

第 1 章讨论一般 Banach 空间中的广义微分理论. 基本法锥、次微分和上导数是在对偶空间中直接定义的, 这涉及更原始的 Fréchet 类型的 ε- 法向量和 ε- 次微分并求弱* 极限而得到. 该章指出了这些结构在 Banach 空间中的各种优良特性, 此处使用 ε- 法锥是很关键的. 这些性质 (包括一阶与二阶微分法则、有效表示、变分描述、距离函数的次导数微分法、Lipschitz 稳定性和度量正则性的上导数必要条件等) 大多收在本章. 这里也定义了并开始研究所谓的“序列法紧性”(SNC), 它是集合、集值映射和增广实值函数的性质, 在有限维空间中是自动成立的, 但却是无限维空间变分分析及其应用的要素之一.

第 2 章细致研究了变分分析中的“极点原理”, 它是本书的主要工具. 这里首先利用“度量逼近”方法通过一个光滑罚函数过程给出了有限维空间中极点原理的直接变分证明. 接着用无限维空间中的变分技巧在具有光滑 Fréchet 范数的 Banach 空间中证明了它, 然后利用可分约化, 将其推广到 Asplund 空间. Asplund 空间在 Banach 空间几何理论中有很细致的研究, 它包括所有的自反空间, 以及具有可分对偶的空间. 这种空间对本书中发展的变分分析理论和应用起着显著的作用. 在这章中, 还建立了 (几何) 极点原理和 (解析) 变分原理的关系, 这包括传统的形式和改进的形式. 应用所得结果, 给出了 Asplund 空间的一些新的变分刻画和基本广义微分结构在 Asplund 空间中一些类似于有限维空间中的有用表示. 最后, 这一章还讨论了恰当 Banach 空间上极点原理的抽象版本, 它由以公理定义的法锥和次微分结构给出. 对一些特殊的结构, 还简要给出了更多的细节.

第 3 章是本书中建立的广义微分理论的基石, 它涵盖了 Asplund 空间中基本法锥、次导数和上导数的完备分析法则. 该章把主要精力放在了在所考虑点极限结构的点基法则, 这既体现在假设中, 也体现在结论中. 这是因为, 点基结果在应用中是至关重要的. 本章中给出的有些结果在有限维中似乎也是新的, 而整体上这些结果在 Asplund 空间中达到了与有限维空间一样的完美和广泛. 区分有限维和无限维的要点在于在无限维空间中需要足够的紧性, 这在有限维空间中是不需要的. 这里所需的紧性由前面提到的 SNC 性质提供, 这包括在这些微分法则的假设中, 同时也提出了在集合和映射各种运算下 SNC 性质本身分析法则的需求. 这种 SNC 分析法则的缺失是广义微分理论在无限维空间中成功应用的主要羁绊, 这些无限维应用问题包括本书中的优化、稳定性和最优控制. 本章中包括了对这些应用具有决定性意义的广泛的 SNC 法则.

第 4 章详尽研究了集值映射的 Lipschitz 性质、度量正则性和线性开放性/覆盖性, 及其在参数约束和变分系统灵敏性上的应用. 首先证明了基于前面建立的变分原理和广义微分理论, 在第 1 章中给出的这些基本性质在一般 Banach 空间中的那些必要上导数条件, 在 Asplund 空间中就成了这些性质的完整刻画. 进一步, 由变分方法得到计算相应模的可验证的确切公式. 接下来, 在广义微分法则和 SNC 法则的支持下, 提供了这些结果在参数约束和变分系统灵敏性与稳定性上的应用, 这些系统由可行解和最优解的扰动集合给出, 而这些解源于优化与均衡、隐函数、互补条件、变分和半变分不等式等问题以及一些力学系统.

第二卷“应用”也包括 4 章, 主要研讨变分分析基本原理与发展的广义微分理论在许多方面的应用, 这包括约束优化与均衡、常微和分布参数系统的最优控制、福利经济模型等.

第 5 章涉及约束优化和均衡问题, 这里初始数据可能是非光滑的. 即使初始数据是光滑的, 基于极点原理/变分原理与广义微分理论的变分分析的先进方法对约束问题也是非常有用的, 这是因为在应用罚函数、逼近和扰动技术时, 非光滑性会自然而然地产生. 这里的基本目标是, 在有限维和无限维空间中, 对各种类型约束问题导出必要最优和次最优条件. 值得注意的是, 后面的这种次最优条件并不需要假设最优解的存在性 (这在无限维空间中有特别重要的意义), 但保证了“几乎”最优的解“几乎”满足必要最优条件. 这种条件的意义在最优化中似乎被低估了. 除了考虑通常类型的约束问题, 该章还认真研究了一类相当新的问题, 即均衡约束数学问题 (MPEC) 与均衡约束均衡问题 (EPEC), 这些问题具有内蕴的非光滑性, 由广义微分理论可以给出完整的分析. 最后, 该章表述了某些线性次极点和线性次最优的概念, 使得上面以通常概念导出的必要最优条件在新的情形变成了充分必要的.

第 6 章开始研究“动态最优化”和“最优控制”. 正如前面提到的, 这是建立新式变分分析的主要动力之一. 这章主要处理由常微分动力系统控制的最优控制问题, 其状态空间可能是无限维的. 本章的第一部分主要致力于由约束“微分包含”控制的发展系统的 Bolza 类型问题. 这样的模型包括了更常见的由参数发展方程控制的控制系统, 其中的控制区域一般来说依赖于状态变量. 后者不允许使用控制变分来导出必要最优条件. 该章建立了“离散逼近方法”, 它显然在数值分析上有意义, 但在本书中主要是用作一个直接的工具来导出连续时间系统的最优条件, 这是通过把离散时间量取极限而得到的. 用这个办法, 很强地基于广义微分理论和SNC分析法则, 得到了无穷维空间上非凸微分包含的必要最优条件, 这些条件有一般 Euler-Lagrange 的形式, 并由基本微分结构给出.

第 6 章第二部分处理一般 Banach 空间中的约束最优控制系统, 它由光滑动力学的常微分发展方程所控. 与上述微分包含相比, 这类问题具有本质上不同的性质. 本章中两个部分得到的结果 (和所用的方法) 一般来说是独立的. 这里的另一条主线涉及到非凸控制系统极大原理在离散逼近下的稳定性. 这里建立的"近似极大原理"是一个有点令人惊讶的结果, 它对连续时间和离散时间控制系统的关系, 包括定量的与定性的, 都有积极的意义.

第 7 章继续研究变分分析先进方法在最优控制问题上的应用, 这里考虑的系统是分布参数的. 该章首先考察了一类一般的"遗传系统", 其动态约束由延滞微分包含和线性代数方程描述. 一方面, 这类控制系统很有意思且尚无太多的研究, 它可以看做"中性泛函微分包含"变分问题的一个特例, 其中包含系统的时滞不仅存在于状态变量, 也存在于速度变量. 另一方面, 这类系统相关于这样的微分代数系统, 其"慢"和"快"变量之间有线性联系. 利用离散逼近方法和广义微分理论的基本工具, 这里建立了离散逼近的一个强变分收敛性/稳定性, 并导出了连续时间系统广泛的最优条件, 其中包括 Euler-Lagrange 形式和 Hamilton 形式.

第 7 章余下的部分研究了"偏微分方程"控制的最优控制问题, 它具有逐点的控制和状态变量. 这里把主要的注意力放在由"抛物"和"双曲"方程描述的发展系统, 其控制函数作用于 Dirichlet 和 Neumann 边界条件. 这样的"边界控制"问题在 PDE 最优控制中是最有挑战性和最少被研究的, 特别是具有逐点状态约束的情形. 该章利用现代变分分析的近似和扰动方法, 证明了变分收敛性并导出了这样的 PDE 系统各种控制问题的必要最优条件, 其中包括特定摄动下的极大极小控制.

本书最后的第 8 章是关于变分分析在"经济模型"中的应用的. 这里的主要课题是"福利经济学", 所考虑的是一般的非凸情形, 并具有无限维的商品空间. 这类重要的竞争均衡问题得到了经济学家和数学家的重视, 特别是最近, 实际应用中非凸性变得越来越关键. 本书中发展的变分分析方法, 特别是极点原理, 为这种模型中的 Pareto 最优分配和相关联的价格均衡提供了足够的研究工具. 这里由变分分析和广义微分这些工具推导出所谓的"福利经济的第二基本定理"在非凸情形很广泛的扩展, 它以非凸集合广义法向量的极小组合描述了边际均衡价格. 特别地, 该章的方法和广义法向量的变分刻画给出了市场均衡的新经济解释, 这用到了"非线性边际价格", 其在非凸模型中的角色类似于凸模型中通常 Arrow-Debreu 类型的线性价格.

本书包含一个记号表, 这对两卷是一样的, 对每一卷还有一个详尽的名词索引. 由此索引, 读者不但可以找到该概念/记号在书中首次出现的页码, 也能找出其在书中各处的进一步讨论及应用.

另外, 书中所有的陈述 (包括定义、定理、引理、命题、推论、例子和注解) 都加了题目. 这些陈述在每一章中按顺序加了序号, 比如在第 5 章中, 例 5.3.3 在定理 5.3.4 前面, 该定理后面则是推论 5.3.5. 为方便读者, 所有这些陈述以及加了序号的注释都罗列在每卷后面的陈述表里. 值得一提的是, 缩略词 (依字母序) 也列在名词索引里. 对所用的记号, 书中一般的原则是以小写希腊字母表示数和 (增广) 实值函数, 以小写拉丁字母表示向量和单值映射, 以大写希腊和拉丁字母表示集合和集值映射.

本书的记号和术语大体上和 Rockafellar 与 Wets 的书 [1165] 中的是一样的. 在全书中都尽量区分概念是定义“在”一个点和一个点“附近”, 后者显示了对扰动的鲁棒性/稳定性, 这在本书中的大部分主要结果是很关键的.

本书附录了丰富的文献 (如果可能都是英文的), 这在上下卷里是一样的. 所录文献反映了各种研究课题和许多研究人员的贡献. 这些文献或多或少主要是在每章的评注里讨论的. 读者可以根据作者的评注在文献中找到更多的信息.

本书主要面向数学科学的研究人员和研究生, 这首先包括那些对如下领域感兴趣的: 非线性分析、最优化、均衡理论、控制论、泛函分析、常/偏微分方程、泛函微分方程、连续介质力学和数理经济. 作者也期望本书会对涉及变分分析的研究及应用的更广泛的研究人员、实际应用者、研究生有用, 相关领域可能包括运筹、统计、力学、工程、经济和其他应用科学.

书中的某些部分已被作者用于 Wayne 州立大学的变分分析、最优化和最优控制等研究生课程. 书里的基本材料也曾被集成到最近几年作者在许多学校和学术会议所作的讲座里.

致　谢

首先感谢 Terry Rockafellar, 他多年来一直鼓励我写这样一本书, 并在写作过程的每个时期都给予了建议和支持.

特别感谢 Rafail Gabasov, 我的博士论文导师, 我从他那里学到了最优控制和更多其他知识; 感谢 Alec Ioffe, Boris Plyak 和 Vladimir Tikhomirov, 他们发现了我起初在非光滑分析和优化上的工作并给予了有力的支持; 感谢 Sasha Kruger, 我的第一个研究生和合作者, 我们从那时开始了令人振奋的广义微分之旅; 感谢 Jon Borwein 和 Marián Fabian, 从他们那里学到了泛函分析的高深理论和 Asplund 空间美妙; 感谢 Ali Khan, 他令人鼓舞的工作和热情促进了笔者在经济模型理论上的研究; 感谢 Jiři Outrata, 他的推动和影响使我在均衡和力学问题的兴趣与日俱增, 他并满怀热情地把本书中的广义微分结构具体用于最优化及应用的各个领域; 感谢 Jean-Pierre Raymond, 他使我在现代偏微分方程理论上获益匪浅.

在成书过程中, 我很高兴与许多同事和朋友讨论了本书的许多方面和结果. 除了上面提到的以外, 特别感谢 Zvi Artstein, Jim Burke, Tzanko Donchev, Asen Dontchev, Joydeep Dutta, Andrew Eberhard, Ivar Ekeland, Hector Fattorini, René-Henrion, Jean-Baptiste Hiriart-Urruty, Alejandro Jofré, Abderrahim Jourani, Michal Koćvara, Irena Lasiecha, Claude Lemaréchal, Adam Levy, Adrian Lewis, Kazik Malanowski, Michael Overton, Jong-Shi Pang, Teemu Pennanen, Steve Robinson, Alex Rubinov, Andrzej Świech, Michel Théra, Lionel Thibault, Jay Treiman, Hector Sussmann, Roberto Triggiani, Richard Vinter, Nguyen Dong Yen, George Yin, Jack Warga, Roger Wets 和 Jim Zhu, 感谢他们在成书的这些年中的有价值的建议和卓有成效的交流.

衷心感谢国家科学基金 (NSF) 对笔者研究工作的持续支持.

前面提到, 书中的材料曾被用于讲授变分分析和最优化等高等课程, 参加人员主要包括我的博士生和合作者. 我很感谢他们的贡献, 这特别使我能改进讲义和这本专著. 提供特别帮助的包括: Glenn Malcolm, Nguyen Mau Nam, Yongheng Shao, Ilya Shvartsman 和 Bingwu Wang. 有用的反馈和文字修正也来自 Truong Bao, Wondi Geremew, Pankaj Gupta, Aychi Habte, Kahina Sid Idris, Dong Wang, Lianwen Wang 和 Kaixia Zhang.

我非常感谢 Springer 出版社友好的工作人员, 感谢他们在本书准备和出版过程中的大力支持. 特别的感谢给予数学执行编辑 Catriona Byrne, 应用数学高级编辑 Achi Dosajh, 助理数学编辑 Stefanie Zoeller 和来自计算机科学编辑部的 Frank Holzwarth.

我感谢我的小女儿 Irina, 感谢她对我的书的兴趣并不厌其烦地回答我在英语上的问题. 我也感谢我的小狮子狗 Wuffy, 感谢它和我分享了长期工作的这些日子. 在所有这些谢意之上, 我无法用足够的话感谢我的妻子 Margaret, 感谢她从我们在 Minsk 高中的日子到现在和我分享的一切.

Boris S. Mordukhovich
Ann Arbor, Michigan
2005 年 8 月

目　录

译者序

前言

致谢

第 1 章　Banach 空间中的广义微分··········1

1.1　非凸集合的广义法向量··········1

1.1.1　基本定义和一些性质··········2

1.1.2　切向逼近··········10

1.1.3　广义法向量的分析法则··········15

1.1.4　集合的序列法紧性··········23

1.1.5　变分描述和极小性··········28

1.2　集值映射的上导数··········34

1.2.1　基本定义和表示··········35

1.2.2　Lipschitz 性质··········40

1.2.3　度量正则性和覆盖··········49

1.2.4　Banach 空间中上导数的分析法则··········62

1.2.5　映射的序列法紧性··········66

1.3　非光滑函数的次微分··········71

1.3.1　基本定义和关系··········72

1.3.2　Fréchet 类型的 ε- 次梯度及其极限表示··········77

1.3.3　距离函数的次微分··········86

1.3.4　Banach 空间中的次微分分析法则··········99

1.3.5　二阶次微分··········108

1.4　第 1 章评注··········118

1.4.1　非光滑分析的动因和早期发展··········118

1.4.2　切向量和方向导数··········118

1.4.3　Clarke 结构和相关发展··········120

1.4.4　避免凸性的动因··········123

1.4.5　基本法向量和次梯度··········125

1.4.6　类 Fréchet 表示··········126

1.4.7　近似次微分··········128

1.4.8　进一步的历史评注 ···128
1.4.9　非凸性的优点 ···130
1.4.10　主要课题和贡献者清单 ···130
1.4.11　Banach 空间中的广义法向量 ···135
1.4.12　集值映射的导数和上导数 ···137
1.4.13　Lipschitz 性质 ···138
1.4.14　度量正则性和线性开性 ···140
1.4.15　Banach 空间中的上导数分析法则 ···143
1.4.16　增广实值函数的次梯度 ···144
1.4.17　距离函数的次梯度: ···145
1.4.18　Banach 空间中的次微分分析法则 ···146
1.4.19　二阶广义微分 ···147
1.4.20　Banach 空间中的二阶次微分分析法则 ···148
第 2 章　变分分析中的极点原理 ···150
2.1　集合极点和非凸分离 ···150
2.1.1　集合极点系统 ···150
2.1.2　极点原理的不同版本与支撑性质 ···153
2.1.3　有限维空间里的极点原理 ···156
2.2　Asplund 空间中的极点原理 ···157
2.2.1　光滑空间中的近似极点原理 ···158
2.2.2　可分约化 ···161
2.2.3　Asplund 空间的极点刻画 ···173
2.3　与变分原理的关系 ···180
2.3.1　Ekeland 变分原理 ···180
2.3.2　次微分变分原理 ···183
2.3.3　光滑变分原理 ···186
2.4　Asplund 空间中的表示与刻画 ···189
2.4.1　Asplund 空间里的次导数、法向量和上导数 ···189
2.4.2　图与上图的奇异次导数和水平法向量的表示 ···197
2.5　Banach 空间中极点原理的各种版本 ···205
2.5.1　公理化的法锥与次微分结构 ···205
2.5.2　具体的法锥和次微分结构 ···209
2.5.3　极点原理的抽象版本 ···218
2.6　第 2 章评注 ···221
2.6.1　极点原理的由来 ···221

2.6.2 Fréchet 光滑空间中的极点原理与可分约化 ······ 222
2.6.3 Asplund 空间 ······ 223
2.6.4 Asplund 空间上的极点原理 ······ 223
2.6.5 Ekeland 变分原理 ······ 224
2.6.6 次微分变分原理 ······ 225
2.6.7 光滑变分原理 ······ 225
2.6.8 Asplund 空间中极限法向量和次导数的表示 ······ 226
2.6.9 其他次微分结构和极点原理的抽象版本 ······ 228
第 3 章 Asplund 空间中的完备分析法则 ······ 230
3.1 法向量和上导数的分析法则 ······ 230
3.1.1 法锥的分析法则 ······ 230
3.1.2 上导数的分析法则 ······ 241
3.1.3 严格 Lipschitz 性质和上导数标量化 ······ 252
3.2 次微分分析法则和相关课题 ······ 260
3.2.1 基本和奇异次梯度的分析法则 ······ 260
3.2.2 近似中值定理及其应用 ······ 271
3.2.3 与其他次微分的关系 ······ 278
3.2.4 Lipschitz 映射的图正则性 ······ 288
3.2.5 二阶次微分分析法则 ······ 294
3.3 集合与映射的 SNC 分析法则 ······ 299
3.3.1 交集与逆像的序列法紧性 ······ 299
3.3.2 映射的和及相关运算的序列法紧性 ······ 306
3.3.3 映射复合的序列法紧性 ······ 310
3.4 第 3 章评注 ······ 316
3.4.1 分析法则的关键作用 ······ 316
3.4.2 广义微分分析法则的对偶空间几何方法 ······ 316
3.4.3 无限维空间中的法紧性条件 ······ 317
3.4.4 基本法向量的分析法则 ······ 317
3.4.5 完整的上导数分析法则 ······ 318
3.4.6 无限维空间中映射的严格 Lipschitz 性质 ······ 320
3.4.7 完整次微分分析法则 ······ 321
3.4.8 中值定理 ······ 322
3.4.9 与其他法向量和次梯度的联系 ······ 323
3.4.10 Lipschitz 映射的图正则性和可微性 ······ 325
3.4.11 Asplund 空间中二阶次微分分析法则 ······ 326

3.4.12 Asplund 空间中关于集合和映射的 SNC 分析法则 ······ 326
第 4 章 适定性的刻画与灵敏性分析 ······ 328
4.1 邻域判据与确切界限 ······ 328
4.1.1 覆盖的邻域刻画 ······ 329
4.1.2 度量正则性和 Lipschitz 特性的邻域刻画 ······ 332
4.2 点基刻画 ······ 334
4.2.1 Lipschitz 性质的基本与混合上导数表述 ······ 335
4.2.2 覆盖和度量正则的点基刻画 ······ 342
4.2.3 扰动下的度量正则性 ······ 346
4.3 约束系统的灵敏性分析 ······ 353
4.3.1 参数约束系统的上导数 ······ 353
4.3.2 约束系统的 Lipschitz 稳定性 ······ 360
4.4 变分系统的灵敏性分析 ······ 366
4.4.1 参数变分系统的上导数 ······ 367
4.4.2 Lipschitz 稳定性的上导数分析 ······ 378
4.4.3 正常扰动下的 Lipschitz 稳定性 ······ 390
4.5 第 4 章评注 ······ 400
4.5.1 度量正则和相关性质的变分方法 ······ 400
4.5.2 覆盖和度量正则的第一个刻画 ······ 401
4.5.3 对偶空间和本原空间的邻域判据 ······ 401
4.5.4 Lipschitz 鲁棒性质的点基上导数刻画 ······ 401
4.5.5 无限维中涉及部分法紧性质的点基判据 ······ 402
4.5.6 Lipschitz 性质和度量正则性在复合运算下的保持 ······ 403
4.5.7 扰动下的良好性态 ······ 404
4.5.8 基于广义微分学的参数约束系统灵敏性分析 ······ 405
4.5.9 广义方程与变分条件 ······ 407
4.5.10 广义方程和变分不等式的 Lipschitz 鲁棒稳定性 ······ 408
4.5.11 强逼近和正常扰动 ······ 409
参考文献 ······ 411
陈述表 ······ 477
记号表 ······ 492
索引 ······ 496

第 1 章　Banach 空间中的广义微分

本章定义和研究广义微分的基本概念, 这是本书要讨论的变分分析及其应用的核心. 本章给出的大多数性质在任意 Banach 空间成立 (其中一些性质不要求完备性, 甚至不要求赋范结构, 这一点能从证明中看到). 为了建立广义微分的几何的对偶空间方法, 先从几何的法向量开始 (1.1 节), 接着研究集值映射的上导数 (1.2 节), 最后是增广实值函数的次微分 (1.3 节).

除非特别声明, 本书涉及的空间都是 Banach 空间, 其范数总是记为 $\|\cdot\|$. 对给定空间 X, 用 $\mathbb{B}_X$ 表示它的闭单位球, X^* 表示它装备了弱* 拓扑 w^* 的对偶空间, 这里 $\langle\cdot,\cdot\rangle$ 表示典范偶对. 如果不发生混淆, $\mathbb{B}$ 和 $\mathbb{B}^*$ 分别表示所讨论的空间及其对偶空间的闭单位球, 而 S 和 S^* 通常表示相应的单位球面; 而且 $B_r(x) := x+r\mathbb{B}, r>0$. 符号 $*$ 一般表示与对偶空间的关系 (对偶元素, 伴随算子等等).

在下文中, 经常处理 Banach 空间及其对偶空间之间的集值映射 $F: X \rightrightarrows X^*$, 记号

$$\operatorname*{Lim\,sup}_{x\to\bar{x}} F(x) := \{x^* \in X^* \mid \exists 序列 x_k \to \bar{x}, x_k^* \xrightarrow{w^*} x^*, 满足 x_k^* \in F(x_k)(\forall k \in \mathbb{N})\} \tag{1.1}$$

表示关于 X 的范数拓扑和 X^* 的弱* 拓扑的序列 Painlevé-Kuratowski 上 / 外极限. 注意符号 := 的意思是"定义为", $\mathbb{N} := \{1, 2, \cdots\}$ 表示自然数集.

X 的两个子集 Ω_1 和 Ω_2 的线性组合定义为

$$\alpha_1\Omega_1 + \alpha_2\Omega_2 := \{\alpha_1 x_1 + \alpha_2 x_2 \mid x_1 \in \Omega_1, x_2 \in \Omega_2\},$$

其中实数 $\alpha_1, \alpha_2 \in \mathbb{R} := (-\infty, +\infty)$, 这里依惯例 $\Omega + \varnothing = \varnothing, \alpha\varnothing = \varnothing$(若 $\alpha \in \mathbb{R}\backslash\{0\}$), $\alpha\varnothing = \{0\}$(若 $\alpha = 0$). 为处理空集, 令 $\inf\varnothing := \infty, \sup\varnothing := -\infty$, $\|\varnothing\| := \infty$.

1.1　非凸集合的广义法向量

在本节中, Ω 是实 Banach 空间 X 的非空子集. 若 $\Omega \neq X$, 则称为真子集. 在下文中,

$$\operatorname{cl}\Omega, \operatorname{co}\Omega, \operatorname{clco}\Omega, \operatorname{bd}\Omega, \operatorname{int}\Omega$$

分别表示 Ω 的闭包、凸包、闭凸包、边界和内部. Ω 的锥包是

$$\operatorname{cone}\Omega := \{\alpha x \in X \mid \alpha \geqslant 0, x \in \Omega\}.$$

符号 cl^* 表示对偶空间中集合的弱* 拓扑闭包.

1.1.1　基本定义和一些性质

下面从构造任意集合的广义法向量开始研究广义微分理论. 为描述集合 Ω 在给定点 $\bar{x}$ 的基本法向量, 将分两步走：首先定义 Ω 在点 $\bar{x}$ 附近的点 x 的 ε- 法向量(预法向量), 这种向量更多且相对“粗糙”一些. 然后对 $x \to \bar{x}$ 和 $\varepsilon \downarrow 0$ 取序列极限 (1.1). 全书中应用记号

$$x \xrightarrow{\Omega} \bar{x} \Longleftrightarrow x \to \bar{x}, \text{ 且 } x \in \Omega.$$

定义 1.1 (广义法向量)　设 Ω 是 X 的非空子集.

(i) 给定 $x \in \Omega$ 和 $\varepsilon \geqslant 0$, 定义 Ω 在 x 的 ε- 法向量的集合为

$$\widehat{N}_\varepsilon(x;\Omega) := \left\{ x^* \in X^* \,\middle|\, \limsup_{u \xrightarrow{\Omega} x} \frac{\langle x^*, u - x\rangle}{\|u - x\|} \leqslant \varepsilon \right\}. \tag{1.2}$$

当 ε=0 时, (1.2) 式中的元素称为 Fréchet 法向量, 它们的全体记为 $\widehat{N}(x;\Omega)$, 是 Ω 在 x 的预法锥. 如果 $x \notin \Omega$, 那么对所有 $\varepsilon \geqslant 0$, 令 $\widehat{N}_\varepsilon(x;\Omega) := \varnothing$;

(ii) 设 $\bar{x} \in \Omega$, 则称 $x^* \in X^*$ 是 Ω 在 $\bar{x}$ 的一基本/极限法向量, 如果存在序列 $\varepsilon_k \downarrow 0, x_k \xrightarrow{\Omega} \bar{x}$和 $x_k^* \xrightarrow{w^*} x^*$, 满足对任意的 $k \in \mathbb{N}$, 有 $x_k^* \in \widehat{N}_{\varepsilon_k}(x_k;\Omega)$. 这样的法向量的全体

$$N(\bar{x};\Omega) := \mathop{\mathrm{Limsup}}_{\substack{x \to \bar{x} \\ \varepsilon \downarrow 0}} \widehat{N}_\varepsilon(x;\Omega) \tag{1.3}$$

是 Ω 在 $\bar{x}$ 的 (基本/极限) 法锥. 对 $\bar{x} \notin \Omega$, 令 $N(\bar{x};\Omega) := \varnothing$. 由定义易得

$$\widehat{N}_\varepsilon(\bar{x};\Omega) = \widehat{N}_\varepsilon(\bar{x};\operatorname{cl}\Omega) \text{ 和 } N(\bar{x};\Omega) \subset N(\bar{x};\operatorname{cl}\Omega)$$

对任意 $\Omega \subset X$, $\bar{x} \in \Omega$ 和 $\varepsilon \geqslant 0$ 成立. 注意到预法锥 $\widehat{N}(\cdot;\Omega)$ 和法锥 $N(\cdot;\Omega)$ 相对于 X 上的等价范数是不变的, 而当 $\varepsilon > 0$ 时 ε- 法向量集合 $\widehat{N}_\varepsilon(\cdot;\Omega)$ 却依赖于给定的范数 $\|\cdot\|$. 还注意到对任意的 $\varepsilon \geqslant 0$, 集合 (1.2) 在 X^* 的范数拓扑下显然是凸的和闭的, 因此当 X 是自反的时, 它们在 X^* 中是弱* 闭的.

与 (1.2) 式不同, 基本法锥 (1.3) 可以是非凸的, 比如非常简单的情形：取 $\Omega := \{(x_1, x_2) \in \mathbb{R}^2 \mid x_2 \geqslant -|x_1|\}$, 则

$$N((0,0);\Omega) = \{(v,v) \mid v \leqslant 0\} \cup \{(v,-v) \mid v \geqslant 0\}, \tag{1.4}$$

而 $\widehat{N}((0,0);\Omega)=\{0\}$. 这表明 $N(\bar{x};\Omega)$ 不可能是 Ω 在原始空间 X 中在 $\bar{x}$ 的任何 (甚至非凸) 切向逼近的对偶/极, 因为极性总是意味着凸性; 参见 1.1.2 小节.

易见 ε- 法向量集合 (1.2) 相对于 ε 和相对于集合序有如下单调性质:

$$\widehat{N}_\varepsilon(\bar{x};\Omega)\subset\widehat{N}_{\widetilde{\varepsilon}}(\bar{x};\Omega),\quad \text{如果}\ \ 0\leqslant\varepsilon\leqslant\widetilde{\varepsilon},$$

$$\widehat{N}_\varepsilon(\bar{x};\Omega)\subset\widehat{N}_\varepsilon(\bar{x};\widetilde{\Omega}),\quad \text{如果}\ \ \bar{x}\in\widetilde{\Omega}\subset\Omega\ \ \text{且}\ \ \varepsilon\geqslant 0. \tag{1.5}$$

特别地, 递减性质 (1.5) 对预法锥 $\widehat{N}(\bar{x};\cdot)$ 成立. 然而对基本法锥 (1.3), (1.5) 和它的反向包含关系都不成立. 为了说明这一点, 考虑两个集合

$$\Omega:=\{(x_1,x_2)\in\mathbb{R}^2\mid x_2\geqslant-|x_1|\}\ \ \text{和}\ \ \widetilde{\Omega}:=\{(x_1,x_2)\in\mathbb{R}^2\mid x_1\leqslant x_2\},$$

其中 $\bar{x}=(0,0)\in\widetilde{\Omega}\subset\Omega$. 则

$$N(\bar{x};\widetilde{\Omega})=\{(v,-v)\mid v\geqslant 0\}\subset N(\bar{x};\Omega),$$

上式中后面的那个锥在 (1.4) 式中计算过. 而且, 取 Ω 如上, $\widetilde{\Omega}:=\{(x_1,x_2)\in\mathbb{R}^2\mid x_2\geqslant 0\}\subset\Omega$, 有

$$N(\bar{x};\Omega)\cap N(\bar{x};\widetilde{\Omega})=\{(0,0)\},$$

这就排除了任何单调性关系.

为表述集合乘积的法向量, 下面的性质对预法锥和法锥是一样的.

命题 1.2 (笛卡儿乘积的法向量) 考虑任意点 $\bar{x}=(\bar{x}_1,\bar{x}_2)\in\Omega_1\times\Omega_2\subset X_1\times X_2$. 则

$$\widehat{N}(\bar{x};\Omega_1\times\Omega_2)=\widehat{N}(\bar{x}_1;\Omega_1)\times\widehat{N}(\bar{x}_2;\Omega_2),$$

$$N(\bar{x};\Omega_1\times\Omega_2)=N(\bar{x}_1;\Omega_1)\times N(\bar{x}_2;\Omega_2).$$

证明 由于预法锥和法锥都不依赖于 X_1 和 X_2 上的等价范数, 可取定这些空间上的任何范数, 并且定义乘积空间 $X_1\times X_2$ 上的一个范数为

$$\|(x_1,x_2)\|:=\|x_1\|+\|x_2\|.$$

给定任意的 $\varepsilon\geqslant 0$ 和 $x=(x_1,x_2)\in\Omega:=\Omega_1\times\Omega_2$, 易验证

$$\widehat{N}_\varepsilon(x_1;\Omega_1)\times\widehat{N}_\varepsilon(x_2;\Omega_2)\subset\widehat{N}_{2\varepsilon}(x;\Omega)\subset\widehat{N}_{2\varepsilon}(x_1;\Omega_1)\times\widehat{N}_{2\varepsilon}(x_2;\Omega_2),$$

这蕴涵着命题中的两个乘积公式都成立. △

预法锥 $\widehat{N}(\cdot;\Omega)$ 显然是所有集合 $\widehat{N}_\varepsilon(\cdot;\Omega)$ 中最小的一个. 由 (1.2) 式得

$$\widehat{N}_\varepsilon(\bar{x};\Omega)\supset\widehat{N}(\bar{x};\Omega)+\varepsilon\mathbb{B}^*$$

对任何 $\varepsilon \geqslant 0$ 和任何集合 Ω 都成立. 如果 Ω 是凸的, 那么由 ε- 法向量的下述表示, 这个包含关系作为等式成立.

命题 1.3 (凸集的 ε- 法向量)　设 Ω 是凸的, 则

$$\widehat{N}_\varepsilon(\bar{x};\Omega) = \{x^* \in X^* \mid \langle x^*, x - \bar{x}\rangle \leqslant \varepsilon\|x - \bar{x}\|,\ \ \forall x \in \Omega\}$$

对任意的 $\varepsilon \geqslant 0$ 和 $\bar{x} \in \Omega$ 成立. 特别地, $\widehat{N}(\bar{x};\Omega)$ 与凸分析中的法锥相同.

证明　注意到上面公式中的包含关系"$\supset$"对任意集合 Ω 显然成立. 当 Ω 为凸时, 证明相反的包含关系成立. 考虑任意 $x^* \in \widehat{N}_\varepsilon(\bar{x};\Omega)$ 和固定 $x \in \Omega$, 由 Ω 的凸性有

$$x_\alpha := \bar{x} + \alpha(x - \bar{x}) \in \Omega, \quad \forall\, 0 \leqslant \alpha \leqslant 1.$$

而且, 当 $\alpha \downarrow 0$ 时, $x_\alpha \to \bar{x}$. 任取 $\gamma > 0$, 由 (1.2) 式易得结论

$$\langle x^*, x_\alpha - \bar{x}\rangle \leqslant (\varepsilon + \gamma)\|x_\alpha - \bar{x}\|$$

对小的 $\alpha > 0$ 成立, 这就完成了证明.　△

由定义 1.1 得

$$\widehat{N}(\bar{x};\Omega) \subset N(\bar{x};\Omega), \quad \forall \Omega \subset X \ \ \text{和}\ \ \bar{x} \in \Omega. \tag{1.6}$$

这个包含关系甚至对 (1.4) 式中给出的简单集合都可以是严格的, 这里, 当 $\bar{x} = 0 \in \mathbb{R}^2$ 时, $\widehat{N}(\bar{x};\Omega) = \{0\}$. (1.6) 式中的等式定义了在 $\bar{x}$ 附近具有某种"正则"性质的一类集合, 这类集合同时拥有预法锥和法锥的良好性质.

定义 1.4 (集合的法向正则性)　称集合 $\Omega \subset X$ 在 $\bar{x} \in \Omega$ 是 (法向) 正则的, 如果

$$N(\bar{x};\Omega) = \widehat{N}(\bar{x};\Omega).$$

集合正则性的一个重要例子由在 $\bar{x}$ 附近局部凸的集合 Ω 给出, 局部凸的意思是: 存在 $\bar{x}$ 的一个邻域 $U \subset X$ 使得 $\Omega \cap U$ 是凸的.

定理 1.5 (局部凸集的正则性)　设 U 是 $\bar{x} \in \Omega \subset X$ 的一个邻域, 满足 $\Omega \cap U$ 是凸的, 则 Ω 在 $\bar{x}$ 是正则的, 且

$$N(\bar{x};\Omega) = \{x^* \in X^* \mid \langle x^*, x - \bar{x}\rangle \leqslant 0,\ \ \forall x \in \Omega \cap U\}.$$

证明　包含关系"$\supset$"由 (1.6) 式和命题 1.3 可得. 为证反向包含关系, 任取 $x^* \in N(\bar{x};\Omega)$, 并且根据定义 1.1(ii), 找到相应序列 $(\varepsilon_k, x_k, x_k^*)$. 因此对所有充分大的 $k \in \mathbb{N}$, 有 $x_k \in U$. 于是命题 1.3 保证对这样的 k, 有

$$\langle x^*, x - x_k\rangle \leqslant \varepsilon_k\|x - x_k\|, \ \ \forall x \in \Omega \cap U.$$

当 $k \to \infty$ 时, 上式取极限, 即得结论. △

关于集合法向正则性的进一步结果和讨论及函数和集值映射的正则性的相关概念将在本章的后面, 主要在第 3 章给出, 在那里它们被合并到分析法则中. 下面将证明正则性在主要的分析法则下被保持, 并且在基本法向量和次微分结构的分析法则中保证等式关系成立. 另一方面, 在理论和应用上都很重要的许多情形中这样的正则性可能不成立. 尤其, 在有限维空间中对非光滑局部 Lipschitz 映射的图像而言, 它从不成立 (参见定理 1.46). 然而, 基本法锥和相关联的次微分与上导数在一般的"非正则"情形下具有理想的性质, 这与预法锥 $\widehat{N}(\bar{x};\Omega)$ 及其函数和映射的对应结构不同.

接下来建立有限维空间 $X = \mathbb{R}^n$ 的闭子集的基本法锥的两种特殊表示. 有限维空间中所有的范数都是等价的, 因此除非特殊声明, 这里总是选取 $\mathbb{R}^n$ 上的 Euclid 范数

$$\|x\| := \sqrt{x_1^2 + \cdots + x_n^2},$$

在这种情形下, $X^* = X = \mathbb{R}^n$.

给定非空集合 $\Omega \subset \mathbb{R}^n$. 考虑相关的距离函数

$$\operatorname{dist}(x;\Omega) := \inf_{u\in\Omega} \|x - u\| \tag{1.7}$$

和定义 x 到 Ω 的 Euclid 投影

$$\Pi(x;\Omega) := \{\omega \in \Omega \mid \|x - \omega\| = \operatorname{dist}(x;\Omega)\}.$$

如果 Ω 是闭的, 对任意 $x \in \mathbb{R}^n$, $\Pi(x;\Omega)$ 是非空的. 下面的定理描述了在 $\bar{x}$ 局部闭的子集 $\Omega \subset \mathbb{R}^n$ 的基本法锥. 这里局部闭是指, 存在 $\bar{x}$ 的一个邻域 U 满足 $\Omega \cap U$ 是闭的.

定理 1.6 (有限维空间中的基本法向量) 设 $\Omega \subset \mathbb{R}^n$ 在 $\bar{x} \in \Omega$ 附近是局部闭的. 则下面的表达式成立:

$$N(\bar{x};\Omega) = \operatorname*{Limsup}_{x\to\bar{x}} \widehat{N}(x;\Omega), \tag{1.8}$$

$$N(\bar{x};\Omega) = \operatorname*{Limsup}_{x\to\bar{x}} \left[\operatorname{cone}(x - \Pi(x;\Omega))\right]. \tag{1.9}$$

证明 首先证明 (1.8) 式, 它蕴涵着在有限维空间中局部闭集的基本法向量的定义 (1.3) 中能等价地令 $\varepsilon = 0$. (1.8) 式中的包含关系"$\supset$"是显然的; 下面证明反向包含关系.

固定 $x^* \in N(\bar{x};\Omega)$, 并且根据定义 1.1(ii) 找到序列 $\varepsilon_k \downarrow 0, x_k \to \bar{x}, x_k^* \to x^*$, 使得对任何 $k \in \mathbb{N}$, 有 $x_k \in \Omega, x_k^* \in \widehat{N}_{\varepsilon_k}(x_k;\Omega)$. 考虑到 $X = X^* = \mathbb{R}^n$, Ω 在 $\bar{x}$ 附近是

局部闭的, 对每个 $k=1,2,\cdots$ 及对某个参数 $\alpha>0$, 作 $x_k+\alpha x_k^*$ 并且从 Euclid 投影中选取 $\omega_k\in\Pi(x_k+\alpha x_k^*;\Omega)$. 根据 ω_k 的选择, 有

$$\|x_k+\alpha x_k^*-\omega_k\|^2\leqslant\alpha^2\|x_k^*\|^2.$$

而且, 由于范数是 Euclid 的, 所以

$$\|x_k+\alpha x_k^*-\omega_k\|^2=\|x_k-\omega_k\|^2+2\alpha\langle x_k^*,x_k-\omega_k\rangle+\alpha^2\|x_k^*\|^2.$$

这蕴涵着估计

$$\|x_k-\omega_k\|^2\leqslant 2\alpha\langle x_k^*,\omega_k-x_k\rangle,\quad\forall\,\alpha>0.\tag{1.10}$$

应用当 $\alpha\downarrow 0$ 时 $\omega_k\to x_k$ 和 ε- 法向量 $x_k^*\in\widehat{N}_{\varepsilon_k}(x_k;\Omega)$ 的定义, 找到一列正数 $\alpha=\alpha_k$, 沿着这个序列有

$$\langle x_k^*,\omega_k-x_k\rangle\leqslant 2\varepsilon_k\|\omega_k-x_k\|,\quad\forall\,k\in\mathbb{N}.$$

由 (1.10) 式得 $\|x_k-\omega_k\|\leqslant 4\alpha_k\varepsilon_k$. 因此当 $k\to\infty$ 时, $\omega_k\to\bar{x}$. 令

$$\omega_k^*:=x_k^*+\frac{1}{\alpha_k}(x_k-\omega_k),$$

有 $\|\omega_k-x_k\|\leqslant 4\varepsilon_k$, 及当$k\to\infty$ 时, $\omega_k^*\to x^*$.

为证 (1.8) 式, 余下的只需证明对所有的 k, $\omega_k^*\in\widehat{N}(\omega_k;\Omega)$ 成立. 事实上, 对每个固定的 $x\in\Omega$, 因为范数是 Euclid 的, 所以有

$$\begin{aligned}0&\leqslant\|x_k+\alpha_kx_k^*-x\|^2-\|x_k+\alpha_kx_k^*-\omega_k\|^2\\&=\langle\alpha_kx_k^*+x_k-x,\alpha_kx_k^*+x_k-\omega_k\rangle+\langle\alpha_kx_k^*+x_k-x,\omega_k-x\rangle\\&\quad-\langle\alpha_kx_k^*+x_k-\omega_k,x-\omega_k\rangle-\langle\alpha_kx_k^*+x_k-\omega_k,\alpha_kx_k^*+x_k-x\rangle\\&=-2\alpha_k\langle\omega_k^*,x-\omega_k\rangle+\|x-\omega_k\|^2.\end{aligned}$$

这蕴涵着估计

$$\langle\omega_k^*,x-\omega_k\rangle\leqslant\frac{1}{2\alpha_k}\|x-\omega_k\|^2,\quad\forall\,x\in\Omega.$$

由定义 1.1(i), 显然有 $\omega_k^*\in\widehat{N}(\omega_k;\Omega)$. 于是得到基本法锥的第一个表达式 (1.8).

为证第二个表达式 (1.9), 只需证

$$\mathop{\rm Limsup}_{x\to\bar{x}}\widehat{N}(x;\Omega)=\mathop{\rm Limsup}_{x\to\bar{x}}[{\rm cone}(x-\Pi(x;\Omega))].$$

先证包含关系

$$\widehat{N}(x;\Omega)\subset\mathop{\rm Limsup}_{u\to x}[{\rm cone}(u-\Pi(u;\Omega))],\quad\forall x\in\Omega.\tag{1.11}$$

给定 $x \in \Omega$, $x^* \in \widehat{N}(x;\Omega)$, 令 $x_k := x + \frac{1}{k}x^*$, 并选取 $\omega_k \in \Pi(x_k;\Omega)(\forall k \in \mathbb{N})$. 后者显然等价于

$$\begin{aligned}
0 &\leqslant \|x_k - v\|^2 - \|x_k - \omega_k\|^2 \\
&= \langle x_k - v, x_k - \omega_k\rangle + \langle x_k - v, \omega_k - v\rangle - \langle x_k - \omega_k, v - \omega_k\rangle - \langle x_k - \omega_k, x_k - v\rangle \\
&= -2\langle x_k - \omega_k, v - \omega_k\rangle + \|v - \omega_k\|^2, \quad \forall v \in \Omega.
\end{aligned}$$

它刻画了 Euclid 投影: $\omega_k \in \Pi(x_k;\Omega)$ 当且仅当

$$\langle x_k - \omega_k, v - \omega_k\rangle \leqslant \frac{1}{2}\|v - \omega_k\|^2, \quad \forall v \in \Omega.$$

令 $v = x$ 并由 x_k 的定义, 得

$$\|x - \omega_k\|^2 + \frac{1}{k}\langle x^*, x - \omega_k\rangle \leqslant \frac{1}{2}\|x - \omega_k\|^2.$$

由于 $x^* \in \widehat{N}(x;\Omega)$, 则有

$$k\|x - \omega_k\| \leqslant \frac{2\langle x^*, \omega_k - x\rangle}{\|x - \omega_k\|} \to 0 \quad (k \to \infty).$$

所以

$$k(x_k - \omega_k) = x^* + k(x - \omega_k) \to x^* \quad (k \to \infty).$$

因此 (1.11) 式成立, 它蕴涵着 (1.9) 式中的包含关系“$\subset$”, 这可通过 $x \to \bar{x}$ 时, 取 Painlevé- Kuratowski 上极限和应用 (1.8) 式得到.

接下来证明 (1.9) 式中反向包含关系. 为此, 考虑 Ω 在 $x \in \Omega$ 的逆 Euclid 投影

$$\Pi^{-1}(x;\Omega) := \{z \in X \mid x \in \Pi(z;\Omega)\}.$$

由 Euclid 投影的上述刻画和 $\widehat{N}(x;\Omega)$ 的定义, 有

$$\operatorname{cone}[\Pi^{-1}(x;\Omega) - x] \subset \widehat{N}(x;\Omega), \quad \forall x \in \Omega.$$

此式蕴涵着 (1.9) 式中的包含关系“$\supset$”可通过当 $x \xrightarrow{\Omega} \bar{x}$ 时取 Painlevé- Kuratowski 上极限和应用 (1.8) 式得到. △

值得注意的是, 尽管表达式 (1.8) 的证明本质上利用了 Euclid 范数的性质, 但是表达式本身并不依赖于 $\mathbb{R}^n$ 上的特殊范数, 因为在 $\mathbb{R}^n$ 上所有的范数都是等价的. 在第 2 章中, 应用变分推理将证明基本法锥的这个表达式在任意 Asplund 空间中成立. Asplund 空间是这样一类 Banach 空间, 它使其上的任意连续凸函数都在其定义域的一个稠子集上 Fréchet 可微, 这特别包含所有的自反空间. 事实上, (1.8)

式是 Asplund 空间的一个刻画. 然而在一般 Banach 空间情形, 在不丢失重要性质的条件下, $\varepsilon > 0$ 不能从基本法向量和相应的次微分及上导数结构的定义中拿掉. 参见下一小节. 下面将看到, 由引入 ε 而扩大了的法锥的稳定性在 Asplund 空间甚至在有限维空间中的一些主要结果的证明中起着本质的作用.

相反, 表达式 (1.9) 严重地依赖 $\mathbb{R}^n$ 上的 Euclid 范数, 如果范数不是 Euclid 范数, 甚至对凸集的情形, 表达式 (1.9) 也不成立. 例如, 有

$$N((0,0);\Omega) = \{(0,v) \mid v \leqslant 0\}, \quad \text{这里} \quad \Omega = \{x = (x_1, x_2) \in \mathbb{R}^2 \mid x_2 \geqslant 0\},$$

然而当范数由 $\|x\| := \max\{|x_1|, |x_2|\}$ 给出时, (1.9) 式中右端的锥等于 $\{(v_1, v_2) \mid v_2 + |v_1| \leqslant 0\}$.

这里不研究有限维空间中基本法锥的特殊性质, 读者可参阅 Mordukhovich[901] 和 Rockafellar 与 Wets[1165]. 此处只指出这个锥在有限维空间中具有下面的鲁棒性质:

$$N(\bar{x};\Omega) = \mathop{\mathrm{Limsup}}_{x \to \bar{x}} N(x;\Omega), \quad \forall \bar{x} \in \Omega,$$

这可通过标准的对角化过程得到. 由此, 若 $\Omega \subset \mathbb{R}^n$ 是闭集, 则集值映射 $N(\cdot;\Omega)$ 的图像是闭的, 特别地, 对任意的 $x \in \Omega$, 值 $N(x;\Omega)$ 是闭的.

但是这些性质在无限维空间中甚至在最简单的 Hilbert 空间 $X = X^* = l^2$ 中都不成立. 原因在于基本法锥是用序列极限定义的, 而 X^* 中的弱* 拓扑不是序列的, 因此集合的弱* 序列闭包可能不是弱* 序列闭的. 下面的例子属于 Fitzpatrick(1994, 个人交流, 也可参见文献 [144]), 它表明基本法锥的值在 X^* 中甚至可能不是范数闭的, 因此既不是弱* 闭的, 也不是弱* 序列闭的.

例 1.7(ℓ^2 中基本法锥的非闭性) Hilbert 空间 ℓ^2 中存在闭子集 Ω 和边界点 $\bar{x} \in \Omega$ 满足 $N(\bar{x};\Omega)$ 在 ℓ^2 中不是范数闭的.

证明 考虑 Hilbert 空间 ℓ^2 中的完备正交基 $\{e_1, e_2, \cdots\}$, 构造 ℓ^2 中的非凸子集:

$$\Omega := \{s(e_1 - je_j) + t(je_1 - e_m) \mid m > j > 1, s, t \geqslant 0\} \cup \{te_1 \mid t \geqslant 0\},$$

它显然是一个锥. 可验证 Ω 在 ℓ^2 中是闭的. 现证基本法锥 $N(0;\Omega)$ 在 l^2 的范数拓扑下不是闭的, 这可由下式得到

(i) $e_1^* + \dfrac{1}{j}e_j^* \in N(0;\Omega), \quad \forall j = 2, 3, \cdots,$

(ii) $e_1^* + \dfrac{1}{j}e_j^* \to e_1^*, \quad j \to \infty,$

(iii) $e_1^* \notin N(0;\Omega),$

其中 e_j^* 是由 e_j 生成的线性泛函. 为证 (i), 定义 $e_{j_m}^* := e_1^* + \frac{1}{j}e_j^* + je_m^*, 1 < j < m$, 并且观察到 $e_{j_m}^* \in \widehat{N}\left(\frac{1}{m}(je_1 - e_m); \Omega\right)$, 对每个 j, 有 $\frac{1}{m}(je_1 - e_m) \to 0, e_{j_m}^* \xrightarrow{\omega} e_1^* + \frac{1}{j}e_j^*, m \to \infty$. 这就给出了 (i). 易验证 (ii), 因此只需再证 (iii) 成立.

假设 (iii) 不成立, 即 $e_1^* \in N(0;\Omega)$. 则由 $\omega^* = \omega$ (在 $X^* = \ell^2$ 中弱收敛) 时基本法向量的定义, 存在序列 $x_k \xrightarrow{\Omega} 0, \varepsilon_k \downarrow 0, x_k^* \xrightarrow{\omega} e_1^*$, 使得 $\forall k \in \mathbb{N}, x_k^* \in \widehat{N}_{\varepsilon_k}(x_k;\Omega)$ 成立. 假设 x_k 具有形式 $x_k = t_k e_1$, 且 $t_k \geqslant 0$. 令 $u := x_k + re_1$, 且 $r > 0$, 得

$$\varepsilon_k \geqslant \limsup_{u \xrightarrow{\Omega} x_k} \left\langle x_k^*, \frac{u - x_k}{\|u - x_k\|} \right\rangle \geqslant \limsup_{r \downarrow 0} \left\langle x_k^*, \frac{re_1}{\|re_1\|} \right\rangle = \langle x_k^*, e_1 \rangle,$$

故 $x_k^* \xrightarrow{\omega} e_1^*$ 意味着序列 x_k 除有限个点外都不具有形式 $x_k = t_k e_1, t_k \geqslant 0$. 因此序列 x_k 除有限个点外都具有形式 $s(e_1 - je_j) + t(je_1 - e_m)$,其中 $m > j > 1, s, t \geqslant 0$.

对任意选取的序列 $s = s(k) \geqslant 0, t = t(k) \geqslant 0, j = j(k) > 1, m = m(k) > j(k)$, 现在考虑 Ω 中具有形式 $s(e_1 - je_j) + t(je_1 - e_m)$ 的序列 x_k. 取 $u := x_k + r(je_1 - e_m) \in \Omega$, 得

$$\varepsilon_k \geqslant \limsup_{u \xrightarrow{\Omega} x_k} \left\langle x_k^*, \frac{u - x_k}{\|u - x_k\|} \right\rangle \geqslant \limsup_{r \downarrow 0} \left\langle x_k^*, \frac{r(je_1 - e_m)}{\|r(je_1 - e_m)\|} \right\rangle = \left\langle x_k^*, \frac{je_1 - e_m}{\|je_1 - e_m\|} \right\rangle,$$

它给出了估计

$$\langle x_k^*, e_1 - j^{-1}e_m \rangle \leqslant \varepsilon_k \sqrt{1 + j^{-2}}. \tag{1.12}$$

另一方面, 考虑 $u := x_k + r(e_1 - je_j) \in \Omega$, 则

$$\varepsilon_k \geqslant \limsup_{u \xrightarrow{\Omega} x_k} \left\langle x_k^*, \frac{u - x_k}{\|u - x_k\|} \right\rangle \geqslant \limsup_{r \downarrow 0} \left\langle x_k^*, \frac{r(e_1 - je_j)}{\|r(e_1 - je_j)\|} \right\rangle = \left\langle x_k^*, \frac{e_1 - je_j}{\|e_1 - je_j\|} \right\rangle,$$

由此式可导出

$$\langle x_k^*, e_1 \rangle \leqslant \langle x_k^*, je_j \rangle + \varepsilon_k \sqrt{1 + j^2}. \tag{1.13}$$

在 (1.12) 式中, 令 $k \to \infty$, 得

$$1 \leqslant \liminf_{k \to \infty} \left\langle x_k^*, \frac{1}{j(k)} e_{m(k)} \right\rangle.$$

这表明如果自然数列 $j(k)$ 无界, 那么序列 x_k^* 也无界. 根据经典的 Banach-Steinhaus 定理 (一致有界原理), 这与 x_k^* 的弱收敛矛盾. 因此只有有限多个 $j(k)$, 从而 (1.13) 式与当 $k \to \infty$ 时, $x_k^* \xrightarrow{\omega} e_1^*$ 矛盾. 这就证明了 (iii). △

1.1.2　切向逼近

研究集合在边界点局部性质和相关的函数与映射的微分性质的传统方法总是涉及切向局部逼近. 众所周知, "光滑" 函数图像的切线这个概念是经典微分计算的第一步. 现在切向逼近/方向导数已作为变分分析的方便工具, 特别地, 可用来推导具有光滑和非光滑数据约束问题的必要最优条件. 这些约束问题包括变分法、数学规划和最优控制.

在这一小节里, 给出在变分分析及其应用中非常有用的切锥的概念, 讨论它们的一些性质, 并且建立它们与在 1.1.1 小节中引入的广义法向量之间的关系. 为了定义集合的切向量, 先回顾集值映射极限的两个标准概念. 除非特殊声明, 总是在序列意义下理解极限, 而不是在一般非度量拓扑下的拓扑/网极限. 给定拓扑空间之间的一个集值映射 $F : X \rightrightarrows Y$, 当 $x \to \bar{x}$ 时 F 的 Painlevé-Kuratowski 上/外极限和下/内极限分别定义为

$$\operatorname*{Limsup}_{x\to\bar{x}} F(x) := \{y \in Y \big| \exists 序列 x_k \to \bar{x}, y_k \to y 满足 y_k \in F(x_k)(\forall k \in \mathbb{N})\},$$

$$\operatorname*{Liminf}_{x\to\bar{x}} F(x) := \{y \in Y \mid \forall 序列 x_k \to \bar{x}, \exists y_k \in F(x_k), k \in \mathbb{N} 满足 y_k \to y, k \to \infty\}.$$

注意到, 当 Y 为具有弱* 拓扑的对偶空间 X^* 时, 上面的 "Limsup" 已在 (1.1) 式中定义. 这是本书考虑的主要情形. 下面的结构涉及从实直线到赋范空间 X 的集值映射的上/外极限和下/内极限.

定义 1.8 (切锥)　设 $\Omega \subset X$, $\bar{x} \in \Omega$, 则

(i) 集合 $T(\bar{x}; \Omega) \subset X$ 定义为

$$T(\bar{x}; \Omega) := \operatorname*{Limsup}_{t\downarrow 0} \frac{\Omega - \bar{x}}{t},$$

这里上/外极限相对于 X 的范数拓扑来取, 称为 Ω 在 $\bar{x}$ 的相依锥;

(ii) 如果在 (i) 中的 "上/外极限" 相对于 X 的弱拓扑来取, 那么得到的相应结构记为 $T_W(\bar{x}; \Omega)$, 称为 Ω 在 $\bar{x}$ 的弱相依锥;

(iii) 集合 $T_C(\bar{x}; \Omega) \subset X$ 定义为

$$T_C(\bar{x}; \Omega) := \operatorname*{Liminf}_{\substack{x \xrightarrow{\Omega} \bar{x} \\ t\downarrow 0}} \frac{\Omega - x}{t},$$

这里 "下/内极限" 关于 X 的范数拓扑来取, 称为 Ω 在 $\bar{x}$ 的 Clarke 切锥.

相依锥 $T(\bar{x}; \Omega)$ 通常称为 Bouligand 切锥/相依锥, 它由 Bouligand 和 Severi 分别独立地引入 (参见本章的评注). 这是 X 的一个闭的 (但通常非凸) 子锥, 它能等

价地表述为 $v \in X$ 的集合, 使得存在序列 $\{x_k\} \subset \Omega$ 和 $\{\alpha_k\} \subset \mathbb{R}_+$ 满足当 $k \to \infty$ 时,

$$x_k \to \bar{x}, \quad \alpha_k(x_k - \bar{x}) \to v.$$

类似地, 弱相依锥 $T_W(\bar{x};\Omega)$ 也可以等价地表示为 $v \in X$ 的集合, 使得存在序列 $\{x_k\} \subset \Omega$ 和 $\{\alpha_k\} \subset \mathbb{R}_+$, 满足关系当 $k \to \infty$ 时,

$$x_k \to \bar{x}, \quad \alpha_k(x_k - \bar{x}) \xrightarrow{w} v.$$

Clarke 切锥 (也称为正则切锥) 可表示为 $v \in X$ 的集合, 使得对每个序列 $x_k \xrightarrow{\Omega} \bar{x}$ 和每个序列 $t_k \downarrow 0$, 都存在一个序列 $v_k \to v$, 满足

$$x_k + t_k v_k \in \Omega, \quad \forall\, k \in \mathbb{N}.$$

由定义直接可得

$$T_C(\bar{x};\Omega) \subset T(\bar{x};\Omega) \subset T_W(\bar{x};\Omega),$$

当 X 是有限维空间时, 第二个包含关系作为等式成立. 与 $T(\bar{x};\Omega)$ 和 $T_W(\bar{x};\Omega)$ 不同的是, Clarke 切锥总是凸的[255,1165], 尽管即使在有限维空间中它可以本质地比 $T(\bar{x};\Omega)$ 和 $T_W(\bar{x};\Omega)$ 小.

下面的定理给出了定义 1.8 中切锥之间更精确的关系. 在此式中, 使用到了 Banach 空间中 Kadec 范数的概念, 这个范数使得单位球面上的弱拓扑与范数拓扑相同. 在 Banach 空间的几何理论中, 每个自反空间都有一个等价的 Kadec 范数, 它在原点外都是 Fréchet 可微的.

定理 1.9 (切锥之间的关系) 设 X 是 Banach 空间, $\Omega \subset X$ 在 $\bar{x}$ 附近是局部闭的. 则

$$\operatorname*{Liminf}_{x \xrightarrow{\Omega} \bar{x}} T(\bar{x};\Omega) \subset T_C(\bar{x};\Omega) \subset \operatorname*{Liminf}_{x \xrightarrow{\Omega} \bar{x}} T_W(\bar{x};\Omega),$$

其中如果 X 是自反, 那么第二包含关系成立. 而且,

$$T_C(\bar{x};\Omega) = \operatorname*{Liminf}_{x \xrightarrow{\Omega} \bar{x}} T_W(x;\Omega),$$

如果在 X 上的范数是 Kadec 和在原点外是 Fréchet 可微的.

证明 为证定理的第一个包含关系, 从左边的集合中任取 v. 则 $\forall \varepsilon > 0$, 存在 $\eta > 0$, 满足

$$(v + \varepsilon\mathbb{B}) \cap T(x;\Omega) \neq \varnothing, \quad \forall x \in \Omega \cap (\bar{x} + \eta\mathbb{B}).$$

令 $\nu := (\eta/2)(\|v\| + 2\varepsilon)^{-1}$, 下证

$$(x + t(v + 2\varepsilon\eta\mathbb{B})) \cap \Omega \neq \varnothing, \quad \forall\, x \in \Omega \cap \left(\bar{x} + \frac{\eta}{2}\mathbb{B}\right), \quad t \in (0,\nu),$$

从而易推出 $v \in T_C(\bar{x};\Omega)$. 下面考虑集合

$$T_\delta := \{t \in (0,\nu) \mid (x + t(v + \delta\mathbb{B})) \cap \Omega \neq \varnothing\}.$$

当 $\delta \in (\varepsilon, 2\varepsilon)$ 时, 这个集合恰好在 $(0,\nu)$ 内是稠密的. 事实上, 根据上面 ν 的选择, 找到一个序列 $t_k \downarrow 0$, 满足当 $k \in \mathbb{N}$ 时,

$$(x + t_k(v + \delta\mathbb{B})) \cap \Omega \neq \varnothing, \quad \text{因此} \quad T_\delta \neq \varnothing.$$

任取 $\tau \in (0,\nu)\backslash T_\delta$, 并且令 $t_* := \sup[T_\delta \cap (0,\tau)]$, 显然有 $(x + t_*(v + \delta\mathbb{B})) \cap \Omega \neq \varnothing$. 由 ν 的选择可得

$$x + t_*(v + \delta\mathbb{B}) \subset \bar{x} + \frac{\eta}{2}\mathbb{B} + \nu(\|v\| + \delta)\mathbb{B} \subset \bar{x} + \eta\mathbb{B},$$

找到序列 $t_k \downarrow 0$, 使得

$$(x + (t_* + t_k)(v + \delta\mathbb{B})) \cap \Omega \neq \varnothing$$

对任意 $k \in \mathbb{N}$ 成立. 上式意味着 $t_* = \tau$, 因此 τ 是集合 T_δ 的一个聚点. 由 $\delta \in (\varepsilon, 2\varepsilon)$ 和 $\tau \in (0,\nu)\backslash T_\delta$ 的任意性, 得

$$(x + t(v + 2\varepsilon\eta\mathbb{B})) \cap \Omega \neq \varnothing$$

对任意 $t \in (0,\nu)$ 成立. 因此 $v \in T_C(\bar{x};\Omega)$, 这就在一般的 Banach 空间情形下证明了定理的第一个包含关系.

现在假设 X 是自反的并证明定理的第二包含关系成立. 取 $v \in T_C(\bar{x};\Omega)$, $\varepsilon > 0, \eta > 0$, 使得对任意 $x \in (\bar{x} + \eta\mathbb{B}) \cap \Omega$, 存在序列 $t_k \downarrow 0$ 和序列 $\{v_k\} \subset v + \varepsilon\mathbb{B}$, 满足 $x + t_k v_k \in \Omega$ 对任意的 $k \in \mathbb{N}$ 成立. 由 X 的自反性找到 $\bar{v} \in X$ 满足

$$\bar{v} \in v + \varepsilon\mathbb{B}, \quad \text{当} k \to \infty \text{时}, \quad v_k \xrightarrow{\omega} \bar{v}.$$

由弱相依锥的定义可得 $\bar{v} \in T_W(x;\Omega)$. 由 $\varepsilon > 0$ 的任意性, 得到当 $x \in \Omega$且$x \to \bar{x}$时, $v \in \operatorname{Liminf} T_W(x;\Omega)$. 这就证明了定理的第二个包含关系.

正如 Borwein 与 Strójwas[156,定理3.2] 所指出的那样, X 的自反性对定理的第二包含关系的成立是必要的. 读者可参阅 Aubin 与 Frankowska[54,定理4.1.13] 和 Borwein 与 Strójwas[156,定理3.1] 关于在额外假设下定理中等式表达式的证明. △

接下来研究上述集合的切向逼近和在 1.1.1 小节中定义的广义法向量之间的联系. 下面的定理描述了相依锥及弱相依锥中的切向量和 Fréchet 型法向量及 ε- 法向量之间的对偶关系.

定理 1.10 (法向量切向量的关系)　设 $\Omega \subset X$ 是 Banach 空间的子集, $\bar{x} \in \Omega$. 则

$$\widehat{N}_\varepsilon(\bar{x};\Omega) \subset \{x^* \in X^* \mid \langle x^*, v\rangle \leqslant \varepsilon\|v\|, \quad \forall\, v \in T(\bar{x};\Omega)\}$$

对任意 $\varepsilon \geqslant 0$ 成立. 此外,

$$\widehat{N}(\bar{x};\Omega) \subset \{x^* \in X^* \mid \langle x^*, v\rangle \leqslant 0, \quad \forall v \in T_W(\bar{x};\Omega)\},$$

如果 X 是自反的, 该式作为等式成立. 如果 X 是有限维的, 那么第一个包含关系作为等式成立.

证明 为证第一个包含关系, 对某个 $\varepsilon \geqslant 0$, 固定 $x^* \in \widehat{N}_\varepsilon(\bar{x};\Omega)$, 并且任取一个切向量 $v \in T(\bar{x};\Omega)$. 根据定义 1.8(i), 存在序列 $t_k \downarrow 0, v_k \to v$, 满足 $\bar{x} + t_k v_k \in \Omega$ 对任意 $k \in \mathbb{N}$ 成立, 把最后面的组合代入 ε- 法向量的定义 (1.2) 中, 则

$$t_k\langle x^*, v_k\rangle \leqslant \varepsilon t_k\|v_k\|, \quad \text{对充分大的} k \in \mathbb{N} \text{成立},$$

此式当 $k \to \infty$ 时取极限得 $\langle x^*, v\rangle \leqslant \varepsilon\|v\|$, 这就证明了对任意 $\varepsilon \geqslant 0$, 定理的第一个包含关系成立.

如果 $\varepsilon = 0$, 上面的证明确保定理的第二包含关系成立, 其中弱相依锥替代相依锥. 事实上, 只需应用 $v_k \xrightarrow{\omega} v$ 在 $\langle x^*, v_k\rangle \leqslant 0$ 中取极限即可.

现在假设 X 是自反的, 并证明第二包含关系作为等式成立. 为此, 固定 $x^* \notin \widehat{N}(\bar{x};\Omega)$, 由 (1.2) 式找到一个数 $\widetilde{\varepsilon} > 0$ 和一个序列 $x_k \xrightarrow{\Omega} \bar{x}$, 使得

$$\langle x^*, x_k - \bar{x}\rangle > \widetilde{\varepsilon}\|x_k - \bar{x}\|$$

对充分大的 $k \in \mathbb{N}$ 成立. 对 $k \in \mathbb{N}$, 令 $\alpha_k := \|x_k - \bar{x}\|^{-1}$, 由于在自反空间中有界集的弱序列紧性, 不失一般性, 假设

$$\frac{x_k - \bar{x}}{\|x_k - \bar{x}\|} \xrightarrow{\omega} v, \quad \text{对某个 } v \in X \text{成立}.$$

则由定义 1.8(ii) 有 $v \in T_W(\bar{x};\Omega)$. 另一方面, $\langle x^*, v\rangle \geqslant \widetilde{\varepsilon}$ 可由上面的假设取极限得到. 从而完成了定理的证明. △

推论 1.11 (法向量切向量的对偶性) 设 X 是自反空间, $\Omega \subset X$, $\bar{x} \in \Omega$. 则 Ω 在 $\bar{x}$ 的预法锥/Fréchet 法锥是 Ω 在该点的弱相依锥的对偶, 即

$$\widehat{N}(\bar{x};\Omega) = T_W^*(\bar{x};\Omega) := \{x^* \in X^* \mid \langle x^*, v\rangle \leqslant 0, \quad \forall v \in T_W(\bar{x};\Omega)\}.$$

因此, 当 X 是有限维时, 有对偶关系:

$$\widehat{N}(\bar{x};\Omega) = T^*(\bar{x};\Omega).$$

证明 第一个等式由定理 1.10 直接可得. 当 $\dim X < \infty$ 时, 它显然简化为第二个等式. △

注意到, 没有 Fréchet 法锥和相依锥之间的相反对偶关系: $\widehat{N}^*(\bar{x};\Omega) = T(\bar{x};\Omega)$, 因为相依锥一般来说是非凸的, 即使对有限维空间中的简单集合亦如此, 而对偶性总是产生凸性. 相反, 如下定义的 Ω 在 $\bar{x}$ 的 Clarke 法锥

$$N_C(\bar{x};\Omega) := T_C^*(\bar{x};\Omega)$$

与定义 1.8(iii) 定义的 Clarke 切锥具有完全的对偶性:

$$N_C^*(\bar{x};\Omega) = T_C(\bar{x};\Omega).$$

一般来说, Clarke 法锥比 Fréchet 法锥和基本法锥要大很多. 特别地, 对集合 $\Omega := \{(x_1,x_2) \in \mathbb{R}^2 \mid x_2 \geqslant -|x_1|\}$, 基本法锥在 (1.4) 式已计算过, 而 $\widehat{N}((0,0);\Omega) = \{0\}$, $N_C((0,0);\Omega) = \{(v_1,v_2) \in \mathbb{R}^2 \mid v_2 \leqslant -|v_1|\}$. 一个更突出的例子由图像集合 $\Omega := \mathrm{gph}|x| \subset \mathbb{R}^2$ 给出, 这里

$$N((0,0);\Omega) = \{(v_1,v_2) \mid v_2 \leqslant -|v_1|\} \cup \{(v_1,v_2) \mid v_2 = |v_1|\},$$

而 $N_C((0,0);\Omega) = \mathbb{R}^2$. 一般来说, 这种情形对 Lipschitz 单值映射生成的图像集合是成立的, 类似的结果可参见定理 1.46 和定理 3.26 中的精确描述, Clarke 法锥的等价表示也可参见 2.5.2 小节.

正如上面所提到的那样, 基本法锥 (1.3) 一般来说是非凸的, 不可能是任何切向逼近的对偶. 在一般的 Banach 空间情形中有

$$\mathrm{cl}^*\mathrm{co}\, N(\bar{x};\Omega) \subset N_C(\bar{x};\Omega), \quad T_C(\bar{x};\Omega) \subset N^*(\bar{x};\Omega),$$

其中上面两个包含关系对 Asplund 空间中的闭子集 Ω 来说作为等式成立 (见定理 3.57).

注 1.12 (法向逼近与切向逼近的比较) 切向逼近和法向逼近的主要区别在于切向逼近给出了原始空间中集合的局部逼近, 而法向逼近在对偶空间中定义, 带有局部性质的"对偶"信息. 为了应用于增广实值函数的上图和集值映射的图, 切向逼近产生了相应函数的方向导数/次梯度和映射的图导数, 而法向逼近分别与次微分和上导数有关, 见后面的内容.

广义微分的传统方法一般从切向逼近开始, 然后通过极化/对偶性导致对偶空间中的结构. 然而在推论 1.11 中讨论的情形之外, 这种方法不允许在参考点产生 (非凸的) 基本法锥甚或预法锥. 尽管如此, 正如将在下面看到的那样, 基本法锥和函数及映射的次微分与上导数结构在任意的 Banach 空间具有许多有用的性质, 而且在一般的 Asplund 空间拥有和有限维空间同样完美的理论. 无论在有限维和无线维空间中, 与切向逼近及其生成的凸对偶结构相比, 基本法锥及相关的次微分/上导数结构具有更丰富的分析法则.

值得一提的是, 在导出基本法向量、次梯度和上导数的分析法则及其相关性质的方法中, 原始空间中的切向逼近不起任何作用. 在有限/无限 (特别是无限) 维空间中, 这里的至关重要之处在于, 要重视对偶空间中的扰动和稳定性, 这会在全书的各种情形下的分析及应用中得到体现. 在一般非凸框架下的高等变分分析中, 这种对偶空间中的扰动/逼近方法可作为经典的变分与切向逼近的恰当替代.

1.1.3 广义法向量的分析法则

本小节包含 Banach 空间中广义法向量的一些分析结果, 它们在本书后面的内容中是重要的.

设 $f\colon X \to Y$ 是 Banach 空间之间的映射, Θ 是 Y 的子集. Θ 在 f 下的逆像定义为

$$f^{-1}(\Theta) := \{x \in X \mid f(x) \in \Theta\}.$$

这一小节的主要目标是在任意 Banach 空间中建立定义 1.1 中的广义法向量的分析结果, 给出非空集合 Θ 及其在可微映射逆像下的法向量之间的关系. 这些结果在许多应用中起着重要作用, 尤其在本章后面的内容中.

回顾 $f\colon X \to Y$ 在 $\bar{x}$ 是 Fréchet 可微的, 如果存在线性连续算子 $\nabla f(\bar{x})\colon X \to Y$, 即 f 在 $\bar{x}$ 的 Fréchet 导数, 满足

$$\lim_{x \to \bar{x}} \frac{f(x) - f(\bar{x}) - \nabla f(\bar{x})(x - \bar{x})}{\|x - \bar{x}\|} = 0. \tag{1.14}$$

大多有趣的应用要求下面更强的可微性质.

定义 1.13 (严格可微性) 映射 $f\colon X \to Y$ 在 $\bar{x}$ 是严格可微的, 如果

$$\lim_{\substack{x \to \bar{x} \\ u \to \bar{x}}} \frac{f(x) - f(u) - \nabla f(\bar{x})(x - u)}{\|x - u\|} = 0.$$

f 在 $\bar{x}$ 的严格可微率是从 $(0, \infty)$ 到 $[0, \infty]$ 的函数 $r_f(\bar{x}; \cdot)$, 定义为

$$r_f(\bar{x}; \eta) := \sup_{\substack{x, u \in \bar{x} + \eta \mathbb{B} \\ x \neq u}} \frac{\|f(x) - f(u) - \nabla f(\bar{x})(x - u)\|}{\|x - u\|}.$$

根据定义 1.13, 对严格可微映射有当 $\eta \downarrow 0$ 时, $r_f(\bar{x}; \eta) \downarrow 0$. 注意到, 不同于 (1.14) 式, 严格可微性涉及定义中关于 $\bar{x}$ 附近点的极限的某种一致性. 一个简单的例子是函数 $f\colon \mathbb{R} \to \mathbb{R}$,

$$f(x) \colon = \begin{cases} x^2, & \text{如果 } x \text{ 是有理数}, \\ 0, & \text{其他}. \end{cases}$$

它在 $\bar{x}=0$ 点 Fréchet 可微, 但不严格可微. 如果在 $\bar{x}$ 附近 $f\in\mathcal{C}^1$, 即在 $\bar{x}$ 的一个邻域内连续 Fréchet 可微, 那么 f 在该点显然是严格可微的, 但是反之不然. 事实上, 它甚至在 $\bar{x}$ 附近的一些点可能是不可微的, 例如: 连续函数 $f\colon[-1,1]\to\mathbb{R}, \bar{x}=0$,

$$f(x):=\begin{cases} x^2, & \text{若 } x=\dfrac{1}{k}, k\in\mathbb{N},\\ 0, & \text{若 } x=0,\\ \text{线性的}, & \text{其他}. \end{cases}$$

注意到在 $\bar{x}$ 严格可微的任意映射 f 在 $\bar{x}$ 附近是 Lipschitz 连续的, 或者在该点附近是局部 Lipschitz 的, 即存在 $\bar{x}$ 的邻域 U 和常数 $l\geqslant 0$, 满足

$$\|f(x)-f(u)\|\leqslant l\|x-u\|, \quad \forall\, x,u\in U. \tag{1.15}$$

下面将建立集合及其在可微映射下的逆像在参考点的法向量之间的关系. 这里线性算子 $A: X\to Y$ 是满的, 或映上的, 如果 $AX=Y$, 即 X 在算子 A 下的像是全空间 Y.

定理 1.14 (可微映射逆像的 ε- 法向量)　设 $f: X\to Y, \Theta\subset Y, \bar{y}:=f(\bar{x})\in\Theta$. 则下面的断言成立:

(i) 若 f 在 $\bar{x}$ 是 Fréchet 可微的, 则存在 $c_1>0$, 使得

$$\widehat{N}_\varepsilon(\bar{x};f^{-1}(\Theta))\supset\nabla f(\bar{x})^*\widehat{N}_{c_1\varepsilon}(\bar{y};\Theta), \quad \forall\,\varepsilon\geqslant 0;$$

(ii) 若 f 在 $\bar{x}$ 是严格可微的, 而且 $\nabla f(\bar{x})$ 是满射, 则存在 $c_2>0$, 使得

$$\widehat{N}_\varepsilon(\bar{x};f^{-1}(\Theta))\subset\nabla f(\bar{x})^*\widehat{N}_{c_2\varepsilon}(\bar{y};\Theta)+\varepsilon\mathbb{B}^*, \quad \forall\,\varepsilon\geqslant 0;$$

(iii) 若 $\dim Y<\infty$, f 在 $\bar{x}$ 附近连续且在该点只是 Fréchet 可微并具有满射导数 $\nabla f(\bar{x})$, 则 (ii) 中的包含关系成立.

证明　为证 (i) 中的包含关系, 观察到 (1.14) 式蕴涵着存在一个数 $\ell>0$ 和 $\bar{x}$ 的一个邻域 U, 使得

$$\|f(x)-f(\bar{x})\|\leqslant\ell\|x-\bar{x}\|, \quad \forall x\in U.$$

固定 $y^*\in\widehat{N}_\varepsilon(\bar{y},\Theta)$, 任取序列 $x_k\to\bar{x}$, 使得 $x_k\in f^{-1}(\Theta)$ 对任意 $k\in\mathbb{N}$ 成立. 于是有 $f(x_k)\to f(\bar{x})=\bar{y}$, 而且根据 ε- 法向量, Fréchet 可微性和伴随线性算子的定义, 有

$$\limsup_{x_k\to\bar{x}}\frac{\langle\nabla f(\bar{x})^*y^*,x_k-\bar{x}\rangle}{\|x_k-\bar{x}\|}=\limsup_{x_k\to\bar{x}}\frac{\langle y^*,\nabla f(\bar{x})(x_k-\bar{x})\rangle}{\|x_k-\bar{x}\|}$$

$$= \limsup_{x_k \to \bar{x}} \frac{\langle y^*, f(x_k) - f(\bar{x}) \rangle}{\|x_k - \bar{x}\|}$$

$$\leqslant \limsup_{y \xrightarrow{\theta} \bar{y}} \max \left\{ 0, \frac{\langle y^*, y - \bar{y} \rangle}{\ell^{-1}\|y - \bar{y}\|} \right\} \leqslant \ell\varepsilon.$$

由此式能得到 $\nabla f(\bar{x})^* y^* \in \widehat{N}_{\ell\varepsilon}(\bar{x}; f^{-1}(\Theta))$ 对任意 $\varepsilon \geqslant 0$ 成立. 因此当 $c_1 := \ell^{-1}$ 时, (i) 成立.

下证 (ii). 在下面的证明中将应用 f 在 $\bar{x}$ 附近的度量正则性性质, 它在 (ii) 的假设下成立: 存在一个常数 $\mu > 0$ 和 $\bar{x}$ 的邻域 U 及 $\bar{y}$ 的邻域 V, 满足

$$\operatorname{dist}(x; f^{-1}(y)) \leqslant \mu \|y - f(x)\|, \quad \forall x \in U, \quad y \in V. \tag{1.16}$$

这可追溯到 Lyusterni[824] 和 Graves[522] 的经典结果, 现在被称为 Lyusternik-Graves 定理 (参见 1.2.3 小节中的定理 1.57 及讨论).

固定 $x^* \in \widehat{N}_\varepsilon(\bar{x}; f^{-1}(\Theta))$, 并证明

$$|\langle x^*, x \rangle| \leqslant \varepsilon \|x\|, \quad \forall x \in \ker \nabla f(\bar{x}). \tag{1.17}$$

任取 $x \in \ker \nabla f(\bar{x})$, 显然有

$$\|f(\bar{x} + tx) - \bar{y}\| = o(t), \quad \text{对充分小的 } t > 0 \text{成立}.$$

则 (1.16) 式蕴涵着对任意充分小的 $t > 0$, 存在 $x_t \in f^{-1}(\bar{y})$, 满足 $\|\bar{x} + tx - x_t\| = o(t)$. 排除 $x = 0$ 这种平凡的情形, 得

$$\varepsilon \geqslant \limsup_{t \downarrow 0} \frac{\langle x^*, x_t - \bar{x} \rangle}{\|x_t - \bar{x}\|} = \limsup_{t \downarrow 0} \frac{\langle x^*, tx \rangle}{\|tx\|} = \frac{\langle x^*, x \rangle}{\|x\|}$$

对任何 $x \in \ker \nabla f(\bar{x})$ 成立. 由于它对 $-x \in \ker \nabla f(\bar{x})$ 也成立, 因此得到想要的估计 (1.17).

注意到由 (1.17) 式得到的 $\|x^*\|_L \leqslant \varepsilon$ 对定义在子空间 $L := \ker \nabla f(\bar{x})$ 上的线性连续泛函 x^* 的范数成立. 应用 Hahn-Banach 定理, 扩张 $x^*|_L$ 到 $\widetilde{x}^* \in X^*$ 且 $\|\widetilde{x}^*\| \leqslant \varepsilon$. 现在, 令 $\widehat{x}^* := x^* - \widetilde{x}^*$, 有 $\widehat{x}^* \in X^*$, 使得

$$\|\widehat{x}^* - x^*\| \leqslant \varepsilon, \quad \langle \widehat{x}^*, x \rangle = 0, \quad \forall x \in \ker \nabla f(\bar{x}).$$

由于 $\nabla f(\bar{x}) X = Y$, 这允许 (唯一地) 定义一个 Y 上的线性泛函 $\widehat{y}^*$ 为

$$\langle \widehat{y}^*, y \rangle := \langle \widehat{x}^*, x \rangle, \quad \text{且} \quad x \in \nabla f(\bar{x})^{-1}(y).$$

把度量正则性质 (1.16) 应用到线性满射算子 $\nabla f(\bar{x}) : X \to Y$(这种情形由经典开映射定理可得), 则有常数 $\mu > 0$, 使得对任意的 $y \in Y$, 存在 $x \in \nabla f(\bar{x})^{-1}(y)$, 满

足 $\|x\| \leqslant \mu\|y\|$. 这意味着如上定义的线性泛函 $\widehat{y}^*$ 的有界性, 即有 $\widehat{y}^* \in Y^*$. 由于 $\nabla f(\bar{x})^*\widehat{y}^* = \widehat{x}^*$, 余下的只需证明 $\widehat{y}^* \in \widehat{N}_{c_2\varepsilon}(\bar{y};\Theta)$ 对某个常数 $c_2 > 0$ 成立.

为此, 再应用映射 f 的度量正则性性质和它的严格导数. 任取 $\bar{y}$ 附近的 $y \in \Theta$, 对 f 当 $\mu > 0$ 时应用 (1.16) 式, 找到 $x_y \in f^{-1}(y)$ 满足

$$\|x_y - \bar{x}\| \leqslant \mu\|y - \bar{y}\|.$$

更进一步, 考虑到

$$\|y - \bar{y} - \nabla f(\bar{x})(x_y - \bar{x})\| = \|f(x_y) - f(\bar{x}) - \nabla f(\bar{x})(x_y - \bar{x})\| = o(\|x_y - \bar{x}\|),$$

并对算子 $\nabla f(\bar{x})$ 应用 (1.16) 式, 得 $\widehat{x}_y \in \nabla f(\bar{x})^{-1}(y - \bar{y})$ 且

$$\|x_y - \bar{x} - \widehat{x}_y\| = o(\|x_y - \bar{x}\|).$$

把上面的所有式子放在一起, 有

$$\begin{aligned}
\limsup_{y \xrightarrow{\Theta} \bar{y}} \frac{\langle \widehat{y}^*, y - \bar{y}\rangle}{\|y - \bar{y}\|} &= \limsup_{y \xrightarrow{\Theta} \bar{y}} \frac{\langle \widehat{x}^*, \widehat{x}_y\rangle}{\|y - \bar{y}\|} \\
&\leqslant \limsup_{y \xrightarrow{\Theta} \bar{y}} \max\left\{0, \frac{\langle \widehat{x}^*, \widehat{x}_y\rangle}{\mu^{-1}\|x_y - \bar{x}\|}\right\} \\
&= \limsup_{y \xrightarrow{\Theta} \bar{y}} \max\left\{0, \frac{\langle \widehat{x}^*, x_y - \bar{x}\rangle}{\mu^{-1}\|x_y - \bar{x}\|}\right\} \\
&\leqslant \mu \limsup_{x \xrightarrow{f^{-1}(\Theta)} \bar{x}} \max\left\{0, \left(\varepsilon + \frac{\langle x^*, x - \bar{x}\rangle}{\|x - \bar{x}\|}\right)\right\} \\
&\leqslant 2\mu\varepsilon.
\end{aligned}$$

由此式可得当 $c_2 := 2\mu$ 时, $\widehat{y}^* \in \widehat{N}_{c_2\varepsilon}(\bar{y};\Theta)$, 也就证明了 (ii).

注意到, 在上面的证明中, (1.16) 式只对 $y = \bar{y}$ 应用了度量正则性. 在 (iii) 的假设下, 这样更弱的性质也成立. 这可由文献 [543] 中定理 F 和基于 Brouwer 不动点定理的文献 [594] 的命题 7 的证明中得到, 也可参见 6.3.4 小节中定理 6.37 的证明. 因此得到 (iii) 并且完成了定理的证明. △

推论 1.15 (可微映射下逆像的 Fréchet 法向量) 设 $f: X \to Y$ 在 $\bar{x}$ 是 Fréchet 可微的, 则

$$\widehat{N}(\bar{x}; f^{-1}(\Theta)) \supset \nabla f(\bar{x})^*\widehat{N}(\bar{y};\Theta),$$

其中当 $\nabla f(\bar{x})$ 是满射并且或者 $\dim Y < \infty$ 或者 f 在 $\bar{x}$ 严格可微时, 上式作为等式成立.

证明 当 $\varepsilon = 0$ 时, 由定理 1.14 可得. △

下一个目标是得到集合及其在可微映射下逆像在参考点的法向量之间的关系. 如果 f 在 $\bar{x}$ 的一个邻域内是连续可微的, 那么能对离 $\bar{x}$ 很近的点 x 处的 ε- 法向量应用定理 1.14 的结果, 然后取当 $x \to \bar{x}$ 和 $\varepsilon \downarrow 0$ 时的极限. 当 f 在 $\bar{x}$ 只严格可微时, 这种情形更为复杂. 由于 f 在 $\bar{x}$ 附近不一定是可微的, 所以不能应用定理 1.14. 因此为得到严格可微性的情形, 需要得到更精细的集合的 ε- 法向量在所考虑的 $\bar{x}$ 与 $f(\bar{x})$ 附近的点的一致估计, 它只涉及 f 在 $\bar{x}$ 点的 (严格) 导数. 下面的引理应用 f 在 $\bar{x}$ 的严格可微率给出了想要的估计.

引理 1.16 (ε- 法向量的一致估计) 设 $f: X \to Y, \Theta \subset Y$ 且 $\bar{y} = f(\bar{x}) \in \Theta$. 假设 f 在 $\bar{x}$ 是严格可微的, 则存在常数 $c_1 > 0$ 和 $\bar{\eta} > 0$, 使得对任意的 $y^* \in \widehat{N}_\varepsilon(f(\bar{x}); \Theta)$, $\varepsilon \geqslant 0, x \in (\bar{x} + \eta\mathbb{B}) \cap f^{-1}(\Theta)$ 和 $\eta \in (0, \bar{\eta})$ 有

$$\nabla f(\bar{x})^* y^* \in \widehat{N}_{\widehat{\varepsilon}}(x; f^{-1}(\Theta)), \quad 其中 \ \widehat{\varepsilon} := c_1\varepsilon + \|y^*\| r_f(\bar{x}, \eta).$$

如果 $\nabla f(\bar{x})$ 是满射, 那么存在常数 $c_2 > 0, \bar{\eta} > 0$, 使得对任意的 $x^* \in \widehat{N}_\varepsilon(x; f^{-1}(\Theta))$, $\varepsilon \geqslant 0, x \in (\bar{x} + \eta\mathbb{B}) \cap f^{-1}(\Theta)$ 和 $\eta \in (0, \bar{\eta})$, 有

$$x^* \in \nabla f(\bar{x})^* \widehat{N}_{\widetilde{\varepsilon}}(f(x); \Theta) + (\varepsilon + c_2(\varepsilon + \|x^*\|) r_f(\bar{x}, \eta))\mathbb{B}^*,$$

这里 $\widetilde{\varepsilon} := c_2\varepsilon + c_2\|x^*\| r_f(\bar{x}, \eta)$.

证明 由于 f 在 $\bar{x}$ 是严格可微的, 所以存在 $\bar{\eta} > 0$, 使得 f 在 $\bar{x} + \eta\mathbb{B}$ 上是具有常数 $\ell > 0$ 的 Lipschitz 连续的. 因此 $r_f(\bar{x}, \eta) < \infty$ 对任何 $\eta \in (0, \bar{\eta})$ 成立. 对这样的 η, 现取 $y^* \in \widehat{N}_\varepsilon(f(x); \Theta)$, $\varepsilon \geqslant 0, x \in (\bar{x} + \eta\mathbb{B}) \cap f^{-1}(\Theta)$, 有

$$\begin{aligned}
\limsup_{u \xrightarrow{f^{-1}(\Theta)} x} \frac{\langle \nabla f(\bar{x})^* y^*, u - x \rangle}{\|u - x\|} &= \limsup_{u \xrightarrow{f^{-1}(\Theta)} x} \frac{\langle y^*, \nabla f(\bar{x})(u - x) \rangle}{\|u - x\|} \\
&\leqslant \limsup_{u \xrightarrow{f^{-1}(\Theta)} x} \frac{\langle y^*, f(u) - f(x) \rangle}{\|u - x\|} + \|y^*\| r_f(\bar{x}, \eta) \\
&\leqslant \limsup_{v \xrightarrow{\Theta} y} \max\left\{0, \frac{\langle y^*, v - y \rangle}{\ell^{-1}\|v - y\|}\right\} + \|y^*\| r_f(\bar{x}, \eta) \\
&\leqslant \ell_\varepsilon + \|y^*\| r_f(\bar{x}, \eta) = \widehat{\varepsilon},
\end{aligned}$$

这蕴涵着当 $c_1 := \ell$ 时, 引理的第一个包含关系成立.

假设 $\nabla f(\bar{x})$ 是满射时证明第二个包含关系成立. 下面的证明是定理 1.14 中论断 (ii) 证明的一个修改, 这里不但对 $y = \bar{y}$ 而且对 $\bar{y}$ 的一个邻域内的所有 y 应用度量正则性 (1.16).

选取 $\bar{\eta} > 0$ 使得 $r_f(\bar{x}, \bar{\eta}) < \infty$, 并且对任意的 $\eta \in (0, \bar{\eta})$ 和 (1.16) 式中的 U 和 V, 有 $\bar{x} + \eta\mathbb{B} \subset U$, $f(\bar{x} + \eta\mathbb{B}) \subset V$. 固定 $\varepsilon \geqslant 0, \eta \in (0, \bar{\eta}), \widehat{x} \in (\bar{x} + \eta\mathbb{B}) \cap f^{-1}(\Theta), \widehat{y} := f(\widehat{x})$

和 $x^* \in \widehat{N}_\varepsilon(\bar{x}; f^{-1}(\Theta))$. 下面证明当 ε 替换为

$$\varepsilon_0 := \varepsilon + \mu(\varepsilon + \|x^*\|)r_f(\bar{x}, \eta)$$

时, (1.17) 式成立, 这里 $\mu > 0$ 是度量正则性 (1.16) 中的一个常数. 这将显然由

$$\langle x^*, x\rangle \leqslant \varepsilon_0\|x\|, \quad \forall 0 \neq x \in \ker\nabla f(\bar{x})$$

可得. 为证后面的这个不等式, 任取 $0 \neq x \in \ker\nabla f(\bar{x})$, 并且观察到

$$\|f(\widehat{x} + tx) - \widehat{y}\| \leqslant r_f(\bar{x}, \eta)\|x\|t, \quad \forall t > 0.$$

则 f 在 $\bar{x}$ 附近的度量正则性意味着存在 $x_t \in f^{-1}(\widehat{y})$ 满足估计:

$$\|\widehat{x} + tx - x_t\| \leqslant \mu r_f(\bar{x}, \eta)\|x\|t, \quad \text{对充分小的 } t > 0 \text{成立}.$$

如果 $\langle x^*, x_t - \widehat{x}\rangle \leqslant 0$ 对某个 $t > 0$ 成立, 则

$$\langle x^*, tx\rangle - \mu\|x^*\|r_f(\bar{x}, \eta)\|x\|t \leqslant 0, x \in \ker\nabla f(\bar{x}),$$

从而得到要求的估计. 余下的证明考虑下面情形.

$$\langle x^*, x_{t_k} - \widehat{x}\rangle > 0, \quad \text{对某个 } t_k \downarrow 0, k \in \mathbb{N} \text{ 成立}.$$

在这种情形中, 有

$$\begin{aligned}\varepsilon \geqslant \limsup_{k\to\infty} \frac{\langle x^*, x_{t_k} - \widehat{x}\rangle}{\|x_{t_k} - \widehat{x}\|} &\geqslant \limsup_{k\to\infty} \frac{\langle x^*, t_k x\rangle - \mu\|x^*\|r_f(\bar{x}, \eta)\|x\|t_k}{\|t_k x\| + \mu r_f(\bar{x}, \eta)\|x\|t_k} \\ &= \frac{\langle x^*, x\rangle - \mu\|x^*\|r_f(\bar{x}, \eta)\|x\|}{\|x\| + \mu r_f(\bar{x}, \eta)\|x\|}, \quad x \in \ker\nabla f(\bar{x}).\end{aligned}$$

这蕴涵着当 $\varepsilon = \varepsilon_0$ 时的估计 (1.17). 与定理 1.14(ii) 的证明类似, 找到 $\widehat{x}^* \in X^*$, 使得

$$\|\widehat{x}^* - x^*\| \leqslant \varepsilon_0, \quad \langle \widehat{x}^*, x\rangle = 0 \text{ 对 } x \in \ker\nabla f(\bar{x})\text{成立},$$

定义 $\widehat{y}^* \in Y^*$ 为

$$\langle \widehat{y}^*, y\rangle := \langle \widehat{x}^*, x\rangle, x \in \nabla f(\bar{x})^{-1}(y).$$

现在证明存在常数 $c_2 > 0$, 满足

$$\widehat{y}^* \in \widehat{N}_{\widetilde{\varepsilon}}(\widehat{y}; \Theta), \quad \text{且} \widetilde{\varepsilon} = c_2\varepsilon + c_2\|x^*\|r_f(\bar{x}, \eta).$$

先对 f 当 $x = \widehat{x}, y \in \Theta \cap V$ 在 $\widehat{y}$ 附近时应用 (1.16) 式, 再对 $\nabla f(\bar{x})$ 应用 (1.16) 式, 找到 $x_y \in f^{-1}(y)$ 和 $\widehat{x}_y \in \nabla f(\bar{x})^{-1}(y - \widehat{y})$ 满足估计

$$\|x_y - \widehat{x}\| \leqslant \mu\|y - \widehat{y}\|, \quad \|x_y - \widehat{x} - \widehat{x}_y\| \leqslant \mu r_f(\bar{x}, \eta)\|x_y - \widehat{x}\|.$$

把上面的结构和估计合在一起, 得

$$\begin{aligned}\limsup_{y\xrightarrow{\Theta}\widehat{y}}\frac{\langle\widehat{y}^*,y-\widehat{y}\rangle}{\|y-\widehat{y}\|}&\leqslant\limsup_{y\xrightarrow{\Theta}\widehat{y}}\max\left\{0,\frac{\langle\widehat{x}^*,\widehat{x}_y\rangle}{\mu^{-1}\|x_y-\widehat{x}\|}\right\}\\&\leqslant\limsup_{y\xrightarrow{\Theta}\widehat{y}}\max\left\{0,\frac{\langle\widehat{x}^*,x_y-\widehat{x}\rangle}{\mu^{-1}\|x_y-\widehat{x}\|}+\mu^2r_f(\bar{x},\eta)\|x^*\|\right\}\\&\leqslant\limsup_{y\xrightarrow{\Theta}\widehat{y}}\max\left\{0,\mu\varepsilon_0+\frac{\langle\widehat{x}^*,x_y-\widehat{x}\rangle}{\mu^{-1}\|x_y-\widehat{x}\|}+\mu^2r_f(\bar{x},\eta)(\|x^*\|+\varepsilon_0)\right\}\\&\leqslant\mu\varepsilon_0+\mu\varepsilon+\mu^2r_f(\bar{x},\eta)(\|x^*\|+\varepsilon_0)\leqslant c_2\varepsilon+c_2\|x^*\|r_f(\bar{x},\eta),\end{aligned}$$

这里 $c_2:=\max\{\mu,2\mu+2\mu^2r_f(\bar{x},\bar{\eta})+\mu^3r_f^2(\bar{x},\bar{\eta}),2\mu^2+\mu^3r_f(\bar{x},\bar{\eta})\}$. 为了完成证明, 观察到在 ε_0 的定义中, μ 可以用 c_2 替换. 因此得到引理的第二个包含关系. △

定义 1.17 (严格可微映射下逆像的基本法向量) 设 $f:X\to Y,\Theta\subset Y$ 满足 $\bar{y}=f(\bar{x})\in\Theta$. 假设 f 在 $\bar{x}$ 是严格可微的且具有满射导数, 则有

$$N(\bar{x};f^{-1}(\Theta))=\nabla f(\bar{x})^*N(\bar{y};\Theta). \tag{1.18}$$

证明 任取 $y^*\in N(\bar{y};\Theta)$. 则应用基本法向量的定义, f 在 $\bar{x}$ 附近的连续性以及 Lyusternik-Graves 定理的度量正则性 (1.16), 找到序列 $\varepsilon_k\downarrow 0,x_k\to\bar{x}$ 和 $y_k^*\xrightarrow{w^*}y^*$, 满足

$$x_k\in f^{-1}(\Theta),\quad y_k^*\in\widehat{N}_{\varepsilon_k}(f(x_k);\Theta),\quad\forall k\in\mathbb{N}.$$

引理 1.16 蕴涵着

$$\nabla f(\bar{x})^*y_k^*\in\widehat{N}_{\widehat{\varepsilon}_k}(x_k;f^{-1}(\Theta)),\widehat{\varepsilon}_k:=c_1\varepsilon_k+\|y_k^*\|r_f(\bar{x};\|x_k-\bar{x}\|)$$

对充分大的 k 成立. 因为 y_k^* 是一致有界的, f 在 $\bar{x}$ 是严格可微的, 所以当 $k\to\infty$ 时, 有 $\widehat{\varepsilon}_k\downarrow 0$. 因此 $\nabla f(\bar{x})^*y^*\in N(\bar{x};f^{-1}(\Theta))$, 这就证明了定理所描述的包含关系.

当算子 $\nabla f(\bar{x})$ 是满射时, 为证 (1.18) 式相反的包含关系, 任取 $x^*\in N(\bar{x};f^{-1}(\Theta))$ 并且找到序列 $\widehat{\varepsilon}_k\downarrow 0,x_k\to\bar{x}$ 和 $x_k^*\xrightarrow{w^*}x^*$, 满足 $f(x_k)\in\Theta$ 和 $x_k^*\in\widehat{N}_{\varepsilon_k}(x_k;f^{-1}(\Theta))$ 对 $k\in\mathbb{N}$ 成立. 则引理 1.16 蕴涵着存在 $c_2>0$, 使得

$$x_k^*\in\nabla f(\bar{x})^*\widehat{N}_{\widetilde{\varepsilon}_k}(f(x_k);\Theta)+(\varepsilon_k+c_2(\varepsilon_k+\|x_k^*\|)r_f(\bar{x},\|x_k-\bar{x}\|))\mathbb{B}^*,$$

这里 $\widetilde{\varepsilon}_k:=c_2\varepsilon_k+c_2\|x_k^*\|r_f(\bar{x},\|x_k-\bar{x}\|)\downarrow 0$(当 $k\to\infty$ 时). 现在在最后一个包含关系中取极限, 则 $x^*\in\nabla f(\bar{x})^*N(f(\bar{x});\Theta)$, 从而完成了定理的证明. △

需要注意的是, 定理 1.17 保证了等式 (1.18) 对任何 Θ 成立, 该集合在 $\bar{y}$ 点不必是法向正则的. 事实上, 如果 f 在 $\bar{x}$ 是严格可微的且具有满射导数, (1.18) 式和

推论 1.15 中的等式允许证明 $f^{-1}(\Theta)$ 在 $\bar{x}$ 的法向正则性等价于 Θ 在 $\bar{x}$ 的法向正则性. 下面引述泛函分析的一个事实, 这在本书中非常有用.

引理 1.18 (伴随线性算子的性质) 设 $A^*: Y^* \to X^*$ 是线性连续算子 $A: X \to Y$ 的伴随算子. 若 A 是满射, 则对任意的 $y^* \in Y^*$, 有

$$\|A^*y^*\| \geqslant \kappa\|y^*\|, \quad \text{其中} \quad \kappa := \inf\{\|A^*y^*\| \mid \|y^*\| = 1\} \in (0, \infty).$$

特别地, A^* 是单射, 即, 若 $y_1^* \neq y_2^*$, 则 $A^*y_1^* \neq A^*y_2^*$.

证明 考虑 X 和由 $\ker A$ 生成的商 Banach 空间之间的典范映射 $\pi: X \to X/\ker A$, 这里 $X/\ker A$ 上的范数定义为

$$\|x + \ker A\| := \inf_{u \in x + \ker A} \|u\|.$$

这显然诱导一个线性同构 $\widetilde{A}: X/\ker A \to AX$满足$A = \widetilde{A} \circ \pi$. 应用经典的开映射定理, 找到一个常数 $\kappa > 0$, 使得 $\kappa B_Y \subset AB_X$. 则

$$\begin{aligned}\|A^*y^*\| &= \sup_{x \in B_X} |\langle A^*y^*, x\rangle| = \sup_{x \in B_X} |\langle y^*, Ax\rangle| \\ &= \sup_{y \in AB_X} |\langle y^*, y\rangle| \geqslant \sup_{y \in \kappa B_Y} |\langle y^*, y\rangle| = \kappa\|y^*\|\end{aligned}$$

对任意 $y^* \in Y^*$ 成立. 为了完成引理的证明, 余下的要证明对 κ 上述公式成立. 这可由关系

$$\|(\widetilde{A}^*)^{-1}\| = \left(\inf_{\|y^*\|=1} \|\widetilde{A}^*y^*\|\right)^{-1} = \left(\inf_{\|y^*\|=1} \|A^*y^*\|\right)^{-1}$$

得到, 此处要用到 $A^* = \pi^* \circ \widetilde{A}^*$ 和 $\|\pi^*z^*\| = \|z^*\|$. △

定理 1.19 (严格可微映射下逆像的法向正则性) 设 $f: X \to Y$ 在 $\bar{x}$ 是严格可微的且具有满射导数 $\nabla f(\bar{x})$, 则 $f^{-1}(\Theta)$ 在 $\bar{x}$ 是法向正则的当且仅当 Θ 在 $\bar{y} = f(\bar{x})$ 是法向正则的.

证明 由定理 1.17 和推论 1.15, 有 (1.18) 式和

$$\widehat{N}(\bar{x}; f^{-1}(\Theta)) = \nabla f(\bar{x})^* \widehat{N}(\bar{y}, \Theta).$$

因此 Θ 在 $\bar{y}$ 的法向正则性直接蕴涵着 $f^{-1}(\Theta)$ 在 $\bar{x}$ 的法向正则性. 为了证明相反的蕴涵关系, 需证若 $f^{-1}(\Theta)$ 在 $\bar{x}$ 是法向正则的, 则 $N(\bar{y}; \Theta) \subset \widehat{N}(\bar{y}; \Theta)$. 任取 $y_1^* \in N(\bar{y}; \Theta)$, 并且应用 $f^{-1}(\Theta)$ 的正则性, 找到 $y_2^* \in \widehat{N}(\bar{y}; \Theta)$ 满足 $\nabla f(\bar{x})^*(y_1^* - y_2^*) = 0$. 根据引理 1.18, 这蕴涵着 $y_1^* = y_2^*$, 则 $y_1^* \in \widehat{N}(\bar{y}; \Theta)$. 这就完成了证明. △

更多的分析法则和正则性结果将在第 3 章 Asplund 空间中得到. 特别地, 将证明对非光滑映射和集值映射定理 1.17 的进一步结果, 其中 (1.18) 式中的等号将替换成"$\subset$". 一般来说, 非光滑分析法则需要额外的规范条件 (这些条件在定理 1.17

的框架下自动满足) 和一些在有限维空间中总是成立的“序列法紧性”性质. 序列法紧性当然对一般 Banach 空间也具有独立的意义, 并且成为无限维变分理论的要素. 将在下一节中进一步研究.

1.1.4 集合的序列法紧性

在这一小节中研究 Banach 空间中集合的一些局部性质, 这些性质保证 ε- 法向量 (1.2) 在对偶空间中弱* 收敛到零和范数收敛到零的等价性. 如上所述, 这样的性质对随后的应用非常重要.

定义 1.20 (序列法紧性) 集合 $\Omega \subset X$ 在 $\bar{x} \in \Omega$ 是序列法紧 (SNC) 的, 如果对任何序列 $(\varepsilon_k, x_k, x_k^*) \in [0, \infty) \times \Omega \times X^*$ 满足

$$\varepsilon_k \downarrow 0, \quad x_k \to \bar{x}, \quad x_k^* \in \widehat{N}_{\varepsilon_k}(x_k; \Omega) \text{ 和 } x_k^* \xrightarrow{w^*} 0,$$

那么有 $\|x_k^*\| \to 0, k \to \infty$.

由定义易知, 如果 Ω 的闭包在 $\bar{x} \in \Omega$ 是 SNC 的, 那么 Ω 在该点是 SNC 的. 也注意到有限维空间中的每个非空集合在它的所有点处都是 SNC 的. 第一个结果表明无限维空间中的 SNC 性质只对充分“大”的集合成立.

回顾 Ω 的仿射包定义为

$$\operatorname{aff} \Omega := \left\{ \sum_{i=1}^{l} \alpha_i x_i \mid x_i \in \Omega, \alpha_i \in \mathbb{R}, \sum_{i=1}^{l} \alpha_i = 1, l \in \mathbb{N} \right\},$$

它是包含 Ω 的最小的仿射集. 显然 $\operatorname{aff} \Omega$ 是 X 的一个线性子空间的平移. $\operatorname{aff} \Omega$ 在 X 中的闭包称为 Ω 的闭仿射包, 记为 $\overline{\operatorname{aff}}\, \Omega$. 对任意点 $x \in \overline{\operatorname{aff}}\, \Omega$, 集合 $\overline{\operatorname{aff}}\, \Omega - x$ 是 X 的闭线性子空间, 它不依赖于 x 的选择. $\overline{\operatorname{aff}}\, \Omega$ 的余维数定义为商空间 $X/(\overline{\operatorname{aff}}\, \Omega - x)$ 的维数. $\Omega \subset X$ 的相对内部 $\operatorname{ri} \Omega$ 是 Ω 相对于 $\overline{\operatorname{aff}}\, \Omega$ 的内部.

下面证明任何 SNC 集合必是有限余维数的, 并且这个条件是具有非空相对内部的凸集的 SNC 性质的一个刻画.

定理 1.21 (SNC 集合的有限余维数) 集合 $\Omega \subset X$ 在 $\bar{x} \in \Omega$ 是序列法紧的, 仅当

$$\operatorname{co\,dim} \overline{\operatorname{aff}}(\Omega \cap U) < \infty$$

对 $\bar{x}$ 的任何邻域 U 成立. 特别地, X 中的单点集是序列法紧的当且仅当 X 是有限维的. 而且当 Ω 是凸的且 $\operatorname{ri} \Omega \neq \varnothing$ 时, Ω 在任一点 $\bar{x} \in \Omega$ 的序列法紧性等价于有限余维数条件 $\operatorname{co\,dim} \overline{\operatorname{aff}}\, \Omega < \infty$.

证明 对任意集合 $\Omega \subset X$ 先证必要性部分. 由于 SNC 是局部性质, 总可以假设 $\bar{x} = 0 \in \Omega$ 和 $U = X$. 于是 $L := \overline{\operatorname{aff}}\, \Omega$ 是 X 的闭线性子空间, 并且它的零化子

$$L^{\perp} := \{x^* \in X^* \mid \langle x^*, x \rangle = 0, \quad \forall x \in L\}$$

显然是预法锥 $\widehat{N}(0;\Omega)$ 的子集.

众所周知, $L^{\perp}$ 与对偶商空间 $(X/L)^*$ 是同构的. 假设 $\operatorname{co}\dim\Omega=\dim(X/L)=\infty$, 应用基本的 Josefson-Nissenzweig 定理[333,第 12 章], 找到向量序列 $x_k^*\in(X/L)^*$, 使得

$$\|x_k^*\|=1,\quad \forall k\in\mathbb{N}, \text{且在}(X/L)^*\text{中},\ x_k^*\xrightarrow{w^*}0\ (k\to\infty).$$

利用上面提到的同构, 能把 $\{x_k^*\}$ 看做是 $L^{\perp}\subset X^*$ 中在 X^* 的弱* 拓扑下收敛于零的单位向量序列. 利用包含关系

$$L^{\perp}\subset\widehat{N}(0;\Omega)\subset\widehat{N}_{\varepsilon}(0;\Omega),\quad \forall\varepsilon\geqslant 0,$$

得到一个与 Ω 的序列法紧性的矛盾.

对具有非空内部的凸集, 现证定理的充分性部分. 不失一般性, 设 $0\in\Omega$, 因此 $\overline{\operatorname{aff}}\,\Omega$ 是 X 的闭子空间. 由于 $\operatorname{co}\dim\overline{\operatorname{aff}}\,\Omega<\infty$, 所以存在有限维子空间 $Z\subset X$ 满足

$$X=\overline{\operatorname{aff}}\,\Omega\bigoplus Z,\quad \text{即}X=\overline{\operatorname{aff}}\,\Omega+Z,\quad \text{而且}(\overline{\operatorname{aff}}\,\Omega)\cap Z=\{0\}.$$

显然有

$$\widehat{N}_{\varepsilon}(\bar{x};\Omega\,|_X)=\widehat{N}_{\varepsilon}(\bar{x};\Omega\,|_{\overline{\operatorname{aff}}\,\Omega})\times Z^*,\quad \forall\bar{x}\in\Omega,\ \varepsilon\geqslant 0.$$

由于 Z 是有限维的, 只需考虑当 $\operatorname{ri}\Omega=\operatorname{int}\Omega\neq\varnothing$ 时 $\overline{\operatorname{aff}}\,\Omega=X$ 的情形.

固定 $\bar{x}\in\Omega$ 和 $x_0\in\operatorname{int}\Omega$, 则对某个 $r>0, x_0+r\mathbb{B}\subset\Omega$. 任取序列 $x_k\in\Omega$, $x_k^*\in\widehat{N}_{\varepsilon_k}(x_k;\Omega)$ 满足 $x_k\to\bar{x},\varepsilon_k\downarrow 0$ 和 $x_k^*\xrightarrow{w^*}0, k\to\infty$. 对某个常数 $c>0$ 和所有 $k\in\mathbb{N}$ 有 $\|x_k^*\|\leqslant c$. 由命题 1.3 得

$$\langle x_k^*,x-x_k\rangle\leqslant\varepsilon_k\|x-x_k\|,\quad \forall x\in\Omega,k\in\mathbb{N}.$$

由于 $x:=x_0+ru\in\Omega,\ \forall\, u\in\mathbb{B}$, 得

$$\langle x_k^*,u\rangle\leqslant\frac{1}{r}\varepsilon_k\|x_0+ru-x_k\|-\frac{1}{r}\langle x_k^*,x_0-x_k\rangle,\quad \forall u\in\mathbb{B},$$

这给出了

$$\|x_k^*\|\leqslant\alpha(\varepsilon_k+|\langle x_k^*,x_0-x_k\rangle|),\quad k\in\mathbb{N}$$

对某个 $\alpha>0$ 成立. 因为

$$|\langle x_k^*,x_0-x_k\rangle|\leqslant|\langle x_k^*,x_0-\bar{x}\rangle|+c\|\bar{x}-x_k\|,$$

此式显然蕴涵着 $\|x_k^*\|\to 0(k\to\infty)$.

下面证明集合的 SNC 性质在映射逆像运算下是不变的, 这里要求映射在参考点严格可微且导数为满射, 这个结果基于在前一小节建立的分析法则.

定理 1.22 (严格可微映射下逆像的 SNC 性质) 设 $f: X \to Y$ 在 $\bar{x}$ 严格可微且具有满射导数 $\nabla f(\bar{x})$, 设 Θ 是 Y 的子集且包含 $\bar{y} := f(\bar{x})$. 则 $f^{-1}(\Theta)$ 在 $\bar{x}$ 是 SNC 的当且仅当 Θ 在 $\bar{y}$ 是 SNC 的.

证明 首先假设 Θ 在 $\bar{y}$ 是 SNC 的来证明 $f^{-1}(\Theta)$ 在 $\bar{x}$ 是 SNC 的. 取序列 $(\varepsilon_k, x_k, x_k^*)$, 使得 $f(x_k) \in \Theta, x_k^* \in \widehat{N}_{\varepsilon_k}(x_k; f^{-1}(\Theta))$, 并且 $\varepsilon_k \downarrow 0, x_k \to \bar{x}, x_k^* \xrightarrow{\omega^*} 0$, $k \to \infty$. 则 x_k^* 在 X^* 中一致有界. 由引理 1.16 找到序列 $\widetilde{\varepsilon}_k \downarrow 0, \widehat{\varepsilon}_k \downarrow 0$ 和 $y_k^* \in \widehat{N}_{\widetilde{\varepsilon}_k}(f(x_k); \Theta)$ 满足

$$\|x_k^* - \nabla f(\bar{x})^* y_k^*\| \leqslant \widehat{\varepsilon}_k, \quad k \in \mathbb{N}.$$

现在利用引理 1.18, 得到结论 $y_k^* \xrightarrow{\omega^*} 0$, 由 Θ 在 $\bar{y}$ 的 SNC 性质和 f 在 $\bar{x}$ 的连续性得 $\|y_k^*\| \to 0$. 因此也有 $\|x_k^*\| \to 0$, 这就证明了 $f^{-1}(\Theta)$ 在 $\bar{x}$ 的 SNC 性质.

为了证明相反的蕴涵关系, 设 $f^{-1}(\Theta)$ 在 $\bar{x}$ 是 SNC 的, 任取序列 $(\varepsilon_k, y_k, y_k^*)$ 满足 $y_k^* \in \widehat{N}_{\varepsilon_k}(y_k; \Theta)$, $\varepsilon_k \downarrow 0$, $y_k \xrightarrow{\Theta} \bar{y}$ 和 $y_k^* \xrightarrow{\omega^*} 0$, $k \to \infty$. f 在 $\bar{x}$ 附近的度量正则性性质允许找到 $\mu > 0$, $x_k \in f^{-1}(y_k)$ 使得 $\|x_k - \bar{x}\| \leqslant \mu\|y_k - \bar{y}\|$, 即 $x_k \to \bar{x}$ 且 $y_k = f(x_k), k \in \mathbb{N}$. 再应用引理 1.16, 得到序列 $\widehat{\varepsilon}_k \downarrow 0$ 满足

$$x_k^* := \nabla f(\bar{x})^* y_k^* \in \widehat{N}_{\widehat{\varepsilon}_k}(x_k; f^{-1}(\Theta)), \quad k \in \mathbb{N}.$$

显然 $x_k^* \xrightarrow{\omega^*} 0$, 而且, 由于 $f^{-1}(\Theta)$ 在 $\bar{x}$ 是 SNC 的, 所以有 $\|x_k^*\| \to 0$, $k \to \infty$. 利用引理 1.18, 得到结论 $\|y_k^*\| \to 0$. 这就完成了定理的证明. △

如果 $f(x) = Ax$ 是 Banach 空间 X 和 Y 之间的线性连续算子, 那么定理 1.22 保证了若 A 是满射, 则 $\Theta \subset Y$ 的 SNC 性质和逆像 $A^{-1}(\Theta)$ 在相应点处的 SNC 性质之间的等价性. 而且, 在线性的情形下, 满射假设可松弛为如下情形.

命题 1.23 (线性算子下逆像的 SNC 性质) 设 $A: X \to Y$ 是线性连续算子, 它的值域

$$AX := \{y \in Y \mid \exists x \in X, \ \text{使得}\ y = Ax\}$$

在 Y 中是闭的. 取集合 $\Theta \subset AX$, 并假设 Θ 在某点 $\bar{y} := A\bar{x} \in \Theta$ 是 SNC 的, 则它的逆像 $A^{-1}(\Theta)$ 在 $\bar{x}$ 也是 SNC 的.

证明 只需证明在 $\bar{y}$(相对于整个空间 Y) 序列法紧的集合 $\Theta \subset AX$ 在 $\bar{y}$ 相对于更小的 Banach 空间 AX 也是 SNC 的. 于是能对满射算子 $A: X \to AX$ 应用定理 1.22.

为了证明上述断言, 由 $\overline{\text{aff}}\,\Theta \subset AX$ 和定理 1.21 的必要性保证 $\operatorname{co\,dim} AX < \infty$, 因此空间 AX 是可补的, 即存在闭子空间 $Z \subset Y$, 使得 $AX \bigoplus Z = Y$. 现在用 $\widehat{N}_\varepsilon(\cdot; \Theta\,|_{AX})$ 表示相对于 AX 的 Θ 的 ε- 法向量集, 并且任取序列 $y_k \xrightarrow{\Theta} \bar{y}, \varepsilon_k \downarrow 0$ 和在 $(AX)^*$ 的弱* 拓扑下收敛于零的序列 $y_k^* \in \widehat{N}_{\varepsilon_k}(y_k; \Theta\,|_{AX})$. 由于 AX 是可补的, 有 $(y_k^*, 0) \in \widehat{N}_{\varepsilon_k}(y_k; \Theta)$, 其中 $0 \in Z^*$ 并且 $\widehat{N}_{\varepsilon_k}(\cdot; \Theta)$ 是相对于 Y 的 Θ 的 ε_k- 法

向量集. 则 Θ 相对于 Y 的 SNC 性质蕴涵着 $\|(y_k^*,0)\|_{Y^*}\to 0$, 因此 $\|y_k^*\|_{(AX)^*}\to 0$, $k\to\infty$, 即 Θ 在 $\bar{y}$ 相对于 AX 是 SNC 的. △

下面给出集合 $\Omega\subset X$ 的 SNC 性质的一些充分条件, 这些充分条件不涉及 Ω 的任何法向量, 本质上由集合 Ω 本身来表达. 这样的条件与 Ω 在所论点附近的一种 Lipschitz 性质有关.

定义 1.24 (上图 Lipschitz 和紧上图 Lipschitz 集合)　设 $\Omega\subset X$ 且 $\bar{x}\in\mathrm{cl}\Omega$, 则

(i) Ω 在 $\bar{x}$ 附近是紧上图 Lipschitz (CEL) 的, 如果存在紧集 $C\subset X$, $\bar{x}$ 的邻域 U, X 中原点的一个邻域 O 和数 $\gamma>0$, 使得

$$\Omega\cap U+tO\subset\Omega+tC,\quad \forall t\in(0,\gamma);\tag{1.19}$$

(ii) Ω 在 $\bar{x}$ 附近是上图 Lipschitz 的, 如果 (1.19) 式中的紧集 C 是单点集.

由定义易知, 如果 Ω 在 $\bar{x}$ 附近是上图 Lipschitz(紧上图 Lipschitz) 的, 那么它的闭包在该点附近也具有相同的性质. 当 Ω 是闭的, C 是 X 中的非零单点集时, Ω 的上图 Lipschitz 性质意味着 Ω 局部同胚于 Lipschitz 连续函数的上图. 因此有上图 Lipschitz 这个术语.

如果 X 是有限维的, 那么 X 的所有子集在它的所有点附近有 CEL 性质 (取 $C=B$, 闭单位球). 上图 Lipschitz 性质则不然, 甚至对 $\mathbb{R}^n$ 中的凸集上述结论都不成立. 事实上, 凸集的上图 Lipschitz 性质有下面的简单刻画.

命题 1.25 (上图 Lipschitz 凸集)　凸集 $\Omega\subset X$ 在任意点 $\bar{x}\in\Omega$ 附近是上图 Lipschitz 的当且仅当 $\mathrm{int}\,\Omega\neq\varnothing$.

证明　下面证明凸集 $\Omega\subset X$ 在 $\bar{x}\in\Omega$ 附近是上图 Lipschitz 的当且仅当存在 $v\in X,\gamma>0$ 使得

$$\bar{x}+\gamma v\in\mathrm{int}\,\Omega,$$

由此结论成立.

上述条件的必要性是平凡的. 为证充分性, 取 $\gamma>0$ 和 X 中原点的一个邻域 V 使得 $\bar{x}+\gamma(v+V)\subset\Omega$. 选取 $0\in X$ 的另一个邻域 $\widetilde{V}$ 满足 $\dfrac{1}{\gamma}\widetilde{v}+\widetilde{V}\subset V$. 于是有

$$x+\gamma(v+\widetilde{V})\subset\bar{x}+\gamma\left(v+\frac{1}{\gamma}\widetilde{V}+\widetilde{V}\right)\subset\bar{x}+\gamma(v+V)\subset\Omega$$

对任意 $x\in\bar{x}+\widetilde{V}$ 成立. 由于 Ω 是凸的, 它蕴涵着

$$x+t(v+\widetilde{V})\subset\Omega,\quad \forall x\in\Omega\cap(\bar{x}+\widetilde{V}),\quad t\in(0,\gamma).$$

取 $U:=\bar{x}+\widetilde{V}$, $O:=\widetilde{V}$, $C:=\{-v\}$, 则 (1.19) 式成立. △

下面证明在任意 Banach 空间中, Ω 在 $\bar{x}\in\Omega$ 附近的 CEL(紧上图 Lipschitz) 性质蕴涵着 Ω 在该点的 SNC 性质.

定理 1.26 (CEL 集合的 SNC 性质) 设 $\Omega\subset X$ 在 $\bar{x}\in\Omega$ 附近是紧上图 Lipschitz 的, 则它在该点是序列法紧的.

证明 设 Ω 在$\bar{x}$ 附近是 CEL 的, 找到一个紧集 $C\subset X$, 正数 γ和η, 使得

$$\Omega\cap(\bar{x}+\eta\mathbb{B})+t\eta\mathbb{B}\subset\Omega+tC,\quad \forall t\in(0,\gamma).$$

下证上式蕴涵着存在一个常数 $\alpha>0$, 使得

$$\widehat{N}_\varepsilon(x;\Omega)\subset\left\{x^*\in X^*\mid \eta\|x^*\|\leqslant\varepsilon(\alpha+\eta)+\max_{c\in C}\langle x^*,c\rangle\right\}\tag{1.20}$$

对任何 $x\in\Omega\cap(\bar{x}+\eta\mathbb{B})$ 成立. 事实上, 固定 $x\in\Omega\cap(\bar{x}+\eta\mathbb{B})$, 利用 Ω 的 CEL 性质, 对任意 $e\in\mathbb{B}$, $t\in(0,\gamma)$, 选取一点 $c_t\in C$ 使得 $x+t(\eta e-c_t)\in\Omega$. 由 C 的紧性, 有 c_t 的子序列当 $t\downarrow 0$ 时收敛于某点 $\bar{c}\in C$. 由定义 (1.2) 易推出

$$\langle x^*,\eta e-\bar{c}\rangle-\varepsilon\|\eta e-\bar{c}\|\leqslant 0,\quad \forall x^*\in\widehat{N}_\varepsilon(x;\Omega).$$

由于 $e\in\mathbb{B}$ 是任意选取的, 当 $\alpha:=\max_{c\in C}\|c\|$ 时, 由上式可得包含关系 (1.20).

现任取序列 $\varepsilon_k\downarrow 0, x_k\xrightarrow{\Omega}\bar{x}$, $x_k^*\xrightarrow{w^*}0$ 且 $x_k^*\in\widehat{N}_{\varepsilon_k}(x_k;\Omega)(k\in\mathbb{N})$. C 的紧性蕴涵着 $\langle x_k^*,c\rangle\to 0$ 对 $c\in C$ 一致成立. 因此 (1.20) 式保证 $\|x_k^*\|\to 0$, $k\to\infty$, 即 Ω 在 $\bar{x}$ 是 SNC 的. △

注 1.27 (CEL 集的刻画) (i) 闭凸集 $\Omega\subset X$ 的 CEL 性质在赋范空间 X 的一般框架下有几个明确的刻画, 细节读者可参阅 Borwein, Lucet 与 Mordukhovich[150]. 特别地, 这样的集合 Ω 在任何 $\bar{x}\in\Omega$ 附近是 CEL 的当且仅当它的仿射包是 X 中的一个闭有限余维子空间且 $\operatorname{ri}\Omega\neq\varnothing$. 把这个刻画和定理 1.21 的最后部分结合起来, 得到在 Banach 空间中对有闭的仿射包和非空相对内部的任何闭凸集来说 SNC 性质和 CEL 性质相同.

(ii) 一般闭集的 CEL 性质的刻画由 Ioffe[607] 在相应的 Banach 空间中由满足某些要求的法锥给出. 当 X 是 Asplund 空间时, Ω 在 $\bar{x}\in\Omega\subset X$ 附近的 CEL 性质具有形如定义 1.20 中当 $\varepsilon_k=0$ 时的拓扑极限描述, 这里序列用有界网代替. 在第 2 章中将看到, Asplund 空间情形中 ε_k 可以从 SNC 性质的定义中等价地被拿掉. 对可分空间 X, $\mathbb{B}^*\subset X^*$ 上的弱* 拓扑是可度量化的, 因此在这种情况下不需要使用网. 综上, 得到结论 Ω 在 $\bar{x}\in\Omega$ 的 SNC 性质和它在 $\bar{x}$ 附近的 CEL 性质对可分 Asplund 空间的闭子集是相同的. 而且, 正如 Fabian 和 Mordukhovich[422] 所证明的那样, 这些性质对更大类的空间包括弱紧生成 (WCG) Asplund 空间来说是相同的. 特别地, 这蕴涵着在这样空间中的集合的 SNC 性质实际上在 $\bar{x}\in\Omega$ 附近

也成立. 然而, SNC 性质和 CEL 性质甚至对具有一个 $\mathcal{C}^\infty$- 光滑重赋范的不可分 Asplund 空间中的闭凸锥来说也可能不是一致的 (见例 3.6). 而且, 在对偶单位球不是弱* 列紧的 Banach 空间, 特别地, 在标准空间 ℓ^∞ 和 $L^\infty[0,1]$ 中, 这些性质从不相同. 对这个方向更详细的结果见文献 [422], 在那里, 对序列法紧性和拓扑法紧性在一般的 Banach 空间框架下详细地进行了研究. 需强调的是对于大多数应用, 无论是在 Asplund 空间还是在一般的 Banach 空间情形, 只需应用不具有任何可分性假设的 SNC 性质.

1.1.5　变分描述和极小性

任意集合的基本法向量的这个定义允许在邻近点通过取 ε- 法向量 (1.2) 的序列极限来研究其性质. ε- 法向量具有由 (1.2) 式中的 "lim sup" 的定义直接可得的有用的变分描述.

命题 1.28 (ε- 法向量的变分描述)　给定 $\varepsilon \geqslant 0$ 和 $\bar{x} \in \Omega$, 则 $x^* \in \widehat{N}_\varepsilon(\bar{x};\Omega)$ 当且仅当对任意的 $\gamma > 0$, 函数

$$\psi(x) := \langle x^*, x - \bar{x} \rangle - (\varepsilon + \gamma)\|x - \bar{x}\|$$

在 $\bar{x}$ 相对于 Ω 达到局部极大值.

这个描述表明 ε- 法向量可以通过相对于给定集合 Ω 的非光滑函数的局部极大值来刻画. 特别地, 对任意 Banach 空间中 Fréchet 法向量 ($\varepsilon = 0$) 这个描述成立. 下面证明对 Fréchet 法向量有更精细的变分描述, Fréchet 法向量可通过一些在某种意义下光滑的 "支撑" 函数 $s : X \to \mathbb{R}$ 在集合 $\Omega \subset X$ 上的全局极大化来刻画. 定理 1.30 包含这个方向的几个结果. 如果 $s(\cdot)$ 在 $\bar{x}$ 只要求 Fréchet 可微, 那么这样的变分描述在任意 Banach 空间易由定义 1.1(i) 得到. 应用更多复杂的论证, 在所论空间额外的几何条件下, 得到定理 1.30 中明显更强的结果. 为此, 首先给出关于光滑实值函数的如下的引理, 它在定理的证明中起着重要作用.

引理 1.29 ($\mathbb{R}$ 中的光滑函数)　设 $\rho : [0,\infty) \to [0,\infty)$ 是一个有右导数 $\rho'_+(0)$ 的函数并且满足条件:

$$\rho(0) = \rho'_+(0) = 0, \quad \rho(t) \leqslant \alpha + \beta t, \quad \forall\, t \geqslant 0,$$

其中 α, β 是正常数. 则存在非减的、凸的连续可微函数 $\tau : [0,\infty) \to [0,\infty)$, 使得

$$\tau(0) = \tau'_+(0) = 0, \quad \tau(t) > \rho(t), \quad \forall\, t > 0.$$

证明　先证存在 $\gamma > 0$ 和非减的、凸的连续可微函数 $\sigma : [0, 2\gamma) \to [0,\infty)$, 使得

$$\sigma(0) = \sigma'_+(0) = 0, \quad \sigma(t) > \rho(t), \quad \forall t \in (0, 2\gamma).$$

为构造这样的函数, 选取正数序列 a_k, 使得 $a_{k+1} < \frac{1}{2}a_k$, 并且

$$\rho(t) + t^2 < 2^{-(k+3)}t, \quad 若 \ t \in [0, a_k]$$

对任意 $k \in \mathbb{N}$ 成立. 置 $\gamma := \frac{1}{2}a_1$, 并且通过 $r(0) := 0, r(a_k) := 2^{-k}$ 定义一个连续函数 $r : [0, 2\gamma] \to [0, \infty)$, 使得 r 在 $[a_{k+1}, a_k]$ 上对任意 $k \in \mathbb{N}$ 是线性的. 于是定义函数 $\sigma : [0, 2\gamma) \to [0, \infty)$ 为

$$\sigma(t) := \int_0^t r(\xi)\mathrm{d}\xi, \quad t \in [0, 2\gamma),$$

并且证明它具有想要的性质. 它的光滑性、单调性、凸性和等式 $\sigma(0) = \sigma'_+(0) = 0$ 由定义和实分析中的标准事实直接可得. 为验证余下的性质, 固定 $t \in (0, 2\gamma)$, 并且观察到对某个 $k \in \mathbb{N}$, 有 $t \in [a_{k+1}, a_k)$. 则由函数 σ 和 r 的构造得

$$\begin{aligned}\sigma(t) &\geqslant \int_{a_{k+1}}^t r(\xi)\mathrm{d}\xi + \int_{\frac{1}{2}a_{k+1}}^{a_{k+1}} r(\xi)\mathrm{d}\xi \geqslant \int_{a_{k+1}}^t 2^{-(k+1)}\mathrm{d}\xi + \int_{\frac{1}{2}a_{k+1}}^{a_{k+1}} 2^{-(k+2)}\mathrm{d}\xi \\ &= \frac{t - a_{k+1}}{2^{k+1}} + \frac{a_{k+1}}{2^{k+3}} \geqslant \frac{t}{2^{k+3}} \geqslant \rho(t).\end{aligned}$$

这就证明了 σ 想要的性质.

接下来构造函数 $\tau : [0, \infty) \to (0, \infty)$ 满足引理中所列的性质. 给定 $\alpha, \beta > 0$, 选取 $\lambda > 1$ 使得 $\lambda\sigma(\gamma) > \alpha + \beta\gamma$, 并且考虑下面两种情形.

首先假设 $\lambda\sigma'(\gamma) \leqslant \beta$. 在这种情况下找到 $\mu \geqslant \lambda$, 使得 $\mu\sigma'(\gamma) = \beta$, 并且定义

$$\tau(t) := \begin{cases} \mu\sigma(t), & 若 \ 0 \leqslant t \leqslant \gamma, \\ \mu\sigma(\gamma) + \beta(t - \gamma), & 若 \ t > \gamma. \end{cases}$$

易见函数 τ 在包含 $t = \gamma$ 的区间 $[0, \infty)$ 上是非减的、凸的和处处连续的. 而且, 根据 μ 的选取, 有 $\tau'_-(\gamma) = \mu\sigma'(\gamma)$, $\tau'_+(\gamma) = \beta = \mu\sigma'(\gamma)$, 这蕴涵着 τ 在 $[0, \infty)$ 上的连续可微性. 由定义得

$$\tau(0) = \tau'_+(0) = 0, \quad \tau(t) \geqslant \sigma(t) > \rho(t), \quad 若 \ 0 < t \leqslant \gamma.$$

对 $t > \gamma$, 根据 ρ 的假设有

$$\tau(t) = \mu\sigma(\gamma) + \beta(t - \gamma) > \alpha + \beta t \geqslant \rho(t).$$

因此在 $\lambda\sigma'(\gamma) \leqslant \beta$ 的情形得到了上面函数 τ 想要的性质.

考虑另外一种情形：当 $\lambda\sigma'(\gamma) > \beta$ 时. 在这种情形中定义一个非减的凸函数 $\tau : [0, \infty) \to [0, \infty)$,

$$\tau(t) := \begin{cases} \lambda\sigma(t), & 若 \ 0 \leqslant t \leqslant \gamma, \\ \lambda\sigma(\gamma) - \lambda\gamma\sigma'(\gamma) + \lambda\sigma'(\gamma)t, & 若 \ t > \gamma. \end{cases}$$

再次直接验证得到 τ 是 $[0,\infty)$ 上的连续可微函数并且满足在 $[0,\gamma]$ 上的所有要求. 由 λ 的选择得

$$\tau(t)\geqslant\alpha+\beta\gamma+\lambda\sigma'(\gamma)(t-\gamma)>\alpha+\beta\gamma+\beta(t-\gamma)=\alpha+\beta t\geqslant\rho(t)$$

对 $t>\gamma$ 成立, 这就完成了引理的证明. △

Banach 空间 X 有一个 Fréchet 光滑重赋范, 如果存在一个在 X 上等价的范数, 它在任何非零点处是 Fréchet 可微的. 特别地, 每个自反空间有一个 Fréchet 光滑重赋范. 对给定的函数类 $\mathcal{S}$, 也考虑具有 $\mathcal{S}$- 光滑阻尼函数的 Banach 空间, 这里阻尼函数是一个泛函 $b:X\to\mathbb{R}$, $b(\cdot)\in\mathcal{S}$, 使得 $b(x_0)\neq 0$ 对某 $x_0\in X$ 成立, 且 $b(x)=0$ 对某固定球外的任何点 x 成立. 下面处理 X 上的三类 $\mathcal{S}$- 光滑函数: Fréchet 光滑 $(\mathcal{S}=\mathcal{F})$、Lipschitz 和 Fréchet 光滑 $(\mathcal{S}=\mathcal{LF})$、Lipschitz 和连续可微 $(\mathcal{S}=\mathcal{LC}^1)$. 有 $\mathcal{LC}^1$- 光滑阻尼函数的空间类严格包含有 Fréchet 光滑重赋范的空间类. 注意到上面所列的所有空间都属于 Asplund 空间类, 此时 Fréchet 法向量起的作用类似于在一般 Banach 空间情形 ε- 法向量的作用 (见第 2 章).

定理 1.30 (Fréchet 法向量的光滑变分描述) 设 Ω 是 Banach 空间 X 的非空子集, $\bar{x}\in\Omega$. 下面的论断成立:

(i) 给定 $x^*\in X^*$, 假设存在一个在 $\bar{x}$ 的某邻域内有定义的函数 $s:U\to\mathbb{R}$, 它在 $\bar{x}$ 是 Fréchet 可微的且满足 $\nabla s(\bar{x})=x^*$, 而且 $s(x)$ 在 $\bar{x}$ 相对于 Ω 取得局部极大值, 则 $x^*\in\widehat{N}(\bar{x};\Omega)$. 反之, 对任意 $x^*\in\widehat{N}(\bar{x};\Omega)$, 存在函数 $s:X\to\mathbb{R}$, 使得 $s(x)\leqslant s(\bar{x})=0$ 对任何 $x\in\Omega$ 成立, 而且 $s(\cdot)$ 在 $\bar{x}$ 是 Fréchet 可微的, 且 $\nabla s(\bar{x})=x^*$.

(ii) 假设 X 有一个 Fréchet 光滑重赋范, 则对任意 $x^*\in\widehat{N}(\bar{x};\Omega)$, 存在一个凹的 Fréchet 光滑函数 $s:X\to\mathbb{R}$, 它在 $\bar{x}$ 相对于 Ω 取得唯一全局极大值且满足 $\nabla s(\bar{x})=x^*$.

(iii) 假设 X 有一个 $\mathcal{S}$- 光滑阻尼函数, 其中 $\mathcal{S}$ 代表 $\mathcal{F},\mathcal{LF}$ 或 $\mathcal{LC}^1$ 中的一类. 则对任意 $x^*\in\widehat{N}(\bar{x};\Omega)$, 存在一个 $\mathcal{S}$- 光滑函数 $s:X\to\mathbb{R}$, 使得 (ii) 中的结论成立.

证明 在 (i) 的假设下, 有

$$s(x)=s(\bar{x})+\langle x^*,x-\bar{x}\rangle+o(\|x-\bar{x}\|)\leqslant s(\bar{x})$$

对任意在 $\bar{x}$ 附近的 $x\in\Omega$ 成立. 因此对这样的 x, 有 $\langle x^*,x-\bar{x}\rangle+o(\|x-\bar{x}\|)\leqslant 0$. 在定义 1.1(i) 中取 $\varepsilon=0$, 上式蕴涵着 $x^*\in\widehat{N}(\bar{x};\Omega)$. 为证 (i) 中相反的陈述, 只需验证函数

$$s(x):=\begin{cases}\min\{0,\langle x^*,x-\bar{x}\rangle\}, & x\in\Omega,\\ \langle x^*,x-\bar{x}\rangle, & \text{其他}\end{cases}$$

在 $\bar{x}$ 是 Fréchet 可微的, 这由定义直接可得.

下证 (ii). 固定 X 上一个等价的 Fréchet 光滑范数 $\|\cdot\|$, 任取一个向量 $x^*\in\widehat{N}(\bar{x};\Omega)$. 定义函数

$$\rho(t):=\sup\{\langle x^*,x-\bar{x}\rangle \mid x\in\Omega,\|x-\bar{x}\|\leqslant t\},\quad t\geqslant 0. \tag{1.21}$$

由 Fréchet 法向量的定义, 它显然满足引理 1.29 的所有假设. 应用此引理, 得到相应的函数 $\tau:[0,\infty)\to[0,\infty)$, 并且构造一个函数 $s:X\to\mathbb{R}$ 为

$$s(x):=-\tau(\|x-\bar{x}\|)-\|x-\bar{x}\|^2+\langle x^*,x-\bar{x}\rangle,\quad x\in X.$$

注意到这个函数在 X 上是凹的且 $s(\bar{x})=0$, 这是因为 τ 在 $[0,\infty)$ 上是凸的和非减的且 $\tau(0)=0$. 也有

$$s(x)+\|x-\bar{x}\|^2\leqslant-\rho(\|x-\bar{x}\|)+\langle x^*,x-\bar{x}\rangle\leqslant 0=s(\bar{x}),\quad \forall x\in\Omega,$$

它蕴涵着 $s(x)$ 在 Ω 上在 $\bar{x}$ 取得唯一全局极大值. 注意到 $s(x)$ 在任何 $x\neq\bar{x}$ 是 Fréchet 可微的, 这是由于 τ 的光滑性和 $\|\cdot\|$ 在 X 的非零点的光滑性. 为证 (ii) 成立, 要证 $s(x)$ 在 $x=\bar{x}$ 是 Fréchet 可微的且 $\nabla s(\bar{x})=x^*$. 这一点根据经典的链式法则由 τ 的光滑性和 $\tau'_+(0)=0$ 直接可得.

下面来证 (iii) 对定理中所列的三类 $\mathcal{S}$ 同时成立. 取一个 $\mathcal{S}$- 光滑阻尼函数 $b:X\to\mathbb{R}$, 可假设 $0\leqslant b(x)\leqslant 1,\forall x\in X$, $b(0)=1$, 而且当 $\|x\|\geqslant 1$ 时, $b(x)=0$. 于是考虑函数 $d:X\to[0,\infty)$, 它由 Deville, Godefroy 与 Zizler[331] 的引理 VIII 1.3 中构造, 满足 $d(0)=0$, 且

$$d(x):=\frac{2}{h(x)},\quad h(x):=\sum_{h=0}^{\infty}b(nx),\quad x\neq 0.$$

在上述引理中证明了

$$\begin{aligned}&\|x\|\leqslant d(x)\leqslant\mu\|x\|,\quad \text{如果}\|x\|\leqslant 1;\\&d(x)=2,\quad \text{如果}\|x\|>1\end{aligned}$$

对某个固定的 $\mu>1$ 成立, d 在 $X\setminus\{0\}$ 上是 Fréchet 可微的, 如果阻尼函数 b 是 Lipschitz 连续的, 它在 X 上是 Lipschitz 连续的. 而且, d 在 $X\backslash\{0\}$ 上是连续可微的, 如果 b 有这个性质. 易验证函数 d^2 和 d 与 τ 的复合 $\tau\circ d$ 在 0 点是 Fréchet 可微的, 且

$$\nabla(d^2)(0)=\nabla(\tau\circ d)(0)=0.$$

进一步地, 如果 d 在 X 上是 Lipschitz 连续的且具有模 $\ell>0$, $0\neq x\in X$, 且 $\|x\|\to 0$, 则

$$\|\nabla(d^2)(x)\|=\|2d(x)\nabla d(x)\|\leqslant\ell^2\|x\|\to 0,$$

$$\|\nabla(\tau\circ d)(x)\| = \|\tau'(d(x))\nabla d(x)\| \leqslant l|\tau'(d(x))| \to 0.$$

把这些事实放在一起, 对定理所研究的每一类 $\mathcal{S}$, 如果阻尼函数 b 在 X 上是 $\mathcal{S}$- 光滑的, 那么函数 d^2 和 $\tau\circ d$ 在 X 上也是 $\mathcal{S}$- 光滑的.

现固定 $x^* \in \widehat{N}(\bar{x};\Omega)$, 取引理 1.29 中构造的函数 τ 为 (1.21) 式中定义的函数 ρ: $[0,\infty) \to [0,\infty)$. 设 ψ: $\mathbb{R}\to\mathbb{R}$ 是任一 $\mathcal{LC}^1$- 函数, 满足

$$\psi(t) = t\ \ (t \geqslant 0) \quad 和 \quad \psi(t) = -1\ \ (t \leqslant -1).$$

选取 $\lambda > \max\left\{1, \left(\tau\left(\frac{1}{2}\right)\right)^{-1}(1+\|x^*\|)\right\}$, 构造一个函数 $\theta: X\to\mathbb{R}$ 如下:

$$\theta(x) := \begin{cases} \psi(-\lambda\tau(d(x-v))) + \langle x^*, x-\bar{x}\rangle, & 若\|x-\bar{x}\| \leqslant 1, \\ -1, & 其他. \end{cases}$$

下证组合

$$s(x) := \theta(x) - d^2(x-\bar{x}), \quad x \in X$$

具有定理所述的所有性质. 这由 θ 在 X 上的 $\mathcal{S}$- 光滑性和 $\theta(x) \leqslant \theta(\bar{x}) = 0$ 对任意 $x\in\Omega$ 成立的事实直接可得.

现证 θ 的光滑性, 当 $\frac{1}{2} \leqslant \|x-\bar{x}\| < 1$ 时,

$$t(x) := -\lambda\tau(d(x-\bar{x})) + \langle x^*, x-\bar{x}\rangle \leqslant \lambda\tau\left(\frac{1}{2}\right) + \|x^*\| < -1.$$

根据 λ 的选择, 对这样的 x 有 $\theta(x) = \psi(t(x)) = -1$ 成立. 为完成定理的证明, 只需证明当 $x\in\Omega, \|x-\bar{x}\| < \frac{1}{2}$ 时 $\theta(x) \leqslant 0$, 因为对所有其他的 $x\in\Omega, \theta(x) = -1 < 0$.

先考虑 $-\lambda\tau(d(x-\bar{x})) + \langle x^*, x-\bar{x}\rangle \geqslant 0$ 的情形. 由 θ 的构造中所涉及的函数的性质, 得

$$\theta(x) = -\lambda\tau(d(x-\bar{x})) + \langle x^*, x-\bar{x}\rangle \leqslant -\rho(\|x-\bar{x}\|) + \langle x^*, x-\bar{x}\rangle \leqslant 0.$$

在

$$-\lambda\tau(d(x-\bar{x})) + \langle x^*, x-\bar{x}\rangle < 0$$

的情形中, 显然有 $\theta(x) \leqslant \psi(0) = 0$, 这就完成了证明. △

在这一节的最后, 给出 Banach 空间中满足自然要求的任意法向结构中基本法锥 (1.3) 的极小性质. 这个性质直接关系到定义 1.1 和命题 1.28 中 ε- 法向量的变分描述.

给定一个 Banach 空间 X, 下面考虑 X 上的抽象预法向结构 $\widehat{\mathcal{N}}$, 它是联系着每个非空子集 $\Omega\subset X$ 的集值映射 $\widehat{\mathcal{N}}(\cdot;\Omega): X \rightrightarrows X^*$. 总是假设当 $x\notin\Omega$ 时 $\widehat{\mathcal{N}}(x;\Omega) = \varnothing$, 若 Ω 和 $\widetilde{\Omega}$ 在 $x\in\Omega$ 附近相同, 则 $\widehat{\mathcal{N}}(x;\Omega) = \widehat{\mathcal{N}}(x;\widetilde{\Omega})$.

当然, 这些假设太广泛, 如果没有额外的要求就不会有任何有价值的结果. 为了使其有用, 广义法向量应该有一些对应用, 尤其对最优化问题来说重要的性质. 从这个角度来说, 对广义法向量至关重要的要求是它们能够描述约束优化问题的必要最优条件. 下面的结果表明基本法锥 (1.3) 比任何保证自然的一阶最优性条件的预法向结构的序列极限 (1.1) 要小.

命题 1.31 (基本法锥的极小性) 给定 $\Omega \subset X$ 和 $\bar{x} \in \Omega$. 假设在 X 上预法向量结构 $\widehat{\mathcal{N}}$ 有下面性质:

(M) 对任意 $x^* \in X^*$, 足够小的 $\varepsilon > 0$, $u \in \Omega \cap (\bar{x} + \varepsilon \mathbb{B})$, 使得 u 为函数

$$\psi(x) := \langle x^*, x - u \rangle + \varepsilon \|x - u\|$$

在 Ω 上的局部极小点, 存在 $v \in \Omega \cap (\bar{x} + \varepsilon \mathbb{B})$, 使得

$$-x^* \in \eta \mathbb{B}^* + \widehat{\mathcal{N}}(v; \Omega), \quad \forall \eta > \varepsilon.$$

则有基本法锥 (1.3) 和由 $\widehat{\mathcal{N}}$ 生成的序列法向量结构 $\mathcal{N}$ 之间的关系

$$N(\bar{x}; \Omega) \subset \mathcal{N}(\bar{x}; \Omega) := \operatorname*{Limsup}_{x \to \bar{x}} \widehat{\mathcal{N}}(x; \Omega).$$

证明 在 (1.3) 式中任取 $x^* \in N(\bar{x}; \Omega)$, 找到序列 $\varepsilon_k \downarrow 0$, $x_k \to \bar{x}$ 和 $x_k^* \xrightarrow{\omega^*} x^*$, 使得 $x_k^* \in \widehat{N}_{\varepsilon_k}(x_k, \Omega)$, $\forall k \in \mathbb{N}$ 成立. 由命题 1.28 知, 对任何 $k \in \mathbb{N}$ 和 $\gamma > 0$, 有

$$\langle x_k^*, x - x_k \rangle - (\varepsilon_k + \gamma) \|x - x_k\| \leqslant 0$$

对所有在 x_k 附近的 $x \in \Omega$ 成立. 因此 x_k 给出了属于 (M) 中的函数

$$\psi(x) := \langle -x_k^*, x - x_k \rangle + (\varepsilon_k + \gamma) \|x - x_k\|$$

的局部极小点. 取 $\eta = 2\varepsilon_k + \gamma > \varepsilon_k + \gamma$, 应用这个性质得

$$x_k^* \in (2\varepsilon_k + \gamma) \mathbb{B}^* + \widehat{\mathcal{N}}(v_k; \Omega)$$

对 x_k 附近的某些 $v_k \in \Omega$ 成立. 由 $\gamma > 0$ 的任意性, 上式保证 $x^* \in \mathcal{N}(\bar{x}; \Omega)$ 通过取当 $k \to \infty$ 时的极限得到. △

(M) 中加在预法向结构 $\widehat{\mathcal{N}}$ 上的条件的意思是 $\widehat{\mathcal{N}}$ 充分地描述了约束最优化的"模糊"必要最优性条件. 在 (M) 中, 当 $v = u$ 和 $\eta = \varepsilon$ 时, 这个条件显然成立, 它相当于 (在给定极小值点) 的"确切"必要最优性条件, 特别地, 对由 $\widehat{\mathcal{N}}$ 生成的序列法向结构 $\mathcal{N}$ 是对的. 注意到 (预) 法向结构的"确切"条件比"模糊"条件有更多的限制, 但它更方便于应用. 此条件对任意 Banach 空间的闭子集情形、Clarke 法

锥和 Ioffe 的“近似” G 法锥都满足, 它们给出了更大拓扑法向结构的构造性例子, 根据命题 1.31, 它们总包含基本法锥 (1.3)(见 2.2.5 节). 在第 2 章中将证明对任意 Asplund 空间的闭子集由定义 1.1 给出的预法锥和法锥分别满足性质 (M) 中的模糊和确切最优性条件.

1.2 集值映射的上导数

本节研究 Banach 空间之间的集值映射 (多值函数)$F: X \rightrightarrows Y$, 即从 X 映到 Y 的子集的映射. 当 F 是单值映射时, 通常记为 $F = f: X \to Y$. 称 F 是闭值的、凸值的等等, 如果取值 $F(x)$ 分别是闭的、凸的等等, 记

$$\mathrm{dom}F := \{x \in X \mid F(x) \neq \varnothing\}, \quad \mathrm{rge}F := \{y \in Y \mid \exists x, \ \text{ s.t. } \ y \in F(x)\}$$

表示 F 的有效域和值域. F 的核是

$$\ker F := \{x \in X \mid 0 \in F(x)\}.$$

任意集值映射 $F: X \rightrightarrows Y$ 在乘积空间 $X \times Y$ 有唯一的图像

$$\mathrm{gph}F := \{(x, y) \in X \times Y \mid y \in F(x)\}.$$

乘积空间 $X \times Y$ 是 Banach 空间, 对应的范数是

$$\|(x, y)\| := \|x\| + \|y\|,$$

除非其他声明.

给定集合 $\Omega \subset X$ 和 $\Theta \subset Y$, 定义 Ω 在 F 下的像为

$$F(\Omega) := \{y \in Y \mid \exists x \in \Omega, \ \text{ s.t. } \ y \in F(x)\},$$

Θ 在 F 下的逆像为

$$F^{-1}(\Theta) := \{x \in X \mid F(x) \cap \Theta \neq \varnothing\}.$$

$F: X \rightrightarrows Y$ 的逆映射为

$$F^{-1}: Y \rightrightarrows X, \ \text{ 其中 } \ F^{-1}(y) := \{x \in X \mid y \in F(x)\}.$$

显然, $\mathrm{dom}F^{-1} = \mathrm{rge}F$, $\mathrm{rge}F^{-1} = \mathrm{dom}F$, 而且

$$\mathrm{gph}F^{-1} = \{(y, x) \in Y \times X \mid (x, y) \in \mathrm{gph}F\}.$$

集值映射 $F: X \rightrightarrows Y$ 是正齐次的, 如果 $0 \in F(0)$ 且 $F(\alpha x) \supset \alpha F(x), \ \ \forall x \in X, \alpha > 0$, 或等价地, F 的图像是 $X \times Y$ 中的锥. 正齐次映射 F 的范数定义为

$$\|F\| := \sup\{\|y\| \mid y \in F(x), \|x\| \leqslant 1\}. \tag{1.22}$$

1.2.1 基本定义和表示

本小节描述集值映射的主要类导数结构. 这些类导数结构称为上导数, 因为它们利用对偶空间的元素给出了给定空间之间的集值映射 (特别地, 单值映射) 的逐点逼近. 就光滑单值映射而言, 上导数简化为在所论点的经典伴随导数算子. 对于一般的非光滑和集值映射, 上导数通过图像的法向量来构造, 而不是与原始空间中的切向逼近相关联的任何导数结构的对偶.

利用构造广义法向量的方式, 首先定义在所论点附近的初始上导数结构, 然后在参考点取极限得到上导数. 用这种方法定义两个极限上导数 (它们在无限维空间中是不同的), 这依赖于在对偶乘积空间 $X^*\times Y^*$ 中所用的收敛性.

定义 1.32 (上导数) 设 $F:X\rightrightarrows Y, \mathrm{dom}F\neq\varnothing$.

(i) 给定 $(x,y)\in X\times Y$, $\varepsilon\geqslant 0$, 定义 F 在(x,y)的ε- 上导数为集值映射 $\widehat{D}^*_\varepsilon F(x,y): Y^*\rightrightarrows X^*$, 取值为

$$\widehat{D}^*_\varepsilon F(x,y)(y^*):=\{x^*\in X^*\mid (x^*,-y^*)\in\widehat{N}_\varepsilon((x,y);\mathrm{gph}F)\}. \tag{1.23}$$

在 (1.23) 式中当 $\varepsilon=0$ 时, 这个结构称为 F 在 (x,y) 的预上导数或 Fréchet 上导数, 记为 $\widehat{D}^*F(x,y)$. 由定义, 如果 $(x,y)\notin\mathrm{gph}F$, 那么对任意 $\varepsilon\geqslant 0$, $y^*\in Y^*$, 有 $\widehat{D}^*_\varepsilon F(x,y)(y^*)=\varnothing$.

(ii) F 在 $(\bar{x},\bar{y})\in\mathrm{gph}F$ 的基本上导数定义为集值映射 $D^*_N F(\bar{x},\bar{y}):Y^*\rightrightarrows X^*$, 其中

$$D^*_N F(\bar{x},\bar{y})(\bar{y}^*):=\mathop{\mathrm{Limsup}}_{\substack{(x,y)\to(\bar{x},\bar{y})\\ y^*\xrightarrow{w^*}\bar{y}^*\\ \varepsilon\downarrow 0}}\widehat{D}^*_\varepsilon F(x,y)(y^*), \tag{1.24}$$

即, 基本上导数 (1.24) 是这样的 $\bar{x}^*\in X^*$ 的全体, 使得存在序列 $\varepsilon_k\downarrow 0,(x_k,y_k)\to(\bar{x},\bar{y})$, $(x_k^*,y_k^*)\xrightarrow{w^*}(\bar{x}^*,\bar{y}^*)$, 满足 $(x_k,y_k)\in\mathrm{gph}\,F$, $x_k^*\in\widehat{D}^*_{\varepsilon_k}F(x_k,y_k)(y_k^*)$. 若 $(\bar{x},\bar{y})\notin\mathrm{gph}\,F$, 令 $D^*_N F(\bar{x},\bar{y})(\bar{y}^*):=\varnothing$, $\forall\, y^*\in Y^*$.

(iii) F 在 $(\bar{x},\bar{y})\in\mathrm{gph}F$ 的混合上导数定义为集值映射 $D^*_M F(\bar{x},\bar{y}):Y^*\rightrightarrows X^*$, 其中

$$D^*_M F(\bar{x},\bar{y})(\bar{y}^*):=\mathop{\mathrm{Limsup}}_{\substack{(x,y)\to(\bar{x},\bar{y})\\ y^*\to\bar{y}^*\\ \varepsilon\downarrow 0}}\widehat{D}^*_\varepsilon F(x,y)(y^*), \tag{1.25}$$

即, 混合上导数 (1.25) 是这样的 $\bar{x}^*\in X^*$ 的全体, 它满足, 存在序列 $\varepsilon_k\downarrow 0,(x_k,y_k,y_k^*)\to(\bar{x},\bar{y},\bar{y}^*)$, $x_k^*\xrightarrow{w^*}\bar{x}^*$, 使得 $(x_k,y_k)\in\mathrm{gph}F, x_k^*\in\widehat{D}^*_{\varepsilon_k}F(x_k,y_k)(y_k^*)$. 若 $(\bar{x},\bar{y})\notin\mathrm{gph}F$, 令 $D^*_M F(\bar{x},\bar{y})(y^*):=\varnothing$, $\forall\, y^*\in Y^*$.

若 $F(\bar{x})=\{\bar{y}\}$, 在上导数记号中总是省去 $\bar{y}$. 注意到

$$D^*_N F(\bar{x},\bar{y})(y^*)=\{x^*\in X^*\mid (x^*,-y^*)\in N((\bar{x},\bar{y});\mathrm{gph}F)\}, \tag{1.26}$$

即, 基本上导数 (1.24) 由 F 的图像的基本法锥 (1.3) 唯一确定, 基本上导数因此得名. 混合上导数 (1.25) 与基本上导数 (1.24) 的唯一区别在于 (1.24) 式中序列 x_k^* 和 y_k^* 的收敛都是弱* 收敛, 而在 (1.25) 式中的收敛是混合的: $y_k^* \to \bar{y}^*$(按范数), $x_k^* \xrightarrow{w^*} \bar{x}^*$(弱* 收敛).

注意到定义 1.1 中任意集合的广义法向量能用集合的指示映射的相应上导数表示, 这对以后的内容非常有用.

命题 1.33 (指示映射的上导数)　给定空间 X 和 Y, 考虑非空子集 $\Omega \subset X$ 并定义 Ω 相对于 Y 的指示映射 $\Delta : X \to Y$ 为

$$\Delta(x;\Omega) := \begin{cases} 0 \in Y, & x \in \Omega, \\ \varnothing, & x \notin \Omega. \end{cases}$$

则对任意的 $\bar{x} \in \Omega, y^* \in Y^*$, 有

$$\widehat{D}_\varepsilon^* \Delta(\bar{x};\Omega)(y^*) = N_\varepsilon^*(\bar{x};\Omega), \quad \varepsilon \geqslant 0;$$

$$D_N^* \Delta(\bar{x};\Omega)(y^*) = D_M^* \Delta(\bar{x};\Omega)(y^*) = N(\bar{x};\Omega).$$

证明　由于 $\mathrm{gph}\Delta = \Omega \times \{0\}$, 根据定义立即可得.　△

显然, 如果 $\dim Y < \infty$, 那么 $D_N^* F(\bar{x},\bar{y}) = D_M^* F(\bar{x},\bar{y}) := D^* F(\bar{x},\bar{y})$. 注意到这些上导数经常具有非凸值, 因此它们不可能是切向生成导数的对偶. 例如, 考虑最简单的非光滑凸函数 $\varphi(x) = |x|, x \in \mathbb{R}$. 由定理 1.6 易计算 $\mathrm{gph}|x| \subset \mathbb{R}^2$ 在 $(0,0)$ 的基本法锥. 于是由 (1.26) 式得

$$D^*\varphi(0,0)(\lambda) = \begin{cases} [-\lambda,\lambda], & \lambda \geqslant 0, \\ \{-\lambda,\lambda\}, & \lambda < 0. \end{cases}$$

又注意到, 即使是简单的连续函数, 其图像上的点的上导数也可以是空集. 例如 $\varphi(x) = |x|^\alpha, x \in \mathbb{R}, 0 < \alpha < 1$, 则

$$D^*\varphi(0,0)(\lambda) = \begin{cases} \mathbb{R}, & \lambda \geqslant 0, \\ \varnothing, & \lambda < 0. \end{cases}$$

而且, 对凸值和内/下半连续映射类, 上导数有效域中的点导致某种极值性质, 这对很多应用很重要, 尤其在最优控制中.

$F : X \rightrightarrows Y$ 在 $\bar{x} \in \mathrm{dom}F$ 是内半连续的, 如果对任意 $y \in F(\bar{x})$ 和任意序列 $x_k \to \bar{x}$, 且 $x_k \in \mathrm{dom}F$, 存在 $y_k \in F(x_k)$, 满足 $y_k \to y(k \to \infty)$.

定理 1.34 (凸值集值映射的极值性质)　设 $F : X \rightrightarrows Y$ 在 $\bar{x} \in \mathrm{dom}F$ 是内半连续的, 且在该点附近是凸值的. 假设对某个 $\bar{y} \in F(\bar{x})$, $y^* \in \mathrm{dom}D_N^* F(\bar{x},\bar{y})$, 则

$$\langle y^*, \bar{y} \rangle = \min_{y \in F(\bar{x})} \langle y^*, y \rangle.$$

证明 根据 $D_N^*F(\bar{x},\bar{y})(y^*)\neq\varnothing$ 和 (1.26) 式, 存在 $x^*\in X^*$, 满足 $(x^*,-y^*)\in N((\bar{x},\bar{y});\text{gph}F)$. 由定义 1.1, 找到序列 $\varepsilon_k\downarrow 0$, 满足 $y_k\in F(x_k)$ 的 $(x_k,y_k)\to(\bar{x},\bar{y})$, $(x_k^*,y_k^*)\xrightarrow{w^*}(x^*,y^*)$, 使得

$$\limsup_{\substack{(x,y)\to(x_k,y_k)\\ y\in F(x)}}\frac{\langle x_k^*,x-x_k\rangle-\langle y_k^*,y-y_k\rangle}{\|(x,y)-(x_k,y_k)\|}\leqslant\varepsilon_k,\quad \forall\, k\in\mathbb{N}.$$

当 $x=x_k$ 时, 由上式能推出 $-y_k^*\in\widehat{N}_{\varepsilon_k}(y_k;F(x_k))$. 由于所有的集合 $F(x_k)$ 是凸的, 由命题 1.3 得

$$\langle y_k^*,y-y_k\rangle\geqslant-\varepsilon_k\|y-y_k\|,\quad \forall\, y\in F(x_k),\quad k\in\mathbb{N}.$$

现假设存在 $\widetilde{y}\in F(\bar{x})$, 使得

$$\langle y^*,\widetilde{y}\rangle<\langle y^*,\bar{y}\rangle.$$

应用 F 在 $\bar{x}$ 的内半连续性性质, 找到序列 $\widetilde{y}_k\to\widetilde{y}$, 且 $\widetilde{y}_k\in F(x_k)$对任意的$k\in\mathbb{N}$. 则由相关的收敛性易得

$$\langle y_k^*,\widetilde{y}_k-y_k\rangle<-\varepsilon_k\|\widetilde{y}_k-y_k\|,\quad \text{对足够大的}\ k\in\mathbb{N}\text{成立}.$$

这样就得出了矛盾, 从而完成了证明. △

由一般映射 $F:X\rightrightarrows Y$ 上导数的定义得

$$\widehat{D}^*F(\bar{x},\bar{y})(y^*)\subset D_M^*F(\bar{x},\bar{y})(y^*)\subset D_N^*F(\bar{x},\bar{y})(y^*)\tag{1.27}$$

对任意 $y^*\in Y^*$ 成立, 而且这三个集值映射关于 y^* 都是正齐的. 特别地, 当 $y^*=0$ 且 $(\bar{x},\bar{y})\in\text{gph}F$ 时, 它包含 $x^*=0$. 易见 (1.27) 式中第一个包含关系经常是严格的. 特别地, 这对上面的函数 $\varphi(x)=|x|$ 即是如此, 其中

$$\widehat{D}^*\varphi(0,0)(\lambda)=\begin{cases}[-\lambda,\lambda], & \lambda\geqslant 0,\\ \varnothing, & \lambda<0.\end{cases}$$

当 $\dim Y<\infty$ 时, (1.27) 式中第二个包含关系显然作为等式成立. 下面证明对从实数到 Hilbert 空间的 Lipschitz 单值连续映射这个包含关系可以是严格的.

例 1.35 (混合和基本上导数的区别) 设 H 是任意一个 Hilbert 空间. 则存在映射 $f:\mathbb{R}\to H$, 它在 $[-1,1]$ 上是 Lipschitz 连续的, 且满足 $\widehat{D}^*f(0)=D_M^*f(0)$, 而

$$D_M^*F(0)(y^*)\neq D_N^*F(0)(y^*),\quad \forall\, y^*\in H.$$

证明　取 Hilbert 空间中的正交向量序列 $\{e_1, e_2, \cdots\}$, 定义映射 $f:[-1,1]\to H$ 为

$$f(x):=\begin{cases}2^{-k}e_k, & |x|=2^{-k},\\ 0, & x=0,\\ \text{线性的}, & \text{其他}.\end{cases}$$

易验证 f 在 $[-1,1]$ 上是 Lipschitz 连续的. 考虑到 $\langle y^*, e_k\rangle\to 0(k\to\infty)$, 可计算

$$\widehat{D}^*f(x)(y^*)=\langle y^*, 2e_k-e_{k+1}\rangle\cdot \mathrm{sign}x \quad (\text{如果}\ \ 2^{-(k+1)}<|x|<2^{-k});$$

$$\widehat{D}^*f(0)(y^*)=D_M^*f(0)(y^*)=\{0\} \quad (\forall y^*\in H).$$

余下的需证对任意的 $y^*\in H$, $D_N^*f(0)(y^*)$ 包含非零元. 取 $y^*\in H$, 选取正数序列 x_k, 使得 $x_k\to 0$, 且对所有的 $k,j\in\mathbb{N}$ 有 $x_k\neq 2^{-j}$. 然后令

$$y_k^*:=-y^*-v_k, \quad \lambda_k:=\langle y_k^*, 2e_{j_k}, -e_{j_k+1}\rangle,$$

其中 $v_k:=(2e_{j_k}-e_{j_k+1})/\|2e_{j_k}-e_{j_k+1}\|$, 而指标 j_k 满足 $2^{-(j_k+1)}<x_k<2^{-j_k}$. 可验证 $v_k\xrightarrow{w}0, \|v_k\|=1$, 且

$$(\lambda_k, y_k^*)\in\widehat{N}((x_k, f(x_k));\mathrm{gph}\, f), \quad y_k^*\xrightarrow{w}-y^*, \quad \text{且}\ \lambda_k\to -1\,(k\to\infty).$$

因此 $(-1,-y^*)\in N((0,0);\mathrm{gph}\, f)$, 且 $-1\in D_N^*f(0)(y^*)$. △

注意到例 1.35 中的 f 在 $\bar{x}=0$ 不是 Fréchet 可微的. 这是因为, 若 f Fréchet 可微, 则必然有 $\nabla f(0)=0$. 由于

$$\frac{\|f(x_k)\|}{|x_k|}=1\nrightarrow 0, \quad \text{其中}x_k=2^{-k}\to 0,\ k\to\infty,$$

这是不可能的. 另一方面, 在定义 3.63 的意义下, 这个映射在 $\bar{x}$ 是弱 Fréchet 可微的 (甚至在该点是严格弱 $\mathcal{F}$- 可微的), 更多的讨论参见 3.2.4 小节.

与定义 1.4 中集合正则性类似, 可研究集值映射在它们图像上的点的“正则”性质, 它对应于 (1.27) 式中的等式. 用这种方法可引入集值映射的图正则性的两个概念, 分别基于它们基本和混合上导数的性质.

定义 1.36 (集值映射的图正则性)　设 $F:X\rightrightarrows Y, (\bar{x},\bar{y})\in\mathrm{gph}F$, 则

(i) F 在 $(\bar{x},\bar{y})$ 是 N- 正则的, 如果 $D_N^*F(\bar{x},\bar{y})=\widehat{D}^*F(\bar{x},\bar{y})$;

(ii) F 在 $(\bar{x},\bar{y})$ 是 M- 正则的, 如果 $D_M^*F(\bar{x},\bar{y})=\widehat{D}^*F(\bar{x},\bar{y})$.

在 (1.23) 式和 (1.26) 式中取 $\varepsilon=0$ 得 F 在 $(\bar{x},\bar{y})$ 是 N- 正则的当且仅当 F 的图像在该点是法向正则的. 显然, F 在 $(\bar{x},\bar{y})$ 的 N- 正则性总是蕴涵着 F 在该点的 M- 正则性, 但反之不成立, 正如例 1.35 表明的那样. 下面给出一些充分条件保证定义 1.36 中的两种正则性.

首先考虑凸图集值映射, 即 $F: X \rightrightarrows Y$ 的图像是 $X \times Y$ 的凸子集. 在这种情况下有基于凸集的法锥公式的上导数的一个特殊表示.

命题 1.37 (凸图集值映射的上导数) 设 $F: X \rightrightarrows Y$ 是凸图的, 则 F 在任意点 $(\bar{x}, \bar{y}) \in \text{gph}F$ 是 N- 正则的, 且有上导数的表达式

$$\begin{aligned} D_N^* F(\bar{x}, \bar{y})(y^*) &= D_M^* F(\bar{x}, \bar{y})(y^*) \\ &= \{x^* \in X^* \mid \langle x^*, \bar{x}\rangle - \langle y^*, \bar{y}\rangle = \max_{(x,y)\in \text{gph}\, F} [\langle x^*, x\rangle - \langle y^*, y\rangle]\}. \end{aligned}$$

证明 根据 (1.23) 式、(1.26) 式, 并应用 $\varepsilon = 0$ 时的命题 1.3 和命题 1.5, 即可得结论. △

下面建立单值可微映射的上导数和导数之间的关系, 这个关系蕴涵着, 如果 $f: X \to Y$ 在 $\bar{x}$ 是严格可微的, 那么它是图正则的.

定理 1.38 (可微映射的上导数) 设 $f: X \to Y$ 在 $\bar{x}$ 是 Fréchet 可微的, 则

$$\widehat{D}^* f(\bar{x})(y^*) = \{\nabla f(\bar{x})^*(y^*)\}, \quad \forall\, y^* \in Y^*,$$

若 f 在 $\bar{x}$ 是严格可微的, 则

$$D_N^* f(\bar{x})(y^*) = D_M^* f(\bar{x})(y^*) = \{\nabla f(\bar{x})^*(y^*)\}, \quad \forall\, y^* \in Y^*,$$

从而 f 在该点是 N- 正则的.

证明 对任意 $f: X \to Y$, 关系 $x^* \in \widehat{D}^* f(\bar{x})(y^*)$ 意味着, 对任意 $\gamma > 0$, 下式

$$\langle x^*, x - \bar{x}\rangle - \langle y^*, f(x) - f(\bar{x})\rangle \leqslant \gamma(\|x - \bar{x}\| + \|f(x) - f(\bar{x})\|)$$

当 x 充分接近 $\bar{x}$ 时成立. 如果 f 在 $\bar{x}$ 是 Fréchet 可微的, 由 (1.14) 式和伴随线性算子的定义易得 $\nabla f(\bar{x})^* y^* \in \widehat{D}^* f(\bar{x})(y^*)$ 对任意的$y^* \in Y^*$ 成立. 反过来, 任取 $x^* \in \widehat{D}^* f(\bar{x})(y^*)$, 并利用 f 在 $\bar{x}$ 的 Fréchet 可微性, 有

$$\langle x^* - \nabla f(\bar{x})^* y^*, x - \bar{x}\rangle \leqslant \gamma\|x - \bar{x}\|, \quad \forall x \in U,$$

其中 $\bar{x}$ 的邻域 U 依赖于 γ, (x^*, y^*) 和 $\|\nabla f(\bar{x})\|$. 由 $\gamma > 0$ 的任意性, 上式蕴涵着 $x^* = \nabla f(\bar{x})^* y^*$, 这就证明了定理中的第一个等式.

现证定理的第二部分, 假设 f 在 $\bar{x}$ 是严格可微的. 只需证对任意的 $x^* \in D_N^* f(\bar{x}) y^*$ 和 $y^* \in Y^*$, 有 $x^* = \nabla f(\bar{x})^* y^*$ 成立. 由 (1.24) 式和 (1.3) 式, 有序列 $\varepsilon_k \downarrow 0, x_k \to \bar{x}, (x_k^*, y_k^*) \xrightarrow{w^*} (x^*, y^*)$, 使得

$$\langle x_k^*, x - x_k\rangle - \langle y_k^*, f(x) - f(x_k)\rangle \leqslant \varepsilon_k(\|x - x_k\| + \|f(x) - f(x_k)\|)$$

对所有充分接近 x_k 的 x 和 $k \in \mathbb{N}$ 成立. 由严格可微性的定义 1.13 得, 对任何序列 $\gamma_j \downarrow 0(j \to \infty)$, 存在 $\bar{x}$ 的邻域序列 U_j, 满足

$$\|f(u) - f(x) - \nabla f(\bar{x})(u - x)\| \leqslant \gamma_j \|u - x\|, \quad \forall\, x, u \in U_j, j \in \mathbb{N}.$$

选取自然数的子序列 $\{k_j\}$, 使得

$$\langle x_{k_j}^* - \nabla f(\bar{x})^* y_{k_j}^*, x - x_{k_j} \rangle \leqslant \widetilde{\varepsilon}_j \|x - x_{k_j}\|, \quad \forall x \in U_{k_j}, \quad j \in \mathbb{N},$$

这里 U_{k_j} 是 x_{k_j} 的邻域, $\widetilde{\varepsilon}_j := (\ell + 1)(\varepsilon_{k_j} + \gamma_j \|y_{k_j}^*\|)$, 其中 $\ell > 0$ 是 f 在 $\bar{x}$ 附近的 Lipschitz 常数. 上式蕴涵着

$$\|x_{k_j}^* - \nabla f(\bar{x})^* y_{k_j}^*\| \leqslant \widetilde{\varepsilon}_j \quad \text{对足够大的 } j \in \mathbb{N} \text{ 成立}.$$

由于

$$\widetilde{\varepsilon}_j \downarrow 0, \quad x_{k_j}^* - \nabla f(\bar{x})^* y_{k_j}^* \xrightarrow{w^*} x^* - \nabla f(\bar{x})^* y^* (j \to \infty)$$

及在 X^* 上范数的弱 * 下半连续性, 这就给出 $x^* = \nabla f(\bar{x})^* y^*$. △

定理 1.38 表明映射的上导数可以看做该映射的经典导数的伴随的恰当集值推广. 注意到非光滑映射和集值映射的情形, 上导数值不线性依赖于变量 y^*, 但具有正齐次依赖性. 如果 f 本身是线性连续算子, 那么它的上导数简化为经典的伴随线性算子.

推论 1.39 (线性算子的上导数) 设 $A : X \to Y$ 是线性连续的, 则它在任意点 $\bar{x} \in X$ 都是 N- 正则的, 且

$$D_N^* A(\bar{x})(y^*) = D_M^* A(\bar{x})(y^*) = \{A^* y^*\}, \quad \forall\, \bar{x} \in X, \quad y^* \in Y^*.$$

证明 取 $f(x) = Ax$, 由定理 1.38 直接可得. △

在 1.2.4 小节和第 3 章中将看到 N- 正则性和 M- 正则性都有丰富的分析法则, 即, 在单值和集值映射的各种复合下 N- 正则性和 M- 正则性被保持. 这些法则会合并在上导数的分析法则中.

注意到定理 1.38 中严格可微性的假设对单值映射的图正则性是充分而非必要的. 一个简单的例子由上面所研究的函数 $\varphi(x) = |x|^\alpha$, $0 < \alpha < 1$ 给出. 这个函数在 $\bar{x} = 0$ 显然是 N- 正则的. 注意到它在该点附近不是局部 Lipschitz 的, 这对正则性性质很重要 (参见定理 1.46).

1.2.2 Lipschitz 性质

单值和集值映射的 Lipschitz 性质在变分分析及其应用的许多方面起着重要作用. 在合理的假设和有用的结论这两个方面中, 这类性质经常是有决定性意义的.

这特别相关于相对于扰动的解的稳定性、逼近和数值过程中的收敛率等. 单值映射的经典 Lipschitz 连续性 (1.15) 和一般的连续性概念相比, 其主要的特点是由某个模 (Lipschitz 常数) ℓ 量化的连续性的线性率. 下面研究 Lipschitz 连续性在集值映射的自然推广, 并且证明上面定义的上导数结构对单值和集值的这类映射的研究都是很有帮助的. 在本小节得到的 Lipschitz 性质的必要上导数条件将被广泛地应用于本书随后所研究的应用中, 这特别包括广义微分法则, 最优化和最优控制.

定义 1.40 (集值映射的 Lipschitz 性质) 设 $F: X \rightrightarrows Y, \mathrm{dom} F \neq \varnothing$.

(i) 给定非空子集 $U \subset X, V \subset Y$, 称 F 在 U 上相对于 V 是类 Lipschitz 的, 如果存在 $\ell \geqslant 0$, 使得

$$F(x) \cap V \subset F(u) + \ell\|x-u\|\mathbb{B}, \quad \forall\, x, u \in U. \tag{1.28}$$

(ii) 给定 $(\bar{x}, \bar{y}) \in \mathrm{gph} F$, 称 F 在 $(\bar{x}, \bar{y})$ 附近是具有模 $\ell \geqslant 0$ 的局部类 Lipschitz 的, 如果存在 $\bar{x}$ 的邻域 U 和 $\bar{y}$ 的邻域 V, 使得 (1.28) 式成立. 所有这样的模 $\{\ell\}$ 的下确界称为 F 在 $(\bar{x}, \bar{y})$ 附近的确切 Lipschitz 界, 记为 $\mathrm{lip}\, F(\bar{x}, \bar{y})$.

(iii) 称 F 在 U 上是 Lipschitz 连续的, 如果当 $V = Y$ 时 (1.28) 式成立. 而且若在 (ii) 中 $V = Y$, 则称 F 在 $\bar{x}$ 附近是 (具有确切界 $\mathrm{lip}\, F(\bar{x})$) 局部 Lipschitz 的.

集值映射的局部类 Lipschitz 性质也称为伪 Lipschitz 性质或 Aubin 性质. 注意到上面定义中的局部性质相对于参考点的小的扰动是稳定的/鲁棒的, 并且对 F 成立当且仅当它们对映射 $\overline{F}: X \rightrightarrows Y$, 其中 $\overline{F}(x) := \mathrm{cl}(F(x))$, 成立.

由定义知 F 在 U 上的 Lipschitz 连续性等价于

$$\mathrm{haus}(F(x), F(u)) \leqslant \ell\|x-u\|, \quad \forall\, x, u \in U,$$

其中 $\mathrm{haus}(\Omega_1, \Omega_2)$ 是 Y 中的两个子集之间的 Pompieu-Hausdorff 距离 (经常简称为 Hausdorff 距离), 其定义为

$$\mathrm{haus}(\Omega_1, \Omega_2) := \inf\{\eta \geqslant 0 \mid \Omega_1 \subset \Omega_2 + \eta\mathbb{B}, \Omega_2 \subset \Omega_1 + \eta\mathbb{B}\}.$$

注意到 Pompieu-Hausdorff 距离在 Y 的所有非空紧子集所构成的空间上定义了一个距离. 因此, 如果集值映射 $F: X \rightrightarrows Y$ 是紧值的, 定义 1.40(iii) 中的 Lipschitz 连续性等价于单值映射 $x \to F(x)$ 的经典 Lipschitz 连续性, 这个单值映射是从 X 映到 Y 的所有非空紧子集所构成的空间 (装备了 Pompieu-Hausdorff 距离).

当然对单值映射 $f: X \to Y$ 而言, 定义 1.40 中所有性质简化为经典的 Lipschitz 连续性. 对一般的集值映射 $F: X \rightrightarrows Y$, 局部类 Lipschitz 性质可以看做是 Lipschitz 性质的局部化, 它不但与定义域中的点有关而且与像集中的特殊点 $\bar{y} \in F(\bar{x})$ 有关. 下面这个刻画是很有用的, 它涉及具有两个变量 (x, y) 的 (标量) 距离函数 (见 (1.7) 式) 的局部 Lipschitz 连续性. 该距离函数相关于移动集合 $F(x)$ 的距离.

定理 1.41 (类 Lipschitz 性质的标量化)　对任意集值映射 $F: X \rightrightarrows Y$, $(\bar{x}, \bar{y}) \in \operatorname{gph} F$, 下面的性质是等价的:

(a) F 在 $(\bar{x}, \bar{y})$ 附近是局部类 Lipschitz 的;

(b) 标量函数 $\rho: X \times Y \to \mathbb{R}$, 其中

$$\rho(x,y) := \operatorname{dist}(y; F(x)) = \inf_{v \in F(x)} \|y - v\|$$

在 $(\bar{x}, \bar{y})$ 附近是局部 Lipschitz 的.

证明　由距离映射的性质易知 ρ 在 $(\bar{x}, \bar{y})$ 附近的局部 Lipschitz 连续性等价于存在 $\bar{x}$ 的邻域 U, $\bar{y}$ 的邻域 V, 常数 $\ell \geqslant 0$, 使得 ρ 在 $U \times V$ 上有限, 且

$$\rho(u,y) \leqslant \rho(x,y) + \ell\|x - u\|, \quad \forall\, x, u \in U,\ y \in V. \tag{1.29}$$

为证 $(a) \Rightarrow (b)$, 只需证 (1.28) 式 (对某邻域 U, V 成立) 蕴涵着 (1.29) 式 (一般需要不同的邻域 $\widetilde{U}, \widetilde{V}$) 成立. 由 (1.28) 式得

$$\operatorname{dist}(y; F(u) + \ell\|x - u\|\mathbb{B}) \leqslant \operatorname{dist}(y; F(x) \cap V), \quad \forall\, x, u \in U,\ y \in Y.$$

由于 $\operatorname{dist}(y; F(u)) - \eta \leqslant \operatorname{dist}(y; F(u) + \eta\mathbb{B})(\forall\, \eta \geqslant 0)$, 故有

$$\operatorname{dist}(y; F(u)) - \ell\|x - u\| \leqslant \operatorname{dist}(y; F(x) \cap V), \quad \forall\, x, u \in U,\ y \in Y.$$

显然上式蕴涵着 (1.29) 式对 $\bar{x}$ 的某个邻域 $\widetilde{U}$ 和 $\bar{y}$ 的某个邻域 $\widetilde{V}$ 成立, 且满足

$$\operatorname{dist}(y; F(x) \cap V) = \operatorname{dist}(y; F(x)), \quad \forall x \in \widetilde{U}, y \in \widetilde{V}. \tag{1.30}$$

下面需证邻域 $\widetilde{U}$ 和 $\widetilde{V}$ 的存在性. 为此, 取 $\gamma > 0$ 满足 $\bar{y} + \gamma\mathbb{B} \subset V$, 令 $\widetilde{V} := \bar{y} + \frac{1}{3}\gamma\mathbb{B}$. 则对任意的 $y \in \widetilde{V}$, 有 $y + \frac{2}{3}\gamma\mathbb{B} \subset V$, 因此, 若 $\operatorname{dist}(y; F(x)) \leqslant \frac{2}{3}\gamma$, 则

$$\operatorname{dist}(y; F(x) \cap V) = \operatorname{dist}(y; F(x)).$$

而且, 由于 $\operatorname{dist}(y; F(x)) \leqslant \operatorname{dist}(\bar{y}; F(x)) + \|y - \bar{y}\|$, 则当 $\operatorname{dist}(\bar{y}; F(x)) \leqslant \frac{1}{3}\gamma$, $y \in \widetilde{V}$ 时,

$$\operatorname{dist}(y; F(x)) \leqslant \frac{2}{3}\gamma.$$

为使 (1.30) 式对所给的 $\widetilde{V}$ 成立, 需找到 $\bar{x}$ 的一个邻域 $\widetilde{U}$ 满足性质

$$\operatorname{dist}(\bar{y}; F(x)) \leqslant \frac{1}{3}\gamma, \quad \forall\, x \in \widetilde{U}.$$

由 (1.28) 式, $\widetilde{U}$ 的存在性显然蕴涵着

$$\operatorname{dist}(\bar{y}; F(x)) \leqslant \ell\|x - \bar{x}\|, \quad \forall\, x \in U.$$

因此可取 $\widetilde{U} := \bar{x} + \eta\mathbb{B}$, 其中 $\eta > 0$ 满足 $\ell\eta \leqslant \frac{1}{3}\gamma$, $\bar{x} + \eta\mathbb{B} \subset U$. 这就有 (a)⇒(b) 成立.

反之, 设 F 是闭值的, 且 (1.29) 式成立. 在 (1.29) 式中取 $x, u \in U, y \in F(x) \cap V$, 则 $\operatorname{dist}(y; F(x)) = 0$, 且

$$\operatorname{dist}(y; F(u)) \leqslant \operatorname{dist}(y; F(x)) + \ell\|x - u\| = \ell\|u - x\|.$$

这蕴涵着对某个 $\varepsilon > 0$, 且用 $\ell + \varepsilon$ 代替 ℓ 时, (1.28) 式成立. 由于 F 的局部类 Lipschitz 性质相对于取 F 的值的闭包是不变的, 则得在一般的情形的 (b)⇒(a). △

下面讨论关于集值映射的局部 Lipschitz 性质和类 Lipschitz 性质之间更多的关系. 由定义直接得, 如果 F 在 $\bar{x} \in \operatorname{dom} F$ 附近是局部 Lipschitz 的, 那么对任意 $\bar{y} \in F(\bar{x})$, 它在 $(\bar{x}, \bar{y})$ 附近是局部类 Lipschitz 的, 且

$$\operatorname{lip} F(\bar{x}) \geqslant \sup\{\operatorname{lip} F(\bar{x}, \bar{y}) \mid \bar{y} \in F(\bar{x})\}. \tag{1.31}$$

下面的结果表明当 F 满足某些额外假设时, (1.31) 式作为等式成立.

已经知道 $F: X \rightrightarrows Y$ 在 $\bar{x} \in \operatorname{dom} F$ 附近是局部紧的, 如果存在 $\bar{x}$ 的一个邻域 O 和紧集 $C \subset Y$, 使得 $F(O) \subset C$. 而且, 称 F 在 $\bar{x}$ 是闭的, 如果对任意 $y \notin F(\bar{x})$ 存在 $\bar{x}$ 的邻域 U 和 y 的邻域 V, 使得 $F(x) \cap V = \varnothing$ 对任意的 $x \in U$ 成立. 这显然蕴涵着 F 在 $\bar{x}$ 是闭值的. 易见 F 在 $\bar{x}$ 是闭的, 如果对任意的 $\bar{y} \in F(\bar{x})$ 和 $(\bar{x}, \bar{y})$ 附近的所有 $(x, y) \in \operatorname{gpf} F$, F 的图像是 $X \times Y$ 中的闭子集.

定理 1.42 (局部紧映射的 Lipschitz 连续性) 设 $F: X \rightrightarrows Y$ 在某点 $\bar{x} \in \operatorname{dom} F$ 是闭的, 且在该点附近是局部紧的. 则 F 在 $\bar{x}$ 附近是局部 Lipschitz 的当且仅当对任意 $\bar{y} \in F(\bar{x})$, 它在 $(\bar{x}, \bar{y})$ 附近是局部类 Lipschitz 的. 此时,

$$\operatorname{lip} F(\bar{x}) = \max\{\operatorname{lip} F(\bar{x}, \bar{y}) \mid \bar{y} \in F(\bar{x})\} < \infty.$$

证明 由局部紧性假设, 取紧集 $C \subset Y$ 和 $\bar{x}$ 的一个邻域 O, 有

$$F(x) \cap C = F(x), \quad \forall\, x \in O.$$

不失一般性, 假设以下所考虑的 $\bar{x}$ 的所有邻域都是 O 的子集. 这里只需证"⇐"的部分及 (1.31) 式作为等式成立. 反之, 假设 (1.31) 式中的不等式是严格的, 即

$$\operatorname{lip} F(\bar{x}) > \operatorname{lip} F(\bar{x}, \bar{y}), \quad \forall\, \bar{y} \in F(\bar{x}),$$

则对任意 $\bar{y} \in F(\bar{x})$, 找到一个数 $0 \leqslant \ell_{\bar{y}} < \operatorname{lip} F(\bar{x})$ 和 $\bar{x}$ 的邻域 $U_{\bar{y}}$, $\bar{y}$ 的邻域 $V_{\bar{y}}$, 使得

$$F(x) \cap V_{\bar{y}} \subset F(u) + \ell_{\bar{y}}\|x - u\|\mathbb{B}, \quad \forall\, x, u \in U_{\bar{y}}, \quad \bar{y} \in F(\bar{x}).$$

由于 $F(\bar{x})$ 是 Y 的紧子集, 可从 $\{V_{\bar{y}}\}$ 中选取 $F(\bar{x})$ 的有限覆盖 $\{V_i\}, i=1,\cdots,n$. 记相应的数和邻域分别为 ℓ_i 和 $U_i, i=1,\cdots,n$, 并令

$$\widehat{V} := \bigcup_{i=1}^{n} V_i, \quad \widehat{U} := \bigcap_{i=1}^{n} U_i, \quad \widehat{\ell} := \max_{i=1,\cdots,n} \ell_i.$$

则有

$$F(x) \cap \widehat{V} \subset F(u) + \widehat{\ell}\|x-u\|\mathbb{B}, \quad \forall x, u \in \widehat{U}.$$

现在考虑相对补集 $C\backslash\widehat{V}$, 它是紧集且 $F(\bar{x}) \cap (C\backslash\widehat{V}) = \varnothing$. 因为 F 在 $\bar{x}$ 是闭的, 对任何 $y \in C \setminus \widehat{V}$ 存在 $\bar{x}$ 的邻域 $\widetilde{U}_y$ 和 y 的邻域 $\widetilde{V}_y$, 使得 $x \in \widetilde{U}_y, y \in C\backslash\widetilde{V}$ 时,

$$F(x) \cap \widetilde{V}_y = \varnothing.$$

再次利用 $C\backslash\widehat{V}$ 的紧性, 从 $\{\widetilde{V}_y\}$ 中抽取 $C\backslash\widehat{V}$ 的有限覆盖 $\{\widetilde{V}_j\}, j=1,\cdots,m$. 令

$$\widetilde{V} := \bigcup_{j=1}^{m} \widetilde{V}_j, \quad \widetilde{U} := \bigcap_{j=1}^{m} \widetilde{U}_j,$$

显然有

$$F(x) \cap \widetilde{V} = \varnothing, \quad \forall x \in \widetilde{U}.$$

综上, 得

$$F(x) \subset F(u) + \widehat{\ell}\|x-u\|\mathbb{B}, \quad \forall x, u \in \widehat{U} \cap \widetilde{U}.$$

这意味着 $\widehat{\ell} < \mathrm{lip}F(\bar{x})$, 矛盾. 这就证明了 F 在 $\bar{x}$ 附近是局部 Lipschitz 的, 且 (1.31) 式中等号成立. 而且, 由 $\mathrm{lip}F(\cdot,\cdot)$ 在 F 的图像上的上半连续性, 其最大值是可达的. △

下面在任意 Banach 空间得到定义 1.40 中局部性质的重要的必要上导数条件. 这里从由 ε- 上导数 (1.23) 表达的参考点附近点的邻域条件开始. 需强调的是, 对这些必要条件及下面定理 1.44 中基于点的条件, 所考虑的 Lipschitz 性质必须是在参考点“附近”成立的, 即 (1.28) 式中 x 和 y 都是变的. 在第 4 章中会看到, 当空间是 Asplund 空间时, 这些条件 (包括 $\varepsilon=0$ 的情形) 对集值映射的这样的 (及相关性质的) 性质也是充分的, 且此时的确切界公式成为等式.

定理 1.43 (Lipschitz 映射的 ε- 上导数)　设 $F: X \rightrightarrows Y, \bar{x} \in \mathrm{dom}F, \varepsilon \geqslant 0$. 则下面论断成立:

(i) 如果 F 在 $(\bar{x},\bar{y}) \in \mathrm{gph}\, F$ 附近是局部类 Lipschitz 的 (具有模 $\ell \geqslant 0$), 那么存在 $\eta > 0$, 使得

$$\sup\left\{\|x^*\| \mid x^* \in \widehat{D}^*_{\varepsilon}F(x,y)(y^*)\right\} \leqslant \ell\|y^*\| + \varepsilon(1+\ell) \tag{1.32}$$

对任何 $x \in \bar{x}+\eta\mathbb{B}, y \in F(x)\cap(\bar{y}+\eta\mathbb{B})$ 和 $y^* \in Y^*$ 成立, 因此

$$\text{lip}F(\bar{x},\bar{y}) \geqslant \inf_{\eta>0}\sup\{\|\widehat{D}^*F(x,y)\| \mid x \in B_\eta(\bar{x}), y \in F(x)\cap B_\eta(\bar{y})\};$$

(ii) 如果 F 在 $\bar{x}$ 附近是局部 Lipschitz 的, 那么存在 $\eta>0$, 使得 $\forall x \in \bar{x}+\eta\mathbb{B}$, $y \in F(x), y^* \in Y^*$ 有 (1.32) 式成立, 因此

$$\text{lip}F(\bar{x},\bar{y}) \geqslant \inf_{\eta>0}\sup\{\|\widehat{D}^*F(x,y)\| \mid x \in B_\eta(\bar{x}), y \in F(x)\}.$$

证明 首先来证 (i), 假设 $\ell>0$($\ell=0$ 的情形是平凡的). 局部类 Lipschitz 性质保证存在 $\eta>0$, 使得

$$F(x)\cap(\bar{y}+\eta\mathbb{B}) \subset F(u)+\ell\|x-u\|\mathbb{B}, \quad x,u \in \bar{x}+2\eta\mathbb{B}.$$

下证对 η 和 ℓ, (1.32) 式成立. 任取 $(x,y) \in (\text{gph}F)\cap[(\bar{x}+\eta\mathbb{B})\times(\bar{y}+\eta\mathbb{B})]$, $x^* \in \widehat{D}^*_\varepsilon F(x,y)(y^*)$ 和 $\gamma>0$. 利用定义 (1.23) 和 (1.2), 找到一个正数 $\alpha \leqslant \{\eta,\ell\eta\}$, 使得 $\forall(u,v) \in \text{gph}F$, 且 $\|u-x\| \leqslant \alpha$, $\|v-y\| \leqslant \alpha$, 有

$$\langle x^*, u-x\rangle - \langle y^*, v-y\rangle \leqslant (\varepsilon+\gamma)(\|u-x\|+\|v-y\|) \tag{1.33}$$

成立. 现取 $u \in x+\alpha\ell^{-1}\mathbb{B}$, 并注意到

$$\|u-\bar{x}\| \leqslant \|u-x\|+\|x-\bar{x}\| \leqslant 2\eta.$$

因此可对 $y \in F(x)\cap(\bar{y}+\eta\mathbb{B})$ 和所选的 u 应用局部类 Lipschitz 性质. 由此找到 $v \in F(u)$, 使得

$$\|v-y\| \leqslant \ell\|x-u\| \leqslant \ell\cdot\ell^{-1}\alpha=\alpha.$$

把 u 和 v 替换于 (1.33) 式, 得

$$\langle x^*, u-x\rangle \leqslant \alpha\|y^*\|+(\varepsilon+\gamma)(\alpha\ell^{-1}+\alpha)$$

对任意 $u \in x+\alpha\ell^{-1}\mathbb{B}$ 成立. 因此有

$$\alpha\ell^{-1}\|x^*\| \leqslant \alpha\|y^*\|+\alpha(\varepsilon+\gamma)(\ell^{-1}+1),$$

由 $\gamma>0$ 的任意性推出 (1.32) 式. 接下来, (1.32) 式蕴涵着

$$\begin{aligned}\text{lip}F(\bar{x},\bar{y}) \geqslant \inf_{\eta>0}\sup\{&(\|x^*\|-\varepsilon)/(\varepsilon+1) \mid x^* \in \widehat{D}^*_\varepsilon F(x,y)(y^*), x \in B_\eta(\bar{x}),\\ &y \in F(x)\cap B_\eta(\bar{y}), \|y^*\| \leqslant 1, \varepsilon \geqslant 0\},\end{aligned}$$

当 $\varepsilon=0$ 时, 此式就给出 (i) 中的确切界估计. 结论 (ii) 由 (i) 和定义 1.40 易得. △

对定理 1.43 中的邻域条件取极限, 则可得到对局部 Lipschitz 映射成立的点条件, 这由仅在参考点的混合上导数 (1.25) 给出. 下面的定理表明, 定义 1.40 中的局部性质蕴涵着混合上导数的范数有界性, 并且给出了上导数范数 (1.22) 式和相应的确切 Lipschitz 界之间的关系.

定理 1.44 (Lipschitz 映射的混合上导数) 设 $F: X \rightrightarrows Y$, $\bar{x}\in \operatorname{dom} F$. 下述结论成立:

(i) 如果 F 在 $(\bar{x},\bar{y})\in \operatorname{gph} F$ 附近是局部类 Lipschitz 的, 那么

$$\|D_M^*F(\bar{x},\bar{y})\| \leqslant \operatorname{lip}F(\bar{x},\bar{y}) < \infty, \tag{1.34}$$

因此

$$D_M^*F(\bar{x},\bar{y})(0)=\{0\}; \tag{1.35}$$

(ii) 如果 F 在 $\bar{x}$ 附近是局部 Lipschitz 的, 那么

$$\sup_{\bar{y}\in F(\bar{x})} \|D_M^*F(\bar{x},\bar{y})\| \leqslant \operatorname{lip}F(\bar{x}),$$

因此

$$D_M^*F(\bar{x},\bar{y})(0)=\{0\}, \quad \forall\, \bar{y}\in F(\bar{x}).$$

证明 根据 (1.31) 式, 显然 (ii) 由 (i) 可得. 而且, (1.34) 式蕴涵着 (1.35) 式, 这是由于

$$\|x^*\| \leqslant \|D_M^*F(\bar{x},\bar{y})\|\cdot\|y^*\|, \quad \forall\, x^*\in D_M^*F(\bar{x},\bar{y})(y^*), \quad y^*\in Y^*.$$

为使 (1.34) 式成立, 需证当 F 在 $(\bar{x},\bar{y})$ 附近是具有模 $\ell\geqslant 0$ 的局部类 Lipschitz 时, 有

$$\|D_M^*F(\bar{x},\bar{y})\| \leqslant \ell.$$

任取 $(x^*,y^*)\in X^*\times Y^*$, 满足 $x^*\in D_M^*F(\bar{x},\bar{y})(y^*)$. 利用混合上导数的定义 1.32(iii), 找到序列 $\varepsilon_k\downarrow 0, (x_k,y_k,y_k^*)\to(\bar{x},\bar{y},y^*)$ 及 $x_k^*\xrightarrow{w^*}x^*$, 使得

$$y_k\in F(x_k), \quad x_k^*\in \widehat{D}_{\varepsilon_k}^*F(x_k,y_k)(y_k^*)$$

对任意 $k\in\mathbb{N}$ 成立. 由 (1.32) 式有

$$\|x_k^*\| \leqslant \ell\|y_k^*\| + \varepsilon_k(1+\ell)$$

对所有充分大的 k 成立. 又因为当 $k\to\infty$ 时, $\|y_k^*-y^*\|\to 0$(这在混合上导数构造中是关键的), 而且范数函数在 X^* 上是弱* 下半连续的, 对上面的不等式取极限, 得

$$\|x^*\| \leqslant \ell\|y^*\|, \quad \forall x^*\in D_M^*F(\bar{x},\bar{y})(y^*).$$

根据正齐次集值映射的范数定义 (1.22), 此式蕴涵着 $\|D_M^*F(\bar{x},\bar{y})\| \leqslant \ell$. △

需强调的是, 在定理 1.44 中, 如果 $\dim Y = \infty$, 那么混合上导数 D_M^* 不能用正则上导数 D_N^* 代替. 事实上, 例 1.35 中的映射 f 是单值的且在 $\bar{x}=0$ 附近是局部 Lipschitz 的, 但 $D_N^*f(0)(0) \neq \{0\}, \|D_N^*f(0)\| = \infty$.

定理 1.44 有许多应用, 特别是在上导数的分析法则和相关问题中, 这会在第 3 章中完整地讨论. 在第 4 章中将证明, 若假设在有限维空间中自动成立的某种"部分法紧性", 对 Asplund 空间之间的集值映射的局部类 Lipschitz 性质来说, 条件 (1.34) 和 (1.35) 不但是必要的, 而且是充分的, 此时 (1.34) 式中的第一个不等式作为等式成立.

下面研究另外一种集值映射的 Lipschitz 性质, 它也是经典局部 Lipschitz 连续性在集值映射情形的推广. 下面将看到, 定理 1.44 和 1.1.2 小节的分析法则对这种性质的研究是很有用的.

线性连续算子 $A: X \to Y$ 是可逆的, 如果它既是满射又是单射 (一对一的), 即: A 是 X 和 Y 之间的线性同构.

定义 1.45 (图半 Lipschitz 和半光滑映射) 设 $F: X \rightrightarrows Y, (\bar{x},\bar{y}) \in \operatorname{gph} F$.

(i) 称 F 在 $(\bar{x},\bar{y})$ 附近是图半 Lipschitz 的, 如果存在一个从 $X \times Y$ 到另一个 Banach 空间 Z 的映射 $g: X \times Y \to Z$, 使得 g 在 $(\bar{x},\bar{y})$ 是严格可微的, 且具有满射导数 $\nabla g(\bar{x},\bar{y})$ 和

$$(\operatorname{gph} F) \cap O = g^{-1}((\operatorname{gph} F) \cap O_1)$$

对 $(\bar{x},\bar{y})$ 的某个邻域 O, $\bar{z} := g(\bar{x},\bar{y})$ 的某个邻域 O_1 和局部 Lipschitz 映射 $f: X_1 \to Y_1$ 成立, 其中 $X_1 \times Y_1 = Z$. 进一步, 如果 $\nabla g(\bar{x},\bar{y})$ 是可逆的, 那么称 F 在 $(\bar{x},\bar{y})$ 附近是图 Lipschitz 的.

(ii) 称 F 在 $(\bar{x},\bar{y})$ 是图半光滑的, 如果它在该点附近是图半 Lipschitz 的, 而且 (i) 中的映射 f 可选为在 $\bar{u} \in X$ 是严格可微的, 其中 $(\bar{u}, f(\bar{u})) = \bar{z}$. 进一步, 如果 $\nabla g(\bar{x},\bar{y})$ 是可逆的, 那么称 F 在 $(\bar{x},\bar{y})$ 是图光滑的.

粗略地说, 集值映射的图半 Lipschitz(半光滑) 性质意味着 $F: X \rightrightarrows Y$ 的图可局部地表示成单值 Lipschitz 连续 (严格可微) 映射的图, 这种表示由具有满射导数的 $X \times Y$ 光滑局部变换给出. 如果在定义 1.45 中 $\nabla g(\bar{x},\bar{y})$ 是可逆的, 那么逆映射 g^{-1} 在 $\bar{z}$ 是局部单值和严格可微的. 这可由 Leach 的逆映射定理得到 (参见定理 1.60). 在有限维空间这样的一对一变换 $g: X \times Y \to X \times Y$ 实际上是在 $(\bar{x},\bar{y})$ 附近的坐标变换, 在这种情况下, 图 Lipschitz(图光滑) 集值映射能与某个单值 Lipschitz 连续 (严格可微) 映射的图局部相同.

当然, 每个单值局部 Lipschitz 映射 $f: X \to Y$ 是图 Lipschitz 的, 而且 f 是图光滑的当且仅当它在所讨论点是严格可微的. 如果 f 在 $\bar{x}$ 附近是 Lipschitz 连续

的, 那么逆集值映射 $f^{-1}: Y \rightrightarrows X$ 在 $(f(\bar{x}), \bar{x})$ 附近也是图 Lipschitz 的. 不是很明显但是对应用来说相当重要的图 Lipschitz 集值映射类包括 Hilbert 空间中的极大单调映射 $F: X \rightrightarrows X$, 即它们满足

$$\langle x_1 - x_2, y_1 - y_2 \rangle \geqslant 0, \quad \forall x_i \in X, y_i \in F(x_i), i = 1, 2,$$

而且在 $X \times Y$ 中在不破坏单调性的假设下 F 的图不能再放大了. 这类映射特别地包含凸函数和鞍点函数的次微分映射. 而且, 图 Lipschitz 性质对所谓的"近邻正则"函数的次微分映射是成立的, 这类函数很广, 在有限维最优化中经常碰到. 更多细节和讨论建议读者参阅 Rockafellar[1153] 和 Rockafellar 与 wets[1165].

有限维空间之间的图半 Lipschitz(图 lipschitz) 映射是图正则的当且仅当它们在所讨论点是图半光滑 (对应地, 图光滑) 的. 这是下一个定理的内容, 其中 D^*F 表示由 (1.26) 式定义的有限维空间中的 F 的统一的上导数. 无限维空间中的类似结果将在 3.2.4 小节中给出.

定理 1.46 (图半 Lipschitz 集值映射的图正则性) 设 F 是有限维空间之间的集值映射, $(\bar{x}, \bar{y}) \in \operatorname{gph} F$, 则下面的结论成立:

(i) 假设 F 在 $(\bar{x}, \bar{y})$ 附近是图半 Lipschitz 的, 则 F 在 $(\bar{x}, \bar{y})$ 附近是图正则的当且仅当它在该点是图半光滑的;

(ii) 假设 F 在 $(\bar{x}, \bar{y})$ 附近是图 Lipschitz 的, 则 F 在 $(\bar{x}, \bar{y})$ 附近是图正则的当且仅当它在该点是图光滑的.

证明 显然, 结论 (ii) 由结论 (i) 和定义可得. 为证 (i), 首先建立单值映射的相应结果.

断言 如果 $f: \mathbb{R}^n \to \mathbb{R}^m$ 在 $\bar{x}$ 附近是局部 Lipschitz 的, 那么它在 $\bar{x}$ 的图正则性等价于它在该点的严格可微性.

严格可微映射的图正则性在定理 1.38 中已证明. 余下的需证对有限维空间之间的局部 Lipschitz 映射, 相反的蕴涵关系成立. 当 f 在 $\bar{x}$ 附近是 Lipschitz 连续的, 应用定理 1.44 立即得到

$$D^*f(\bar{x})(0) := \{x^* \in \mathbb{R}^n \mid (x^*, 0) \in N((\bar{x}, f(\bar{x})); \operatorname{gph} f)\} = \{0\}.$$

更进一步, 由文献 [1153] 中的定理 3.5 得, 对任意局部 Lipschitz 函数 $f: \mathbb{R}^n \to \mathbb{R}^m$, 凸化 (Clarke) 法锥

$$N_C((\bar{x}, f(\bar{x})); \operatorname{gph} f) := \operatorname{clco} N((\bar{x}, f(\bar{x})); \operatorname{gph} f)$$

实际上是 $q \geqslant m$ 维的线性子空间, 其中 $q = m$ 当且仅当 f 在 $\bar{x}$ 是严格可微的 (请比照 3.2.4 小节中的定理 3.62 和推论 3.67). 假设 f 在 $\bar{x}$ 是图正则的, 并

且基本法锥此时是凸值的且在有限维空间中总是闭值的, 有 $N((\bar{x},f(\bar{x}));\text{gph}f) = N_C((\bar{x},f(\bar{x}));\text{gph}f)$. 因此存在矩阵 $A \in \mathbb{R}^{(n+m-q)\times n}$, 使得

$$D^*f(\bar{x})(0) = \{x^* \in \mathbb{R}^n | Ax^* = 0\} = \{0\}.$$

这蕴涵着 $n+m-q=n$. 因此 f 在 $\bar{x}$ 是严格可微的, 这就证明了断言.

现在考虑映射 $f:\mathbb{R}^n \rightrightarrows \mathbb{R}^m$ 在 $(\bar{x},\bar{y})$ 附近是图半 Lipschitz 的. 不失一般性, 可假设

$$\text{gph}F = g^{-1}(\text{gph}f),$$

其中 g 在 $(\bar{x},\bar{y})$ 是严格可微的且具有满射导数, f 在 $\bar{u}$ 附近是局部 Lipschitz 的, 其中 $(\bar{u},f(\bar{u})) = g(\bar{x},\bar{y})$. 由定理 1.19 知 $\text{gph}F$ 在 $(\bar{x},\bar{y})$ 的法向正则性等价于 $g^{-1}(\text{gph}f)$ 在 $(\bar{u},f(\bar{u}))$ 的法向正则性. 上面的断言蕴涵着 f 在 $\bar{u}$ 是严格可微的. 因此 F 在 $(\bar{x},\bar{y})$ 是图半光滑的. 证毕. △

1.2.3 度量正则性和覆盖

本小节研究集值映射的一些重要性质, 称为度量正则性和覆盖/线性开性, 它们密切关联于逆映射的 Lipschitz 性质. 这些性质在线性和光滑算子的经典情形追溯到泛函分析中的基本原理, 即 Banach-Schauder 开映射定理及其 Lyusternik-Graves 非线性推广, 这在 1.1.2 小节中已用过. 度量正则性和覆盖性在非光滑和集值映射的恰当推广在变分分析和最优化中起着基本的作用. 下面研究这些性质及其与前一小节所研究的逆映射的 Lipschitz 性质之间的关系 (实际上是等价性关系). 用这种方法利用上导数能得到集值映射的覆盖和度量正则性的必要性条件. 所得结果对本书随后的应用是非常重要的, 特别地, 这些结果意味着关于严格导数的经典满射假设对下面要证明的 Lyusternik-Graves 定理中的开性和正则性来说不但是充分的, 而且是必要的 (参见定理 1.57).

下面从任意集值映射的度量正则性的定义开始, 按 (1.7) 式中的约定, 有 $\text{dist}(x;\varnothing)=\infty$, 且 $\inf\varnothing := \infty$.

定义 1.47 (度量正则性) 设 $F:X \rightrightarrows Y$, $\text{dom}\,F \neq \varnothing$.

(i) 给定非空子集 $U \subset X$ 和 $V \subset Y$, 称 F 在 U 上相对于 V 是度量正则的, 如果存在常数 $\mu > 0$ 和 $\gamma > 0$, 使得

$$\text{dist}(x;F^{-1}(y)) \leqslant \mu\text{dist}(y;F(x)) \tag{1.36}$$

对任意的满足 $\text{dist}(y;F(x)) \leqslant \gamma$ 的 $x \in U$, $y \in V$ 成立;

(ii) 给定 $(\bar{x},\bar{y}) \in \text{gph}F$, 称 F 在 $(\bar{x},\bar{y}) \in \text{gph}F$ 附近是具有模 $\mu > 0$ 局部度量正则的, 如果 (i) 对 $\bar{x}$ 的某邻域 U 和 $\bar{y}$ 的某邻域 V 成立, 所有这样的模 μ 的下确界, 记为 $\text{reg}F(\bar{x},\bar{y})$, 称为 F 在 $(\bar{x},\bar{y})$ 附近的确切正则界;

(iii) F 在 $\bar{x} \in \operatorname{dom} F$ 附近 (对应地, $\bar{y} \in \operatorname{rge} F$ 附近) 是具有模 $\mu > 0$ 半局部度量正则的, 如果 (i) 对 $\bar{x}$ 的一个邻域 U 和 $V = Y$(对应地, 对 $\bar{y}$ 的一个邻域 V 和 $U = X$) 成立. 所有这样的模的下确界记为 $\operatorname{reg} F(\bar{x})$(对应地, $\operatorname{reg} F(\bar{y})$).

对给定点 (x, y), 通过易于计算的 y 和 $F(x)$ 之间的距离, 度量正则性 (1.36) 给出了 x 和 (广义) 方程 $y \in F(u)$ 的解映射之间的距离的线性估计. 定义 1.47 中的改进 (i)~(iii) 给出了加在 (x, y) 上的不同条件. 这些条件对于应用来说是具有代表性的. 下面的命题表明对局部度量正则性来说条件 $\operatorname{dist}(y; F(x)) \leqslant \gamma$ 可等价地省掉.

命题 1.48 (局部度量正则性的等价描述)　对任何集值映射 $F : X \rightrightarrows Y$, 其中 $\operatorname{dom} F \neq \varnothing$, $\forall\, (\bar{x}, \bar{y}) \in \operatorname{gph} F$, $\mu > 0$, 下面的性质等价:

(a) F 在 $(\bar{x}, \bar{y})$ 附近是具有模 μ 局部度量正则的;

(b) 存在 $\bar{x}$ 的邻域 U 和 $\bar{y}$ 的邻域 V, 使得对任意的 $x \in U$ 和 $y \in V$, (1.36) 式成立;

(c) 存在 $\bar{x}$ 的邻域 U 和 $\bar{y}$ 的邻域 V, 使得对满足 $F(x) \cap V \neq \varnothing$ 的 $\forall x \in U$ 和 $y \in V$ 有 (1.36) 式成立.

证明　显然有 (b)$\Rightarrow$(a) 和 (b)$\Rightarrow$(c). 下证 (a)$\Rightarrow$(b). 为此, 只需证明对任意实数 $\eta > 0$ 和 $\gamma > 0$, 存在 $\nu > 0$, 使得 (1.36) 式对任意的 $x \in \bar{x} + \nu\mathbb{B}$ 和 $y \in \bar{y} + \nu\mathbb{B}$ 成立, 如果它对任何满足 $\operatorname{dist}(y; F(x)) \leqslant \gamma$ 的 $x \in \bar{x} + \eta\mathbb{B}$ 和 $y \in \bar{y} + \eta\mathbb{B}$ 成立. 给定 (μ, η, γ), 令

$$\nu := \min\{\eta, \gamma\mu/(\mu + 1)\}.$$

取 $x \in \bar{x} + \nu\mathbb{B}$ 和 $y \in \bar{y} + \nu\mathbb{B}$, 只需考虑 $\operatorname{dist}(y; F(x)) > \gamma$ 的情形. 注意到由 (a) 和

$$\operatorname{dist}(y; F(\bar{x})) \leqslant \|y - \bar{y}\| \leqslant \nu \leqslant \gamma,$$

有 $\operatorname{dist}(\bar{x}; F^{-1}(y)) \leqslant \mu \operatorname{dist}(y; F(\bar{x}))$. 因此根据 ν 的选取有

$$\begin{aligned}
\operatorname{dist}(x; F^{-1}(y)) &\leqslant \operatorname{dist}(\bar{x}; F^{-1}(y)) + \|x - \bar{x}\| \leqslant \mu \operatorname{dist}(y; F(\bar{x})) + \|x - \bar{x}\| \\
&\leqslant \mu\|y - \bar{y}\| + \|x - \bar{x}\| \leqslant \nu(\mu + 1) \leqslant \gamma\mu \\
&< \mu \operatorname{dist}(y; F(x)).
\end{aligned}$$

这就证明了性质 (a) 和 (b) 是等价的且具有相同的模 μ.

下面证 (c)$\Rightarrow$(a). 固定 U 和 $\eta > 0$, 对所有的 $x \in U$ 和 $y \in V := \operatorname{int}(\bar{y} + \eta\mathbb{B})$, 其中它们满足 $F(x) \cap V \neq \varnothing$, 有 (1.36) 式成立. 接下来取 $\gamma := \dfrac{\eta}{3}$, $\widetilde{V} := \operatorname{int}\left(\bar{y} + \dfrac{\eta}{3}\mathbb{B}\right)$, 并且考虑满足 $\operatorname{dist}(y; F(x)) \leqslant \gamma$ 的 $y \in \widetilde{V}$. 对每个这样的 y, 选取 $v \in F(x)$, 使得 $\|y - v\| \leqslant \operatorname{dist}(y; F(x)) + \dfrac{\eta}{3}$, 且有

$$\|v - \bar{y}\| \leqslant \|v - y\| + \|y - \bar{y}\| < \operatorname{dist}(y; F(x)) + \frac{\eta}{3} + \frac{\eta}{3} \leqslant \gamma + \frac{2\eta}{3} = \eta,$$

即 $v \in \mathrm{int}(\bar{y}+\eta\mathbb{B})$. 因此 $F(x)\cap \mathrm{int}(\bar{y}+\eta\mathbb{B}) \neq \varnothing$, 从而 (a) 成立. △

命题 1.48 中的性质 (b) 和 (c) 都可分别作为局部度量正则性的等价定义, 而且它们具有相同的确切正则界 $\mathrm{reg}F(\bar{x},\bar{y})$. 注意到对定义 1.47(iii) 的半局部度量正则性也有类似于 (a)⇔(c) 的结果成立. 将在下个定理的证明中建立并且利用这个事实, 该定理给出了任意集值映射的相应的 Lipschitz 性质和度量正则性之间的等价性.

定理 1.49 (Lipschitz 性质和度量正则性之间的关系) 设 $F: X \rightrightarrows Y$, $\mathrm{dom}F \neq \varnothing$, $\ell > 0$. 则下面的结论成立:

(i) F 在 $(\bar{x},\bar{y}) \in \mathrm{gph}F$ 附近是局部类 Lipschitz 的当且仅当它的逆映射 $F^{-1}: Y \rightrightarrows X$ 在 $(\bar{y},\bar{x}) \in \mathrm{gph}F^{-1}$ 附近是局部度量正则的且具有相同的模. 而且, $F^{-1}: Y \rightrightarrows X$ 在 $(\bar{y},\bar{x}) \in \mathrm{gph}F^{-1}$ 附近的局部度量正则性等价于存在 $\bar{x}$ 的邻域 U, $\bar{y}$ 的邻域 V 和常数 $\ell \geqslant 0$, 使得

$$F(x)\cap V \subset F(u) + \ell\|x-u\|\mathbb{B}, \quad \forall\, u \in U, \quad x \in X. \tag{1.37}$$

此时, 有等式 $\mathrm{lip}F(\bar{x},\bar{y}) = \mathrm{reg}F^{-1}(\bar{y},\bar{x})$.

(ii) F 在 $\bar{x} \in \mathrm{dom}F$ 附近是局部 Lipschitz 的当且仅当 F^{-1} 在 $\bar{x} \in \mathrm{reg}F^{-1}$ 附近是半局部度量正则的. 此时有等式 $\mathrm{lip}F(\bar{x}) = \mathrm{reg}F^{-1}(\bar{x})$.

证明 只证明结论 (ii). 考虑到命题 1.48 中性质 (a) 和 (b) 的等价性, (i) 的证明与 (ii) 类似. 注意到与 (1.28) 式不同, (1.37) 式对 x 没有任何限制, 这是由于有效域和值空间都是局部化了的.

为证 (ii), 首先假设 F 在 $\bar{x}$ 附近是局部 Lipschitz 的, 且记 $\ell := \mathrm{lip}F(\bar{x}) < \infty$. 于是对任意 $\varepsilon > 0$, 有

$$F(x) \subset F(u) + (\ell+\varepsilon)\|x-u\|\mathbb{B}, \quad \forall\, x,u \in U.$$

由此立即推出如果 $y \in F(x), x, u \in U$, 那么

$$\mathrm{dist}(y; F(u)) \leqslant (\ell+\varepsilon)\|x-u\|.$$

选取 $r > 0$ 使得 $\bar{x} + r\mathbb{B} \subset U$, 由上式易知

$$\mathrm{dist}(y; F(u)) \leqslant (\ell+\varepsilon)\mathrm{dist}(u; F^{-1}(y)) \tag{1.38}$$

对任意满足 $F^{-1}(y)\cap(\bar{x}+r\mathbb{B}) \neq \varnothing$ 的 $u \in \bar{x}+r\mathbb{B}$ 成立. 记 $\widetilde{U} := \bar{x} + (r/3)\mathbb{B}$. 下证 (1.38) 式对任意满足 $\mathrm{dist}(u, F^{-1}) \leqslant \gamma := r$ 的 $u \in \widetilde{U}$, $y \in Y$ 成立. 事实上, 对这样的 u 和 y 有 $\widetilde{x} \in F^{-1}(y)$ 和 $\|\widetilde{x} - u\| \leqslant r/3$, 从而有 $\|\widetilde{x} - \bar{x}\| \leqslant r$, 因此 $F^{-1}(y)\cap(\bar{x}+r\mathbb{B}) \neq \varnothing$. 此式意味着 F^{-1} 在 $\bar{x}$ 附近是半局部度量正则的, 且具有模 $\ell+\varepsilon$. 由 $\varepsilon > 0$ 的任意性, 有 $\mathrm{reg}F^{-1}(\bar{x}) \leqslant \ell = \mathrm{lip}F(\bar{x})$.

反之, 设 F^{-1} 在 $\bar{x}\in \mathrm{reg}F^{-1}$ 附近是半局部度量正则的, 且 $\mathrm{reg}F^{-1}(\bar{x}):=\mu$, 则 $\forall\varepsilon>0$, 找到正数 r 和 $\gamma<3r$, 使得

$$\mathrm{dist}(y;F(u))\leqslant(\mu+\varepsilon)\mathrm{dist}(u;F^{-1}(y))$$

对任意满足 $\mathrm{dist}(u;F^{-1}(y))\leqslant\gamma$ 的 $u\in\bar{x}+r\mathbb{B}$ 和 $y\in Y$ 成立. 由于, 如果 $\widetilde{x}\in F^{-1}(y)\cap(\bar{x}+(\gamma/3)\mathbb{B})$, 那么

$$\mathrm{dist}(u;F^{-1}(y))\leqslant\|u-\widetilde{x}\|\leqslant\|u-\bar{x}\|+\|\widetilde{x}-\bar{x}\|<\gamma,$$

从而有

$$\mathrm{dist}(y;F(u))\leqslant(\mu+\varepsilon)\mathrm{dist}(u;F^{-1}(y))$$

对任意 $u\in\bar{x}+(\gamma/3)\mathbb{B}$ 和满足 $F^{-1}(y)\cap(\bar{x}+(\gamma/3)\mathbb{B})\neq\varnothing$ 的 $y\in Y$ 成立. 若必要收缩上面的球, 则可找到 $\bar{x}$ 的一个邻域 U, 使得

$$F(x)\subset F(u)+(\mu+2\varepsilon)\|u-x\|\mathbb{B},\quad \forall x,u\in U,\quad y\in Y,$$

它蕴涵着 F 在 $\bar{x}$ 附近具有模 $\mu+2\varepsilon$ 的局部 Lipschitz 性质. 由 $\varepsilon>0$ 的任意性, 得 $\mathrm{lip}F(\bar{x})\leqslant\mu=\mathrm{reg}F^{-1}(\bar{x})$. 证毕. △

接下来研究定义 1.47 中局部和半局部度量正则性之间的关系. 显然 F 在 $\bar{x}\in\mathrm{dom}F$ 附近 (对应地, 在 $\bar{y}\in\mathrm{rge}F$ 附近) 的半局部度量正则性蕴涵着对任何 $\bar{y}\in F(\bar{x})$(对应地, 对任何 $\bar{x}\in F^{-1}(\bar{y})$), 它在 $(\bar{x},\bar{y})$ 附近的局部度量正则性. 而且有

$$\mathrm{reg}F(\bar{x})\geqslant\sup_{\bar{y}\in F(\bar{x})}\{\mathrm{reg}F(\bar{x},\bar{y})\},\quad \mathrm{reg}F(\bar{y})\geqslant\sup_{\bar{x}\in F^{-1}(\bar{y})}\{\mathrm{reg}F(\bar{x},\bar{y})\}.$$

下面给出条件使相反的蕴涵关系成立而且使上面的不等式成为等式. 注意到在下面这个命题中用到的集值映射的性质在定理 1.42 的前面讨论过.

命题 1.50 (局部度量正则性和半局部度量正则性之间的关系) 对任何集值映射 $F:X\rightrightarrows Y$, $\mathrm{dom}\,F\neq\varnothing$, 下面的论断成立:

(i) 给定 $\bar{x}\in\mathrm{dom}F$, 假设 F 在 $\bar{x}$ 是闭的且在该点附近是局部紧的, 则 F 在 $\bar{x}$ 附近是半局部度量正则的当且仅当, 对任意 $\bar{y}\in F(\bar{x})$, 它在 $(\bar{x},\bar{y})$ 附近是局部度量正则的. 此时有

$$\mathrm{reg}F(\bar{x})=\max\{\mathrm{reg}F(\bar{x},\bar{y})|\bar{y}\in F(\bar{x})\}<\infty.$$

(ii) 给定 $\bar{y}\in\mathrm{reg}F$, 假设 F^{-1} 在 $\bar{y}$ 是闭的而且在该点附近是局部紧的, 则 F 在 $\bar{y}$ 附近是半局部度量正则的当且仅当, 对任意的 $\bar{y}\in F(\bar{x})$, 它在 $(\bar{x},\bar{y})$ 附近是局部度量正则的. 此时有

$$\mathrm{reg}F(\bar{y})=\max\{\mathrm{reg}F(\bar{x},\bar{y})|\bar{x}\in F^{-1}(\bar{y})\}<\infty.$$

证明 论断 (ii) 由定理 1.42 和 1.49 可得. 论断 (i) 是独立的但可用类似于定理 1.42 的证明来证明 (更多细节参见 Mordukhovich[909] 的定理 4.2(c) 的证明). △

如上所述, 任意集值映射的局部和半局部 (相对于有效域空间来说是全局的) 度量正则性, 分别等价于其逆的局部类 Lipschitz 和局部 Lipschitz 性质. 集值映射 F 的度量正则性也与下面研究的 F 的覆盖性质密切相关. 定义 1.47 中 F 的半局部度量正则性的 (括号中的) 第二个概念 (相对于值空间是全局的) 起着重要作用.

定义 1.51 (覆盖性质) 设 $F: X \rightrightarrows Y$, $\operatorname{dom} F \neq \varnothing$.

(i) 给定非空子集 $U \subset X$ 和 $V \subset Y$, 称 F 在 U 上相对于 V 有覆盖性质, 如果存在 $\kappa > 0$, 使得

$$F(x) \cap V + \kappa r\mathbb{B} \subset F(x + r\mathbb{B}) \tag{1.39}$$

对任意 $r > 0$ 和 $x + r\mathbb{B} \subset U$ 时成立.

(ii) 给定 $(\bar{x}, \bar{y}) \in \operatorname{gph} F$, 称 F 在 $(\bar{x}, \bar{y})$ 附近具有模 $\kappa > 0$ 的局部覆盖性质, 如果存在 $\bar{x}$ 的邻域 U 和 $\bar{y}$ 的邻域 V 使 (1.39) 式成立. 所有这样模 κ 的上确界, 记为 $\operatorname{cov}(F(\bar{x}, \bar{y}))$, 称为 F 在 $(\bar{x}, \bar{y})$ 附近的确切覆盖界.

(iii) 称 F 在 $\bar{x} \in \operatorname{dom} F$ 附近具有模 $\kappa > 0$ 的半局部覆盖性质, 如果存在 $\bar{x}$ 的一个邻域 U, 当 $V = Y$ 时 (1.39) 式成立. 所有这样模的上确界记为 $\operatorname{cov} F(\bar{x})$.

定义 1.51(ii) 中的局部覆盖性质也称为关于一个线性率的开性或 F 在 $(\bar{x}, \bar{y})$ 附近的线性开性. 对单值映射 $f: X \to Y$, 它关联于 f 在 $\bar{x}$ 的传统开性, 即 $\bar{x}$ 的每个邻域在 f 下的像包含 (覆盖)$f(\bar{x})$ 的一个邻域, 或等价地,

$$f(\bar{x}) \in \operatorname{int} f(U)$$

对 $\bar{x}$ 的任何邻域 U 成立. 对单值映射性质 (1.39) 式甚至给出更多结果: 它保证具有线性率 κ 的在 $\bar{x}$ 附近的覆盖的一致性. 单值和集值映射的覆盖性质在变分分析的许多方面, 以及为得到约束变分问题的必要最优性条件、广义导数的分析法则等方面起着重要作用. 对局部和半局部这两种情形, 有下面所研究的覆盖和度量正则性之间的精确关系.

定理 1.52 (覆盖和度量正则性之间的关系) 对任何 $F: X \rightrightarrows Y$, $\operatorname{dom} F \neq \varnothing$. 下面的结论成立:

(i) F 在 $\bar{x} \in \operatorname{dom} F$ 附近有半局部覆盖性质当且仅当它在该点附近是半局部度量正则的. 此时有 $\operatorname{cov} F(x) = 1/\operatorname{reg} F(\bar{x})$.

(ii) F 在 $(\bar{x}, \bar{y}) \in \operatorname{gph} F$ 附近有局部覆盖性质当且仅当它在该点附近是局部度量正则的. 此时有 $\operatorname{cov} F(\bar{x}, \bar{y}) = 1/\operatorname{reg} F(\bar{x}, \bar{y})$.

证明　先证 (i). 假设 F 在 $\bar{x}$ 附近是具有模 $\mu>0$ 半局部度量正则的, 则有 $\eta,\gamma>0$ 使得 (1.36) 式对任意的 $x\in U:=\operatorname{int}(\bar{x}+\eta\mathbb{B})$, 满足 $\operatorname{dist}(y;F(x))\leqslant\gamma$ 的 $y\in Y$ 成立. 考虑常数 $\nu:=\min\{\eta,\mu\gamma\}$, $\bar{x}$ 的邻域 $\widetilde{U}:=\operatorname{int}(\bar{x}+\nu\mathbb{B})$, 取

$$v\in\operatorname{int}(F(x)+(r/\mu)\mathbb{B}),\quad 其中\quad x+r\mathbb{B}\subset\widetilde{U},r>0.$$

则 $x\in\operatorname{int}(\bar{x}+\eta\mathbb{B})$, $\operatorname{dist}(v;F(x))<r/\mu\leqslant\gamma$. 于是根据所假设的度量正则性, 有

$$\operatorname{dist}(x;F^{-1}(v))\leqslant\mu\operatorname{dist}(v;F(x))<r.$$

因此可选取 $u\in F^{-1}(v)$, 使得 $u\in\operatorname{int}(x+r\mathbb{B}),v\in F(u)\subset F(\operatorname{int}(x+r\mathbb{B}))$. 上式给出

$$\operatorname{int}(F(x)+\kappa^{-1}r\mathbb{B})\subset F(\operatorname{int}(x+r\mathbb{B})),$$

当 $x+r\mathbb{B}\subset\widetilde{U}$ 时成立. 现对任意小的 $\varepsilon>0$, 当 $x+r\mathbb{B}\subset\widetilde{U}$ 时, 有

$$F(x)+(\mu+\varepsilon)^{-1}r\mathbb{B}\subset\operatorname{int}(F(x)+\mu^{-1}r\mathbb{B})\subset F(\operatorname{int}(x+r\mathbb{B}))\subset F(x+r\mathbb{B}).$$

这蕴涵着 F 在 $\bar{x}$ 附近具有半局部覆盖性质且 $\operatorname{cov}F(\bar{x})\geqslant 1/\operatorname{reg}F(\bar{x})$.

为证 (i) 中相反的蕴涵关系, 取 $\kappa>0,\eta>0$, 满足

$$F(x)+\kappa r\mathbb{B}\subset F(x+r\mathbb{B})$$

对任意 $r>0$ 和 $x+r\mathbb{B}\subset U:=\operatorname{int}(\bar{x}+\eta\mathbb{B})$ 时成立. 令 $\nu:=\eta/2,\widetilde{U}:=\operatorname{int}(\bar{x}+\nu\mathbb{B}),\gamma:=\kappa\eta/2$, 下证, 对所有 $x\in\widetilde{U}$ 和满足 $\operatorname{dist}(y;F(x))\leqslant\gamma/2$ 的 $y\in Y$, (1.36) 式成立. 事实上, 固定这样的 (x,y), 考虑任意实数 α 满足 $\operatorname{dist}(y;F(x))<\alpha<\gamma$. 则对 $r:=\alpha/\kappa$, 有

$$y\in F(x)+\kappa r\mathbb{B},\quad x+r\mathbb{B}\subset U.$$

覆盖性质保证存在 $u\in x+r\mathbb{B}$, 使得 $y\in F(u)$, 即 $u\in F^{-1}(y)$. 因此

$$\operatorname{dist}(x;F^{-1}(y))\leqslant\|x-u\|\leqslant r=\alpha/\kappa.$$

现令 $\alpha\downarrow\operatorname{dist}(y;F(x))$, 则对所选的 $\widetilde{U}$ 和 γ,

$$\operatorname{dist}(x;F^{-1}(y))\leqslant\kappa^{-1}\operatorname{dist}(y;F(x))$$

对任意 $x\in\widetilde{U}$ 和满足 $\operatorname{dist}(y;F(x))\leqslant\gamma$ 的 $y\in Y$ 成立. 这就完成了 (i) 的证明.

(ii) 的证明与 (i) 的证明是平行的. 对证明的两部分都沿用 (i) 的证法. 需要追加的是, 当 V 分别是局部度量正则性和覆盖中给出的邻域时, 需要选取 $\bar{y}$ 的邻域 $\widetilde{V}$. 与 (i) 的证明中对 U 构造 $\widetilde{U}$ 的过程类似. △

推论 1.53 (局部和半局部覆盖性质之间的关系) 设 $F: X \rightrightarrows Y$ 在 $\bar{x} \in \mathrm{dom}F$ 是闭的且在该点附近是局部紧的, 则 F 在 $\bar{x}$ 附近的半局部覆盖性质等价于, 对任意 $\bar{y} \in F(\bar{x})$, F 在 $(\bar{x}, \bar{y})$ 附近具有局部覆盖性质. 此时

$$0 < \mathrm{cov}F(\bar{x}) = \min\{\mathrm{cov}F(\bar{x}, \bar{y}) | \bar{y} \in F(\bar{x})\}.$$

证明 由命题 1.50(i) 和定理 1.52 直接可得. △

上面建立的等价关系允许利用上导数得到任意 Banach 空间之间的集值映射的度量正则性和覆盖性质的有效必要条件和模估计. 这样的条件通过把 1.2.2 小节中的 Lipschitz 性质的相应结果应用于逆映射而得到. 下面给出与定理 1.43 和定理 1.44 相对应的关于度量正则性和覆盖性质的结果. 简单起见, 这里只考虑 (1.32) 式中 $\varepsilon = 0$ 的情形, 它对应用是最重要的. 具有确切模公式的这些条件的充分性将在 Asplund 空间框架下在 4.1 节和 4.2 节中研究.

为确切表述下面的结果, 需用到下面的结构:

$$\widetilde{D}^*_M F(\bar{x}, \bar{y})(y^*) := \{x^* \in X^* | y^* \in -D^*_M F^{-1}(\bar{y}, \bar{x})(-x^*)\}, \tag{1.40}$$

它由逆映射的混合上导数生成. 注意到 (1.40) 式相当于在混合上导数的定义 (1.25) 式中取顺序相反的收敛 (在 X^* 中取强收敛, 在 Y^* 中取弱 * 收敛). 当然, 若 $\mathrm{dim}X < \infty$, 则 $\widetilde{D}^*_M F(\bar{x}, \bar{y}) = D^*_N F(\bar{x}, \bar{y})$; 若 X 和 Y 都是有限维的, 则 $\widetilde{D}^*_M F(\bar{x}, \bar{y}) = D^*_M F(\bar{x}, \bar{y})$. 也注意到, 如果 F 在 $(\bar{x}, \bar{y})$ 是 N- 正则的, 那么这三个上导数相同. 然而, 在一般情况下, 反向上导数 (1.40) 不具有在 1.2.4 小节和 3.1.2 小节中所建立的关于基本和混合上导数令人满意的分析法则. 与 D^*_N 和 D^*_M 相比, 这限制了它的应用范围.

定理 1.54 (局部度量正则性和覆盖中的上导数条件) 设 $F: X \rightrightarrows Y$, $(\bar{x}, \bar{y}) \in \mathrm{gph}F$. 假设 F 在 $(\bar{x}, \bar{y})$ 附近是具有模 $\mu > 0$ 局部度量正则的, 或等价地, F 在 $(\bar{x}, \bar{y})$ 附近有具有模 μ^{-1} 的局部覆盖性质. 则下面的论断成立:

(i) 存在 $\eta > 0$, 使得

$$\inf\{\|x^*\| \mid x^* \in \widehat{D}^* F(x, y)(y^*)\} \geqslant \mu^{-1}\|y^*\| \tag{1.41}$$

对任何 $x \in \bar{x} + \eta\mathbb{B}$, $y \in F(x) \cap (\bar{y} + \eta\mathbb{B})$, $y^* \in Y^*$ 成立. 此时,

$$\mathrm{reg}F(\bar{x}, \bar{y}) \geqslant \inf_{\eta>0} \sup\left\{\|\widehat{D}^* F(x, y)^{-1}\| \mid x \in B_\eta(\bar{x}), y \in F(x) \cap B_\eta(\bar{y})\right\},$$

$$\begin{aligned}\mathrm{cov}F(\bar{x}, \bar{y}) \leqslant \sup_{\eta>0} \inf \Big\{&\|x^*\| \mid x^* \in \widehat{D}^* F(x, y)(y^*), x \in B_\eta(\bar{x}),\\ &y \in F(x) \cap B_\eta(\bar{y}), \|y^*\| = 1\Big\}.\end{aligned}$$

(ii) 有等价条件：

$$D_M^*F^{-1}(\bar{y},\bar{x})(0)=\{0\}\Leftrightarrow \ker\widetilde{D}_M^*F(\bar{x},\bar{y})=\{0\} \tag{1.42}$$

和确切界估计：

$$\operatorname{reg}F(\bar{x},\bar{y})\geqslant\|D_M^*F^{-1}(\bar{y},\bar{x})\|=\|\widetilde{D}_M^*F(\bar{x},\bar{y})^{-1}\|,$$

$$\operatorname{cov}F(\bar{x},\bar{y})\leqslant\inf\left\{\|x^*\|\,\Big|\,x^*\in\widetilde{D}_M^*F(\bar{x},\bar{y})(y^*),\|y^*\|=1\right\}.$$

证明　为证 (i), 注意到总有

$$y^*\in\widehat{D}^*F^{-1}(y,x)(x^*)\Leftrightarrow -x^*\in\widehat{D}^*F(x,y)(-y^*).$$

由此得 $\|\widehat{D}^*F^{-1}(x,y)\|=\|\widehat{D}^*F(x,y)^{-1}\|$. 于是根据定理 1.49(i) 与定理 1.52 (ii) 的等价性结果, 由定理 1.43(i) 得 (i) 中的所有结论. 这些等价性根据定理 1.44 中的条件 (1.35) 和定义 1.40 还蕴涵着条件 (1.42) 和 (ii) 中的正则界估计.

需证明 (ii) 中的覆盖界估计. 这由上面的结果并且注意到对任意正齐次集值映射 $H:X\rightrightarrows Y$, 有

$$1/\|H^{-1}\|=\inf\{\|y\|\,|\,y\in H(x),\|x\|=1\}$$

成立可得.　△

由所得结果易得半局部覆盖和度量正则性的相应的必要上导数条件及确切界的估计. 为简单起见, 这里只给出必要条件.

推论 1.55 (半局部度量正则性和覆盖的上导数条件)　设 $F:X\rightrightarrows Y$, $\operatorname{dom}F\neq\varnothing$. 下列论断成立：

(i) 假设 F 在 $\bar{x}\in\operatorname{dom}F$ 附近是具有模 $\mu>0$ 半局部度量正则的, 或等价地, F 在 $\bar{x}$ 附近有具有模 μ^{-1} 的半局部覆盖性质. 则存在 $\eta>0$, 使得 (1.41) 式对任何 $x\in\bar{x}+\eta\mathbb{B}$, $y\in F(x)$ 和 $y^*\in Y^*$ 成立, 而且对任意 $\bar{y}\in F(\bar{x})$ 等价条件 (1.42) 也成立.

(ii) 假设 F 在 $\bar{y}\in\operatorname{reg}F$ 附近是具有模 $\mu>0$ 半局部度量正则的, 则存在 $\eta>0$, 使得 (1.41) 式对任何 $y\in F(x)\cap(\bar{y}+\eta\mathbb{B}),x\in X$ 和 $y^*\in Y^*$ 成立. 此时对每一个 $\bar{x}\in F^{-1}(\bar{y})$ 等价条件 (1.42) 也成立.

证明　由定义和定理 1.54 直接可得.　△

如果 $F=f:X\to Y$ 是单值的, 那么 f 在参考点 $\bar{x}$ 附近 (其中 $\bar{y}=f(\bar{x})$) 的局部和半局部度量正则性和覆盖性质没有区别. 下面考虑 f 在 $\bar{x}$ 是严格可微的情形, 并给出其度量正则性和覆盖的完整刻画及相应确切界的精确计算公式. 该刻画的必要性部分, 以及度量正则性 (对应地, 覆盖) 的确切界的下 (对应地, 上) 估计,

是定理 1.54 中的一般上导数结果和下述引理的特殊情形. 该引理建立了度量正则映射导数的像集的自动闭性. 该刻画的充分性部分及确切界的反向估计则涉及到著名的 Lyusternik-Graves 定理 (其实是其证明) 的要义, 这在下述论证中要用到.

下面从上述引理开始进一步的讨论. 与定理 1.57 一样, 该引理也在任意 Banach 空间中成立.

引理 1.56 (度量正则映射导数像的闭性) 设 $f: X \to Y$ 在 $\bar{x}$ 附近是度量正则的而且在该点是 Fréchet 可微的, 则线性像空间 $\nabla f(\bar{x})X$ 在 Y 中是闭的.

证明 取 $\eta > 0$ 使得对某个 $\mu > 0$, 有

$$\operatorname{dist}(x; f^{-1}(\bar{x})) \leqslant \mu\|f(x) - f(\bar{x})\|, \quad \forall x \in \bar{x} + \eta\mathbb{B};$$

这基于度量正则性. 记 $A := \nabla f(\bar{x})$, 固定任一点 $y_0 \in \operatorname{cl}(AX)$. 则存在序列 $y_k \to y_0$ 且 $y_k \in AX$, 使得 $\|y_{k+1} - y_k\| \leqslant 2^{-k} (k \in \mathbb{N})$. 接着构造序列 $x_k \in X$ 满足估计

$$\|x_{k+1} - x_k\| \leqslant \frac{3\mu}{2^k}, \quad \|y_k - Ax_k\| \leqslant \frac{1}{2^k}, \quad \forall k \in \mathbb{N}.$$

用迭代方法依次定义 x_k. 先设 x_1 是任意满足 $Ax_1 = y_1$ 的点. 若已有 $x_1, \cdots, x_k$ 满足上面的估计, 则构造 x_{k+1} 如下: 固定 $u \in f^{-1}(y_{k+1}) - x_k$, 选取 $t > 0$, 满足 $t\|u\| \leqslant \eta$ 且对任意的 $z \in \max\left\{\|u\|, \dfrac{3\mu}{2^k}\right\}\mathbb{B}$, 有

$$\left\|\frac{f(\bar{x} + tz) - f(\bar{x})}{t} - Az\right\| \leqslant \frac{1}{2^{k+2}},$$

此式蕴涵着关系

$$\begin{aligned}\|f(\bar{x} + tu) - f(\bar{x})\| &\leqslant t\left(\|Au\| + \frac{1}{2^{k+2}}\right) = t\left(\|y_{k+1} - Ax_k\| + \frac{1}{2^{k+2}}\right)\\ &\leqslant t\left(\|y_{k+1} - y_k\| + \|y_k - Ax_k\| + \frac{1}{2^{k+2}}\right)\\ &\leqslant t\left(\frac{1}{2^k} + \frac{1}{2^k} + \frac{1}{2^{k+2}}\right) \leqslant \frac{3t}{2^k}.\end{aligned}$$

现在应用 f 在 $\bar{x}$ 附近的度量正则性, 找到 $\widetilde{x}$ 满足 $f(\widetilde{x}) = f(\bar{x} + tu)$, 且 $\|\widetilde{x} - \bar{x}\| \leqslant 3\mu t/2^k$. 令 $v := (\widetilde{x} - \bar{x})/t, x_{k+1} := x_k + v$, 则 $\|x_{j+1} - x_j\| \leqslant 3\mu t/2^j$, 对 $j = k, k+1$ 成立. 余下的需证明

$$\|y_{k+1} - Ax_{k+1}\| \leqslant \frac{1}{2^{k+1}}.$$

为此, 由上面的构造注意到

$$\left\|\frac{f(\bar{x} + tv) - f(\bar{x})}{t} - Av\right\| \leqslant \frac{1}{2^{k+2}}, \quad \left\|\frac{f(\bar{x} + tu) - f(\bar{x})}{t} - Av\right\| \leqslant \frac{1}{2^{k+2}}.$$

因此 $\|Au - Av\| = \|y_{k+1} - Ax_{k+1}\| \leqslant 1/2^{k+1}$. 从而 $\{x_k\}$ 是 X 中的 Cauchy 列, 它必收敛于某点 x_0. 而且, $Ax_k = y_k \to y_0$, 于是有 $Ax_0 = y_0$, 这就完成了引理的证明. △

现在已准备好证明上面所提到的一般 Banach 空间之间的严格可微映射的度量正则性和覆盖的基本刻画.

定理 1.57 (严格可微映射的度量正则性和覆盖) 设 $f: X \to Y$ 在 $\bar{x}$ 是严格可微的, 则 f 在 $\bar{x}$ 附近是度量正则的 (等价地, f 在该点附近具有覆盖性质) 当且仅当导数算子 $\nabla f(\bar{x}): X \to Y$ 是满射. 此时有确切表达式:

$$\operatorname{reg} f(\bar{x}) = \|(\nabla f(\bar{x})^*)^{-1}\|, \quad \operatorname{cov} f(\bar{x}) = \inf\{\|\nabla f(\bar{x})^* y^*\| \mid \|y^*\| = 1\}.$$

证明 先证必要性, 即由 f 在 $\bar{x}$ 附近的度量正则性来证导数算子 $\nabla f(\bar{x})$ 是满射. 由于 f 在 $\bar{x}$ 是严格可微的, 由定理 1.38 和定义得

$$\widetilde{D}_M^* f(\bar{x})(y^*) = \{\nabla f(\bar{x})^* y^*\}, \quad \forall y^* \in Y^*.$$

因此根据 (1.42) 式函数 f 在 $\bar{x}$ 附近的度量正则性给出

$$\ker \nabla f(\bar{x})^* = \{0\}, \quad 即\ \nabla f(\bar{x})^* y^* = 0 \Rightarrow y^* = 0.$$

因为根据引理 1.56, 象空间 $\nabla f(\bar{x})X$ 在 Y 中是闭的, 上式蕴涵着算子 $\nabla f(\bar{x})$ 是满射. 事实上, 相反的假设立即与分离定理 (即等价的 Hahn-Banach 定理) 矛盾. 根据定理 1.18, $\nabla f(\bar{x})$ 的满射性蕴涵着 $\nabla f(\bar{x})^*$ 的逆算子是单值的, 因此由定理 1.54(ii) 的一般上导数估计得到关系

$$\operatorname{reg} f(\bar{x}) \geqslant \|(\nabla f(\bar{x})^*)^{-1}\|, \quad \operatorname{cov} f(\bar{x}) \leqslant \inf\{\|\nabla f(\bar{x})^* y^*\| \mid \|y^*\|\}.$$

下面证明 $\nabla f(\bar{x})$ 的满射性对 f 在 $\bar{x}$ 附近的度量正则性 (覆盖) 也是充分的, 在这种情形下上面的估计作为等式成立. 为确定起见, 下面证覆盖性.

令 $A := \nabla f(\bar{x})$. 由 A 的满射性 (参见引理 1.18 的证明) 得, 对任何 $y \in Y$, 存在 $x \in A^{-1}(y)$, 满足

$$\|x\| \leqslant \mu \|y\|, \quad 其中 \mu^{-1} = \inf\{\|A^* y^*\| \big| \|y^*\| = 1\}. \tag{1.43}$$

应用 f 在 $\bar{x}$ 的严格可微性, 对任意 $\gamma \in (0, \mu^{-1})$ 找到 $\bar{x}$ 的邻域 U, 使得

$$\|f(x_1) - f(x_2) - A(x_1 - x_2)\| \leqslant \gamma \|x_1 - x_2\|, \quad \forall x_1, x_2 \in U.$$

下面证明

$$f(\widehat{x}) + (\mu^{-1} - \gamma) r\mathbb{B} \subset f(\widehat{x} + r\mathbb{B})$$

对任意的 $r>0$ 及 $\widehat{x}+r\mathbb{B}\subset U$ 时成立. 由定义上式意味着 f 在 $\bar{x}$ 附近具有模 $\kappa=\mu^{-1}-\gamma$ 的覆盖性质. 由于 $\gamma>0$ 可以取任意地小, 所以

$$\mathrm{cov} f(\bar{x})\geqslant\mu^{-1}=\inf\{\|\nabla f(\bar{x})^*y^*\|\,|\,\|y^*\|=1\}.$$

这样就完成了定理的证明.

余下需证对 f 上面的包含关系成立, 其中, 不失一般性可取 $\widehat{x}=0$ 和 $f(\widehat{x})=0$. 则此式意味着, 对每一个 $y\in(\mu^{-1}-\gamma)r\mathbb{B}$, 方程 $y=f(x)$ 在 $\mathbb{B}\subset U$ 中有一个解. 这实际上是文献 [522] 中的主要结果 (定理 1).

固定 $y\in Y$, 满足 $\|y\|\leqslant(\mu^{-1}-\gamma)r$, 构造想要的解 x 为序列 $\{x_k\}, k=1,2,\cdots$ 的极限, 该序列以下面的递归方式定义. 从 $x_0:=0$ 开始, 利用 (1.43) 式通过 Newton 型迭代程序构造 x_k:

$$Ax_k=y-f(x_{k-1})+Ax_{k-1},\quad \text{其中}\quad \|x_k-x_{k-1}\|\leqslant\mu\|y-f(x_{k-1})\|,\quad k\in\mathbb{N}.$$

由此构造得

$$\|x_{k+1}-x_k\|\leqslant\mu(\mu\gamma)^k\|y\|,$$

$$\|x_k\|\leqslant\sum_{j=1}^{k}\|x_j-x_{j-1}\|\leqslant\mu\|y\|\sum_{j=1}^{k}(\mu\gamma)^{j-1}\leqslant\mu\|y\|/(1-\mu\gamma)=\|y\|/(\mu^{-1}-\gamma)\leqslant r$$

对每一个 $k\in\mathbb{N}$ 成立. 因此 $\{x_k\}$ 是 Cauchy 列, 它必收敛于某点 $x\in X$, 且 $\|x\|\leqslant r$. 在迭代中当 $k\to\infty$ 时取极限, 得到 $y=f(x)$. 这就完成了定理的证明. △

定理 1.57 关于线性算子的如下推论给出了经典 Banach-Schauder 开映射定理的一个更细致版本.

推论 1.58 (线性算子的度量正则性和覆盖) 线性连续算子 $A:X\to Y$ 在每一点 $\bar{x}\in X$ 附近是度量正则的 (等价地, 它在 $\bar{x}$ 附近具有覆盖性质) 当且仅当 A 是满的. 此时有

$$\mathrm{reg}A(\bar{x})=\|(A^*)^{-1}\|,\quad \mathrm{cov}A(\bar{x})=\inf\{\|A^*y^*\|\,|\,\|y^*\|=1\},\quad \forall\bar{x}\in X.$$

证明 取 $f(x)=Ax$, 由定理 1.57 直接可得. △

整个这一小节研究了映射及其逆映射的性质之间的关系, 而逆映射可能是多值的, 即使对简单光滑函数来说也是如此. 定理 1.57 的另一个直接推论给出了严格可微映射的逆映射的局部类 Lipschitz 性质下述刻画.

推论 1.59 (严格可微映射的类 Lipschitz 逆映射) 设 $f:X\to Y$ 在 $\bar{x}$ 是严格可微的, $\bar{y}=f(\bar{x})$, 则逆映射 $f^{-1}:Y\rightrightarrows X$ 在 $(\bar{y},\bar{x})$ 附近是局部类 Lipschitz 的当且仅当 $\nabla f(\bar{x})$ 是满射. 此时有

$$\mathrm{lip}f^{-1}(\bar{y},\bar{x})=\|(\nabla f(\bar{x})^*)^{-1}\|.$$

证明 由定理 1.57 和定理 1.49(i) 中的等价性可得. △

推论 1.59 中的结论可解释为是一种"集值逆映射定理", 因为由它可推知逆集值映射的良好 (类 Lipschitz) 性质. 然而, 逆映射定理以及由其导出的隐函数定理的主要目的是, 找到有效条件保证 f^{-1} 是局部单值的, 而且具有与给定映射 f 相同的分析/可微性质.

经典的逆映射定理涉及在 $\bar{x}$ 附近 $f \in \mathcal{C}^1$ 的情形, 并且证明了如果 $\nabla f(\bar{x})$ 是可逆的, 那么在 $\bar{y} \in f(\bar{x})$ 附近 $f^{-1} \in \mathcal{C}^1$. Leach[748] 把这个结果推广到映射 f 在 $\bar{x}$ 是严格可微的情形. 为了这个目的他正式引入了严格可微性的概念, 尽管相应的结构实际上已出现在 Graves 开创性结果的证明中 (请比照定理 1.57 的证明). 下证, 在定理 1.57 的基础之上, 严格导数 $\nabla f(\bar{x})$ 的可逆性对 f^{-1} 在 $\bar{y}$ 的严格可微性来说是必要和充分的. 而且, 在这种情况下给出了计算 f^{-1} 的度量正则性、覆盖和 Lipschitz 确切界的精确表达式.

推论 1.60 (严格可微逆映射) 设 $f : X \to Y$ 在 $\bar{x}$ 是严格可微的, $\bar{y} = f(\bar{x})$, 则 f^{-1} 在 $\bar{y}$ 附近是局部单值的且在该点是严格可微的当且仅当 $\nabla f(\bar{x})$ 是可逆的. 此时有

$$\nabla f^{-1}(\bar{y}) = \nabla f(\bar{x})^{-1}, \quad \mathrm{lip} f^{-1}(\bar{y}) = \|(\nabla f(\bar{x})^*)^{-1}\|, \quad \mathrm{reg} f^{-1}(\bar{y}) = \|\nabla f(\bar{x})^*\|,$$

$$\mathrm{cov} f^{-1}(\bar{y}) = \inf \left\{ \|(\nabla f(\bar{x})^{-1})^* x^*\| \big| \|x^*\| = 1 \right\}.$$

证明 假设 $\nabla f(\bar{x})$ 是可逆的, 先证 f^{-1} 在 $\bar{y}$ 附近是局部单值的. 若不然, 对 $\bar{x}$ 的任何邻域 U, 找到 $x_1, x_2 \in U$, 使得 $f(x_1) = f(x_2)$. 则

$$\frac{\|\nabla f(\bar{x})(x_1 - x_2)\|}{\|x_1 - x_2\|} = \frac{\|f(x_1) - f(x_2) - \nabla f(\bar{x})(x_1 - x_2)\|}{\|x_1 - x_2\|}.$$

这显然与 f 在 $\bar{x}$ 的严格可微性矛盾, 因为此时存在 $\alpha > 0$, 满足 $\|\nabla f(\bar{x})x\| \geqslant \alpha\|x\| (\forall x \in X)$, 它由 $\nabla f(\bar{x})$ 的可逆性可得.

接下来证明 f^{-1} 在 $\bar{y}$ 是严格可微的, 且 $\nabla f^{-1}(\bar{y}) = \nabla f(\bar{x})^{-1}$. 任取 $\bar{y}$ 附近的 $y_i = f(x_i)(i = 1, 2)$, 且记 $\gamma(x_1, x_2) := f(x_1) - f(x_2) - \nabla f(\bar{x})(x_1 - x_2)$, 则有

$$\begin{aligned}
&\|f^{-1}(y_1) - f^{-1}(y_2) - \nabla f(\bar{x})^{-1}(y_1 - y_2)\| \\
&= \|x_1 - x_2 - \nabla f(\bar{x})^{-1}(f(x_1) - f(x_2))\| \\
&= \|x_1 - x_2 - \nabla f(\bar{x})^{-1}(\nabla f(\bar{x})(x_1 - x_2) + \gamma(x_1, x_2))\| \\
&= \|\nabla f(\bar{x})^{-1}(\gamma(x_1, x_2))\| \leqslant \|\nabla f(\bar{x})^{-1}\| \cdot \|\gamma(x_1, x_2)\|.
\end{aligned}$$

由定理 1.57, 映射 f 在 $\bar{x}$ 附近是度量正则的, 它给出 $\mu > 0$, 使得 $\|x_1 - x_2\| \leqslant \mu\|y_1 - y_2\|$. 这蕴涵着当 $y_1, y_2 \to \bar{y}$ 时,

$$\|\gamma(x_1, x_2)\|/\|y_1 - y_2\| \leqslant \|\gamma(x_1, x_2)\|/\mu^{-1}\|x_1 - x_2\| \to 0.$$

这就证明了定理的充分性部分.

在这种情形下, f^{-1} 在 $\bar{y}$ 附近是局部 Lipschitz 的, 因此根据推论 1.59, 有 $\mathrm{lip} f^{-1}(\bar{y}) = \|\nabla f(\bar{x})^{-1}\|$. 关于 $\mathrm{reg} f^{-1}(\bar{y})$ 和 $\mathrm{cov} f^{-1}(\bar{y})$ 的表达式由定理 1.57 直接可得.

反之, 如果 f^{-1} 在 $\bar{y}$ 是局部单值和严格可微的, 那么 f 和 f^{-1} 在 $\bar{x}$ 和 $\bar{y}$ 附近都分别是度量正则的. 因此据定理 1.57 的必要性条件 $\nabla f(\bar{x})$ 和 $\nabla f^{-1}(\bar{y})$ 都是满射, 这蕴涵着 $\nabla f(\bar{x})$ 的可逆性. △

注 1.61 (限制度量正则性) 注意到度量正则性的定义 1.47 不依赖于所论空间的线性结构, 因此它适用于任意度量空间. 以这种方式, 给定 Banach 空间之间的映射 $f : X \to Y$, 可研究限制映射 $f : X \to f(X)$ 的度量正则性, 其中像空间 Y 被度量空间 $f(X)$ 代替. 这个概念自然地被称为 f 在 $\bar{x}$ 附近的限制度量正则性 (RMR).

如果 f 在 $\bar{x}$ 是严格可微的且具有满射导数 $\nabla f(\bar{x})$, 那么经典的 Lyusternik-Graves 定理保证 $f : X \to Y$ 在 $\bar{x}$ 附近的度量正则性, 而且 $\nabla f(\bar{x})$ 的满射性对此性质也是必要的 (见定理 1.57). 当 $\nabla f(\bar{x})$ 不是满射时, 关于 f 的限制度量正则性能说什么? 这方面的讨论见 Mordukhovich 和 B. Wang[967,968]. 其中限制度量正则性的概念被深入研究并应用于一阶和二阶广义微分分析法则及集合和映射的序列法紧性中. 特别地, 里面得到了涉及 Ω 在 $\bar{x}$ 的拟切锥

$$\widetilde{T}(\bar{x}; \Omega) := \{v \in X \mid \exists v_k \to v, t_k \downarrow 0, x_k \xrightarrow{\Omega} \bar{x} \text{ 且 } x_k + t_k v_k \in \Omega\}$$

的 Lyusternik-Graves 定理的推广 (注意到, 若 f 在 $\bar{x}$ 附近是 RMR 的, 则像空间 $\nabla f(\bar{x})X$ 在 Y 中是闭的; 这由引理 1.56 的证明可得) 如下:

设 $f : X \to Y$ 是 Banach 空间之间的映射, 在 $\bar{x}$ 是严格可微的. 则 f 在 $\bar{x}$ 附近的限制度量正则性蕴涵着 $\widetilde{T}(f(\bar{x}); f(X)) = \nabla f(\bar{x})X$. 若 $\mathrm{codim} \nabla f(\bar{x})X < \infty$, 则相反的蕴涵关系成立.

限制度量正则性应用于集合和映射的广义微分分析和 SNC 性质与本书所给的结果类似, 只是对 $\nabla f(\bar{x})$ 没有满射假设. 特别地, 定理 1.17 的对应结果表述如下:

设 $f : X \to Y$ 在 $\bar{x}$ 是严格可微的, 空间 $\nabla f(\bar{x})X$ 在 Y 中是可补的. 如果 f 在 $\bar{x}$ 附近有 RMR 性质, 那么一般来说有两个相互独立的等式:

$$N(\bar{x}; f^{-1}(\Theta)) = \nabla f(\bar{x})^* N(f(\bar{x}); \Theta \cap f(X)),$$

$$(\nabla f(\bar{x})^*)^{-1} N(\bar{x}; \Theta \cap f(X)) = N(f(\bar{x}); \Theta \cap f(X)).$$

注意到上面关于 $\nabla f(\bar{x})X$ 可补性的要求可由更一般的 $\nabla f(\bar{x})X$ 的 w^*- 可扩张性性质代替, 见定义 1.122. 如果 $\mathbb{B}^*$ 是弱 * 序列紧的这个结论总成立 (见命题 1.123). 这个方向更详细的结果、应用和讨论可参阅文献 [967, 968].

1.2.4 Banach 空间中上导数的分析法则

这一小节包含任意 Banach 空间之间的集值映射的上导数的分析结果. 主要研究定义 1.32 中的基本和混合上导数, 它们对应用来说最重要. 所得结果包括上导数的加法与链式法则及其集值映射的图正则性的相应分析法则. 在第 3 章中将再回到这个课题, 对 Asplund 空间之间的集值映射建立更多分析法则 (完整分析法则).

以下从映射的上导数的加法法则开始, 其中一个映射是单值可微的. 下面的定理保证具有等式形式的加法法则成立.

定理 1.62 (具有等式形式的上导数加法法则) 设 $f: X \to Y$ 在 $\bar{x}$ 是 Fréchet 可微的, 设 $F: X \rightrightarrows Y$ 是任意一个集值映射使得对某个 $\bar{y} \in Y$ 有 $\bar{y} - f(\bar{x}) \in F(\bar{x})$. 则下列结论成立:

(i) 对任意 $y^* \in Y^*$, 有

$$\widehat{D}^*(f+F)(\bar{x},\bar{y})(y^*) = \nabla f(\bar{x})^* y^* + \widehat{D}^* F(\bar{x},\bar{y}-f(\bar{x}))(y^*);$$

(ii) 如果 f 在 $\bar{x}$ 是严格可微的, 那么

$$D^*(f+F)(\bar{x},\bar{y})(y^*) = \nabla f(\bar{x})^* y^* + D^* F(\bar{x},\bar{y}-f(\bar{x}))(y^*)$$

对任意 $y^* \in Y^*$ 成立, 其中 D^* 代表基本上导数 (1.24) 或混合上导数 (1.25). 而且, 映射 $f+F$ 在 $(\bar{x},\bar{y})$ 是 N- 正则的 (对应地, M- 正则的) 当且仅当 F 在点 $(\bar{x},\bar{y}-f(\bar{x}))$ 是 N- 正则的 (对应地, M- 正则的).

证明 两个表达式中的包含关系 "$\subset$" 皆可用类似定理 1.38 的方法证明. 对和 $(f+F)+(-f)$ 应用这个结果, 则可得到相反的包含关系, 因此等式成立. 正则性的陈述结合 (i) 和 (ii) 及定义可得. △

下面得到计算 Banach 空间之间的映射的复合映射

$$(F \circ G)(x) := F(G(x)) = \cup\{F(y) \mid y \in G(x)\}$$

的上导数的公式. 为此需要以下定义.

定义 1.63 (内半连续和内半紧映射) 设 $S: X \rightrightarrows Y$, $\bar{x} \in \operatorname{dom} S$.

(i) 给定 $\bar{y} \in S(\bar{x})$, 称映射 S 在 $(\bar{x},\bar{y})$ 是内半连续的, 如果对任意序列 $x_k \to \bar{x}$ 都存在当 $k \to \infty$ 时收敛于 $\bar{y}$ 的序列 $y_k \in S(x_k)$;

(ii) S 在 $\bar{x}$ 是内半紧的, 如果对任意序列 $x_k \to \bar{x}$ 都存在当 $k \to \infty$ 时有收敛子列的序列 $y_k \in S(x_k)$.

若对任意 $\bar{y} \in S(\bar{x})$, S 在 $(\bar{x},\bar{y})$ 都是内半连续的, 则此时回到 S 在 $\bar{x}$ 的内/下半连续性的标准概念, 这个概念在 1.2.1 小节被提到和应用 (见定理 1.34). S 在 $\bar{x}$ 的内/下半连续性的概念显然蕴涵着 S 在 $\bar{x}$ 内半紧性, 而 S 在 $\bar{x}$ 的内半紧性可能

比内半连续性弱得多. 特别地, 在 $\bar{x}$ 附近局部紧的非空值映射 (当 $\dim Y < \infty$ 时是局部有界的) 在 $\bar{x}$ 附近 (即在 $\bar{x}$ 的某个邻域中的每个点 x) 显然是内半紧的. 在额外的假设下 (见下述结果), S 在 $\bar{x}$ 的内半紧性蕴涵着 S 在 $\bar{x}$ (但不是在该点附近) 是闭图的, 即, 对任何 $x_k \to \bar{x}$, $y_k \to \bar{y}$ 且 $y_k \in S(x_k)$, 必有 $\bar{y} \in S(\bar{x})$. 注意到, 与内半连续性性质 (i) 相比, 定义 1.63 中内半紧性性质 (ii) 不能等价地通过整个序列 $\{y_k\}$ 的收敛性来表述, 而是需要取其子列.

为了表达关于复合映射的上导数的第一个定理, 考虑集值映射

$$\Phi(x,y) := F(y) + \Delta((x,y); \operatorname{gph} G),$$

这涉及在命题 1.33 中定义的指示映射 Δ. 这个集值映射在下面所研究的各种链式法则的证明中起着重要作用 (见第 3 章).

定理 1.64 (复合映射的上导数) 设 $G: X \rightrightarrows Y$, $F: Y \rightrightarrows Z$, $\bar{z} \in (F \circ G)(\bar{x})$, 且

$$S(x,z) := G(x) \cap F^{-1}(z) = \{y \in G(x) \mid z \in F(y)\}.$$

则对两种上导数 $D^* = D^*_N$ 和 $D^* = D^*_M$ 及所有 $z^* \in Z^*$ 下面的结论成立:

(i) 给定 $\bar{y} \in S(\bar{x}, \bar{z})$, 假设 S 在 $(\bar{x}, \bar{z}, \bar{y})$ 是内半连续的, 则有

$$D^*(F \circ G)(\bar{x}, \bar{z})(z^*) \subset \{x^* \in X^* \mid (x^*, 0) \in D^*\Phi(\bar{x}, \bar{y}, \bar{z})(z^*)\};$$

(ii) 假设 S 在 $(\bar{x}, \bar{z})$ 是内半紧的, 其中 G 在 $\bar{x}$ 是闭图的, F^{-1} 在 $\bar{z}$ 是闭图的, 则有

$$D^*(F \circ G)(\bar{x}, \bar{z})(z^*) \subset \left\{x^* \in X^* \mid (x^*, 0) \bigcup_{\bar{y} \in S(\bar{x}, \bar{z})} D^*\Phi(\bar{x}, \bar{y}, \bar{z})(z^*)\right\};$$

(iii) 设 $G = g$ 在 $\bar{x}$ 附近是单值的, 则如果 g 在 $\bar{x}$ 附近是 Lipschitz 连续的且 $\dim Y < \infty$, 或者 g 在 $\bar{x}$ 是严格可微的, 就有

$$D^*(F \circ g)(\bar{x}, \bar{z})(z^*) = \{x^* \in X^* \mid (x^*, 0) \in D^*\Phi(\bar{x}, g(\bar{x}), \bar{z})(z^*)\}.$$

在这两种情形都有 $F \circ G$ 在 $(\bar{x}, \bar{z})$ 是 N- 正则的 (M- 正则的), 如果 Φ 在 $(\bar{x}, g(\bar{x}), \bar{z})$ 有相应的性质.

证明 对 $D^* = D^*_N$ 的情形证明定理; $D^* = D^*_M$ 的情形可类似证明.

先证 (i). 任取 (x^*, z^*) 满足 $x^* \in D^*(F \circ G)(\bar{x}, \bar{z})(z^*)$, 找到序列 $\varepsilon_k \downarrow 0$, $(x_k, z_k) \to (\bar{x}, \bar{z})$ 且 $(x_k^*, z_k^*) \xrightarrow{w^*} (x^*, z^*)$, 使得

$$z_k \in (F \circ G)(x_k), \quad (x_k^*, -z_k^*) \in \widehat{N}_{\varepsilon_k}((x_k, z_k); \operatorname{gph} F \circ G), \quad k \in \mathbb{N}.$$

应用 S 在 $(\bar{x},\bar{z},\bar{y})$ 的内半连续性, 当 $k\to\infty$ 时, 有 $y_k\in S(x_k,z_k)$ 且 $y_k\to\bar{y}$. 对每一个 $k\in\mathbb{N}$, 有

$$\begin{aligned}&\limsup_{\substack{(x,y,z)\to(x_k,y_k,z_k)\\ z\in\Phi(x,y)}}\frac{\langle(x_k^*,0,-z_k^*),(x,y,z)-(x_k,y_k,z_k)\rangle}{\|(x,y,z)-(x_k,y_k,z_k)\|}\\ =&\limsup_{\substack{(x,y,z)\to(x_k,y_k,z_k)\\ y\in G(x),z\in F(y)}}\frac{\langle x_k^*,x-x_k\rangle-\langle z_k^*,z-z_k\rangle}{\|(x,y,z)-(x_k,y_k,z_k)\|}\\ \leqslant&\max\left\{0,\ \limsup_{\substack{(x,z)\to(x_k,z_k)\\ z\in(F\circ G)(x)}}\frac{\langle x_k^*,x-x_k\rangle-\langle z_k^*,z-z_k\rangle}{\|(x,z)-(x_k,z_k)\|}\right\}\leqslant\varepsilon_k.\end{aligned}$$

因此 $(x_k^*,0,-z_k^*)\in\widehat{N}_{\varepsilon_k}((x_k,y_k,z_k);\text{gph }\Phi)$. 当 $k\to\infty$ 时取极限就证得结论 (i) 成立.

为证 (ii), 类似于 (i) 的证明, 根据 S 在 $(\bar{x},\bar{z})$ 的内半紧性找到收敛于某点 $\bar{y}$ 的序列 $y_k\in S(x_k,z_k)$ 的子序列. 由于 $y_k\in G(x_k)\cap F^{-1}(z_k)$ 与 G 和 F^{-1} 的图在相应点是闭的, 即可得 $\bar{y}\in G(\bar{x})\cap F^{-1}(\bar{z})=S(\bar{x},\bar{z})$. 这样由 (i) 的证明知结论 (ii) 成立.

最后证明 (iii), 在两种情形下都有 g 在 $\bar{x}$ 附近是 Lipschitz 连续的, 设其模为 ℓ. 任取 (x^*,z^*) 满足 $(x^*,0)\in D^*\Phi(\bar{x},g(\bar{x}),\bar{z})(z^*)$, 找到序列 $\varepsilon_k\downarrow 0$, $(x_k,z_k)\to(\bar{x},\bar{z})$ 和 $(x_k^*,y_k^*,z_k^*)\xrightarrow{w^*}(x^*,0,z^*)$, 使得 $z_k\in F(g(x_k))$, 且

$$\limsup_{\substack{x\to x_k,z\to z_k\\ z\in F(g(x))}}\frac{\langle(x_k^*,y_k^*,-z_k^*),(x,g(x),z)-(x_k,g(x_k),z_k)\rangle}{\|(x,g(x),z)-(x_k,g(x_k),z_k)\|}\leqslant\varepsilon_k$$

对所有 $k\in\mathbb{N}$ 成立. 上式蕴涵着

$$\limsup_{\substack{x\to x_k,z\to z_k\\ z\in F(g(x))}}\frac{\langle x_k^*,x-x_k\rangle-\langle z_k^*,z-z_k\rangle}{\|(x,z)-(x_k,z_k)\|}\leqslant\widetilde{\varepsilon}_k:=(\ell+1)(\varepsilon_k+\|y_k^*\|).$$

若 $\dim Y<\infty$, 则 $\widetilde{\varepsilon}_k\downarrow 0(k\to\infty)$, 这就证得 (iii) 在此时成立.

现假设 g 在 $\bar{x}$ 是严格可微的. 沿用定理 1.38 的证明, 任取序列 $\gamma_j\downarrow 0(j\to\infty)$, 由上式得

$$\limsup_{\substack{x\to x_k,z\to z_k\\ z\in F(g(x))}}\frac{\langle x_{k_j}^*,\nabla g(\bar{x})^*y_{k_j}^*,x-x_{k_j}\rangle-\langle z_{k_j}^*,z-z_{k_j}\rangle}{\|(x,z)-(x_{k_j},z_{k_j})\|}\leqslant\widetilde{\varepsilon}_j,$$

其中当 $j\to\infty$ 时, $\widetilde{\varepsilon}_j:=(\ell+1)(\varepsilon_{k_j}+\gamma_j\|y_{k_j}^*\|)\downarrow 0$. 这表明

$$x_{k_j}^*+\nabla g(\bar{x})^*y_{k_j}^*\in\widehat{D}_{\widetilde{\varepsilon}_j}^*(F\circ g)(x_{k_j},z_{k_j})(z_{k_j}^*).$$

于是 $x^*\in D^*(F\circ G)(\bar{x},\bar{z})(z^*)$, 这是由于当 $j\to\infty$ 时, $x_{k_j}^*+\nabla g(\bar{x})^*y_{k_j}^*\xrightarrow{w^*}x^*$.

余下的需证明 (iii) 中的正则性陈述. 由 (iii) 中证明的等式并注意到, 若 g 在 $\bar{x}$ 附近是局部 Lipschitz 的, 则

$$\widehat{D}^*(F\circ G)(\bar{x},\bar{z})(z^*)=\{x^*\in X^*\mid (x^*,0)\in \widehat{D}^*\Phi(\bar{x},g(\bar{x}),\bar{z})(z^*)\},$$

从而得结论成立. △

注意到定理 1.64 的结果给出了表达复合映射的上导数的“右”包含和等式关系, 它不是链式法则形式, 因为这里涉及辅助集值映射 Φ 而不是 F 和 G 的上导数. 为了用这种方法得到上导数的链式法则, 只需应用 Φ 的上导数的和式法则. 为此利用在任意 Banach 空间中成立的定理 1.62(ii) 中的和式法则. 这个方向进一步的结果将在第 3 章中得到, 其中上导数和式法则 (从而得链式法则) 将在 Asplund 空间情形对一般集值映射建立.

下面的定理给出复合的基本和混合上导数的平行的链式法则. 然而注意到, 在所有两种情形中, 都只有内映射 G 的基本上导数被用到. 为简化概念, 在链式法则中省掉了上导数的自变量 $z^*\in Z^*$.

定理 1.65 (严格可微外映射的上导数链式法则) 设 $G\colon X\rightrightarrows Y$, $f\colon Y\to Z$, $\bar{z}\in(F\circ G)(\bar{x})$, 则对两种上导数 $D^*=D^*_N$ 和 $D^*=D^*_M$, 下列结论成立:

(i) 假设对某个给定的 $\bar{y}\in G(\bar{x})$, $G\cap f^{-1}$ 在 $(\bar{x},\bar{y},\bar{z})$ 是内半连续的 (其中 $\bar{z}=f(\bar{y})$), f 在 $\bar{y}$ 是严格可微的, 则

$$D^*(f\circ G)(\bar{x},\bar{z})\subset D^*_N G(\bar{x},\bar{y})\circ\nabla f(\bar{y})^*.$$

(ii) 假设 $G\cap f^{-1}$ 在 $(\bar{x},\bar{z})$ 是内半紧的, 其中 G 和 f^{-1} 在相应点是闭图的; 也假设 f 在任一 $\bar{y}\in G(\bar{x})\cap f^{-1}(\bar{z})$ 是严格可微的, 则

$$D^*(f\circ G)(\bar{x},\bar{z})\subset\bigcup_{\bar{y}\in G(\bar{x})\cap f^{-1}(\bar{z})} D^*_N G(\bar{x},\bar{y})\circ\nabla f(\bar{y})^*.$$

(iii) 设 $G=g$ 在 $\bar{x}$ 附近是单值的, 或者是 Lipschitz 连续的且 $\dim Y<\infty$, 或者在该点是严格可微的, 则

$$D^*_M(f\circ g)(\bar{x})=D^*_N(f\circ g)(\bar{x})=D^*g(\bar{x})\circ\nabla f(g(\bar{x}))^*.$$

而且, 如果 g 在该点是 N- 正则的, 那么 $f\circ g$ 在 $\bar{x}$ 是 N- 正则的.

证明 通过定理 1.62(ii) 的和式法则和命题 1.33, 由定理 1.64 计算 Φ 的上导数即可得结论成立. △

注意到, 定理 1.65 中的论断 (iii) 的第一种情形在 g 没有正则性假设下保证基本和混合上导数的等式链式法则 (此时二者相同). 若 g 在 $\bar{x}$ 是严格可微的, 这个结果则简化为 Banach 空间之间的严格可微映射的复合映射的经典链式法则.

接下来研究复合 $F\circ g$ 的内映射 g 在参考点是严格可微的情形. 此时由 1.1.2 小节中法锥的分析法则结果得到作为等式成立的上导数链式法则. 类似于定理 1.65, 这里对 F 不加任何正则性假设, 但是把复合 $F\circ G$ 的正则性与它的图 (基本和混合) 正则性联系起来了.

定理 1.66 (具有满射导数的内映射的上导数链式法则) 设 $g\colon X\to Y, F\colon Y\rightrightarrows Z$, $\bar{z}\in(F\circ g)(\bar{x})$. 假设 g 在 $\bar{x}$ 是严格可微的且具有满射导数 $\nabla g(\bar{x})$, 则下面的结论成立:

$$\widehat{D}^*(F\circ g)(\bar{x},\bar{z})=\nabla g(\bar{x})^*\widehat{D}^*F(g(\bar{x}),\bar{z}),$$

$$D^*(F\circ g)(\bar{x},\bar{z})=\nabla g(\bar{x})^*D^*F(g(\bar{x}),\bar{z}),$$

其中 D^* 代表 D_N^* 或者 D_M^*. 而且, $F\circ g$ 在 $(\bar{x},\bar{z})$ 是 N- 正则的 (对应地, M- 正则的) 当且仅当 F 在 $(g(\bar{x}),\bar{z})$ 具有相应的正则性性质.

证明 设 I 是 Z 上的恒等算子. 则 $(g,I):X\times Z\to Y\times Z$ 在 $(\bar{x},\bar{z})$ 是严格可微的且具有满射导数 $\nabla(g,I)(\bar{x},\bar{z})$. 易见 $(g,I)^{-1}(\text{gph }F)=\text{gph}(F\circ g)$. 因此对 $\widehat{D}^*$ 和 $D^*=D_N^*$ 定理中的链式法则分别由推论 1.15 和定理 1.17 可得. 为证 $D^*=D_M^*$ 情形, 对集合 $(g,I)^{-1}(\text{gph }F)$ 应用引理 1.16, 然后类似于定理 1.17 的证明取极限, 应用 F 和 $F\circ g$ 的混合上导数结构中的 $z_k^*\to z^*$ 的强收敛性. 定理的正则性陈述由所得的链式法则和 $\nabla g(\bar{x})^*$ 的内射性可得 (见引理 1.18). △

1.2.5 映射的序列法紧性

这一小节研究 Banach 空间之间的一般集值映射的序列法紧性. 这些性质在有限维空间自动成立, 在无穷维的变分分析的许多方面起着关键性作用, 这特别包括通过极限过程, 得到 Lipschitz 性质、度量正则性、广义微分分析法则和最优化等的有效点条件. 参见本书随后的章节. 在 1.1.3 小节已经引入和研究了 Banach 空间中任意集合的序列法紧性. 当对集值映射的图考虑这个条件时, 则自然诱导出集值映射的相应性质. 然而, 映射的情形还允许研究更弱 (更少限制) 的性质, 这涉及定义域和值空间中的不同收敛性. 这样的性质被称为“部分序列法紧性”, 它们对关于上导数的各种结果特别重要. 这里研究任意 Banach 空间框架下集值映射的这两种性质, 并且得到它们成立和在一些运算下被保持的有效条件. Asplund 空间中序列法紧性的更丰富的分析法则将在第 3 章建立.

定义 1.67 (集值映射的序列法紧性) 设 $F\colon X\rightrightarrows Y$, $(\bar{x},\bar{y})\in\text{gph}F$, 则

(i) F 在 $(\bar{x},\bar{y})$ 是序列法紧 (简记为 SNC) 的, 如果对任何满足

$$\varepsilon_k\downarrow 0, (x_k,y_k)\to(\bar{x},\bar{y}), x_k^*\in\widehat{D}_{\varepsilon_k}^*F(x_k,y_k)(y_k^*) \quad \text{和} \quad (x_k^*,y_k^*)\xrightarrow{\omega^*}(0,0)$$

的序列 $(\varepsilon_k,x_k,y_k,x_k^*,y_k^*)\in[0,\infty)\times(\text{gph}F)\times X^*\times Y^*$, 有 $\|(x_k^*,y_k^*)\|\to 0(k\to\infty)$;

(ii) F 在 $(\bar{x},\bar{y})$ 是部分序列法紧 (简记为 PSNC) 的, 如果对任何满足

$$\varepsilon_k \downarrow 0, (x_k, y_k) \to (\bar{x},\bar{y}), x_k^* \in \widehat{D}_{\varepsilon_k}^* F(x_k, y_k)(y_k^*), x_k^* \xrightarrow{\omega^*} 0 \text{ 和 } \|y_k^*\| \to 0$$

的序列 $(\varepsilon_k, x_k, y_k, x_k^*, y_k^*) \in [0,\infty) \times (\mathrm{gph}F) \times X^* \times Y^*$, 有 $\|x_k^*\| \to 0 (k \to \infty)$.

在上面的定义中若 F 是单值映射, 则可省掉 $\bar{y}$. 注意到集值映射的 SNC 性质和定义 1.20 意义下的集值映射图的 SNC 性质相同. 也注意到当 $\dim X < \infty$ 时, PSNC 性质总成立. 当 $\dim Y < \infty$ 时, 定义 1.67 中的两个性质没有区别. 否则, PSNC 性质一般比 SNC 要弱, 这对线性连续算子亦如此. 下面的命题表明 PSNC(不是 SNC) 性质对类 Lipschitz 集值映射这个重要映射类总成立, 这因于定义 1.43 中以 ε- 上导数给出的该类映射的必要条件. 而且在这种情况下 PSNC 性质在 $(\bar{x},\bar{y})$ 附近成立, 即在充分接近 $(\bar{x},\bar{y})$ 的任何点 (x,y) 处成立.

命题 1.68 (类 Lipschitz 集值映射的 PSNC 性质) 设 $F\colon X \rightrightarrows Y$ 在 $(\bar{x},\bar{y}) \in \mathrm{gph}F$ 附近是局部类 Lipschitz 的, 则在该点它是部分序列法紧的.

证明 由定理 1.43(i) 和定义 1.67(ii) 直接可得. △

推论 1.69 (单值映射及其逆的 SNC 性质) 设 $f\colon X \to Y$ 在 $\bar{x}$ 附近是 Lipschitz 连续的, 则

(i) f 在 $(\bar{x}, f(\bar{x}))$ 是 PSNC 的, 而且, 当 $\dim Y < \infty$ 时它在该点是 SNC 的;

(ii) 如果 f 在 $\bar{x}$ 是严格可微的且具有满射导数 $\nabla f(\bar{x})$, 那么 f^{-1} 在 $(f(\bar{x}),\bar{x})$ 附近有 PSNC 性质.

证明 论断 (i) 由命题 1.68 直接可得. 为证 (ii), 由推论 1.59 得到, f^{-1} 在 $(f(\bar{x}),\bar{x})$ 附近是类 Lipschitz 的, 于是由上述命题可得结论. △

在 3.1.3 小节将证明: 对在 Asplund 空间中定义的所谓 w^*- 严格 Lipschitz(特别地, 严格可微的) 映射 $f\colon X \to Y$ 的 SNC 性质来说, 有限维条件 $\dim Y < \infty$ 不但是充分的, 而且是必要的.

另一个将在 3.1.3 小节建立与序列法紧性有关的基本事实是广义 Fredholm 算子逆算子的 PSNC 性质, 这类算子在具有算子约束的最优化问题尤其在最优控制的应用中非常重要. 这样的广义 Fredholm 算子建立在一些紧严格 Lipschitz 映射之上, 它们形成了严格 Lipschitz 类的重要子类.

下面建立 Banach 空间之间的映射的序列法紧性的一些分析法则. 在下文中将给出条件确保这些性质在一些加法和复合中被保持. 这样的结果自然地关联于法锥和上导数的分析法则.

定理 1.70 (严格可微映射在加法运算下的 SNC 性质) 设 $f: X \to Y$ 在 $\bar{x}$ 是严格可微的, $F: X \rightrightarrows Y$ 是任一集值映射满足 $\bar{y} - f(\bar{x}) \in F(\bar{x})$ 对某个 $\bar{y} \in Y$ 成立, 则 $f + F$ 在 $(\bar{x},\bar{y})$ 是 SNC(PSNC) 的当且仅当 F 在 $(\bar{x}, \bar{y} - f(\bar{x}))$ 具有相应的性质.

证明　下面用类似的方法分别对 SNC 和 PSNC 性质证明定理“当”的部分. 对任意 $k \in \mathbb{N}$, 取 $x_k^* \in \widehat{D}_{\varepsilon_k}^*(f+F)(x_k,y_k)(y_k^*)$, 由定义得

$$\langle x_k^*, x-x_k\rangle - \langle y_k^*, y-y_k\rangle \leqslant 2\varepsilon_k(\|x-x_k\|+\|y-y_k\|)$$

对所有充分接近 (x_k,y_k) 的 $(x,y)\in \operatorname{gph}(f+F)$ 成立. 记 $\widetilde{y}_k := y_k - f(x_k)$. 类似于定理 1.38 的证明, 现利用 f 在 $\bar{x}$ 的严格可微性, 任取序列 $\gamma_j \downarrow 0, j\to\infty$, 得

$$\langle x_{k_j}^* - \nabla f(\bar{x})^* y_{k_j}^*, x - x_{k_j}\rangle - \langle y_{k_j}^*, y-\widetilde{y}_{k_j}\rangle \leqslant \widetilde{\varepsilon}_j(\|x-x_j\|+\|y-\widetilde{y}_j\|),$$

$$\text{其中}\quad \widetilde{\varepsilon}_j := (\ell+1)(2\varepsilon_{k_j}+\gamma_j)\|y_{k_j}^*\|,$$

对所有充分接近 $(x_{k_j},\widetilde{y}_{k_j})$ 的 $(x,y)\in \operatorname{gph} F$ 和充分大的 $j\in\mathbb{N}$ 成立, 其中 ℓ 是 f 在 $\bar{x}$ 附近的 Lipschitz 常数. 因此

$$x_{k_j}^* - \nabla f(\bar{x})^* y_{k_j}^* \in \widehat{D}_{\widetilde{\varepsilon}_j}^* F(x_{k_j},\widetilde{y}_{k_j})(y_{k_j}^*).$$

则若 $\varepsilon_k \downarrow 0, (x_k,y_k)\to(\bar{x},\bar{y})$, $(x_k^*,y_k^*) \xrightarrow{w^*} (0,0)(k\to\infty)$, 就有 $\widetilde{\varepsilon}_j\downarrow 0, \widetilde{y}_{k_j}\to \bar{y}-f(\bar{x})$, $x_{k_j}^* - \nabla f(\bar{x})^* y_{k_j}^* \xrightarrow{w^*} 0(j\to\infty)$. 从而 F 在 $(\bar{x},\bar{y}-f(\bar{x}))$ 的 SNC(PSNC) 性质蕴涵着 $f+F$ 在 $(\bar{x},\bar{y})$ 的相应性质. 相反的蕴涵关系由“当”的部分应用于 $(f+F)+(-f)$ 可得. △

下面研究 Banach 空间之间的集值映射的复合 $F\circ G$ 的序列法紧性. 首先建立 $F\circ G$ 的法紧性与辅助集值映射 $\Phi(x,y) = F(y) + \Delta((x,y);\operatorname{gph} G)$ 的相应性质的关系, 这里的指示映射 $\Delta : X\times Y \to Z$ 定义于命题 1.33.

命题 1.71 (复合下的 SNC 性质)　设 $G\colon X \rightrightarrows Y, F\colon Y\rightrightarrows Z, \bar{z}\in(F\circ G)(\bar{x})$. 假设对某个 $\bar{y}\in G(\bar{x})\cap F^{-1}(\bar{z})$, 集值映射 $G(x)\cap F^{-1}(z)$ 在 $(\bar{x},\bar{z},\bar{y})$ 是内半连续的, 则如果 Φ 在 $(\bar{x},\bar{y},\bar{z})$ 是 SNC(PSNC) 的, 那么 $F\circ G$ 在 $(\bar{x},\bar{z})$ 就有相应的性质.

证明　取序列 $(\varepsilon_k,x_k,z_k,x_k^*,z_k^*)\in[0,\infty)\times X\times Z\times X^*\times Z^*$ 满足 $\varepsilon_k\downarrow 0$, $(x_k,z_k)\to(\bar{x},\bar{z})$, $(x_k^*,z_k^*)\xrightarrow{w^*}(0,0)$, 其中

$$z_k\in(F\circ G)(x_k),\quad x_k^*\in\widehat{D}_{\varepsilon_k}^*(F\circ G)(x_k,z_k)(z_k^*),\quad k\in\mathbb{N}.$$

利用 $G\cap F^{-1}$ 在 $(\bar{x},\bar{z},\bar{y})$ 的内半连续性, 对给定的 $\bar{y}$, 找到收敛于 $\bar{y}$ 的 $y_k\in G(x_k)\cap F^{-1}(z_k)$. 由定理 1.64(i) 的证明知

$$(x_k^*,0)\in\widehat{D}_{\varepsilon_k}^*\Phi(x_k,y_k,z_k)(z_k^*)\quad(\forall\, k\in\mathbb{N}).\tag{1.44}$$

从而 Φ 在 $(\bar{x},\bar{y},\bar{z})$ 的 SNC(PSNC) 性质蕴涵着 $F\circ G$ 在 $(\bar{x},\bar{z})$ 的相应性质. △

为由 F 和 G 的 SNC 性质得到 $F\circ G$ 的 SNC 性质, 类似于定理 1.65 的证明, 可利用 Φ 的和式法则. 然而这种方法对 SNC 的分析法则是行不通的. 这是因为,

根据命题 1.33, 指示映射 $\triangle(\cdot;\Omega)$ 在 $\bar{x}\in\Omega$ 是 PSNC 的当且仅当 Ω 在该点是 SNC 的, 而且 $\triangle$ 在 $\bar{x}$ 从不是 SNC 的除非像空间是有限维的. 因此合并命题 1.71 和定理 1.70 只能得到结论: 若 G 是 SNC 的, f 在相应点是严格可微的, 则 $F\circ G$ 是 PSNC 的, 而当 $\dim Z=\infty$ 时, 则 $F\circ G$ 不是 SNC 的. 在下面的定理中, 在 ε- 上导数链式法则的基础上给出 $F\circ G$ 的 SNC 性质的更好的结果.

定理 1.72 (具有严格可微外映射的复合的 SNC 性质) 考虑 $G\colon X\rightrightarrows Y, f\colon Y\rightrightarrows Z$, 且 $\bar{z}\in(f\circ G)(\bar{x})$. 假设对某个 $\bar{y}\in G(\bar{x})\cap f^{-1}(\bar{z})$, $G\cap f^{-1}$ 在 $(\bar{x},\bar{z},\bar{y})$ 是内半连续的, f 在 $\bar{y}$ 是严格可微的, 则下面的结论成立:

(i) 若 G 在 $(\bar{x},\bar{y})$ 是 PSNC 的, 则复合 $f\circ G$ 在 $(\bar{x},\bar{z})$ 是 PSNC 的;

(ii) 若 G 在 $(\bar{x},\bar{y})$ 是 SNC 的, $\nabla f(\bar{y})$ 是满射, 则复合 $f\circ G$ 在 $(\bar{x},\bar{z})$ 是 SNC 的.

证明 与命题 1.71 的证明相同, 取序列 $(\varepsilon_k,x_k,z_k,x_k^*,z_k^*)$, 找到 $y_k\to\bar{y}$, 使得 $y_k\in G(x_k)\cap f^{-1}(z_k)$ 且 (1.44) 式对 $\Phi(x,y)=f(y)+\triangle((x,y);\mathrm{gph}G)$ 成立. 于是应用 f 在 $\bar{y}$ 的严格可微性并沿着定理 1.70 的证明, 由 (1.44) 式可得

$$x_{k_j}^*\in\widehat{D}_{\widetilde{\varepsilon}_j}^*G(x_{k_j},y_{k_j})(\nabla f(\bar{y})^*z_{k_j}^*),\quad \forall j\in\mathbb{N},$$

其中 $\widetilde{\varepsilon}_j:=(\ell+1)(2\varepsilon_{k_j}+\gamma_j\|\nabla f(\bar{y})^*z_{k_j}^*\|)$, ℓ 是 f 在 $\bar{y}$ 附近的 Lipschitz 常数, $\gamma_j\downarrow 0(j\to\infty)$. 如果 G 在 $(\bar{x},\bar{y})$ 为 PSNC 的, 那么由此式得 $\|x_{k_j}^*\|\to 0$. 如果 G 在该点是 SNC 的, 那么还有 $\|\nabla f(\bar{y})^*z_{k_j}^*\|\to 0$. 由引理 1.18, 如果 $\nabla f(\bar{y})$ 是满射, 那么当 $j\to\infty$ 时, 有 $\|z_{k_j}^*\|\to 0$. 这样, 沿着原始序列的子序列 $\{k_j\}$ 已证明了定理的结论 (i) 和 (ii) 成立. 因为原始序列是任意选取的, 这就证明了一般情形下的结论. △

注意到 $\nabla f(\bar{y})$ 的满射假设对定理的结论 (ii) 是很重要的. 事实上, 考虑 $G(x)\equiv X, f(x)\equiv 0$, 则 $(f\circ G)(x)\equiv 0$ 从不是 SNC 的除非 $\dim X<\infty$, 尽管 G 显然在每一点是 SNC 的.

下面给出定理 1.72 的一个有效推论, 它保证具有类 Lipschitz 内映射 G 的复合的 SNC 性质.

推论 1.73 (具有类 Lipschitz 内映射复合的 SNC) 设 $\bar{z}\in(f\circ G)(\bar{x})$. 固定 $\bar{y}\in G(\bar{x})\cap f^{-1}(\bar{z})$, 假设 G 在 $(\bar{x},\bar{y})$ 附近是局部类 Lipschitz 的, f 在 $\bar{y}$ 是严格可微的, 而且 $G\cap f^{-1}$ 在 $(\bar{x},\bar{z},\bar{y})$ 是内半连续的. 则 $f\circ G$ 在 $(\bar{x},\bar{z})$ 是 PSNC 的. 如果还有 $\dim Y<\infty$, $\nabla f(\bar{y})$ 是满射, 那么 $f\circ G$ 在该点是 SNC 的.

证明 根据命题 1.68 由定理可得. △

下一个结果给出外映射是任意的但内映射是严格可微的且具有满射导数的复合的 SNC 性质, 它表明在这样复合下定义 1.67 中的两个性质是不变的.

定理 1.74 (具有严格可微内映射的复合的 SNC 性质) 设 $g\colon X\to Y, F\colon Y\rightrightarrows Z$, $\bar{z}\in(F\circ g)(\bar{x})$, g 在 $\bar{x}$ 是严格可微的且具有满射导数 $\nabla g(\bar{x})$, 则 $F\circ g$ 在 $(\bar{x},\bar{z})$ 是

SNC (PSNC) 的当且仅当 F 在 $(g(\bar{x}),\bar{x})$ 具有相应的性质.

证明　在定理 1.66 的证明中可以看到

$$\operatorname{gph}(F\circ g)=(g,I)^{-1}(\operatorname{gph}F),$$

其中 I 是 Z 上的单位算子. 由于 $\nabla(g,I)(\bar{x},\bar{z})$ 是满的, 则 $f\circ g$ 的 SNC 性质和 F 的 SNC 性质之间的等价性直接由定理 1.22 可得. PSNC 情形下的等价性可根据引理 1.16 类似证得. △

对由基本的 SNC 和 PSNC 映射复合而成的多值函数, 由上述结果可以建立其序列法紧性. 由定理 1.26 和命题 1.68 可知, 具有某些局部 Lipschitz 性质的集合和映射其 SNC 和 PSNC 性质是固有的. 下面给出定理 1.26 在 PSNC 情形的一个类似结果, 所涉及的映射只要求是"部分" CEL 的.

称集值映射 $F: X\rightrightarrows Y$ 在 $(\bar{x},\bar{y})\in\operatorname{gph}F$ 附近 (相对于 X) 是部分紧上图 Lipschitz 的, 如果存在 $(\bar{x},\bar{y})$ 的邻域 U, X 中原点的邻域 O 和一个常数 $\gamma>0$ 及一个紧集 $C\subset X\times Y$, 使得

$$(\operatorname{gph}F)\cap U+t(O\times\{0\})\subset\operatorname{gph}F+tC \tag{1.45}$$

对任意 $t\in(0,\gamma)$ 成立. 注意到这个性质由给定映射 F 本身定义而不需要用到它的广义微分结构.

可以看到 (1.45) 式当 $\dim Y<\infty$ 时总成立, 它是定义 1.24 中 CEL 性质的部分版本. 另外, 部分 CEL 性质不同于定义 1.40 中集值映射的类 Lipschitz 性质. 类似于定理 1.26, 下面证明对 Banach 空间之间的一般集值映射部分 CEL 性质总是蕴涵着 PSNC 性质 (甚至更强的版本也成立, 参见定义 3.3 和随后的讨论).

定理 1.75 (部分 CEL 映射的 PSNC 性质)　设 $F\colon X\rightrightarrows Y$ 在 $(\bar{x},\bar{y})\in\operatorname{gph}F$ 附近是部分紧上图 Lipschitz 的, 则对任何满足

$$\varepsilon_k\downarrow 0,\quad (x_k,y_k)\to(\bar{x},\bar{y}),\quad x_k^*\in\widehat{D}_{\varepsilon_k}^*F(x_k,y_k)(y_k^*)\ \text{和}\ (x_k^*,y_k^*)\xrightarrow{w^*}(0,0)$$

的序列 $(\varepsilon_k,x_k,z_k,x_k^*,z_k^*)\in[0,\infty)\times(\operatorname{gph}F)\times X^*\times Y^*$, 有 $\|x^*\|\to 0, k\to\infty$. 特别地, F 在点 $(\bar{x},\bar{y})$ 具有 PSNC 性质.

证明　固定 $\eta>0$, 使得对 (1.45) 式中的 U 和 O, 有 $B_\eta(\bar{x},\bar{y})\subset U$ 和 $\eta\mathbb{B}\subset O$. 任取定理中的序列 $(\varepsilon_k,x_k,z_k,x_k^*,y_k^*)$, 则

$$(x_k^*,-y_k^*)\in\widehat{N}_{\varepsilon_k}((x_k,y_k);\operatorname{gph}F)\ \ \text{且}\ \ (x_k,y_k)\in(\operatorname{gph}F)\cap B_\eta(\bar{x},\bar{y})$$

对足够大的 $k\in\mathbb{N}$ 成立. 现在对每个固定的 k 应用 (1.45) 式, 找到序列 $t_j\downarrow 0, c_j\in C$, 使得

$$(x_k,y_k)+t_j\eta(e,0)-t_jc_j\in\operatorname{gph}F,\quad \forall\, e\in\mathbb{B}, j\in\mathbb{N}.$$

由于 C 是紧的, 可假设 c_j 当 $j\to\infty$ 时收敛于某个 $\bar{c}\in C$. 由 ε_k- 法向量的结构易得

$$\langle(x_k^*,y_k^*),(\eta e,0)-\bar{c}\rangle\leqslant\varepsilon_k(\|(\eta e,0)-\bar{c}\|).$$

因此

$$\eta\|x_k^*\|\leqslant\max_{c\in C}\langle(x_k^*,y_k^*),c\rangle+\varepsilon_k(\alpha+\eta),$$

其中 $\alpha:=\max_{c\in C}\|c\|$. 由于 $\varepsilon_k\downarrow 0$, 且根据 $(x_k^*,y_k^*)\xrightarrow{w^*}(0,0)$ 及 C 的紧性, 有 $\langle(x_k^*,y_k^*),c\rangle\to 0$ 关于 $c\in C$ 一致成立, 故上面的不等式就蕴涵 $\|x_k^*\|\to 0$ $(k\to\infty)$. △

1.3 非光滑函数的次微分

本节主要研究定义在任意 Banach 空间上的增广实值函数 $\varphi: X\to\overline{\mathbb{R}}:=[-\infty,\infty]$ 的广义微分性质. 给定 $\bar{x}\in X$, 在该点函数 φ 是有限的, 但不一定有经典的导数/梯度 $\varphi'(\bar{x})=\nabla\varphi(\bar{x})\in X^*$. 这里研究次梯度集合, 通常称为 φ 在 $\bar{x}$ 的"次微分", 它是不可微函数的导数算子的集值推广.

增广实值函数尤其方便于约束最优化问题的应用并且允许把约束并入到价值函数中. 对极小化问题, 主要关心非光滑函数的下广义微分性质, 这个性质由下次梯度集合描述, 称为 (下) 次微分. 对一些重要应用 (包括极小化问题), 在单侧/单边变分分析的框架下也需要研究非光滑函数的上广义微分性质. φ 的上广义微分性质与 $-\varphi$ 的下广义微分性质相关, 它可以方便地通过 φ 在 $\bar{x}$ 的上次梯度的全体, 有时称为"超微分"来描述. 下面在下广义微分结构中使用次梯度和次微分的术语 (通常省掉形容词"下"), 而上次梯度和上微分则用于它们的上微分结构. 本节主要研究下微分结构, 由它们的性质, 上次梯度的性质可对称地得到. 如前所述, 在变分分析和最优化中有一些重要课题对下和上次梯度都是需要的, 例如, 参见第 3 章中的中值结果和第 5 章中在非光滑极小化问题上的应用.

由于只考虑次微分, 回顾一些相关的概念. 称 $\varphi: X\to\overline{\mathbb{R}}$ 是正常的, 如果 $\varphi(x)>-\infty(\forall\, x\in X)$ 且它的有效域

$$\mathrm{dom}\varphi:=\{x\in X\mid\varphi(x)<\infty\}$$

非空. 对任何 φ, 它的上图和下图定义为

$$\mathrm{epi}\varphi:=\{(x,\alpha)\in X\times\mathbb{R}\mid\alpha\geqslant\varphi(x)\},\quad \mathrm{hypo}\varphi:=\{(x,\alpha)\in X\times\mathbb{R}\mid\alpha\leqslant\varphi(x)\}.$$

显然 $\mathrm{gph}\varphi=\mathrm{epi}\varphi\cap\mathrm{hypo}\varphi$. 易见 φ 在 $(x,\varphi(\bar{x}))$ 附近的上图、下图和图的局部闭性分别对应于 φ 在 $\bar{x}$ 附近的局部下半连续性、上半连续性和连续性. 这里, φ 在点 $\bar{x}$

是下半连续 (l.s.c.) 的 (其中 $|\varphi(\bar{x})| < \infty$), 如果

$$\varphi(\bar{x}) \leqslant \liminf_{x \to \bar{x}} \varphi(x).$$

称 φ 在 $\bar{x}$ 附近是 l.s.c. 的, 当它在 $\bar{x}$ 的某个邻域内的任意点都是 l.s.c. 的. φ 的上半连续性 (u.s.c.) 由 $-\varphi$ 的下半连续性对称地定义. φ 在 $\bar{x}$ 的连续性意味着 φ 在该点既是 l.s.c. 的, 又是 u.s.c. 的. 在本书中应用记号

$$x \xrightarrow{\varphi} \bar{x} \Longleftrightarrow x \to \bar{x} \ \text{且} \ \varphi(x) \to \varphi(\bar{x}),$$

其中, 如果 φ 在 $\bar{x}$ 连续, $\varphi(x) \to \varphi(\bar{x})$ 是不需要的.

1.3.1 基本定义和关系

本小节用几何的方法来建立增广实值函数的广义微分理论, 即通过上图的基本法向量来定义主要的次微分结构. 然后研究它们上导数之间的关系并讨论用这种方法所得到的一些重要性质. 下面首先来描述上图集合的基本法向量.

命题 1.76 (上图的基本法向量) 设 $\varphi : X \to \overline{\mathbb{R}}$, 且 $(\bar{x}, \bar{\alpha}) \in \text{epi}\varphi$, 则对任意 $(x^*, -\lambda) \in N((\bar{x}, \bar{\alpha}); \text{epi}\varphi)$, 有 $\lambda \geqslant 0$, 从而存在唯一有定义的 X^* 中的集合 D 和 D^∞, 使得

$$N((\bar{x}, \varphi(\bar{x})); \text{epi}\varphi) = \{\lambda(x^*, -1) \mid x^* \in D, \lambda > 0\} \cup \{(x^*, 0) \mid x^* \in D^\infty\}.$$

证明 任取 $(x^*, -\lambda) \in N((\bar{x}, \bar{\alpha}); \text{epi}\varphi)$, 由定义 1.1 找到序列 $\varepsilon_k \downarrow 0, (x_k, \alpha_k) \xrightarrow{\text{epi}\varphi} (\bar{x}, \bar{\alpha}), x_k^* \xrightarrow{w^*} x^*$ 和 $\lambda_k \to \lambda$, 使得

$$\limsup_{(x,\alpha) \xrightarrow{\text{epi}\varphi} (x_k, \alpha_k)} \frac{\langle x_k^*, x - x_k \rangle - \lambda_k(\alpha - \alpha_k)}{\|(x, \alpha) - (x_k, \alpha_k)\|} \leqslant \varepsilon_k$$

对任意 $k \in \mathbb{N}$ 成立. 令 $x = x_k$, 则当 $k \to \infty$ 时得到 $\lambda \geqslant 0$, 这蕴涵着上面的表达式. △

命题 1.76 中的集合 D 刻画了上图的"倾斜"法向量集合, 而 D^∞ 是"水平"法向量的全体. 把这些集合分别作为 φ 在 $\bar{x}$ 的 (下) 基本和奇异次微分的定义.

定义 1.77 (基本和奇异次微分) 考虑函数 φ: $X \to \overline{\mathbb{R}}$, 点 $\bar{x} \in X$ 且 $|\varphi(\bar{x})| < \infty$.

(i) 集合

$$\partial\varphi(\bar{x}) := \{x^* \in X^* \mid (x^*, -1) \in N((\bar{x}, \varphi(\bar{x})); \text{epi}\varphi)\}$$

称为 φ 在 $\bar{x}$ 的 (基本, 极限) 次微分, 它的元素是 φ 在该点的基本次梯度. 如果 $|\varphi(\bar{x})| = \infty$, 令 $\partial\varphi(\bar{x}) := \varnothing$.

(ii) 集合

$$\partial^{\infty}\varphi(\bar{x}) := \{x^* \in X^* \mid (x^*, 0) \in N((\bar{x}, \varphi(\bar{x})); \mathrm{epi}\varphi)\}$$

称为 φ 在 $\bar{x}$ 的奇异次微分, 它的元素是 φ 在该点的奇异次梯度. 如果 $|\varphi(\bar{x})| = \infty$, 令 $\partial^{\infty}\varphi(\bar{x}) := \varnothing$.

这样通过增广实值函数上图的基本法向量就定义了它的基本和奇异次微分. 下面证明基本次微分与严格可微函数的经典梯度相同, 当 φ 为凸时, 也与凸分析中的次微分相同. 奇异次微分在研究非 Lipschitz 函数时非常有用. 定义 1.77 中的两种次微分结构反映了函数的下广义可微性. 下面将看到, 它们具有丰富的分析法则, 对广泛的非光滑函数类有有价值的应用. 沿袭凸分析的传统, 这里省略下次微分记号 $\partial = \partial^-$ 中的减号 (这与以前的某些工作不同, 例如, 文献 [901, 909]), 但是对相应的上次微分则保留加号, 它们通过下图的基本法向量来定义, 反映了非光滑函数的上广义微分性质.

定义 1.78 (上次梯度) 给定 $\varphi\colon X \to \overline{\mathbb{R}}, \bar{x} \in X$ 且 $|\varphi(\bar{x})| < \infty$, 分别定义 φ 在 $\bar{x}$ 的 (基本, 极限) 上次微分和奇异上次微分为

$$\partial^{+}\varphi(\bar{x}) := \{x^* \in X^* \mid (-x^*, 1) \in N((\bar{x}, \varphi(\bar{x})); \mathrm{hypo}\,\varphi)\},$$

$$\partial^{\infty,+}\varphi(\bar{x}) := \{x^* \in X^* \mid (-x^*, 0) \in N((\bar{x}, \varphi(\bar{x})); \mathrm{hypo}\,\varphi)\}.$$

如果 $|\varphi(\bar{x})| = \infty$, 令 $\partial^{+}\varphi(\bar{x}) = \partial^{\infty,+}\varphi(\bar{x}) = \varnothing$.

如果 φ 是凹的, $\partial^{+}\varphi(\bar{x})$ 简化为凸分析中经典的上次微分. 需要注意的是甚至对凸函数和凹函数而言 $\partial\varphi$ 和 $\partial^{+}\varphi$ 也可能颇不相同. 最简单的例子是: $\varphi(x) = -|x|$ 在 $\bar{x} = 0 \in \mathbb{R}$, 其中

$$\partial\varphi(0) = \{-1, 1\}, \text{ 而 } \partial^{+}\varphi(0) = [-1, 1].$$

注意到第一个集合是非凸的, 这对所引入的下次微分和上次微分结构来说都是经常发生的.

易见

$$\partial^{+}\varphi(\bar{x}) = -\partial(-\varphi)(\bar{x}), \quad \partial^{\infty,+}\varphi(\bar{x}) = -\partial^{\infty}(-\varphi)(\bar{x}).$$

在某些情况下 (特别地, 对涉及非光滑函数的中值结果), 需要考虑相应的下和上次微分的并集

$$\partial^{0}\varphi(\bar{x}) := \partial\varphi(\bar{x}) \cup \partial^{+}\varphi(\bar{x}), \quad \partial^{\infty,0}\varphi(\bar{x}) := \partial^{\infty}\varphi(\bar{x}) \cup \partial^{\infty,+}\varphi(\bar{x}), \tag{1.46}$$

分别称为 φ 在 $\bar{x}$ 的对称次微分和奇异对称次微分. 注意到

$$\partial^{0}(-\varphi)(\bar{x}) = -\partial^{0}\varphi(\bar{x}), \quad \partial^{\infty,0}(-\varphi)(\bar{x}) = -\partial^{\infty,0}\varphi(\bar{x}),$$

这些公式表明, 与定义 1.77 和定义 1.78 中的单侧下次微分和上次微分结构不同, (1.46) 式中的对称次微分和奇异对称次微分拥有经典的双边对称性. 下面主要限于 (下) 次微分性质的研究, 所得性质显然能推导出上次微分和对称次微分的相应结果.

下面从计算任意集合的指示函数的次梯度开始, 对这类增广实值函数, 定义 1.77 中的两种次微分都简化为基本法锥.

命题 1.79 (指示函数的次微分) 考虑非空集合 $\Omega \subset X$, 它的指示函数 $\delta(\cdot;\Omega): X \to \overline{\mathbb{R}}$ 定义为

$$\delta(x;\Omega) := 0,\quad 若\ x \in \Omega;\quad \delta(x;\Omega) := \infty,\quad 若\quad x \notin \Omega.$$

则对任意 $\bar{x} \in \Omega$, 有

$$\partial\delta(\bar{x};\Omega) = \partial^{\infty}\delta(\bar{x};\Omega) = N(\bar{x};\Omega).$$

证明 把定义和命题 1.2 应用于 $\text{epi}\delta(\cdot;\Omega) = \Omega \times [0,\infty)$ 即得结论. △

接下来研究次梯度和上导数之间的关系. 给定 $\varphi: X \to \overline{\mathbb{R}}$, 把它联系于上图集值映射 $E_{\varphi}: X \rightrightarrows \mathbb{R}$, 其定义为

$$E_{\varphi}(x) := \{\alpha \in \mathbb{R} \mid \alpha \geqslant \varphi(x)\}.$$

由于 E_{φ} 在 $\mathbb{R}$ 中取值, 故定义 1.32 中的基本和混合上导数相同. 通常, 记这个公共的 (基本的) 上导数为 D^*. 注意到 $\text{gph}E_{\varphi} = \text{epi}\varphi$. 因此对任意 $\bar{x}$(在该点 φ 有限), 可通过 E_{φ} 的上导数等价地定义 φ 在 $\bar{x}$ 的基本和奇异次微分:

$$\partial\varphi(\bar{x}) = D^*E_{\varphi}(\bar{x},\varphi(\bar{x}))(1),\quad \partial^{\infty}\varphi(\bar{x}) = D^*E_{\varphi}(\bar{x},\varphi(\bar{x}))(0). \tag{1.47}$$

由此, 从集值映射的上导数结果得到增广实值函数的次微分的结果. 另一方面, 还可考虑单值映射 $\varphi: X \to \overline{\mathbb{R}}$ 的上导数 $D^*\varphi(\bar{x})$(如果 φ 在 $\bar{x}$ 附近有限). 下面的定理建立了连续函数的这个上导数与 (基本和奇异) 次梯度之间的联系.

定理 1.80 (由连续函数的上导数而得的次微分) 设 $\varphi: X \to \overline{\mathbb{R}}$ 在 $\bar{x}$ 附近连续, 则

$$\partial\varphi(\bar{x}) = D^*\varphi(\bar{x})(1),\quad \partial^{\infty}\varphi(\bar{x}) \subset D^*\varphi(\bar{x})(0).$$

证明 注意到 φ 在 $\bar{x}$ 附近的连续性蕴涵着集合 $\text{epi}\varphi$ 在 $(\bar{x},\varphi(\bar{x}))$ 附近是闭的, 而且 $\text{gph}\varphi = \text{bd}(\text{epi}\varphi)$. 因此包含关系

$$\partial\varphi(\bar{x}) \subset D^*\varphi(\bar{x})(1)\quad 和\quad \partial^{\infty}\varphi(\bar{x}) \subset D^*\varphi(\bar{x})(0)$$

由 Banach 空间中的任意闭集 $\Omega \subset X$ 的下面这个事实而得, 即

$$N(\bar{x};\Omega) \subset N(\bar{x};\text{bd}\Omega),\quad \forall \bar{x} \in \text{bd}\Omega.$$

为证此事实, 取 $0 \neq x^* \in N(\bar{x};\Omega)$, 并找到序列 $\varepsilon_k \downarrow 0, x_k \xrightarrow{\Omega} \bar{x}$ 和 $x_k^* \xrightarrow{w^*} x^*$ 满足 $x_k^* \in \widehat{N}_{\varepsilon_k}(x_k;\Omega)$ 对任意的 $k \in \mathbb{N}$ 成立. 由于范数 $\|\cdot\|$ 在 X^* 上是弱* 下半连续的, 有

$$\liminf_{k\to\infty} \|x_k^*\| \geqslant \|x_k^*\| > 0,$$

这蕴涵着对大的 $k \in \mathbb{N}$, 由结构 (1.2) 得 $x_k \notin \text{int}\Omega$. 因此对这样的 k, $x_k \in \text{bd}\Omega$. 现在应用 (1.5) 式, 得 $x_k^* \in \widehat{N}_{\varepsilon_k}(x_k;\text{bd}\Omega)$, 故 $x^* \in N(\bar{x};\text{bd}\Omega)$.

为完成定理的证明, 余下的需证

$$(x^*,-1) \in N((\bar{x},\varphi(\bar{x}));\text{gph}\varphi) \Rightarrow (x^*,-1) \in N((\bar{x},\varphi(\bar{x}));\text{epi}\varphi).$$

取 $(x^*,-1) \in N((\bar{x},\varphi(\bar{x}));\text{gph}\varphi)$, 由定义找到序列 $\varepsilon_k \downarrow 0, x_k \to \bar{x}$, $x_k^* \xrightarrow{w^*} x^*$ 和 $\lambda_k \to -1$, 使得 $(x^*,\lambda_k) \in \widehat{N}_{\varepsilon_k}((x_k,\varphi(x_k));\text{gph}\varphi)$ 对所有 $k \in \mathbb{N}$ 成立. 不失一般性, 令 $\lambda_k = -1$. 欲证 $(x_k^*,-1) \in \widehat{N}_{\varepsilon_k}((x_k,\varphi(x_k));\text{epi}\varphi)$.

下面假设对某个固定的 $k \in \mathbb{N}$ 上述关系不成立, 则存在 $0 < \gamma < 1 - \varepsilon_k$, 序列 $(u_j,\alpha_j) \xrightarrow{\text{epi}\varphi} (x_k,\varphi(x_k))$, 当 $j \to \infty$ 时满足关系

$$\langle x_k^*, u_j - x_k\rangle + (\varphi(x_k) - \alpha_j) > (\varepsilon_k + \gamma)\|(u_j,\alpha_j) - (x_k,\varphi(x_k))\|, \quad j \in \mathbb{N}.$$

由于当 $j \to \infty$ 时, 有 $\alpha_j \geqslant \varphi(u_j)$ 和 $\varphi(u_j) \to \varphi(x_k)$, 则有

$$\|(u_j - x_k, \varphi(u_j) - \varphi(x_k))\| \leqslant \|(u_j - x_k, \alpha_j - \varphi(x_k))\| + \alpha_j - \varphi(u_j),$$

从而

$$\langle x_k^*, u_j - x_k\rangle + \varphi(x_k) - \varphi(u_j) > (\varepsilon_k + \gamma)\|(u_j,\varphi(u_j)) - (x_k,\varphi(x_k))\|$$

对所有 $j \in \mathbb{N}$ 成立, 这意味着 $(x_k^*,-1) \notin \widehat{N}_{\varepsilon_k}((x_k,\varphi(x_k));\text{gph}\varphi)$. 矛盾, 定理得证. △

需要注意的是 $\partial^\infty\varphi(\bar{x}) \subset D^*\varphi(\bar{x})(0)$ 对连续函数可以是严格的, 比如:

$$\varphi(x) = \begin{cases} -x^{1/3}, & x \geqslant 0, \\ 0, & \text{其他}. \end{cases} \tag{1.48}$$

这里利用定理 1.6 中的表达式 (1.9) 可以算出

$$N((0,0);\text{epi}\varphi) = \{(v,0) \mid v \leqslant 0\} \cup \{(0,v) \mid v \leqslant 0\}$$

和 $N((0,0);\text{gph}\varphi) = N((0,0);\text{epi}\varphi) \cup \mathbb{R}_+^2$. 因此 $\partial^\infty\varphi(0) = (-\infty,0]$, 但 $D^*\varphi(0) = (-\infty,\infty)$.

推论 1.81 (Lipschitz 函数的次微分)　设 φ 在 $\bar{x}$ 附近是 Lipschitz 连续的, 具有模 $\ell \geqslant 0$, 则

$$\partial^{\infty}\varphi(\bar{x}) = 0, \|x^*\| \leqslant \ell, \quad \forall x^* \in \partial\varphi(\bar{x}).$$

证明　对局部 Lipschitz 映射 $F = \varphi : X \to \mathbb{R}$ 应用定理 1.44, 则有 $D^*\varphi(\bar{x})(0) = \{0\}$, $\|D^*\varphi(\bar{x})\| \leqslant \ell$. 由定理 1.80 直接得推论的结果. △

注意到函数 (1.48) 满足 $\partial\varphi(0) = \{0\}$, 这个函数在 $\bar{x} = 0$ 附近是连续的但不是局部 Lipschitz 的. 这表明局部 Lipschitz 连续性对基本次微分的有界性来说不是必要的.

易验证有限维空间上的局部 Lipschitz 函数在给定点至少有一个基本次梯度. 事实上, 对闭集 $\Omega \subset \mathbb{R}^n$, 如果 $\bar{x} \in \mathrm{bd}\Omega$, 由定理 1.6 可知, $N(\bar{x}; \Omega) \neq \{0\}$. 特别地, 对在连续函数图 $\Omega = \mathrm{epi}\varphi$ 上的点该论断成立. 由命题 1.76 知在有限维空间中非平凡条件 $\partial^{\infty}\varphi(\bar{x}) = \{0\}$ 导致 $\partial\varphi(\bar{x}) \neq \varnothing$. 由推论 1.81, 局部 Lipschitz 函数就属于这种情形. 在这里 Lipschitz 条件是重要的 (例如 $\mathbb{R}$ 上的连续函数 $\varphi(x) = x^{1/3}$ 满足 $\partial\varphi(0) = \partial^+\varphi(0) = \varnothing$). 在任意 Banach 空间上对局部 Lipschitz 函数有 $\partial\varphi(\bar{x}) = \varnothing$, 但在 Asplund 空间这种情况是不会发生的 (见 2.2.3 小节中的推论 2.25). 在那里还将看到, 在某种序列法紧性 (在有限维中自动成立) 的假设下, 条件 $\partial^{\infty}\varphi(\bar{x}) = \{0\}$ 对 l.s.c. 函数的局部 Lipschitz 性质来说既是必要的, 又是充分的.

如果 φ 在 $\bar{x}$ 附近是 Lipschitz 连续的, 由 (1.46) 式和推论 1.81 得

$$\partial^{\infty,0}\varphi(\bar{x}) = \{0\}, \quad \|x^*\| \leqslant \ell, \quad \forall x^* \in \partial^0\varphi(\bar{x}).$$

定理 1.80 的另一个有用推论涉及严格可微函数.

推论 1.82 (严格可微函数的次微分)　设 φ 在 $\bar{x}$ 是严格可微的, 则

$$\partial\varphi(\bar{x}) = \partial^+\varphi(\bar{x}) = \partial^0\varphi(\bar{x}) = \{\nabla\varphi(\bar{x})\}.$$

证明　把定理 1.80 和定理 1.38 应用于映射 $f = \varphi : X \to \mathbb{R}$ 并根据 $\partial^+\varphi(\bar{x})$ 和 $\partial^0\varphi(\bar{x})$ 的结构可得结论成立. △

需要注意的是 $\partial\varphi(\bar{x})$ 对在 $\bar{x}$ 不是严格可微的连续函数来说也可以是单点集, 正如 (1.48) 式. 这对 Asplund 空间上的局部 Lipschitz 函数来说是不可能的 (见第 3 章). 另一方面, $\varphi : \mathbb{R} \to \mathbb{R}$ 在 $\bar{x}$ 可能是 Lipschitz 连续和可微的, 但在该点却不是严格可微的, 而 $\partial\varphi(\bar{x})$ 与 $\partial^+\varphi(\bar{x})$ 都不是单点集. 下面的函数给出了这样的例子:

$$\varphi(x) := \begin{cases} x^2 \sin(1/x), & x \neq 0, \\ 0, & x = 0. \end{cases} \tag{1.49}$$

这里 $\nabla\varphi(0) = 0$, $\partial\varphi(0) = \partial^+\varphi(0) = [-1, 1]$.

1.3.2 Fréchet 类型的 ε- 次梯度及其极限表示

本小节研究增广实值函数的两种 (Fréchet 类型)ε- 次微分, 它们对 Banach 空间中基本次微分结构的研究提供了方便的逼近工具.

定义 1.83 (ε- 次梯度) 设 φ: $X \to \overline{\mathbb{R}}$ 在 $\bar{x}$ 有限, 常数 $\varepsilon \geqslant 0$.

(i) 定义集合

$$\widehat{\partial}_{g\varepsilon}\varphi(\bar{x}) := \{x^* \in X^* \mid (x^*, -1) \in \widehat{N}_\varepsilon((\bar{x}, \varphi(\bar{x})); \mathrm{epi}\varphi)\}$$

为 φ 在 $\bar{x}$ 的几何 ε- 次微分, 其中的元素称为 φ 在 $\bar{x}$ 的几何 ε- 次梯度. 如果 $|\varphi(\bar{x})| = \infty$, 令 $\widehat{\partial}_{g\varepsilon}\varphi(\bar{x}) := \varnothing$.

(ii) 集合

$$\widehat{\partial}_{a\varepsilon}\varphi(\bar{x}) := \left\{x^* \in X^* \left| \liminf_{x \to \bar{x}} \frac{\varphi(x) - \varphi(\bar{x}) - \langle x^*, x - \bar{x}\rangle}{\|x - \bar{x}\|} \geqslant -\varepsilon \right.\right\},$$

也记为 $\widehat{\partial}_\varepsilon\varphi(\bar{x})$, 定义为 φ 在 $\bar{x}$ 的分析 ε- 次微分, 其中的元素称为 φ 在 $\bar{x}$ 的分析 ε- 次梯度. 如果 $|\varphi(\bar{x})| = \infty$, 令 $\widehat{\partial}_{a\varepsilon}\varphi(\bar{x}) := \varnothing$.

易见对任意函数 $\varphi : X \to \overline{\mathbb{R}}$ 及任意 $\varepsilon \geqslant 0$, 两种 ε- 次微分都是凸的. 然而, 当 ε 充分小时, 这些集合可能是空集, 甚至对 $\mathbb{R}$ 上简单的 Lipschitz 函数亦如此. 例如 $\varphi(x) = -|x|$, $\bar{x} = 0$. 和 1.1.1 小节中的 ε- 法向量类似, 注意到两种 ε- 次微分在 X^* 中是范数闭的, 因此如果空间 X 是自反的, 那么它们是弱闭的.

由定义可以直接得到下面的次微分描述, 即用上图集值映射 E_φ 的 ε- 上导数给出 φ 的几何 ε- 次梯度, 用相关辅助函数的极小化来描述分析 ε- 次梯度.

命题 1.84 (ε- 次梯度的描述) 对任何在 $\bar{x}$ 有限的 $\varphi : X \to \overline{\mathbb{R}}$ 和任意的 $\varepsilon \geqslant 0$, 有

(i) $\widehat{\partial}_{g\varepsilon}\varphi(\bar{x}) = \widehat{D}^*_\varepsilon E_\varphi(\bar{x}, \varphi(\bar{x}))(1)$;

(ii) $x^* \in \widehat{\partial}_{a\varepsilon}\varphi(\bar{x})$ 当且仅当对每一个 $\gamma \geqslant 0$, 函数

$$\psi(x) := \varphi(x) - \varphi(\bar{x}) - \langle x^*, x - \bar{x}\rangle + (\varepsilon + \gamma)\|x - \bar{x}\|$$

在 $\bar{x}$ 达到局部极小值.

对局部 Lipschitz 函数, 这蕴涵着其 ε- 次梯度及其上图的水平 ε- 法向量的有用的估计.

命题 1.85 (局部 Lipschitz 函数的 ε- 次梯度) 设 $\varphi : X \to \overline{\mathbb{R}}$ 在 $\bar{x}$ 附近有限, $\varepsilon \geqslant 0$. 则下列结论成立:

(i) φ 在 $\bar{x}$ 附近是 Lipschitz 连续的当且仅当 E_φ 在 $(\bar{x}, \varphi(\bar{x}))$ 附近是类 Lipschitz 的;

(ii) 如果 φ 在 $\bar{x}$ 附近是具有模 $\ell \geqslant 0$ 的 Lipschitz 函数, 那么存在 $\eta \geqslant 0$, 使得

$$\|x^*\| \leqslant \varepsilon(1+\ell), \quad \forall\,(x^*,0) \in \widehat{N}_\varepsilon((x,\varphi(x));\mathrm{epi}\varphi), x \in \bar{x}+\eta\mathbb{B},$$

$$\|x^*\| \leqslant \ell+\varepsilon(1+\ell), \quad \forall\, x^* \in \widehat{\partial}_{g\varepsilon}\varphi(x), x \in \bar{x}+\eta\mathbb{B},$$

$$\|x^*\| \leqslant \ell+\varepsilon, \quad \forall\, x^* \in \widehat{\partial}_{a\varepsilon}\varphi(x), x \in \bar{x}+\eta\mathbb{B}.$$

证明 结论 (i) 由定义可得. 为证 (ii) 中前两个估计式, 可对上图集值映射的 ε- 上导数应用定理 1.43(i). (ii) 中最后一个估计式由命题 1.84(ii) 和 φ 在 $\bar{x}$ 附近的局部 Lipschitz 连续性直接可得. △

能验证指示映射 $\varphi(x)=\delta(x;\Omega)$ 在 $\bar{x}\in\Omega$ 的几何和分析 ε- 次微分均简化为在该点的 Ω 的 ε- 法向量集:

$$\widehat{\partial}_{g\varepsilon}\delta(\bar{x};\Omega)=\widehat{\partial}_{a\varepsilon}\delta(\bar{x};\Omega))=\widehat{N}_\varepsilon(\bar{x};\Omega), \quad \forall\,\varepsilon \geqslant 0. \tag{1.50}$$

下面的定理建立了增广实值函数的几何和分析 ε- 次梯度之间一般情形下的关系.

定理 1.86 (ε- 次梯度之间的关系) 设 $\varphi: X \to \overline{\mathbb{R}}$ 满足 $|\varphi(\bar{x})| \leqslant \infty$, 则

$$\widehat{\partial}_{a\varepsilon}\varphi(\bar{x}) \subset \widehat{\partial}_{g\varepsilon}\varphi(\bar{x}), \quad \forall\varepsilon \geqslant 0.$$

反之, 若对某个 $0 \leqslant \varepsilon < 1$ 有 $x^* \in \widehat{\partial}_{g\varepsilon}\varphi(\bar{x})$, 则

$$x^* \in \widehat{\partial}_{a\widetilde{\varepsilon}}\varphi(\bar{x}), \quad 其中\ \widetilde{\varepsilon} := \varepsilon(1+\|x^*\|)/(1-\varepsilon).$$

证明 任取 $x^* \in \widehat{\partial}_{a\varepsilon}\varphi(\bar{x})$, 下证 $(x^*,-1) \in \widehat{N_\varepsilon}((\bar{x},\varphi(\bar{x}));\mathrm{epi}\varphi)$ 对任意 $\varepsilon \geqslant 0$ 成立. 应用命题 1.84(ii), 对任意 $\gamma \geqslant 0$ 找到 $\bar{x}$ 的一个邻域 U, 使得

$$\varphi(x)-\varphi(\bar{x})-\langle x^*, x-\bar{x}\rangle \geqslant -(\varepsilon+\gamma)\|x-\bar{x}\|, \quad \forall\, x \in U.$$

这蕴涵着

$$\langle x^*, x-\bar{x}\rangle+\varphi(\bar{x})-\alpha \leqslant (\varepsilon+\gamma)\|(x,\alpha)-(\bar{x},\varphi(\bar{x}))\|,$$

其中 $x \in U$ 和 $\alpha \geqslant \varphi(x)$. 上式蕴涵着函数

$$\psi(x,\alpha) := \langle x^*, x-\bar{x}\rangle-(\alpha-\varphi(\bar{x}))-(\varepsilon+\gamma)\|(x,\alpha)-(\bar{x},\varphi(\bar{x}))\|$$

在 $(\bar{x},\varphi(\bar{x}))$ 相对于集合 $\Omega := \mathrm{epi}\varphi$ 达到局部极小值. 利用命题 1.28, 则有 $x^* \in \widehat{\partial}_{g\varepsilon}\varphi(\bar{x})$.

为证定理中相反的包含关系, 固定 $\varepsilon \geqslant 0$, 假设对这个特殊的 $\widetilde{\varepsilon}$ 有 $x^* \notin \widehat{\partial}_{a\widetilde{\varepsilon}}\varphi(\bar{x})$. 则存在 $\gamma \geqslant 0$ 和序列 $x_k \to \bar{x}$, 使得

$$\varphi(x_k)-\varphi(\bar{x})-\langle x^*, x_k-\bar{x}\rangle+(\widetilde{\varepsilon}+\gamma)\|x_k-\bar{x}\| < 0, \quad \forall\, k \in \mathbb{N}.$$

令 $\alpha_k := \varphi(\bar{x}) + \langle x^*, x_k - \bar{x}\rangle - (\widetilde{\varepsilon} + \gamma)\|x_k - \bar{x}\|$, 注意到 $\alpha_k \to \varphi(\bar{x})(k \to \infty)$ 和 $(x_k, \alpha_k) \in \text{epi}\varphi(\forall\, k \in \mathbb{N})$. 因此

$$\begin{aligned}\frac{\langle x^*, x_k - \bar{x}\rangle - (\alpha_k - \varphi(\bar{x}))}{\|(x_k, \alpha_k) - (\bar{x}, \varphi(\bar{x}))\|} &= \frac{(\widetilde{\varepsilon} + \gamma)\|x_k - \bar{x}\|}{\|(x_k - \bar{x}), \langle x^*, x_k - \bar{x}\rangle - (\widetilde{\varepsilon} + \gamma)\|x_k - \bar{x}\|)\|} \\ &\geqslant \frac{\widetilde{\varepsilon} + \gamma}{1 + \|x^*\| + (\widetilde{\varepsilon} + \gamma)} > \frac{\widetilde{\varepsilon}}{1 + \|x^*\| + \widetilde{\varepsilon}} = \varepsilon\end{aligned}$$

对任意 $k \in \mathbb{N}$ 成立 (根据 $\gamma \geqslant 0$ 与 $\widetilde{\varepsilon}$ 的选择). 上式显然蕴涵着 $(x^*, -1) \notin \widehat{N}_\varepsilon((\bar{x}, \varphi(\bar{x})); \text{epi}\varphi)$, 所以 $x^* \notin \widehat{\partial}_{g\varepsilon}\varphi(\bar{x})$, 从而完成了定理的证明. △

由定理 1.86 可知, 在定义 1.83 中取 $\varepsilon = 0$, 则几何和分析梯度集合简化为同一集合. $\widehat{\partial}\varphi(\bar{x}) := \widehat{\partial}_0\varphi(\bar{x})$ (当 $|\varphi(\bar{x})| < \infty$ 时), 它或者可通过预法锥 $\widehat{N}$ 表示成几何形式 $\{x^* | (x^*, -1) \in \widehat{N}((\bar{x}, \varphi(\bar{x})); \text{epi}\varphi)\}$, 或者可分析地表示为

$$\widehat{\partial}\varphi(\bar{x}) = \left\{ x^* \in X^* \,\middle|\, \liminf_{x \to \bar{x}} \frac{\varphi(x) - \varphi(\bar{x}) - \langle x^*, x - \bar{x}\rangle}{\|x - \bar{x}\|} \geqslant 0 \right\}. \tag{1.51}$$

这个集合称为 φ 在 $\bar{x}$ 的预次微分或 Fréchet 次微分.

对称地, 类似定义 1.83 可定义相应的上结构, 当 $\varepsilon = 0$ 时, 它们简化为 φ 在 $\bar{x}$ 的 Fréchet 上次微分 $\widehat{\partial}^+\varphi(\bar{x}) := -\widehat{\partial}(-\varphi)(\bar{x})$ 且 $|\varphi(\bar{x})| \leqslant \infty$, 并表示为

$$\widehat{\partial}^+\varphi(\bar{x}) = \left\{ x^* \in X^* \,\middle|\, \limsup_{x \to \bar{x}} \frac{\varphi(x) - \varphi(\bar{x}) - \langle x^*, x - \bar{x}\rangle}{\|x - \bar{x}\|} \leqslant 0 \right\}. \tag{1.52}$$

需要注意的是对 $\mathbb{R}$ 上的连续函数来说集合 $\widehat{\partial}\varphi(\bar{x})$ 和 $\widehat{\partial}^+\varphi(\bar{x})$ 可以同时是空集, 例如, 函数 $\varphi(x) = x^{1/3}$ 在 $\bar{x} = 0$. 进一步, 作为定义 (1.51), (1.52) 和 (1.14) 的直接推论, 下面结果成立.

命题 1.87 (Fréchet 可微性的次梯度描述) 设 $\varphi\colon X \to \overline{\mathbb{R}}$ 且 $|\varphi(\bar{x})| < \infty$, 则 $\widehat{\partial}\varphi(\bar{x}) \neq \varnothing$ 且 $\widehat{\partial}^+\varphi(\bar{x}) \neq \varnothing$ 当且仅当 φ 在 $\bar{x}$ 是 Fréchet 可微的, 此时 $\widehat{\partial}\varphi(\bar{x}) = \widehat{\partial}^+\varphi(\bar{x}) = \{\nabla\varphi(\bar{x})\}$.

因此当集合 $\widehat{\partial}\varphi(\bar{x})$ 与 $\widehat{\partial}^+\varphi(\bar{x})$ 有一个不是单点集时, 则另一个集合必是空集. 这不同于基本结构 $\partial\varphi(\bar{x})$ 与 $\partial^+\varphi(\bar{x})$. 事实上这两个基本结构对 $\mathbb{R}^n$(实际上, 任何 Asplund 空间) 上任意局部 Lipschitz 函数它们都是非空的. 与 (1.46) 式中的对称次微分 $\partial^0\varphi(\bar{x})$ 相比, 并集 $\widehat{\partial}\varphi(\bar{x}) \cup \widehat{\partial}^+\varphi(\bar{x})$ 总是简化为 $\widehat{\partial}\varphi(\bar{x})$ 或 $\widehat{\partial}^+\varphi(\bar{x})$. 注意到即使 φ 在 $\bar{x}$ 不是 Fréchet 可微的, $\widehat{\partial}\varphi(\bar{x})$ 也可能是单点集. 简单的例子如下:

$$\varphi(x) := \begin{cases} \max\{0, x\sin(1/x)\}, & x \neq 0, \\ 0, & x = 0, \end{cases}$$

则 $\widehat{\partial}\varphi(0) = \{0\}$, $\widehat{\partial}^+\varphi(0) = \varnothing$.

下面的定理是定理 1.30 的次微分的变形, 它用光滑支撑给出了非光滑函数 Fréchet 次梯度的重要变分描述. 相应的概念和术语是在 1.1.4 小节的开头引入的.

定理 1.88 (Fréchet 次梯度的变分描述) 对任意在 $\bar{x}$ 有限的正常函数 $\varphi : X \to \overline{\mathbb{R}}$, 下述结论成立:

(i) 给定 $x^* \in X^*$, 假设存在一个定义在 $\bar{x}$ 的一个邻域上的函数 $s : U \to \mathbb{R}$, 并且在 $\bar{x}$ 是 Fréchet 可微的, 使得 $\nabla s(\bar{x}) = x^*$, 且 $\varphi(x) - s(x)$ 在 $\bar{x}$ 取得局部极小值, 则 $x^* \in \widehat{\partial}\varphi(\bar{x})$. 反之, 对任意 $x^* \in \widehat{\partial}\varphi(\bar{x})$, 存在函数 $s : X \to \mathbb{R}$ 满足 $s(\bar{x}) = \varphi(\bar{x})$, $s(x) \leqslant \varphi(x)(\forall\, x \in X)$, 使得 $s(\cdot)$ 在 $\bar{x}$ 是 Fréchet 可微的且 $\nabla s(\bar{x}) = x^*$.

(ii) 假设 X 有一个 $\mathcal{S}$- 光滑阻尼函数, 其中 $\mathcal{S}$ 代表 $\mathcal{F}$, $\mathcal{LF}$ 或 $\mathcal{LC}^1$ 中的一类. 则对任意 $x^* \in \widehat{\partial}\varphi(\bar{x})$, 存在在 $\bar{x}$ 的一个邻域上有定义且 $\mathcal{S}$- 光滑的函数 $s : U \to \mathbb{R}$, 使得 $\nabla s(\bar{x}) = x^*$, 并且

$$\varphi(x) - s(x) - \|x - \bar{x}\|^2 \geqslant \varphi(\bar{x}) - s(\bar{x}), \quad \forall x \in U, \tag{1.53}$$

其中 $s(\cdot)$ 可选为凹的, 如果 X 有一个 Fréchet 光滑重赋范. 在这种情形下如果 φ 下有界, 那么可取 $U = X$.

(iii) 设 $x^* \in \widehat{\partial}\varphi(\bar{x})$, 其中 φ 在空间 X 上下有界, 其中 X 具有一个 $\mathcal{S}$- 光滑阻尼函数, 则存在阻尼函数 $b : X \to \mathbb{R}$, 使得 $\nabla b(\bar{x}) = x^*$,

$$\varphi(x) - b(x) \geqslant \varphi(\bar{x}) - b(\bar{x}), \quad \forall\, x \in X.$$

进一步, 在所给的假设下存在 $\mathcal{S}$- 光滑函数 $s : X \to \mathbb{R}$, $\theta : X \to [0, \infty)$ 使得只当 $x = 0$ 时, $\theta(x) = 0$, $\nabla s(\bar{x}) = x^*$; 当 $\|x\| \leqslant 1$ 时, $\theta(x) \leqslant \|x\|^2$, 而且

$$\varphi(x) - s(x) - \theta(x - \bar{x}) \geqslant \varphi(\bar{x}) - s(\bar{x}), \quad \forall\, x \in X. \tag{1.54}$$

证明 结论 (i) 根据 Fréchet 次梯度上面的几何描述由定理 1.30(i) 可得.

为证光滑阻尼的情形 (ii), 注意到条件 $x^* \in \widehat{\partial}\varphi(\bar{x})$ 蕴涵着, 存在 $r \in (0, 1)$, 使得 φ 在球 $B_{2r}(\bar{x})$ 上下有界. 令

$$\rho(t) := \sup\{\varphi(\bar{x}) - \varphi(x) + \langle x^*, x - \bar{x}\rangle \mid x \in X, \|x - \bar{x}\| \leqslant t\}, \quad t \geqslant 0,$$

注意到当 $t \in [0, r]$ 时, $\rho(t) < \infty$. 则根据 Fréchet 次梯度的定义, $\widetilde{\rho}(t) := \min\{\rho(t), \rho(r)\}$ 满足引理 1.29 的假设. 设 τ 是在引理 1.29 中取 $\rho := \widetilde{\rho}$ 时构造的函数, d 是在定理 1.30 的证明过程中由 X 上给定的 $\mathcal{S}$- 光滑阻尼而构造的函数. 令

$$s(x) := -\tau(d(x - \bar{x})) - d^2(x - \bar{x}) + \varphi(\bar{x}) + \langle x^*, x - \bar{x}\rangle,$$

可验证当 $U := \text{int}B_r(\bar{x})$ 时, 它具有 (ii) 中所列的性质. 如果 X 有一个 Fréchet 光滑重赋范 $\|\cdot\|$, 那么 $d(x) = \|x\|$, 这蕴涵着 $s(x)$ 的凹性和支撑不等式 (1.53) 全局成立 (如果 φ 在 X 上下有界).

(iii) 的证明类似于定理 1.30 最后部分的证明 (见文献 [419] 中定理 4.6 的证明). △

需要注意的是估计式 (1.53) 和 (1.54) 表明 $\varphi(x) - s(x)$ 在 $\bar{x}$ 唯一地取得它的极小值 (局部的和全局的), 且具有下面的适定性性质:

$$\text{如果}\quad \varphi(x_k) - s(x_k) \to \varphi(\bar{x}) - s(\bar{x}),\quad \text{那么}\quad \|x_k - \bar{x}\| \to 0(k \to \infty).$$

下面的定理给出了增广实值函数基本次梯度的以 ε- 次梯度和 Fréchet 次梯度给出的表示.

定理 1.89 (基本次梯度的极限表示) 设 $\varphi\colon X \to \overline{\mathbb{R}}$ 且 $|\varphi(\bar{x})| < \infty$, 则

$$\partial\varphi(\bar{x}) = \mathop{\text{Lim sup}}_{\substack{x \xrightarrow{\varphi} \bar{x} \\ \varepsilon\downarrow 0}} \widehat{\partial}_{g\varepsilon}\varphi(x) = \mathop{\text{Lim sup}}_{\substack{x \xrightarrow{\varphi} \bar{x} \\ \varepsilon\downarrow 0}} \widehat{\partial}_{a\varepsilon}\varphi(x). \tag{1.55}$$

而且, 若 φ 在 $\bar{x}$ 附近是 l.s.c. 且 $\dim X < \infty$ 时, 则

$$\partial\varphi(\bar{x}) = \mathop{\text{Lim sup}}_{x \xrightarrow{\varphi} \bar{x}} \widehat{\partial}\varphi(x). \tag{1.56}$$

证明 (1.55) 式中第一个表达式由定义 1.1 和定义 1.83 可得. 根据定理 1.86 中的关系 $\widehat{\partial}_{a\varepsilon}\varphi(x) \subset \widehat{\partial}_{g\varepsilon}\varphi(x)$, 有 (1.55) 式的第二个表达式中的包含关系“$\supset$”成立. 为证相反的包含关系, 取 $x^* \in \partial\varphi(\bar{x})$, 找到 $\varepsilon_k \downarrow 0$, $x_k \xrightarrow{\varphi} \bar{x}$ 和 $x_k^* \xrightarrow{w^*} x^*$, 使得 $x_k^* \in \widehat{\partial}_{g\varepsilon_k}\varphi(x_k)$ 对任意 $k \in \mathbb{N}$ 成立. 由定理 1.86 的第二部分得 $x_k^* \in \widehat{\partial}_{a\widetilde{\varepsilon}_k}\varphi(x_k)$, 其中 $\widetilde{\varepsilon}_k := \varepsilon_k(1+\|x_k^*\|)/(1-\varepsilon_k)$. 由于序列 $\{x_k^*\}$ 在 X^* 中有界, 故当 $k \to \infty$ 时 $\widetilde{\varepsilon}_k \downarrow 0$. 这就证明了 (1.55) 式中的第二个表达式. 在所给的假设下表达式 (1.56) 由定理 1.6 中法锥表达式 (1.8) 可得. △

在 2.4.1 小节中将看到次微分表达式 (1.56) 在任何 Asplund 空间都是成立的, 而且它刻画了这类 Banach 空间. 由于对一般的非光滑函数来说 Fréchet 次梯度通常更易于计算, 故表达式 (1.56) 更方便来计算基本次梯度. 例如, 考虑函数

$$\varphi(x) := |x_1| - |x_2|, \quad x = (x_1, x_2) \in \mathbb{R}^2, \tag{1.57}$$

它在 $\mathbb{R}^2$ 上是 Lipschitz 连续的, 而且在任意 $x \in \mathbb{R}^2(x_1x_2 \neq 0)$ 是可微的. 对任何这样的 x, 有 $\nabla\varphi(x) \in \{(1,1),(1,-1),(-1,1),(-1,-1)\}$. 由 (1.51) 式给出的分析描述易于计算 Fréchet 次梯度:

$$\varphi(x) := \begin{cases} (1,-1), & x_1>0, x_2>0, \\ (-1,-1), & x_1<0, x_2>0, \\ (-1,1), & x_1<0, x_2<0, \\ (1,1), & x_1>0, x_2<0, \\ \{(v,-1) \mid -1 \leqslant v \leqslant 1\}, & x_1=0, x_2>0, \\ \{(v,1) \mid -1 \leqslant v \leqslant 1\}, & x_1=0, x_2<0, \\ \varnothing, & x_2=0. \end{cases}$$

由定理 1.89, 得

$$\partial\varphi(0) = \{(v,1)| -1 \leqslant v \leqslant 1\} \cup \{(v,-1)| -1 \leqslant v \leqslant 1\}.$$

类似地, 可根据 (1.52) 式计算 Fréchet 上次梯度, 并且利用 (1.56) 式的上次微分版本计算基本上次微分为

$$\partial^+\varphi(0) = \{(-1,v)| -1 \leqslant v \leqslant 1\} \cup \{(1,v)| -1 \leqslant v \leqslant 1\}.$$

可以看到, 此时对称次微分 $\partial^0\varphi(0) = \partial\varphi(0) \cup \partial^+\varphi(0)$ 是 $\mathbb{R}^2$ 中的单位正方形的边界.

在一般的 Banach 空间情形下, 不能从次微分表达式 (1.55) 中省掉 $\varepsilon > 0$, 这对许多重要结果的成立是非常重要的. 为了说明这一点, 将应用 (1.55) 式来建立任意 Banach 空间之间的单值映射 $f : X \to Y$ 的混合上导数 (1.25) 和它们的标量化

$$\langle y^*, f\rangle(x) := \langle y^*, f(x)\rangle, \quad y^* \in Y^* \tag{1.58}$$

的基本次梯度之间的联系.

定理 1.90 (混合上导数的标量化)　设 $f\colon X \to Y$ 在 $\bar{x}$ 附近连续, 则

$$\partial\langle y^*, f\rangle(\bar{x}) \subset D^*_M f(\bar{x})(y^*), \quad \forall\, y^* \in Y^*.$$

而且, 若 f 在 $\bar{x}$ 附近是 Lipschitz 连续的, 则

$$D^*_M f(\bar{x})(y^*) = \partial\langle y^*, f\rangle(\bar{x}), \quad \forall\, y^* \in Y^*.$$

证明　设 $x^* \in \partial\langle y^*, f\rangle(\bar{x})$. 利用 (1.55) 式, 找到序列 $\varepsilon_k \downarrow 0$, $x_k \to \bar{x}$ 时, 有 $x_k^* \xrightarrow{w^*} x^*$ 且 $x_k^* \in \widehat{\partial}_{a\varepsilon_k}\langle y^*, f\rangle(x_k)$, $\forall k \in \mathbb{N}$. 由定义 1.83(ii) 知, 对每个 k, 存在 x_k 的邻域 U_k, 使得当 $x \in U_k$ 时, 有

$$\langle y^*, f\rangle(x) - \langle y^*, f\rangle(x_k) - \langle x_k^*, x - x_k\rangle \geqslant -2\varepsilon_k\|x - x_k\|.$$

上式蕴涵着

$$\limsup_{x\to x_k}\frac{\langle x_k^*, x-x_k\rangle-\langle y^*, f(x)-f(x_k)\rangle}{\|(x-x_k, f(x)-f(x_k))\|}\leqslant 2\varepsilon_k.$$

因此 $(x_k^*, -y^*)\in \widehat{N}_{2\varepsilon_k}((x_k, f(x_k)); \mathrm{gph} f)$ 对任意 $k\in\mathbb{N}$ 成立. 根据 (1.23) 式和 (1.25) 式中上导数的定义得 $x^*\in D_M^*f(\bar{x})(y^*)$, 这就完成了定理第一个关系的证明.

为了证明相反的包含关系成立, 取 $x^*\in D_M^*f(\bar{x})(y^*)$, 找到序列 $\varepsilon_k\downarrow 0$, $x_k\to\bar{x}$, $x_k^*\xrightarrow{w^*}x^*$, $y_k^*\to y^*$, 使得 $(x_k^*, -y_k^*)\in\widehat{N}_{\varepsilon_k}((x_k, f(x_k)); \mathrm{gph}\, f)$ 对任意 $k\in\mathbb{N}$ 成立. 因此,

$$\langle x_k^*, x-x_k\rangle-\langle y_k^*, f(x)-f(x_k)\rangle\leqslant 2\varepsilon_k(1+\ell)\|x-x_k\|,\quad \forall\, x\in x_k+\eta_k\mathbb{B},$$

其中序列 $\eta_k\downarrow 0$, $\ell\geqslant 0$ 是 f 在 $\bar{x}$ 附近的 Lipschitz 常数. 由上式得

$$x_k^*\in\widehat{\partial}_{a\widetilde{\varepsilon}_k}\langle y^*, f\rangle(x_k),\quad 其中\ \widetilde{\varepsilon}_k:=2\varepsilon_k(1+\ell)+\ell\|y_k^*-y^*\|.$$

由于 $\|y_k^*-y^*\|\to 0$, 有当 $k\to\infty$ 时 $\widetilde{\varepsilon}_k\downarrow 0$. 从而由 (1.55) 式得 $x^*\in\partial\langle y^*, f\rangle(\bar{x})$. △

例 1.35 表明类似的标量化公式对在 Hilbert 空间取值的 Lipschitz 映射的基本上导数 (1.24) 不成立. 下面将在 3.13 小节中在对定义在 Asplund 空间上的 Lipschitz 映射增加额外假设的条件下得到这样的标量化公式.

对 Banach 空间 X 上的任意函数 $\varphi: X\to\overline{\mathbb{R}}$, 由定理 1.89 立即可得 $\widehat{\partial}\varphi(\bar{x})\subset\partial\varphi(\bar{x})$. 这个包含关系经常是严格的, 甚至对 $\mathbb{R}$ 上 Fréchet 可微的函数也是如此 (参看例 1.49), 其中 $\widehat{\partial}\varphi(0)=\{0\}$, $\partial\varphi(0)=[-1,1]$. 上面包含关系作为等式成立的情形则给出了 φ 在 $\bar{x}$ 的某种“下正则性”, 这是用次微分表述的. 下面定义给出了增广实值函数的两种下次微分正则性.

定义 1.91 (函数的下正则性) 设 φ: $X\to\overline{\mathbb{R}}$ 在 $\bar{x}$ 有限, 则称

(i) φ 在 $\bar{x}$ 是下正则的, 如果 $\partial\varphi(\bar{x})=\widehat{\partial}\varphi(\bar{x})$;

(ii) φ 在 $\bar{x}$ 是上图正则的, 如果集合 $\mathrm{epi}\varphi\subset X\times\mathbb{R}$ 在 $(\bar{x}, \varphi(\bar{x}))$ 是法向正则的.

类似地, 可定义 φ 在 $\bar{x}$ 的上正则性 (即 $\partial^+\varphi(\bar{x})=\widehat{\partial}^+\varphi(\bar{x})$) 和 φ 在该点的下图正则性 (通过定义 1.4 的法向正则性应用于 φ 在 $(\bar{x}, \varphi(\bar{x}))$ 的下图). 如前所述, 这里主要处理下正则性, 而相应的上正则性可对称地得到.

命题 1.92 (下正则性关系) (i) 设 $\Omega\subset X$ 且 $\bar{x}\in\Omega$, 则指示函数 $\delta(\cdot;\Omega)$ 在 $\bar{x}$ 的下正则性和上图正则性都等价于 Ω 在该点的法向正则性;

(ii) 设 $\varphi: X\to\overline{\mathbb{R}}$ 且 $|\varphi(\bar{x})|<\infty$, 则 φ 在 $\bar{x}$ 是上图正则的当且仅当它在 $\bar{x}$ 是下正则的且

$$\partial^\infty\varphi(\bar{x})=\widehat{\partial}^\infty\varphi(\bar{x}):=\{x^*\in X^*|(x^*, 0)\in\widehat{N}((\bar{x}, \varphi(\bar{x})); \mathrm{epi}\varphi)\}.$$

因此, 如果 φ 在 $\bar{x}$ 附近是 Lipschitz 连续的, 那么 φ 在 $\bar{x}$ 的上图正则性和下正则性是等价的.

证明　断言 (i) 由正则性的定义、命题 1.79 和在公式 (1.50) 中取 $\varepsilon = 0$ 直接可得. 为证断言 (ii), 注意到类似于命题 1.76, 有

$$\widehat{N}((\bar{x},\varphi(\bar{x}));\text{epi}\varphi) = \{\lambda(x^*,-1) \mid x^* \in \widehat{\partial}\varphi(\bar{x}), \lambda > 0\} \cup \{(x^*,0) \mid x^* \in \widehat{\partial}^{\infty}\varphi(\bar{x})\}.$$

这显然蕴涵着 (ii) 的前一部分. (ii) 的后一部分由推论 1.81 可得, 该推论保证对局部 Lipschitz 函数, 有 $\partial^{\infty}\varphi(\bar{x}) = \widehat{\partial}^{\infty}\varphi(\bar{x}) = \{0\}$. △

需要注意的是 φ 在 $\bar{x}$ 的下正则性可能比它的上图正则性更弱. 例如函数 $\varphi\colon \mathbb{R} \to \mathbb{R}$,

$$\varphi(x) := \begin{cases} -\sqrt{x - 1/n}, & 1/n \leqslant x < 1/n + 1/n^4, \quad n \in \mathbb{N} \\ 0, & \text{其他}. \end{cases}$$

可验证这个函数在 $\bar{x} = 0$ 是 Fréchet 可微的, 且 $\partial\varphi(0) = \widehat{\partial}\varphi(0) = \widehat{\partial}^{\infty}\varphi(0) = \{0\}$, $\partial^{\infty}\varphi(0) = (-\infty, 0]$.

如果 $\varphi : X \to \overline{\mathbb{R}}$ 是凸的, 那么它的上图正则性由命题 1.5 应用于凸集 $\Omega := \text{epi}\varphi$ 直接可得. 下面的定理给出凸函数的 ε- 次梯度和基本 (上或下) 次梯度的更详细的描述.

定理 1.93 (凸函数的次梯度)　设 $\varphi\colon X \to \overline{\mathbb{R}}$ 是凸的且在 $\bar{x}$ 有限, 则对任意 $\varepsilon \geqslant 0$, 下述 ε- 次微分的表达式成立:

$$\widehat{\partial}_{g\varepsilon}\varphi(\bar{x}) = \{x^* \in X^* \mid \langle x^*, x-\bar{x}\rangle \leqslant \varphi(x)-\varphi(\bar{x})+\varepsilon(\|x-\bar{x}\|+|\varphi(x)-\varphi(\bar{x})|), \forall x \in X\},$$

$$\widehat{\partial}_{a\varepsilon}\varphi(\bar{x}) = \{x^* \in X^* \mid \langle x^*, x-\bar{x}\rangle \leqslant \varphi(x)-\varphi(\bar{x})+\varepsilon\|x-\bar{x}\|, \forall x \in X\}. \tag{1.59}$$

更进一步地, φ 在 $\bar{x}$ 是上图正则的, 而且

$$\partial^0\varphi(\bar{x}) = \partial\varphi(\bar{x}) = \{x^* \in X^* \mid \langle x^*, x-\bar{x}\rangle \leqslant \varphi(x)-\varphi(\bar{x}), \forall x \in X\}.$$

证明　根据 $\widehat{\partial}_{a\varepsilon}\varphi(\bar{x}) \subset \widehat{\partial}_{g\varepsilon}\varphi(\bar{x})$, 几何 ε- 次梯度的表达式由在命题 1.3 中取 $\Omega = \text{epi}\varphi$ 和分析 ε- 次梯度的表达式 (1.59) 可得. (1.59) 式中的包含关系“$\supset$”是显然的. 为证相反的包含关系, 任取次梯度 $x^* \in \widehat{\partial}_{a\varepsilon}\varphi(\bar{x})$, 利用命题 1.84(ii) 中的分析 ε- 次梯度的局部变分描述, 得到对任意给定的 $\eta > 0$, 函数

$$\psi(x) := \varphi(x) - \varphi(\bar{x}) - \langle x^*, x-\bar{x}\rangle + (\varepsilon+\eta)\|x-\bar{x}\|$$

在 $\bar{x}$ 达到局部极小值. 由于 ψ 是凸的, $\bar{x}$ 也是它的全局最小值点, 则

$$\psi(x) = \varphi(x) - \varphi(\bar{x}) - \langle x^*, x-\bar{x}\rangle + (\varepsilon+\eta)\|x-\bar{x}\| \geqslant \psi(\bar{x}) = 0$$

对任意的 $x \in X$ 成立. 考虑到 $\eta \geqslant 0$ 是任意选取的, 则 (1.59) 式成立. 现应用 (1.55) 式和 $x_k \xrightarrow{\varphi} \bar{x}$ 且 $\varepsilon_k \downarrow 0$ 时的表达式 (1.59), 得

$$\partial\varphi(\bar{x}) = \{x^* \in X^* \mid \langle x^*, x - \bar{x}\rangle \leqslant \varphi(x) - \varphi(\bar{x}), \forall\, x \in X\}.$$

余下的需证明: 对任何在 $\bar{x}$ 有限的凸函数, $\partial^+\varphi(\bar{x}) \subset \partial\varphi(\bar{x})$. 为此, 可以看到, 如果对某个 $x \in X$ 和 $\varepsilon > 0$ 有 $\widehat{\partial}^+_{a\varepsilon}\varphi(x) := -\widehat{\partial}_{a\varepsilon}(-\varphi)(x) \neq \varnothing$, 那么 φ 在 x 附近上方有界. 它蕴涵着, 对凸函数来说, φ 在该点是连续的和在凸分析意义下是次可微的, 因此由 (1.59) 式得 $\widehat{\partial}\varphi(x) \neq \varnothing$. 又由于 $\widehat{\partial}^+_{a\varepsilon}\varphi(x) \subset \widehat{\partial}\varphi(x) + \varepsilon\mathbb{B}^*$, 所以包含关系 $\partial^+\varphi(\bar{x}) \subset \partial\varphi(\bar{x})$ 由 (1.55) 式及其上次微分版本可得. △

需要注意的是 (1.59) 式右边的集合是凸函数 $\varphi(x) + \varepsilon\|x - \bar{x}\|$ 在 $\bar{x}$ 的次微分. 根据经典的 Moreau-Rockafellar 定理, 对任何正常的凸函数 $\varphi : X \to \overline{\mathbb{R}}$, 这个集合等于 $\partial\varphi(\bar{x}) + \varepsilon\mathbb{B}^*$. 可以看到, 对 $\varepsilon > 0$, 上面的集合不同于由满足

$$\langle x^*, x - \bar{x}\rangle \leqslant \varphi(x) - \varphi(\bar{x}) + \varepsilon, \quad \forall x \in X$$

的 $x^* \in X^*$ 的全体定义的凸分析中标准的 ε- 次微分/近似次微分[575].

对称地, 凹函数 $\varphi : X \to \overline{\mathbb{R}}$ 在值有限的任何点是下图 (因此, 上) 正则的, 并且它们的上次梯度满足定理 1.93 的上次微分版本. 注意到所考虑的下和上正则性显然是单侧分析的概念. 特别地, 在有限维空间上 (实际上在任何 Asplund 空间上), 局部 Lipschitz 函数 φ 在参考点 $\bar{x}$ 不能同时是下和上正则的, 除非它在 $\bar{x}$ 是 Fréchet 可微的. 这易由命题 1.87 及 $\partial\varphi(\bar{x})$ 和 $\partial^+\varphi(\bar{x})$ 都是非空的事实得到 (见推论 1.81 后的讨论). 另一方面, 例 1.49 表明存在 Lipschitz 连续函数, 它们在 $\bar{x}$ 是 Fréchet 可微的, 但是在该点既不是下正则的, 也不是上正则的. 当然, 对严格可微函数 $\varphi : X \to \mathbb{R}$ 来说, 这种情况不会发生, 因为它们在定义 1.36 的意义下甚至是图正则的 (在这种情况下 N- 正则性和 M- 正则性没有任何区别).

命题 1.94 (双侧正则性关系) 设 $\varphi : X \to \overline{\mathbb{R}}$ 在 $\bar{x}$ 附近是连续的. 考虑下面的性质:

(a) φ 在 $\bar{x}$ 是图正则的;

(b) φ 在 $\bar{x}$ 同时是下正则的和上正则的;

(c) φ 在 $\bar{x}$ 是严格可微的.

则 (c)$\Rightarrow$ (a) $\Rightarrow$ (b). 反之, 若 φ 在 $\bar{x}$ 附近是局部的 Lipschitz 的, 则 (b)$\Rightarrow$(a). 若 φ 是局部 Lipschitz 的及 $\dim X < \infty$, 则 (a)$\Rightarrow$(c).

证明 蕴涵关系 (c)$\Rightarrow$(a) 由定理 1.38 可得. 对 (a)$\Rightarrow$(b), 首先注意到由定理 1.80 得 $\partial\varphi(\bar{x}) = D^*\varphi(\bar{x})(1)$. 而且, 由此定理的证明可知 $\widehat{\partial}\varphi(\bar{x}) = \widehat{D}^*\varphi(\bar{x})(1)$. 同理有 $\partial^+\varphi(\bar{x}) = -\widehat{D}^*\varphi(\bar{x})(-1)$ 和 $\partial^+\varphi(\bar{x}) = -\widehat{D}^*\varphi(\bar{x})(-1)$. 这就得到对任何连续函数有 (a)$\Rightarrow$(b). 如果 φ 在 $\bar{x}$ 附近是 Lipschitz 连续的, 那么由定理 1.44 得

$D^*\varphi(\bar{x})(0) = \widehat{D}^*\varphi(\bar{x})(0) = \{0\}$, 从而得相反的蕴涵关系 (b) $\Rightarrow$ (a). 最后, 由定理 1.46 在所给假设下可得 (a)$\Rightarrow$ (c). △

关于下正则性和相关性质的更多结果将在 1.3.4 小节和第 3 章相继得到, 在那里它们被列入次微分的分析法则中. 特别地, 还将看到下正则性在求和和求极大等各种单侧运算中被保持, 并且在相应的分析法则中保证等式成立. 在下一小节中将研究一类重要 Lipschitz 函数的次微分和下正则性.

1.3.3　距离函数的次微分

给定 Banach 空间的非空子集 $\Omega \subset X$, 考虑联系于该集合的距离函数 $d_\Omega : X \to \mathbb{R}$,

$$d_\Omega(x) := \operatorname{dist}(x;\Omega) = \inf_{u\in\Omega} \|x-u\|.$$

这类函数在最优化和变分分析中起着重要作用. 能看到 d_Ω 在 X 上是非光滑的和 (具有模 $\ell = 1$) 全局 Lipschitz 连续的. 下文中在两种不同情形, 即 $\bar{x} \in \Omega$ 和 $\bar{x} \notin \Omega$, 以 Ω 的广义法向量来计算距离函数 d_Ω 在 $\bar{x}$ 的次梯度. 特别地, 这允许建立 d_Ω 的下正则性和 Ω 的法向正则性之间的关系. 从 d_Ω 在 $\bar{x} \in \Omega$ 的分析 ε- 次梯度的双侧估计开始, 由此根据定理 1.86 可得 d_Ω 在 $\bar{x} \in \Omega$ 的几何 ε- 次梯度的相应估计.

在本小节和本书的剩余部分记号 $\widehat{\partial}_\varepsilon(\bar{x})$ 表示定义 1.83(ii) 中 φ 在 $\bar{x}$ 的分析 ε- 次微分.

命题 1.95 (距离函数在集合内的点的 ε- 次梯度)　设 $\Omega \subset X$ 且 $\bar{x} \in \Omega$, $\varepsilon \geqslant 0$, 则

$$\widehat{\partial}_\varepsilon d_\Omega(\bar{x}) \subset \{x^* \in \widehat{N}_\varepsilon(\bar{x},\Omega) \mid \|x^*\| \leqslant 1+\varepsilon\},$$

$$\widehat{\partial}_\varepsilon d_\Omega(\bar{x}) \supset \{x^* \in \widehat{N}_{\varepsilon/4}(\bar{x},\Omega) \mid \|x^*\| \leqslant 1+\varepsilon/4\}.$$

证明　由定义得

$$x^* \in \widehat{\partial}_\varepsilon d_\Omega(\bar{x}) \Rightarrow x^* \in \widehat{N}_\varepsilon(\bar{x},\Omega) \text{ 和 } \langle x^*, x\rangle \leqslant (1+\varepsilon)\|x\|, \quad \forall x \in X.$$

从而 $\|x^*\| \leqslant 1+\varepsilon$, 从而证明了命题中第一个包含关系成立.

为建立第二个包含关系, 现任取 $x^* \in \widehat{N}_{\varepsilon/4}(\bar{x};\Omega)$ 满足 $\|x^*\| \leqslant 1+\varepsilon/4$, 给定 $x \notin \Omega$, 找到 $u \in \Omega$, 满足

$$\|x-u\| \leqslant \operatorname{dist}(x;\Omega) + \|x-\bar{x}\|^2.$$

考虑到当 x 接近 $\bar{x}$ 时 $\|u-\bar{x}\| \leqslant 3\|x-\bar{x}\|$, 有

$$\liminf_{\substack{x\to\bar{x}\\ x\notin\Omega}} \frac{d_\Omega(x)-d_\Omega(\bar{x})-\langle x^*, x-\bar{x}\rangle}{\|x-\bar{x}\|} \geqslant \liminf_{\substack{x\to\bar{x}\\ x\notin\Omega}} \frac{(1-\|x^*\|)\|x-u\|-\langle x^*, u-\bar{x}\rangle}{\|x-\bar{x}\|}$$

$$\geqslant \min\left\{0, 1 - \|x^*\| - \limsup_{\substack{x \to \bar{x} \\ x \notin \Omega}} \frac{\langle x^*, u - \bar{x}\rangle}{\|x - \bar{x}\|}\right\}$$
$$\geqslant -\frac{\varepsilon}{4} - \frac{3\varepsilon}{4} = -\varepsilon.$$

最后注意到, 如果 $x^* \in \widehat{N}_{\varepsilon/4}(\bar{x}; \Omega)$, 那么

$$\liminf_{\substack{x \to \bar{x} \\ x \in \Omega}} \frac{d_\Omega(x) - d_\Omega(\bar{x}) - \langle x^*, x - \bar{x}\rangle}{\|x - \bar{x}\|} \geqslant -\varepsilon.$$

因此 $x^* \in \widehat{\partial}_\varepsilon d_\Omega(\bar{x})$. △

推论 1.96 (距离函数在集合内的点的 Fréchet 次梯度) 对任意集合 $\Omega \subset X$, $\bar{x} \in \Omega$, 有表达式

$$\widehat{\partial} d_\Omega(\bar{x}) = \widehat{N}(\bar{x}; \Omega) \cap \mathbb{B}^*, \quad \widehat{N}(\bar{x}; \Omega) = \bigcup_{\lambda > 0} \lambda \widehat{\partial} d_\Omega(\bar{x}).$$

证明 第二个表达式由第一个表达式直接可得, 而第一个表达式是命题 1.95 当 $\varepsilon = 0$ 时的特殊情形. △

这样, 任意集合的预法锥就可以用 (Lipschitz) 距离函数的预次微分等价地描述. 下面将得到 Banach 空间中闭子集的基本法锥的类似描述.

定理 1.97 (由距离函数在集合内的点的次梯度来描述基本法向量) 设 $\Omega \subset X$ 是非空闭子集, 则

$$N(\bar{x}; \Omega) = \bigcup_{\lambda > 0} \lambda \partial d_\Omega(\bar{x}), \quad \forall \bar{x} \in \Omega.$$

证明 任取 $x^* \in N(\bar{x}; \Omega)$, 应用基本法向量的定义找到序列 $\varepsilon_k \downarrow 0$, $x_k \xrightarrow{\Omega} \bar{x}$ 和 $x_k^* \xrightarrow{w^*} x^*$, 使得 $x_k^* \in \widehat{N}_{\varepsilon_k}(x_k; \Omega)$ 对 $k \in \mathbb{N}$ 成立. 由于 $\{x_k^*\}$ 是有界的, 那么存在有界数列 $\lambda_k > 0$, 使得 $\|x_k^*\|/\lambda_k \leqslant 1 + \varepsilon_k$. 则由命题 1.95 中第二个包含关系得 $x_k^* \in \lambda_k \widehat{\partial}_{\widetilde{\varepsilon}_k} d_\Omega(x_k)$, 其中 $\widetilde{\varepsilon}_k := 4\varepsilon_k$. 利用表达式 (1.55) 得 $x^* \in \lambda \partial d_\Omega(\bar{x})$ 对某个 $\lambda \geqslant 0$ 成立, 这就证明了对任意集合 Ω 定理中的包含关系"$\subset$"成立.

当 Ω 为闭的时, 下证相反的包含关系. 取 $x^* \in \partial d_\Omega(\bar{x})$, 找到序列 $\varepsilon_k \downarrow 0$, $x_k \to \bar{x}$ 和 $x^* \xrightarrow{w^*} x^*$, 满足 $x_k^* \in \widehat{\partial}_{\varepsilon_k} d_\Omega(x_k)$. 如果沿 k 的子序列有 $x_k \in \Omega$, 通过在命题 1.95 中第一个包含关系中取极限即可结束本证明. 现在假设对任意的 $k \in \mathbb{N}$, $x_k \notin \Omega$. 此时存在 $\eta_k \downarrow 0$ 满足

$$\langle x_k^*, x - x_k\rangle \leqslant 2\varepsilon_k \|x - x_k\|, \quad \forall x \in B_{\eta_k}(x_k) \cap \Omega,\ k \in \mathbb{N}.$$

选择 $\rho_k \downarrow 0$ 使得 $\rho_k < \min\left\{\eta_k^2, \dfrac{1}{k} d_\Omega(x_k)\right\}$, 取 $\nu_k \downarrow 1$ 满足 $(\nu_k - 1) d_\Omega(x_k) < \rho_k^2$. 接

着取 $\widetilde{x}_k \in \Omega$ 使得 $\|\widetilde{x}_k - x_k\| \leqslant \nu_k d_\Omega(x_k)$, 并且注意到如果 $\|u\| \leqslant \eta_k$, 有

$$\begin{aligned}\langle x_k^*, u\rangle &\leqslant d_\Omega(x_k+u) - \nu_k^{-1}\|x_k - \widetilde{x}_k\| + \varepsilon_k\|u\| \\ &\leqslant d_\Omega(\widetilde{x}_k+u) + (1-\nu_k^{-1})\|x_k - \widetilde{x}_k\| + 2\varepsilon_k\|u\|.\end{aligned}$$

则

$$\langle x_k^*, x - \widetilde{x}_k\rangle \leqslant (1-\nu_k^{-1})\|x_k - \widetilde{x}_k\| + 2\varepsilon_k\|x - \widetilde{x}_k\|$$

对任意的 $x \in \Omega \cap B_{\eta_k}(\widetilde{x}_k)$ 成立, 因此

$$0 \leqslant \varphi_k(x) := -\langle x_k^*, x - \widetilde{x}_k\rangle + 2\varepsilon_k\|x - \widetilde{x}_k\| + \gamma_k^2, \quad x \in \Omega \cap B_{\eta_k}(\widetilde{x}_k),$$

其中 $\gamma_k^2 := (1-\nu_k^{-1})\|x_k - \widetilde{x}_k\|$. 由此得

$$\gamma_k^2 = \varphi_k(\widetilde{x}_k) \leqslant \inf_{x \in \Omega \cap B_{\eta_k}(\widetilde{x}_k)} \varphi_k(x) + \gamma_k^2$$

对任意 $k \in \mathbb{N}$ 成立. 现在对完备距离空间 $\Omega \cap B_{\eta_k}(\widetilde{x}_k)$ 上的连续函数 φ_k 应用 Ekeland 变分原理 (参见 2.3.1 小节中的定理 2.26). 根据这个结果, 存在 $\widehat{x}_k \in \Omega \cap B_{\eta_k}(\widetilde{x}_k)$ 满足 $\|\widehat{x}_k - \widetilde{x}_k\| \leqslant \gamma_k$ 和

$$\langle -x_k^*, \widehat{x}_k - \widetilde{x}_k\rangle + 2\varepsilon_k\|\widehat{x}_k - \widetilde{x}_k\| \leqslant \langle -x_k^*, x - \widetilde{x}_k\rangle + 2\varepsilon_k\|x - \widetilde{x}_k\| + \gamma_k\|x - \widehat{x}_k\|.$$

考虑到 $\gamma_k^2 \leqslant \nu_k(1-\nu_k^{-1})d_\Omega(x_k) < \rho_k^2$, 令 $r_k := \rho_k - \gamma_k > 0$, 则

$$\|x - \widehat{x}_k\| \leqslant r_k \Rightarrow \|x - \widetilde{x}_k\| \leqslant \|x - \widehat{x}_k\| + \gamma_k \leqslant \rho_k \leqslant \eta_k.$$

由上面的估计得

$$\langle x_k^*, x - \widehat{x}_k\rangle \leqslant (2\varepsilon_k + \gamma_k)\|x - \widehat{x}_k\|, \quad \forall x \in \Omega \cap B_{r_k}(\widehat{x}_k).$$

因此 $x_k^* \in \widehat{N}_{2\varepsilon_k+\gamma_k}(\widehat{x}_k;\Omega)$ 对任意 $k \in \mathbb{N}$ 成立. 当 $k \to \infty$ 时, 取极限并且考虑 $\gamma_k \downarrow 0$ 和 $\widehat{x}_k \to \bar{x}$, 最后得 $x^* \in N(\bar{x};\Omega)$. 证毕. △

所得结果可证: 对任意点 $\bar{x} \in \Omega$, d_Ω 在 $\bar{x} \in \Omega$ 的下正则性完全由 Ω 在该点的法向正则性决定.

推论 1.98 (集合的正则性和距离函数在集合内的点的正则性) 设 $\Omega \subset X$ 是闭集且 $\bar{x} \in \Omega$, 则 Ω 在 $\bar{x}$ 是法向正则的当且仅当距离函数 d_Ω 在该点是下正则的.

证明 由定义、推论 1.96 与定理 1.97 中的法锥表达式可得. △

接下来将考虑 $\bar{x} \notin \Omega$ 的情形, 下面将得到距离函数 $d_\Omega(\cdot)$ 的 Fréchet 次梯度和 Ω 相对于 $\bar{x}$ 的 ρ- 扩大的 Fréchet 法向量之间的关系. Ω 相对于 $\bar{x}$ 的 ρ- 扩大的 Fréchet 法向量定义为

$$\Omega(\rho) := \{x \in X \mid d_\Omega(x) \leqslant \rho\}, \quad 其中\ \rho := d_\Omega(\bar{x}).$$

需要注意的是 Ω 的 ρ- 扩大对任何 $\rho \geqslant 0$ 总是闭的, 即使当 Ω 不是闭的时. 而且当 Ω 是 Banach 空间中的紧集或者是有限维空间中的闭集时, $\Omega(\rho) = \Omega + \rho\mathbb{B}$.

定理 1.99 (距离函数在集合外的点的 ε- 次梯度) 对任意 $\varnothing \neq \Omega \subset X$, 任意 $\bar{x} \notin \Omega$ 和任意充分小的 $\varepsilon \geqslant 0$, 下面的包含关系成立:

$$\left\{x^* \in \widehat{N}_{\varepsilon/4}(\bar{x};\Omega(\rho)) \mid 1-\varepsilon/4 \leqslant \|x^*\| \leqslant 1+\epsilon/4\right\} \subset \widehat{\partial}_\varepsilon d_\Omega(\bar{x})$$
$$\subset \left\{x^* \in \widehat{N}_\varepsilon(\bar{x};\Omega(\rho)) \mid 1-\varepsilon \leqslant \|x^*\| \leqslant 1+\epsilon\right\}, \quad 其中\ \rho = d_\Omega(\bar{x}).$$

特别地, 当 $\varepsilon = 0$ 时, 有

$$\widehat{\partial} d_\Omega(\bar{x}) = \widehat{N}(\bar{x};\Omega(\rho)) \cap \{x^* \in X^* \mid \|x^*\| = 1\}.$$

证明 为简单起见, 只考虑 $\varepsilon = 0$ 的情形; $\varepsilon > 0$ 时的证明是类似的. 首先验证表达式

$$d_{\Omega(\rho)}(x) = d_\Omega(x) - \rho, \quad \forall x \notin \Omega(\rho), \quad \rho > 0.$$

为此固定 $x \notin \Omega(\rho)$, 任取 $u \in \Omega(\rho)$ 满足 $d_\Omega(u) \leqslant \rho$. 则对任意 $\varepsilon > 0$, 存在 $u_\varepsilon \in \Omega$ 满足

$$\|u - u_\varepsilon\| \leqslant d_\Omega(u) + \varepsilon \leqslant \rho + \varepsilon.$$

这显然导出

$$\|u - x\| \geqslant \|u_\varepsilon - x\| - \|u_\varepsilon - u\| \geqslant d_\Omega(x) - \|u_\varepsilon - u\| \geqslant d_\Omega(x) = \rho - \varepsilon.$$

由于估计 $\|u - x\| \geqslant d_\Omega(x) - \rho - \varepsilon$ 对任意 $u \in \Omega(\rho)$ 和 $\varepsilon > 0$ 成立, 则有不等式

$$d_{\Omega(\rho)}(x) \geqslant d_\Omega(x) - \rho.$$

为证相反的不等式, 固定 $u \in \Omega$, 定义连续函数 $\varphi : \mathbb{R}_+ \to \mathbb{R}$ 为

$$\varphi(t) := d_\Omega(tx + (1-t)u).$$

由于 $\varphi(0) = 0$, $\varphi(1) > \rho$, 所以根据经典的介值定理, 存在 $t_0 \in (0,1)$, 使得 $\varphi(t_0) = \rho$. 现令 $v := t_0 x + (t - t_0)u$, 则 $d_\Omega(v) = \rho$, $\|x - u\| = \|x - v\| + \|v - u\|$. 因此根据 $u \in \Omega$ 和 $v \in \Omega(\rho)$, 有

$$\|x - u\| \geqslant \|x - v\| + d_\Omega(v) = \|x - v\| + \rho,$$

它蕴涵着 $\|x - u\| \geqslant d_{\Omega(\rho)}(x) + \rho$ 和想要的等式 $d_{\Omega(\rho)}(x) = d_\Omega(x) - \rho$.

应用 $d_{\Omega(\rho)}$ 这个表达式, 现证定理中的等式成立. 先证包含关系“$\subset$”. 从现在起固定 $\rho = d_{\Omega(\bar{x})}$, 任取 $x^* \in \widehat{\partial} d_{\Omega(\bar{x})}$, 并且固定 $\varepsilon > 0$. 于是由 Fréchet 次梯度的定义, 存在 $\nu > 0$, 使得

$$\langle x^*, x - \bar{x}\rangle \leqslant d_\Omega(x) - d_\Omega(\bar{x}) + \varepsilon\|x - \bar{x}\|, \quad \forall x \in \bar{x} + \nu\mathbb{B}.$$

由于 $x \in \Omega(\rho)$ 时 $d_\Omega(x) - d_\Omega(\bar{x}) \leqslant 0$, 上式蕴涵着 $\langle x^*, x - \bar{x}\rangle \leqslant \varepsilon\|x - \bar{x}\|$ 对任意 $x \in (\bar{x} + \nu\mathbb{B}) \cap \Omega(\rho)$ 成立. 因此有 $x^* \in \widehat{N}(\bar{x}; \Omega(\rho))$.

下面证明 $\|x^*\| = 1$ 对任何 $x^* \in \widehat{\partial} d_\Omega(\bar{x})$ 成立. 再次应用 d_Ω 在 $\bar{x}$ 的 Fréchet 次梯度的定义和里面的 ε 和 ν, 令

$$r := \min\left\{1, \varepsilon, \frac{\nu}{1 + d_\Omega(\bar{x})}\right\},$$

并且选取 $x_r \in \Omega$ 满足 $\|\bar{x} - x_r\| \leqslant d_\Omega(\bar{x}) + r^2$. 对 $x := \bar{x} + r(x_r - \bar{x})$, 显然有估计

$$\|x - \bar{x}\| \leqslant r\|\bar{x} - x_r\| \leqslant r d_\Omega(\bar{x}) + r^2 \leqslant r(1 + d_\Omega(\bar{x})) \leqslant \nu,$$

因此

$$\begin{aligned}\langle x^*, x - \bar{x}\rangle &\leqslant \|x - \bar{x}\| - \|\bar{x} - x_r\| + r^2 + \varepsilon r\|\bar{x} - x_r\| \\ &= -r\|\bar{x} - x_r\| + r^2 + \varepsilon r\|\bar{x} - x_r\|.\end{aligned}$$

考虑到 x 的上述选择, 得

$$\langle x^*, x_r - \bar{x}\rangle \leqslant -\|\bar{x} - x_r\| + \varepsilon(1 + \|\bar{x} - x_r\|),$$

从而有

$$\frac{\langle x^*, \bar{x} - x_r\rangle}{\|\bar{x} - x_r\|} \geqslant 1 - \varepsilon\left(1 + \frac{1}{\|\bar{x} - x_r\|}\right) \geqslant 1 - \varepsilon\left(1 + \frac{1}{d_\Omega(\bar{x})}\right),$$

因此 $\|x^*\| \geqslant 1$. 由于根据 d_Ω(具有模 $\ell = 1$) 的 Lipschitz 连续性有 $\|x^*\| \leqslant 1$, 所以得结论 $\|x^*\| = 1$, 这就完成了定理中包含关系“$\subset$”的证明.

为证相反的包含关系, 固定 $x^* \in \widehat{N}(\bar{x}; \Omega(\rho))$ 且 $\|x^*\| = 1$, 任取 $\varepsilon \geqslant 0$ 和 $\eta \in (0, 1)$. 根据推论 1.96 中的第一个等式得 $x^* \in \widehat{\partial} d_{\Omega(\rho)}(\bar{x})$, 因此存在 $\nu_1 > 0$, 使得对任何 $x \in \bar{x} + \nu_1\mathbb{B}$, 有

$$\langle x^*, x - \bar{x}\rangle \leqslant d_{\Omega(\rho)}(x) - d_{\Omega(\rho)}(\bar{x}) + \varepsilon\|x - \bar{x}\|$$

成立. 由上面建立的 $d_{\Omega(\rho)}$ 的表达式得

$$\langle x^*, x - \bar{x}\rangle \leqslant d_\Omega(x) - d_\Omega(\bar{x}) + \varepsilon\|x - \bar{x}\|, \quad \forall x \in (\bar{x} + \nu_1\mathbb{B}) \backslash \Omega(\rho).$$

另一方面, $x^* \in \widehat{N}(\bar{x}; \Omega(\rho))$ 意味着存在 $v_2 \geqslant 0$ 保证估计式

$$\langle x^*, x - \bar{x}\rangle \leqslant (\varepsilon/2)\|x - \bar{x}\|, \quad \forall x \in (\bar{x} + \nu_2\mathbb{B}) \cap \Omega(\rho)$$

成立. 由于 $\|x^*\|=1$, 选取 $u\in X$ 使得 $\|u\|=1$ 且 $\langle x^*,u\rangle\geqslant 1-\eta$. 固定 $\nu_3\in(0,\nu_2/2)$, $x\in(\bar{x}+\nu_3\mathbb{B})\cap\Omega(\rho)$, 并令 $\gamma_x:=d_\Omega(\bar{x})-d_\Omega(x)\geqslant 0$, 则由 $d_\Omega(x+\gamma_x u)\leqslant d_\Omega(x)+\gamma_x=d_\Omega(\bar{x})=\rho$ 和 $\|x+\gamma_x u-\bar{x}\|\leqslant\|x-\bar{x}\|+\gamma_x\leqslant 2\|x-\bar{x}\|\leqslant 2\nu_3\leqslant\nu_2$ 得

$$x+\gamma_x u\in\Omega(\rho)\cap(\bar{x}+\upsilon\mathbb{B}).$$

它蕴涵着 $\langle x^*,x+\gamma_x u-\bar{x}\rangle\leqslant\varepsilon\|x-\bar{x}\|$. 从而

$$\begin{aligned}\langle x^*,x-\bar{x}\rangle&=\langle x^*,x+\gamma_x u-\bar{x}\rangle-\langle x^*,\gamma_x u\rangle\leqslant\varepsilon\|x-\bar{x}\|-\gamma_x(1-\eta)\\&\leqslant\varepsilon\|x-\bar{x}\|+(d_\Omega(x)-d_\Omega(\bar{x}))(1-\eta).\end{aligned}$$

由 $\eta>0$ 的任意性, 得

$$\langle x^*,x-\bar{x}\rangle\leqslant\varepsilon\|x-\bar{x}\|+d_\Omega(x)-d_\Omega(\bar{x}),\quad\forall x\in(\bar{x}+\nu_3\mathbb{B})\cap\Omega(\rho),$$

因此对任意的 $x\in\bar{x}+\nu\mathbb{B}$, 其中 $\nu:=\min\{\nu_1,\nu_3\}$, 上式成立, 所以 $x^*\in\widehat{\partial}d_\Omega(\bar{x})$. 证毕. △

对基本法向量和次梯度有类似于定理 1.99 的结论吗? 对关键的包含关系

$$\partial d_\Omega(\bar{x})\subset N(\bar{x};\Omega(\rho))\cap\mathbb{B}^*,\quad 其中\rho=d_\Omega(\bar{x})$$

来说答案是否定的, 甚至在有限维空间中亦是如此. 一个简单的反例由集合

$$\Omega:=\{(x_1,x_2)\in\mathbb{R}^2\mid x_1^2+x_2^2\geqslant 0\},\quad\bar{x}=(0,0)$$

给出. 事实上, 在这种情况下 $d_\Omega(\bar{x})=1$, 而对 $\rho=1,\Omega(\rho)=\Omega+\rho\mathbb{B}=\mathbb{R}^2$. 因此 $N(\bar{x};\Omega(\rho))=\{0\}$. 另一方面, 易算出在这种情况下的距离函数为

$$d_\Omega(x_1,x_2)=1-\sqrt{x_1^2+x_2^2}.$$

所以 $\partial d_\Omega(\bar{x})$ 是 $\mathbb{R}^2$ 的单位球面.

为了得到一个对随后的应用很重要的正确包含关系, 这里需要稍微改变一下次微分 $\partial d_\Omega(\cdot)$ 的结构, 这似乎对描述距离函数在集合外的点的广义微分性质是合适的. 这种修正后面的思想是: 在对 ε- 次梯度取极限的过程中, 只需要考虑这样一些收敛于 $\bar{x}$ 的点 x_k, 在这些点处的函数值在 $\bar{x}$ 的函数值的右侧. 用这种方法还可定义其他的下文中没有提到的"单侧"次微分修正.

定义 1.100 (右侧次微分)　给定 $\varphi\colon X\to\overline{\mathbb{R}}$, 它在 $\bar{x}$ 有限. 定义 φ 在 $\bar{x}$ 右侧次微分为

$$\partial_{\geqslant}\varphi(\bar{x}):=\mathop{\rm Lim\,sup}_{\substack{x\overset{\varphi+}{\to}\bar{x},\\ \varepsilon\downarrow 0}}\widehat{\partial}\varphi(x),$$

这里 $x \xrightarrow{\varphi^+} \bar{x}$ 意思是 $x \to \bar{x}$ 且 $\varphi(x) \to \varphi(\bar{x}), \varphi(x) \geqslant \varphi(\bar{x})$.

显然有包含关系

$$\widehat{\partial}\varphi(\bar{x}) \subset \partial_{\geqslant}\varphi(\bar{x}) \subset \partial\varphi(\bar{x}),$$

所以对在 $\bar{x}$ 下正则的函数 φ, 有 $\partial_{\geqslant}\varphi(\bar{x}) = \partial\varphi(\bar{x})$. 特别地, 对严格可微的凸函数这是成立的. 另一方面, 右侧次微分对有限维空间中的 Lipschitz 函数来说可以是空集, 正如上面例子中的函数, 其中

$$\widehat{\partial}\varphi(\bar{x}) = \varnothing, \quad \forall \varphi(x) \geqslant \varphi(\bar{x}), \quad \text{因此} \quad \partial_{\geqslant}\varphi(\bar{x}) = \varnothing.$$

要强调的是, 当 φ 在 $\bar{x}$ 达到它的局部极小值时, 有

$$\partial_{\geqslant}\varphi(\bar{x}) = \partial\varphi(\bar{x}), \quad \text{因此} \quad 0 \in \partial_{\geqslant}\varphi(\bar{x}).$$

特别地,

$$\partial_{\geqslant}d_\Omega(\bar{x}) = \partial d_\Omega(\bar{x}), \quad \forall \bar{x} \in \Omega.$$

下面的定理给出了距离函数在集合外的点的次梯度和 Ω 的扩大集的基本法向量之间所需的关系, 它涉及定义 1.100 中的右侧次微分. 由这个结构可得到定理 1.97 中的等式在集合外的点的版本.

定理 1.101 (距离函数的在集合外的点的右侧次梯度和基本法向量) 设 $\Omega \subset X$ 是 Banach 空间的非空闭子集, $\bar{x} \notin \Omega$. 则下面的断言成立:

(i) 成立包含关系

$$\partial_{\geqslant}d_\Omega(\bar{x}) \subset N(\bar{x}; \Omega(\rho)) \cap \mathbb{B}^*, \quad \text{其中} \rho = d_\Omega(\bar{x}).$$

而且若扩大集 $\Omega(\rho)$ 在 $\bar{x}$ 是 SNC 的, 则

$$\partial_{\geqslant}d_\Omega(\bar{x}) \subset [N(\bar{x}; \Omega(\rho)) \cap \mathbb{B}^*] \backslash \{0\}.$$

(ii) 下述等式总成立

$$N(\bar{x}; \Omega(\rho)) = \bigcup_{\lambda \geqslant 0} \lambda \partial_{\geqslant} d_\Omega(\bar{x}), \quad \text{其中} \quad \rho = d_\Omega(\bar{x}).$$

证明 为了证明 (i) 中的第一个包含关系, 任取 $x^* \in \partial_{\geqslant}d_\Omega(\bar{x})$, 找到 $\varepsilon_k \downarrow 0$, $x_k \to \bar{x}$ 满足 $d_\Omega(x_k) \geqslant d_\Omega(\bar{x})$, $x_k^* \xrightarrow{w^*} x^*$, 使得

$$x_k^* \in \widehat{\partial}_{\varepsilon_k} d_\Omega(x_k), \quad \forall k \in \mathbb{N}.$$

由定理 1.99 得, $1 - \varepsilon_k \leqslant \|x_k^*\| \leqslant 1 + \varepsilon_k$ 对任意充分大的 $k \in \mathbb{N}$ 成立. 方便起见, 对 $\rho = d_\Omega(\bar{x})$, 记 $\Omega(\bar{x}) := \Omega(\rho)$. 考虑下面两种情形:

(a) 存在 $\{x_k\}$ 的子序列使得 $d_\Omega(x_k)=d_\Omega(\bar{x})$ 沿这个子序列成立;

(b) 其他情形. 由于 $d_\Omega(x_k)>d_\Omega(\bar{x})$, 在这种情况下必有 $x_k\notin\Omega(\bar{x})$ 对任意 $k\in\mathbb{N}$ 成立.

考虑情形 (a), 由定理 1.99 的第二个包含关系得

$$x_k^*\in\widehat{N}_{\varepsilon_k}(x_k;\Omega(\bar{x}))$$

沿所考虑的 x_k 的子序列成立. 于是取当 $k\to\infty$ 时的极限并考虑到范数函数在 X^* 的弱* 拓扑下的下半连续性, 得

$$x^*\in N(\bar{x};\Omega(\bar{x}))\cap\mathbb{B}^*.$$

这就证明了在情形 (a) 下 (i) 的第一个包含关系. 在这种情形下第二个包含关系由固定扩大集 $\Omega(\bar{x})$ 的 SNC 性质的定义直接可得.

现在考虑情形 (b), 即对任意的 $k\in\mathbb{N}$, $x_k\notin\Omega(\bar{x})$ 的情形. 由在定理 1.99 的第一部分的证明, 有

$$d_\Omega(x)=d_\Omega(\bar{x})+d_{\Omega(\bar{x})}(x),\quad\forall x\notin\Omega(\bar{x}).$$

因此对任意的 $k\in\mathbb{N}$, 有关系

$$x_k^*\in\widehat{\partial}_{\varepsilon_k}d_\Omega(x_k)=\widehat{\partial}_{\varepsilon_k}[d_\Omega(\bar{x})+d_{\Omega(\bar{x})}](x_k)=\widehat{\partial}_{\varepsilon_k}d_{\Omega(\bar{x})}(x_k).$$

令 $\widetilde{\varepsilon}_k:=\|x_k-\bar{x}\|$, 对集合 $\Omega(\bar{x})$ 沿用定理 1.97 的证明, 并由 Ekeland 变分原理, 找到 $\widetilde{x}_k\in\Omega(\bar{x})$, 使得

$$\|\widetilde{x}_k-x_k\|\leqslant d_{\Omega(\bar{x})}(x_k)+\varepsilon_k\leqslant\widetilde{\varepsilon}_k+\varepsilon_k,\quad \text{且}\quad x_k^*\in\widehat{N}(\widetilde{x}_k;\Omega(\bar{x}))$$

对任意 $k\in\mathbb{N}$ 成立. 由于当 $k\to\infty$ 时, $\widetilde{\varepsilon}_k+\varepsilon_k\downarrow 0$, 所以有 $x^*\in N(\bar{x};\Omega(\bar{x}))$. 如果 $\Omega(\bar{x})$ 在 $\bar{x}$ 是 SNC 的, 事实 $x^*\in\mathbb{B}^*$ 和 $x^*\neq 0$ 可类似于情形 (a) 得到证明. 这就完成了定理断言 (i) 的证明.

由 (i) 的第一个包含关系直接可得

$$\bigcup_{\lambda\geqslant 0}\lambda\partial_{\geqslant}d(\bar{x};\Omega)\subset N(\bar{x};\Omega(\bar{x})).$$

为证断言 (ii), 只需证相反的包含关系成立. 取 $x^*\in N(\bar{x};\Omega(\bar{x}))$ 并假设 $x^*\neq 0$(其他情形是平凡的). 于是存在 $\varepsilon_k\downarrow 0$, $x_k\to\bar{x}$ 满足 $x_k\in\Omega(\bar{x})$, $x_k^*\xrightarrow{w^*}x^*$, 使得

$$x_k^*\in\widehat{N}_{\varepsilon_k}(x_k;\Omega(\bar{x})),\quad\forall k\in\mathbb{N}.$$

由范数的弱* 下半连续性得

$$\liminf_{k\to\infty}\|x_k^*\| \geqslant \|x^*\| > 0.$$

因此存在 (x_k, x_k^*) 的子序列 (不再重复标记) 及序列 $\epsilon_k \downarrow 0$, 满足

$$\frac{x_k^*}{\|x_k^*\|} \in \widehat{N}_{\epsilon_k/4}(x_k; \Omega(\bar{x})), \quad k \in \mathbb{N}.$$

利用定理 1.99 中的第一个包含关系, 得

$$x_k^* \in \|x_k^*\|\widehat{\partial}_{\epsilon_k} d_\Omega(x_k), \quad k \to \infty.$$

注意到取 $x_k \in \Omega(\bar{x})$, 满足 $d_\Omega(x_k) \leqslant 0$. 同时由于 $0 \neq x_k^* \in \widehat{N}_{\varepsilon_k}(x_k; \Omega(\bar{x}))$, 对充分大的 k 严格不等式 $d_\Omega(x_k) < 0$ 不可能成立. 现在选取 $\|x_k^*\|$ 的收敛子序列并利用右侧次微分的定义 1.100, 找到 $\lambda > 0$ 使得 $x^* \in \lambda\partial_{\geqslant} d_\Omega(\bar{x})$. 证毕. △

可以统一定理 1.97 和定理 1.101 断言 (ii), 这是因为, 当 $\bar{x} \in \Omega$ 时, $\partial_{\geqslant} d_\Omega(\bar{x}) = \partial d_\Omega(\bar{x})$. 也注意到在定理 1.101(i) 中应用的集合扩大 $\Omega(\rho) = \Omega(\bar{x})$ 的 SNC 性质的一些充分条件将在 Asplund 空间框架下在定理 3.83 中给出.

在这一小节的最后建立一些投影型的结果, 这些结果通过 Ω 在它的投影点或扰动投影点的法向量估计距离函数 $d_\Omega(\bar{x})$ 在集合外的点 $\bar{x} \notin \Omega$ 的次梯度. 首先在投影集合

$$\Pi(\bar{x}; \Omega) := \{w \in \Omega \mid \|w - \bar{x}\| = d_\Omega(\bar{x})\}$$

非空时, 来估计 $d_\Omega(\bar{x})$ 在 $\bar{x} \notin \Omega$ 的 ε- 次梯度. 在这种情形下得到下面有用的包含关系.

命题 1.102 (距离函数的 ε- 次梯度和在投影点的 ε- 法向量)　设 $\Omega \subset X$ 是 Banach 空间的非空子集, $\bar{x} \notin \Omega$, $\Pi(\bar{x}; \Omega) \neq \varnothing$. 则对任意的 $\varepsilon \in [0, 1]$, 有

$$\widehat{\partial}_\varepsilon d_\Omega(\bar{x}; \Omega) \subset \bigcap_{w \in \Pi(\bar{x}; \Omega)} \widehat{N}_\varepsilon(w; \Omega) \cap [1 - \varepsilon, 1 + \varepsilon]S^*.$$

证明　取 $x^* \in \widehat{\partial}_\varepsilon d_\Omega(\bar{x})$, 根据 ε- 次梯度的定义, 对任意 $\gamma > 0$, 找到 $\delta > 0$, 使得

$$\langle x^*, x - \bar{x}\rangle \leqslant (\varepsilon + \gamma)\|x - \bar{x}\| + d_\Omega(x) - d_\Omega(\bar{x})$$

对任意 $\|x - \bar{x}\| \leqslant \delta$ 成立. 现在给定任意投影元 $w \in \Pi(\bar{x}; \Omega)$ 和任意 $x \in \bar{x} + \delta\mathbb{B}$, 有

$$\begin{aligned}\langle x^*, x - w\rangle &\leqslant (\varepsilon + \gamma)\|x - w\| + d_\Omega(x - w + \bar{x}) - \|\bar{x} - w\| \\ &\leqslant (\varepsilon + \gamma)\|x - w\|,\end{aligned}$$

因此 $x^* \in \widehat{N}_\varepsilon(w;\Omega)$.

下面只需证明对任意 $x^* \in \widehat{\partial}_\varepsilon d_\Omega(\bar{x})(\bar{x} \notin \Omega)$, $\varepsilon \in [0,1]$, 有

$$1-\varepsilon \leqslant \|x^*\| \leqslant 1+\varepsilon.$$

注意到上面的上估计由 $d_\Omega(\cdot)$ 的 ε- 次梯度的定义和它的 (模 $\ell = 1$) Lipschitz 连续性直接可得.

任取 $x^* \in \widehat{\partial}_\varepsilon d_\Omega(\bar{x})$, 不失一般性, 设 $\varepsilon \in (0,1)$. 下面证明下估计 $\|x^*\| \geqslant 1-\varepsilon$. 由 ε- 次梯度的定义, 对任意 $\nu \in (\varepsilon, 1]$, 存在 $\delta > 0$, 使得

$$\langle x^*, x-\bar{x}\rangle \leqslant \nu\|x-\bar{x}\| + d_\Omega(x) - d_\Omega(\bar{x})$$

对任何 $x \in \bar{x} + \delta\mathbb{B}$ 成立. 固定 $t \in (0,1)$, 选取 $x_t \in \Omega$ 满足

$$\|x_t - \bar{x}\| \leqslant (1+t^2)d_\Omega(\bar{x}).$$

然后取 $z_t \in (x_t, \bar{x}) := \{(1-\alpha)x_t + \alpha\bar{x} \mid \alpha \in (0,1)\}$ 满足

$$\|\bar{x} - z_t\| = t\|x_t - \bar{x}\|.$$

对任意充分小的 t, 显然有 $z_t \in \bar{x} + \delta\mathbb{B}$. 在上面关于 x^* 的不等式中用 z_t 替换 x, 根据 x_t 的选择考虑到 $d_\Omega(z_t) \leqslant \|x_t - z_t\|$, 则

$$\langle x^*, z_t - \bar{x}\rangle \leqslant \nu\|\bar{x} - z_t\| + \|x_t - z_t\| - (1+t^2)^{-1}\|x_t - \bar{x}\|.$$

由 z_t 的选择, 可给出

$$\langle x^*, t(x_t - \bar{x})\rangle \leqslant \nu t\|x_t - \bar{x}\| + (1-t)\|x_t - \bar{x}\| - (1+t^2)^{-1}\|x_t - \bar{x}\|,$$

这蕴涵着估计

$$\langle x^*, \bar{x} - x_t\rangle \geqslant (\gamma_t - \nu)\|x_t - \bar{x}\|, \quad \gamma_t := t^{-1}[(1-t^2)^{-1} + t - 1],$$

因此 $\|x^*\| \geqslant \gamma_t - \nu$. 由于此不等式对任意 $\nu \downarrow \varepsilon$ 成立, 且当 $t \uparrow 1$ 时 $\gamma_t \to 1$, 所以 $\|x^*\| \geqslant 1-\varepsilon$. 证毕. △

下面考虑当投影集合 $\Pi(\bar{x};\Omega)$ 可能是空集的情形. 给定 $\eta > 0$, 定义扰动投影集合如下:

$$\Pi_\eta(\bar{x};\Omega) := \{w \in \Omega \mid \|w - \bar{x}\| \leqslant d_\Omega(\bar{x}) + \eta\}.$$

定理 1.103 (距离函数的 ε- 次梯度和扰动投影的 ε- 法向量) 设 $\Omega \subset X$ 是 Banach 空间的闭子集, $\bar{x} \notin \Omega$, 则对任意 $\varepsilon \in [0,1]$, 有上估计

$$\widehat{\partial}_\varepsilon d_\Omega(\bar{x};\Omega) \subset \bigcap_{\eta>0} \bigcup_{w\in\Pi_\eta(\bar{x};\Omega)} \left\{\widehat{N}_{\varepsilon+\eta}(w;\Omega) \cap [1-\varepsilon, 1+\varepsilon]S^*\right\}.$$

证明 固定 $x^* \in \widehat{\partial}_\varepsilon d_\Omega(\bar{x})$ 和 $\eta > 0$, 对任意 $\gamma \in (0, \eta/2)$ 找到 $\delta > 0$, 使得

$$\langle x^*, x - \bar{x} \rangle \leqslant d_\Omega(x) - d_\Omega(\bar{x}) + (\varepsilon + \gamma)\|x - \bar{x}\|$$

对任意 $\|x - \bar{x}\| \leqslant \delta$ 成立. 取 $0 < \widetilde{\eta} < \min\{\gamma, \delta/4\}$ 及 $z \in \Omega$ 满足

$$\|z - \bar{x}\| \leqslant d_\Omega(\bar{x}) + \widetilde{\eta}^2,$$

则对任意 $x \in \Omega \cap (z + \delta\mathbb{B})$, 有

$$\begin{aligned}\langle x^*, x - z \rangle &\leqslant d_\Omega(x - z + \bar{x}) - \|\bar{x} - z\| + \widetilde{\eta}^2 + (\varepsilon + \gamma)\|x - z\| \\ &\leqslant (\varepsilon + \gamma)\|x - z\| + \widetilde{\eta}^2.\end{aligned}$$

考虑实值函数

$$\varphi(x) := -\langle x^*, x - z \rangle + (\varepsilon + \gamma)\|x - z\| + \widetilde{\eta}^2,$$

它显然在完备距离空间 $W := \Omega \cap (\bar{x} + \delta\mathbb{B})$ 上是连续的. 由上面的构造得

$$\varphi(z) \leqslant \inf_W \varphi(x) + \widetilde{\eta}^2.$$

利用定理 2.26 中的 Ekeland 变分原理, 找到 $w \in W$ 满足 $\|w - z\| < \widetilde{\eta}$ 且

$$\begin{aligned}-\langle x^*, w - z \rangle + (\varepsilon + \gamma)\|w - z\| + \widetilde{\eta}^2 \leqslant\; & -\langle x^*, x - z \rangle + (\varepsilon + \gamma)\|x - z\| \\ & + \widetilde{\eta}^2 + \widetilde{\eta}\|w - x\|\end{aligned}$$

对任意 $x \in W$ 成立. 这蕴涵着估计

$$\langle x^*, x - z \rangle \leqslant (\varepsilon + \gamma + \widetilde{\eta})\|x - z\| \leqslant (\varepsilon + 2\gamma)\|x - w\| \leqslant (\varepsilon + \eta)\|x - w\|$$

对任意 $x \in W$ 成立. 而且由 $\widetilde{\eta}$ 的选取有 $w + \widetilde{\eta}\,\mathbb{B} \subset z + \delta\mathbb{B}$, 因此

$$\langle x^*, x - w \rangle \leqslant (\varepsilon + \gamma)\|x - w\|, \quad \forall\, x \in (w + \widetilde{\eta}\mathbb{B}).$$

这就证明了 $x^* \in \widehat{N}_{\varepsilon+\eta}(w; \Omega)$. 注意到

$$\|w - \bar{x}\| \leqslant \|w - z\| + \|z - \bar{x}\| \leqslant \widetilde{\eta} + d_\Omega(\bar{x}) + \widetilde{\eta} \leqslant d_\Omega(\bar{x}) + \eta.$$

因此 $w \in \Pi_\eta(\bar{x}; \Omega)$. 最后注意到估计

$$1 - \varepsilon \leqslant \|x^*\| \leqslant 1 + \varepsilon$$

由命题 1.102 的证明可得. △

这一小节最后的这些结果给出了距离函数 $d_\Omega(\cdot)$ 在 Ω 外的点的整体基本次微分的上估计, 这通过 Ω 在相应投影点的基本法锥给出. 为此, 需要 Ω 的最佳逼近问题的某种适定性, 这种适定性在某些自然的几何假设下自动成立, 见下面的内容.

定义 1.104 (最佳逼近的适定性) 设 $\Omega \subset X$ 是 Banach 空间的非空子集, $\bar{x} \notin \Omega$. 则称 Ω 在 $\bar{x}$ 的最佳逼近问题是适定的, 如果下列性质之一成立:

(a) 满足 $x_k \to \bar{x}$ 和

$$\|x_k - \bar{x}\| \to d_\Omega(\bar{x}) \quad (k \to \infty)$$

的任意序列 $x_k \in \Omega$ 有收敛子序列;

(b) 对任意序列 $x_k \to \bar{x}$, 其中 $\widehat{\partial}_{\varepsilon_k} d_\Omega(x_k) \neq \varnothing$, $\varepsilon_k \downarrow 0$, 都存在含有收敛子列的序列 $w_k \in \Pi(x_k; \Omega)$.

注意到定义 1.104 中性质 (a) 和 (b) 的主要区别在于, 代替 (a) 中集合内的点的极小化序列 $x_k \in \Omega$ 的紧性要求, 在 (b) 中类似的紧性加到 $x_k \notin \Omega$ 的投影序列 $w_k \in \Pi(x_k; \Omega)$ 上, 其中 $x_k \notin \Omega$ 满足次微分条件 $\widehat{\partial}_{\varepsilon_k} d_\Omega(x_k) \neq \varnothing$, $\varepsilon_k \downarrow 0$. 值得注意的是对 Asplund 空间中的局部闭子集 Ω 来说, 在这个次微分条件中可等价地令 $\varepsilon_k = 0$.

定理 1.105 (距离函数在集合外的点的基本次梯度的投影公式) 设 $\Omega \subset X$ 是 Banach 空间的闭子集, $\bar{x} \notin \Omega$. 假设 Ω 在 $\bar{x}$ 的最佳逼近问题是适定的, 则

$$\partial d_\Omega(\bar{x}) \subset \bigcup_{w \in \Pi(\bar{x};\Omega)} [N(w;\Omega) \cap \mathbb{B}^*].$$

当 Ω 在任意投影点 $w \in \Pi(\bar{x};\Omega)$ 是 SNC 的时, 则有更强的包含关系

$$\partial d_\Omega(\bar{x}) \subset \bigcup_{w \in \Pi(\bar{x};\Omega)} [N(w;\Omega) \cap \mathbb{B}^*] \backslash \{0\}.$$

进一步若 X 是有限维空间, 则

$$\partial d_\Omega(\bar{x}) \subset \bigcup_{w \in \Pi(\bar{x};\Omega)} [N(w;\Omega) \cap S^*].$$

证明 不失一般性假设 $\partial d_\Omega(\bar{x}) = \varnothing$, 任取次梯度 $x^* \in \partial d_\Omega(\bar{x})$, 根据定义找到序列 $\varepsilon_k \downarrow 0$, $x_k \to \bar{x}$, $x_k^* \xrightarrow{w^*} x^*$, 使得

$$x_k^* \in \widehat{\partial}_{\varepsilon_k} d_\Omega(x_k), \quad \forall\, k \in \mathbb{N}.$$

首先假设 (b) 中的适定性成立, 并找到收敛于 w 的序列 $w_k \in \Pi(x_k;\Omega)$. 显然 w 属于 $\Pi(\bar{x};\Omega)$. 而且对所有大的 $k \in \mathbb{N}$, $x_k \notin \Omega$. 利用命题 1.102 得到 x_k^* 的一个子序列

满足

$$x_k^* \in \widehat{N}_{\varepsilon_k}(w_k;\Omega), \quad 1-\varepsilon_k \leqslant \|x_k^*\| \leqslant 1+\varepsilon_k, \quad k \in \mathbb{N}.$$

当 $k \to \infty$ 时, 取极限得 $x^* \in N(w;\Omega)$, 这就证明了在情形 (b) 下定理的第一个包含关系成立. 另外的两个包含关系在额外的假设下由上面的结构易得.

余下的证明在 (a) 中的适定性条件下定理的第一个包含关系成立. 取 $x^* \in \partial d_\Omega(\bar{x})$, 则有序列 $(\varepsilon_k, x_k, x_k^*)$ 同上, 现利用定理 1.103 得到 $w_k \in \Omega$, 满足

$$x_k^* \in \widehat{N}_{\varepsilon_k}(w_k;\Omega), \quad 1-\varepsilon_k \leqslant \|x_k^*\| \leqslant 1+\varepsilon_k,$$

$$d_\Omega(x_k) \leqslant \|x_k - w_k\| \leqslant d_\Omega(x_k) + 2\varepsilon_k.$$

这就给出了估计

$$\begin{aligned}
|\|w_k-\bar{x}\| - d_\Omega(\bar{x})| &\leqslant |\|w_k-\bar{x}\| - \|w_k - x_k\|| \\
&\quad + |\|w_k - x_k\| - d_\Omega(x_k)| + |d_\Omega(x_k) - d_\Omega(\bar{x})| \\
&\leqslant 2\|x_k-\bar{x}\| + |\|w_k-x_k\| - d_\Omega(x_k)| \to 0,
\end{aligned}$$

这表明当 $k \to \infty$ 时, $\|w_k - \bar{x}\| \to d_\Omega(\bar{x})$. 由适定性 (a), 存在 $w \in \Pi(\bar{x};\Omega)$ 使得当 $k \to \infty$ 时, 沿某个子序列有 $w_k \to w$. 因此 $x^* \in N(w;\Omega)$, $\|x^*\| \leqslant 1$. △

值得注意的是, 如果投影集合 $\Pi(\cdot;\Omega)$ 是非空的且在 $\bar{x}$ 附近是一致紧的, 那么定理的适定性要求 (b) 显然满足. 当空间 X 和集合 Ω 具有某些几何性质时, 则这样的紧性条件就可以不需要了. 再次回顾 (参见 1.1.2 小节) 在 Banach 空间 X 上的范数 $\|\cdot\|$ 是 Kadec 的, 如果在它的单位球的边界上强弱收敛相同. 众所周知每一个局部一致凸空间 (特别地, 每个自反空间) 有一个等价的 Kadec 范数.

推论 1.106 (具有 Kadec 范数的空间中距离函数的基本次梯度) 设 X 是具有一个等价的 Kadec 范数的自反 Banach 空间. 给定非空集合 $\Omega \subset X$ 和 $\bar{x} \notin \Omega$, 假设 Ω 是弱闭的, 或 Ω 是闭的且 $\widehat{\partial} d_\Omega(\bar{x}) \neq \varnothing$, 则 Ω 在 $\bar{x}$ 的最佳逼近是适定性的. 这蕴涵着 $\Pi(\bar{x};\Omega) \neq \varnothing$ 和定理 1.105 的第一个包含关系成立, 而第二个包含关系在额外的 SNC 假设下也成立.

证明 设 Ω 是弱闭的. 为了证明定义 1.104 中的性质 (a), 任取序列 $x_k \in \Omega$ 且当 $k \to \infty$ 时, $\|x_k - \bar{x}\| \to d_\Omega(\bar{x})$. 由于 X 是自反的, 不失一般性可假设 x_k 弱收敛于某个 $w \in X$. 因此, 由 Ω 的弱闭性有 $w \in \Omega$. 注意到

$$\|w - \bar{x}\| \leqslant \liminf_{k\to\infty} \|x_k - \bar{x}\| = d_\Omega(\bar{x}),$$

则 $w \in \Pi(\bar{x};\Omega)$, $\|x_k - \bar{x}\| \to \|w - \bar{x}\|$. 由于 X 上的范数是 Kadec 的, 所以当 $k \to \infty$ 时, $\|x_k - w\| \to 0$. 这就证明了定理 1.105 的适定性和其中的包含关系成立. 如果

$\widehat{\partial} d_\Omega(\bar{x}) \neq \varnothing$, 那么定理的适定性性质由文献 [146] 的引理 6 可得, 那里只要求 Ω 是范数闭的就可以了. △

注意到定理 1.105 中的包含关系一般来说是严格的, 甚至对有限维空间中的凸集也是如此, 例如 $\Omega := \text{epi}\,(\|\cdot\|) \subset \mathbb{R}^2$, 其中 $\bar{x} = (-1, 0)$ 的情形. 另一方面, 任何闭集 $\Omega \subset \mathbb{R}^n$ 在 $\bar{x} \notin \Omega$ 的距离函数的基本次微分和 Fréchet 次微分都能通过 Euclid 投影 $\Pi(\cdot; \Omega)$ 计算, 为

$$\partial d_\Omega(\bar{x}) = \frac{\bar{x} - \Pi(\bar{x}; \Omega)}{d_\Omega(\bar{x})},$$

$$\widehat{\partial} d_\Omega(\bar{x}) = \begin{cases} (\bar{x} - \bar{w})/\|\bar{x} - \bar{w}\|, & \text{如果} \ \ \Pi(\bar{x}; \Omega) = \{\bar{w}\}, \\ \varnothing, & \text{其他}. \end{cases}$$

请对比 Mordukhovich[901,命题2.7] 和 Rockafellar 与 Wets[1165,例8.53]. 这特别提供了一个有趣的事实: 距离函数 d_Ω 在 $\bar{x} \notin \Omega \subset \mathbb{R}^n$ 是下正则的当且仅当 Euclid 投影 $\Pi(\bar{x}; \Omega)$ 是单点集. 则有一大类 Lipschitz 函数, 它们在固有点不是下正则的. 注意到上面计算距离函数的基本次微分的公式在无限维空间中不成立, 其中只有包含关系 "$\subset$" 成立. 事实上, 在任何 Hilbert 空间中, 若令 $\Omega := \{e_1, e_2, \cdots\}$ 为其正交基集合, 则在 $\bar{x} = 0 \notin \Omega$ 处上述等式不成立.

关于上述材料更详细的内容和讨论可参阅 Mordukhovich 与 Nam[935,936], 那里也包含变动/移动集合的距离函数

$$\rho(x, y) := \inf_{v \in F(x)} \|y - v\| = d(y; F(x))$$

的增广次微分结果, 这些结果在变分分析和最优化的许多方面都非常有用, 特别地, 参见定理 1.41.

1.3.4 Banach 空间中的次微分分析法则

本小节给出在任意 Banach 空间中成立的增广实值函数的部分次微分分析法则, 将建立定义 1.77 中的基本和奇异次梯度在各种运算下的分析法则 (对应得到上次梯度的分析法则), 这些运算对应用是很重要的. 其中一些结果由 1.2.4 小节中的上导数分析法则直接可得, 而其他结果则需要考虑到 (增广) 实值函数的特殊性质. 把正则性描述并入分析法则, 并讨论由 1.2.5 小节中的结果导出的函数 "上图序列法紧性" 的相关结果.

对可以取无限值的函数, 采用 Rockfellar 与 Wets[1165] 中 1E 小节中所描述的有关函数运算的约定. 下述结果是显然的:

$$\partial(\lambda\varphi)(\bar{x}) = \begin{cases} \lambda\partial\varphi(\bar{x}), & \lambda \geqslant 0, \\ \lambda\partial^+\varphi(\bar{x}), & \text{其他}. \end{cases}$$

对 $\partial^\infty, \widehat{\partial}$ 和相应的上次微分也有类似的结果. 下面的命题给出了在没有正则性假设下保证等式成立的次微分和运算法则.

命题 1.107 (具有等式的次微分和运算法则)　给定在 $\bar{x}$ 有限的任意一个函数 $\psi: X \to \overline{\mathbb{R}}$, 下面的断言成立:

(i) 对任意在 $\bar{x}$ 点 Fréchet 可微的 $\varphi: X \to \overline{\mathbb{R}}$, 有

$$\widehat{\partial}(\varphi + \psi)(\bar{x}) = \nabla\varphi(\bar{x}) + \widehat{\partial}\psi(\bar{x});$$

(ii) 对任意在 $\bar{x}$ 严格可微的 $\varphi: X \to \overline{\mathbb{R}}$, 有

$$\partial(\varphi + \psi)(\bar{x}) = \nabla\varphi(\bar{x}) + \partial\psi(\bar{x}),$$

而且, $\varphi + \psi$ 在 $\bar{x}$ 是下 (上图) 正则的当且仅当 ψ 在该点有相应的性质;

(iii) 对任意在 $\bar{x}$ 附近 Lipschitz 连续的 $\varphi: X \to \overline{\mathbb{R}}$, 有

$$\partial^\infty(\varphi + \psi)(\bar{x}) = \partial^\infty\psi(\bar{x}).$$

证明　断言 (i) 和 (ii) 由定理 1.62 和命题 1.92 可得. 下证 (iii) 中的包含关系 "$\subset$". 给定 $x^* \in \partial^\infty(\varphi+\psi)(\bar{x})$, 找到序列 $\varepsilon_k \downarrow 0, (x_k, \alpha_k) \xrightarrow{\text{epi}(\varphi+\psi)} (\bar{x}, (\varphi + \psi)(\bar{x})), x_k^* \xrightarrow{w^*} x^*, \nu_k \to 0$, 以及 $\eta_k \downarrow 0$, 使得

$$\langle x_k^*, x - x_k \rangle + \nu_k(\alpha - \alpha_k) \leqslant 2\varepsilon_k(\|x - x_k\| + |\alpha - \alpha_k|)$$

对任意 $(x, \alpha) \in \text{epi}(\varphi + \psi)$ 且 $x \in x_k + \eta_k\mathbb{B}$, $|\alpha - \alpha_k| \leqslant \eta_k, k \in \mathbb{N}$ 成立. 设 $\ell > 0$ 是 φ 在 $\bar{x}$ 附近的 Lipschitz 模, 令 $\widetilde{\eta}_k := \eta_k/2(\ell + 1)$, $\widetilde{\alpha}_k := \alpha_k - \varphi(x_k)$, 则有 $(x_k, \widetilde{\alpha}_k) \xrightarrow{\text{epi}\psi} (\bar{x}, \psi(\bar{x}))$, 并且可验证

$$(x, \alpha + \varphi(x)) \in \text{epi}(\varphi + \psi), \quad |(\alpha + \psi(x)) - \alpha_k| \leqslant \eta_k$$

对任何 $(x, \alpha) \in \text{epi}\psi, x \in x_k + \widetilde{\eta}_k\mathbb{B}$ 和 $|\alpha - \widetilde{\alpha}_k| \leqslant \widetilde{\eta}_k$ 成立. 因此

$$\langle x^*, x - x_k \rangle + \nu_k(\alpha - \widetilde{\alpha}_k) \leqslant \widetilde{\varepsilon}_k(\|x - x_k\| + |\alpha - \widetilde{\alpha}_k|),$$

其中 $\widetilde{\varepsilon}_k := 2\varepsilon_k(1 + \ell) + |\nu_k|\ell$ 对任何 $(x, \alpha) \in \text{epi}\,\psi, x \in x_k + \widetilde{\eta}_k\mathbb{B}$ 和 $|\alpha - \widetilde{\alpha}_k| \leqslant \widetilde{\eta}_k$ 成立. 这表明对任意 $k \in \mathbb{N}$, 有 $(x_k^*, \nu_k) \in \widehat{N}_{\widetilde{\varepsilon}_k}((x_k, \widetilde{\alpha}_k); \text{epi}\,\psi)$. 由于 $k \to \infty$时, $\widetilde{\varepsilon}_k \downarrow 0$, 则有 $(x^*, 0) \in N((\bar{x}, \psi(\bar{x})); \text{epi}\,\psi)$. 于是得到 (iii) 中的包含关系 "$\subset$". 把它应用到和 $\psi = (\psi + \varphi) + (-\varphi)$, 则有 $\partial^\infty\psi(\bar{x}) \subset \partial^\infty(\varphi + \psi)(\bar{x})$, 从而 (iii) 中的等式成立. △

接下来考虑所谓的边际函数的次微分. 边际函数可一般地定义为

$$\mu(x) := \inf\{\varphi(x, y) \mid y \in G(x)\}, \tag{1.60}$$

其中 $\varphi: X\times Y\to\overline{\mathbb{R}}$ 是增广实值成本函数, $G: X\rightrightarrows Y$ 是 Banach 空间之间的集值约束映射. 边际函数 (1.60) 可以解释为具有形式

$$\min\varphi(x,y),\quad \text{s.t.}\quad y\in G(x)$$

的参数最优化问题中的费用函数. 它们在变分分析、最优化、控制理论和各种应用中起着重要作用. 众所周知, 边际函数 (1.60) 通常没有经典的导数, 即使对光滑和简单的原始数据 φ 和 G 亦如此. 下面计算 (1.60) 式的基本和奇异次梯度, 并且给出所得结果在次微分链式法则和相关法则上的应用.

下面定理以增广函数

$$\vartheta(x,y):=\varphi(x,y)+\delta((x,y);\operatorname{gph}G)$$

的相应次微分给出次微分 $\partial\mu(\bar{x})$ 和 $\partial^{\infty}\mu(\bar{x})$ 的上估计, 这里涉及极小值点映射 $M: X\to Y$, 其定义为

$$M(x):=\{y\in G(x)\mid\varphi(x,y)=\mu(x)\},$$

而所得结果依赖于 M 的内半连续/内半紧性质 (见定义 1.63). 已经知道 G 在 $\bar{x}$ 是闭图的, 如果当 $k\to\infty$ 时对任何 $x_k\to\bar{x}, y_k\to\bar{y}$ 且 $y_k\in G(x_k)$, 都有 $\bar{y}\in G(\bar{x})$.

定理 1.108 (边际函数的次微分) 设边际函数 (1.60) 在 $\bar{x}$ 有限, 且 $M(\bar{x})\neq\varnothing$. 则下面结论成立:

(i) 给定 $\bar{y}\in M(\bar{x})$, 假设 M 在 $(\bar{x},\bar{y})$ 是内半连续的, 则有

$$\partial\mu(\bar{x})\subset\{x^*\in X^*\mid(x^*,0)\in\partial\vartheta(\bar{x},\bar{y})\},$$

$$\partial^{\infty}\mu(\bar{x})\subset\{x^*\in X^*\mid(x^*,0)\in\partial^{\infty}\vartheta(\bar{x},\bar{y})\};$$

(ii) 假设 M 在 $\bar{x}$ 是内半紧的, G 在 $\bar{x}$ 是闭图的, 而且当 $x=\bar{x}$ 时, φ 在 gph$G$ 上是 l.s.c. 的, 则有

$$\partial\mu(\bar{x})\subset\left\{x^*\in X^*\mid(x^*,0)\in\bigcup_{\bar{y}\in M(\bar{x})}\partial\vartheta(\bar{x},\bar{y})\right\},$$

$$\partial^{\infty}\mu(\bar{x})\subset\left\{x^*\in X^*\mid(x^*,0)\in\bigcup_{\bar{y}\in M(\bar{x})}\partial^{\infty}\vartheta(\bar{x},\bar{y})\right\}.$$

证明 为证 (i), 先证对 $\partial\mu(\bar{x})$ 的估计. 取 $x^*\in\partial\mu(\bar{x})$, 应用 (1.55) 式, 找到序列 $\varepsilon_k\downarrow 0, x_k\xrightarrow{\mu}\bar{x}, x_k^*\xrightarrow{w^*}x^*$ 满足对任意的 $k\in\mathbb{N}$, 有 $x_k^*\in\widehat{\partial}_{\varepsilon_k}\mu(x_k)$. 因此存在 $\eta_k\downarrow 0$, 使得

$$\langle x_k^*, x-x_k\rangle\leqslant\mu(x)-\mu(x_k)+2\varepsilon_k\|x-x_k\|,\quad\forall\, x\in x_k+\eta_k\mathbb{B},$$

由 μ, ϑ 和 M 的构造, 有

$$\langle (x_k, 0), (x, y) - (x_k, y_k) \rangle \leqslant \vartheta(x, y) - \vartheta(x_k, y_k) + 2\varepsilon_k(\|x - x_k\| + \|y - y_k\|)$$

对任意 $y_k \in M(x_k)$ 和 $(x, y) \in (x_k, y_k) + \eta_k \mathbb{B}, k \in \mathbb{N}$ 成立. 因此 $(x_k^*, 0) \in \widehat{\partial}_{\widetilde{\varepsilon}_k} \vartheta(x_k, y_k)$, 其中 $\widetilde{\varepsilon}_k := 2\varepsilon_k$. 由于 M 在 $(\bar{x}, \bar{y})$ 是内半连续的, 选取序列 $y_k \in M(x_k)$ 收敛于 $\bar{y}$. 注意到由于 $\mu(x_k) \to \mu(\bar{x})$, 有 $\vartheta(x_k, y_k) \to \vartheta(\bar{x}, \bar{y})$. 因此 $(x^*, 0) \in \partial\vartheta(\bar{x}, \bar{y})$, 这就证明了 (i) 中的第一个包含关系.

为证 (i) 中第二个包含关系, 取 $x^* \in \partial^\infty \mu(\bar{x})$, 从而得到序列 $\varepsilon_k \downarrow 0, x_k \xrightarrow{\mu} \bar{x}$, $(x_k^*, \nu_k) \xrightarrow{\omega^*} (x^*, 0), \eta_k \downarrow 0$, 使得

$$\langle x_k^*, x - x_k \rangle + v_k(\alpha - \alpha_k) \leqslant 2\varepsilon_k(\|x - x_k\| + |\alpha - \alpha_k|),$$

其中 $(x, \alpha) \in \text{epi}\mu, x \in x_k + \eta_k \mathbb{B}$, $|\alpha - \alpha_k| \leqslant \eta_k (k \in \mathbb{N})$. 类似于 (i) 的证明, 选取 $y_k \to \bar{y}, y_k \in M(x_k), \alpha_k \downarrow \vartheta(\bar{x})$ 和

$$(x_k, 0, \nu_k) \in \widehat{N}_{2\varepsilon_k}((x_k, y_k, \alpha_k); \text{epi}\vartheta), \quad k \in \mathbb{N},$$

当 $k \to \infty$ 时取极限, 有 $(x^*, 0) \in \partial^\infty \vartheta(\bar{x})$, 这就完成了 (i) 的证明.

下面在所给的假设下证明定理的断言 (ii) 成立. 与 (i) 的证明相同, 得到相应的序列 $\{x_k\}$ 和 $\{y_k\}$ 满足

$$x_k \to \bar{x}, \quad \mu(x_k) \to \mu(\bar{x}), \quad y_k \in G(x_k), \quad \varphi(x_k, y_k) = \mu(x_k).$$

由 M 在 $\bar{x}$ 的内半紧性, 存在收敛于 $\bar{y}$ 的序列 y_k 的子序列 (不用重新标记). 由 G 的闭图假设得 $\bar{y} \in G(\bar{x})$. 类似于 (i) 的证明, 余下需证 $\varphi(\bar{x}, \bar{y}) = \mu(\bar{x})$, 因为它蕴涵 (ii) 中的两个包含关系. 利用 φ 在 $\text{gph}G$ 上的下半连续性及 x_k 和 η_k 的如上选择, 则有

$$\varphi(\bar{x}, \bar{y}) \leqslant \liminf_{k \to \infty} \varphi(x_k, y_k) = \liminf_{k \to \infty} \mu(x_k) = \mu(\bar{x}),$$

这就结束了定理的证明. △

当 (1.60) 式中的费用函数 φ 在所讨论的点处是严格可微的, 则有定理 1.108 的如下推论, 它根据 φ 的部分 (偏) 梯度和 G 的基本上导数给出了 $\partial\mu(\bar{x})$ 和 $\partial^\infty \mu(\bar{x})$ 的上估计. 为简单起见, 只考虑对应于定理中 (i) 的情形.

推论 1.109 (具有光滑费用的边际函数)　在 (1.60) 式中给定 $\bar{y} \in M(\bar{x})$, 假设 M 在 $(\bar{x}, \bar{y})$ 是内半连续的, φ 在该点是严格可微的, 则

$$\partial\mu(\bar{x}) \subset \nabla_x \varphi(\bar{x}, \bar{y}) + D_N^* G(\bar{x}, \bar{y})(\nabla_y \varphi(\bar{x}, \bar{y})), \quad \partial^\infty \mu(\bar{x}) \subset D_N^* G(\bar{x}, \bar{y})(0).$$

证明 通过对函数 ϑ 应用命题 1.107 的和法则, 并利用命题 1.79 及基本上导数的表达式 (1.26), 该结论由定理 1.108(i) 可得. △

现在考虑当约束映射 $G := g : X \to Y$ 是单值映射时 (1.60) 式的特殊情形. 此时边际函数 $\mu(x)$ 简化为复合

$$\mu(x) = (\varphi \circ g)(x) := \varphi(x, g(x)). \tag{1.61}$$

当 φ 不依赖于 x 时, 它就是标准的复合 $\varphi(g(x))$. 下面的定理给出了在 g 是局部 Lipschitz 映射情形下复合 (1.61) 的基本和奇异次微分的确切计算 (等式). 它的第一个断言保证定理 1.108 中的包含关系在此种情形下变成等式关系. 第二个断言以 g 的混合上导数及其标量化的次微分给出了计算 (1.61) 的基本次微分的精确公式, 它改进了推论 1.109 中的结果. 两个断言还额外包含正则性陈述.

定理 1.110 (复合的次微分：等式) 设 $\varphi : X \times Y \to \overline{\mathbb{R}}$ 在 $(\bar{x}, \bar{y})$ 有限, 且 $\bar{y} := g(\bar{x})$, 设 $g : X \to Y$ 在 $\bar{x}$ 附近是 Lipschitz 连续的. 则对复合 (1.61), 下面的结论成立：

(i) 有

$$\partial(\varphi \circ g)(\bar{x}) = \{x^* \in X^* \mid (x^*, 0) \in \partial\vartheta(\bar{x}, g(\bar{x}))\},$$

$$\partial^\infty(\varphi \circ g)(\bar{x}) = \{x^* \in X^* \mid (x^*, 0) \in \partial^\infty\vartheta(\bar{x}, g(\bar{x}))\}$$

成立, 其中要求要么 g 在 $\bar{x}$ 是严格可微的, 要么 $\dim Y < \infty$. 在第二种情形, 如果 $\vartheta := \varphi + \delta(\cdot; \operatorname{gph} g)$ 在 $(\bar{x}, \bar{y})$ 是下 (上图) 正则的, 那么 $\varphi \circ g$ 在 $\bar{x}$ 有相应的性质;

(ii) 假设 φ 在 $(\bar{x}, \bar{y})$ 是严格可微的, 则

$$\begin{aligned}\partial(\varphi \circ g)(\bar{x}) :&= \nabla_x\varphi(\bar{x}, \bar{y}) + D_M^* g(\bar{x})(\nabla_y\varphi(\bar{x}, \bar{y}))\\ &= \nabla_x\varphi(\bar{x}, \bar{y}) + \partial\langle\nabla_y\varphi(\bar{x}, \bar{y}), g\rangle(\bar{x}),\end{aligned}$$

而且, $\varphi \circ g$ 在 $\bar{x}$ 是下正则的, 如果 g 在该点是 M- 正则的.

证明 应用 (1.47) 式可验证 (i) 是定理 1.64(iii) 的特殊情形, 其中 $G(x) := (x, g(x))$, $F := E_\varphi$ 是上图映射. 接下来注意到, 根据定理 1.90, (ii) 中的两个表达式是等价的, 并且正则性陈述由 (ii) 中的第一个等式直接可得. 这样一来, 只需证 (ii) 中的第二个表达式.

任取序列 $\gamma_j \downarrow 0$, 根据 φ 在 $(\bar{x}, \bar{y})$ 的严格可微性, 找到 $\eta_j \downarrow 0$, 使得对所有的 $x, u \in B_{\eta_j}(\bar{x}), j \in \mathbb{N}$, 有

$$\begin{aligned}&|\varphi(u, g(u)) - \varphi(x, g(x)) - \langle\nabla_x\varphi(\bar{x}, \bar{y}), u - x\rangle - \langle\nabla_y\varphi(\bar{x}, \bar{y}), g(u) - g(x)\rangle|\\ &\leqslant \gamma_j(\|u - x\| + \|g(u) - g(x)\|).\end{aligned}$$

现在取 $x^* \in \partial(\varphi \circ g)(\bar{x})$, 得到 $\varepsilon_k \downarrow 0, x_k \to \bar{x}, x_k^* \xrightarrow{\omega^*} x^*$ 满足 $x_k^* \in \widehat{\partial}_{\varepsilon_k}(\varphi \circ g)(x_k)$, $k \in \mathbb{N}$. 接着可选取序列 $k_j \to \infty (j \to \infty)$ 使得 $\|x_{k_j} - \bar{x}\| \leqslant \eta_j/2$ 和

$$\varphi(x, g(x)) - \varphi(x_{k_j}, g(x_{k_j})) - \langle x_{k_j}^*, x - x_{k_j} \rangle \geqslant -2\varepsilon_{k_j} \|x - x_{k_j}\|$$

对任意 $x \in x_{k_j} + (\eta_j/2)\mathbb{B}, j \in \mathbb{N}$ 成立. 把此不等式和上面由严格可微性得到的不等式合并在一起, 得

$$\begin{aligned}&\langle \nabla_y \varphi(\bar{x}, \bar{y}), g(x) - g(x_{k_j}) \rangle - \langle x_{k_j}^* - \nabla_x \varphi(\bar{x}, \bar{y}), x - x_{k_j} \rangle \\ &\geqslant -[2\varepsilon_{k_j} + \gamma_j(\ell + 1)]\|x - x_{k_j}\|, \quad \forall\, x \in x_{k_j} + (\eta_j/2)\mathbb{B}, \quad j \in \mathbb{N},\end{aligned}$$

其中 ℓ 是 g 在 $\bar{x}$ 附近的 Lipschitz 模. 因此

$$x_{k_j}^* - \nabla_x \varphi(\bar{x}, \bar{y}) \in \widehat{\partial}_{\widetilde{\varepsilon}_j} \langle \nabla_y \varphi(\bar{x}, \bar{y}), g \rangle (x_{k_j}), \quad \widetilde{\varepsilon}_j := 2\varepsilon_{k_j} + \gamma_j(\ell + 1).$$

当 $j \to \infty$ 时取极限, 得到 $x^* - \nabla_x \varphi(\bar{x}, \bar{y}) \in \partial \langle \nabla_y \varphi(\bar{x}, \bar{y}), g \rangle (\bar{x})$. 利用类似的讨论, 从点 $x^* \in \partial \langle \nabla_y \varphi(\bar{x}, \bar{y}), g \rangle (\bar{x})$ 开始, 就可证明相反的包含关系. △

定理 1.110(ii) 中的第二个表示可以看做是具有严格可微外函数的复合的次微分链式法则. 由此很容易就能导出涉及 Lipschitz 连续函数的乘积和商的次梯度的相应公式, 这些公式推广了经典的乘积和商的法则.

推论 1.111 (乘积和商的次微分)　设 $\varphi_i := X \to \overline{\mathbb{R}}, i = 1, 2$ 在 $\bar{x}$ 附近是 Lipschitz 连续的, 则:

(i) 下述公式总成立:

$$\partial(\varphi_1 \cdot \varphi_2)(\bar{x}) = \partial(\varphi_2(\bar{x})\varphi_1 + \varphi_1(\bar{x})\varphi_2)(\bar{x}).$$

进一步如果 φ_1 在 $\bar{x}$ 是严格可微的, 那么

$$\partial(\varphi_1 \cdot \varphi_2)(\bar{x}) = \nabla\varphi_1(\bar{x})\varphi_2(x) + \partial(\varphi_1(\bar{x})\varphi_2)(\bar{x}).$$

在后面的情形, $\varphi_1 \cdot \varphi_2$ 在 $\bar{x}$ 是下正则的当且仅当函数 $x \to \varphi_1(\bar{x})\varphi_2(x)$ 在该点是下正则的.

(ii) 假设 $\varphi_2(\bar{x}) \neq 0$, 则

$$\partial(\varphi_1/\varphi_2)(\bar{x}) = \frac{\partial(\varphi_2(\bar{x})\varphi_1 - \varphi_1(\bar{x})\varphi_2)(\bar{x})}{[\varphi_2(\bar{x})]^2}.$$

进一步如果 φ_1 在 $\bar{x}$ 是严格可微的, 那么

$$\partial(\varphi_1/\varphi_2)(\bar{x}) = \frac{\nabla\varphi_1(\bar{x})\varphi_2(\bar{x}) + \partial(-\varphi_1(\bar{x})\varphi_2)(\bar{x})}{[\varphi_2(\bar{x})]^2}.$$

在后面的情形, φ_1/φ_2 在 $\bar{x}$ 是下正则的当且仅当函数 $x \to \varphi_1(\bar{x})\varphi_2(x)$ 在该点是上正则的.

(iii) 设 $\varphi := X \to \overline{\mathbb{R}}$ 在 $\bar{x}$ 附近是 Lipschitz 连续的, 且 $\varphi(\bar{x}) \neq 0$, 则

$$\partial(1/\varphi)(\bar{x}) = -\frac{\partial^+\varphi(\bar{x})}{\varphi^2(\bar{x})}.$$

而且, $1/\varphi$ 在 $\bar{x}$ 是下正则的当且仅当 φ 在该点是上正则的.

证明 为证 (i), 把 $\varphi_1 \cdot \varphi_2$ 表示为复合函数 (1.61) 的形式, 其中 $\varphi : \mathbb{R}^2 \to \mathbb{R}$, $g : X \to \mathbb{R}^2$ 定义为

$$\varphi(y_1, y_2) := y_1 \cdot y_2, \quad g(x) := (\varphi_1(x), \varphi_2(x)).$$

于是定理 1.110 (ii) 给出了 (i) 中的第一个等式; 根据命题 1.107(ii), 这蕴涵着第二个等式和正则性陈述. (ii) 的证明类似, 只需取 $\varphi(y_1, y_2) := y_1/y_2$ 和相同的映射 g. 结论 (iii) 是 (ii) 当 $\varphi_1 = 1, \varphi_2 = \varphi$ 时的特殊情形. △

下面考虑 (1.61) 式中具有严格可微内映射的另一类重要复合. 下面的命题是在满射导数情形下等式型的次微分链式法则. 在 1.1.2 小节中法锥分析法则的基础上, 这由上导数的相应结果可得.

命题 1.112 (内映射具有满射导数的复合函数的次微分) 考虑复合 (1.61), 其中 $g : X \to Y$ 在 $\bar{x}$ 是严格可微的, 具有满射导数 $\nabla g(\bar{x})$, $\varphi(x, y) = \varphi_1(x) + \varphi_2(y)$ 且 $\varphi_2 : Y \to \overline{\mathbb{R}}$ 在 $\bar{y} = g(\bar{x})$ 有限. 则下面断言成立:

(i) 如果 φ_1 在 $\bar{x}$ 是严格可微的, 那么

$$\partial(\varphi \circ g)(\bar{x}) = \nabla\varphi_1(\bar{x}) + \nabla g(\bar{x})^*\partial\varphi_2(\bar{y}).$$

此时 $\varphi \circ g$ 在 $\bar{x}$ 是下 (上图) 正则的当且仅当 φ_2 在 $\bar{y}$ 有相应的性质.

(ii) 如果 φ_1 在 $\bar{x}$ 附近是 Lipschitz 连续的, 那么

$$\partial^\infty(\varphi \circ g)(\bar{x}) = \nabla g(\bar{x})^*\partial^\infty\varphi_2(\bar{y}).$$

证明 复合 $\varphi_2 \circ g$ 的次微分链式法则和正则性结论源于定理 1.66, 其中置 $F := E_{\varphi_2}$. 为得到全部结论, 可应用命题 1.107 于 $\varphi_1 + \varphi_2 \circ g$. △

接下来考虑具有形式

$$(\min \varphi_i)(x) := \min\{\varphi_i(x) \mid i = 1, \cdots, n\}$$

的极小值函数, 其中 $\varphi_i : X \to \bar{\mathbb{R}}, n \geqslant 2$. 注意到这样的函数是非光滑的 (即使所有 φ_i 是光滑的), 且属于边际函数类 (1.60). 然而, 它的极小点映射

$$M(x) = \{i \in \{1, \cdots, n\} \mid \varphi_i(x) := (\min \varphi_i)(x)\}$$

在非平凡点不满足定理 1.108 的假设. 在下面的命题中, 以所涉及函数 φ_i 的基本次梯度直接得到 $\partial(\min\varphi_i)(\bar{x})$ 的有效上估计.

命题 1.113 (极小值映射的次微分) 设对所有 $i=1,\cdots,n$, φ_i 在 $\bar{x}$ 有限, 且对 $i\notin M(x)$, φ_i 在 $\bar{x}$ 是 l.s.c. 的, 则

$$\partial(\min\varphi_i)(\bar{x})\subset\cup\{\partial\varphi_i(\bar{x})\mid i\in M(\bar{x})\}.$$

证明 考虑序列 $x_k\in X$ 满足 $x_k\to\bar{x}$, 且 $\varphi_i(x_k)\to(\min\varphi_i)(\bar{x})$(其中 $i\notin M(\bar{x})$). 对 $i\notin M(\bar{x})$ 应用 φ_i 在 $\bar{x}$ 的下半连续性, 得 $M(x_k)\subset M(\bar{x})$. 由分析 ε- 次梯度的结构得

$$\widehat{\partial}_\varepsilon(\min\varphi_i)(x_k)\subset\cup\{\widehat{\partial}_\varepsilon\varphi_i(x_k)\mid i\in M(\bar{x})\}$$

对任何 $\varepsilon\geqslant 0,k\in\mathbb{N}$ 成立. 根据基本次梯度的表达式 (1.55), 上式蕴涵着命题中的包含关系成立. △

众所周知, 经典分析中的最基本原理之一是 Fermat 法则 (或驻点原理), 它是在 1636 年对多项式情形发现的[442], 该原理指出, 可微函数的梯度在局部极小点和极大点处必然为零. 下面的命题是对任意增广实值函数由它们的下和上次梯度而给出的这个法则的非光滑版本, 其中由下/上次梯度自然地区分了极小值点和极大值点.

命题 1.114 (Fermat 法则的非光滑版本) 设 $\varphi:X\to\overline{\mathbb{R}}$ 在 $\bar{x}$ 有限. 如果 φ 在 $\bar{x}$ 取得局部极小值, 那么 $0\in\widehat{\partial}\varphi(\bar{x})\subset\partial\varphi(\bar{x})$. 而且, 如果 φ 在 $\bar{x}$ 取得局部极大值, 那么 $0\in\widehat{\partial}^+\varphi(\bar{x})\subset\partial^+\varphi(\bar{x})$. 因此如果 $\bar{x}$ 要么是 φ 的局部极小值点, 要么是 φ 的局部极大值点, 则

$$0\in\widehat{\partial}\varphi(\bar{x})\cup\widehat{\partial}^+\varphi(\bar{x})\subset\partial^0\varphi(\bar{x}).$$

证明 在局部极小值点 $0\in\widehat{\partial}\varphi(\bar{x})$ 由 (1.51) 式中 Fréchet 次梯度的定义直接可得. 由于总有 $\widehat{\partial}\varphi(\bar{x})\subset\partial\varphi(\bar{x})$ 和 $\widehat{\partial}^+\varphi(\bar{x})=-\widehat{\partial}(-\varphi)(\bar{x})\subset\partial^+\varphi(\bar{x})$, 这蕴涵着另一个结论. △

如前所述, 并集 $\widehat{\partial}\varphi(\bar{x})\cup\widehat{\partial}^+\varphi(\bar{x})$ 总能简化为集合 $\widehat{\partial}\varphi(\bar{x}),\widehat{\partial}^+\varphi(\bar{x})$ 之一, 然而 (1.46) 式中的对称次微分 $\partial^0\varphi(\bar{x})$ 却有独立的意义. 例如参见 (1.57) 式中的计算结果. 类 Fréchet 结构 $\widehat{\partial}$ 和基本结构的主要区别在于后者有更好的分析法则, 这对应用至关重要.

根据标准微积分的线路, 下面建立 Banach 空间中 Lagrange 中值定理的非光滑版本, 它基于命题 1.114 中的广义 Fermat 法则.

命题 1.115 (中值定理) 设 $a,b\in X,\varphi:X\to\overline{\mathbb{R}}$ 在 $[a,b]:=\{a+t(b-a)\mid 0\leqslant t\leqslant 1\}$ 上连续, 则存在一个数 $\theta\in(0,1)$, 使得

$$\varphi(b)-\varphi(a)\in\partial_t^0\varphi(a+\theta(b-a)),$$

其中右边的集合代表函数 $t \to \varphi(a+\theta(b-a))$ 在 $t=\theta$ 的对称次微分.

证明 考虑函数 $\phi:[0,1]\to\mathbb{R}$ 定义为

$$\phi(t) := \varphi(a+t(b-a)) + t(\varphi(a)-\varphi(b)), \quad 0 \leqslant t \leqslant 1.$$

这个函数在 $[0,1]$ 上连续, 而且 $\phi(0)=\phi(1)=\varphi(a)$. 因此根据经典的 Weierstrass 定理, 它在 $[0,1]$ 上达到全局最小值和最大值. 除去 ϕ 在 $[0,1]$ 上是常数的平凡情形, 则存在内点 $\theta\in(0,1)$, 在该点 ϕ 在整个 $[0,1]$ 上要么达到最小值, 要么达到最大值. 利用命题 1.114, 有 $0\in\partial^0\phi(\theta)$. 注意到 ϕ 是两个函数之和, 其中有一个函数是光滑的. 应用命题 1.107(ii) 完成了证明. △

注意到在定理 1.115 中 ∂^0 不能用 ∂ 代替, 例如: $\varphi(x)=-|x|$ 在 $[-1,1]$ 上. 如果 φ 在区间 $(a,b)\subset X$ 内任一点是严格可微的, 对复合 (参见定理 1.110)

$$\varphi(a+t(b-a)) = (\varphi\circ g)(t), \quad 其中 g(t) := a+t(b-a)$$

应用链式法则, 得到 Banach 空间中经典的中值定理. 然而, 若 φ 没有严格可微性, 则这个链式法则是不能用的. 注意到由于 $g:\mathbb{R}\to X$ 的导数不是满射的, 由命题 1.112 得到的链式法则不适用于此种情形. 在第 3 章将建立 Aspland 空间中更深刻的分析法则, 它特别包含在没有满射假设下上导数和次微分的链式法则的扩充, 在那里也有非光滑和集值映射的对应结果. 这样的改进的 (完整) 分析法则基于第 2 章中的极点原理和相关的变分结果.

在本小节最后, 考虑增广实值函数的序列法紧性 (SNC) 的上图版本. 这个性质在下文中将用到, 尤其在第 3 章中改进的次微分分析法则中需要.

定理 1.116 (函数的上图序列法紧性) 设 $\varphi: X\to\overline{\mathbb{R}}$ 在 $\bar{x}$ 有限. 称 φ 在 $\bar{x}$ 是上图序列法紧 (SNEC) 的, 如果它的上图在 $(\bar{x},\varphi(\bar{x}))$ 是序列法紧性的.

根据上图集值映射的次微分和上导数之间的关系, 这个定义可用 φ 的 ε- 次梯度和奇异 ε- 次梯度等价地描述. 在 Aspland 空间中, 由 Fréchet 次梯度给出的 SNEC 性质的一个方便描述将在 2.4.2 小节给出.

对实值函数, 需要区分 SNEC 性质和 SNC 性质 (参见定义 1.67). φ 的 SNC 性质等价于 $\text{gph}\varphi$ 在 $(\bar{x},\varphi(\bar{x}))$ 的 SNC 性质, 由于 ε- 法向量的递减关系 (1.5), φ 的 SNC 性质比 SNEC 性质有更多的限制. 注意到对实值函数而言, SNC 性质和 PSNC 性质相同.

由定理 1.26 可得 φ 在 $\bar{x}$ 是 SNEC 的, 如果它的上图在 $(\bar{x},\varphi(\bar{x}))$ 附近是紧上图 Lipschitz 的. 特别地, 当 $\dim X<\infty$ 或者 φ 在 $\bar{x}$ 附近是方向 Lipschitz 的时, 上述结论成立. 这里方向 Lipschitz 性质对应于 $\text{epi}\varphi$ 在 $(\bar{x},\varphi(\bar{x}))$ 附近的上图 Lipschitz 性质. 关于方向 Lipschitz 函数的更详细的内容, 参见 Rockafellar[1147]. 因此任意

在 $\bar{x}$ 附近 Lipschitz 连续的函数 φ 在该点是 SNEC 的. 而且根据推论 1.69(i), 它有 SNC 性质.

为了 SNEC 性质的有效应用, 在各种运算下保证该性质被保持的分析法则是很重要的. 根据定义 1.116, 这样的分析法则由一般的集值映射应用于上图集值映射的情形的相应分析法则推得. 下面的命题给出了任意 Banach 空间中在此方向的一个有用的充要条件.

命题 1.117 (具有严格可微内映射的复合的 SNEC 性质) 设 $g: X \to Y$ 在 $\bar{x}$ 严格可微, 具有满射导数 $\nabla g(\bar{x})$, 设 $\varphi: Y \to \overline{\mathbb{R}}$ 在 $\bar{y} = g(\bar{x})$ 有限, 则 $\varphi \circ g$ 在 $\bar{x}$ 是 SNEC 的当且仅当 φ 在 $\bar{y}$ 有这个性质.

证明 由定理 1.74 直接可得, 其中 $F = E_\varphi$. △

用同样的方法, 1.2.5 小节处理 SNC 和 PSNC 性质在加法和复合运算下的其他结果给出了实值函数的 SNEC 性质的充分条件. 在 Aspland 空间情形下, 将在第 3 章给出所有这些性质的更详尽分析法则.

1.3.5 二阶次微分

以前的所有内容皆与一阶广义微分有关, 现在描述增广实值函数的某些二阶广义微分结构. 对二阶微分采用经典的"导数的导数"的方法, 把二阶导数看做是梯度映射的一阶导数. 对非光滑函数来说, 这种方法首先要面对的问题就是一阶次梯度映射的多值性. 因此, 为描述增广实值函数的"二阶次梯度", 对集值映射应该利用某种类导数结构. 对 Banach 空间上的函数 $\varphi: X \to \overline{\mathbb{R}}$, 这里定义二阶次微分为基本次梯度映射 $\partial\varphi: X \rightrightarrows X^*$ 的上导数, 它给出了 $\partial\varphi(\cdot)$ 的对偶逼近. 这样的结构具有良好的分析法则, 并且对最优化和变分分析中许多问题的研究, 尤其是在与变分系统的鲁棒稳定性相关问题的研究中, 结果证明是有用的 (参见下文).

定义 φ 在 $\bar{x}$ 相对于 $\bar{y} \in \partial\varphi(\bar{x})$ 的二阶次微分的一般模式是这样的, 即定义

$$\partial^2\varphi(\bar{x}, \bar{y})(u) = (D^*\partial\varphi)(\bar{x}, \bar{y})(u), \tag{1.62}$$

其中 $\partial\varphi(\cdot)$ 表示某一阶次微分映射, D^* 表示它的上导数. 为明确起见, 这里只考虑下次微分结构, 其中把这个模式分别应用于定义 1.77(i) 中的基本次微分 ∂ 和 (1.24) 式与 (1.25) 式定义的两种极限上导数 ($D^* = D_N^*, D^* = D_M^*$).

定义 1.118 (二阶次微分) 设 $\varphi: X \to \overline{\mathbb{R}}$ 在 $\bar{x}$ 有限, $\bar{y} \in \partial\varphi(\bar{x})$, 则:

(i) 定义映射 $\partial_N^2\varphi(\bar{x}, \bar{y}): X^{**} \rightrightarrows X^*$,

$$\partial_N^2\varphi(\bar{x}, \bar{y})(u) := (D_N^*\partial\varphi)(\bar{x}, \bar{y})(u), \quad u \in X^{**}$$

为 φ 在 $\bar{x}$ 相对于 $\bar{y}$ 的基本二阶次微分;

(ii) 定义映射 $\partial^2_M\varphi(\bar{x},\bar{y}): X^{**} \rightrightarrows X^*$,

$$\partial^2_M\varphi(\bar{x},\bar{y})(u) := (D^*_M\partial\varphi)(\bar{x},\bar{y})(u), \quad u \in X^{**}$$

为 φ 在 $\bar{x}$ 相对于 $\bar{y}$ 的混合二阶次微分.

若应用定义 1.78 中的一阶上次微分, 则可定义 φ 在 $\bar{x}$ 相对于 $\bar{y} \in \partial^+\varphi(\bar{x})$ 的相应二阶上次微分, 它可对称地简化为 $-\varphi$ 的二阶下次微分, 在下文中将不再考虑这种情形.

如果 $\partial\varphi$ 在 $(\bar{x},\bar{y})$ 的基本和混合上导数相同, 那么 $\partial^2_N\varphi(\bar{x},\bar{y})$ 与 $\partial^2_M\varphi(\bar{x},\bar{y})$ 也相同, 此时在定义 1.118 中应用简化的符号 $\partial^2\varphi(\bar{x},\bar{y})$. 特别地, 如果 X 是有限维的或 $\partial\varphi$ 在 $(\bar{x},\bar{y})$ 是 N- 正则的, 则 $\partial^2_N\varphi(\bar{x},\bar{y})$ 和 $\partial^2_M\varphi(\bar{x},\bar{y})$ 相同. $\partial\varphi$ 在 $(\bar{x},\bar{y})$ 的 N-正则性对 $\mathcal{C}^2$(和对稍微更一般) 的函数总成立, 此时二阶次微分映射的值是单点的, 且和经典二阶导数的共轭算子的像相同.

命题 1.119 (二次可微函数的二阶次微分) 设在 $\bar{x}$ 附近 $\varphi \in \mathcal{C}^1$, 导数算子 $\nabla\varphi: X \to X^*$ 在 $\bar{x}$ 是严格可微的, 其严格导数记为 $\nabla^2\varphi(\bar{x})$, 则

$$\partial^2_N\varphi(\bar{x})(u) = \partial^2_M\varphi(\bar{x})(u) = \{\nabla^2\varphi(\bar{x})^*u\}, \quad \forall\, u \in X^{**}.$$

证明 若在 $\bar{x}$ 附近 $\varphi \in \mathcal{C}^1$, 则对 $\bar{x}$ 附近的所有 x 有 $\partial\varphi(x) = \{\nabla\varphi(x)\}$. 应用定理 1.38 中上导数的表达式于映射 $f: X \to X^*$, 其中 $f(x) := \nabla\varphi(x)$, 即可导出结论. △

当在 $\bar{x}$ 附近 $\varphi \in \mathcal{C}^2$ 和 X 是有限维时, $\nabla^2\varphi(\bar{x})$ 简化为经典的 Hesse 矩阵, 此时 $\nabla^2\varphi(\bar{x})^* = \nabla^2\varphi(\bar{x})$.

通常, $\partial^2_N\varphi(\bar{x},\bar{y})$ 和 $\partial^2_M\varphi(\bar{x},\bar{y})$ 都是从 X^{**} 到 X^* 的正齐次映射, 其计算涉及 $\mathrm{gph}\,\varphi$ 的广义法向量的估计. 在有限维空间的情形, 应用定理 1.6 中的基本法向量的表达式是很方便的. 为了说明这一点, 考虑在 $\mathbb{R}$ 上的函数 $\varphi(x) := |x|$. 此时有

$$\partial\varphi(x) = \begin{cases} 1, & x > 0, \\ [-1,1], & x = 0, \\ -1, & x < 0; \end{cases}$$

$$\partial^2\varphi(0,1)(u) = \begin{cases} 0, & u > 0, \\ (-\infty,\infty), & u = 0, \\ (-\infty,0], & u < 0. \end{cases}$$

这是因为由表达式 (1.8) 易得

$$N((0,1);\mathrm{gph}\partial\varphi) = \{(v_1,v_2) \mid v_1 \leqslant 0, v_2 \geqslant 0\} \cup \{(v,0) \mid v < 0\} \cup \{(0,v) \mid v < 0\}.$$

另外, 考虑 $\varphi(x) := (1/2)x^2 \mathrm{sign}\, x$, 它在 $\mathbb{R}$ 上是可微的且 $\nabla\varphi(x) = |x|$. 基于 1.2.1 小节中 $|x|$ 的上导数的分析法则 (命题 1.33 之后), 有

$$\partial^2\varphi(0)(u) = \begin{cases} [-u, u], & u \geqslant 0, \\ \{-u, u\}, & u < 0. \end{cases}$$

该函数在参考点 $\bar{x}$ 附近属于 $\mathcal{C}^{1,1}$ 类. 此函数类由在 $\bar{x}$ 附近连续可微的函数 φ 组成, 且梯度 $\nabla\varphi$ 在该点附近是局部 Lipschitz 的. 对这样函数的混合二阶次微分的计算, 根据下面的表达式可本质地简化. 在对函数 φ 和空间 X 的额外假设下, 基本二阶次微分的类似结果也成立 (见 3.1.3 小节).

命题 1.120 ($\mathcal{C}^{1,1}$ 函数的混合二阶次微分)　设在 $\bar{x}$ 附近 $\varphi \in \mathcal{C}^{1,1}$, 则

$$\partial_M^2\varphi(\bar{x})(u) = \partial\langle u, \nabla\varphi\rangle(\bar{x}), \quad \forall\, u \in X^{**}.$$

证明　这源于定理 1.90 中标量化公式. △

建议读者参阅 Dontchev 与 Rockafellar[364] 和 Mordukhovich 与 Outrata[939], 里面有有限维空间中某些引人注意的非光滑函数类的二阶次微分的有效计算. 在第一篇文章中有多面体凸集的指示函数类的相应结果, 这类函数自然出现在变分分析和最优化的许多重要应用中, 特别地出现在稳定性和灵敏性课题中. 第二篇文章涵盖可分分片 $\mathcal{C}^2$ 函数类, 这类函数对在具有均衡约束的数学规划中的应用尤其重要, 例如经常出现在力学均衡的模型中 (更多细节参见上面的两篇文章和里面的参考文献). 应用分析法则能通过各种复合把这些和相关的结果推广到其他的函数类.

本书二阶理论的最基本目标是建立如上定义的二阶次微分的基本分析法则 (和法则与链式法则). 本小节给出在一般 Banach 空间中所得到的结果. 其他结果将在 3.2.5 小节中给出, 那里所研究的空间被假定为 Asplund 空间.

为得到 ∂_N^2 和 ∂_M^2 的二阶和与链式法则, 从定义 1.118 开始, 并利用基本一阶次微分映射的基本和混合上导数的分析法则. 只考虑一些性质良好的函数类, 它们相应的一阶次微分分析法则作为等式成立. 这是因为, 基本上导数与混和上导数都不具有单调性, 从而不可能应用于包含型的情形. 下面从二阶次微分的一个简单和法则开始.

命题 1.121 (二阶次微分的等式和法则)　设 $\bar{y} \in \partial(\varphi_1 + \varphi_2)(\bar{x})$, 其中在 $\bar{x}$ 附近 $\varphi_1 \in \mathcal{C}^1$ 且 $\nabla\varphi_1$ 在 $\bar{x}$ 严格可微, 同时 $\varphi_2 : X \to \overline{\mathbb{R}}$ 在 $\bar{x}$ 有限且 $\bar{y}_2 := \bar{y} - \nabla\varphi_1(\bar{x}) \in \partial\varphi_2(\bar{x})$, 则有

$$\partial^2(\varphi_1 + \varphi_2)(\bar{x}, \bar{y})(u) = \nabla^2\varphi_1(\bar{x})^* u + \partial^2\varphi_2(\bar{x}, \bar{y}_2)(u), \quad u \in X^{**}$$

对基本 ($\partial^2 = \partial_N^2$) 和混合 ($\partial^2 = \partial_M^2$) 二阶次微分皆成立.

证明 若在 $\bar{x}$ 附近 $\varphi_1 \in \mathcal{C}^1$, 则存在 $\bar{x}$ 的一个邻域 U, 使得等式

$$\partial(\varphi_1 + \varphi_2)(x) = \nabla\varphi_1 + \partial\varphi_2, \quad x \in U$$

对任何 $\varphi_2 \colon X \to \overline{\mathbb{R}}$ 成立 (见命题 1.107(ii)). 当 $D^* = D^*_N$ 与 $D^* = D^*_M$ 时, 分别应用定理 1.62(ii) 中的上导数和法则于上式, 就可得本命题的结论. △

接下来研究内映射是 Banach 空间之间的映射 $g := X \to Z$, 外映射是增广实值函数 $\varphi : Z \to \overline{\mathbb{R}}$ 的复合 $(\varphi \circ g)(x) := \varphi(g(x))$ 的二阶次微分链式法则. 为得到此方向的中心结果, 需首先引入下面的可扩张性, 这个性质与所谓的 Banach 可扩张性有关, 但并不完全相同 (参见文献 [333]), 它在证明二阶链式法则中起关键作用.

定义 1.122 (弱* 可扩张性) 设 V 是 Banach 空间 X 的闭线性子空间, 则 V 在 X 中是 w^*- 可扩张的, 如果任意序列 $v^*_k \subset V^*$ 满足 $v^*_k \xrightarrow{w^*} 0 \in V^*(k \to \infty)$, 含有子序列 $v^*_{k_j}$, 使得每个 $v^*_{k_j}$ 能扩张成一个线性有界泛函 $x^*_j \in X^*$ 满足 $x^*_j \xrightarrow{w^*} 0 \in X^*(j \to \infty)$.

w^*- 可扩张性在下面两种很广泛的 Banach 空间中总成立.

命题 1.123 (弱 * 可扩张性的充分条件) 设 V 是 Banach 空间 X 的闭线性子空间, 则 V 在 X 中是 w^*- 可扩张的, 如果下面条件之一成立:

(a) V 在 X 中是可补的, 即存在闭线性子空间 $L \subset X$, 使得 $V \oplus L = X$;

(b) X^* 的闭单位球是弱* 序列紧的 (特别地, 如果 X 是 Asplund 空间或 WCG 空间).

证明 设 V 在 X 中是可补的, $\Pi : X \to V$ 是相应的投影算子. 在 X 上令 $x^*_k := \langle v^*_k, \Pi(\cdot)\rangle$, 则 x^*_k 是 v^*_k 的扩张满足 $x^*_k \xrightarrow{w^*} 0$, 即在情形 (a) 下 V 在 X 中是 w^*- 可扩张的.

对任意 $V \subset X$, 为在情形 (b) 下证明这个性质成立, 在定义 1.122 中任取序列 v^*_k 并且注意到由于弱* 收敛性它在 V^* 中是有界的. 由 Hahn-Banach 定理可扩张每个 v^*_k 到 $\widetilde{x}^*_k \in X^*$, 使得序列 $\{\widetilde{x}^*_k\}$ 在 X^* 中仍然有界. 由于 $\mathbb{B}_{X^*}$ 被假定为弱* 序列紧的, 所以存在 $x^* \in X^*$ 及当 $j \to \infty$ 时弱* 收敛的子序列 $\widetilde{x}^*_{k_j} \xrightarrow{w^*} x^*$. 注意到在 V 上 $x^* = 0$(由于弱* 收敛 $v^*_k \xrightarrow{w^*} 0 \in V$). 最后只要令 $x^*_j := \widetilde{x}^*_{k_j} - x^*$ 即可. 证毕. △

下面说明弱* 可扩张性甚至在一些经典的 Banach 空间中可能不成立.

例 1.124 (弱* 可扩张性的反例) 子空间 $V = c_0$ 在 $X = \ell^\infty$ 中不是 w^*- 可扩张的.

证明 已经知道, c_0 是所有收敛于零的实序列构成的 Banach 空间, 而其中的向量具有上确界范数. 设 $v^*_k := \xi^*_k \in c^*_0$, 其中 ξ^*_k 将 c_0 中每个向量映射到它的第 k 个分量. 假设存在递增序列 $k_j \in \mathbb{N}$, 使得 $v^*_{k_j}$ 可扩张到 $x^*_j \in (\ell^\infty)^*$ 且 $x^*_j \xrightarrow{w^*} 0$. 定义

ℓ^∞ 的闭线性子空间为

$$Z := \{(\alpha_1, \alpha_2, \cdots) \in l^\infty \mid \alpha_k = 0, \text{如果} k \notin \{k_1, k_2, \cdots\}\},$$

定义线性有界算子 $A : \ell^\infty \to Z$ 为

$$A(\alpha_1, \alpha_2, \cdots) := (\beta_1, \beta_2, \cdots), \quad \forall (\alpha_1, \alpha_2, \cdots) \in \ell^\infty,$$

其中

$$\beta_k := \begin{cases} \alpha_i, & k = k_j, \quad j \in \mathbb{N}, \\ 0, & \text{其他}. \end{cases}$$

取上面的序列 $\{x_j^*\}$, 记 $z_j^* := x_j^* \mid_Z$ 并且构造一个线性有界算子 $T : Z \to c_0$ 为

$$T(z) := (\langle z_1^*, z\rangle, \langle z_2^*, z\rangle, \cdots) \in c_0, \quad \forall z \in Z.$$

于是算子 $(T \circ A) : \ell^\infty \to c_0$ 是有界的, 它的限制 $(T \circ A) \mid_{c_0}$ 是 c_0 上的单位算子. 因此 $(T \circ A)$ 是 ℓ^∞ 到 c_0 的投影, 从而意味着 c_0 在 ℓ^∞ 中是可补的. 众所周知, 这是不可能的, 因此矛盾. 这就证明了 c_0 在 ℓ^∞ 中不是 w^*- 可扩张的.

接下来证明具有 w^*- 可扩张值域的线性算子具有一定的稳定性, 这个性质对随后在二阶链式法则中的应用是至关重要的.

命题 1.125 (具有弱* 可扩张值域的线性算子的稳定性) 设 $A : X \to Y$ 是 Banach 空间之间的线性有界算子. 假设 A 的值域在 Y 中是闭的, 而且在 Y 中是 w^*- 可扩张的, 取 $x_k^* \in \text{rge}A^*$ 满足 $x_k^* \xrightarrow{w^*} x^*$. 则 $(A^*)^{-1}(x^*) \neq \varnothing$, 并且对任意 $y^* \in (A^*)^{-1}(x^*)$, 存在序列 $y_k^* \in (A^*)^{-1}(x_k^*)$ 含有弱* 收敛于 y^* 的子序列.

证明 众所周知, 如果 $V := AX$ 在 Y 中是闭的, 那么 A 的伴随算子的值域 A^*Y^* 在 X^* 中是弱* 闭的. 因此 $x^* \in A^*Y^*$, 即 $(A^*)^{-1}(x^*) \neq \varnothing$. 任取 $y^* \in (A^*)^{-1}(x^*)$, $\widehat{y}_k^* \in (A^*)^{-1}(x_k^*)$, 令 $v_k^* := \widehat{y}_k^*|_V$, 则 $v_k^* \xrightarrow{w^*} y^*|_V \in V^*$. 由于空间 V 在 Y 中是闭的和 w^*- 可扩张的, 所以对任意 $k \in \mathbb{N}$, 找到 $v_k^* - y^*|_V$ 的一个扩张 $\widetilde{y}_k^*$, 使得 $\{\widetilde{y}_k^*\}$ 有弱* 收敛于零的子序列. 现在令 $y_k^* := y^* + \widetilde{y}_k^*$, 则可验证 $A^*y_k^* = x_k^*$ 和 $\{y_k^*\}$ 有弱* 收敛于 y^* 的子序列. △

为建立二阶次微分的链式法则, 需要下面的基本引理, 该引理给出了特殊复合的上导数的链式法则, 它的结构和所加的假设对应于二阶的情形. 这些特殊结构和假设允许得到更精确的结果, 这些结果不被一般复合的链式法则所蕴涵 (基本上导数的包含关系除外).

引理 1.126 (上导数的特殊链式法则) 设 $G : X \rightrightarrows Y, f : X \times Y \rightrightarrows Z$ 是 Banach 空间之间的映射, 设

$$(f \circ G)(x) := f(x, G(x)) = \cup\{f(x, y) \mid y \in G(x)\}. \tag{1.63}$$

给定 $\bar{x} \in \mathrm{dom}G$, 假设:

(a) 在 $\bar{x}$ 附近 $f(x,\cdot) \in \mathcal{L}(Y,Z)$, 即它是从 Y 到 Z 上的线性有界算子. 而且, $f(\bar{x},\cdot)$ 是单射, 它的值域在 Z 中是闭的.

(b) 从 X 到算子空间 $\mathcal{L}(Y,Z)$ 的映射 $x \to f(x,\cdot)$ 在 $\bar{x}$ 是严格可微的.

任取 $\bar{y} \in G(\bar{x})$, 记 $\bar{z} := f(\bar{x},\bar{y})$, 则有

$$D_M^*(f \circ G)(\bar{x},\bar{z})(z^*) = \nabla_x f(\bar{x},\bar{y})^* z^* + D_M^* G(\bar{x},\bar{z})(f(\bar{x},\cdot)^* z^*), \tag{1.64}$$

$$D_N^*(f \circ G)(\bar{x},\bar{z})(z^*) \subset \nabla_x f(\bar{x},\bar{y})^* z^* + D_N^* G(\bar{x},\bar{z})(f(\bar{x},\cdot)^* z^*) \tag{1.65}$$

对任意 $z^* \in Z^*$ 成立. 而且, 如果 $f(\bar{x},\cdot)$ 的值域在 Z 中是弱 * 可扩张的, 那么 (1.65) 式作为等式成立.

证明 考虑从 X 到 $\mathcal{L}(Y,Z)$ 的映射 $h(x) := f(x,\cdot)$, 记 $A: X \to \mathcal{L}(Y,Z)$ 是它在 $\bar{x}$ 的严格导数. 令 $\ell > 0$ 是 h 在 $\bar{x}$ 附近的 Lipschitz 模. 对任意 $y \in Y$, 定义一个线性算子 $A_y := X \to Z$ 为 $A_y(x) := A(x)y$, 易验证它是有界的. 而且, 从 Y 到 $\mathcal{L}(Y,Z)$ 的算子 $y \to A_y$ 是有界线性的. 如果必要, 通过增大 ℓ, 假设这个算子的范数小于 ℓ. 显然对任意 $y \in Y$, $A_y = \nabla_x f(\bar{x},y)$.

首先同时证明 (1.64) 式和 (1.65) 式中的包含关系"$\subset$". 根据上导数的定义, 从 ε- 法向量

$$(x^*, -z^*) \in \widehat{N}_\varepsilon((\widehat{x},\widehat{z}); \mathrm{gph}(f \circ G))$$

开始, 其中 $\widehat{z} := f(\widehat{x},\widehat{y}), (\widehat{x},\widehat{y}) \in \mathrm{gph}G$, 满足对某个足够小的 $\eta > 0$, 有 $\|\widehat{x} - \bar{x}\| < \eta$ 成立.

应用 ε- 法向量的定义和映射 h 在 $\bar{x}$ 的严格可微性率 $r_h(\bar{x};\eta)$(见定义 1.13), 得到估计

$$\limsup_{(x,y) \overset{\mathrm{gph}G}{\to} (\widehat{x},\widehat{y})} \frac{\langle x^* - A_{\bar{y}^*}^* z^*, x - \bar{x}\rangle - \langle f(\bar{x},\cdot)^* z^*, y - \widehat{y}\rangle}{\|x - \widehat{x}\| + \|y - \widehat{y}\|} \leqslant \widehat{\varepsilon},$$

其中 $\widehat{\varepsilon} := c\varepsilon + c\|z^*\|(r_h(\bar{x};\eta) + \|\widehat{x} - \bar{x}\| + \|\widehat{y} - \bar{y}\|)$, $c > 0$ 是某常数. 因此有

$$(x^* - A_{\bar{y}^*}^* z^*, -f(\bar{x},\cdot)^* z^*) \in \widehat{N}_{\widehat{\varepsilon}}((\widehat{x},\widehat{y}); \mathrm{gph}G). \tag{1.66}$$

为同时证 (1.64) 式和 (1.65) 式中的包含关系"$\subset$", 取 $x^* \in D^*(f \circ G)(\bar{x},\bar{z})(z^*)$, 找到序列 $\varepsilon_k \downarrow 0, x_k \to \bar{x}, y_k \in G(x_k), (x_k^*, -z_k^*) \in \widehat{N}((x_k,z_k); \mathrm{gph}(f \circ G))$, 其中 $z_k := f(x_k,y_k)$, 使得 $z_k \to \bar{z}, x_k^* \overset{w^*}{\to} x^*$, 而且 $\|z_k^* - z^*\| \to 0$ 对 $D^* = D_M^*$ 成立, $z_k^* \overset{w^*}{\to} z^*$ 对 $D^* = D_N^*$ 成立. 于是, 若 $y_k \to \bar{y}$, 则对 (1.66) 式取极限, 得到 (1.64) 式和 (1.65) 式中的包含关系. 为证 $y_k \to \bar{y}$, 由开映射定理和 $f(\bar{x},\cdot)$ 的单射性, 存在一个常数 $\mu > 0$, 使得

$$\|f(\bar{x},u) - f(\bar{x},v)\| \geqslant \mu\|u - v\|, \quad \forall u,v \in Y.$$

因此, 利用上面的 Lipschitz 模 ℓ, 有

$$\begin{aligned}\|z_k-\bar{z}\| &= \|[f(\bar{x},y_k)-f(\bar{x},\bar{y})]+[f(x_k,y_k-\bar{y})-f(\bar{x},y_k-\bar{y})]\\&\quad+[f(x_k,\bar{y})-f(\bar{x},\bar{y})]\| \geqslant \|y_k-\bar{y}\|(\mu-\ell\|x_k-\bar{x}\|)-\ell\|x_k-\bar{x}\|\cdot\|\bar{y}\|,\end{aligned}$$

这表明 $y_k\to\bar{y}$ $(k\to\infty)$.

下面证明在所给的假设下, (1.64) 式和 (1.65) 式中相反的包含关系成立. 事实上, 在混合上导数 (1.64) 的情形下并没有额外的假设. 为了同时证明两种情形, 取 $\widehat{x},\widehat{y}$ 如上并且任取 (x^*,z^*) 满足

$$(x^*,-f(\bar{x},\cdot)^*z^*)\in\widehat{N}_\varepsilon((\widehat{x},\widehat{y});\operatorname{gph}G).$$

因此对任意给定的 $\gamma>0$, 有

$$\theta:=\langle x^*,x-\widehat{x}\rangle-\langle f(\bar{x},\cdot)^*z^*,y-\widehat{y}\rangle\leqslant(\varepsilon+\gamma)(\|x-\widehat{x}\|+\|y-\widehat{y}\|)\tag{1.67}$$

对任何充分接近 $(\widehat{x},\widehat{y})$ 的 $(x,y)\in\operatorname{gph}G$ 成立. 应用上面的映射 $h:X\to\mathcal{L}(Y,Z)$ 在 $\bar{x}$(具有严格可微性率 $r_h(\bar{x};\eta)$) 的严格可微性及初等变换, 得到 (1.67) 式中 θ 的一个下估计. 由此得

$$\begin{aligned}\theta &= \langle x^*,x-\widehat{x}\rangle-\langle z^*,f(\bar{x},y)-f(\bar{x},\widehat{y})\rangle\\&=\langle x^*+A_{\bar{y}}^*z^*,x-\widehat{x}\rangle-\langle z^*,A_{\bar{y}}(x-\widehat{x})\rangle-\langle z^*,f(\bar{x},y)-f(\bar{x},\widehat{y})\rangle\\&\geqslant\langle x^*+A_{\bar{y}}^*z^*,x-\widehat{x}\rangle-\langle z^*,A_y(x-\widehat{x})\rangle-\langle z^*,f(\widehat{x},y)-f(\widehat{x},\widehat{y})\rangle\\&\quad-\ell\|z^*\|\cdot\|y-\bar{y}\|\cdot\|x-\widehat{x}\|-\ell\|z^*\|\cdot\|\widehat{x}-\bar{x}\|\cdot\|y-\widehat{y}\|\\&\geqslant\langle x^*+A_{\bar{y}}^*z^*,x-\widehat{x}\rangle-\langle z^*,f(x,y)-f(\widehat{x},y)\rangle-r_h(\bar{x};\eta)\|z^*\|\cdot\|y\|\cdot\|x-\widehat{x}\|\\&\quad-\langle z^*,f(\widehat{x},y)-f(\widehat{x},\widehat{y})\rangle-l\|z^*\|(\|y-\bar{y}\|\cdot\|x-\widehat{x}\|+\|\widehat{x}-\bar{x}\|\cdot\|y-\widehat{y}\|)\\&=\langle x^*+A_y^*z^*,x-\widehat{x}\rangle-\langle z^*,f(x,y)-f(\widehat{x},\widehat{y})\rangle-r_h(\bar{x};\eta)\|z^*\|\cdot\|y\|\cdot\|x-\widehat{x}\|\\&\quad-\ell\|z^*\|(\|y-\bar{y}\|\cdot\|x-\widehat{x}\|+\|\widehat{x}-\bar{x}\|\cdot\|y-\widehat{y}\|).\end{aligned}$$

现在将给出 (1.67) 式右边的数的一个上估计. 为此, 首先注意到, 根据开映射定理和 $f(\bar{x},\cdot)$ 的单射性, 存在 $\mu>0$, 使得

$$\mu\|y\|\leqslant\|f(\bar{x},y)\|,\quad\forall\, y\in Y.$$

于是任取 $T\in\mathcal{L}(Y,Z)$, 得

$$\begin{aligned}\|Ty\|&=\|(f(\bar{x},\cdot)-T)y-f(\bar{x},y)\|\geqslant\|f(\bar{x},y)\|-\|(f(\bar{x},\cdot)-T)y\|\\&\geqslant(\mu-\|f(\bar{x},\cdot)-T\|)\|y\|.\end{aligned}$$

这意味着存在常数 $\mu_1 > 0$, 使得对所有 $y \in Y$ 和充分接近 $f(\bar{x}, \cdot)$ 的 T, 有一致估计 $\mu_1\|y\| \leqslant \|Ty\|$. 因此

$$\begin{aligned}\|f(x,y)-f(\widehat{x},\widehat{y})\| &= \|f(x,y)-f(\widehat{x},y)+f(\widehat{x},y-\widehat{y})\| \\ &\geqslant \|f(\widehat{x},y-\widehat{y})\|-\|f(x,y)-f(\widehat{x},y)\| \\ &\geqslant \mu_1\|y-\widehat{y}\|-L\|x-\widehat{x}\|\cdot\|y\|\end{aligned}$$

在 $(\widehat{x}, \widehat{y})$ 接近 $(\bar{x}, \bar{y})$ 时对接近于 $(\widehat{x}, \widehat{y})$ 的任意 $(x, y) \in \text{gph}G$ 成立. 因此得到估计

$$\|y-\widehat{y}\| \leqslant \mu_2(\|x-\widehat{x}\|+\|f(x,y)-f(\widehat{x},\widehat{y})\|)$$

对所有这样的 (x, y), $(\widehat{x}, \widehat{y})$ 及某个常数 $\mu_2 > 0$ 成立. 综合这些估计得

$$(x^*+A_{\bar{y}}^*z^*,-z^*) \in \widehat{N}_{\widehat{\varepsilon}}((\widehat{x},\widehat{z});\text{gph}(f\circ G)), \tag{1.68}$$

其中 $\widehat{z} := f(\widehat{x}, \widehat{y})$, $\widehat{\varepsilon}$ 定义如上 (其中常数 $c > 0$ 不同).

为证 (1.64) 式和 (1.65) 式中相反的包含关系, 需要在 (1.68) 式中当 $(\widehat{x}, \widehat{y}) \to (\bar{x}, \bar{y})$ 时沿着某个序列取极限. 任取 (x^*, z^*) 满足 $x^* \in D^*G(\bar{x}, \bar{y})(f(\bar{x}, \cdot)^*z^*)$, 其中 D^* 代表混合上导数或基本上导数. 于是存在序列 $\varepsilon_k \downarrow 0, (x_k, y_k) \to (\bar{x}, \bar{y})$ 满足 $(x_k, y_k) \in \text{gph}G, x_k^* \in D_{\varepsilon_k}^*G(x_k, y_k)(y_k^*)$, 使得 $x_k^* \xrightarrow{w^*} x^*$, 并且当 $D^* = D_M^*$ 时, $\|y_k^* - f(\bar{x}, \cdot)^*z^*\| \to 0$, 或者当 $D^* = D_N^*$ 时, $y_k^* \xrightarrow{w^*} f(\bar{x}, \cdot)^*z^*$. 注意到 (1.68) 式中对相应的 $\widehat{\varepsilon}_k$ 有 $\widehat{\varepsilon}_k \downarrow 0$. 为完成引理的证明, 只需证明存在 $z_k^* \in Z^*$, 使得 $f(\bar{x}, \cdot)^*z^* = y_k^*$ 对所有 $k \in \mathbb{N}$ 成立, 且沿着一个子序列当 $D^* = D_M^*$ 时, 有 $\|z_k^* - z^*\| \to 0$, 或者当 $D^* = D_N^*$ 时, 有 $z_k^* \xrightarrow{w^*} z^*$. 下面分别考虑混合上导数和基本上导数的情形.

(i) 设 $D^* = D_M^*$. 由于 $f(\bar{x}, \cdot)$ 是具有闭值域的单射, 易见伴随算子 $f(\bar{x}, \cdot)^*$ 是满射, 因此有度量正则性. 这保证存在 $\mu > 0$ 和 $\widehat{z}_k^* \in (f(\bar{x}, \cdot)^*)^{-1}(y_k^* - f(\bar{x}, \cdot)^*z^*)$, 满足估计

$$\|\widehat{z}_k^*\| \leqslant \mu\|y_k^*-f(\bar{x},\cdot)^*z^*)\|.$$

令 $z_k^* := \widehat{z}_k^* + z^*$, 得 $f(\bar{x}, \cdot)^*z^* = y_k^*$, 且当 $k \to \infty$ 时, $\|z_k^* - z^*\| \to 0$.

(ii) 设 $D^* = D_N^*$. 在此情形下子空间 $f(\bar{x}, Y)$ 被假定为在 Z 中是 w^*- 可扩张的. 于是由命题 1.125 就得到想要的序列 $\{z_k^*\}$. △

注意到对基本上导数的包含关系 (1.65) 可由定理 1.65(i) 的链式法则应用于表示为标准复合

$$f(x,G(x))=f(\widetilde{G}(x)), \quad \text{其中} \quad \widetilde{G}(x):=(x,G(x))$$

的 (1.63) 式而得到. 事实上, 在 $f(\bar{x}, \cdot)$ 单射性假设下, 定理 1.65 中的相应映射 $\widetilde{G} \cap f^{-1}$ 是单值连续的. 对混合上导数 (1.65) 中的等式和全部情形, (1.64) 式是引理 1.126 的特殊情形.

下面得到一般 Banach 空间中二阶次微分分析法则的中心结果.

定理 1.127 (内映射的导数是满射的二阶链式法则)　设 $\bar{y} \in \partial(\varphi \circ g)(\bar{x})$, 其中 $g: X \to Z, \varphi: Z \to \overline{\mathbb{R}}$, 这里 X 和 Z 是 Banach 空间. 假设在 $\bar{x}$ 附近 $g \in \mathcal{C}^1$ 且具有满射导数 $\nabla g(\bar{x}): X \to Z$, 映射 $\nabla g: X \to \mathcal{L}(X, Z)$ 在 $\bar{x}$ 是严格可微的. 令 $\bar{v} \in Z^*$ 是满足

$$\bar{y} = \nabla g(\bar{x})^* \bar{v}, \bar{v} \in \partial\varphi(\bar{z}), \quad \text{其中} \quad \bar{z} := g(\bar{x})$$

的唯一泛函. 则对任意 $u \in X^{**}$, 有

$$\partial_M^2(\varphi \circ g)(\bar{x}, \bar{y})(u) = \nabla^2\langle\bar{v}, g\rangle(\bar{x})^* u + \nabla g(\bar{x})^* \partial_M^2 \varphi(\bar{z}, \bar{v})(\nabla g(\bar{x})^{**} u),$$

$$\partial_N^2(\varphi \circ g)(\bar{x}, \bar{y})(u) \subset \nabla^2\langle\bar{v}, g\rangle(\bar{x})^* u + \nabla g(\bar{x})^* \partial_N^2 \varphi(\bar{z}, \bar{v})(\nabla g(\bar{x})^{**} u).$$

而且, 后面的包含关系作为等式成立, 如果 $\nabla g(\bar{x})^*$ 的值域在 X^* 中是 w^*- 可扩张的. 该假设在下列条件之一下成立:

(a) $\nabla g(\bar{x})^*$ 的值域在 X^* 中是可补的, 特别地, 当 $\nabla g(\bar{x})$ 的核在 X 中是可补的, 这个条件成立;

(b) X^{**} 的闭单位球是弱* 序列紧的, 特别地, 当 X 是自反的或者 X^* 是可分的时这个条件成立.

证明　应用命题 1.112(i) 中的一阶次微分和法则, 有等式

$$\partial(\varphi \circ g)(x) = \nabla g(x)^* \partial\varphi(g(x)) := (f \circ G)(x)$$

对所有在 $\bar{x}$ 附近的 x 成立, 其中映射 $f: X \times Z^* \to X^*, G: X \rightrightarrows Z^*$ 定义为

$$f(x, v) := \nabla g(x)^* v, \quad G(x) := \partial\varphi(g(x)).$$

这样就把 $\partial(\varphi \circ g)$ 表示为复合 (1.63) 从而可对它应用引理 1.126. 下面验证在定理所给假设下该引理的假设都成立. 实际上, 只需验证算子 $\nabla g(\bar{x})^*: Z^* \to X^*$ 是单射. 这由引理 1.18 和 $\nabla g(\bar{x})$ 的满射性假设可得.　△

注意到定理 1.127 中的基本上导数包含关系也可以通过下列过程得到: 先对标准复合

$$f \circ \widetilde{G}, \text{ 其中 } f(x, v) = \nabla g(x)^* v, \quad \widetilde{G}(x) := (x, \partial\varphi(g(x))),$$

应用定理 1.65 中的上导数链式法则, 然后对复合 $\partial\varphi \circ g$ 应用定理 1.66 中的上导数链式法则. 而且, 如果 $\nabla g(\bar{x})$ 是可逆的, 那么这个包含关系成为等式. 事实上, 在这种情况下由定理 1.60 知 g^{-1} 在 $\bar{z}$ 是局部单值和严格可微的, 因此考虑到复合 $\varphi = \psi \circ g^{-1}$, 其中 $\psi := \varphi \circ g$, 即可得到相反的包含关系. 而且, 可证明当 $\nabla g(\bar{x})$ 是满射并且在 X 中有可补核的情形时能简化为 $\nabla g(\bar{x})$ 是可逆的情形. 然而, 定理 1.127

中基本上导数的等式形式和混合上导数的全部情形似乎不能由 1.2.4 小节的结果得到.

这一小节的最后一个结果给出了一般 Banach 空间中复合 $\varphi \circ g$ 的两种二阶次微分的等式形式, 其中 φ(而不是 g) 假定为二次可微的. 给定一个 Lipschitz 连续映射 $g: X \to Z$, 定义 g 在 $(\bar{x}, \bar{v}, \bar{y}) \in x \times Z^* \times X^*$ (其中 $\bar{y} \in \partial\langle \bar{v}, g\rangle(\bar{x})$) 的二阶上导数集合为

$$D^2 g(\bar{x}, \bar{v}, \bar{y})(u) := (D^* \partial\langle \cdot, g\rangle)(\bar{x}, \bar{v}, \bar{y})(u), \quad u \in X^{**}. \tag{1.69}$$

这将用在下一个定理和第 3 章的相关结果中. 在 (1.63) 式中, D^* 表示映射 $(x, v) \to \partial\langle v, g\rangle(x)$ 的基本上导数 ($D^* = D^*_N$, 此时 $D^2 = D^2_N$) 或混合上导数 ($D^* = D^*_N$, 此时 $D^2 = D^2_M$). 如果 g 在 $\bar{x}$ 是严格可微的, 那么 $\partial\langle \bar{v}, g\rangle(x) = \nabla g(\bar{x})^* \bar{v}$, 此时在 $D^2 g$ 的证明中省略 $\bar{y}$.

定理 1.128 (二次可微外映射的二阶链式法则) 设 g 在 $\bar{x}$ 是严格可微的, 在 $\bar{z} := g(\bar{x})$ 附近 $\varphi \in \mathcal{C}^1$ 且 $\nabla\varphi$ 在该点是严格可微的. 令 $\bar{v} := \nabla\varphi(\bar{z})$, 假设算子 $\nabla^2\varphi(\bar{z})\nabla g(\bar{x}): X \to Z^*$ 是满射, 则

$$\partial^2(\varphi \circ g)(\bar{x})(u) = \bigcup_{(x^*, v^*) \in D^2 g(\bar{x}, \bar{v})(u)} \left[x^* + \nabla g(\bar{x})^* \nabla^2 \varphi(\bar{z})^* v^*\right]$$

对任意的 $u \in X^{**}$ 成立, 其中 ∂^2 和 D^2 表示相应的基本二阶结构和混合二阶结构. 如果 ∇g 在 $\bar{x}$ 是严格可微的, 那么没有上面满射假设这些链式法则也成立, 此时有

$$D^2_N g(\bar{x}, \bar{v})(u) = D^2_M g(\bar{x}, \bar{v})(u) = (\nabla^2\langle \bar{v}, g\rangle(\bar{x})^* u, \nabla g(\bar{x})^{**} u).$$

证明 由于 $\varphi \in \mathcal{C}^1$, g 是局部 Lipschitz 的, 故定理 1.110(ii) 保证存在 $\bar{x}$ 的邻域 U, 使得

$$\partial(\varphi \circ g)(x) = \partial\langle \nabla\varphi(g(x)), g\rangle(x) := (F \circ h)(x), \quad x \in U,$$

其中映射 $F: X \times Z^* \rightrightarrows X^*, h: X \to X \times Z^*$ 定义为

$$F(x, v) := \partial\langle v, g\rangle(x), \quad h(x) := (x, \nabla\varphi(g(x))).$$

如果 h 在 $\bar{x}$ 是严格可微的且具有满射导数算子, 那么由定理 1.66 得

$$D^*(F \circ h)(\bar{x}, \bar{y})(u) = \nabla h(\bar{x})^* D^* F(\bar{x}, \bar{v}, \bar{y})(u), \quad u \in X^{**}$$

对基本上导数和混和上导数均成立, 其中 $\bar{y} = \nabla g(x)^* \bar{v}$, 如果 g 在 $\bar{x}$ 是严格可微的. 注意到在定理的假设下有 $\nabla^2(\varphi \circ g)(\bar{x}) = \nabla^2\varphi(\bar{z})\nabla g(\bar{x})$, 及这个算子的满射性蕴涵着 $\nabla h(\bar{x})$ 的满射性. 这就在所给满射假设下证明了定理. 定理中最后一个结论, 根

据定理 1.65(iii) 和上面的证明过程易得. 对严格导数来说这实际上是经典二阶链式法则. △

在 3.2.5 小节将得到关于 Asplund 空间中的函数和映射有更少限制假设下包含形式的二阶次微分和与链式法则.

1.4 第 1 章评注

1.4.1 非光滑分析的动因和早期发展

很久以来人们在数学和应用科学中认识到了非光滑现象. 为处理非光滑性, 各种广义导数在实函数的经典理论和分布 (广义函数) 理论中被引进, 例如, 参见文献 [182, 1186, 1197, 1218]. 然而, 那些广义导数"忽略零可测集", 对最优化理论和变分分析帮助不大, 因为人们此时主要关心函数在个别点, 如极大值点、极小值点、均衡点及其他与最优化相关的点处的性质.

适于最优化应用的广义可微性的概念在凸分析中定义: 首先, 在几何上是凸集的法锥, 归功于 Minkowski[882]. 接着, 很久以后, 在分析上是增广实值凸函数的次微分. 在 Fenchel[441] 工作的带动下, 次微分概念由 Moreau[981] 和 Rockafellar[1140] 正式引入, 他们强调新的广义导数在对偶空间中取值的集值性和次微分分析法则的决定性作用. 这个方向的核心结果, 现在称为关于次微分加法运算的 Moreau-Rockafellar 定理, 基于凸集的分离定理而得, 而该定理实际上贯穿整个凸分析的始终.

凸分析和分离定理不但在研究凸集、凸函数和凸最优化问题中起着至关重要的作用, 而且通过凸逼近在更一般的非凸情形中也起着重要作用. 这种思想, 大体上由在最优控制中的应用所促动, 早已在 20 世纪 60 年代早期开始在非光滑分析和最优化中大量地研究, 其最初的动力源于 Pontryagin 最大值原理和由 Boltyanski 给出的证明 (参见文献 [124, 1102]). 变分分析中不正常问题的类似方法由 McShano[860] 建立, 在有最大值原理的公式和证明之前, 他的工作没有受到充分的注意, 请比照 Bliss[119] 和 Hestenes[565]. 粗略地说, 该方法是通过应用特殊的针型控制变分来构造一个凸切锥逼近系统端点的可达集以致最优端点落在它的边界上, 因此能被支撑超平面分离. 这样的凸逼近方法被 Dubovitskill 与 Milyutin[369,370](也可参见文献 [507]) 大力推广并且被应用到新类型的极点问题中. 接下来的工作包括 Gamkrelidze[496,497], Halkin[539,541], Hestenes[565], Neustadt[1001,1002], Ioffe 与 Tikhomirov[168] 等.

1.4.2 切向量和方向导数

自 20 世纪 60 年代早期以来, 任意集合的多种切锥在非光滑分析与优化中得到了成功应用. 这包括 Bouligand[167] 和 Severi[1202] 在 1930 年分别独立引入的“相依锥”, 当时的框架是相依方程和微分几何. 有趣的是, 这里提到的 Bouligand 和 Severi 的对以后发展有巨大影响的文章竟然发表 (分别用法语和意大利语) 在 Annales de la Société Polonaise de Mathématique 的同一期上. 那时期该课题相关于微分几何和实分析更进一步的发展也可参见文献 [168, 1285]. 然后这个锥被 Dubovitskii 与 Milyutin[369,370] 在“等式约束的变分容许锥”的名称下再次发现并且应用到最优化理论中. 读者在文献 [54, 1276] 中能找到相依锥和相关切结构更多的讨论.

在分析上, 集合的切锥逼近对应于函数的方向导数, 而切锥的凸子锥对应于方向导数的次线性控制函数. 众所周知, Banach 空间上的任意凸函数 $\varphi : X \to (-\infty, \infty]$ 在它有效域

$$\mathrm{dom}\varphi := \{x \in X \mid \varphi(x) < \infty\}$$

的任意点沿所有方向 $v \in X$ 有经典的方向导数

$$\varphi'(\bar{x}; v) := \lim_{t \downarrow 0} \frac{\varphi(\bar{x} + tv) - \varphi(\bar{x})}{t}. \tag{1.70}$$

而且, 方向的函数 $v \mapsto \varphi'(\bar{x}; v)$ 也是凸的. 方向导数 (1.70) 的存在性及其对于方向的凸性不仅对凸函数成立, 显然对经典可微函数成立, 而且对更广的一类函数也成立, 其中包括被 Ioffe 与 Tikhomirov[618] 称为局部凸的函数及与它们密切相关的 Pschenichnyi[1160] 意义下的拟可微函数. 特别地, 拟可微函数类包含由光滑函数 $\vartheta(\cdot, u)$ 和紧集 U 生成的形为

$$\varphi(x) := \max_{u \in U} \vartheta(x, u)$$

的极大值函数 (参见文献 [307, 319]), 这类函数在取非负系数的线性组合的情况下是闭的. 在文献 [320] 中, Demyanov 和 Rubinov 推广拟可微性的概念到这样一类函数, 其经典方向导数存在并且具有以紧凸集对上的极大与极小给出的特殊表达式. 更多的参考书目、近期发展、相关的几何性质及应用, 也可参见文献 [321, 322, 515, 516,1041].

但是即使在实直线上的简单连续函数也可能不是方向可微的, 如

$$\varphi(x) := \begin{cases} x\sin(1/x), & x \neq 0, \\ 0, & x = 0. \end{cases}$$

因此非光滑分析的一个重要的课题就是恰当地定义广义方向导数, 使其自动存在并且有一些有用的性质. 20 世纪 70 年代和 80 年代出现的广义方向导数中最引人注目的结构是

$$d^- \varphi(\bar{x}; v) := \liminf_{\substack{z \to v \\ t \downarrow 0}} \frac{\varphi(\bar{x} + tz) - \varphi(\bar{x})}{t}, \tag{1.71}$$

它被 Penot[1064] 称为“下半导数”, 被 Aubin[48] 称为“相依导数/上图导数”, 被 Ioffe[594,607] 称为“下 Dini(或 Dini-Hadamard) 方向导数”, 被 Rockafellar 与 Wet[1165] 称为“次导数”. 这个方向导数在实函数的情形可追溯到 Dini[335] 的经典的 (1878) “微分数”, 而在一般情形下, 它们能通过定义 1.8(i) 中的相依切锥等价地几何描述为

$$d^-\varphi(\bar{x};v)=\inf\{\nu\in\mathbb{R}\mid(v,\nu)\in T((\bar{x},\varphi(\bar{x}));\mathrm{epi}\varphi)\}. \tag{1.72}$$

注意到如果 φ 在 $\bar{x}$ 是局部 Lipschitz 连续的, 那么在 (1.71) 式中可令 $z=v$.

广义方向导数 $d^-\varphi(\bar{x};v)$ 的主要弊端在于, 在不少普通情况下它关于方向 v 是非凸的. 这种非凸性不允许利用凸分析的工具 (基于分离定理), 最终导致没有 (1.71) 式的满意的分析法则. 克服这些困难的标准办法是建立 (1.71) 式的正齐次凸上逼近 (控制函数), 根据 (1.72) 式这相当于构造相依锥的凸子锥, 这样又回到凸分析了. 这类结构并非总能唯一有效地定义, 请读者参阅文献 [52, 54, 89, 313, 337, 464, 569, 588, 733, 763, 764, 852, 870, 871, 1002, 1040, 1072, 1109, 1264~1266,1311]. 另外一种引入具有良好性质的方向导数的方法是以公理形式假定一些极限的存在性, 从而处理满足这样假设的函数类. 这类结构, 与上图收敛概念相关的结果, 可参阅文献 [44, 54, 1135, 1156, 1165, 1204, 1248].

1.4.3 Clarke 结构和相关发展

局部 Lipschitz 函数的改进型广义方向导数由 Clarke 于 1973 年在他由 Rockafellar 指导下完成的博士论文[243] 中引入, 发表于文献 [224], 该方向导数对方向自动是凸的. 这个开创性成果对非光滑分析 (这个词是 Clarke 引入) 的发展和应用的重要作用是不可估量的.

似乎最初的动机来源于, 在状态变量无凸性的假设下, 以“Rockafellar 的凸理论[1143,1145] 作为起点” (参见文献 [245, P80]), 想得到变分问题和最优控制问题的必要最优性条件. Clarke 广义导数定义为

$$\varphi^\circ(\bar{x};v):=\limsup_{\substack{x\to\bar{x}\\ t\downarrow 0}}\frac{\varphi(x+tv)-\varphi(x)}{t}. \tag{1.73}$$

考虑变分问题

$$\min\left\{\ell(x(0,x(1)))+\int_0^1 L(t,x(t),\dot{x}(t))\mathrm{d}t\right\},$$

其中积分项 $L(t,\cdot,\cdot)$ 是 Lipschitz 的, 端点函数 ℓ 是增广实值的. Clarke 广义导数使这类问题可能简化为 Rockafellar 研究过的这种类型的凸问题, 即 ℓ 和 $L(t,\cdot,\cdot)$ 都是凸的. 在 Clarke 结构下得到广义 Euler-Lagrange 包含关系的所有细节可参阅文献 [245].

注意到广义方向导数 (1.73) 既不同于 Dini 型方向导数 (1.71), 又不同于经典的方向导数 (1.70). 关键问题是在 (1.73) 式中, 与 (1.70) 式和 (1.71) 式相比, 初始点 $\bar{x}$ 是扰动的, 它提供了相对于初始数据的某种一致性 (因此具有鲁棒性). 根据定义, 对 Lipschitz 函数而言, Clarke 方向导数是下 Dini 方向导数 (1.71) 及其上 Dini 方向导数变体

$$d^+\varphi(\bar{x};v) := \limsup_{t\downarrow 0}\frac{\varphi(\bar{x}+tv)-\varphi(\bar{x})}{t}$$

的控制函数, 即

$$d^-\varphi(\bar{x};v) \leqslant d^+\varphi(\bar{x};v) \leqslant \varphi^\circ(\bar{x};v), \quad \forall v \in X.$$

正如所提到的那样, 广义方向导数 $\varphi^\circ(\bar{x};v)$ 不一定能简化为经典的广义方向导数 $\varphi'(\bar{x};v)$(若存在), 这甚至对简单的实函数也对, 比如 $\varphi(x)=-|x|$ 在 $\bar{x}=0$. 若

$$\varphi^0(\bar{x};v) = \varphi'(\bar{x};v), \quad \forall\, v \in X,$$

则称 φ 在 $\bar{x}$ 是 Clarke 正则的, 它等价于

$$d^-\varphi(\bar{x};v) = d^+\varphi(\bar{x};v) = \varphi^0(\bar{x};v), \quad \forall\, v \in X,$$

在几何上相当于在 1.1.2 小节所研究的相依锥和 Clarke 切锥之间的等式

$$T(\bar{x};v) = T_C(\bar{x};v), \quad \forall\, v \in X \tag{1.74}$$

(参见文献 Clarke[255] 和 Rockaffellar 与 Wet[1165]). 众所周知, Clarke 方向导数在缺少正则性的条件下通常远远不是函数的最佳 (甚至不是适当的) 局部逼近.

给定具有任何正齐次性 (关于方向 v) 的函数 $\varphi^\bullet(\bar{x};v)$, 它可以看做是在 $\bar{x}$ 有限的函数 $\varphi: X \to \overline{\mathbb{R}}$ 的局部逼近 (这特别包括上述方向导数), 而 φ 在 $\bar{x}$ 的相应次微分可通过对偶关系定义为

$$\partial^\bullet\varphi(\bar{x}) := \{x^* \in X^* \mid \langle x^*, v\rangle \leqslant \varphi^\bullet(\bar{x};v), \ \ \forall\, v \in X\}. \tag{1.75}$$

这是通过方向导数引入次梯度的标准方法. 对凸函数, 它给出了凸分析中的经典次微分

$$\begin{aligned}\partial\varphi(\bar{x}) &= \{x^* \in X^* \mid \langle x^*, v\rangle \leqslant \varphi'(\bar{x};v), \ \ \forall v \in X\}\\ &= \{x^* \in X^* \mid \langle x^*, x-\bar{x}\rangle \leqslant \varphi(x)-\varphi(\bar{x}), \ \ \forall\, x \in X\},\end{aligned}$$

其中第二个表达式是由于凸性的全局性质，而第一个表达式定义了局部凸函数和类似函数的次微分. 局部 Lipschitz 函数的 Clarke 次微分 (或称广义梯度[243,244]) 用这种方式定义为

$$\partial_C\varphi(\bar{x})=\{x^*\in X^*\mid\langle x^*,v\rangle\leqslant\varphi^\circ(\bar{x};v),\quad\forall\,v\in X\}. \tag{1.76}$$

在有限维空间中广义梯度有等价的表示:

$$\partial_C\varphi(\bar{x})=\mathrm{co}\{\lim_{x_k\to\bar{x}}\nabla\varphi(x_k)\}, \tag{1.77}$$

其中 (1.77) 式中取凸包的集合是非空紧集, 这是由于经典的 Rademacher 定理[1114], 它保证在 $\mathbb{R}^n$ 中开子集上 Lipschitz 连续的函数是几乎处处可微的. 这样的集合由 Shor[1207] 从非光滑函数的数值最优化的观点, 在“几乎梯度集”的名称下引入. 注意到 Shor 还研究了 (1.77) 式中的凸化集, 称之为“广义几乎梯度集”, 但是没有给出任何分析法则 (参阅文献 [683, 1208, 1111]). 值得注意的是 (1.77) 式中的非凸几乎梯度集甚至对简单凸函数 (例如, $\varphi(x)=|x|$) 来说也不能简化为次微分, 因此 (1.77) 式中的凸化运算是至关重要的. 凸化后, Lipschitz 连续函数的广义梯度 $\partial_C\varphi(\cdot)$ 具有相当不错的分析法则. 特别地, 它满足包含形式的和法则

$$\partial_C(\varphi_1+\varphi_2)(\bar{x})\subset\partial_C\varphi_1(\bar{x})+\partial_C\varphi_2(\bar{x}).$$

其证明以凸集分离定理为基础, 这类似于 Clarke 非光滑分析[255] 中的大多数其他结果.

Clarke 切锥 $T_C(\bar{x};\Omega)$ 的定义 1.8(iii) 不同于文献 [243, 244] 通过 (Lipschitz) 距离函数 $\mathrm{dist}(\cdot;\Omega)$ 的广义方向导数 (1.73) 式所给出的原始定义. 两种定义的等价性根据文献 [244] 中命题 3.7 的证明可得, 这由 Thibault[1244] 首次发现, 也可参阅文献 [1248]. 如上所述, $T_C(\bar{x};\Omega)$ 是方向导数 $\varphi^\circ(\bar{x};v)$ 的几何版本, 而 Ω 在 $\bar{x}$ 的 Clarke 法锥是对偶空间中的集合, 其定义为

$$N_C(\bar{x};\Omega):=\{x^*\in X^*\mid\langle x^*,v\rangle\leqslant 0,\forall v\in T_C(\bar{x};\Omega)\}. \tag{1.78}$$

它总可以通过距离函数的广义梯度所生成的锥的弱* 闭包来表示

$$N_C(\bar{x};\Omega)=\mathrm{cl}^*\left\{\bigcup_{\lambda\geqslant 0}\lambda\partial_C\mathrm{dist}(\bar{x};\Omega)\right\}.$$

由文献 [244, 命题 3.2] 和文献 [255, 定理 2.5.6], 对闭子集 $\Omega\subset\mathbb{R}^n$ 有下面的表达式

$$N_C(\bar{x};\Omega)=\mathrm{clco}\left\{0,\ \ \lim\frac{u_k}{\|u_k\|}\,\middle|\ \text{在 } x_k \text{ 点 } u_k\perp\Omega \text{ 且 } x_k\to\bar{x},u_k\to 0\right\}, \tag{1.79}$$

其中在 x 点 $u\perp\Omega$ 表示在点 $x\in\Omega$, u 与 Ω 垂直, 即存在 z 使得 $u=z-x$, 且 x 是 Ω 中与 z 唯一最近的点.

应用凸分析中被很好理解的路线, 下半连续 (l.s.c) 函数 $\varphi: X\to\overline{\mathbb{R}}$ 的 Clarke 广义梯度最初由 φ 的上图的法锥定义:

$$\partial_C\varphi(\bar{x}):=\{x^*\in X^*\mid (x^*,-1)\in N_C((\bar{x},\varphi(\bar{x}));\mathrm{epi}\varphi)\},$$

接着, 它被 Rockafellar[1147,1149] 以分析对偶方法 (1.75) 等价地描述, 其中他的广义方向导数 (上次导数) $\varphi^\bullet=\varphi^\uparrow$ 定义为

$$\varphi^\uparrow(\bar{x};v):=\sup_{\gamma>0}\left\{\limsup_{\substack{x\xrightarrow{\varphi}\bar{x}\\ t\downarrow 0}}\left[\inf_{\|z-v\|\leqslant\gamma}\frac{\varphi(x+tz)-\varphi(x)}{t}\right]\right\}.$$

Rockafellar 的次导数 $\varphi^\uparrow(\bar{x};v)$ 关于方向是凸的, 对局部 Lipschitz 函数 φ, 它简化为 $\varphi^\circ(\bar{x};v)$, 而且正好是在 $\bar{x}$ 有限的任意 l.s.c. 函数 $\varphi: X\to\overline{\mathbb{R}}$ 的广义梯度的支撑函数

$$\varphi^\uparrow(\bar{x};v)=\sup\{\langle x^*,v\rangle\mid x^*\in\partial_C\varphi(\bar{x})\}.$$

$\partial_C\varphi(\bar{x})$ 和 $\varphi^\uparrow(\bar{x};v)$ 之间所具有的对偶关系使 Rockafellar[1146~1149] 主要以凸分析的体系为基础来建立 l.s.c. 函数的 Clarke 广义梯度的分析法则和相关结果, 也可参阅文献 [48,570~572]. 然而, 一些重要的性质在非 Lipschitz 的情形已被丢失. 特别地, 所谓的鲁棒性

$$\partial_C\varphi(\bar{x})=\limsup_{x\xrightarrow{\varphi}\bar{x}}\partial_C\varphi(x)$$

对 l.s.c. 函数不再成立. 例如, 当 φ 是集合

$$\Omega:=\{(x_1,x_2,x_3)\in\mathbb{R}^3\mid x_3=|x_1x_2|\}$$

的指示函数且 $\bar{x}=0\in\mathbb{R}^3$ 时[1147,1149].

在 Clarke-Rockafellar 理论中, 方向导数/切向量, 次梯度/法向量之间的完全而美丽的对偶性及关于这些结构的分析法则为在最优化、变分法、最优控制和非线性及变分分析的其他领域中许多重要的、有突破性的应用奠定了基础. 广义梯度和法锥的凸性对理论和应用似乎都是至关重要的, 因为最终涉及到了分离定理. 注意到, 此时在对偶空间中任何由像 (1.75) 的极性关系产生的次微分/法锥结构自动是凸的, 不管方向导数和切向量集合是否是凸的.

1.4.4 避免凸性的动因

众所周知, 对凸分析次微分在 Lipschitz 函数上的任何推广, 若要求凸值性和鲁棒性以及在应用中需要的某些性质, 则 Clarke 广义梯度是不可改进 (即最小) 的.

这个事实由 Lebourg[749] 首次证明, 其中所需的性质是经典中值定理的非光滑版本. 而且, 由 Ioffe[599,定理8.1](也可参见文献 [901, 4.6 节; 949, 定理 9.7]) 的结果可知, 满足上面提到的包含形式的和法则和 Fermat 驻点原理 (即 $0 \in \partial^{\bullet}\varphi(\bar{x})$, 若 $\bar{x}$ 是 φ 的局部极小点) 的任何鲁棒和凸值次微分 $\partial^{\bullet}\varphi(\bar{x})$ 中 $\partial_C\varphi(\bar{x})$ 是最小的.

另外, 人们已经很好地认识到广义梯度对许多重要的应用可能太大, 这些应用特别包括必要最优条件. 很容易给出简单的例子 (如: 在 $\mathbb{R}$ 上 $\min -|x|$, 还有在 $\mathbb{R}^2$ 上 $\min(|x_1| - |x_2|)$), 使得 $0 \in \partial_C\varphi(\bar{x})$, 但 $\bar{x}$ 却远不是极小点. 这些凸结构的另一个严重缺点是, 对非线性分析中非光滑算子覆盖性质、度量正则性、开映射定理、Lipschitz 稳定性等一些基本性质, 以之给出的条件往往有很大的缺陷. 例如参见文献 [337, 1154, 1320] 中的相应结果和讨论. 在基本分析法则[255,2.3节] 中, 最大弱点关系到链式法则, 其中要么要求复合中某些映射的光滑性, 要么涉及不令人满意的凸化.

但是可能是最引人注目的糟糕情况产生在几何考虑中, 其中具有非光滑边界的图集合的法锥 (1.78) 通常正好是全空间或至少是维数大的线性子空间. 例如, 考虑最简单的非光滑函数 $\varphi(x) = |x|$, $x \in \mathbb{R}$ 的图. 则易验证 $N_C((0,0), \text{gph}\varphi) = \mathbb{R}^2$. 同样的现象出现在“补角”的情形, 即在互补条件中出现的 $\mathbb{R}^n$ 中的非负象限的边界. 事实上, 在平面上有

$$N_C((0,0);\Omega) = \mathbb{R}^2, \quad \text{其中} \quad \Omega := \{(x_1,x_2) \in \mathbb{R}^2 \mid x_1x_2 = 0, \quad x_1 \geqslant 0, x_2 \geqslant 0\}.$$

当然这是被从事互补问题和变分不等式工作的人们发现的.

有限维空间中该方向关于切锥 $T_C(x;\Omega)$ 的完整结果由 Rockafellar[1153] 得到, 根据极性, 它们蕴涵着 Clarke 法锥的相应结论. 文献 [1153, 定理 3.2] 指出, 对任何在 $\bar{x}$ 附近 Lipschitz 连续的映射 $f: \mathbb{R}^n \to \mathbb{R}^m$, 法锥 $N_C((\bar{x}, f(\bar{x})); \text{gph}f)$ 事实上是 $q \geqslant m$ 维空间的线性子空间, 其中 $q = m$ 当且仅当 f 在 $\bar{x}$ 是严格可微的. 而且, 这个结果在文献 [1153, 定理 3.5] 中被推广到所谓的“Lipschitz 流形”上, 这种流形与局部 Lipschitz 向量值函数的图是局部同胚的. 在文献 [1153] 中已证明, Lipschitz 流形类 (在文献 [1165] 中称为图 Lipschitz 集) 包含极大单调集值映射的图, 特别地, 包含凸函数和鞍点函数的次微分映射的图. 这样的次微分映射在变分分析中作为描述变分不等式和互补条件的方便工具很早就被认识到了 (参见文献 [1130, 1131]). 最近, Poliquim 与 Rockafellar[1090] 证明: 在有限维最优化中经常碰到的所谓“邻近正则”函数的次微分映射也属于图 Lipschitz 映射类, 因而其图像的 Clarke 法锥也有上面所提到的子空间性质. 为此, 建议读者参阅文献 [365] 的近期结果, 该结果证明了图 Lipschitz 性质在“大参数化”下被保持, 这一点对变分包含/广义方程和相关问题的灵敏性分析尤为重要.

值得一提的是, 邻近正则函数的集合对应物, 即 Poliquin 与 Rockafellar[1090] 所

说的"迫近正则集", 已被 Federer[437] 在几何度量理论的研究中以名字"正可达集"引入和研究. 这样的集也被 Plaskacz[1081] 称为"具有 ρ 性质集", 被 Clarke, Stern 与 Wolenski[271] 称为"邻近光滑集".

1.4.5 基本法向量和次梯度

由于在具有合理性质 (包括鲁棒性) 的任何凸值结构中 Clarke 广义微分结构的不可改进性, 避免上面所讨论的缺陷的唯一方法是放弃法锥和次微分的凸性. 由于从切锥和方向导数经极化生成的结构自动具有凸性, 这就不可避免地放弃凸分析及非光滑分析中这种通过极化生成法锥和次微分的传统模式 (参见 (1.75) 式和 (1.78) 式). 而且, 这样的非凸对偶结构 (以及最优性条件, 分析法则等) 的理论不可能再局限于基于分离定理的凸分析的传统技术.

满足这些要求的闭集的非凸基本/极限法锥和 l.s.c. 增广实值函数的相应次微分由 Mordukhovich 在 1975 年初引入, 那时他并不熟悉 Clarke 的结构. 引入这些结构的最初原因是, 通过对更易处理的自由端点最优控制问题取极限, 得到具有几何端点约束问题的最优条件. 这个结果发表在文献 [887] 中 (首先用俄文发表, 接着被翻译成英文), 其中最初的法锥定义在有限维空间中, 通过欧几里得投影算子 $\Pi(\cdot;\Omega)$ 由

$$N(\bar{x};\Omega) = \operatorname*{Limsup}_{x\to\bar{x}}\left[\operatorname{cone}(x-\Pi(x;\Omega))\right] \tag{1.80}$$

给出, 而基本次微分 $\partial\varphi(\bar{x})$ 则通过 φ 的上图的法锥以几何方法定义 (参见定义 1.77). 与 Ioffe 讨论之后, 文献 [887] 的最后版本中指出, 在有限维空间中 Clarke 法锥是 (1.80) 式的闭凸包. 根据定理 1.6 有法锥 (1.80) 在有限维空间中等价于在本书中使用的基本法锥.

值得一提的是, 在文献 [887] 中出现的基本法锥 (1.80), 其实只是那篇文章所引入的"度量逼近方法"的一个副产品. 该方法可将非光滑约束问题化归为无约束优化的光滑问题 (参见文献 [717, 889, 892]), 其中这个方法被应用于一般的极值问题类, 包括具有等式、不等式和几何约束的数学规划, 极小极大和向量最优化问题, 光滑动力系统的最优控制问题及由离散时间和连续时间微分包含控制的动力系统的最优控制问题. 而且, 这个方法直接导致研究局部极点的一般概念和建立极点原理 (参见第 2 章中定理 2.8 的证明及评注).

注意到, 与度量逼近方法类似的是罚函数方法, 该方法被用于得到光滑约束问题中的必要最优性条件 (参见文献 [106, 864, 1097]). 在文献 [893] 中对优化和最优控制的非光滑约束问题也应用了一个修正惩罚方法, 但是由此所得的结果与度量逼近方法相比需对 (标量) 价值函数添加更多条件. 度量逼近方法的好处是, 它把价值函数和约束函数完全对称地对待, 因此可涵盖多目标和均衡问题及集合系统的一般极点.

1.4.6 类 Fréchet 表示

过了相当一段时间 (在 20 世纪 70 年代末) 人们才认识到基本法锥 (1.80) 和定义 1.77(i) 中相应的基本次微分在有限维空间中能用类 Fréchet 结构的极限表示 (在有限维空间中类 Fréchet 结构在几何上对偶于相依锥 $T(\bar{x};\Omega)$, 并且在分析上对偶于下 Dini 方向导数 $d^-\varphi(\bar{x};v)$), 而无限维的情形需要对 ε- 增大版本取序列极限. 这也是本书中所用的基本定义的由来. 除了前面所提到的文章之外, 读者可参阅文献 [706, 718, 719]. 大约在同一时间人们也认识到, 度量逼近方法不但可用来得到以非凸广义微分结构表示的必要最优性条件, 而且可以用来建立在某些 Lipschitz 假设下在有限维空间中或在具有 Fréchet 光滑重赋范的 Banach 空间中法向量和次梯度分析法则.

完全非 Lipschitz 情形下第一个分析结果由 Mordukhovich[894] 在有限维空间中得到. 特别地, 在那里利用度量逼近的方法证明了基本法锥的交法则

$$N(\bar{x};\Omega_1\cap\Omega_2)\subset N(\bar{x};\Omega_1)+N(\bar{x};\Omega_2), \tag{1.81}$$

其中假设集合 Ω_i 在 $\bar{x}\in\Omega_1\cap\Omega_2$ 是局部闭的, 并且基本规范条件

$$N(\bar{x};\Omega_1)\cap(-N(\bar{x};\Omega_2))=\{0\} \tag{1.82}$$

满足. 而且, (1.81) 式作为等式成立, 如果集合 Ω_i 在 $\bar{x}$ 在文献 [894] 的意义下都是法向正则的, 即

$$N(\bar{x};\Omega)=\widehat{N}(\bar{x};\Omega). \tag{1.83}$$

注意到在有限维空间中, 法向正则性 (1.83) 恰好与 Clarke 的切向正则性 (1.74) 相同, 这由于 $\widehat{N}(\bar{x};\Omega)$ 的凸性 (及在此情形下 $N(\bar{x};\Omega)$ 的凸性) 和在 1.1.2 小节中所讨论的有限维空间中切向量和法向量之间的对偶性关系. 然而在无限维空间中则不然. 关于非光滑分析中各种正则性概念和它们之间的比较的全面研究, 可参见文献 [172].

对这样一个统一的理论, 建议读者参阅 Mordukhovich 的书[901] 和里面的参考文献. 该书大部分是有限维的情形, 但是也有无限维推广的全面讨论, 这基于他的广义微分结构和它们在最优化问题、离散时间和连续时间系统的最优控制问题中的应用, 及其直至于 1986 年底所发展的相关课题.

在无限维 Banach 空间中, 正如本书所采用的那样, 建立定义 1.1 中的基本法向量为属于

$$\widehat{N}_\varepsilon(\bar{x};\Omega)=\left\{x^*\in X^*\,\middle|\,\limsup_{x\xrightarrow{\Omega}\bar{x}}\frac{\langle x^*,x-\bar{x}\rangle}{\|x-\bar{x}\|}\leqslant\varepsilon\right\},\quad \varepsilon\geqslant 0$$

的 ε- 法向量的序列极限. 上面的集合首次出现在 Kruger 与 Mordukhovich 的文章[718] 中. 注意到它与 Ekeland 与 Lebourg[400] 的 ε- 支撑的关系. ε- 支撑的定义为

$$S_\varepsilon(\bar{x};\Omega) := \{x^* \in X^* \mid \exists \nu > 0 \text{ 满足 } \langle x^*, x-\bar{x}\rangle \leqslant \varepsilon\|x-\bar{x}\|,$$
$$\forall x \in \Omega, \|x-\bar{x}\| < \nu \ \text{ 成立}\}, \quad \varepsilon > 0.$$

易见

$$\widehat{N}_\varepsilon(\bar{x};\Omega) = \bigcup_{\gamma>\varepsilon} S_{\varepsilon+\gamma}(\bar{x};\Omega), \quad \forall \varepsilon \geqslant 0.$$

并且注意到“0- 支撑”集合 $S_0(\bar{x};\Omega)$ 带有很少信息 (即使在有限维空间), 而“0- 法向量”锥 $\widehat{N}_0(\bar{x};\Omega) = \widehat{N}(\bar{x};\Omega)$ 对有限维和无限维的情形在我们的研究中都起着非常重要的作用. 对 ε- 法向量的泛函对应结构, 即 ε- 次微分 $\widehat{\partial}_{g\varepsilon}\varphi(\bar{x})$ 和根据文献 [706, 718, 719] 的形式在 1.3.2 小节定义的 $\widehat{\partial}_{a\varepsilon}\varphi(\bar{x})$, 也可观察到类似的情形. (1.51) 式中的 $\widehat{\partial}\varphi(\bar{x}) := \partial_0\varphi(\bar{x})$ 被称为“Fréchet 次微分”或“预次微分”, 它在 Rockafellar 与 Wets 的书[1165] 中被称为“正则次微分”. 有限维空间中等价的结构以命名“$\geqslant$ 梯度的集合”出现在文献 [89] 中.

当然, Fréchet 与这样的法向量和次梯度没什么关系. 现在仍然使用这个名称是为了强调与经典微分的相似之处, 其中 Fréchet 导数是非线性分析的基本工具. 值得一提的是, 作为 Hadamard 的学生, Fréchet 在无限维空间中引入他的导数的时候[473], 他并不了解, 其实对有限个变量函数的相同定义, 早就在 19 世纪 70 年代和 80 年代初已由 Weierstrass 在柏林大学的讲座中用到. 这些讲义于 1927 年才发表[1326], 但某些部分在 20 世纪初被写入一些受 Weierstrass 影响的德文和英文的教科书中 (例如, Scholtz 和 Young 所著的书). 更多细节参见文献 [178, 1257]. 关于分析中各种经典 (和新的经典的) 导数, 及其历史和在线性拓扑空间的一般情形中它们之间的关系的全面讨论参见文献 [68].

而从 20 世纪 70 年代后期开始, 类 Fréchet 法向量和次梯度在最优化和非光滑分析中已经起着显著的作用 (参阅文献 [146, 156, 157, 163, 164, 172, 329, 413, 415, 419, 420, 593, 600, 634, 654, 657, 707, 708, 713, 718, 800~802, 901, 935, 946, 949, 952, 960, 1007, 1249, 1263, 1311, 1345]). Fréchet 次微分 $\widehat{\partial}\varphi(\bar{x})$ 也称为“黏性解意义下的次微分”, 并且从 1983 年 Crandall 与 Lions[297] 开始已经被广泛地应用于 Hamilton-Jacobi 型偏微分方程上. 它在最优控制、随机控制、微分对策等等中有许多应用, 读者在文献 [85, 86, 215, 265, 295, 296, 330, 331, 425, 458, 471, 688, 701, 702, 721, 793, 818, 819, 869, 1230, 1231, 1240, 1241, 1359] 中可以找到更多信息. 另外需要指出, 在意大利的研究人员中, 这种结构在变分不等式和相关课题的研究中已有很长的应用传统 (参见文献 [313, 851] 及其参考文献).

1.4.7 近似次微分

Mordukhovich 的广义微分结构推广到无限维空间的另一途径主要由 Ioffe 从 1981 年开始在系列性的多篇文章中很好地建立. 他从次微分结构

$$\partial_M \varphi(\bar{x}) := \mathop{\overline{\mathrm{Limsup}}}_{\substack{x \xrightarrow{\varphi} \bar{x} \\ \varepsilon \downarrow 0}} \partial_\varepsilon^- \varphi(x) \tag{1.84}$$

开始[589], 称该结构为 M- 次微分, 其中 $\overline{\mathrm{Limsup}}$ 表示 X^* 中的 Painlevé -Kruatowski 上极限 (1.1) 的拓扑对应物, 其中以网替代序列, 这里的 ε- 次微分结构

$$\partial_\varepsilon^- \varphi(x) := \{x^* \in X^* \mid \langle x^*, v\rangle \leqslant d^- \varphi(x; v) + \varepsilon \|v\|\} \tag{1.85}$$

是由“ε- 平移”后的 Dini 导数 (1.71) 生成的极/对偶结构. 不难验证 (比照定理 1.10 的证明) 定义 1.83(ii) 中 Fréchet ε- 次微分 $\widehat{\partial}_\varepsilon \varphi(\bar{x})$ 和 Dini ε- 次微分 (1.85) 之间的关系:

$$\widehat{\partial}_\varepsilon \varphi(\bar{x}) \subset \partial_\varepsilon^- \varphi(\bar{x}),$$

其中在有限维空间中等式成立. 此时 ε- 在基本次微分 $\partial\varphi(\bar{x})$ (参见定理 1.89) 和 Dini 生成 M- 次微分 (1.84) 这些极限结构中可以省掉, 它们都简化为 Mordukhovich 的最初结构. 请比照文献 [596, 718, 719]. M- 次微分在具有 Gâteaux 光滑重赋范的空间中具有有用的性质, 但一般来说却可以本质地大于基本次微分 (对非 Lipschitz 函数它甚至可以大于 Clarke 广义梯度, 参见文献 [1262, 1263]).

Ioffe[590~592,597,599,607] 中给出了 M- 次微分和相应的 M- 法锥 (在有限维中这简化为 (1.80) 式) 在无限维空间中的改进, 命名为“近似法锥和次微分”, 包括“分析”版本 (A) 和“几何”版本 (G), 以及其“核”(见小节 2.5.2 B). 当初的逼近技术 [887] 造成和/或启发了这些结构的产生. 这些结构名字中的形容词“近似”显示了这一点. 事实上, Ioffe 在文献 [591, P3] 中写道:“这本质上都源于 Mordukhovich 得到极值必要条件的逼近方法”, 也可参见文献 [594, P518] 和 [596, P389]. 注意到这些结构中最好的结构, 所谓的“G- 次微分和 G- 法锥的核”, 仍然可以在非 WCG(弱紧生成的) 空间中大于基本结构, 甚至在那些具有 Fréchet 光滑重赋范的空间中 (参见文献 [141; 949, 第 9 小节] 及本书的 3.2.3 小节). 另外, 它们在非 Asplund 空间中比基本结构有本质上更好的分析性质 (实际上在大多应用中是需要的), 虽然它们更复杂.

1.4.8 进一步的历史评注

有限维中, Clarke 法锥表示 (1.79) 式中括号 $\{\cdots\}$ 里的非凸化极限集和 Mordukhovich 的基本法锥相同. 据作者所知, 这个集合在西方文献中由 Rockafellar 在 1985 年的文章[1155] 中以“极限近邻法锥”的名称首次给出, 它被用作辅助工具来得

到推广分析法则和以 Clarke 法向量和次梯度通过某种扰动技术得到必要最优条件. 一些分析法则, 尤其与边际函数和下卷积有关的次微分分析在文献 [1155] 中建立, 这涉及极限近邻法锥和对应的极限集"近邻次梯度"(这在有限维中由 Rockafellar 在文献 [1150] 中引入, 并由其闭凸包来得到 Clarke 的广义梯度), 关于无限维的推广参见文献 [156, 157, 798, 799, 1262, 1263]. 然而, 主要的分析结果和必要最优性条件是由凸化过程得到的, 即用到了 Clarke 结构. 特别地, 基本交公式 (1.81) 和相关的分析结果由 Rockafellar 利用 Clarke 结构在 Clarke 法向量和次梯度所表示的 (1.82) 型规范条件下在文献 [1155] 中得到. 但是, 正如上文所述, 这些公式和这种类型的许多其他结果在没有任何凸化条件下其实早就有了.

西方和俄国所建立的结果之间的明显间隙当然是由冷战期间缺乏东西方学者之间交流和个人联系造成的. Mordukhovich 在西方的一个科学会议上的首次报告之后这种形势才有了很大的改观, 这个会议是由 Clarke, Rockafellar 和 Wets 组织的灵敏性分析和最优化的量化分析国际研讨会, 于 1989 年的 2 月在 Montreal 附近举行 (大约是 Mordukhovich 移民到美国一个月后). 事实上, Rockafellar 在知道 Mordukhovich 在报告中所给的结果 (他对这个结果, "··· 感到很惊奇 ···"[1157]) 并读了他的书后, 在从 Montreal 乘飞机回来的路上, 基于在文献 [1150, 1155] 所建立的方法, 他能够在没有任何凸化的条件下证明主要的分析结果. 正如在 Montreal 会议不久他给 Mordukhovich 的信[1157] 和他的讲义[1158] 中所写的那样: "··· 很神奇, 你所建立的公式一进入我的脑海, 基于已熟知的其他事实我也能很容易地证明这些公式了. 但是, 以前从来没有从这个角度想过."

Clarke 在他 1989 年的书[257] 中首次使用非凸法锥和次微分, 并将之归功于 Mordukhovich. 对这些非凸结构他使用"预法锥"和"预次微分"的名称, 对他的凸化法锥和广义梯度保留"法锥"和"次微分"术语. 在文献 [257, 1.4 小节] 中, Clarke 给出了基本交法则 (1.81) 和由 Mordukhovich 早期得到的相关次微分结果的另一种证明, 并为此使用了类似于 Ioffe[594] 在建立"模糊分析法则"中用的扰动技术. 尽管认识到与凸化结构 $N_C(\bar{x},\Omega)$ 和 $\partial_C\varphi(\bar{x})$ 相比非凸结构分析的好处, Clarke 在文献 [257, P15] 还是强调他更喜欢使用 $N_C(\bar{x},\Omega)$ 和 $\partial_C\varphi(\bar{x})$, 这主要因为它们与切锥和方向导数的极化关系. 同时, 他在文献 [257] 中所研究的变分和控制问题的主要必要最优性条件的注脚评注中, 指出那里的横截条件参考 Mordukhovich 的原始工作可以用更精确的术语"预法锥"和"预次微分"给出.

在这个话题上值得一提的是, 即使在 1989 年以后的许多文章中 (当然还包括这个方向的早期西方研究中, 这其中 Warga 的工作可能是一个很大的例外, 他利用自己的导容概念[1316,1317,1319,1321]), 非光滑控制和变分法中的横截条件还是以 Clarke 的法锥和广义梯度给出, 并没有任何进一步的论述 (参见文献 [255, 256, 267, 268, 272~274, 276, 595, 666, 667, 803, 804, 808, 1178, 1291, 1292]). 利用非凸法锥和次微分得到关于最优性的改良的 Euler-Lagrange 和 Hamilton 条件的可能性在 20 世纪 90 年代才在西方得到认识, 尽管这种类型的结果自 1980 年已经在俄国的文献中建立 (参见文献 [892, 897, 901, 902, 908, 1215, 1216] 及第 6 章的评注).

1.4.9　非凸性的优点

人们慢慢认识到, 基本/极限法锥 (1.80) 和它在无限维的推广及其相应的次微分的非凸性不仅不是坏处, 在大多数情形而是正好相反：与凸结构相比, 它可以建立更好的分析法则, 得到变分理论中更精细的结果, 和本质地增大应用的范围. 而且, 它可通过非凸法锥 (1.80) 和它的无限维推广定义并有效地应用 Banach 空间之间的集值映射 $F: X \rightrightarrows Y$ 在 $(\bar{x}, \bar{y}) \in \mathrm{gph}F$ 的基本上导数结构

$$D^*F(\bar{x}, \bar{y})(y^*) := \{x^* \in X^* \mid (x^*, -y^*) \in N((\bar{x}, \bar{y}); \mathrm{gph}F)\}. \tag{1.86}$$

它首次出现在 Mordukhovich 1980 年的文章[892] 中, 那里是用在最优控制系统的伴随系统上, 然后人们发现它可以用在变分分析及其应用的许多基础方面 (例如, 关于约束和变分系统的度量正则性、Lipschitz 稳定性、灵敏性分析的刻画, 具有均衡约束的变分和均衡问题的最优性条件等, 参见本书大量的结果、讨论和评论). 特别需要强调的是, Clarke 法向量用于 (1.86) 式中的图集不能导致满意的结构和结果, 这是因为, 根据上述的 Rockafellar 定理[1153], 由于凸性, Clarke 法锥具有子空间性质.

另一个由非凸法锥 (1.80) 和它的无限维推广提供的好处是可定义增广实值函数 $\varphi: X \to \overline{\mathbb{R}}$ 在点 $(\bar{x}, \bar{y}) \in \mathrm{gph}\partial\varphi$ 的二阶次微分为

$$\partial^2\varphi(\bar{x}, \bar{y})(u) := (D^*\partial\varphi)(\bar{x}, \bar{y})(u), \quad u \in X^{**}, \tag{1.87}$$

即定义为一阶次微分的上导数. 这个定义首次出现在 Mordukhovich 1992 年的文章[907] 中, 其产生因于 (一阶) 次微分或法锥所描述的系统的灵敏性分析中的应用, 其框架是 Robinson 意义下的广义方程, 这包括变分不等式、互补条件等等 (参见文献 [1130, 1131]). 这里要再次指出, 在这种模式下 Clarke 凸化法锥的应用不产生有价值的结果, 尤其对相应于经典变分不等式和互补问题的函数 φ 是凸的情形, 其中 φ 是凸集的指示函数. 事实上, 根据前面提到的 Rockafellar 的结果[1153], 凸函数的次微分的图是 Lipschitz 流形 (这对任何极大单调关系都对), 因此 Clarke 法锥的子空间性质在这种情形下总成立 (参见文献 [912, Sect.3; 1154, 注 3.13]). 另一方面, 上导数和二阶次微分结构 (1.86) 和 (1.87) 在有限维和无限维空间中具有丰富的分析法则, 这些法则对许多应用非常有用 (参见本书相应的部分及其后面的评注和参考文献).

1.4.10　主要课题和贡献者清单

近年来在基本/极限广义可微结构和相关联的变分技术的研究和应用方面在有

限维和无限维情形都取得了巨大的进步. 下面给出变分分析及其应用中主要课题的部分清单, 其中这些结构的应用是至关重要的, 同时本质上导致新的结果和发展前景. 其中含有主要贡献者/使用者及其著述 (以字母为序). 由于此领域发展很快, 当然也限于作者的知识和理解, 这个清单肯定不全面. 更多的评论在本书的后面讨论具体结果时给出. 注意到下面所列的清单主要包含利用极限过程涉及类 Fréchet 及类似的法向量和次梯度 (或者, 等价地, 在有限维及 Hilbert 空间情形的邻近法向量), 而不使用额外凸化的那些著述.

非凸法锥、一阶次微分和上导数的分析法则： Allali 与 Thibault[15], Borwein 与 Ioffe[147], Borwein, Mordukhovich 与 Shao[151], Borwein, Treiman 与 Zhu[158], Borwein 与 Zhu[162~164], Eberhard 与 Nyblom[382], Fabian 与 Mordukhovich[419], Geremew, Mordukhovich 与 Nam[503], Ioffe[590,596,597,599,600,603,604,607], Ioffe 与 Penot[614], Ivanov[622], Jourani[643,644,646], Jourani 与 Théra[650], Jourani 与 Thibault[652~654,657~660], Kruger[706,708,709], Kruger 与 Mordukhovich[718,719], Ledyaev 与 Zhu[754], Lee, Tam 与 Yen[755], Minchenko[879], Mordukhovich[892,894,901,907,908,910,917], Mordukhovich 与 Nam[934~936], Mordukhovich, Nam 与 Yen[937], Mordukhovich 与 Shao[949,950,952,953], Mordukhovich, Shao 与 Zhu[954], Mordukhovich 与 B. Wang[963,967,968], Ngai, Luc 与 Théra[1007], Ngai 与 Théra[1008], Penot[1070], Rockafellar[1155,1158,1160~1162], Rockafellar 与 Wets[1165], Thibault[1249,1252], Treiman[1267,1269].

二阶次微分分析法则： Dutta 与 Dempe[377], Dontchev 与 Rockafellar[364], Eberhard, Nyblom 与 Ralph[383], Eberhard 与 Pearce[384], Eberhard 与 Wenczel[387], Ioffe 与 Penot[615], Levy 与 Mordukhovich[769], Levy, Poliquin 与 Rockafellar[771], Mordukhovich[910~923], Mordukhovich 与 Outrata[939], Mordukhovich 与 B. Wang[967,968], Poliquin 与 Rockafellar[1090,1092], Rockafellar(个人交流, 参见文献 [769, 923, 939]), Rockafellar 与 Zagrodny[1168], Ward[1307].

度量正则性、以线性率的开性/覆盖及对非光滑和集值映射的鲁棒 Lipschitz 性质： Azé, Corvellec 与 Lucchetti[70], Borwein 与 Zhu[163,164], Galbraith[491], Geremew, Mordukhovich 与 Nam[503], Glover 与 Ralph[510], Ioffe[589,596,598,607,608], Jourani 与 Thibaut[651,655~657,661], Kruger[709,711~715], Kummer[727,728], Ledyaev 与 Zhu[751], Levy 与 Poliquin[770], Mordukhovich[894,901,907,909,917,924], Mordukhovich 与 Shao[946,951,953], Mordukhovich 与 B. Wang[967,968], Ngai 与 Théra[1008], Penot[1068,1071], Rockafellar 与 Wets[1165], Zhang 与 Treiman[1363], Zheng 与 Ng[1365].

正则性扰动、到不可行性的距离和变分分析与最优化中的条件化： Cánovas, Dontchev, Lopez 与 Parra[219], Dontchev 与 Lewis[360], Dontchev, Lewis 与 Rockafellar[361], Dontchev 与 Rockafellar[366], Ioffe[609,610], 和 Mordukhovich[924].

集合、函数和集值映射的结构的、一般的 (generic) 和类紧性性质的研究: Aussel, Corvellec 与 Lassonde[61,62], Aussel, Daniilidis 与 Thibault[63], Bernard 与 Thibault[108~110], Borwein, Borwein 与 Wang[136], Borwein 与 Fitzpatrick[141,142], Borwein, Fitzpatrick 与 Girgensohn[144], Borwein, Lucet 与 Mordukhovich[150], Bounkhel[170], Borwein, Moors 与 Wang[152], Bounkhel 与 Thibault[172,173], Clarke, Ledyaev, Stern 与 Wolenski[265], Clarke, Stern 与 Wolenski[271], Colombo 与 Goncharov[277,278], Colombo 与 Marigonda[279], Cornet 与 Czarnecki[289], Correa, Gajardo 与 Thibault[291], Correa, Jofré与 Thibault[292], Eberhard[381], Edmond 与 Thibault[389], Fabian 与 Mordukhovich[422], Henrion[555,556], Guillaume[525], Ioffe[607], Jofré, Luc 与 Théra[634], Jourani[645,648,649], Jourani 与 Thibaut[661], Lewis[778], Loewen[800,802], Marcellin[848], Mifflin 与 Sagastizábal[873,874], Mordukhovich 与 Shao[949~951,953], Mordukhovich 与 B. Wang[961,964,965,967], Penot[1071], Poliquin 与 Rockafellar[1089~1091], Poliquin, Rockafellar 与 Thibault[1093], Rockafellar 与 Wets[1165], Wang[1303].

广义微分中的变分收敛、逼近和正则化及其相关课题: Benoist[99], Cornet 与 Czarnecki[289,290], Czarnecki 与 Rifford[304], Eberhard[381], Eberhard 与 Nyblom[382], Eberhard, Nyblom 与 Ralph[383], Eberhard, Sivakumaran 与 Wenczel[386], Eberhard 与 Wenczel[387], Geoffroy 与 Lassonde[501], Ioffe[596], Jourani[646], Kruger[705,713], Kruger 与 Mordukhovich[719], Levy, Poliquin 与 Thibault[772], Mordukhovich[901], Poliquin[1088], Poliquin 与 Rockafellar[1090,1091], Poliquin, Rockafellar 与 Thibault[1093], Rockafellar 与 Wets[1165], Rockafellar 与 Zagrodny[1168].

误差界、平静性和尖最小的有效条件: Azé与 Corvellec[69], Azé与 Hiriart-Urruty[71], Bosch, Jourani 与 Henrion[166], Burke[189], Henrion 与 Jourani[559], Henrion, Jourani 与 Outrata[560], Henrion 与 Outrata[561,562], Jourani[647], Jourani 与 Ye[662], Li 与 Singer[784], Mordukhovich, Nam 与 Yen[937], Ng 与 Zheng[1005], Ngai 与 Théra[1010], Papi 与 Sbaraglia[1050,1051], Studniarski 与 Ward[1229], Wu 与 Ye[1334,1335], Zhang[1362], Zheng 与 Ng[1365].

非光滑分析中的数值算法: Bolte, Daniilidis 与 Lewis[122], Burke, Lewis 与 Overton[196,197,199], Flegel[454], Hare 与 Lewis[549], Klatte 与 Kummer[686,687], Kočvara, Kružik 与 Outrata[689], Kočvara 与 Outrata[690,691], Kummer[726~728], Lewis[778], Mifflin 与 Sagastizábal[873,874], Outrata[1030], Papi 与 Sbaraglia[1052].

在约束和变分系统的稳定性和灵敏性分析中的应用: Azé, Corvellec 与 Lucchetti[70], Azé与 Hiriart-Urrety[71], Bosch, Jourani 与 Henrion[166], Burke, Lewis 与 Overton[195], Dontchev 与 Rockafellar[364], Geremew, Mordukhovich 与 Nam[503], Henrion 与 Jourani[559], Henrion, Jourani 与 Outrata[560], Henrion 与 Outrata[561,562],

Jeyakumar 与 Yen[631], Jourani[647], Jourani 与 Ye[662], Klatte 与 Henrion[685], Klatte 与 Kummer[686,687], Kummer[725,726,728], Ledyaev 与 Zhu[751], Levy[767,768], Lee, Tam 与 Yen[755], Levy 与 Mordukhovich[769], Levy, Poliquin 与 Rockafellar[771], Lucet 与 Ye[816], Mordukhovich[907,910~913,924,927,929], Mordukhovich 与 Nam[935,934], Mordukhovich 与 Outrata[939], Mordukhovich 与 Shao[951], Outrata[1030], Papi 与 Sbarglia[1050], Poliquin 与 Rockafellar[1092], Robinson[1137~1139], Rockafellar 与 Wets[1165], Rückmann[1183], Zhang[1362], Zhang 与 Treiman[1363], Zheng 与 Ng[1365].

不可微规划中的一阶最优性/次最优性和规范条件及相关问题： Arutyunov 与 Pereira[37], Bector, Chandra 与 Dutta[90], Bertsekas 与 Ozdaglar[112,1035], Borwein, Treiman 与 Zhu[158], Borwein 与 Zhu[163,164], Dutta[374~376], Glover 与 Graven[508], Glover, Craven 与 Flåm[509], Ioffe[589,596,603,611], Kruger[706,705,714,715], Kruger 与 Mordukhovich[718,719], Lassonde[747], Ledyaev 与 Zhu[754], Mordukhovich[892,893,897,901,922,925], Mordukhovich, Nam 与 Yen[937,938], Mordukhovich 与 B. Wang[962], Muresan[988], Rockafellar[1158,1160], Ralph[1115], Rockafellar 与 Wets[1165], Thibault[1250], Treiman[1267,1268], Ye[1339,1340].

多目标问题的最优性条件： Amahroq 与 Gadhi[16], Bellaassali 与 Jourani[93], Borwein 与 Zhu[164], Craven 与 Luu[300], Eisenhart[395], Dutta[376], Dutta 与 Tammer[378], El Abdouni 与 Thibault[402], Gadhi[489], Govil 与 Mehra[518], Ha[531,532], Jahn, Khan 与 Zeilinger[628], Jourani[645], Kruger 与 Mordukhovich[718,719], Mordukhovich[892,897,901,926,928], Mordukhovich, Treiman 与 Zhu[958], Mordukhovich, Outrata 与 Červinka[940], Thibault[1250], Ye 与 Zhu[1345], Ward 与 Lee[1312], Zheng 与 Ng[1364], Zhu[1372].

二阶最优性条件： Arutyunow 与 Pereira[37], Eberhard 与 Pearce[384], Eberhard, Pearce 与 Ralph[385], Eberhard 与 Wenczel[387], Jahn, Khan 与 Zeilinger[628], Levy, Poliquin 与 Rockafellar[771], Mordukhovich[925,926], Poliquin 与 Rockafellar[1092], Ward[1308,1310].

具有均衡约束的最优化和均衡问题： Anitescu[20], Dutta 与 Dempe[377], Flegel[454], Flegel 与 Kanzow[455,456], Flegel, Kanzow 与 Outrata[457], Hu 与 Ralph[584], Jiang 与 Ralph[632], Kočvara, Kružik 与 Outrata[689], Kočvara 与 Outrata[690], Lucet 与 Ye[816], Mordukhovich[925,926,928], Mordukhovich, Outrata 与 Červinka[940], Outrata[1024~1030], Ralph[1116], Scheel 与 Scholtes[1191], Scholtes[1192], Treiman[1268], Ye[1338,1339,1342], Ye 与 Ye[1343], Ye 与 Zhu[1345], Zhang[1360,1361].

特征值分析和最优化： Borwein 与 Zhu[164], Burke, Lewis 与 Overton[194,195,198,200], Burke 与 Overton[202~204], Ciligot-Travain 与 Traore[242], Dontchev 与 Lewis[360], Jourani 与 Ye[662], Ledyaev 与 Zhu[752~754], Lewis[775,779],

Lewis 与 Sendov[782,783], Sendov[1200]. 这个方向中关于对称矩阵的特征值的早期结果也可参阅 Overton[1033] 和 Overton 与 Womersley[1034].

随机规划及相关课题: Dentcheva 与 Römisch[324], Glover, Craven 与 Flåm[509], Henrion[557,558], Henrion 与 Outrata[562], Henrion 与 Römisch[563,564], Outrata 与 Römisch[1032], Papi 与 Sbaraglia[1051,1052]. 注意到有随机规划及其相关领域的许多其他问题, 为应用本书所建立的变分分析的广义微分工具, 它们显然是非光滑的并且潜在地覆盖相当大的领域. 例如, 参见文献 Birge 与 Qi[115], Dentcheva 与 Ruszczyński[325], Pennanen[1061], Schultz[1196], Wets[1327] 及其参考文献.

关于一般离散和可微常微分系统的变分法和最优控制的必要条件: Arutyunow 与 Aseev[33], Aseev[39~41], Bellaassali 与 Jourani[93], Bessis, Ledyaev 与 Vinter[113], Clarke[257,258,260,261], Clarke, Ledyaev, Stern 与 Wolenski[264,265], Eisenhart[395], Ferreira, Fontes 与 Vinter[443], Ferreira 与 Vinter[444], Ginsburg 与 Ioffe[506], Ioffe[605], Ioffe 与 Rockafellar[616], Kruger 与 Mordukhovich[717], Loewen[801], Loewen 与 Rockafellar[805~807], Marcelli[845], Marcelli, Outkine 与 Sytchev[847], Mordukhovich[887,889,893,897,901,902,904,914~916,921], Mordukhovich 与 Shvartsman[955], de Pinho[1074], de Pinho, Ferreira 与 Fontes[1075,1076], de Pindo 与 Ilchmann[1077], de Pinho 与 Vinter[1078,1079], de Pinho, Vinter 与 Zheng[1080], Rampazzo 与 Vinter[1118], Rockafellar[1161,1162], Rowland 与 Vinter[1179], Silva 与 Vinter[1211], Smirnov[1215,1216], Vinter[1289], Vinter 与 Woodford[1293], Vinter 与 Zheng[1294~1296], Woodford[1331], Zhu[1372].

常微分控制系统、灵敏性、稳定性和可控性的定性分析: Borwein 与 Zhu[161], Clarke[261], Clarke, Ledyaev, Stern 与 Wolenski[264,265], Galbraith[491,492], Galbraith 与 Vinter[493], Ioffe[605], Jourani[647], Ledyaev 与 Zhu[754], Loewen 与 Rockafellar[807], Mordukhovich[901,915], Rockafellar 与 Wolenski[1166,1167], Shvartsman 与 Vinter[1210], Smirnov[1216], Vinter[1289], Vinter 与 Wolenski[1292], Wolenski 与 Zhuang[1330].

时滞最优控制和泛函可微系统: Clarke 与 Wolenski[275], Ginsburg 与 Ioffe[506], Minchenko[878], Minchenko 与 Sirotko[880], Minchenko 与 Volosevich[881], Mordukhovich[921], Mordukhovich 与 Trubnik[959], Mordukhovich 与 L. Wang[973~977], Ortiz[1021], Ortiz 与 Wolenski[1022].

控制系统的 Hamilton-Jacobi 方程的广义解、稳定性和反馈分析: Clarke, Ledyaev, Sontag 与 Subbotin[263], Clarke, Ledyaev, Stern 与 Wolenski[264,265], Clarke 与 Stern[269], Luo 与 Eberhard[819], Freeman 与 Kokotović[474], Galbraith[490~492], Goebel[511], Ledyaev 与 Zhu[754], Malisoff, Rifford 与 Sontag[837], Rifford[1124], Rockafellar[1164], Rockafellar 与 Wolenski[1166,1167], Sontag[1220], Wolenski 与 Zhuang[1330].

演化和偏微分系统的分析、控制和最优化：Bounkhel 与 Thibault[173], Colombo 与 Goncharov[277], Colombo 与 Wolenski[280], Edmond 与 Thibault[390], Gavrilov 与 Sumin[500], Guillaume[525], Ioffe[611], Marcellin[848], Mordukhovich[932], Mordukhovich 与 D. Wang[970,971], Rossi 与 Savaré[1176], Sumin[1233].

光滑和黎曼流形上的变分分析与广义微分：这个研究领域已经开始于 Borwein 与 Zhu[164], Dontchev 与 Lewis[360], Ledyaev 与 Zhu[752~754], Rolewicz[1172] 的工作, 也可参见文献 Chryssochoos 与 Vinter[240].

在动力系统的定性理论、Banach 空间的几何、实和复分析中的应用：Avelin[66,67], Benabdellah[96], Benabdellah, Castaing, Salvadori 与 Syam[97], Bolte, Daniilidis 与 Lewis[122], Bounkhel 与 Thibault[173], Borwein, Borwein 与 Wang[136], Borwein, Fabian, Kortezov 与 Loewen[139], Borwein, Fabian 与 Loewen[140], Borwein 与 Fitzpatrick[141,143], Borwein, Fitzpatrick 与 Girgensohn[144], Borwein 与 Jofré[148], Borwein, Moors 与 Wang[152], Borwein, Treiman 与 Zhu[158], Borwein 与 Zhu[163,164], Fabian 与 Mordukhovich[419,422], Ha[530,531], Ioffe[607], Jourani[649], B. Wang[960], Rolewicz[1171,1172], Rossi 与 Savaré[1176], Wang[1303,1304].

在机械、物理和工程问题中的应用：Anitescu[20], Benabdellah[96], Benabdellah, Castaing, Salvadori 与 Syam[97], Bounkhel 与 Thibault[173], Burke, Lewis 与 Overton[194,195,197], Burke 与 Kuke[201], Luke, Burke 与 Lyon[817], Colombo 与 Goncharov[277], Edmond 与 Thibault[390], Freeman 与 Kokotović[474], Kočvara, Kružik 与 Outrata[689], Kočvara 与 Outrata[690,691], Mordukhovich 与 Outrata[939], Outrata[1024,1027,1028,1030], Rossi 与 Savaré[1176], Vinter[1289].

在经济和金融中的应用：Bellaassali 与 Jourani[93], Borwein 与 Zhu[164], Bounkhel 与 Jofré[171], Cornet[288], Cornet 与 Czarnecki[290], Flåm[452], Flåm 与 Jourani[453], Florenzano, Gourdel 与 Jofré[460], Jofré[633], Jofré与 Rivera[635], Habte[533], Khan[669~671], Kočvara 与 Outrata[690], Malcolm 与 Mordukhovich[836], Mordukhovich[920,922,930], Mordukhovich, Outrata 与 Červinka[940], Outrata[1029,1030], Papi 与 Sbaraglia[1051,1052], Villar[1288], Zhu[1375].

1.4.11 Banach 空间中的广义法向量

现在评论 1.1 节中给出的主要结果, 该节主要研究任意 Banach 空间框架下的基本几何结构. 定理 1.6 首见于文献 [718] 和文献 [892], 其中还建立了与切逼近/相依逼近之间的关系. 这些结果的完整证明在文献 [719, 901] 中给出, 关于有限维中通过相依锥的对偶向量的极限给出的基本法锥的等价表示也可参阅文献 [596]. 注意到定理 1.6 中基本法锥的表示 (1.8) 曾被 Rockafellar 与 Wets[1165] 采用作为有限维空间中 (一般) 法锥的基本定义.

1.1.2 小节讨论的切向量与法向量之间的极性关系在许多著述中被研究, 参见文献 [89, 156, 600, 705, 719, 1165]. 定理 1.9 中的两个包含关系包括 Clarke 切锥和相依/弱相依锥都由 Kruger[705] 在无限维情形建立. 关于根据定理 1.9 得到的有限维空间中的等式关系

$$T_C(\bar{x};\Omega) = \mathop{\mathrm{Liminf}}_{x \xrightarrow{\Omega} \bar{x}} T(x;\Omega),$$

也可参阅文献 [285, 1065]. 这个定理的第一个包含关系也由 Treiman[1262] 在 Banach 空间中证明, 而第二个包含关系曾由 Penot[1065] 在自反空间中给出. 在额外的 Kadec 和 Fréchet 光滑假设下定理 1.9 中的等式表达式由 Borwein 与 Strójwas[156] 建立.

1.1.3 小节的结果主要基于 Mordukhovich 与 B. Wang[967]. 注意到在本小节中多处用到的严格可微性的概念由 Leach[748] 正式地引入, 然而 Peano 在文献 [1054] 中已知道这一点. 而 Graves[522] 在著名的 Lyusternik-Graves 定理的证明中切实应用过 (参见定理 1.57 及 Dontchev[352]). 还注意到在引理 1.16 中得到的 ε- 法向量的一致估计 (这在此处及本书其他各处都是一个基础性结果, 它不同于以基本/极限结构给出的点基假设) 应该区别于 Ioffe[591,594] 在略微不同的情形下给出的“模糊分析”法则, 因为前者在所讨论点的整个邻域上给出了更精确的一致估计, 并且计算了相应的常数. 对 Jacobi 矩阵具有满秩假设的定理 1.17 的有限维版本由 Rockafellar 与 Wets[1165] 用不同的方法证明.

1.1.4 小节中集合的序列法紧性 (SNC) 性质由 Mordukhovich 与 Shao 在文献 [951] 中引入 (1994 年预印本), 接着在文献 [950] 中命名为“SNC”. 注意到, 为了避免平凡性, 关于在对偶空间中法向量元素的弱* 和范数收敛于零之间的相互关系的论证经常 (显式或隐式地) 用于无限维变分分析中的不同方面. 例如, Borwein 与 Strójwas[155,156], Ginsburg 与 Ioffe[506], Ioffe[595,598,607], Jourani 与 Thibault[655,656,661], Kruger[707,709], Loewen[800,801], Mordukhovich[901,917], Mordukhovich 与 Shao[949] 和 Penot[1068,1071]. 定理 1.21 和定理 1.22 由 Mordukhovich 与 B. Wang[967] 建立.

作为 Rockafellar[1147] 的上图 Lipschitz 性质的推广, 集合的紧上图 Lipschitz (CEL) 性质由 Borwein 与 Strójwas[155] 引入. 上图 Lipschitz 性质主要与非空内部有关 (凸集的情形参见命题 1.25), 而 CEL 却对有限维空间中的任意集合都成立. 赋范空间中的闭凸集的 CEL 性质的完整刻画由 Borwein, Lucet 与 Mordukhovich[150] 给出 (参见注 1.27(i)). 这些结果的详尽阐述和更深刻的发展在 Hilbert 空间中的分离定理的框架下由 Ernst 与 Théra[409] 得到. 定理 1.26 的证明基于文献 [800] 中 Loewen 的论证, 也可比照文献 [949].

通过对偶空间中的法向量的拓扑/网收敛表述的 Banach 空间中的 CEL 集合的完整刻画在 Ioffe[607] 的基础研究中通过变分原理得到 (参见注 1.27(ii)). 这些刻

画表明 CEL 性质实际上是 SNC 性质的恰当拓扑收敛对应物. 一般 Banach 空间中集合的 CEL 性质和 SNC 性质之间的完整关系由 Fabian 与 Mordukhovich[422] 建立, 这在注 1.27(ii) 中有讨论.

1.1.5 小节的定理 1.30(i) 中一般 Banach 空间中的 Fréchet 法向量的光滑变分描述由 Mordukhovich[925] 得到. 在所论空间上添加额外的几何假设下, 这个定理的论断 (ii) 和 (iii) 的更多细致描述是 Fabian 与 Mordukhovich[419] 所建立的相应次梯度描述的几何/法向量版本 (参见定理 1.3.2 小节中的定理 1.88). 注意到当 $\mathcal{S} = \mathcal{LF}$ 时定理 1.30 中的论断 (iii) 根据 Deville, Godefroy 与 Zizler[330,331] 所得到的 Fréchet 次梯度的变分描述可得, 这在有限维空间中也由 Rockafellar 与 Wets[1165] 证明. 类 Fréchet 法向量/次梯度结构对这样的光滑变分描述是很关键的, 而这些描述对应用, 包括本书中讨论的, 是很重要的.

值得一提的是, 在定理 1.30(iii) 中给出的变分型广义法向量的概念在有限维空间中可追溯到 Hörmander[581,582], 他把它应用到偏微分方程和复分析中 (参阅文献 [66,67]). 这种类型的次微分的概念由 Crandall 与 Lions[297], Crandall, Evans 与 Lions[295] 在 Hamilton-Jacobi 和相关方程的黏性解理论中给出并大力发展, 该理论后来成为非线性分析和偏微分方程中极为活跃和成果卓著的方向, 其应用涵盖最优控制、微分对策、随机方程等等各个方面 (参见文献 [85, 296, 458, 1230] 及里面的参考文献). 这样的次微分概念被 Deville 等采用并且应用到非光滑和变分分析中的问题 [328~331], 特别地, 这包括 Borwein 与 Zhu[160,163,164] 在"黏性"或"光滑"次微分的名称下的应用. 注意到在所论空间具有某种光滑性的假设下这种类型的光滑法向量和次梯度等价于定义 1.1(i) 和 1.3.2 小节中的 Fréchet 法向量和次梯度, 上述著述中总是包括这样的假设, 对这样的类 Fréchet 结构的描述来说它们不但是充分的, 而且是必要的 (参见文献 [419]). 另外, 在预极限和极限框架下应用本书所采用的结构时, 则不受任何光滑性的限制.

由 Mordukhovich[920] 所得到的命题 1.31 中的基本法锥的最小性性质密切关联于由 Mordukhovich 与 Shao[949] 所得到的相应次微分结果. 最小性这个方向以前的结果, 在更多的限制要求下首次由 Ioffe[596] 注意到, 接着由 Ioffe[599] 和 Mordukhovich[894,901] 建立.

1.4.12 集值映射的导数和上导数

1.2 节开始研究集值 (作为特例, 也包括单值) 映射的广义微分, 这里使用的是图/几何方法, 它把映射的导数型结构和其图像的无穷小逼近联系起来. 这样的图方法可追溯到经典微分学的开始, 那时 Fermat(1636) 通过图像的切线的斜率定义了多项式函数在一给定点的导数. Fermat 的几何方法由 Aubin 在现代框架下发扬光大. 他在 1981 年的文章[48] 中通过集值映射的图在所论点的相依锥定义了集值映射的一个导数概念, 更早的发展也可参阅文献 [1107, 1109]. 对非光滑函数和映射的这种类型的各种切向生成导数在许多著述中利用图的不同切向逼近引入并研究 (例如, 文献 [28, 29, 52, 54, 58, 60, 91, 133, 186, 465, 469, 517, 594, 630, 686, 774, 879,1068, 1060, 1094, 1159, 1165, 1168, 1247, 1278]).

广义微分的另一种图方法由 Mordukhovich 建立, 他在 1980 年的文章[892] 中通过一般集值映射的图的基本法锥 (1.80) 引入了集值映射的上导数概念. 从概念上讲, 这不同于 Aubin 和 Pshenichnyi 方法下的切向生成导数, 因为此时一般的非凸情形切锥和法锥之间的对偶性不复存在了. 当然, 对光滑和凸图映射而言这两种方法是等价的. 注意到上导数给出了非光滑和集值映射的伴随导数算子的推广, 而切向生成导数则推广经典的导数概念到任意映射.

如上所述, 上导数首先在文献 [892] 中在有限维中通过非凸法锥 (1.80) 由表达式 (1.86) 定义. 当时是受在微分包含 $\dot{x} \in F(x,t)$ 的最优控制中的应用的促动, 而 D^*F(在 "伴随映射" 的名称下) 被用来描述微分包含的 Euler-Lagrange 型必要最优性条件中的伴随系统, 对凸值映射的情形它与 Pshenichnyi 应用的 "局部共轭/伴随" 算子相同. 集值映射的 (1.86) 型结构的非常合适的术语 "上导数" 后来由 Ioffe 在文献 [594, 596] 中建议使用. 定义 1.36 中的图 N- 正则性和 M- 正则性的概念出现在 Mordukhovich[917] 中, 而在有限维中它们都可追溯到他早期的工作 [892,901].

在无限维的情形, 为区别两种极限上导数之间的不同, 这两种极限上导数在分析中起着基本的作用: 即定义 1.32 中的基本上导数和混合上导数. 通过基本法锥 (1.3) 由 (1.26) 式描述的基本上导数事实上在有限维中与文献 [892] 中原始的定义相同, 只依赖于所讨论的法锥, 而混合上导数是一个纯粹的无限维结构. 它首次出现在文献 [917] 中 (也可参见文献 [953]), 尽管在对偶空间的乘积上应用混合收敛的思想早见于 Penot 的工作[1071](1995 年的预印本). 然而, 文献 [1071] 中的结构 (根据收敛网定义, 而不是序列) 不同于定义 1.32(iii) 中的混合上导数, 因为混合上导数的混合收敛是有顺序的, 即关于有效域变量是弱* 收敛而关于图像变量是强收敛. Penot 结构的主要不足在于缺少分析法则, 即使对实值函数的情形 (参见注 3.22). 相比之下定义 1.32 中的极限上导数无论是基本上导数还是混合上导数在无限维中都具有广泛的分析法则, 因此有完全独立的、不可替代的应用.

例 1.35 中的基本上导数和混合上导数之间的差别由 Mordukhovich 与 Shao[953] 证明, 这个例子中的映射取自 Ioffe[598]. 定理 1.34 中的凸值映射的极点性质与定理 1.38 中可微映射的上导数表示可追溯到 Mordukhovich 的早期工作[892,901].

1.4.13 Lipschitz 性质

1.2.2 小节开始广泛研究集值映射 (包括单值) 的 Lipschitz 性质, 它们在变分分析及其应用的许多方面特别在本书中起着关键作用. 函数的 Lipschitz 连续性

(在 19 世纪由 Lipschitz[796] 在微分方程的框架下引入) 在经典分析中已经被人们熟知 (大概开始于 Peano) 作为标准连续性的线性率对应物, 由于它的线性率, 就理论的/定性的和数值的/定量的观点来说都是非常方便的. 经典的 Lipschitz 性质在凸分析中起着重要作用, 在那里它实际上与凸函数的标准连续性没有不同, 它在 Clarke 非光滑分析中尤其重要, 因为该理论主要是围绕 Lipschitz 函数展开的.

集值映射在变分分析和最优化中具有特殊的意义, 这特别是由于有必要分析相对于参数扰动的约束和变分系统的可行解和最优解 (移动) 集的性质. 这主要是灵敏性和/或稳定性分析中的课题, 其中 Lipschitz 稳定性的概念起着关键的作用. 因此 Lipschitz 连续性在集值映射的合适推广是至关重要的. 集值映射 $F: X \rightrightarrows Y$ 的 (Hausdorff)Lipschitz 连续性的标准概念, 实际上对应于在嵌有 Pompieu-Hausdorff 距离 (参见文献 [552, 1101, 1165]) 的 Y 的紧子集所构成的空间中取值的单值映射的经典 Lipschitz 性质, 有时不能满足变分分析的需要. 其明显的不足来自值集合的紧性 (有限维中有界性) 的要求. 对参数变分不等式和其他相关的最优化问题的解映射而言这经常是不能满足的. 无界集的一个简单而非常重要的例子由实值函数的上图给出, 它在理论和许多应用中都是举足轻重的.

不具有紧性限制的集值映射的 Lipschitz 性质的一个合适版本由 Aubin 在文献 [49] 中给出, 这是受在凸最优化问题的灵敏性分析中的应用的促动. Aubin 性质是 F 的图上在一个给定点的邻域内的 Lipschitz 性质的局部化, 的确是在集值映射情形下经典局部 Lipschitz 连续性的最自然的对应物. 而且, 根据 Rockafellar[1154] 所建立的定理 1.41, Aubin 性质恰好等价于相应的 (数量) 距离函数的标准局部 Lipschitz 连续性. 因此为了这个性质 Aubin 提出的“伪 Lipschitz”术语似乎有点儿误导, 因为“伪”意味着“假的”. 在文献 [364, 1165] 中这个性质称为“Aubin 性质”, 没有指出它的 Lipschitz 本质. 这个性质的别的名称见于文献 [686, 728]. 作者认为, 本书所采用的“类 Lipschitz”术语能更好地反映经典 Lipschitz 性质到集值映射的这个 Aubin 推广的本质和意义.

值得注意的是, 与经典的局部 Lipschitz 连续性相同, Hausdoff 和 Aubin 局部 Lipschitz 性质需要所论参考点的邻域中的所有点对之间的比较. 这意味着 Hausdorff 和 Aubin 这些推广相对于参考点的扰动的鲁棒性, 即这些 Lipschitz 性质和经典的 Lipschtiz 性质都是给定点附近的性质. 在全书中把这样的性质与在给定点通常不是鲁棒的单点性质相区别.

集值映射的另一种鲁棒 Lipschitz 性质, 似乎本质上是有限维的, 由 Rockafellar[1154], Loewen 与 Rockafellar[805], Rockafellar 与 Wets[1165], Galbraith[491] 定义和研究. 定理 1.42 是在文献 [1154] 中建立的 Rockafellar 结果的一个无限维版本. 关于这样性质的更多讨论可在文献 [1165] 中找到.

对应于定义 1.40 中的基本包含 (1.28) 式中取定 $u = \bar{x}$ 的情形 (其中 $v = \mathbb{R}^m$), 集值映射的"非鲁棒"性质的研究在"上 Lipschitz"性质的名称下始于 Robinson[1130]. 注意到这样的性质不能简化为单值映射情形下的经典 Lipschitz 连续性. 在文献 [1132] 中, Robinson 建立了所谓分片多面体映射的上 Lipschitz 性质, 而这样的映射在包括线性规划在内的一些最优化问题的灵敏性分析中有重要应用. 这个方向的先前结果参见文献 [1126, 1127, 1299]. 上 Lipschitz 性质及其修改后来被 Rockafellar 与 Wets[1165] 称为"平静性". 集值映射的这些性质和相关的 Lipschitz 性质在许多文献中被研究和应用. 例如, 文献 [91, 424, 482, 519, 550, 559~562, 641, 686, 687, 768, 773, 1339, 1362].

定义 1.32 中的上导数结构的最大的优势之一在于, 它为给出单值和集值映射的鲁棒 Lipschitz 性质和对应的度量正则性与覆盖性质的完全对偶刻画提供了可能性. 1.2.2 小节包含任意 Banach 空间中鲁棒 Lipschitz 性质的必要上导数条件. 定理 1.43 和定理 1.44 由 Mordukhovich[917] 和 Mordukhovich 与 Shao[953] 建立, 而在有限维空间中定理 1.44 的结果可追溯到 Mordukhovich 的早期工作：关于局部 Lipschitz 性质见文献 [892, 901]; 关于类 Lipschitz 性质见文献 [907]. 在一般 Banach 空间中的估计 (1.32) 当 $\varepsilon = 0$ 时首次由 Mordukhovich 与 Shao 在文献 [946] 中得到, 这里所给的简单证明根据 Jourani 与 Thibault[661] 的思想得到.

定义 1.45 中的图 Lipschitz 映射和图光滑映射的概念源于 Rockafellar[1153], 他在映射的图是"Lipschitz 流形"和"严格光滑集"的名称下引入这些概念, "图"术语由 Rockafellar 与 Wets 在文献 [1165] 中首次采用. 定义 1.45 中的半 Lipschitz 和半光滑版本出现在文献 [965] 中. 根据 Rockafellar[1153] 的结果 (Poliquin 与 Rockafellar[1090] 和 Dontchev 与 Rockafellar[365] 中结果的推广), 图 Lipschitz 性质对典型地出现在有限维变分分析和最优化中的非常重要的很多映射类成立. 特别地, 它们包括凸函数、鞍点函数、(本质上更一般的) 邻近正则函数的次微分映射, 它在所谓的"大量的参数化"下是不变的.

定理 1.46 中关于图正则性和图光滑 (半光滑) 性质之间的等价性分别由 Mordukhovich[912] 对图 Lipschitz 映射和 Mordukhovich 与 B. Wang[965] 对图半 Lipschitz 映射建立, 它基于 Rockafellar[1153] 关于有限维空间中的 Clarke 法向量的子空间性质和 1.1.3 小节中的法锥 (等式型) 分析法则的结果. 这些及相关结果在无限维中的推广建议读者参阅 3.2.4 小节和在第 3 章 3.4 节给出的相应的评注.

1.4.14　度量正则性和线性开性

在 1.2.3 小节开始研究的度量正则性和覆盖/开性性质在非线性分析早就被看做是最基本的概念. 它们可追溯到 20 世纪 30 年代初线性算子的经典 Banach-Schauder 开映射定理 [76,1190]. Banach-Schauder 结果的一个著名的非线性推广在

1934 年由 Lyusternik[824] 得到, 它由 Graves[522] 独立地 (用不同的方法, 但是在很大程度上是等价形式) 在 1950 年得到. 这个结果, 现在被称为 Lyusternik-Graves 定理, 和为其证明所建立的方法 (重述于定理 1.57 的证明中) 在经典非线性分析和现代变分分析及其各种应用的许多方面中起着决定性的作用 (参见文献 [337, 352, 355, 361, 587, 608, 676, 677, 1100, 1110, 1129]).

当 $y = \bar{y} = f(\bar{x})$, $\mathcal{C}^1$ 函数 $F = f : X \to Y$ 时, 度量正则性定义中的关键估计 (1.36) 出现在 Lyusternik 关于光滑流形的切空间描述的结果的起初证明[824]中, 值得一提的是他的定理源于一个变分问题 Lagrange 乘子的研究, 该问题具有由 Banach 空间之间的光滑映射给出的等式/算子约束 $f(x) = 0$. Graves 在他的证明中建立了定理的覆盖/开性部分 (1.39), 他的证明实际上用的是在 $\bar{x}$ 严格可微的映射 f(尽管严格可微的概念没有显式地定义). 正则性和覆盖部分现在被认为是等价的. 对 Lipschitz 连续映射来说, 这些性质之间的等价性首次由 Dmitruk, Milyutin 与 Osmolovskii 在文献 [337, 引言] 中提到, 但没有给出证明 (也可参见文献 [589, 598]). 注意到 Graves 的覆盖/开性定理[337] 的最初版本并没有引起人们足够的重视 (参见文献 [352] 中更多的讨论).

接下来由不等式给出的集值映射的 (1.36) 型的距离估计见于 Hoffman 1952 年[579], 他得到了有限维空间中到由线性等式和不等式系统给出的解的集合的距离估计, 与经典的情形相比它大致反映了现代 (线性规划之后) 最优化的最重要的特征. Hoffman 型的估计, 现在被称为误差界, 已经成为在许多文献中建立的现代最优化理论的一个重要部分 (参见文献 [59, 60, 71, 88, 188, 190, 191, 205, 424, 445, 639, 647, 686, 692, 716, 784, 842, 1003~1005, 1045, 1126, 1334, 1353] 及其参考文献).

对由非线性光滑等式和不等式系统及凸过程控制的集值映射的度量正则性和开性的研究, 对以后发展有巨大影响的贡献由 Robinson 在 20 世纪 70 年代的一系列文献中得到 (参见文献 [1125, 1127 ~1129]). 他的关于凸过程的度量正则性和覆盖/开性的奠基性的定理对变分分析的发展和应用非常重要且影响深远. 该定理也由 Ursescu[1275] 独立发现 (请对比本书中的定理 4.21 及其 Aubin 与 Ekeland[52,定理 3.3.1] 中的"闭图"版本).

对 Banach 空间之间的单值 Lipschitz 映射 $f : X \to Y$, 以 Clarke 次梯度给出的 Lyusternik-Graves 定理在非光滑和非凸系统的早期推广由 Ioffe[587] 和 Milyutin[337] 得到. 实际上, Ioffe 所考虑的并非是如 (1.36) 式中对 $\bar{y}$ 附近的所有 y 定义的完全度量正则性, 而是在 (1.36) 式中当 $y = \bar{y} = f(\bar{x})$ 时更弱的单点度量正则性. 这个单点的正则性近来被 Dontchev 与 Rockafellar[366] 称为"次正则性", 这在某些重要的应用是有用的. 例如, 在必要最优性和可控条件的理论中. 对应的覆盖结果由 Warga 在"胖同胚"的名称下通过他的导容作过研究 (参见文献 [1318, 1320,

1322]). 然而, 这样的单点性质不是鲁棒的, 这对它们的全面研究和应用, 尤其在无限维空间中, 带来很大的困难.

Milyutin 可能是第一个强调 (在他的报告和个人交流中, 这远早于文献 [337]) 考虑算子在整个邻域内 (或在参考点附近 —— 本书中所采用的术语) 的正则性和覆盖性质及其一致估计的重要性的人. 他从一开始还认识到, 对 Lipschitz 算子的覆盖性质和相关的 Magaril-Il′yaev 隐函数定理[826], 他以 Clarke 次梯度给出的充分条件是不全面的, 离必要性还很远, 而经典的 Lyusternik 正则性条件 $\nabla f(\bar{x})X = Y$ 则是光滑映射覆盖的一个等价条件.

“正则性”这个术语最初由 Lyusternik 使用, 它指的是满射条件 $\nabla f(\bar{x})X = Y$. 在相同意义下后来被应用到大多俄文文献中 (参见文献 [618]). 在文献 [1128, 1129] 中, Robinson 用的“正则性”实际上关联于 (1.39) 型的开性, 这被 Milyutin 等称为“覆盖”(参见文献 [337]). Ioffe[589,596,598] 对在一点定义的类似性质使用“满性”术语, 当 $y = \bar{y} = f(\bar{x})$ 时, 对距离估计 (1.36) 保留“正则性”一词[578]. 距离估计的“度量正则性”术语似乎是非常合适的, 现在被广泛接受, 首次由 Borwein 在文献 [137] 中利用. “线性率的开性”术语可追溯到 Dolecki[339], Rockafellar 与 Wets[1165], 称这个性质为“线性开性”.

集值映射的度量正则性、覆盖/线性开性的这些局部性质与其逆映射的 Aubin 型 Lipschitz 性质之间的等价性由 Borwein 与 Zhuang[165] 和 Penot[1066] 证明. 但是他们没有涉及模/确切界的对应关系. 1.2.3 小节的等价结果和术语, 包括局部和非局部概念, 由 Mordukhovich[900] 建立.

注意到集值和单值映射的非局部 (全局的、半局部的) 度量正则性和相关的性质在许多应用中是重要的, 特别是在最优控制[336] 和最优化与均衡的数值方法[1116] 中. 注意到 1.2.3 小节所研究的非局部性质不同于 Ioffe 近来的工作[608] 中的相应性质, 在该文中他建立了度量空间之间的映射的度量正则性理论. Mordukhovich 与 B. Wang[967,968] 引入和研究了 Banach 空间之间的映射 $f : X \to Y$ 的“限制度量正则性”的性质. 当把 $f(X)$ 看成度量空间时, 此即 $f : X \to f(X)$ 标准的 (1.36) 类型的度量正则性, 但同时利用了 X 和 Y 的 Banach 空间的特性. 更多的讨论参见注 1.61. 非局部方向度量正则性的另一概念近来由 Arutyunov 与 Izmailov[36] 引入和研究, 它产生于在最优化灵敏性分析中的应用.

在定理 1.54 和推理 1.55 中给出的具有确切界估计的度量正则性和覆盖性质的必要上导数条件由 1.2.2 小节中的相应 Lipschitz 结果而得, 这因于所得的等价关系 (见文献 [709, 894, 901, 917, 946, 953]). 这些必要条件对随后的应用非常重要, 特别是对第 3 章的上导数分析法则. 这些条件的充分性及其应用将在第 4 章中讨论, 详尽的评注和参考文献在 4.5 节给出.

定理 1.57 给出了在所论点是严格可微的 Banach 空间之间的单值映射的覆盖

和度量正则性的完整刻画. 它的充分性部分是经典的 Lyusternik-Graves 定理 (的证明) 的核心. 如上所述, Lyusternik[824] 正式地建立了 $\mathcal{C}^1$ 映射的切空间结果, 而他的证明实际上包含度量正则性估计 (1.36). Graves[522] 实际上对严格可微的映射得到了覆盖性质, 定理 1.57 充分性部分的证明就取自他的论证. 注意到 Lyusternik 和 Graves 的证明都基于迭代过程, 它是经典 Newton 切向方法的一种 (本质的) 改进, 在文献 [337] 中被称为"Lyusternik 迭代过程".

关于正则性和覆盖确切界的精确公式和定理 1.57 的必要性部分首次由 Mordukhovich[894,901,909] 在有限维空间中建立, 那里是集值映射的度量正则性和覆盖性质的一般上导数刻画的一个简单推论. 后来发现 $\mathcal{C}^1$(和严格可微) 映射的这些结果可以通过泛函分析的传统论证而得到 (参见文献 [282, 361, 607]). 定理 1.57 的严格证明要求度量正则映射的导数像集的闭性; 引理 1.56 给出的事实由 Mordukhovich 与 B. Wang[967] 建立. 当然, 就一阶微分结构而言得到必要性和确切界公式的可能性归因于所研究的性质的线性率, 这一点在经典的 Lyusternik-Graves 定理中可能没有意识到. 这些性质的高阶版本的文献例子包括 [165, 466, 467, 469, 521, 608].

本书所建立的逆映射结果 (定理 1.60) 是定理 1.57 覆盖刻画的推论. 这个定理的充分性部分是经典 $\mathcal{C}^1$ 逆函数定理到当时是新的严格可微映射类的 Leach 推广[748], 也可参见由 Nijenhuis[1011] 得到的关于隐函数定理的相应推广以及 Krantz 与 Parks 近期关于隐函数定理带有许多历史细节的书[699]. 为得到局部单值和严格可微逆的存在性, 关于 $\nabla f(\bar{x})$ 的可逆性假设的必要性可能最先由 Dontchev[351] 注意到, 作为他关于"广义方程"的解映射的某种 Lipschitz 和可微性在 Robinson[1136] 意义下的强逼近下被保持的一般结果的一个直接推论. 关于隐函数和逆函数定理及其各种应用的非光滑版本建议读者参阅 Clarke[252,255], Dontchev[350], Dontchev 与 Hager[356], Hiriart-Urruty[570], Ioffe[589], Jongen, Klatte 与 Tammer[639], Kummer[725,726], Levy[767], Robinson[1136], Rockafellar 与 Wets[1165], Warga[1318,1320,1322] 及其参考文献.

1.4.15 Banach 空间中的上导数分析法则

1.2.4 小节包含任意 Banach 空间中关于 Fréchet、基本和混合上导数的"右"包含关系和等式型的分析法则及相应的正则性结果. 定理 1.62, 1.64 和 1.65 中的和与链式法则由 Mordukhovich 与 Shao[950,953] 得到, 在那里推广了 Mordukhovich[910] 的有限维的结果和证明. 注意到在基本和混合极限上导数的两种结构中 ε- 增广对和与链式法则的成立是至关重要的, 即使是在有限维空间, 当然在一般的 Banach 空间的情形更是不可避免的.

读者从定义 1.63(i) 中看到其中引入的实际上是集值映射下半连续性的经典概念, 内半连续性的这个合适的名称由 Rockafellar 与 Wets 在文献 [1165] 中提出,用来区别它与实值函数的下半连续性. 定义 1.63(ii) 中的内/下半紧性的性质由 Mordukhovich 与 Shao[949] 定义. 定理 1.66 中的链式法则由 Mordukhovich 与 B. Wang[967] 建立.

定义 1.67(i) 中集值映射的 SNC 性质直接来自 1.1.4 小节中定义的集合的 SNC 性质, 而 PSNC(即部分 SNC) 性质则本质上要考虑到集值映射 $F : X \rightrightarrows Y$ 的图空间的自然乘积结构, 利用 X^* 和 Y^* 中序列的不同收敛. PSNC 性质由 Mordukhovich 与 Shao 在文献 [950, 951] 中表述, 在各种名称下的版本和变体可以在文献 [604, 607, 659, 661, 1071] 中找到.

命题 1.68 中的类 Lipschitz(Aubin 的“伪 Lipschitz”) 映射的 PSNC 性质自动成立的结果首次由 Mordukhovich 在文献 [917] 中得到, 它由在定理 1.43 中建立的类 Lipschitz 性质的必要上导数条件直接可得. 定理 1.70~1.72 和定理 1.74 中的 SNC 分析结果由 Mordukhovich 与 B. Wang[967] 建立.

在 (1.45) 中定义的部分 CEL 性质由 Jourani 与 Thibault[655] 引入, 那里实际上建立了定理 1.75 中的蕴涵关系, 虽然没有在里面明确地表述.

1.4.16　增广实值函数的次梯度

1.3 节对 Banach 空间上的增广实值函数的广义微分/次微分性质开始了广泛的研究. 关于广义微分概念的历史和发展的评注已在上面的 1.4.1~1.4.9 小节给出. 把注意力主要放在由 Mordukhovich[887] 在有限维空间中通过基本法锥 (1.80)引入的定义 1.77 中的基本/极限次微分. 奇异次梯度首见于 Rockafellar[1150](这个名称和 ∞ 记号出现在后来的文献 [1155] 中), 当时的名称是“奇异极限近邻次梯度”, 它由定理 2.38 中考虑的近邻次梯度的极限定义, 其中需要近邻次梯度代替 Fréchet 次梯度, 在有限维空间中这是可行的. Rockafellar 定义奇异次微分结构是为了寻找非 Lipschitz 函数的 Clarke 广义梯度的分析表示. 根据 φ 的上图的基本水平法向量给出的奇异次微分 $\partial^\infty\varphi(\bar{x})$ (在 $\mathbb{R}^n$ 中) 的等价定义由 Mordukhovich[894] 独立地给出, 目的是给出非 Lipschitz 函数的次微分分析法则的合适/极小规范条件. 这些条件, 特别地是对和式法则的

$$\partial^\infty\varphi_1(\bar{x}) \cap (-\partial^\infty\varphi_2(\bar{x})) = \{0\}$$

以及在链式法则中的变体, 在 Lipschitz 情形自动成立. 注意到 Rockafellar 与 Wets 在文献 [1165] 中对集合 $\partial\varphi(\bar{x})$ 和 $\partial^\infty\varphi(\bar{x})$ 中的元素分别使用术语“次梯度”(或“一般次梯度”) 和“水平次梯度”.

在变分分析和最优化中非常方便的增广 (可取无限值) 实值函数, 在 Fenchel 1951 年的讲义[441] 的影响下由 Moreau[980] 和 Rockafellar[1140] 在 20 世纪 60 年代早期分别引入 (参见文献 [1165] 中第 1 章中的评注).

虽然基本和奇异次梯度对在所论点有限的任意增广实值函数有定义, 但是它们的最有用的性质和应用涉及 Baire 在 1899 年引入的下半连续函数 (l.s.c.)(参见文

献 [72]). l.s.c. 函数 (与连续函数相对) 的重要性可能首次由 Tonelli 在经典的变分法中很好地认识到, 他建立了相对于导数变量积分的凸性条件下变分法中的积分泛函的极小点的存在性. 这个凸性条件确保积分泛函在 Lebesgue 空间的弱拓扑下的下半连续性, 而在那个框架下连续性与线性一致 (参见文献 [235, 1020, 1260]).

定义 1.78 中的上次微分和 (1.42) 式中定义的对称次微分, 它们可能与下次微分有本质的不同 (这与 Clarke 的广义梯度不同), 它们首次由 Kruger 与 Mordukhovich[718,719,892] 引入, 目的是研究最优化中的应用; 对称次微分 (在文献 [718, 892] 中称为"广义微分") 在文献 [706, 708, 894, 901, 949] 中建立的关于非光滑函数的中值定理上特别有用.

定理 1.80 的这个有用的结果在这里首次得到, 而它的推论是众所周知的. 正如在文献 [708] 中指出的那样, 定理 1.80 中关于基本次微分的等式对 l.s.c. 函数来说一般不成立.

定义 1.83 中的 ε- 次梯度在 Kruger 与 Mordukhovich 的早期工作中引入并研究, 目的是寻找无限维空间中基本次梯度的方便表示 (参见文献 [706, 708, 718, 719]). 定理 1.86 由 Kruger[706,708] 证明, 接着被 Ioffe[600] 证明. 定理 1.88 中的断言 (ii) 和 (iii) 的光滑变分描述由 Fabian 与 Mordukhovich[419] 建立, 也可参阅 1.4.11 小节的评注, 这关联于定理 1.30 中 Fréchet 法向量的相应描述.

定理 1.90 中的关于混合上导数的标量化公式由 Mordukhovich 与 Shao[953] 得到, 本书给出了另一种证明. 在有限维空间中, 这个公式追溯到 Ioffe[596] 和 Mordukhovich[894], 它事实上是根据 Kruger 在其博士论文[706] 中建立的"广义上图"结果而得 (参见文献 [707, 901]).

定义 1.91(i) 中的下/次微分正则性概念可追溯到 Mordukhovich[894]. 它一般不同于定义中的上图正则性 (ii), 它来自定义 1.4 中的集合的法向正则性 (应用于上图), 因此还涉及到奇异次梯度. 注意到局部 Lipschitz 函数的下正则性在有限维中简化为 Clarke 正则性 (参见 1.4.3 小节), 但是在无限维空间 (即使是 Hilbert 空间) 则不然 (参见文献 [172]).

由定理 1.93, 定义 1.83 意义下的凸函数的 Fréchet 类型的 ε- 次梯度当 $\varepsilon = 0$ 时简化为凸分析中的经典次梯度, 当 $\varepsilon > 0$ 时则不同于由 Brøndsted 与 Rockafellar[179] 引入的凸函数的通常 ε- 次梯度, 它出现于许多应用中, 并有各种名称, 包括"ε- 次梯度"[683,733,853,1017,1142,1353], "近似次梯度"[575,987,1199], "ε- 增广"[186,187], "ε-Fenchel 次梯度"[849] 等. 本书不考虑这样的 ε- 结构.

1.4.17 距离函数的次梯度

在 1.3.3 小节研究的距离函数的次微分性质在变分分析及其应用的许多方面是非常重要的, 这由于在变分原理和变分技术中这样函数所起的特殊作用. 把注意力主要放在研究 Banach 空间中从一个变点到一个固定集合的标准距离, 同时 1.3.3 小节所得的大多数结果也可由集值映射 (或移动集合) 生成的增广距离函数

$$\rho(x,y)=\text{dist}(y;F(x)):=\inf_{v\in F(x)}\|y-v\| \tag{1.88}$$

的情形得到 (参见下面的评注). 然而, 距离函数在集合内的点和集合外的点的次微分结果之间有很本质的差别.

命题 1.95 中关于标准距离函数在集合点的 ε- 次梯度之间的关系由 Kruger[705] 建立, 关于 Fréchet 次梯度的推论 1.96 也可在文献 [600] 中找到. 由距离函数的基本次梯度计算集合的基本法向量的定理 1.97 来自 Thibault[1249], 实际上, 他对增广距离函数 (1.88) 得到该结论. 关于通过集合增大的 ε- 法向量得到距离函数在集合外点的 ε- 次梯度的定理 1.99 由 Kruger[705] 得到, 然而, 他的证明没有包含必要的所有细节. 本书给出的完整证明取自 Bounkhel 与 Thibault 的文章[172].

近来 Mordukhovich 与 Nam[935,936] 注意到距离函数在集合内点的基本次梯度和相应集合的基本法向量之间的 Thibault 关系 (如定理 1.97) 的对应物在集合外点不成立, 即使在有限维空间中. 受这个观察结果的促动, 他们引入了基本次微分的新的单边修正 (参见定义 1.100), 并且建立了通过集合增大来估计标准距离函数的右边次梯度的定理 1.101 和增广距离函数 (1.88) 的相应结果. 标准距离函数涉及 Clarke 法向量的极限的不同单边次微分由 Cornet 与 Czarnecki[290] 引入, 目的是研究广义均衡问题的存在性定理中的应用.

前面提到的文献 [935, 936] 还包含距离函数的 ε- 次梯度和基本次梯度的各种投影, 这特别包含 1.3.3 小节给出的一些结果, 而命题 1.102 和定理 1.103 中的估计 $1-\varepsilon\leqslant\|x^*\|\leqslant 1+\varepsilon$ 曾由 Jourani 与 Thibault[657] 证明. 以前的投影型结果由 Borwein, Fitzpatrick 与 Giles[145], Borwein 与 Giles[146] 和 Burke, Ferris 与 Quian[193] 以 Clarke 结构建立. 关于距离函数的可微性和次可微性的其他结果, 包括在有限维空间和 Hilbert 空间情形的一些值得注意的特例可在下列文献中找到：Borwein 与 Ioffe[147], Bounkhel[170], Clarke[255], Clarke 等 [146,271], Fitzpatrick[451], Ioffe[596,599,600], Mordukhovich[901], Mordukhovich 与 Nam[935,936], Poliquin, Rockafellar 与 Thibault[1093], Rockafellar[1142], Rockafellar 与 Wets[1165], Thibault[1253], Wu 与 Ye[1336] 等.

1.4.18 Banach 空间中的次微分分析法则

在 1.3.4 小节给出的关于任意 Banach 空间上的函数的次微分分析法则大多取自 Mordukhovich 与 Shao[947], 之前有限维空间中的结果也可参见 Mordukhovich[901,907] 和 Rockafellar 与 Wets[1165]. 定理 1.108 中关于边际函数的次微分包含关系的结果在有限维空间中可追溯到 Rockafellar[1155].

关于一般 Banach 空间中的边际函数 (1.60) 的次微分的各种结果近来由 Mordukhovich, Nam 与 Yen[937] 利用下 Fréchet 次梯度和上 Fréchet 次梯度得到. 特别地, 那里证明了

$$\widehat{\partial}\mu(\bar{x}) \subset \bigcap_{(x^*,y^*)\in\widehat{\partial}^+\varphi(\bar{x},\bar{y})} \left[x^* + \widehat{D}^*G(\bar{x},\bar{y})(y^*)\right], \tag{1.89}$$

条件是 $\widehat{\partial}^+\varphi(\bar{x},\bar{y}) \neq \varnothing$, 该条件对半凹和其他上正则函数 φ 等相当大的一类函数成立 (参见 5.1.1 和 5.5.4 小节中更多讨论). 而且, 在许多重要情形中的上估计 (1.89) 是确切的 (即作为等式成立). 用这种方法所得的结果蕴涵着任意 Banach 空间中类 Fréchet 结构的新的分析法则和最优性条件 (参见相同作者的另一篇文章[938]).

值得注意的是, 1.3.4 小节给出的等式型次微分和与链式法则以及相关的乘积与商法则不要求任何正则性假设. 另一方面, 对下正则性和上图正则性的概念的相应分析法则已经含于这些结果中.

增广实值函数的 SNEC 性质由 Mordukhovich 与 Shao[950] 定义. 当所论空间是有限维的或者所研究的函数在 Rockafellar[1147] 的意义下是方向 Lipschitz 的, SNEC 性质自动成立. 命题 1.117 中的 SNEC 分析结果由 Mordukhovich 与 B. Wang[967] 得到, 那里是作为集合与集值映射的更一般 SNC 分析法则的结果.

1.4.19 二阶广义微分

实值函数的二阶广义微分性质的研究开始于 Alexandrov 的定理[8](1939), 他受在微分几何中的应用的促动, 建立了有限维空间中凸函数的几乎处处二次可微性. 值得注意的是, Alexandrov 没有引入任何广义导数, 主要受在最优化中的应用的促动, 广义导数后来在非光滑分析的框架中出现. 在凸分析中没有产生二阶广义微分的专门理论, 这可能由于这样的事实: 凸函数的一阶必要最优性条件恰好也是充分的 (参见文献 [1163, 1165]).

和一阶广义导数相比确有非常多的可能性来构造二阶广义导数. 即使在有限维的经典分析中也至少存在两种方法来构造二阶导数, 除非函数是 $\mathcal{C}^2$ 的, 它们一般是不等价的: 即通过 Taylor 展开和通过“导数的导数”方法. 当函数是 (一阶或二阶) 非光滑的, 可尝试各种不同的方向导数, 这实际上见于许多文献中. 在这里不打算讨论在变分分析及其他框架下引入和应用的许多二阶广义微分结构, 参见文献 [54, 133, 296, 575, 1165] 及文献 [8, 56, 102, 153, 236, 282, 283, 301, 328, 381, 384, 387, 466, 502, 577, 601, 613, 615, 628, 765, 771, 772, 939, 1037, 1038, 1067, 1091, 1092, 1156, 1163, 1198, 1306~1308, 1337, 1358].

二阶广义微分的导数的对偶导数方法由 Mordukhovich 建立, 他在文献 [907] 中引入了增广实值函数 $\varphi : X \to \overline{\mathbb{R}}$ 的 (1.87) 形式中二阶次微分 $\partial^2\varphi(\bar{x},\bar{y})$. 原始的定

义是在有限维中给出的, 目的是研究变分系统的灵敏性分析中的应用. 在这个方法中基本次梯度集合 $\partial\varphi(\bar{x}) \subset X^*$ 表示 φ 在 $\bar{x}$ 处的一阶广义导数, 而上导数 D^* 起着集值映射 $\partial\varphi : X \rightrightarrows X^*$ 在 $\bar{y} \in \partial\varphi(\bar{x})$ 处的伴随导数算子的作用. 定义 1.118 中基本二阶次微分与混合二阶次微分根据不同的上导数由 (1.87) 式定义, 这首见于文献 [917].

值得注意的是当然可以在 (1.87) 式中用另外的一阶次微分 ∂ 来定义相应的二阶结构, 正如 Mordukhovich 与 Outrata 在文献 [939] 中利用 Clarke 次微分 $\partial = \partial_C\varphi(\bar{x})$ 和 Eberhard 与 Wenczel 在文献 [387] 中利用近邻次微分 $\partial = \partial_P\varphi(\bar{x})$ 那样. 然而 (1.87) 式中的上导数类型, 或 $\partial\varphi(\cdot)$ 的图的法锥是最本质的. 特别地, 若在 (1.87) 式中用 $\Omega = \text{gph}\partial\varphi$ 的 Clarke 法锥代替基本法锥 $N(\cdot;\Omega)$, 则由于 Lipschitz 流形的 Clarke 法锥的子空间性质, 这不产生适当的二阶结构, 因为对比较合理的一阶结构这个 Lipschitz 流形的性质总是对的, 特别对 $\mathbb{R}^n$ 上的凸函数. 更多细节建议读者参阅 1.4.9 小节和 1.4.13 小节中的讨论及其参考文献.

二阶次微分结构 (1.87), 有时在"广义 Hesse 阵"或"上导数 Hesse 阵"的名称下, 被研究并且应用到变分分析及其应用的许多问题中, 包括二阶必要和充分最优性条件; 约束最优化问题、相补问题、变分和次变分不等式以及它们的推广的解映射的稳定性; 具有均衡约束的最优化和均衡问题、演化系统的最优控制; 各种力学均衡等. 感兴趣的读者在下列文献中可以找到相应的结果和讨论: Dontchev 与 Rockafellar[364], Eberhard, Pearce 与 Ralph[385], Eberhard, Pearce 与 Sivakumaran[384], Eberhard 与 Wenczel[387], Kočvara 与 Outrata[690], Levy 与 Mordukhovich[769], Levy, Poliquin 与 Rockafellar[771], Lucet 与 Ye[816], Mordukhovich[907,910~913,921,923,925,926,928], Mordukhovich 与 Outrata[939], Mordukhovich 与 B. Wang[967], Outrata[1024,1027,1028,1030], Poliquin 与 Rockafellar[1092], Rockafellar 与 Wets[1165], Rockafellar 与 Zagrodny[1168], Treiman[1268], Ye[1338,1339], Ye 与 Ye[1343], Ye 与 Zhu[1345], Zhang[1360~1362] 等.

1.4.20 Banach 空间中的二阶次微分分析法则

1.3.5 小节总结了定义 1.118 中的基本和混合二阶次微分的一些性质和分析结果, 这些性质和结果在一般 Banach 空间中成立. 本小节开头给出的性质根据次微分定义和相应的上导数性质可简单推得, 这些性质说明所研究的二阶次微分是伴随 Hesse 阵在非 $\mathcal{C}^2$ 增广实值函数情形的自然推广. 而在有限维空间中经典 Hesse 阵并不需要这样的伴随/转置算子.

至于二阶分析结果, 只能对具有等式形式的一阶次微分分析法则的函数类建立. 这是由于基本或混合导数缺乏相对于包含关系的单调性.

定理 1.127 中的包含关系的链式法则由 Mordukhovich 与 Outrata[939] 在有限维空间中得到, 接着被 Mordukhovich[923] 推广到了任意 Banach 空间. 而且, 基于 Rockafellar 在有限维空间中提出的思想 (一阶结构参见文献 [1165, 练习 6.7 和 10.7]), 任意 Banach 空间中的基本二阶次微分的链式法则在文献 [923] 中被证明作为等式成立, 条件是子空间 $\ker\nabla g(\bar{x})$ 在 X 中是可补的.

二阶链式法则的另一种方法由 Mordukhovich 与 B. Wang 在文献 [967] 中建立, 它基于在引理 1.126 中得到的关于复合函数某种上导数链式法则, 这种复合的具体结构对二阶广义微分法则很适用. 特别值得注意的是, 这里提到的具体结构可得到很好的链式法则 (1.64), 其中混合上导数被用于内映射. 这与在 1.2.4 和 3.1.2 小节给出的在 Banach 空间和 Asplund 空间成立的一般上导数链式法则有重要区别 (参阅其中的证明过程和讨论).

利用这种方法, 在定理 1.127 中给出的关于混合和基本二阶次微分新的链式法则在文献 [967] 中建立. 特别值得一提的是这个定理中的"混合"链式法则在任意 Banach 空间作为等式成立. 在相应的"基本"链式法则中等式陈述则需要由 Mordukhovich 与 B. Wang[967] 所引入和研究的所谓 Banach 空间的弱* 扩张性 (参见定义 1.122). 文献 [968] 中得到的该性质的相当一般的充分条件保证定理 1.127 中基本二阶次微分的等式型链式法则成立, 它本质地推广了文献 [923] 中的结果.

Lipschitz 映射的二阶上导数 (1.69) 由 Mordukhovich[923] 引入, 他利用它建立了具有非光滑内映射的复合的定理 1.128 中的二阶链式法则. 最后指出, 计算有限维空间中非常一般类函数的二阶结构的有效公式由 Dontchev 与 Rockafellar[364] 和 Mordukhovich 与 Outrata[939] 得到, 而更具体的计算和应用可在下列文献中找到: Flegel[454], Flegel 与 Kanzow[456], Flegel, Kanzow 与 Outrata[457], Henrion, Jourani 与 Outrata[560], Kočvara 与 Outrata[690], Mordukhovich[911,912], Outrata[1024~1028,1030], Poliquin 与 Rockafellar[1090], Ye[1338,1339,1342], Ye 与 Ye[1343], Zhang[1360,1361] 等.

第 2 章　变分分析中的极点原理

众所周知, 凸集分离定理在非线性分析和最优化及其应用的诸多方面扮演着最基本的角色. 事实上, 整个凸分析都是围绕凸集分离定理展开的. 非凸数据的情形, 则通过凸逼近来应用凸集分离定理. 为了得到带约束最优化问题的必要条件, 传统的方法是这样的: 首先在原空间最优解附近建立问题数据的切向凸近似, 然后应用凸集分离定理找出对偶空间中的支撑元 (Lagrange 乘子、共轭曲线、价格等). 在非光滑优化问题中, 这个方法不可避免地导致在法锥、次微分中应用凸性, 其运算法则也是建立在凸集分离定理上的.

这一章研究变分分析中的另一个原理 —— 极点定理. 它可以看做是凸分离定理在非凸情形下的一个变分变体. 极点原理没有应用切向近似和凸分离定理, 而是用非凸集的广义法向量给出了集合系统局部极点的必要条件. 这个原理是本书后面要讨论的非凸分析、最优化及其相关课题的基础.

本章主要讨论在 Banach 空间中极点原理的三个版本, 它们分别应用了第 1 章中定义了的 ε-法向量, Fréchet 法向量和基本法向量. 通过应用直接的变分推理和可分约化方法可得, Asplund 空间是使这些结果及其应用成立的最恰当框架. 本章将建立这个原理和变分分析中其他基本原理的关系, 并得到借助上面研究过的法向量、次微分等结构给出的 Asplund 空间的一些变分刻画, 以及对应地给出这些结构的简化表示, 这在后续讨论中是至关重要的. 最后讨论在合适的 Banach 空间中极点原理的另外一些版本, 它们基于由公理定义的法向量和次微分.

2.1　集合极点和非凸分离

本节引进集合极点的一般概念并研究其与带约束优化最优解、集合分离等课题中通常概念的关系. 这里给出极点原理的三个基本版本, 并在有限维空间中证明最强的版本. 按本书惯例, 如无特别声明, 这里的标准框架是 Banach 空间.

2.1.1　集合极点系统

下面从集合极点系统的定义开始本小节. 这个定义只需要一般线性拓扑空间.

定义 2.1 (集合系统局部极点)　给定空间 X 中的集合 $\Omega_1, \cdots, \Omega_n$ $(n \geqslant 2)$ 及它们的一个公共点 $\bar{x}$. 如果存在序列 $\{a_{ik}\} \subset X$, $i = 1, \cdots, n$ 和 $\bar{x}$ 的一个邻域 U,

使得当 $k \to \infty$ 时, $a_{ik} \to 0$, 并且对任意大的 $k \in \mathbb{N}$,

$$\bigcap_{i=1}^{n}(\Omega_i - a_{ik}) \cap U = \varnothing,$$

则称 $\bar{x}$ 是集合系统 $\{\Omega_1, \cdots, \Omega_n\}$ 的一个局部极点. 并称 $\{\Omega_1, \cdots, \Omega_n, \bar{x}\}$ 是 X 中的一个极点系统.

粗略地讲, 对有一个公共点的集合系统, 其局部极点的意思是指这些集合可以通过小的扰动 (平移) 被分开. 在 $n = 2$ 的情形下, 系统 $\{\Omega_1, \Omega_2, \bar{x}\}$ 的极点性质可以等价地描述为: 存在 $\bar{x}$ 的邻域 U, 使得对任意 $\varepsilon > 0$, 有 $a \in \varepsilon\mathbb{B}$ 满足 $(\Omega_1 + a) \cap \Omega_2 \cap U = \varnothing$. 注意条件 $\Omega_1 \cap \Omega_2 = \{\bar{x}\}$ 并不一定导出 $\bar{x}$ 是系统 $\{\Omega_1, \Omega_2\}$ 的一个局部极点. 一个简单的例子可以由 $\Omega_1 := \{(v, v) \mid v \in \mathbb{R}\}$ 和 $\Omega_2 := \{(v, -v) \mid v \in \mathbb{R}\}$ 给出.

很清楚, 闭集 Ω 的任何一个边界点 $\bar{x}$ 都是集合对 $\{\Omega, \bar{x}\}$ 的局部极点. 一般来说, 极点这个几何概念包含了各种标值和向量值优化问题最优解这样的通常概念. 特别是, 如果 $\bar{x}$ 是下面约束优化问题的局部解:

$$\min \quad \varphi(x), \quad \text{s.t.} \quad x \in \Omega \subset X.$$

那么容易验证 $(\bar{x}, \varphi(\bar{x}))$ 是集合系统 $\{\Omega_1, \Omega_2\}$ 的一个局部极点. 这里 $\Omega_1 = \text{epi}\varphi$, $\Omega_2 = \Omega \times \{\varphi(\bar{x})\}$. 事实上, 为了满足定义 2.1, 取 $a_{1k} = (0, \nu_k)$, $a_{2k} = 0$ 和 $U = O \times \mathbb{R}$, 并满足 $\nu_k \downarrow 0$ 和 O 是局部极小点 $\bar{x}$ 的一个合适邻域. 下面, 读者会找到在优化、变分原理、广义微分学和福利经济学中的应用等相关问题中极点系统的更多例子.

下面有关极点系统的一个简单性质在后面是很有用的.

命题 2.2 (极点系统的内部) 对 X 中任何一个极点系统 $\{\Omega_1, \cdots, \Omega_n, \bar{x}\}$, 有

$$(\text{int}\,\Omega_1) \cap \cdots \cap (\text{int}\,\Omega_{n-1}) \cap \Omega_n \cap U = \varnothing, \tag{2.1}$$

这里 U 是局部极点 $\bar{x}$ 的一个邻域.

证明 假设命题不真. 取 (2.1) 式中交集中的任意点 x 和 X 中任意序列 $a_{ik} \to 0$, $i = 1, \cdots, n$. 因为 $x \in \text{int}\,\Omega_i \cap U$ 对任意 $i = 1, \cdots, n-1$ 成立, 所以 $x - a_{nk} \in U$ 并且 $x + a_{ik} - a_{nk} \in \Omega_i$ 对任意 $i = 1, \cdots, n-1$ 和足够大的 $k \in \mathbb{N}$ 成立. 因此 $x - a_{nk} \in (\Omega_i - a_{ik}) \cap U$ 对任何 $i = 1, \cdots, n$ 和大的 k 成立. 这与集合的极点性质矛盾. △

现在建立定义 2.1 中的集合极点性质和通常意义下 (可能非凸的) 有限个集合分离性质的关系. 这里称集合 $\Omega_i \subset X$, $i = 1, \cdots, n$ 被分离了, 意思是存在不同时为零的向量 $x_i^* \in X^*$ 和常数 α_i, 使得

$$\langle x_i^*, x\rangle \leqslant \alpha_i, \quad \forall x \in \Omega_i, \quad i = 1, \cdots, n,$$

$$x_1^* + \cdots + x_n^* = 0, \quad \alpha_1 + \cdots + \alpha_n \leqslant 0.$$

注意到若集合 Ω_i 被分离并且含有一个公共点, 则最后一个条件必是等式.

命题 2.3 (极点性质和分离性质) 设 $\Omega_1, \cdots, \Omega_n$ $(n \geqslant 2)$ 是 X 中至少含有一个公共点的子集, 则下述结论成立:

(i) 如果这些集合是分离的, 那么集合系统 $\{\Omega_1, \cdots, \Omega_n, \bar{x}\}$ 在任何一个公共点 $\bar{x}$ 具有极点性质;

(ii) 如果所有 Ω_i 都是凸的, 并且 $\operatorname{int}\Omega_i \neq \varnothing$ 对所有 $i = 1, \cdots, n-1$ 成立, 那么逆命题亦成立.

证明 不失一般性, 假设 $\Omega_i (i = 1, \cdots, n)$ 被分离且 $x_n^* \neq 0$. 选取任何满足 $\langle x_n^*, a\rangle > 0$ 的 $a \in X$, 并且置 $a_k := a/k$, 下面证明

$$\Omega_1 \cap \cdots \cap \Omega_{n-1} \cap (\Omega_n - a_k) = \varnothing, \quad k \in \mathbb{N}.$$

对任何公共点 $\bar{x}$, 这显然就能导出集合系统 $\{\Omega_1, \cdots, \Omega_n, \bar{x}\}$ 的极点性质了. 设此不成立并取上式交集里的任意点 x . 根据分离性质得

$$\langle x_i^*, x\rangle \leqslant \alpha_i, \quad i = 1, \cdots, n-1 \quad 及 \quad \langle x_n^*, x + a_k\rangle \leqslant \alpha_n, \quad k \in \mathbb{N}.$$

综合得到 $\alpha_1 + \cdots + \alpha_n \geqslant \dfrac{1}{k}\langle x_n^*, a\rangle > 0$. 矛盾, 因此 (i) 成立. 应用命题 2.2 和凸集分离定理就可以得到逆命题 (ii) 也成立. △

对于有限维空间里的凸集, 命题 2.3(ii) 不需要关于集合 Ω_i, $i = 1, \cdots, n-1$, 内部的假设就成立. 这可以由下面建立的极点原理 (定理 2.8) 得到. 这样一来, 在有限维空间中凸集的极点性质和分离性质是无条件等价的. 同时, 极点原理可以放宽凸集 Ω_i, $i = 1, \cdots, n-1$ 内部的假设, 从而保证命题 2.3(ii) 在无限维空间里的正确性.

推论 2.4 (凸集极点性质的刻画) 设 Ω_i, $i = 1, \cdots, n$ 是 X 中至少有一个公共点的子集. 假定 $\operatorname{int}\Omega_i \neq \varnothing$ 对任意 $i = 1, \cdots, n-1$ 成立. 则条件 (2.1) 在 $U = X$ 的情形是集合系统 $\{\Omega_1, \cdots, \Omega_n, \bar{x}\}$ 具有极点性质的充要条件. 这里 $\bar{x}$ 是这些集合的任何一个公共点.

证明 因为条件 (2.1) 保证除了一个外都有非空内部的 n 个凸集的分离性质 (因此也就有了极点性质), 这个推论从命题 2.2 和 2.3(i) 就可以推出. △

Ω_i 的凸性对推论 2.4 里的极点刻画是至关重要的. 下面的集合给出了一个反例:

$$\Omega_1 := \mathbb{R}_+^2 \cup \mathbb{R}_-^2, \quad \Omega_2 := \{(x_1, x_2) \mid x_1 \leqslant 0, x_2 \geqslant 0\} \cup \{(x_1, x_2) \mid x_1 \geqslant 0, x_2 \leqslant 0\}.$$

2.1.2 极点原理的不同版本与支撑性质

本小节中定义 Banach 空间中极点原理的三个基本版本, 并指出它们可以被看成非凸集合在极点附近的一种分离性质. 另外还会讨论其与非凸集合的支撑性质之间的关系. 这些关系是由定义 1.1 中的广义法向量表示的.

定义 2.5 (极点原理的各种版本) 设 $\{\Omega_1,\cdots,\Omega_n,\bar{x}\}$ 是 X 中的一个极点系统, 称

(i) $\{\Omega_1,\cdots,\Omega_n,\bar{x}\}$ 满足 ε-极点原理, 如果对任意 $\varepsilon>0$, 存在 $x_i\in\Omega_i\cap(\bar{x}+\varepsilon\mathbb{B})$ 和 $x_i^*\in X^*$, 使得

$$x_i^*\in\widehat{N}_\varepsilon(x_i;\Omega_i),\quad i=1,\cdots,n,\tag{2.2}$$

$$x_1^*+\cdots+x_n^*=0,\quad \|x_1^*\|+\cdots+\|x_n^*\|=1;\tag{2.3}$$

(ii) $\{\Omega_1,\cdots,\Omega_n,\bar{x}\}$ 满足近似极点原理, 如果对任意 $\varepsilon>0$, 存在 $x_i\in\Omega_i\cap(\bar{x}+\varepsilon\mathbb{B})$ 和

$$x_i^*\in\widehat{N}(x_i;\Omega_i)+\varepsilon\mathbb{B}^*,\quad i=1,\cdots,n,\tag{2.4}$$

使得 (2.3) 式成立;

(iii) $\{\Omega_1,\cdots,\Omega_n,\bar{x}\}$ 满足确切极点原理, 如果存在基本法向量

$$x_i^*\in N(\bar{x};\Omega_i),\quad i=1,\cdots,n,\tag{2.5}$$

使得 (2.3) 式成立.

对任何在 $\bar{x}$ 附近闭的集合 Ω_i 组成的极点系统 $\{\Omega_1,\cdots,\Omega_n,\bar{x}\}$, 如果某个版本的极点原理在 X 中总成立, 那么称这个版本的极点原理在空间 X 中成立.

(2.3) 式的非平凡性条件中的常数 "1" 可以用任何正数代替. 这个数在 (i) 和 (ii) 中应该是独立于 ε 的. 注意 "ε-极点原理" 中的 ε 是这个记号里的一部分 (不可改动), 它强调了 (2.2) 式和 (2.4) 式的区别. 另外由于 $\widehat{N}(x;\Omega)+\varepsilon\mathbb{B}^*\subset\widehat{N}_\varepsilon(x;\Omega)$ 总成立, 对 Banach 空间 X 中的任何极点系统, ε-极点原理总能由近似极点原理导出. 下面可以看到, 如果对 X 中任何极点系统都成立, 那么这两个版本是等价的.

极点原理中的关系提供了集合系统局部极点的必要条件, 它们可以被看做是在抽象的几何情况下的广义 Euler 方程. 也可以被看做非凸集合局部分离性质的恰当变分替代物. 为了弄清楚这一点, 先考虑两个集合情形的确切极点原理. 这时 (2.3) 式和 (2.5) 式简化成: 对任意 $x^*\in X^*$, 有

$$0\neq x^*\in N(\bar{x};\Omega_1)\cap(-N(\bar{x};\Omega_2))\tag{2.6}$$

成立. 当 Ω_1 和 Ω_2 皆为凸时, (2.6) 式意味着

$$\langle x^*,u_1\rangle\leqslant\langle x^*,u_2\rangle,\quad \forall u_1\in\Omega_1,\quad u_2\in\Omega_2,$$

这恰好是经典的两个凸集的分离性质. 类似地, 关系 (2.3) 式和 (2.5) 式在 $n(n>2)$ 个集合的情形中给出了上一节所述通常的分离性质.

要注意的是, 极点原理只能应用到集合系统的局部极点, 这是和经典的分离性质不同的. 如命题 2.3 所证明的, 能在经典意义下分离的集合的公共点总是局部极点. 因此任何凸集分离的充分条件都能导出集合的极点性质. 所以可把极点原理看成是经典分离定理在非凸情形的一个局部变分推广. 值得强调的是, 在很多应用中出现的情形, 即使是凸的特殊情况, 问题里点的极点性质也往往可以在问题的叙述中自动验证, 而并不需要在乎集合内部之类的条件. 这推动了解决这些问题的基于极点原理的变分方法 (虽然这些问题本身不一定有变分特性). 请看后面的讨论.

对两个集合组成的集合系统, 极点原理的"模糊"版本 (i) 和 (ii) 可以简化成下面的关系：对任意 $\varepsilon>0$, 存在 $x_i\in\Omega_i\cap(\bar{x}+\varepsilon\mathbb{B})$, $i=1,2$ 和 $x^*\in X^*$, 满足 $\|x^*\|=1$, 使得,

$$x^*\in\widehat{N}_\varepsilon(x_1;\Omega_1)\cap(-\widehat{N}_\varepsilon(x_2;\Omega_2)),$$

$$x^*\in(\widehat{N}(x_1;\Omega_1)+\varepsilon\mathbb{B}^*)\cap(-\widehat{N}(x_2;\Omega_2)+\varepsilon\mathbb{B}^*).$$

根据命题 1.3, 对凸集来说这两者是一样的, 并且都给出了 Ω_1 和 Ω_2 在 $\bar{x}$ 附近的近似分离性质. 类似地, 在一般情形下的极点原理中, 关系 (2.2)~(2.4) 可被看成非凸集合近似局部分离性质的变分版本.

下面考虑局部闭集 $\Omega\subset X$ 的边界点 $\bar{x}$ 生成的极点系统这个特殊情形. 以定义 2.1 中的写法, 就是 $\{\Omega,\{\bar{x}\},\bar{x}\}$ 这种类型的极点系统. 这时确切极点原理就给出基本法锥的非平凡性：

$$N(\bar{x};\Omega)\neq\{0\},\quad 当且仅当\ \bar{x}\in\operatorname{bd}\Omega. \tag{2.7}$$

注意对任意闭集 $\Omega\subset X$, "仅当"这部分可以直接由定义 1.1 得到. 而只要确切极点原理在 X 中成立, "当"这部分是确切极点原理的一个简单推论. 当 Ω 为凸时, 条件 (2.7) 简化成经典的支撑超平面定理. 因此一般来说条件 (2.7) 可看做这个结果在非凸情形的一个局部推广. 通过使用其他版本的极点原理, 可以得到非凸集合的一些近似支撑性质. 这些性质是用 $\bar{x}$ 附近点的 ε-法向量和 Fréchet 法向量来表示的.

命题 2.6 (非凸集合的近似支撑性质)　给定闭集 $\Omega\subset X$ 与点 $\bar{x}\in\operatorname{bd}\Omega$, 下述结论成立：

(i) 如果 ε-极点原理对 $\{\Omega,\{\bar{x}\},\bar{x}\}$ 成立, 那么对任意 $\varepsilon>0$ 和 $M>\varepsilon$, 存在 $x\in B_\varepsilon(\bar{x})\cap\operatorname{bd}\Omega$, 使得 $\widehat{N}_\varepsilon(x;\Omega)\backslash MB^*\neq\varnothing$;

(ii) 如果近似极点原理对 $\{\Omega,\{\bar{x}\},\bar{x}\}$ 成立, 那么对任意 $\varepsilon>0$, 存在 $x\in B_\varepsilon(\bar{x})\cap\operatorname{bd}\Omega$, 使得 $\widehat{N}(x;\Omega)\neq\{0\}$.

因此, X 中近似极点原理 (ε-极点原理) 的确立分别可以导出下面集合在 Ω 边界上的稠密性:

$$\left\{x \in \mathrm{bd}\Omega \mid \widehat{N}(x;\Omega) \neq \{0\}\right\} \tag{2.8}$$

和

$$\left\{x \in \mathrm{bd}\Omega \mid \widehat{N}_\varepsilon(x;\Omega)\backslash M\mathbb{B}^* \neq \varnothing\right\}, \tag{2.9}$$

其中 $\varepsilon > 0$, $M > \varepsilon$ 是任意的.

证明 (i) 在 $0 < M < 1/2$ 时可以从定义 2.5(i) 中 $n = 2$, $\Omega_1 = \Omega$ 和 $\Omega_2 = \{\bar{x}\}$ 的情况直接推出. 下面证明它对任意 $M > \varepsilon$ 成立. 固定任意 $\varepsilon > 0$ 和 $M \geqslant \dfrac{1}{2}$, 首先对系统 $\{\Omega, \{\bar{x}\}, \bar{x}\}$ 和 $\widetilde{\varepsilon} := \varepsilon/(2M+1)$ 使用 ε-极点原理, 找到 $x \in \Omega$ 和 $\widetilde{x}^* \in X^*$ 满足

$$\|x - \bar{x}\| \leqslant \widetilde{\varepsilon}, \quad \widetilde{x}^* \in \widehat{N}_{\widetilde{\varepsilon}}(x;\Omega), \quad \|\widetilde{x}^*\| = 1/2,$$

这蕴涵着 $x \in \mathrm{bd}\,\Omega$. 然后置 $x^* := (2M+1)\widetilde{x}^*$ 并应用 ε-法向量的定义 (1.2), 得

$$\limsup_{u \xrightarrow{\Omega} x} \frac{\langle x^*, u - x\rangle}{\|u - x\|} = (2M+1) \limsup_{u \xrightarrow{\Omega} x} \frac{\langle \widetilde{x}^*, u - x\rangle}{\|u - x\|} \leqslant (2M+1)\widetilde{\varepsilon} = \varepsilon,$$

因此, $x^* \in \widehat{N}_\varepsilon(x;\Omega)$, 并且 $\|x^*\| = (2M+1)/2 > M$. (i) 得证.

为证 (ii), 对 $\{\Omega, \{\bar{x}\}, \bar{x}\}$ 和 $\varepsilon \in (0, 1/2)$ 应用近似极点原理. 由此找到 $x \in B_\varepsilon(x) \cap \Omega$ 和 $x^* \in \widehat{N}(x;\Omega) + \varepsilon\mathbb{B}^*$, 使得 $\|x^*\| = 1/2$. 此式就推出 $x \in \mathrm{bd}\,\Omega$ 和 $\widehat{N}(x;\Omega) \neq \{0\}$. △

若 Ω 是凸集, 则 (2.8) 式给出了 Ω 的支撑点集. 因此 Banach 空间中的近似极点原理蕴涵 X 里任意闭凸集支撑点集在边界的稠密性. 此即著名的 Bishop-Phelps 定理 (参看文献 [1073] 的定理 3.8).

现在讨论命题 2.6 的逆命题. 也就是说, 如果集合 (2.8) 和 (2.9) 对任何闭集在边界上都是稠密的, 那么有没有可能导出相应的近似和 ε-极点原理. 为此固定一个极点系统 $\{\Omega_1, \Omega_2, \bar{x}\}$ 并观察到 $\bar{x} \in \Omega_1 \cap \Omega_2$ 的极点性质蕴涵 $0 \in \mathrm{bd}\,(\Omega_1 - \Omega_2)$. 这样如果假定 $\Omega_1 - \Omega_2$ 是闭的, 就可以在原点把上面提到的稠密性应用于集合 $\Omega_1 - \Omega_2$. 简化起见, 只考虑集合 (2.8). 此时找出 $x_i \in \Omega_i$, $i = 1, 2$, 使得

$$\widehat{N}(x_1 - x_2; \Omega_1 - \Omega_2) \neq \{0\}, \quad \|x_1 - x_2\| \leqslant \varepsilon.$$

取 $x^* \in \widehat{N}(x_1 - x_2; \Omega_1 - \Omega_2)$ 满足 $\|x^*\| = 1/2$, 从 (1.2) 式得到

$$\limsup_{u \xrightarrow{\Omega_1 - \Omega_2} x_1 - x_2} \frac{\langle x^*, u - (x_1 - x_2)\rangle}{\|u - (x_1 - x_2)\|} \leqslant 0.$$

现在令 $u = v - x_2$, $v \in \Omega_1$, 则 $u = x_1 - v$, $v \in \Omega_2$, 从而有 $x^* \in \widehat{N}(x_1;\Omega_1)$ 和 $-x^* \in \widehat{N}(x_2;\Omega_2)$. 由此得到除 $x_i \in \bar{x} + \varepsilon\mathbb{B}^*$, $i = 1, 2$ 之外近似极点原理中的所有关

系. 这样并不能通过把局部极点转化成 $\Omega_1-\Omega_2$ 的边界点的办法得到命题 2.6 的逆命题. 另外上面的讨论事实上用关系 (2.2)~(2.4) 给出了支撑性质 $\widehat{N}_\varepsilon(x;\Omega)\backslash M\mathbb{B}^*\neq\varnothing$ 和 $\widehat{N}(x;\Omega)\neq\{0\}$ 的刻画. 这些刻画没有使用极点及其小的扰动.

命题 2.7 (支撑性质的刻画)　给定 Banach 空间 X 和常数 $\varepsilon\geqslant 0$, $M\geqslant\varepsilon$, 下面的性质是等价的:

(a) 对任意非空闭集 $\Omega\subset X$, 存在 $x\in\operatorname{bd}\Omega$, 满足 $\widehat{N}_\varepsilon(x;\Omega)\backslash M\mathbb{B}^*\neq\varnothing$, 当 $\varepsilon=0$ 时, $\widehat{N}(x;\Omega)\neq\{0\}$;

(b) 设 Ω_1 和 Ω_2 是 X 中的任意两个子集, $\Omega_1-\Omega_2$ 非空并且在原点附近闭. 则存在 $x_1\in\Omega_1$ 和 $x_2\in\Omega_2$ 满足

$$0\in(\widehat{N}_\varepsilon(x_1;\Omega_1)\backslash M\mathbb{B}^*)+\widehat{N}_\varepsilon(x_2;\Omega_2).$$

证明　(a)⇒(b): 在 (a) 中令 $\Omega:=\Omega_1-\Omega_2$, 然后对 $x_1-x_2\in\Omega_1-\Omega_2$ 和满足 $\|x^*\|>M>\varepsilon\geqslant 0$ 的 $x^*\in\widehat{N}_\varepsilon(x_1-x_2;\Omega_1-\Omega_2)$ 应用上面的讨论.

(b)⇒(a): 令 $\Omega_1:=\Omega$ 和 $\Omega_2:=\{\bar{x}\}$, 这里 $\bar{x}$ 是 Ω 的一个固定的边界点, 然后用类似命题 2.6 的办法即可.　△

2.1.3　有限维空间里的极点原理

在这一小节中给出有限维空间中确切极点原理的一个直接证明. 这个证明基于度量逼近方法. 这种方法提供了用一族光滑无约束优化问题给出的极点系统的一个有效逼近. 不失一般性, 使用 X 上的 Euclid 范数.

定理 2.8 (有限维空间中的确切极点原理)　当 $\dim X<\infty$ 时, 确切极点原理在 X 中成立.

证明　设 $\bar{x}$ 是集合系统 $\{\Omega_1,\cdots,\Omega_n\}$ 的一个局部极点, 并且所有 Ω_i 都在 $\bar{x}$ 附近闭. 根据定义 2.1, 取序列 $\{a_{ik}\}$ 和邻域 U. 不失一般性, 假定 $U=X$. 对每一个 $k=1,2,\cdots$, 考虑下面的无约束极小化问题

$$\min\quad d_k(x):=\left[\sum_{i=1}^n\operatorname{dist}^2(x+a_{ik};\Omega_i)\right]^{1/2}+\|x-\bar{x}\|^2,\quad x\in X. \tag{2.10}$$

因为 d_k 连续且水平集是有界的, 根据经典的 Weierstrass 定理, (2.10) 式存在最优解 x_k. 据 $\bar{x}$ 的局部极点性质, 有

$$\alpha_k:=\left[\sum_{i=1}^n\operatorname{dist}^2(x_k+a_{ik};\Omega_i)\right]^{1/2}>0.$$

因为 x_k 是 (2.10) 式的最优解, 则

$$d_k(x_k)=\alpha_k+\|x_k-\bar{x}\|^2\leqslant\left[\sum_{i=1}^n\|a_{ik}\|^2\right]^{1/2}\downarrow 0,$$

即当 $k \to \infty$ 时, $x_k \to \bar{x}$, $\alpha_k \downarrow 0$.

现在对 $i = 1, \cdots, n$, 任取 $w_{ik} \in \prod(x_k + a_{ik}; \Omega_i)$ (Ω_i 里的 $x_k + a_{ik}$ 最佳逼近) 并考虑问题

$$\min \quad \rho_k(x) := \left[\sum_{i=1}^{n} \|x + a_{ik} - w_{ik}\|^2\right]^{1/2} + \|x - \bar{x}\|^2. \tag{2.11}$$

这个问题显然具有与 (2.10) 式相同的最优解 x_k. 因为 $\alpha_k > 0$ 以及 $\|\cdot\|$ 是 Euclid 范数, ρ_k 在 $\bar{x}$ 附近是连续可微的. 这样 (2.11) 式是一个无约束的光滑极小化问题. 对 (2.11) 式应用经典的 Fermat 原理, 得

$$\nabla \rho_k(x_k) = \sum_{i=1}^{n} x_{ik}^* + 2(x_k - \bar{x}) = 0, \tag{2.12}$$

这里 $x_{ik}^* = (x_k + a_{ik} - w_{ik})/\alpha_k$, $i = 1, \cdots, n$, 并满足

$$\|x_{1k}^*\|^2 + \cdots + \|x_{nk}^*\|^2 = 1.$$

考虑到有限维空间里的单位球是紧的, 可找到 $x_i^* \in X = X^*$, $i = 1, \cdots, n$, 满足 (2.3) 式的规范化条件并且 $x_{ik}^* \to x_i^*$ $(k \to \infty)$. 在 (2.12) 式中取极限, 得到 (2.3) 式的第一个条件. 从定理 1.6 基本法锥的表示 (1.9) 得到 $x_i^* \in N(\bar{x}; \Omega_i)$ 对 $i = 1, \cdots, n$ 成立. 这就完成了有限维空间里确切极点原理的证明. △

推论 2.9 (有限维空间中基本法锥的非平凡性) 令 $\dim X < \infty$. 则 (2.7) 式中基本法锥的非平凡性对任意非空闭集 $\Omega \subset X$ 都成立.

证明 这可由上面讨论的极点原理给出. 也可应用边界点的定义和定理 1.6 的式 (1.9) 直接证明. △

归根到底, 定理 2.8 中确切极点原理的证明是基于有限维空间中的几何, 具体地说, 它应用了单位球和球面的紧性, 也用到了把基本法锥表示成 (1.9) 式时用过的 Euclid 范数的变分性质. 有限维空间的一个重要特性是它总有一个光滑的重赋范 (Euclid 范数), 这个范数除了原点外处处可微.

下一节将用变分方法证明, 上面提出的所有三个版本的极点原理在很广的一类无限维空间上也成立. 这些空间具有一些与 Euclid 范数无关的优良几何性质.

2.2 Asplund 空间中的极点原理

这节的结果在本书后面的材料中将扮演重要的角色. 首先在具有 Fréchet 光滑重赋范的空间中证明近似极点原理. 这种空间是 Asplund 空间的一个子类. 接下来对 Fréchet 类型的法锥和次微分建立可分约化方法, 从而把有关这类结构的问题

从不可分空间归结到可分空间. 这个方法对 Asplund 空间特别有帮助, 因为这类空间的任何一个可分子空间都有一个 Fréchet 光滑重赋范. 由此在 Asplund 空间中证明了极点原理 (包括近似和确切两个版本), 并且建立了这类 Banach 空间的变分刻画.

2.2.1 光滑空间中的近似极点原理

在这一小节中主要证明拥有 Fréchet 光滑重赋范 Banach 空间中的近似极点原理. Fréchet 光滑重赋范的意思是说, 存在一个等价的范数, 在除了原点外的点是处处 Fréchet 可微的. 众所周知, 这类空间包含了所有的自反 Banach 空间[332]. 因为预法锥 $\widehat{N}$ 在等价范数下是不变的, 不失一般性, 以下讨论中的范数 $\|\cdot\|$ 假设是光滑的.

定理 2.10 (Fréchet 光滑空间中的近似极点原理) 近似极点原理在任何有 Fréchet 光滑重赋范的空间 X 上成立.

证明 先证明两个集合的情形, 然后用归纳法得到一般的结果. 设 $\bar{x} \in \Omega_1 \cap \Omega_2$ 是 Ω_i 的局部极点, Ω_i 在 $\bar{x}$ 附近是闭的. 找出 $\bar{x}$ 的邻域 U, 使得对任意 $\varepsilon > 0$, 存在 $a \in X$, 满足 $\|a\| \leqslant \varepsilon^3/2$ 和 $(\Omega_1 + a) \cap \Omega_2 \cap U = \varnothing$. 简化起见, 假设 $U = X$ 和 $\varepsilon < 1/2$. 考虑函数

$$\varphi(z) := \|x_1 - x_2 + a\|, \quad \forall z = (x_1, x_2) \in X \times X,$$

则在 $\Omega_1 \times \Omega_2$ 上有 $\varphi(z) > 0$. 因此 φ 在任何点 $z \in \Omega_1 \times \Omega_2$ 都是 Fréchet 可微的. 接下来要用到乘积范数 $\|z\| := (\|x_1\|^2 + \|x_2\|^2)^{1/2}$, 它在 $X \times X$ 的原点以外显然是 Fréchet 可微的. 函数 φ 对应于有限维空间里极点原理证明中的距离函数. 与在有限维空间中定理 2.8 的证明不同, 这里不能使用单位球的紧性和 Weierstrass 定理, 而是使用基于空间 X 的完备性及范数光滑性的变分论证.

令 $z_0 := (\bar{x}, \bar{x})$, 并定义集合

$$W(z_0) := \{z \in \Omega_1 \times \Omega_2 \mid \varphi(z) + \varepsilon\|z - z_0\|^2/2 \leqslant \varphi(z_0)\},$$

则此集是非空闭的. 进一步, 对任何 $z \in W(z_0)$, 有

$$\|x_1 - \bar{x}\|^2 + \|x_2 - \bar{x}\|^2 \leqslant 2\varphi(z_0)/\varepsilon = 2\|a\|/\varepsilon \leqslant \varepsilon^2,$$

这蕴涵 $W(z_0) \subset \mathrm{B}_\varepsilon(\bar{x}) \times \mathrm{B}_\varepsilon(\bar{x})$. 接下来归纳定义 $z_k \in \Omega_1 \times \Omega_2$ 和非空闭集 $W(z_k)$, $k \in \mathbb{N}$. 给定 z_k 和 $W(z_k)$, $k \geqslant 0$, 选取 $z_{k+1} \in W(z_k)$ 满足

$$\varphi(z_{k+1}) + \varepsilon \sum_{j=0}^{k} \frac{\|z_{k+1} - z_j\|^2}{2^{j+1}} < \inf_{z \in W(z_k)} \left\{ \varphi(z) + \varepsilon \sum_{j=0}^{k} \frac{\|z - z_j\|^2}{2^{j+1}} \right\} + \frac{\varepsilon^3}{2^{3k+2}}.$$

然后定义集合

$$W(z_{k+1})=\left\{z\in\Omega_1\times\Omega_2\,\middle|\,\varphi(z)+\varepsilon\sum_{j=0}^{k+1}\frac{\|z-z_j\|^2}{2^{j+1}}\right.$$
$$\left.\leqslant\varphi(z_{k+1})+\varepsilon\sum_{j=0}^{k}\frac{\|z_{k+1}-z_j\|^2}{2^{j+1}}\right\},$$

容易验证 $\{W(z_k)\}$ 是 $\Omega_1\times\Omega_2$ 中的一个依次嵌套的非空闭集序列. 下面证明 diam $W(z_k):=\sup\{\|z-w\|\mid z,w\in W(z_k)\}\to 0\ (k\to\infty)$. 事实上, 对任何 $z\in W(z_{k+1})$ 和 $k\in\mathbb{N}$, 有

$$\begin{aligned}&\frac{\varepsilon\|z-z_{k+1}\|^2}{2^{k+2}}\\&\leqslant\varphi(z_{k+1})+\varepsilon\sum_{j=0}^{k}\frac{\|z_{k+1}-z_j\|^2}{2^{j+1}}-\left(\varphi(z)+\varepsilon\sum_{j=0}^{k}\frac{\|z-z_j\|^2}{2^{j+1}}\right)\\&\leqslant\varphi(z_{k+1})+\varepsilon\sum_{j=0}^{k}\frac{\|z_{k+1}-z_j\|^2}{2^{j+1}}-\inf_{z\in W(z_k)}\left\{\varphi(z)+\varepsilon\sum_{j=0}^{k}\frac{\|z-z_j\|^2}{2^{j+1}}\right\}\\&<\frac{\varepsilon^3}{2^{3k+2}},\end{aligned}$$

这就推出 $\operatorname{diam}W(z_k)\leqslant\varepsilon/2^{k-1}\to 0$. 根据空间 X 的完备性, 有 $\bigcap_{k=0}^{\infty}W(z_k)=\{\bar z\}$ 且 $z_k\to\bar z=(\bar x_1,\bar x_2)\in\Omega_1\times\Omega_2\ (k\to\infty)$. 因为 $\bar z\in W(z_0)$, 所以 $\bar z\in \mathrm{B}_\varepsilon(\bar x)\times\mathrm{B}_\varepsilon(\bar x)$. 下面证明 $\bar z$ 是下述函数在集合 $\Omega_1\times\Omega_2$ 上的一个极小点.

$$\phi(z):=\varphi(z)+\varepsilon\sum_{j=0}^{\infty}\frac{\|z-z_j\|^2}{2^{j+1}}.$$

取 $\bar z\neq z\in\Omega_1\times\Omega_2$, 并根据 $W(z_k)$ 的构造, 找到 $k\in\mathbb{N}$ 满足

$$\varphi(z)+\varepsilon\sum_{j=0}^{k}\frac{\|z-z_j\|^2}{2^{j+1}}>\varphi(z_k)+\varepsilon\sum_{j=0}^{k-1}\frac{\|z_k-z_j\|^2}{2^{j+1}}.\tag{2.13}$$

因为当 $k\to\infty$ 时, (2.13) 式右边的序列是不减的, 所以 $\bar z$ 是 ϕ 在 $\Omega_1\times\Omega_2$ 上的极小点. 这样函数 $\psi(z):=\phi(z)+\delta(z;\Omega_1\times\Omega_2)$ 就在 $X\times X$ 上于 $\bar z$ 达到极小. 根据命题 1.114 的广义 Fermat 原理, 有 $0\in\widehat{\partial}\psi(\bar z)$. 由于 $\varphi(\bar z)\neq 0$ 和 $\|\cdot\|^2$ 的光滑性, ϕ 在 $\bar z$ 点是 Fréchet 可微的. 现在应用命题 1.107(i) 中的加法法则, 然后用 (1.50) 式在 $\varepsilon=0$ 的情形和命题 1.2 中的乘积法则, 得到

$$-\nabla\phi(\bar z)\in\widehat{N}(\bar z;\Omega_1\times\Omega_2)=\widehat{N}(\bar x_1;\Omega_1)\times\widehat{N}(\bar x_2;\Omega_2).$$

根据 ϕ 的构造, $\nabla\phi(\bar z)=(u_1^*,u_2^*)\in X^*\times X^*$, 这里

$$u_1^* = x^* + \varepsilon \sum_{j=0}^{\infty} w_{1j}^* \frac{\|\bar{x}_1 - x_{1j}\|}{2^j}, \quad u_2^* = -x^* + \varepsilon \sum_{j=0}^{\infty} w_{2j}^* \frac{\|\bar{x}_2 - x_{2j}\|}{2^j},$$

并且 $(x_{1j}, x_{2j}) = z_j$, $x^* = \nabla(\|\cdot\|)(\bar{x}_1 - \bar{x}_2 + a)$,

$$w_{ij}^* = \begin{cases} \nabla(\|\cdot\|)(\bar{x}_i - x_{ij}), & \bar{x}_i - x_{ij} \neq 0, \\ 0, & \text{其他}, \end{cases}$$

其中 $j = 0, 1, \cdots, i = 1, 2$. 显然 $\sum\limits_{j=0}^{\infty} \|w_{ij}^*\| \cdot \|\bar{x}_i - x_{ij}\| / 2^j \leqslant 1\ (i = 1, 2)$, 并且 $\|x^*\| = 1$. 因此令 $x_i := \bar{x}_i$ 和 $x_i^* := (-1)^i x^*/2\ (i = 1, 2)$, 就得到了两个集合的近似极点原理中的关系 (2.3) 式和 (2.4) 式.

现在考虑 X 中一般的 n 个集合 $\{\Omega_1, \cdots, \Omega_n\}$, 并用归纳法证明 $n > 2$ 的情形. 容易看到, 如果 $\bar{x}$ 是 $\{\Omega_1, \cdots, \Omega_n\}$ 的极点, 那么点 $\bar{z} = (\bar{x}, \cdots, \bar{x}) \in X^{n-1}$ 是如下二集系统的极点,

$$\Lambda_1 := \Omega_1 \times \cdots \times \Omega_{n-1}, \quad \Lambda_2 := \{(x, \cdots, x) \in X^{n-1} \mid x \in \Omega_n\}.$$

当所有的 Ω_i 在 $\bar{x}$ 附近闭时, 这两个集合在 $\bar{z}$ 点附近也是闭的. 显然, 若 X 有 Fréchet 可微的重赋范, 则 X^{n-1} 也有 Fréchet 可微的重赋范. 这样可以应用 $n = 2$ 的情况来得到 $\{\Lambda_1, \Lambda_2, \bar{z}\}$ 的近似极点原理. 由此及命题 1.2 和表示式

$$\widehat{N}(\bar{z}; \Lambda_2) = \{(x_1^*, \cdots, x_{n-1}^*) \in (X^*)^{n-1} \mid x_1^* + \cdots + x_{n-1}^* \in \widehat{N}(\bar{x}; \Omega_n)\},$$

就证完了这个定理. △

注 2.11 (有界型光滑空间) 定理 2.10 在 $n = 2$ 的情形论证在变分原理领域是很有代表性的, 请比照文献 [785] 和下一节的讨论. 特别地, 经修正, 它可以用来证明如果空间上存在对一个任给的生成族而言的光滑重赋范, 那么 Borwein 和 Preiss[154] 的光滑变分原理成立. 这里一个生成族 β 是指 X 中的一个子集族, 每个集都是有界且中心对称的, 它们的并是整个空间 X. 每个集合与一个正数的积运算是闭的, 并且任何两个集合的并包含在族的一个集合里. 上面考虑的 Fréchet 生成族是最强的, 它包含所有中心对称的有界集. 最弱的生成族叫做 Gâteaux 生成族, 它由所有有限集组成. 众所周知, 每个可分 Banach 空间都有一个 Gâteaux 可微的重赋范. 在这两者之间还有其他有用的生成族, 比如 Hadamard 生成族, 它包括 X 中所有对称紧集.

可以验证, 用定理 2.10 的证法可证, 若 Banach 空间上有任何一种光滑重赋范, 则近似极点原理成立 (需要对非凸集合的广义法向量的定义作适当的修改). 事实上, 对有光滑重赋范的 Banach 空间而言, 对应的近似极点原理和光滑变分原理

是等价的. 这方面的更多细节请参看文献 [151]. 在 2.3 节中将会证明, 对光滑变分原理而言, 所涉及空间的光滑性不仅是充分的, 而且是必要的. 另一方面, 由于对 Fréchet 类型法向量和次微分使用可分约化方法的可行性, 可在一般的 Asplund 空间中证明定义 2.5 中的极点原理, 这种空间有时甚至连 Gâteaux 光滑重赋范也没有.

2.2.2 可分约化

本节展开可分约化方法. 该方法能把一些关于 Fréchet 类型结构的问题从任意 Banach 空间归结到可分空间. 这里的主要目标是得到对定义 2.5(ii) 中的近似极点原理有应用价值的可分约化结果. 下面是对此有用的一个断言.

给定正常函数 $f_i\colon X \to \overline{\mathbb{R}}, i=1,\cdots,N$, 一个 X 的可分子空间 Y_0 及一个常数 $M>0$, 则存在 X 的一个可分闭子空间 Y 满足 $Y_0 \subset Y$, 使得下式成立:

$$0 \in (\widehat{\partial} f_1(x_1)\backslash M\mathbb{B}^*) + \widehat{\partial} f_2(x_2) + \cdots + \widehat{\partial} f_N(x_N), \tag{2.14}$$

其中 $x_1, x_2, \cdots, x_N \in Y$ 是任何满足

$$0 \in (\widehat{\partial} f_1|_Y(x_1)\backslash M\mathbb{B}^*) + \widehat{\partial} f_2|_Y(x_2) + \cdots + \widehat{\partial} f_N|_Y(x_N) \tag{2.15}$$

的向量, $f|_Y$ 指 f 在 Y 上的限制, $\mathbb{B}^* = \mathbb{B}_{X^*}$.

把这个结果应用到指标函数 $f_i := \delta(x;\Omega_i), i=1,\cdots,n$ 和 $f_{n+1}(x) := \varepsilon\|x\|$ 中, 并选取合适的初始子空间 Y_0, 就能保证非可分空间 X 中 n 个集合近似极点原理在这个可分子空间 Y_0 中的可分约化 (见下). 注意 (2.14) 式和 (2.15) 式中的常数 $M>0$ 和其他数据是不相关的. 这点很关键, 否则就得不到极点原理中的非平凡性条件.

为了证明所需的可分约化, 必须在根据所给数据构造可分子空间 $Y_0 \subset Y \subset X$ 的过程中, 克服一些实质性的技术困难. 这是因为, 极点原理的表述及其可分约化所需的论断都与对偶空间 X^* 中的元有关, 而上述过程只能在本原 Banach 空间 X 中进行. 因此可分约化过程的关键部分是把相关论断翻译成只依赖于 X 的语言. 下面先基于凸分析的基本对偶原理来处理凸函数的情形, 然后应用凸化来解决一般的广义实值函数, 这种凸化是通过极小卷积来实现的. 这个过程的可行性源于 Fréchet 次微分的原始定义.

引理 2.12 (凸次微分的本原刻画) 设 $\varphi\colon X \to \overline{\mathbb{R}}$ 是一个正常凸函数, 并且 $0 \in \operatorname{dom}\varphi$, 则对任何 $M>0$, 有

$$\partial\varphi(0)\backslash M\mathbb{B}^* \neq \varnothing \tag{2.16}$$

成立的充要条件是存在 $c \geqslant 0, \gamma > 0$ 及非空开集 $U \subset X$, 使得下述性质成立:

(a) $\varphi(h) \geqslant \varphi(0) - c\|h\|$ 对任意 $h \in X$ 成立;

(b) $\varphi(th) \geqslant \varphi(0) + (M+\gamma)t\|h\|$ 对任意 $h \in U$ 和 $t \in [0,1]$ 成立.

此时, 对任意 $0 \neq h \in U$, 都存在 $x^* \in \partial\varphi(0)$, 使得 $\langle x^*, h\rangle > M\|h\|$.

证明　为了证明必要性, 取 $x^* \in \partial\varphi(0)\backslash M\mathbb{B}^*$, 则 (a) 对 $c = \|x^*\|$ 成立. 接下来选取 $\gamma > 0$, 使得 $\|x^*\| > M+\gamma$, 并找到非空开集 $U \subset X$ 满足 $\langle x^*, h\rangle > (M+\gamma)\|x^*\|$ $(\forall h \in U)$, 则得到 (b).

推论中的最后一个结论包含在充分性里. 为证充分性, 取 (c,γ,U) 满足 (a) 和 (b), 并固定 $0 \neq h \in U$. 由 (b) 得非空开凸集 $U_0 \subset U$ 和 $U_1 \subset \mathbb{R}$ 使得 $0 \notin U_0$, $h \in U_0$, $0 \notin U_1$ 和

$$M < \tau/\|u\| < M+\gamma, \quad \forall (u,\tau) \in U_0 \times U_1.$$

因为 φ 是凸的, 由 (b) 得 $\varphi'_+(0)(u) \geqslant (M+\gamma)\|u\|$ 对任何 $u \in U_0$ 成立. 考虑非空凸集

$$C_1 := \{(u,t) \in X \times \mathbb{R} \mid \varphi(u) \leqslant t\}, \quad C_2 := \bigcup_{\lambda > 0} \lambda(U_0 \times U_1),$$

则 $C_1 \cap C_2 = \varnothing$. 事实上, 若 $\lambda(u,\tau) \in C_1 \cap C_2$ 对某 $\lambda > 0$ 成立, 则根据 τ 的选取, 有

$$\lambda\tau \geqslant \varphi(\lambda u) \geqslant \varphi'_+(0)(\lambda u) = \lambda\varphi'_+(0)u \geqslant (M+\gamma)\gamma\|u\| > \lambda\tau.$$

矛盾. 因为 C_2 是开的, 应用经典的凸集分离定理而找到 $(0,0) \neq (\widetilde{x}^*, \widetilde{\nu}) \in (X \times \mathbb{R})^* = X^* \times \mathbb{R}$, 使得

$$l := \inf\langle(\widetilde{x}^*, \widetilde{\nu}), C_1\rangle \geqslant \sup\langle(\widetilde{x}^*, \widetilde{\nu}), C_2\rangle =: r.$$

注意到, 由 $(0,0) \in C_1$ 有 $l \leqslant 0$, 又由 C_2 的结构有 $r \geqslant 0$, 从而 $l = r = 0$, 并且

$$\begin{aligned}&\inf\{\langle\widetilde{x}^*, u\rangle + \widetilde{\nu}t \mid (u,t) \in X \times \mathbb{R}, \varphi(u) \leqslant \varphi(0) + t\}\\ =&\sup\{\lambda\langle\widetilde{x}^*, u\rangle + \lambda\tau\widetilde{\nu} \mid (u,\tau) \in U_0 \times U_1, \lambda > 0\} = 0.\end{aligned} \tag{2.17}$$

因为 $\widetilde{\nu}t = \langle\widetilde{x}^*, 0\rangle + \widetilde{\nu}t \geqslant 0$ 对任意 $t \geqslant 0$ 成立, 所以得到 $\widetilde{\nu} \geqslant 0$. 接下来先假定 $\widetilde{\nu} > 0$. 在 (2.17) 式中令 $t = \varphi(u)$, 则如果 $u \in \mathrm{dom}\varphi$, 那么 $\langle -\widetilde{x}^*/\widetilde{\nu}, u\rangle \leqslant \varphi(u) = \varphi(u) - \varphi(0)$. 当 $\varphi(u) = \infty$ 时这显然成立, 所以有结论 $-\widetilde{x}^*/\widetilde{\nu} \in \partial\varphi(0)$.

另一方面, 对 $\tau \in U_1$ 和 $u = h$, 由 (2.17) 式得到 $\langle\widetilde{x}^*, h\rangle + \tau\widetilde{\nu} \leqslant 0$, 从而根据 τ 的选取, 有

$$\|-\widetilde{x}^*/\widetilde{\nu}\| \geqslant \langle -\widetilde{x}^*/\widetilde{\nu}, h/\|h\|\rangle \geqslant \tau/\|h\| > M.$$

因此有

$$\langle -\widetilde{x}^*/\widetilde{\nu}, h\rangle > M\|h\|, \quad -\widetilde{x}^*/\widetilde{\nu} \in \partial\varphi(0)\backslash M\mathbb{B}^*.$$

这就证明了 (2.16) 式在 $\widetilde{\nu} > 0$ 的情况. 到目前为止还没用到 (a).

接下来考虑 (2.17) 式里剩下的 $\widetilde{\nu} = 0$ 的情况并用 (a) 证明 (2.16) 式. 此时必然有 $\widetilde{x}^* \neq 0$ 并从 (2.17) 式得到 $\langle\widetilde{x}^*, u\rangle \geqslant 0$ 对任何 $u \in \mathrm{dom}\,\varphi$ 成立, 且 $\langle\widetilde{x}^*, u\rangle \leqslant 0$ 对任何 $u \in U_0$ 成立. 因为 U_0 是 h 的一个邻域, 这蕴涵 $\langle\widetilde{x}^*, h\rangle < 0$. 构造闭凸集

$$C_3 := \{(u,t) \in X \times \mathbb{R} \mid t < -c\|u\|\},$$

并由 (a) 知 $C_1 \cap C_3 = \varnothing$. 再次使用分离定理, 找到 $(0,0) \neq (\widehat{x}^*, \widehat{\nu}) \in X^* \times \mathbb{R}$, 满足

$$l := \inf\langle(\widehat{x}^*, \widehat{\nu}), C_1\rangle \geqslant \sup\langle(\widehat{x}^*, \widehat{\nu}), C_3\rangle =: r.$$

容易验证 $l = r = 0$, 因而

$$\begin{aligned} &\inf\{\langle \widehat{x}^*, u\rangle + \widehat{\nu}t \mid (u,t) \in X \times \mathbb{R}, \varphi(u) \leqslant \varphi(0) + t\} \\ =&\sup\{\langle \widehat{x}^*, u\rangle + \widehat{\nu}t \mid (u,t) \in X \times \mathbb{R}, t < -c\|u\|\} = 0, \end{aligned} \tag{2.18}$$

因此 $\widehat{\nu} \geqslant 0$. 事实上有 $\widehat{\nu} > 0$, 否则 (2.18) 式就导出 $\langle \widehat{x}^*, u\rangle \leqslant 0$ 对任何 $u \in X$ 成立, 这和 $(\widehat{x}^*, \widehat{\nu})$ 的非平凡性矛盾. 于是与 (2.17) 式类似, (2.18) 式给出 $-\widehat{x}^*/\widehat{\nu} \in \partial\varphi(0)$. 现在令

$$x^* := -\widehat{x}^*/\widehat{\nu} - K\widetilde{x}^*, \quad \text{其中 } K > \max\left\{0, -\frac{M\|h\| + \langle \widehat{x}^*/\widehat{\nu}, h\rangle}{\langle \widetilde{x}^*, h\rangle}\right\}. \tag{2.19}$$

注意到, 根据 $\partial\varphi(0)$ 的定义和条件 $\langle \widetilde{x}^*, u\rangle \geqslant 0$, 对任意 $u \in \operatorname{dom}\varphi$, 有

$$\varphi(u) - \varphi(0) \geqslant \langle -\widehat{x}^*/\widehat{\nu}, u\rangle \geqslant \langle x^*, u\rangle.$$

因此 $x^* \in \partial\varphi(0)$. 进一步, 由 (2.19) 式和 $\langle \widetilde{x}^*, h\rangle < 0$ 导出

$$\langle x^*, h\rangle = \langle -\widehat{x}^*/\widehat{\nu}, h\rangle - K\langle \widetilde{x}^*, h\rangle > M\|h\|,$$

此式蕴涵 $\|x^*\| > M$, 因此有 (2.16). △

下一个引理给出了凸函数次微分和的一个本原刻画, 其中使用了一个非平凡性条件, 这对后面在极点原理上的应用至关重要.

引理 2.13 (凸函数次微分和的本原刻画) 设 $\varphi_i \colon X \to \overline{\mathbb{R}}$, $i = 1, \cdots, N$ 是正常凸函数, 并且 $0 \in \operatorname{dom}\varphi_1 \cap \cdots \cap \operatorname{dom}\varphi_N$, $N > 1$, 则对任意 $M > 0$, 条件

$$0 \in (\partial\varphi_1(0) \backslash M\mathbb{B}^*) + \partial\varphi_2(0) + \cdots + \partial\varphi_N(0) \tag{2.20}$$

成立当且仅当存在 $c \geqslant 0$, $\gamma > 0$ 及一个非空开集 $U \subset X$, 使得下述论断成立:

(a) $\sum\limits_{j=1}^{N} \varphi_j(h_j) \geqslant \sum\limits_{j=1}^{N} \varphi_j(0) - c\max\{\|h_j - h_1\| \mid j = 2, \cdots, N\}$ 对任意 $h_1, \cdots, h_N \in X$ 成立;

(b) $\sum\limits_{j=1}^{N} \varphi_j(th_j) \geqslant \sum\limits_{j=1}^{N} \varphi_j(0) + (M+\gamma)t\max\{\|h_j - h_1\| \mid j = 2, \cdots, N\}$ 对任意满足 $h_j - h_1 \in U$ 的 $h_1, \cdots, h_N \in X$ 和 $t \in [0,1]$ 成立.

证明　假定 (2.20) 式成立, 并有 $x_j^* \in \partial\varphi_j(0), j=1,\cdots,N$, 使得 $\|x_1^*\| > M$ 和 $x_1^*+\cdots+x_N^*=0$ 成立. 则

$$\sum_{j=1}^N \varphi_j(h_j) - \sum_{j=1}^N \varphi_j(0) \geqslant \sum_{j=1}^N \langle x_j^*, h_j\rangle = \sum_{j=2}^N \langle x_j^*, h_j - h_1\rangle$$
$$\geqslant -\sum_{j=2}^N \|x_j^*\| \max\{\|h_j - h_1\| \mid j=2,\cdots,N\}$$

对任意 $h_1,\cdots,h_N \in X$ 成立. 这给出了 $c := \sum_{j=2}^N \|x_j^*\|$ 时 (a) 成立. 为了证明 (b), 取 $\gamma > 0$ 和一个开集 $\varnothing \neq U \subset X$, 满足

$$\sum_{j=2}^N \langle x_j^*, h\rangle = -\langle x_1^*, h\rangle > (M+\gamma)\|h\|, \quad \forall h \in U.$$

必要的话缩小 U, 可以假定

$$\sum_{j=2}^N \langle x_j^*, h_j\rangle > (M+\gamma)\max\{\|h_j\| \mid j=2,\cdots,N\}$$

对任何 $h_2,\cdots,h_N \in U^{N-1}$ 成立. 则

$$\varphi_1(th_1) + \sum_{j=2}^N \varphi_j(th_j) - \sum_{j=1}^N \varphi_j(0) \geqslant t\sum_{j=2}^N \langle x_j^*, h_j - h_1\rangle$$
$$\geqslant (M+\gamma)t\max\{\|h_j - h_1\| \mid j=2,\cdots,N\}$$

对任何满足 $h_j - h_1 \in U, j=2,\cdots,N$ 的 $h_1,\cdots,h_N \in X$ 和 $t\in[0,1]$ 成立. 由此得到 (b) 并证明了引理的必要性.

为了证明充分性, 假定 c, γ 和 U 使 (a) 和 (b) 成立. 定义极小卷积

$$\varphi(h_2,\cdots,h_N) := \inf\left\{\varphi_1(x) + \sum_{j=2}^N \varphi_j(x+h_j) \mid x \in X\right\},$$
$$\forall (h_2,\cdots,h_N) \in X^{N-1},$$

并注意到 φ 是 X^{N-1} 上的正常凸函数且 $0 \in \operatorname{dom}\varphi$. 如果使用范数

$$\|(h_2,\cdots,h_N)\| := \max\{\|h_j\| \mid j=2,\cdots,N\},$$

易验证引理中的性质 (a) 和 (b) 蕴涵着 φ 在积空间 X^{N-1} 上满足引理 2.12 的性质 (a) 和 (b). 这样对固定的 $0 \neq h \in U$, 可找到 $z^* := (x_2^*,\cdots,x_N^*) \in (X^{N-1})^*$ 满足

$z^* \in \partial\varphi(0,\cdots,0)$ 和 $\langle z^*,(h,\cdots,h)\rangle > M\max\{\|h\|,\cdots,\|h\|\}$, 即

$$\left\langle \sum_{j=2}^{N} x_j^*, h \right\rangle > M\|h\|. \tag{2.21}$$

因为 $z^* \in \partial\varphi(0)$, 所以 φ 的定义给出

$$\varphi_1(x) + \sum_{j=2}^{N}\varphi_j(x+h_j) \geqslant \sum_{j=1}^{N}\varphi_j(0) + \langle z^*,(h_2,\cdots,h_N)\rangle = \sum_{j=1}^{N}\varphi_j(0) + \sum_{j=2}^{N}\langle x_j^*, h_j\rangle$$

对任何 $x \in X$ 和 $(h_2,\cdots,h_N) \in X^{N-1}$ 成立. 如果固定一个 j, 并对任意 $i \neq j$ 令 $h_i = x = 0$, 那么得到 $x_j^* \in \partial\varphi_j(0)$, $j = 2,\cdots,N$. 若令 $h_j = -x$, $j = 2,\cdots,N$, 则 $x^* := -(x_2^* + \cdots + x_N^*) \in \partial\varphi_1(0)$. 因此, 由 (2.21) 式得到

$$0 \in \partial\varphi_1(0) + \cdots + \partial\varphi_N(0), \quad x^* \in \partial\varphi_1(0)\backslash M\mathbb{B}_{X^*}.$$

证毕. △

现在考虑一般的正常函数 $f\colon X \to \overline{\mathbb{R}}$, 一个点 $x \in \operatorname{dom} f$ 和与之对应的两个极小卷积类型的凸函数. 首先, 对给定的正数 δ 和 ϵ, 定义 $\varphi_{f,x,\delta,\epsilon}\colon X \to [-\infty,\infty]$. 当 $\|h\| < \delta$ 时,

$$\begin{aligned}\varphi_{f,x,\delta,\epsilon}(h) := \inf\Bigg\{&\sum_{i=1}^{m}\alpha_i[f(x+h_i) + \epsilon\|h_i\|] \mid m \in \mathbb{N}, h_i \in X,\\ &\|h_i\| < \delta, \alpha_i \geqslant 0, i = 1,\cdots,m, \sum_{i=1}^{m}\alpha_i = 1, \sum_{i=1}^{m}\alpha_k h_i = h\Bigg\},\end{aligned} \tag{2.22}$$

并且在其他情况下令 $\varphi_{f,x,\delta,\epsilon}(h) := \infty$. 接着, 对满足 $\delta_1 > \delta_2 > \cdots > 0$ 和 $\delta_i \downarrow 0$ 的给定序列 $\Delta := (\delta_i)_{i=1}^{\infty}$, 定义 $\varphi_{f,x,\Delta}\colon X \to \overline{\mathbb{R}}$,

$$\begin{aligned}\varphi_{f,x,\Delta}(h) := \inf\Bigg\{&\sum_{i=1}^{m}\alpha_i\varphi_{f,x,\delta_i,1/i}(h_i) \mid m \in \mathbb{N}, h_i \in X,\\ &\alpha_i \geqslant 0, i = 1,\cdots,m, \sum_{i=1}^{m}\alpha_i = 1, \sum_{i=1}^{m}\alpha_i h_i = h\Bigg\},\end{aligned} \tag{2.23}$$

其中每个 $\varphi_{f,x,\delta_i,1/i}$ $(i \in \mathbb{N})$ 是在 (2.22) 式中构造的. 从定义看出, 函数 (2.22) 和 (2.23) 都是凸的, 并且在 $h = 0$ 时不大于 $f(x)$. 进一步, f 在 x 点的 Fréchet 可微性和 $\varphi_{f,x,\Delta}$ 在零点的次微分紧密相关. 很容易验证, 如果 $\widehat{\partial}f(x) \neq \varnothing$, 那么 $\varphi_{f,x,\Delta}(0) = f(x)$ 并且 $\widehat{\partial}f(x) \supset \partial\varphi_{f,x,\Delta}(0) \neq \varnothing$ 对某 Δ 成立. 另外, 如果 $\partial\varphi_{f,x,\Delta}(0) \neq \varnothing$ 对某 Δ 成立, 并且 $\varphi_{f,x,\Delta}(0) = f(x)$, 那么有 $\partial\varphi_{f,x,\Delta}(0) \subset \widehat{\partial}f(x)$.

引理 2.13 的推论提供了 (2.14) 式的基本论断用本原空间 X 中语言的等价翻译.

推论 2.14 (Fréchet 次微分和的本原刻画) 设 $f_j : X \to \bar{\mathbb{R}}$ 是任意正常函数, 并且 $x_j \in \mathrm{dom}\, f_j$, $j = 1, \cdots, N$, $N > 1$. 则对任给的 $M > 0$, (2.14) 式成立的充要条件是存在 $c \geqslant 0$, $\gamma > 0$, 一个满足 $\delta_i \downarrow 0$ 的序列 $\Delta = (\delta_i)_{i=1}^{\infty} \subset (0, \infty)$ 及一个非空开集 $U \subset X$, 使得下述论断成立:

(a) $\sum_{j=1}^{N} \varphi_{f_j,x_j,\Delta}(h_j) \geqslant \sum_{j=1}^{N} f_j(x_j) - c\max\{\|h_j - h_1\| \mid j = 2, \cdots, N\}$ 对任意 $h_1, \cdots, h_N \in X$ 成立;

(b) $\sum_{j=1}^{N} \varphi_{f_j,x_j,\Delta}(th_j) \geqslant \sum_{j=1}^{N} f_j(x_j) + (M+\gamma)t\max\{\|h_j - h_1\| \mid j = 2, \cdots, N\}$ 对任意满足 $h_j - h_1 \in U$, $j = 2, \cdots, N$ 的 $h_1, \cdots, h_N \in X$ 和 $t \in [0, 1]$ 成立.

证明 如果 (2.14) 式成立, 那么 $\widehat{\partial} f_j(x_j) \neq \varnothing$, 从而 $\varphi_{f,x,\Delta}(0) = f_j(x_j)$, $j = 1, \cdots, N$ 对某序列 Δ 成立. 这样推论中的条件 (a) 和 (b) 立刻可以由引理 2.13 对应的条件导出. 反之, 如果引理的条件 (a) 和 (b) 成立, 那么由 (a) 得出 $\varphi_{f_j,x_j,\Delta}(0) = f_j(x_j)$, 于是把引理 2.13 的充分性应用到凸函数 $\varphi_j = \varphi_{f_j,x_j,\Delta}$, $j = 1, \cdots, N$ 中, 并使用提过的 $\widehat{\partial} f(x)$ 与 $\partial\varphi_{f,x,\Delta}(0)$ 的关系, 就可以得出 (2.14) 式. △

下面建立对论断 (2.14) 的基本可分约化结果. 这是极点原理需要的整个可分约化技术的基础.

定理 2.15 (基本可分约化) 设 $f_1, \cdots, f_N \colon X \to \overline{\mathbb{R}}$, $N > 1$ 是下有界的正常函数, Y_0 是 X 的一个可分子空间. 则存在一个闭可分子空间 $Y \subset X$ 满足 $Y_0 \subset Y$, 并且对任何 $M > 0$, 只要 $x_1, x_2 \cdots, x_N \in Y$ 和 (2.15) 式成立, (2.14) 式就成立.

证明 先用归纳法从 Y_0 开始构造 Y. 然后基于推论 2.14 中 (2.14) 的本原刻画, 从 (2.15) 式和 $(x_1, \cdots, x_N) \in Y^N$ 导出 (2.14) 式.

令 $\mathcal{A}$ 是由所有矩阵 $(\alpha_i^j \mid i \in \mathbb{N}, j = 1, \cdots, N)$ 组成的可数集合, 这些矩阵的每个矩阵元都是非负的有理数, 只有有限个数对 $(i, j) \in \mathbb{N} \times \{1, \cdots, N\}$ 满足 $\alpha_i^j > 0$, 并且 $\sum_{i=1}^{\infty} \alpha_i^j = 1$ 对任意 $j = 1, \cdots, N$ 成立. 令 $\mathcal{B}$ 是由所有矩阵 $(\beta_{il}^j \mid i, l \in \mathbb{N}, j = 1, \cdots, N)$ 组成的可数集合, 这些矩阵的每个矩阵元都是非负的有理数, 只有有限个三元数组 $(i, l, j) \in \mathbb{N}^2 \times \{1, \cdots, N\}$ 满足 $\beta_{il}^j > 0$, 并且 $\sum_{l=1}^{\infty} \beta_{il}^j = 1$ 对任意 $i \in \mathbb{N}$ 和 $j = 1, \cdots, N$ 成立. 令 $\mathcal{D}$ 是由所有有理数序列 $(\delta_i)_{i=1}^{\infty}$ 组成的可数集合, 这些序列满足 $0 < \delta_1 \geqslant \delta_2 \geqslant \cdots \geqslant 0$, 并且当 $i \in \mathbb{N}$ 足够大时, $\delta_i = 0$. 对给定的 $j = 1, \cdots, N$ 和 $x \in \mathrm{dom}\, f_j$, 选取 $\eta_j(x) > 0$, 使得 f_j 在以 x 为中心 $\eta_j(x)$ 为半径的球上下有界.

对 $\bar{x} := (x_1, \cdots, x_N) \in X^N$, $a := (\alpha_i^j) \in \mathcal{A}$, $b := (\beta_{il}^j) \in \mathcal{B}$, $\bar{r} := (r_2, \cdots, r_N) \in (0, \infty)^{N-1}$, $k \in \mathbb{N}$, 以及满足当 $\max\{\alpha_i^1, \cdots, \alpha_i^N\} > 0$ 和 $\delta_1 < \min\{\eta_1(x_1), \cdots, \eta_N(x_N)\}$

时有 $\delta_i > 0$ 的 $\Delta := (\delta_i) \in \mathcal{D}$, 有 $u_{il}^j(\bar{x}, a, b, \bar{r}, \Delta, k) \in X$, $i, l \in \mathbb{N}$, $j = 1, \cdots, N$, 满足对所有 $i, l \in \mathbb{N}$ 和 $j = 1, \cdots, N$, 当 $\delta_i > 0$ 时, $\|u_{il}^j(\bar{x}, a, b, \bar{r}, \Delta, k)\| < \delta_i$; 当 $\delta_i = 0$, $u_{il}^j(\cdots) = 0$, 且

$$\left\|\sum_{i=1}^{\infty} \alpha_i^j \sum_{l=1}^{\infty} \beta_{il}^j u_{il}^j(\bar{x}, a, b, \bar{r}, \Delta, k) - \sum_{i=1}^{\infty} \alpha_i^1 \sum_{l=1}^{\infty} \beta_{il}^1 u_{il}^1(\cdots)\right\| < r_j, \quad j = 2, \cdots, N,$$

与

$$\begin{aligned}&\sum_{j=1}^{N}\sum_{i=1}^{\infty} \alpha_i^j \sum_{l=1}^{\infty} \beta_{il}^j \left[f_j(x_j + u_{il}^i(\bar{x}, a, b, \bar{r}, \Delta, k)) + \frac{1}{i}\|u_{il}^j(\bar{x}, a, b, \bar{r}, \Delta, k)\|\right] \\ &< \frac{1}{k} + \sum_{j=1}^{N}\sum_{i=1}^{\infty} \alpha_i^j \sum_{l=1}^{\infty} \beta_{il}^j \left[f_j(x_j + h_{il}^j) + \frac{1}{i}\|h_{il}^j\|\right].\end{aligned}$$

这里 $h_{il}^j \in X$ 满足当 $\delta_i > 0$ 时, $\|h_{il}^j\| < \delta_i$; 当 $\delta_i = 0$ 时, $h_{il}^j = 0$, 并且

$$\left\|\sum_{i=1}^{\infty} \alpha_i^j \sum_{l=1}^{\infty} \beta_{il}^j h_{il}^j - \sum_{i=1}^{\infty} \alpha_i^1 \sum_{l=1}^{\infty} \beta_{il}^1 h_{il}^1\right\| < r_j, \quad j = 2, \cdots, N.$$

进一步, 对上面的 $\bar{x}$, a, b, $\bar{r}$, Δ, k 以及满足 $\|h\| < \delta_1$ 的 $h \in X$, 有 $g_{il}^j(\bar{x}, h, a, b, \bar{r}, \Delta, k) \in X$, $i, l \in \mathbb{N}$, $j = 1, \cdots, N$, 满足

$$\begin{aligned}&\|g_{il}^j(\bar{x}, h, a, b, \bar{r}, \Delta, k)\| < \delta_i(\delta_i > 0), \quad g_{il}^j(\cdots) = 0(\delta_i = 0), \\ &\left\|\sum_{i=1}^{\infty} \alpha_i^j \sum_{l=1}^{\infty} \beta_{il}^j g_{il}^j(\bar{x}, h, a, b, \bar{r}, \Delta, k) - \sum_{i=1}^{\infty} \alpha_i^1 \sum_{l=1}^{\infty} \beta_{il}^1 g_{il}^1(\cdots) - h\right\| < r_j\end{aligned}$$

对任意 $j = 2, \cdots, N$ 成立, 且

$$\begin{aligned}&\sum_{j=1}^{N}\sum_{i=1}^{\infty} \alpha_i^j \sum_{l=1}^{\infty} \beta_{il}^j \left[f_j(x_j + g_{il}^i(\bar{x}, h, a, b, \bar{r}, \Delta, k)) + \frac{1}{i}\|g_{il}^j(\bar{x}, h, a, b, \bar{r}, \Delta, k)\|\right] \\ &< \frac{1}{k} + \sum_{j=1}^{N}\sum_{i=1}^{\infty} \alpha_i^j \sum_{l=1}^{\infty} \beta_{il}^j \left[f_j(x_j + h_{il}^j) + \frac{1}{i}\|h_{il}^j\|\right].\end{aligned}$$

这里 $h_{il}^j \in X$ 满足当 $\delta_i > 0$ 时, $\|h_{il}^j\| < \delta_i$; 当 $\delta_i = 0$ 时, $h_{il}^j = 0$, 并且

$$\left\|\sum_{i=1}^{\infty} \alpha_i^j \sum_{l=1}^{\infty} \beta_{il}^j h_{il}^j - \sum_{i=1}^{\infty} \alpha_i^1 \sum_{l=1}^{\infty} \beta_{il}^1 h_{il}^1 - h\right\| < r_j, \quad j = 2, \cdots, N.$$

现在已经为构造可分子空间 $Y \subset X$ 作好准备. 下面用归纳法构造可分子空间 $Y_0 \subset Y_1 \subset \cdots \subset X$. 若已有 Y_n ($n \in \mathbb{N} \cup \{0\}$, Y_0 给定), 任取 Y_n 中稠密可数子集 $C_n \subset Y_n$, 然后令 Y_{n+1} 为由 Y_n 和下面的点张成的闭线性空间:

$$u_{il}^j(\bar{x},a,b,\bar{r},\Delta,k),\quad g_{il}^j(\bar{x},h,a,b,\bar{r},\Delta,k),$$

其中 $\bar{x}=(x_1,\cdots,x_n)\in C_n^N$, $h\in C_n$, $\|h\|<\delta_1$, $\bar{r}\in(0,\infty)^{N-1}$, 并且每个分量都是有理的, $\Delta=(\delta_i)\in\mathcal{D}$ 且满足 $\delta_1<\min\{\eta_1(x_1),\cdots,\eta_N(x_N)\}$, $a\in\mathcal{A}$, $b\in\mathcal{B}$, $j=1,\cdots,N$ 及 $i,l,k\in\mathbb{N}$. 记 $Y:=\mathrm{cl}\,[\cup\{Y_n\mid n\in\mathbb{N}\}]$ 和 $C:=\cup\{C_n\mid n\in\mathbb{N}\}$, 有 $\mathrm{cl}\,C=Y$, 并且 Y 是 X 中包含 Y_0 的一个可分子空间.

固定任意 $M>0$. 需要证明, 对每一个给定的满足 (2.15) 式的 $\bar{x}=(x_1,\cdots,x_N)\in Y^N$, (2.14) 式成立. 根据推论 2.14, 这等价于其中的条件 (a) 和 (b). 利用 (2.15) 式, 找到 $x_j^*\in\widehat{\partial}(f_{j|Y})(x_j)$, $j=1,\cdots,N$, 使得 $\|x_1^*\|>M$ 和 $x_1^*+\cdots+x_N^*=0$. 根据 Fréchet 次微分的定义, 存在有理序列 $\delta_1>\delta_2>\cdots>0$, 使得

$$f_j(x_j+h)+\frac{1}{i}\|h\|\geqslant f_j(x_j)+\langle x_j^*,h\rangle \tag{2.24}$$

对任意满足 $\|h\|<2\delta_i$ 的 $h\in Y$, $i\in\mathbb{N}$, $j=1,\cdots,N$ 成立. 取 $\delta_1<\min\{\eta_1(x_1),\cdots,\eta_N(x_N)\}$ 并证明推论 2.14 中的条件 (a) 和 (b) 沿序列 $\Delta=\{\delta_1,\delta_2,\cdots\}$ 成立. 因为 $\bar{x}\in Y^N$, 所以对任何 $n\in\mathbb{N}$ 和 $j=1,\cdots,N$, 可以找到 $x_n^j\in C_n\subset Y$ 和有理数 γ_n^j, 满足

$$\|x_j-x_n^j\|\leqslant\gamma_n^j\leqslant 2\|x_j-x_n^j\|\quad \text{和}\quad \|x_j-x_n^j\|\to 0\,(\text{当 } n\to\infty \text{ 时}).$$

首先对 $c:=\sum_{j=2}^N\|x_j^*\|$ 验证推论 2.14 的条件 (a). 固定 $h_1,\cdots,h_N\in X$, 并且不失一般性, 对任意 $j=1,\cdots,N$, 假设 $\|h_j\|<\delta_1$. 考虑任意 $a=(\alpha_i^j)\in\mathcal{A}$, $b=(\beta_{il}^j)\in\mathcal{B}$ 及满足 $\|h_{il}^j\|<\delta_i$ 的 $h_{il}^j\in X$, $i,l\in\mathbb{N}$, $j=1,\cdots,N$, 使得

$$\sum_{i=1}^\infty\alpha_i^j\sum_{l=1}^\infty\beta_{il}^jh_{il}^j=h_j,\quad \forall j=1,\cdots,N. \tag{2.25}$$

找足够大的 $i_0\in\mathbb{N}$, 使得 $\alpha_i^j=0$ 对任何 $i\geqslant i_0$ 和 $j=1,\cdots,N$ 成立. 接着令 $h_{il}^j=0$ (当 $i\geqslant i_0$ 时). 任取有理数 $r_j>\|h_j-h_1\|$, $j=2,\cdots,N$, 则

$$\begin{aligned}&\|h_{il}^j\|+\gamma_n^j<\delta_i,\quad i<i_0,\,l\in\mathbb{N},\,j=1,\cdots,N,\\&\|h_j-h_1\|+\gamma_n^j+\gamma_n^1<r_j,\quad j=2,\cdots,N\end{aligned} \tag{2.26}$$

对任何足够大的 $n\in\mathbb{N}$ 成立. 记 $\bar{x}_n:=(x_n^1,\cdots,x_n^N)$, $n\in\mathbb{N}$ 及

$$h_{il}^{j,n}:=h_{il}^j+x_j-x_n^j,\quad i,l\in\mathbb{N},j=1,\cdots,N. \tag{2.27}$$

最后, 令 $\bar{\Delta}:=(\delta_1,\delta_2,\cdots,\delta_{i_0},0,0,\cdots)$, 并应用 Y 构造中的 u_{il}^j 部分, 得到一系列对

所有足够大的 $n\in\mathbb{N}$ 成立的不等式.

$$\begin{aligned}
&\sum_{j=1}^{N}\sum_{i=1}^{\infty}\alpha_i^j\sum_{l=1}^{\infty}\beta_{il}^j\left[f_j(x_j+h_{il}^j)+\frac{1}{i}\|h_{il}^j\|\right]\\
=&\sum_{j=1}^{N}\sum_{i=1}^{\infty}\alpha_i^j\sum_{l=1}^{\infty}\beta_{il}^j\left[f_j(x_n^j+h_{il}^{j,n})+\frac{1}{i}\|h_{il}^j\|\right]\\
\geqslant&\sum_{j=1}^{N}\sum_{i=1}^{\infty}\alpha_i^j\sum_{l=1}^{\infty}\beta_{il}^j\left[f_j(x_n^j+h_{il}^{j,n})+\frac{1}{i}\|h_{il}^{j,n}\|\right]-\frac{1}{i}\sum_{j=1}^{N}\gamma_n^j\\
>&-\frac{1}{n}-\sum_{j=1}^{N}\gamma_n^j+\sum_{j=1}^{N}\sum_{i=1}^{\infty}\alpha_i^j\sum_{l=1}^{\infty}\beta_{il}^j\Big[f_j(x_n^j+u_{il}^j(\bar{x}_n,a,b,\bar{r},\bar{\Delta},n))\\
&+\frac{1}{i}\|u_{il}^j(\cdots)\|\Big]\quad\Bigg(\text{因为 }\|h_{il}^{j,n}\|\leqslant\|h_{il}^j\|+\gamma_n^j<\delta_i\,(i\leqslant i_0),\\
&\qquad\left\|\sum_{i=1}^{\infty}\alpha_i^j\sum_{l=1}^{\infty}\beta_{il}^jh_{il}^{n,j}-\sum_{i=1}^{\infty}\alpha_i^1\sum_{l=1}^{\infty}\beta_{il}^1h_{il}^{1,n}\right\|\leqslant\|h_j-h_1\|+\gamma_n^j+\gamma_n^1<r_j\Bigg)\\
\geqslant&-\frac{1}{n}-2\sum_{j=1}^{N}\gamma_n^j+\sum_{j=1}^{N}\sum_{i=1}^{\infty}\alpha_i^j\sum_{l=1}^{\infty}\beta_{il}^j\Big[f_j(x_j+x_n^j-x_j+u_{il}^j(\bar{x}_n,a,b,\bar{r},\bar{\Delta},n))\\
&+\frac{1}{i}\|x_n^j-x_j+u_{il}^j(\cdots)\|\Big]\\
\geqslant&-\frac{1}{n}-2\sum_{j=1}^{N}\gamma_n^j+\sum_{j=1}^{N}f_j(x_j)+\sum_{j=1}^{N}\Big\langle x_j^*,x_n^j-x_j\\
&+\sum_{i=1}^{\infty}\alpha_i^j\sum_{l=1}^{\infty}\beta_{il}^ju_{il}^j(\bar{x}_n,a,b,\bar{r},\bar{\Delta},n)\Big\rangle\\
&\quad(\text{因为 }x_n^j-x_j+u_{il}^j(\cdots)\in Y,\quad\|x_n^j-x_j+u_{il}^j(\cdots)\|<\gamma_n^j+\delta_i<2\delta_i)\\
=&-\frac{1}{n}-2\sum_{j=1}^{N}\gamma_n^j+\sum_{j=1}^{N}f_j(x_j)+\sum_{j=1}^{N}\langle x_j^*,x_n^j-x_j\rangle\\
&+\sum_{j=2}^{N}\left\langle x_j^*,\sum_{i=1}^{\infty}\alpha_i^j\sum_{l=1}^{\infty}\beta_{il}^ju_{il}^j(\bar{x}_n,a,b,\bar{r},\bar{\Delta},n)-\sum_{i=1}^{\infty}\alpha_i^1\sum_{l=1}^{\infty}\beta_{il}^1u_{il}^1(\cdots)\right\rangle\\
&\qquad(\text{因为 }x_1^*+x_2^*+\cdots+x_n^*=0)\\
\geqslant&-\frac{1}{n}-2\sum_{j=1}^{N}\gamma_n^j+\sum_{j=1}^{N}f_j(x_j)-\sum_{j=1}^{N}\|x_j^*\|\gamma_n^j\\
&-\sum_{j=2}^{N}\|x_j^*\|\left\|\sum_{i=1}^{\infty}\alpha_i^j\sum_{l=1}^{\infty}\beta_{il}^ju_{il}^j(\bar{x}_n,a,b,\bar{r},\bar{\Delta},n)-\sum_{i=1}^{\infty}\alpha_i^1\sum_{l=1}^{\infty}\beta_{il}^1u_{il}^1(\cdots)\right\|
\end{aligned}$$

$$\geqslant -\frac{1}{n} - 2\sum_{j=1}^{N}\gamma_n^j + \sum_{j=1}^{N} f_j(x_j) - \sum_{j=1}^{N}\|x_j^*\|\gamma_n^j - \sum_{j=2}^{N}\|x_j^*\|r_j.$$

令 $n \to \infty$, 得到估计

$$\sum_{j=1}^{N}\sum_{i=1}^{\infty}\alpha_i^j\sum_{l=1}^{\infty}\beta_{il}^j\left[f_j(x_j+h_{il}^j)+\frac{1}{i}\|h_{il}^j\|\right] \geqslant \sum_{j=1}^{N} f_j(x_j) - \sum_{j=2}^{N}\|x_j^*\|r_j.$$

然后令 $r_j \to \widetilde{r}_j := \|h_j - h_1\|$, $j = 2,\cdots,N$, 得出

$$\begin{aligned}&\sum_{j=1}^{N}\sum_{i=1}^{\infty}\alpha_i^j\sum_{l=1}^{\infty}\beta_{il}^j\left[f_j(x_j+h_{il}^j)+\frac{1}{i}\|h_{il}^j\|\right]\\ &\geqslant \sum_{j=1}^{N} f_j(x_j) - c\max\{\widetilde{r}_j \mid j = 2,\cdots,N\}.\end{aligned}$$

根据 (2.23) 式 $\varphi_{f_j,x_j,\Delta}$ 的定义, 可证明对 $c := \sum_{j=2}^{N}\|x_j^*\|$, 推论 2.14 中的条件 (a) 沿 (2.24) 式中选取的序列 Δ 成立.

为完成证明, 还要验证推论 2.14 的条件 (b) 对序列 Δ, 某个数 $\gamma > 0$ 及开集 $U \subset X$ 成立. 因为 $\|x_1^*\| > M$, 有满足 $\|y\| \leqslant \delta_1$ 的 $y \in Y$ 和 $\gamma \in (0,1)$, 使得

$$\langle x_1^*, y\rangle > (M+3\gamma)\|y\|. \tag{2.28}$$

选取常数 ζ, 满足

$$0 < \zeta < \min\left\{\delta_1 - \|y\|, \gamma\|y\|\left(\sum_{j=1}^{N}\|x_j^*\|\right)^{-1}, \gamma\|y\|\left[2(M+\gamma)\right]^{-1}\right\}, \tag{2.29}$$

并令 $U := \{h \in X \mid \|h - y\| < \zeta\}$. 固定 $t \in (0,1]$, 并任取满足 $h_j - h_1 \in U$ 的 $h_1,\cdots,h_N \in X$. 则 $\|h_j - h_1\| < \delta$, $j = 2,\cdots,N$. 不失一般性, 设 $\|th_j\| \leqslant \delta_1$ 对所有 $j = 1,\cdots,N$ 成立. 因为 $\|h_j - h_1 - y\| < \zeta$, 存在满足 $\|th_j - th_1 - ty\| < \eta < t\zeta$, $j = 2,\cdots,N$ 的有理数 η. 从而可找到 $h_0 \in C$ 满足

$$\|th_j - th_1 - h_0\| < \eta, \quad j = 2,\cdots,N \quad 和 \quad \|h_0 - ty\| < t\zeta. \tag{2.30}$$

与证明的第一部分一样, 任取 $a = (\alpha_i^j) \in \mathcal{A}$, $b = (\beta_{il}^j) \in \mathcal{B}$ 及 $h_{il}^j \in X$, 使得 $\|h_{il}^j\| < \delta_i$, $i, l \in \mathbb{N}$, $j = 1,\cdots,N$, 并且 (2.25) 式成立. 找到足够大的 $i_0 \in \mathbb{N}$, 使得只要 $i \geqslant i_0$, 就有 $a_i^j = 0$, $j = 1,\cdots,N$. 令 $h_{il}^j = 0$ (当 $i \geqslant i_0$ 时), 则对足够大的 $n \in \mathbb{N}$, (2.26) 式成立. 取 $\bar{\Delta} = (\delta_1, \delta_2, \cdots, \delta_{i_0}, 0, 0, \cdots)$ 及 (2.27) 式中定义的 $\bar{x}_n$ 和

$h_{il}^{j,n}$, 并令 $\bar{r}_n := (\eta + \gamma_n^2 + \gamma_n^1, \cdots, \eta + \gamma_n^N + \gamma_n^1)$. 现在用 Y 构造的 g_{il}^j 部分, 对足够大的 $n \in \mathbb{N}$ 有下述系列不等式:

$$
\begin{aligned}
&\sum_{j=1}^{N}\sum_{i=1}^{\infty}\alpha_i^j\sum_{l=1}^{\infty}\beta_{il}^j\left[f_j(x_j+h_{il}^j)+\frac{1}{i}\|h_{il}^j\|\right]\\
\geqslant&\sum_{j=1}^{N}\sum_{i=1}^{\infty}\alpha_i^j\sum_{l=1}^{\infty}\beta_{il}^j\left[f_j(x_n^j+h_{il}^{j,n})+\frac{1}{i}\|h_{il}^{j,n}\|\right]-\frac{1}{i}\sum_{j=1}^{N}\gamma_n^j\\
>&-\frac{1}{n}-\sum_{j=1}^{N}\gamma_n^j+\sum_{j=1}^{N}\sum_{i=1}^{\infty}\alpha_i^j\sum_{l=1}^{\infty}\beta_{il}^j\Big[f_j(x_n^j+g_{il}^j(\bar{x}_n,h_0,a,b,\bar{r}_n,\bar{\Delta},n))\\
&+\frac{1}{i}\|g_{il}^j(\cdots)\|\Big]\quad\Big(\text{因为}\|h_{il}^{j,n}\|\leqslant\|h_{il}^j\|+\gamma_n^j<\delta_i(i\leqslant i_0),\quad\text{且}\\
&\left\|\sum_{i=1}^{\infty}\alpha_i^j\sum_{l=1}^{\infty}\beta_{il}^j h_{il}^{n,j}-\sum_{i=1}^{\infty}\alpha_i^1\sum_{l=1}^{\infty}\beta_{il}^1 h_{il}^{1,n}-h_0\right\|\\
\leqslant&\|th_j-th_1-h_0\|+\gamma_n^j+\gamma_n^1<\eta+\gamma_n^j+\gamma_n^1\Big)\\
\geqslant&-\frac{1}{n}-2\sum_{j=1}^{N}\gamma_n^j+\sum_{j=1}^{N}\sum_{i=1}^{\infty}\alpha_i^j\sum_{l=1}^{\infty}\beta_{il}^j\big[f_j(x_j+x_n^j-x_j\\
&+g_{il}^j(\bar{x}_n,h_0,a,b,\bar{r}_n,\bar{\Delta},n))+\frac{1}{i}\|x_n^j-x_j+g_{il}^j(\cdots)\|\Big]\\
\geqslant&-\frac{1}{n}-2\sum_{j=1}^{N}\gamma_n^j+\sum_{j=1}^{N}f_j(x_j)+\sum_{j=1}^{N}\Big\langle x_j^*,x_n^j-x_j\\
&+\sum_{i=1}^{\infty}\alpha_i^j\sum_{l=1}^{\infty}\beta_{il}^j g_{il}^j(\bar{x}_n,h_0,a,b,\bar{r}_n,\bar{\Delta},n)\Big\rangle\\
&\quad(\text{因为}x_n^j-x_j+g_{il}^j(\cdots)\in Y,\\
&\|x_n^j-x_j+g_{il}^j(\cdots)\|<\gamma_n^j+\delta_i<2\delta_i))\\
=&-\frac{1}{n}-2\sum_{j=1}^{N}\gamma_n^j+\sum_{j=1}^{N}f_j(x_j)+\sum_{j=1}^{N}\langle x_j^*,x_n^j-x_j\rangle-\langle x_1^*,h_0\rangle\\
&+\sum_{j=2}^{N}\Big\langle x_j^*,\sum_{i=1}^{\infty}\alpha_i^j\sum_{l=1}^{\infty}\beta_{il}^j g_{il}^j(\bar{x}_n,h_0,a,b,\bar{r}_n,\bar{\Delta},n)\\
&-\sum_{i=1}^{\infty}\alpha_i^1\sum_{l=1}^{\infty}\beta_{il}^1 g_{il}^1(\cdots)-h_0\Big\rangle\quad(\text{因为}\quad x_1^*+x_2^*+\cdots+x_N^*=0)\\
\geqslant&-\frac{1}{n}-2\sum_{j=1}^{N}\gamma_n^j+\sum_{j=1}^{N}f_j(x_j)-\sum_{j=1}^{N}\|x_j^*\|\gamma_n^j-\langle x_1^*,h_0\rangle
\end{aligned}
$$

$$
\begin{aligned}
&-\sum_{j=2}^{N}\|x_j^*\|\left\|\sum_{i=1}^{\infty}\alpha_i^j\sum_{l=1}^{\infty}\beta_{il}^j g_{il}^j(\bar{x}_n,h_0,a,b,\bar{r}_n,\bar{\Delta},n)\right.\\
&\left.-\sum_{i=1}^{\infty}\alpha_i^1\sum_{l=1}^{\infty}\beta_{il}^1 g_{il}^1(\cdots)-h_0\right\|\\
\geqslant&-\frac{1}{n}-2\sum_{j=1}^{N}\gamma_n^j+\sum_{j=1}^{N}f_j(x_j)-\sum_{j=1}^{N}\|x_j^*\|\gamma_n^j-\langle x_1^*,h_0\rangle\\
&-\sum_{j=2}^{N}\|x_j^*\|(\eta+\gamma_n^j+\gamma_n^1).
\end{aligned}
$$

令 $n\to\infty$, 则有估计

$$
\sum_{j=1}^{N}\sum_{i=1}^{\infty}\alpha_i^j\sum_{l=1}^{\infty}\beta_{il}^j\left[f_j(x_j+h_{il}^j)+\frac{1}{i}\|h_{il}^j\|\right]\geqslant\sum_{j=1}^{N}f_j(x_j)-\langle x_1^*,h_0\rangle-\sum_{j=2}^{N}\|x_j^*\|\eta.
$$

由 (2.28)~(2.30) 式, 得

$$
\begin{aligned}
&\sum_{j=1}^{N}\sum_{i=1}^{\infty}\alpha_i^j\sum_{l=1}^{\infty}\beta_{il}^j\left[f_j(x_j+h_{il}^j)+\frac{1}{i}\|h_{il}^j\|\right]-\sum_{j=1}^{N}f_j(x_j)\\
\geqslant&-\langle x_1^*,h_0\rangle-\sum_{j=2}^{N}\|x_j^*\|t\zeta\\
\geqslant&-\langle x_1^*,ty\rangle-\|x_1^*\|\cdot\|ty-h_0\|-\sum_{j=2}^{N}\|x_j^*\|t\zeta\\
>&(M+3\gamma)\|ty\|-\sum_{j=1}^{N}\|x_j^*\|t\zeta>(M+2\gamma)\|ty\|\\
>&(M+\gamma)(\|h_0\|-t\zeta)+\gamma t\|y\|\\
>&(M+\gamma)(t\|h_j-h_1\|-2t\zeta)+\gamma t\|y\|>(M+\gamma)t\|h_j-h_1\|
\end{aligned}
$$

对任何 $j=2,\cdots,N$ 和 $t\in[0,1]$ 都成立. 根据 $\varphi_{f_j,x_j,\Delta}$ 在 (2.23) 式中的定义, 得到推论 2.14 的条件 (b). 证毕. △

注意到, 只要再作一次可分约化, 则定理 2.15 中函数 $f_1,\cdots,f_N$ 下有界的假设就可以去掉. 作为定理 2.15 的推论, 下述结果在极点原理的可分约化中将用到.

推论 2.16 (极点原理的可分约化) 设 Y_0 是一个 (不可分) Banach 空间的可分子空间, $\varepsilon>0$. 给定 X 的非空子集 $\Omega_1,\cdots,\Omega_n$ $(n\geqslant 2)$, 存在一个可分闭子空间 $Y\subset X$, 满足 $Y_0\subset Y$, 且对任何固定的 $M>0$ 和任意满足

$$
0\in(\widehat{N}(x_1;\Omega_1\cap Y)\backslash M\mathbb{B}_{X^*})+\widehat{N}(x_2;\Omega_2\cap Y)+\cdots+\widehat{N}(x_n;\Omega_n\cap Y)+\varepsilon\mathbb{B}_{X^*}
$$

的 $x_1, x_2, \cdots, x_N \in Y$, 有

$$0 \in (\widehat{N}(x_1;\Omega_1)\backslash M\mathbb{B}_{X^*}) + \widehat{N}(x_2;\Omega_2) + \cdots + \widehat{N}(x_n;\Omega_n) + \varepsilon\mathbb{B}_{X^*}. \tag{2.31}$$

证明 只需将定理 2.15 应用于 $n+1$ 个函数

$$f_i(x) := \delta(x;\Omega_i), \quad i=1,\cdots,n \quad 和 \quad f_{n+1}(x) := \varepsilon\|x\|$$

的情形中, 其中 $x_1, \cdots, x_n \in Y$, $x_{n+1} = 0$. △

2.2.3 Asplund 空间的极点刻画

在这一小节中考虑一种一般的 Banach 空间 ——Asplund 空间. 这种空间在接下来的变分分析中扮演着举足轻重的角色. 基于可分约化方法, 本节证明近似极点原理在 Asplund 空间中无条件成立, 并且等价于用 ε-法向量表述的版本, 同时也提供了关于这类 Banach 空间的一个刻画. 进一步, 这里证明了 Asplund 空间中的确切极点原理, 条件是要求在至多有一个例外的情况下, 极点系统中的这些集合具有列法紧性. 此外, 还得到了用闭集边界点的 Fréchet 法锥和 ε-法锥支撑性质来表述的 Asplund 空间的相关刻画.

定义 2.17 (Asplund 空间) 如果定义在 Banach 空间 X 中任意开凸集 U 上的任意连续凸函数 $\varphi\colon U \to \mathbb{R}$ 在 U 的一个稠密子集上 Fréchet 可微, 那么空间 X 称为 Asplund 空间, 或说其具有 Asplund 性质.

注意, 定义 2.17 等价于 Asplund 空间的标准定义. 标准定义要求 φ 在 U 上一般 Fréchet 可微, 即在 U 的一个稠密 G_δ 子集上可微. 众所周知, 一个连续凸函数的 Fréchet 可微点集自动是一个 G_δ 集, 因此这两个定义是一样的. 简化起见, 在定义 2.17 中置 $U = X$, 而这并不限制一般性.

Asplund 空间类在 Banach 空间几何理论中已有详尽的探讨, 各种刻画、分类、性质和例子, 参见文献 [331, 416, 1073, 1348]. 这类空间包括一切具有 Fréchet 光滑阻尼函数的空间 (特别地, 包括所有具有 Fréchet 光滑重赋范的空间, 从而包含所有自反空间)、一切对偶空间可分的空间、分散紧 Hausdorff 空间 K (也就是 K 的每个非空子集都有一个孤立点) 上的连续函数空间 $\mathcal{C}(K)$ 及拥有以确界为范数的经典空间 c_0 及其在任意集合 Γ 上的推广 $c_0(\Gamma)$ 等等. 尽管 Asplund 空间一般来说和 Fréchet 类型的可微性与次可微性有关, 它们有时可能连在原点外 Gâteaux 可微的等价范数都没有.

Asplund 空间具有很多有用的性质, 下面会用到一些. 特别地, Asplund 空间的任何闭子空间本身还是 Asplund 空间; 任何可分 Asplund 空间拥有一个 Fréchet 可微的重赋范, 这对可分约化方法尤其重要. 同样重要的是, Asplund 空间在笛卡儿积和线性同构下是稳定的. 另外, Asplund 空间的对偶空间有一个重要的性质, 那就是对偶单位球 $\mathbb{B}^*$ 是弱* 列紧的.

Asplund 空间有一些很好的几何刻画, 其中最引人注目的是: X 是 Asplund 空间当且仅当 X 的任何一个可分闭子空间都有可分对偶. 在接下来的讨论中, 经常要用到不具有 Asplund 性质的 Banach 空间的一个刻画: 它们有一个无处 Fréchet 可微的"粗糙"重赋范. 确切表述如下:

命题 2.18 (不具有 Asplund 性质的 Banach 空间)　令 X 是一个具有范数 $\|\cdot\|$ 的 Banach 空间. 则 X 不是 Asplund 空间当且仅当存在数 $\vartheta>0$ 和等价范数 $|\cdot|$, 满足 $|\cdot|\leqslant\|\cdot\|$ 和

$$\limsup_{h\to 0}\left[\frac{|x+h|+|x-h|-2|x|}{\|h\|}\right]>\vartheta,\quad \forall x\in X. \tag{2.32}$$

证明　不难证明 (比照文献 [1073] 的命题 1.23), 条件 (2.32) 蕴涵凸函数 $\varphi(x)=|x|$ 在 X 上无处 Fréchet 可微. 因此, 若 X 是 Asplund 空间, 则 (2.32) 式不成立.

反之, 引用下述定义: X^* 的子集 Λ 的一个弱* 切片是下述形式的集合

$$S(x,\Lambda,\alpha):=\{x^*\in\Lambda\mid\langle x^*,x\rangle>\sigma_\Lambda(x)-\alpha\},$$

这里 $x\in X$, $\alpha>0$, $\sigma_\Lambda(x):=\sup\{\langle x^*,x\rangle\mid x^*\in\Lambda\}$. 假设 X 不是 Asplund 空间, 并应用文献 [1073] 的定理 2.32, 找到 X^* 中有非空内部的对称凸集 $\Lambda\subset\mathbb{B}^*$ 和一个常数 $\vartheta>0$, 使得 Λ 没有直径小于 2ϑ 的弱* 切片. 那么 $|x|:=\sigma_\Lambda(x)$ 定义了 X 上的一个等价范数并且 $|\cdot|\leqslant\|\cdot\|$. 对任何固定的 $0\neq x\in X$, 取任意小的 $t>0$ 并选 $x_1^*,x_2^*\in S(x,\Lambda,t\vartheta/2)$, 使得 $\|x_1^*-x_2^*\|>2\vartheta$. 然后找到 $h\in X$, $\|h\|=1$, 满足 $\langle x_1^*-x_2^*,h\rangle>2\vartheta$. 这导出估计

$$\begin{aligned}&\left[\frac{|x+th|+|x-th|-2|x|}{\|th\|}\right]\geqslant\left[\frac{\langle x_1^*,x+th\rangle+\langle x_2^*,x-th\rangle-2|x|}{t}\right]\\&>\frac{1}{t}\left[|x|-\frac{t\vartheta}{2}+|x|-\frac{t\vartheta}{2}-2|x|\right]+\langle x_1^*-x_2^*,h\rangle>-\vartheta+2\vartheta=\vartheta,\end{aligned}$$

并蕴涵需要的不等式 (2.32). △

基于命题 2.18, 构造一个重要的例子. 这个例子表明在任何一个非 Asplund 空间中, 存在简单的集合, 在其任何边界点的法锥都具有病态的形式.

例 2.19 (非 Asplund 空间中法锥的退化性)　设 X 是一个没有 Asplund 性质的 Banach 空间. 则存在一个上图 Lipschitz 集合 $\Omega\subset X$, 使得下述结论成立:

(a) 存在 $K>1$, 满足

$$\|x^*\|\leqslant K\varepsilon,\quad \forall x^*\in\widehat{N}_\varepsilon(x;\Omega),\quad x\in\operatorname{bd}\Omega,\quad \varepsilon>0;$$

(b) Ω 在每个边界点法正常并且

$$N(\bar{x};\Omega)=\widehat{N}(\bar{x};\Omega)=\{0\},\quad \forall\bar{x}\in\operatorname{bd}\Omega.$$

证明 任取非 Asplund 空间 X 并表示为形式 $X = Z \times \mathbb{R}$, 其范数定义为 $\|(z,\alpha)\| := \|z\| + |\alpha|$ (对任意 $(z,\alpha) \in X$). 则 Z 也不是 Asplund 空间, 否则 X 就是 Asplund 空间了. 根据命题 2.18 找到一个常数 $\vartheta > 0$ 和 Z 上等价于 $\|\cdot\|$ 的范数 $|\cdot|$. 这样 $|\cdot| \leqslant \|\cdot\|$ 并且 (2.32) 式对 $X = Z$ 和 $x = z$ 成立. 在范数 $|\cdot|$ 的基础上, 构造一个上图形式的集合 $\Omega \subset X$,

$$\Omega := \{(z,\alpha) \in X \mid \alpha \geqslant \varphi(z)\}, \quad 这里\ \varphi := -|\cdot|, \quad \mathrm{bd}\,\Omega = \mathrm{gph}\varphi. \tag{2.33}$$

因为 (2.33) 式中的 φ 在 X 上 Lipschitz 连续, 集合 Ω 在其每个边界点上图 Lipschitz. 为了证明 (a), 需要找到常数 $K > 1$, 给出估计

$$\|(z^*,\lambda)\| \leqslant K\varepsilon, \quad 若\ (z^*,\lambda) \in \widehat{N}_\varepsilon((z,\varphi(z));\Omega), \quad z \in Z, \quad \varepsilon > 0, \tag{2.34}$$

这里 $\|(z^*,\lambda)\| := \max\{\|z^*\|, |\lambda|\}$ 是 $\|(z,\alpha)\| = \|z\| + |\alpha|$ 的对偶范数. 固定任意 $\bar{z} \in Z$ 和 $(z^*,\lambda) \in \widehat{N}_\varepsilon((\bar{z},\varphi(\bar{z}));\Omega)$. 直接从 $\widehat{N}_\varepsilon$ 的定义得到

$$\langle z^*, z - \bar{z}\rangle + \lambda(\alpha - \varphi(\bar{z})) \leqslant 2\varepsilon(\|z - \bar{z}\| + |\alpha - \varphi(\bar{z})|)$$

对任何 $(\bar{z},\varphi(\bar{z}))$ 附近的 $(z,\alpha) \in \mathrm{epi}\varphi$ 成立. 令 $z = \bar{z}$, 则 $\lambda \leqslant 2\varepsilon$. 因为 $|\cdot| \leqslant \|\cdot\|$ 和 $|\varphi(z) - \varphi(\bar{z})| \leqslant |z - \bar{z}|$, 有

$$\langle z^*, z - \bar{z}\rangle + \lambda(\varphi(z) - \varphi(\bar{z})) \leqslant 4\varepsilon\|z - \bar{z}\|.$$

进一步,

$$\langle z^*, z - \bar{z}\rangle \leqslant (4\varepsilon + |\lambda|)\|z - \bar{z}\|$$

对任何 $\bar{z}$ 附近的 z 成立. 这给出

$$\|z^*\| \leqslant 4\varepsilon + |\lambda|, \quad \forall (z^*,\lambda) \in \widehat{N}_\varepsilon((\bar{z},\varphi(\bar{z}));\Omega). \tag{2.35}$$

则 (2.35) 式保证了 (2.34) 式 ($K := \max\{6, 4 + 8/\vartheta\}$). 事实上, 对 $\lambda \geqslant 0$, 从 (2.35) 式得到 $\|(z^*,\lambda)\| \leqslant 6\varepsilon$ 以及 (2.34) 式 ($K = 6$). 对 $\lambda < 0$, 设 $\varphi = -|\cdot|$, 从 $\widehat{N}_\varepsilon((\bar{z},\varphi(\bar{z}));\Omega)$ 的定义得到

$$|z| - |\bar{z}| - \left\langle \frac{z^*}{\lambda}, z - \bar{z} \right\rangle \leqslant -\frac{4\varepsilon}{\lambda}\|z - \bar{z}\|$$

对任何 $\bar{z}$ 附近的 z 成立. 用 $2\bar{z} - z$ 代替 z, 得到

$$|2\bar{z} - z| - |\bar{z}| + \left\langle \frac{z^*}{\lambda}, z - \bar{z} \right\rangle \leqslant -\frac{4\varepsilon}{\lambda}\|z - \bar{z}\|.$$

把这两个不等式相加, 有

$$|\bar{z} + (z - \bar{z})| + |\bar{z} - (z - \bar{z})| - 2|\bar{z}| \leqslant -\frac{8\varepsilon}{\lambda}\|z - \bar{z}\|.$$

根据命题 2.18 ($x = \bar{z}$, $h = z - \bar{z}$), $|\lambda| < 8\varepsilon/\vartheta$ 对 $\lambda < 0$ 成立, 其中 ϑ 是 (2.32) 式中固定的常数, 从而由 (2.35) 式得 $\|z^*\| \leqslant 4\varepsilon + (8\varepsilon/\vartheta)$ 以及 (2.34) 式 ($K = 4 + 8/\vartheta$), 这就证明了 (a).

利用定义 1.1 和定义 1.4 并令 $\varepsilon \downarrow 0$, $x \to \bar{x}$ 取极限就得到性质 (b). △

现在已经准备好建立这节的主要结果. 这个结果保证了定义 2.5 中前两个版本的极点原理如果可以应用到 Banach 空间 X 中的每一个极点系统, 则它们与 X 的 Asplund 性质等价.

定理 2.20 (Asplund 空间的极点刻画)　设 X 是一个 Banach 空间. 则下述等价:

(a) X 是 Asplund 空间;

(b) 近似极点原理在 X 中成立;

(c) ε-极点原理在 X 中成立.

证明　先证明 (a)⇒(b). 令 X 为 Asplund 空间, $\bar{x}$ 是在 $\bar{x}$ 附近闭的集合 $\Omega_1, \cdots, \Omega_n$ 的极点. 取定义 2.1 的序列 $\{a_{ik}\} \subset X$, $i = 1, \cdots, n$, 并考虑如下定义的 X 的可分子空间 Y_0,

$$Y_0 := \operatorname{span}\{\bar{x}, a_{ik} \mid i = 1, \cdots, n, k \in \mathbb{N}\}.$$

应用推论 2.16 的可分约化结果, 对任意 $\varepsilon > 0$, 可找到一个闭可分子空间 $Y_0 \subset Y \subset X$, 并在推论中的条件下保证 (2.31) 式. 注意到

$$\{\Omega_1 \cap Y, \cdots, \Omega_n \cap Y, \bar{x}\} \tag{2.36}$$

是空间 Y 中的一个极点系统. 事实上, 因为 $\bar{x} \in Y_0 \subset Y$, $\bar{x}$ 显然是集合 $\Omega_i \cap Y$, $i = 1, \cdots, n$ 的一个公共点. 另外, 如果被对应的序列 a_{ik}, $i = 1, \cdots, n$ 平移的话, 这些集合在 $\bar{x}$ 的邻域 $U \cap Y$ 中没有公共点 (当 $k \in \mathbb{N}$ 足够大时). 因为 $a_{ik} \in Y_0 \subset Y$, 这就意味着 $\bar{x}$ 是 Y 中集合系统 $\{\Omega_1 \cap Y, \cdots, \Omega_n \cap Y\}$ 的一个局部极点.

因为 Y 是一个可分 Asplund 空间, 它必有一个等价 Fréchet 光滑重赋范 (仍记为 $\|\cdot\|$). 这样应用定理 2.10 就能保证, 对 Y 中极点系统 (2.36), 近似极点原理成立. 不失一般性, 假定 $\varepsilon < 1/4$ 并对 ε/n 应用极点原理的关系 (2.3) 式和 (2.4) 式. 由此找到 $x_i \in \Omega_i \cap (\bar{x} + (\varepsilon/n)\mathbb{B}_Y)$ 和

$$y_i^* \in \widehat{N}(x_i; \Omega_i \cap Y) + (\varepsilon/n)\mathbb{B}_{Y^*},$$

对 y_i^* 满足 (2.3) 式. 因此 $\|y_i^*\| > 1/2n$ 对至少一个 $i \in \{1, \cdots, n\}$ 成立. 设其对 $i = 1$ 成立, 则有 $y_i^* = \widetilde{y}_i^* + u_i^*$, 使得 $\widetilde{y}_i^* \in \widehat{N}(x_i; \Omega_i \cap Y)$, $\|u_i^*\| \leqslant \varepsilon/n$ $(i = 1, \cdots, n)$ 和

$$\|\widetilde{y}_1^*\| \geqslant \|y_1^*\| - \frac{\varepsilon}{n} > \frac{1 - 2\varepsilon}{2n} > \frac{1}{4n} := M > 0$$

成立, 因此,

$$0 \in \left(\widehat{N}\left(x_1;\Omega_1 \cap Y\right) \setminus \frac{1}{4n}\mathbb{B}_{X^*}\right) + \widehat{N}(x_2;\Omega_2 \cap Y) + \cdots + \widehat{N}(x_n;\Omega_n \cap Y) + \varepsilon\mathbb{B}_{Y^*}.$$

根据推论 2.16, 得到 (2.31) 式 ($M = 1/4n$). 从而存在 $\widetilde{x}_i^* \in \widehat{N}(x_i;\Omega_i), i = 1,\cdots,n$ 和 $v^* \in X^*$, 使得 $\|v^*\| \leqslant \varepsilon$, 并满足 $\|\widetilde{x}_1^*\| > 1/4n$ 与 $\widetilde{x}_1^* + \cdots + \widetilde{x}_n^* + v^* = 0$. 现在记 $x_i^* := \widetilde{x}_i^*\ (i = 1,\cdots,n-1)$ 和 $x_n^* := \widetilde{x}_n^* + v^*$, 就得到除了规范化条件 $\|x_1^*\| + \cdots + \|x_n^*\| = 1$ 外的 (2.3) 式与 (2.4) 式的所有关系. 因为 $\gamma := \|\widetilde{x}_1^*\| + \cdots + \|\widetilde{x}_n^*\| > 1/4n$ 与 ε 无关, 通过调节 (2.4) 式中的 ε, 很容易就能得到 x_i^*/γ 的规范化条件. 这就证明了 (a)⇒(b).

据前所述, (b)⇒(c) 总是成立. 下面证明 (c)⇒(a). 假设 X 不是 Asplund 空间, 并考虑例 2.19 中的闭集 Ω. 则 ε-极点原理对集合系统 $\{\Omega, \{\bar{x}\}, \bar{x}\}$ 不成立, 这里 $\bar{x} \in \mathrm{bd}\Omega$ 是任意的, 否则就与命题 2.6(i) 在 $M = K\varepsilon > \varepsilon$ 时矛盾. △

作为所得结果的一个推论, 可得到 Asplund 空间的如下刻画. 这些刻画基于闭集的支撑性质, 是以边界点的 Fréchet 法锥和 ε-法锥来表述的.

推论 2.21 (Asplund 空间的边界刻画) 设 X 是一个 Banach 空间, 则下述等价:

(a) X 是 Asplund 空间;

(b) 对 X 的任何真闭子集 Ω, 满足 $\widehat{N}(x;\Omega) \neq \{0\}$ 的点 $x \in \mathrm{bd}\,\Omega$ 的集合在 Ω 的边界上是稠密的;

(c) 对 X 的任何真闭子集 Ω, 存在 $x \in \mathrm{bd}\,\Omega$, 满足 $\widehat{N}(x;\Omega) \neq \{0\}$;

(d) 对 X 的任何真闭子集 Ω, $\varepsilon > 0$ 及 $M > \varepsilon$, 满足 $\widehat{N}_\varepsilon(x;\Omega) \setminus M\mathbb{B}^* \neq \varnothing$ 的点 $x \in \mathrm{bd}\,\Omega$ 的集合在 Ω 的边界上是稠密的;

(e) 对 X 的任何真闭子集 Ω, $\varepsilon > 0$ 及 $M > \varepsilon$, 存在 $x \in \mathrm{bd}\,\Omega$, 满足 $\widehat{N}_\varepsilon(x;\Omega) \setminus M\mathbb{B}^* \neq \varnothing$.

证明 蕴涵关系 (a)⇒(b) 可从定理 2.20 和命题 2.6(ii) 得到. (b)⇒ (c) ⇒ (e) 和 (b) ⇒ (d) ⇒ (e) 是平凡的. 从例 2.19 可以得到 (e)⇒(a), 参看定理 2.20 证明的结尾. △

从上面的证明可以看出, 任意数 $M > \varepsilon$ 在 (d) 和 (e) 可以等价地用 $K\varepsilon, K > 1$ 代替. 用 ε-法锥表述的 Asplund 空间的相关刻画可以写成下面的形式: 对任意真闭子集 $\Omega \subset X$, 存在 $\lambda > 0$, 使得对任意 $\varepsilon > 0$, 集合

$$\{x \in \mathrm{bd}\,\Omega \mid \exists x^* \in \widehat{N}_\varepsilon(x;\Omega),\quad \text{满足 } \|x^*\| = \lambda\}$$

在 Ω 的边界上稠密, 或仅仅非空. 证明和讨论请参看 Mordukhovich 与 B. Wang[960].

从上面结果可以看到, 推论 2.21 中的支撑性质 (b)~(e) 对 X 的任何闭子集都成立的时候, 是与定理 2.20 中极点原理的“模糊”版本等价的, 这是因为它们中的

每一个都是 Asplund 空间的刻画. 从根本上讲, 这是基于 Asplund 空间中 Fréchet 法锥和 ε-法锥的性质的; 请对比 2.1.2 小节中的相关讨论. 从证明可以得到, 对推论 2.21 里的等价关系来说, 只需考虑 (2.33) 式中上图类型的集合就够了.

接下来给出保证定义 2.5(iii) 中的确切极点原理成立的条件. 为此要使用 1.1.3 小节引入的序列法紧 (SNC) 性质.

定理 2.22 (Asplund 空间里的确切极点原理)　(i) 设 X 是 Asplund 空间, $\{\Omega_1,\cdots,\Omega_n,\bar{x}\}$ 是 X 中的一个极点系统使得所有的 Ω_i 都在 $\bar{x}$ 附近闭, 除了一个例外所有的 Ω_i 都在 $\bar{x}$ 点序列法紧, 则确切极点原理对 $\{\Omega_1,\cdots,\Omega_n,\bar{x}\}$ 成立;

(ii) 反之, 若确切极点原理对 X 中的每个极点系统 $\{\Omega_1,\Omega_2,\bar{x}\}$ 均成立, 其中集合 Ω_1,Ω_2 在 $\bar{x}$ 附近是闭的, 且其中一个在 $\bar{x}$ 点序列法紧, 那么 X 是 Asplund 空间.

证明　对 (i), 根据定理 2.20, 应用在任何 Asplund 空间中成立的 ε-极点原理. 取一个序列 $\varepsilon_k\downarrow 0$ $(k\to\infty)$ 并考虑对应的序列 x_{ik} 和 x_{ik}^*, $i=1,\cdots,n$ 满足 (2.2) 式和 (2.3) 式 $(\varepsilon=\varepsilon_k)$. 则 $x_{ik}\to\bar{x}$ 对任何 $i=1,\cdots,n$ 成立. 因为序列 $\{x_{ik}^*\}$ 在 X^* 中有界并且 Asplund 空间的对偶空间中的有界集是弱* 列紧的, 找到 $x^*\in X^*$ 满足 $x_{ik}^*\xrightarrow{w^*}x_i^*$ ($i=1,\cdots,n$, 如有必要, 用一个子序列替换原序列). 在 (2.2) 式中取极限 $(k\to\infty)$ 并应用基本法锥的定义, 得到 (2.5) 式. 另外显然有 $x_1^*+\cdots+x_n^*=0$. 剩下来需要证明, 在 SNC 的假定下, $(x_1^*,\cdots,x_n^*)\neq 0$. 若不然, 假定 $x_i^*=0$, 并且 Ω_i 在 $\bar{x}$ 点 SNC $(i=1,\cdots,n-1)$. 根据定义 1.20, $\|x_i^*\|\to 0$ $(k\to\infty,\ i=1,\cdots,n-1)$. 因此

$$\|x_{nk}^*\|\leqslant\|x_{1k}^*\|+\cdots+\|x_{n-1,k}^*\|\to 0\quad(k\to\infty),$$

这就和非平凡性条件 $\|x_{1k}^*\|+\cdots+\|x_{nk}^*\|=1$ $(\forall k\in\mathbb{N})$ 矛盾, 从而完成了 (i) 的证明.

对 (ii), 假定 X 不是 Asplund 空间并把它表示成 $X=Z\times\mathbb{R}$, 这里 Z 也不是 Asplund 空间. 考虑 $\Omega_1:=\{0\}\times(-\infty,0]\subset Z\times\mathbb{R}$ 和 $\Omega_2:=\Omega$, Ω 是在 (2.33) 式定义的. 容易验证 $\bar{x}=(0,0)$ 是 X 中这两个闭集的极点. 因为 Ω_2 在 $\bar{x}$ 点是上图 Lipschitz 的, 根据定理 1.26, 它在此点 SNC. 但是, 确切极点原理对极点系统 $\{\Omega_1,\Omega_2,\bar{x}\}$ 是不成立的. 事实上, 根据例 2.19 中的性质 (b), $N((0,0);\Omega_2)=\{(0,0)\}$, 同时 $N((0,0);\Omega_1)=Z^*\times[0,\infty)$. 也就是说, $N(\bar{x};\Omega_1)\cap(-N(\bar{x};\Omega_2))=\{(0,0)\}$. 这就证明了 (ii). 证毕. △

下面的例子指出, 定理 2.22 中的 SNC 假定对无穷维空间中确切极点原理是至关重要的.

例 2.23 (缺少 SNC 时确切极点原理不成立)　任何无限维可分 Banach 空间包含一个不满足确切极点原理的极点系统 $\{\Omega_1,\Omega_2,\bar{x}\}$.

证明 设 X 是可分 Banach 空间, 并令 $\{e_k\}_1^\infty$ 是线性无关的单位向量, 它们张成 X 的一个稠密子集. 考虑集合

$$\Omega_1 := \text{clco}\left\{\frac{e_n}{2^n}, -\frac{e_n}{2^n}\middle| n \in \mathbb{N}\right\}$$

和 $\Omega_2 := \{0\}$. 这两个集合在 X 的范数拓扑下是紧凸的. 注意到, 除非 X 是有限维的, Ω_1 和 Ω_2 不是 SNC 的 (参看定理 1.21). 下面验证 $0 \in \Omega_1 \cap \Omega_2$ 是集合系统 $\{\Omega_1, \Omega_2\}$ 的一个局部极点. 事实上, 取

$$a := \sum_{n=1}^{\infty} \frac{e_n}{n^2} \in X,$$

则对任何序列 $\nu_k \downarrow 0$, 有

$$\Omega_1 \cap (\nu_k a + \Omega_2) = \Omega_1 \cap \{\nu_k a\} = \varnothing.$$

从 Ω_1 的结构得出 $N(0; \Omega_1) = \{0\}$, 从而 $\{\Omega_1, \Omega_2, 0\}$ 不满足确切极点原理. △

下面考虑闭集边界点上基本法锥 $N(\cdot; \Omega)$ 的一些性质. 从推论 2.21 立刻得到, 在 Asplund 空间中, 对任意真闭子集 $\Omega \subset X$, 满足 $N(x; \Omega) \neq \{0\}$ 的点 $x \in \text{bd}\,\Omega$ 的集合在 Ω 的边界上稠密. 进一步, 例 2.19 说明只要有 (2.33) 类型的集合基本法锥的非平凡性就能推出 X 的 Asplund 性质. 定理 2.22 给出了这个法锥非平凡性质在闭集的任何边界点都成立的条件.

推论 2.24 (Asplund 空间中基本法锥的非平凡性) 设 X 是 Asplund 空间, Ω 是 X 的真闭子集. 则如果 Ω 是法列紧的, 就有 $N(\bar{x}; \Omega) \neq \{0\}$ 在任意点 $\bar{x} \in \text{bd}\,\Omega$ 成立.

证明 应用定理 2.22 于系统 $\{\Omega, \{\bar{x}\}, \bar{x}\}$ 即可. △

在 Asplund 空间中, 推论 2.24 即使在闭凸锥的情形下都给出了支撑超平面性质的新条件, 因为此情形的 SNC 假设有时比 CEL 条件是严格弱的. 请参阅注 1.27 及其参考文献和 3.1.1 小节中的例 3.6.

作为上述结果的一个推论, 在本节的最后给出 Asplund 空间的一个刻画, 它基于局部 Lipschitz 函数基本次导数的存在性.

推论 2.25 (Asplund 空间上 Lipschitz 函数的次可微性) 设 X 是一个 Banach 空间, 则 $\partial\varphi(\bar{x}) \neq \varnothing$ 对任何在 $\bar{x}$ 附近局部 Lipschitz 函数 $\varphi\colon X \to \overline{\mathbb{R}}$ 成立当且仅当 X 是 Asplund 空间.

证明 考虑 Asplund 空间上任意在 $\bar{x}$ 附近 Lipschitz 连续的函数 φ, 则根据推论 2.24, $N((\bar{x}, \varphi(\bar{x})); \text{epi}\varphi \neq \{(0,0)\}$. 由推论 1.81, 有 $\partial\varphi(\bar{x}) \neq \varnothing$. 反过来, 如果 X 不是 Asplund 空间, 那么对 (2.33) 式中的 Lipschitz 连续的函数 φ, 有 $\partial\varphi(\bar{x}) \equiv \varnothing$. △

2.3 与变分原理的关系

在变分分析中, 变分原理通常是指, 对任何下有界的下半连续函数 $\varphi\colon X \to \overline{\mathbb{R}}$ 和一个接近于其极小点的点 x_0, 存在任意小的扰动 $\theta(\cdot)$, 使得函数 $\varphi+\theta$ 在 x_0 附近的某点 $\bar{x}$ 达到极小值. 若扰动函数可以选为在某种意义下光滑的, 则这个变分原理称为是光滑的. 第一个一般的变分原理是由 Ekeland[396,397] 在完备距离空间中建立的. 在光滑变分原理中, 最强有力结果的包括 Borwein 与 Preiss[154] 的版本和 Deville, Godefroy 与 Zizler[331] 的版本, 前者要求空间拥有光滑的重赋范, 后者要求空间具有光滑的阻尼函数. 变分原理在非线性分析、最优化的多个方面以及其他多种应用中都占有极其重要的地位.

当 $\dim X < \infty$ 时, 这样的原理很容易从经典的 Weierstrass 存在性定理和单位球 $\mathbb{B} \subset X$ 的紧性导出. 在无限维空间中, 它们确保了扰动问题最优解的存在性; 通过应用一些分析结果就可以导出原来函数 φ 的“几乎”极小点并且“几乎”满足用 φ 的对应次微分表示的最优解之必要条件. 如果 X 上有光滑变分原理, 那么通过使用命题 1.107(i) 中的简单法则, 这些条件可以用 Fréchet 次微分给出. 但是, 就像下面要看到的, 光滑变分原理仅当 X 有一定的光滑性质时才可以使用, 而近似极点原理却没有这种局限, 它可以在任意 Asplund 空间中得到所需的次微分条件. 下面将在 X 中建立极点原理和变分原理合适版本的关系, 并获得 Asplund 空间用下半连续函数的 Fréchet 次微分和 ε-次微分表示的变分刻画.

2.3.1 Ekeland 变分原理

本小节从基础的 Ekeland 变分原理开始, 该原理事实上给出了完备距离空间 (X,d) 的一个刻画.

定理 2.26 (Ekeland 变分原理)　设 (X,d) 是一个距离空间, 则下述成立:

(i) 假定 X 是完备的, $\varphi\colon X \to \overline{\mathbb{R}}$ 是正常下有界的下半连续函数. 令 $\varepsilon > 0$, $x_0 \in X$ 满足 $\varphi(x_0) \leqslant \inf_X \varphi + \varepsilon$. 则对任意 $\lambda > 0$, 存在 $\bar{x} \in X$, 满足

(a) $\varphi(\bar{x}) \leqslant \varphi(x_0)$,

(b) $d(\bar{x}, x_0) \leqslant \lambda$,

(c) $\varphi(x) + (\varepsilon/\lambda) d(x,\bar{x}) > \varphi(\bar{x}), \quad \forall x \neq \bar{x}$.

(ii) 反之, 若对任意下有界的 Lipschitz 连续函数 $\varphi\colon X \to \mathbb{R}$ 和任意 $\varepsilon > 0$, 存在 $\bar{x} \in X$, 满足

(a′) $\varphi(\bar{x}) \leqslant \inf_X \varphi + \varepsilon$ 并且上面性质 (c) 对 $\lambda = 1$ 成立.

则 X 是完备的.

证明　首先注意到, 只要讨论 $\varepsilon = \lambda = 1$ 就可证明 (i). 事实上, 把这个特殊情

况应用到函数 $\widetilde{\varphi}(x) := \varepsilon^{-1}\varphi(x)$ 和拥有距离 $\widetilde{d}(x,y) := \lambda^{-1}d(x,y)$ 的距离空间 $(X,\widetilde{d})$ 就可以得到 (i) 的一般情形. 因此下面令 $\varepsilon = \lambda = 1$. 先证明总是有 $\bar{x} \in X$ 在 (i) 的假设下满足 (c). 定义映射 $T\colon X \rightrightarrows X$:

$$T(x) := \{u \in X \mid \varphi(u) + d(x,u) \leqslant \varphi(x)\}.$$

从任意点 $x_1 \in \mathrm{dom}\varphi$ 开始, 归纳构造一个序列 $\{x_k\}$, $k \in \mathbb{N}$ 如下. 假定 x_k 已知, 则选取下一个迭代 x_{k+1} 满足

$$x_{k+1} \in T(x_k) \quad \text{和} \quad \varphi(x_{k+1}) < \inf_{x \in T(x_k)} \varphi(x) + \frac{1}{k}, \quad k \in \mathbb{N}.$$

注意到所有 $T(x_k)$ 都是非空闭集, 且根据三角不等式, $T(x_{k+1}) \subset T(x_k)$. 这给出

$$\begin{aligned} d(u,x_{k+1}) &\leqslant \varphi(x_{k+1}) - \varphi(u) \leqslant \inf_{x \in T(x_k)} \varphi(x) + \frac{1}{k} - \varphi(u) \\ &\leqslant \inf_{x \in T(x_{k+1})} \varphi(x) + \frac{1}{k} - \varphi(u) \leqslant \frac{1}{k} \end{aligned}$$

对任何 $u \in T(x_{k+1})$, $k \in \mathbb{N}$ 成立. 因此

$$\mathrm{diam}\, T(x_k) := \sup_{x,u \in T(x_k)} d(x,u) \to 0 \quad (k \to \infty).$$

根据 X 的完备性, 集合 $T(x_k)$ 收缩到一个单点:

$$\text{对某个 } \bar{x} \in X, \quad \bigcap_{k=1}^{\infty} T(x_k) = \{\bar{x}\}.$$

由 $T(x_k)$ 的构造, 得到 (c).

现在给定满足 $\varphi(x_0) \leqslant \inf_X \varphi + 1$ 的 $x_0 \in X$, 考虑空间

$$X_0 := \{x \in X \mid \varphi(x) \leqslant \varphi(x_0) - d(x,x_0)\}$$

并使用由 d 诱导的距离. 显然 (X_0, d) 是完备的. 对这个空间应用 (c), 找到 $\bar{x} \in X_0$, 使得

$$\varphi(x) > \varphi(\bar{x}) - d(x,\bar{x}), \quad \forall x \in X_0 \backslash \{\bar{x}\}.$$

下面证明 $\bar{x}$ 在 $\varepsilon = \lambda = 1$ 时满足 (i) 中的所有条件 (a)~(c). 事实上, (a) 和 (b) 可直接由 $\bar{x} \in X_0$ 得到, 亦即根据 $\varphi(\bar{x}) + d(\bar{x},x_0) \leqslant \varphi(x_0)$ 和 $\varphi(x_0) \leqslant \inf_X \varphi + 1$. 剩下来需要证明 (c) 对 $x \in X \backslash X_0$ 成立. 取 $x \notin X_0$, 由上述构造有

$$\begin{aligned} \varphi(x) &> \varphi(x_0) - d(x,x_0) \geqslant \varphi(\bar{x}) + d(\bar{x},x_0) - d(x,x_0) \\ &\geqslant \varphi(\bar{x}) - d(\bar{x},x). \end{aligned}$$

这就完成了 (i) 的证明.

对逆命题 (ii), 考虑 X 中的任意 Cauchy 序列 $\{x_k\}$, 并定义函数

$$\varphi(x) := \lim_{k\to\infty} d(x_k, x), \quad \forall x \in X.$$

这里极限的存在性源于三角不等式

$$|d(x_k, x) - d(x_n, x)| \leqslant d(x_k, x_n) \to 0 \quad (k, n \to \infty).$$

这也给出

$$|d(x_k, x) - d(x_k, u)| \leqslant d(x, u), \quad \forall x, u \in X, k \in \mathbb{N}.$$

此式蕴涵 φ 在 X 上的 Lipschitz 连续性. 因为 $\{x_k\}$ 是一个 Cauchy 序列, 对任意 $\varepsilon > 0$, 有 $k(\varepsilon) \in \mathbb{N}$, 满足 $d(x_k, x_n) \leqslant \varepsilon$ 对任何 $k, n \geqslant k(\varepsilon)$ 成立. 这样, 如果 $n \geqslant k(\varepsilon)$, 那么

$$\varphi(x_n) = \lim_{k\to\infty} d(x_k, x_n) \leqslant \varepsilon.$$

从而 φ 是下有界的并且 $\inf_X \varphi = 0$. 为了证明 X 的完备性, 需要找到 $\bar{x} \in X$ 满足 $\varphi(\bar{x}) = 0$.

选取 $\varepsilon \in (0,1)$, 并取满足 (a′) 和 (c) 在 $\lambda = 1$ 时的 $\bar{x} \in X$. 则因为 (a′) 和 $\inf_X \varphi = 0$, 所以 $\varphi(\bar{x}) \leqslant \varepsilon$. 现在取任意小的 $\gamma > 0$, 并在 (c) 中置 $x = x_n$ $(n \in \mathbb{N})$. 根据 φ 的定义和 $\{x_k\}$ 是 Cauchy 序列, 得到 $d(x_n, \bar{x}) \leqslant \varepsilon + \gamma$ 在 n 充分大时成立. 在 (c) 中置 $x = x_n$ 并令 $n \to \infty, \gamma \downarrow 0$ 取极限, 则 $\varphi(\bar{x}) \leqslant \varepsilon^2$. 把这个过程重复 m 次, 则 $\varphi(\bar{x}) \leqslant \varepsilon^m$ $(\forall m \in \mathbb{N})$. 因此 $\varphi(\bar{x}) = 0$. 这就证明了 X 的完备性. △

定理 2.26 中的条件 (c) 意味着扰动函数 $\varphi(x) + (\varepsilon/\lambda)d(x, \bar{x})$ 在 $\bar{x}$ 点达到 X 上的全局严格极小, 这蕴涵很多重要的结果. 下面的推论对后面讨论有特别的意义.

推论 2.27 (ε-稳定条件)　设 $\varphi\colon X \to \mathbb{R}$ 是 Banach 空间 X 上的正常下有界的下半连续函数. 给定 $\varepsilon, \lambda > 0$ 和满足 $\varphi(x_0) \leqslant \inf_X \varphi + \varepsilon$ 的 $x_0 \in X$, 假设 φ 在 x_0 的一个包含 $\mathrm{B}_\lambda(x_0)$ 的邻域 U 上 Fréchet 可微, 则存在满足 $\|\bar{x} - x_0\| \leqslant \lambda$ 的 $\bar{x} \in X$, 使得 $\varphi(\bar{x}) \leqslant \varphi(x_0)$ 和 $\|\nabla\varphi(\bar{x})\| \leqslant \varepsilon/\lambda$ 成立.

证明　因为 $\bar{x}$ 是和函数 $\varphi(x) + \psi(x)$ 的一个极小点 $(\psi(x) := (\varepsilon/\lambda)\|x - \bar{x}\|)$, 根据命题 1.114 有 $0 \in \widehat{\partial}(\varphi + \psi)(\bar{x})$. 应用命题 1.107(i) 并考虑到 Banach 空间范数的性质 $\widehat{\partial}(\|\cdot - \bar{x}\|)(\bar{x}) = \mathbb{B}^*$, 即可从定理 2.26(i) 得出推论的结论. △

要注意的是, 因为初始 ε-最优点 x_0 总是存在, 推论 2.27 保证了对任意 $\varepsilon > 0$, Banach 空间 X 上每一个下有界的 Fréchet 可微函数 φ 都有 ε-最优点, 它满足 ε-稳定性条件 $\|\nabla\varphi(\bar{x})\| \leqslant \varepsilon$. 如在 Ekeland 的原始文章[397] 中给出的那样, 这个结果对 Gâteaux 可微函数也成立, 这是他的变分原理的一个直接推论.

若 φ 不光滑, 则结果如何? 这是下一节要讨论的问题.

2.3.2 次微分变分原理

在这节中首先对任意下有界的下半连续函数建立推论 2.27 中的 ε-稳定性结果之“下”次微分版本. 这个从极点原理导出的结果其实是 Asplund 空间的一个刻画. 它事实上在 Asplund 空间中扮演了 (局部) 变分原理的角色并有很多重要的推论; 这包括 Fréchet 次微分的稠密性结果和在 Banach 空间恰当的光滑性假设下光滑变分原理的通常形式. 本小节最后得到在任意 Banach 空间中成立的变分原理之“上”次微分版本. 它涉及每个上 Fréchet 次微分 (如果存在), 这和以前的下次微分版本只涉及到某一些下次微分是不同的.

定理 2.28 (下次微分变分原理) 设 X 是 Banach 空间, 则下述等价:

(a) 近似极点原理在 X 中成立;

(b) 对任意下有界正常下半连续函数 $\varphi\colon X\to\overline{\mathbb{R}}$, 任意 $\varepsilon>0$, $\lambda>0$ 和满足 $\varphi(x_0)<\inf_X\varphi+\varepsilon$ 的 $x_0\in X$, 存在 $\bar{x}\in X$ 和 $x^*\in\widehat{\partial}\varphi(\bar{x})$, 满足 $\|\bar{x}-x_0\|<\lambda$, $\varphi(\bar{x})<\inf_X\varphi+\varepsilon$ 和 $\|x^*\|<\varepsilon/\lambda$;

(c) X 是 Asplund 空间.

证明 (c)$\Rightarrow$(a) 在定理 2.20 中已经建立了. 现在证明其他蕴涵关系. 先证 (b)$\Rightarrow$(c), 然后证明 (a)$\Rightarrow$(b), 这是本定理的主要部分.

(b)$\Rightarrow$(c). 任取连续凸函数 $\varphi\colon X\to\mathbb{R}$. 则 $\forall x\in X, \widehat{\partial}\varphi(x)$ 和凸分析里的次微分相同并处处非空. 为建立 X 的 Asplund 性质, 只要证明存在一个稠密集合 $S\subset X$, 满足 $\widehat{\partial}(-\varphi)(x)\neq\varnothing$ $(\forall x\in S)$ 即可. 事实上, 根据命题 1.87, 此时 φ 在 S 上是 Fréchet 可微的.

固定 $x_0\in X$ 和 $\varepsilon>0$. 因为 $\psi(x):=-\varphi(x)$ 是连续的, 存在正数 $\nu<\varepsilon$, 对任意 $x\in x_0+\nu\mathbb{B}$, 满足 $\psi(x)>\psi(x_0)-\varepsilon$. 这样有 $\phi(x_0)<\inf_X\phi+2\varepsilon$, 这里函数

$$\phi(x):=\psi(x)+\delta(x;x_0+\nu\mathbb{B}),\quad x\in X$$

在 X 上显然是下半连续的. 应用 (b) 到这个函数, 则得到满足 $\|\bar{x}-x_0\|<\nu$ 的 $\bar{x}\in X$, 使得 $\widehat{\partial}\phi(\bar{x})\neq\varnothing$. 那么 $\widehat{\partial}\psi(\bar{x})\neq\varnothing$, 即满足 $\widehat{\partial}(-\varphi)(x)\neq\varnothing$ 的点 $x\in X$ 在 X 中是稠密的, 所以 X 必是 Asplund 空间.

(a)$\Rightarrow$(b). 首先选取满足 $\varphi(x_0)<\inf_X\varphi+(\varepsilon-\widetilde{\varepsilon})$ 的 $0<\widetilde{\varepsilon}<\varepsilon$, 并置 $\widetilde{\lambda}:=(2\varepsilon)^{-1}(2\varepsilon-\widetilde{\varepsilon})\lambda<\lambda$. 应用定理 2.26(i), 可找到 $\widetilde{x}\in X$, 满足 $\|\widetilde{x}-x_0\|\leqslant\widetilde{\lambda}$, $\varphi(\widetilde{x})\leqslant\inf_X\varphi+(\varepsilon-\widetilde{\varepsilon})$ 和

$$\varphi(\widetilde{x})<\varphi(x)+\widetilde{\lambda}^{-1}(\varepsilon-\widetilde{\varepsilon})\|x-\widetilde{x}\|,\quad \forall x\in X\backslash\{\widetilde{x}\}. \tag{2.37}$$

定义 $X\times\mathbb{R}$ 中的两个闭集:

$$\Omega_1:=\mathrm{epi}\varphi,\quad \Omega_2:=\{(x,\alpha)\in X\times\mathbb{R}\mid \alpha\leqslant\varphi(\widetilde{x})-\widetilde{\lambda}^{-1}(\varepsilon-\widetilde{\varepsilon})\|x-\widetilde{x}\|\}.$$

从 (2.37) 式很容易得到 $(\widetilde{x},\varphi(\widetilde{x}))$ 是集合系统 $\{\Omega_1,\Omega_2\}$ 的一个局部极点, 所以可以用极点原理.

考虑 $X\times\mathbb{R}$ 上的范数 $\|(x,\alpha)\|:=\|x\|+|\alpha|$ 以及对应的 $X^*\times\mathbb{R}$ 上的范数 $\|(x^*,\xi)\|=\max\{\|x^*\|,|\xi|\}$. 对上述系统应用近似极点原理, 则对任意 $\widehat{\varepsilon}>0$, 存在 $(x_i,\alpha_i)\in\Omega_i$ 和 $(x_i^*,\xi_i)\in\widehat{N}((x_i,\alpha_i);\Omega_i)$, $i=1,2$, 满足

$$\begin{cases}\|x_i-\widetilde{x}\|+|\alpha_i-\varphi(\widetilde{x})|<\widehat{\varepsilon},\\ \dfrac{1}{2}-\widehat{\varepsilon}<\max\{x_i^*\|,|\xi_i|\}<\dfrac{1}{2}+\widehat{\varepsilon},\\ \max\{\|x_1^*+x_2^*\|,|\xi_1+\xi_2|\}<\widehat{\varepsilon}.\end{cases}\tag{2.38}$$

当 $\widehat{\varepsilon}$ 足够小时, 有 $(x_2^*,\xi_2)\neq 0$. 从 Ω_2 的结构得到 $\alpha_2=\varphi(\widetilde{x})-\widetilde{\lambda}^{-1}(\varepsilon-\widetilde{\varepsilon})\|x_2-\widetilde{x}\|$, 从而 $\xi_2>0$, 因此,

$$x_2^*/\xi_2\in\widehat{\partial}(\widetilde{\lambda}^{-1}(\varepsilon-\widetilde{\varepsilon})\|\cdot-\widetilde{x}\|)(x_2),\quad \|x_2^*\|/\xi_2\leqslant\widetilde{\lambda}^{-1}(\varepsilon-\widetilde{\varepsilon}).$$

考虑到 (2.38) 式, 则上式给出估计

$$\xi_2\geqslant\min\left\{\frac{(1-2\widehat{\varepsilon})\widetilde{\lambda}}{2(\varepsilon-\widetilde{\varepsilon})},\frac{1}{2}-\widehat{\varepsilon}\right\}.\tag{2.39}$$

根据 (2.38) 式, 必有 $\xi_1<0$ 在 $\widehat{\varepsilon}$ 足够小时成立. 这就可以证明 $\alpha_1=\varphi(x_1)$, 否则根据 $(x_1^*,\xi_1)\in\widehat{N}((x_1,\alpha_1);\mathrm{epi}\varphi)$ 和 $\widehat{N}$ 的定义就有 $\xi_1=0$. 因此 $-x_1^*/\xi_1\in\widehat{\partial}\varphi(x_1)$.

由 (2.39) 式得到 $\widehat{\varepsilon}/\xi_2\to 0$ $(\widehat{\varepsilon}\downarrow 0)$. 综上所述,

$$\frac{\|x_1^*\|}{|\xi_1|}<\frac{\|x_2^*\|+\widehat{\varepsilon}}{\xi_2-\widehat{\varepsilon}}=\left(\frac{\|x_2^*\|}{\xi_2}+\frac{\widehat{\varepsilon}}{\xi_2}\right)\Big/\left(1-\frac{\widehat{\varepsilon}}{\xi_2}\right)<\frac{\varepsilon}{\lambda}$$

在 $\widehat{\varepsilon}$ 足够小时成立. 另外, 根据 (2.38) 式和 $\widetilde{\lambda}$ 的选取, 有

$$\|x_1-x_0\|<\widetilde{\lambda}+\widehat{\varepsilon},\quad \varphi(x_1)=\alpha_1<\inf_X\varphi+\varepsilon-\widetilde{\varepsilon}+\widehat{\varepsilon}.$$

最后令 $\bar{x}:=x_1$ 和 $x^*:=-x_1^*/\xi_1$, 就得到了 (b). 证毕. △

可以看到, 定理 2.26(i) 和定理 2.28(b) 的主要区别在于：后者用下次微分的“几乎稳定性”条件和相同类型的估计替代了前者里的极小化条件 (c). 这个次微分条件为局部变分分析及其应用带来了关键的信息, 因此可以把定理 2.28 的论断 (b) 恰当地看做 Asplund 空间里的变分原理, 称之为 (下) 次微分变分原理. 更进一步, 在下一节会看到, 这个结果蕴涵着通常的极小/支撑形式的光滑变分原理, 这时的 Asplund 空间需要附加光滑条件, 这些条件对光滑变分原理是必要的, 但对定理 2.28 不必要.

由定理 2.28 次微分变分原理很容易导出 Fréchet 次可微性之稠密性以及相关的下半连续函数的性质, 这些性质也被证明是 Asplund 空间的刻画.

推论 2.29 (下半连续函数的 Fréchet 次可微性) 设 $\mathcal{A}$ 是包含 Banach 空间 X 上所有正常下半连续函数 $\varphi\colon X \to \overline{\mathbb{R}}$ 的集合类, 则下述性质等价:

(a) X 是 Asplund 空间;

(b) 对任意 $\varphi \in \mathcal{A}$, 点集 $\{(x, \varphi(x)) \in X \times \mathbb{R} \mid \widehat{\partial}\varphi(x) \neq \varnothing\}$ 在 φ 的图像上稠密;

(c) 对任意 $\varphi \in \mathcal{A}$, 存在 $x \in \operatorname{dom}\varphi$, 满足 $\widehat{\partial}\varphi(x) \neq \varnothing$;

(d) 对任意 $\varphi \in \mathcal{A}$ 和 $\varepsilon > 0$, 存在 $x \in \operatorname{dom}\varphi$, 满足 $\widehat{\partial}_{g\varepsilon}\varphi(x) \neq \varnothing$;

(e) 对任意 $\varphi \in \mathcal{A}$ 和 $\varepsilon > 0$, 存在 $x \in \operatorname{dom}\varphi$, 满足 $\widehat{\partial}_{a\varepsilon}\varphi(x) \neq \varnothing$.

证明 根据定理 2.28, 下次微分变分原理在任何 Asplund 空间中都成立. 固定任意 $\varphi \in \mathcal{A}$, $x_0 \in \operatorname{dom}\varphi$ 和 $\varepsilon > 0$. 与上述定理中 (b)⇒(c) 的证明类似, 有 $\bar{x} \in X$ 满足 $\|\bar{x} - x_0\| < \varepsilon$, $|\varphi(\bar{x}) - \varphi(x_0)| < 2\varepsilon$ 和 $\widehat{\partial}\varphi(\bar{x}) \neq \varnothing$. 这就推出 (a)⇒(b). (b)⇒(c)⇒(d) 是显然的, 而 (d)⇒(e) 很容易从定理 1.86 得到. 为证明 (e)⇒(a), 注意到命题 2.18 里的凹连续函数 $\varphi := -|\cdot|$ 对任何 $\varepsilon < \vartheta/2$ 违反了 (e) 就够了. △

从推论 2.29 的证明可以看出, 如果把 $\mathcal{A}$ 换成更小的下半连续函数集类, 所有的等价关系仍然成立. 特别地, 可以只考虑凹连续函数 $\varphi\colon X \to \mathbb{R}$, 或下有界的正常下半连续函数 $\varphi\colon X \to \overline{\mathbb{R}}$. 后面这个论断可以由下述事实导出: (e)⇒(a) 对函数 $\varphi = 1/|\cdot|$ 成立, 这里 $|\cdot|$ 来自命题 2.18. 另外应该注意到推论 2.29 的等价关系中还可以加上 (b) 和 (c) 的基本次微分版本, 这从定理 1.89 的极限表示 (1.55) 式可以直接得到.

在这节的最后, 建立另一个版本的次微分变分原理. 与定理 2.28 不同, 它使用了上 Fréchet 次微分而不是下次微分. 这个新版本在任意 Banach 空间中都成立, 并涉及问题中函数的所有次微分, 但一般并不保证这样的次微分的存在性. 相比之下, 下次微分版本在约束极小问题推导次优化条件中特别有用, 而这个结果对研究在所论的点拥有非空 Fréchet 上次微分的这个重要函数类上则有某些根本的优点.

定理 2.30 (上次微分变分原理) 设 X 是 Banach 空间, $\varphi\colon X \to \mathbb{R}$ 是下有界的下半连续函数. 则对任意 $\varepsilon > 0$, $\lambda > 0$ 和满足 $\varphi(x_0) < \inf_X \varphi + \varepsilon$ 的 $x_0 \in X$, 存在满足 $\|\bar{x} - x_0\| < \lambda$ 和 $\varphi(\bar{x}) < \inf_X \varphi + \varepsilon$ 的 $\bar{x} \in X$, 使得

$$\|x^*\| < \varepsilon/\lambda, \quad \forall x^* \in \widehat{\partial}^+\varphi(\bar{x}).$$

证明 对任意给定的常数 $\varepsilon > 0$ 和 $\lambda > 0$, 应用 Ekeland 变分原理于函数 φ 和点 x_0, 则可找到 $\bar{x} \in X$, 满足 $\|x_0 - \bar{x}\| < \lambda$, $\varphi(\bar{x}) < \inf_X \varphi(x) + \varepsilon$ 和

$$\varphi(\bar{x}) \leqslant \varphi(x) + \frac{\varepsilon}{\lambda}\|x - \bar{x}\|, \quad \forall x \in X.$$

任取 $x^* \in \widehat{\partial}^+\varphi(\bar{x}) = -\widehat{\partial}(-\varphi)(\bar{x})$ 并使用定理 1.88(i) 在任何 Banach 空间中成立的 Fréchet 次微分的光滑变分描述, 有函数 $s\colon X \to \mathbb{R}$, 它在 $\bar{x}$ 点 Fréchet 可微并且

$$s(\bar{x}) = \varphi(\bar{x}), \quad \nabla s(\bar{x}) = x^* \quad 和 \quad s(x) \geqslant \varphi(x), \quad \forall x \in X.$$

考虑 φ 的扰动在 $\bar{x}$ 点的全局极小性质, 可导出函数 $\phi(x) := s(x) + (\varepsilon/\lambda)\|x - \bar{x}\|$ 在 $\bar{x}$ 点达到全局极小. 然后根据命题 1.114 的广义 Fermat 原理与命题 1.107(i) 的加法法则, 并且对范数在零点求次微分, 则有

$$0 \in \widehat{\partial}\phi(\bar{x}) = \nabla s(\bar{x}) + \widehat{\partial}\left(\frac{\varepsilon}{\lambda}\|\cdot - \bar{x}\|\right)(\bar{x}) \subset x^* + \frac{\varepsilon}{\lambda}\mathbb{B}^*.$$

这就给出 $\|x^*\| < \varepsilon/\lambda$ 并完成了定理的证明. △

2.3.3 光滑变分原理

定理 2.26 的决定性条件 (c) 可以作如下解释: 对任意下有界 (即 $\inf\varphi > -\infty$) 的正常下半连续函数 $\varphi\colon X \to \overline{\mathbb{R}}$, 存在点 $\bar{x} \in \operatorname{dom}\varphi$ 和函数 $s\colon X \to \mathbb{R}$, 满足

$$\varphi(\bar{x}) = s(\bar{x}), \quad \varphi(x) \geqslant s(x), \quad \forall x \in X. \tag{2.40}$$

这意味着 $s(\cdot)$ "下支撑 φ" 这样的函数 $s(\cdot)$ 通常称做属于某个类的支撑函数. 用这种语言, 如果要求 $s(\cdot) \in \mathcal{S}$, 条件 (2.40) 对任何下有界下半连续函数 φ 成立, 则称 $\mathcal{S}$ 变分原理在 X 中成立. 这样 Ekeland 定理保证了, 对函数类

$$\mathcal{S} := \{-\varepsilon\|\cdot - \bar{x}\| + c \mid \varepsilon \geqslant 0, c \in \mathbb{R}\}$$

(这里 ε 是任意小的正数), $\mathcal{S}$ 变分原理在任意 Banach 空间中成立. 该结果在应用中的一个明显的局限是支撑函数不光滑.

若要求所有的 $s(\cdot) \in \mathcal{S}$ 在某种意义下光滑, 则需要 Banach 空间 X 中的光滑变分原理. 若 $\mathcal{S}$ 由凹函数组成, 则称此 $\mathcal{S}$ 变分原理是凹的. 前面提到的 Borwein 和 Preiss 的结果就是一个凹光滑变分原理, 它要求 X 拥有一个对应于某个生成族的光滑重赋范. 对应的 Deville, Godefroy 和 Zizler 的结果给出了一个光滑 (但不凹) 变分原理, 它把光滑重赋范条件减弱为 X 上一个光滑 Lipschitz 阻尼函数的存在性.

下面要讨论的变分原理基于三类 $\mathcal{S}$ 光滑函数: Fréchet 可微 ($\mathcal{S} = \mathcal{F}$), Lipschitz 并且 Fréchet 可微 ($\mathcal{S} = \mathcal{LF}$) 和 Lipschitz 并且连续可微 ($\mathcal{S} = \mathcal{LC}^1$). 应用下次微分变分原理 (定理 2.28), 并接着使用前面建立的 Fréchet 次微分的变分描述, 可在问题空间的光滑假设下推导出一些改良型的 $\mathcal{S}$ 光滑变分原理, 它们都理所当然地蕴涵空间的 Asplund 性质. 进一步, 下述证明了空间的这些光滑 (对应的, 凹并且光滑) 性假设对 Asplund 空间中的变分原理不仅是充分的, 还是必要的.

定理 2.31 (Asplund 空间中的光滑变分原理)　设 X 是一个 Banach 空间, $\mathcal{A}$ 是所有下有界的正常下半连续函数 $\varphi\colon X\to\overline{\mathbb{R}}$ 的集合. 给定 $\varepsilon>0$ 和 $\lambda>0$, 下述断言成立:

(i) 如果 X 有一个 Fréchet 光滑的重赋范, 那么对任意 $\varphi\in\mathcal{A}$ 和满足 $\varphi(x_0)<\inf_X\varphi+\varepsilon$ 的 $x_0\in X$, 存在 $\bar{x}\in X$ 和一个凹 Fréchet 可微函数 $s\colon X\to\mathbb{R}$, 满足

$$\|\bar{x}-x_0\|<\lambda,\quad \varphi(\bar{x})<\inf_X\varphi+\varepsilon,\tag{2.41}$$

$\|\nabla s(\bar{x})\|<\varepsilon/\lambda$ 和

$$\varphi(\bar{x})=s(\bar{x}),\quad \varphi(x)\geqslant s(x)+\|x-\bar{x}\|^2,\quad \forall x\in X.$$

(ii) 设 X 拥有一个 $\mathcal{S}$ 光滑阻尼函数, 这里 $\mathcal{S}$ 表示 $\mathcal{F}$, $\mathcal{LF}$, 或 $\mathcal{LC}^1$, 则对任意 $\varphi\in\mathcal{A}$ 和满足 $\varphi(x_0)<\inf_X\varphi+\varepsilon$ 的 $x_0\in X$, 存在满足 (2.41) 式的 $\bar{x}\in X$, 一个 $\mathcal{S}$ 光滑阻尼函数 $b\colon X\to\mathbb{R}$ 和一个常数 $c\in\mathbb{R}$, 满足 $\|\nabla b(\bar{x})\|<\varepsilon/\lambda$ 和

$$\varphi(\bar{x})=b(\bar{x})+c,\quad \varphi(x)\geqslant b(x)+c,\quad \forall x\in X.$$

此时可以找到 $\mathcal{S}$ 光滑函数 $s\colon X\to\mathbb{R}$ 和 $\theta\colon X\to[0,\infty)$, 满足 $\|\nabla s(\bar{x})\|<\varepsilon/\lambda$, $\theta(x)=0$ 仅对 $x=0$ 成立, $\theta(x)\leqslant\|x\|^2$ (如果 $x\in\mathbb{B}$), 并且

$$\varphi(\bar{x})=s(\bar{x}),\quad \varphi(x)\geqslant s(x)+\theta(x-\bar{x}),\quad \forall x\in X.$$

(iii) 反之, 若凹 $\mathcal{F}$ 光滑变分原理在 X 中成立, 则 X 有一个 Fréchet 重赋范. 若 $\mathcal{S}$ 光滑变分原理在 X 中成立, 则 X 有一个 $\mathcal{S}$ 光滑阻尼函数, 这里 $\mathcal{S}$ 代表上述相应的集合类.

证明　断言 (i) 和 (ii) 可以直接从定理 2.28(b) 中的下次微分变分原理和定理 1.88 中的 Fréchet 次微分的变分描述得出. 下面证明反向断言 (iii).

首先证明 X 中凹 $\mathcal{F}$ 光滑变分原理蕴涵 X 有 Fréchet 光滑重赋范. 对函数 $\varphi(x):=1/\|x\|$ 应用 (2.40) 式, 找到 $0\neq v\in X$ 和一个 Fréchet 可微的凹函数 $s\colon X\to\mathbb{R}$ 满足

$$s(x)\leqslant\varphi(x)=1/\|x\|<1/(2\|v\|)\quad(\|x\|>2\|v\|),$$

并且 $s(v)=1/\|v\|$. 置

$$p(x):=-s(x+v)+1/\|v\|,\quad x\in X.$$

根据 s 相应性质, 可推出 p 在 X 上是凸和 Fréchet 可微的. 因此 p 在 X 上 $\mathcal{C}^1$ 光滑. 进一步, 有 $p(0)=0$, 并且因为 $\|x+v\|>2\|v\|$, 有

$$p(x)>-1/(2\|v\|)+1/\|v\|=1/(2\|v\|)\quad(\|x\|>3\|v\|).$$

现在考虑集合 $\Omega := \{x \in X \mid p(x) \leqslant 1/(2\|v\|)\}$ 的 Minkowski 度规泛函

$$g(x) := \inf\{\lambda > 0 \mid x \in \lambda\Omega\}, \quad x \in X.$$

很容易看到 Ω 是凸闭有界集, 并且 $0 \in \operatorname{int}\Omega$. 此时 Minkowski 度规函数是连续次线性的, 并且 $g(x) > 0\ (x \neq 0)$ 且 $\Omega = \{x \in X \mid g(x) \leqslant 1\}$. 这样就存在 $M > 0$, 满足

$$\|x\|/(2\|v\|) \leqslant g(x) \leqslant M\|x\|, \quad \forall x \in X.$$

现在考虑函数

$$n(x) := g(x) + g(-x), \quad x \in X.$$

该函数定义了 X 上一个等价于 $\|\cdot\|$ 的范数. 要完成 (iii) 中第一个断言的证明, 还需要证明 g 在 $X\backslash\{0\}$ 上是 Fréchet 可微的. 证明这一点的关键一步是阐明 g 在 X 上任何非零点的 Gâteaux 可微性. 因为 g 是凸的, 这等价于其次微分 $\partial g(x)$ 的单点性 (对任意 $x \in X\backslash\{0\}$).

接下来, 固定满足 $g(x) = 1$ 的 $x \in X$ 并取 $x^* \in \partial g(x)$. 从定义容易导出

$$p(x) = 1/(2\|v\|), \quad \langle x^*, x\rangle = g(x).$$

取 $t > 0$, $h \in X$ 满足 $\langle x^*, h\rangle = 0$, 则

$$g(x + th) \geqslant g(x) + \langle x^*, th\rangle = 1, \quad g(\alpha(x + th)) = \alpha g(x + th) > 1\ (\text{若}\ \alpha > 1).$$

从而 $\alpha(x + th) \notin \Omega$. 因此 $p(\alpha(x + th)) > 1/(2\|v\|)$ 对任何 $\alpha > 1$ 和 $t > 0$ 成立. 令 $\alpha \downarrow 1$ 取极限, 得到 $p(x + th) \geqslant 1/(2\|v\|)(= p(x))$ 对任意 $t > 0$ 成立. 因为 p 在 x 点 Gâteaux 可微 (导数记做 $p'(x)$), 所以

$$\langle p'(x), h\rangle = \lim_{t\downarrow 0} \frac{p(x + th) - p(x)}{t} \geqslant 0, \quad \forall h \in X\ \text{满足}\langle x^*, h\rangle = 0.$$

这给出 $\langle p'(x), h\rangle = 0$ 对任意这样的 h 成立. 因此对某 $\lambda \in \mathbb{R}$, 有 $x^* = \lambda p'(x)$. 这样一来,

$$1 = g(x) = \langle x^*, x\rangle = \lambda\langle p'(x), x\rangle.$$

它唯一确定了 $x^* \in \partial g(x)$, 这里 $x^* = p'(x)/\langle p'(x), x\rangle$. 这就意味着 g 在 x 点 Gâteaux 可微并且当 $g(x) = 1$ 时, $g'(x) = x^*$. 对任何非零 $x \in X$, 注意到 g 是正齐次的, 并且 $g(x) \neq 0$, 得到 g 在 x 点的 Gâteaux 导数公式如下:

$$g'(x) = \left\langle p'\Big(\frac{x}{g(x)}\Big), \frac{x}{g(x)}\right\rangle^{-1} p'\Big(\frac{x}{g(x)}\Big).$$

因为 p 是 $\mathcal{C}^1$ 光滑的, 这个公式表明 g' 是范数到范数连续的. 这样 g 在 X 的任意非零点 Fréchet 可微, 从而 (iii) 的第一部分得证.

下面对所给的 $\mathcal{S}$ 同步证明 (iii) 的第二部分. 再次取函数 $\varphi = 1/\|\cdot\|$, 并对某 $v = \bar{x}$ 和 $\mathcal{S}$ 光滑函数 $s\colon X \to \mathbb{R}$, 把它应用到支撑条件 (2.40). 然后考虑任意 $\mathcal{C}^2$ 光滑函数 $\tau\colon \mathbb{R} \to [0,1]$, 满足

$$\tau(t) = 1 \ \ (t \geqslant 1/\|v\|) \quad 和 \quad \tau(t) = 0 \ \ (t \leqslant 1/(2\|v\|)).$$

很容易验证, $b := \tau \circ s$ 是 X 上的一个 $\mathcal{S}$ 光滑阻尼函数. 这就证明了 (iii). △

与在断言 (iii) 的证明中用的基本支撑条件 (2.40) 相比, 定理 2.31 的断言 (i) 和 (ii) 中的支撑条件包含更多的信息. 当 Fréchet 光滑性被换成 Gâteaux 光滑性, 或是替换成相对于任意 β 生成族的 β 光滑性 (比照注解 2.11) 的时候, 定理 2.31(iii) 的证明仍是对的. 这表明, 任何满足支撑条件 (2.40) 的光滑 (对应地, 凹光滑) 变分原理, 必定要求问题中 Banach 空间满足光滑重赋范/阻尼函数假设.

2.4 Asplund 空间中的表示与刻画

在本节中, 由前面的极点和变分原理建立第 1 章中的广义微分结构在 Asplund 空间中的有效表示, 其中的大部分表示也是 Asplund 空间的刻画. 这里首先论述近似极点原理的一个次微分描述, 它在接下来的内容中起着重要的作用; 然后导出由 Lipschitz 函数的特殊次微分加法法则描述的 Asplund 空间的刻画, 这同时引出基本次微分、法向量和上导数在 Asplund 空间中类似有限维情况的简化表示. 最后一小节推导出增广实值下半连续函数奇异次微分的易用表示, 以及 Asplund 空间中连续函数图像水平法向量的相关结果.

2.4.1 Asplund 空间里的次导数、法向量和上导数

令 $\mathcal{SL}(\bar{x})$ 是包含正常函数对 (φ_1, φ_2) 的集类, 其中 $\varphi_i\colon X \to \overline{\mathbb{R}}$ 满足: φ_1 在 $\bar{x} \in \operatorname{dom}\varphi_1 \cap \operatorname{dom}\varphi_2$ 附近 Lipschitz , φ_2 在该点附近下半连续. 简单起见, 如果 $(\varphi_1, \varphi_2) \in \mathcal{SL}(\bar{x})$, 称和式 $\varphi_1 + \varphi_2$ 在点 $\bar{x}$ 半 Lipschitz. 下面的结果用半 Lipschitz 及在极小点的“模糊”次导数给出了近似极点原理的一个等价描述.

引理 2.32 (极点原理的次导数描述) 给定 Banach 空间 X, 下述成立:

(i) 假定近似极点原理对 $X \times \mathbb{R}$ 中的任何由两个闭集组成的极点系统成立. 设 $\varphi_i\colon X \to \overline{\mathbb{R}}$ 满足 $(\varphi_1, \varphi_2) \in \mathcal{SL}(\bar{x})$ 并且 $\varphi_1 + \varphi_2$ 在 $\bar{x}$ 点达到局部极小. 则对任意 $\eta > 0$, 存在满足 $|\varphi_i(x_i) - \varphi_i(\bar{x})| \leqslant \eta$, $i = 1, 2$ 的 $x_i \in \bar{x} + \eta\mathbb{B}$, 使得

$$0 \in \widehat{\partial}\varphi_1(x_1) + \widehat{\partial}\varphi_2(x_2) + \eta\mathbb{B}^*. \tag{2.42}$$

(ii) 反之, 假定对任意 $(\varphi_1,\varphi_2)\in\mathcal{SL}(\bar{x})$, $\eta>0$, 存在满足 $|\varphi_i(x_i)-\varphi_i(\bar{x})|\leqslant\eta$ 的 $x_i\in\bar{x}+\eta\mathbb{B}$, 使得 (2.42) 式在 $\varphi_1+\varphi_2$ 于 $\bar{x}$ 点达到局部极小时成立. 则近似极点原理对 X 中的任何由两个闭集组成的极点系统成立.

证明　对 (i), 考虑 $(\varphi_1,\varphi_2)\in\mathcal{SL}(\bar{x})$. 不失一般性, 假定 $\bar{x}=0\in X$ 是 $\varphi_1+\varphi_2$ 的局部极小点, 并且 $\varphi_1(0)=\varphi_2(0)=0$, φ_1 在 $\eta\mathbb{B}$ 上 Lipschitz 连续 (记 $\ell>0$ 为 Lipschitz 模), φ_2 在 $\eta\mathbb{B}$ 上下半连续 (η 固定). 考虑集合

$$\Omega_1:=\mathrm{epi}\varphi_1 \quad 和 \quad \Omega_2:=\{(x,\alpha)\in X\times\mathbb{R}\mid \varphi_2(x)\leqslant-\alpha\}.$$

显然它们在 $(0,0)\in X\times\mathbb{R}$ 附近是闭的. 因为 $\bar{x}=0$ 是 $\varphi_1+\varphi_2$ 的一个局部极小点, 易验证 $(0,0)$ 是 $\{\Omega_1,\Omega_2\}$ 的一个局部极点. 应用近似极点原理于系统 $\{\Omega_1,\Omega_2,(0,0)\}$, 对任意 $\varepsilon>0$, 可找到 $(x_i,\alpha_i)\in\Omega_i$ 和 $(x_i^*,\lambda_i)\in X^*\times\mathbb{R}$, $i=1,2$, 满足

$$(x_1^*,-\lambda_1)\in\widehat{N}((x_1,\alpha_1);\Omega_1),\quad (-x_2^*,\lambda_2)\in\widehat{N}((x_1,\alpha_2);\Omega_2), \tag{2.43}$$

$$\|(x_i,\alpha_i)\|\leqslant\varepsilon,\quad \frac{1}{2}-\varepsilon\leqslant\|(x_i^*,\lambda_i)\|\leqslant\frac{1}{2}+\varepsilon,\quad i=1,2, \tag{2.44}$$

$$\|(x_1^*,-\lambda_1)+(-x_2^*,\lambda_2)\|\leqslant\varepsilon. \tag{2.45}$$

从 (2.43) 式得出 $\lambda_i\geqslant0$ $(i=1,2)$. 下面说明, 如果 ε 足够小, 那么 $\lambda_i>0$, 且可把 (2.43) 式等价地变换成具有所需估计的次导数关系. 为此, 分别定义 $X\times\mathbb{R}$ 和 $X^*\times\mathbb{R}$ 上的下述范数

$$\|(x,\alpha)\|:=\max\{\|x\|,|\alpha|\} \quad 和 \quad \|(x^*,\lambda)\|:=\|x^*\|+|\lambda|.$$

在 (2.43)~(2.45) 式中取 ε 满足

$$0<\varepsilon<\min\left\{\frac{1}{4(2+\ell)},\frac{\eta}{4(1+\ell)^2}\right\}.$$

因为 φ_1 在 $\eta\mathbb{B}$ 上 Lipschitz 连续, 根据 $(x_1^*,-\lambda_1)\in\widehat{N}((x_1,\alpha_1);\Omega_1)$ 和

$$\max\{\|x_1\|,|\alpha_1|\}\leqslant\varepsilon<\eta,$$

得到 $\|x_1^*\|\leqslant\ell\lambda_1$ (见命题 1.85(ii)). 根据 ε 的选取, (2.44) 式和 (2.45) 式给出

$$\lambda_1\geqslant\frac{1}{2(1+\ell)}-\frac{\varepsilon}{1+\ell}>0 \quad 和 \quad \lambda_2\geqslant\frac{1}{2(1+\ell)}-\varepsilon\left(\frac{2+\ell}{1+\ell}\right)>\frac{1}{4(1+\ell)}.$$

这样 (2.43) 式推出 $\alpha_1=\varphi_1(x_1)$, $\alpha_2=-\varphi(x_2)$, 从而

$$\widetilde{x}_1^*:=x_1^*/\lambda_1\in\widehat{\partial}\varphi_1(x_1),\quad \widetilde{x}_2^*:=-x_2^*/\lambda_2\in\widehat{\partial}\varphi_2(x_2).$$

根据 (2.44) 式, 有

$$\|x_i^*\| \leqslant \varepsilon < \eta \quad 和 \quad |\varphi_i(x_i)| = |\alpha_i| \leqslant \varepsilon < \eta, \quad i = 1, 2.$$

为证明 (2.42) 式, 剩下来只要说明 $\|\widetilde{x}_1^* + \widetilde{x}_2^*\| \leqslant \eta$ 即可. 根据 ε 的选取和上述估计, 得

$$\begin{aligned}\left\|\frac{x_1^*}{\lambda_1} - \frac{x_2^*}{\lambda_2}\right\| &= \left\|\frac{x_1^*(\lambda_2 - \lambda_1)}{\lambda_1\lambda_2} + \frac{x_1^* - x_2^*}{\lambda_2}\right\| \leqslant \frac{\|x_1^*\|}{\lambda_1}\left(\frac{|\lambda_2 - \lambda_1|}{\lambda_2}\right) + \frac{\|x_1^* - x_2^*\|}{\lambda_2} \\ &\leqslant \ell\frac{\varepsilon}{\lambda_2} + \frac{\varepsilon}{\lambda_2} = \frac{\varepsilon}{\lambda_2}(1+\ell) < 4\varepsilon(1+\ell)^2 < \eta.\end{aligned}$$

接下来证明反向论断 (ii). 取 X 中的极点系统 $\{\Omega_1, \Omega_2, \bar{x}\}$ 并找到 $\bar{x}$ 的邻域 U 使得对给定的 $\varepsilon > 0$, 存在 $a \in X$, 满足 $\|a\| < \varepsilon^2/2$ 和 $(\Omega_1 + a) \cap \Omega_2 \cap U = \varnothing$. 为简化起见, 令 $U = X$ 并定义函数 $\varphi\colon X \times X \to \mathbb{R}$:

$$\varphi(u, v) := \frac{1}{2}\|u - v + a\|, \quad (u, v) \in X^2. \tag{2.46}$$

根据 $\bar{x}$ 的局部极点性质, $\varphi(\bar{x}, \bar{x}) < (\varepsilon/2)^2$, 并且 $\varphi(u, v) > 0$ 对任意 $u \in \Omega_1$ 和 $v \in \Omega_2$ 成立.

现在应用定理 2.6(i) 中的 Ekeland 变分原理于完备距离空间 $\Omega_1 \times \Omega_2$ (距离由 X^2 上的范数 $\|(u, v)\| := \|u\| + \|v\|$ 导出) 上的函数 φ, 从而得到点 $(\bar{u}, \bar{v}) \in \Omega_1 \times \Omega_2$, 满足 $\|\bar{u} - \bar{x}\| \leqslant \varepsilon/2$, $\|\bar{v} - \bar{x}\| \leqslant \varepsilon/2$, 并且

$$\varphi(\bar{u}, \bar{v}) \leqslant \varphi(u, v) + \frac{\varepsilon}{2}(\|u - \bar{u}\| + \|v - \bar{v}\|), \quad \forall (u, v) \in \Omega_1 \times \Omega_2.$$

这表明, 函数

$$\varphi_1(u, v) := \varphi(u, v) + \frac{\varepsilon}{2}(\|u - \bar{u}\| + \|v - \bar{v}\|) \quad 与 \quad \varphi_2(u, v) := \delta((u, v); \Omega_1 \times \Omega_2)$$

的和在 X^2 中在点 $(\bar{u}, \bar{v})$ 达到极小. 注意到 φ_1 是 Lipschitz 连续和凸的, φ_2 在 X^2 上是正常和下半连续的, 据 (ii) 的假设, 找到 $(y_1, y_2) \in X^2$ 和 $(x_1, x_2) \in \Omega_1 \times \Omega_2$, 满足 $\|x_1 - \bar{u}\| \leqslant \varepsilon/2$, $\|x_2 - \bar{v}\| \leqslant \varepsilon/2$, $\varphi(y_1, y_2) > 0$ 和

$$0 \in \widehat{\partial}\varphi_1(y_1, y_2) + \widehat{\partial}\varphi_2(x_1, x_2) + \frac{\varepsilon}{2}(\mathbb{B}^* \times \mathbb{B}^*).$$

根据命题 1.2, $\widehat{\partial}\varphi_2(x_1, x_2) = \widehat{N}((x_1, x_2); \Omega_1 \times \Omega_2) = \widehat{N}(x_1; \Omega_1) \times \widehat{N}(x_2; \Omega_2)$. 现在由熟知的范数函数 (2.46) 在非零点的次微分公式, 有

$$\widehat{\partial}\varphi_1(y_1, y_2) = \frac{1}{2}(x^*, -x^*) + \frac{\varepsilon}{2}(\mathbb{B}^* \times \mathbb{B}^*)$$

对某单位向量 $x^* \in X^*$ 成立. 最后, 令 $x_1^* := -x^*/2$ 和 $x_2^* := x^*/2$ 就得出 $x_i^* \in \widehat{N}(x_i;\Omega_i) + \varepsilon\mathbb{B}^*$ 满足 $x_1^* + x_2^* = 0$ 和 $\|x_1^*\| + \|x_2^*\| = 1$. 这就证明了 (ii). △

接下来在半 Lipschitz 情形下建立两个次微分加法法则：Fréchet 次导数以及 ε-次导数的模糊法则与基本次导数的确切法则. 其中任何一个法则若对所有半 Lipschitz 和都成立, 则可证明是 Asplund 空间的刻画.

定理 2.33 (半 Lipschitz 加法法则)　令 X 为 Banach 空间, $\bar{x} \in X$, 则下述性质等价：

(a) X 是 Asplund 空间;

(b) 对任何 $(\varphi_1, \varphi_2) \in \mathcal{SL}(\bar{x})$, $\varepsilon \geqslant 0$, $\gamma > 0$, 成立

$$\widehat{\partial}_\varepsilon(\varphi_1 + \varphi_2)(\bar{x}) \subset \cup \Big\{ \widehat{\partial}\varphi_1(x_1) + \widehat{\partial}\varphi_2(x_2) \Big| \, x_i \in \bar{x} + \gamma\mathbb{B}, \\ |\varphi_i(x_i) - \varphi_i(\bar{x})| \leqslant \gamma, i = 1, 2 \Big\} + (\varepsilon + \gamma)\mathbb{B}^*;$$

(c) 对任何 $(\varphi_1, \varphi_2) \in \mathcal{SL}(\bar{x})$, 成立

$$\partial(\varphi_1 + \varphi_2)(\bar{x}) \subset \partial\varphi_1(\bar{x}) + \partial\varphi_2(\bar{x}).$$

证明　先证 (a)⇒(b). 注意到, 如果 X 是 Asplund 空间, 那么 $X \times \mathbb{R}$ 也是 Asplund 空间. 根据定理 2.20, 近似极点原理在 $X \times \mathbb{R}$ 里成立. 这样引理 2.32 的性质 (2.42) 对任意 $(\varphi_1, \varphi_2) \in \mathcal{SL}(\bar{x})$ 成立. 从这个性质和命题 1.84 的解析 ε-次导数的变分描述导出 (b). 在 (b) 中固定 (ε, γ) 并找到 η 满足关系

$$0 < \eta < \min\{\gamma/4, \bar{\eta}\}, \quad \text{其中} \quad \bar{\eta}^2 + (2 + \varepsilon)\bar{\eta} - \gamma = 0.$$

接下来任取 $x^* \in \widehat{\partial}_\varepsilon(\varphi_1 + \varphi_2)(\bar{x})$, 则从命题 1.84(ii) 得到, 和函数

$$(\varphi_1(x) - \langle x^*, x - \bar{x}\rangle + (\varepsilon + \eta)\|x - \bar{x}\|) + \varphi_2(x)$$

在 $\bar{x}$ 点达到局部极小. 对所取的 η 应用 (2.42) 式于上面的和函数, 然后应用命题 1.107(i) 的初等加法法则, 可找到 $x_i \in \bar{x} + \eta\mathbb{B}$, $x_i^* \in X^*$, $i = 1, 2$, 满足

$$|\varphi_1(x_1) + (\varepsilon + \eta)\|x_1 - \bar{x}\| - \varphi_1(\bar{x})| \leqslant \eta, \quad |\varphi_2(x_2) - \varphi_2(\bar{x})| \leqslant \eta, \\ x_1^* \in \widehat{\partial}\left(\varphi_1 + (\varepsilon + \eta)\|\cdot - \bar{x}\|\right)(x_1), \quad x_2^* \in \widehat{\partial}\varphi_2(x_2)$$

和 $x^* - x_1^* - x_2^* \in \eta\mathbb{B}^*$. 则

$$|\varphi_1(x_1) - \varphi_1(\bar{x})| \leqslant \eta(\varepsilon + \eta + 1).$$

现在应用命题 1.84(ii) 于 Fréchet 次导数 x_1^*, 则和函数 $\varphi_1 + \psi$ 在 x_1 点达到局部极小, 这里

$$\psi(x) := (\varepsilon + \eta)\|x - \bar{x}\| - \langle x_1^*, x - x_1\rangle + \eta\|x - x_1\|.$$

ψ 在 X 上连续凸且 $\partial\psi(x) \subset -x_1^* + (\varepsilon+2\eta)\mathbb{B}^*$ 对任意 $x \in X$ 成立. 应用 (2.42) 式于 $\varphi_1 + \psi$, 则有 $\widetilde{x}_1 \in x_1 + \eta\mathbb{B}$, 满足

$$|\varphi_1(\widetilde{x}_1) - \varphi_1(x_1)| \leqslant \eta \quad \text{和} \quad x_1^* \in \widehat{\partial}\varphi_1(\widetilde{x}_1) + (\varepsilon+3\eta)\mathbb{B}^*.$$

最后,

$$x^* \in \widehat{\partial}\varphi_1(\widetilde{x}_1) + \widehat{\partial}\varphi_2(x_2) + (\varepsilon+4\eta)\mathbb{B}^*,$$

这里 $\|\widetilde{x}_1 - \bar{x}\| \leqslant 2\eta$, $|\varphi_1(\widetilde{x}_1) - \varphi_1(\bar{x})| \leqslant \eta(\varepsilon+\eta+2)$. 根据 η 的选取, 得到 (b).

接下来证明 (b) 和 X 的 Asplund 性质蕴涵 (c). 任取 $x^* \in \partial(\varphi_1+\varphi_2)(\bar{x})$, 并根据定理 1.89 的表示 (1.55) 找到序列 $\varepsilon_k \downarrow 0$、满足 $\varphi_1(x_k)+\varphi_2(x_k) \to \varphi_1(\bar{x})+\varphi_2(\bar{x})$ 的序列 $x_k \to \bar{x}$ 和序列 $x_k^* \xrightarrow{w^*} x^*$, 使得 $x_k^* \in \widehat{\partial}_{\varepsilon_k}(\varphi_1+\varphi_2)(x_k)$. 然后由 (b) 中 $\gamma_k = \varepsilon_k$ 的情形, 得到满足 $\varphi_i(x_{ik}) \to \varphi_i(\bar{x})$ 的序列 $x_{ik} \to \bar{x}$ 和序列 $x_{ik}^* \in \widehat{\partial}\varphi_i(x_{ik})$, $i=1,2$, 使得

$$\|x_k^* - x_{1k}^* - x_{2k}^*\| \leqslant 2\varepsilon_k, \quad \forall k \in \mathbb{N}. \tag{2.47}$$

因为 $x_k^* \xrightarrow{w^*} x^*$, 根据一致有界原理, 这个序列在 X^* 上是有界的. 根据 φ_1 在 $\bar{x}$ 点附近的 Lipschitz 连续性, 序列 $\{x_{1k}^*\}$ 以 ℓ 为界 (见命题 1.85(ii)). 从而 $\{x_{2k}^*\}$ 也有界. 应用 Asplund 空间的对偶空间中有界集的弱* 列紧性, 找到 $x_i^* \in X^*$ 使得 $x_{ik}^* \xrightarrow{w^*} x_i^*$, $i=1,2$ 在 $k \to \infty$ 时沿某子序列成立. 再次应用定理 1.89, 得到 $x_i^* \in \partial\varphi_i(\bar{x})$ $(i=1,2)$. 进一步, (2.47) 式蕴涵 $x^* = x_1^* + x_2^*$, 这就给出 (c).

现在只需证明性质 (b) 和 (c) 都蕴涵 X 的 Asplund 性质即可. 事实上, 根据命题 2.18 和例 2.19, 对任何非 Asplund 空间 X, 存在一个等价范数 $|\cdot|$, 使得

$$\widehat{\partial}\varphi(x) = \partial\varphi(x) = \varnothing, \quad \forall x \in X,$$

这里 $\varphi := -|\cdot|$. 这样有, 对 $\varphi_1 := |\cdot|$ 与 $\varphi_2 := -|\cdot|$ 的和 $\varphi_1+\varphi_2$, 性质 (b) 和 (c) 都不成立了. △

下面的定理包含了 Asplund 空间的一个次微分刻画, 它基于简化的基本次导数的极限表示 (类似于有限维空间中的结果). 定理还建立了一个所谓“极限 ε-次微分”的相关公式. 对函数 $\varphi\colon X \to \overline{\mathbb{R}}$, 在满足 $|\varphi(\bar{x})| < \infty$ 的点 $\bar{x} \in X$ 的 ε-次微分定义如下:

$$\partial_\varepsilon\varphi(\bar{x}) := \operatorname*{Limsup}_{x \xrightarrow{\varphi} \bar{x}} \widehat{\partial}_\varepsilon\varphi(x). \tag{2.48}$$

定理 2.34 (Asplund 空间中的次微分表示) 令 X 为 Banach 空间, $\bar{x} \in X$, $\mathcal{A}(\bar{x})$ 是包含所有在 $\bar{x} \in \operatorname{dom}\varphi$ 附近正常下半连续的函数 $\varphi\colon X \to \overline{\mathbb{R}}$ 的函数类. 下述性质是等价的:

(a) X 是 Asplund 空间;

(b) 对任意 $\bar{x} \in X$ 和 $\varphi \in \mathcal{A}(\bar{x})$, 有

$$\partial\varphi(\bar{x}) = \operatorname*{Limsup}_{x \xrightarrow{\varphi} \bar{x}} \widehat{\partial}\varphi(x);$$

(c) 对任意 $\bar{x} \in X$, $\varphi \in \mathcal{A}(\bar{x})$ 和 $\varepsilon > 0$, 有

$$\partial_\varepsilon\varphi(\bar{x}) = \partial\varphi(\bar{x}) + \varepsilon\mathbb{B}^*.$$

证明　对 (a)⇒(b), 应用定理 2.33(b) 的 $\varphi_1 = 0$ 和 $\varphi_2 = \varphi$ 的情形, 即得

$$\widehat{\partial}_\varepsilon\varphi(\bar{x}) \subset \cup\left\{\widehat{\partial}\varphi(x) \,\middle|\, x \in \bar{x} + \gamma\mathbb{B}, |\varphi(x) - \varphi(\bar{x})| \leqslant \gamma\right\} + (\varepsilon + \gamma)\mathbb{B}^* \tag{2.49}$$

对任意 $\varepsilon \geqslant 0$ 和 $\gamma > 0$ 成立. 对 $\varepsilon = \gamma \downarrow 0$ 取极限, 就得到 (b) 中的次微分表示.

对 (a)⇒(c), 注意到 (c) 中的包含关系“$\supset$”是平凡的, 所以只要证明在 Asplund 空间中的反向包含关系. 取 $x^* \in \partial_\varepsilon\varphi(\bar{x})$, 并根据 (2.48) 式找到 $x_k \xrightarrow{\varphi} \bar{x}$, $x_k^* \xrightarrow{w^*} x^*$ 满足 $x_k^* \in \widehat{\partial}_\varepsilon\varphi(x_k)$ $(k \in \mathbb{N})$. 任取 $\gamma_k \downarrow 0$ 并应用 (2.49) 式的 $\gamma = \gamma_k$ 情形, 则有 $u_k \in x_k + \gamma_k\mathbb{B}$, 满足 $|\varphi(u_k) - \varphi(x_k)| \leqslant \gamma_k$ 和

$$x_k^* \in \widehat{\partial}\varphi(u_k) + (\varepsilon + \gamma_k)\mathbb{B}^*, \quad k \in \mathbb{N}.$$

这样就有 $u_k^* \in \widehat{\partial}\varphi(u_k)$ 和 $v_k^* \in (\varepsilon+\gamma_k)\mathbb{B}^*$, 满足 $x_k^* = u_k^* + v_k^*$ $(k \in \mathbb{N})$. 根据 $\mathbb{B}^*$ 的弱*列紧性和 X^* 上的范数 $\|\cdot\|$ 的弱* 下半连续性, 必有 $v^* \in X^*$, 满足

$$v_k^* \xrightarrow{w^*} v^*(\text{当 } k \to \infty \text{ 时}) \quad \text{和} \quad \|v^*\| \leqslant \liminf_{k\to\infty} \|v_k^*\| \leqslant \varepsilon$$

沿 $\{k\}$ 的一个子序列成立. 于是存在 $u^* \in \partial\varphi(\bar{x})$ 满足 $u_k^* \xrightarrow{w^*} u^*$, 从而 $x^* = u^* + v^* \in \partial\varphi(\bar{x}) + \varepsilon\mathbb{B}^*$. (c) 得证.

对 (c)⇒(a), 必须说明对任意非 Asplund 空间 X, 存在 $\bar{x} \in X$, $\varphi \in \mathcal{A}(\bar{x})$ 和 $\bar{\varepsilon} > 0$, 使得 (c) 中的表示不成立. 取命题 2.18 的 X 上的等价范数 $|\cdot|$ 和常数 $\vartheta > 0$, 下面证明这个表示在 $\varphi = -|\cdot|$, $\bar{x} = 0$ 和 $\bar{\varepsilon} = 1$ 时是不对的. 事实上, 从命题 2.18 和定义 1.83(ii) 得出, 如果 $0 \leqslant \varepsilon < \min\{1, \vartheta/2\}$, 那么

$$\widehat{\partial}_\varepsilon\varphi(x) = \varnothing, \quad \forall x \in X.$$

从而 $\partial\varphi(0) = \varnothing$. 另外, 很容易验证 $\widehat{\partial}_1\varphi(0) \supset \{0\} \neq \varnothing$. 根据 (2.48) 式, $\partial_1\varphi(0) \neq \varnothing$. 因此 (c) 不成立. 这里事实上证明了更强的结果, 即, 如果 X 不是 Asplund 空间, 那么对任意给定 $\varepsilon > 0$, 存在函数 $\varphi \in \mathcal{A}(0)$, 使得 (c) 中的表示不成立. 事实上, 只需在上述论证中考虑函数 $\varphi := -\varepsilon|\cdot|$ 即可.

现在只需证 (b)⇒(a). 需论证在任意非 Asplund 空间 X 中, (b) 的表示对某 $\bar{x} \in X$ 和 $\varphi \in \mathcal{A}(\bar{x})$ 不成立. 假设 X 是非 Asplund 空间, 取命题 2.18 中的等价范数 $|\cdot|$, $\bar{x}=0$, 并令

$$\varphi(x) := -|x|^2 + \min\{\langle u^*, x\rangle, \langle v^*, x\rangle\}, \quad x \in X, \tag{2.50}$$

这里 $u^*, v^* \in X^*$, $u^* \neq v^*$. 考虑满足 $x_k \to 0$ 和 $\langle u^*, x_k\rangle < \langle v^*, x_k\rangle$ $(k \in \mathbb{N})$ 的序列 $\{x_k\}$. 记 $\psi(x) := -|x|^2$, 并注意到

$$\varphi(x) = \psi(x) + \langle u^*, x\rangle, \quad \forall x \in U_k, k \in \mathbb{N}$$

对 x_k 的某邻域 U_k 成立. 因为 $|\cdot| \leqslant \|\cdot\|$, 所以

$$|\psi(u) - \psi(v)| = (|u| + |v|) \cdot |(|u| - |v|)| \leqslant 3|x_k| \cdot |u - v|$$

对任意 $u, v \in x_k + (\|x_k\|/2)\mathbb{B}$ 成立. 因此 ψ 在 x_k 附近 Lipschitz 并具有模 $3|x_k|$, 这里 k 是任意固定自然数. 从定义易得

$$u^* \in \widehat{\partial}_{3|x_k|}\varphi(x_k), \quad \forall k \in \mathbb{N},$$

这里的解析 ε-次微分是对应于范数 $|\cdot|$ 的. 对 $k \to \infty$ 取极限并且应用 (1.55) 式的表示对 X 上的等价范数不变这个事实, 就有 $u^* \in \partial\varphi(0)$.

证明 $\widehat{\partial}\varphi(x) = \varnothing$ 对所有原点附近的 x 成立, 这样一来 (b) 对 (2.50) 式的 φ 和 $\bar{x} = 0$ 就不成立了. 首先验证 $\widehat{\partial}\varphi(0) = \varnothing$. 如若不然, 则可找到 $x^* \in \widehat{\partial}\varphi(0)$, 满足

$$\liminf_{h \to 0} \frac{1}{\|h\|} \left[-|h|^2 + \min\{\langle u^*, h\rangle, \langle v^*, h\rangle\} - \langle x^*, h\rangle\right] \geqslant 0.$$

因为范数 $|\cdot|$ 和 $\|\cdot\|$ 在 X 上是等价的, 所以 $\lim_{h\to 0} |h|^2/\|h\| = 0$, 从而

$$\liminf_{h \to 0} \frac{1}{\|h\|}\langle u^* - x^*, h\rangle \geqslant 0, \quad \liminf_{h \to 0} \frac{1}{\|h\|}\langle v^* - x^*, h\rangle \geqslant 0.$$

这只有 $u^* = x^* = v^*$ 时才可能成立, 从而和初始假设 $u^* \neq v^*$ 矛盾. 故 $\widehat{\partial}\varphi(0) = \varnothing$.

最后证明 $\widehat{\partial}\varphi(x) = \varnothing$ 对任意 $x \neq 0$ 成立. 反之, 取 $x^* \in \widehat{\partial}\varphi(x)$ 并从 (2.50) 式得出

$$\begin{aligned}\liminf_{h \to 0} \frac{1}{\|h\|} \Big[&-|x+h|^2 + |x|^2 + \min\{\langle u^*, x+h\rangle, \langle v^*, x+h\rangle\} \\ &- \min\{\langle u^*, x\rangle, \langle v^*, x\rangle\} - \langle x^*, h\rangle\Big] \geqslant 0.\end{aligned}$$

先设 $\langle u^*, x\rangle \leqslant \langle v^*, x\rangle$, 则

$$\liminf_{h \to 0} \frac{1}{\|h\|} \left[-|x+h|^2 + |x|^2 + \langle u^* - x^*, h\rangle\right] \geqslant 0,$$

这意味着 $\widehat{\partial}(-|\cdot|^2)(x) \neq \varnothing$. 因为 $|\cdot|^2$ 是连续凸的, 从而总有 $\widehat{\partial}(|\cdot|^2)(x) \neq \varnothing$. 根据命题 1.87, 函数 $|\cdot|^2$ 在 x 点 Fréchet 可微. 因而有 $|\cdot|$ 在点 $x \neq 0$ 的可微性, 与命题 2.18 矛盾. $\langle u^*, x\rangle > \langle v^*, x\rangle$ 的情形可以类似地证明. 这样 $\widehat{\partial}\varphi(x) = \varnothing$ 对任意 $x \in X$ 成立. 因而 (b)⇒(a). 证毕. △

接下来的这个结果与定理 2.34 相关, 它利用一个点附近的 Fréchet 法向量的弱* 序列极限给出了闭集基本法锥的有效表示. 这也是 Asplund 空间的一个刻画.

定理 2.35 (Asplund 空间中的基本法锥)　令 X 是 Banach 空间. 则下述性质等价:

(a) X 是 Asplund 空间;

(b) 对任意闭集 $\Omega \subset X$ 和任意 $\bar{x} \in \Omega$, 成立极限表示

$$N(\bar{x};\Omega) = \operatorname*{Limsup}_{x\to\bar{x}} \widehat{N}(x;\Omega).$$

证明　(a)⇒(b) 由定理 2.34 的 (a)⇒(b) 在集合指标函数 $\varphi(x) = \delta(x;\Omega)$ 的情形给出. 所以只要证明, 如果 X 不是 Asplund 空间, 那么基本法锥的表示 (b) 对某 $\Omega \subset X$ 和 $\bar{x} \in \Omega$ 不成立.

置 $X = Z \times \mathbb{R}$, 这里 Z 必然也是非 Asplund 空间. 取 Z^* 中两个相异元 u^* 和 v^*, 根据 (2.50) 式定义一个 Lipschitz 函数 $\varphi\colon Z \to \mathbb{R}$, 这里 $|\cdot|$ 是 Z 上根据命题 2.18 的等价范数. 定理 2.34 已经证明 $\widehat{\partial}\varphi(z) = \varnothing$ 对任意 $z \in Z$ 成立. 现在考虑由此函数生成的上图集合 $\Omega := \operatorname{epi}\varphi$ 并证明 $\widehat{N}(x;\Omega) = \{0\}$ 对任意 $x \in \Omega$ 成立.

这只要证明 $\widehat{N}((z,\varphi(z));\Omega) = \{(0,0)\}$ 对任意 $z \in Z$ 成立就够了. 如若不然, 注意到 φ 是 Lipschitz 函数, 根据命题 1.85(ii) (当 $\varepsilon = 0$ 时), 找到

$$(z^*,\lambda) \in \widehat{N}((z,\varphi(z));\Omega), \quad \lambda < 0.$$

这给出 $(-z^*/\lambda) \in \widehat{\partial}\varphi(z)$ 与定理 2.34 证明的事实 $\widehat{\partial}\varphi(z) = \varnothing$ 矛盾. 因此, 对集合 Ω 有

$$\operatorname*{Limsup}_{x\to\bar{x}} \widehat{N}(x;\Omega) = \{0\}, \quad \forall \bar{x} \in \Omega.$$

另外, 由定理 2.34 (b)⇒(a) 的证明知, 存在 $z_k \in Z$ 和 $\varepsilon_k > 0$, 满足

$$u^* \in \widehat{\partial}_{\varepsilon_k}\varphi(z_k), \text{ 并且 } \varepsilon_k \downarrow 0 \quad \text{和} \quad z_k \to 0 (k \to \infty).$$

根据定理 1.86, 有 $(u^*,-1) \in \widehat{N}_{\varepsilon_k}((z_k,\varphi(z_k));\Omega)$. 由定义 (1.3), 有 $(u^*,-1) \in N((0,0);\Omega)$. 因此对上述集合 Ω, (b) 的基本法锥的表示在 $\bar{x} = 0$ 点不成立. △

注意到, 对任意 Asplund 空间, 把定理 2.35 应用到 Asplund 空间 $X \times \mathbb{R}$ 中的上图集合, 则定理 2.34(b) 的次微分表示可由定理 2.35 中的法锥表示导出. 这个法

锥表示还可由下式推出：

$$\widehat{N}_\varepsilon(\bar{x};\Omega)\subset\cup\Big\{\widehat{N}(x;\Omega)\Big|\,x\in\Omega\cap(\bar{x}+\gamma\mathbb{B})\Big\}+(\varepsilon+\gamma)\mathbb{B}^*. \tag{2.51}$$

此式对任意 $\varepsilon\geqslant 0$, $\gamma>0$, $\bar{x}\in X$ 和任意 Asplund 空间中的闭集 $\Omega\subset X$ 成立. 公式 (2.51) 可由 (2.49) 式中 $\varphi=\delta(\cdot;\Omega)$ 情形得出; 对任意 $x^*\in\widehat{N}_\varepsilon(\bar{x};\Omega)$, 这也可以对下面的两个闭集构成的系统直接应用近似极点原理得出

$$\Omega_1:=\{(x,\alpha)\in X\times\mathbb{R}\mid x\in\Omega,\alpha\geqslant 0\},$$
$$\Omega_2:=\{(x,\alpha)\in X\times\mathbb{R}\mid x\in X,\alpha\leqslant\langle x^*,x-\bar{x}\rangle-(\varepsilon+\gamma)\|x-\bar{x}\|\}.$$

这里 $(\bar{x},0)$ 是一个局部极点.

作为定理 2.35 的一个推论, 有下面的 Asplund 空间之间闭图多值映射的基本和混合上导数的简化表示 (定理 1.32 中 $\varepsilon=0$ 的情况).

推论 2.36 (Asplund 空间之间映射的上导数) 令 $F\colon X\rightrightarrows Y$ 是 Asplund 空间之间的闭图映射, 并且 $(\bar{x},\bar{y})\in\mathrm{gph}F$, 则

$$D_N^*F(\bar{x},\bar{y})(\bar{y}^*)=\mathop{\mathrm{Limsup}}_{\substack{(x,y)\to(\bar{x},\bar{y})\\ y^*\overset{w^*}{\to}\bar{y}^*}}\widehat{D}^*F(x,y)(y^*),\quad \bar{y}^*\in Y^*,$$
$$D_M^*F(\bar{x},\bar{y})(\bar{y}^*)=\mathop{\mathrm{Limsup}}_{\substack{(x,y)\to(\bar{x},\bar{y})\\ y^*\to\bar{y}^*}}\widehat{D}^*F(x,y)(y^*),\quad \bar{y}^*\in Y^*.$$

证明 因为 X 和 Y 都是 Asplund 空间, 所以积空间 $X\times Y$ 也是 Asplund 空间. 这样 $D_N^*F(\bar{x},\bar{y})$ 的表示可以由 (1.26) 式和定理 2.35 中法锥表示在 $\Omega=\mathrm{gph}F\subset X\times Y$ 的情形直接推出. 对混合上导数的情况, 任取 $\bar{x}^*\in D_M^*F(\bar{x},\bar{y})(\bar{y}^*)$, 并由定义 1.32(iii) 找出序列 $\varepsilon_k\downarrow 0$, $(x_k,y_k,y_k^*)\to(\bar{x},\bar{y},\bar{y}^*)$ 和 $x_k^*\overset{w^*}{\to}\bar{x}^*$, 满足 $(x_k,y_k)\in\mathrm{gph}F$ 和

$$(x_k^*,-y_k^*)\in\widehat{N}_{\varepsilon_k}((x_k,y_k);\mathrm{gph}F),\quad \forall k\in\mathbb{N}.$$

现在对 $\varepsilon=\gamma:=\varepsilon_k$ 和 $\Omega=\mathrm{gph}F$ 应用公式 (2.51), 得到序列 $(\widetilde{x}_k,\widetilde{y}_k)\in\mathrm{gph}F$ 和 $(\widetilde{x}_k^*,-\widetilde{y}_k^*)\in\widehat{N}((\widetilde{x}_k,\widetilde{y}_k);\mathrm{gph}F)$, 满足

$$\|(\widetilde{x}_k,\widetilde{y}_k)-(x_k,y_k)\|\leqslant\varepsilon_k\quad 和\quad \|(\widetilde{x}_k^*,\widetilde{y}_k^*)-(x_k^*,y_k^*)\|\leqslant 2\varepsilon_k.$$

则有 $\widetilde{x}_k^*\overset{w^*}{\to}\bar{x}^*$ 及在 $X\times Y\times Y^*$ 范数拓扑下, $(\widetilde{x}_k,\widetilde{y}_k,\widetilde{y}_k^*)\to(\bar{x},\bar{y},\bar{y}^*)$. 因此就有 $D_M^*F(\bar{x},\bar{y})$ 的表示. △

2.4.2 图与上图的奇异次导数和水平法向量的表示

1.3.1 小节通过上图的水平法向量定义了增广实值函数的奇异次导数. 对奇异次导数的许多应用而言, 有效地将其表示成附近点的 Fréchet 次导数和 ε-次导数的

某些极限是重要的, 这与基本次微分类似. 这个问题和用上图的斜 (非水平) 法向量序列来逼近水平法向量有关. 本节在 Asplund 空间的框架中研究这些问题, 并建立连续函数图像的相关结果.

下面从一个基本的引理开始, 它确保 Asplund 空间中下半连续函数上图的水平 Fréchet 法向量可由 Fréchet 次导数序列强逼近.

引理 2.37 (上图的水平 Fréchet 法向量) 令 X 为 Asplund 空间, $\varphi\colon X\to\overline{\mathbb{R}}$ 为在 $\bar{x}\in\mathrm{dom}\varphi$ 附近的正常下半连续函数. 则对任意满足 $(x^*,0)\in\widehat{N}((\bar{x},\varphi(\bar{x}));\mathrm{epi}\varphi)$ 的 $x^*\in X^*$, 存在序列 $x_k\xrightarrow{\varphi}\bar{x}$, $\lambda_k\downarrow 0$ 和 $x_k^*\in\lambda_k\widehat{\partial}\varphi(x_k)$, 满足 $\|x_k^*-x^*\|\to 0$ $(k\to\infty)$.

证明 固定满足 $(x^*,0)\in\widehat{N}((\bar{x},\varphi(\bar{x}));\mathrm{epi}\varphi)$ 的 $x^*\in X^*$, 并不失一般性地假定 $\bar{x}=0$, $\varphi(\bar{x})=0$ 和 $\|x^*\|=1$. 任取 $\varepsilon\in(0,1)$ 和 $\eta=\eta(\varepsilon)\downarrow 0$ $(\varepsilon\downarrow 0)$, 满足

$$\varphi(x)\geqslant-\varepsilon\quad(\forall x\in\eta\mathbb{B}),$$

$$\langle x^*,x\rangle<\varepsilon(\|x\|+|\varphi(x)|),\quad\forall x\in(\eta\mathbb{B})\backslash\{0\}.\tag{2.52}$$

构造闭凸集

$$\Omega_\varepsilon:=\{x\in X\mid\langle x^*,x\rangle\geqslant\varepsilon\|x\|\},$$

并注意到

$$\varphi(x)\geqslant 0,\quad\forall x\in\Omega_\varepsilon\cap\eta\mathbb{B}.$$

若不然, 则 $(x,0)\in\mathrm{epi}\varphi$, 从而 (2.52) 式表明 $\langle x^*,x\rangle<\varepsilon\|x\|$, 这和 $x\in\Omega_\varepsilon$ 矛盾. 接下来证明

$$\mathrm{dist}(x;\Omega_{2\varepsilon})\geqslant\frac{\varepsilon}{1+2\varepsilon},\quad\forall x\in\Omega_\varepsilon.\tag{2.53}$$

若不然, 则可找到 $\widetilde{x}\in\Omega_{2\varepsilon}$, 满足

$$\|x-\widetilde{x}\|<\frac{\varepsilon}{1+2\varepsilon}.$$

最后这个不等式蕴涵

$$\begin{aligned}\langle x^*,\widetilde{x}\rangle&=\langle x^*,\widetilde{x}-x\rangle+\langle x^*,x\rangle\leqslant\|x^*\|\cdot\|\widetilde{x}-x\|+\langle x^*,x\rangle\\&<\|\widetilde{x}-x\|+\varepsilon\|x\|<\frac{\varepsilon}{1+2\varepsilon}+\varepsilon\|x\|\\&\leqslant 2\varepsilon\left[\|x\|-\frac{\varepsilon}{1+2\varepsilon}\|x\|\right]\leqslant 2\varepsilon[\|x\|-\|x-\widetilde{x}\|]\leqslant 2\varepsilon\|\widetilde{x}\|.\end{aligned}$$

这和 $\widetilde{x}\in\Omega_{2\varepsilon}$ 矛盾. 现在给定任意 $k\in\mathbb{N}$, 定义函数

$$\psi_{k,\varepsilon}(x)=\varepsilon\varphi(x)+k\mathrm{dist}(x,\Omega_{2\varepsilon})-\langle x^*,x\rangle+2\varepsilon\|x\|,$$

此函数下半连续并且在 $\eta\mathbb{B}$ 上下有界. 取 $u_{k,\varepsilon}\in\eta\mathbb{B}$, 满足

$$\psi_{k,\varepsilon}(u_{k,\varepsilon})\leqslant\inf_{x\in\eta\mathbb{B}}\psi_{k,\varepsilon}(x)+\frac{1}{k},$$

并应用 Ekeland 变分原理 (定理 2.26) 于距离空间 $\eta\mathbb{B}$ 上的函数 $\psi_{k,\varepsilon}$, 找到 $\bar{u}_{k,\varepsilon}\in\eta\mathbb{B}$, 满足

$$\psi_{k,\varepsilon}(\bar{u}_{k,\varepsilon})\leqslant\psi_{k,\varepsilon}(x)+\frac{1}{k}\|x-\bar{u}_{k,\varepsilon}\|,\quad\forall x\in\eta\mathbb{B}.$$

置 $x=0$, 则有上界估计

$$\psi_{k,\varepsilon}(\bar{u}_{k,\varepsilon})\leqslant\frac{1}{k}\|\bar{u}_{k,\varepsilon}\|.$$

根据 $\psi_{k,\varepsilon}$ 的构造, 有

$$\varepsilon\varphi(\bar{u}_{k,\varepsilon})+k\mathrm{dist}(\bar{u}_{k,\varepsilon};\Omega_{2\varepsilon})=\langle x^*,\bar{u}_{k,\varepsilon}\rangle+2\varepsilon\|\bar{u}_{k,\varepsilon}\|\leqslant\frac{1}{k}\|\bar{u}_{k,\varepsilon}\|.$$

从而 $\mathrm{dist}(\bar{u}_{k,\varepsilon};\Omega_{2\varepsilon})\to 0\ (k\to\infty)$.

现在证明, 对任意 $\varepsilon>0$, 总能找到 $k=k(\varepsilon)\in\mathbb{N}$, 满足 $\bar{u}_{k,\varepsilon}\in\mathrm{int}(\eta\mathbb{B})$. 注意 $\eta=\eta(\varepsilon)$ 也依赖于 ε, 简单起见在记号中略掉了. 首先假设 $\bar{u}_{k,\varepsilon}\in\Omega_\varepsilon$, 即

$$\langle x^*,\bar{u}_{k,\varepsilon}\rangle\geqslant\varepsilon\|\bar{u}_{k,\varepsilon}\|.$$

应用 (2.52) 式,

$$\varepsilon\varphi(\bar{u}_{k,\varepsilon})+\varepsilon\|u_{k,\varepsilon}\|-\langle x^*,u_{k,\varepsilon}\rangle\geqslant 0.$$

从而

$$\psi_{k,\varepsilon}(\bar{u}_{k,\varepsilon})\geqslant\varepsilon\|\bar{u}_{k,\varepsilon}\|+k\mathrm{dist}(\bar{u}_{k,\varepsilon};\Omega_{2\varepsilon})\geqslant\varepsilon\|\bar{u}_{k,\varepsilon}\|.$$

与前面 $\psi(\bar{u}_{k,\varepsilon})$ 的上界估计联立, 则有

$$\varepsilon\|\bar{u}_{k,\varepsilon}\|\leqslant\frac{1}{k}\|\bar{u}_{k,\varepsilon}\|,$$

从而

$$\bar{u}_{k,\varepsilon}=0$$

对任何足够大的 $k\in\mathbb{N}$ 成立. 如果 $\bar{u}_{k,\varepsilon}\notin\Omega_\varepsilon$, (2.53) 式给出

$$\frac{\varepsilon}{1+2\varepsilon}\|\bar{u}_{k,\varepsilon}\|\leqslant\mathrm{dist}(\bar{u}_{k,\varepsilon};\Omega_{2\varepsilon})\to 0,$$

从而 $\bar{u}_{k,\varepsilon}\to 0\ (k\to\infty)$. 那么存在序列 $k=k_\varepsilon\to\infty\ (\varepsilon\downarrow 0)$, 满足 $\|\bar{u}_{k,\varepsilon}\|\leqslant\eta=\eta(\varepsilon)$. 由此以及 $\bar{u}_\varepsilon:=\bar{u}_{k_\varepsilon,\varepsilon}$ 是函数 $\psi_{k,\varepsilon}+\frac{1}{k_\varepsilon}\|x-\bar{u}_\varepsilon\|$ 在 $\eta\mathbb{B}$ 上的极小点, 根据广义 Fermat 原理, 有

$$0\in\widehat{\partial}(\varepsilon\varphi+\varphi_\varepsilon)(\bar{u}_\varepsilon).$$

这里

$$\varphi_\varepsilon(x) := k_\varepsilon \mathrm{dist}(x;\Omega_{2\varepsilon}) - \langle x^*, x\rangle + 2\varepsilon\|x\| + \frac{1}{k_\varepsilon}\|x-\bar{u}_\varepsilon\|. \tag{2.54}$$

对上面的和应用引理 2.32 的次导数描述, 则可找到 v_ε, w_ε, v_ε^* 和 w_ε^*, 满足

$$\begin{aligned}&\|v_\varepsilon - \bar{u}_\varepsilon\| \leqslant \eta, \quad \|w_\varepsilon - \bar{u}_\varepsilon\| \leqslant \eta,\\ &v_\varepsilon^* \in \widehat{\partial}\varphi(v_\varepsilon), \quad w_\varepsilon^* \in \widehat{\partial}\varphi_\varepsilon(w_\varepsilon),\\ &\|\varepsilon v_\varepsilon^* + w_\varepsilon^*\| \leqslant \varepsilon, \quad \forall\varepsilon > 0.\end{aligned}$$

根据 (2.54) 式中连续凸函数 φ_ε 的结构, 通过基本的凸分析, 有

$$w_\varepsilon^* \in k_\varepsilon \partial \mathrm{dist}(w_\varepsilon;\Omega_{2\varepsilon}) - x^* + \left(2\varepsilon + \frac{1}{k_\varepsilon}\right)\mathbb{B}^*.$$

因此, 存在 $\bar{w}_\varepsilon^* \in \partial\mathrm{dist}(w_\varepsilon;\Omega_{2\varepsilon})$, 使得

$$\|\varepsilon v_\varepsilon^* + k_\varepsilon \bar{w}_\varepsilon^* - x^*\| \leqslant 2\varepsilon + \frac{1}{k_\varepsilon}. \tag{2.55}$$

接下来考虑两种情形:

情形 1. $w_\varepsilon \in \Omega_{2\varepsilon}$. 则根据凸分析中众所周知的事实和集合 $\Omega_{2\varepsilon}$ 的结构 (参见推论 1.96), 有

$$\partial\mathrm{dist}(w_\varepsilon;\Omega_{2\varepsilon}) = N(w_\varepsilon;\Omega_{2\varepsilon}) \cap \mathbb{B}^* = \mathrm{cone}\{-x^* + 2\varepsilon\mathbb{B}^*\} \cap \mathbb{B}^*.$$

因此,

$$\bar{w}_\varepsilon^* = \alpha_\varepsilon(-x^* + 2\varepsilon e_\varepsilon^*), \quad \text{其中 } \|\bar{w}_\varepsilon^*\| \leqslant 1, \quad \|e_\varepsilon^*\| \leqslant 1.$$

因为 $\|x^*\| = 1$, 这里的 $\alpha_\varepsilon \geqslant 0$ 一致有界. 由 (2.55) 式,

$$\|\varepsilon v_\varepsilon^* + k_\varepsilon(\alpha_\varepsilon(-x^* + 2\varepsilon e_\varepsilon^*)) - x^*\| \leqslant 2\varepsilon + \frac{1}{k_\varepsilon}.$$

则有估计

$$\|\varepsilon v_\varepsilon^* - (k_\varepsilon\alpha_\varepsilon + 1)x^*\| \leqslant 2\varepsilon k_\varepsilon\alpha_\varepsilon + 2\varepsilon + \frac{1}{k_\varepsilon}.$$

令 $\widetilde{\lambda}_\varepsilon := k_\varepsilon\alpha_\varepsilon + 1$, 则

$$\left\|\frac{\varepsilon}{\widetilde{\lambda}_\varepsilon}v_\varepsilon^* - x^*\right\| \leqslant \frac{1}{k_\varepsilon\alpha_\varepsilon + 1}\left(2\varepsilon k_\varepsilon\alpha_\varepsilon + 2\varepsilon + \frac{1}{k_\varepsilon}\right) \to 0 \quad (\varepsilon \downarrow 0).$$

最后置 $\lambda_\varepsilon := \varepsilon/\widetilde{\lambda}_\varepsilon$, 则当 $v_\varepsilon^* \in \widehat{\partial}\varphi(w_\varepsilon)$ 和 $w_\varepsilon \to 0$ 时,

$$\|\lambda_\varepsilon v_\varepsilon^* - x^*\| \to 0 \quad (\varepsilon \downarrow 0).$$

这就证明了情形 1 下的引理.

情形 2. $w_\varepsilon \notin \Omega_{2\varepsilon}$. 首先注意到定理 1.99 蕴涵包含关系

$$\widehat{\partial}\mathrm{dist}(\bar{x};\Omega) \subset \bigcap_{\nu>0} \cup \left[\widehat{N}(x;\Omega) + \nu\mathbb{B}^* \Big| \|x-\bar{x}\| \leqslant \mathrm{dist}(\bar{x};\Omega) + \nu\right].$$

这里 Ω 是 Banach 空间 X 里的任意集合, $\bar{x}$ 是任意该集合外的点. 置 $\bar{x} := w_\varepsilon$, $\nu := 1/k_\varepsilon$, 则有 $\widetilde{w}_\varepsilon \in \Omega_{2\varepsilon}$ 和 $\widetilde{w}_\varepsilon^* \in \widehat{N}(\widetilde{w}_\varepsilon;\Omega_{2\varepsilon}) = N(\widetilde{w}_\varepsilon;\Omega_{2\varepsilon})$, 满足

$$\|\widetilde{w}_\varepsilon^* - \bar{w}_\varepsilon^*\| \leqslant \frac{1}{k_\varepsilon},$$
$$\|\widetilde{w}_\varepsilon - w_\varepsilon\| \leqslant \mathrm{dist}(w_\varepsilon;\Omega_{2\varepsilon}) + \frac{1}{k_\varepsilon} \leqslant \|w_\varepsilon\| + \frac{1}{k_\varepsilon} \to 0 \quad (\varepsilon \downarrow 0).$$

从而有

$$\widetilde{w}_\varepsilon^* = \alpha_\varepsilon(-x^* + 2\varepsilon e_\varepsilon^*) \quad (e_\varepsilon^* \in \mathbb{B}^*).$$

这里 α_ε 是一致有界的. 接下来,

$$\begin{aligned}
&\|\varepsilon v_\varepsilon^* + k_\varepsilon \bar{w}_\varepsilon^* - x^*\| \leqslant 2\varepsilon + \frac{1}{k_\varepsilon}\\
\Rightarrow &\|\varepsilon v_\varepsilon^* + k_\varepsilon \widetilde{w}_\varepsilon^* - x^*\| \leqslant \frac{1}{k_\varepsilon} + 2\varepsilon + \frac{1}{k_\varepsilon} \leqslant \frac{2}{k_\varepsilon} + 2\varepsilon\\
\Rightarrow &\|\varepsilon v_\varepsilon^* + k_\varepsilon(-\alpha_\varepsilon)(-x^* + 2\varepsilon e_\varepsilon^*) - x^*\| \leqslant \frac{2}{k_\varepsilon} + 2\varepsilon\\
\Rightarrow &\|\varepsilon v_\varepsilon^* - (k_\varepsilon\alpha_\varepsilon + 1)x^*\| \leqslant 2k_\varepsilon\alpha_\varepsilon\varepsilon + \frac{2}{k_\varepsilon} + 2\varepsilon\\
\Rightarrow &\left\|\frac{\varepsilon}{k_\varepsilon\alpha_\varepsilon + 1} v_\varepsilon^* - x^*\right\| \leqslant \frac{2}{k_\varepsilon\alpha_\varepsilon + 1}\left[k_\varepsilon\alpha_\varepsilon\varepsilon + \frac{1}{k_\varepsilon} + \varepsilon\right] \to 0 \quad (\varepsilon \downarrow 0).
\end{aligned}$$

最后, 像情形 1 一样, 令

$$\lambda_\varepsilon := \frac{\varepsilon}{k_\varepsilon\alpha_\varepsilon + 1},$$

就证明了情形 2 的所需关系并完成了引理的证明. △

定理 2.38 (Asplund 空间中的奇异次导数) 令 X 为 Asplund 空间. 假设 $\varphi\colon X \to \overline{\mathbb{R}}$ 是在 $\bar{x} \in \mathrm{dom}\varphi$ 附近的正常下半连续函数. 则 φ 的奇异次微分具有下述表示:

$$\partial^\infty\varphi(\bar{x}) = \mathop{\mathrm{Limsup}}_{\substack{x \xrightarrow{\varphi} \bar{x} \\ \lambda\downarrow 0}} \lambda\widehat{\partial}\varphi(x) = \mathop{\mathrm{Limsup}}_{\substack{x \xrightarrow{\varphi} \bar{x} \\ \varepsilon,\lambda\downarrow 0}} \lambda\widehat{\partial}_\varepsilon\varphi(x).$$

证明 根据上面已证的公式 (2.49), 等式

$$\mathop{\mathrm{Limsup}}_{\substack{x \xrightarrow{\varphi} \bar{x} \\ \lambda\downarrow 0}} \lambda\widehat{\partial}\varphi(x) = \mathop{\mathrm{Limsup}}_{\substack{x \xrightarrow{\varphi} \bar{x} \\ \varepsilon,\lambda\downarrow 0}} \lambda\widehat{\partial}_\varepsilon\varphi(x)$$

对 Asplund 空间中的任意下半连续函数成立. 剩下只要证明包含关系

$$\partial^\infty\varphi(\bar{x}) \subset \mathop{\mathrm{Limsup}}_{\substack{x \xrightarrow{\varphi} \bar{x} \\ \lambda \downarrow 0}} \lambda\widehat{\partial}\varphi(x)$$

即可, 这是因为反向关系从定义很容易导出. 根据定义 1.77(ii), 任取 $x^* \in \partial^\infty\varphi(\bar{x})$, 则 $(x^*, 0) \in N((\bar{x}, \varphi(\bar{x})); \mathrm{epi}\varphi)$. 由定理 2.35 知, 存在序列 $(x_k, \alpha_k) \to (\bar{x}, \varphi(\bar{x}))$ 和 $(x_k^*, \nu_k) \xrightarrow{w^*} (x^*, 0)$, 满足 $\alpha_k \geqslant \varphi(x_k)$ 和 $(x_k^*, -\nu_k) \in \widehat{N}((x_k, \alpha_k); \mathrm{epi}\varphi)$ $(k \in \mathbb{N})$. 后面一式中 $\nu_k \geqslant 0$ 对任意 k 成立. 现在有两种可能:

(a) 存在 $\{\nu_k\}$ 由正数组成的子序列;

(b) $\nu_k = 0$ 对任意足够大的 k 成立.

对于 (a), 不失一般性地假设 $\nu_k > 0$ 对任意 $k \in \mathbb{N}$ 成立. 这蕴涵 $a_k = \varphi(x_k)$ 和 $x_k^*/\nu_k \in \widehat{\partial}\varphi(x_k)$ $(k \in \mathbb{N})$. 令 $\lambda_k := \nu_k$ 和 $\widetilde{x}_k^* := x_k^*/\nu_k$, 则 $\lambda_k\widetilde{x}_k^* \xrightarrow{w^*} x^*$ 和 $\lambda_k \downarrow 0$ $(k \to \infty)$.

对于 (b), 总可以假设 $x^* \neq 0$, 且此时 $(x_k^*, 0) \in \widehat{N}((x_k, \varphi(x_k)); \mathrm{epi}\varphi)$. 应用引理 2.37 和标准的对角线法, 可得序列 $\widetilde{x}_k \xrightarrow{\varphi} \bar{x}$, $\lambda_k \downarrow 0$ 和 $\widetilde{x}_k^* \xrightarrow{w^*} x^*$ 对任意足够大的 k 满足 $\widetilde{x}_k^* \in \lambda_k\widehat{\partial}\varphi(\widetilde{x}_k)$. 这就完成了证明. △

根据定理 1.86, 定理 2.38 中第二个表示中的解析 ε-次导数可以由 ε-几何次导数代替.

后面将会看到, 引理 2.37 和定理 2.38 在 Asplund 空间中分析和优化的多个方面有很多应用. 现在给出引理 2.37 的一个推论, 它提供了 Asplund 空间中增广实值函数的 SNEC 性质的一个方便次微分描述. 请对比定义 1.116.

推论 2.39 (序列法紧性的次微分描述)　令 X 是 Asplund 空间, $\varphi: X \to \overline{\mathbb{R}}$ 是在 $\bar{x} \in \mathrm{dom}\varphi$ 附近的正常下半连续函数. 则 φ 在 $\bar{x}$ 点 SNEC 当且仅当对任意序列 $x_k \xrightarrow{\varphi} \bar{x}$, $\lambda_k \downarrow 0$ 和 $x_k^* \in \lambda_k\widehat{\partial}\varphi(x_k)$, 有

$$[x_k^* \xrightarrow{w^*} 0] \Rightarrow \|x_k^*\| \to 0 \quad (k \to \infty).$$

证明　假设 φ 在 $\bar{x}$ 点 SNEC. 任取序列 $x_k \xrightarrow{\varphi} \bar{x}$, $\lambda_k \downarrow 0$ 和 $x_k^* \in \lambda_k\widehat{\partial}(x_k)$, 满足 $x_k^* \xrightarrow{w^*} 0$ $(k \to \infty)$, 则

$$(x_k^*, -\lambda_k) \in \widehat{N}((x_k, \varphi(x_k)); \mathrm{epi}\varphi), \quad \forall k \in \mathbb{N}.$$

于是由 φ 在 $\bar{x}$ 点的 SNEC 性质有 $\|x_k^*\| \to 0$ $(k \to \infty)$.

反之, 任取序列

$$(x_k, \alpha_k) \in \mathrm{epi}\varphi \quad 和 \quad (x_k^*, -\lambda_k) \in \widehat{N}((x_k, \alpha_k); \mathrm{epi}\varphi),$$

满足 $(x_k,\alpha_k)\to(\bar{x},\varphi(\bar{x}))$, $\lambda_k\to 0$ 和 $x_k^*\xrightarrow{w^*}0$. 需要说明当 $k\to\infty$ 时, 有 $\|x_k^*\|\to 0$. 事实上, 只要证明对一个子序列成立就可以了.

因为 $\lambda_k\geqslant 0$ 对任意 $k\in\mathbb{N}$ 成立, 考虑下面两种情况:

(a) $\lambda_k>0$ 沿 $k\in\mathbb{N}$ 的一个子序列成立;

(b) $\lambda_k=0$ 对任意足够大的 $k\in\mathbb{N}$ 成立.

情形 (a) 是简单的. 事实上, 易得 $\alpha_k=\varphi(x_k)$, 从而

$$\left(\frac{x_k^*}{\lambda_k},-1\right)\in\widehat{N}((x_k,\varphi(x_k));\mathrm{epi}\varphi),\quad 即\ x_k^*\in\lambda_k\widehat{\partial}\varphi(x_k).$$

根据假定, $\|x_k^*\|\to 0$, 推出 φ 在 $\bar{x}$ 点 SNEC.

情形 (b) 需要使用引理 2.37, 因此复杂一些. 不失一般性, 设 $\lambda_k=0$ 和 $\alpha_k=\varphi(x_k)$ 对任意 $k\in\mathbb{N}$ 成立. 因此 $(x_k^*,0)\in\widehat{N}((x_k,\varphi(x_k));\mathrm{epi}\varphi)$. 对每一个 k 应用引理 2.37, 选取序列 λ_{n_k}, $\widetilde{x}_{n_k}$ 和 $\widetilde{x}_{n_k}^*$, 满足

$$\begin{aligned}&0<\lambda_{n_k}<\frac{1}{k},\quad\|\widetilde{x}_{n_k}-x_k\|\leqslant\frac{1}{k},\quad|\varphi(\widetilde{x}_{n_k})-\varphi(x_k)|\leqslant\frac{1}{k},\\&\|\widetilde{x}_{n_k}^*-x_k^*\|\leqslant\frac{1}{k},\quad\widetilde{x}_{n_k}^*\in\lambda_{n_k}\widehat{\partial}\varphi(\widetilde{x}_{n_k}).\end{aligned}$$

根据 $\widetilde{x}_{n_k}^*$ 的构造和 $x_k^*\xrightarrow{w^*}0$ 的假设, 显然有 $\widetilde{x}_{n_k}^*\xrightarrow{w^*}0$. 所以 $\|\widetilde{x}_{n_k}^*\|\to 0$, 从而 $\|x_{n_k}^*\|\to 0$, 得出 SNEC 性质, 并完成推论的证明. △

这节最后的结果建立了 Asplund 空间中连续函数图像的水平 Fréchet 法向量的有效表示, 并且给出了定理 1.80 中讨论过的上导数与次微分关系的一个改进.

定理 2.40 (连续函数图像的水平 Fréchet 法向量) 令 X 为 Asplund 空间, $\varphi\colon X\to\overline{\mathbb{R}}$ 在某点 $x\in X$ 附近有限连续, 则下述论断成立:

(i) 如果 $(x^*,0)\in\widehat{N}((\bar{x},\varphi(\bar{x}));\mathrm{gph}\varphi)$, 那么存在序列 $x_k\to\bar{x}$, $\lambda_k\downarrow 0$ 和 $x_k^*\to x^*$, 满足

$$x_k^*\in\widehat{\partial}(\lambda_k\varphi)(x_k)\cup\widehat{\partial}(-\lambda_k\varphi)(x_k),\quad\forall k\in\mathbb{N};$$

(ii) $D^*\varphi(\bar{x})(0)=\partial^\infty\varphi(\bar{x})\cup\partial^\infty(-\varphi)(\bar{x})$.

证明 (i) 的证明和引理 2.37 的证法类似. 当然因为 φ 的连续性, 在需要对一些结构和估计作一定的改动的同时, 也能导出双边公式. 简化起见, 略过一些细节并使用稍微不同的记号.

假设 $\bar{x}=0$, $\varphi(\bar{x})=0$, 并取任意 $x^*\in\mathbb{B}^*\subset X^*$, 满足 $(x^*,0)\in\widehat{N}((0,0);\mathrm{gph}\varphi)$. 对任意 $\varepsilon>0$, 存在 $\eta=\eta(\varepsilon)\downarrow 0$ $(\varepsilon\downarrow 0)$, 使得 φ 在 $\eta\mathbb{B}$ 上有界, 并且

$$\langle x^*,x\rangle<\varepsilon(\|x\|+|\varphi(x)|),\quad\forall x\in\eta\mathbb{B}\backslash\{0\}.\tag{2.56}$$

与引理 2.37 的证明一样, 构造集合 Ω_ε 并注意到,

(a) $\varphi(x) \geqslant 0$ 对任意 $x \in \Omega_\varepsilon \cap (\eta\mathbb{B})$ 成立, 或者有

(b) $\varphi(x) \leqslant 0$ 对任意 $x \in \Omega_\varepsilon \cap (\eta\mathbb{B})$ 成立.

事实上, 如果存在 $x_1, x_2 \in \Omega_\varepsilon \cap (\eta\mathbb{B})$ 满足 $\varphi(x_1) > 0$ 和 $\varphi(x_2) < 0$, 则 x_1 和 x_2 都不为零, 且根据 φ 的连续性与 Ω_ε 的构造, 存在 $x := \alpha x_1 + (1-\alpha)x_2 \in \Omega_\varepsilon \cap (\eta\mathbb{B}) \setminus \{0\}$, 满足 $\alpha \in (0,1)$ 和 $\varphi(x) = 0$. 这显然和 (2.56) 式矛盾.

对任意 $k \in \mathbb{N}$, 定义函数

$$\psi_{k,\varepsilon}(x) := \begin{cases} \varepsilon\varphi(x) + k\text{dist}(x;\Omega_{2\varepsilon}) - \langle x^*, x\rangle + 2\varepsilon\|x\|, & \text{如果 (a) 成立,} \\ -\varepsilon\varphi(x) + k\text{dist}(x;\Omega_{2\varepsilon}) - \langle x^*, x\rangle + 2\varepsilon\|x\|, & \text{如果 (b) 成立,} \end{cases}$$

并在距离空间 $\eta\mathbb{B}$ 上对此函数应用 Ekland 变分原理, 则有 $x_{k,\varepsilon} \in \eta\mathbb{B}$, 使函数 $\psi_{k,\varepsilon}(x) + \dfrac{1}{k}\|x - x_{k,\varepsilon}\|$ 在 $\eta\mathbb{B}$ 上达到极小. 特别地,

$$\psi_{k,\varepsilon}(x_{k,\varepsilon}) \leqslant \psi_{k,\varepsilon}(0) = \frac{1}{k}\|x_{k,\varepsilon}\|, \quad \text{且} \quad \text{dist}(x_{k,\varepsilon};\Omega_{2\varepsilon}) \to 0 \tag{2.57}$$

在 $k \to \infty$ 时成立. 与引理 2.37 的证明一样, 进一步选取 $k_\varepsilon \to \infty$ $(\varepsilon \downarrow 0)$. 若 $x_{k,\varepsilon} \in \Omega_\varepsilon$, 则从 (2.56) 式和 (2.57) 式得到 $x_{k,\varepsilon} = 0$ 在 $k > 1/\varepsilon$ 时成立. 若 $x_{k,\varepsilon} \notin \Omega_\varepsilon$, 则根据 (2.55) 式和 (2.57) 式, 有 $\|x_{k,\varepsilon}\| \to 0$ $(k \to \infty)$. 因此对任意 $\varepsilon > 0$, 存在 $k = k_\varepsilon$ 和 $x_\varepsilon := x_{k_\varepsilon,\varepsilon}$ 满足 $k_\varepsilon \to \infty$ $(\varepsilon \downarrow 0)$, $\|x_\varepsilon\| < \eta/2$ 和

$$0 \in \widehat{\partial}\left(\psi_\varepsilon + \frac{1}{k}\|\cdot - x_\varepsilon\|\right)(x_\varepsilon),$$

这里 $\psi_\varepsilon(x) := \psi_{k_\varepsilon,\varepsilon}(x)$. 应用引理 2.32 并考虑到 ψ_ε 的结构, 存在 $u_\varepsilon \in \eta\mathbb{B}$, $v_\varepsilon \in \eta\mathbb{B}$, $u_\varepsilon^* \in \widehat{\partial}\varphi(u_\varepsilon) \cup \widehat{\partial}(-\varphi)(u_\varepsilon)$ 和 $v_\varepsilon^* \in \partial\text{dist}(v_\varepsilon;\Omega_{2\varepsilon})$, 满足

$$\|v_\varepsilon^*\| \leqslant 1, \quad \|\varepsilon u_\varepsilon^* + k v_\varepsilon^* - x^*\| \leqslant 2(\varepsilon + 1/k). \tag{2.58}$$

再次考虑这两种可能性：$v_\varepsilon \in \Omega_{2\varepsilon}$ 和 $v_\varepsilon \notin \Omega_{2\varepsilon}$. 在第一种情形中, 利用凸分析里 $\partial\text{dist}(v_\varepsilon;\Omega_{2\varepsilon})$ 的表示得到 $\alpha_\varepsilon > 0$ 和 $e^* \in \mathbb{B}^*$, 满足 $v_\varepsilon^* + \alpha_\varepsilon x^* = 2\varepsilon\alpha_\varepsilon e^*$. 这表明序列 $\{\alpha_\varepsilon\}$ 是有界的 $(\varepsilon \downarrow 0)$. 从 (2.58) 式有估计

$$\begin{aligned} \|\varepsilon u_\varepsilon^* - (k\alpha_\varepsilon + 1)x^*\| &\leqslant \|\varepsilon u_\varepsilon^* + k v_\varepsilon^* - x^*\| + k\|v_\varepsilon^* + \alpha_\varepsilon x^*\| \\ &\leqslant 2(\varepsilon + 1/k) + 2k\alpha_\varepsilon\varepsilon. \end{aligned}$$

此式除以 $k\alpha_\varepsilon + 1$ 并记 $\lambda_\varepsilon := \varepsilon/(k\alpha_\varepsilon + 1)$, $x_\varepsilon^* := \lambda_\varepsilon u_\varepsilon^*$, 则有 $x_\varepsilon^* \in \widehat{\partial}(\lambda_\varepsilon\varphi)(u_\varepsilon) \cup \widehat{\partial}(-\lambda_\varepsilon\varphi)(u_\varepsilon)$, 满足 $\|x_\varepsilon^* - x^*\| \to 0$ 和 $\lambda_\varepsilon \downarrow 0$ $(\varepsilon \downarrow 0)$. 在 $v_\varepsilon \notin \Omega_{2\varepsilon}$ 的情形中, 基于定理 1.99 中 $\widehat{\partial}\text{dist}(\bar{x};\Omega)$ $(\bar{x} \notin \Omega)$ 的上估计, 可以和引理 2.37 的证明一样进行. 这就完成了定理中论断 (i) 的证明.

用类似定理 2.38 的证明, 可以推出 (ii) 的包含关系“$\subset$”. 反向包含关系由定理 1.80 导出. △

2.5 Banach 空间中极点原理的各种版本

前节已证, 极点原理及其相关结果在 Asplund 空间中不仅成立, 而且给出了这类一般 Banach 空间的刻画. 因此, 为了使极点原理包括别的 Banach 空间类, 就需要在极点原理的陈述中使用不同的广义法向量构造. 本节研究公理化方法定义的法向量和次微分结构的一些性质, 这些性质能在恰当类型的 Banach 空间上建立抽象的极点原理, 这包括近似和确切的版本.

2.5.1 公理化的法锥与次微分结构

本节首先在 Banach 空间中定义一个抽象预法锥结构, 并由此给出近似版本的极点原理.

定义 2.41 (预法锥结构) 令 X 为 Banach 空间. 称 $\widehat{\mathcal{N}}$ 定义了 X 上的一个预法锥结构, 如果对任意非空集合 $\Omega\subset X$, 它给出一个集值映射 $\widehat{\mathcal{N}}(\cdot;\Omega)\colon X\rightrightarrows X^*$, 该映射满足对任意 $x\notin\Omega$ 有 $\widehat{\mathcal{N}}(x;\Omega)=\varnothing$, 当 Ω 和 $\widetilde{\Omega}$ 在 $x\in\Omega$ 附近相同时, 有 $\widehat{\mathcal{N}}(x;\Omega)=\widehat{\mathcal{N}}(x;\widetilde{\Omega})$, 并且下述性质成立:

(H) 任意给定足够小的 $\varepsilon>0$, $a\in X$ 满足 $\|a\|\leqslant\varepsilon$ 和闭集 $\Omega_1,\Omega_2\subset X$, 假设 $(\bar{x}_1,\bar{x}_2)\in\Omega_1\times\Omega_2$ 是函数

$$\psi(x_1,x_2):=\|x_1-x_2+a\|+\varepsilon(\|x_1-\bar{x}_1\|+\|x_2-\bar{x}_2\|) \tag{2.59}$$

的相对于集合 $\Omega_1\times\Omega_2$ 的局部极小点, 且 $\bar{x}_1-\bar{x}_2+a\neq 0$, 则存在 $\widetilde{x}_i\in\bar{x}_i+\varepsilon\mathbb{B}$, $i=1,2$ 与 $x^*\in X^*$, 满足 $\|x^*\|=1$ 和

$$(-x^*,x^*)\in\widehat{\mathcal{N}}(\widetilde{x}_1;\Omega_1)\times\widehat{\mathcal{N}}(\widetilde{x}_2;\Omega_2)+\gamma(\mathbb{B}^*\times\mathbb{B}^*),\quad \forall\gamma>\varepsilon. \tag{2.60}$$

利用以前的结果易验证, 性质 (H) 在 Asplund 空间中对预法锥 (Fréchet 法锥) $\widehat{N}$ 是成立的 (请比照引理 2.32(ii) 的证明). 一般来说, 对任意集合上范数类型函数 (2.59) 的极小化问题, 这个性质使得预法锥结构能被用来描述其一阶必要最优条件. 注意 (2.60) 式仅提供了一个“模糊”最优条件, 这是因为它使用了 $\gamma>\varepsilon$ 情形时极小点附近的点 $(\widetilde{x}_1,\widetilde{x}_2)$.

可以证明, 只需在对应的 Banach 空间上附加少量且自然的假设, 性质 (H) 对次微分生成的预法锥总是成立的. 给定 Banach 空间 X, 称 $\widehat{\mathcal{D}}$ 定义了 $X\times X$ 上的一个 (抽象) 预次微分, 如果对任意正常函数 $\varphi\colon X\times X\to\overline{\mathbb{R}}$, 它给出一个集值映射 $\widehat{\mathcal{D}}\varphi\colon X\times X\to X^*\times X^*$, 该映射满足对任意 $z\notin\operatorname{dom}\varphi$ 有 $\widehat{\mathcal{D}}\varphi(z)=\varnothing$, 当 φ 和 ϕ 在 z 附近相同时, 有 $\widehat{\mathcal{D}}\varphi(z)=\widehat{\mathcal{D}}\phi(z)$, 并且下述性质成立:

(S1) 假设 φ_1, φ_2 在 $\bar{z}$ 点有限且 $\varphi_1+\varphi_2$ 的和在该点达到局部极小, 这里 φ_1 是 (2.59) 类型的连续凸函数, φ_2 是指标函数类型的下半连续函数, 则对任意 $\eta>0$, 存在 $u, v \in \bar{z}+\eta\mathbb{B}$, 满足 $\varphi_2(v) \leqslant \varphi_2(\bar{z})+\eta$ 和

$$0 \in \widehat{\mathcal{D}}\varphi_1(u)+\widehat{\mathcal{D}}\varphi_2(v)+\eta(\mathbb{B}^* \times \mathbb{B}^*);$$

(S2) 对 (2.59) 类型的凸函数, $\widehat{\mathcal{D}}\varphi(z)$ 包含于凸分析里的次微分;

(S3) 如果 $\varphi(x_1, x_2)=\varphi_1(x_1)+\varphi_2(x_2)$, 那么 $\widehat{\mathcal{D}}\varphi(\bar{x}_1, \bar{x}_2) \subset \widehat{\mathcal{D}}\varphi_1(\bar{x}_1) \times \widehat{\mathcal{D}}\varphi_2(\bar{x}_2)$ 对任意 $\bar{x}_i \in \operatorname{dom}\varphi_i$, $i=1,2$ 成立.

命题 2.42 (预次微分给出预法锥) 给定 Banach 空间 X, 令 $\widehat{\mathcal{D}}$ 是 $X \times X$ 上的任意预次微分. 则对任意闭集 $\Omega \subset X \times X$ 和 $x \in \Omega$, $\widehat{\mathcal{N}}(x;\Omega):=\widehat{\mathcal{D}}\delta(x;\Omega)$ 是一个锥, 并且 $\widehat{\mathcal{N}}$ 定义了 X 上的一个预法锥结构.

证明 因为 $\alpha\delta(x;\Omega)=\delta(x;\Omega)$ 对任何 $\alpha>0$ 成立, 所以 $\widehat{\mathcal{N}}(x;\Omega)$ 是一个锥. 显然, 如果 $x \notin \Omega$, 那么 $\widehat{\mathcal{N}}(x;\Omega)=\varnothing$. 剩下需要说明 $\widehat{\mathcal{N}}$ 满足定义 2.41 的性质 (H). 对给定 $\varepsilon>0$ 和 (2.59) 式的函数 ψ, 取其相对于 $\Omega_1 \times \Omega_2$ 的局部极小点 $\bar{z}=(\bar{x}_1, \bar{x}_2) \in \Omega_1 \times \Omega_2$ 并满足 $\bar{x}_1-\bar{x}_2+a \neq 0$, 则 $\bar{z}$ 是下述函数的无约束极小点:

$$\varphi(x_1, x_2):=\psi(x_1, x_2)+\delta((x_1, x_2);\Omega_1 \times \Omega_2), \quad (x_1, x_2) \in X \times X.$$

取 $\gamma>\varepsilon$, 并置

$$\eta:=\gamma-\varepsilon, \quad \text{满足 } \eta \leqslant \min\{\varepsilon, \nu/2\}, \quad \nu:=\|\bar{x}_1-\bar{x}_2+a\|. \tag{2.61}$$

对 $\varphi_1=\psi$ 和 $\varphi_2=\delta(\cdot;\Omega_1 \times \Omega_2)$ 应用 (S1), 并利用 $\widehat{\mathcal{N}}$ 的构造, 找到 $u=(x_1', x_2') \in X^2$ 和 $v=(\widetilde{x}_1, \widetilde{x}_2) \in \Omega_1 \times \Omega_2$, 满足

$$\max\{\|x_1'-\bar{x}_1\|, \|x_2'-\bar{x}_2\|, \|\widetilde{x}_1-\bar{x}_1\|, \|\widetilde{x}_2-\bar{x}_2\|\} \leqslant \eta \leqslant \varepsilon, \tag{2.62}$$

$$0 \in \widehat{\mathcal{D}}\psi(x_1', x_2')+\widehat{\mathcal{N}}((\widetilde{x}_1, \widetilde{x}_2);\Omega_1 \times \Omega_2)+\eta(\mathbb{B}^* \times \mathbb{B}^*).$$

根据 (2.61) 式和 (2.62) 式,

$$\|x_1'-x_2'\| \geqslant \|x_1-x_2+a\|-(\|x_1'-\bar{x}_1\|+\|x_2'-\bar{x}_2\|)=\nu-2\eta>0.$$

另外 (S3) 导出

$$\widehat{\mathcal{N}}((\bar{x}_1, \bar{x}_2);\Omega_1 \times \Omega_2) \subset \widehat{\mathcal{N}}(\bar{x}_1;\Omega_1) \times \widehat{\mathcal{N}}(\bar{x}_2;\Omega_2).$$

根据 (S2) 和凸分析中对函数 (2.59) 的次微分公式, 有包含关系

$$\widehat{\mathcal{D}}\psi(x_1', x_2') \subset (x^*, -x^*)+\varepsilon(\mathbb{B}^* \times \mathbb{B}^*), \quad \|x^*\|=1. \tag{2.63}$$

综上所述并利用 $\gamma=\varepsilon+\eta$, 则有 (2.60) 式. 证毕. △

对由次微分生成的锥形集给出的预法锥结构, 上述结果描述了其中重要的一类. 注意条件 (2.60) 当 $\|x^*\|=1$ 时不必要求 $\widehat{\mathcal{N}}(x;\Omega)$ 是锥或是无界的, 另外预法锥结构 $\widehat{\mathcal{N}}$ 也不必是次微分生成的.

下面描述 X 上有界集的另一类预法锥结构 $\widehat{\mathcal{N}}(x;\Omega)$. 在一般情况下, 它对应于距离函数的预次微分. 固定任意数 $\ell>0$, 并考虑具有模 ℓ 的连续 Lipschitz 函数类 $\varphi\colon X\times X\to\mathbb{R}$. $\widehat{\mathcal{D}}\varphi(\cdot)$ 定义了这类函数的一个 ℓ 预次微分, 如果它满足上面的预次微分假设. 这里假定 (S1) 和 (S2) 对任意这个类型的函数 φ 和 φ_i, $i=1,2$ 成立. 现在定义 X 上的 $\widehat{\mathcal{N}}$ 为

$$\widehat{\mathcal{N}}(x;\Omega):=\begin{cases}\widehat{\mathcal{D}}(\ell\operatorname{dist}(x;\Omega)), & x\in\Omega,\\ \varnothing, & \text{其他},\end{cases} \tag{2.64}$$

其中 $\Omega\subset X$ 是任意闭集, 且 $\widehat{\mathcal{D}}(\ell\operatorname{dist}(x;\Omega)):=\widehat{\mathcal{D}}(\ell\operatorname{dist}(\cdot;\Omega))(x)$.

命题 2.43 (ℓ 预次微分给出预法锥) 令 $\widehat{\mathcal{D}}$ 为 ℓ 预次微分 ($\ell>1$), 则 (2.64) 式定义了 Banach 空间 X 上的一个预法锥结构.

证明 需要验证, 当 $\varepsilon>0$ 足够小时, 性质 (H) 对 (2.64) 式成立. 固定 $\ell>1$ 并取 $0<\varepsilon\leqslant(\ell-1)/2$. 因为 $(\bar{x}_1,\bar{x}_2)$ 是 (2.59) 式的函数 ψ 在集合 $\Omega_1\times\Omega_2$ 上的局部极小点, 存在 $\bar{x}_1$ 的邻域 U_1, $\bar{x}_2$ 的邻域 U_2, 使得 $(\bar{x}_1,\bar{x}_2)$ 为 ψ 在 $(\Omega_1\cap U_1)\times(\Omega_2\cap U_2)$ 上的全局极小点. 容易看到 ψ 在 X^2 上 Lipschitz 连续, 其模为 $1+2\varepsilon\leqslant\ell$, 且函数

$$\varphi(x_1,x_2):=\psi(x_1,x_2)+\ell\operatorname{dist}((x_1,x_2);(\Omega_1\cap U_1)\times(\Omega_2\times U_2)) \tag{2.65}$$

在 X^2 上的 $(\bar{x}_1,\bar{x}_2)$ 点达到极小 (见文献 [255] 的命题 2.4.3). 因为 $\|(x_1,x_2)\|=\|x_1\|+\|x_2\|$, 所以

$$\operatorname{dist}((x_1,x_2);(\Omega_1\cap U_1)\times(\Omega_2\cap U_2))=\operatorname{dist}(x_1;\Omega_1\cap U_1)+\operatorname{dist}(x_2;\Omega_2\cap U_2).$$

与命题 2.42 的证明类似, 取 $\gamma>0$ 和满足 (2.61) 式的正常数 η, ν. 因为对 (2.65) 式中和式的 ℓ 预次微分 $\widehat{\mathcal{D}}$, 性质 (S1) 成立, 所以有满足 (2.62) 式的 $u=(x_1',x_2')\in X^2$ 和 $v=(\widetilde{x}_1,\widetilde{x}_2)\in X^2$, 使得

$$0\in\widehat{\mathcal{D}}\psi(x_1',x_2')+\widehat{\mathcal{D}}(\ell\operatorname{dist}(\widetilde{x}_1;\Omega_1\cap U_1)+\ell\operatorname{dist}(\widetilde{x}_2;\Omega_2\cap U_2))+\eta(\mathbb{B}^*\times\mathbb{B}^*).$$

如果 ε 足够小, 那么对任意 $\widetilde{x}_1$ 和 $\widetilde{x}_2$ 附近的 x,

$$\operatorname{dist}(x;\Omega_i\cap U_i)=\operatorname{dist}(x;\Omega_i),\quad i=1,2.$$

这样根据 (2.64) 式和 (S3) 就有

$$0\in\widehat{\mathcal{D}}\psi(x_1',x_2')+\widehat{\mathcal{N}}(\widetilde{x}_1;\Omega_1)\times\widehat{\mathcal{N}}(\widetilde{x}_2;\Omega_2)+(\gamma-\varepsilon)(\mathbb{B}^*\times\mathbb{B}^*).$$

利用 (S2) 和 (2.63) 式, 就得到 (2.60) 式. △

如上所述, 预法锥结构的基本性质 (H) 反映了约束优化问题中 $\widehat{\mathcal{N}}$ 描述“模糊”必要条件的能力. 对应于 (2.60) 式中 $\widetilde{x}_i = \bar{x}_i,\ i = 1,2$ 和 $\gamma = \varepsilon$, 如果要得到“确切”条件, 那么需要更具稳定性 (鲁棒性) 的法锥结构. 下面讨论两个这种类型的极限结构, 其中需要 (1.1) 式描述的 Painlevé-Kuratowski 序列上极限及其拓扑闭包.

定义 2.44 (序列和拓扑法锥结构) 令 $\widehat{\mathcal{N}}$ 为 Banach 空间 X 上的任意预法锥结构. 称 $\mathcal{N}$ 定义了 X 上的一个由 $\widehat{\mathcal{N}}$ 生成的序列法锥结构, 如果

$$\mathcal{N}(\bar{x};\Omega) = \operatorname*{Limsup}_{x\to\bar{x}} \widehat{\mathcal{N}}(x;\Omega) \tag{2.66}$$

对任意非空集合 $\Omega \subset X$ 和任意 $\bar{x} \in X$ 成立. 如果将 (2.66) 式置换成

$$\overline{\mathcal{N}}(\bar{x};\Omega) = \mathrm{cl}^* \left\{ \operatorname*{Limsup}_{x\to\bar{x}} \widehat{\mathcal{N}}(x;\Omega) \right\}, \tag{2.67}$$

那么 $\overline{\mathcal{N}}$ 对应定义了 X 上的拓扑法锥结构.

从定义立刻就可以看到, 对任意 $\bar{x} \notin \Omega$, 有 $\mathcal{N}(\bar{x};\Omega) = \overline{\mathcal{N}}(\bar{x};\Omega) = \varnothing$, 因此在 (2.66) 式和 (2.67) 式中只考虑 $x \in \Omega$ 就可以了. 显然 $\mathcal{N}(\bar{x};\Omega) \subset \overline{\mathcal{N}}(\bar{x};\Omega)$; 但是, 序列法锥结构大多用在 Banach 空间 X 的对偶单位球 $\mathbb{B}^*$ 弱* 列紧的情形, 而拓扑法锥结构不需要这样的条件. 作为例子, 见 2.5.3 小节.

类似地, 可以定义由预次微分生成的序列和拓扑次微分结构. 在很自然的条件下, 从命题 1.31 可以得出, 基本法锥 (1.3) 在 Banach 空间中比其他任何序列法锥 (因此也包括拓扑法锥) 都小. 下面的命题给出了定义 1.77(i) 中的基本次微分对应的极小结果.

命题 2.45 (基本次微分的极小性) 令 X 为 Banach 空间, $\widehat{\mathcal{D}}\varphi\colon X \to X^*$ 在包含正常下半连续的 $\varphi\colon X \to \overline{\mathbb{R}}$ 的函数类上满足下述性质:

(M1) 对任意 $\phi(u) := \varphi(x+u)$ 和 $x, u \in X$, 有 $\widehat{\mathcal{D}}\phi(u) = \widehat{\mathcal{D}}\varphi(x+u)$;

(M2) 对具有下面形式的连续凸函数 φ, $\widehat{\mathcal{D}}\varphi(x)$ 包含于凸分析意义下的次微分中,

$$\varphi(x) := \langle x^*, x\rangle + \varepsilon\|x\|, \quad x^* \in X^*, \varepsilon > 0; \tag{2.68}$$

(M3) 对任意的 $\eta > 0$ 和函数 $\varphi_i,\ i = 1,2$, 其中 φ_1 是 (2.68) 类型的凸函数, 并且 $\varphi_1 + \varphi_2$ 在 $x = 0$ 点达到局部极小, 存在 $x_1, x_2 \in \eta\mathbb{B}$, 满足 $|\varphi_2(x_2) - \varphi_2(0)| \leqslant \eta$ 和

$$0 \in \widehat{\mathcal{D}}\varphi_1(x_1) + \widehat{\mathcal{D}}\varphi_2(x_2) + \eta\mathbb{B}^*.$$

则对任意 $\bar{x} \in \mathrm{dom}\varphi$, 下述包含关系成立:

$$\partial\varphi(\bar{x}) \subset \operatorname*{Limsup}_{x \xrightarrow{\varphi} \bar{x}} \widehat{\mathcal{D}}\varphi(x).$$

证明 取 $x^* \in \partial\varphi(\bar{x})$, 并根据定理 1.89 找到 $\varepsilon_k \downarrow 0$, $x_k \xrightarrow{\varphi} \bar{x}$ 和 $x_k^* \xrightarrow{w^*} x^*$, 满足 $x_k^* \in \widehat{\partial}_{\varepsilon_k}\varphi(x_k)$ $(k \in \mathbb{N})$, 则存在 x_k 的邻域 U_k, 使得

$$\varphi(x) - \varphi(x_k) - \langle x_k^*, x - x_k\rangle \geqslant -2\varepsilon_k\|x - x_k\|, \quad \forall x \in U_k, k \in \mathbb{N}.$$

这意味着, 对任意固定的 k, 函数

$$\psi_k(x) := \varphi(x_k + x) - \langle x_k^*, x\rangle + 2\varepsilon_k\|x\|$$

在 $x = 0$ 达到局部极小. 记 $\varphi_1(x) := \varphi(x_k + x)$, $\varphi_2(x) := -\langle x_k^*, x\rangle + 2\varepsilon_k\|x\|$, 则可把 ψ_k 表示成满足 (M3) 中的假设的两个函数之和. 应用 $\eta = \varepsilon_k$ 时的 (M3), (M1) 和 (M2), 给出 $u_k \in X$, 满足 $\|u_k\| \leqslant \varepsilon_k$, $|\varphi(x_k + u_k) - \varphi(x_k)| \leqslant \varepsilon_k$ 和

$$x_k^* \in \widehat{\mathcal{D}}\varphi(x_k + u_k) + 3\mathbb{B}^*, \quad k \in \mathbb{N}.$$

对 $k \to \infty$ 取极限, 则结论得证. △

由上述证明可以看出, 如果假设 (M3) 只对模 $\ell > 0$ 的连续 Lipschitz 函数成立, 那么 $\widehat{\mathcal{D}}$ 可以是这个函数类上的 ℓ-预次微分. 当 $\varphi = \delta(\cdot;\Omega)$ 时, 命题 2.45 的极小性质对应于命题 1.31 在次微分生成的法锥结构时的结果. 事实上, 那个结果在一般的情形下保证了基本法锥的极小性.

2.5.2 具体的法锥和次微分结构

如 2.4.1 小节中所述, 由于基本法锥和次微分由 Fréchet 法向量和次导数生成, 从而在任意 Asplund 空间中构造性地定义了一类序列法锥和次微分结构. 下面讨论另外一些值得注意的广义法锥和次微分. 在合适的 Banach 空间中, 它们同样满足上述的抽象 (预) 法锥和 (预) 次微分的要求.

A. Clarke 的凸值结构. 首先考虑 Clarke 的关于集合的广义法锥和增广实函数的次微分. 在任意 Banach 空间上, 这样的拓扑法锥和次微分结构可由下面四个步骤给出. 更多的细节和证明, 参见文献 [255]. 首先令 φ 在 $\bar{x} \in X$ 附近为连续 Lipschitz 函数并具有模 ℓ, 则 φ 在 $\bar{x}$ 点沿方向 v 的广义方向导数定义为

$$\varphi^\circ(\bar{x}; v) := \limsup_{x \to \bar{x}, t \downarrow 0} \frac{\varphi(x + tv) - \varphi(x)}{t}. \tag{2.69}$$

对任意 Lipschitz 函数 φ, 函数 $\varphi^\circ(\bar{x}; \cdot)\colon X \to \mathbb{R}$ 总是凸的. 进一步, (2.69) 式对两个变量都上半连续, 并且 $\varphi^\circ(\bar{x}; -v) = (-\varphi)^\circ(\bar{x}; v)$ 和 $|\varphi^\circ(\bar{x}; v)| \leqslant \ell\|v\|$ 对任意 $v \in X$ 成立. 接下来, 定义局部 Lipschitz 函数的广义导数如下:

$$\partial_C\varphi(\bar{x}) := \{x^* \in X^* \mid \langle x^*, v\rangle \leqslant \varphi^\circ(\bar{x}; v),\ \forall v \in X\}. \tag{2.70}$$

根据 (2.70) 式和 φ° 的性质, $\partial_C\varphi(\bar{x})$ 是 X^* 中非空弱* 紧凸集, $\|x^*\| \leqslant \ell$ 对任意 $x^* \in \partial_C\varphi(\bar{x})$ 成立, 且有经典的正负对称性:

$$\partial_C(-\varphi)(\bar{x}) = -\partial_C\varphi(\bar{x}), \tag{2.71}$$

这里 φ 是任意 Lipschitz 函数. 通过 Lipschitz 距离函数的广义导数, 现在定义 $\Omega \subset X$ 的 Clarke 法锥为

$$N_C(\bar{x};\Omega) := \text{cl}^*\left\{\bigcup_{\lambda>0} \lambda\partial_C \text{dist}(\bar{x};\Omega)\right\}, \quad \bar{x} \in \Omega, \tag{2.72}$$

并对 $\bar{x} \notin \Omega$, 定义 $N_C(\bar{x};\Omega) := \varnothing$. 最后, 函数 $\varphi\colon X \to \overline{\mathbb{R}}$ 的 Clarke 次微分定义为, 当 $|\varphi(\bar{x})| < \infty$ 时,

$$\partial_C\varphi(\bar{x}) := \{x^* \in X^* \mid (x^*, -1) \in N_C((\bar{x};\varphi(\bar{x}));\text{epi}\varphi)\}; \tag{2.73}$$

当 $|\varphi(\bar{x})| = \infty$ 时, $\partial_C\varphi(\bar{x}) := \varnothing$. 很显然集合 (2.72) 和 (2.73) 在 X^* 中是弱* 闭凸的. 事实上, (2.72) 式定义了由 $\bigcup\limits_{\lambda>0} \lambda\partial_C\text{dist}(\bar{x};\Omega)$ 生成的拓扑法锥结构, 这由下面两个基本事实保证: 一是加法法则

$$\partial_C(\varphi_1 + \varphi_2)(\bar{x}) \subset \partial_C\varphi_1(\bar{x}) + \partial_C\varphi_2(\bar{x}) \tag{2.74}$$

对任意 $\bar{x}$ 附近的局部 Lipschitz 函数 φ_1 和下半连续函数 φ_2 成立; 二是如果 φ 是 Lipschitz 连续的, 那么 $\partial_C\varphi(\cdot)$ 的图在 $X \times X^*$ 的范数 $\times$ 弱* 拓扑下是闭的. 根据命题 2.43, 这些事实还进一步蕴涵, 对任意固定的 $\lambda > 0$, 集合 $\lambda\partial_C\text{dist}(\bar{x};\Omega)$ 定义了 X 上的一个拓扑法锥结构. 需要注意的是, 一般来说下述包含关系是严格的:

$$N_C(\bar{x};\Omega) \subset \mathop{\text{Limsup}}_{x\to\bar{x}} N_C(x;\Omega) \subset \text{cl}^*\{\mathop{\text{Limsup}}_{x\to\bar{x}} N_C(x;\Omega)\}.$$

除非 Ω 在 $\bar{x}$ 点是上图 Lipschitz 的, 这里的第一个关系即使在有限维空间中也可能是严格的 (参见文献 [1146]). 另外, Clarke 法锥有时会太大, 特别当集合为 Lipschitz 函数的图像时, 它事实上是一个线性空间. 参见 3.2.4 小节中定理 1.46 的证明及其在无限维空间中的推广. 作为一个特例, 对 $\Omega = \text{gph}|x| \subset \mathbb{R}^2$, 有

$$N_C(0;\Omega) = \mathbb{R}^2, \quad \text{但是} \quad N(0;\Omega) = \{(v_1, v_2) \mid v_2 \leqslant -|v_1|\} \cup \{(v_1, v_2) \mid v_2 = v_1\},$$

这里 N 是基本法锥. 从命题 2.45 得到

$$\partial\varphi(\bar{x}) \subset \partial_C\varphi(\bar{x}) \quad \text{和} \quad N(\bar{x};\Omega) \subset N_C(\bar{x};\Omega)$$

在一般的 Banach 空间中成立. 这些结构在 Asplund 空间中有更精确的关系, 这将在 3.2.3 小节中建立.

B. 近似法向量和次导数. 另外一种拓扑法锥和次微分结构是由 Ioffe 建立的. 作为 Mordukhovich 结构在任意 Banach 空间中的一种推广, 它叫做"近似法向量和次导数"(参见 1.4.7 小节中的注解和参考文献). 在 Asplund 空间中这些结构与基本结构有紧密的联系 (参见 3.2.3 小节中的对应结果). 这里, 形容词"近似"似乎并不反映这个结构的本质, 事实上这里对这个词的使用与本书中的正常使用显然是矛盾的. 对此处这个词使用的原因参见 1.4.7 小节和文献 [1165, P347] 中的注解. 另一方面, 这却在非光滑分析中广泛使用. 在下面的讨论中, 当指这个意思的"近似"时, 总是加上引号.

下面根据 Ioffe 的文章[599] 来描述这个结构的构造步骤. 读者可以从该文里找到证明和更多的讨论以及参考文献. 给定在 $\bar{x}$ 点有限的 $\varphi\colon X \to \overline{\mathbb{R}}$,

$$d^-\varphi(\bar{x}; v) := \liminf_{\substack{z \to v \\ t \downarrow 0}} \frac{\varphi(\bar{x} + tz) - \varphi(\bar{x})}{t},$$

$$\partial_\varepsilon^- \varphi(\bar{x}) := \{x^* \in X^* \mid \langle x^*, v\rangle \leqslant d^-\varphi(\bar{x}; v) + \varepsilon\|v\|\}$$

分别称为 φ 在 $\bar{x}$ 点的下 Dini(或者 Dini-Hahamard) 方向导数和 Dini ε-次微分. 和往常一样, 当 $|\varphi(\bar{x})| = \infty$ 时, 置 $\partial_\varepsilon^- \varphi(\bar{x}) := \varnothing$. 注意集合 $\partial_\varepsilon^- \varphi(\bar{x})$ 总是凸的, 但函数 $d^-\varphi(\bar{x}; \cdot)$ 不一定是. 当 $\dim X < \infty$ 时, 可以验证 $\partial_\varepsilon^- \varphi(\bar{x})$ 即是定义 1.83(ii) 中的解析 ε-次微分. 一般地, φ 在 $\bar{x}$ 点的 A 次微分可以由下面的拓扑极限给出, 这涉及到 ε-次导数的有限维约化:

$$\partial_A \varphi(\bar{x}) := \bigcap_{L \in \mathcal{L}, \varepsilon > 0} \overline{\operatorname{Limsup}}_{x \xrightarrow{\varphi} \bar{x}} \partial_\varepsilon^- (\varphi + \delta(\cdot; L))(x), \tag{2.75}$$

此处 $\mathcal{L}$ 指 X 的所有有限维子空间集合, $\overline{\operatorname{Limsup}}$ 指 (1.1) 式的 Painlevé-Kuratowski 上极限的拓扑版本, 序列被网代替. 进一步, 集合 Ω 在 $\bar{x} \in \Omega$ 的 G 法锥 N_G 及其核 $\widetilde{N}_G$ 分别定义为

$$N_G(\bar{x}; \Omega) := \mathrm{cl}^* \widetilde{N}_G(\bar{x}; \Omega) \quad 和 \quad \widetilde{N}_G(\bar{x}; \Omega) := \bigcup_{\lambda > 0} \lambda \partial_A \mathrm{dist}(\bar{x}; \Omega). \tag{2.76}$$

如果 $\bar{x} \notin \Omega$, 那么置 $N_G(\bar{x}; \Omega) = \widetilde{N}_G(\bar{x}; \Omega) = \varnothing$. 最后, φ 在 $\bar{x}$ 点的 G 次微分用几何办法定义为

$$\partial_G \varphi(\bar{x}) := \{x^* \in X^* \mid (x^*, -1) \in N_G((\bar{x}, \varphi(\bar{x})); \mathrm{epi}\varphi)\}, \tag{2.77}$$

在 (2.77) 式中把 N_G 换成 $\widetilde{N}_G$, 则是其 G 核 $\widetilde{\partial}_G \varphi(\bar{x})$. 下式总成立

$$\widetilde{\partial}_G \varphi(\bar{x}) \subset \partial_G \varphi(\bar{x}) \subset \partial_A \varphi(\bar{x}),$$

如果 φ 在 $\bar{x}$ 点附近是 Lipschitz 的, 那么等式成立. 对闭集 Ω, $N_G(\cdot;\Omega)$ 的图在 $X\times X^*$ 的范数 $\times$ 弱* 拓扑下是闭的. 另外如果在 $\bar{x}$ 点附近, φ_1 是 Lipschitz 的, φ_2 是下半连续的, 那么 $\partial_G\varphi$ 和 $\widetilde{\partial}_G\varphi$ 都满足 (2.74) 式形式的加法法则. 因此 $N_G(\cdot;\Omega)$ 和 $\lambda\partial_A\mathrm{dist}(\cdot;\Omega)$ 提供了 X 上的拓扑法锥结构. 根据命题 2.45, 有

$$\partial\varphi(\bar{x})\subset\widetilde{\partial}_G\varphi(\bar{x}),\quad N(\bar{x};\Omega)\subset\widetilde{N}_G(\bar{x};\Omega).$$

注意到后面的包含关系可能是严格的, 即使对具有 Fréchet 光滑重赋范的空间上的 Lipschitz 函数也一样 (见例 3.61). 3.2.3 小节将在一般 Asplund 空间中得到这些结构之间更精确的关系.

C. 黏性次微分. 接下来考虑黏性次微分结构. 一般来说, 它在具有对应于某生成族 (见注释 2.11) 的光滑重赋范 (或阻尼函数) 的光滑 Banach 空间中才有意义. 下面的描述基于 Borwein, Mordukhovich 和 Shao 的文章[151]. 读者可以在这篇文章里找到更多的关于这个结构的起源和应用的参考文献, 另外还可以参看 Borwein 和 Zhu 的书[164].

给定 X 上生成族 β, 以 X^*_β 记装备了 β-集合上一致收敛拓扑的对偶空间 X^*. 当 β 是 (最强的) Fréchet 生成族时, 这个收敛性和 X^* 上的范数收敛性一致; 当 β 是 (最弱的) Gâteaux 生成族时, 该收敛性和弱* 收敛性一致. 称函数 $\theta\colon X\to\overline{\mathbb{R}}$ 在点 $\bar{x}$$\beta$-可微并有 β-导数 $\nabla_\beta\theta(\bar{x})$, 如果当 $t\to 0$ 时,

$$t^{-1}\left(\theta(\bar{x}+tv)-\theta(\bar{x})-t\langle\nabla_\beta\theta(\bar{x}),v\rangle\right)\to 0$$

对 $v\in V$ 一致, 这里 $V\in\beta$ 是任意的. 若该函数在 $\bar{x}$ 点的某邻域 U 的每一点都是 β-可微的, 并且 $\nabla_\beta\theta\colon X\to X^*_\beta$ 在 U 上连续, 那么称其在点 $\bar{x}$ 附近 β-光滑. 后面这个要求是关键的, 在 $\beta=\mathcal{F}$ (Fréchet 生成族) 的情况下, 这意味着 $\nabla\theta\colon X\to X^*$ 在 $\bar{x}$ 附近是范数到范数连续的. 注意在 Fréchet 情形, β-光滑性蕴涵该点附近的 Lipschitz 连续性, 这在弱生成族 $\beta<\mathcal{F}$ 的情形下不一定成立.

现在, 给定在 $\bar{x}$ 有限的 $\varphi: X\to\overline{\mathbb{R}}$, 它在 $\bar{x}$ 点具有秩 $\lambda>0$ 的 β-次微分 $\partial^\lambda_\beta\varphi(\bar{x})$ 定义为具有下述性质的向量 $x^*\in X^*$ 集合: 存在 $\bar{x}$ 的邻域 U 和一个 β-光滑函数 $\theta\colon U\to\mathbb{R}$ 满足, θ 在 U 上 Lipschitz 连续并具有模 λ, $\nabla_\beta\theta(\bar{x})=x^*$, 并且 $\varphi-\theta$ 在 $\bar{x}$ 点达到局部极小. 对应地, 集合 $\Omega\subset X$ 在点 $\bar{x}\in\Omega$ 的具有秩 λ 的 β-法向量集合定义为 $N^\lambda_\beta(\bar{x};\Omega):=\partial^\lambda_\beta\delta(\bar{x};\Omega)$. 并集

$$\partial_\beta\varphi(\bar{x}):=\bigcup_{\lambda>0}\partial^\lambda_\beta\varphi(\bar{x}),\quad N_\beta(\bar{x};\Omega):=\bigcup_{\lambda>0}N^\lambda_\beta(\bar{x};\Omega) \tag{2.78}$$

分别称为 φ 在 $\bar{x}$ 的黏性 β-次微分和 Ω 在 $\bar{x}$ 的黏性 β-法锥. 如果 X 允许一个 β-光滑的重赋范, 那么上面定义中的 $\theta(\cdot)$ 可以等价选成凹的.

应用定理 1.30 和定理 1.88 中的 Fréchet 法向量和次导数的变分描述可以得到, 如果 X 允许一个 $\mathcal{F}$-光滑阻尼函数, 那么有

$$\partial_{\mathcal{F}}\varphi(\bar{x})=\widehat{\partial}\varphi(\bar{x}),\quad N_{\mathcal{F}}(\bar{x})=\widehat{N}(\bar{x};\Omega).$$

这些结构在更一般的 Banach 或 Asplund 空间中可能是不同的. 注意到, 与 $\widehat{\partial}\varphi(\cdot)$ 和 $\widehat{N}(\cdot;\Omega)$ 不同, 黏性结构 (2.78) 在问题空间缺少光滑性的时候没有什么有用的性质.

从前面提到的文章[151] 的结果可以推出, 对任意 $\lambda>1$, $\partial_\beta^\lambda\varphi(\cdot)$ 定义了 β 光滑空间 X 上的一个预次微分结构. 因此 N_β^λ 在这些条件下定义了对应的预法锥结构. 根据命题 2.45,

$$\partial\varphi(\bar{x})\subset\mathop{\mathrm{Limsup}}_{x\xrightarrow{\varphi}\bar{x}}\partial_\beta\varphi(x),\quad N(\bar{x};\Omega)\subset\mathop{\mathrm{Limsup}}_{x\xrightarrow{\Omega}\bar{x}}N_\beta(x;\Omega)\tag{2.79}$$

在 β-光滑空间中成立. 当 $\beta<\mathcal{F}$ 时, 黏性次微分 (2.78) 及其序列极限 (2.79) 似乎不具有命题 2.33 中 (b) 和 (c) 类型的半 Lipschitz 加法法则. 另一方面,

$$\widetilde{\partial}_G\varphi(\bar{x})=\bigcup_{\lambda>0}\mathrm{cl}^*\left\{\mathop{\mathrm{Limsup}}_{x\to\bar{x}}\partial_\beta^\lambda\varphi(x)\right\},\quad \partial_A\varphi(\bar{x})=\overline{\mathop{\mathrm{Limsup}}_{x\xrightarrow{\varphi}\bar{x}}}\,\partial_\beta\varphi(x)$$

分别对 G 次微分 (2.77) 的核和 A 次微分 (2.75) 在任意 β 光滑的 Banach 空间上成立[147,954].

D. 邻近 (Proximal) 结构. 考虑最接近有限维的 Hilbert 空间, 它可以通过 Euclid 度量构造预法锥和预次微分. 给定 Hilbert 空间 X 中的闭集 Ω 和 Euclid 投影 $\Pi(\cdot;\Omega)$, 锥集

$$N_P(\bar{x};\Omega):=\mathrm{cone}\left[\Pi^{-1}(\bar{x};\Omega)-\bar{x}\right]\tag{2.80}$$

称为 Ω 在 $\bar{x}\in\Omega$ 的邻近法锥. 从 Euclid 范数的性质 (比照定理 1.6 的证明) 得到, $x^*\in N_P(\bar{x};\Omega)$ 当且仅当存在 $\alpha>0$, 满足

$$\langle x^*,x-\bar{x}\rangle\leqslant\alpha\|x-\bar{x}\|^2,\quad\forall x\in\Omega.$$

这显然蕴涵 $N_P(\bar{x};\Omega)$ 是 $\widehat{N}(\bar{x};\Omega)$ 的子锥. 和后面这个锥不同, $N_P(\bar{x};\Omega)$ 即使在有限维的时候也可以不是闭的, 而且其闭包也不一定是 $\widehat{N}(\bar{x};\Omega)$. 一个简单的例子可以由一个光滑函数的上图给出:

$$\Omega=\mathrm{epi}\varphi\subset\mathbb{R}^2\ \text{在点}\ \bar{x}=(0,0),\quad \text{这里}\ \varphi(x)=-|x|^{3/2}.$$

此时 $N_P(\bar{x};\Omega)=\{(0,0)\}$, $\widehat{N}(\bar{x};\Omega)=\{(v_1,v_2)\mid v_1=0,v_2\leqslant 0\}$.

邻近法锥 (2.80) 的函数形式就是近邻次微分. 正常下半连续函数 $\varphi\colon X \to \overline{\mathbb{R}}$ 在 $\bar{x} \in \mathrm{dom}\varphi$ 的近邻次微分为

$$\partial_P \varphi(\bar{x}) := \left\{ x^* \in X^* \,\middle|\, \liminf_{x \to \bar{x}} \frac{\varphi(x) - \varphi(\bar{x}) - \langle x^*, x - \bar{x} \rangle}{\|x - \bar{x}\|^2} > -\infty \right\}, \tag{2.81}$$

它是 Fréchet 次微分 $\widehat{\partial}\varphi(\bar{x})$ 的凸子集, 并可以等价地描述为 $(x^*, -1) \in N_P((\bar{x}; \varphi(\bar{x})); \mathrm{epi}\varphi)$. 近邻次微分即使对光滑函数也可能是空的, 比如对上面的例子, 有 $\partial_P \varphi(0) = \varnothing$, 但 $\widehat{\partial}\varphi(0) = \{0\}$. 另外, 对任意在 $\bar{x}$ 点有限的正常下半连续函数 φ, 下述性质成立: 给定 $x^* \in \widehat{\partial}\varphi(\bar{x})$, 存在序列 $x_k \xrightarrow{\varphi} \bar{x}$ 和 $x_k^* \in \partial_P \varphi(x_k)$, 满足 $\|x_k^* - x^*\| \to 0$ $(k \to \infty)$[802], 因此

$$\partial\varphi(\bar{x}) = \operatorname*{Limsup}_{x \xrightarrow{\varphi} \bar{x}} \partial_P \varphi(x), \quad N(\bar{x}; \Omega) = \operatorname*{Limsup}_{x \xrightarrow{\Omega} \bar{x}} N_P(x; \Omega).$$

为了保证 (2.81) 式能够定义 Hilbert 空间 X 上的预次微分结构 (从而 $N_P(\cdot; \Omega)$ 定义了对应的预法锥结构), 一个关键的事实是 $\partial_P \varphi(\cdot)$ 的模糊加法法则. 这在文献 [616, 定理 2; 265, 定理 1.8.3] 中得到证明.

E. 导集 (Derivate Sets). 在本小节最后, 比较本书中的基本次微分结构和基于光滑 (有限可微) 函数一致逼近非光滑函数思想的广义导数. 这里称 Banach 空间之间的函数 $f\colon X \to Y$ 在 $\bar{x}$ 点是“有限可微”的并具有导数 $\nabla f(\bar{x})$, 如果对任意有限维子空间 $Z \subset X$, 函数 $z \to f(\bar{x} + z)\colon Z \to Y$ 在原点可微, 并且其导数和 $\nabla f(\bar{x})$ 在 Z 上的限制一致.

给定 Banach 空间 X 上的 $\varphi\colon X \to \overline{\mathbb{R}}$ 和满足 $|\varphi(\bar{x})| < \infty$ 的点 $\bar{x} \in X$, 记 $\mathcal{A}\varphi(\bar{x})$ 为具有下述性质的 X^* 的子集: 对任意 $\varepsilon, \alpha > 0$, 存在 $\gamma \in (0, \alpha]$ 和一个连续有限可微函数 $\psi\colon X \to \mathbb{R}$ 满足

$$|\varphi(x) - \psi(x)| < \varepsilon\gamma \quad 和 \quad \nabla\psi(x) \in \mathcal{A}\varphi(\bar{x}), \quad \forall x \in \bar{x} + \gamma\mathbb{B}.$$

导集 $\mathcal{A}\varphi(\bar{x})$ 类似导数, 它并非唯一定义的. 如果 φ 在 $\bar{x}$ 附近连续, 并且可被表示为连续有限可微函数序列 φ_i, $i \in \mathbb{N}$ 的一致极限, 那么对任意 $\gamma > 0$ 和 $j \in \mathbb{N}$, 可以取

$$\mathcal{A}\varphi(\bar{x}) = \bigcup_{\|x - \bar{x}\| \leqslant \gamma, i \geqslant j} \{\nabla\varphi_i(x)\}.$$

下面的结果表明, 对任意函数 φ, 如果 $\mathcal{A}\varphi(\bar{x})$ 是由有限光滑函数一致逼近而得到的导集, 那么 φ 在 $\bar{x}$ 的 Fréchet 次微分包含于该导集的范数闭包里.

定理 2.46 (导集与 Fréchet 次导数)　令 X 为 Banach 空间, $\mathcal{A}\varphi(\bar{x})$ 为在 $\bar{x}$ 点有限的 $\varphi\colon X \to \overline{\mathbb{R}}$ 的导集. 如果 $\mathcal{A}\varphi(\bar{x}) \neq \varnothing$, 就有

$$\widehat{\partial}\varphi(\bar{x}) \subset \mathrm{cl}\mathcal{A}\varphi(\bar{x}).$$

证明 取 $\bar{x}^* \notin \mathrm{cl}\mathcal{A}\varphi(\bar{x})$, 则有 $\eta > 0$, 满足

$$\|\bar{x}^* - x^*\| > \eta, \quad \forall x^* \in \mathcal{A}\varphi(\bar{x}). \tag{2.82}$$

置 $\bar{\varepsilon} := \eta/4$, 并对任意 $k \in \mathbb{N}$, 根据导集 $\mathcal{A}\varphi(\bar{x})$ 的定义, 在 $\varepsilon = \bar{\varepsilon}/4$ 和 $\alpha = 1/k$ 时选取常数 γ_k 和函数 ψ_k.

现在对某个正整数 N_k, 定义满足下述条件的包含点 $x_i \in X$, $i = 0, 1, \cdots, N_k$ 的有限集:

(a) $x_0 = \bar{x}$, $x_{i+1} = x_i + hz_i$, $i = 0, 1, \cdots, N_k - 1$;

(b) $\|z_i\| = 1$, $i = 0, 1, \cdots, N_k - 1$;

(c) $h = \gamma_k/(2N_k)$;

(d) $\langle \bar{x}^* - \nabla\psi_k(x_i), z_i\rangle > \eta$, $i = 0, 1, \cdots, N_k - 1$.

满足 (d) 的 z_i 总是存在的, 这是因为 ψ 在点 x_i 有限可微, 且 $\nabla\psi(x_i) \in \mathcal{A}\varphi(\bar{x})$, 由 (2.82) 式成立, 并且根据 (a), (b), (c), 有

$$\|x_i - \bar{x}\| \leqslant N_k h = \gamma_k/2, \quad \forall i = 1, \cdots, N_k. \tag{2.83}$$

当 N_k 足够大时, 有

$$\begin{aligned}
&\psi_k(x_{N_k}) - \psi_k(\bar{x}) - \langle \bar{x}^*, x_{N_k} - \bar{x}\rangle \\
&= \sum_{i=0}^{N_k-1} \left(\int_0^h \langle \nabla\psi_k(x_i + tz_i), z_i\rangle \, \mathrm{d}t - h\langle \bar{x}^*, z_i\rangle \right) \\
&\leqslant h \sum_{i=0}^{N_k} \langle \psi_k(x_i) - \bar{x}^*, z_i\rangle + \frac{\eta\gamma_k}{4}.
\end{aligned}$$

根据 (d) 和 (c),

$$\psi_k(x_{N_k}) - \psi_k(\bar{x}) - \langle \bar{x}^*, x_{N_k} - \bar{x}\rangle < -\eta\gamma_k/2 = \bar{\varepsilon}\gamma_k. \tag{2.84}$$

因为 ψ_k 通过下式逼近原来的函数 φ:

$$|\varphi(x) - \psi_k(x)| \leqslant \bar{\varepsilon}\gamma_k/4, \quad \forall x \in \bar{x} + \gamma_k\mathbb{B}.$$

并结合 (2.83) 式和 (2.84) 式, 则

$$\varphi(x_{N_k}) - \varphi(\bar{x}) - \langle \bar{x}^*, x_{N_k} - \bar{x}\rangle \leqslant \bar{\varepsilon}\gamma_k/2 \leqslant -\bar{\varepsilon}\|x_{N_k} - \bar{x}\|.$$

因为 $x_{N_k} \to \bar{x}$ $(k \to \infty)$, 所以 $\bar{x}^* \notin \widehat{\partial}\varphi(\bar{x})$. 证毕. △

对问题点附近可由光滑函数逼近的实值函数, 定理 2.46 建立了其 Fréchet 次导数和导集的关系. 通过标量化, 很容易得出向量值映射 $f: X \to Y$ 的对应结果. 特

别地, 定理 2.46 可推出 Fréchet 次导数和屏 (screen) 的关系如下. 屏是 Halkin[544] 对有限维空间上的映射引入的.

对定义在开集 $U \subset \mathbb{R}^n$ 上的映射 $f\colon U \to \mathbb{R}^m$, 一个非空开集 $\mathcal{U} \subset \mathbb{R}^{mn}$ 叫做 f 在点 $\bar{x}$ 的屏, 如果对任意 $\varepsilon, \alpha > 0$, 存在 $\gamma > 0$ 和满足 $B^n_\gamma(\bar{x}) \subset U$ 的 $\mathcal{C}^1$ 映射 $g\colon B^n_\gamma(\bar{x}) \to \mathbb{R}^m$, 满足

$$\|f(x) - g(x)\| \leqslant \varepsilon\gamma \quad 和 \quad \nabla g(x) \in \mathcal{U} + \varepsilon\mathbb{B}^{mn}, \quad \forall x \in B^n_\gamma(\bar{x}),$$

这里 $B^n_\gamma(\bar{x}) := \bar{x} + \gamma\mathbb{B}_{\mathbb{R}^n}$, $\mathbb{B}^{mn}$ 指 $\mathbb{R}^{mn}$ 的单位闭球.

推论 2.47 (Fréchet 次导数和屏的关系)　令 $\mathcal{U} \subset \mathbb{R}^{mn}$ 为映射 $f\colon U \to \mathbb{R}^m$ 在点 $\bar{x} \in U \subset \mathbb{R}^n$ 的屏, 则

$$\widehat{\partial}\langle y^*, f\rangle(\bar{x}) \subset \operatorname{cl}\{A^*y^* \mid A \in \mathcal{U}\}, \quad \forall y^* \in \mathbb{R}^m.$$

证明　给定 $y^* \in \mathbb{R}^m$ 和 f 在点 $\bar{x}$ 的屏$\mathcal{U}$, 不难验证, 对标量化函数 $\varphi(x) := \langle y^*, f\rangle(x)$ 在点 $\bar{x}$ 的导集 $\mathcal{A}\varphi(\bar{x})$, 集合 $\{A^*y^* \mid A \in \mathcal{U}\}$ 满足上面的所有性质.　△

映射的屏并非唯一定义的. Warga 的导容概念[1316] 是它的一个特例. 对有限维空间之间的局部 Lipschitz 映射, 导容包含了其 Clarke 广义 Jacobian. Warga 还对无穷维空间的映射引入了方向导容的概念[1319]. 定理 2.46 允许得到该结构与映射标量化的 Fréchet 次导数的关系 (具体定义见文献 [1319]).

推论 2.48 (Fréchet 次导数与导容的关系)　考虑映射 $f\colon \Omega \to Y$ 在点 $\bar{x} \in \operatorname{int}\Omega$ 的方向导容 $\{\Lambda^\varepsilon f(\bar{x}) \mid \varepsilon > 0\}$, 这里 $\Omega \subset X$ 是紧凸集, X 和 Y 是 Banach 空间. 则对任意 $y^* \in Y^*$, $\varepsilon > 0$ 和 $\eta > 0$, 存在 $\gamma > 0$, 满足

$$\widehat{\partial}\langle y^*, f\rangle(x) \subset \{A^*y^* \mid A \in \Lambda^\varepsilon f(\bar{x})\} + \eta\mathbb{B}^*, \quad \forall x \in \bar{x} + \gamma\mathbb{B}.$$

注意此处假设 $\bar{x} \in \operatorname{int}\Omega$ 是至关重要的. 事实上, 对在 $[0,1]$ 上恒为零, 并且在 $[0,1]$ 外定义为 ∞ 的函数 f, 显然有 $\widehat{\partial}f(1) = [0,\infty)$, 但单点 $\{0\}$ 是 f 在 $\bar{x} = 1$ 的一个方向导容.

一般来说, 定理 2.46, 推论 2.47 与推论 2.48 中类导数的结构和预次微分结构相关, 而后者通过某种正则化过程可以引出映射的稳定/鲁棒次微分和对应的广义导数. 为此, 重复 Warga 定义的极小导容概念. 对有限维空间之间的映射 $f\colon X \to Y$, 设其可以由 $\mathcal{C}^1$ 映射序列 f_k 一致逼近, 则

$$\begin{aligned}\Lambda^0 f(\bar{x}) :&= \operatorname*{Limsup}_{\substack{x \to \bar{x} \\ k \to \infty}} \{\nabla f_k(x)\} \\ &= \bigcap_{j=1}^{\infty} \bigcap_{\gamma > 0} \operatorname{cl} \bigcup_{\|x - \bar{x}\| \leqslant \gamma, i \geqslant j} \{\nabla f_i(x)\}.\end{aligned}$$

从得到的结果可以推出

$$\partial\langle y^*, f\rangle(\bar{x}) \subset \{A^*y^* \mid A \in \Lambda^0 f(\bar{x})\}, \quad \forall y^* \in Y^*.$$

对在 $\bar{x}$ 点附近连续的实值函数 φ 的双边/对称广义微分 (1.46), 给出包含关系

$$\partial^0\varphi(\bar{x}) := \partial\varphi(\bar{x}) \cup \partial^+\varphi(\bar{x}) \subset \Lambda^0\varphi(\bar{x}). \tag{2.85}$$

下面的例子说明了 (2.85) 式以及上面讨论的各种次导数的关系.

例 2.49 (Lipschitz 函数次导数的计算)　考虑函数

$$\varphi(x) := \big||x_1| + x_2\big|, \quad x = (x_1, x_2) \in \mathbb{R}^2,$$

它在 $\mathbb{R}^2$ 上是 Lipschitz 的. 基于表示 (1.51), 在任意点 $x \in \mathbb{R}^2$ 计算 φ 的 Fréchet 次导数如下：

$$\widehat{\partial}\varphi(x) = \begin{cases} (1,1), & x_1 > 0, x_1 + x_2 > 0, \\ (-1,-1), & x_1 > 0, x_1 + x_2 < 0, \\ (-1,1), & x_1 < 0, x_1 - x_2 < 0, \\ (1,-1), & x_1 < 0, x_1 - x_2 > 0, \\ \{(v,1) \mid -1 \leqslant v \leqslant 1\}, & x_1 = 0, x_2 > 0, \\ \{(v,v) \mid -1 \leqslant v \leqslant 1\}, & x_1 > 0, x_1 + x_2 = 0, \\ \{(v,-v) \mid -1 \leqslant v \leqslant 1\}, & x_1 < 0, x_1 - x_2 = 0, \\ \{(v_1,v_2) \mid |v_1| \leqslant v_2 \leqslant 1\}, & x_1 = 0, x_2 = 0, \\ \varnothing, & x_1 = 0, x_2 < 0. \end{cases}$$

类似地, 基于表示 (1.52), 可计算该函数的 Fréchet 上次导数：

$$\widehat{\partial}^+\varphi(x) = \begin{cases} (1,1), & x_1 > 0, x_1 + x_2 > 0, \\ (-1,-1), & x_1 > 0, x_1 + x_2 < 0, \\ (-1,1), & x_1 < 0, x_1 - x_2 < 0, \\ (1,-1), & x_1 < 0, x_1 - x_2 > 0, \\ \{(v,-1) \mid -1 \leqslant v \leqslant 1\}, & x_1 = 0, x_1 - x_2 < 0, \\ \varnothing, & \text{其他}. \end{cases}$$

现在应用定理 1.89 的基本次微分之极限表示 (1.56) 式和上次导数的对称表示, 则得次导数集合

$$\begin{aligned} &\partial\varphi(0) = \{(v_1,v_2) \mid |v_1| \leqslant v_2 \leqslant 1\} \cup \{(v_1,v_2) \mid v_2 = -|v_1|, -1 \leqslant v_1 \leqslant 1\}, \\ &\partial^+\varphi(0) = \{(v,-1) \mid -1 \leqslant v \leqslant 1\} \cup \{(1,-1),(1,1)\}, \\ &\partial^0\varphi(0) = \partial\varphi(0) \cup \{(v,-1) \mid -1 \leqslant v \leqslant 1\}. \end{aligned}$$

此函数的 Warga 极小导容是非凸集

$$\Lambda^0\varphi(0)=\{\alpha(v,1)\mid \alpha,v\in[-1,1]\}.$$

它是分别有顶点 $(0,0)$, $(1,1)$, $(-1,1)$ 和 $(0,0)$, $(1,-1)$, $(-1,1)$ 的两个三角形的并. 而其 Clarke 的广义导数是整个单位正方形 $[-1,1]\times[-1,1]$.

2.5.3 极点原理的抽象版本

在这节的最后, 对 2.5.1 小节讨论的预法锥和法锥结构, 分别建立确切与近似极点原理. 作为特例, 在恰当的 Banach 空间中, 这些原理对 2.5.2 小节论述的具体广义法锥成立.

对近似版本的极点原理而言, 除了定理 2.41 给出的条件外, 不需要在预法锥结构上追加任何条件. 和定理 2.22 相比, 得到 Banach 空间中确切极点原理的两个极限形式, 即序列和拓扑形式, 其分别对应于序列和拓扑法锥结构. 这两种形式都需要序列法紧性条件. 与定义 1.20 类似, 这些条件由对应的预法锥结构给出.

定义 2.50 (抽象序列法紧性) 设 $\widehat{\mathcal{N}}$ 定义了 Banach 空间 X 上的一个预法锥结构, 则称 $\Omega\subset X$ 在点 $\bar{x}\in\Omega$ 是 $\widehat{\mathcal{N}}$ 序列法紧的, 如果对任意满足

$$x_k^*\in\widehat{\mathcal{N}}(x_k;\Omega),\quad x_k\to\bar{x},\quad x_k^*\xrightarrow{w^*}0$$

的序列 $(x_k,x_k^*)\in X\times X^*$, 有 $\|x_k^*\|\to 0\ (k\to\infty)$.

在有限维空间中, 这个性质显然对任意预法锥结构 $\widehat{\mathcal{N}}$ 都成立. 当 $\widehat{\mathcal{N}}=\widehat{N}$ (定义 1.1(i) 中的预法锥) 时, 在 1.1.3 小节已经探讨了一般 Banach 空间中的 SNC 性质及其修正版本. 特别地, 那里建立了其与紧致上图 Lipschitz (CEL) 条件的关系. 在注解 1.27 的基础上, 可以进一步指出, 对 Banach 空间 X 中的任意闭集 Ω, CEL 性质等价于定义 2.50 中的 SNC 性质的拓扑版本, 这里序列 (x_k,x_k^*) 被有界网代替, 预法锥结构 $\widehat{\mathcal{N}}$ 由 (2.76) 式中的 G-法锥的核给出. 这由 Ioffe [607,定理3] 证明并且其对 Banach 空间上由 β-光滑阻尼函数定义的预法锥结构也成立, 此种 Banach 空间要求容许一个 Lipschitz β-光滑的阻尼函数. 下面称定义 2.50 中 SNC 性质的网版本为 Ω 在点 $\bar{x}$ 对应于 $\widehat{\mathcal{N}}$ 的拓扑法紧性 (TNC). 可以看到, 在 Clarke 法锥 (2.72) 的情形中, CEL $\not\Rightarrow$ TNC. 这可以由文献 [138] 中关于 $X=\ell^\infty$ 的例 4.1 给出.

显而易见, TNC $\Rightarrow$SNC 对任意 $\widehat{\mathcal{N}}$ 成立. Fabian 和 Mordukhovich[422] 证明了, 这些性质在弱紧生成 (WCG) 空间中是等价的. WCG 空间是指 $X=\mathrm{cl}(\mathrm{span}\,K)$ 对某弱紧集 $K\subset X$ 成立. 这类空间包括所有的自反空间以及可分 Banach 空间. 另外, SNC 性质在一般 Banach 空间 (Asplund 空间) 中可能严格弱于 TNC 性质, 即使对凸集也一样, 见文献 [422] 中的例.

定理 2.51 (极点原理的抽象版本) 令 $\{\Omega_1,\Omega_2,\bar{x}\}$ 为 Banach 空间 X 中闭集组成的极点系统, $\widehat{\mathcal{N}}$ 定义了 X 上的一个预法锥结构. 则下述成立:

(i) 对任意 $\varepsilon > 0$, 存在 $x_i \in \Omega_i \cap (\bar{x} + \varepsilon\mathbb{B})$, $i = 1, 2$ 和满足 $\|x^*\| = 1$ 的 $x^* \in X^*$, 使得

$$x^* \in (\widehat{\mathcal{N}}(x_1; \Omega_1) + \varepsilon\mathbb{B}^*) \cap (-\widehat{\mathcal{N}}(x_2; \Omega_2) + \varepsilon\mathbb{B}^*); \tag{2.86}$$

(ii) 设集合 Ω_i, $i = 1, 2$ 中的一个是在 $\bar{x}$ 点 $\widehat{\mathcal{N}}$ 列法紧的, 则存在 $x^* \in \mathbb{B}^* \backslash \{0\}$ 使得

$$x^* \in \overline{\mathcal{N}}(\bar{x}; \Omega_1) \cap (-\overline{\mathcal{N}}(\bar{x}; \Omega_2)), \tag{2.87}$$

这里 $\overline{\mathcal{N}}$ 指由 $\widehat{\mathcal{N}}$ 生成的拓扑法锥结构 (2.67). 如果进一步假设对偶单位球 $\mathbb{B}^* \subset X^*$ 是弱* 列紧的, 那么

$$x^* \in \mathcal{N}(\bar{x}; \Omega_1) \cap (-\mathcal{N}(\bar{x}; \Omega_2)) \tag{2.88}$$

对某 $x^* \in \mathbb{B}^* \backslash \{0\}$ 成立, 这里 $\mathcal{N}$ 指由 $\widehat{\mathcal{N}}$ 生成的序列法锥结构 (2.66).

证明 (i) 的证明类似引理 2.32(ii). 固定 $\varepsilon > 0$, 对集合系 $\{\Omega_1, \Omega_2\}$ 的局部极点 $\bar{x}$, 找到 $\bar{x}$ 的邻域 U 和 $a \in X$, 满足 $\|a\| \leqslant \epsilon := \varepsilon/2$ 和 $(\Omega_1 + a) \cap \Omega_2 \cap U = \varnothing$, 并可假定 $\bar{x} + \epsilon\mathbb{B} \subset U$. 构造函数

$$\varphi(x_1, x_2) := \|x_1 - x_2 + a\|, \quad (x_1, x_2) \in X^2.$$

如果 $(x_1, x_2) \in Z := [\Omega_1 \cap (\bar{x} + \epsilon\mathbb{B})] \times [\Omega_2 \cap (\bar{x} + \epsilon\mathbb{B})]$, 那么 $\varphi(\bar{x}, \bar{x}) = \|a\| \leqslant \epsilon$, 且

$$\varphi(x_1, x_2) > 0.$$

现在, 如果以 X^2 的和范数为度量, 那么 Z 是一个完备的度量空间, 并且 φ 在 Z 上连续. 对 Z 上的函数 φ 应用定理 2.26(i) 中的 Ekeland 变分原理, 存在 $(\bar{x}_1, \bar{x}_2) \in Z$, 满足

$$\varphi(\bar{x}_1, \bar{x}_2) \leqslant \varphi(x_1, x_2) + \epsilon(\|x_1 - \bar{x}_1\| + \|x_2 - \bar{x}_2\|), \quad \forall (x_1, x_2) \in Z.$$

这说明 $(\bar{x}_1, \bar{x}_2) \in \Omega_1 \times \Omega_2$ 是函数

$$\psi(x_1, x_2) := \|x_1 - x_2 + a\| + \epsilon(\|x_1 - \bar{x}_1\| + \|x_2 - \bar{x}_2\|)$$

相对于集合 $\Omega_1 \times \Omega_2$ 的局部极小点并且 $\bar{x}_1 - \bar{x}_2 + a \neq 0$. 现在应用定义 2.41 的预法锥结构 $\widehat{\mathcal{N}}$ 的性质 (H) 在 $\gamma := \varepsilon > \epsilon$ 的情形, 则有 $\widetilde{x}_i \in \bar{x} + \epsilon\mathbb{B}$, $i = 1, 2$ 和满足 $\|x^*\| = 1$ 的 $x^* \in X^*$, 使得

$$(-x^*, x^*) \in \widehat{\mathcal{N}}(\widetilde{x}_1; \Omega_1) \times \widehat{\mathcal{N}}(\widetilde{x}_2; \Omega_2) + \varepsilon(\mathbb{B}^* \times \mathbb{B}^*).$$

根据上述构造, 有 $(\widetilde{x}_1, \widetilde{x}_2) \in \Omega_1 \times \Omega_2$ 和 $\widetilde{x}_i \in \bar{x} + \varepsilon\mathbb{B}$, $i = 1, 2$. 这样一来就得到 (i) 中近似极点原理的所有关系.

为证明 (ii), 需要在 $\varepsilon \downarrow 0$ 时在 (i) 中取极限. 首先, 假设对偶单位球 $\mathbb{B}^* \subset X^*$ 是弱* 列紧的, 接下来证明 (ii) 中确切极点原理的序列版本. 取序列 $\varepsilon_k \downarrow 0$, 并考虑满足 (i) 中结论的对应序列 (x_{1k}, x_{2k}, x_k^*). 当 $k \to \infty$ 时, 有 $x_{1k} \to \bar{x}$ 和 $x_{2k} \to \bar{x}$. 因为 $\mathbb{B}^*$ 是弱* 列紧的, 选取序列 $\{x_k^*\}$(省略重新标记下标) 弱* 收敛到某 $x^* \in \mathbb{B}^*$. 根据 (2.86) 式, 存在 $x_{ik}^* \in \widehat{\mathcal{N}}(x_{ik}; \Omega_i)$ 和 $b_{ik}^* \in \mathbb{B}^*$, $i = 1, 2$, 使得

$$x_k^* = x_{1k}^* + \varepsilon_k b_{1k}^*, \quad x_k^* = -x_{2k}^* + \varepsilon_k b_{2k}^*, \quad \forall k \in \mathbb{N}. \tag{2.89}$$

这蕴涵 $x_{ik}^* \xrightarrow{w^*} x^*$ 和 $x_{2k}^* \xrightarrow{w^*} -x^*$ $(k \to \infty)$. 根据定义 (2.66), x^* 满足 (2.88) 式.

为证 (ii) 在序列的情形, 接下来只要说明在 SNC 的假设下, $x^* \neq 0$. 反之, 设 $x^* = 0$, 则有序列 $x_{ik}^* \in \widehat{\mathcal{N}}(x_{ik}; \Omega_i)$, 满足 $x_{ik}^* \xrightarrow{w^*} 0$, $i = 1, 2$. 因为 Ω_i 中的一个 (假设是 Ω_1) 在 $\bar{x}$ 点是 $\widehat{\mathcal{N}}$-列法紧的, 所以得到 $\|x_{1k}^*\| \to 0$. 这显然蕴涵 $\|x_k^*\| \to 0$, 从而与条件 $\|x_k^*\| = 1$ 对任意 $k \in \mathbb{N}$ 成立矛盾, 这就完成了 (ii) 在序列情形的证明.

最后考虑一般 Banach 空间的情形, 在给出的列法紧条件下证明极点原理的拓扑版本 (2.87). 这和序列情况类似, 但不再假定 $\mathbb{B}^*$ 的列紧性, 而是使用熟知的任意 Banach 空间中 $\mathbb{B}^*$ 的 (拓扑) 弱* 紧性. 这就能推出上述序列 $\{x_k^*\}$ 有一个弱* 聚点 $x^* \in \mathrm{cl}^*\{x_k^* \mid k \in \mathbb{N}\} \cap \mathbb{B}^*$. 由 (2.89) 式得出 $x_{ik}^* \in \widehat{\mathcal{N}}(x_{ik}; \Omega_i)$, $i = 1, 2$; 而定义 (2.67) 给出 x^* 满足 (2.87) 式, 这里 $\overline{\mathcal{N}}$ 指由 $\widehat{\mathcal{N}}$ 生成的拓扑法锥结构. 这对任意聚点 $x^* \in \mathrm{cl}^*\{x_k^* \mid k \in \mathbb{N}\}$ 都对.

还需证明, 如果集合 Ω_i, $i = 1, 2$ 中的一个在 $\bar{x}$ 点是 $\widehat{\mathcal{N}}$-列法紧的, 那么对某个 $x^* \in \mathrm{cl}^*\{x_k^* \mid k \in \mathbb{N}\}$ 有 $x^* \neq 0$. 事实上, 此论断的反面是说, $x^* = 0$ 是 $\{x_k^*\}$ 的唯一弱* 聚点. 这意味着序列 $\{x_k^*\}$ 弱* 收敛到零. 因此根据 (2.89) 式, 有 $x_{ik}^* \xrightarrow{w^*} 0$, $i = 1, 2$ (当 $k \to \infty$ 时). 从而 $\|x_{ik}^*\| \to 0$ 对 $i = 1$ 或 $i = 2$ 成立. 因为 $\|x_k^*\| = 1$, 这是不可能的. 因此完成了定理的证明. △

作为定理 2.51 的一个直接推论, 使用抽象预法锥和法锥结构, 可导出下述 Banach 空间中 Bishop-Phelps 和支撑超平面定理的推广.

推论 2.52 (边界点上的预法锥和法锥结构) 设 Ω 是 Banach 空间 X 中的真闭子集, $\bar{x}$ 是 Ω 的一个边界点. 考虑 X 上的任意预法锥结构 $\widehat{\mathcal{N}}$ 以及对应的序列法锥结构 $\mathcal{N}$ 和由 $\widehat{\mathcal{N}}$ 生成的拓扑法锥结构 $\overline{\mathcal{N}}$. 则

(i) 任给 $\varepsilon > 0$, 存在 $x \in \Omega \cap (\bar{x} + \varepsilon\mathbb{B})$, 满足 $\widehat{\mathcal{N}}(x; \Omega) \neq \{0\}$;

(ii) 假设 Ω 在 $\bar{x}$ 点 $\widehat{\mathcal{N}}$-列法紧, 则 $\overline{\mathcal{N}}(\bar{x}; \Omega) \neq \{0\}$. 如果进一步假设对偶单位球 $\mathbb{B}^*$ 是弱* 列紧的, 那么 $\mathcal{N}(\bar{x}; \Omega) \neq \{0\}$.

证明 置 $\Omega_1 := \Omega$ 和 $\Omega_2 := \{\bar{x}\}$ 并应用定理 2.51. △

根据 2.5.1 小节的结果, 如果设 (S1)~(S3) 这些不太苛刻的条件对相应的预次微分成立, 那么定理 2.51 中的抽象极点原理及其推论对次微分生成的预法锥和法锥结构也是成立的. 这些假定曾在引理 2.32(ii) 的 Fréchet 法锥和次微分情形的证

明中用到过. 从引理 2.32 的另一论断 (i) 的证明可以得出, 对由正常下半连续函数 $\varphi\colon X \to \overline{\mathbb{R}}$ 组成的函数类上的任意预次微分 $\widehat{\mathcal{D}}\varphi(\cdot)$, 这也是成立的. 这个预次微分由 $X \times \mathbb{R}$ 上的预法锥 $\widehat{\mathcal{N}}$ 按如下方式生成:

$$\widehat{\mathcal{D}}\varphi(x) := \{x^* \in X^* \mid (x^*, -1) \in \widehat{\mathcal{N}}((x, \varphi(x)); \mathrm{epi}\varphi)\}, \quad x \in \mathrm{dom}\varphi.$$

这里要求该预法锥满足 $\widehat{\mathcal{N}}(z; \Omega) \subset \{0\}$ (如果 $z \in \mathrm{int}\,\Omega$), 并且当 φ 为 x 附近具有模 ℓ 的局部 Lipschitz 函数时, $\|x^*\| \leqslant \ell$ 对任意 $x^* \in \widehat{\mathcal{D}}\varphi(x)$ 成立. 因此引理 2.32 的两个论断对一般的法锥类和次微分类都是成立的. 对定理 2.33 和本章中其他大多材料, 结果并非如此, 因为它们在本质上使用了 Fréchet 类型次微分的具体构造和 Asplund 空间的几何性质. 也应注意到, 在第 1 章中为了建立一般 Banach 空间中的广义微分理论, 同样使用了本书中基本结构的构造性质.

在本书后面的章节中, 会应用前两章中的基本原理和结果在 Asplund 空间中建立一套完备的广义微分法则, 并在非线性分析、最优化和经济学的重要问题中给出其应用. 几乎所有结果都是由 Fréchet 类型的法锥/次微分/上导数及其序列极限给出, 这在表述和证明中都是至关重要的. 当然从它们的证明可以看出 (有时会直接指出), 有一部分结果对上面讨论的其他法锥和次微分结构也是成立的.

2.6 第 2 章评注

2.6.1 极点原理的由来

这一章收集的基本材料对后面的章节, 包括变分分析的基本理论及其应用的各个方面, 都是举足轻重的. 本书中变分分析的所有基本结果都是围绕着第 2 章中系统研究的极点原理展开的. 极点原理可以看做是经典分离原理非凸情形的局部变分版本. 事实上, 极点原理在变分分析的角色和分离定理在有凸性的情形, 即在凸分析及其应用的框架下, 是一模一样的.

名称“极点原理”是 Mordukhovich[910] 提出的. Kruger 和 Mordukhovich[718] 在 Fréchet 光滑空间中对有限个集合的极点建立了极点原理的第一个版本 (包括在定义 2.5 的近似/模糊和确切/极限形式), 并称之为“广义 Euler 方程”. 确切极点原理的精髓可以追溯到 Mordukhovich 的早期文章[887]. 这篇文章在最优控制的框架下首次提出了度量逼近这个关键的方法.

2.1.2 小节中极点系统的性质及其与凸集/非凸集分离原理的联系可以在文献 [719, 901] 找到. 2.1.2 小节中极点性质与支撑性质的关系在文献 [421] 中有详尽的探讨. 最后, 特别指出文献 [148] 中对集合和的边界点的精彩探讨. 这个集合和的边界性质其实等价于另一集合系统的局部极点性质. 更多细节也可参见 Kruger 最近的文章[715].

2.1.3 小节给出了有限维空间中确切极点原理的一个自包含的证明, 它是基于度量逼近方法的. 前面提过, 此方法源于 Mordukhovich[887], 并在文献 [719, 889, 892, 901, 907] 中的各种有限维情况下得到了发展. 读者可以在后面的讨论中遇到无限维空间中的版本, 它明显更多地依赖变分分析的技术. 注意到, 度量逼近方法包含一个构造过程, 它通过一列光滑无约束的极小化问题来作对称逼近, 进而研究集合系统的局部极点 (特别是带约束优化和均衡的各种问题中的局部解). 在定理 2.8 的证明中, 该过程的具体实施事实上导致了基本/极限法锥的引入, 从而能描述 (确切) 广义 Euler 方程. 这个方程是在对近似问题序列应用 Fermat 驻点法则之后取极限的过程中产生的[887]. 所有这些都表明了经典和现代工具的关系以及变分分析的精髓, 那就是新的方法源于恰如其分的逼近/扰动技术.

2.6.2 Fréchet 光滑空间中的极点原理与可分约化

在概念的层面上, 有限维和无限维的情形没有重大的不同. 但是, 极点原理在无限维空间中的推广在技术上需要更多的改良的变分推理以及 Banach 空间更细致的几何性质. 在 2.1.3 小节极点原理的证明中, 度量逼近方法的构造和实现充分应用了如下三个性质, 这是有限维空间的重要特征:

(a) Euclid 范数的内蕴变分性质;

(b) 有限维空间的 Euclid 范数在原点外光滑, 并等价于任何范数;

(c) 单位球 (球面) 的紧性, 这是有限维空间的一个刻画.

无限维空间和 Euclid 范数没什么关系, 这些性质的恰当替代版本在 2.2 节一般 Asplund 空间框架下推导确切和近似极点原理的过程中是关键的组成部分. 为在 Asplund 空间上建立近似极点原理, 有以下两个步骤: 首先在具有等价 Fréchet 光滑 (原点除外) 范数的 Banach 空间上给出极点原理的直接证明, 然后用可分约化方法将结果提升到任意 Asplund 空间中.

2.2.1 小节中用来证明具有光滑 Fréchet 重赋范 Banach 空间上的近似极点原理的变分推理方法是 Li 和 Shi 在文献 [785] 提出的, 他们在该文中用之证明了 Ekeland 和 Borwein -Preiss 类型的变分原理. 后来这个方法在 [159, 265, 266, 688, 809] 等文献中的平行的变分情形下得到了应用. 把这个方法与文献 [948] 中的工具以及接下来的归纳法结合起来. 如注解 2.11 中指出的, 用类似的方法可以建立具有任意光滑 (相对于自然的生成族) 重赋范 Banach 空间上的近似极点原理. 关于生成族, 建议读者参阅 Averbukh 和 Smolyanov 的综述文章[68] 以及 Phelps 的书[1073]. 在相对于其他生成族 (非 Fréchet) 光滑的空间上, 近似极点原理的合适版本可以在 Borwein, Mordukhovich 和 Shao 的文章[151] 中找到.

在 2.2.2 小节中用来推导近似极点原理的可分约化方法可能是本书中最难的工具, 它取材于 Fabian 和 Mordukhovich 的文章[421], 其起源可以追溯到 Fréchet 微分理论中 Preiss 的文章[1103]. 之后, 可分约化方法的各种版本在文献 [423, 413, 415, 420, 421] 中被应用到非线性分析的各个方面以及广义微分理论之中. 在该方法的理论与应用中, Fréchet 类型的微分与次微分似乎是很关键的.

2.6.3 Asplund 空间

2.2.3 小节中表述的 Banach 空间的 Asplund 性质在本书展开的变分分析的理论与应用中扮演着重要的角色. 尽管本书有数个重要结果和应用是在一般 Banach 空间中成立的, 最完备的广义微分理论是在 Asplund 空间上给出的, 它们和有限维空间上的理论同样完美.

现在被称为 Asplund 空间的这类引人注目的 Banach 空间是由 Asplund 在其 1968 年的文章[43] 中引入的, 那里被命名为"强可微空间". "Asplund 空间"是 Namioka 与 Phelps 在 Asplund 去世 (1974) 后不久提出的[992]. 2.2.3 小节给出的 Asplund 空间的定义与 Asplund 的原始定义是相容的, 唯一不同是 Fréchet 可微点集原本是假定为 G_δ 集合的. 因为 Fréchet 可微点集总是 G_δ 的[1073], 这个假定可以被等价地省略. 值得一提的是, 尽管 Asplund 的原始文献 [43] 是关于 Banach 空间几何理论的, 然而其中包含一些精妙的变分应用, 由之建立了一些线性扰动了的变分问题最优解的一般存在性和唯一性. 特别地, 这些问题和 Hilbert 空间上的 Moreau 邻近映射[982] 相关.

Asplund 空间包含所有自反空间和其他很多值得一提的 Banach 空间, 其在 Banach 空间的几何理论与应用中得到了完整的研究, 发现了为数众多的深刻刻画和性质. 读者可以在 2.2.3 小节的开头以及其所给的文献中找到这当中的一些结果. Asplund 空间一般与 Fréchet 可微性有关, 但存在这样的 Asplund 空间, 它连 Gâteaux 可微的重赋范也没有[331,553]. Asplund 空间可能是分析中甚或是整个数学中最漂亮的结构之一, 但与此不同的是, 在文献 [43] 中类似定义的弱 Asplund 空间, 也就是用 Gâteaux 可微性取代了 Fréchet 可微性, 却只有区区可数的几个满意的结果, 离完美还很遥远[416]. 另外还有一种叫做 Asplund 生成空间的中间类型, 在文献中也称为 Grothendieck-Šmulian 生成空间. 这类空间包含所有的弱紧生成空间 (因此包含所有可分空间). 弱紧生成空间在前面提到的 Fabian 的书[418] 中有很好的几何研究. 文献 [418] 就是关于在 Asplund 生成空间的框架下的广义微分与变分分析的特殊性质的. 对其中一些结果与讨论, 见注释 3.103.

2.6.4 Asplund 空间上的极点原理

定理 2.20 用极点原理的两个等价版本给出了 Asplund 空间的极点刻画, 这个结果是 Mordukhovich 和 Shao 在文献 [948] 中建立的. Asplund 性质保证可分约化从而导出极点原理这个充分性取材于 Fabian 和 Mordukhovich 文章[421], 而该性质对变分原理的必要性, 则在文献 [420] 中通过 2.2.3 小节重述的例子 2.19 给出. 另外一个近似极点原理在任意 Asplund 空间中成立的证明 (事实上是第一个证明) 可以在文献 [949] 中找到, 这个证明是通过文献 [946] 建立的覆盖性质的上导数判据给出的.

推论 2.21 的 Asplund 空间的边界刻画是 Fabian 与 Mordukhovich[420] 给出的, 其证明基于可分约化而没有求助于极点原理. 另外, 该推论的论断 (c) 是著名的 Bishop-Phelps 定理[116] 在 Asplund 空间框架中相当有深度的非凸扩展, 它由 Mordukhovich 与 Shao 在文献 [948] 中首先给出. 请比照 Borwein 与 Strójwas[156,157] 的 Bishop-Phelps 定理的其他非凸推广与另外的证明. 在 Mordukhovich 与 B. Wang 的文章[960] 中, 读者可以找到基于 Fréchet 法向量和 ε-法向量的 Asplund 空间的更多刻画以及上面提到结果的不同证明. 在本章下面的注释中会讨论 Asplund 空间的各种次微分刻画. 另外文献 [1304] 建立了与上述类似的一些结果以及具有 Fréchet 可微重赋范的局部一致凸 Banach 空间中自反性的刻画. 这是通过基于邻近法向量和次导数的近似极点原理建立的.

定理 2.22 中 Asplund 空间在序列法紧条件下成立的确切极点原理是由 Mordukhovich 和 Shao 在文献 [949] 中建立的, 它推广了 Kruger 和 Mordukhovich[718] 在 Fréchet 光滑空间中上图 Lipschitz 假设下的结果[707,901]. 定理 2.22 的反向论断是在文献 [419] 中证明的. 关于极点原理在法紧性缺失情况下不成立的例子来自 Borwein 和 Zhu[162]. 推论 2.24 和推论 2.25 中基本法锥和次微分的非平凡性是由 Mordukhovich 和 Shao[949] 首先建立的, 它们都是极点原理的直接推论.

2.6.5 Ekeland 变分原理

根据现代非线性分析的标准术语, "变分原理" 指这样的论断, 它保证, 对给定的下半连续并下有界的函数 φ 及其任意 ε-极小点 x_0, 存在 φ 的一个小的扰动, 使得扰动后的函数在 x_0 附近的点达到极小. 第一个这种意义下的变分原理是 1972 年 Ekeland 在完备距离空间中发现的[396,397,399]. Ekeland 变分原理的确切描述在定理 2.26(ii) 中给出. 要注意的是, Ekeland 当初的证明非常复杂并使用了相关于 Zorn 引理的超限归纳法. 其主要部分类似于上面提到的 Bishop-Phelps 定理的证明. 事实上 Ekeland 称 Bishop-Phelps 定理是这个理论的始祖. 定理 2.26 给出的非常简明的证明源于 Crandall 的思路, 它作为私人交流收在文献 [399] 中. 定理 2.26(ii) 的反向论断是根据文献 [1232], 它保证了 Ekeland 变分原理事实上是度量空间完备性的一个刻画. Ekeland 变分原理在数学的各个分支及相关学科都有太多的应用, 想在本书中提一下大部分的结果都是不可能的. 读者可以在文献 [399] 中找到最重要的一些应用及其细致的分析.

值得强调的是, 推论 2.27 是 Ekeland 最初研究的主要动力之一, 它保证了一个光滑无约束极小问题的“几乎最优”(称之为“次最优”) 解满足“几乎稳定”条件. 这种类型的结果在无限维空间中尤其重要, 因为这个时候最优解经常不存在. 因此推导次最优解的必要条件在理论和实践上都是非常重要的. 这种条件应该和最优解的条件相仿, 并能最终导出解决最优化问题的算法. 从这个角度看, 由于次最优解总是存在, 其必要条件并不比最优解的必要条件差, 因为那可能根本不能达到. 将在全书中对这个课题给予重视 (见第 5, 6 章).

2.6.6 次微分变分原理

所谓的“下次微分变分原理”是 2.3.2 小节的主要结果 (定理 2.28), 它是推论 2.27 中 Ekeland 的 ε-稳定性条件从光滑函数到增广实值下半连续函数的长足发展, 因为由此就可以应用于有约束优化问题. 这个结果由 Mordukhovich 和 B. Wang 在文献 [962] 中建立, 它和标准的变分原理只有一处不同：其中包含的 ε-稳定性类型的 (下) 次微分条件取代了扰动极小条件, 这事实上是次最优解的必要条件. 对非光滑函数的第一个这种类型的条件是由 Rockafellar[1147] 在 Banach 空间中用 Clarke 次微分得到的. 对凸函数而言这可追溯到 Brøndsted 和 Rockafellar 在 Ekeland 变分原理之前的早期工作[179], 对相关结果和讨论, 参见文献 [154, 186, 501, 1165]. 如前述文章[962] 所证, 定理 2.28 的次微分变分原理是近似极点原理的等价解析变形, 因此也就给出了 Asplund 空间的另一个变分刻画.

定理 2.28 的变分结果很容易导出推论 2.29 列出的 Asplund 空间的次微分刻画. 这些刻画起初是由不同工具建立的：(b) 来自文献 [415], (c) 来自文献 [419], (e) 来自文献 [423]. 根据定理 1.86, 刻画 (d) 由 (e) 推出. 蕴涵关系 (e)⇒(a) 由 Ioffe[593] 在早期证明, 而对任意下半连续函数 $\varphi\colon X \to \overline{\mathbb{R}}$, 满足 $\widehat{\partial}_{a\varepsilon}\varphi(x) \neq \varnothing$ 的点 $x \in \mathrm{dom}\varphi$ 的稠密性蕴涵 X 的 Asplund 性质这些相关结果可追溯到 Ekeland 和 Lebourg[400].

定理 2.30 的上次微分变分原理摘自文献 [938], 它与下次微分的版本本质上是不一样的. 一般来说, 其威力要小一些, 这因为它只能用于在问题点具有上 Fréchet 次微分的函数类. 但对这类函数 (它们在非光滑分析中已经得到很好的重视和研究, 见第 5 章) 而言, 上次微分版本与所有上次导数有关, 这和定理 2.28 的下次微分版本相比有某些突出优点, 这对很多约束极小问题的必要最优条件尤其重要. 对在这个方向上的一些结果, 参见 5.1.4 小节.

2.6.7 光滑变分原理

在变分原理发展的传统线路上, 定理 2.26 中 Ekeland 变分原理中的极小条件可以这样解释：对任意满足 $\inf\varphi > -\infty$ 的下半连续函数 $\varphi\colon X \to \overline{\mathbb{R}}$, 存在在某点 $\bar{x} \in \mathrm{dom}\varphi$ 从下方支撑 φ 的函数 $s\colon X \to \overline{\mathbb{R}}$, 也就是说,

$$\varphi(\bar{x}) = s(\bar{x}) \quad 和 \quad \varphi(x) \geqslant s(x), \quad \forall x \in X.$$

这样 Ekeland 变分原理就在一般 Banach 空间的框架下保证了支撑函数可被选为由范数类型给出的小的扰动. 这个结果的一个明显缺点是扰动函数的内在非光滑性, 从而也产生了一个自然的问题 —— 寻找保证光滑扰动的条件, 亦即光滑变分原理.

该方向的第一个结果于 1978 年由 Stegall[1224] 给出, 他证明了, 在具有 Radon-Nikodým 性质的 Banach 空间 (特别是自反空间) 上, 对满足某些在 $\|x\| \to \infty$ 时增长条件的任意下半连续函数, 支撑函数 $s(\cdot)$ 可选为具有任意小范数的线性泛函.

在 1987 年, Borwein 和 Preiss[154] 建立了一个更强有力的光滑变分原理. 他们在本质上更一般的情形下证明了, 如果假设所讨论的 Banach 空间具有相对于某生成族的光滑重赋范, 那么支撑函数可以选为凹的并相对于相同的生成族光滑. Deville, Godefroy 和 Zizler[330,331] 在某些方向上扩展了 Borwein -Preiss 光滑变分原理, 他们特别证明了, 如果更一般地假设相对于某生成族的 Lipschitz 光滑阻尼函数的存在性, 那么可选择支撑函数为对于生成族光滑的 (不再是凹的) (见文献 [45, 70, 164, 265, 417, 419, 530, 531, 547, 619, 620, 785, 790, 809, 1243, 1356]), 其中有关于变分原理的更多信息, 其近期发展及其应用.

2.3.3 小节中的结果取材于 Fabian 和 Mordukhovich[419]. 定理 2.31 的论断 (i) 和 (ii) 分别建立了 Borwein-Preiss 和 Deville-Godefroy-Zizler 的改进版本. 与文献 [154, 330] 的原始版本相比, 它提供了支撑函数的更多信息. 注意定理 2.31(i, ii) 的证明和文献 [154, 330] 在本质上是不同的, 它基于定理 2.28 的下次微分变分原理和定理 1.88 的 Fréchet 次导数的光滑描述.

定理 2.31 的反向论断 (iii) 事实上是很值得一提的. 它证明了, 对 Borwein-Preiss 和 Deville-Godefroy-Zizler 变分原理的光滑范数和光滑阻尼函数, 其存在性不仅对这些结果是充分的, 而且是必要的. 如 2.3.3 小节最后所讨论的, 这些结果对任意生成族都是成立的, 从而 Fréchet 光滑性不是本质的. 再次指出, 在这个方面, 极点原理和下次微分变分原理都不必假定光滑性. 另外, 如文献 [151] 中所证明 (对应地, 参见文献 [919]), 在具有 Fréchet 重赋范 (对应地, Fréchet 光滑的 Lipschitz 阻尼函数) 的 Banach 空间中, 近似极点原理与局部化的 Borwein-Preiss 和 Deville-Godefroy-Zizler 变分原理的某些特定版本等价.

2.6.8 Asplund 空间中极限法向量和次导数的表示

前面已指出, 本书中展开的变分分析的主要结果及其应用源于极点原理. 2.4 节包含了这个方向上第一组结果. 特别地, 利用近似极点原理及其在 Asplund 空间中的次微分表述, 可在一般的 Asplund 空间中推导出基本法锥、次微分和上导数的简单而方便的表示, 它们和有限维空间中基于 Euclid 范数具体性质的结果类似. 极点原理及其等价结果使得替代以前的论证成为可能, 并且不必求助于维数的有限性, 或者 Euclid 范数, 甚至不需要光滑重赋范. 进一步, 如果这些表示分别对足够广的集类、函数类或集值映射类成立时, 那么空间的 Asplund 性质也是必要的.

引理 2.32 中近似极点原理的次微分描述在建立 2.4 节的主要结果中起着重要的作用. 这个引理由 Mordukhovich 和 Shao[948] 建立, 而论断 (i) 的要点可以追溯到 Ioffe[600] (请比较其中引理 2 第二步的证明).

形如 (2.42) 式的结果称为模糊加法法则 (或"零模糊加法法则", 或"模糊原理"). 最早的研究是由 Ioffe[593,594] 对 Fréchet 和 Dini 类型的 ε-次微分作出的. 对 Asplund 空间中 Fréchet 次微分 ($\varepsilon = 0$), 半 Lipschitz 的结果 (2.42) 最先是由 Fabian 基于 Borwein-Preiss 光滑变分原理和可分约化建立的 (请对比 Ioffe[599] 的 Fréchet 光滑空间中的情形). 另外还有数个这种模糊法则的改进, 但都是等价的. 这当中的头一个是文献 [1371] 对所谓的 β-次微分证明的, 它在相对于生成族光滑的空间中是有价值的. 后来 Ioffe[606] 和 Lassonde[747] 在更广的假设下证明了这样的结果 (参见文献 [164]).

定理 2.33(b) 中完整的 (非"零") 半 Lipschitz 模糊法则由 Fabian 在一般的 Asplund 空间中首先得到, 他先是在文献 [413] 中证明了 $\varepsilon > 0$ 的情况, 然后在文献 [415] 中证明了 $\varepsilon = 0$ 的情况. 注意 Fréchet 次微分结构似乎对这个完整法则是很关键的, 这和零的情形 (2.42) 不同. Ioffe 在早期[593] 研究过完整模糊加法法则的一些拓扑改进 (用原点的一个弱* 邻域代替了小的对偶球), 他引入称为"可信空间"的 Banach 空间类并证明任何具有 Fréchet 光滑阻尼函数的空间都在这个类中. 定理 2.33 的 (b)⇒(a) 也可以从文献 [593] 导得. 对这个方向上的更多结果及其等价描述和讨论, 参见文献 [147, 151, 158, 160, 163, 164, 257, 265, 329, 413, 414, 607, 614, 616, 622, 802, 952].

在一般 Asplund 空间中, 定理 2.33(c) 中的确切/极限半 Lipschitz 加法法则和定理 2.34, 2.35 的基本次导数、法向量的表示是由 Mordukhovich 和 Shao[949] 建立的. 其中反向论断归功于 Fabian 和 Mordukhovich[419]. 基于极点原理而扩展的加法法会在第 3 章中给出, 那里读者可以看到完备的分析法则以及更多的讨论.

(2.48) 式中 $\varepsilon > 0$ 情形下的极限 ε-次微分 $\partial_\varepsilon\varphi(\bar{x})$ 是由 Jofré , Luc 和 Théra[635] 定义的, 它源于 ε-单调性及其相关问题上的应用. 正如 Mordukhovich 和 Shao 在文献 [949, 命题 2.11] 里指出的, 对 Asplund 空间上的任意下半连续函数, 该构造其实是基本次微分的 ε-放大 (见定理 2.34). 另外, Fabian 和 Mordukhovich[419] 证明 $\partial_\varepsilon\varphi(\bar{x})$ 的这种放大表示刻画了空间的 Asplund 性质.

奇异次微分在定理 2.38 的极限表示

$$\partial^\infty\varphi(\bar{x}) = \mathop{\mathrm{Limsup}}_{x\xrightarrow{\varphi}\bar{x},\lambda\downarrow 0} \lambda\widehat{\partial}\varphi(x). \tag{2.90}$$

首先由 Rockafellar[1150] 在有限维空间中得到, 其中 (2.81) 式的近邻次微分 $\partial_P\varphi(x)$

替代了 (2.90) 式的 $\widehat{\partial}\varphi(x)$, 而这个表示在文献 [1150] 中是作为 $\partial^\infty\varphi(\bar{x})$ 的定义的. Fréchet 光滑空间中的表示 (2.90) 是由 Ioffe[600] 证明的, 在 Asplund 空间中的完整表述后来由 Mordukhovich 和 Shao[949] 用文献 [600] 中的方法给出. 本书所述引理 2.37 的证明澄清了 Ioffe[600,定理4] 的证明, 在几个重要方面是不同的.

定理 2.40 关于图水平法向量的论断 (i) 以及关于 Asplund 空间中连续函数的蕴涵关系

$$D^*\varphi(x)(0) \subset \partial^\infty\varphi(\bar{x}) \cup \partial^\infty(-\varphi)(\bar{x})$$

由 Ngai 和 Théra[1008] 建立. 反向包含关系和因而有的定理 2.40(ii) 中上导数表示的等式来自定理 1.80. 关于这些结果另外的证明及其在相对于生成族光滑的 Banach 空间中相关 β-次微分的变形, 参阅见文献 [1373, 622, 164].

2.6.9 其他次微分结构和极点原理的抽象版本

为获得一般 Banach 空间中的极点原理, 极小法锥和次微分性质是必须的. 基于此认识, Mordukhovich[920] 定义了 2.5.1 小节的抽象法锥和次微分结构. Aussel, Corellec 与 Lassonde[61], Correa, Jofré 与 Thibault[292], Ioffe[599,606,607], Ioffe 与 Penot[614], Lassonde[747], Mordukhovich[901], Mordukhovich 与 Shao[949], Thibault 与 Zagrodny[1254] 等曾研究过此类型的各种公理化结构, 一般来说它们分别有不同的性质和应用. Mordukhovich 与 Shao[949] 注意到了命题 2.45 中基本次微分的极小性质, 这些结果的要点 (在比较严的假设下) 可以追溯到 Ioffe 的早期工作[596,599] 和 Mordukhovich[894,901]. 更多讨论参见文献 [949, 第 9 节]. 要注意的是, 对 Fréchet 光滑空间上的下半连续函数, Ioffe 的极小结果[599] 并不能导出其 G-次微分的核 $\widetilde{\partial}_G\varphi(\bar{x})$ 包含于基本次微分 $\partial\varphi(\bar{x})$, 文献中 [599, 命题 8.2] 的论断是不对的. 问题在于, 对 Lipschitz 连续函数, 映射 $\partial\varphi(\cdot)$ 并不一定具有闭图. 事实上, 反向包含关系

$$\partial\varphi(\bar{x}) \subset \widetilde{\partial}_G\varphi(\bar{x}) \tag{2.91}$$

在 Asplund 空间里对任意下半连续成立, 而当空间 X 是弱紧生成 (包括 Fréchet 光滑) 时, 等式对局部 Lipschitz 函数是成立的. 见 3.2.3 小节以及 3.4.7 小节对其的注释. 另外, Borwein 与 Fitzpatrick[141] 的例子表明, 包含关系 (2.91) 即使对凹 Lipschitz 连续函数也可能是严格的. 这种凹函数是定义在某些 $\mathcal{C}^\infty$ 光滑但不是弱紧生成的特殊空间上. 对比后面的例 3.61.

2.5.2 小节给出一些重要的法锥和次微分结构的概述, 它们在变分分析广义微分的理论和应用中都是重要的. 本书主要采用基本结构相关的法锥和次微分. 2.5.2 小节中的描述是自成体系的, 并给出了相关的文献和书籍, 读者可以在其中找到更多的细节和讨论, 另外见第 1 章的评注. 这里只对最后一节 E 里的概念和结果作一些注释.

函数 φ 在 $\bar{x}$ 点的广义微分结构 $\mathcal{A}\varphi(\bar{x})$, 也就是这里说的“导集”, 是基于 Warga 在文献 [1316] 中引入的“导容”概念, 这后来在很多文献中得到了发展[408,1317~1321,1370,1236~1238]. 定理 2.46 在本书中的形式由 Kruger[713] 建立, 其关键部分及证明见 Kruger 和 Mordukhovich 的早期工作[719]. 它证明了, 有限维空间上连续函数的 Fréchet 次微分 (从而下/上基本次微分) 比任何 Warga 导容都小. 对这个结果的改进、扩展、应用与变种, 参见文献 [99, 304, 596, 646, 705, 901].

2.5.3 小节基于 Mordukhovich 的文章[920], 其中推导了抽象极点原理的近似与确切版本. 早先的结果, 包括非 Asplund 空间 (主要是相对于生成族光滑的空间) 框架中的极点原理及其与其他广义微分理论基本结果的等价关系, 建立于 Borwein, Mordukhovich 与 Shao[151], Borwein, Treiman 与 Zhu[159], Ioffe[606], 和 Zhu[137], 更多讨论参见文献 [163, 164].

抽象极点原理的确切版本、序列和拓扑的改进版本, 都是在文献 [920] 中建立的, 其中使用了序列法紧性条件的抽象版本. Ioffe[607] 在度量正则性的讨论中也类似地发现, 这个序列紧性对拓扑极限结构是足够的.

第 3 章　Asplund 空间中的完备分析法则

本章着重建立广泛的广义微分结构微分法则, 这些结构包括集合的法向量、集值和单值映射的上导数和增广实值函数的次梯度. 广义微分的某些有用的分析法则已经在第 1 章中在任意 Banach 空间的情形下给出. 然而, 对其中许多重要结果, 在复合中的一些映射上强加了可微性假设. 本章中在 Asplund 空间框架下建立完备分析法则, 但不要求集合和映射的任何光滑性和/或凸性, 且结果与有限维空间中的情形一样完美. 这些进展主要基于第 2 章中关于极点原理的结果和 Asplund 空间中类 Fréchet 结构的变分性质. 由此以几何的方法建立起这些基本结构的一般分析法则, 即从法锥的分析法则开始, 然后导出上导数及次微分的和与链式法则及其他结果. 这些分析法则涉及对集合和映射的序列法紧性 (SNC) 假设. 这些假设在有限维空间中自动成立, 其使用揭示了有限维和无限维变分理论之间的一个最主要的区别. 为无限维的变分分析的完整性和有效应用, 需要建立 SNC 分析法则确保 SNC 性质在集合和映射的各种运算下被保持. 本章末在相当一般的情形下建立了这样的分析法则. 除非特别声明, 本章所有的空间都是 Asplund 空间.

3.1　法向量和上导数的分析法则

本节在自然和可检验的假设下得到非凸集合的法锥和非光滑集值和单值映射的上导数的一般分析法则. 从法锥的分析法则开始, 首先利用极点原理证明交集的 Fréchet 法向量的"模糊法则". 接着在适当的规范和序列法紧性条件下建立表示交集的基本法向量的关键分析结果. 利用法锥的分析法则, 可得到基本和混合上导数的和与链式法则及其他相关表达式. 在最后一小节建立了 Lipschitz 单值映射的基本上导数和相应的标量化函数的次梯度之间的关系, 这对次微分的分析法则和各种应用来说非常重要.

3.1.1　法锥的分析法则

下面的引理在所论集合只有局部闭性的假设下给出了 Asplund 空间中的集合与其交集的 Fréchet 法向量之间的一个模糊关系. 它由近似极点原理推出, 对进一步的结果起着重要的技术性作用.

引理 3.1 (由极点原理而得的模糊交法则)　设 $\Omega_1, \Omega_2 \subset X$ 是任意集合, 在 $\bar{x} \in \Omega_1 \cap \Omega_2$ 附近局部闭, 且设 $x^* \in \widehat{N}(\bar{x}; \Omega_1 \cap \Omega_2)$. 则对任意 $\varepsilon > 0$, 存在 $\lambda \geqslant$

0, $x_i \in \Omega_i \cap (\bar{x}+\varepsilon\mathbb{B})$ 和 $x_i^* \in \widehat{N}(x_i;\Omega_i)+\varepsilon\mathbb{B}^*, i=1,2$, 使得

$$\lambda x^* = x_1^* + x_2^*, \quad \max\{\lambda, \|x_1^*\|\} = 1. \tag{3.1}$$

证明 由 Fréchet 法向量的定义 1.1(i), 对任意给定的 $x^* \in \widehat{N}(\bar{x};\Omega_1\cap\Omega_2)$ 和 $\varepsilon>0$, 找到 $\bar{x}$ 的一个邻域 U, 使得

$$\langle x^*, x-\bar{x}\rangle - \varepsilon\|x-\bar{x}\| \leqslant 0, \quad \forall x \in \Omega_1\cap\Omega_2\cap U. \tag{3.2}$$

定义 $X\times\mathbb{R}$ 的子集为

$$\Lambda_1 := \{(x,\alpha)\in X\times\mathbb{R} \mid x\in\Omega_1, \alpha\geqslant 0\},$$

$$\Lambda_2 := \{(x,\alpha)\in X\times\mathbb{R} \mid x\in\Omega_2, \alpha\leqslant \langle x^*, x-\bar{x}\rangle - \varepsilon\|x-\bar{x}\|\}.$$

注意到 $(\bar{x},0)\in\Lambda_1\cap\Lambda_2$, 集合 Λ_i 在 $(\bar{x},0)$ 附近是局部闭的. 而且, 根据 (3.2) 式和 Λ_i 的构造易验证

$$\Lambda_1\cap(\Lambda_2-(0,\nu))\cap(U\times\mathbb{R}) = \varnothing, \quad \forall \nu>0.$$

因此 $(\bar{x},0)$ 是集合系统 $\{\Lambda_1,\Lambda_2\}$ 的局部极点. 对 Asplund 空间 $X\times\mathbb{R}$ (范数为 $\|(x,\alpha)\|:=\|x\|+|\alpha|$) 中的该系统应用定理 2.20 的近似极点原理, 找到 $(x_i,\alpha_i)\in\Lambda_i$, $(x_i^*,\lambda_i)\in\widehat{N}((x_i,\alpha_i);\Lambda_i)$, $i=1,2$, 使得

$$\begin{cases} \max\{\| x_1^*+x_2^* \|, | \lambda_1+\lambda_2 |\} < \varepsilon, \\ \dfrac{1}{2}-\varepsilon < \max\{\|x_i^*\|, | \lambda_i |\} < \dfrac{1}{2}+\varepsilon, \\ \| x_i-\bar{x} \| + | \alpha_i | < \varepsilon \end{cases} \tag{3.3}$$

对 $i=1,2$ 成立. 根据 Fréchet 法向量的定义易得 $\lambda_1\leqslant 0, x_1^*\in\widehat{N}(x_1;\Omega_1)$ 和

$$\limsup_{(x,\alpha)\xrightarrow{\Lambda_2}(x_2,\alpha_2)} \frac{\langle x_2^*, x-x_2\rangle + \lambda_2(\alpha-\alpha_2)}{\|x-x_2\|+|\alpha-\alpha_2|} \leqslant 0. \tag{3.4}$$

由 Λ_2 的构造得 $\lambda_2\geqslant 0$ 和

$$\alpha_2 \leqslant \langle x^*, x_2-\bar{x}\rangle - \varepsilon\|x_2-\bar{x}\|. \tag{3.5}$$

如果不等式 (3.5) 是严格的, 那么由 (3.4) 式得 $\lambda_2=0$, $x_2^*\in\widehat{N}(x_2;\Omega_2)$. 在这种情形下可取 $\lambda=0$, 并从 (3.3) 式得 (3.1) 式.

下面考虑 (3.5) 式中等式的情形. 取向量 $(x,\alpha)\in\Lambda_2$ 满足

$$\alpha = \langle x^*, x-\bar{x}\rangle - \varepsilon\|x-\bar{x}\|, \quad x\in\Omega_2\backslash\{x_2\},$$

并把它们代入到 (3.4) 式. 这蕴涵着存在 x_2 的一邻域 V, 使得

$$\langle x_2^*, x - x_2\rangle + \lambda_2(\alpha - \alpha_2) \leqslant \varepsilon(\|x - x_2\| + |\alpha - \alpha_2|) \tag{3.6}$$

对任意 $x \in \Omega_2 \cap V$ 成立, 且相应的 α 满足

$$\alpha - \alpha_2 = \langle x^*, x - x_2\rangle + \varepsilon(\|x_2 - \bar{x}\| - \|x - \bar{x}\|).$$

根据三角不等式, 有

$$|\alpha - \alpha_2| \leqslant (\|x^*\| + \varepsilon)\|x - x_2\|.$$

注意到 (3.6) 式中左边的 ϑ 可表成下面的形式:

$$\vartheta = \langle x_2^* + \lambda_2 x^*, x - x_2\rangle + \varepsilon\lambda_2(\|x_2 - \bar{x}\| - \|x - \bar{x}\|).$$

因此 (3.6) 式蕴涵着估计

$$\langle x_2^* + \lambda_2 x^*, x - x_2\rangle \leqslant \varepsilon(1 + \|x^*\| + \lambda_2 + \varepsilon)\|x - x_2\|$$

对任意 $x \in \Omega_2 \cap V$ 成立. 因此由 ε- 法向量的定义 1.1(i) 得

$$x_2^* + \lambda_2 x^* \in \widehat{N}_{c\varepsilon}(x_2; \Omega_2), \quad 此处 \quad c := 1 + \|x^*\| + \lambda_2 + \varepsilon. \tag{3.7}$$

注意到 $1 + \|x^*\| < c < 2 + \|x^*\|$ 对所有充分小的 ε 成立, 即 (3.7) 式中的常数 c 总是正的, 而且可只依赖所给定的 x^*. 现在应用 Asplund 空间中 ε- 法向量的表达式 (2.51), 找到 $v \in \Omega_2 \cap (x_2 + \varepsilon\mathbb{B})$, 使得

$$x_2^* + \lambda_2 x^* \in \widehat{N}(v; \Omega_2) + 2c\varepsilon\mathbb{B}^*.$$

记 $\eta := \max\{\lambda_2, \|x_2^*\|\}$, 根据 (3.3) 式得 $\dfrac{1}{2} - \varepsilon < \eta < \dfrac{1}{2} + \varepsilon$, 且当 ε 很小时, $\dfrac{1}{4} < \eta < \dfrac{3}{4}$. 令

$$\lambda := \lambda_2/\eta, \quad u^* := -x_2^*/\eta, \quad v^* := (x_2^* + \lambda_2 x^*)/\eta,$$

显然有 $\lambda \geqslant 0, \quad \max\{\lambda, \|u^*\|\} = 1, \quad \lambda x^* = u^* + v^*$. 而且根据 (3.3) 式, 有 $v^* \in \widehat{N}(v; \Omega_2) + 8c\varepsilon\mathbb{B}^*$ 和

$$u^* = x_1^*/\eta - (x_1^* + x_2^*)/\eta \in \widehat{N}(x_1; \Omega_1) + 4\varepsilon\mathbb{B}^*.$$

由于 $c > 0$ 只依赖于给定的 x^*, 又由于 ε 选取的任意性, 这就证明了引理的结论. △

由引理 3.1 的证明可得到条件保证在 (3.1) 式中 $\lambda \neq 0$, 就有

$$\widehat{N}(\bar{x}; \Omega_1 + \Omega_2) \subset \widehat{N}(x_1; \Omega_1) + \widehat{N}(x_2; \Omega_2) + \varepsilon\mathbb{B}^* \tag{3.8}$$

对 $x_i \in \Omega_i \cap (\bar{x} + \varepsilon\mathbb{B})$, $i = 1, 2$ 和所有小的 $\varepsilon > 0$ 成立. 这种条件之一是所谓的模糊规范条件, 它要求, 存在 $r > 0$, 满足

$$(\widehat{N}(x_1; \Omega_1) + \gamma\mathbb{B}^*) \cap (-\widehat{N}(x_2; \Omega_2) + \gamma\mathbb{B}^*) \cap \mathbb{B}^* \subset \frac{1}{2}\mathbb{B}^* \tag{3.9}$$

对所有的 $x_i \in \Omega_i \cap (\bar{x} + \gamma\mathbb{B}), i = 1, 2$ 成立. 注意到在条件 (3.9) 式下, 与交法则 (3.8) 相比, 能得到更多的信息. 即 (3.9) 式保证 (3.8) 式以及下面关于 x_i^* 的一致有界性估计：对任意给定的 $x^* \in \widehat{N}(\bar{x}; \Omega_1 \cap \Omega_2)$, $\varepsilon > 0$ 和 (3.9) 式中的 γ, 存在 $x_i \in \Omega_i \cap (\bar{x} + \varepsilon\mathbb{B})$ 和 $\eta = \eta(x^*, \varepsilon, \gamma) > 0$, 使得

$$\|x^* - (x_1^* + x_2^*)\| \leqslant \varepsilon$$

对 $x_i^* \in \widehat{N}(x_i; \Omega_i) \cap (\eta\mathbb{B}^*)$, $i = 1, 2$ 成立.

本小节的基本目标是在参考点处的合适条件下得到 Asplund 空间中基本法向量的交法则. 为此, 利用统一在下面名称下的两种“点基”条件：

(a)“规范条件”;

(b)“序列法紧性条件”.

下面从集合的规范条件开始, 这对本书随后的发展和应用是基本的.

定义 3.2 (集合的基本规范条件) 给定 Banach 空间 X 中的两个子集 Ω_1, Ω_2 和点 $\bar{x} \in \Omega_1 \cap \Omega_2$, 称：

(i) 集合系统 $\{\Omega_1, \Omega_2\}$ 在 $\bar{x}$ 满足 (基本) 法锥规范条件, 如果

$$N(\bar{x}; \Omega_1) \cap (-N(\bar{x}; \Omega_2)) = \{0\}; \tag{3.10}$$

(ii) $\{\Omega_1, \Omega_2\}$ 在 $\bar{x}$ 满足极限规范条件, 如果对任何序列 $\varepsilon_k \downarrow 0, x_{ik} \xrightarrow{\Omega_i} \bar{x}, x_{ik}^* \xrightarrow{w^*} x_i^*$ 且 $x_{ik}^* \in \widehat{N}_{\varepsilon_k}(x_{ik}; \Omega_i), i = 1, 2$, 并且当 $k \to \infty$ 时, 有

$$\|x_{1k}^* + x_{2k}^*\| \to 0 \Rightarrow x_1^* = x_2^* = 0.$$

(基本) 法锥规范条件 (3.10) 由两个集合 Ω_i 在给定点 $\bar{x}$ 的基本法向量来表示, 正如将在下面看到的那样, 它是约束最优化问题中经典约束规范条件在一般集合情形下的一个替代. 根据 (2.51) 式, 如果 X 是 Asplund 空间而且 Ω_1, Ω_2 在 $\bar{x}$ 附近都是闭的, 那么在定义 3.2(ii) 中可等价地令 $\varepsilon_k = 0$. 考虑到定理 2.35 的 Asplund 空间中基本法向量的表达式, 可看到 (3.10) 式对局部闭集而言等价于对任意序列 $x_{ik} \xrightarrow{\Omega_i} \bar{x}, x_{ik}^* \xrightarrow{w^*} x_i^*$ 且 $x_{ik}^* \in \widehat{N}(x_{ik}; \Omega_i), i = 1, 2$, 当 $k \to \infty$ 时, 有

$$x_{1k}^* + x_{2k}^* \xrightarrow{w^*} 0 \Rightarrow x_1^* = x_2^* = 0.$$

这意味着定义 3.2 中的条件 (i) 和 (ii) 在有限维空间中是等价的, 但是后面的条件在无限维空间中实质上可能更弱. 特别地, 对集合是由映射的图所生成的情形, 条

件 (ii) 可以根据在参考点的混和上导数来表达, 而条件 (i) 对应于基本上导数, 参见下一小节.

与定义 3.2 中的规范条件相比, 下面将讨论的序列法紧性条件本质上是无穷维空间的, 这扩充了在 1.1.3 和 1.2.5 小节中引入的 Banach 空间上集合/映射的 SNC 和 PSNC 性质. 这里, 将使用所研究空间和集合的乘积结构. 这一结构使得在基本法向量的一般交法则中使用部分 SNC 条件成为可能, 然后把它们应用到上导数和次微分的分析法则中. 另外为在乘积空间中建立一般交法则, 还需要引入 PSNC 性质的另外一种形式, 称为"强部分序列法紧性".

定义 3.3 (乘积空间上的 PSNC 性质) 设 Ω 为 Banach 空间的乘积 $\Pi_{j=1}^m X_j$ 的子集, $\bar{x} \in \Omega$, $J \subset \{1, \cdots, m\}$. 称:

(i) Ω 在 $\bar{x}$ 相对于 $\{X_j \mid j \in J\}$(即, 相对于 $\Pi_{j\in J} X_j$, 或只相对于 J) 是"部分序列法紧" (PSNC) 的, 如果对任何序列 $\varepsilon_k \downarrow 0, x_k \xrightarrow{\Omega} \bar{x}, x_k^* = (x_{1k}^*, \cdots, x_{mk}^*) \in \widehat{N}_{\varepsilon_k}(x_k; \Omega)$, 有

$$[x_{jk}^* \xrightarrow{w^*} 0, j \in J, \quad \|x_{jk}^*\| \to 0, j \in \{1, \cdots, m\} \backslash J] \Rightarrow \|x_{jk}^*\| \to 0, \quad j \in J;$$

(ii) Ω 在 $\bar{x}$ 相对于 $\{X_j | j \in J\}$ 是"强 PSNC"的, 如果对任何序列 $\varepsilon_k \downarrow 0$, $x_k \xrightarrow{\Omega} \bar{x}, (x_{1k}^*, \cdots, x_{mk}^*) \in \widehat{N}_{\varepsilon_k}(x_k; \Omega)$, 有

$$[x_{jk}^* \xrightarrow{w^*} 0, j = 1, \cdots, m] \Rightarrow \|x_{jk}^*\| \to 0, \quad j \in J.$$

下面给出两种极端情形: (a)$J = \varnothing$, 此时任意集合 Ω 同时满足 (i) 和 (ii) 中的性质; (b)$J = \{1, \cdots, m\}$, 此时性质 (i) 和性质 (ii) 都不依赖于乘积结构并且简化为定义 1.20 中的 SNC 性质. 另外可以看到定义 1.67 中的映射 $F: X \rightrightarrows Y$ 的 PSNC 性质等价于 $\text{gph} F \subset X \times Y$ 相对于 X 的上面的 PSNC 性质. 如果所有的 X_j 是 Asplund 空间, 并且 Ω 在 $\bar{x}$ 附近是局部闭的, 那么在定义 3.3 中可等价地令 $\varepsilon_k = 0$.

正如在 1.1.3 和 1.2.5 小节看到的那样, 集合的 SNC 性质和映射的 PSNC 性质在某些 Lipschitz 类型假设下自动成立. 注意到定理 1.75 断言: 在定义 3.3 的术语下, 如果 Banach 空间之间的映射 $F: X \rightrightarrows Y$ 在 $(\bar{x}, \bar{y}) \in \text{gph} F$ 附近是部分 CEL 的, 那么它的图在该点相对于 X 是强 PSNC 的. 在 SNC 性质的理论和应用中强调一个至关重要的事实: SNC 性质具有丰富的分析法则, 即在集合和映射的自然运算中 SNC 性质被保持. 在任意 Banach 空间中的此种结果在 1.1.3 和 1.2.5 小节已给出, 在 Asplund 空间中的进一步发展见 3.3 节.

现在可以给出关键的基本法向量集合交集法则了, 这个结果是在 Asplund 空间的积空间上的.

定义 3.4 (乘积空间中交集的基本法向量) 设集合 $\Omega_1, \Omega_2 \subset \Pi_{j=1}^m X_j$ 在 $\bar{x} \in \Omega_1 \cap \Omega_2$ 附近是局部闭的, $J_1, J_2 \subset \{1, \cdots, m\}$ 满足 $J_1 \cup J_2 = \{1, \cdots, m\}$. 假设 Ω_1

在 $\bar{x}$ 相对 J_1 是 PSNC 的, Ω_2 在 $\bar{x}$ 相对于 J_2 是 PSNC 的, 并且系统 $\{\Omega_1,\Omega_2\}$ 在 $\bar{x}$ 满足极限规范条件, 则有包含关系

$$N(\bar{x};\Omega_1\cap\Omega_2)\subset N(\bar{x};\Omega_1)+N(\bar{x};\Omega_2). \tag{3.11}$$

进一步, 若 Ω_1 和 Ω_2 在 $\bar{x}$ 都是法向正则的, 则 $\Omega_1\cap\Omega_2$ 在该点也是法向正则的, 且 (3.11) 式作为等式成立.

证明 为证 (3.11) 式成立, 取 $x^*\in N(\bar{x};\Omega_1\cap\Omega_2)$, 根据定理 2.35, 找到序列 $x_k\to\bar{x}, x_k^*\xrightarrow{w^*}x^*$, 使得

$$x_k\in\Omega_1\cap\Omega_2,\quad x_k^*\in\widehat{N}(x_k;\Omega_1\cap\Omega_2),\quad k\in\mathbb{N}. \tag{3.12}$$

取序列 $\varepsilon_k\downarrow 0(k\to\infty)$, 并对任意固定的 $k\in\mathbb{N}$ 沿这个序列在 (3.12) 式中应用引理 3.1, 则

$$(u_k,v_k)\in\Omega_1\times\Omega_2,\quad \lambda_k\geqslant 0,\quad u_k^*\in\widehat{N}(u_k;\Omega_1),\quad v_k^*\in\widehat{N}(v_k;\Omega_2),$$

使得 $\|u_k-x_k\|\leqslant\varepsilon_k$, $\|v_k-x_k\|\leqslant\varepsilon_k$ 和

$$\|u_k^*+v_k^*-\lambda_k x_k^*\|\leqslant 2\varepsilon_k,\quad 1-\varepsilon_k\leqslant\max\{\lambda_k,\|u_k^*\|\}\leqslant 1+\varepsilon_k. \tag{3.13}$$

由于序列 $\{x_k^*\}$ 是弱* 收敛的, 则根据一致有界性原理, 它在 X^* 中是有界的. 从而由 (3.13) 式得 $\{u_k^*\}$ 和 $\{v_k^*\}$ 在 X^* 中也是有界的. 利用 Asplund 空间的对偶空间中有界集合的弱* 序列紧性, 有 $u^*,v^*\in X^*$, $\lambda\geqslant 0$, 使得 $u_k^*\xrightarrow{w^*}u^*, v_k^*\xrightarrow{w^*}v^*$ 和 $\lambda_k\to\lambda$ 沿 $k\in\mathbb{N}$ 的某子序列成立. 当 $k\to\infty$ 时, 在 (3.13) 式中取极限, 得 $u_k^*\in N(\bar{x},\Omega_1)$, $v_k^*\in N(\bar{x},\Omega_2)$, $\lambda x^*=u^*+v^*$.

为证 (3.11) 式, 只需证明 $\lambda\neq 0$. 若不然, 由 (3.13) 式得 $\|u_k^*+v_k^*\|\to 0$, 因此由极限规范条件得 $u^*=v^*=0$. 从而

$$u_k^*=(u_{1k}^*,\cdots,u_{mk}^*)\xrightarrow{w^*}0,\quad v_k^*=(v_{1k}^*,\cdots,v_{mk}^*)\xrightarrow{w^*}0,\quad k\to\infty. \tag{3.14}$$

考虑到 Ω_2 在 $\bar{x}$ 相对于 J_2 是强 PSNC 的, 由 (3.14) 式得 $\|v_{jk}^*\|\to 0(\forall j\in J_2)$. 由 (3.13) 式和 $J_1\cup J_2=\{1,\cdots,m\}$ 得

$$\|u_{jk}^*\|\to 0,\quad \forall j\in\{1,\cdots,m\}\backslash J_1,\quad k\to 0.$$

应用 (3.14) 式和 Ω_1 相对于 J_1 的 PSNC 性质, 得到 $\|u_{jk}^*\|\to 0$, $j\in J_1$. 因此当 $k\to\infty$ 时, $\|u_k^*\|\to 0$, 与 (3.13) 式中第二个关系式矛盾, 这就证明了 (3.11) 式成立.

最后, 证明定理的正则性/等式断言. 由 Fréchet 法向量的定义直接可得与 (3.11) 式相反的包含关系

$$\widehat{N}(\bar{x};\Omega_1\cap\Omega_2)\supset\widehat{N}(\bar{x};\Omega_1)+\widehat{N}(\bar{x};\Omega_2).$$

合并此式与 (3.11) 式, 在 Ω_1 和 Ω_2 在 $\bar{x}$ 是法向正则的假设下, 得

$$N(\bar{x};\Omega_1\cap\Omega_2)\subset\widehat{N}(\bar{x};\Omega_1\cap\Omega_2),$$

从而 (3.11) 式作为等式成立, 交集 $\Omega_1\cap\Omega_2$ 在 $\bar{x}$ 的法向正则性结果成立. △

由于定理 3.4 应用了空间的乘积结构, 所以能应用 PSNC 性质和更精细的规范条件, 从而在下面得到一系列重要的推论. 现在给出不加乘积结构时该定理的一个直接推论. 此时只需要 (完全的)SNC 性质, 且只需两集合其中之一具有即可. 由于等式/正则性结果是一样的, 此处就不再重复.

推论 3.5 (SNC 条件下的交法则)　假设 $\Omega_1,\Omega_2\subset X$ 在 $\bar{x}\in\Omega_1\cap\Omega_2$ 附近是局部闭的, Ω_1 或 Ω_2 在该点是 SNC 的, 则若 Ω_1,Ω_2 在 $\bar{x}$ 满足极限规范条件 (特别地, 若 (3.10) 式成立), 就有交集法则 (3.11).

证明　这是当 $m=1, J_1=\{1\}$ 时定理的特殊情形. △

注意到推论 3.5 中的 SNC 假设对交法则 (3.11) 的成立是很关键的, 即使对无限维空间中范数/紧的凸集也不例外. 事实上, 在例 2.23 的框架下考虑定义的集合 $\Omega_1\subset X$ 和如下给出的集合 Ω_2:

$$\Omega_2:=\{ta\mid t\in[-1,1],\},\ a:=\sum_{n=1}^{\infty}\frac{e_n}{n^2}\in X.$$

易验证 $\Omega_1\cap\Omega_2=\{0\},\ a\in\mathrm{cl\ span}\Omega_1$,

$$N(0;\Omega_1)\cap(-N(0,\Omega_2))=(\mathrm{span}\Omega_1)^{\perp}\cap(\mathrm{span}\Omega_2)^{\perp}=\{0\},$$

$$X^*=N(0,\Omega_1\cap\Omega_2)\not\subset N(0,\Omega_1)+N(0,\Omega_2)=(\mathrm{span}\Omega_1)^{\perp}.$$

这样除了推论 3.5 的 SNC 假设外其他条件均满足, 而交法则 (3.11) 不成立.

另外, 下面的例子表明, 推论 3.5 中若以 CEL 假设代替 SNC 假设, 则条件就太强了, 这即使对具有 $\mathcal{C}^{\infty}$- 光滑重赋范的空间中的闭凸锥而言也是对的.

例 3.6 (无 CEL 假设的交法则)　存在具有 $\mathcal{C}^{\infty}$- 光滑重赋范的不可分空间 X 及其两个闭凸子锥 Ω_1,Ω_2, 满足 Ω_i 在 $\bar{x}$ 都是 SNC 的, 但在该点附近不是 CEL 的, 且集合对 $\{\Omega_1,\Omega_2\}$ 满足极限规范条件 (3.10), 且交法则 (3.11) 作为等式成立.

证明　考虑由所有在"长"区间 $[0,\omega_1]$ 上连续且 $\varphi(\omega_1)=0$ 的函数 $\varphi:[0,\omega_1]\to\mathbb{R}$ 所构成的空间 $X=\mathcal{C}_0[0,\omega_1]$, 其中 ω_1 表示第一不可数序数. 在 X 上的范数 $\|\cdot\|$ 是上确界范数. 众所周知, X 是 Asplund 空间且有等价的 $\mathcal{C}^{\infty}$- 光滑范数 (参见文献 [331, 第 7 章]). 易验证对每个 $\varphi\in X$, 存在 $\alpha<\omega_1$, 使得 $\varphi(\beta)=0$ 对任何 $\alpha\leqslant\beta\leqslant\omega_1$ 成立. 下面说明 X 的对偶空间 $\mathcal{C}_0[0,\omega_1]^*$ 是什么. 给定集合 $S\subset[0,\omega_1)$, 用

$$\chi_S(s):=\begin{cases}1, & s\in S,\\ 0, & \text{其他}\end{cases}$$

表示 S 的指示函数 (特征函数). 定义映射 $\xi \in X^* \mapsto (a_\alpha)_{\alpha<\omega_1}$ 为

$$a_\alpha := \begin{cases} \langle \xi, \chi_{\{\alpha\}} \rangle, & \alpha < \omega_1 \text{ 是非极限序数}, \\ \lim_{\beta \uparrow \alpha} \langle \xi, \chi_{[\beta,\alpha]} \rangle, & \alpha < \omega_1 \text{ 是极限序数}. \end{cases}$$

可验证该映射是 X^* 到 $\ell_1([0,\omega_1))$ 的等距同构, 而且

$$\langle \xi, \varphi \rangle = \sum_{\alpha<\omega_1} \varphi(\alpha) a_\alpha, \quad \forall \varphi \in X.$$

考虑 X 的闭凸子锥

$$\Omega := \{\varphi \in C_0[0,\omega_1] \mid \varphi \leqslant 0\}.$$

下证它在 $\bar{x}=0$ 是 SNC 的, 但在该点附近不是 CEL 的. 首先证明 Ω 的法锥有如下描述.

断言 对任意 $\bar{x} \in \Omega$ 与 $x^* = (a_\alpha)_{\alpha<\omega_1} \in N(\bar{x};\Omega)$, 有 $a_\alpha \geqslant 0$ 对任意的 $\alpha \in [0,\omega_1)$ 成立.

事实上, 任取 $\bar{x} \in \Omega$, $0 \leqslant \beta \leqslant \alpha < \omega_1$, 则 $x := \bar{x} - t\chi_{[\beta,\alpha]} \in \Omega (\forall t > 0)$, 因此

$$0 \geqslant \langle x^*, x - \bar{x} \rangle = \langle x^*, -\chi_{[\beta,\alpha]} \rangle = -\sum_{\beta \leqslant \gamma \leqslant \alpha} a_\gamma (\geqslant -\|x^*\| > -\infty).$$

结合表达式

$$N(\bar{x};\Omega) = \widehat{N}(\bar{x};\Omega) = \{x^* \in X^* \mid \langle x^*, x - \bar{x} \rangle \leqslant 0, \quad \forall x \in \Omega\}$$

得 $a_\alpha \geqslant 0$ 对任意的 $\alpha < \omega_1$ 成立.

现在证集合 Ω 在 $\bar{x}=0$ 处是 SNC 的. 取 $x_k \in \Omega$, $x_k^* \in N(x_k;\Omega)$, $k \in \mathbb{N}$, 使得当 $k \to \infty$ 时, 有 $\|x_k\| \to 0$, $\|x_k^*\| \xrightarrow{w^*} 0$. 下证 $\|x_k^*\| \to 0$. 应用 X^* 和 $\ell_1([0,\omega_1))$ 的等距同构性, 记 $x_k^* = (a_\alpha^k)_{\alpha<\omega_1}$, $k \in \mathbb{N}$. 由上面的断言可知, 对任意 $\alpha < \omega_1$, $k \in \mathbb{N}$, 有 $a_\alpha^k \geqslant 0$. 找到足够大的 $\beta < \omega_1$, 使得当 $\beta < \alpha < \omega_1$, $k \in \mathbb{N}$ 时, 有 $a_\alpha^k = 0$. 在空间 $\ell_1([0,\omega_1))$ 中这是能办到的. 再次应用断言, 得 $\|x_k^*\| = \sum_{\alpha \leqslant \beta} a_\alpha^k = x_k^*(\chi_{[0,\beta]}) \to 0$, $k \to \infty$, 这就证明了 Ω 在 $\bar{x}=0$ 的 SNC 性质.

下面验证 Ω 在 $\bar{x}=0$ 附近不是 CEL 的. 为此, 应用在注 1.27(ii) 中所讨论的 Asplund 空间中 CEL 性质的网描述. 注意到对任何当 $\alpha \uparrow \omega_1$ 时收敛于 0 的实数网 $(S_\alpha)_{\alpha<\omega_1}$, 当 $\alpha < \omega_1$ 充分大时, 必有 $S_\alpha = 0$. 由此, 令 $x_\alpha := 0$, $x_\alpha^* := \delta_\alpha$, $\forall \alpha < \omega_1$, 其中 δ_α 是在 α 的 Dirac 测度, 即, 在 α 的点质量. 由于当 $\alpha \uparrow \omega_1$ 时, $\delta_\alpha \xrightarrow{w^*} 0$, 网 $((x_\alpha, x_\alpha^*))_{\alpha<\omega_1} \subset X \times X^*$ 满足定义 1.20 的有界网相应条件. 而 $\forall \alpha < \omega_1$, 有 $\|x_\alpha^*\| = 1$, 这就证明了 Ω 在点 $\bar{x}=0$ 附近不是 CEL 的.

从注 1.27(i) 中所讨论的闭凸集的 CEL 性质的刻画直接得到 Ω 不是 CEL 的结论. 首先注意到 Ω 张成的空间是整个空间 $C_0[0,\omega_1]$. 事实上, $\forall \varphi \in C_0(0,\omega_1]$, 存在 $\alpha < \omega_1$, 使得 φ 的支撑属于 $[0,\alpha]$. 于是 $\varphi = (\varphi - \|\varphi\|\chi_{[0,\alpha]}) + \|\varphi\|\chi_{[0,\alpha]}$. 为了

验证 $\mathrm{int}\Omega \neq \varnothing$, 任取 $\varphi \in \Omega$, 并且找到 α 满足 $\varphi(\alpha) = 0$. 则 $\psi_k := \varphi + \frac{1}{k}\chi_{\{\alpha\}} \notin \Omega$, $\|\psi_k - \varphi\| = \frac{1}{k} \to 0$.

最后, 令 $\Omega_1 = \Omega_2 := \Omega$, 并验证系统 $\{\Omega_1, \Omega_2\}$ 满足极限规范条件 (3.10), 此时这个极限规范条件简化为

$$N(0;\Omega) \cap (-N(0;\Omega)) = \{0\}.$$

此式由上面所证的断言直接可得. △

在本章中基于上面的交法则和极点原理得到许多关于法锥、上导数和次微分的分析结果. 第一个结果给出了表示"集合和"的 Fréchet 与基本法向量的有用的法则. 下面将看到模糊与确切和法则都不涉及任何规范和/或 SNC 条件, 而实际上它们自动成立. 这里要用到在定义 1.63 中描述的集值映射的内半连续性和内半紧性的概念.

定理 3.7 (广义法向量的和法则) 设 Ω_1, Ω_2 是 X 的闭子集, $\bar{x} \in \Omega_1 + \Omega_2$. 定义映射 $S: X \rightrightarrows X^2$ 为

$$S(x) := \{(x_1, x_2) \in X \times X \mid x_1 + x_2 = x, x_1 \in \Omega_1, x_2 \in \Omega_2\}.$$

则下面的论断成立:

(i) 给定 $\varepsilon > 0$, 有包含关系

$$\widehat{N}(\bar{x};\Omega_1 + \Omega_2) \subset \bigcup_{(x_1,x_2)\in S(\bar{x})+\varepsilon\mathbb{B}} (\widehat{N}(x_1;\Omega_1) + \varepsilon\mathbb{B}^*) \cap (\widehat{N}(x_2;\Omega_2) + \varepsilon\mathbb{B}^*);$$

(ii) 假设 S 在 $\bar{x}$ 是内半紧的, 则

$$N(\bar{x};\Omega_1 + \Omega_2) \subset \bigcup_{(x_1,x_2)\in S(\bar{x})} N(x_1;\Omega_1) \cap N(x_2;\Omega_2).$$

进一步, 如果对某个 $(\bar{x}_1, \bar{x}_2) \in S(\bar{x})$, 映射 S 在 $(\bar{x}, \bar{x}_1, \bar{x}_2)$ 是内半连续的, 那么

$$N(\bar{x};\Omega_1 + \Omega_2) \subset N(\bar{x}_1;\Omega_1) \cap N(\bar{x}_2;\Omega_2).$$

证明 为证 (i), 取 $x^* \in \widehat{N}(\bar{x};\Omega_1 + \Omega_2)$, 并且注意到

$$(x^*, x^*) \in \widehat{N}((\bar{x}_1, \bar{x}_2); \widetilde{\Omega}_1 \cap \widetilde{\Omega}_2), \quad \forall (\bar{x}_1, \bar{x}_2) \in S(\bar{x}),$$

这里 $\widetilde{\Omega}_1 := \Omega_1 \times X$, $\widetilde{\Omega}_2 := X \times \Omega_2$. 现在对闭集 $\widetilde{\Omega}_1$ 和 $\widetilde{\Omega}_2$ 应用引理 3.1 中的模糊交法则, 并且注意到它以"正常"形式 (3.8) 成立, 即在 (3.1) 式中可取 $\lambda = 1$, 这是由于模糊规范条件 (3.9) 显然成立. 考虑到集合 $\widetilde{\Omega}_1$ 和 $\widetilde{\Omega}_2$ 的特殊结构, 找到 $x_i \in \Omega_i, x_i^* \in \widehat{N}(x_i;\Omega_i)$, 使得 $\|x_i - \overline{x}_i\| \leqslant \varepsilon$, $\|x_i^* - x^*\| \leqslant \varepsilon$ 对 $i = 1, 2$ 成立. 这就证明了论断 (i).

为证论断 (ii), 下面只证第一个表达式, 第二个可类似证明. 取 $x^* \in N(\bar{x};\Omega_1+\Omega_2)$, 并应用基本法向量的定义, 找到序列 $\varepsilon_k \downarrow 0$, $x_k \in \Omega_1+\Omega_2$ 且 $x_k \to \bar{x}$, $x_k^* \in \widehat{N}_{\varepsilon_k}(x_k;\Omega_1+\Omega_2)$ 且 $x_k^* \xrightarrow{w^*} x^*$. 尽管$X$是 Asplund 空间, 在上式中也不能令 $\varepsilon_k=0$, 因为和 $\Omega_1+\Omega_2$ 在所给假设下可能不是闭的. 根据S的内半紧性, 存在序列$(x_{1k},x_{2k})\in S(x_k)$, 它包含收敛于 $(\bar{x}_1,\bar{x}_2)$ 的子序列. 由于 Ω_1 和 Ω_2 是闭的, 故有 $(\bar{x}_1,\bar{x}_2)\in S(\bar{x})$. 定义集合 $\widetilde{\Omega}_1$ 和 $\widetilde{\Omega}_2$ 如上, 易见

$$(x_k^*,x_k^*)\in \widehat{N}_{\varepsilon_k}((x_{1k},x_{2k});\widetilde{\Omega}_1\cap\widetilde{\Omega}_2), \quad \forall k\in\mathbb{N},$$

因此 $(x^*,x^*)\in N((\bar{x}_1,\bar{x}_2);\widetilde{\Omega}_1\cap\widetilde{\Omega}_2)$. 为利用定理 3.4 的交法则, 注意到其中的规范和 SNC 假设对集合 $\widetilde{\Omega}_1$ 和 $\widetilde{\Omega}_2$ 成立. 因此存在 $\widetilde{x}_1^*,\widetilde{x}_2^*\in X^*$, 满足关系

$$(\widetilde{x}_1^*,0)\in N((\bar{x}_1,\bar{x}_2);\widetilde{\Omega}_1), \quad (0,\widetilde{x}_2^*)\in N((\bar{x}_1,\bar{x}_2);\widetilde{\Omega}_2),$$

$$(x^*,x^*)=(\widetilde{x}_1^*,0)+(0,\widetilde{x}_2^*).$$

由最后的等式可得 $\widetilde{x}_1^*=\widetilde{x}_2^*=x^*$. 注意到 $\widetilde{x}_i^*\in N(\bar{x}_i;\Omega_i)$, $i=1,2$, 得 $x^*\in N(\bar{x}_1;\Omega_1)\cap N(\bar{x}_2;\Omega_2)$, 从而完成了定理的证明. △

接下来研究 $\Omega\subset X$ 为某个集合 $\Theta\subset Y$ 在 Asplund 空间之间的集值映射 $F:X\rightrightarrows Y$ 下的逆像

$$F^{-1}(\Theta):=\{x\in X \mid F(x)\cap\Theta\neq\varnothing\}$$

的情形. 目标是利用 F 和 Θ 来表示 $F^{-1}(\Theta)$ 的基本法向量. Banach 空间之间的单值严格可微映射 $F=f:X\to Y$ 的情形已在 1.1.2 小节中处理过了. 现在将研究一般集值映射 F 的情形, 利用定理 3.4 得到 $F^{-1}(\Theta)$ 的基本法向量的一个有效表示公式. 在下面的表示公式中使用 (1.24) 式中的基本上导数 D_N^*F, 而初始系统 $\{F,\Theta\}$ 上的点规范条件则用 (1.40) 式中的"反混合上导数" $\widetilde{D}_M^*F$.

定理 3.8 (逆映射的基本法向量) 设 $\bar{x}\in F^{-1}(\Theta)$, 其中 $F:X\rightrightarrows Y$ 是闭图映射, $\Theta\subset Y$ 是闭集. 假设集值映射 $x\to F(x)\cap\Theta$ 在 $\bar{x}$ 是内半紧的, 且对任意 $\bar{y}\in F(\bar{x})\cap\Theta$, 下列假设成立:

(a) F^{-1} 在 $(\bar{y},\bar{x})$ 是 PSNC 的或 Θ 在 $\bar{y}$ 是 SNC 的;

(b) $\{F,\Theta\}$ 满足规范条件

$$N(\bar{y};\Theta)\cap\ker\widetilde{D}_M^*F(\bar{x},\bar{y})=\{0\}.$$

则有

$$N(\bar{x};F^{-1}(\Theta))\subset\cup[D_N^*F(\bar{x},\bar{y})(y^*)\mid y^*\in N(\bar{y};\Theta),\bar{y}\in F(\bar{x})\cap\Theta]. \tag{3.15}$$

证明 固定 $x^*\in N(\bar{x};F^{-1}(\Theta))$, 取序列 $\varepsilon_k\downarrow 0, x_k\to\bar{x}$ 满足 $x_k\in F^{-1}(\Theta), x_k^*\xrightarrow{w^*} x^*$, 满足 $x_k^*\in\widehat{N}_{\varepsilon_k}(x_k;F^{-1}(\Theta))$, $\forall k\in\mathbb{N}$, $F^{-1}(\Theta)$ 可能不是闭的. 应用 $F(\cdot)\cap\Theta$ 在

$\bar{x}$ 的内半紧性, 选取收敛于 $\bar{y}$ 的 $y_k \in F(x_k) \cap \Theta$ 的子序列. $\mathrm{gph}F$ 和 Θ 的闭性假设保证 $\bar{y} \in F(\bar{x}) \cap \Theta$. 构造 Asplund 空间 $X \times Y$ 的闭子集

$$\Omega_1 := \mathrm{gph}\ F, \quad \Omega_2 := X \times \Theta,$$

并且注意到 $(x_k, y_k) \in \Omega_1 \cap \Omega_2, \quad \forall k \in \mathbb{N}$. 易验证

$$(x_k^*, 0) \in \widehat{N}_{\varepsilon_k}((x_k, y_k); \Omega_1 \cap \Omega_2), \quad k \in \mathbb{N},$$

因此 $(x^*, 0) \in N((\bar{x}, \bar{y}); \Omega_1 \cap \Omega_2)$. 为对集合 Ω_1, Ω_2 应用定理 3.4 的交法则, 需要验证在所加的条件 (a) 和 (b) 下, 定理 3.4 的所有假设成立.

如果 Θ 在 $\bar{y}$ 是 SNC 的, 那么集合 $\Omega_2 = X \times \Theta$ 显然在 $(\bar{x}, \bar{y})$ 是 SNC 的. 同样显然的是, 在定义 1.67(ii) 的意义下, 映射 $F^{-1}: Y \rightrightarrows X$ 在 $(\bar{y}, \bar{x})$ 的 PSNC 性质与集合 $\Omega_1 = \mathrm{gph}F \subset X \times Y$ 在 $(\bar{x}, \bar{y})$ 相对于 Y 的 PSNC 性质相同. 余下需证规范条件 (b) 意味着所构造的集合系统 $\{\Omega_1, \Omega_2\}$ 满足定义 3.2(ii) 意义下在 $(\bar{x}, \bar{y})$ 的极限规范条件. 事实上, 根据 (1.40) 式和定理 2.35, 由条件 (b) 得, 对 $(x_k^*, y_{1k}^*) \in \widehat{N}((x_k, y_{1k}); \mathrm{gph}F)$, $y_{2k}^* \in \widehat{N}(y_{2k}; \Theta)$ 且 $x_k \to \bar{x}, y_{ik} \to \bar{y}, i = 1, 2$, 由 $y_{2k}^* \xrightarrow{w^*} y^*$ 有

$$\left[\|x_k^*\| \to 0, \quad y_{1k}^* + y_{2k}^* \xrightarrow{w^*} 0\right] \Rightarrow y^* = 0.$$

另一方面, 在这种情况下极限规范条件只要求

$$[\|x_k^*\| \to 0, \quad \|y_{1k}^* + y_{2k}^*\| \to 0] \Rightarrow y^* = 0. \tag{3.16}$$

故它显然由 (b) 蕴涵, 但反过来不对. 因此可以利用定理 3.4, 找到 $(\widetilde{x}_1^*, y_1^*) \in (N((\bar{x}, \bar{y}); \mathrm{gph}F)$ 和 $y_2^* \in N(\bar{y}; \Theta)$, 使得

$$(x^*, 0) = (\widetilde{x}_1^*, y_1^*) + (0, y_2^*) \Leftrightarrow x^* = \widetilde{x}_1^*, \quad y_2^* = -y_1^*.$$

考虑到基本上导数的表达式 (1.26), 得 $\widetilde{x}_1^* \in D_N^* F(\bar{x}, \bar{y})(y_2^*)$, 因此 (3.15) 式成立. △

由定理 3.8 的证明过程可知, 条件 (b) 可用 (3.16) 式中更弱的极限规范条件代替. 然而, 条件 (b) 更方便于应用, 因为它只涉及给定点 $(\bar{x}, \bar{y})$, 可应用已得到的基本法向量和上导数的有效分析法则. 注意到在定理 3.8 的证明过程中若使用 (基本) 法锥规范条件 (3.10), 则得到以基本上导数

$$N(\bar{y}; \Theta) \cap \ker D_N^* F(\bar{x}, \bar{y}) = \{0\}$$

给出的点规范条件, 它比条件 (b) 更强.

在定理 3.8 和后面结果中应用混合上导数而不是基本上导数的主要优点在于: 用这种方法能保证具有 Lipschitz 和/或度量正则性的这些重要集值映射类的分析法则中主要假设的正确性. 这是由于 1.2 小节的上导数结果, 它们保证这种集值映

射的相应规范和 PSNC 条件自动成立. 以下主要使用在图的某些点附近的局部度量正则性和类 Lipschitz 性质, 并在不致引起混淆的情况下省略“局部”一词.

推论 3.9 (在度量正则映射下的逆映像) 设 $\bar{x} \in F^{-1}(\Theta)$, 其中 $\Theta \subset Y$ 和 $\operatorname{gph} F \subset X \times Y$ 是闭的, 且 $F(\cdot) \cap \Theta$ 在 $\bar{x}$ 是内半紧的. 假设 $\forall \bar{y} \in F(\bar{x}) \cap \Theta$, F 在 $(\bar{x}, \bar{y})$ 附近是度量正则的, 则 (3.15) 式成立.

证明 如果 F 在 $(\bar{x}, \bar{y})$ 附近是度量正则的, 那么由定理 1.49(i), 有 F^{-1} 在 $(\bar{y}, \bar{x})$ 附近是类 Lipschitz 的, 由命题 1.68, 有 F^{-1} 在该点是 PSNC 的. 而且, 由定理 1.54(ii), $\ker \widetilde{D}_M^* F(\bar{x}, \bar{y}) = \{0\}$, 即 (b) 成立. 从而 (3.15) 式成立. △

推论 3.9 所得之结果可对比于定理 1.17. 该定理指出当 Banach 空间之间的单值映射 $f: X \to Y$ 在 $\bar{x}$ 严格可微及算子 $\nabla f(\bar{x})$ 是满射时, 成立等式

$$N(\bar{x}; f^{-1}(\Theta)) = \nabla f(\bar{x})^* N(\bar{y}; \Theta), \quad \bar{y} = f(\bar{x}). \tag{3.17}$$

根据 Lyusternik-Graves 定理, 此时 f 在 $\bar{x}$ 附近是度量正则的 (参见定理 1.57). 由定理 1.38, 有

$$D_N^* f(\bar{x})(y^*) = \{\nabla f(\bar{x})^* y^*\}, \quad \forall y^* \in Y^*,$$

因此, 在 Θ 为闭集, X, Y 为 Asplund 空间假设下得到的推论 3.9 与 (3.17) 式中最主要的包含关系“$\subset$”相同. 然而, 定理 1.17 的证明严重依赖于 f 的严格可微性, 而定理 3.8 和推论 3.9 仅涉及一般非光滑和集值映射.

3.1.2 上导数的分析法则

本节将在 Asplund 空间上建立集值映射的基本上导数和混合上导数的基本分析法则. 这里着重讨论上导数的和与链式法则, 它们对理论和应用来说是基本的. 先从以 F_1 和 F_2 的上导数来表示和 $F_1 + F_2$ 的上导数的和法则开始. 给定 $F_i: X \rightrightarrows Y$, $i = 1, 2$, 定义集值映射 $S: X \times Y \rightrightarrows Y^2$ 为

$$S(x, y) := \{(y_1, y_2) \in Y^2 \mid y_1 \in F_1(x), y_2 \in F_2(x), y_1 + y_2 = y\}. \tag{3.18}$$

下面关于上导数和法则的两种形式依赖于这个集值映射的内半连续性和内半紧性 (参见定义 1.63).

定理 3.10 (上导数的和法则) 设 $F_i: X \rightrightarrows Y, i = 1, 2, (\bar{x}, \bar{y}) \in \operatorname{gph}(F_1 + F_2)$, D^* 表示基本上导数 (1.24) 或混合上导数 (1.25). 则下面的结论成立:

(i) 在 (3.18) 式中固定 $(\bar{y}_1, \bar{y}_2) \in S(\bar{x}, \bar{y})$, 设 S 在 $(\bar{x}, \bar{y}, \bar{y}_1, \bar{y}_2)$ 是内半连续的, F_1 和 F_2 的图分别在 $(\bar{x}, \bar{y}_1)$ 和 $(\bar{x}, \bar{y}_2)$ 附近是局部闭的, F_1 在 $(\bar{x}, \bar{y}_1)$ 是 PSNC 的或 F_2 在 $(\bar{x}, \bar{y}_2)$ 是 PSNC 的, 且 $\{F_1, F_2\}$ 满足以混合上导数给出的规范条件:

$$D_M^* F_1(\bar{x}, \bar{y}_1)(0) \cap (-D_M^* F_2(\bar{x}, \bar{y}_2)(0)) = \{0\}. \tag{3.19}$$

则 $\forall\, y^* \in Y^*$, 有

$$D^*(F_1+F_2)(\bar{x},\bar{y})(y^*) \subset D^*F_1(\bar{x},\bar{y}_1)(y^*) + D^*F_2(\bar{x},\bar{y}_2)(y^*). \tag{3.20}$$

(ii) 假设 S 在 $(\bar{x},\bar{y})$ 是内半紧的, F_1 和 F_2 在 $\bar{x}$ 附近的任何 x 处是闭的, $\forall\,(\bar{y}_1,\bar{y}_2) \in S(\bar{x},\bar{y})$, F_1 在 $(\bar{x},\bar{y}_1)$ 是 PSNC 的, 或 F_2 在 $(\bar{x},\bar{y}_2)$ 是 PSNC 的, 而且假设 (3.19) 式对任意的 $(\bar{y}_1,\bar{y}_2) \in S(\bar{x},\bar{y})$ 成立. 则 $\forall\, y^* \in Y^*$, 有

$$D^*(F_1+F_2)(\bar{x},\bar{y})(y^*) \subset \bigcup_{(\bar{y}_1,\bar{y}_2)\in S(\bar{x},\bar{y})} [D^*F_1(\bar{x},\bar{y}_1)(y^*) + D^*F_2(\bar{x},\bar{y}_2)(y^*)].$$

证明　先证断言 (i). 任取 (x^*,y^*) 满足 $x^* \in D^*(F_1+F_2)(\bar{x},\bar{y})(y^*)$, 找到序列 $\varepsilon_k \downarrow 0, (x_k,y_k) \in \mathrm{gph}(F_1+F_2), (x_k^*,-y_k^*) \in \widehat{N}_{\varepsilon_k}((x_k,y_k);\mathrm{gph}(F_1+F_2))$, 使得 $(x_k,y_k) \to (\bar{x},\bar{y}), x_k^* \xrightarrow{w^*} x^*$, 而且当 $D^* = D_N^*$ 时, $y_k^* \xrightarrow{w^*} y^*$, 或当 $D^* = D_M^*$ 时, $y_k^* \to y^*$. 根据 S 在 $(\bar{x},\bar{y},\bar{y}_1,\bar{y}_2)$ 的内半连续性, 存在序列 $(y_{1k},y_{2k}) \to (\bar{y}_1,\bar{y}_2)$ 且 $(y_{1k},y_{2k}) \in S(x_k,y_k)$ 对任意的 $k \in \mathbb{N}$ 成立. 定义集合

$$\Omega_i := \{(x,y_1,y_2) \in X \times Y \times Y \mid (x,y_i) \in \mathrm{gph}\ F_i\}, \quad i=1,2.$$

它们在 $(\bar{x},\bar{y}_1,\bar{y}_2)$ 附近是局部闭的, 这是因为 F_i 的图在 $(\bar{x},\bar{y}_i), i=1,2$ 附近是局部闭的. 有 $(x_k,y_{1k},y_{2k}) \in \Omega_1 \cap \Omega_2$, 且可验证

$$(x_k^*,-y_k^*,-y_k^*) \in \widehat{N}_{\varepsilon_k}((x_k,y_{1k},y_{2k});\Omega_1\cap\Omega_2), \quad \forall k \in \mathbb{N}. \tag{3.21}$$

当 $k \to \infty$ 时, 对上式取极限, 得

$$(x^*,-y^*,-y^*) \in N((\bar{x},\bar{y}_1,\bar{y}_2);\Omega_1\cap\Omega_2). \tag{3.22}$$

现在对 (3.22) 式中的交集应用定理 3.4. 类似定理 3.8 的证明, (3.19) 式蕴涵着集合系统 $\{\Omega_1,\Omega_2\}$ 在 $(\bar{x},\bar{y}_1,\bar{y}_2)$ 满足极限规范条件. 确定起见, 假设 F_1 在 $(\bar{x},\bar{y}_1)$ 是 PSNC 的, 则 $\Omega_1 \subset X\times Y\times Y$ 在 $(\bar{x},\bar{y}_1,\bar{y}_2)$ 相对于 $X \times Y$ 是 PSNC 的, 其中 Y 是乘积 $X\times Y\times Y$ 中的第三个空间, 且 Ω_2 在该点相对于此乘积中的第二个空间 Y 显然是强 PSNC 的. 因此根据定理 3.4 和集合 Ω_i 的构造, 存在

$$(x_1^*,-y_1^*) \in N((\bar{x},\bar{y}_1);\mathrm{gph}F_1) \quad 和 \quad (x_2^*,-y_2^*) \in N((\overline{x},\overline{y}_2);\mathrm{gph}F_2),$$

使得 $(x^*,-y^*,-y^*) = (x_1^*,-y_1^*,0)+(x_2^*,0,-y_2^*)$ 成立. 从而 $x^* = x_1^*+x_2^*$, $x_i^* \in D_N^*F_i(\overline{x},\overline{y}_i)(y^*)(i=1,2)$, 这就证明了当 $D^* = D_N^*$ 时 (3.20) 式成立.

为证当 $D^* = D_M^*$ 时, (3.20) 式也成立, 对 (3.21) 式中的交集沿序列 $\varepsilon_k \downarrow 0, k \to \infty$ 应用引理 3.1 中的模糊法则. 从而有 $\lambda_k \geqslant 0$, $(\widetilde{x}_{ik},\widetilde{y}_{ik}) \in \mathrm{gph}\ F_i, (x_{ik}^*,y_{ik}^*) \in \widehat{N}((\widetilde{x}_{ik},\widetilde{y}_{ik});\mathrm{gph}\ F_i)$, 使得 $\|(\widetilde{x}_{ik},\widetilde{y}_{ik})-(x_k,y_{ik})\| \leqslant \varepsilon_k$, $i=1,2$,

$$\|(x_{ik}^*+x_{2k}^*,-y_{1k}^*,-y_{2k}^*)-\lambda_k(x_k^*,-y_k^*,-y_k^*)\| \leqslant 2\varepsilon_k, \tag{3.23}$$

且 $1-\varepsilon_k \leqslant \max\{\lambda_k, \|(x_{1k}^*, y_{1k}^*)\|\} \leqslant 1+\varepsilon_k$. 类似定理 3.4 的证明, 下证在所加的规范和 PSNC 假设下对足够大的 $k \in \mathbb{N}$, 有 $\lambda_k \geqslant \lambda_0 > 0$ 成立, 因此不失一般性可令 $\lambda_k = 1$. 考虑到 $x_k^* \xrightarrow{w^*} x^*$ 和 $\|y_k^* - y^*\| \to 0$, 由 (3.23) 式得 $\|y_{ik}^* - y^*\| \to 0$, $x_{ik}^* \xrightarrow{w^*} x_i^* \in D_M^* F_i(\bar{x}, \bar{y}_i)(y^*), i=1,2$, 对满足 $x_1^* + x_2^* = x^*$ 的某个 x_i^* 成立. 这就证明了当 $D^* = D_M^*$ 时 (3.20) 式成立.

为建立 (ii), 接着 (i) 的证明, 注意到如果 $(y_{1k}, y_{2k}) \in S(x_k, y_k)$ 收敛于某 $(\bar{y}_1, \bar{y}_2)$, 则由 (ii) 中所给的闭性和下半紧性的假设, 那么 $(\bar{y}_1, \bar{y}_2)$ 必属于 $S(\bar{x}, \bar{y})$. 这就完成了定理的证明. △

如定理 3.8 的证明, 条件 (3.19) 可由下面更一般但不很方便的规范条件代替: 对任意的 $(x_{ik}, y_{ik}) \in \text{gph} F_i, (x_{ik}^*, y_{ik}^*) \in \widehat{N}((x_{ik}, y_{ik}); \text{gph } F_i)$ 且 $(x_{ik}, y_{ik}) \to (\bar{x}, \bar{y}_i), x_{ik}^* \xrightarrow{w^*} x_i^*, \|y_{ik}^*\| \to 0 (i=1,2$, 当 $k \to \infty$ 时), 有

$$\|x_{1k}^* + x_{2k}^*\| \to 0 \Rightarrow x_1^* = x_2^* = 0.$$

注意到, 若在定理 3.10 的证明中使用 (基本) 法锥规范条件 (3.10), 则可用更强的条件

$$D_N^* F_1(\bar{x}, \bar{y}_1)(0) \cap (-D_N^* F_2(\bar{x}, \bar{y}_2)(0)) = \{0\}$$

替代 (3.19) 式. 但这样一来定理 3.10 就没有下面的推论了. 为简单起见, 在该推论中仅给出断言 (i) 的情形.

推论 3.11 (类 Lipschitz 映射的上导数和法则) 在 (3.18) 式中固定 $(\bar{x}, \bar{y}) \in \text{gph}\,(F_1 + F_2), (\bar{y}_1, \bar{y}_2) \in S(\bar{x}, \bar{y})$, 假设 F_i 的图在 $(\bar{x}, \bar{y}_i), i=1,2$ 附近是局部闭的. 假设 F_1 在 $(\bar{x}, \bar{y}_1)$ 附近是类 Lipschitz 的或 F_2 在 $(\bar{x}, \bar{y}_2)$ 附近是类 Lipschitz 的, 并且 S 在 $(\bar{x}, \bar{y}, \bar{y}_1, \bar{y}_2)$ 是内半连续的, 则和法则 (3.20) 对基本上导数和混合上导数均成立.

证明 确定起见, 假设 F_1 在 $(\bar{x}, \bar{y}_1)$ 附近是类 Lipschitz 的, 则由定理 1.44 得 $D_M^* F_1(\bar{x}, \bar{y}_1)(0) = \{0\}$, 由命题 1.68 得 F_1 在 $(\bar{x}, \bar{y}_1)$ 是 PSNC 的. 这样定理中断言 (i) 的所有条件均满足. △

接下来计算如下特殊和形式

$$\Phi(x) := F(x) + \Delta(x; \Omega), \quad x \in X \tag{3.24}$$

的上导数, 其中 $F: X \rightrightarrows Y$ 是 Asplund 空间之间的映射, $\Delta(\cdot; \Omega)$ 为 $\Omega \subset X$ 相当于 Y 的指示映射, 它定义为: 当 $x \in \Omega$ 时, $\Delta(x; \Omega) := 0 \in Y$; 否则 $\Delta(x; \Omega) := \varnothing$. (3.24) 类型的映射在下面要研究的复合映射上导数链式法则的证明中起着重要的作用. 为此, 需要下面关于映射 (3.24) 的上导数和法则, 包括包含和等式形式的结果.

命题 3.12 (特殊和的上导数) 设 $\Omega \subset X$ 和 $F: X \rightrightarrows Y$ 的图分别在 $\bar{x} \in \Omega$ 和 $(\bar{x}, \bar{y}) \in \text{gphF}$ 附近是闭的. 假设对任意序列 $x_{1k}^* \in \widehat{D}^* F(x_{1k}, y_k)(y_k^*), x_{2k}^* \in$

$\widehat{N}(x_{2k};\Omega)$, 其中 $(x_{1k},y_k)\to(\bar{x},\bar{y}), x_{2k}\to\bar{x}$ 以及$\{x_{1k}^*,x_{2k}^*\}$ 是有界的, 有

$$[\|y_k^*\|\to 0,\|x_{1k}^*+x_{2k}^*\|\to 0]\Rightarrow\|x_{1k}^*\|+\|x_{2k}^*\|\to 0,\quad k\to\infty. \tag{3.25}$$

于是包含关系

$$D^*(F+\Delta(\cdot;\Omega))(\bar{x},\bar{y})(y^*)\subset D^*F(\bar{x},\bar{y})(y^*)+N(\bar{x};\Omega),\quad y^*\in Y^* \tag{3.26}$$

对 $D^*=D_N^*$ 和 $D^*=D_M^*$ 均成立. 而且, 如果 F 在 $(\bar{x},\bar{y})$ 是 N- 正则的 (分别地, M- 正则的) 及 Ω 在 $\bar{x}$ 是法向正则的, 那么 (3.26) 式作为等式成立, 并且 $F+\Delta(\cdot;\Omega)$ 在 $(\bar{x},\bar{y})$ 也有相应的正则性.

证明　为证 (3.26) 式成立, 在定理 3.10 的证明中取 $F_1:=F, F_2:=\Delta(\cdot;\Omega)$, 并且注意到此时条件 (3.25) 确保模糊交法则在 (3.21) 式中成立, 且对足够大的 $k\in\mathbb{N}$, 有 $\lambda_k\geqslant\lambda_0>0$. 由以上证明知 (3.26) 式成立.

为证等式和正则性, 直接由所考虑的类 Fréchet 结构的定义和简单的计算, 有

$$D^*(F+\Delta(\cdot;\Omega))(\bar{x},\bar{y})(y^*)\supset\widehat{D}^*F(\bar{x},\bar{y})(y^*)+\widetilde{N}(\bar{x};\Omega),\quad y^*\in Y^*.$$

因此

$$D^*F(\bar{x},\bar{y})(y^*)+N(\bar{x};\Omega)=\widehat{D}^*F(\bar{x},\bar{y})(y^*)+\widehat{N}(\bar{x};\Omega)\subset D^*(F+\Delta(\cdot;\Omega))(y^*)$$

在命题的相应正则性假设下对 $D^*=D_N^*$ 和 $D^*=D_M^*$ 两种情形均成立.　△

注意到, 如果

$$D_M^*F(\bar{x},\bar{y})(0)\cap(-N(\bar{x};\Omega))=\{0\},$$

且 F 在 $(\bar{x},\bar{y})$ 是 PSNC 的或 Ω 在 $\bar{x}$ 是 SNC 的, 条件 (3.25) 肯定成立, 此时命题 3.12 中的包含关系由定理 3.10(i) 直接可得. 然而, 需要在更精确假设 (3.25) 下命题 3.12 的完整陈述来得到下面要研究的上导数的一般链式法则.

现在将通过 F 和 G 相应的上导数表示 Asplund 空间之间的集值映射的复合 $F\circ G$ 的基本和混合上导数, 即得到上导数的链式法则. 下面定理基于命题 3.12 和在 1.2.4 小节所得的复合映射结果.

定理 3.13 (上导数的链式法则)　设 $G:X\rightrightarrows Y,\ F:Y\rightrightarrows Z,\ \bar{z}\in(F\circ G)(\bar{x})$, 且

$$S(x,z):=G(x)\cap F^{-1}(z)=\{y\in G(x)\mid z\in F(y)\}.$$

则对任意的 $z^*\in Z^*$, 下面的断言对两种上导数 $D^*=D_N^*$ 和 $D^*=D_M^*$ 均成立:

(i) 给定 $\bar{y}\in S(\bar{x},\bar{z})$, 假设 S 在 $(\bar{x},\bar{z},\bar{y})$ 是内半连续的, F 和 G 的图分别在 $(\bar{y},\bar{z})$ 和 $(\bar{x},\bar{y})$ 附近是局部闭的, F 在 $(\bar{y},\bar{z})$ 是 PSNC 的或 G^{-1}在$(\bar{y},\bar{x})$ 是 PSNC 的, 而且混合规范条件

$$D_M^*F(\bar{y},\bar{z})(0)\cap(-D_M^*G^{-1}(\bar{y},\bar{x})(0))=\{0\} \tag{3.27}$$

成立, 则有

$$D^*(F\circ G)(\bar{x},\bar{z})(z^*)\subset D_N^*G(\bar{x},\bar{y})\circ D^*F(\bar{y},\bar{z})(z^*); \tag{3.28}$$

(ii) 假设 S 在 $(\bar{x},\bar{z})$ 是内半紧的, G 和 F^{-1} 分别在 $\bar{x}$ 附近的 x 和 $\bar{z}$ 附近的 z 处是闭图的, 如果对任意点 $\bar{y}\in S(\bar{x},\bar{z})$, F 在 $(\bar{y},\bar{z})$ 是 PSNC 的, 或 G^{-1} 在 $(\bar{y},\bar{x})$ 是 PSNC 的, 且 (3.27) 式对任意的 $\bar{y}\in S(\bar{x},\bar{z})$ 成立, 那么

$$D^*(F\circ G)(\bar{x},\bar{z})(z^*)\subset\bigcup_{\bar{y}\in S(\bar{x},\bar{z})}[D_N^*G(\bar{x},\bar{y})\circ D^*F(\bar{y},\bar{z})(z^*)];$$

(iii) 设 $G=g$ 在 $\bar{x}$ 附近是单值和 Lipschitz 连续的, 它自动有 S 在 $(\bar{x},\bar{z})$ 是内半紧的. 除了 (ii) 中的假设之外, 假设 F 在 $(\bar{y},\bar{z})$(其中 $\bar{y}=g(\bar{x})$) 是 N- 正则的 (分别地, M- 正则的), 且或者当 $\dim Y<\infty$ 时 g 在 $\bar{x}$ 是 N- 正则的, 或者 g 在 $\bar{x}$ 是严格可微的. 则 $F\circ g$ 在 $(\bar{x},\bar{z})$ 是 N- 正则的 (分别地, M- 正则的), 且有

$$D^*(F\circ g)(\bar{x},\bar{z})(z^*)=D_N^*g(\bar{x})\circ D^*F(\bar{y},\bar{z})(z^*).$$

证明 只证断言 (i), 断言 (ii) 的证明是类似的. 考虑 (3.24) 式型集值映射:

$$\Phi(x,y):=F(y)+\Delta((x,y);\mathrm{gph}G),$$

根据定理 1.64(i), 有

$$D^*(F\circ G)(\bar{x},\bar{z})(z^*)\subset\{x^*\in X^*\mid(x^*,0)\in D^*\Phi(\bar{x},\bar{y},\bar{z})(z^*)\}. \tag{3.29}$$

对 (3.29) 式中的 Φ 应用命题 3.12 中的包含关系 (3.26), 注意到定理的规范条件 (3.27) 和 PSNC 条件确保这个命题的假设 (3.25) 式成立. 因此由 (3.29) 式和 (3.26) 式可推出 (3.28) 式. 为证 (iii), 把定理 1.64(iii) 中等式/正则性陈述和命题 3.12 结合在一起即可. △

注意到定理 3.13 中包含关系链式法则可以用证明定理 3.10 的方法通过应用集合

$$\Omega_1:=\mathrm{gph}G\times Z,\quad \Omega_2:=X\times\mathrm{gph}F$$

的交的基本法向量的结果直接得到. 然而, 用这种方法不能得到 (iii) 中的等式和正则性结果. 上导数等式链式法则的另一种情形在任意 Banach 空间的框架下由定理 1.66 给出. 也注意到, 根据 3.2.4 小节中所建立的推论 3.69, 定理 3.13(iii) 中 $g: X\to\mathbb{R}^m$ 在 $\bar{x}$ 的 N- 正则性同时等价于它在 $\bar{x}$ 的 Fréchet 可微性和严格 Hadamard 可微性, 但是不等价于 g 在该点的严格 Fréchet 可微性, 那是在无限维空间中上面定理中所作的一种替代假设.

值得注意的是, 基本和混合两种上导数的链式法则中用的都是混和上导数规范条件 (3.27). 另外, 定理 3.13 的基本和混合两种上导数的情形中, 链式法则 (3.28) 与 (ii) 的相应公式中都只用到了 G 的基本上导数.

下面的结果表明如果只关心链式法则 (3.28) 和 (ii) 的相应结果在 $D^*=D^*_M$ 和 $y^*=0$ 的情形, 如果 F 在 $(\bar{x},\bar{y})$ 附近是类 Lipschitz 的, 那么 G 的混合上导数可被用在关于混和上导数的这样一个特殊零链式法则中. 这个结果在第 4 章中有特别的应用, 那些应用确保 Lipschitz 和度量正则性在集值映射的复合下被保持.

定理 3.14 (混合上导数的零链式法则)　设 G,F 和 S 与定理 3.13 相同, $\bar{z}\in(F\circ G)(\bar{x})$. 则下面结论成立:

(i) 给定 $\bar{y}\in S(\bar{x},\bar{z})$, 假设 S 在 $(\bar{x},\bar{z},\bar{y})$ 是内半连续的, F 与 G 的图分别在 $(\bar{y},\bar{z})$ 和 $(\bar{x},\bar{y})$ 附近是局部闭的, F 在 $(\bar{y},\bar{z})$ 附近是类 Lipschitz 的, 则

$$D^*_M(F\circ G)(\bar{x},\bar{z})(0)\subset\{x^*\in X^*\mid x^*\in D^*_MG(\bar{x},\bar{y})(0)\};$$

(ii) 假设 S 在 $(\bar{x},\bar{z})$ 是内半紧的, G 和 F^{-1} 在 $\bar{x}$ 附近的任意 x 处和 $\bar{z}$ 附近的任意 z 处分别是闭图的, 且对任意的 $\bar{y}\in S(\bar{x},\bar{z})$, F 在 $(\bar{y},\bar{z})$ 附近是类 Lipschitz 的, 则

$$D^*_M(F\circ G)(\bar{x},\bar{z})(0)\subset\bigcup_{\bar{y}\in S(\bar{x},\bar{z})}\{x^*\in X^*\mid x^*\in D^*_MG(\bar{x},\bar{y})(0)\}.$$

证明　只证 (i), 因为 (ii) 的证明与之类似. 任取 $x^*\in D^*_M(F\circ G)(\bar{x},\bar{z})(0)$, 据定义找到序列 $\varepsilon_k\downarrow 0,(x_k,z_k)\xrightarrow{\text{gph}(F\circ G)}(\bar{x},\bar{z}),x^*_k\xrightarrow{w^*}x^*,z^*_k\to 0$(依范数), 满足

$$(x^*_k,-z^*_k)\in\widehat{N}_{\varepsilon_k}((x_k,z_k);\text{gph}(F\circ G)),\quad\forall k\in\mathbb{N}.$$

由于 S 在 $(\bar{x},\bar{z},\bar{y})$ 是内半连续的, 故存在 $y_k\in S(x_k,z_k)$ 使得沿着某子序列 $y_k\to\bar{y}$(这里不再重新标记下标). 易见

$$(x^*_k,0)\in D^*_{\varepsilon_k}[F+\Delta(\cdot;\text{gph}G)](x_k,y_k,z_k)(z^*_k),\quad k\in\mathbb{N}.$$

现在对上面的和应用下面的上导数"模糊和法则": 对给定的 Asplund 空间之间的闭图映射 $F_i:X\rightrightarrows Y$ 和给定的 $x^*\in\widehat{D}^*_\varepsilon(F_1+F_2)(\bar{x},\bar{y})(y^*)$ 且 $\bar{y}\in(F_1+F_2)(\bar{x})$, 如果至少一个 F_i 在点 $(\bar{x},\bar{y}_i)$ 附近是类 Lipschitz 的, 其中 $\bar{y}_i\in F_i(\bar{x}),\bar{y}_1+\bar{y}_2=\bar{y}$, 那么对任意的 $\eta>0$ 存在 $(x_i,y_i)\in\text{gph}F_i\cap[(\bar{x},\bar{y}_i)+\eta\mathbb{B}],x^*_i\in\widehat{D}^*F_i(x_i,y_i)(y^*_i)(i=1,2)$ 使得范数估计

$$\|y^*_i-y^*\|\leqslant\varepsilon+\eta,\quad i=1,2,\|x^*-x^*_1-x^*_2\|\leqslant\varepsilon+\eta$$

成立. 这个结果由引理 3.1 的模糊交法则可得, 事实上它们是等价的. 在给定点当 $k\to\infty$ 时应用这个结果到上面的和 $F+\Delta(\cdot)$, 取 $\eta_k\downarrow 0$, 找到序列 $(x_{1k},y_{1k})\in$

$\mathrm{gph}F$, $(x_{2k}, y_{2k}) \in \mathrm{gph}G$,

$$y_{1k}^* \in \widehat{D}^*F(y_{1k}, z_{1k})(z_{1k}^*), \quad (x_{2k}^*, y_{2k}^*) \in \widehat{N}((x_{2k}, y_{2k}); \mathrm{gph}G),$$

满足范数估计

$$\|(y_{1k}, z_{1k}) - (y_k, z_k)\| \leqslant \eta_k, \quad \|(x_{2k}, y_{2k}) - (x_k, y_k)\| \leqslant \eta_k,$$

$$\|(x_k^*, 0) - (0, y_{1k}^*) - (x_{2k}^*, y_{2k}^*)\| \leqslant \varepsilon_k + \eta_k, \quad \|z_{1k}^* - z_k^*\| \leqslant \varepsilon_k + \eta_k.$$

由于 $\|z_k^*\| \to 0$, $\|z_{1k}^* - z_k^*\| \leqslant \varepsilon_k + \eta_k$, 有 $\|z_{1k}^*\| \to 0 (k \to \infty)$. 所设的 F 的类 Lipschitz 性质确保 F 在 $(\bar{y}, \bar{z})$ 是 PSNC 的, 这就意味着 $\|y_{1k}^*\| \to 0$. 这个结果与

$$\|x_k^* - x_{2k}^*\| \leqslant \varepsilon_k + \eta_k, \quad \|y_{1k}^* + y_{2k}^*\| \leqslant \varepsilon_k + \eta_k, \quad x_k^* \xrightarrow{\omega^*} 0$$

合并在一起, 得 $\|x_{2k}^*\| \to 0$, $\|y_{2k}^*\| \to 0 (k \to \infty)$. 因此 $x^* \in D_M^* G(\bar{x}, \bar{y})(0)$, 这就完成了定理的证明. △

注意到若在定理 3.14 中用 $D_N^* G$ 代替 $D_M^* G$, 则所得结果是定理 3.13 当 $z^* = 0$ 时的特殊情形, 这是因为根据 F 的类 Lipschitz 性质, 当 $D_M^* F(\bar{y}, \bar{z})(0) = \{0\}$ 时, 规范条件和 PSNC 条件自动成立. 根据这个结果, 可建立定理 3.13 的下述推论, 它给出了定理中一般链式法则成立的有效条件.

推论 3.15 (类 Lipschitz 和度量正则映射的上导数链式法则) 固定 $\bar{z} \in (F \circ G)(\bar{x})$, $\bar{y} \in G(\bar{x}) \cap F^{-1}(\bar{z})$, 并且假设 F 和 G 的图在 $(\bar{y}, \bar{z})$和$(\bar{x}, \bar{y})$ 附近分别是局部闭的, 映射 $(x, z) \to G(x) \cap F^{-1}(z)$ 在 $(\bar{x}, \bar{z}, \bar{y})$ 是内半连续的, 且 F 在 $(\bar{y}, \bar{z})$ 附近是类 Lipschitz 的或 G 在 $(\bar{x}, \bar{y})$ 附近是度量正则的, 则链式法则 (3.28) 对基本和混合上导数均成立.

证明 根据定理 1.44, 命题 1.68 和定理 1.49(i), 定理 3.13(i) 的规范条件 (3.27) 和 PSNC 假设对类 Lipschitz 映射 F 或度量正则映射 G 自动成立. 因此有 (3.28). △

定理 3.13 的下述推论涉及内映射 G 是严格可微的情形, 与定理 1.66 不同, 这里不必假定其导数是满射.

推论 3.16 (具有严格可微内映射的上导数链式法则) 设 $g: X \to Y$ 在 $\bar{x}$ 是严格可微的, 设 $\bar{z} \in (F \circ g)(\bar{x})$, 且$F: Y \rightrightarrows Z$ 在 $(\bar{y}, \bar{z})$ 附近是闭图的, 其中 $\bar{y} = g(\bar{x})$. 假设 F 在 $(\bar{y}, \bar{z})$ 是 PSNC 的, 而且

$$D_M^* F(\bar{y}, \bar{z})(0) \cap (\ker \nabla g(\bar{x})^*) = \{0\}.$$

如果 F 在 $(\bar{y}, \bar{z})$ 附近是类 Lipschitz 的, 后面的两个条件自动成立. 则有包含关系

$$D^*(F \circ g)(\bar{x}, \bar{z})(z^*) \subset \nabla g(\bar{x})^* D^* F(\bar{y}, \bar{z})(z^*), \quad z^* \in Z^*$$

对两种上导数 $D^* = D^*_N, D^*_M$ 均成立. 而且, 如果 F 在 $(\bar{y},\bar{z})$ 是 N- 正则的 (分别地, M- 正则的), 那么有等式

$$D^*(F\circ g)(\bar{x},\bar{z})(z^*) = \nabla g(\bar{x})^* D^*F(\bar{y},\bar{z})(z^*),\quad z^*\in Z^*,$$

而且 $F\circ g$ 在 $(\bar{x},\bar{z})$ 具有相应的正则性.

证明　根据严格可微函数的上导数表达式, 由定理 3.13 及推论 3.15 直接可得. △

推论 3.16 中所得的链式法则可建立两个 (和多个) 变量的集值映射的全上导数和部分上导数之间的关系. 考虑两个变量 $(x,y)\in X\times Y$ 的集值映射 $F: X\times Y\rightrightarrows Z$, 用 $D^*_xF(\bar{x},\bar{y},\bar{z})$ 表示它在点 $(\bar{x},\bar{y},\bar{z})\in \mathrm{gph}F$ 处相对于 x 的部分上导数 (基本的或混合的), 它是“部分”集值映射 $F(\cdot,\bar{y})$ 在 $(\bar{x},\bar{z})$ 的相应上导数. 设 $\mathrm{proj}_x D^*F(\bar{x},\bar{y},\bar{z})(z^*)$ 表示集合 $D^*F(\bar{x},\bar{y},\bar{z})(z^*)\subset X^*\times Y^*$ 在空间 X^* 上的投影. 下面的结果给出了全上导数 D^*F 和它相对于 x 的部分上导数 D^*_x 之间的关系, 当然对第二个变量 y 同样的结果成立.

推论 3.17 (部分上导数)　设 $F: X\times Y\rightrightarrows Z$, F 的图在 $(\bar{x},\bar{y},\bar{z})\in \mathrm{gph}F$ 附近是闭的. 假设 F 在 $(\bar{x},\bar{y},\bar{z})$ 是 PSNC 的, 并且

$$(0,y^*)\in D^*_MF(\bar{x},\bar{y},\bar{z})(0)\Rightarrow y^*=0;$$

当 F 在 $(\bar{x},\bar{y},\bar{z})$ 附近是类 Lipschitz 的时, 这些条件自动成立. 则有包含关系

$$D^*_xF(\bar{x},\bar{y},\bar{z})(z^*)\subset \mathrm{proj}_x D^*F(\bar{x},\bar{y},\bar{z})(z^*),\quad z^*\in Z^*$$

对两种上导数 $D^* = D^*_N, D^*_M$ 均成立, 其中等式成立如果 F 在 $(\bar{x},\bar{y},\bar{z})$ 是 N- 正则的 (分别地, M- 正则的), 而且在等式的情形部分集值映射 $F(\cdot,\bar{y})$ 在 $(\bar{x},\bar{z})$ 具有相应的正则性.

证明　在推论 3.16 中取 $F(\cdot,\bar{y}) = F\circ g$, $g: X\to X\times Y$, 定义为 $g(x) := (x,\bar{y})$, 直接可得结果. △

接下来考虑任意集值映射 $F_i: X\rightrightarrows Y_i, i=1,2$ 所谓的 h- 复合

$$(F_1 \overset{h}{\diamond} F_2)(x) := \bigcup\{h(y_1,y_2)\mid y_1\in F_1(x), y_2\in F_2(x)\},$$

其中单值映射 $h: Y_1\times Y_2\to Z$ 代表集值映射的某种运算 (例如, 各种不同的积、商、极大值、极小值等等). 基于定理 3.10 和定理 3.13 的和与链式法则, 得到 Asplund 空间之间的映射 h- 复合的上导数的一般公式, 它蕴涵着算子 h 的特殊情形的其他分析结果. 下面的结果仅就映射 S 在给定点是内半连续的情形给出表达和证明, 内半紧的情形类似于定理 3.10 和定理 3.13.

定理 3.18 (h-复合的上导数)　设 $F_i: X\rightrightarrows Y_i$ $(i=1,2)$, $h: X\times Z\to Y_1\times Y_2$, $\bar{z}\in (F_1 \overset{h}{\diamond} F_2)(\bar{x})$. 定义集值映射 $S: Y_1\times Y_2\rightrightarrows Z$ 为

$$S(x,z) := \{(y_1,y_2)\in Y_1\times Y_2\mid y_i\in F_i(x), z=h(y_1,y_2)\},$$

假设它在 $(\bar{x},\bar{y},\bar{z}) \in \operatorname{gph}S$ 对给定的 $\bar{y}=(\bar{y}_1,\bar{y}_2)$ 是内半连续的, 且 F_i 的图在 $(\bar{x},\bar{y}_i)(i=1,2)$ 附近是局部闭的. 还假设 F_1 在 $(\bar{x},\bar{y}_1)$ 是 PSNC 的, 或 F_2 在 $(\bar{x},\bar{y}_2)$ 是 PSNC 的, 且规范条件 (3.19) 式成立. 则对任意的 $z^* \in Z^*$, 下面的结论成立:

(i) 设 h 在 $\bar{y}$ 附近是局部 Lipschitz 的, 则

$$D^*(F_1 \overset{h}{\diamond} F_2)(\bar{x},\bar{z})(z^*) \subset \bigcup_{y^* \in D^*h(\bar{y})(z^*)} [D_N^*F_1(\bar{x},\bar{y}_1)(y_1^*) + D_N^*F_2(\bar{x},\bar{y}_2)(y_2^*)],$$

其中 $y^*=(y_1^*,y_2^*)$, D^* 代表 $F_1 \overset{h}{\diamond} F_2$ 和 h 的基本上导数或这些映射的混合上导数;

(ii) 设 h 在 $\bar{y}$ 是严格可微的, 则

$$D_M^*(F_1 \overset{h}{\diamond} F_2)(\bar{x},\bar{z})(z^*) \subset D_M^*F_1(\bar{x},\bar{y}_1)(y_1^*) + D_M^*F_2(\bar{x},\bar{y}_2)(y_2^*),$$

其中 $y_i^* = \nabla_i h(\bar{y})^* z^* (i=1,2)$ 分别为 $h(y_1,y_2)$ 关于第一和第二变量的偏导数.

证明 定义 $F: X \rightrightarrows Y_1 \times Y_2$ 为 $F(x):=(F_1(x),F_2(x))$, 并且注意到

$$D^*F(\bar{x},\bar{y})(y^*) \subset D^*F_1(\bar{x},\bar{y}_1)(y_1^*) + D^*F_2(\bar{x},\bar{y}_2)(y_2^*) \tag{3.30}$$

在 (i) 中所给的假设下对两种上导数 $D^*=D_N^*, D_M^*$ 均成立. 事实上, 这只需对和 $F=\widetilde{F_1}+\widetilde{F_2}$, 其中 $\widetilde{F_1}(x):=(F_1(x),0), \widetilde{F_2}(x):=(0,F_2(x))$, 应用定理 3.10. 显然

$$(F_1 \overset{h}{\diamond} F_2)(x) = (h \circ F)(x). \tag{3.31}$$

因为 h 在 $\bar{y}$ 附近是局部 Lipschitz 的, 对复合 $h \circ F$ 可应用推论 3.15 中的链式法则. 则由 (3.30) 式即得 (i) 中的结论.

下证结论 (ii), 注意到根据定理 1.38, 它的基本上导数相应结果由 (i) 直接可得, 但 (i) 与 (ii) 相比给出了 $D_M^*(F_1 \overset{h}{\diamond} F_2)(\bar{x},\bar{z})(z^*)$ 的更大上估计. 这是由于对 $h \circ F$ 应用链式法则 (3.28) 必然涉及内映射的基本上导数. 像定理 3.10 的证明那样, 通过应用引理 3.1 的模糊交法则来证明 $D^*=D_M^*$ 时 (ii) 中更好的估计.

固定 $x^* \in D_M^*(F_1 \overset{h}{\diamond} F_2)(\bar{x},\bar{z})(z^*)$, 根据推论 2.36, 找到序列 $(x_k,z_k) \in \operatorname{gph}(F_1 \overset{h}{\diamond} F_2), x_k^* \in \widehat{D}^*(F_1 \overset{h}{\diamond} F_2)(x_k,z_k)(z^*)$, 满足 $(x_k,z_k) \to (\bar{x},\bar{z}), x_k^* \xrightarrow{w^*} x^*, z_k^* \to z^*, k \to \infty$. 设 h 在 $\bar{y}$ 严格可微且取通常的复合形式 (3.31). 基于 h 的严格可微性 (正如定理 1.72 的证明那样) 和 Asplund 空间的表达式 (2.51), 利用标准的论证得子序列 $(\widetilde{x}_k,\widetilde{y}_k,\widetilde{z}_k) \to (\bar{x},\bar{y},\bar{z}), \widetilde{x}_k^* \xrightarrow{w^*} x^*, \widetilde{z}_k^* \to z^*$, 使得 $\widetilde{y}_k \in F(\widetilde{x}_k) \cap h^{-1}(\widetilde{z}_k)$ 和

$$\widetilde{x}_k^* \in \widehat{D}^*F(\widetilde{x}_k,\widetilde{y}_k)(\widetilde{y}_k^*), \quad \text{其中} \quad \widetilde{y}_k^* := (\nabla h(\bar{y}))^* \widetilde{z}_k^*. \tag{3.32}$$

现在考虑到 (3.32) 式中 $F(x)=(F_1(x),0)+(0,F_2(x))$ 并沿着 $D^*=D_M^*$ 情形定理 3.10 的证明, 选取子序列 $(x_{ik},y_{ik}) \to (\bar{x},\bar{y}_i)$, $x_{ik}^* \xrightarrow{w^*} x_i^*$和$y_{ik}^* \to (\nabla_i h(\bar{y}))^* z^*$, 满足

$$x_{ik}^* \in \widehat{D}^*F_i((x_{ik},y_{ik}))(y_{ik}^*), \quad i=1,2 \ \text{和} \ x_{1k}^*+x_{2k}^* \xrightarrow{w^*} x^*, \quad k \to \infty.$$

因此 $x^* \in D_M^* F_1(\bar{x},\bar{y}_1)(y_1^*) + D_M^* F_2(\bar{x},\bar{y}_2)(y_2^*)$, 其中 $(y_1^*, y_2^*) = (\nabla h(\bar{y}))^* z^*)$. 这就证得 (ii) 成立, 从而完成了定理的证明. △

根据定理 1.90 中所得的混合上导数的标量化公式, 在定理 3.18(i) 的框架下总可以令 $D_M^* h(\bar{y})(z^*) = \partial\langle z^*, h\rangle(\bar{y})$.

为说明定理 3.18 的应用, 考虑在 Hilbert 空间 Y 中取值的集值映射 $F_i : X \rightrightarrows Y$ 的内积

$$\langle F_1, F_2\rangle(x) := \{\langle y_1, y_2\rangle \mid y_i \in F_i(x), i = 1,2\}.$$

由于 $\langle F_1, F_2\rangle : X \rightrightarrows \mathbb{R}$, 这个映射的基本上导数和混合上导数相同, 记为 $D^*\langle F_1, F_2\rangle$. 下面建立以 $D_M^* F_i, i = 1,2$ 给出的该内积上导数的一个上估计.

推论 3.19 (上导数的内积法则)　给定 $\bar{\alpha} \in \langle F_1, F_2\rangle(\bar{x}), \bar{y}_i \in F_i(\bar{x})$, 其中 $\bar{\alpha} = \langle \bar{y}_1, \bar{y}_2\rangle$, 假设 F_i 的图在 $(\bar{x},\bar{y}_i)(i = 1,2)$ 附近是局部闭的, 集值映射

$$(x,\alpha) \to \{(y_1,y_2) \in Y^2 \mid y_i \in F_i(x), \alpha = \langle y_1, y_2\rangle\}$$

在 $(\bar{x},\bar{\alpha},\bar{y}_1,\bar{y}_2)$ 是内半连续的. 还假设 F_1 在 $(\bar{x},\bar{y}_1)$ 是 PSNC 的或 F_2 在 $(\bar{x},\bar{y}_2)$ 是 PSNC 的, 而且规范条件 (3.19) 成立. 则对任意的 $\lambda \in \mathbb{R}$, 有

$$D^*\langle F_1, F_2\rangle(\bar{x},\bar{\alpha})(\lambda) \subset D_M^* F_1(\bar{x},\bar{y}_1)(\lambda\bar{y}_2) + D_M^* F_2(\bar{x},\bar{y}_2)(\lambda\bar{y}_1).$$

证明　当 $h(y_1,y_2) = \langle y_1, y_2\rangle$ 时, 根据定理 3.18(ii) 可得. △

由定理 3.18 可得到相对于 Banach 代数中所定义的乘法和除法的一般乘积和商的法则 (参见文献 [950]). 如 Mordukhovich[910], 若 h- 复合非光滑, 则该定理还包含极大和极小集值映射的上导数分析法则.

这一小节的最后一个结果给出了集值映射的交

$$(F_1 \cap F_2)(x) := F_1(x) \cap F_2(x)$$

的基本上导数的一个有用表达式, 它可由定理 3.4 中基本法向量的交法则直接得到. 简单起见, 在定理 3.18 中应用 (基本) 法锥规范条件 (3.10), 它在 3.2.1 小节中极大值函数的次微分中有重要应用.

命题 3.20 (上导数交法则)　设 $F_i : X \rightrightarrows Y(i = 1,2)$ 在 $(\bar{x},\bar{y})$ 附近是局部闭的. 假设

$$N((\bar{x},\bar{y}); \mathrm{gph}F_1) \cap (-N((\bar{x},\bar{y}); \mathrm{gph}F_2)) = \{0\},$$

且 F_i 之一在 $(\bar{x},\bar{y})$ 是 SNC 的, 则

$$D^*(F_1 \cap F_2)(\bar{x},\bar{y})(y^*) \subset \bigcup_{y_1^*+y_2^*=y^*} [D^*F_1(\bar{x},\bar{y})(y_1^*) + D^*F_2(\bar{x},\bar{y})(y_2^*)] \tag{3.33}$$

对任意 $y^* \in Y^*$ 成立, 其中 D^* 代表基本上导数. 而且, 如果 F_1, F_2 在该点都是 N-正则的, 则 (3.33) 式作为等式成立和 $F_1 \cap F_2$ 在 $(\bar{x},\bar{y})$ 是 N- 正则的.

证明 利用规范条件 (3.10), 对 $\Omega_i = \text{gph}F_i, i = 1, 2$ 应用推论 3.5. 等式 (正则性) 断言由定理 3.4 的最后部分直接可得. △

下面用关于集值映射的上导数的其他结果的几个评注结束本小节.

注 3.21 (模糊上导数分析法则) 基于引理 3.1 中关于 Fréchet 法向量的模糊交法则 (即, 实际上基于极点原理), 可以建立 Asplund 空间之间的集值映射的 ε- 上导数 $\widehat{D}^*_\varepsilon$(见 (1.23) 式) 的丰富的模糊分析法则, 其中关键的情形是当 $\varepsilon = 0$ 时. 这用本小节中证明 D^*_N 和 D^*_M 的精确分析结果的方法不取极限就能做到. 值得一提的是, 不需要任何 SNC 条件并可放松规范条件来得到模糊分析法则. 然而, 这种形式的结果不是基于点的, 可以看做是极限构造确切分析法则的一个基本工具, 关于 $\widehat{D}^*_\varepsilon$ 和相关次梯度的模糊分析法则更多细节可以在文献 [952] 中找到, 该文中直接应用极点原理来得到所谓的"定量模糊和法则" (带有有效估计), 在此基础上得出其他分析结果. 注意引理 3.1 中的模糊交法则实际上与 X 的 Asplund 性质是等价的, 这一点近来由 Bingwu Wang 指出 (个人交流).

注 3.22 (反向混合上导数的分析法则) 除基本和混合上导数之外, 本书很多地方用到了在 (1.40) 式中定义的 $\widetilde{D}^*_M$ 结构, 称为反向混合上导数, 因为与基本混合上导数相比它的两种收敛是反过来的; 比照 Penot[1071]. 尽管 $\widetilde{D}^*_M$ 与逆映射的混合上导数直接相关, 但是它不具有与 D^*_M 和 D^*_N 类似的广泛的分析法则, 这是由于映射的许多重要的运算和性质相对于取逆不是不变的/稳定的. 作为一个吸引人的例子, 这里指出, 和法则对反向混合上导数不能满意地建立, 甚至在实值函数 $\varphi :\to \overline{\mathbb{R}}$ 的次微分这个特殊的情形也不行, 这是因为相对于无限维中的范数拓扑单位球 $\mathbb{B}^*$ 没有任何紧性性质. 然而, 正如文献 [963] 中所表明的那样, 在 Asplund 空间中对 $\widetilde{D}^*_M$ 可建立一些有用的分析结果. 特别地, 根据定理 3.13 和逆映射及其上导数的初等变换可得链式法则

$$\widetilde{D}^*_M(F \circ G)(\bar{x}, \bar{z}) \subset \bigcup_{\bar{y} \in G(\bar{x}) \cap F^{-1}(\bar{z})} \widetilde{D}^*_M G(\bar{x}, \bar{y}) \circ D^*_N F(\bar{y}, \bar{z}),$$

这对一般复合映射在任一点 $(\bar{x}, \bar{z}) \in \text{gph}(F \circ G)$ 都成立, 且假设与定理 3.13(ii) 中完全一样. 规范条件 (3.27) 能被等价地写为

$$(\ker \widetilde{D}^*_M G(\bar{x}, \bar{y})) \cap (-D^*_M F(\bar{y}, \bar{z})(0)) = \{0\}.$$

如果 G 对任一 $\bar{y} \in G(\bar{x}) \cap F^{-1}(\bar{z})$ 在 $(\bar{x}, \bar{y})$ 附近是度量正则的, 易见此式蕴涵着包含关系

$$\ker \widetilde{D}^*_M(F \circ G)(\bar{z}, \bar{x}) \subset \bigcup_{\bar{y} \in G(\bar{x}) \cap F^{-1}(\bar{z})} \ker D^*_N F(\bar{y}, \bar{z}).$$

此时对逆映射应用定理 3.14 中的零链式法则, 得到改进的包含关系

$$\ker \widetilde{D}^*_M(F \circ G)(\bar{x}, \bar{z}) \subset \bigcup_{\bar{y} \in G(\bar{x}) \cap F^{-1}(\bar{x})} \ker \widetilde{D}^*_M F(\bar{y}, \bar{z}).$$

它只涉及反向混合上导数的核 (参见文献 [934]).

注 3.23 (相对于一般拓扑的极限法向量和上导数) 上面的一些分析结果能通过考虑相对于 X^* 上的任意拓扑 τ 的极限结构得到统一和推广, 这里要求线性结构匹配并且满足 $w^* \leqslant \tau \leqslant \tau_{\|\cdot\|}$, 即它等价于或弱于 X^* 上的范数拓扑, 并等价于或强于 X^* 上的弱* 拓扑. 除了 $\tau = w^*$ 和 $\tau = \tau_{\|\cdot\|}$ 外, X^* 上这样拓扑的一些有价值的选择包括弱拓扑, 由 X^* 中的有界网收敛生成的拓扑, 由 X 中的各种生成族生成的极拓扑等 (参见 Holmes[580] 和 Phelps[1073] 及里面的参考文献).

给定 X^* 上的一个上述拓扑 τ, 定义 $\Omega \subset X$ 在 $\bar{x} \in \Omega$ 的 τ- 极限法锥为

$$N_\tau(\bar{x};\Omega) := \{x^* \in X^* \mid \exists \varepsilon_k \downarrow 0, x_k \xrightarrow{\Omega} \bar{x}, x_k^* \xrightarrow{\tau^*} x^*,\ x_k^* \in \widehat{N}_{\varepsilon_k}(x_k;\Omega)\},$$

如果 Ω 在 $\bar{x}$ 附近是局部闭的, 且 X 是 Asplund 的, 那么其中的 ε_k 可以省掉. 显然, τ 越强, $N_\tau(\bar{x};\Omega)$ 越小. 当 $\tau = w^*$ 时, $N_\tau(\bar{x};\Omega)$ 即为基本法锥 (1.3). 对乘积空间 $X \times Y$, 令 $\tau = \tau_{X^*} \times \tau_{Y^*}$, 其中 τ_{X^*} 和 τ_{Y^*} 一般来说不必是同类型的, 定义 $F : X \rightrightarrows Y$ 在 $(\bar{x},\bar{y}) \in \text{gph}F$ 的 τ- 极限上导数为

$$D_\tau^* F(\bar{x},\bar{y})(y^*) := \{x^* \in X^* | (x^*, -y^*) \in N_\tau((\bar{x},\bar{y}); \text{gph}F)\},$$

当 $\tau = w^* \times w^*$ 时, 它与基本上导数 (1.24) 相同; 当 $\tau = w^* \times \tau_{\|\cdot\|}$ 时, 它与混合上导数 (1.25) 相同, 当 $\tau = \tau_{\|\cdot\|} \times w^*$ 时, 它与反向混合上导数 (1.40) 相同.

按照上面的几何方法, 基于法锥 N_τ 的交法则“推广了定理 3.4 中的相应结果”可以建立 τ- 极限上导数的确切分析法则. 特别地, 利用这种方法可得到 $G : X \rightrightarrows Y$ 和 $F : Y \rightrightarrows Z$ 的复合的“对称上导数链式法则”

$$D^*_{\tau_{X^*} \times \tau_{Z^*}}(F \circ G)(\bar{x},\bar{z}) \subset D^*_{\tau_{X^*} \times \tau_{Y^*}} G(\bar{x},\bar{y}) \circ D^*_{\tau_{Y^*} \times \tau_{Z^*}} F(\bar{y},\bar{z}).$$

具体条件见 Mordukhovich 与 B. Wang[963]. 在该文中读者还可以看到这个方向的更多结果和讨论.

注 3.24 (生成族光滑空间的上导数分析法则) 建立上面给出的上导数分析法则的另一种思路是在某些 Banach 空间中考虑适当的上导数结构, 这样的空间具有一个 Lipschitz 阻尼函数, 它相对于给定的生成族 β 是光滑的 (参见注 2.11). 在光滑变分原理的基础上, 关于这个方向的一些结果由 Mordukhovich, Shao 与 Zhu[954] 得到. 其中考虑的是对由相应的法锥 (2.78) 及其拓扑极限生成的黏性 β- 上导数. Fréchet 生成族 $\beta = \mathcal{F}$ 与 X 上所有其他生成族的本质区别在于由 β 生成的 X^* 上的相应拓扑与范数拓扑相同. 在这种情形下, 与其他生成族生成的拓扑不同, 可对序列极限结构建立确切分析结果.

3.1.3 严格 Lipschitz 性质和上导数标量化

在定理 1.90 中对任意 Banach 空间之间的局部 Lipschitz 映射 $f : X \to Y$ 的混合上导数建立了标量化表达公式

$$D_M^* f(\bar{x})(y^*) = \partial\langle y^*, f\rangle(\bar{x}), \quad y^* \in Y^*.$$

正如例 1.35 表明的那样, 如果没有额外的假设, 关于任意局部 Lipschitz 映射的基本上导数的相应公式不成立. 在本小节将建立条件保证基本上导数标量化公式成立, 这对各种应用很重要, 包括在次微分链式法则和 Lagrange 型必要性最优性条件中的应用 (见下文). 为此首先定义局部 Lipschitz 映射的子类并且建立它们之间的关系.

定义 3.25 (严格 Lipschitz 映射) 设 $f: X \to Y$ 是 Banach 空间之间的单值映射. 假设 f 在 $\bar{x}$ 附近是 Lipschitz 连续的, 则:

(i) f 在 $\bar{x}$ 是严格 Lipschitz 的, 如果存在 X 中原点的一个邻域 V, 使得序列

$$y_k := \frac{f(x_k + t_k v) - f(x_k)}{t_k}, \quad k \in \mathbb{N}$$

对任意的 $v \in V$, $x_k \to \bar{x}$, $t_k \downarrow 0$, 包含一个范数收敛的子序列;

(ii) f 在 $\bar{x}$ 是 w^*- 严格 Lipschitz 的, 如果存在 X 中原点的一个邻域 V, 使得对任意的 $v \in X$ 和任意序列 $x_k \to \bar{x}$, $t_k \downarrow 0$ 和 $y_k^* \xrightarrow{w^*} 0$, 有 $\langle y_k^*, y_k\rangle \to 0$, $k \to \infty$, 这里 y_k 在 (i) 中定义.

若 Y 是有限维的, 则 (i) 和 (ii) 中的性质显然成立. 因此定义 3.25 中的两类都简化为局部 Lipschitz 映射 $f: X \to \mathbb{R}^n$. 当 $\dim Y = \infty$ 时, 则不然, 如例 1.35 中的映射. 可以验证定义 3.25 中的两个函数类相对于复合是闭的, 并且形成线性空间. 每个在 $\bar{x}$ 严格可微的映射在该点也是严格 Lipschitz 的. 而且, 严格 Lipschitz 映射类包括具有 Lipschitz 核的 Fredholm 积分算子, 它们在最优控制中有特别重要的应用.

命题 3.26 (严格 Lipschitz 映射的关系) 每个在 $\bar{x}$ 严格 Lipschitz 映射 $f: X \to Y$ 在该点是 w^*- 严格 Lipschitz 的. 如果 $\mathbb{B}_{Y^*}$ 是弱* 序列紧的, 那么反之亦然.

证明 显然定义 3.25 中的性质 (i) 蕴涵着 (ii) 对任何 Banach 空间成立. 余下的只需证明 (ii)⇒ (i) 当 $\mathbb{B}_{Y^*}$ 弱 * 列紧时成立. 下面证明在这个假设下 (i) 中的收敛性质由 (ii) 中的收敛性质可得.

首先, (ii) 中的收敛性质蕴涵着 $\{y_k\}$ 的有界性. 否则, 假设沿着 $k \to \infty$ 的某个子序列 $\|y_k\| \to \infty$(假设对任意的 $k \in \mathbb{N}$), 根据 Hahn-Banach 定理, 可找到 $y_k^* \in Y^*$, 满足 $\langle y_k^*, y_k\rangle = \sqrt{\|y_k\|}$, $\|y_k^*\| = \|y_k\|^{-1/2}$, $k \in \mathbb{N}$. 则 $\|y_k^*\| \to 0$ 但 $\langle y_k^*, y_k\rangle \nrightarrow 0$, $k \to \infty$, 这与 (ii) 矛盾. 进一步, 证明 $\{y_k\}$ 事实上是全有界的, 即对任意 $\varepsilon > 0$, 这个集合能被有限多个半径不超过 ε 的球所覆盖. 由此即得命题, 因为度量空间中子集的全有界性等价于它的列紧性 (参见文献 [371, P22]).

再用反证法, 假设 $\{y_k\}$ 不是全有界的. 因为 $\{y_k\}$ 有界, 易证存在 $\alpha > 0$, 使得对任意有限维子空间 $Z \subset Y$ 有 $\{y_k\} \not\subset Z + \alpha\mathbb{B}_Y$, 则可构造 $\{y_k\}$ 的一个子序列

$\{z_n\}$ 满足对所有 $n\in\mathbb{N}$, 有 $z_{n+1}\notin \mathrm{span}\{z_1,\cdots,z_n\}+\alpha\mathbb{B}_Y$. 于是可选取 $y_n^*\in\mathbb{B}_{Y^*}$, 满足

$$\mathrm{span}\{z_1,\cdots,z_n\}\subset \ker y_n^*,\quad \langle y_n^*,z_{n+1}\rangle\geqslant\alpha,\quad n\in\mathbb{N}.$$

由命题的假设, $\{y_n^*\}$ 包含子序列 $\{y_{n_m}^*\}$ 弱 * 收敛于 $y^*\in Y^*$. 根据构造可知, 对所有的 $n\in\mathbb{N}$ 有 $\langle y^*,z_n\rangle=0$. 因此,

$$\langle y_{n_m}^*-y^*,z_{n_m+1}\rangle=\langle y_{n_m}^*,z_{n_m+1}\rangle\geqslant\alpha>0,\quad m\in\mathbb{N}.$$

这与 (ii) 矛盾. 证毕. △

在下面的引理中以 w^*- 严格 Lipschitz 映射的 Fréchet 上导数得到它们的一个重要性质, 这个性质对下面给出的标量化公式的证明是至关重要的. 而且, 如果对所论 Banach 空间加条件, 这个性质可完全刻画这种映射.

引理 3.27 (严格 Lipschitz 映射的上导数刻画)　设 $f:X\to Y$ 是 Banach 空间之间的映射, 在 $\bar{x}$ 附近是局部 Lipschitz 的. 则下面的结论成立:

(i) 如果 f 在 $\bar{x}$ 是 w^*- 严格 Lipschitz 的, 那么对任何序列 $\varepsilon_k\downarrow 0, x_k\to\bar{x}, (x_k^*,y_k^*)\in X^*\times Y^*$ 且 $x_k^*\in\widehat{D}_{\varepsilon_k}^*f(x_k)(y_k^*), k\in\mathbb{N}$, 有

$$y_k^*\xrightarrow{w^*}0\Rightarrow x_k^*\xrightarrow{w^*}0,\quad k\to\infty;$$

(ii) 如果 X 是 Asplund 的, 而且 Y 是自反的, 那么 (i) 中的上导数性质蕴涵着 f 在 $\bar{x}$ 是严格 Lipschitz 的.

证明　为证 (i), 取序列 $x_k^*\in\widehat{D}_{\varepsilon_k}^*f(x_k)(y_k^*)$, 由定义可知对任意的 $\gamma_k\downarrow 0$, 存在 x_k 的邻域 U_k, 使得

$$\langle x_k^*,x-x_k\rangle-\langle y_k^*,f(x)-f(x_k)\rangle\leqslant(\gamma_k+\varepsilon_k)(\|x-x_k\|+\|f(x)-f(x_k)\|)$$

对任意的 $x\in U_k$ 和 $k\in\mathbb{N}$ 成立. 由 f 在 $\bar{x}$ 附近的 Lipschitz 连续性 (设模为 ℓ), 得

$$\langle x_k^*,x-x_k\rangle-\langle y_k^*,f(x)-f(x_k)\rangle\leqslant(\gamma_k+\varepsilon_k)(1+\ell)\|x-x_k\| \tag{3.34}$$

对任意的 $x\in U_k$ 和 $k\in\mathbb{N}$ 成立. 现在从定义 3.25(ii) 中原点的邻域 V 中任取 v, 选取序列 $t_k\downarrow 0$ 使得 $x_k+t_kv\in U_k,\ \ \forall k\in\mathbb{N}$. 于是 (3.34) 式蕴涵着

$$\langle x_k^*,v\rangle-\left\langle y_k^*,\frac{f(x_k+t_kv)-f(x_k)}{t_k}\right\rangle\leqslant(\gamma_k+\varepsilon_k)(1+\ell)\|v\|. \tag{3.35}$$

由于 f 在 $\bar{x}$ 附近是局部 Lipschitz 的, $\{y_k^*\}$ 是有界的, 再由定理 1.43 知 $\{x_k^*\}$ 是有界的, 从而在 X^* 中是 (拓扑) 弱 * 紧的. 任取 $x^*\in\mathrm{cl}^*\{x_k^*\}$, 由 (3.35) 式和 f 的 w^*- 严格 Lipschitz 性质得 $\langle x^*,v\rangle\leqslant 0,\ \ v\in V$. 因此对 x_k^* 的每个弱 * 聚点有 $x^*=0$, 这意味着 $x_k^*\xrightarrow{w^*}0,\ \ k\to\infty$, 从而 (i) 成立.

假设 X 是 Asplund 的, Y 是自反的, 证明相反的结论成立. 注意到此时由命题 3.26, 函数 f 在 $\bar{x}$ 的严格 Lipschitz 和 w^*- 严格 Lipschitz 性质是等价的. 而且, 在 (i) 中可以等价地令 $\varepsilon_k = 0$. 取定义 3.25 中的 $\{y_k\}$, 下证它有一个范数收敛的子序列. 由于 y_k 是有界的, Y 是自反的, 可以假设当 $k \to \infty$ 时它弱收敛于某点 $\bar{y} \in Y$. 由 Hahn-Banach 定理得 $y_k^* \in Y^*$ 满足

$$\langle y_k^*, y_k - \bar{y}\rangle = \|y_k - \bar{y}\|, \quad \|y_k^*\| = 1, \quad \forall k \in \mathbb{N}.$$

不失一般性, 假设对某个 $\bar{y}^* \in Y^*$, $y_k^* \xrightarrow{w^*} \bar{y}^*$, $k \to \infty$. 现在的目标是估计 $\langle y_k^* - \bar{y}^*, y_k\rangle$. 为此, 应用定理 3.49 中的中值不等式 (3.52), 得到 $v_k \to \bar{x}$, $v_k^* \in \widehat{\partial}\langle y_k^* - \bar{y}^*, f\rangle(v_k)$, 满足

$$\langle y_k^* - \bar{y}^*, y_k\rangle \leqslant \langle v_k^*, v\rangle + k^{-1}, \quad \forall k \in \mathbb{N}, \tag{3.36}$$

其中 y_k 和 v 的关系服从定义 3.25. 易验证如果 f 在 x 附近是局部 Lipschitz 的, 那么

$$\widehat{\partial}\langle y^*, f\rangle(x) = \widehat{D}^* f(x)(y^*), \quad \forall y^* \in Y^*. \tag{3.37}$$

因此, 根据 (ii) 中所给的假设有 $v_k^* \in \widehat{D}^* f(v_k)(y_k^* - \bar{y}^*)$, $v_k^* \xrightarrow{w^*} 0$, $k \to \infty$. 由 (3.36) 式可得 $\limsup_{k\to\infty}\langle y_k^* - \bar{y}^*, y_k\rangle \leqslant 0$. 注意到

$$\|y_k^* - \bar{y}\| = \langle y_k^*, y_k - \bar{y}\rangle = \langle y_k^* - \bar{y}^*, y_k\rangle - \langle y_k^* - \bar{y}^*, \bar{y}\rangle + \langle \bar{y}^*, y_k - \bar{y}\rangle,$$

这就给出 y_k 沿所选取的子序列的范数收敛性. △

现在已经准备好建立所需的以表量化函数的基本次微分给出的基本上导数表达式.

定理 3.28 (基本上导数的标量化) 考虑 Asplund 空间 X 和 Banach 空间 Y 之间的映射 $f: X \to Y$. 假设 f 在 $\bar{x}$ 是 w^*- 严格 Lipschitz 的, 则有

$$D_N^* f(\bar{x})(y^*) = \partial\langle y^*, f\rangle(\bar{x}) \neq \varnothing, \quad \forall y^* \in Y^*.$$

而且, 在所给的假设下 $D_M^* f(\bar{x}) = D_N^* f(\bar{x})$.

证明 只需证 $D_N^* f(\bar{x})(y^*) \subset \partial\langle y^*, f\rangle(\bar{x})$. 其他结论由推论 2.25 和定理 1.90 易得. 取 $x^* \in D_N^* f(\bar{x})(y^*)$, 根据基本上导数和 ε- 法向量的定义找到序列 $\varepsilon_k \downarrow 0, x_k \to \bar{x}$, $(x_k^*, y_k^*) \xrightarrow{w^*} (x^*, y^*)$ 满足

$$(x_k^*, -y_k^*) \in \widehat{N}_{\varepsilon_k}((x_k, f(x_k)); \mathrm{gph} f), \quad \forall k \in \mathbb{N}.$$

由引理 3.27 的证明得沿任意序列 $\gamma_k \downarrow 0$ 的估计 (3.34) 式. 于是有

$$x_k^* \in \widehat{\partial}_{\widetilde{\varepsilon}_k}\langle y_k^*, f\rangle(x_k) = \widehat{\partial}_{\widetilde{\varepsilon}_k}[\langle y^*, f\rangle + \langle y_k^* - y^*, f\rangle](x_k),$$

其中 $\widetilde{\varepsilon}_k := (\gamma_k + \varepsilon_k)(1 + \ell) \downarrow 0 (k \to \infty)$. 利用定理 2.33(b) 中的模糊和法则, 找到序列 $u_k \to \bar{x}, v_k \to \bar{x}$,

$$u_k^* \in \widehat{\partial}\langle y^*, f\rangle(u_k), \quad v_k^* \in \widehat{\partial}\langle y_k^* - y^*, f\rangle(v_k),$$

使得 $\|x_k^* - u_k^* - v_k^*\| \leqslant 2\widetilde{\varepsilon}_k$ 对任意的 k 成立. 由 (3.37) 式和引理 3.27(i), 得 $v_k^* \xrightarrow{w^*} 0(k \to \infty)$. 因此 $u_k^* \xrightarrow{w^*} x^* \in \partial\langle y^*, f\rangle(\bar{x})$, 这就完成了定理的证明. △

下面给出引理 3.27 和定理 3.28 的两个有用的推论. 第一个推论给出了 $\mathcal{C}^{1,1}$ 函数类一个重要子类中函数的基本二阶次微分的一个方便表达式, 而第二个推论证明了严格 Lipschitz 映射的 SNC 性质的一个刻画.

推论 3.29 ($\mathcal{C}^{1,1}$ 函数的基本二阶次微分)　设 X 是 Asplund 空间, $\varphi : X \to \overline{\mathbb{R}}$ 在 $\bar{x}$ 附近是 $\mathcal{C}^1$ 的且其导数 $\nabla\varphi$ 在该点是 w^*-严格 Lipschitz 的, 则

$$\partial_N^2\varphi(\bar{x})(u) = \partial\langle u, \nabla\varphi\rangle(x) \neq \varnothing, \quad \forall u \in X^{**},$$

且 $\partial_M^2\varphi(\bar{x}) = \partial_N^2\varphi(\bar{x})$.

证明　令 $f := \nabla\varphi : X \to X^*$, 由定理 3.28 直接可得. △

推论 3.30 (严格 Lipschitz 映射 SNC 性质的刻画)　令 $f : X \to Y$ 是 Banach 空间之间的映射. 假设 f 在 $\bar{x}$ 是 w^*-严格 Lipschitz 的, 而且 X 是 Asplund 的, 则 f 在 $\bar{x}$ 是 SNC 的当且仅当 $\dim Y < \infty$.

证明　"充分性" 由推论 1.69 可得. 为证 Asplund 空间 X 情形下的 "必要性", 只需证明对每个在 $\bar{x}$ 是 w^*-严格 Lipschitz 映射 $f : X \to Y$ 和每个无限维 Banach 空间 Y, 都存在序列 $x_k \to \bar{x}$ 和 $(x_k^*, y_k^*) \xrightarrow{w^*} (0, 0)$, 满足

$$x_k^* \in \widehat{D}^* f(x_k)(y_k^*) \ \text{ 且 } \ \|(x_k^*, y_k^*)\| \nrightarrow 0, \quad k \to \infty.$$

事实上, 给定 Banach 空间 Y, $\dim Y = \infty$, 应用基本的 Josefson-Nissenzweig 定理 (参见定理 1.21 的证明), 找到序列 $y_k^* \in Y^*$ 且 $\|y_k^*\| = 1$, $y_k^* \xrightarrow{w^*} 0$. 根据 Lipschitz 映射的数量化公式 (3.37) 和由推论 2.29 而得的 Asplund 空间中 Fréchet 次梯度的稠密性, 存在序列 $(x_k, x_k^*) \in X \times X^*$, 使得 $x_k \to \bar{x}$, $x_k^* \in \widehat{D}^* f(x_k)(y_k^*)$ 对所有 $k \in \mathbb{N}$ 成立. 由引理 3.27(i) 得 $x_k^* \xrightarrow{w^*} 0, \ \ k \to \infty$. 因此 f 在 $\bar{x}$ 不具有 SNC 性质. △

注意到 f 的严格 Lipschitz 连续性对推论 3.30 中的等价性不是必要的. 特别地, 对在 $(\bar{x}, f(\bar{x}))$ 是 SNC 且在 $\bar{x}$ 是 Fréchet 可微的每个 Banach 空间之间的映射 $f : X \to Y$ 来说 Y 必须是有限维的, 它在 $\bar{x}$ 可能不是严格可微的或者在该点附近甚至不是 Lipschitz 的. 另外, 上面的证明表明, 根据引理 3.27(ii), 如果 Y 假定是自反的, 同时

$$y_k^* \xrightarrow{w^*} 0 \Rightarrow x_k^* \xrightarrow{w^*} 0, \quad x_k^* \in \widehat{D}^* f(x_k)(y_k^*), \quad x_k \to \bar{x}.$$

则关于 f 的严格 Lipschitz 的要求在推论 3.30 中是不能避免的.

注 3.31 (相对于一般拓扑的标量化结果)　从定理 1.90 和定理 3.28 的证明中可以看到, 那里所得到的混合和基本上导数的标量化公式可推广到在注 3.23 中所描述的相对于一般拓扑的极限构造. $\varphi : X \to \overline{\mathbb{R}}$ 在 $\bar{x}(|\varphi(\bar{x})| < \infty)$ 的相应 τ-极限次微分等价地定义为

$$\partial_\tau \varphi(\bar{x}) := D_\tau^* E_\varphi(\bar{x}, \varphi(\bar{x}))(1) = \limsup_{\substack{x \xrightarrow{\varphi} \bar{x} \\ \varepsilon \downarrow 0}} \widehat{\partial}_\varepsilon \varphi(x),$$

如果 φ 在 $\bar{x}$ 附近是正常的和 l.s.c.的, 并且 X 是 Asplund 的, 则这里可以令 $\varepsilon = 0$. 给定 Banach 空间之间的映射 $f : X \to Y$ 和 $X^* \times Y^*$ 上的一任意线性拓扑 $\tau = \tau_{X^*} \times \tau_{Y^*}$, 由定理 1.90 的证明, 如果 f 在 $\bar{x}$ 附近是连续的, 有

$$\partial_{\tau_{X^*}} \langle y^*, f\rangle(\bar{x}) \subset D_\tau^* f(\bar{x})(y^*), \quad y^* \in Y^*.$$

并且, 如果 f 在 $\bar{x}$ 附近是 Lipschitz 连续的, 有

$$D^*_{\tau_{X^*} \times \tau_{\|\cdot\|}} f(\bar{x})(y^*) = \partial_{\tau_{X^*}} \langle y^*, f\rangle(\bar{x}), \quad y^* \in Y^*.$$

这包含当 $\tau_{X^*} = w^*$ 时, 定理 1.90 中混合上导数的情形. 于是由定理 3.28 的证明看到

$$D_{w^* \times \tau_{Y^*}} f(\bar{x})(y^*) = \partial\langle y^*, f\rangle(\bar{x}), \quad y^* \in Y^*,$$

这里要求 X 是 Asplund 的, f 在 $\bar{x}$ 是 τ_{Y^*}-严格 Lipschitz 的, 即 f 在该点附近是 Lipschitz 连续的, 并且满足定义 3.25(ii) 中用 τ_{Y^*} 代替 w^* 的收敛性条件.

在这一节的结尾, 考虑严格 Lipschitz 映射的一个值得注意的子类, 它关联于定义 1.67 意义下的集值映射的 PSNC 性质.

定义 3.32 (紧严格 Lipschitz 映射) Banach 空间之间的单值映射 $f : X \to Y$ 在 $\bar{x}$ 是紧严格 Lipschitz 的, 如果对每个序列 $x_k \to \bar{x}$ 和 $h_k \to 0 \in X$, $h_k \neq 0$, 序列

$$\frac{f(x_k + h_k) - f(x_k)}{\|h_k\|}, \quad k \in \mathbb{N}$$

有范数收敛的子序列.

显然, 紧严格 Lipschitz 映射在定义 3.25(i) 的意义下是严格 Lipschitz 的, 因此它在 $\bar{x}$ 附近是局部 Lipschitz 的. 而且, 当 $\dim Y < \infty$ 时, 上面的严格 Lipschitz 的概念即标准的局部 Lipschitz 连续性. 当 Y 是无限维的, 特别地, Y 是 Asplund 空间时, 则不然. 事实上, 由

$$f(x) := \{\sin x_k\} \text{ 对 } x := \{x_k\}$$

给出的映射 $f : c_0 \to c_0$ 在原点是严格 Lipschitz 的, 但不是紧严格 Lipschitz 的. 易验证 f 在 $\bar{x}$ 是紧严格 Lipschitz 的, 如果它在 $\bar{x}$ 是严格 Fréchet 可微的且具有紧导数算子, 或更一般地, 如果 f 是复合 $f = g \circ f_0$, 其中 g 是严格可微的且具有紧导数, 而 f_0 是局部 Lipschitz 的. 而且, 紧严格 Lipschitz 映射类包括在 $\bar{x}$ 附近是一致方向紧的映射 $f : X \to Y$ 类, 这种映射要求, 存在范数紧集 $Q \subset Y$, 使得

$$f(x + th) \in f(x) + t\|h\|Q + t\eta(\|x - \bar{x}\|, t)\mathbb{B}$$

对任何 $h \in X$, $\|h\| \leqslant 1$ 和接近于 $\bar{x}$ 的 x 成立, 这里 $\eta(\varepsilon, t) \to 0,\ \ \varepsilon \downarrow 0, t \downarrow 0$. 注意到紧严格 Lipschitz 映射类构成一线性空间, 而且相对于关于局部 Lipschitz 映射的复合还是闭的.

有趣的是紧严格 Lipschitz 映射有一个类似于严格 Lipschitz 映射的上导数刻画 (引理 3.27), 但在一个方面不同, 这一点在下文中尤为重要.

引理 3.33 (紧严格 Lipschitz 映射的上导数刻画)　设 $f: X \to Y$ 是 Banach 空间之间的映射, 在 $\bar{x}$ 附近是局部 Lipschitz 的. 则下面的结论成立:

(i) 如果 f 在 $\bar{x}$ 是紧严格 Lipschitz 的, 那么对任何序列 $\varepsilon_k \to 0, x_k \to \bar{x}, (x_k^*, y_k^*) \in X^* \times Y^*$ 且 $x_k^* \in \widehat{D}_{\varepsilon_k}^* f(x_k)(y_k^*)$, 有

$$y_k^* \xrightarrow{w^*} 0 \ \Rightarrow \|x_k^*\| \to 0 \ (k \to \infty);$$

(ii) 如果 X 是 Asplund 的, Y 是自反的, 那么 (i) 中的上导数性质蕴涵着 f 在 $\bar{x}$ 是紧严格 Lipschitz 的.

证明　为证 (i), 取 $x_k^* \in \widehat{D}_{\varepsilon_k}^* f(x_k)(y_k^*)$, $y_k^* \xrightarrow{w^*} 0$, 由 ε_k-上导数的定义, 对任何 $\gamma_k \downarrow 0$, 都可以找到 $\nu_k \downarrow 0$, 使得

$$\langle x_k^*, x - x_k \rangle - \langle y_k^*, f(x) - f(x_k) \rangle \leqslant (\gamma_k + \varepsilon_k)(\|x - x_k\| + \|f(x) - f(x_k)\|)$$

对任何 $x = x_k + \nu_k h_k$ 成立. 用 $\nu_k > 0$ 除这个式子, 有

$$\langle x_k^*, h_k \rangle - \left\langle y_k^*, \frac{f(x_k + \nu_k h_k) - f(x_k)}{\nu_k} \right\rangle \leqslant \eta_k \left(1 + \left\| \frac{f(x_k + \nu_k h_k) - f(x_k)}{\nu_k} \right\| \right),$$

其中 $\eta_k := \gamma_k + \varepsilon_k$. 由于 f 在 $\bar{x}$ 是紧严格 Lipschitz 的, 可假设序列 $\{(f(x_k + \nu_k h_k) - f(x_k))/\nu_k\},\ \ k \in \mathbb{N}$ 是范数收敛的. 现取当 $k \to \infty$ 时的极限并且考虑到 $y_k^* \xrightarrow{w^*} 0$, 得 $\langle x_k^*, h_k \rangle \to 0$, 这意味着 $\|x_k^*\| \to 0$, 从而完成了 (i) 的证明.

当 X 是 Asplund 的, Y 是自反的时, 为证定理相反的断言 (ii) 成立, 沿引理 3.27(ii) 的证明进行, 其中在 (i) 的收敛性质中置 $\varepsilon_k = 0$. 定义

$$y_k := \frac{f(x_k + h_k) - f(x_k)}{\|h_k\|}, \quad k \in \mathbb{N},$$

并且根据 f 的 Lipschitz 连续性, 不失一般性假设 $y_k \xrightarrow{w} \bar{y},\ \ \bar{y} \in Y$. 利用 Hahn-Banach 定理, 找到 $y_k^* \in Y^*$, 使得

$$\langle y_k^*, y_k - \bar{y} \rangle = \|y_k - \bar{y}\|^2, \quad \|y_k^*\| = \|y_k - \bar{y}\|, \quad y_k^* \xrightarrow{w^*} \bar{y}^*$$

对某个 $\bar{y}^* \in Y^*$ 成立. 于是利用定理 3.49 中的中值不等式 (3.52), 并且考虑到 Fréchet 上导数的标量化公式 (3.37), 有 $v_k \to \bar{x}$,

$$v_k^* \in \widehat{\partial} \langle y_k^* - \bar{y}^*, f \rangle (v_k) = \widehat{D}^* f(v_k)(y_k^* - \bar{y}^*)$$

满足估计

$$\langle y_k^* - \bar{y}^*, y_k\rangle \leqslant \frac{1}{k} + \left\langle v^* + k, \frac{h_k}{\|h_k\|}\right\rangle.$$

由于根据 (ii) 中的条件有 $\|v_k^*\| \to 0$, 得 $\limsup_{k\to\infty}\langle y_k^* - \bar{y}^*, y_k\rangle \leqslant 0$. 与引理 3.27(ii) 相同即有 $y_k \to \bar{y}$, 从而完成了证明. △

最后, 利用引理 3.33 中的上导数刻画来建立一类映射的 PSNC 性质, 这在很多应用中是重要的.

定义 3.34 (广义 Fredholm 映射) Banach 空间之间的单值映射 $f: X \to Y$ 在 $\bar{x}$ 是广义 Fredholm 的, 如果存在一个映射 $g: X \to Y$, 它在 $\bar{x}$ 是紧严格 Lipschitz 的, 且使得差 $f - g$ 是线性有界算子, 其像是 Y 的有限余维的闭子空间.

这个定义推广了具有类 Fredholm 性质的映射的各种概念, 这些映射自然地出现在无限维中具有算子约束的最优化问题的应用中, 这些问题特别包括由非光滑微分方程和包含控制的动力系统的最优控制问题 (请参阅文献 [506, 595, 604] 及后面 5.1.2 和 6.1.4 小节). 广义 Fredholm 映射的主要性质在下个定理中给出, 这对应用至关重要.

定理 3.35 (广义 Fredholm 映射的 PSNC 性质) 令 $f: X \to Y$ 是 Banach 空间之间的映射, $\Omega \subset X$, 且

$$f_\Omega(x) := \begin{cases} f(x), & x \in \Omega, \\ \varnothing, & x \notin \Omega \end{cases}$$

是 f 在 Ω 上的限制. 假设 f 在 $\bar{x} \in \Omega$ 是广义 Fredholm 的, 并且假设:

(a) $\Omega = X$, 或者

(b)X 和 Y 是 Asplund 的, Ω 在 $\bar{x}$ 是 SNC 的, 且在该点附近是闭的.

则逆映射 f_Ω^{-1} 在 $(f(\bar{x}), \bar{x})$ 是 PSNC 的.

证明 取序列 $\varepsilon_k \downarrow 0, x_k \xrightarrow{\Omega} \bar{x}, x_k^* \to 0, y_k^* \xrightarrow{w^*} 0$, 使得

$$x_k^* \in \widehat{D}^*_{\varepsilon_k}(f + \Delta(\cdot;\Omega))(x_k)(y_k^*), \quad \forall k \in \mathbb{N},$$

其中 $\Delta(\cdot;\Omega)$ 是集合 Ω 的指示映射. 为证 f_Ω^{-1} 在 $(f(\bar{x}), \bar{x})$ 的 PSNC 性质, 根据定义 1.67, 需证明当 $k \to \infty$ 时, $\|y_k^*\| \to 0$.

首先考虑一般 Banach 空间中 $\Omega = X$ 的情形. 记 $A := f - g$ 是从 X 到 Y 的线性有界算子, 它的像/值 $Y_0 := AX$ 是有限余维的闭子空间. 因此存在一个闭子空间 $Y_1 \subset Y$, 满足 $Y = Y_0 \oplus Y_1$ 且 $\dim Y_1 < \infty$. 根据定理 1.62(i) 的和法则 (需要简单修改应用到 ε-上导数的情形, 参见定理 1.38 的证明), 现在的目标是证明, 如果

$$x_k^* - A^* y_k^* \in \widehat{D}^*_{\varepsilon_k} g(x_k)(y_k^*), \quad k \in \mathbb{N},$$

那么 $\|y_k^*\| \to 0,\ \ k \to \infty$, 对任何 $y_k^* \xrightarrow{w^*} 0, \varepsilon_k \downarrow 0$ 和 $\|x_k^*\| \to 0$ 成立. 根据引理 3.33(i), 上面的包含关系蕴涵着 $\|x_k^* - A^* y_k^*\| \to 0$, 因此 $\|A^* y_k^*\| \to 0$. 另一方面, 每个 y_k^* 可表示为 $y_k^* = y_{0k}^* + y_{1k}^*$, 其中 $y_{ik}^* \in Y_i^*, i = 1, 2$ 和 $A^* y_k^* = A^* y_{0k}^*$. 由于 Y_1^* 是有限维的, A 是 X 到 Y_0 上的映射, 根据开映射定理 (比照引理 1.18) 得到 $\|y_{1k}^*\| \to 0$ 和 $\|A^* y_{0k}^*\| \geqslant \mu \|y_{0k}^*\|$ 对某个 $\mu > 0$ 成立. 因此 $\|y_{0k}^*\| \to 0$, 这就完成了情形 (a) 的证明.

现在考虑当 $\Omega \neq X$ 时 (b) 的情形. 此时有

$$x_k^* \in \widehat{D}^*(A + g + \Delta(\cdot; \Omega))(x_k)(y_k^*).$$

与 Asplund 空间中的定理 3.10 的证明相同, 找到 $\widehat{x}_k \to \bar{x}, u_k \to \bar{x}, \widetilde{x}_k^* \to 0, \widetilde{y}_k^* \xrightarrow{w^*} 0, \widehat{y}_k^* \xrightarrow{w^*} 0$ 和 $\widehat{x}_k^* \in \widehat{D}^* g(\widehat{x}_k)(\widehat{y}_k^*)$, 使得

$$\widetilde{x}_k^* - A^* \widetilde{y}_k^* - \widehat{x}_k^* \in \widehat{N}(u_k; \Omega), \|\widetilde{y}_k^* - y_k^*\| \to 0.$$

根据引理 3.33(i) 得 $\|\widehat{x}_k^*\| \to 0$. 而且, 根据 Ω 在 $\bar{x}$ 的 SNC 假设有

$$\|\widetilde{x}_k^* - A^* \widetilde{y}_k^* - \widehat{x}_k^*\| \to 0\ (k \to \infty).$$

因此 $\|A^* \widetilde{y}_k^*\| \to 0$. 由情形 (a) 的讨论得 $\|\widetilde{y}_k^*\| \to 0$, 从而 $\|y_k^*\| \to 0$, 这就完成了定理的证明. △

3.2 次微分分析法则和相关课题

这节主要研究增广实值函数的次微分分析法则及其一些直接应用. 首先建立基本和奇异次梯度的分析法则, 这主要根据法锥和上导数的相应结果. 接着给出近似中值定理的一个 Asplund 空间版本, 这个中值定理有许多重要的应用, 其中的一些应用在本节中给出. 由分析结果可建立 Lipschitz 映射的图正则性和 Lipschitz 映射可微性之间的密切关系. 最后一小节得到 Asplund 空间框架下的二阶次微分推广的分析法则.

3.2.1 基本和奇异次梯度的分析法则

除非其他声明, 所考虑的增广实值函数假定在参考点是正常且有限的. 本小节在一般的情形下给出基本和奇异次梯度的主要分析法则. 所得结果包括在定义 1.91 意义下函数的下/上图正则性分析法则.

下面从一阶次微分分析的一个基本结果开始, 它包含了增广实值函数的基本/奇异次微分的和法则.

定理 3.36 (基本和奇异次梯度的和法则) 设 $\varphi_i : X \to \overline{\mathbb{R}}, i = 1, \cdots, n \geqslant 2$ 在 $\bar{x}$ 附近是 l.s.c.的, 这些函数除了一个外其他都在 $\bar{x}$ 是上图序列法紧 (SNEC) 的. 假设

$$[x_1^* + \cdots + x_n^* = 0, x_i^* \in \partial^\infty \varphi_i(\bar{x})] \Rightarrow x_i^* = 0, \quad i = 1, \cdots, n, \tag{3.38}$$

则有包含关系

$$\partial(\varphi_1 + \cdots + \varphi_n)(\bar{x}) \subset \partial\varphi_1(\bar{x}) + \cdots + \partial\varphi_n(\bar{x}), \tag{3.39}$$

$$\partial^\infty(\varphi_1 + \cdots + \varphi_n)(\bar{x}) \subset \partial^\infty\varphi_1(\bar{x}) + \cdots + \partial^\infty\varphi_n(\bar{x}). \tag{3.40}$$

进一步, 如果每个 φ_i 在 $\bar{x}$ 是下正则的, 那么和 $\varphi_1 + \cdots + \varphi_n$ 在该点也是下正则的, 而且 (3.39) 式作为等式成立. 如果每个 φ_i 在该点是上图正则的, 那么 (3.40) 式也作为等式成立, 且 $\varphi_1 + \cdots + \varphi_n$ 在 $\bar{x}$ 是上图正则的.

证明 首先考虑 $n = 2$ 的情形. 此时规范条件 (3.38) 简化为

$$\partial^\infty\varphi_1(\bar{x}) \cap (-\partial^\infty\varphi_2(\bar{x})) = \{0\}.$$

由定理 3.10 中的上导数和法则应用到上图集值映射 E_{φ_i}, 其中 $E_{\varphi_1+\varphi_2} = E_{\varphi_1} + E_{\varphi_2}$, 直接可得包含关系 (3.39) 和 (3.40). 为证定理中的等式/正则性陈述, 由 Fréchet 次梯度的表达式 (1.51) 可看到

$$\widehat{\partial}(\varphi_1 + \varphi_2)(\bar{x}) \supset \widehat{\partial}\varphi_1(\bar{x}) + \widehat{\partial}\varphi_2(\bar{x}). \tag{3.41}$$

当 φ_i 在该点都是下正则的时, 这蕴涵着 (3.39) 中的等式及 $\varphi_1 + \varphi_2$ 在 $\bar{x}$ 的下正则性成立. 根据命题 1.92(ii) 除了下正则性, $\varphi : X \to \overline{\mathbb{R}}$ 的上图正则性还需要

$$\widehat{\partial}^\infty\varphi(\bar{x}) := \{x^* \in X^* \mid (x^*, 0) \in \widehat{N}(\bar{x}, \varphi(\bar{c})); \text{epi}\varphi)\} = \partial^\infty\varphi(\bar{x}).$$

加上由 (3.41) 式和引理 2.37 得到的包含关系

$$\widehat{\partial}^\infty(\varphi_1 + \varphi_2)(\bar{x}) \supset \widehat{\partial}^\infty\varphi_1(\bar{x}) + \widehat{\partial}^\infty\varphi_2(\bar{x}),$$

这可对两个函数的情形得到定理的最后结论. 利用归纳法可证明定理 $n > 2$ 的情形, 其中由前一步中的 (3.40) 式可证规范条件 (3.38) 式在当前步成立. △

当除了一个之外其他所有的 φ_i 在 $\bar{x}$ 附近都是局部 Lipschitz 时, 根据定理 1.26 和推论 1.81, 定理中的规范和 SNEC 假设自动满足. 因此此时总有 (3.39) 式成立, 这个结果也可根据定理 2.33 而得. 定理 3.36 的另一种特殊情形涉及到有限多个闭集的交.

推论 3.37 (有限多集合交集的基本法向量) 设 $\Omega_1, \cdots, \Omega_n$ 是 X 的子集, 在公共点 $\bar{x}$ 附近是局部闭的. 并且除了一个 Ω_i 外其他所有的 Ω_i 在 $\bar{x}$ 都是 SNC 的, 且满足规范条件

$$[x_1^* + \cdots + x_n^* = 0, x_i^* \in N(\bar{X}; \Omega_i)] \Rightarrow x_i^* = 0, \quad i = 1, \cdots, n.$$

则有包含关系

$$N(\bar{x};\Omega_1\cap\cdots\cap\Omega_n)\subset N(\bar{x};\Omega_1)+\cdots+N(\bar{x};\Omega_n),$$

其中如果每个 Ω_i 在该点是法向正则的, 那么等式成立, 且 $\Omega_1\cap\cdots\cap\Omega_n$ 在 $\bar{x}$ 是法向正则的.

证明　根据命题 1.79 并在定理 3.36 中取 $\varphi_i=\delta(\cdot;\Omega_i)$ 直接可得. 在 (基本) 法锥规范条件 (3.10) 下利用归纳法由推论 3.5 也可得结果. △

下一个课题是边际函数的次微分. 这种边际函数在 1.3.4 小节中在一般 Banach 空间框架下给出如下:

$$\mu(x):=\inf\{\varphi(x,y)\mid y\in G(x)\},\varphi:X\times Y\to\overline{\mathbb{R}},\quad G:X\rightrightarrows Y.$$

这里研究 Asplund 空间的情形, 在很一般的假设下根据 φ 和 G 的相关结构给出 $\partial\mu$ 和 $\partial^{\infty}\mu$ 的更好估计. 用这种方法得到关于非光滑映射的复合 $\varphi\circ g$ 的基本和奇异次梯度的有效链式法则. 下个定理给出了这个方向的一般结果. 和 1.3.4 小节一样, 根据极小点映射 $M(\cdot)$ 的内半连续性和内半紧性考虑 (i, ii) 两种独立的情形. 除此之外, 断言 (i), (ii) 在假设和结论两个方面本质上不同于 (iii) 和 (iv). 特别地, (iii) 与 (i), (ii) 相比只需要更弱的 PSNC 和规范条件, 但要求 $\varphi=\varphi(y)$, 而当 φ 是局部 Lipschitz 的时, (iv) 给出了边际函数的奇异次梯度的更精确的包含关系 (涉及 G 的混合上导数).

定理 3.38 (边际函数的基本和奇异次梯度)　设

$$M(x):=\{y\in G(x)\mid\varphi(x,y)=\mu(x)\}$$

为由 φ 和 G 所生成的边际函数 μ 的极小点映射, 则下面的结论成立:

(i) 给定 $\bar{y}\in M(\bar{x})$, 假设 M 在 $(\bar{x},\bar{y})$ 是内半连续的, φ 在 $(\bar{x},\bar{y})$ 附近是 l.s.c. 的, G 的图在该点附近是闭的. 还假设 φ 在 $(\bar{x},\bar{y})$ 是 SNEC 的, 或 G 在 $(\bar{y},\bar{x})$ 是 SNC 的, 并且规范条件

$$(x^*,y^*)\in\partial^{\infty}\varphi(\bar{x},\bar{y})\cap(-N((\bar{x},\bar{y});\mathrm{gph}G))=\{0\}$$

满足. 则有包含关系

$$\partial\mu(\bar{x})\subset\bigcup_{(x^*,y^*)\in\partial\varphi(\bar{x},\bar{y})}[x^*+D_N^*G(\bar{x},\bar{y})(y^*)],\tag{3.42}$$

$$\partial^{\infty}\mu(\bar{x})\subset\bigcup_{(x^*,y^*)\in\partial^{\infty}\varphi(\bar{x},\bar{y})}[x^*+D_N^*G(\bar{x},\bar{y})(y^*)].\tag{3.43}$$

(ii) 假设 M 在 $\bar{x}$ 是内半紧的, G 具有闭图, φ 是 l.s.c. 的, (对任何 gph$G$ 上 $\bar{x}$ 附近的 x), 假设对任意的 $\bar{y}\in M(\bar{x})$ 断言 (i) 的其他假设均满足. 则有与包含关系 (3.42) 和 (3.43) 类似的公式, 其中右边的集合可被它们在 $\bar{y}\in M(\bar{x})$ 上的并代替.

(iii) 设 $\varphi=\varphi(y)$, 假设 G^{-1} 在 $(\bar{y},\bar{x})$ 是 PSNC 的, 且规范条件

$$\partial^{\infty}\varphi(\bar{y})\cap D_M^*G^{-1}(\bar{y},\bar{x})(0)=\{0\}$$

满足 (取代 G 的 SNC 条件和 (i), (ii) 中的规范条件), 则包含关系

$$\partial\mu(\bar{x})\subset\bigcup_{y^*\in\partial\varphi(\bar{y})}D_N^*G(\bar{x},\bar{y})(y^*),\quad\partial^{\infty}\mu(\bar{x})\subset\bigcup_{y^*\in\partial^{\infty}\varphi(\bar{y})}D_N^*G(\bar{x},\bar{y})(y^*);$$

$$\partial\mu(\bar{x})\subset\bigcup_{y^*\in\partial\varphi(\bar{y}),\bar{y}\in M(\bar{x})}D_N^*G(\bar{x},\bar{y})(y^*),\quad\partial^{\infty}\mu(\bar{x})\subset\bigcup_{y^*\in\partial^{\infty}\varphi(\bar{y}),\bar{y}\in M(\bar{x})}D_N^*G(\bar{x},\bar{y})(y^*)$$

分别在 (i) 和 (ii) 中其余的假设下成立.

(iv) 给定 $\bar{y}\in M(\bar{x})$, 假设 $\varphi=\varphi(x,y)$ 在 $(\bar{x},\bar{y})$ 附近是局部 Lipschitz 的, M 在该点附近是内半连续的, 则有

$$\partial^{\infty}\mu(\bar{x})\subset D_M^*G(\bar{x},\bar{y})(0).$$

如果 M 为在 $\bar{x}$ 附近是内半紧的, 而对任意的 $\bar{y}\in M(\bar{x}),\varphi$ 在 $(\bar{x},\bar{y})$ 附近是局部 Lipschitz 的, 那么有

$$\partial^{\infty}\mu(\bar{x})\subset\bigcup_{\bar{y}\in M(\bar{x})}D_M^*G(\bar{x},\bar{y})(0).$$

证明 为证 (i) 和 (ii) 成立, 首先应用第 1 章中的定理 1.108(i), (ii) 来得到包含关系

$$\partial\mu(\bar{x})\subset\{x^*\in X^*\mid(x^*,0)\in\partial[\varphi+\delta(\cdot;\mathrm{gph}\,G)](\bar{x},\bar{y})\}$$

以及关于 $\partial^{\infty}\mu(\bar{x})$ 的相应结果, 这在一般 Banach 空间中成立且不需要规范条件及 SNC 假设. 然后把定理 3.36 中的次微分和法则应用于和 $\varphi(x,y)+\delta((x,y);\mathrm{gph}G)$, 在 (i) 和 (ii) 中所给的假设下得 (3.42) 式和 (3.43) 式.

为证 (iii) 成立, 再次应用定理 1.108 中 Banach 空间中的结果, 接下来的论证类似于命题 3.12 和定理 3.13 中的证明, 但用次微分代替上导数.

最后证 (iv). 只证其中在极小点映射 M 的内半连续性假设下第一个包含关系成立; 在 M 的内半紧性的假设下第二个包含关系的证明是类似的. 注意到在所给假设下边际函数 μ 在 $\bar{x}$ 附近是 l.s.c. 的.

接下来, 固定 $x^*\in\partial^{\infty}\mu(\bar{x})$, 根据 Asplund 空间中的定理 2.38, 找到序列 $x_k\xrightarrow{\mu}\bar{x}$, $\lambda_k\downarrow 0$ 和 $x_k^*\in\widehat{\partial}\mu(x_k)$, 满足

$$\lambda_k x_k^*\xrightarrow{\omega^*}x^*(k\to\infty).$$

由 M 在 $(\bar{x},\bar{y})$ 的内半连续性, 存在收敛于 $\bar{y}$ 的序列 $y_k\in M(x_k)$. 注意这个要求只要对满足 $\widehat{\partial}\mu(x_k)\neq\varnothing$ 的 $x_k\to\bar{x}$ 成立就足够了. 固定 $k\in\mathbb{N}$, 重述条件 $x^*\in\widehat{\partial}\mu(x_k)$ 如下：对任意的 $\varepsilon>0$, 存在 $\eta>0$, 使得

$$\langle x_k^*,x-x_k\rangle\leqslant\mu(x)-\mu(x_k)+\varepsilon\|x-x_k\|,\quad\forall x\in x_k+\eta\mathbb{B}.$$

利用函数

$$\vartheta(x,y) := \varphi(x,y) + \delta((x,y);\mathrm{gph}G),$$

易得不等式

$$\langle (x_k^*,0),(x-x_k,y-y_k)\rangle \leqslant \vartheta(x,y)-\vartheta(x_k,y_k)+\varepsilon(\|x-x_k\|+\|y-y_k\|)$$

对任何 $(x,y)\in(x_k,y_k)+\eta\mathbb{B}$ 成立. 从而有 $(x_k^*,0)\in\widehat{\partial}\vartheta(x_k,y_k)$. 现在考虑到 φ 的 Lipschitz 连续性, 对函数 ϑ 沿着某序列 $\varepsilon_k\downarrow 0$ 应用定理 2.33(b) 中的半 Lipschitz 模糊和法则, 可找到 $(x_{1k},y_{1k})\to(\bar{x},\bar{y}),(x_{2k},y_{2k})\xrightarrow{\mathrm{gph}G}(\bar{x},\bar{y}),(x_{1k}^*,y_{1k}^*)\in\widehat{\partial}\varphi(x_{1k},y_{1k})$ 和 $(x_{2k}^*,y_{2k}^*)\in\widehat{N}((x_{2k},y_{2k});\mathrm{gph}G)$, 使得

$$\|x_k^*-x_{1k}^*-x_{2k}^*\|\leqslant\varepsilon_k,\quad \|y_{1k}^*+y_{2k}^*\|\leqslant\varepsilon_k,\quad \forall\, k\in\mathbb{N}.$$

再次利用 φ 在 $(\bar{x},\bar{y})$ 附近的 Lipschitz 连续性 (设模为 ℓ), 得 $\|(x_{1k}^*,y_{1k}^*)\|\leqslant\ell$, 因此

$$\lambda_k\|(x_{1k}^*,y_{1k}^*)\|\to 0\ (k\to\infty).$$

根据上面的估计, 有

$$\lambda_k x_{2k}^*\xrightarrow{w^*}x^*,\quad \lambda_k\|y_{2k}^*\|\to 0\ (k\to\infty).$$

考虑到 $\lambda_k(x_{2k}^*,y_{2k}^*)\in\widehat{N}((x_{2k},y_{2k});\mathrm{gph}G)$, 根据混合上导数的结构最后得 $x^*\in D_M^*G(\bar{x},\bar{y})(0)$. 这就完成了 (iv) 及整个定理的证明. △

注 3.39 (广义边际函数和距离函数的奇异次梯度) 定理 3.38 中所得的结果能很容易地推广到两个变量的边际函数, 其定义为

$$\mu(x,y) := \inf\{\varphi(y,v)\mid v\in G(x)\}.$$

事实上, 若令 $z=(x,y)$, 则这样的函数直接简化为上面所研究的标准形式. 因此定理 3.38 中的所有结果可对 $\mu(x,y)$ 重新表述. 特别地, (iv) 中第二个包含关系可写为

$$\partial^\infty\mu(\bar{x},\bar{y})\subset\bigcup_{\bar{v}\in M(\bar{x},\bar{y})}\{(x^*,0)\mid x^*\in D_M^*G(\bar{x},\bar{v})(0)\},$$

对应的条件是, 极小点映射

$$M(x,y) := \{v\in G(x)\mid \varphi(y,v)=\mu(x,y)\}$$

在 $(\bar{x},\bar{y})$ 是内半紧的, 对所有的 $\bar{v}\in M(\bar{x},\bar{y}),\varphi$ 在 $(\bar{y},\bar{v})$ 附近是局部 Lipschitz 的. 对动态集合的距离函数

$$\rho(x,y) := \mathrm{dist}(y;G(x))$$

而言, 它是上面的边际函数当 $\varphi(y,v) := \|y-v\|$ 时的一种特殊情形, 从而有包含关系

$$\partial^{\infty}\rho(\bar{x},\bar{y}) \subset \{(x^*,0) \mid x^* \in D_M^* G(\bar{x},\bar{y})(0)\}$$

对任意的 $\bar{y} \in G(\bar{x})$ 成立. 而且, 如果 ρ 在 $(\bar{x},\bar{y})$ 附近是连续的, 那么上面的包含关系作为等式成立. 更多的结果、证明和讨论建议读者参阅文献 [935, 936].

现在给出一些有效条件, 根据第 1 章, 在这些条件下定理 3.38 的主要假设自动成立. 简单起见, 仅就结论 (i) 表述这个推论.

推论 3.40 (具有 Lipschitz 或度量正则数据的边际函数)　给定 $\bar{y} \in M(\bar{x})$, 假定 M 在 $(\bar{x},\bar{y})$ 是内半连续的. 如果下列条件之一被满足, 则包含关系 (3.42) 和 (3.43) 及在 (iii) 中的相应结果成立.

(a) φ 是 Lipschitz 连续的, G 的图在 $(\bar{x},\bar{y})$ 附近是闭的; 或者

(b) $\varphi=\varphi(y)$ 在 $\bar{y}$ 附近是 l.s.c. 的, G 在 $(\bar{x},\bar{y})$ 附近是度量正则的.

证明　如果 φ 在 $\bar{x}$ 附近是局部 Lipschitz 的, 那么由定理 1.26 和推论 1.81, 定理的 SNEC 和规范条件成立. 注意到此时包含关系 (3.43) 简化为 $\partial^{\infty}\mu(\bar{x}) \subset D_N^* G(\bar{x},\bar{y})(0)$. 假设 (b) 成立, 在定理的规范条件下立即有 $x^*=0$, 于是由定理 1.54 中度量正则性条件 $D_M^* G^{-1}(\bar{y},\bar{x})(0)=\{0\}$ 得 $y^*=0$. 而且, 根据命题 1.68 和定理 1.49, G 在 $(\bar{x},\bar{y})$ 附近的度量正则性蕴涵着 G^{-1} 在该点的 PSNC 性质.　△

当 $G=g: X \to Y$ 是单值的时, 上面的边际函数简化为复合 $\varphi(x,g(x)) := (\varphi \circ g)(x)$. 在这种情形下有定理 3.38 的如下改进, 它包含“次微分链式法则”及正则性与等式的进一步阐述.

定理 3.41 (一般复合的次微分)　设 $g: X \to Y$ 在 $\bar{x}$ 附近是 Lipschitz 连续的, $\varphi: X \times Y \to \overline{\mathbb{R}}$ 在 $(\bar{x},\bar{y})$ 附近是 l.s.c. 的, 且 $\bar{y} := g(\bar{x})$, 则

(i) 假设或者 φ 在 $(\bar{x},\bar{y})$ 是 SNEC 的, 或者 g 在 $(\bar{y},\bar{x})$ 是 SNC 的, 又设定理 3.38(i) 中的规范条件当 $G=g$ 时成立. 则复合 $\mu=\varphi \circ g$ 的基本和奇异次微分满足包含关系 (3.42) 和 (3.43), 如果 g 在 $\bar{x}$ 附近是严格 Lipschitz 的, 它们简化为

$$\partial(\varphi \circ g)(\bar{x}) \subset \bigcup_{(x^*,y^*)\in\partial\varphi(\bar{x},\bar{y})} [x^* + \partial\langle y^*,g\rangle(\bar{x})], \tag{3.44}$$

$$\partial^{\infty}(\varphi \circ g)(\bar{x}) \subset \bigcup_{(x^*,y^*)\in\partial^{\infty}\varphi(\bar{x},\bar{y})} [x^* + \partial\langle y^*,g\rangle(\bar{x})]. \tag{3.45}$$

(ii) 在 (i) 的基础之上假设 φ 在 $(\bar{x},\bar{y})$ 是下正则的, g 在 $\bar{x}$ 是严格可微的或它在该点是 N-正则的且 $\dim Y < \infty$. 则 (3.44) 式作为等式成立, 且 $\varphi \circ g$ 在 $\bar{x}$ 是下正则的. 进一步, 如果 φ 在 $\bar{x}$ 是上图正则的, 则 (3.45) 式也作为等式成立, 并且 $\varphi \circ g$ 在 $\bar{x}$ 是上图正则的.

(iii) 令 $\varphi = \varphi(y)$. 假设或者 φ 在 $\bar{y}$ 是 SNEC 的, 或者 g^{-1} 在 $(\bar{y}, \bar{x})$ 是 PSNC 的, 而且当 $G = g$ 时, 定理 3.38(iii) 中的规范条件成立. 则有包含关系

$$\partial(\varphi \circ g)(\bar{x}) \subset \bigcup_{y^* \in \partial\varphi(\bar{y})} D_N^* g(\bar{x})(y^*),$$

$$\partial^\infty(\varphi \circ g)(\bar{x}) \subset \bigcup_{y^* \in \partial^\infty\varphi(\bar{y})} D_N^* g(\bar{x})(y^*),$$

其中在 (ii) 中的进一步假设下上述包含关系作为等式成立.

证明 结论 (i) 由定理 3.38(i) 和定理 3.28 中的标量化公式直接可得. 注意到由于 Y 是 Asplund 的, 根据命题 3.26, $g : X \to Y$ 的严格和 ω^*-严格 Lipschitz 条件相同. 为证结论 (ii), 把定理 1.110(i) 和定理 3.36 中的等式和正则性陈述结合在一起, 并考虑到在 (ii) 中所给的假设下 g 在 $\bar{x}$ 附近是严格 Lipschitz 的. 在定理 3.38(iii) 的基础上 (iii) 的证明是类似的. △

定理 3.41(iii) 的规范条件可简化为

$$\partial^\infty\varphi(\bar{y}) \cap \ker\widetilde{D}_M^* g(\bar{x}) = \{0\},$$

其中"反向混合上导数"$\widetilde{D}_M^*$ 由 (1.40) 式定义. 由于总有 $\widetilde{D}_M^* g(\bar{x})(y^*) \subset D_N^* g(\bar{x})(y^*)$, 所以上面的规范条件也由

$$\partial^\infty\varphi(\bar{y}) \cap \ker D_N^* g(\bar{x}) = \{0\} \tag{3.46}$$

所蕴涵.

作为定理 3.41 的推论, 在 Asplund 空间框架下, 得到定理 1.17 中对逆像的基本法向量的等式表示的非光滑推广.

推论 3.42 (Lipschitz 映射的逆像) 设 $g : X \to Y$ 在 $\bar{x}$ 附近是 Lipschitz 连续的, $\Theta \subset Y$ 在 $\bar{y} = g(\bar{x})$ 附近是闭的, 或者 Θ 在 $\bar{y}$ 是 SNC 的, 或者 g^{-1} 在 $(\bar{y}, \bar{x})$ 是 PSNC 的, 而且规范条件

$$N(\bar{y}; \Theta) \cap \ker\widetilde{D}_M^* g(\bar{x}) = \{0\}$$

满足 (当 g 在 $\bar{x}$ 附近度量正则时这些条件成立). 则

$$N(\bar{x}; g^{-1}(\Theta)) \subset \bigcup [D_N^* g(\bar{x})(y^*) \mid y^* \in N(\bar{y}; \Theta)],$$

其中等式成立且 $g^{-1}(\Theta)$ 在 $\bar{x}$ 是法向正则的, 如果 g 在 $\bar{x}$ 是严格可微的或在该点是 N-正则的且 $\dim Y < \infty$.

证明 令 $\varphi = \varphi(y) := \delta(y; \Theta)$, 根据命题 1.79 中的关系, 由定理 3.41 立即可得这些结果. 包含关系的表达式也可由定理 3.4 证得. △

定理 3.41 的下一个推论给出了只涉及次微分 (而不是上导数) 结构的基本和奇异次梯度的有效链式法则. 等式和正则性条件和定理 3.41 中的相应结果相同, 不再赘述.

推论 3.43 (基本和奇异次梯度的链式法则) $g: X \to Y$ 在 $\bar{x}$ 是严格 Lipschitz 的, $\varphi: Y \to \overline{\mathbb{R}}$ 在 $\bar{y} = g(\bar{x})$ 附近是 l.s.c. 的, 而且在该点是 SNEC 的, 且设规范条件

$$\partial^\infty \varphi(\bar{y}) \cap \ker \partial\langle \cdot, g\rangle(\bar{x}) = \{0\}$$

满足. 则有

$$\partial(\varphi \circ g)(\bar{x}) \subset \bigcup_{y^* \in \partial\varphi(\bar{y})} \partial\langle y^*, g\rangle(\bar{x}),$$

$$\partial^\infty(\varphi \circ g)(\bar{x}) \subset \bigcup_{y^* \in \partial^\infty\varphi(\bar{y})} \partial\langle y^*, g\rangle(\bar{x}).$$

证明 由定理 3.41(iii) 和由给定的次微分形式表示规范条件 (3.46) 的定理 3.28 的标量化公式可得. 也可应用标量化由定理 3.13 中上导数链式法则直接得到. △

由该链式法则易得多变量函数的“全”次梯度和“部分”次梯度之间的关系, 给定 $\varphi: X \times Y \to \overline{\mathbb{R}}$, 用 $\partial_x\varphi(\bar{x}, \bar{y})$ 和 $\partial_x^\infty\varphi(\bar{x}, \bar{y})$ 分别表示它在 $(\bar{x}, \bar{y})$ 关于 x 的基本部分次微分和奇异部分次微分, 即函数 $\varphi(\cdot, \bar{y})$ 在 $\bar{x}$ 的相应次微分.

推论 3.44 (部分次梯度) 设 $\varphi: X \times Y \to \overline{\mathbb{R}}$ 在 $(\bar{x}, \bar{y})$ 附近是 l.s.c. 的, 在该点是 SNEC 的, 且规范条件

$$[(0, y^*) \in \partial^\infty\varphi(\bar{x}, \bar{y})] \Longrightarrow y^* = 0$$

成立. 则有包含关系

$$\partial_x\varphi(\bar{x}, \bar{y}) \subset \{x^* \in X^* \mid \exists y^* \in Y^*,\ \text{满足}\ (x^*, y^*) \in \partial\varphi(\bar{x}, \bar{y})\}, \tag{3.47}$$

$$\partial_x^\infty\varphi(\bar{x}, \bar{y}) \subset \{x^* \in X^* \mid \exists y^* \in Y^*,\ \text{满足}\ (x^*, y^*) \in \partial^\infty\varphi(\bar{x}, \bar{y})\}. \tag{3.48}$$

进一步, 如果 φ 在 $(\bar{x}, \bar{y})$ 是下正则的, 那么 $\varphi(\cdot, \bar{y})$ 在 $\bar{x}$ 是下正则的且 (3.47) 式作为等式成立; 如果 φ 在 $(\bar{x}, \bar{y})$ 是上图正则的, 那么 (3.48) 式也作为等式成立, 且 $\varphi(\cdot, \bar{y})$ 在 $\bar{x}$ 是上图正则的.

证明 显然有 $\varphi(x, \bar{y}) = (\varphi \circ g)(x)$, 其中光滑映射 $g: X \to X \times Y$ 由 $g(x) := (x, \bar{y})$ 给出. 则所有的结论由定理 3.41 直接可得. △

在 1.3.4 小节中, 作为链式法则的推论得到了 Banach 空间上局部 Lipschitz 函数关于次梯度的乘积和商的法则. 现在可给出 Asplund 空间中进一步的结果.

命题 3.45 (改进的基本次梯度的积与商法则) 设 $\varphi_i: X \to \overline{\mathbb{R}}, i = 1, 2$ 在 $\bar{x}$ 附近是 Lipschitz 连续的. 则下面的结论成立:

(i) 总有

$$\partial(\varphi_1\cdot\varphi_2)(\bar{x})\subset\partial(\varphi_2(\bar{x})\varphi_1)(\bar{x})+\partial(\varphi_1(\bar{x})\varphi_2)(\bar{x}),$$

如果函数 $\varphi_2(\bar{x})\varphi_1$ 和 $\varphi_1(\bar{x})\varphi_2$ 在该点都是下正则的, 那么等式成立且 $\varphi_1\cdot\varphi_2$ 在 $\bar{x}$ 是下正则的;

(ii) 假设 $\varphi_2(\bar{x})\neq 0$, 则

$$\partial(\varphi_1/\varphi_2)(\bar{x})\subset\frac{\partial(\varphi_2(\bar{x})\varphi_1)(\bar{x})-\partial(\varphi_1(\bar{x})\varphi_2)(\bar{x})}{[\varphi_2(\bar{x})]^2},$$

如果函数 $\varphi_2(\bar{x})\varphi_1$ 且 $-\varphi_1(\bar{x})\varphi_2$ 在该点都是下正则的, 那么等式成立且 φ_1/φ_2 在 $\bar{x}$ 是下正则的.

证明　为证 (i), 对在推论 1.111(i) 中所得到等式

$$\partial(\varphi_1\cdot\varphi_2)(\bar{x})=\partial((\varphi_2(\bar{x})\varphi_1)+(\varphi_1(\bar{x})\varphi_2))(\bar{x})$$

应用定理 3.36 中的 Lipschitz 和法则. (ii) 的证明与推论 1.111(ii) 中关于商法则的证明类似. △

接下来考虑具有形式

$$(\max\varphi_i)(x):=\max\{\varphi_i(x)|i=1,\cdots,n\}$$

的“极大值函数”, 其中 $\varphi_i: X\to\overline{\mathbb{R}}$. 这类函数是非光滑的, 并且它们的次微分性质与 1.3.4 小节中所考虑的极小值型函数有本质的不同. 在命题 1.113 中得到一般 Banach 空间中有限多个函数的极小值的基本次梯度的一个表达式, 类似的奇异次梯度表达式

$$\partial^\infty(\min\varphi_i)(\bar{x})\subset\bigcup\{\partial^\infty\varphi_i(\bar{x})\mid i\in M(\bar{x})\}$$

在 Asplund 的空间中是成立的. 应用引理 2.37, 其证明与命题 1.113 的证明类似.

下面的定理包含计算 Asplund 空间中极大值函数的基本和奇异次梯度的结果. 可以看到它们与极小值函数的相应结果之间的差别.

给定 $\bar{x}\in X$, 定义集合

$$I(\bar{x}):=\{i\in\{1,\cdots,n\}\mid\varphi_i(\bar{x})=(\max\varphi_i)(\bar{x})\},$$

$$\Lambda(\bar{x}):=\left\{(\lambda_1,\cdots,\lambda_n)\mid\lambda_i\geqslant 0,\sum_{i=1}^n\lambda_i=1,\lambda_i(\varphi_i(\bar{x})-(\max\varphi_i)(\bar{x}))=0\right\}.$$

定理 3.46 (极大值函数的次微分)　设 φ_i 在 $\bar{x}$ 附近是 l.s.c. 的 (若 $i\in I(\bar{x})$), 且在 $\bar{x}$ 是上半连续的 ($i\notin I(\bar{x})$). 则下面的结论成立:

(i) 假设除了一个 $i \in I(\bar{x})$ 外其他所有的函数 φ_i 在 $\bar{x}$ 是 SNEC 的, 并且当 $i \in I(\bar{x})$ 时规范条件 (3.38) 满足, 则有

$$\partial(\max \varphi_i)(\bar{x}) \subset \bigcup \left\{ \sum_{i \in I(\bar{x})} \lambda_i \circ \partial\varphi_i(\bar{x}) \middle| (\lambda_1, \cdots, \lambda_n) \in \Lambda(\bar{x}) \right\},$$

$$\partial^\infty(\max \varphi_i)(\bar{x}) \subset \sum_{i \in I(\bar{x})} \partial^\infty \varphi_i(\bar{x}),$$

其中 $\lambda \circ \partial\varphi(\bar{x})$ 当 $\lambda > 0$ 时定义为 $\lambda\partial\varphi(\bar{x})$; 当 $\lambda = 0$ 时定义为 $\partial^\infty\varphi(\bar{x})$. 如果每个 $\varphi_i, i \in I(\bar{x})$ 在该点是上图正则的, 那么极大值函数在 $\bar{x}$ 是上图正则的, 且上面两个包含关系作为等式成立;

(ii) 假设每个 φ_i 在 $\bar{x}$ 附近是 Lipschitz 连续的, 则

$$\partial(\max \varphi_i)(\bar{x}) \subset \bigcup \left\{ \partial(\sum_{i \in I(\bar{x})} \lambda_i\varphi_i)(\bar{x}) \middle| (\lambda_1, \cdots, \lambda_n) \in \Lambda(\bar{x}) \right\},$$

如果每个 φ_i 在该点是下正则的, 那么等式成立且极大值函数在 $\bar{x}$ 是下正则的.

证明 记 $\bar{\alpha} := (\max \varphi_i)(\bar{x})$. 由上半连续性假设, 对任何 $i \notin I(\bar{x})$, $(\bar{x}, \bar{\alpha})$ 是集合 $\text{epi}\varphi_i$ 的内点. 于是, 当 $n = 2$ 时, 论断 (i) 由命题 3.20 应用到上图映射 $F_i := E_{\varphi_i}(i = 1, 2)$ 可得. 由数学归纳法可证 $n > 2$ 的情形. 这也可由推论 3.37 直接得到.

为证 (ii), 注意到极大值函数可表示为

$$\varphi(y_1, \cdots, y_n) := \max\{y_1, \cdots, y_n\}, \quad g(x) := (\varphi_1(x), \cdots, \varphi_n(x))$$

的复合 $\varphi \circ g$. 对这个复合应用推论 3.43 并且考虑到凸函数 g 众所周知的次微分表达式 (这源于 (i) 中的等式), 得 (ii) 中改进的包含关系. 注意到在 Lipschitz 情形下根据定理 3.36, 有

$$\sum_{i \in I(\bar{x})} \partial(\lambda_i\varphi_i)(\bar{x}) \subset \sum_{i \in I(\bar{x})} \lambda_i\partial\varphi_i(\bar{x}).$$

由于局部 Lipschitz 函数的下正则与它的上图正则性等价, (ii) 中等式/正则性陈述可由 (i) 中的相应结果得到. △

这一小节的最后, 在一般非光滑情形下可得到经典中值定理的一个恰当推广. 对它的表述需要在 (1.46) 式中定义的双边对称次微分结构. 给定向量 $a, b \in X$, 定义

$$(b - a)^\perp := \{x^* \in X^* | \langle x^*, b - a \rangle = 0\},$$

这里用到以前的记号 $[a, b] := \{a + t(b - a) | 0 \leqslant t \leqslant 1\}, (a, b), [a, b)$ 和 $(a, b]$ 可类似地定义.

定理 3.47 (中值定理的推广) 设 $\varphi: X \to \overline{\mathbb{R}}$ 在包含 $[a,b]$ 的一个开集上连续. 假设对任意 $x \in (a,b), \varphi$ 和 $-\varphi$ 在 x 都是 SENC 的 (这特别包括 φ 在该点是 SNC 的情形), 且有

$$\partial^{\infty,0}\varphi(x) \cap (b-a)^{\perp} = \{0\}.$$

则有中值包含关系

$$\varphi(b) - \varphi(a) \in \langle \partial^0 \varphi(c), b-a \rangle \text{ 对某个 } c \in (a,b) \text{ 成立.} \tag{3.49}$$

证明 在命题 1.115 中已证明, 对任何在 $[a,b]$ 上连续的函数 φ, 有

$$\varphi(b) - \varphi(a) \in \partial_t^0 \varphi(a + \theta(b-a)) \text{ 对某个 } \theta \in (0,1) \text{ 成立,}$$

其中右边的集合表示实值函数 $t \to \varphi(a + t(b-a))$ 在 $t = \theta$ 的对称次微分. 这个函数可表为复合:

$$\varphi(a + t(b-a)) = (\varphi \circ g)(t), \quad 0 \leqslant t \leqslant 1,$$

其中光滑映射 $g: [0,1] \to X$ 定义为 $g(t) := a + t(b-a)$. 易验证定理中所加的 SNEC 和规范条件保证复合中的 φ 和 $-\varphi$ 都满足推论 3.43 的所有假设. 应用这个推论中的次微分链式法则及与之类似的上次微分链式法则, 可得到中值包含关系 (3.49), 其中 $c := a + \theta(b-a)$. △

最后, 对 Lipschitz 映射情形给出上面广义中值定理的一个推论. 此时定理中所有的假设都满足, 而且, 对下正则函数类可以加强中值包含关系.

推论 3.48 (Lipschitz 函数的中值定理) 设 φ 在包含 $[a,b]$ 的一个开集上是 Lipschitz 连续的, 则 (3.49) 式成立. 而且, 若 φ 在 (a,b) 上是下正则的, 则

$$\varphi(b) - \varphi(a) \in \langle \partial \varphi(c), b-a \rangle \text{ 对某个 } c \in (a,b) \text{ 成立.} \tag{3.50}$$

证明 正如前面提到的那样, 由 1.3 节的结果, Lipschitz 连续函数的 SENC 和规范条件自动成立. 余下的只需证明在下正则性假设下改进的中值包含关系 (3.50) 成立. 首先根据定理 3.41(ii), φ 在 $c = a + \theta(b-a)$ 的下正则性蕴涵着 $t \to \varphi(a + t(b-a)) = (\varphi \circ g)(t)$ 在 θ 的下正则性. 根据这个函数的 Lipschitz 连续性 $\partial(\varphi \circ g)(\theta) \neq \varnothing$, 所以由它的下正则性有 $\widehat{\partial}(\varphi \circ g)(\theta) \neq \varnothing$. 因此根据命题 1.87, 有 $\widehat{\partial}^{+}(\varphi \circ g)(\theta) \subset \widehat{\partial}(\varphi \circ g)(\theta)$. 此时由命题 1.115 的证明可得

$$\varphi(b) - \varphi(a) \in \widehat{\partial}(\varphi \circ g)(\theta) \subset \partial(\varphi \circ g)(\theta).$$

由推论 3.43, 上式蕴涵着 (3.50) 式. △

注意到 (3.49) 式通常不能由 (3.50) 式取代. 一个简单的反例是 $\varphi(x) = -|x|$ 在 $[a,b] = [-1,1]$ 上有 $\partial \varphi(0) = \{-1,1\}$, 而 $\partial^0 \varphi(0) = [-1,1]$.

3.2.2 近似中值定理及其应用

这一小节关于下半连续函数的新类型中值定理, 统称为“近似中值定理”, 在经典分析中没有相应结果. 在变分讨论的基础上, 以 Fréchet 次梯度给出近似中值定理的 Asplund 空间版本并得到有各种重要应用的推论, 其中的一些应用在本小节中给出. 这包括: l.s.c. 函数的 Lipschitz 性质的 Fréchet 次梯度和基本次梯度刻画, 以这些次梯度给出的严格 Hadamard 可微性的刻画, l.s.c. 函数的单调性和常值性质的次微分刻画及 l.s.c. 函数的凸性及其次微分映射的单调性之间的关系.

下面给出 Asplund 空间中近似中值定理的主要版本.

定理 3.49 (l.s.c. 函数的近似中值定理) 设 $\varphi: X \to \overline{\mathbb{R}}$ 是正常的 l.s.c. 函数, 且在两个给定的点 $a \neq b$ 有限. 考虑任意点 $c \in [a,b)$, 在该点, 函数

$$\psi(x) := \varphi(x) - \frac{\varphi(b)-\varphi(a)}{\|b-a\|}\|x-a\|$$

在 $[a,b]$ 上达到它的最小值 (这样的点总存在). 则存在序列 $x_k \xrightarrow{\varphi} c$ 和 $x_k^* \in \widehat{\partial}\varphi(x_k)$, 满足

$$\liminf_{k\to\infty}\langle x_k^*, b-x_k\rangle \geqslant \frac{\varphi(b)-\varphi(a)}{\|b-a\|}\|b-c\|, \tag{3.51}$$

$$\liminf_{k\to\infty}\langle x_k^*, b-a\rangle \geqslant \varphi(b)-\varphi(a). \tag{3.52}$$

而且, 当 $c \neq a$ 时, 有

$$\lim_{k\to\infty}\langle x_k^*, b-a\rangle = \varphi(b)-\varphi(a).$$

证明 定理中定义的函数 ψ 是 l.s.c. 的, 因此 ψ 在 $[a,b]$ 上的某点 c 达到它的最小值. 由于 $\psi(a)=\psi(b)$, 总可取 $c\in[a,b)$. 不失一般性假设 $\varphi(a)=\varphi(b)$, 即对所有的 $x\in[a,b]$, 有 $\psi(x)=\varphi(x)$. 易验证 φ 的下半连续性蕴涵着存在 $r>0$, 使得 φ 在 $\Theta := [a,b]+r\mathbb{B}$ 上有下界 $\gamma\in\mathbb{R}$. 利用指示函数 $\delta(\cdot,\Theta)$, 定义 $\vartheta(x) := \varphi(x)+\delta(x;\Theta)$, 显然它在 x 上是 l.s.c. 的. 于是对每个 $k\in\mathbb{N}$, 取实数 $r_k\in(0,r)$, 使得

$$\varphi(x) \geqslant \varphi(c) - k^{-2}, \quad \forall x\in[a,b]+r_k\mathbb{B}.$$

并选取 $t_k \geqslant k$, 满足 $\gamma + t_k r_k \geqslant \varphi(c) - k^{-2}$. 因此有

$$\varphi(c) \leqslant \inf_X \vartheta_k + k^{-2},$$

其中 $\vartheta_k(x) := \vartheta(x) + t_k\mathrm{dist}(x;[a,b])$, 它在 X 上显然是 l.s.c. 的. 对这个函数应用定理 2.26(i) 中的 Ekeland 变分原理 (置参数 $\varepsilon = k^{-2}$ 和 $\lambda = k^{-1}$), 则有 $x_k\in X$, 满足

$$\|x_k - c\| \leqslant k^{-1}, \quad \vartheta_k(x_k) \leqslant \vartheta_k(c) = \varphi(c),$$

$$\vartheta_k(x_k) \leqslant \vartheta_k(x) + k^{-1}\|x - x_k\|, \quad \forall x \in X.$$

最后一个不等式意味着函数 $\vartheta_k(x) + k^{-1}\|x - x_k\|$ 在 $x = x_k$ 达到它的最小值. 现在对 $\eta = \eta_k \downarrow 0$ 时应用引理 2.32(i) 于该函数, 并考虑到对大的 k, 有 $x_k \in \text{int}\Theta$, 则可找到序列 $u_k \xrightarrow{\varphi} c$, $v_k \to c$, $u_k^* \in \widehat{\partial}\varphi(u_k)$, $v_k^* \in \partial\text{dist}(v_k; [a, b])$ 和 $e_k^* \in \mathbb{B}^*$, 满足

$$\|u_k^* + t_k v_k^* + k^{-1} e_k^*\| \leqslant \eta_k, \quad k \in \mathbb{N}. \tag{3.53}$$

注意到 $\|v_k^*\| \leqslant 1$, 而且

$$\langle v_k^*, b - v_k\rangle \leqslant \text{dist}(b; [a, b]) - \text{dist}(v_k; [a, b]) \leqslant 0, \quad k \in \mathbb{N}.$$

现需选取与 v_k 具有相同性质的 $w_k \in [a, b]$. 取投影 $w_k \in \Pi(v_k; [a, b])$, 得

$$\begin{aligned}\langle v_k^*, b - w_k\rangle = \langle v_k^*, b - v_k\rangle + \langle v_k^*, v_k - w_k\rangle &\leqslant \text{dist}(b; [a, b]) - \text{dist}(v_k; [a, b]) \\ + \|v_k^*\| \cdot \|v_k - w_k\| &\leqslant -\text{dist}(v_k; [a, b]) + \text{dist}(v_k; [a, b]) = 0.\end{aligned}$$

对足够大的 $k \in \mathbb{N}$, 由上式得 $\langle v_k^*, b-a\rangle \leqslant 0$, 这是由于 $w_k \to c \neq b$, 且 $(x-b)\|y-b\| = (y-b)\|x-b\|$, $\forall\, x, y \in [a, b]$. 现应用 (3.53) 式, 得

$$\liminf_{k\to\infty}\langle u_k^*, b - u_k\rangle \geqslant 0, \quad \liminf_{k\to\infty}\langle u_k^*, b - a\rangle \geqslant 0,$$

从而有 (3.51) 式和 (3.52) 式成立. 最后, 假设 $c \neq a$, 则对足够大的 $k \in \mathbb{N}$, $v_k \neq a$, 因此 $\langle v_k^*, b - c\rangle = 0$. 由上面的讨论知 $\langle u_k^*, b - a\rangle \to 0$. 证毕. △

值得一提的是中值不等式 (3.52) 甚至对 $\varphi(b) = \infty$ 的情形也成立. 这直接蕴涵着给定函数增量以 Fréchet 次梯度表示的一个有用估计.

推论 3.50 (l.s.c. 函数的中值不等式)　设 $\varphi: X \to \overline{\mathbb{R}}$ 是正常的 l.s.c. 函数且在某点 $a \in X$ 有限. 则下面的断言成立:

(i) 对任意 $b \in X$, 存在 $c \in [a, b]$ 和序列 $x_k \to c$, $x_k^* \in \widehat{\partial}\varphi(x_k)$, 满足中值不等式 (3.52);

(ii) 对任意 $b \in X$ 和 $\varepsilon \geqslant 0$, 有估计

$$|\varphi(b) - \varphi(a)| \leqslant \|b - a\| \sup\{\|x^*\| \mid x^* \in \widehat{\partial}\varphi(c), \quad c \in [a, b] + \varepsilon\mathbb{B}\}.$$

证明　对 (i), 只需证当 $\varphi(b) = \infty$ 时 (3.52) 式成立. 这由对任何 $n \in \mathbb{N}$, 应用定理 3.49 于函数序列

$$\varphi_n(x) := \begin{cases}\varphi(x), & x \neq b, \\ \varphi(a) + n, & x = b\end{cases}$$

即得. (ii) 中的估计由 (i) 直接可得. △

当 φ 是 Lipschitz 连续的, 在 (3.52) 式中取极限从而得到以基本次梯度表示的中值不等式.

推论 3.51 (Lipschitz 函数的中值不等式) 设 φ 在包含 $[a,b]$ 的一个开集上是 Lipschitz 连续的, 则有

$$\langle x^*, b-a\rangle \geqslant \varphi(b)-\varphi(a), \quad \text{对某个} \quad x^*\in\partial\varphi(c), c\in[a,b) \quad \text{成立}.$$

证明 由定理 3.49 存在点 $c\in[a,b)$ 和序列 $x_k\to c$, $x_k^*\in\widehat{\partial}\varphi(x_k)$ 满足 (3.52) 式. 由于 f 是局部 Lipschitz 的, 根据命题 1.85(ii), 序列 $\{x_k^*\}$ 是有界的. 由于 X 是 Asplund 的, 可选取弱* 收敛于某 $x^*\in\partial\varphi(c)$ 的 $\{x_k^*\}$ 的子序列. 于是在 (3.52) 式中取极限即得结果. △

下面给出近似中值定理的一些重要应用. 第一个应用给出了 Asplund 空间上 l.s.c. 函数局部 Lipschitz 性质的 Fréchet 次梯度和基本次梯度刻画.

定理 3.52 (Lipschitz 函数的次微分刻画) 设 $\varphi: X\to\overline{\mathbb{R}}$ 是正常的 l.s.c. 函数且在某点 $\bar{x}$ 有限, 则如下性质 (a)~(c) 关于常数 $\ell\geqslant 0$ 是等价的:

(a) 存在 $\gamma>0$ 使得

$$\widehat{\partial}\varphi(x)\subset\ell\,\mathbb{B}^*, \text{对任何} \ \|x-\bar{x}\|<\gamma, \quad |\varphi(x)-\varphi(\bar{x})|<\gamma \quad \text{成立};$$

(b) 存在 $\bar{x}$ 的邻域 U, 使得 $\widehat{\partial}\varphi(x)\subset\ell\mathbb{B}^*$ $(\forall x\in U)$;

(c) φ 在 $\bar{x}$ 附近是具有模 ℓ 的 Lipschitz 连续函数;

而且, φ 在 $\bar{x}$ 附近的局部 Lipschitz 连续性 (模为某 $\ell\geqslant 0$) 等价于:

(d) φ 在 $\bar{x}$ 是 SENC 的, 且 $\partial^\infty\varphi(\bar{x})=\{0\}$.

证明 不失一般性, 简单起见, 假设 $\bar{x}=0$, $\varphi(0)=0$. 先证 $(a)\Rightarrow(b)$. 为使当 $U:=\eta(\mathrm{int}\mathbb{B})$ 时 (b) 成立, 只需证存在 $\eta>0$, 使得 $|\varphi(x)|<\gamma$ 对任何 $\|x\|\leqslant\eta$ 成立. 由 φ 在 $\bar{x}=0$ 的下半连续性立即可得, 存在充分小的 $\nu>0$, 使得当 $\|x\|<\nu$ 时 $\varphi(x)>-\gamma$. 为证当 $\eta:=\min\{\nu,\gamma,\gamma/\ell\}$ 时 (b) 的正确性, 需证 $\varphi(x)<\gamma$ 对任意 $\|x\|<\min\{\gamma,\gamma/\ell\}$ 成立.

假设上述结论不成立, 即存在 $b\in X$, 满足 $\|b\|<\min\{\gamma,\gamma/\ell\}$ 和 $\varphi(b)\geqslant\gamma$. 考虑定义为

$$\phi(x):=\min\{\varphi(x),\gamma\} \ \text{且} \ \phi(0)=0, \quad \phi(b)=\gamma$$

的 l.s.c. 函数 $\phi: x\to\overline{\mathbb{R}}$. 对这个函数在区间 $[0,b]$ 上应用定理 3.49 中的中值不等式 (3.52), 找到一点 $c\in[0,b)$ 和序列 $x_k\xrightarrow{\phi}c$, $x_k^*\in\widehat{\partial}\phi(x_k)$, 满足

$$\liminf_{k\to\infty}\langle x_k^*, b\rangle\geqslant\phi(b)-\phi(0)=\gamma, \quad \text{因此} \ \liminf_{k\to\infty}\|x_k^*\|\geqslant\gamma/\|b\|>\ell.$$

由定理 3.49 选取的点 c 为如下函数在 $[0,b]$ 上的极小值:

$$\psi(x):=\phi(x)-\|b\|^{-1}\|x\|(\phi(b)-\phi(0)).$$

这蕴涵着 $\phi(c) \leqslant \gamma\|b\|^{-1}\|c\| < \gamma$. 因此沿着序列 $x_k \xrightarrow{\phi} c$ 有 $\phi(x_k) < \gamma$, 且 $\phi(x_k) = \varphi(x_k)$ 对所有充分大的 k 成立. 由定义易得, 由于 $\phi(x) \leqslant \varphi(x)$, 则

$$\widehat{\partial}\phi(x_k) \subset \widehat{\partial}\varphi(x_k), \quad x \in X.$$

因此对足够大的 k, 有 $x_k^* \in \widehat{\partial}\varphi(x_k)$. 由于 $\|x_k^*\| > \ell$, 这与 (a) 矛盾, 从而证明了 (a)⇒(b).

(b)⇒(c) 由推论 3.50(ii) 中的估计可得, (c)⇒(b) 已在命题 1.85(ii) 中建立, 而 (b)⇒(a) 是平凡的. 最后证明 φ 在 $\bar{x}$ 附近的局部 Lipschitz 连续性等价于 (d). 事实上, 从第 1 章中知道在任意 Banach 空间中 φ 的局部 Lipschitz 性质蕴涵着 (d) 中的两个条件 (参见定理 1.26 和推论 1.81). 现在证明 Asplund 空间中相反的蕴涵关系.

设 (d) 成立. 由 (a)⇔(c), 只需证明 (a) 对某个正数 ℓ 和 γ 成立. 反之, 找到序列 $x_k \xrightarrow{\varphi} \bar{x}$, $x_k^* \in \widehat{\partial}\varphi(x_k)$ 且 $\|x_k^*\| \to \infty (k \to \infty)$. 则

$$\left(\frac{x_k^*}{\|x_k^*\|}, -\frac{1}{\|x_k^*\|}\right) \in \widehat{N}((x_k, \varphi(x_k)); \mathrm{epi}\varphi), \quad k \in \mathbb{N}.$$

令 $\widetilde{x}_k^* := x_k^*/\|x_k^*\|$, 考虑到 X 是 Asplund 的, 选取 $\{\widetilde{x}_k^*\}$ 的弱* 收敛于某 x^* 的子序列. 则 $(x^*, 0) \in N((\bar{x}, \varphi(\bar{x})); \mathrm{epi}\varphi)$, 因此 $x^* \in \partial^\infty\varphi(\bar{x})$. 由 (d) 中第二个性质得 $x^* = 0$. 现在 φ 在 $\bar{x}$ 的 SNEC 性质蕴涵着 $\|\widetilde{x}_k^*\| \to 0$, 矛盾. 这就证明了 φ 在 $\bar{x}$ 附近一定是具有某模 ℓ 的局部 Lipschitz 函数, 这就完成了定理的证明. △

经典分析中导数总是零的函数一定是常数, 由上述结果很容易就能得到这一基本事实的推广. 众所周知这个事实是经典中值定理的直接推论并且架起了微分和积分之间的桥梁.

推论 3.53 (常值 l.s.c. 函数的次梯度刻画)　设 $\varphi : X \to \overline{\mathbb{R}}$ 是正常的 l.s.c. 函数, $U \subset X$ 是开的, 则 φ 在 U 上是局部常值的当且仅当

$$x^* \in \widehat{\partial}\varphi(x) \Longrightarrow x^* = 0, \quad \forall x \in U.$$

若 U 是连通的, 这等价于 φ 在 U 上是常值.

证明　在定理 3.52 中取 $\ell = 0$ 即得. △

在近似中值定理的下一个应用中, 将刻画Asplund空间上实值函数在Hadamard意义下严格可微性的概念. 下面的 Fréchet 和基本次梯度刻画表明: 在给定点严格 Hadamard 可微函数类对应于基本次微分是单点集的局部 Lipschitz 函数类.

函数 $\varphi : X \to \overline{\mathbb{R}}$ 在 $\bar{x}$ 是严格 Hadamard 可微的, 且具有严格 Hadamard 导数 x^*(在不引起混淆的情况下记作 $\nabla\varphi(\bar{x})$), 如果

$$\lim_{\substack{x \to \bar{x} \\ t \downarrow 0}} \left[\sup_{v \in C} \left|\frac{\varphi(x + tv) - \varphi(x)}{t} - \langle x^*, v\rangle\right|\right] = 0 \tag{3.54}$$

对任何紧子集 $C \subset X$ 成立. 显然, 每个在 $\bar{x}$ 在 Fréchet 意义下 (即定义 1.13 意义下) 严格可微的函数在 $\bar{x}$ 是严格 Hadamard 可微的, 但反之是不成立的. 在有限维空间中这些概念显然一致.

定理 3.54 (严格 Hadamard 可微性的次梯度刻画) 设 $\varphi: X \to \overline{\mathbb{R}}$ 在 $\bar{x}$ 有限, 关于泛函 $\xi \in X^*$ 下列性质等价:

(a) φ 在 $\bar{x}$ 附近是 Lipschitz 连续的, 且对任何序列 $x_k \to \bar{x}$, $x_k^* \in \widehat{\partial}\varphi(x_k)$, 有 $x_k^* \xrightarrow{w^*} \xi$;

(b) φ 在 $\bar{x}$ 附近是 Lipschitz 连续的, 且 $\partial\varphi(\bar{x}) = \{\xi\}$;

(c) φ 在 $\bar{x}$ 是严格 Hadamard 可微的, 且 $\nabla\varphi(\bar{x}) = \xi$.

证明 不失一般性考虑定理中当 $\bar{x} = 0, \varphi(0) = 0$ 和 $\xi = 0$ 的情形. 为证 (a)⇒(b), 任取 $x^* \in \partial\varphi(0)$, 根据定理 2.34 找到序列 $x_k \to 0, x_k^* \in \widehat{\partial}\varphi(x_k)$ 和 $x_k^* \xrightarrow{w^*} x^*(k \to \infty)$. 由 (a) 得 $x^* = 0$, 即 $\partial\varphi(0) = \{0\}$ 和 (b) 成立.

用反证法来证明 (b)⇒(c). 假设存在紧子集 $C \subset X$ 满足 (3.54) 式中的极限要么不存在, 要么不等于 0. 在这两种情形下可选取子序列 (不再重新标记下标)$x_k \to 0, t_k \downarrow 0$ 和 $v_k \in C$, 满足

$$\lim_{k\to\infty} \frac{\varphi(x_k + t_k v_k) - \varphi(x_k)}{t_k} := \alpha > 0,$$

这里用到了 φ 的 Lipschitz 连续性, 从而上式中的比是有界的. 现应用推论 3.50(i), 找到序列 $c_k \in X$ 和 $x_k^* \in \widehat{\partial}\varphi(c_k)$, 满足

$$\operatorname{dist}(c_k; [x_k, x_k + t_k v_k]) \leqslant k^{-1}, \quad \langle x_k^*, t_k v_k\rangle \geqslant \varphi(x_k + t_k v_k) - \varphi(x_k) - t_k k^{-1}.$$

上面第一个不等式蕴涵着 $c_k \to 0$. 由于 C 是紧的, 所以存在收敛于某 $v \in C$ 的 $\{v_k\}$ 的子序列. 也有弱* 收敛于某 $x^* \in \partial\varphi(0)$ 的 $\{x_k^*\}$ 的子序列, 这是由于 $x_k^* \in \widehat{\partial}\varphi(c_k)$ 的有界性和 X 的 Asplund 性质. 在上面不等式中沿这些子序列取极限, 有

$$\begin{aligned}\|x^*\| \cdot \|v\| &\geqslant \langle x^*, v\rangle = \lim_{k\to\infty} \langle x_k^*, v_k\rangle \\ &\geqslant \lim_{k\to\infty} \frac{\varphi(x_k + t_k v_k) - \varphi(x_k)}{t_k} := \alpha > 0,\end{aligned}$$

这就导致 $x^* = 0$, 与 (b) 矛盾.

下面证 (c)⇒(a). 设 $U \subset X^*$ 是 $\xi = 0$ 的任一弱* 邻域. 若必要, 通过缩小 U 可假设对 X 的某有限子集 $\{v_1, v_2, \cdots, v_n\}$, U 具有形式 $U = \{x^* \in X^* | \langle x^*, v_j\rangle < 1, j = 1, \cdots, n\}$. 记 $r := \max\{\|v_1\|, \|v_2\|, \cdots, \|v_n\|\}$. 应用性质 (c), 找到充分小的 $\eta > 0$, 使得

$$[\varphi(x + tv_j) - \varphi(x)]/t < 1/2 \quad (\forall j = 1, \cdots, n)$$

对任何 $x \in \eta\mathbb{B}$ 及 $0 < t < \eta$ 成立. 对某个 $x \in \eta\mathbb{B}$, 现任取 $x^* \in \widehat{\partial}\varphi(x)$, 由 (1.51) 式得

$$\langle x^*, u - x \rangle \leqslant \varphi(u) - \varphi(x) + \|u - x\|/(2r)$$

对所有 x 附近的 u 成立. 在上式中, 令 $u = x + tv_j, j = 1, \cdots, n$, 有

$$\langle x^*, v_j \rangle \leqslant \frac{\varphi(x + tv_j) - \varphi(x) + t\|v_j\|/(2r)}{t} < \frac{1}{2} + \frac{r}{2r} = 1$$

对所有充分小的 $t > 0$ 成立. 因此对所有充分接近原点的 x, 有 $x^* \in U$ 和 $\widehat{\partial}\varphi(x) \subset U$. 由定理 3.52, 上式蕴涵着 φ 在 $\bar{x} = 0$ 附近的 Lipschitz 连续性, 以及 (a) 中的序列条件. △

在经典分析中, 导数非正的函数一定非增. 在近似中值定理的如下应用中, 给出这个结果的一个次微分推广.

定理 3.55 (l.s.c. 函数单调性的次梯度刻画) 设 $U \subset X$ 是开凸集, 正常 l.s.c. 函数 φ 定义在 U 上, 设 $K \subset X$ 是锥, 其对偶 (极锥) 为 $K^* := \{x^* \in X^* \mid \langle x^*, x \rangle \leqslant 0\}$. 则下面的性质等价:

(a) 函数 φ 是 K-非增的, 即

$$x, u \in U, \quad u - x \in K \Longrightarrow \varphi(u) \leqslant \varphi(x);$$

(b) 对任意 $x \in U$, 有 $\widehat{\partial}\varphi(x) \subset K^*$.

证明 为证 (a)⇒(b), 任取 $x \in U$, $x^* \in \widehat{\partial}\varphi(x)$. 则对任意 $\gamma > 0$, 找到 $\eta > 0$, 使得

$$\langle x^*, u - x \rangle \leqslant \varphi(u) - \varphi(x) + \gamma\|u - x\|, \quad \forall u \in x + \eta\mathbb{B}.$$

在此不等式中固定 $v \in K$, 令 $u = x + tv$, 其中 $t > 0$. (a) 中的单调性蕴涵着

$$\langle x^*, v \rangle \leqslant \frac{\varphi(x + tv) - \varphi(x)}{t} + \gamma - \|v\| \leqslant 0,$$

因此 (b) 成立.

为证相反的蕴涵关系 (b)⇒(a), 假设相反, 则可找到两点 $x, u \in U$, 满足 $u - x \in K$ 且 $\varphi(u) > \varphi(x)$. 应用推论 3.50(i), 有点 $c \in [x, u]$ 和序列 $x_k \to c$, $x_k^* \in \widehat{\partial}\varphi(x_k)$, 满足

$$\liminf_{k \to \infty} \langle x_k^*, u - x \rangle \geqslant \varphi(u) - \varphi(x) > 0.$$

因此对大的 k, 有 $\langle x_k^*, u - x \rangle > 0$, 与 (b) 矛盾. △

在定理 3.55 中取 $K = X$, 得到在上面推论 3.53 中所得的常值函数的次梯度刻画.

本小节中最后一个应用建立了 Asplund 空间上 l.s.c.函数的凸性以及由它的 Fréchet 和基本次梯度生成的次微分映射的单调性之间的关系. 已经知道, 从 Banach 空间到其对偶的集值映射 $F: X \rightrightarrows X^*$ 是单调的, 如果

$$\langle x^* - u^*, x - u \rangle \geqslant 0, \quad \forall x, u \in X \text{ 和 } x^* \in F(x), u^* \in F(u).$$

定理 3.56 (l.s.c. 函数的次微分的单调性和凸性) 设 $\varphi: X \to \overline{\mathbb{R}}$ 在 X 上是正常的 l.s.c. 函数, 则次微分映射 $\widehat{\partial}\varphi: X \rightrightarrows X^*$ 和 $\partial\varphi: X \rightrightarrows X^*$ 是单调的当且仅当 φ 是凸的.

证明 如果 φ 是凸的, 那么次微分映射 $\widehat{\partial}\varphi$ 和 $\partial\varphi$ 都简化为凸分析中的次微分映射, 众所周知它是单调的. 显然 $\partial\varphi$ 的单调性蕴涵 $\widehat{\partial}\varphi$ 的单调性. 因此只需证若 $\widehat{\partial}\varphi$ 是单调的, 则 φ 必是凸的.

先证, 若 $\widehat{\partial}\varphi$ 单调, 则对任意 $x \in \operatorname{dom}\varphi$,

$$\widehat{\partial}\varphi(x) = \{x^* \in X^* \mid \langle x^*, u - x \rangle \leqslant \varphi(u) - \varphi(x), \forall\, u \in X\}. \tag{3.55}$$

该式中的"$\supset$"是显然的. 为证相反的包含关系, 考虑 $x, u \in \operatorname{dom}\varphi$, $x^* \in \widehat{\partial}\varphi(x)$, 并应用定理 3.49 中的不等式 (3.51). 则有序列 $x_k \to c \in [u, x)$ 和 $x_k^* \in \widehat{\partial}\varphi(x_k)$, 使得

$$\varphi(x) - \varphi(u) \leqslant \frac{\|x - u\|}{\|x - c\|} \liminf_{k \to \infty} \langle x_k^*, x - x_k \rangle.$$

于是次微分映射 $\widehat{\partial}\varphi$ 的单调性和等式 $\|x - u\|(x - c) = (x - u)\|x - c\|$ 蕴涵着

$$\varphi(x) - \varphi(u) \leqslant \frac{\|x - u\|}{\|x - c\|} \liminf_{k \to \infty} \langle x_k^*, x - x_k \rangle = \langle x^*, x - u \rangle.$$

这就证明了 (3.55) 式中的包含关系"$\subset$", 因此其中的等式成立.

现在应用 (3.55) 式来证明 φ 是凸的. 任取 $u, x \in \operatorname{dom}\varphi$, 并考虑它们的凸组合 $v := \lambda u + (1 - \lambda)x$, $0 < \lambda < 1$. 根据定理 2.29 $\widehat{\partial}\varphi$ 的有效域在 φ 的图中是稠密的, 因此存在一序列 $u_k \xrightarrow{\varphi} u$ 且 $\widehat{\partial}\varphi(u_k) \neq \varnothing$. 不失一般性假设 $0 \in \widehat{\partial}\varphi(u_k)$. 令 $v_k := \lambda u_k + (1 - \lambda)x$, 下证对任何固定的 k, $v_k \in \operatorname{dom}\varphi$. 反之, 取 $\alpha > \varphi(x)$, 且定义函数

$$\psi(z) := \begin{cases} \psi(z), & z \neq v_k, \\ \alpha, & z = v_k. \end{cases}$$

对这个函数应用定理 3.49, 得 $c \in [x, v_k)$ 和序列 $z_n \to c$, $z_n^* \in \widehat{\partial}\psi(z_n)$, 使得

$$\liminf_{n \to \infty} \langle z_n^*, v_k - z_n \rangle \geqslant \frac{\|v_k - c\|}{\|v_k - x\|}(\alpha - \varphi(x)) > 0,$$

$$\liminf_{n \to \infty} \langle z_n^*, v_k - x \rangle \geqslant \alpha - \varphi(x).$$

由 $\widehat{\partial}\varphi$ 的单调性和 $0 \in \widehat{\partial}\varphi(u_k)$ 的选取, 得

$$\begin{aligned}0 &\geqslant \liminf_{n\to\infty}\langle z_n^*, u_k - z_n\rangle \geqslant \liminf_{n\to\infty}\langle z_n^*, v_k - z_n\rangle + \liminf_{n\to\infty}\langle z_n^*, u_k - v_k\rangle\\&= \liminf_{n\to\infty}\langle z_n^*, v_k - z_n\rangle + \lambda^{-1}(1-\lambda)\liminf_{n\to\infty}\langle z_n^*, v_k - x\rangle\\&\geqslant \lambda^{-1}(1-\lambda)(\alpha - \varphi(x)),\end{aligned}$$

这与 $\alpha > \varphi(x)$ 矛盾. 因此 $v_k \in \mathrm{dom}\varphi(k \in \mathbb{N})$. 为证 φ 的凸性, 考虑下面两种情形.

(i) v_k 不是 φ 的局部极小点. 于是选取 $\widetilde{v}_k$ 满足 $\|\widetilde{v}_k - v_k\| < k^{-1}$ 和 $\varphi(\widetilde{v}_k) < \varphi(v_k)$. 固定 k, 并对函数 φ 在区间 $[\widetilde{v}_k, v_k]$ 上应用定理 3.49. 由此找到 $c_k \in [\widetilde{v}_k, v_k)$ 和序列 $z_n \to c_k$ 和 $z_n^* \in \widehat{\partial}\varphi(z_n)(n \to \infty)$, 满足

$$\liminf_{n\to\infty}\langle z_n^*, v_k - z_n\rangle \geqslant \frac{\|v_k - c_k\|}{\|v_k - \widetilde{v}_k\|}(\varphi(v_k) - \varphi(\widetilde{v}_k)) > 0, \quad n \in \mathbb{N}.$$

由 (3.55) 式, 有

$$\varphi(x) - \varphi(z_n) \geqslant \langle z_n^*, x - z_n\rangle, \quad \varphi(u_k) - \varphi(z_n) \geqslant \langle z_n^*, u_k - z_n\rangle.$$

利用 φ 的下半连续性, 有

$$\lambda\varphi(u_k) + (1-\lambda)\varphi(x) \geqslant \liminf_{n\to\infty}[\varphi(z_n) + \langle z_n^*, \quad v_k - z_n\rangle] \geqslant \varphi(c_k)$$

对所有的 $k \in \mathbb{N}$ 成立. 取 $k \to \infty$ 时的极限, 得

$$\lambda\varphi(u) + (1-\lambda)\varphi(x) \geqslant \varphi(v) = \varphi(\lambda u + (1-\lambda)x). \tag{3.56}$$

(ii) v_k 是 φ 的局部极小点, 则 $0 \in \widehat{\partial}\varphi(v_k)$, 由 (3.55) 式得 $\varphi(x) \geqslant \varphi(v_k)$ 和 $\varphi(u_k) \geqslant \varphi(v_k)$, 蕴涵着 $\lambda\varphi(u_k) + (1-\lambda)\varphi(x) \geqslant \varphi(v_k)$. 此时取 $k \to \infty$ 时的极限, 又得 (3.56) 式, 这就完成了定理的证明. △

3.2.3 与其他次微分的关系

在 2.5.2 A 小节在任意 Banach 空间中描述了 Clarke 广义梯度/次微分和法锥结构及 Ioffe"近似"法向量和次梯度的各种改进结构. 现在在 Asplund 空间框架下建立这些结构与基本法向量和次梯度结构之间的精确关系. 下面从分别定义于 (2.72) 和 (2.73) 式中的 Clarke 法锥 $N_C(\bar{x};\Omega)$ 和次微分 $\partial_C\varphi(\bar{x})$ 开始. 这里的空间 X 除非其他声明一律假定是 Asplund 的, cl^* 表示 X^* 中集合的弱* 拓扑闭包.

定理 3.57 (Clarke 法向量与次梯度之间的关系)　下述论断成立:

(i) 设 $\Omega \subset X$ 在 $\bar{x} \in \Omega$ 附近是局部闭的, 则

$$N_C(\bar{x};\Omega) = \mathrm{cl}^*\mathrm{co}N(\bar{x};\Omega);$$

(ii) 设 $\varphi: X \to \overline{\mathbb{R}}$ 在 $\bar{x} \in \text{dom}\varphi$ 附近是正常的和 l.s.c. 的, 则

$$\partial_C\varphi(\bar{x}) = \text{cl}^*[\text{co}\partial\varphi(\bar{x}) + \text{co}\partial^\infty\varphi(\bar{x})] = \text{cl}^*\text{co}[\partial\varphi(\bar{x}) + \partial^\infty\varphi(\bar{x})]. \tag{3.57}$$

特别地, 如果 φ 在 $\bar{x}$ 附近是 Lipschitz 连续的, 那么

$$\partial_C\varphi(\bar{x}) = \text{cl}^*\text{co}\partial\varphi(\bar{x}). \tag{3.58}$$

证明 根据在 2.5.2 A 小节中所描述的 Clarke 结构定义的四步程序, 先证 (3.58) 式. 首先建立局部 Lipschitz 函数广义方向导数 (2.69) 的表达式

$$\begin{aligned}\varphi^o(\bar{x};h) &= \max\{\langle x^*, h\rangle \mid x^* \in \text{cl}^*\partial\varphi(\bar{x})\}\\ &= \sup\{\langle x^*, h\rangle \mid x^* \in \partial\varphi(\bar{x})\}.\end{aligned} \tag{3.59}$$

事实上, 根据 $\varphi^o(\bar{x};h)$ 的定义, 对任一 $h \in X$, 有序列 $x_k \to \bar{x}$, $t_k \downarrow 0$, 使得

$$\frac{\varphi(x_k + t_k h) - \varphi(x_k)}{t_k} \to \varphi^o(\bar{x};h)\ (k \to \infty).$$

对任一 k 在区间 $[x_k, x_k + t_k h]$ 上对 φ 应用定理 3.49, 则有 $v_n \to c_k \in [x_k, x_k + t_k h)$, $n \to \infty$ 和 $v_n^* \in \widehat{\partial}\varphi(v_n)$, 满足

$$\varphi(x_k + t_k h) - \varphi(x_k) \leqslant t_k \liminf_{n\to\infty}\langle v_n^*, h\rangle, \quad k \in \mathbb{N}.$$

首先当 $n \to \infty$ 时对上式取极限, 然后当 $k \to \infty$ 时再对上式取极限, 即得 (3.59) 式. 根据局部 Lipschitz 函数的 Clarke 广义梯度的定义 (2.70), 它蕴涵着 (3.58) 式成立. 接下来对闭集 $\Omega \subset X$ 的距离函数 $\text{dist}(\cdot;\Omega)$ 应用 (3.58) 式, 得

$$\bigcup_{\lambda>0}\lambda\partial_C\text{dist}(\bar{x};\Omega) = \bigcup_{\lambda>0}\lambda[\text{cl}^*\text{co}\partial\text{dist}(\bar{x};\Omega)] \subset \text{cl}^*\text{co}\left[\bigcup_{\lambda>0}\lambda\partial\text{dist}(\bar{x};\Omega)\right].$$

根据 Clarke 法锥的定义 (2.72) 和关于通过距离函数的基本次梯度计算基本法向量的定理 1.97, 从而有 $N_C(\bar{x};\Omega) \subset \text{cl}^*\text{co}N(\bar{x};\Omega)$. (i) 中相反的包含关系由 $N(\bar{x};\Omega) \subset N_C(\bar{x};\Omega)$ 与 Clarke 法锥是凸的和在 X^* 的弱* 拓扑下是闭的这个事实得到 (参见 2.5.2 A 小节).

余下需证明对 l.s.c. 函数, 表达式 (3.57) 成立. 由于 $\partial^\infty\varphi(\bar{x})$ 是锥, 总有

$$\text{co}[\partial\varphi(\bar{x}) + \partial^\infty\varphi(\bar{x})] = \text{co}\partial\varphi(\bar{x}) + \text{co}\partial^\infty\varphi(\bar{x}),$$

因此只需证明 (3.57) 式中的第一个等式成立. 任取次梯度 $x^* \in \partial_C\varphi(\bar{x})$, 利用它的定义 (2.73) 和 Clarke 法锥上面的表达式 (i), 找到一个网 $x_\nu^* \xrightarrow{w^*} x^*$, 满足 $(x_\nu^*, -1) \in$

$\mathrm{co}N((\bar{x},\varphi(\bar{x});\mathrm{epi}\varphi)$ 对所有 ν 成立. 固定 ν 并且找到 $p(\nu)\in\mathbb{N},\alpha_{j\nu}\geqslant 0,x_{j\nu}^*\in X^*$ 和 $\lambda_{j\nu}\in\mathbb{R},j=1,\cdots,p(\nu)$, 使得

$$(x_\nu^*,-1)=\sum_{j=1}^{p(\nu)}\alpha_{j\nu}(x_{j\nu}^*,-\lambda_{j\nu}),$$

$$(x_{j\nu}^*,-\lambda_{j\nu})\in N((\bar{x},\varphi(\bar{x});\mathrm{epi}\varphi),\quad \sum_{j=1}^{p(\nu)}\alpha_{j\nu}=1.$$

根据命题 1.76, 有 $\lambda_{j\nu}\geqslant 0$. 因此

$$x_{j\nu}^*\in\begin{cases}\lambda_{j\nu}\partial\varphi(\bar{x}), & \lambda_{j\nu}>0,\\ \partial^\infty\varphi(\bar{x}), & \lambda_{j\nu}=0.\end{cases}$$

从而有表达式 $x_{j\nu}^*=\lambda_{j\nu}v_{j\nu}^*+u_{j\nu}^*$, 其中 $v_{j\nu}^*\in\partial\varphi(\bar{x})$, $u_{j\nu}^*\in\partial^\infty\varphi(\bar{x})$, 且如果 $\lambda_{j\nu}>0$, 那么 $u_{j\nu}^*=0$. 注意到 $\sum_{j=1}^{p(\nu)}\alpha_{j\nu}\lambda_{j\nu}=1$ 对任何 ν 成立, 得

$$x_\nu^*=\sum_{j=1}^{p(\nu)}\alpha_{j\nu}(\lambda_{j\nu}v_{j\nu}^*+u_{j\nu}^*)\subset\mathrm{co}\partial\varphi(\bar{x})+\mathrm{co}\partial^\infty\varphi(\bar{x}),$$

通过对 ν 取极限就证得 (3.57) 式中的包含关系“$\subset$”. 为证相反的包含关系, 任取 $x^*\in\mathrm{cl}^*[\mathrm{co}\partial\varphi(\bar{x})+\mathrm{co}\partial^\infty\varphi(\bar{x})]$, 并找到网 $x_\nu^*\xrightarrow{w^*}x^*$, 对所有的 ν 满足

$$x_\nu^*=\sum_{j=1}^{p(\nu)}\alpha_{j\nu}v_{j\nu}^*+\sum_{j=1}^{q(\nu)}\beta_{j\nu}u_{j\nu}^*,\sum_{j=1}^{p(\nu)}\alpha_{j\nu}=1,\quad \sum_{j=1}^{q(\nu)}\beta_{j\nu}=1,$$

$p(\nu),q(\nu)\in\mathbb{N},\alpha_{j\nu}\geqslant 0,\beta_{j\nu}\geqslant 0,v_{j\nu}^*\in\partial\varphi(\bar{x})$ 和 $u_{j\nu}^*\in\partial^\infty\varphi(\bar{x})$. 根据 N_C 的凸性有

$$(x_\nu^*,-1)=\sum_{j=1}^{p(\nu)}\alpha_{j\nu}(v_{j\nu}^*,-1)+\sum_{j=1}^{q(\nu)}\beta_{j\nu}(u_{j\nu}^*,0)\in N_C((\bar{x},\varphi(\bar{x}));\mathrm{epi}\varphi).$$

因为 N_C 是弱* 闭的, 由 (2.73) 式得 $x^*\in\partial_C\varphi(\bar{x})$. △

接下来建立基本法向量与次梯度和 2.5.2 B 小节所描述的相应“近似”结构之间的关系. 首先, 根据定理 2.33 中的模糊和法则, 注意到每个 Asplund 空间在 Ioffe[593] 意义下都是“弱可信的”空间. 因此 Asplund 空间上任何 l.s.c.函数的 A-次微分 (2.75) 有简化的表示

$$\partial_A\varphi(\bar{x})=\mathop{\overline{\mathrm{Limsup}}}_{\substack{x\xrightarrow{\varphi}\bar{x}\\ \varepsilon\downarrow 0}}\partial_\varepsilon^-\varphi(x),\tag{3.60}$$

这涉及了 2.5.2B 小节定义的 ε-dini 次梯度的拓扑 Painlevé-Kuratowski 上极限. 除 (3.60) 式, G-法锥 N_G, G-次微分 ∂_G 及分别在 (2.76) 式和 (2.77) 式中所描述的它们的核 $\widetilde{N}$ 与 $\widetilde{\partial}_G$ 以外, 考虑相应的序列结构定义如下:

$$\partial_A^{\sigma}\varphi(\bar{x}) := \operatorname*{Limsup}_{\substack{x \xrightarrow{\varphi} \bar{x} \\ \varepsilon \downarrow 0}} \partial_\varepsilon^- \varphi(x), \quad \widetilde{N}_G^{\sigma}(\bar{x};\Omega) := \bigcup_{\lambda>0} \lambda \partial_A^{\sigma} \operatorname{dist}(\bar{x};\Omega),$$

$$\widetilde{\partial}_G^{\sigma}\varphi(\bar{x}) := \{x^* \in X^* \mid (x^*,-1) \in \widetilde{N}_G^{\sigma}((\bar{x},\varphi(\bar{x}));\operatorname{epi}\varphi)\}.$$

下面建立 Asplund 空间中所有这些结构和基本 (序列) 法锥 N 和次微分 ∂ 之间的关系.

已经知道 Banach 空间 X 是弱紧生成 (WCG) 的, 如果存在弱紧集 $K \subset X$ 使得 $X = \operatorname{cl}(\operatorname{span}K)$. WCG 空间的经典例子是自反空间, 它由其球弱紧生成. 每个可分的 Banach 空间也是 WCG 的, 甚至是范数紧生成的, 因为可取 $K := \{k^{-1}x_k, k \in \mathbb{N}\} \cup \{0\}$, 这里 $\{x_k\}$ 是 X 中单位球面的稠密序列. 另外, 有许多 Banach 和 Asplund 空间不是 WCG 的. 关于 WCG 空间的各种结果、例子和讨论建议读者参阅 Diestel 的书[332] 和 Fabian 的书[416]. 下面指出 WCG 空间的基本刻画, 在文献中称做"插值定理"(例如, 参见文献 [416, 定理 1.2.3], 那里有漂亮和相对简单的证明): Banach 空间 X 是 WCG 的当且仅当存在一个自反空间 Y 和具有稠密值域的单射连续线性算子 $A: Y \to X$. WCG 空间的子空间不一定是 WCG 的, 然而, 对 WCG Asplund 空间来说则不然. 而且, WCG 性质使 Asplund 空间类大大变小; 特别地, 它蕴涵着 Fréchet 可微重赋范的存在性.

下面的引理描述了弱* 拓扑和序列极限之间的联系, 这对建立上述法锥和次微分之间的关系非常重要.

引理 3.58 (弱* 拓扑极限和序列极限) 设 X 是 Banach 空间, $\{S_k\}$ 是 X^* 中有界子集序列, 且对任意 $k \in \mathbb{N}$ 有 $S_{k+1} \subset S_k$. 则下列断言成立:

(i) 如果 X^* 的闭单位球是弱* 序列紧的, 那么

$$\bigcap_{k=1}^{\infty} \operatorname{cl}^* S_k = \operatorname{cl}^* \left\{ \lim_{k\to\infty} x_k^* \mid x_k^* \in S_k, \quad \forall k \in \mathbb{N} \right\};$$

(ii) 如果 X 是 WCG Banach 空间的子空间, 那么

$$\bigcap_{k=1}^{\infty} \operatorname{cl}^* S_k = \left\{ \lim_{k\to\infty} x_k^* \mid x_k^* \in S_k, \forall k \in \mathbb{N} \right\}.$$

证明 为证 (i) 成立, 只证其中的包含关系"$\subset$", 相反的包含关系显然成立. 设 x^* 属于 (i) 中左边的集合, W 是 x^* 的一弱* 邻域的弱* 闭包. 则对每个 $k \in \mathbb{N}$ 能找到 $x_k^* \in W \cap S_k$. 由于 $\mathbb{B}_{X^*}$ 是弱* 列紧的, 集合 S_k 是一致有界的, 则存在一

子序列 $x_{k_j}^*(j\in\mathbb{N})$ 弱 * 收敛于某 $z^*\in W$. 令 $z_k^*:=x_{k_j}^*, k_{j-1}\leqslant k\leqslant k_j$, 则对所有 $k\in\mathbb{N}$ 有 $z_k^*\in S_k$, 而且序列 $\{z_k^*\}$ 弱 * 收敛于 z^*. 因此 z^* 属于 (i) 中右边的集合, 这就证明了断言 (i) 成立;

(ii) 的证明稍复杂. 首先回忆一个深刻和熟知的事实: 如果 X 是 WCG 空间的子集, 则 $\mathbb{B}_{X^*}$ 是弱 * 序列紧的 (参见文献 [332, 416]). 因此 (ii) 中 WCG 的假设保证 (i) 中的等式成立. 余下需证明右边"cl^*"可以省掉. 为此, 利用泛函分析中下面两个基本结果:

(a) 所提到的插值定理允许在某种意义上把 WCG 空间简化为自反空间, 而且

(b) 所谓的"Whitney 构造"保证赋范空间中有界子集 S 的弱闭包中的每个点都是 S 中某序列的弱极限 (参见文献 [580, p147-149]), 其中这个构造被用于关于 Banach 空间中弱紧性和弱列紧性之间等价性的经典 Eberlein-Šmulian 定理的证明.

设 X 是 WCG Banach 空间 Z 的子空间. 根据上面的插值定理, 存在一自反空间 Y 和值域在 Z 中稠密的单射线性连续算子 $A:Y\to Z$. 设 R 为 Z^* 到 X^* 上的限制映射. 不失一般性, 假设 $S_1\subset\mathbb{B}_{X^*}$, 且令

$$H_k:=R^{-1}(S_k)\cap\mathbb{B}_{Z^*},\quad K:=\bigcap_{k=1}^{\infty}\text{cl}^w A^*H_k,$$

其中 cl^w 表示自反空间 Y^* 中的弱闭包. 由于集合 K 是有界的, 故它在 Y^* 中是弱紧的. 从 (ii) 的左边集合中任取 x^*, 则集合 $V_k:=R^{-1}x^*\cap\text{cl}^*H_k(k\in\mathbb{N})$ 在 Z^* 中是非空、弱 * 紧和嵌套的. 因此存在 $z^*\in\bigcap_{k=1}^{\infty}V_k$.

利用 (b) 中所说的 Whitney 结构, 选取序列 $z_{k,j}^*\in H_k$, 使得对任意的 $k\in\mathbb{N}$, 当 $j\to\infty$ 时, $A^*z_{k,j}^*$ 弱收敛于 A^*z^*. 由于集合 $\{(A^*z^*,A^*z_{k,j}^*)\mid j,k\in\mathbb{N}\}$ 是弱紧且可分的, 所以它是弱可度量化的. 因此存在 $j_k\in\mathbb{N}$, 使得序列 A^*z_{k,j_k}^* 当 $k\to\infty$ 时弱收敛于 A^*z^*. 考虑到 A^* 在 $\mathbb{B}_{Z^*}$ 上是弱 * 到弱拓扑的同胚, 则 z_{k,j_k}^* 弱 * 收敛于 z^*, 因此 Rz_{k,j_k}^* 弱 * 收敛于 $Rz^*=x^*$. 由于对所有的 k, $Rz_{k,j_k}^*\in S_k$, 所以 x^* 属于 (ii) 中左边的集合. △

下面的定理在 Asplund 空间中建立了基本结构和 Ioffe"近似"法向量和次梯度的各种改进之间的关系. 它由三个断言组成, 分别涉及依次定义的 A-次梯度、G-法向量及 G-次梯度.

定理 3.59 (与"近似"法向量和次梯度的关系) 下述断言成立:

(i) 设 $\varphi:X\to\overline{\mathbb{R}}$ 在 $\bar{x}\in\text{dom}\varphi$ 附近是 l.s.c. 的, 则

$$\partial\varphi(\bar{x})\subset\partial_A^{\sigma}\varphi(\bar{x})\subset\partial_A\varphi(\bar{x}).$$

如果 φ 在 $\bar{x}$ 附近是 Lipschitz 连续的, 那么

$$\text{cl}^*\partial\varphi(\bar{x})=\text{cl}^*\partial_A^{\sigma}\varphi(\bar{x})=\partial_A\varphi(\bar{x}).\tag{3.61}$$

如果此时 X 是 WCG 的, 那么集合 $\partial\varphi(\bar{x})$ 和 $\partial_A^{\sigma}\varphi(\bar{x})$ 都是弱* 闭的, 且有

$$\partial\varphi(\bar{x}) = \partial_A^{\sigma}\varphi(\bar{x}) = \partial_A\varphi(\bar{x}). \tag{3.62}$$

(ii) 设 $\Omega \subset X$ 在 $\bar{x} \in \Omega$ 附近是闭的, 则

$$N(\bar{x};\Omega) \subset \widetilde{N}_G^{\sigma}(\bar{x};\Omega) \subset \widetilde{N}_G(\bar{x};\Omega) \subset N_G(\bar{x};\Omega) = \mathrm{cl}^* N(\bar{x};\Omega).$$

如果 X 还是 WCG 空间, 那么

$$N(\bar{x};\Omega) = \widetilde{N}_G^{\sigma}(\bar{x};\Omega) = \widetilde{N}_G(\bar{x};\Omega).$$

(iii) 如果 φ 在 $\bar{x}$ 附近是 Lipschitz 连续的, X 是 WCG 的, 那么

$$\partial\varphi(\bar{x}) = \widetilde{\partial}_G^{\sigma}\varphi(\bar{x}) = \widetilde{\partial}_G\varphi(\bar{x}) = \partial_G\varphi(\bar{x}). \tag{3.63}$$

证明 易验证对任意 $x \in \mathrm{dom}\varphi$ 和任意 $\varepsilon \geqslant 0$, 有 $\widehat{\partial}\varphi(x) \subset \partial_{\varepsilon}^{-}\varphi(x)$. 因此 (i) 中的包含关系由定理 2.34 和定义可得. 为证当 φ 在 $\bar{x}$ 附近 Lipschitz 连续时 (3.61) 式成立, 基于定义可看到

$$\partial_A\varphi(\bar{x}) = \bigcap_{k=1}^{\infty} \mathrm{cl}^* S_k, \quad \partial_A^{\sigma}\varphi(\bar{x}) = \bigcap_{k=1}^{\infty}\left\{\lim_{k\to\infty} x_k^* \in S_k, \quad \forall\, k \in \mathbb{N}\right\},$$

这里, $S_k := \cup\{\partial_{1/k}^{-}\varphi(x) \mid \|x-\bar{x}\| \leqslant 1/k\}$. 显然, 对任意 $k \in \mathbb{N}$, 有 $S_{k+1} \subset S_k$. 而且, 根据 φ 在 $\bar{x}$ 附近的 Lipschitz 连续性, 所有集合 S_k 在 X^* 中是有界的. 因此 $\partial_A\varphi(\bar{x}) = \mathrm{cl}^*\partial_A^{\sigma}\varphi(\bar{x})$. 余下需证 (3.61) 式中的 $\partial_A^{\sigma}\varphi(\bar{x}) \subset \mathrm{cl}^*\partial\varphi(\bar{x})$, 即

$$\partial_A^{\sigma}\varphi(\bar{x}) \subset \partial\varphi(\bar{x}) + V$$

对 X^* 中原点的任何弱* 邻域 V 成立. 为此, 注意到对任意这样的邻域 V, 都存在有限维子空间 $L \subset X$ 和常数 $r > 0$, 使得 $L^{\perp} + 3r\mathbb{B}^* \subset V$, 其中 $L^{\perp}$ 是 L 的零化子. 取 $x^* \in \partial_A^{\sigma}\varphi(\bar{x})$, 并且找到序列 $\varepsilon_k \downarrow 0, x_k \to \bar{x}, x_k^* \xrightarrow{w^*} x^*$ 且 $x_k^* \in \partial_{\varepsilon_k}^{-}\varphi(x_k)$. 设 k 充分大, 使得 $0 \leqslant \varepsilon_k \leqslant r$ 且 $1/k \leqslant r$. 应用 2.5.2 B 小节中 Dini ε-次梯度的定义易得, 对任何 $k \in \mathbb{N}, r > 0$ 和有限维子空间 $L \subset X$, 函数

$$\psi_k(x) := \varphi(x) - \langle x_k^*, x - x_k\rangle + 2r\|x - x_k\| + \delta(x - x_k; L)$$

在 x_k 达到局部极小值, 因此 $0 \in \widehat{\partial}\psi(x_k)$. 由 ψ_k 的结构及定理 2.33 得

$$x_k^* \in \widehat{\partial}\varphi(u_k) + 3r\mathbb{B}^* + L^{\perp} \subset \widehat{\partial}\varphi(u_k) + V$$

对某个 $u_k \in x_k + \frac{1}{k}\mathbb{B}$ 成立. 当 $k \to \infty$ 时对上式取极限, 并且考虑到所有集合 $\widehat{\partial}\varphi(u_k)$ 都包含于 X^* 中某个弱* 列紧球, 这样就完成了 (3.61) 式的证明. 如果 X 是 WCG 的, 由引理 3.58(ii) 依同样的过程可得 (3.62) 式.

根据所考虑的 G-法向量结构的定义和定理 1.97, (ii) 中法锥之间的关系由 (i) 中相应的关系可以得到.

为建立 (iii), 只需验证, 如果 φ 在 $\bar{x}$ 附近是 l.s.c. 的, 那么 $\partial_G\varphi(\bar{x}) = \mathrm{cl}^*\partial\varphi(\bar{x})$. 其他结果由 (i), (ii) 和定义直接可得. 注意到

$$L \cap \mathrm{cl}^* N((\bar{x},\varphi(\bar{x}));\mathrm{epi}\varphi) = \mathrm{cl}^*(L \cap N((\bar{x},\varphi(\bar{x}));\mathrm{epi}\varphi)),$$

其中 $L := X^* \times \{-1\}$. 根据 (ii) 中 $N_G(\bar{x};\Omega) = \mathrm{cl}^* N(\bar{x};\Omega)$, 上式蕴涵着 (iii) 中的上述等式成立. 证毕. △

由例 1.7 和定理 3.59(ii) 可知, 存在 Hilbert 空间 ℓ^2 的闭子集 Ω 使得它的基本法锥 $N(0;\Omega)$ 严格小于它的 G-法锥 $N_G(0;\Omega)$. 事实上, 在那个例子中, $N(0;\Omega)$ 在 ℓ^2 中不是范数闭的 (所以不是弱闭的), 因此 $N(0;\Omega) \neq N_G(0;\Omega) = \mathrm{cl}^w N(0,\Omega)$. 另外, 对任意 WCG Banach 空间上的任何局部 Lipschitz 的函数来说基本次微分 $\partial\varphi(\bar{x})$ 都是弱* 闭的. 若 X 还是 Asplund 空间时, 这个结果由定理 3.59 中的结论 (iii) 直接可得. 对一般情形, 则需要基本次微分的表达式 (1.55) 并应用类似于定理 3.59(i) 中相应部分的证明.

实际上在 SNC/CEL 假设下有关于基本法锥和次微分的鲁棒性/闭图性的更一般事实. 下面只给出 Asplund 空间的情形. 一般 Banach 空间上的结果见证明后的讨论.

定理 3.60 (基本法向量的鲁棒性) 设 X 是 WCG Asplund 空间, $\Omega \subset X$ 是它的闭子集且在 $\bar{x}$ 是 SNC 的. 则 $N(\cdot;\Omega)$ 的图在 $\bar{x}$ 附近是闭的, 即, 存在 $\gamma > 0$, 使得集合

$$(\mathrm{gph} N(\cdot;\Omega)) \cap ((\bar{x} + \gamma\mathbb{B}) \times X^*)$$

在 $X \times X^*$ 的范数 $\times$ 弱* 拓扑下是闭的.

证明 第一步证明对任意给定的 $\eta > 0$ 和紧集 $C \subset X$, 锥

$$K(\eta;C) := \{x^* \in X^* | \eta\|x^*\| \leqslant \max_{c\in C}\langle x^*, c\rangle\}$$

在 X^* 中是弱* 闭的及弱* 局部有界的. 后者意味着 $K(\eta;C)$ 中的每个点皆含于某弱* 开集 $U \subset X^*$ 且 $U \cap K(\eta;C)$ 在 X^* 中是范数有界的.

这里将两次运用如下结果: 如果 $\nu \in (0,\eta)$ 给定, 那么在 C 中存在有限个点 $c_1,\cdots,c_n$ 使得

$$K(\eta;C) \subset K(\nu;c_1,\cdots,c_n).$$

为证这个式子成立, 考虑由 $\{c + (\eta-\nu)\mathbb{B} \mid c \in C\}$ 给出的开覆盖, 由 C 的紧性抽取有限子覆盖, 从而找到 C 中的点 $c_1,\cdots,c_n$, 使得

$$C \subset \bigcup_{i=1}^{n}(c_k + (\eta-\nu)\mathbb{B}).$$

因此

$$\eta\|x^*\| \leqslant \max_{c\in C}\langle x^*, x\rangle \leqslant \max_{i=1,\cdots,n}\langle x^*, c_k\rangle + (\eta-\nu)\|x^*\|$$

对任何 $x^* \in K(\eta;C)$ 成立. 则得到所要的不等式

$$\eta\|x^*\| \leqslant \max_{i=1,\cdots,n}\langle x^*, c_k\rangle, \quad \forall\, x^* \in K(\eta;C).$$

下证锥 $K(\eta;C)$ 是弱 * 闭的. 当 $C=\{c\}$ 是单点集时, 根据范数函数 $\|\cdot\|$ 的下半连续性和线性函数 $\langle\cdot, c\rangle$ 在 X^* 的弱 * 拓扑下的连续性直接可得. 因此对任何有限集 $C=\{c_1,\cdots,c_n\}$, $K(\eta;C)$ 是弱 * 闭的, 因为此时 $K(\eta;C)$ 仅是弱 * 闭集的有限并. 为证在一般紧集 C 的情形下 $K(\eta;C)$ 的弱 * 闭性, 取 $x^* \notin K(\eta;C)$, 只要证 $x^* \notin \mathrm{cl}^* K(\eta;C)$. 不失一般性假设 $\|x^*\|=1$. 记 $\rho := \max_{c\in C}\langle x^*, c\rangle$, 由假设得 $\rho<\eta$. 选取充分小的数 $\sigma\in(0,\eta)$, 使得 $\rho+\sigma<\eta$. 由上述结果, 找到 C 中有限个点 $c_1,\cdots,c_n$, 使得

$$K(\eta;C) \subset K(\eta-\sigma; c_1,\cdots,c_n).$$

由于 $K(\eta-\sigma;c_1,\cdots,c_n)$ 是弱 * 闭的, 那么它必含 $\mathrm{cl}^* K(\eta;C)$. 另外,

$$\max_{i\in 1,\cdots,n}\langle x^*, c_i\rangle \leqslant \max_{c\in C}\langle x^*, c\rangle = \rho < \eta-\sigma = (\eta-\sigma)\|x^*\|,$$

因此 $x^* \notin K(\eta-\sigma;c_1,\cdots,c_n)$. 从而有 $x^* \notin \mathrm{cl}^* K(\eta;C)$, 这就证明了 $K(\eta;C)$ 的弱 * 闭性.

接下来证明 $K(\eta;C)$ 是弱 * 局部有界的. 取定 $\widehat{x}^* \in K(\eta;C)$, 选取 C 中有限多个点使得

$$K(\eta;C) \subset K(\eta/2; c_1,\cdots,c_n).$$

给定的点 $\widehat{x}^*$ 一定属于集合

$$U := \{x^* \in X^* \mid \langle x^*, c_i\rangle < 1 + \langle \widehat{x}^*, c_i\rangle, i=1,\cdots,n\},$$

它在 X^* 中是弱 * 开的. 而且, 任意点

$$x^* \in U \cap K(\eta;C) \subset U \cap K(\eta/2; c_1,\cdots,c_n)$$

满足不等式

$$(\eta/2)\|x^*\| \leqslant \max_{i\in 1,\cdots,n}\langle x^*, c_i\rangle < 1 + \max_{i\in 1,\cdots,n}\langle \widehat{x}^*, c_i\rangle.$$

这显然导出 $K(\eta;C)$ 的弱 * 局部有界性.

已在定理 1.26 中证明, 若 C 在 $\bar{x}$ 附近是 CEL 的, 则存在紧集 $C\subset X$ 和正常数 η,ν, 使得

$$\widehat{N}(x;\Omega) \subset K(\eta;C), \quad \forall x \in \Omega \cap (\bar{x}+\nu\mathbb{B}),$$

参见当 $\varepsilon = 0$ 时的 (1.20) 式. 正如在注 1.27(ii) 中讨论的那样, SNC 和 CEL 性质在 WCG Asplund 空间框架下是等价的. 因此为完成定理的证明, 只需建立当 $(M,d) = (\Omega \cap (\bar{x} + \gamma\mathbb{B}), \|\cdot\|_X)$ 和 $F(\cdot) = \widehat{N}(\cdot;\Omega)$ 时下面的断言.

断言 设 $F: M \rightrightarrows X^*$ 是度量空间 (M,d) 和 WCG Banach 空间 X 的拓扑对偶空间之间的集值映射. 在 $M \times X^*$ 赋以 $d\times$ 弱* 拓扑, 并假设存在弱* 闭且弱* 局部有界集合 $K \subset X^*$, 使得

$$F(x) \subset K, \quad \forall x \in M.$$

则 $(\bar{x}, x^*) \in \mathrm{cl\,gph}\, F$ 当且仅当存在 $x_k \to \bar{x}, x_k^* \in F(x_k)(k \to \infty)$ 使得 $x^* = \lim_{k\to\infty} x_k^*$.

为证这个断言, 考虑一个网 $\{(x_\alpha, x_\alpha^*)\}_{\alpha\in\mathcal{A}} \subset M \times X^*$, 使得 $x_\alpha \to \bar{x}, x_\alpha^* \xrightarrow{w^*} x^*$ 且 $x_\alpha^* \in F(x_\alpha), \forall\alpha \in \mathcal{A}$. 由 K 的弱* 闭性和 $F(x) \subset K$, 得 $x^* \in K$. 由 K 的弱* 有界性, 找到一个自然数 m 和 $\{(x_\alpha, x_\alpha^*)\}$ 的一个子网 $\{(x_\beta, x_\beta^*)\}_{\beta\in\mathcal{B}}(\mathcal{B} \subset \mathcal{A})$, 使得 $\|x_\alpha^*\| \leqslant m\ (\forall\beta \in \mathcal{B})$. 根据弱* 收敛序列的有界性由引理 3.58(ii) 易推出, 对 WCG Banach 空间 X 的对偶空间中满足 $S_{k+1} \subset S_k$ 的子集列 $S_k \subset X^*$, 有

$$\bigcup_{m=1}^{\infty} \bigcap_{k=1}^{\infty} \mathrm{cl}^*(S_k \cap m\mathbb{B}^*) = \left\{ \lim_{k\to\infty} x_k^* \mid x_k^* \in S_k, \quad \forall k \in \mathbb{N} \right\},$$

这里 $\lim x_k^*$ 在 X^* 的弱* 拓扑下取得. 现考虑集合序列:

$$S_k := \cup\{F(x) | d(x,\bar{x}) \leqslant 1/k\}, \quad k \in \mathbb{N},$$

注意到 x^* 属于上述最后一个等式左边的集合, 因此也含于右边的集合中. 这就完成了断言以及整个定理的证明. △

由定理 3.60 的证明可得, 如果 Ω 在 $\bar{x}$ 附近是 CEL 的, 基本法锥 $N(\cdot;\Omega)$ 的鲁棒性对任何 WCG Banach 空间中的局部闭集 Ω 成立. 这要用到基本法向量涉及 ε-法向量的极限定义, 以及在一般 Banach 空间中 CEL 集合 ε-法向量公式 (1.20) 式. 一般来说在非 Asplund WCG 空间情形下闭集的 CEL 性质不能由更弱的 SNC 性质替代.

结合定理 3.59 和定理 3.60 中的结果, 如果 X 是一个 WCG Asplund 空间, 有等式

$$N(\bar{x};\Omega) = N_G(\bar{x};\Omega) \ \ (= \widetilde{N}_G^\sigma(\bar{x};\Omega) = \widetilde{N}_G(\bar{x};\Omega))$$

对 SNC 集合成立. 注意到 Ω 的 CEL 和 SNC 性质对 $\mathrm{gph}N(\cdot;\Omega)$ 的局部闭性来说不是必要的. 例如, 当 $\Omega \subset X$ 是单点集时, 除非 X 是有限维的, 它总不是 SNC 的 (参见定理 1.21).

进一步, 注意到 $N(\cdot;\Omega)$ 在 $\bar{x}$ 附近的闭图性质自动蕴涵着基本次微分 $\partial\varphi$ 在 $X \times X^*$ 的范数 $\times$ 弱* 拓扑下的局部闭图性质, 这里要求 φ 在 $\bar{x}$ 附近是连续的 (或

者, 更一般地, 在 Rockafellar 与 Wets[1165, 定义13.28] 意义下是次可微连续的). 然而, 正如 Borwein, Fitzpatrick 与 Girgensohn[144] 所指出的那样, 即使对可分 Hilbert 空间上的正常下半连续凸函数, 在这个拓扑下 $\partial\varphi$ 的闭图性质也可能不成立.

下面的例子表明定理 3.59 中所加的 WCG 条件对 $\partial\varphi(\bar{x})$ 的弱* 闭性和

$$\partial\varphi(\bar{x}) = \partial_G\varphi(\bar{x})(= \widetilde{\partial}_G\varphi(\bar{x}) = \partial_A\varphi(\bar{x}))$$

的成立都是很关键的, 甚至在具有等价 C^∞-光滑范数的 Asplund 空间上局部 Lipschitz 函数的情形也是如此.

例 3.61 (Lipschitz 连续函数基本次微分的非闭性) 存在具有 C^∞-光滑重赋范的 Asplund 空间 X, 连续凹函数 $\varphi : X \to \mathbb{R}$ 和点 $\bar{x} \in X$ 使得 $\partial\varphi(\bar{x})$ 在 X^* 中不是弱* 闭的, 且

$$\partial\varphi(\bar{x}) \neq \partial_G\varphi(\bar{x}) = \widetilde{\partial}_G\varphi(\bar{x}) = \partial_A\varphi(\bar{x}).$$

证明 考虑由在"长"区间 $[0, \omega_1]$ 上所有连续函数 φ 构成的空间 $X := \mathcal{C}[0, \omega_1]$, 其中 ω_1 是第一不可数序数, X 上的范数 $\|\cdot\|$ 是上确界/ 最大值范数. 众所周知, X 是一个具有等价的 C^∞-光滑范数的 Asplund 空间 (参阅文献 [331, 第Ⅶ章]). 对 $x \in C[0, \omega_1]$, 定义 $\varphi(x) := -\|x\|$, 并且注意到这个函数在 X 上是凹的且连续的 (因此是 Lipschitz 的). 利用定理 2.34 和命题 1.87, 以 Fréchet 导数得

$$\partial\varphi(\bar{x}) = \operatorname*{Limsup}_{x\to\bar{x}}\{\nabla\varphi(x)\}, \quad \partial_G\varphi(\bar{x}) = \widetilde{\partial}_G\varphi(\bar{x}) = \partial_A\varphi(\bar{x}) = \overline{\operatorname*{Limsup}_{x\to\bar{x}}}\{\nabla\varphi(x)\}.$$

根据上述 Deville 等的书中例 1.1.6(b), 范数 $\|\cdot\|$ 在 $x \in \mathcal{C}[0, \omega_1]$ 上是 Fréchet 可微的当且仅当存在孤立点 $\omega \in [0, \omega_1]$(即, 不是极限序数), 使得 $|x(\omega)| > |x(t)|$ 对任何 $t \neq \omega$ 成立. 在这种情况下 $\|\cdot\|$ 在 x 的导数是 μ_ω, 即在 ω 的质点质量 (Dirac 测度). 取 $\bar{x} \equiv 1$, 考虑扰动函数

$$x_\nu^\omega(t) := \begin{cases} 1+\nu, & t = \omega, \\ 1, & \text{其他}, \end{cases}$$

这里 $\nu \to 0, \omega$ 是任意非极限序数. 显然有 $x_\nu^\omega \in C[0, \omega_1]$, $\|x_\nu^\omega - \bar{x}\| \to 0(\nu \to 0)$. 因此

$$\partial\varphi(\bar{x}) = \{-\mu_\omega | \omega < \omega_1\} \neq \partial_G\varphi(\bar{x}) = \{-\mu_\omega | \omega \in [0, \omega_1]\},$$

因为 ω_1 不是可数序数序列的极限, 而其他的 $\omega \in [0, \omega_1]$ 是非极限序数序列的极限. △

要强调的是, 本书中序列变分分析及其应用一般来说并不要求基本法锥和次微分的鲁棒性/闭性.

3.2.4 Lipschitz 映射的图正则性

对次微分分析和上导数的标量化, 本节研究其中的某些结果在图生成集合的法向量及 Lipschitz 映射图正则性研究中的一些应用. 特别地, 将证明无限维空间中 Lipschitz 图 Clarke 法锥的子空间性质, 并且建立 Lipschitz 映射的图正则性和某些特殊种类的可微性之间的关系. 下面定义的“弱可微性”和“严格–弱可微性”等新概念对映到无限维空间里面的映射来说甚至可能弱于经典的 Gâteaux 可微性.

下面从凸化法锥的子空间性质开始. 给定 Banach 空间的子集 $\Omega \subset X$, 考虑 Ω 在 $\bar{x}$ 的基本法锥 $N(\bar{x};\Omega)$, 定义它的 ω^*-闭凸化为

$$\overline{N}(\bar{x};\Omega) := \mathrm{cl}^*\mathrm{co}N(\bar{x};\Omega), \quad \bar{x} \in \Omega. \tag{3.64}$$

根据定理 3.57, 如果 Ω 在 $\bar{x}$ 附近是局部闭的且 X 是 Asplund 的, 凸化法锥 (3.64) 简化为 Clarke 法锥 (2.72). 下面的定理建立了严格 Lipschitz 映射 $f: X \to Y$ 图的凸化法锥的子空间性质和有效域所在空间 X 的 Asplund 性质之间的等价性.

定理 3.62 (凸化法锥的子空间性质)　设 X 和 Y 是 Banach 空间. 以下性质等价:

(a) 对每个在某点 $\bar{x} \in X$ 是 ω^*-严格 Lipschitz 的映射 $f: X \to Y$, 凸化法锥 $\overline{N}((\bar{x}, f(\bar{x}));\mathrm{gph}f)$ 是 $X^* \times Y^*$ 的线性子空间;

(b) 空间 X 是 Asplund 的.

证明　先证 (b)⇒(a), 这里利用定理 3.28 中的标量化公式、局部 Lipschitz 函数的基本与 Clarke 次梯度之间的关系 (3.58) 以及 Clarke 次梯度结构的对称性质 (2.71). 由此, 任取 $(x^*, -y^*) \in N((\bar{x}, f(\bar{x}));\mathrm{gph}f)$, 得

$$\begin{aligned} x^* &\in D_N^*f(\bar{x})(y^*) \subset \partial\langle y^*, f\rangle(\bar{x}) \subset \partial_C\langle y^*, f\rangle(\bar{x}) = -\partial_C\langle -y^*, f\rangle(\bar{x}) \\ &= -\mathrm{cl}^*\mathrm{co}\partial\langle -y^*, f\rangle(\bar{x}) \subset -\mathrm{cl}^*\mathrm{co}D_N^*f(\bar{x})(y^*). \end{aligned}$$

因此有

$$-N((\bar{x}, f(\bar{x}));\mathrm{gph}f) \subset \mathrm{cl}^*\mathrm{co}N((\bar{x}, f(\bar{x}));\mathrm{gph}f).$$

这就证明了凸化锥 $\overline{N}((\bar{x}, f(\bar{x}));\mathrm{gph}f)$ 确实是 $X^* \times Y^*$ 的线性子空间.

为证 (a)⇒(b), 考虑 X 上在 $\bar{x} \in X$ 附近连续的任意凸函数 ψ. 给定 Y, 把它表为 $Y = \mathbb{R} \times Y_1$, 其中 Y_1 是 Y 的子空间, 并定义 Lipschitz 映射 $f: X \to Y$ 为 $f(x) := (\psi(x), 0)$. 则显然 f 在 $\bar{x}$ 是严格 Lipschitz 的, 因此 $\overline{N}((\bar{x}, f(\bar{x}));\mathrm{gph}f)$ 是 $X^* \times Y^*$ 的线性子空间. 由于

$$\mathrm{gph}f = \mathrm{gph}\psi \times \{0\}, \quad N((\bar{x}, f(\bar{x}));\mathrm{gph}f) = N((\bar{x}, \psi(\bar{x}));\mathrm{gph}\psi) \times Y_1^*,$$

所以 $\overline{N}((\bar{x}, \psi(\bar{x}));\mathrm{gph}\psi)$ 是 $X^* \times \mathbb{R}$ 的子空间. 又由 ψ 的凸性和连续性, 有 $\partial\psi(\bar{x}) \neq \varnothing$ 和

$$N((\bar{x}, \psi(\bar{x}));\mathrm{gph}\psi) = \{(x^*, -\lambda) | x^* \in \partial(\lambda\psi)(\bar{x}), \quad \lambda \in \mathbb{R}\}$$

(此式对任何局部 Lipschitz 函数成立). 因此 $\partial(-\psi)(\bar{x})\neq\varnothing$, 否则与 $\overline{N}((\bar{x},\psi(\bar{x}));\mathrm{gph}\psi)$ 的子空间性质矛盾. 由于 ψ 是任意选取的, 所以对任何 $\bar{x}$ 连续凹函数 φ 满足 $\partial\varphi(\bar{x})\neq\varnothing$. 根据基本次微分的极限表达式 (1.55), 这保证集合 $\{x\in X\mid\widehat{\partial}_\varepsilon\varphi(x)\neq\varnothing\}$ 在 X 中是稠密的, 由命题 2.18 它蕴涵着 X 的 Asplund 性质. △

接下来建立 Banach 空间中 Lipschitz 映射的图正则性和可微性之间的关系. 除了有限维外, 还需要新的可微性概念, 这些概念可能不同于经典的相对于某个生成族映射的可微性和严格可微性. 下面首先相对于注 2.11 中所讨论的任意生成族 β 来定义这些概念. 实际上下面主要应用三个生成族: Fréchet($\beta=\mathcal{F}$), Hadamard($\beta=\mathcal{H}$) 和 Gâteaux($\beta=\mathcal{G}$).

给定 X 上的生成族 β, 可知映射 $f:X\to Y$ 在 $\bar{x}$ 是严格 β-可微的, 如果存在有界线性算子 $A:X\to Y$, 使得

$$\lim_{\substack{x\to\bar{x}\\ t\downarrow 0}}\left\|\frac{f(x+tv)-f(x)}{t}-Av\right\|=0,\quad\forall v\in X,\tag{3.65}$$

其中, 收敛相对于属于 β 的任何集合中的 v 是一致的. 在 (3.65) 式中当 $x=\bar{x}$ 时, f 称为在 $\bar{x}$ 是 β-可微的. 在前文中主要考虑 Fréchet 意义下的可微性和严格可微性, 但定理 3.54 涉及了 Hadamard 意义下的严格可微性. 简化起见, 在不致引起混淆的情况下对所考虑的所有导数将使用相同的记号 $\nabla f(\bar{x})=A$.

定义 3.63 (弱和严格弱可微性) 设 $f:X\to Y$ 是 Banach 空间之间的一个映射, β 是 X 上的一个生成族, 则:

(i) f 在 $\bar{x}$ 是"严格弱 β-可微"(简记为 $sw\beta$-可微) 的, 如果对任意 $y^*\in Y^*$, 标量化函数 $\langle y^*,f\rangle$ 在 $\bar{x}$ 是严格 β-可微的. 称 f 在 $\bar{x}$ 有 $sw\beta$-导数, 如果存在有界线性算子 $A:X\to Y$, 使得

$$\lim_{\substack{x\to\bar{x}\\ t\downarrow 0}}\left\langle y^*,\frac{f(x+tv)-f(x)}{t}-Av\right\rangle=0,\quad\forall v\in X,\ y^*\in Y^*,\tag{3.66}$$

其中收敛相对于属于 β 的任何集合中的 v 是一致的.

(ii) f 在 $\bar{x}$ 是弱 β-可微 (简记为 $w\beta$-可微) 的, 如果对任意 $y^*\in Y^*$, $\langle y^*,f\rangle$ 在 $\bar{x}$ 是 β-可微的. 如果当 $x=\bar{x}$ 时 (3.66) 式成立, 那么算子 A 称为 f 在 $\bar{x}$ 的 $w\beta$-导数.

这些术语来自于这样一个事实: (3.66) 式中由 Y 上的弱收敛代替了 (3.65) 式中的范数收敛. 注意到 $w\beta$-导数和 $sw\beta$-导数如果存在那么必唯一, 但是, f 在 $\bar{x}$ 的 $w\beta$-和 $sw\beta$-可微性不自动蕴涵相应导数的存在性. 由定义可直接验证在下面两种情形下上面的可微性和导数的存在性的确是一致的:

(a) Y 是自反的, 而且 f 在 $\bar{x}$ 是 Lipschitz 连续的;

(b) f 在 $\bar{x}$ 是弱方向可微的, 即极限

$$\lim_{t\downarrow 0}\left\langle y^*,\frac{f(\bar{x}+tv)-f(\bar{x})}{t}\right\rangle$$

对任意 $y^*\in Y^*, v\in X$ 存在. 特别地, 当 f 在 $\bar{x}$ 是 Gâteaux 可微时, 这是成立的.

(3.65) 式和定义 3.63 中相应的可微性概念在 $\dim Y<\infty$ 时显然是一样的. 下面的例子说明在无限维的情形则不然: Lipschitz 映射相对于最强的 Fréchet 生成族可能是严格弱可微的, 但不是 Gâteaux 可微的.

例 3.64 (弱 Fréchet 可微性与 Gǎteaux 可微性) 存在在 $\bar{x}=0$ 是严格弱 Fréchet 可微的 Lipschitz 连续映射 $f:\mathbb{R}\to\ell^2$, 它在该点没有经典的 Gâteaux 导数.

证明 令 $\varphi:\mathbb{R}\to\mathbb{R}$ 是 $\mathcal{C}^\infty$-光滑函数且不为常数, 设 $\operatorname{supp}\varphi\subset(0,1)$, φ 和 $\nabla\varphi$ 都以 $\alpha>0$ 为界. 考虑 Hilbert 空间 ℓ^2 中的完备正交基 $\{e_1,e_2,\cdots\}$, 并定义函数

$$f(x):=\sum_{k=1}^{\infty}\varphi_k(x)e_k,\quad 其中\ \varphi_k(x):=\frac{\varphi(2^kx-1)}{2^k},\quad x\in\mathbb{R}.$$

则对任意 $k,j\in\mathbb{N}$ 且 $k\neq j$, 有 $(\operatorname{supp}\varphi_k)\cap(\operatorname{supp}\varphi_j)=\varnothing$. 因此对任意 $x\in\mathbb{R}$, 得 $\varphi_k(x)\neq 0$ 对至多一个 $k\in\mathbb{N}$ 成立. 这蕴涵着 f 在 $\mathbb{R}$ 上的 Lipschitz 连续性. 现在定义

$$\psi(x):=\langle y^*,f\rangle(x)=\sum_{k=1}^{\infty}y_k\varphi_k(x),\quad y^*\in\ell^2,$$

这里 $y_k\in\mathbb{R}$ 由表达式 $y^*=\sum y_ke_k$ 唯一确定. 于是有关系式

$$|\psi(x_1)-\psi(x_2)|=|y_{k_1}\varphi_{k_1}(x_1)-y_{k_2}\varphi_{k_2}(x_2)|\leqslant(|y_{k_1}|+|y_{k_2}|)\alpha|x_1-x_2|,$$

其中 $k_i\geqslant\log_2\eta^{-1}$, 如果 $|x_i|<\eta, i=1,2$. 从而有 $\psi(x_1)-\psi(x_2)=o(|x_1-x_2|)$ 当 $x_1,x_2\to 0$ 时, 这就证明了 f 在 $\bar{x}=0$ 的严格弱 Fréchet 可微性. 如果假设在该点 f 是 Gâteaux 可微的, 那么显然 Gâteaux 导数有 $\nabla f(0)=0$. 由于 $\varphi\neq$ 常数, 找到 $x_0\in(0,1)$, $\varphi(x_0)\neq 0$, 且令 $x_k=2^{-k}x_0+2^{-k}$. 则 $x_k\to 0\ (k\to\infty)$, 且

$$\frac{\|f(x_k)-f(0)\|}{x_k}=\frac{\|\varphi_k(x_k)e_k\|}{x_k}=\frac{\varphi(x_0)}{x_0+1},\quad\forall k\in\mathbb{N},$$

这与 f 在 $\bar{x}=0$ 的 Gâteaux 可微性矛盾. △

尽管定义 3.63 中的可微性可能弱于 (3.65) 式中的经典概念, 但是它们仍然蕴涵着 Hadamard 和更强生成族情形下映射连续性 (Lipschitz 连续性) 的线性率.

命题 3.65 (弱可微映射的 Lipschitz 性质) 对 $\beta\geqslant\mathcal{H}$ 下列结论成立:

(i) 如果 f 在 $\bar{x}$ 是 $w\beta$-可微的, 那么存在 $\bar{x}$ 的一个邻域 U 和常数 $\ell>0$, 使得 $\|f(x)-f(\bar{x})\|\leqslant\ell\|x-\bar{x}\|$ 对任意 $x\in U$ 成立;

(ii) 如果 f 在 $\bar{x}$ 是严格 $w\beta$-可微的, 那么它在 $\bar{x}$ 附近是 Lipschitz 连续的.

证明 只需证明当 $\beta=\mathcal{H}$ 时 (i) 成立; (ii) 的证明是类似的. 假设 (i) 的结论不成立, 则存在 x_k 使得

$$\|x_k-\bar{x}\|\leqslant k^{-1},\quad\|f(x_k)-f(\bar{x})\|>k\|x_k-\bar{x}\|,\quad\forall\,k\in\mathbb{N}.$$

令 $t_k := \sqrt{k}\|x_k - \bar{x}\|, v_k := (x_k - \bar{x})/t_k$, 有 $\|v_k\| = 1/\sqrt{k}, x_k = \bar{x} + t_k v_k$, 且 $t_k \downarrow 0 (k \to \infty)$. 现考虑紧集 $V := \{v_k | k \in \mathbb{N}\} \cup \{0\}$, 并且利用 f 在 $\bar{x}$ 的 $w\mathcal{H}$-可微性. 对任意 $y^* \in Y^*, \varepsilon > 0$ 和充分大的 $k \in \mathbb{N}$, 有

$$\left|\left\langle y^*, \frac{f(\bar{x}+t_k v) - f(\bar{x})}{t_k}\right\rangle - [\nabla\langle y^*, f\rangle(\bar{x})]v\right| \leqslant \varepsilon, \quad \forall v \in V,$$

其中 $\nabla\langle y^*, f\rangle$ 表示 Hadamard 导数. 这蕴涵着

$$\left|\left\langle y^*, \frac{f(\bar{x}+t_k v_k) - f(\bar{x})}{t_k}\right\rangle\right| \leqslant \|\nabla\langle y^*, f\rangle(\bar{x})\| \cdot \|v_k\| + \varepsilon.$$

因此序列 $\{(f(\bar{x}+t_k v_k) - f(\bar{x}))/t_k\}$ 弱收敛于 0, 从而由一致有界原理知该序列是有界的. 另一方面, $\|f(\bar{x}+t_k v_k) - f(\bar{x})/t_k\| \geqslant \sqrt{k} \to \infty (k \to \infty)$. 矛盾. △

下面建立 Asplund 空间上的 Lipschitz 映射的混合和基本上导数的单值性与其严格 $w\mathcal{H}$-可微性之间的密切关系.

定理 3.66 (上导数的单值性和严格弱可微性) 设 $f : X \to Y$, 其中 X 是 Asplund 空间, Y 是 Banach 空间. 下列结论成立:

(i) 如果 f 在 $\bar{x}$ 是严格 $w\mathcal{H}$-可微的, 那么 $D^*_M f(\bar{x})$ 是单值有界线性算子且满足

$$D^*_M f(\bar{x})(y^*) = \{\nabla y^*, f\rangle(\bar{x})\}, \quad y^* \in Y^*, \tag{3.67}$$

其中 ∇ 表示严格 Hadamard 导数. 而且, 如果 f 遵守定义 3.25(ii) 中的序列收敛条件, 那么 $D^*_N f(\bar{x})$ 也是满足 (3.67) 式的单值有界线性算子.

(ii) 反之, 如果 f 在 $\bar{x}$ 附近是 Lipschitz 连续的, $D^*_M f(\bar{x})$ 是单值的, 那么 f 在 $\bar{x}$ 是严格 $w\mathcal{H}$-可微的且 (3.67) 式成立. 对 $D^*_N f(\bar{x})$ 的情形相同的结论成立.

证明 先证 (i) 中 $D^*_M f(\bar{x})$ 的情形. 首先, 由命题 3.65(ii) 知 f 在 $\bar{x}$ 附近是 Lipschitz 连续的. 因此, 根据定理 1.90, 有 $D^*_M f(\bar{x})(y^*) = \partial\langle y^*, f\rangle(\bar{x})$ 对任意 $y^* \in Y^*$ 成立. 利用定理 3.45, 如果 $\langle y^*, f\rangle$ 是严格 Hadamard 可微的, X 是 Asplund 的, 得 $\partial\langle y^*, f\rangle(\bar{x}) = \{\nabla\langle y^*, f\rangle(\bar{x})\}$. 这蕴涵着 (3.67) 式. 易见根据 f 的 Lipschitz 连续性 (3.67) 式中右边的算子是线性和有界的. 因此 (i) 对 $D^*_M f(\bar{x})$ 的情形成立. 进一步, 如果 f 满足所提到的序列收敛条件, 那么 f 在定义 3.25(ii) 的意义下是 w^*-严格 Lipschitz 的. 因此根据定理 3.28, 有 $D^*_N f(\bar{x}) = D^*_M f(\bar{x})$, 这就完成了 (i) 的证明.

对 (ii) 中 $D^*_M f(\bar{x})$ 的情形, 注意到在所给的假设下根据混合上导数的标量化公式有 $\partial\langle y^*, f\rangle(\bar{x})$ 是单点集 (参见定理 1.90). 再利用定理 3.54 (用另一个方向), 得 $\langle y^*, f\rangle$ 在 $\bar{x}$ 是严格 Hadamard 可微的. 因此 f 在该点是严格 $w\mathcal{H}$-可微的, 并且由上述可得 (3.67) 式.

最后, 假设 $D^*_N f(\bar{x})$ 是单值的. 则由于 X 是 Asplund 的, 有

$$D^*_N f(\bar{x})(y^*) = D^*_M f(\bar{x})(y^*) \neq \varnothing, \quad \forall y^* \in Y^*.$$

这样回到 $D^*_M f(\bar{x})$ 的情形, 从而完成了定理的证明. △

注意到, 若 f 在 $\bar{x}$ 是严格 Gâteaux 可微的, 则定理 3.66(i) 中的序列收敛条件自动成立. 然而, 一般来说, f 在 $\bar{x}$ 的严格 $w\mathcal{H}$-可微性 (甚至严格 $w\mathcal{F}$-可微性) 并不蕴涵着这个收敛条件, 因此它也不蕴涵着 f 在 $\bar{x}$ 附近的 w^*-严格 Lipschitz 性质. 为说明这一点考虑例 3.64 中的函数 $f:\mathbb{R}\to\ell^2$. 取 $t_k:=2^{-k}, v:=x_0+1$, 且 $\varphi(x_0)\neq 0$, 有 $y_k:=[f(0+t_kv)-f(0)]/t_k=\varphi_k(x_0)e_k$. 因此 $\langle e_k,y_k\rangle=\varphi(x_0)\nrightarrow 0$ 而 $e_k\xrightarrow{w}0(k\to\infty)$.

推论 3.67 (子空间性质和严格 Hadamard 可微性)　设 X 是 Asplund 的, $f:X\to\mathbb{R}^m$ 在 $\bar{x}$ 附近是 Lipschitz 连续的, 则下列性质等价:

(a) $\operatorname{gph}f$ 在 $(\bar{x},f(\bar{x}))$ 的 Clarke 法锥是 m 维线性子空间;

(b) 基本法锥 $N((\bar{x},f(\bar{x}));\operatorname{gph}f)$ 是 m 维线性子空间;

(c) f 在 $\bar{x}$ 是严格 Hadamard 可微的.

证明　等价性 (b)⇔(c) 由定理 3.66 根据任何有界线性算子的图与有效域空间同构事实可得. 等价性 (a)⇔(b) 由定理 3.57 可得. △

下面建立定义 1.36 中的 Lipschitz 映射的图正则性与上面所引入的弱可微性的关系.

定理 3.68 (图正则性和弱可微性的关系)　设 $f:X\to Y$, 其中 X 是 Asplund 的, Y 是 Banach 的, 则下列结论成立:

(i) 假设 f 在 $\bar{x}$ 不但是 $w\mathcal{F}$-可微的, 而且是严格 $w\mathcal{H}$-可微的. 则 f 在该点是 M-正则的. 而且, 如果 f 遵守定义 3.25(ii) 中的序列收敛条件, 则 f 在 $\bar{x}$ 也是 N-正则的.

(ii) 反之, 如果 f 在 $\bar{x}$ 附近是 Lipschitz 连续的, f 在 $\bar{x}$ 的 M-正则性 (从而 N-正则性) 蕴涵着它在该点的 $w\mathcal{F}$-可微性和严格 $w\mathcal{H}$-可微性.

证明　为证 (i), 只需证 M-正则性的情形. 它蕴涵着 N-正则性的情形, 由于在所给的额外假设下有 $D^*_N f(\bar{x})=D^*_M f(\bar{x})$(参见定理 3.66 的证明). 如果 f 在 $\bar{x}$ 是严格 $w\mathcal{H}$-可微的, 那么它在 $\bar{x}$ 附近是 Lipschitz 连续的, 并且根据定理 3.66(i), 得 (3.67) 式成立, 其中 ∇ 表示 $\langle y^*,f\rangle$ 在 $\bar{x}$ 的严格 Hadamard 导数. 在定理的 $w\mathcal{F}$-可微性假设下它与 $\langle y^*,f\rangle$ 在 $\bar{x}$ 的 Fréchet 导数相同. 另外, 当 f 在 $\bar{x}$ 是 $w\mathcal{F}$-可微时有 $\widehat{\partial}\langle y^*,f\rangle(\bar{x})=\{\nabla\langle y^*,f\rangle(\bar{x})\}$. 利用定理 1.90 中混合上导数的标量化公式和关于 Fréchet 上导数的简单公式 (3.37), 得

$$D^*_M f(\bar{x})(y^*)=\partial\langle y^*,f\rangle(\bar{x})=\widehat{\partial}\langle y^*,f\rangle(\bar{x})=\widehat{D}^*f(\bar{x})(y^*),\quad \forall\, y^*\in Y^*,$$

这就证明了 f 在 $\bar{x}$ 的 M-正则性.

为证 (ii), 首先看到对任意 $y^*\in Y^*,\partial\langle y^*,f\rangle(\bar{x})\neq\varnothing$, 这是由于 f 是局部 Lipschitz 的, X 是 Asplund 的 (参见推论 2.25). 设 $x^*\in\partial\langle y^*,f\rangle(\bar{x})$, 则 $x^*\in$

$D_M^*f(\bar{x})(y^*)$. 因此由所假设的 M-正则性有 $(x^*,-y^*)\in\widehat{N}((\bar{x},f(\bar{x}));\mathrm{gph}f)$. 利用上面的标量化形式, 有

$$\widehat{\partial}\langle y^*,f\rangle(\bar{x})=\partial\langle y^*,f\rangle(\bar{x})\neq\varnothing,\quad\forall\, y^*\in Y^*,$$

由命题 1.87 上式蕴涵着 $\langle y^*,f\rangle$ 在 $\bar{x}$ 的 Fréchet 可微性. 因此由定理 3.54 得 $\partial\langle y^*,f\rangle(\bar{x})$ 是单点集, 而且 $\langle y^*,f\rangle$ 在 $\bar{x}$ 是严格 Hadamard 可微的. 这就证明了 f 在 $\bar{x}$ 的 $w\mathcal{H}$-可微性, 从而完成了定理的证明. △

推论 3.69 (映入有限维空间中的 Lipschitz 映射的图正则性) 设 X 是 Asplund 的, $f:X\to\mathbb{R}^m$ 在 $\bar{x}$ 附近是 Lipschitz 连续的, 则以下结论等价:

(a) f 在 $\bar{x}$ 是图正则的;

(b) f 在 $\bar{x}$ 同时是 Fréchet 可微及严格 Hadamard 可微的.

证明 当 $Y=\mathbb{R}^m$ 时, 在定义 1.36 中只有图正则性一个概念, 所考虑的弱可微性概念简化为标准可微性概念. 因此, 在这种情形下想要的等价关系 (a)⇔(b) 由定理 3.68 直接可得. △

如果 X 是有限维的, 那么 Fréchet 可微性和 Hadamard 可微性没有差别. 在这种情形下推论 3.69 就是定理 1.46 证明中所用的断言.

注 3.70 (关于一般拓扑的子空间性质和图正则性) 混合和基本上导数的标量化公式在定理 3.62, 3.66 和 3.68 的证明中起着极其重要的作用. 在注 3.31 中所描述的广义标量化结果的基础之上, 这些定理能推广到任意拓扑 $w^*\leqslant\tau\leqslant\tau_{\|\cdot\|}$ 的情形. 关于映射 $f:X\to Y$ 的定理 3.62(a), 3.66(i) 和定理 3.68(i) 中性质的相应推广需要定义 3.25(ii) 中用 τ_{Y^*} 替代 w^* 时序列收敛条件的 τ_{Y^*}-版本. 这个 τ_{Y^*}-收敛条件当 $\tau_{Y^*}=\tau_{\|\cdot\|}$ 时自动满足; 而当 $\tau_{Y^*}=w^*$ 时, 它简化为上面定理中所用的序列收敛条件 (参阅文献 [965]).

尽管这一小节的结果只涉及单值映射, 但是它们能用于集合和由单值 Lipschitz 映射的图通过光滑变换生成的集值映射的研究. 这个方向的一些定义、讨论和结果已在 1.2.2 小节的结尾给出, 那里的证明是基于有限维的. 现在在半 Lipschitz 集合的情形下得到这些结果无限维的情形, 像定义 1.45 中的那样, 被应用到集值映射的图.

定义 3.71 (半 Lipschitz 和半光滑集合) 设 Ω 是 Banach 空间 Z 的子集, $\mathcal{B}$ 表示某个可微性概念 (例如, $\mathcal{B}=\beta,w\beta,sw\beta$), 则:

(i) Ω 在 $\bar{z}\in\Omega$ 附近是半 Lipschitz 的, 如果存在 Banach 空间之间的单值映射 $f:X\to Y$ 和 $g:Z\to X\times Y$ 使得 $g(\bar{z})=(\bar{x},f(\bar{x}))$, g 在 $\bar{z}$ 是严格 Fréchet 可微的且具有满射导数, f 在 $\bar{x}$ 附近是 Lipschitz 连续的, 而且对 $\bar{z}$ 的某个邻域 U 和 $g(\bar{z})$ 的邻域 V 有

$$\Omega\cap U=g^{-1}(V\cap\mathrm{gph}f).$$

称 Ω 在 $\bar{z}$ 是严格半 Lipschitz 的, 如果 f 在 $\bar{x}$ 是 w^*-严格 Lipschitz 的;

(ii) Ω 在 $\bar{z}$ 是 $\mathcal{B}$-半光滑的, 如果它在该点附近是半 Lipschitz 的, 而且 f 可选为在 $\bar{x}$ 是 $\mathcal{B}$-可微的.

在定义 3.71(i) 中若 $\nabla g(\bar{z})$ 是可逆的, 则 Ω 在 $\bar{x}$ 附近是 Lipschitz 的. 这对应于有限维中 Rockafellar[1153] 意义下的"Lipschitz 流形"的概念, 其中 g 被假设为是局部 $\mathcal{C}^1$ 的, 且具有非奇异的 Jacobi 矩阵. 此时 $\mathcal{B}$-光滑集合的概念用类似的方法定义.

定理 3.72 (半 Lipschitz 集合的性质)　设 $\Omega \subset Z$ 在 $\bar{z}$ 是严格半 Lipschitz 的, 这里定义 3.71(i) 中的空间 X 可被选为 Asplund 的. 则下列结论成立:

(i) Ω 在 $\bar{z}$ 的凸化法锥 (3.64)(特别地, 若 Ω 在 $\bar{z}$ 附近是局部闭的, Z 是 Asplund 空间时, 此即 Clarke 法锥) 是对偶空间 Z^* 的线性子空间.

(ii) Ω 在 $\bar{z}$ 是法向正则的当且仅当它在 $\bar{z}$ 同时是 $w\mathcal{F}$-光滑和严格 $w\mathcal{H}$-光滑的, 即定义 3.71(ii) 中的 f 在 $\bar{x}$ 有这两个性质.

证明　根据定理 1.17, 如果 g 在 $\bar{z}$ 是严格 Fréchet 可微的且具有满射导数, 有

$$N(\bar{z};\Omega) = \nabla g(\bar{z})^* N((\bar{x}, f(\bar{x})); \mathrm{gph} f).$$

由定理 3.62 这就证明了 (i). 为证 (ii), 注意到根据定理 1.19, Ω 在 $\bar{z}$ 的法向正则性等价于 f 在 $\bar{x}$ 的 N-法向正则性. 于是 (ii) 由定理 3.68 可得.　△

就有限维而言, f 在 $\bar{x}$ 同时具有 $w\mathcal{F}$-可微性和严格 $w\mathcal{H}$-可微性简化为 f 在该点的严格 Fréchet 可微性. 因此定理 3.71(ii) 给出了定理 1.46(i) 中相应结果的无限维推广. 定理 1.46(i) 的证明不同于上面所给的证明 (包括定理 3.68 的证明). 类似地, 能得到定理 1.46(ii) 关于 Lipschitz 集合和图 Lipschitz 映射的法向正则性和 $\mathcal{B}$-光滑性之间关系的无限维推广.

3.2.5　二阶次微分分析法则

这一小节继续发展始于 1.3.5 小节的一般 Banach 空间框架下二阶次微分分析法则. 在通过把上导数分析法则应用到一阶次梯度的等式型和与链式法则, 这里用同样的方式得到了二阶次微分的和与链式法则. 和以前的研究相比, 这一小节假设所研究的一些空间是 Asplund 的. 这允许利用上面所得的在 Asplund 空间框架下推广的一阶分析法则. 对下面考虑的函数 $\varphi: X \to \overline{\mathbb{R}}$, 只需要其次微分的图 $\mathrm{gph}\partial\varphi$ 在 $X \times X^*$ 的范数 × 范数拓扑下范数闭性. 这本质上弱于 3.2.3 小节给出的 $X \times X^*$ 的范数 × 弱* 拓扑下 $\partial\varphi$ 的闭图性假设 (参见定理 3.60 及证明后面的讨论). 易见 $\partial\varphi$ 的范数 × 范数闭图性类似于有限维中的图闭性, 包括连续函数在内, 这对正常凸 l.s.c. 函数 φ 和与光滑映射 $f: X \to Y$ 的复合 $\varphi \circ f$ 成立, 特别地, 对重要的顺从函数类成立 (见下文). 另外, 下文中的光滑性和严格可微性按 Fréchet 意义理解.

这一小节的许多结果要求所论空间及其对偶都具有 Asplund 性质. 这样空间的主要来源是自反 Banach 空间. 另外, 甚至有可分空间 X 的有趣例子, 它们是非自反的, 但是和 X^* 一起是 Asplund 的. 这里提一下著名的长 James 空间, 它自然嵌入其二次对偶时具余维数 1, 但同时又与其二次对偶等距同构. 其他的例子、讨论和参考文献可在 Bourgin 的书[169] 中找到.

和以前一样, 从和法则开始. 这里给出三个版本, 其中涉及增广实值函数的定义空间及对偶都是 Asplund 的. 所考虑的所有函数在参考点假设为正常的和有限的.

定理 3.73 (二阶次微分和法则) 令 $\varphi_i : X \to \overline{\mathbb{R}}(i=1,2)$, 且 $\bar{y} \in \partial(\varphi_1+\varphi_2)(\bar{x})$, 设 X 和 X^* 都是 Asplund 的. 则下列断言对基本 ($\partial^2 = \partial^2_N$) 和混合 ($\partial^2 = \partial^2_M$) 二阶次微分都成立:

(i) 假设 $\varphi_1 \in \mathcal{C}^1$ 且 $\bar{y}_1 := \nabla\varphi_1(\bar{x})$, $\partial\varphi_2$ 的图在 $(\bar{x},\bar{y}_2)$ 附近是范数闭的, 其中 $\bar{y}_2 := \bar{y} - \bar{y}_1$. 还假设在 $\bar{x}$ 附近 $\varphi_1 \in \mathcal{C}^{1,1}$ 或者 $\partial\varphi_2$ 在 $(\bar{x},\bar{y}_2)$ 是 PSNC 的, 而且

$$\partial^2_M\varphi_1(\bar{x},\bar{y}_1)(0) \cap (-\partial^2_M\varphi_2(\bar{x},\bar{y}_2)(0)) = \{0\}. \tag{3.68}$$

则 $\forall\, u \in X^{**}$, 有

$$\partial^2(\varphi_1+\varphi_2)(\bar{x},\bar{y})(u) \subset \partial^2\varphi_1(\bar{x},\bar{y}_1)(u) + \partial^2\varphi_2(\bar{x},\bar{y}_2)(u). \tag{3.69}$$

(ii) 设 φ_i 在 $\bar{x}$ 附近都是 l.s.c. 的, 设 $S : X \times X^* \rightrightarrows X^* \times X^*$ 定义为

$$S(x,y) := \{(y_1,y_2) \in X^* \times X^* \mid y_1 \in \partial\varphi_1(x), y_2 \in \partial\varphi_2(x), y_1+y_2 = y\},$$

且满足对给定的 $(\bar{y}_1,\bar{y}_2) \in S(\bar{x},\bar{y})$, 其在 $(\bar{x},\bar{y},\bar{y}_1,\bar{y}_2)$ 是内半连续的. 设每个 $\partial\varphi_i$ 的图在 $(\bar{x},\bar{y}_i)$ 附近是范数闭的, 假设 $\partial\varphi_i$ 其中之一在 $(\bar{x},\bar{y}_i)$ 是 PSNC 的, 而且规范条件 (3.68) 满足. 还假设存在 $\bar{x}$ 的一邻域 U, 使得

$$\partial^\infty\varphi_1(x) \cap (-\partial^\infty\varphi_2(x)) = \{0\}, \quad \forall\, x \in U,$$

假设其中一个 φ_i 在任意 $x \in U$ 处是 SNEC 的 (当其中一个 φ_i 在 $\bar{x}$ 附近是 Lipschitz 连续时所有假设均满足), 且每个 φ_i 在任意 $x \in U$ 是下正则的. 则对 $u \in X^{**}$ 和法则 (3.69) 成立.

(iii) 假设上面的集值映射 S 在 $(\bar{x},\bar{y})$ 是内半紧的, $\partial\varphi_i$ 的图在 $\bar{x}$ 附近的任何 x 处是范数闭的, 而且对任何 $(\bar{y}_1,\bar{y}_2) \in S(\bar{x},\bar{y})$, (ii) 中的其他假设都成立. 则 $\forall\, u \in X^{**}$, 有

$$\partial^2(\varphi_1+\varphi_2)(\bar{x},\bar{y})(u) \subset \bigcup_{(\bar{y}_1,\bar{y}_2)\in S(\bar{x},\bar{y})} [\partial^2\varphi_1(\bar{x},\bar{y}_1)(u) + \partial^2\varphi_2(\bar{x},\bar{y}_2)(u)].$$

证明 为证 (i), 利用源于命题 1.107(ii) 的在 $\bar{x}$ 的某邻域 U 内成立的一阶等式

$$\partial(\varphi_1+\varphi_2)(x) = \nabla\varphi_1(x) + \partial\varphi_2(x), \quad \forall\, x \in U.$$

由于 X 和 X^* 都是 Asplund 的, 将定理 3.10(i) 中的上导数和法则当 $F_1 := \nabla\varphi_1$, $F_2 := \partial\varphi_2$ 时运用于此等式就得 (i) 中的二阶和式法则. 用同样的方法, 应用定理 3.10(i, ii) 于在所给假设下根据定理 3.36 成立的一阶次微分等式

$$\partial(\varphi_1+\varphi_2)(x) = \partial\varphi_1(x) + \partial\varphi_2(x), \quad \forall\, x \in U,$$

即可证明 (ii) 和 (iii) 中的二阶和法则. △

下面在 Asplund 空间框架下得到复合 $(\varphi\circ g)(x) = \varphi(g(x))$ 的二阶次微分链式法则, 与定理 1.127 相比, 下面的定理不要求 $\nabla g(\bar{x})$ 的满射性, 而在一阶和二阶规范条件下对外函数 φ 添加更多的假设.

定理 3.74 (具有光滑内映射的二阶链式法则)　考虑函数 $\varphi : Z \to \overline{\mathbb{R}}$ 和映射 $g : X \to Z$ 的复合 $\varphi\circ g$, 这里空间 Z, Z^* 和 X 都是 Asplund 的. 假设在某 $\bar{x}$ 附近 $g \in \mathcal{C}^1$ 且导数 ∇g 在该点是严格可微的, φ 是 l.s.c. 的, 在 $\bar{z} := g(\bar{x})$ 附近是下正则的, 逆映射 g^{-1} 在 $(\bar{z},\bar{x})$ 是 PSNC 的. 还假设 φ 在 $\bar{z}$ 附近是 SNEC 的, 及一阶规范条件

$$\partial^\infty\varphi(g(x)) \cap \ker\nabla g(x)^* = \{0\} \tag{3.70}$$

在 $\bar{x}$ 附近得到满足 (若 φ 在 $\bar{x}$ 附近是局部 Lipschitz 的, 则最后两个条件自动成立). 则下列结论对二阶次微分 $\partial^2 = \partial^2_N$ 和 $\partial^2 = \partial^2_M$ 都成立:

(i) 给定 $\bar{y} \in \partial(\varphi\circ g)(\bar{x})$, 假设如下定义的映射 $S : X \times X^* \rightrightarrows Z^*$,

$$S(x,y) := \{v \in Z^* \mid v \in \partial\varphi(g(x)),\ \nabla g(x)^* v = y\}$$

对某固定的 $\bar{v} \in S(\bar{x},\bar{y})$ 在 $(\bar{x},\bar{y},\bar{v})$ 是内半连续的, 次微分映射 $\partial\varphi$ 的图在 $(\bar{z},\bar{v})$ 附近是范数闭的, 并且混合二阶规范条件

$$\partial^2_M\varphi(\bar{z},\bar{v})(0) \cap \ker\nabla g(\bar{x})^* = \{0\}$$

满足. 则 $\forall\, u \in X^{**}$, 有

$$\partial^2(\varphi\circ g)(\bar{x},\bar{y})(u) \subset \nabla^2\langle\bar{v},g\rangle(\bar{x})^* u + \nabla g(\bar{x})^* \partial^2_N\varphi(\bar{z},\bar{v})(\nabla g(\bar{x})^{**}u).$$

(ii) 给定 $\bar{y} \in \partial(\varphi\circ g)(\bar{x})$, 假设上面的映射 S 在 $(\bar{x},\bar{y})$ 是内半紧的, $\partial\varphi$ 的图在 $\bar{z}$ 附近的任何 z 处是范数闭的, 而且 (i) 中的混合二阶规范条件对任何 $\bar{v} \in S(\bar{x},\bar{y})$ 成立. 则 $\forall\, u \in X^{**}$, 有

$$\partial^2(\varphi\circ g)(\bar{x},\bar{y})(u) \subset \bigcup_{\bar{v}\in S(\bar{x},\bar{y})} [\nabla^2\langle\bar{v},g\rangle(\bar{x})^* u + \nabla g(\bar{x})^* \partial^2_N\varphi(\bar{z},\bar{v})(\nabla g(\bar{x})^{**}u)].$$

证明　只需证当 $\partial^2 = \partial^2_N$ 时 (i) 成立, 根据定义它蕴涵着定理的其他结论成立. 根据定理 3.41(ii) 中一阶次微分链式法则知所给假设确保存在 $\bar{x}$ 的一邻域 U, 在其上 $\partial(\varphi\circ g)$ 有复合表达式

$$\partial(\varphi\circ g)(x) = (f\circ G)(x), \quad x \in U,$$

这里, $f(x,v)=\nabla g(x)^*v$, $G(x)=(x,\partial\varphi(g(x)))$. 由于 f 是光滑的且总有

$$D_N^*G(\bar{x},\bar{x},\bar{v})(x^*,v^*)=x^*+D_N^*(\partial\varphi\circ g)(\bar{x},\bar{v})(v^*),\quad x^*\in X^*,\quad v^*\in Z^{**},$$

由定理 1.66(i), 得

$$\partial_N^2(\varphi\circ g)(\bar{x},\bar{y})(u)\subset\nabla^2\langle\bar{v},g\rangle(\bar{x})^*(u)+D_N^*(\partial\varphi\circ g)(\bar{x},\bar{v})(\nabla g(\bar{x})^{**}u)$$

对任意 $u\in X^{**}$ 成立. 余下只要计算复合 $\partial\varphi\circ g$ 的基本上导数. 为此, 应用定理 3.13(i) 给出的上导数链式法则

$$D_N^*(\partial\varphi\circ g)(\bar{x},\bar{v})(v^*)\subset\nabla g(\bar{x})^*\circ(D_N^*\partial\varphi)(\bar{z},\bar{v})(v^*),\quad v^*\in Z^{**}.$$

这用到了 g^{-1} 的 PSNC 假设和混合规范条件

$$(D_M^*\partial\varphi)(\bar{z},\bar{v})(0)\cap\ker\nabla g(\bar{x})^*=\{0\},$$

此时它简化为定理的二阶规范条件. 合并这些表达式, 得到 (i) 中二阶次微分链式法则. △

当 Z 是有限维 (X 可以不是) 时, 定理 3.74 的一些假设要么自动满足, 要么能本质地简化. 这样得到下面的结果, 这里 $\partial^2\varphi$ 表示 $\varphi:\mathbb{R}^m\to\overline{\mathbb{R}}$ 的通常二阶次微分, 而 $\partial^2(\varphi\circ g)$ 与上面定理中的相同.

推论 3.75 (复合中中间空间是有限维的二阶链式法则) 设 $\bar{y}\in\partial(\varphi\circ g)(\bar{x})$, 其中 $\varphi:\mathbb{R}^m\to\overline{\mathbb{R}}, g:X\to\mathbb{R}^m, X$ 是 Asplund 空间. 假设在 $\bar{x}$ 附近 $g\in\mathcal{C}^1$ 且导数在 $\bar{x}$ 严格可微, φ 在 $\bar{z}=g(\bar{x})$ 附近是 l.s.c. 的和下正则的, 在 $\bar{z}$ 附近 $\partial\varphi$ 和 $\partial^\infty\varphi$ 具有闭图. 还假设在点 $x=\bar{x}$ 处一阶规范条件 (3.70) 满足, 且二阶规范条件具有形式

$$\partial^2\varphi(\bar{z},\bar{v})(0)\cap\ker\nabla g(\bar{x})^*=\{0\},\quad 若\ \bar{v}\in\partial\varphi(\bar{z})且\ \nabla g(\bar{x})^*\bar{v}=\bar{y}. \tag{3.71}$$

则 $\forall u\in X^{**}$, 定理 3.74(ii) 中的二阶链式法则成立.

证明 当 $\dim Z<\infty$ 时, φ 的 SNEC 性质和 g^{-1} 的 PSNC 性质自动成立. 而且, 易验证若 Z 是有限维的, (3.70) 式在 $\bar{x}$ 成立, 则它在 $\bar{x}$ 的一邻域内也成立. 事实上, 若不成立, 考虑到 $\partial^\infty\varphi(\cdot)$ 是锥, 得到序列 $x_k\to\bar{x}, z_k^*\in\partial^\infty\varphi(g(x_k))$ 且 $\nabla g(\bar{x})^*z_k^*=0,\ \|z_k^*\|=1,\ \forall k\in\mathbb{N}$. 于是由于在 $\bar{z}$ 附近 $\partial^\infty\varphi$ 的图闭性, $z^*\in\partial^\infty\varphi(\bar{z})$ 且 $\nabla g(\bar{x})^*z^*=0$ 和 $\|z^*\|=1$, 这里 z^* 是 $\{z_k^*\}$ 的聚点, 这与 (3.70) 式矛盾. 类似地, 可验证若在 $\bar{x}$ 处规范条件 (3.70) 满足, 则定理 3.74 中的映射 $S:X\times X^*\rightrightarrows\mathbb{R}^m$ 在 $(\bar{x},\bar{y})$ 总是内半紧的, 因此得到定理 3.74 结论 (ii) 中的二阶链式法则. △

下面的推论证明了二阶链式法则对自动满足推论 3.75 中所有一阶假设的一类重要函数成立. 称函数 $\psi:X\to\overline{\mathbb{R}}$ 在 $\bar{x}$ 是 "顺从" 的, 如果存在 $\bar{x}$ 的一邻域 U, 在该邻域上 ψ 能表成 $\mathcal{C}^{-1}$ 映射 $g:U\to\overline{\mathbb{R}}^m$ 和正常 l.s.c. 凸函数 $\varphi:\mathbb{R}^m\to\overline{\mathbb{R}}$ 的复合

形式 $\psi=\varphi\circ g$, 且使得规范条件 (3.70) 在 $\bar{x}$ 成立. 函数 ψ 在 $\bar{x}$ 是"强顺从"的, 如果这样的表示存在, 且 g 不只是 $\mathcal{C}^1$ 的, 而且是 $\mathcal{C}^2$ 的. 顺从函数在有限维二阶变分理论中起着重要作用 (参阅文献 [1165] 及其参考文献).

推论 3.76 (顺从函数的二阶链式法则) 设 $\psi: X\to\overline{\mathbb{R}}$ 在 $\bar{x}$ 是强顺从的, $\varphi:\mathbb{R}^m\to\overline{\mathbb{R}}$ 和 $g: X\to\mathbb{R}^m$ 是其复合表达式中的映射. 假设 X 是 Asplund 的, 且二阶规范条件 (3.71) 成立. 则对任意 $\bar{y}\in\partial\psi(\bar{x})$ 和所有 $u\in X^{**}$, 有包含关系

$$\partial^2\psi(\bar{x},\bar{y})(u)\subset\bigcup_{\bar{v}\in S(\bar{x},\bar{y})}[\nabla^2\langle\bar{v},g\rangle(\bar{x})^*u+\nabla g(\bar{x})^*\partial^2\varphi(\bar{z},\bar{v})(\nabla g(\bar{x})^{**}u)]$$

成立, 这里 $\partial^2\psi$ 表示 $\partial^2_N\psi$ 或 $\partial^2_M\psi$, 点 $\bar{z}$ 和映射 S 定义于定理 3.74 中.

证明 由于 φ 是凸的, 所以在其有效域上是下正则的, 而且 $\partial\varphi$ 和 $\partial^\infty\varphi$ 的图是闭的. 因此结果根据推论 3.75 可得. △

最后, 考虑关于 $\mathcal{C}^{1,1}$ 函数 φ 和 Lipschitz 映射 g 的复合 $\varphi\circ g$ 的二阶链式法则. 在下面的定理中, 应用 (1.63) 式定义的 Lipschitz 映射的二阶上导数 (基本的和混合的).

定理 3.77 (具有 Lipschitz 内映射的二阶链式法则) 设 $\bar{y}\in\partial(\varphi\circ g)(\bar{x})$, 这里 $g: X\to Z$ 在 $\bar{x}$ 附近是 Lipschitz 连续的, $\varphi: Z\to\overline{\mathbb{R}}$ 在 $\bar{z}:=g(\bar{x})$ 附近是 $\mathcal{C}^{1,1}$ 的, 且 $\bar{v}:=\nabla\varphi(\bar{z})$, 空间 X,X^*,Z 和 Z^* 都是 Asplund 的. 假设集值映射 $(x,v)\to\partial\langle v,h\rangle(x)$ 的图在 $(\bar{x},\bar{v})$ 附近任何 (x,v) 处在 $X\times Z^*\times X^*$ 中是范数闭的. 则有二阶链式法则

$$\partial^2(\varphi\circ g)(\bar{x},\bar{y})(u)\subset\bigcup_{(x^*,v^*)\in D^2g(\bar{x},\bar{v},\bar{y})(u)}[x^*+D^*_Ng(\bar{x})\circ\partial^2_N\varphi(\bar{z})(v^*)]$$

对任意 $u\in X^{**}$ 成立, 这里 ∂^2 和 D^2 表示相应的基本和混合二阶结构. 而且, 如果 $\nabla\varphi$ 在 $\bar{z}$ 是严格可微的, 那么这个二阶包含关系对任意 Banach 空间 Z 成立.

证明 沿用定理 1.128 的证明, 有表达式

$$\partial(\varphi\circ g)(x)=(F\circ h)(x),\quad\forall x\in U$$

在 $\bar{x}$ 的某邻域 U 内成立, 这里映射 $F: X\times Z^*\rightrightarrows X^*$ 和 $h: X\to X\times Z^*$ 定义为

$$F(x,v):=\partial\langle v,g\rangle(x),\quad h(x):=(x,\nabla\varphi(g(x))),\quad x\in U.$$

对这个复合应用定理 3.13 中上导数链式法则. 除了 Z 可以是任意 Banach 空间之外, 在所给的假设下对基本和混合上导数都有

$$D^*(F\circ h)(\bar{x},\bar{y})(u)\subset D^*_Nh(\bar{x})\circ D^*F(\bar{x},\bar{v},\bar{y})(u),\quad u\in X^{**}.$$

而且, 如果 Z 是 Asplund 的, 那么再由定理 3.13 得到包含

$$D^*_N(\nabla\varphi\circ g)(\bar{x})(v^*)\subset D^*_Ng(\bar{x})\circ\partial^2_N\varphi(\bar{z})(v^*).\tag{3.72}$$

结合这两个包含关系, 当所有的空间都是 Asplund 的时, 得到定理的二阶链式法则.

最后, 设 $\nabla\varphi$ 在 z 是严格可微的, 则 (3.72) 式在任意 Banach 空间中成立, 这由定理 1.65 可得. 这就证明了定理的最后一个结论, 从而完成了证明. $\triangle$

3.3 集合与映射的 SNC 分析法则

在这一节继续始于第 1 章的集合和映射的序列法紧性的研究. 这些性质对无限维空间中涉及集合的极限法向量、集值映射的上导数和增广实值函数的次梯度的广义微分的分析法则及其应用都是至关重要的 (参见上述和随后章节中的结果). 因此研究在集合、函数和集值映射的各种运算下这些性质如何表现是很重要的. 这意味着需要建立一个 SNC 分析法则, 从而提供有效条件确保这些性质在基本运算下被保持. 已在 1.1.3 和 1.2.5 小节着手这样的问题, 其中关于集合和映射的一些结果已经在任意 Banach 空间中得到. 本小节在 Asplund 空间框架下给出更丰富的 SNC 分析法则. 空间的 Asplund 性质是本章中基本的假设.

与本书中其他地方一样, 首先探讨几何地处理集合, 然后是处理函数和集值映射. 基于极点原理, 在 3.3.1 小节中得到有效条件确保集合交和在非光滑和集值映射下逆像的 SNC(和相关的 PSNC 及强 PSNC) 性质的保持. 3.3.2 小节包含关于集值映射的和与交在这个方向的结果, 这些结果蕴涵着增广实值函数的和与极大/极小的相应结果. 3.3.3 小节研究集值映射的一般复合及特例, 其中包括乘积和商运算.

3.3.1 交集与逆像的序列法紧性

这节的基本结果涉及 Asplund 空间的积空间 (亦为 Asplund 空间) 中集合的交, 这给出条件确保在定义 3.3 意义下的 PSNC 性质. 这个结果中的乘积结构对随后在集值映射中的应用是非常重要的. 当然, 最初定义 1.20 中集合的 SNC 性质是定理 3.79 中研究的 PSNC 性质的特殊情形. 为此, 首先引入任意 Banach 乘积空间中集合系统的如下混合规范条件. 显然此处只需考虑两个空间的乘积就够了.

定义 3.78 (集合系统的混合规范条件) 设 Ω_1 和 Ω_2 是两个 Banach 空间的乘积 $X\times Y$ 的子集, $(\bar{x},\bar{y})\in\Omega_1\cap\Omega_2$. 称系统 $\{\Omega_1,\Omega_2\}$ 在 $(\bar{x},\bar{y})$ 相对于 Y 满足混合规范条件, 如果对任意序列 $\varepsilon_k\downarrow 0,(x_{ik},y_{ik})\overset{\Omega_i}{\to}(\bar{x},\bar{y})$ 且 $(x_{ik}^*,y_{ik}^*)\overset{w^*}{\to}(x_i^*,y_i^*)$, 其中 $(x_{ik}^*,y_{ik}^*)\in\widehat{N}_{\varepsilon_k}((x_{ik},y_{ik});\Omega_i)(i=1,2,\quad k\to\infty)$, 有

$$[x_{1k}^*+x_{2k}^*\overset{w^*}{\to}0,\quad \|y_{1k}^*+y_{2k}^*\|\to 0]\Longrightarrow(x_1^*,y_1^*)=(x_2^*,y_2^*)=0.$$

如前所述, 如果 X 和 Y 都是 Asplund 的, Ω_i 在 $(\bar{x},\bar{y})$ 附近是局部闭的, 在上述定义中可以省掉 ε_k. 混合规范条件显然蕴涵于 (基本) 法锥规范条件

$$N((\bar{x},\bar{y});\Omega_1)\cap(-N((\bar{x},\bar{y});\Omega_2))=\{(0,0)\},\tag{3.73}$$

当没有 Y 时, 该条件简化为 (3.2)(i) 中定义的 (3.10) 式. 注意到定义 3.2(ii) 在空间 $X\times Y$ 上的 $\{\Omega_1,\Omega_2\}$ 的极限规范条件比混合规范条件有更少的限制, 但是, 它对 SNC 分析法则来说是不够的.

下面的 SNC 分析法则的主要结果用到了定义 3.3 中的 PSNC 和强 PSNC 两种性质. $m=3$ 的情形 (而不是 $m=2$) 对在集值映射中的应用是最关键的 (参见下面的两个小节).

定理 3.79 (交集的 PSNC 性质) 设子集 $\Omega_1,\Omega_2\subset\Pi_{j=1}^m X_j$ 在 $\bar{x}\in\Omega_1\cap\Omega_2$ 附近是局部闭的, 指标集 $J_1,J_2\subset\{1,\cdots,m\}$ 满足 $J_1\cup J_2=\{1,\cdots,m\}$. 且下列条件成立:

(a) 对每个 $i=1,2$, 集合 Ω_i 在 $\bar{x}$ 相对于 $\{X_j|j\in J_i\}$ 是 PSNC 的;

(b) 或者 Ω_1 在 $\bar{x}$ 相对于 $\{X_j|j\in J_1\backslash J_2\}$ 是强 PSNC 的, 或者 Ω_2 在 $\bar{x}$ 相对于 $\{X_j|j\in J_2\backslash J_1\}$ 是强 PSNC 的;

(c) $\{\Omega_1,\Omega_2\}$ 在 $\bar{x}$ 相对于 $\{X_j|j\in(J_1\backslash J_2)\cup(J_2\backslash J_1)\}$ 满足混合规范条件.

则 $\{\Omega_1,\Omega_2\}$ 在 $\bar{x}$ 相对于 $\{X_j|j\in J_1\cap J_2\}$ 是 PSNC 的.

证明 首先只需在 $m=3,J_1=\{1,2\},J_2=\{1,3\}$ 的情形下证明定理. 事实上, 一般的情形可简化为这种情形, 这只需重新排序 X_j, 并令

$$X:=\prod_{j\in J_1\cap J_2}X_j,\quad Y:=\prod_{j\in J_1\backslash J_2}X_j,\quad Z:=\prod_{j\in J_2\backslash J_1}X_j$$

即可. 下面记 $X_j,j\in\{1,2,3\}$ 分别为 X,Y,Z, (x,y,z) 表示相应的点. 为证定理结论中的 PSNC 性质, 需要证明对任何序列

$$(x_k,y_k,z_k)\in\Omega_1\cap\Omega_2,\quad(x_k^*,y_k^*,z_k^*)\in\widehat{N}((x_k,y_k,z_k);\Omega_1\cap\Omega_2),\quad k\in\mathbb{N}$$

收敛.

$$(x_k,y_k,z_k)\to(\bar{x},\bar{y},\bar{z}),\quad x_k^*\xrightarrow{w^*}0,\quad\|y_k^*\|\to0,\quad\|z_k^*\|\to0$$

蕴涵着 $\|x_k^*\|\to0(k\to\infty)$. 由于研究的是满足上面收敛性质的任意序列, 所以只需证明 $\|x_k^*\|\to0$ 沿一个子序列收敛. 由 (b), 不失一般性假设 Ω_1 在 $(\bar{x},\bar{y},\bar{z})$ 相对于 Y 是强 PSNC 的.

给定 $(x_k^*,y_k^*,z_k^*)\in\widehat{N}((x_k,y_k,z_k);\Omega_1\cap\Omega_2)$, 固定一序列 $\varepsilon_k\downarrow0$, 对任意 $k\in\mathbb{N}$ 应用引理 3.1. 由此找到序列

$$(x_{ik},y_{ik},z_{ik})\in\Omega_i,\quad(x_{ik}^*,y_{ik}^*,z_{ik}^*)\in\widehat{N}((x_{ik},y_{ik},z_{ik});\Omega_i),\quad i=1,2$$

和 $\lambda_k\geqslant0$, 使得 $\|(x_{ik},y_{ik},z_{ik})-(x_k,y_k,z_k)\|\leqslant\varepsilon_k,\ i=1,2,$

$$\|(x_{1k}^*,y_{1k}^*,z_{1k}^*)+(x_{2k}^*,y_{2k}^*,z_{2k}^*)-\lambda_k(x_k^*,y_k^*,z_k^*)\|\leqslant2\varepsilon_k\tag{3.74}$$

和 $1-\varepsilon_k \leqslant \max\{\lambda_k, \|x_{1k}^*\|, \|y_{1k}^*\|, \|z_{1k}^*\|\} \leqslant 1+\varepsilon_k$. 显然 $\lambda_k, x_{1k}^*, y_{1k}^*, z_{1k}^*$ 都是有界的. 由于序列 (x_k^*, y_k^*, z_k^*) 弱* 收敛, 所以它是有界的, 因此序列 $x_{2k}^*, y_{2k}^*, z_{2k}^*$ 也是有界的. 考虑到空间 X, Y 和 Z 是 Asplund 的, 可以假设 $(x_{ik}^*, y_{ik}^*, z_{ik}^*)$ 弱* 收敛于某 $(x_i^*, y_i^*, z_i^*)(i=1,2)$ 和 $\lambda_k \to \lambda \geqslant 0,\ \ k \to \infty$. 根据 (3.74) 式和 (x_k^*, y_k^*, z_k^*) 的选择, 这蕴涵着

$$x_{1k}^* + x_{2k}^* \xrightarrow{w^*} 0, \quad \|y_{1k}^* + y_{2k}^*\| \to 0, \|z_{1k}^* + z_{2k}^*\| \to 0.$$

因此根据定理的假设 (c), 有 $x_i^* = y_i^* = z_i^* = 0(i=1,2)$. 另外, 由于 Ω_1 在 $(\bar{x}, \bar{y}, \bar{z})$ 相对于 Y 是强 PSNC 的, 故 $\|y_{1k}^*\| \to 0$, 从而 $\|y_{2k}^*\| \to 0(k \to \infty)$. 由 (a) 集合 Ω_2 相对于 $\{X, Z\}$ 在 $(\bar{x}, \bar{y}, \bar{z})$ 是 PSNC 的, 因此有 $\|x_{2k}^*\| \to 0, \|z_{2k}^*\| \to 0$. 又由 (3.74) 式有 $\|z_{1k}^*\| \to 0$. 利用 Ω_1 相对于 $\{X, Y\}$ 在 $(\bar{x}, \bar{y}, \bar{z})$ 的 PSNC 性质, 类似地得到 $\|x_{1k}^*\| \to 0$. 由上面的关系有 $\lambda \neq 0$. 这个结果与 (3.74) 式结合, 得 $\|x_k^*\| \to 0$, 这就完成了定理的证明. △

易见定理 3.79 中的假设 (a) 和 (c) 对结论来说是重要的. 下面说明假设 $J_1 \cup J_2 = \{1, \cdots, m\}$ 和 (b) 也不能省掉. 对前者, 任取一个 Asplund 空间 X, 考虑乘积 $X_1 \times X_2$(其中 $X_1 = X_2 = X$) 的两个闭子集

$$\Omega_1 := X \times \{0\}, \quad \Omega_2 := \{(x, x) | x \in X\}.$$

显然 Ω_i 在 $(0,0)$ 相对于 X_1 都是 PSNC 的, 定理 3.79 的假设 (a)~(c) 成立. 然而, 集合 $\Omega_1 \cap \Omega_2 = \{(0,0)\}$ 在 $(0,0)$ 相对于 X_1 不是 PSNC 的, 除非 X 是有限维的.

对 (b) 的情形, 取 $X_1 = X_2 = X_3 := X$, 其中 X 为 Asplund 空间, 考虑集合

$$\Omega_1 := \{(x_1, x_2, x_3) \in X^3 | x_2 + x_3 = 0\},$$

$$\Omega_2 := \{(x_1, x_2, x_3) \in X^3 | x_1 + x_2 + x_3 = 0\}.$$

易验证 Ω_1 和 Ω_2 在 $(0,0,0)$ 相对于 $\{X_1, X_2\}$ 和 $\{X_2, X_3\}$ 分别是 PSNC 的. 而且, 定理 3.79 中除 (b) 外其他假设都成立. 然而

$$\Omega_1 \cap \Omega_2 = \{(0, x_2, x_3) | x_2 + x_3 = 0\}$$

在 $(0,0,0)$ 相对于无限维的 X_1 不是 PSNC 的.

现在给出定理 3.79 的两个重要推论. 第一个推论涉及两个 Asplund 空间乘积的子集.

推论 3.80 (两个空间乘积中的 PSNC 集合) 设 Ω_1 和 Ω_2 是 $X \times Y$ 的子集, 它们在 $(\bar{x}, \bar{y}) \in \Omega_1 \cap \Omega_2$ 附近是局部闭的. 假设其中一个集合 Ω_i 在 $(\bar{x}, \bar{y})$ 是 SNC 的, 另一个集合在该点相对于 X 是 PSNC 的, 而且 $\{\Omega_1, \Omega_2\}$ 在 $(\bar{x}, \bar{y})$ 相对于 Y 满足混合规范条件. 则 $\Omega_1 \cap \Omega_2$ 在 $(\bar{x}, \bar{y})$ 相对于 X 是 PSNC 的.

证明　假设 Ω_1 在 $(\bar{x},\bar{y})$ 是 SNC 的, 则令 $X_1 := X, X_2 := Y, J_i := \{1,2\}, J_2 := \{1\}$, 然后应用定理 3.79. △

下一个推论在给定的 Asplund 空间 X 上不需要任何乘积结构, 它给出 SNC 性质的交法则, 所涉及的是在 (基本) 法锥规范条件下有限多集合的情形. 注意到, 与推论 3.37 保证基本法向量的交公式的假设相比, 现在交运算中涉及的所有集合都要求有 SNC 性质.

推论 3.81 (交集的 SNC 性质)　设 $\Omega_1,\cdots,\Omega_n \subset X, n \geqslant 2$ 在它们的公共点 $\bar{x}$ 附近是局部闭的. 假设每个 Ω_i 在 $\bar{x}$ 是 SNC 的, 且

$$[x_1^* + \cdots + x_n^* = 0, x_i^* \in N(\bar{x};\Omega_i)] \Longrightarrow x_i^* = 0, \quad i = 1,\cdots,n.$$

则交集 $\Omega_1 \cap \cdots \cap \Omega_n$ 在 $\bar{x}$ 是 SNC 的.

证明　当 $n=2$ 时通过令 $Y=\{0\}$ 结论由推论 3.80 可得. 一般的情形归结于数学归纳法. △

乘积空间中强 PSNC 性质的交法则可类似得到. 特别地, 给出关于两个 Asplund 空间的乘积中的一个结果.

定理 3.82 (交集的强 PSNC 性质)　设 Ω_1 和 Ω_2 是 $X \times Y$ 的子集, 在 $(\bar{x},\bar{y}) \in \Omega_1 \cap \Omega_2$ 附近是局部闭的. 设 Ω_1 在 $(\bar{x},\bar{y})$ 是 SNC 的, Ω_2 在该点相对于 X 是强 PSNC 的, 且 (基本) 法锥规范条件 (3.73) 成立. 则交集 $\Omega_1 \cap \Omega_2$ 在 $(\bar{x},\bar{y})$ 相对于 X 是强 PSNC 的.

证明　类似定理 3.79 和推论 3.80 的证明. △

许多应用涉及集合的和, 因此澄清条件以保证在集合加法运算下 SNC 性质的保持是重要的. 这样的条件实际上由交集的条件可得. 下面的定理论及 Asplund 空间中两个集合的和的基本 SNC 性质; PSNC 和强 PSNC 性质的相应结果可类似地得到. 为了得到和的 SNC 性质的有效条件, 应用交集的 PSNC 性质的有效条件.

定理 3.83 (集合加法运算下的 SNC 性质)　设 $\Omega_1,\Omega_2 \subset X$ 是闭集, $\bar{x} \in \Omega_1+\Omega_2$, 且设

$$S(x) := \{(x_1,x_2) \in X \times X | x_1 + x_2 = x, x_1 \in \Omega_1, x_2 \in \Omega_2\}.$$

则集合 $\Omega_1+\Omega_2$ 在 $\bar{x}$ 是 SNC 的, 如果下述条件之一成立:

(a) S 在 $\bar{x}$ 是内半紧的, 对任意 $(x_1,x_2) \in S(\bar{x})$, Ω_1,Ω_2 其中之一在 x_1 或 x_2 是 SNC 的;

(b) 对某 $(\bar{x}_1,\bar{x}_2) \in S(\bar{x})$, S 在 $(\bar{x}_1,\bar{x}_2,\bar{x})$ 是内半连续的, 且 Ω_1 和 Ω_2 其中之一在 $\bar{x}_1$ 或 $\bar{x}_2$ 是 SNC 的.

证明　取一序列 $(\varepsilon_k,x_k,x_k^*) \in \mathbb{R}_+ \times X \times X^*$, 满足

$$\varepsilon_k \downarrow 0, \quad x_k \to \bar{x}, \quad x_k^* \in \widehat{N}_{\varepsilon_k}(x_k;\Omega_1+\Omega_2), \quad x_k^* \xrightarrow{w^*} 0.$$

考虑具有内半紧性的情形 (a) (情形 (b) 的证明是类似的), 找到 $(u_k,v_k)\in S(x_k)$, 它有一收敛于 $(\bar{x}_1,\bar{x}_2)$ 的子序列, 且由 Ω_1 和 Ω_2 闭性有 $(\bar{x}_1,\bar{x}_2)\in S(\bar{x})$. 定义乘积集合

$$\widetilde{\Omega}_1:=\Omega_1\times X,\quad \widetilde{\Omega}_2:=X\times\Omega_2,$$

它们是 Asplund 空间 X^2 的闭子集. 易见

$$(x_k^*,x_k^*)\in\widehat{N}_{\varepsilon_k}((u_k,v_k);\widetilde{\Omega}_1\cap\widetilde{\Omega}_2),\quad \forall k\in\mathbb{N}.$$

假设 Ω 在 $\bar{x}_1$ 是 SNC 的, 则 $\widetilde{\Omega}_1$ 在 $(\bar{x}_1,\bar{x}_2)$ 是 SNC 的, $\widetilde{\Omega}_2$ 在该点相对于第二个分量空间是 PSNC 的. 定义 3.78 中的混合规范条件对 $\{\widetilde{\Omega}_1,\widetilde{\Omega}_2\}$ 显然满足. 应用推论 3.80, 得 $\widetilde{\Omega}_1\cap\widetilde{\Omega}_2$ 在 $(\bar{x}_1,\bar{x}_2)$ 相对于第一个分量空间是 PSNC 的. 因此 $\|x_k^*\|\to 0\ \ (k\to\infty)$, 这就完成了定理的证明. △

下面建立条件确保在 Asplund 空间之间的集值映射下集合的逆像

$$F^{-1}(\Theta)=\{x\in X|F(x)\cap\Theta\neq\varnothing\}$$

的 SNC 性质.

定理 3.84 (逆像的 SNC 性质)　设 $\bar{x}\in F^{-1}(\Theta)$, 这里 $F:X\rightrightarrows Y$ 是闭图映射 (在 $\bar{x}$ 附近), Θ 是 Y 中的闭子集. 假设集值映射 $F(\cdot)\cap\Theta$ 在 $\bar{x}$ 是内半紧的, 且对任意 $\bar{y}\in F(\bar{x})\cap\Theta$, 下列条件成立:

(a) 或者 F 在 $(\bar{x},\bar{y})$ 是 PSNC 的, 且 Θ 在 $\bar{y}$ 是 SNC 的, 或者 F 在 $(\bar{x},\bar{y})$ 是 SNC 的;

(b) $\{F,\Theta\}$ 满足规范条件

$$N(\bar{y};\Theta)\cap\ker D_N^*F(\bar{x},\bar{y})=\{0\}.$$

则逆像 $F^{-1}(\Theta)$ 在 $\bar{x}$ 是 SNC 的.

证明　取 $(\varepsilon_k,x_k,x_k^*)$ 满足

$$\varepsilon_k\downarrow 0,\quad x_k\to\bar{x},\quad x_k^*\in\widehat{N}_{\varepsilon_k}(x_k;F^{-1}(\Theta)),\quad x_k^*\xrightarrow{w^*}0.$$

利用所给的内半紧性和闭性假设, 选取 $y_k\in F(x_k)\cap\Theta$ 的一子序列 (不再重记下标) 收敛于 $\bar{y}\in F(\bar{x})\cap\Theta$. 易验证

$$(x_k^*,0)\in\widehat{N}_{\varepsilon_k}((x_k,y_k);\Omega_1\cap\Omega_2),\quad 其中\ \ \Omega_1:=\mathrm{gph}F,\quad \Omega_2:=X\times\Theta.\tag{3.75}$$

对 (3.75) 式中的交集应用推论 3.80. 注意到 Ω_2 在 $(\bar{x},\bar{y})$ 相对于 X 总是 PSNC 的, 而且它在该点是 SNC 的当且仅当 Θ 在 $\bar{y}$ 是 SNC 的. 因此 (a) 中的假设保证推论 3.80 中相应假设成立. 而且, 由于 (3.75) 式中集合 Ω_1 和 Ω_2 的特殊结构, 推论 3.80 中的混合规范条件在 Asplund 空间情形下显然等价于下面的条件: 对任意 $(x_k,y_{1k},y_{2k},x_k^*,y_{1k}^*,y_{2k}^*)$, 满足

$$(x_k,y_{ik})\to(\bar{x},\bar{y}),\quad (x_k,y_{1k})\in\mathrm{gph}\,F,\quad y_{2k}\in\Theta,$$

$$x_k^* \in \widehat{D}^*F(x_k, y_{1k})(y_{1k}^*), \quad y_{2k}^* \in \widehat{N}(y_{2k}; \Theta).$$

则有关系

$$[x_k^* \xrightarrow{w^*} 0, y_{2k}^* \xrightarrow{w^*} y^*, \quad \|y_{2k}^* - y_{1k}^*\| \to 0] \Longrightarrow y^* = 0,$$

它由定理的规范条件 (b) 所蕴涵. 因此根据推论 3.80, 集合 $\Omega_1 \cap \Omega_2$ 在 $(\bar{x}, \bar{y})$ 相对于 X 是 PSNC 的. 现由 (3.75) 式得 $\|x_k^*\| \to 0$, 即集合 $F^{-1}(\Theta)$ 在 $\bar{x}$ 是 SNC 的. △

定理 3.84 蕴涵着有效的次微分条件保证 l.s.c. 函数的水平集和由实值连续函数给出的方程的解集的 SNC 性质.

推论 3.85 (水平集和解集的 SNC 性质)　设函数 $\varphi: X \to \overline{\mathbb{R}}$ 是正常的且对某个 $\bar{x}$ 有 $\varphi(\bar{x}) = 0$, 则下列断言成立:

(i) 假设 φ 在 $\bar{x}$ 附近是 l.s.c. 的, 且在该点是 SNEC 的. 如果 $0 \notin \partial\varphi(\bar{x})$, 那么水平集

$$\Omega := \{x \in X | \varphi(x) \leqslant 0\}$$

在 $\bar{x}$ 是 SNC 的.

(ii) 假设 φ 在 $\bar{x}$ 附近是连续的, 且在该点是 SNC 的. 如果 $0 \notin \partial\varphi(\bar{x}) \cup (-\varphi)(\bar{x})$, 那么解集

$$\Omega := \{x \in X | \varphi(x) = 0\}$$

在 $\bar{x}$ 是 SNC 的.

证明　当 $F := E_\varphi, \Theta := (-\infty, 0]$ 时应用定理 3.84 得断言 (i). 通过定理 1.80 中的上导数–次微分关系, 在定理 3.84 中取 $\Theta := \{0\}$ 可得断言 (ii). △

推论 3.85 中 φ 的 SNEC 和 SNC 性质对局部 Lipschitz 映射自动成立. Lipschitz 情形下这些结果的另一直接证明由 Mordukhovich 与 B. Wang[962] 基于极点原理给出.

易见次微分条件对推论 3.85 的两个断言中的 SNC 性质来说是至关重要的, 甚至对光滑函数 φ 也如此. 一个简单的例子由在任何无限维空间的函数 $\varphi(x) = \|x\|^2$ 在 $\bar{x} = 0$ 给出. 还注意到条件 $0 \notin \partial\varphi(0)$, 与 Clarke 版本次微分条件 $0 \notin \partial_C\varphi(\bar{x})$ 相比, 不能保证 Lipschitz 函数水平集 $\{x \in X | \varphi(x) \leqslant 0\}$ 的上 Lipschitz 性质. 一个反例是定义于 (1.57) 式中的函数 $\varphi: \mathbb{R}^2 \to \mathbb{R}$, 它的基本次微分已在 1.3.2 小节中计算过. 对这个函数有 $(0,0) \notin \partial\varphi(0,0)$, 但水平集

$$\{x \in \mathbb{R}^2 | \varphi(x) \leqslant 0\} = \{(x_1, x_2) \in \mathbb{R}^2 | |x_1| \leqslant |x_2|\}$$

显然在 $(0,0)$ 不是上 Lipschitz 的.

下面的结果给出次微分条件确保在最优化问题中有重要应用的一类约束集的 SNC 性质, 这种应用的例子参见第 5 章.

定理 3.86 (约束集的 SNC 性质)　设 $\varphi_i: X \to \overline{\mathbb{R}}, \varphi_i(\bar{x}) = 0, i = 1, \cdots, m + r$. 假设 φ_i 在 $\bar{x}$ 附近是 l.s.c. 的, 且在该点是 SNEC 的 $(i = 1, \cdots, m)$, 而 φ_i 在 $\bar{x}$ 附

近是连续的, 且在该点是 SNC 的 ($i = m+1, \cdots, m+r$). 还假设下面的约束规范条件成立:

(a) $0 \notin \partial\varphi_i(\bar{x})(i = 1, \cdots, m)$, $0 \notin \partial\varphi_i(\bar{x}) \cup \partial(-\varphi_i)(\bar{x})(i = m+1, \cdots, m+r)$;

(b) 有

$$[x_1^* + \cdots + x_{m+r}^* = 0] \Longrightarrow x_i^* = 0, i = 1, \cdots, m+r,$$

对任意 $x_i^* \in \mathbb{R}^+\partial\varphi_i(\bar{x}) \cup \partial^\infty\varphi_i(\bar{x})(i = 1, \cdots, m)$ 和任意

$$x_i^* \in \mathbb{R}^+[\partial\varphi_i(\bar{x}) \cup \partial(-\varphi_i)(\bar{x})] \cup \partial^\infty\varphi_i(\bar{x}) \cup \partial^\infty(-\varphi_i)(\bar{x})$$

$$(i = m+1, \cdots, m+r)$$

成立, 这里 $\mathbb{R}^+V := \{\lambda v | \lambda \geqslant 0, v \in V\}$. 考虑集合

$$\Omega_i := \{x \in X | \varphi_i(x) \leqslant 0\}, \quad i = 1, \cdots, m,$$

$$\Omega_i := \{x \in X | \varphi_i(x) = 0\}, \quad i = m+1, \cdots, m+r.$$

则它们的交集 $\Omega_1 \cap \cdots \cap \Omega_{m+r}$ 在 $\bar{x}$ 是 SNC 的.

证明 下证在 (a) 中的假设下, 有下列包含关系

$$N(\bar{x}; \Omega_i) \subset \mathbb{R}^+\partial\varphi_i(\bar{x}) \cup \partial^\infty\varphi_i(\bar{x}), \quad i = 1, \cdots, m; \tag{3.76}$$

$$N(\bar{x}; \Omega_i) \subset \mathbb{R}^+[\partial\varphi_i(\bar{x}) \cup \partial(-\varphi_i)(\bar{x})] \cup \partial^\infty\varphi_i(\bar{x}) \cup \partial^\infty(-\varphi_i)(\bar{x}), \tag{3.77}$$

$i = m+1, \cdots, m+r$ 成立. 为建立 (3.76) 式, 注意到

$$\{x \in X | \varphi(x) \leqslant 0\} \times \{0\} = (\text{epi}\varphi) \cap S,$$

其中 $S := \{(x, \alpha) \in X \times \mathbb{R} | \alpha = 0\}$. 假设 $0 \notin \partial\varphi(\bar{x})$ 确保集合对 epiφ, S 满足 (基本) 法锥规范条件 (3.10). 对这个交集应用推论 3.5, 对任意 $i = 1, \cdots, m$, 得包含关系 (3.76). 为证 (3.77) 式对任意 $i = m+1, \cdots, m+r$ 成立, 对交集

$$\{x \in X | \varphi(x) = 0\} \times \{0\} = (\text{gph}\varphi) \cap S$$

应用同样的办法, 同时考虑到定理 2.40. 注意到根据推论 3.85, 所有集合 $\Omega_i(i = 1, \cdots, m+r)$ 在 $\bar{x}$ 都是 SNC 的. 为完成定理的证明, 最后对交集 $\Omega_1 \cap \cdots \cap \Omega_{m+r}$ 应用推论 3.81 中的结果, 此时根据 (3.76) 式和 (3.77) 式, 推论 3.81 中的规范条件在上面的假设 (b) 下成立. △

对 Lipschitz 函数 φ_i 来说, 定理 3.86 的 SNC 和 SNEC 假设成立, 而且规范条件 (b) 简化为 $\partial^\infty\varphi_i(\bar{x}) = \partial^\infty(-\varphi_i)(\bar{x}) = \{0\}$. 如果每个 φ_i 在 $\bar{x}$ 是严格可微的, 那么定理的规范条件简化为经典的 Mangasaria–Fromovitz 约束规范.

推论 3.87 (在 Mangasarian–Fromovitz 约束规范下的 SNC 性质) 设 $\bar{x} \in \Omega_1 \cap \cdots \cap \Omega_{m+r}$, 其中 Ω_i 在定理 3.86 中给出, 而且函数 φ_i 在 $\bar{x}$ 是严格可微的. 令

$$I(\bar{x}) := \{i = 1, \cdots, m+r | \varphi_i(\bar{x}) = 0\},$$

并假设

(a) $\nabla\varphi_{m+1}(\bar{x}), \cdots, \nabla\varphi_{m+r}(\bar{x})$ 是线性无关的;

(b) 存在 $u \in X$, 满足

$$\langle \nabla\varphi_i(\bar{x}), u\rangle < 0, \quad i \in \{1, \cdots, m\} \cap I(\bar{x}),$$

$$\langle \nabla\varphi_i(\bar{x}), u\rangle = 0, \quad i = m+1, \cdots, m+r.$$

则集合 $\bigcap_{i\in I(\bar{x})} \Omega_i$ 在 $\bar{x}$ 是 SNC 的.

证明 不失一般性, 假设 $I(\bar{x}) = \{1, \cdots, m+r\}$. 则对严格可微函数来说, 根据 $\partial\varphi(\bar{x}) = \{\nabla\varphi(\bar{x})\}$ 由定理 3.86 直接可得结果. △

3.3.2 映射的和及相关运算的序列法紧性

这一小节的主要结果是关于 Asplund 空间之间的集值映射在求和运算下的 PSNC 和 SNC 性质的保持. 和运算有某些特殊性质区别于其他复合, 在这种情形下可得到比 3.3.3 小节中的更精细的结果. 在这里也给出关于增广实值函数的和运算, 极大值和极小值的一些结果. 所有的证明都基于 3.3.1 小节所建立的关于交集的 SNC 分析法则.

第一个定理保证在混合上导数规范条件下集值映射的和的 PSNC 性质的保持. 它的假设与定理 3.10 中关于上导数和法则的假设是类似的, 唯一的差别是现在和运算中所涉及的映射都要求有 PSNC 性质.

定理 3.88 (集值映射和的 PSNC 性质) 设 $(\bar{x}, \bar{y}) \in \text{gph}(F_1 + F_2)$, 其中 F_i 在 $\bar{x}$ 附近的任何 x 处都是闭图的. 假设映射

$$S(x, y) := \{(y_1, y_2) \in Y^2 | y_1 \in F_1, y_2 \in F_2, y_1 + y_2 = y\}$$

在 $(\bar{x}, \bar{y})$ 是内半紧的, 且对任意 $(\bar{y}_1, \bar{y}_2) \in S(\bar{x}, \bar{y})$, 下列假设成立:

(a) 每个 F_i 在 $(\bar{x}, \bar{y})$ 都是 PSNC 的;

(b) $\{F_1, F_2\}$ 满足混合上导数规范条件

$$D^*_M F_1(\bar{x}, \bar{y}_1)(0) \cap (-D^*_M F_2(\bar{x}, \bar{y}_2)(0)) = \{0\}.$$

则 $F_1 + F_2$ 在 $(\bar{x}, \bar{y})$ 是 PSNC 的.

证明 任取序列 $\varepsilon_k \downarrow 0, (x_k, y_k) \in \text{gph}(F_1 + F_2)$ 和

$$(x_k^*, y_k^*) \in \widehat{N}_{\varepsilon_k}((x_k, y_k); \text{gph}(F_1 + F_2)), \quad k \in \mathbb{N}, \tag{3.78}$$

满足 $(x_k,y_k)\to(\bar{x},\bar{y})$, $x_k^*\xrightarrow{w^*}0$ 和 $\|y_k^*\|\to 0(k\to\infty)$. 为证 F_1+F_2 在 $(\bar{x},\bar{y})$ 的 PSNC 性质, 只需证明 $\|x_k^*\|\to 0$ 沿 $k\in\mathbb{N}$ 的子序列成立. 利用 S 的内半紧性和定理的闭图假设, 选取收敛于 $(\bar{y}_1,\bar{y}_2)\in S(\bar{x},\bar{y})$ 的序列 $(y_{1k},y_{2k})\in S(x_k,y_k)$ 的子序列 (不再重记下标). 考虑两个集合

$$\Omega_i:=\{(x,y_1,y_2)\in X\times Y\times Y|(x,y_i)\in \text{gph}F_i\},\quad i=1,2.$$

它们在 $(\bar{x},\bar{y}_1,\bar{y}_2)$ 附近是局部闭的. 由 (a) 注意到 Ω_1 在 $(\bar{x},\bar{y}_1,\bar{y}_2)$ 相对于第一和第三分量空间是 PSNC 的, 而 Ω_2 在 $(\bar{x},\bar{y}_1,\bar{y}_2)$ 相对于第一和第二分量空间是 PSNC 的, 而且在该点相对于第二分量空间是强 PSNC 的. 应用 Ω_i 的特殊结构, 能直接验证 (b) 蕴涵着 $\{\Omega_1,\Omega_2\}$ 在 $(\bar{x},\bar{y}_1,\bar{y}_2)$ 相对于 $Y\times Y$ 的混合规范条件. 现在由关键的定理 3.79 ($m=3$ 的情形) 得出 $\Omega_1\cap\Omega_2$ 在 $(\bar{x},\bar{y}_1,\bar{y}_2)$ 相对于 X 是 PSNC 的. 因为由 (3.78) 式有

$$(x_k^*,y_k^*,y_k^*)\in\widehat{N}_{\varepsilon_k}((x_k,y_{1k},y_{2k});\Omega_1\cap\Omega_2),$$

从而 $\|x_k^*\|\to 0$, 这就完成了定理的证明. △

定理 3.88 的假设 (a) 和 (b) 都自动成立, 如果对任意 $(\bar{y}_1,\bar{y}_2)\in S(\bar{x},\bar{y})$, 其中一个 F_i 在 $(\bar{x},\bar{y}_i)$ 附近是类 Lipschitz 的, 另一个在 $(\bar{x},\bar{y}_i)$ 是 PSNC 的. 而且, 根据定理 3.88 的证明易知, 如果 S 被假定在 $(\bar{x},\bar{y},\bar{y}_1,\bar{y}_2)$ 是内半连续的, 那么里面的假设 (a) 和 (b) 只需加在给定点 $(\bar{y}_1,\bar{y}_2)\in S(\bar{x},\bar{y})$.

下面的推论给出有效条件确保增广实值函数和的上图序列法紧 (SNEC) 性质的保持.

推论 3.89 (l.s.c. 函数的和的 SNEC 性质) 设 $\varphi_i:X\to\overline{\mathbb{R}}$, $i=1,2$ 在某点 $\bar{x}\in(\text{dom}\varphi_1)\cap(\text{dom}\varphi_2)$ 附近是正常的和 l.s.c. 的. 假设每个 φ_i 在 $\bar{x}$ 是 SNEC 的, 并且

$$\partial^\infty\varphi_1(\bar{x})\cap(-\partial^\infty\varphi_2(\bar{x}))=\{0\}. \tag{3.79}$$

则 $\varphi_1+\varphi_2$ 在 $\bar{x}$ 是 SNEC 的.

证明 对上图集值映射 $F_i:=E_{\varphi_i}:X\rightrightarrows\mathbb{R}$ 应用定理 3.88 即得, 其中 $F_1+F_2=E_{\varphi_1+\varphi_2}$. 事实上, F_i 在 $(\bar{x},\varphi_i(\bar{x}))$ 是 PSNC 的当且仅当 φ_i 在 $\bar{x}$ 是 SNEC 的 $(i=1,2)$. 而且, 定理 3.88 的规范条件 (b) 简化为 (3.79) 式. 基于 φ_i 的下半连续性, 可直接验证定理 3.88 的相应映射 S 在 $(\bar{x},\varphi_1(\bar{x})+\varphi_2(\bar{x}))$ 是内半紧的. 因此 $E_{\varphi_1}+E_{\varphi_2}$ 在点 $(\bar{x},\varphi_1(\bar{x})+\varphi_2(\bar{x}))$ 是 PSNC 的 (即此时也是 SNC 的), 这意味着 $\varphi_1+\varphi_2$ 在 $\bar{x}$ 是 SNEC 的. △

接下来得到关于集值映射/实值函数的和的全 SNC (而不是部分 SNC) 性质的结果. 这些结果与 PSNC 情形类似, 只是需加更强的规范条件.

定理 3.90(集值映射的和的 SNC 性质) 设 $(\bar{x},\bar{y})\in\text{gph}(F_1+F_2)$, 其中 F_i 在 $\bar{x}$ 附近的任何点 x 处都是闭图的. 假设定理 3.88 中的映射 S 在 $(\bar{x},\bar{y})$ 是内半紧的,

而且对任意 $(\bar{y}_1,\bar{y}_2)\in S(\bar{x},\bar{y})$, 下列条件成立:

(a) 每个 F_i 在 $(\bar{x},\bar{y})$ 都是 SNC 的;

(b) $\{F_1,F_2\}$ 满足 (基本) 法锥上导数规范条件

$$D_N^*F_1(\bar{x},\bar{y}_1)(0)\cap(-D_N^*F_2(\bar{x},\bar{y}_2)(0))=\{0\}.$$

则 F_1+F_2 在 $(\bar{x},\bar{y})$ 是 SNC 的.

证明 应用推论 3.81 而不是定理 3.79, 并利用定理 3.88 的证明思想可得结论成立. △

作为上述结果的一个直接推论, 得到一个奇异次微分条件确保实值连续函数的线性组合的 SNC 性质的保持.

推论 3.91 (连续函数的线性组合的 SNC 性质) 设 $\varphi_i:X\to\mathbb{R},i=1,2$ 在 $\bar{x}$ 附近是连续的, 并且在该点是 SNC 的. 假设规范条件

$$[\partial^\infty\varphi_1(\bar{x})\cup\partial^\infty(-\varphi_1)(\bar{x})]\cap[-(\partial^\infty\varphi_2(\bar{x})\cup\partial^\infty(-\varphi_2)(\bar{x}))]=\{0\}. \tag{3.80}$$

则对任何 $\alpha_1,\alpha_2\in\mathbb{R}$, $\alpha_1\varphi_1+\alpha_2\varphi_2$ 在 $\bar{x}$ 是 SNC 的.

证明 根据定理 2.40(ii) 由上面的定理可得. △

下一个目标是研究具有形式

$$\max\{\varphi_1,\varphi_2\}(x):=\max\{\varphi_1(x),\varphi_2(x)\}$$

的极大值函数的 SNEC 和 SNC 性质, 其中 $\varphi_i:X\to\overline{\mathbb{R}},i=1,2$. 这种函数的 SNEC 性质密切关联于集合和集值映射的交的 SNC 性质. 下面的等价性结果, 特别地, 给出了一个奇异次微分条件确保 Asplund 空间中的 l.s.c. 函数的极大值运算下 SNEC 性质的保持.

命题 3.92 (极大值函数的 SNEC 性质) 设 $\mathcal{X}$ 是 Banach 空间族, 它在有限乘积下是闭的, 并且包含有限维空间. 则下列断言等价:

(i) 任取 $X\in\mathcal{X}$ 和正常函数 $\varphi_i:X\to\overline{\mathbb{R}}(i=1,2)$, 它们在某 $\bar{x}\in(\mathrm{dom}\varphi_1)\cap(\mathrm{dom}\varphi_2)$ 附近是 l.s.c. 的, 满足 $\varphi_1(\bar{x})=\varphi_2(\bar{x})$ 和规范条件 (3.79). 如果每个 φ_i 在该点是 SNEC 的, 那么就有 $\max\{\varphi_1,\varphi_2\}$ 在 $\bar{x}$ 是 SNEC 的.

(ii) 任取 $X,Y\in\mathcal{X}$ 和映射 $(\bar{x},\bar{y})\in(\mathrm{gph}F_1)\cap(\mathrm{gph}F_2)$ 满足规范条件:

$$N((\bar{x},\bar{y});\mathrm{gph}F_1)\cap(-N((\bar{x},\bar{y});\mathrm{gph}F_2))=\{(0,0)\}.$$

如果每个 F_i 在该点是 SNC 的, 那么就有 $F_1\cap F_2$ 在 $(\bar{x},\bar{y})$ 是 SNC 的.

(iii) 任取 $X\in\mathcal{X}$ 和集合 $\Omega_i(i=1,2)$, 它们在某 $\bar{x}\in\Omega_1\cap\Omega_2$ 附近是闭的, 且满足规范条件

$$N(\bar{x};\Omega_1)\cap(-N(\bar{x};\Omega_2))=\{0\}.$$

如果每个 Ω_i 在该点是 SNC 的, 那么 $\Omega_1 \cap \Omega_2$ 在 $\bar{x}$ 是 SNC 的.

特别地, 上面的断言成立, 如果 $\mathcal{X}$ 是 Asplund 空间族.

证明 下证 (i) $\Rightarrow$(iii)$\Rightarrow$(ii)$\Rightarrow$(i). 事实上, (iii) $\Rightarrow$ (ii) 是显然的. 为证 (ii) $\Rightarrow$(i), 对 $F_i := E_{\varphi_i}, i = 1, 2$, 在 $(\bar{x}, \bar{y})$(其中 $\bar{y} := \varphi_1(\bar{x}) = \varphi_2(\bar{x})$) 处应用 (ii). 注意到每个 E_{φ_i} 在 $(\bar{x}, \bar{y})$ 是 SNC 的, (ii) 中的规范条件简化为 (3.79) 式. 因此 $E_{\varphi_1} \cap E_{\varphi_2}$ 在 $(\bar{x}, \bar{y})$ 是 SNC 的. 考虑到

$$\mathrm{gph}(E_{\varphi_1} \cap E_{\varphi_2}) = \mathrm{epi}(\max\{\varphi_1, \varphi_2\}),$$

由 (ii) 得 (i).

为证 (i) $\Rightarrow$(iii), 对指示函数 $\varphi_i(x) = \delta(x; \Omega_i)(i = 1, 2)$ 应用 (i), 则每个 $\delta(\cdot; \Omega_i)$ 在 $\bar{x}$ 显然是 SNEC 的, 并且 (3.79) 式简化为 (iii) 中的规范条件. 由于

$$\max\{\delta(x; \Omega_1), \delta(x; \Omega_2)\} = \delta(x; \Omega_1 \cap \Omega_2),$$

而函数 $\delta(\cdot; \Omega_1 \cap \Omega_2)$ 在 $\bar{x}$ 是 SNEC 的, 这等价于 $\Omega_1 \cap \Omega_2$ 在该点的 SNC 性质. 这样命题的最后一个结论由推论 3.81 可得. △

由于下面的结果在 Asplund 空间中成立, 所得结果可得到次梯度条件确保连续函数极大值 (和极小值) 的 SNC 的保持.

命题 3.93 (实值连续函数的 SNEC 和 SNC 性质之间的关系) 设 $\varphi : X \to \overline{\mathbb{R}}$ 在 $\bar{x}$ 附近连续, 则 φ 在 $\bar{x}$ 是 SNC 的当且仅当 φ 和 $-\varphi$ 在该点都是 SNEC 的.

证明 由在 Asplund 空间成立的定理 2.40(i) 和给出连续函数的图和上图的 Fréchet 法向量之间关系的定理 1.80 的证明易得. △

推论 3.94 (极大值和极小值函数的 SNC 性质) 设 $\varphi : X \to \overline{\mathbb{R}}$ 在 $\bar{x}$ 附近连续, $\varphi_1(\bar{x}) = \varphi_2(\bar{x})$. 假设每个 φ_i 在 $\bar{x}$ 是 SNC 的, 则:

(i) $\max\{\varphi_1, \varphi_2\}$ 在 $\bar{x}$ 是 SNC 的, 如果规范条件 (3.79) 成立;

(ii) $\min\{\varphi_1, \varphi_2\}$ 在 $\bar{x}$ 是 SNC 的, 如果

$$\partial^\infty(-\varphi_1)(\bar{x}) \cap (-\partial^\infty(-\varphi_2)(\bar{x})) = \{0\}.$$

证明 由命题 3.92 得 $\max\{\varphi_1, \varphi_2\}$ 在 $\bar{x}$ 是 SNC 的. 根据命题 3.93, 下证 $-\max\{\varphi_1, \varphi_2\}$ 在该点是 SNEC 的. 注意到

$$\mathrm{epi}(-\max\{\varphi_1, \varphi_2\}) = \mathrm{epi}(-\varphi_1) \cup \mathrm{epi}(-\varphi_2).$$

再应用命题 3.93, 得集合 $\mathrm{epi}(-\varphi_1)$ 和 $\mathrm{epi}(-\varphi_2)$ 在点 $(\bar{x}, \varphi_1(\bar{x})) = (\bar{x}, \varphi_2(\bar{x}))$ 是 SNEC 的. 由 SNC 的定义和 ε-法向量集的递减性质 (1.5) 易得 $\mathrm{epi}(-\varphi_1) \cup \mathrm{epi}(-\varphi_2)$ 在该点是 SNEC 的, 这蕴涵着 $-\max\{\varphi_1, \varphi_2\}$ 的 SNEC 性质. 根据

$$\min\{\varphi_1(x), \varphi_2(x)\} = -\max\{-\varphi_1(x), -\varphi_2(x)\},$$

断言 (ii) 由断言 (i) 可得. 这就完成了定理的证明. △

注意, 与推论 3.91 中的和运算相比, 极大值函数的 SNC 性质与 SNEC 性质由相同的规范条件 (3.79) 保证. 注意到规范条件 (3.79) 与这样函数的 SNEC 性质一样所保证. 也注意到, 如果有一个 φ_i 在 $\bar{x}$ 附近是 Lipschitz 连续的, 那么规范条件 (3.79) 和 (3.80) 自动成立.

3.3.3 映射复合的序列法紧性

本节 (和本章) 的最后一小节研究 Asplund 空间之间的集值映射的复合 $F\circ G$ 的 PSNC 和 SNC 性质, 并且考虑这样复合的一些特殊情形. 在 3.3.1 小节的几何结果之上, 得到在各种复合下 PSNC 和 SNC 性质和相关性质被保持的有效规范条件. 类似于 3.3.2 小节, 这样的规范条件通过集值映射的混合和基本上导数及实值函数的奇异次微分来表达.

第一个定理给出集值映射在一般复合下 PSNC 性质被保持的条件. 注意到这个定理的规范条件组合了所论映射的混合和基本上导数, 比定理 3.13 中上导数链式法则的相应规范条件有更多限制.

定理 3.95 (复合的 PSNC 性质) 考虑复合 $F\circ G$, 其中 $G: X \rightrightarrows Y, F: Y \rightrightarrows Z$, 且 $\bar{z}\in(F\circ G)(\bar{x})$. 假设 G 和 F^{-1} 在 $\bar{x}$ 和 $\bar{z}$ 附近分别是闭图的, 集值映射

$$S(x,z):=G(x)\cap F^{-1}(z)=\{y\in G(x)|z\in F(y)\}$$

在 $(\bar{x},\bar{z})$ 是内半紧的. 还假设对任意 $\bar{y}\in S(\bar{x},\bar{z})$, 下列条件成立:

(a) 或者 G 在 $(\bar{x},\bar{y})$ 是 PSNC 的且 F 在 $(\bar{y},\bar{z})$ 是 PSNC 的, 或者 G 在 $(\bar{x},\bar{y})$ 满足 SNC 性质;

(b) $\{F,G\}$ 满足规范条件

$$D_M^*F(\bar{y},\bar{z})(0)\cap \ker D_N^*G(\bar{x},\bar{y})=\{0\}.$$

则复合 $F\circ G$ 在 $(\bar{x},\bar{z})$ 是 PSNC 的.

证明 取序列 $\varepsilon_k\downarrow 0, (x_k,z_k)\to(\bar{x},\bar{z}), x_k^*\xrightarrow{w^*}0$, 且 $\|z_k^*\|\to 0\ (k\to\infty)$ 满足

$$z_k\in(F\circ G)(x_k)\quad 和\quad x_k^*\in\widehat{D}_{\varepsilon_k}^*(F\circ G)(x_k,z_k)(z_k^*),\quad k\in\mathbb{N}. \tag{3.81}$$

为证 $F\circ G$ 在 $(\bar{x},\bar{z})$ 的 PSNC 性质, 根据定义 1.67, 需证沿某子序列 $\|x_k^*\|\to 0$. 由 (3.81) 式中第一个包含关系得 $y_k\in S(x_k,z_k)$ 对任意 $k\in\mathbb{N}$ 成立. 利用 S 的内半紧性和所给的闭图假设, 可选取 y_k 收敛于某 $\bar{y}\in G(\bar{x})\cap F^{-1}(\bar{z})$ 的子序列 (不再重记下标). 考虑子集 $\Omega_1,\Omega_2\subset X\times Y\times Z$ 定义

$$\Omega_1:=\text{gph}G\times Z,\quad \Omega_2:=X\times\text{gph}F,$$

它们在 $(\bar{x},\bar{y},\bar{z})\in\Omega_1\times\Omega_2$ 附近是局部闭的. 由 (3.81) 式中的第二个包含关系易得

$$(x_k^*,0,-z_k^*)\in\widehat{N}_{\varepsilon_k}((x_k,y_k,z_k);\Omega_1\cap\Omega_2),\quad k\in\mathbb{N}. \tag{3.82}$$

可验证定理 3.79 的所有假设对上面的集合 Ω_1 和 Ω_2 都成立, 其中 $m=3$, $J_1=\{1,3\}, J_2=\{1,2\}$, 或 $J_1=\{1,2,3\}, J_2=\{1\}$(依赖于 (a) 中的不同假设). 应用定理 3.79, 得集合 $\Omega_1\cap\Omega_2$ 在 $(\bar{x},\bar{y},\bar{z})$ 相对于 X 是 PSNC 的. 从而根据 (3.82) 式得 $\|x_k^*\|\to 0$, 这就完成了定理的证明. △

注意到定理 3.84 可由当 $F(y)=\delta(y;\Theta)$ 时的定理 3.95 得到, 然而定理 3.88 则不然. 也注意到, 如果其中的映射 S 在 $(\bar{x},\bar{z})$ 假设为内半连续的, 那么定理 3.95 中的假设 (a) 和 (b) 可只加在一定点 $(\bar{x},\bar{y},\bar{z})$ 上.

推论 3.96 (外映射是 Lipschitz 的复合的 PSNC 性质) 设 $\bar{z}\in(F\circ G)(\bar{x})$, 其中 $G:X\rightrightarrows Y$, $F^{-1}:Z\rightrightarrows Y$ 在 $\bar{x}$ 和 $\bar{z}$ 附近分别是闭图的. 假设映射 $G\cap F^{-1}$ 在 $(\bar{x},\bar{z})$ 是内半紧的, 且对任意的 $\bar{y}\in G(\bar{x})\cap F^{-1}(\bar{z})$, G 在 $(\bar{x},\bar{y})$ 是 PSNC 的, F 在 $(\bar{x},\bar{y})$ 附近是类 Lipschitz 的 (特别地, F 在 $\bar{x}$ 附近是局部 Lipschitz 的), 则 $F\circ G$ 在 $(\bar{x},\bar{z})$ 是 PSNC 的.

证明 根据定理 1.44 和命题 1.68, 对类 Lipschitz 映射定理 3.95 中的主要假设 (a) 和 (b) 自动成立. △

值得注意的是, 与推论 3.15 相比, G 在 $(\bar{x},\bar{y})$ 的度量正则性不能保证定理 3.95 的假设 (a) 和 (b) 成立 (即使 $\dim Y<\infty$ 时也如此, 这时 (b) 自动成立), 因为此时 G 在 $(\bar{x},\bar{y})$ 可能不是 PSNC 的.

定理 3.95 蕴涵着关于复合的 SNEC 性质的下列结果, 其中复合中外映射是增广实值函数, 内映射是 Asplund 空间之间的单值映射.

推论 3.97 (复合的 SNEC 性质) 设 $g:X\to Y$ 在 $\bar{x}$ 附近是连续的, $\varphi:Y\to\overline{\mathbb{R}}$ 在 $\bar{y}:=g(\bar{x})$ 附近是正常的和 l.s.c. 的. 假设或者 g 在 $\bar{x}$ 是 PSNC 的, 且 φ 在 $\bar{y}$ 是 SNEC 的, 或者 g 在 $\bar{x}$ 是 SNC 的. 则如果

$$\partial^\infty\varphi(\bar{y})\cap\ker D_N^*g(\bar{x})=\{0\},$$

就有 $\varphi\circ g$ 在 $\bar{x}$ 是 SNEC 的. 特别地, 如果 φ 在 $\bar{y}$ 附近是局部 Lipschitz 的, 且 g 在 $\bar{x}$ 附近是连续的, 且在该点是 PSNC 的, 那么 $\varphi\circ g$ 在 $\bar{x}$ 是 SNEC 的.

证明 令 $F:=E_\varphi$ 和 $G:=g$, 由定理 3.95 和推论 3.96 即得. △

下面得到条件确保在 Asplund 空间之间的集值映射在复合下 SNC 性质的保持.

定理 3.98 (复合的 SNC 性质) 设 $\bar{z}\in(F\circ G)(\bar{x})$, 其中 $G:X\rightrightarrows Y$ 和 $F^{-1}:Z\rightrightarrows Y$ 分别在 $\bar{x}$ 和 $\bar{z}$ 附近是闭图的. 假设 $G\cap F^{-1}$ 在 $(\bar{x},\bar{z})$ 是内半紧的, 且对任意的 $\bar{y}\in G(\bar{x})\cap F^{-1}(\bar{z})$ 下列条件成立:

(a) 或者 G 在 $(\bar{x},\bar{y})$ 是 PSNC 的, 且 F 在 $(\bar{y},\bar{z})$ 是 SNC 的, 或者 G 在 $(\bar{x},\bar{y})$ 是 SNC 的, 且 F^{-1} 在 $(\bar{z},\bar{y})$ 是 PSNC 的. 特别地, 当 G 和 F 在相应点都是 SNC 的, 则上述条件成立.

(b) $\{F,G\}$ 满足规范条件

$$D_N^*F(\bar{y},\bar{z})(0)\cap \ker D_N^*G(\bar{x},\bar{y})=\{0\}.$$

则复合 $F\circ G$ 在 $(\bar{x},\bar{z})$ 是 SNC 的.

证明　为证 $F\circ G$ 在 $(\bar{x},\bar{z})$ 的 SNC 性质, 需证对任何序列 $\varepsilon_k\downarrow 0,(x_k,z_k)\to(\bar{x},\bar{z})$ 和 $(x_k,z_k)\in \text{gph}(F\circ G)$, 及

$$(x_k^*,z_k^*)\in \widehat{N}_{\varepsilon_k}((x_k,z_k);\text{gph}(F\circ G)),\quad 使得\ (x_k^*,z_k^*)\xrightarrow{w^*}(0,0),$$

有 $\|(x_k^*,z_k^*)\|$ 沿某子序列收敛于 0. 沿定理 3.95 的证明方法, 考虑那里定义的集合 Ω_1 和 Ω_2, 并注意到

$$(x_k^*,0,z_k^*)\in \widehat{N}_{\varepsilon_k}((x_k,y_k,z_k);\Omega_1\cap\Omega_2),\quad k\in\mathbb{N},$$

由 $G\cap F^{-1}$ 的内半紧性可选取 $y_k\to\bar{y}\in G(\bar{x})\cap F^{-1}(\bar{z})$. 利用 Ω_1 和 Ω_2 的结构, 可验证当 $J_1=\{1,3\}$, $J_2=\{1,2,3\}$ 或 $J_1=\{1,2,3\}$, $J_2=\{1,3\}$(依赖于 (a) 中的假设), 定理 3.79 的所有假设均成立. 因此定理 3.79 保证 $\Omega_1\cap\Omega_2$ 在 $(\bar{x},\bar{y},\bar{z})$ 相对于 $\{X,Z\}$ 是 PSNC 的, 从而 $\|(x_k^*,z_k^*)\|\to 0$. 证毕.　△

结合定理 3.88, 3.90, 3.95, 3.98 及其推论, 可得关于各种复合的 PSNC 和 SNC 性质的结果, 特别地, 包括在 3.1.2 小节中考虑的 h-复合. 例如, 下面给出关于实值连续函数二元运算的一些结果, 特别地, 包括乘积和商. 为此, 首先建立 Asplund 空间中的连续函数 $\varphi_i:X\to\mathbb{R}$ 及其聚集映射 $(\varphi_1,\varphi_2):X\to\mathbb{R}^2$ 的 SNC 性质之间的关系.

命题 3.99 (聚集映射的 SNC 性质)　设 $\varphi_i:X\to\mathbb{R}(i=1,2)$ 在 $\bar{x}$ 附近是连续的, 并且满足规范条件 (3.80), 则 φ_i 在 $\bar{x}$ 都是 SNC 的当且仅当聚集映射 $(\varphi_1,\varphi_2):X\to\mathbb{R}^2$ 在该点是 SNC 的.

证明　设 φ_1 和 φ_2 在 $\bar{x}$ 是 SNC 的, 则映射 $f_i:X\to\mathbb{R}^2$(其中 $f_1(x)=(\varphi_1(x),0),f_2(x)=(0,\varphi_2(x))$) 在该点显然是 SNC 的. 根据定理 2.40, 得

$$D^*f_i(\bar{x})(0)\subset\partial^\infty\varphi_i(\bar{x})\cap\partial^\infty(-\varphi_i)(\bar{x}),\quad i=1,2.$$

由于 $(\varphi_1,\varphi_2)=f_1+f_2$, 根据定理 3.90 得, 映射 (φ_1,φ_2) 在 $\bar{x}$ 是 SNC 的.

反之, 假设 (φ_1,φ_2) 在 $\bar{x}$ 是 SNC 的, 令 $G(x):=(\varphi_1(x),\varphi_2(x))$ 和 $F_i(y_1,y_2):=y_i(i=1,2)$, 则通过对 $F_i\circ G$ 应用定理 3.98 即得每个 φ_i 的 SNC 性质.　△

现在把命题 3.99 和上面关于复合的 SNEC 和 SNC 性质的结果结合在一起, 得到条件确保由某函数 $v:\mathbb{R}^2\to\overline{\mathbb{R}}$ 定义的抽象二元运算的 SNEC 和 SNC 性质.

推论 3.100 (二元运算的 SNEC 和 SNC 性质)　设 $\varphi_i:X\to\mathbb{R}(i=1,2)$ 在 $\bar{x}$ 附近是连续的, $v:\mathbb{R}^2\to\overline{\mathbb{R}}$ 在 $\bar{y}:=(\varphi_1(\bar{x}),\varphi_2(\bar{x}))$ 附近是 l.s.c. 的. 假设每个 φ_i 在 $\bar{x}$ 是 SNC 的, 且 $\{\varphi_1,\varphi_2\}$ 满足规范条件 (3.80). 则:

(i) $v(\varphi_1,\varphi_2)$ 在 $\bar{x}$ 是 SNEC 的, 如果 $\partial^\infty v(\bar{y})=\{0\}$;

(ii) $v(\varphi_1,\varphi_2)$ 在 $\bar{x}$ 是 SNC 的, 如果 v 在 $\bar{y}$ 附近是连续的且

$$\partial^\infty v(\bar{y})\cup\partial^\infty(-v)(\bar{y})=\{0\}.$$

证明 对复合 $v\circ f$, 其中 $f(x):=(\varphi_1(x),\varphi_2(x))$, 应用命题 3.99 和推论 3.97 可得断言 (i). 对复合 $v\circ f$ 应用命题 3.99 和定理 3.98 可得断言 (ii). 注意, 根据定理 2.40(ii) 有 $D^*v(\bar{y})(0)=\partial^\infty v(\bar{y})\cup\partial^\infty(-v)(\bar{y})$, 所以规范条件 (b) 成立. △

值得注意的是推论 3.100 蕴涵着推论 3.91, 但不蕴涵推论 3.89 和推论 3.94, 那里的规范条件有更少的限制, 这是由于所考虑的对称运算具有特殊性质. 最后给出推论 3.100 关于积和商的直接推论.

推论 3.101 (乘积和商的 SNC 性质) 设 $\varphi_i, i=1,2$ 在 $\bar{x}$ 附近是连续的, 并且在该点是 SNC 的. 假设规范条件 (3.80) 成立. 则乘积 $\varphi_1\cdot\varphi_2$ 在 $\bar{x}$ 是 SNC 的, 而且, 如果 $\varphi_2(\bar{x})\neq 0$, 那么商 φ_1/φ_2 在该点也是 SNC 的.

证明 乘积和商的结果由推论 3.100(ii) 分别取 $v(y_1,y_2):=y_1\cdot y_2$ 和 $v(y_1,y_2):=y_1/y_2$ 可得. △

注 3.102 (集合和映射的 CEL 性质的分析法则) 正如注 1.27(ii) 中指出的那样, Asplund 空间中闭集的紧上 Lipschitz (CEL) 性质在形式上有类似于 SNC 性质的一个完全刻画, 唯一的区别就是 Fréchet 法向量的序列弱* 收敛被有界网的相同收敛所替代. 现在利用 Fabian 与 Mordukhovich[422] 的结果得到 SNC 和 CEL 性质在弱紧生成 Asplund 空间中是相同的 (特别地, 在自反 Banach 空间或可分 Asplund 空间中), 但是它们在不可分情形中可能不同. 这样上面关于集合和映射的 SNC 性质的结果给出了 WCG Asplund 空间中相应的 CEL 分析法则.

另外, Ioffe 在文献 [607] 中证明了闭 CEL 集合这样的弱* 拓扑 (有界网) 描述在任意 Banach 空间中成立, 如果 Fréchet 法锥被 (2.76) 中定义的 G-法锥的核所代替. 利用这个描述和上面建立的过程, 能得到关于 Banach 空间中的集合和映射在各种运算下 CEL 性质被保持的结果, 这类似于在 Asplund 空间中得到的 SNC 的结果. 这些结果之间的主要区别是在任意 Banach 空间中需要应用 (代替基本法向量、次梯度和基本上导数) G-法锥的核与相关的映射和函数的上导数和次微分结构来表述相应的 (基本) 法锥规范条件. 后者关联于这样的事实: G-法锥在一般的 Banach 空间中给出了一个拓扑法向量结构 (参见 2.5 节). 用这种方法, 得到推论 3.81、定理 3.84、定理 3.86(对不等式和 Lipschitz 等式约束)、定理 3.90、命题 3.92 和定理 3.98 (使用内半紧性的拓扑网版本) 的相应结果保证在任意 Banach 空间中 CEL 性质在一般运算下被保持. 与推论 3.91 和定理 3.98 的特殊情形有关的这个方向的类似结果可以在 Jourani 的文章[648] 中找到, 那里的证明是不同的.

最后, 值得注意的是在有限维中不需要任何 SNC 分析法则, 因为其中每个集

合都自动是 SNC 的. 因此本节关于 SNC 分析法则所得的规范条件仅相关于无限维空间中的变分分析. 然而, 在有限维空间中它们简化为基本法向量、次梯度和上导数的分析法则中所需要的规范条件, 这些法则对广义微分的任何应用都是至关重要的. 因此, 作为无限维变分分析的最基本的内容之一, SNC 分析法则形成统一的理论并能有效地应用于有限维和无限维两种情形中的各种问题; 参见本书随后的章节.

注 3.103 (Asplund 生成空间中的次微分分析法则和相关课题) 关于类Fréchet 广义微分结构及其序列极限本章给出的大多数结果要求所论 Banach 空间的 Asplund 结构. 其方法主要基于变分分析的极点原理及其等价描述, 只要处理类Fréchet 可微性和次可微性, 为使这些等价描述成立 Asplund 性质是必要的. 所涉及的类 Fréchet 结构及其序列正则化从经典和广义微分的角度来说似乎都是强有力和自然的, 本书建立的许多关键结果和技术本质地利用了这些结构. 与本书中研究的这些结构平行, 也有其他一些广义微分结构成功地应用于非光滑分析中, 然而, 它们不是本质上太大, 就是更复杂 (涉及特殊的拓扑/网弱* 极限), 或者只能限制在比较小的 Banach 空间类中使用. 相关的结果和讨论参见 2.5 节, 评论和文献见 3.2.3 小节.

把基于类 Fréchet 结构及其序列极限的方法推广到更大的 Banach 空间类是很有意义的. 这样的空间类应包括所有的可分空间, 因为这对应用可能是最重要的. 这项工作开始于 Fabian, Loewen 与 Mordukhovich[418], 所用的空间类是 Asplund 生成空间 (AGS), 包含了 Asplund 空间和弱紧生成空间, 特别地包含所有可分 Banach 空间. 一个 Banach 空间 $(X, \|\cdot\|_X)$ 是 Asplund 生成的, 如果存在一 Asplund 空间 $(Y, \|\cdot\|_Y)$ 和一线性有界算子 $A: Y \to X$, 使得它的值域 AY 在 X 中是稠密的 (参见文献 [416]). 包括 Asplund 空间自身在内, Asplund 生成空间类包括下列空间:

1. Lebesgue 空间 $X = L^1(\Omega, \Sigma, \mu, Z)$ 是 Asplund 生成的, 如果 (Ω, Σ, μ) 是一个细可测空间, Z 是 AGS 的. 此时有 $Y = L^2(\Omega, \Sigma, \mu, Z)$ 和 $\|\cdot\|_Y = \|\cdot\|_{L^2}$.

2. 定义在紧空间 K 上的连续函数的空间 $\mathcal{C}(K)$ 是 Asplund 生成的当且仅当对某个 Asplund 空间 Z, K 与 Z^* 的某弱* 紧子集是同胚的. 这里 Y 的结构与前面的例子相比要复杂得多 (参见文献 [416] 中的定理 1.2.4).

3. 每个可分 Banach 空间 X 是 Asplund 生成的. 事实上, 每个这样的空间 X 包含 Hilbert 空间 ℓ^2 的稠密线性像. 为此, 取定在 X 的单位球中稠密的某个可数集合 $\{x_k \mid k \in \mathbb{N}\}$, 并定义映射 $A: \ell^2 \to X$ 为

$$A(z) := \sum_{k=1}^{\infty} 2^{-k} z_k x_k, \quad \forall\, z = (z_1, z_2, \cdots) \in \ell^2.$$

显然 A 是具有稠密值域的线性有界算子.

4. 每个弱紧生成 (WCG) Banach 空间 X 是 Asplund 生成的. 由于每个可分空间是 WCG 的, 这类 AGS 是第 3 条中 Asplund 生成空间的一个推广. 然而, 此时

Y 的选择更加困难, 尽管证明是构造性的. 实际上, Y 可以选为如文献 [416, 定理 1.2.3] 所证的自反 Banach 空间. 在此方向值得注意的是, 正如该文献中定理 1.2.4 的证明那样, $\mathcal{C}(K)$ 是 WCG 的当且仅当 K 是 Eberlein 紧的 (参见上面第 2 条).

如果 X 是 AGS 的, 且 $Y \subset X$, $A = \mathcal{I}\colon Y \to X$ 是内射/ 包含算子, 那么四元组 $(X, \|\cdot\|_X, Y, \|\cdot\|_Y)$ 被称为一个 Asplund 嵌入结构. 注意到每个 Asplund 生成空间可被一个 Asplund 嵌入结构实现, 反之亦然. 利用 Asplund 嵌入结构定义下面的法向量和次梯度是非常方便的. 给定这样一结构中的 $\Omega \subset X$ 和 $\bar{x} \in \Omega \cap Y$, 令

$$N_Y(\bar{x}; \Omega) := \mathcal{I}^{*-1}\left(N(\bar{x}; \Omega \cap Y)\right),$$

其中右边的基本法锥在 Asplund 空间 Y 中计算. 类似地, 给定一正常函数 $\varphi : X \to \overline{\mathbb{R}}$ 且 $\bar{x} \in \operatorname{dom}\varphi \cap Y$, 定义

$$\partial_Y \varphi(\bar{x}) := \mathcal{I}^{*-1}(\partial(\varphi|_Y)(\bar{x})),\ \partial_Y^\infty \varphi(\bar{x}) := \mathcal{I}^{*-1}(\partial^\infty(\varphi|_Y)(\bar{x})).$$

这些定义后面的思想是在 Asplund 空间 Y 中计算法向量和次梯度, 由此得到 Y^* 的子集, 然后通过考虑它们在 $\mathcal{I}^*$ 下的逆像而得到 X^* 中的子集. 在前面提到的 Fabian, Loewen 与 Mordukhovich 的文献中证明了对局部 Lipschitz 函数 φ, 有

$$\mathcal{I}^*(\partial_Y \varphi(\bar{x})) = \partial(\varphi|_Y)(\bar{x}) \neq \varnothing \quad \text{和} \quad \mathcal{I}^*(\partial_Y^\infty \varphi(\bar{x})) = \partial^\infty(\varphi|_Y)(\bar{x}) = \{0\}.$$

而且, 对闭集的法向量和 l.s.c. 函数的次梯度分别有分析法则

$$N_Y(\bar{x}; \Omega_1 \cap \Omega_2) \subset N_Y(\bar{x}; \Omega_1) + N_Y(\bar{x}; \Omega_2),$$

$$\partial_Y(\varphi_1 + \varphi_2)(\bar{x}) \subset \partial_Y(\varphi_1)(\bar{x}) + \partial_Y(\varphi_2)(\bar{x}),$$

$$\partial_Y^\infty(\varphi_1 + \varphi_2)(\bar{x}) \subset \partial_Y^\infty(\varphi_1)(\bar{x}) + \partial_Y^\infty(\varphi_2)(\bar{x}),$$

这里分别需要

$$N_Y(\bar{x}; \Omega_1) \cap (-N_Y(\bar{x}; \Omega_2)) = \{0\}, \quad \partial_Y^\infty \varphi_1(\bar{x}) \cap (-\partial_Y^\infty \varphi_2(\bar{x})) = \{0\},$$

需要其中一个集合/映射的 Y-SNC 条件 (由在 Asplund 空间 Y 上的自然限制定义), 以及需要下面的正常性条件

$$\mathcal{I}^*(N_Y(\bar{x}; \Omega_i)) = N(\bar{x}; \Omega_i \cap Y), \quad \text{对某个 } i \in \{1, 2\} \text{ 成立},$$

$$\mathcal{I}^*(\partial_Y \varphi_i(\bar{x})) = \partial(\varphi_i|_Y)(\bar{x}), \quad \mathcal{I}^*(\partial_Y^\infty \varphi_i(\bar{x})) = \partial^\infty(\varphi_i|_Y)(\bar{x})$$

对某个 $i \in \{1, 2\}$ 成立. 注意到, 若有一函数 φ_i 或一集合 Ω_i 在参考点附近分别是局部 Lipschitz 的和上 Lipschitz 的, 则规范条件和正常性条件自动成立. 所给出的分析结果是在 Asplund 生成空间中得到广义微分其他分析法则的基础, 类似于本章在 Asplund 空间情形中的讨论.

3.4 第 3 章评注

3.4.1 分析法则的关键作用

本章结果架起了广义微分及其在变分问题 (尤其在本书中所考虑的问题) 中的主要应用之间的桥梁. 实际上, 对所引入的任何广义微分的结构和性质, 其应用潜力都归结于它们是否具有令人满意的分析法则, 即是否可以被计算、被有效地估计和/或在各种运算下结构和性质能否被保持. 经典微分理论及其许多应用的巨大成功主要归因于经典导数所具有的广泛的分析法则 (虽然有些法则几乎是显然的), 同样的说法也适用于凸分析中的次梯度, 只是其中的分析法则不但是平凡的: 其证明很强地基于凸集分离定理.

在第 1 章已经看到, 许多有用的分析法则在任意 Banach 空间中对基本广义微分结构是成立的. 然而, 这里的大多数法则是有很大限制的, 例如要求复合中涉及到的一些函数的光滑性. 在第 2 章建立的极点原理的基础之上, 本章证明了这样的限制在 Asplund 空间框架下根本不需要, 而且基本法向量、上导数和次微分 (一阶和二阶) 结构实际上具有相当丰富/全面的分析法则, 这是后面应用的关键.

另外需要指出, SNC 分析法则 (即有效条件确保这样的法紧性在各种运算下被保持) 对理论和应用也具有基本重要性. 这主要是因为, SNC 条件对无限维中广义微分的分析法则是至关重要的. 因此如果不能保证 SNC 性质在相应的运算下被保持, 就无法进行广义微分分析法则的应用. 这样的 SNC 分析法则直到最后才建立起来 (请看下文), 在本章给出了这些法则, 它们在本书随后应用中起着十分重要的作用. 这些分析法则也建立在第 2 章讨论的变分分析极点原理的基础之上.

3.4.2 广义微分分析法则的对偶空间几何方法

本书中的分析法则主要基于 (对偶空间中的) 几何方法, 即首先建立任意闭集的广义法向量的分析法则, 然后把它们依次应用到集值映射的上导数和增广实值函数的次梯度. 这个方法由 Mordukhovich[894,901,910] 在有限维框架下最先引入和建立, 其中利用 (确切) 极点原理作为主要工具得到基本法向量的交法则, 它是所有非凸分析法则的核心.

3.1.1 小节主要是关于 Asplund 空间框架下基本法向量的分析法则. 从这点来说, 引理 3.1 中关于 Fréchet 法向量的模糊交法则是一个初始结果, 但是在下文中却起着重要的技术性作用, 它由 Mordukhovich 与 B. Wang[963] 根据近似极点原理得到. 值得注意的是, 尽管分析法则课题本身不具有最优化/变分特性, 但是 Fréchet 法向量结构允许建立闭集的一特殊极点系统, 然后应用极点原理. 注意到在这样的一般非凸情形下利用极点原理和在相应的凸分析框架下应用经典的分离定理是类似的 (参见文献 [1142] 中定理 23.8 的“另一”几何方法的证明), 然而注意到在凸的情形一般并不需要建立集合的极点系统.

尽管引理 3.1 的断言不需要任何规范条件 (实际上它没有给出当 $\lambda=0$ 时估计 $\Omega_1\cap\Omega_2$ 的 Fréchet 法向量的法则), 为得到基本法向量的“真正的”交法则, 这样的条件却是不可避免的. 定义 3.2(i) 中的 (基本) 法锥规范条件 (3.10) 由 Mordukhovich[894] 引入来建立有限维中定理 3.4 中的基本法向量的交法则. Ioffe[596] 独立地得到这个交法则, 其中利用了罚函数方法, 而且用了以 Clarke 切锥给出的有更多限制的切向规范条件

$$T_C(\bar{x};\Omega_1)-T_C(\bar{x};\Omega_2)=\mathbb{R}^n.$$

Rockafellar[1155] 曾 (也独立地) 用过规范条件 (3.10) 式的一个变种 (以 Clarke 法锥表示) 来得到有限维空间中 Clarke 法向量的类似交法则 (3.11).

定义 3.2(ii) 中的极限规范条件由 Mordukhovich 与 B. Wang[963] 引入. 正如在 3.1.1 小节讨论的那样, 在有限维空间中它等价于 (基本) 法锥条件 (3.10), 一般来说在无限维空间中则更弱. 与 (基本) 法锥规范条件 (3.10) 相比极限规范条件的最强大的优势之一是它可导出无限维空间之间集值映射明显更好的上导数分析法则 (参见 3.1.2 小节).

3.4.3　无限维空间中的法紧性条件

从凸分析开始人们就已经很好地认识到, 除了有限和无限维空间中所需要的规范条件外, 需要本质不同的另一条件来保证无限维空间中的分析法则成立. 对 (两个) 凸集交集的情形, 这一条件通常涉及加在其中之一集合上的非空内部的假设. 在定义 3.3 中描述的部分序列法紧性可能是这一情形中最弱的条件, 甚至对凸集而言, 它们极大地改进了关于非空内部的标准假设. 对乘积空间中集合, 这些条件一般情形在前面提到的文献 [963] 中定义, 而映射图的 PSNC 性质研究得更早些 (参见 1.2.5 小节和在第 1 章 1.4.15 小节给出的相应评注). 似乎强 PSNC 性质在 Mordukhovich 与 B. Wang[963] 之前还没有被明确地认识, 尽管对映射的情形由 Jourani 与 Thibault[655] 给出的部分 CEL 性质可以得到 (请比照定理 1.75). 值得注意的是, 对没有乘积结构的空间的子集来说定义 3.3 中的两个 PSNC 性质都简化为 1.1.3 小节中所研究的基本的 SNC 性质 (也可参见 1.4.11 小节中的评注).

3.4.4　基本法向量的分析法则

定理 3.4 的完整陈述来源于 Mordukhovich 与 B. Wang[963], 在没有乘积结构的空间中它的重要推论 3.5 更早由 Mordukhovich 与 Shao[949] 在 (基本) 法锥规范条件 (3.10) 下得到. 这个推论后给出的例子表明 SNC 假设甚至对任意无限维空间

中凸子集的交法则都是重要的, 这个例子取自 Borwein 与 Zhu[162]. 更复杂的例 3.6 表明推论 3.5 中的 SNC 假设严格弱于 CEL 假设, 甚至对光滑空间中的子锥亦如此. 这个例子基于文献 [422].

交法则 (3.11) 在具有 Fréchet 光滑重赋范的 Banach 空间的情形由 Kruger[708] 建立, 这主要基于他的博士论文[706], 其中要求一个集合有上图 Lipschtiz 性质并用了与 (基本) 法锥规范条件 (3.10) 相比更强的、由 Clarke 切锥描述的切向规范条件. 具有相同上图 Lipschitz 性质和切向规范条件的类似结果由 Ioffe[597,599] 在更一般的空间中对他的分析上和几何上的“近似”法锥得到. 值得注意的是这两种锥即使在 Fréchet 光滑空间的上图 Lipschitz 子集的情形也可能比基本法锥大 (参见 2.5.2 B 小节和随后在 3.2.3 小节中给出的讨论). 对 Banach 空间中 CEL 子集的情形这些结果的进一步推广见 Jourani 与 Thibault[658].

据作者所知, 定理 3.7(ii) 的基本法向量的和法则在有限维的情形最初在文献 [1165, 练习 6.44] 中表述, 尽管实际上它更早由 Rockafellar[1155, 推论6.2.1] 证明, 其中以 Clarke 法向量代替定理 3.7(ii) 中包含关系的右边 (但不是左边) 的基本法锥. 这个法则的完整陈述来源于 Mordukhovich 与 B. Wang 的另一篇文章[966]. 有意思的是, 与定理 3.4 的交法则相比, 这里不需要对和法则强加任何规范和 SNC 条件. 事实上, 此时它们自动成立 (见定理 3.7 的证明).

计算和估计逆像/预像集合的广义法向量在应用中非常有用, 特别是对最优化问题 (见文献 [164, 901, 1165] 及其中的参考文献, 和本书随后的材料). 关于集值映射下集合的逆像的基本法向量的定理 3.8 由 Mordukhovich 与 B. Wang[963] 根据定理 3.4 的主要交法则得到 (作为 Mordukhovich[908] 和 Mordukhovich 与 Shao[950] 以前所得结果的推广), 注意到文献 [963] 中的所有结果涉及一个任意的可靠拓扑 τ 以及由之定义的 τ-极限法向量、次梯度、上导数及相应的 τ-SNC 性质 (参见文献 [963] 和本书的注 3.23). 选择合适的拓扑, 相对于标准的极限结构能得到更好的结果, 因为此时可以考虑所论空间和 (图) 集合的乘积结构. 特别地, 比如定理 3.8 的规范条件 (b) 中起显著作用的反向混合上导数 $\widetilde{D}^*_M F(\bar{x},\bar{y})$ 对应着乘积空间 $X^* \times Y^*$ 上的混合拓扑 $\tau = \|\cdot\| \times w^*$, 可根据第 1 章对应的上导数结果得出度量正则映射的逆像法则 (3.15) (参见推论 3.9 及其证明). 另外逆像法则可看做是集值映射上导数链式法则和单值映射情形下它们次微分对应法则的特例 (参见下文).

3.4.5 完整的上导数分析法则

3.1.2 小节给出的上导数分析法则在有限维的情形最先由 Mordukhovich 在文献 [910] 中建立. 而定理 3.10(ii) 中的和法则出现在更早的文献 [908] 中, 其中在度量逼近的基础之上用稍微不同的直接方法得到. 还建议读者参阅 Rockafellar 与 Wets 的书[1165], 里面再次给出了有限维空间中文献 [910] 中的主要上导数法则. 注意到求和结果在本书得到上导数和次微分分析法则的方法中起着枢纽作用, 而文献 [1165] 中的方法则开始于链式法则.

在无限维 (Asplund 空间) 中, 定理 3.10 的第一个版本由 Mordukhovich 与 Shao 在文献 [950] 中对 $D^* = D_N^*$ 情形得到, 其中使用了以基本上导数描述的具有 (3.19) 形式的更强的规范条件. 这个规范条件在文献 [917, 953] 中被改进为以混合上导数 $D^* = D_M^*$ 表述的规范条件 (3.19), 对定理 3.10 中的上导数链式法则的 $D^* = D_N^*$ 和 $D^* = D_M^*$ 两种情形, 它都是充分的. 所有这些文章中给出的证明大体上类似于文献 [910], 首先在上导数框架下利用无限维情形中的近似极点原理 (代替有限维中文献 [910] 中的确切极点原理), 然后取极限, 也可参见 Mordukhovich 与 Shao 基于这个方法得到的“模糊”上导数结果的随后文章[952].

本书给出的证明由 Mordukhovich 与 B. Wang 在文献 [963] 中给出, 这里应用定理 3.4 中的法锥交法则和引理 3.1, 这也基于极点原理但沿用了更直接和统一的几何方法. 注意到需要应用定理 3.4 当 $m = 3$ 时的乘积结构和其中的极限 (而不是 (基本) 法锥) 规范条件来得到定理 3.10 中的最强上导数和法则, 其中所有假设都是基于点的, 即在参考点表达而不是在它们的邻域. 在定理 3.10 的规范条件 (3.19) 中使用混合而非基本上导数, 以及使用部分 SNC 的最本质的好处之一是对类 Lipschitz 映射它们自动成立, 这是根据在第 1 章建立的 Lipschitz 性质的必要上导数条件 (参见引理 3.11).

定理 3.13 的链式法则完全由 Mordukhovich 与 Shao 在文献 [917, 953] 中建立, 之前的版本见前面提到的文献 [910, 950, 952]. 也注意到这个定理的所有假设都是基于点的, 而在 (3.27) 式中的混合规范条件同时保证基本和混合两种上导数的链式法则, 且内 (而不是外) 映射的基本上导数出现在基本和混合两种上导数的链式法则中. 还注意到定理 3.13 中的等式论断 (iii) 给出了各种有用的条件来保持映射在复合下的基本和混合正则性.

对 Asplund 空间中的基本法锥和任意 Banach 空间中由 2.5.2B 小节给出的 Ioffe G 法锥的核, 关于它们生成的上导数的定理 3.13 中的包含型链式法则分别在法锥规范条件和 G-法锥规范条件下由 Ioffe 与 Penot[614] 和 Jourani 与 Thibault[659,660] 得出, 其证明类似, 都用到了 Ekeland 变分原理, 更多的信息和讨论参见这些文章. 在法锥规范条件下基本上导数的和法则在文献 [614, 659, 660] 中由相应的链式法则导出. 建议读者参阅 Mordukhovich, Shao 与 Zhu 的文章[954], 其中在混合规范条件下得出了类似于定理 3.10 和 3.13 的和与链式法则, 那里涉及的是基本/混合上导数的拓扑/网意义下的黏性变种结构, 而所论 Banach 空间要求具有一个相对于某任意生成族的阻尼函数.

关于混合上导数的所谓零链式法则由 Mordukhovich 与 Nam 在文章[934] 中建立. 它与定理 3.13 中的一般链式法则的主要区别如下:

(a) 它涉及复合 $F \circ G$ 的混合上导数, 而复合的内映射是类 Lipschitz 的, 并且只能应用于零上导数论证 ($z^* = 0$);

(b) 对复合 $F \circ G$ 的混合上导数的上估计, 与定理 3.13 中的基本上导数不同, 它用的是 G 的混合上导数. 一般上导数链式法则的这个改进对许多应用来说是非常有用的 (参见第 4 章).

前面提到的链式法则中混合上导数与基本上导数的使用可自动保证对类 Lipschitz 外映射和度量正则内映射的复合在有限维和无限维空间两种情形下这些关键结果成立. 相应的推论 3.15 首先由 Mordukhovich[910] 在有限维中建立, 然后由 Mordukhovich 与 Shao[952] 在 Asplund 空间建立. 该 Asplund 空间中的结果的另一种证明也可参见文献 [660], 该文中还包括在 "近似" G-上导数情形的一个类似结果 (但不全面), 它要求所论的一些空间是有限维的. 单值和 Lipschitz 连续映射的复合 $f \circ g$ 的一 "近似" 上导数链式法则更早由 Ioffe[599] 直接根据次微分相应结果在一般 Banach 空间情形中得到. 定理 3.18 中关于 h-复合的这个完整结果由 Mordukhovich 与 B. Wang[963] 得到, 这个方向的前期结果可见前述文章[910,950,952].

对本书中没有考虑的上导数模糊分析法则的各种版本建议读者参阅 Borwein 与 Zhu[163,164], Ioffe 与 Penot[614], Mordukhovich[917], Mordukhovich 与 Shao[952], 和 Mordukhovich, Shao 与 Zhu[954], 另外可参阅注 3.21 中的一些讨论.

3.4.6 无限维空间中映射的严格 Lipschitz 性质

在 3.1.3 小节考虑的严格 Lipschitz 性质涉及具有无限维值域空间的单值映射 $f : X \to Y$; 若 Y 的维数有限, 这些性质显然简化为 f 的经典局部 Lipschitz 性质. 定义 3.25(i) 中的主要严格 Lipschitz 性质首次由 Mordukhovich 与 Shao[949] 描述, 它恰好与由 Thibault[1245,1246] 更早引入和研究的 "紧 Lipschitz" 性质的基本形式等价, 该概念与向量值函数的次微分分析有关. 关于等价性的证明参见 Thibault 的文章 [1252], 关于它的 "强紧 Lipschitz" 变形的研究和应用参见 Jourani 与 Thibault 的合作文章 [654,656~658]. 这个变形关联于在 Ioffe[589] 意义下具有范数紧值的 "严格预导数" 的存在性 (参见文献 [506, 595, 604]). 由前面提到的文章可知, 严格/紧 Lipschitz 映射类除了包含严格可微映射外, 还包含有许多重要应用的非光滑算子. 特别地, 包含在最优控制问题中产生的所谓的 Fredholm 和类 Fredholm 算子.

定义 3.25(ii) 中单值映射的 w^*-严格 Lipschitz 性质出现在文献 [965] 中, 读者在该文献中能找到命题 3.26, 它指出, 对在对偶单位球是弱* 序列紧的 Banach 空间中取值的映射而言, 定义 3.25(i) 中基本的严格 Lipschitz 性质与这个 w^*-严格 Lipschitz 性质是等价的. 该文还包含引理 3.27 的断言 (i) 和关于 w^*-严格 Lipschitz 映射的基本上导数的定理 3.28 的标量化公式, 同时这些结果的证明实际上由 Mordukhovich 与 Shao[949] 对定义在 Asplund 空间上的严格 Lipschitz 映射给出. 关于在自反空间中取值的映射的引理 3.27 的相反断言 (ii) 根据 Ngai, Luc 与 Théra[1007] 给出的证明可得.

定理 3.28 的标量化公式取自文献 [949, 965], 其中建立了 w^*-严格 Lipschitz 映射 $f : X \to Y$ 的基本上导数及其标量化的基本次微分之间的精确关系, 这在本书后面给出的许多应用中起着至关重要的作用. 当值域空间 Y 是有限维时, 它与定理 1.90 中局部 Lipschitz 映射的混合上导数的标量化结果相同 (参见 1.4.16 小节中的参考文献和讨论). 关于 "G-上导数核" (参见 2.5.2 B 小节) 的定理 3.28 的相应结果由 Ioffe[599] 对具有范数紧值的严格预导数的 Banach 空间之间的 Lipschitz 连续映射得到. 关于在相应 "方向紧性" 假设下该结果的进一步发展和改进可参见 Ioffe 最近的文章[604].

定义 3.32 中紧严格 Lipschitz 映射的概念由 Ngai, Luc 和 Théra[1007] 引入, 他们建立了由引理 3.33 中这个性质的上导数刻画. 应用这个概念来描述定义 3.34 中的广义 Fredholm 性质, 它推广了由 Ioffe[604] 引入的 "半 Fredholm" 概念, 相当于定义 3.34 中当 $g : X \to Y$ 满足在这个定义后描述的 "一致方向紧性" 的情形. 定理 3.35 的 PSNC 结果是新的, 对情形 (b), Ioffe[604] 曾在一般 Banach 空间中对半 Fredholm 映射 f 和紧上图 Lipschitz 集合 Ω 建立其" 余方向紧" 的对应结果.

3.4.7 完整次微分分析法则

3.2.1 小节包含 Asplund 空间情形增广实值函数的基本和奇异次梯度的主要分析法则. 其中一些结果直接由一般集合和映射的基本法向量和上导数的相应分析结果得到, 而另一些则需要增广实值函数的特殊特性.

定理 3.36 中的求和法则首见于 Mordukhovich 与 Shao[949], 只是在该文中 SNEC 假设被在某种程度上有更多限制的函数的 "法紧性" 性质代替, 这实际上相当于它们上图的 CEL 性质. 但文献 [949] 中的证明对 SNEC 的情形也成立. 当 $\dim X < \infty$ 时, 在规范条件 (3.38) 下的基本次梯度的和法则 (3.39) 简化为 Mordukhovich[894] 中的结果, 同时奇异次微分结果 (3.40) 首见于 Rockafellar 私下传播的讲义[1158]; 也可参阅文献 [907, 1165]. (3.39) 式中 Lipschitz 和方向 Lipschitz 的情形对应于由 Kruger 在文献 [706, 708] 中对定义在 Fréchet 光滑空间上的函数的基本次梯度和由 Ioffe 在文献 [590, 592, 599] 中对一般 Banach 空间情形下的 "近似" 次梯度得到的和法则. 这个结果由 Jourani 与 Thibault[658] 在 l.s.c. 函数的更一般 CEL 性质的条件下推广.

在定理 3.38 中考虑的边际函数

$$\mu(x) = \inf\{\varphi(x, y) \mid y \in G(x)\} \tag{3.83}$$

的基本和奇异次微分的第一个上估计 (在有限维空间中) 由 Rockafellar[1150] 在 (3.83) 式中没有约束 $y \in G(x)$ 的情况下得到. 当 $\varphi = \varphi(y)$ 时, (3.83) 式的带约束有限维情形由 Mordukhovich 在文献 [894, 901] 中完整地研究. 在 Fréchet 光滑空间中 $\partial\mu(\bar{x})$ 和 $\partial^\infty\mu(\bar{x})$ 的一些上估计由 Thibault[1249] 得到, 而定理 3.38(i, ii) 在 Asplund 空间情形下的一般陈述主要源于文献 [949]. 在混合规范条件下这个定理的断言 (iii) 中的次微分估计是新结果, 定理 3.38(iv) 中通过约束映射 G 的混合上导数估计 $\partial^\infty\mu(\bar{x})$ 的结果取自文献 [934], 读者也可参阅文献 [937]. 它包括定理 3.38 在无限维空间中各种约束优化问题中值函数次微分理论上的应用, 这些问题包括非线性和非可微规划, 以及 5.2 小节中研究的具有均衡约束的数学规划.

关于一般次微分链式法则的定理 3.41(i, ii) 和 3.2.1 小节的随后结果, 或多或少都是链式法则的直接结果, 主要由 Mordukhovich 与 Shao 在文献 [949] 中得到. 定理 3.41 的断言 (iii) 中在修正的规范和 PSNC 条件下的链式法则尚未被发表过. 在 3.2.1 小节中给出的链式法则的部分结果和变形见于下列文献中：Allali 与 Thibault[15], Borwein 与 Zhu[163,164], Clarke 等[265], Ioffe[590,592,596,599], Ioffe 与 Penot[614], Jourani 与 Thibault[651,652,654,657,658], Kruger[706,708,709], Loewen[801], Mordukhovich[894,901,910], Mordukhovich 与 B. Wang[963], Ngai 与 Théra[1008], Rockafellar[1155,1158], Rockafellar 与 Wets[1165], Thibault[1249,1252], 和 Vinter[1289]. 更多评论和讨论也可参阅文献 [949].

3.4.8 中值定理

基本的 Lagrange 中值定理在经典的数学分析及其应用中起着重大的作用. 它给出了函数及其导数之间的确切关系, 因此成为关于光滑函数的微积分、单调性和凸性准则等许多重要结果的基础.

关于非光滑 Lipschitz 函数 $\varphi: X \to \mathbb{R}$ 的第一个中值定理由 Lebourg[749] 在任意 Banach 空间上利用 Clarke 广义梯度建立. 而且, 在文献 [749] 中已证明 Clarke 结构是 Lipschitz 连续函数 φ 的任何合理凸值次微分 $\mathcal{D}\varphi(\cdot)$ 当中最小的, 如果用其中的元素可得经典中值定理的一个自然次梯度推广：

$$\varphi(b) - \varphi(a) \in \langle \mathcal{D}\varphi(c), b - a \rangle, \quad \text{对某个 } c \in (a, b). \tag{3.84}$$

定理 3.47 的结果可追溯到 Kruger 与 Mordukhovich[706,708,894,901], 是在 Asplund 空间情形下 Lebourg 中值定理的一个重大改进, 这是因为对称次微分 $\partial^0\varphi(c)$ 通常是非凸的, 所以比 Clarke 广义梯度 $\partial_C\varphi(c)$ 小得多, 这甚至对定义在 $X = \mathbb{R}^2$ 上的简单 Lipschitz 函数 φ 亦如此, 参见对 1.3.2 小节中函数 $\varphi(x_1, x_2) = |x_1| - |x_2|$ 和例 2.49 中函数 $\varphi(x_1, x_2) = ||x_1| + x_2|$ 的具体计算. 值得一提的是 Borwein 与 Fitzpatrick 在文献 [142] 中得到的如下有趣的结果, 他们对实直线 $X = \mathbb{R}$ 上的任一 Lipschitz 连续函数证明了 $\partial^0\varphi(c) = \partial_C\varphi(c)$. 也注意到具有推广形式 (3.84) 的中值定理必然要求一种双边/对称广义微分结构, 类似于 Lipschitz 函数的 Clarke 广义梯度和如定理 3.47 中的对称次微分 $\partial^o\varphi(\cdot)$; 请对比推论 3.48 中对下正则函数的结果及其后的反例.

在 3.2.2 小节考虑的新型近似中值定理在本质上不同于形式 (3.84), 在经典微分分析没有类似结果. 定理 3.49 中第一个这种新型结果由 Zagrodny[1352] 对定义在一般 Banach 空间上的 l.s.c. 增广实值函数的 Clarke 次微分得到. 正如 Thibault 在文献 [1251] 中指出的那样 (也可参见文献 [1254]), 在文献 [1352] 中的主要思想可用来得出以很多种次梯度描述的近似中值定理的合适版本, 这些次梯度只需在合适 Banach 空间上满足很自然的要求. 定理 3.49 及其推论在 Fréchet 次梯度的情形由 Loewen[802] 对 Fréchet 光滑空间上的 l.s.c. 函数得到, 推论 3.50 中的中值不等式由 Borwein 与 Preiss[154] 对 Lipschitz 函数得到. Asplund 空间中定理 3.49 及其推论的完整陈述在文献 [949] 中给出, 其中的主要断言以变分方法证明, 这与文献 [154, 802, 1352] 中的证明在很多地方有本质不同. 另一种类型 (多维的) 的中值不等式由 Clarke 与 Ledyaev[262] 建立, 也可参见文献 [61, 62, 163, 164, 265, 1371].

定理 3.52 中的局部 Lipschitz 性质的邻域次梯度刻画 (a) 和(b) 由 Loewen[802] 在 Fréchet 光滑空间中建立, 接着由 Mordukhovich 与 Shao[949] 在一般 Asplund 空间情形下建立. 定理 3.52 中利用奇异次梯度基于点的准则 (d) 在有限维中追溯到 Rockafellar[1150] 和 Mordukhovich[894,901]. 定理 3.52(d) 中局部 Lipschitz 连续性的一般无限维刻画, 其中涉及 l.s.c. 函数的 SNEC 性质, 则首次出现在这里, 而在更强的法紧性条件下的部分结果更早由 Loewen[802] 和 Mordukhovich 与Shao[949] 得到. 常数函数的次微分刻画类似于推论 3.53 (但通过邻近次梯度表述) 的结果首次由 Clarke[259] 在有限维中建立, 接着由 Clarke, Stern 与 Wolenski[270] 在 Hilbert 空间建立.

定理 3.54 中严格 Hadamard 可微性的次微分刻画和定理 3.55中函数单调性的次微分刻画由 Loewen[802] 对 Fréchet 光滑空间上的 l.s.c.函数以近似中值定理得到. 基于定理 3.49 的相同证明在 Asplund 空间情形也成立, 这由 Mordukhovich 与 Shao 在 [949] 中指出. 定理 3.54 中等价性 (b)$\Leftrightarrow$(c) 的另一证明 (在 (b) 中用 $\partial_C\varphi(\cdot)$) 由 Clarke[255] 在任意 Banach 空间中给出. 定理 3.55 的邻近次微分版本由 Clarke, Stern 与 Wolenski[270] 在 Hilbert 空间情形中建立.

凸分析中最基本的结果之一是关于 Banach 空间上正常 l.s.c.凸函数 φ 的次微分映射 $\partial\varphi(\cdot)$ 的极大单调性的 Rockafellar 定理(参见文献 [1073, 1141,1142, 1213]). 关于非凸函数的次微分映射的单调性性质, Correa, Jofré与 Thibault[292] 对一大类满足某种自然性质的公理化定义的次微分给出了否定的答案. 这个方向早前的结果由 Piliquin[1088] 对有限维空间上 l.s.c. 函数的 Clarke 次梯度得到. 尽管定理 3.56 中考虑的 Fréchet 次梯度不满足这些性质, 定理 3.56 中给出的证明基于近似中值定理并沿用了文献 [292] 中的步骤.

3.4.9 与其他法向量和次梯度的联系

在 Asplund 空间中定理 3.57 利用基本 (“极限 Fréchet”) 法向量和次梯度给出了 Clarke 法向量和次梯度结构的确切表示, 这些结构在任意 Banach 空间 (参见 2.5.2 A 小节) 中由切向/方向导数逼近通过极化定义. 这个定理的所有断言由 Mordukhovich 与 Shao[949] 得到. 这些结果在有限维的情形追溯到 Kruger 与 Mordukhovich[718,719], 关于利用其他 (非 Fréchet 型) 法向量和次梯度的等价表示也可参阅文献 [592, 596] 和 1.4.8 小节中的参考文献. 定理 3.57 关于类 Fréchet ε-法向量和 ε-次梯度的相应结果由 Treiman[1262,1263] 在 Fréchet 光滑空间中建立, 接着当 $\varepsilon = 0$ 时由 Borwein 与 Strójwas[156,157] 在自反空间中建立. 这个定理的断言 (iii) 由 Borwein 与 Preiss[154] 在 Fréchet 光滑空间中得到, 而断言 (i) 和 (ii) 由 Ioffe[600] 在相同的情形中给出. 值得一提的是 Preiss[1104] 建立了 Asplund 空间上局部 Lipschitz 函数 φ 关于公式 (3.58) 的一深刻改进, 其中用 φ 的经典 Fréchet 导数替代 (3.58) 式中的 Fréchet 次梯度, 而 Fréchet 导数被证明在稠密集上存在.

3.2.3 小节随后的材料围绕 Banach 空间的对偶空间中类 Fréchet 次梯度和类 Dini 次梯度的序列和网/拓扑弱* 极限之间的关系展开. 主要的动力来自寻找基本广义微分结构 (关联于类 Fréchet 法向量的序列弱* 极限) 和由 Ioffe 得到的相应"近似"结构 (关联于 2.5.2B 小节中描述的类 Dini 次梯度的拓扑弱* 极限) 之间的关系, 所用的术语也可参阅 2.5.2B 的讨论和参考文献.

注意到对 A-次微分的公式 (3.60) 不同于它在 (2.75) 中的定义. 事实上, "拓扑极限 Dini" 结构 (3.60) 由 Ioffe[589] 在"M-次微分"的名称下定义. Asplund 空间中 (2.75) 式和 (3.60) 式的等价性可结合 Ioffe 在文献 [597] 中的结果 (他证明了在文献 [593] 意义下的任何"弱可信"空间上的等价性) 和 Fabian 在文献 [413] 中的结果 (任一 Asplund 空间是可信的) 而得到.

关于对偶空间中弱* 序列极限和拓扑极限之间关系的引理 3.58 由 Borwein 与 Fitzpatrick[141] 得到, 其中在弱紧生成空间中的主要断言 (ii) 的证明基于在文献 [580, PP. 147–149] 中给出的基本 Whitney 结构. 这个引理被用于由 Mordukhovich 与 Shao[949] 建立的主要定理 3.59 的证明中, 该定理充分地描述了基本法向量和次微分结构与"近似"法向量和次梯度的各种改进之间的联系. 注意到基本法锥 $N(\bar{x};\Omega)$ 可能不是范数闭的 (因此也不是弱* 闭的), 甚至在最简单的无限维 (Hilbert) 空间亦如此; 参见应作者的请求 Fitzpatrick 构造的例 1.7. 因此它严格小于 G-法锥 $N_G(\bar{x};\Omega)$. 而且, 基本次微分 $\partial\varphi(\bar{x})$ 可以严格小于 G-次微分 $\partial_G\varphi(\bar{x})$, 这不但对 Hilbert 空间上的 l.s.c.函数成立, 而且甚至对 Lipschitz 连续函数也可能成立, 该函数定义在具有 $\mathcal{C}^\infty$-光滑重赋范空间上 (如由 Borwein 与 Fitzpatrick[141] 给出的很新颖的例 3.61). 定理 3.59 中的等式

$$N_G(\bar{x};\Omega) = \mathrm{cl}^* N(\bar{x},\Omega), \partial_G\varphi(\bar{x}) = \mathrm{cl}^*\partial\varphi(\bar{x})$$

在 Fréchet 光滑空间的情形下可由 Ioffe[600] 的证明得到. 实际上文献 [600] 给出了

更强的结果

$$N(\bar{x},\Omega) = \widetilde{N}_G(\bar{x};\Omega), \partial\varphi(\bar{x}) = \widetilde{\partial}_G\varphi(\bar{x}),$$

然而根据例 3.61 对非 WCG 空间来说这是不正确的.

定理 3.60 中基本法向量的鲁棒性质由 Mordukhovich 与 Shao[951] 证明, 尽管文献 [951] 中的公式 (而不是证明) 涉及一般来说有更多限制的法紧性性质, 实际上它恰好等价于 WCG Asplund 情形的 SNC 性质. 之前该结果由 Loewein[800] 在自反空间中建立, 其中证明的某些地方本质地用了自反性. 另一方面, 本书给出的定理 3.60 的证明利用了引理 3.58 并很大沿用 Loewen 的思想.

3.4.10 Lipschitz 映射的图正则性和可微性

3.2.4 小节的材料主要基于 Mordukhovich 与 B. Wang 的文章[965]. 主要动力来源于为寻找 Rockafellar[1153] 如下结果的恰当的无限维对偶版本：对在 $\bar{x}$ 附近局部 Lipschitz 任意映射 $f:\mathbb{R}^n\to\mathbb{R}^m$, 它的图在 $(\bar{x},f(\bar{x}))$ 处的 Clarke 切锥是 $\mathbb{R}^n\times\mathbb{R}^m$ 中一 $d\leqslant n$ 维线性子空间, 其中 $d=n$ 当且仅当 f 在 $\bar{x}$ 是严格可微的. 特别地, 这蕴涵着 Mordukhovich 在文献 [912] 中得到的重要事实：有限维空间之间的任一非光滑 Lipschitz 映射不可能有图正则性, 即它的图的 Clarke 法锥永远不等于在参考点的 Bouligand-Severi 相依锥 (该图正则性的描述在有限维中简化定义 1.36 中的描述), 参见第 1 章中定理 1.46 证明中的断言. 注意到文献 [1153] 中 Rockafellar 的证明非常复杂并严重地依赖维数的有限性, 看起来它似乎不能推广到无限维情形.

本书发展了一套新的办法来研究上面的问题, 在对偶框架下不但给出了上述结果全面和深入的无限维推广, 而且还给出了 Rockafellar 有限维定理的简化证明, 这完全不同于文献 [1153] 中给出的原始证明. 本书的方法主要基于基本上导数的标量化, 它直接蕴涵着凸化法锥的子空间性质, 这主要利用了 Lipschitz 函数 Clarke 广义梯度的双边对称性和它与非凸极限次微分之间的关系 (参见定理 3.62 的证明).

上面的标量化方法是得到前面提到的结果在有限维中成立的关键因素, 然而在无限维中则需要更多的条件. 为建立 Lipschitz 映射的图正则性和某些光滑性之间的等价性, 关于可微性主要有两方面问题, 它们区分开了有限维和无限维的情形：

(a) 需要同时应用不同生成族 (即 Fréchet 和 Hadamard), 并用对应的光滑性来刻画图正则性;

(b) 需要引入无限维空间上新的函数可微性概念 (即弱可微性和严格弱可微性) 来描述要找的等价性.

令人吃惊的是, 这样的“弱”和“严格弱”可微性概念, 虽然本质上是经典的, 却可以极大地不同于传统的可微性概念, 甚至对取值在 Hilbert 空间中的简单函数亦如此. 特别地, 例 3.64 表明存在 Lipschitz 函数, 它相对于最强的 Fréchet 生成族是严格弱可微的, 但在经典 Gâteaux 意义下却是不可微的.

根据 Rockafellar 在文献 [1153](有限维情形) 中提出的模式, 应用光滑非奇异变换 (实际上是坐标变换), 上面关于单值 Lipschitz 映射的结果可以推广到 Mordukhovich 与 B. Wang[965] 中的“半 Lipschitz”集合和集值映射的情形 (参见定义 3.71 和定理 3.72). 文献 [965] 中半 Lipschitz(半光滑) 流形与文献 [1153] 中 Lipschitz(光滑) 流形的主要区别在于所用的图变换仅需要光滑 (严格可微) 和具有满射导数的, 而不必如文献 [1153] 中要求是可逆/非奇异的. 这样利用在有限维和无限维空间中得到的基本和 Fréchet 法向量的相应等式型分析法则就可以简化集值情形为单值情形.

3.4.11　Asplund 空间中二阶次微分分析法则

3.2.5 小节主要基于 Mordukhovich 的文章[923]. 在 Asplund 空间的框架下, 与 1.3.5 小节中一般 Banach 空间情形相比, 得到更完善的二阶次微分分析法则. 注意到 3.2.5 小节给出的结果不同于 1.3.5 小节给出的相应结果, 一般来说是独立的, 即使在有限维的情形下. 这是因为 1.3.5 小节中大多数等式关系是在复合中映射的某种二阶光滑性和对满射性要求的条件下得到的. 该节中建立了没有二阶光滑性和满射性假设的包含类型的法则.

定理 3.73 的二阶次微分和法则首先由 Mordukhovich 在文献 [910] 中在有限维中得到. 推论 3.76 的二阶链式法则中应用的顺从函数在文献 [1089] 中引入, 而在文献 [1165] 中得到了全面的研究 (也可见其中的参考文献). 推论 3.76 中关于这样函数的二阶次微分链式法则在 $\dim X < \infty$ 的情形下的另一证明独立地由 Rockafellar(个人交流) 建立, 其中利用二次罚函数. 对所谓“具有相容参数的顺从函数”的这个结果的改进在 Levy 与 Mordukhovich 的文章[769] 中给出. 具有 Lipschitz 内映射的有限维复合的一些特殊二阶链式法则由 Mordukhovich 与 Outrata[939] 得到, 它不同于定理 3.77, 但本节没有收入. 在该文中读者能找到这些结果在稳定性课题和力学平衡中的应用.

3.4.12　Asplund 空间中关于集合和映射的 SNC 分析法则

3.3 节包含 Asplund 空间框架下集合、集值映射和增广实值函数的序列法紧性的基本分析法则. 如上所述, SNC 分析法则是指一些有效条件保证对集合和映射施行各种运算时 SNC/PSNC 性质被保持. 由于这样的性质在有限维中以及对 Lipschitz 实值函数自动成立, SNC 分析法则在这些情形下是不需要的. 然而, 在更一般的情形中, SNC 和相关的法紧性不可避免地包含在一些主要结果中, 这些结果相关于极限广义微分结构及其在无限维空间中的应用, 因此无论从理论还是应用的观点, 这样分析法则的重要性是不可估量的. SNC 分析法则的缺失实际上对广义微分在无限维中的广泛应用已经成为一个严重的障碍, 这一直到近期 Mordukhovich

与 B. Wang 的工作[961,964] 才得到改观, 3.3 节的材料主要基于这些文章.

极点原理在推导 3.3 节中给出的 SNC 分析法则的结果中起着主要作用. 注意到, 对前面建立的广义微分理论和本节中相应的 SNC 分析法则, 其中的规范条件即有类似的地方, 也有不同. 通常 SNC 分析法则要求的条件强于广义微分法则中要求的条件. 需指出, 关于非线性规划中标准的光滑约束系统的推论 3.87, 这是一个相当令人惊讶的结果. 经典的 Mangasarian-Fromovitz 约束规范条件当初是为完全不同的问题设计的, 但在此处, 作为更一般结果的一个简单推论, 它却保证了约束优化中最通常的可行集的 SNC 性质. 即使是在最简单的线性约束情形, 毫无疑问这也是非常有趣的.

第 4 章　适定性的刻画与灵敏性分析

本章的主要目标是要阐明, 在与 Lipschitz 稳定性、度量正则性以及线性率覆盖/开性有关的非线性研究中, 前面展开的变分分析的基本原理和工具能够提供其中基本性质的完整刻画和有效应用. 这些基本性质与集值映射的某些“适定”性质(即“良好性态”) 紧密相关, 并在非线性分析很多方面都起着关键的作用, 特别是有关优化和灵敏性的部分. 第 1 章在一般 Banach 空间的框架下讨论了这些性质, 并用集值映射的上导数得到了一些必要条件. 这些条件在第 1 章和第 3 章展开广义微分理论及相关问题的过程中得到了卓有成效的应用. 本章基于变分推理方法证明, 在 Asplund 空间中这些条件对所提性质不仅是必要的, 而且是充分的. 还会用上导数和次微分计算出对应模的确切界限. 由此推导出两种对偶刻画：用到所指点附近广义微分结构的邻域判据和仅用到该点的点基判据. 接着把所得刻画应用于集值映射的 Lipschitz 性质, 把完备的广义微分法则应用到参数化约束和变分系统的灵敏性分析上, 这些变分系统可由隐函数描述, 也可源于各种优化与均衡模型里产生的所谓广义方程/变分条件, 变分和半变分不等式等. 要强调的是, 灵敏性/稳定性分析在定性和数值分析中都有非同寻常的重要性. 在数值分析中, 扰动被看成计算中通常有的误差, 因而这种分析就和成功的数值解紧密相关, 同时也是确定算法收敛速率的工具, 这当中 Lipschitz 模的估计是至关重要的.

4.1　邻域判据与确切界限

本节建立 Asplund 空间之间的闭图多值函数的覆盖性质、度量正则性以及 Lipschitz 性质的邻域对偶刻画, 这由集值映射在参考点附近的 Fréchet 上导数给出. 另外还推导出以上导数来计算对应的覆盖、正则性和 Lipschitz 模的确切界限的公式.

所讨论的这些基本性质是 1.3 节中定义的, 其中在一般 Banach 空间中, 该节建立了它们之间的关系和使其成立的上导数必要条件. 现在要阐明, 在 Asplund 空间的框架下, 这些必要条件也是充分的, 并且确切界限的单边估计可改进为等式.

本节从定义 1.51 给出的覆盖性质出发. 这里考虑其局部和半局部版本, 一般来说它们是独立的. 综合 1.3 节里建立的等价性, 就可以导出集值映射的度量正则性和 Lipschitz 性质的对应结果.

4.1.1 覆盖的邻域刻画

首先考虑集值映射 $F\colon X \rightrightarrows Y$ 在点 $(\bar{x},\bar{y})\in \mathrm{gph}F$ 附近的局部覆盖性质. 根据定义 1.5(ii), 存在 $\bar{x}$ 的邻域 U, $\bar{y}$ 的邻域 V 和一个常数 (模) $\kappa>0$, 满足

$$F(x)\cap V+\kappa r\mathbb{B}\subset F(x+r\mathbb{B})\quad (\text{当}x+r\mathbb{B}\subset U, r>0\text{时}) \tag{4.1}$$

对某邻域 U 和 V 满足 (4.1) 式的所有模 $\{\kappa\}$ 的上确界称为 F 在 $(\bar{x},\bar{y})$ 附近的确切覆盖界限, 记为 $\mathrm{cov}F(\bar{x},\bar{y})$. 要强调的是, 模 κ 给出了球 $x+r\mathbb{B}$ 的 F 图像与对应的被 $F(x+r\mathbb{B})$ 覆盖的包含 $F(x)\cap V$ 的球之间的一致线性相关速率.

为得到局部覆盖的主要邻域刻画, 定义常数

$$\begin{aligned}\hat{a}(F,\bar{x},\bar{y}):=\sup_{\eta>0}\inf\big\{\|x^*\|\,\big|\,&x^*\in \hat{D}^*F(x,y)(y^*), x\in \mathrm{B}_\eta(\bar{x}),\\ &y\in F(x)\cap \mathrm{B}_\eta(\bar{y}), \|y^*\|=1\big\}.\end{aligned} \tag{4.2}$$

它是通过 F 在 $(\bar{x},\bar{y})$ 附近点的上导数来计算的.

定理 4.1 (局部覆盖的邻域刻画) 令 $F\colon X \rightrightarrows Y$ 为 Asplund 空间之间的集值映射, 并设 F 在 $(\bar{x},\bar{y})\in \mathrm{gph}F$ 点附近有闭图. 则下述等价:

(a) F 在 $(\bar{x},\bar{y})$ 附近具有局部覆盖性质;

(b) 对 (4.2) 式定义的常数 $\hat{a}(F,\bar{x},\bar{y})$, 有 $\hat{a}(F,\bar{x},\bar{y})>0$.

进一步, F 在 $(\bar{x},\bar{y})$ 附近的确切覆盖界限可由下式计算:

$$\mathrm{cov}F(\bar{x},\bar{y})=\hat{a}(F,\bar{x},\bar{y}).$$

证明 如果 F 在 $(\bar{x},\bar{y})$ 附近具有局部覆盖性质, 那么根据在 Banach 空间中建立的定理 1.54(i), 有

$$\hat{a}(F,\bar{x},\bar{y})\geqslant \mathrm{cov}F(\bar{x},\bar{y})>0.$$

剩下需要证明, 如果 X 和 Y 都是 Asplund 空间, 并且 F 在 $(\bar{x},\bar{y})$ 附近有闭图, 那么 $\hat{a}(F,\bar{x},\bar{y})\leqslant \mathrm{cov}F(\bar{x},\bar{y})$. 这蕴涵了 (b)⇒(a).

接下来, 任取 $0<\kappa<\hat{a}(F,\bar{x},\bar{y})$, 并证明其为 F 在 $(\bar{x},\bar{y})$ 附近的一个覆盖模. 反之, 由 (4.1) 式找到序列 $x_k\to\bar{x}$, $y_k\to\bar{y}$, $r_k\downarrow 0$ 和 $z_k\in Y$, 满足

$$y_k\in F(x_k),\quad \|z_k-y_k\|\leqslant \kappa r_k,\quad z_k\notin F(x),\quad \forall x\in \mathrm{B}_{r_k}(x_k). \tag{4.3}$$

固定任意 $\nu>\kappa$, 取 $\alpha\in(\kappa/\nu,1)$ 及 $\gamma_k\downarrow 0$, 满足

$$0<\gamma_k<\min\left\{r_k, \frac{1}{2(\nu\alpha+1)}, \frac{\nu(1-\alpha)}{1+\nu(\nu\alpha+1)}\right\},\quad k\in\mathbb{N}. \tag{4.4}$$

对任意固定 $k\in\mathbb{N}$, 在积空间 $X\times Y$ 上定义范数

$$\|(x,y)\|_{\gamma_k}:=\|x\|+\gamma_k\|y\|.$$

这显然和标准的和范数 $\|x\|+\|y\|$ 等价. 因为 X 和 Y 都是 Asplund 空间, 其积在范数 $\|(\cdot,\cdot)\|_{\gamma_k}$ 下也是 Asplund 空间. 另外下面的 Fréchet 法锥也与等价范数的选取无关.

考虑如下定义的闭子集 $E_k\subset X\times Y$:

$$E_k:=(\text{gph}F)\cap\big((x_k,y_k)+\gamma_k\mathbb{B}_{X\times Y}\big),$$

并把它看成度量由 $\|(\cdot,\cdot)\|_{\gamma_k}$ 导出的完备度量空间 (对某固定 $k\in\mathbb{N}$). 令

$$\varphi_k(x,y):=\|y-z_k\|,\quad \forall(x,y)\in E_k,\quad k\in\mathbb{N}.$$

因为 $\varphi_k\colon E_k\to\mathbb{R}$ 是完备度量空间上的非负下半连续函数, 则可在 $(\bar{x},\bar{y})$ 点应用 Ekeland 变分原理 (令 $\varepsilon_k:=\kappa r_k$, $\lambda_k:=\kappa r_k/\nu\alpha$, k 任意). 由 (4.3) 式得 $\varphi_k(x_k,y_k)\leqslant\varepsilon_k$, 因而有 $(\tilde{x}_k,\tilde{y}_k)\in E_k$, 满足

$$0<\rho_k:=\|\tilde{y}_k-z_k\|\leqslant\|y_k-z_k\|\leqslant\kappa r_k,\quad \|(\tilde{x}_k,\tilde{y}_k)-(x_k,y_k)\|_{\gamma_k}\leqslant\lambda_k<r_k,$$

$$\|\tilde{y}_k-z_k\|\leqslant\|y-z_k\|+\nu\alpha\|(x,y)-(\tilde{x}_k,\tilde{y}_k)\|_{\gamma_k},\quad \forall(x,y)\in E_k.$$

后者蕴涵和函数 $\psi_k(x,y)+\delta((x,y);\text{gph}F)$ 在 $X\times Y$ 上于 $(\tilde{x}_k,\tilde{y}_k)$ 点达到无条件局部极小. 这里

$$\psi_k(x,y):=\|y-z_k\|+\nu\alpha\|(x,y)-(\tilde{x}_k,\tilde{y}_k)\|_{\gamma_k}.$$

容易看到 ψ_k 是连续凸函数, 其 Fréchet 次微分和凸分析中的次微分 ∂ 是一致的. 因为 $X\times Y$ 是 Asplund 空间, 对半 Lipschitz 和 $\psi_k+\delta(\cdot;\text{gph}F)$ 应用引理 2.32 中极点原理的次微分刻画 (令 $\eta=\min\{\gamma_k,\rho_k\gamma_k/2\}$), 则有 $(x_{1k},y_{1k})\in X\times Y$ 和 $(x_{2k},y_{2k})\in\text{gph}F$, 满足

$$\|(x_{ik},y_{ik})-(\tilde{x}_k,\tilde{y}_k)\|\leqslant\rho_k\gamma_k/2,\quad y_{ik}\neq z_k,\quad i=1,2\quad 及$$

$$0\in\partial[\|\cdot-z_k\|+\nu\alpha\|(\cdot,\cdot)-(\tilde{x}_k,\tilde{y}_k)\|_{\gamma_k}](x_{1k},y_{1k})$$
$$+\hat{N}((x_{2k},y_{2k});\text{gph}F)+\gamma_k(\mathbb{B}_{X^*}\times\mathbb{B}_{Y^*}).$$

现在由标准的凸分析并考虑到 $y_{ik}\neq z_k$, 就有 $u_k^*\in X^*$, $v_k^*\in Y^*$, $w_k^*\in Y^*$, $z_k^*\in X^*$, $p_k^*\in Y^*$ 和 $(x_k^*,-y_k^*)\in\hat{N}((x_{2k},y_{2k});\text{gph}F)$, 满足

$$\|u_k^*\|\leqslant\gamma_k,\quad \|v_k^*\|\leqslant\gamma_k,\quad \|w_k^*\|=1,\quad \|z_k^*\|\leqslant 1,\quad \|p_k^*\|=1\quad 及$$

$$(u_k^*,v_k^*)=(0,w_k^*)+\nu\alpha(z_k^*,0)+\nu\alpha\gamma_k(0,p_k^*)+(x_k^*,-\gamma_k^*).$$

因此

$$\|x_k^*\|\leqslant\nu\alpha+\gamma_k,\quad \|w_k^*-\gamma_k^*\|\leqslant\gamma_k(\nu\alpha+1).$$

根据 (4.4) 式中 γ_k 的选取, 有

$$\|y_k^*\| \geqslant \|w_k^*\| - \gamma_k(\nu\alpha+1) = 1-\gamma_k(\nu\alpha+1) > 1/2.$$

记 $\tilde{x}_k^* := x_k^*/\|y_k^*\|$, $\tilde{y}_k^* := y_k^*/\|y_k^*\|$, 并再次应用 (4.4) 式, 则

$$\tilde{x}_k^* \in \hat{D}^*F(x_{2k},y_{2k})(\tilde{y}_k^*), \quad \|\tilde{y}_k^*\|=1 \quad 及 \quad \|\tilde{x}_k^*\| \leqslant \frac{\nu\alpha+\gamma_k}{1-\gamma_k(\nu\alpha+1)} < \nu.$$

对 $k\to\infty$ 取极限并综合常数 $\hat{a}(F,\bar{x},\bar{y})$ 的定义, 有 $\hat{a}(F,\bar{x},\bar{y}) \leqslant \nu$. 因为 $\nu>\kappa$ 任意, 所以 $\hat{a}(F,\bar{x},\bar{y}) \leqslant \kappa$. 矛盾. 证毕. △

因为对具有凸图的多值映射, 有一个计算 Fréchet 上导数的显式公式, 所以有下述推论.

推论 4.2 (凸图像多值函数局部覆盖的邻域刻画) 若满足定理 4.1 中假设的 F 具有凸图像, 则该定理的结论成立且覆盖常数 $\hat{a}(F,\bar{x},\bar{y})$ 可以计算如下:

$$\hat{a}(F,\bar{x},\bar{y}) := \sup_{\eta>0}\inf\Big\{\|x^*\| \,\Big|\, \langle x^*,x\rangle - \langle y^*,y\rangle = \sup_{(u,v)\in\mathrm{gph}F}[\langle x^*,u\rangle - \langle y^*,v\rangle],$$
$$x\in \mathrm{B}_\eta(x), y\in F(x)\cap \mathrm{B}_\eta(\bar{y}), \|y^*\|=1\Big\}.$$

证明 综合命题 1.37 与定理 4.1 即可. △

在单值局部 Lipschitz 映射的情形, 覆盖常数 (4.2) 式由 Fréchet 次导数给出.

推论 4.3 (单值映射的邻域覆盖判据) 令 $f\colon X\to Y$ 为 Asplund 空间之间的单值映射, 并在某点 $\bar{x}$ 附近 Lipschitz 连续. 则定理 4.1 的结论成立且覆盖常数 $\hat{a}(f,\bar{x})$ 可计算如下:

$$\hat{a}(f,\bar{x}) = \sup_{\eta>0}\inf\Big\{\|x^*\| \,\Big|\, x^*\in\hat{\partial}\langle y^*,f\rangle(x), x\in \mathrm{B}_\eta(\bar{x}), \|y^*\|=1\Big\}.$$

证明 因为对某 $\eta>0$, f 在 $\mathrm{B}_\eta(\bar{x})$ 上 Lipschitz 连续, 则容易由定义得到标量化公式

$$\hat{D}^*f(x)(y^*) = \hat{\partial}\langle y^*,f\rangle(x), \quad \forall x\in \mathrm{B}_\eta(\bar{x}), \quad y^*\in Y^*.$$

由此, (4.2) 式可改写为推论的形式. △

接下来考虑 $F\colon X\rightrightarrows Y$ 在点 $\bar{x}$ 附近的半局部覆盖性质. 这个性质在定义 1.51(iii) 给出, 它对应于 (4.1) 式中 $V=Y$ 的情况. 此时确切覆盖界限记为 $\mathrm{cov}F(\bar{x})$. 如果 F 具有闭图像并且在 $\bar{x}$ 附近局部紧, 那么根据推论 1.53, 由定理 4.1 立刻就可以导出半局部覆盖性质的对应刻画. 下面这个定理在没有局部紧假设下证明了这个刻画.

定理 4.4 (半局部覆盖的邻域刻画) 令 $F\colon X\rightrightarrows Y$ 为 Asplund 空间之间的集值映射, 并在 $\bar{x}\in\mathrm{dom}F$ 点附近具有闭图, 则下述等价:

(a) F 在 $\bar{x}$ 附近具有半局部覆盖性质;

(b) $\hat{a}(F,\bar{x})>0$. 这里常数 $\hat{a}(F,\bar{x})$ 定义为

$$\hat{a}(F,\bar{x}):=\sup_{\eta>0}\inf\big\{\|x^*\|\big|x^*\in\hat{D}^*F(x,y)(y^*),x\in\mathrm{B}_\eta(\bar{x}),\\ y\in F(x),\|y^*\|=1\big\}.$$

进一步, $\hat{a}(F,\bar{x})$ 是 F 在点 $\bar{x}$ 附近的确切覆盖界限 $\mathrm{cov}F(\bar{x})$.

证明 如果 F 在 $\bar{x}$ 附近具有半局部覆盖性质, 那么根据推论 1.55, 有

$$\hat{a}(F,\bar{x})\geqslant\mathrm{cov}F(\bar{x})>0.$$

对 Asplund 空间之间闭图映射的反向估计, 用反证法. 设存在正数 $\kappa<\hat{a}(F,\bar{x})$, 它不是半局部覆盖的模. 由定义找到序列 $x_k\to\bar{x}$, $r_k\downarrow 0$ 和 $(y_k,z_k)\in Y\times Y$, 满足关系 (4.3). 根据半局部覆盖常数 $\hat{a}(F,\bar{x})$ 的定义, 此处不必要求 y_k 的收敛性, 这与定理 4.1 证明中的局部覆盖性质是不同的. 现在与定理 4.1 的证明类似, 就可得矛盾 $\hat{a}(F,\bar{x})\leqslant\kappa$. △

4.1.2 度量正则性和 Lipschitz 特性的邻域刻画

利用前面覆盖性质的刻画和 1.3 节中的关系, 对 Asplund 空间上的集值映射, 可导出其度量正则性与 Lipschitz 性质的邻域刻画及确切界限公式.

本节从 $F\colon X\rightrightarrows Y$ 的度量正则性开始并首先考虑其局部版本 (定义 1.47(ii)). 这里 $\mathrm{reg}F(\bar{x},\bar{y})$ 表示 F 在 $(\bar{x},\bar{y})$ 附近的确切正则性界限.

定理 4.5 (局部度量正则性的邻域刻画) 令 $F\colon X\rightrightarrows Y$ 为 Asplund 空间之间的集值映射, 并且在 $(\bar{x},\bar{y})\in\mathrm{gph}F$ 附近具有闭图. 则下述论断等价:

(a) F 在 $(\bar{x},\bar{y})$ 附近局部度量正则;

(b) 成立 $\hat{b}(F,\bar{x},\bar{y})<\infty$, 这里

$$\hat{b}(F,\bar{x},\bar{y}):=\inf_{\eta>0}\inf\big\{\mu>0\big|\|y^*\|\leqslant\mu\|x^*\|,x^*\in\hat{D}^*F(x,y)(y^*),\\ x\in\mathrm{B}_\eta(\bar{x}),y\in F(x)\cap\mathrm{B}_\eta(\bar{y})\big\}.$$

进一步, F 在 $(\bar{x},\bar{y})$ 附近的确切正则性界限可计算如下:

$$\begin{aligned}\mathrm{reg}F(\bar{x},\bar{y})&=\hat{b}(F,\bar{x},\bar{y})\\&=\inf_{\eta>0}\sup\big\{\|\hat{D}^*F(x,y)^{-1}\|\,\big|\,x\in\mathrm{B}_\eta(\bar{x}),y\in F(x)\cap\mathrm{B}_\eta(\bar{y})\big\}.\end{aligned}$$

证明 如果 F 在 $(\bar{x},\bar{y})$ 附近度量正则, 那么

$$\hat{b}(F,\bar{x},\bar{y})\leqslant\mathrm{reg}F(\bar{x},\bar{y})<\infty,$$

这直接来自定理 1.54 的估计 (1.41). 对反向不等式 $\hat{b}(F,\bar{x},\bar{y}) \geqslant \operatorname{reg}F(\bar{x},\bar{y})$, 注意到

$$\mu > \hat{b}(F,\bar{x},\bar{y}) \Longrightarrow \mu^{-1} < \hat{a}(F,\bar{x},\bar{y}),$$

这容易由这些常数的定义以及 $\hat{D}^*F(\bar{x},\bar{y})(\cdot)$ 的正齐性导出. 设 $\bar{b}(F,\bar{x},\bar{y}) < \operatorname{reg}F(\bar{x},\bar{y})$, 则可找到满足 $\mu^{-1} < \hat{a}(F,\bar{x},\bar{y})$ 的 $0 < \mu < \operatorname{reg}F(\bar{x},\bar{y})$. 根据定理 4.1, μ 是 F 在点 $(\bar{x},\bar{y})$ 附近的一个覆盖模. 这样定理 1.52(ii) 就保证了 μ 是 F 在该点附近的一个局部度量正则性的模. 因为 $\mu < \operatorname{reg}F(\bar{x},\bar{y})$, 这是不可能的. 这样就证明了等式

$$\operatorname{reg}F(\bar{x},\bar{y}) = \hat{b}(F,\bar{x},\bar{y}).$$

为了建立 $\operatorname{reg}F(\bar{x},\bar{y})$ 的第二个表示, 注意到不等式“$\geqslant$”在定理 1.54(i) 已证过了, 而反向不等式可以直接比较 $\hat{b}(F,\bar{x},\bar{y})$ 与本定理最后的那个常数而得到. △

考虑到命题 1.50 中局部和半局部度量正则性的关系, 如果假设 $F\colon X \rightrightarrows Y$ 在 $\bar{x}$ 附近和 F^{-1} 在 $\bar{y}$ 附近都分别是局部紧的, 那么定理 4.5 直接就蕴涵了 F 的半局部度量正则性的判据和确切界限公式, 这里的正则性是相对于定义 1.47(iii) 讲的定义域和值域. 下面这个定理提供了 F 在点 $\bar{x} \in \operatorname{dom}F$ 附近半局部度量正则性的完整刻画, 它不必用到局部紧性质.

定理 4.6 (半局部度量正则性的邻域刻画) 令 $F\colon X \rightrightarrows Y$ 为 Asplund 空间之间的集值映射. 假设 F 在 $\bar{x} \in \operatorname{dom}F$ 附近具有闭图, 则下述论断等价:

(a) F 在点 $\bar{x} \in \operatorname{dom}F$ 附近半局部度量正则;

(b) $\hat{b}(F,\bar{x}) < \infty$, 这里

$$\begin{aligned}\hat{b}(F,\bar{x}) := \inf_{\eta>0}\inf\big\{\mu>0 \big| \|y^*\| \leqslant \mu\|x^*\|, x^* \in \hat{D}^*F(x,y)(y^*),\\ x \in \mathrm{B}_\eta(\bar{x}), y \in F(x)\big\}\end{aligned}$$

进一步, F 在 $\bar{x}$ 附近的确切正则界限可以如下计算

$$\operatorname{reg}F(\bar{x}) = \hat{b}(F,\bar{x}) = \inf_{\eta>0}\sup\left\{\|\hat{D}^*F(x,y)^{-1}\| \,\middle|\, x \in \mathrm{B}_\eta(\bar{x}), y \in F(x)\right\}.$$

证明 与定理 4.5 的证明类似, 用到定理 1.52(i) 中半局部覆盖和度量正则性的关系, 以及定理 4.4 中半局部覆盖的刻画. △

本节的最后得出定义 1.40 的集值映射 Lipschitz 性质的邻域刻画. 这里给出 F 在 $(\bar{x},\bar{y}) \in \operatorname{gph}F$ 附近 (局部) 类 Lipschitz 性质的相关结果, 这在后面的应用中是最有用的. 根据定理 1.42 的关系, 下面得到的结果立刻就导出局部紧多值函数经典局部 Lipschitz 性质的对应刻画.

定理 4.7 (类 Lipschitz 多值函数的邻域刻画) 令 $F\colon X \rightrightarrows Y$ 为 Asplund 空间之间的集值映射. 假设 F 在 $\bar{x} \in \operatorname{dom}F$ 附近具有闭图, 则下述论断等价:

(a) F 在点 $(\bar{x},\bar{y})$ 附近类 Lipschitz;

(b) 存在正数 ℓ 和 η 满足

$$\sup\left\{\|x^*\|\Big|x^*\in\hat{D}^*F(x,y)(y^*)\right\}\leqslant\ell\|y^*\|,$$

这里 $x\in \mathrm{B}_\eta(\bar{x})$, $y\in F(x)\cap \mathrm{B}_\eta(\bar{y})$, 和 $y^*\in Y^*$.

进一步, F 在 $(\bar{x},\bar{y})$ 附近的确切 Lipschitz 界限可以如下计算:

$$\mathrm{lip}F(\bar{x},\bar{y})=\inf_{\eta>0}\sup\left\{\|\hat{D}^*F(x,y)\|\Big|x\in \mathrm{B}_\eta(\bar{x}),y\in F(x)\cap \mathrm{B}_\eta(\bar{y})\right\}.$$

证明 类 Lipschitz 映射的性质 (b) 和确切 Lipschitz 模的下估计在定理 1.43(i) 中对一般 Banach 空间的情形证明了. 从定理 1.49(i) 知, F 在 $(\bar{x},\bar{y})$ 附近的类 Lipschitz 性质等价于 F^{-1} 在 $(\bar{y},\bar{x})$ 附近的局部度量正则性. 考虑到 (1.22) 式的正齐次映射模的定义和等式

$$\|\hat{D}^*F^{-1}(y,x)\|=\|\hat{D}^*F(x,y)^{-1}\|,\quad\forall(x,y)\in\mathrm{gph}F,$$

则可由定理 4.5 导出这个定理. △

4.2 点 基 刻 画

对上面考虑的覆盖、度量正则性和 Lipschitz 性质, 点基刻画在应用中更方便. 这样的刻画用到的类微分结构仅涉及参考点 $(\bar{x},\bar{y})$ 本身, 而不是其邻域里的所有点. 为得到这些结果, 则需要对所考虑的映射追加条件. 这种类型的一个基本结果由定理 1.57 建立, 它指出, 对 Banach 空间之间严格可微映射 f, 经典的 Lyusternik-Graves 满射条件对给定点 $\bar{x}$ 附近的度量正则性和覆盖既是充分又是必要的, 而且对应的确切界限可由 f 在 $\bar{x}$ 的严格导数表述. 在一般 Banach 空间中, 1.3 节还给出了集值映射这些性质的一些点基必要条件, 以及由混合上导数表述的单边模估计.

在这节中要证明, 对 Asplund 空间之间的集值映射 $F\colon X\rightrightarrows Y$, 如果假设 F 的部分法序列紧性 (PSNC), 那么这些条件对这些基本性质也是充分的. 进一步, 这个 PSNC 条件对所考虑的性质也是必要的.

对相关模确切界限的计算, 既需要混合上导数, 也需要基本上导数, 只有这样才能得到反向估计. 由此得到了对相当广的一类集值映射成立的精确公式, 这类映射的混合与基本上导数的模在参考点是相等的. 在最后一小节, 给出了所得结果在所谓度量正则性半径计算中的应用. 这个半径是用来度量一个集值映射在保持度量正则性的前提下可以被扰动的限度.

4.2.1 Lipschitz 性质的基本与混合上导数表述

本节从 Asplund 空间之间集值映射 Lipschitz 性质的点基刻画开始. 定理 4.10 是本节的主要结果, 它给出了 F 在 $(\bar{x},\bar{y})$ 附近类 Lipschitz 性质的充要条件, 这是用 F 的混合上导数 $D_M^*F(\bar{x},\bar{y})$ 和在 $(\bar{x},\bar{y})$ 点的 PSNC 性质表述的, 而至关重要的确切 Lipschitz 界限 $\mathrm{lip}F(\bar{x},\bar{y})$ 的上估计是由基本上导数 $D_N^*F(\bar{x},\bar{y})$ 给出的. 对满足下述要求的集值映射, 它蕴涵了计算其确切界限 $\mathrm{lip}F(\bar{x},\bar{y})$ 的精确公式.

定义 4.8 (上导数正规映射) 令 $F\colon X \rightrightarrows Y$ 为 Banach 空间之间的集值映射, $(\bar{x},\bar{y}) \in \mathrm{gph}F$.

(a) 如果

$$\|D_M^*F(\bar{x},\bar{y})\| = \|D_N^*F(\bar{x},\bar{y})\|,$$

那么称 F 在点 $(\bar{x},\bar{y})$ 上导数正规;

(b) 如果

$$D_M^*F(\bar{x},\bar{y}) = D_N^*F(\bar{x},\bar{y}) := D^*F(\bar{x},\bar{y}),$$

那么称 F 在 $(\bar{x},\bar{y})$ 点强上导数正规.

例 1.35 指出, 虽然映射 $f\colon X \to \ell^2$ 是 M-正则的, 但它并不具有上导数正规性. 该函数还在点 $\bar{x}=0$ 时 Lipschitz 连续并且严格 Fréchet 弱可微 (在定义 3.63 的意义下). 事实上, $\|D_M^*f(0)\|=0$, 而 $\|D_N^*f(0)\|=\infty$. 下面命题列出了在参考点强上导数正规 (从而上导数正规) 的一些映射类.

命题 4.9 (强上导数正规映射类) 如果 Banach 空间之间的集值映射 $F\colon X \rightrightarrows Y$ 满足下述条件之一, 那么其在 $(\bar{x},\bar{y}) \in \mathrm{gph}F$ 强上导数正规:

(a) Y 是有限维的;

(b) F 是相对于 Y 的某集合 $\Omega \subset X$ 的指标函数;

(c) F 在 $(\bar{x},\bar{y})$ 是 N-正则的. 特别地, 当其在 $\bar{x}$ 点严格可微或其图在 $(\bar{x},\bar{y})$ 附近凸时;

(d) F 是单值, 在 $\bar{x}$ 点 w^* 严格 Lipschitz, 并且 X 是 Asplund 空间;

(e) $F = f\circ g$, 这里 $g\colon X \to \mathbb{R}^n$ 在 $\bar{x}$ 点附近 Lipschitz 连续, $f\colon \mathbb{R}^n \to Y$ 在 $g(\bar{x})$ 点严格可微;

(f) $F = f + F_1$, 这里 $f\colon X \to Y$ 在 $\bar{x}$ 点严格可微, $F_1\colon X \rightrightarrows Y$ 在 $(\bar{x},\bar{y}-f(\bar{x}))$ 点强上导数正规;

(g) $F = F_1\circ g$, 这里 $g\colon X \to Z$ 在 $\bar{x}$ 点严格可微, 且其导数是满射. $F_1\colon Z \rightrightarrows Y$ 在 $(g(\bar{x}),\bar{y})$ 点强上导数正规;

(h) $F = f\circ G$, 这里对任意 $\bar{x}$ 附近的 x, $f(x,\cdot)$ 是从 Z 到 Y 的有界线性算子, $x \to f(x,\cdot)$ 在 $\bar{x}$ 点严格可微, $f(\bar{x},\cdot)$ 是单射且其值域在 Y 中 w^*-可扩张, 并且 $G\colon X \rightrightarrows Z$ 在 $(\bar{x},\bar{z})$ 点强上导数正规, $\bar{y} = f(\bar{x},\bar{z})$;

(i) $F=\partial(\varphi\circ g)$, 这里 $\varphi\colon Z\to\overline{\mathbb{R}}$, $g\in\mathcal{C}^2$ 且其导数 $\nabla g(\bar{x})$ 是满射, $\nabla g(\bar{x})^*$ 的值域在 X^* 里 w^*-可扩张, $\partial\varphi$ 在点 $(\bar{z},\bar{v})$ 强上导数正规, 其中 $\bar{z}:=g(\bar{x})$, $\bar{v}$ 由下面关系唯一定义:

$$\bar{y}=\nabla g(\bar{x})^*\bar{v},\quad \bar{v}\in\partial\varphi(\bar{z}).$$

证明 论断 (a) 和 (c) 是显然的, 其中 (c) 的在凸图和严格可微的特别情形分别源于命题 1.37 和命题 1.38. 论断 (b) 取自命题 1.33. 论断 (d) 是定理 3.28 的一部分, (e) 在定理 1.65(iii) 中证明过了. 论断 (f)~(i) 分别来自定理 1.62(ii), 定理 1.66, 引理 1.126 和定理 1.127 中建立的法锥和混合上导数的分析法则. △

要注意的是, 强上导数正规性进一步的充分条件可以由 Asplund 空间之间集值映射 N-正则性的分析法则给出 (见小节 3.1.2).

定理 4.10 (类 Lipschitz 性质的点基刻画) 令 $F\colon X\rightrightarrows Y$ 为 Asplund 空间之间的集值映射且在 $(\bar{x},\bar{y})\in\text{gph}F$ 附近具有闭图, 则下述性质等价:

(a) F 在 $(\bar{x},\bar{y})$ 附近类 Lipschitz;

(b) F 在 $(\bar{x},\bar{y})$ 点 PSNC 且 $\|D_M^*F(\bar{x},\bar{y})\|<\infty$;

(c) F 在 $(\bar{x},\bar{y})$ 点 PSNC 且 $D_M^*F(\bar{x},\bar{y})(0)=\{0\}$.

进一步, 此时对 F 在 $(\bar{x},\bar{y})$ 附近的确切 Lipschitz 界限有下述估计:

$$\|D_M^*F(\bar{x},\bar{y})\|\leqslant \text{lip}F(\bar{x},\bar{y})\leqslant\|D_N^*F(\bar{x},\bar{y})\|, \tag{4.5}$$

这里的上界估计在 $\dim X<\infty$ 时成立. 如果再设 F 在 $(\bar{x},\bar{y})$ 点上导数正规, 那么

$$\text{lip}F(\bar{x},\bar{y})=\|D_M^*F(\bar{x},\bar{y})\|=\|D_N^*F(\bar{x},\bar{y})\|. \tag{4.6}$$

证明 PSNC 和 (b) 与 (c) 中上导数条件对类 Lipschitz 性质的必要性来自命题 1.68 和定理 1.44(i). 这个定理也蕴涵 (4.5) 式中的下界估计在任意 Banach 空间中成立. 因为

$$\|D_M^*F(\bar{x},\bar{y})\|<\infty\Longrightarrow D_M^*F(\bar{x},\bar{y})(0)=\{0\},$$

余下只需证明 (c)⇒(a) 在 Asplund 空间中成立, 并且 (4.5) 式的上界估计在 X 是有限维时成立.

现在用反证法证明 (c)⇒(a). 设 F 在 $(\bar{x},\bar{y})$ 附近不是类 Lipschitz 的, 则定理 4.7(b) 中的邻域刻画不成立. 因此存在序列 $(x_k,y_k)\in\text{gph}F$, $(x_k^*,-y_k^*)\in\hat{N}((x_k,y_k);\text{gph}F)$, 满足 $(x_k,y_k)\to(\bar{x},\bar{y})$ 和

$$\|x_k^*\|>k\|y_k^*\|,\quad \forall k\in\mathbb{N}.$$

令 $\tilde{x}_k^*:=x_k^*/\|x_k^*\|$, $\tilde{y}_k^*:=y_k^*/\|x_k^*\|$, 则

$$\tilde{x}_k^*\in\hat{D}^*F(x_k,y_k)(\tilde{y}_k^*),\quad \|\tilde{x}_k^*\|=1,\quad \|\tilde{y}_k^*\|\leqslant\frac{1}{k}\to 0\ (k\to\infty). \tag{4.7}$$

因为 X 是 Asplund 空间, $\{\tilde{x}_k^*\}$ 有一个弱* 收敛到某 $x^* \in X^*$ 的序列. 在 (4.7) 式中取极限并利用混合上导数的定义, 得到 $x^* \in D_M^* F(\bar{x},\bar{y})(0)$. 根据 (c) 中的条件 $D_M^* F(\bar{x},\bar{y})(0) = \{0\}$, 这样就有 $x^* = 0$. 进一步, 根据 (c) 中 F 的 PSNC 性质, $\|\tilde{x}_k^*\| \to 0$ 沿某子列成立. 这和 (4.7) 式的条件 $\|\tilde{x}_k^*\| = 1$ 矛盾, 从而也就完成了 (a)~(c) 等价的证明.

最后在 X 是有限维的假设下证明 (4.5) 式中的上界估计. 这可利用定理 4.7 中计算 F 在 $(\bar{x},\bar{y})$ 附近确切 Lipschitz 界限的邻域公式. 根据此公式和 (1.22) 式中 $\hat{D}^* F(\bar{x},\bar{y})$ 情形时范数的定义, 任取 $\nu > 0$, 并找到序列 $(x_k, y_k) \to (\bar{x},\bar{y})$ 和 $(x_k^*, y_k^*) \in X^* \times Y^*$, 满足 $(x_k, y_k) \in \mathrm{gph} F$, $\{x_k^*\}$ 有界, 并且

$$\mathrm{lip} F(\bar{x},\bar{y}) < \|x_k^*\| + \nu, \quad x_k^* \in \hat{D}^* F(x_k, y_k)(y_k^*), \quad \|y_k^*\| \leqslant 1, \tag{4.8}$$

这里 $k \in \mathbb{N}$. 因为 X 是有限维的, Y 是 Asplund 空间, 存在 $(x^*, y^*) \in X^* \times Y^*$, 使得 $x_k^* \to x^*$ 和 $y_k^* \xrightarrow{w^*} y^*$ 沿某子列成立. 因此沿此子列有 $\|x_k^*\| \to \|x^*\|$, 并且根据范数在 X 上的连续性及其在 Y^* 的 w^*-拓扑下的下半连续性, 有

$$\|y^*\| \leqslant \liminf_{k\to\infty} \|y_k^*\| \leqslant 1.$$

在 (4.8) 式中令 $k \to \infty$ 取极限, 并且考虑到基本上导数的定义, 则

$$\mathrm{lip} F(\bar{x},\bar{y}) \leqslant \|x^*\| + \nu, \quad \text{这里 } x^* \in D_N^* F(\bar{x},\bar{y})(y^*), \quad \|y^*\| \leqslant 1.$$

因为 $\nu > 0$ 是任取的, 此式蕴涵给定假设下 (4.5) 式中的上界估计. 在 F 于 $(\bar{x},\bar{y})$ 点上导数正规的假设下, (4.6) 式中关于确切 Lipschitz 界限的等式立刻可以由 (4.5) 式中的估计得到. △

在此结果的基础上, 可以建立集值映射经典 Lipschitz 性质 (定义 1.40(iii)) 的点基刻画.

推论 4.11 (局部 Lipschitz 性质的点基刻画) 令 $F\colon X \rightrightarrows Y$ 为 Asplund 空间之间的集值映射且在 $\bar{x} \in \mathrm{dom} F$ 附近具有闭图. 设 F 在 $\bar{x}$ 附近局部紧, 则下述性质等价:

(a) F 在 $\bar{x}$ 附近局部 Lipschitz;

(b) 对任意 $\bar{y} \in F(\bar{x})$, F 在 $(\bar{x},\bar{y})$ 点 PSNC 且 $\|D_M^* F(\bar{x},\bar{y})\| < \infty$;

(c) 对任意 $\bar{y} \in F(\bar{x})$, F 在 $(\bar{x},\bar{y})$ 点 PSNC 且 $D_M^* F(\bar{x},\bar{y})(0) = \{0\}$.

进一步, 此时对 F 在 $\bar{x}$ 附近的确切 Lipschitz 界限有下述估计:

$$\sup_{\bar{y}\in F(\bar{x})} \|D_M^* F(\bar{x},\bar{y})\| \leqslant \mathrm{lip} F(\bar{x}) \leqslant \sup_{\bar{y}\in F(\bar{x})} \|D_N^* F(\bar{x},\bar{y})\|,$$

这里的上界估计在 $\dim X < \infty$ 时成立. 若再设 F 在 $(\bar{x},\bar{y})$ 点上导数正规对任意 $\bar{y} \in F(\bar{x})$ 成立, 则

$$\mathrm{lip}F(\bar{x}) = \sup_{\bar{y}\in F(\bar{x})} \|D_M^*F(\bar{x},\bar{y})\| = \sup_{\bar{y}\in F(\bar{x})} \|D_N^*F(\bar{x},\bar{y})\|.$$

证明　根据定理 1.42 建立的局部 Lipschitz 性质和类 Lipschitz 性质在映射是局部紧时的关系, 结论蕴涵于定理 4.10 中. △

下面主要考虑定理 4.10 中得到的判据对类 Lipschitz 性质的应用. 根据推论 4.11, 对经典的 Lipschitz 性质可以得到类似的结果. 当 $\dim X < \infty$ 时, 这些判据可以简化, 因为此时 F 的 PSNC 性质是自动满足的. 如果 X 和 Y 都是有限维的, 那么对集值映射的类 Lipschitz 性质使用 $D^*F(\bar{x},\bar{y})$ 的统一的刻画

$$D^*F(\bar{x},\bar{y})(0) = \{0\}, \quad \mathrm{lip}F(\bar{x},\bar{y}) = \|D^*F(\bar{x},\bar{y})\|. \tag{4.9}$$

另外一个重要的情形是, 当集值映射具有凸图时, 定理 4.10 的条件可以在本质上简化并且有效地具体化. 和 (4.9) 式不同, 下述结果并非定理 4.10 的一个直接推论, 但其证明主要是基于上面具体于凸图映射的情形的上导数判据.

定理 4.12 (凸图多值函数的类 Lipschitz 性质)　令 $F\colon X \rightrightarrows Y$ 为 Asplund 空间之间的凸图多值函数. 给定 $\bar{x} \in \mathrm{dom}F$, 设 F 的图在 $\bar{x}$ 附近闭. 则下述等价:

(a) 存在 $\bar{y} \in F(\bar{x})$, 使得 F 在 $(\bar{x},\bar{y})$ 附近类 Lipschitz;

(b) F^{-1} 的值域在 $\bar{x}$ 点 SNC, 并且 $N(\bar{x};\mathrm{rge}F^{-1}) = \{0\}$;

(c) $\bar{x}$ 是 F^{-1} 值域的内点;

(d) 对任意 $\bar{y} \in F(\bar{x})$, F 在 $(\bar{x},\bar{y})$ 点类 Lipschitz.

若进一步假定 $\dim X < \infty$, 则

$$\mathrm{lip}F(\bar{x},\bar{y}) = \sup_{\|y^*\|\leqslant 1} \big\{\|x^*\|\big|\langle x^*, x-\bar{x}\rangle \leqslant \langle y^*, y-\bar{y}\rangle, \quad \forall (x,y) \in \mathrm{gph}F\big\}$$

对任意 $\bar{y} \in F(\bar{x})$ 成立.

证明　根据命题 1.37 里凸图映射上导数的表示, 蕴涵关系 (a)⇒(b) (事实上是等价关系) 源于定理 4.10 中的 (a)⇒(c). 此时, $\mathrm{int}(\mathrm{rge}F^{-1}) \neq \varnothing$, 这可以由等价于 F 的类 Lipschitz 性质的 F^{-1} 的局部覆盖性质轻松得到. 因此由凸分析中熟知的结果, 对凸集 $\Omega = \mathrm{rge}F^{-1}$, 有 $\mathrm{int}\Omega = \mathrm{int}(\mathrm{cl}\Omega)$. 所以可以不失一般性地假定 F^{-1} 的值域在 $\bar{x}$ 附近是局部闭的. 这样蕴涵关系 (b)⇒ (c) 就可以直接从推论 2.24 中闭 SNC 集合边界点的法锥刻画导出. 对 (c)⇒(d), 首先看到, 由于集合 $\mathrm{gph}F$ 和 $\mathrm{rge}F^{-1}$ 是凸的, $\mathrm{rge}F^{-1}$ 在 $\bar{x}$ 点的 SNC 性质等价于 F 在 $(\bar{x},\bar{y})$ 点的 PSNC 性质 (对任意 $\bar{y} \in F(\bar{x})$). 因为 (c) 蕴涵 $\mathrm{rge}F^{-1}$ 在 $\bar{x}$ 点 SNC (根据命题 1.25 和定理 1.26), 并且显然有

$$(c) \Longrightarrow D^*F(\bar{x},\bar{y})(0) = \{0\}, \quad \forall \bar{y} \in F(\bar{x}),$$

所以 (c)⇒(d) 可以由定理 4.10 得出. 蕴涵关系 (d)⇒(a) 是平凡的, 而定理中的确切界限公式是 (4.6), 命题 1.37 和范数定义 (1.22) 的直接推论. △

需要指出, 定理 4.12 中的蕴涵关系 (c)⇒(d) 也可由经典的 Robinson-Ursescu 定理的逆版本导出, 该定理是关于任意 Banach 空间之间闭凸映射的度量正则性的; 请比对后面的定理 4.21.

注 4.13 (Lipschitz 性质的 Clarke 法锥表述) 定理 4.10 立刻就可以导出 $F\colon X \rightrightarrows Y$ 在 $(\bar{x},\bar{y})$ 附近类 Lipschitz 性质的一个充分条件, 那就是把 (c) 中的 $D_M^*F(\bar{x},\bar{y})(0)=\{0\}$ 替换成以 Clarke 法锥条件:

$$[(x^*,0)\in N_C((\bar{x},\bar{y});\mathrm{gph}F)] \Longrightarrow x^*=0. \tag{4.10}$$

由定理 3.57 知, Clarke 法锥在 Asplund 空间中是和凸化锥 $\mathrm{cl}^*\mathrm{co}N$ 相同的, 另外 (4.10) 式和基本条件 $D_M^*F(\bar{x},\bar{y})(0)=\{0\}$ 对凸图映射是没有区别的, 但在非凸的情形可能会有本质的不同.

事实上, 从定理 3.62 和 3.72(i) 可以得出, 如果 F 是单值且在 $\bar{x}$ 点 w^*-严格 Lipschitz, 或者更一般地, 如果 $F\colon X \rightrightarrows Y$ 的图在点 $(\bar{x},\bar{y})$ 是严格半 Lipschitz 的, 那么 (4.10) 式中的 Clarke 法锥实际上是一个线性空间. 这意味着, 条件 (4.10) 离该映射 F 在 $(\bar{x},\bar{y})$ 点类 Lipschitz 性质的必要性很远, 即使在有限维的情形也是如此.

为说明这一点, 考虑在 $\bar{x}$ 点附近局部 Lipschitz 的映射 $f\colon \mathbb{R}^n \to \mathbb{R}^m$. 从定理 1.46 的证明可以得出, 条件 (4.10) 成立当且仅当此映射在 $\bar{x}$ 点严格可微, 因此对非光滑函数总是不成立的. 不同的是, 由基本法锥表示的条件 (4.9) 却完全地刻画了有限维空间之间的类 Lipschitz 映射.

PSNC 性质和上面所用的两种上导数具有的相当丰富的分析法则, 这对定理 4.10 的应用是至关重要的. 正因为有这些法则, 在具有代表性的情形中, 所得的刻画才能有效地应用于所出现的特殊形式的映射 F. 这其中的某些应用会在 4.3 节里讨论, 在那里研究参数约束和变分系统的 Lipschitz 稳定性, 这些系统与优化和均衡模型有关.

现在来说明, 应用定理 4.10 的对偶刻画和上导数与 PSNC 的分析法则, 能推导出一些有效的条件, 它们确保 Lipschitz 连续性在集值映射的多种运算下得以保持. 在此方向上, 本质上是在用这样一个事实, 那就是定理 4.10 提供了 Lipschitz 连续性的充分必要条件.

第一个定理是处理 Asplund 空间之间集值映射的一般复合的. 和往常一样, 下面只给出关于类 Lipschitz 性质的结果, 它自动地蕴涵局部紧多值函数经典 Lipschitz 连续性的类似条件.

定理 4.14 (复合运算下的类 Lipschitz 性质) 考虑 $\bar{z}\in(F\circ G)(\bar{x})$, 这里

$G\colon X \rightrightarrows Y$ 和 $F\colon Y \rightrightarrows Z$ 是 Asplund 空间之间的集值映射, G 和 F^{-1} 在点 $\bar{x}$ 和 $\bar{z}$ 分别局部闭. 假设

(a) 集值映射 $(x,z) \to G(x) \cap F^{-1}(z)$ 在点 $(\bar{x},\bar{z})$ 附近是内半紧的;

(b) 对任意 $\bar{y} \in G(\bar{x}) \cap F^{-1}(\bar{z})$, 映射 G 和 F 在 $(\bar{x},\bar{y})$ 和 $(\bar{y},\bar{z})$ 附近分别是类 Lipschitz 的.

则 $F \circ G$ 在点 $(\bar{x},\bar{z})$ 附近是类 Lipschitz 的. 如果再有 $\dim X < \infty$, 并且对任意 $\bar{y} \in G(\bar{x}) \cap F^{-1}(\bar{z})$, F 和 G 在点 $(\bar{y},\bar{z})$ 和点 $(\bar{x},\bar{y})$ 分别是上导数正规的, 那么有

$$\operatorname{lip}(F \circ G)(\bar{x},\bar{z}) \leqslant \max_{\bar{y} \in G(\bar{x}) \cap F^{-1}(\bar{z})} \operatorname{lip}G(\bar{x},\bar{y}) \cdot \operatorname{lip}F(\bar{y},\bar{z}). \tag{4.11}$$

证明　根据定理中的假定 (b) 和定理 4.10 中的蕴涵关系 (a)⇒(c), 对任意 $\bar{y} \in G(\bar{x}) \cap F^{-1}(\bar{z})$, 映射 G 和 F 在点 $(\bar{x},\bar{y})$ 和 $(\bar{y},\bar{z})$ 分别 PSNC, 且

$$D^*_M G(\bar{x},\bar{y})(0) = \{0\}, \quad D^*_M F(\bar{y},\bar{z})(0) = \{0\}. \tag{4.12}$$

由定理 3.14 中的零链式法则, 有

$$D^*_M (F \circ G)(\bar{x},\bar{z})(0) = \{0\}.$$

进一步, 推论 3.96 保证了 $F \circ G$ 在 $(\bar{x},\bar{z})$ 点的 PSNC 性质. 由定理 4.10 的反向蕴涵关系 (c)⇒(a), $F \circ G$ 在 $(\bar{x},\bar{z})$ 附近是类 Lipschitz 的.

下面证明界限不等式 (4.11). 由定理 3.13(ii) 有链式法则

$$D^*(F \circ G)(\bar{x},\bar{z})(z^*) \subset \bigcup_{\bar{y} \in G(\bar{x}) \cap F^{-1}(\bar{z})} D^*_N G(\bar{x},\bar{y}) \circ D^* F(\bar{y},\bar{z})(z^*), \tag{4.13}$$

这对上导数 $D^* = D^*_M$ 和 $D^* = D^*_N$ 都成立. 利用 (4.13) 式和对任意正齐次多值函数成立的公式 $\|H_1 \circ H_2\| \leqslant \|H_1\| \cdot \|H_2\|$, 并考虑到 F 和 G 都是上导数正规的, 从 (4.5) 式得, 当 $\dim X < \infty$ 时,

$$\begin{aligned}
\operatorname{lip}(F \circ G)(\bar{x},\bar{z}) &\leqslant \sup_{\bar{y} \in G(\bar{x}) \cap F^{-1}(\bar{z})} \|D^*_N G(\bar{x},\bar{y})\| \cdot \|D^*_N F(\bar{y},\bar{z})\| \\
&= \sup_{\bar{y} \in G(\bar{x}) \cap F^{-1}(\bar{z})} \|D^*_M G(\bar{x},\bar{y})\| \cdot \|D^*_M F(\bar{y},\bar{z})\| \\
&\leqslant \max_{\bar{y} \in G(\bar{x}) \cap F^{-1}(\bar{z})} \operatorname{lip}G(\bar{x},\bar{y}) \cdot \operatorname{lip}F(\bar{y},\bar{z}),
\end{aligned}$$

于是有 (4.11) 式. 注意在最后这个不等式和 (4.11) 式中用了“max”, 这是因为集合在假设 (a) 下是紧的, 并且函数 $(x,y) \to \operatorname{lip}S(x,y)$ 在任意类 Lipschitz 多值函数 S 的图上是上半连续的. △

如果把映射 $G \cap F^{-1}$ 的内半紧性换成在某点 $(\bar{x},\bar{z},\bar{y})$, $\bar{y} \in G(\bar{x}) \cap F^{-1}(\bar{z})$ 的内半连续性, 并且 $F \circ G$ 的图在 $(\bar{x},\bar{z})$ 附近是闭的, 那么定理 4.14 (以及后面相关的

结果) 中别的假设和结论可以只对该点 $\bar{y}$ 给出. 当内映射 $G = g$ 是单值的时候, 定理 4.14 的假设可以表述如下:

推论 4.15 (内映射单值时的复合) 取 $\bar{z} \in (F \circ g)(\bar{x})$, 这里 $g\colon X \to Y$ 和 $F\colon Y \rightrightarrows Z$ 是 Asplund 空间之间的映射. 假设 g 在 $\bar{x}$ 点 Lipschitz 连续, F 在 $(g(\bar{x}), \bar{z})$ 点附近具有闭图. 则如果 F 在 $(g(\bar{x}), \bar{z})$ 附近类 Lipschitz, 必有 $F \circ g$ 在 $(\bar{x}, \bar{z})$ 附近类 Lipschitz. 进一步, 若 $\dim X < \infty$, 且 F 和 g 在点 $(g(\bar{x}), \bar{z})$ 和 $\bar{x}$ 分别上导数正规, 则

$$\operatorname{lip}(F \circ g)(\bar{x}, \bar{z}) \leqslant \operatorname{lip} g(\bar{x}) \cdot \operatorname{lip} F(g(\bar{x}), \bar{z}).$$

证明 在给定假设下, 映射 $(g \cap F^{-1})(x, z) = \{g(x)\}$ 显然在 $(\bar{x}, \bar{z})$ 附近是内半紧的, 因此这是定理 4.14 的一个特殊情况. △

对集值映射的和, 下述结果给出了保证其 Lipschitz 性质的条件, 以及确切 Lipschitz 界限之间的关系. 由于通过归纳法能给出一般和的情形, 所以只考虑两个映射就够了. 简单起见, 这里只给出内半紧时的结果.

定理 4.16 (映射和的类 Lipschitz 性质) 考虑 Asplund 空间之间的两个映射 $F_i\colon X \rightrightarrows Y$, 其在某点 $\bar{x} \in (\operatorname{dom} F_1) \cap (\operatorname{dom} F_2)$ 附近具有闭图. 取 $\bar{y} \in F_1(\bar{x}) + F_2(\bar{x})$, 并假设如下定义的映射 $S\colon X \times Y \rightrightarrows Y^2$

$$S(x, y) := \{(y_1, y_2) \in Y^2 \mid y_1 \in F_1(x), y_2 \in F_2(x), y_1 + y_2 = y\}$$

在 $(\bar{x}, \bar{y})$ 附近是内半紧的. 如果对任意 $(\bar{y}_1, \bar{y}_2) \in S(\bar{x}, \bar{y})$, F_1, F_2 分别在 $(\bar{x}, \bar{y}_1)$ 和 $(\bar{x}, \bar{y}_2)$ 类 Lipschitz, 那么和 $F_1 + F_2$ 在 $(\bar{x}, \bar{y})$ 附近是类 Lipschitz 的. 进一步, 如果 $\dim X < \infty$, 且对 $i = 1, 2$ 和任意 $(\bar{y}_1, \bar{y}_2) \in S(\bar{x}, \bar{y})$, F_i 在 $(\bar{x}, \bar{y}_i)$ 点是上导数正规的, 那么

$$\operatorname{lip}(F_1 + F_2)(\bar{x}, \bar{y}) \leqslant \max_{(\bar{y}_1, \bar{y}_2) \in S(\bar{x}, \bar{y})} \{\operatorname{lip} F_1(\bar{x}, \bar{y}_1) + \operatorname{lip} F_2(\bar{x}, \bar{y}_2)\}.$$

证明 在给定的假设下, 从定理 3.10 可得, 下面的加法法则对上导数 $D^* = D_N^*, D_M^*$ 都成立:

$$D^*(F_1 + F_2)(\bar{x}, \bar{y})(y^*) \subset \bigcup_{(\bar{y}_1, \bar{y}_2) \in S(\bar{x}, \bar{y})} [D^* F_1(\bar{x}, \bar{y}_1)(y^*) + D^* F_2(\bar{x}, \bar{y}_2)(y^*)].$$

在此式 $D^* = D_M^*$ 的情形置 $y^* = 0$, 则由定理 1.44 得

$$D_M^*(F_1 + F_2)(\bar{x}, \bar{y})(0) = \{0\}.$$

进而从关于 PSNC 分析法则的定理 3.88, $F_1 + F_2$ 具有 PSNC 性质. 由定理 4.10 中的类 Lipschitz 性质的上导数判据, $F_1 + F_2$ 在 $(\bar{x}, \bar{y})$ 附近是类 Lipschitz 的. 最后,

利用上面加法法则在 $D^* = D_N^*$ 和 $D^* = D_M^*$ 的情形, 以及对正齐次多值函数显然成立的范数不等式

$$\|H_1 + H_2\| \leqslant \|H_1\| + \|H_2\|,$$

用与定理 4.14 类似的证明就可得到定理中的确切界限公式. △

定理 4.14 和定理 4.16 的如下推论是关于集值映射的 h-复合 $F_1 \overset{h}{\diamond} F_2$ 的, 它包括了多值函数的许多运算 (见 3.1.2 小节).

推论 4.17 (h-复合集值映射的类 Lipschitz 性质) 取 $\bar{z} \in (F_1 \overset{h}{\diamond} F_2)(\bar{x})$, 这里 $F_i\colon X \rightrightarrows Y_i$, $i = 1, 2$, $h\colon Y_1 \times Y_2 \to Z$, 所有空间都是 Asplund 的. 定义多值函数 $S\colon X \times Z \rightrightarrows Y_1 \times Y_2$ 如下,

$$S(x, z) := \{(y_1, y_2) \in Y_1 \times Y_2 \mid y_i \in F_i(x), z = h(y_1, y_2)\},$$

并假定其在点 $(\bar{x}, \bar{z})$ 内半紧. 设对任意 $\bar{y} = (\bar{y}_1, \bar{y}_2) \in S(\bar{x}, \bar{z})$, 映射 F_i 分别在点 $(\bar{x}, y_1)$ 和 $(\bar{x}, \bar{y}_2)$ 附近具有闭图且类 Lipschitz, h 在 $\bar{y}$ 附近局部 Lipschitz. 则 $F_1 \overset{h}{\diamond} F_2$ 在 $(\bar{x}, \bar{z})$ 附近类 Lipschitz.

证明 定义 $F\colon X \rightrightarrows Y_1 \times Y_2$, $F(x) := (F_1(x), F_2(x))$, 并注意到 $F = \tilde{F}_1 + \tilde{F}_2$, 这里 $\tilde{F}_1(x) := (F_1(x), 0)$, $\tilde{F}_2(x) := (0, F_2(x))$. 从推论 4.16 得出, 对任意 $\bar{y} = (\bar{y}_1, \bar{y}_2) \in S(\bar{x}, \bar{z})$, F 在 $(\bar{x}, \bar{y})$ 附近是类 Lipschitz 的. 显然

$$(F_1 \overset{h}{\diamond} F_2)(x) = (h \circ F)(x).$$

因为 h 是局部 Lipschitz 的, 应用定理 4.14 于这个复合映射就完成了推论的证明. △

4.2.2 覆盖和度量正则的点基刻画

在这节中建立 Asplund 空间之间多值映射的覆盖与度量正则性的点基刻画, 以及有关确切界限的公式. 另外还会给出在一般复合运算下保持这些性质的条件. 由于有 1.2.3 小节建立的这些性质与 Lipschitz 性质的关系, 这些结果是从上节 Lipschitz 性质的刻画推导出来的. 下面首先讨论局部覆盖和度量正则性的点基判据. 除了混合和基本上导数, 为了方便表述这些刻画, 定义反混合上导数如下:

$$\tilde{D}_M^* F(\bar{x}, \bar{y})(y^*) := \{x^* \in X^* \mid y^* \in -D_M^* F^{-1}(\bar{y}, \bar{x})(-x^*)\}.$$

定理 4.18 (局部覆盖和度量正则性的点基刻画) 令 $F\colon X \rightrightarrows Y$ 为 Asplund 空间之间的集值映射, 其于点 $(\bar{x}, \bar{y}) \in \operatorname{gph} F$ 附近有闭图, 则下述等价:

(a) F 在 $(\bar{x}, \bar{y})$ 附近局部度量正则;

(b) F 在 $(\bar{x}, \bar{y})$ 附近具有局部覆盖性质;

(c) F^{-1} 在 $(\bar{y}, \bar{x})$ 点 PSNC, 并且有等价条件

$$D_M^* F^{-1}(\bar{y}, \bar{x})(0) = \{0\} \Leftrightarrow \ker \tilde{D}_M^* F(\bar{x}, \bar{y}) = \{0\};$$

(d) F^{-1} 在 $(\bar{y},\bar{x})$ 点 PSNC, 并且

$$\|D_M^*F^{-1}(\bar{y},\bar{x})\| = \|\tilde{D}_M^*F(\bar{x},\bar{y})^{-1}\| < \infty;$$

(e) F^{-1} 在 $(\bar{y},\bar{x})$ 点 PSNC, 并且

$$\inf\{\|x^*\| \mid x^* \in \tilde{D}_M^*F(\bar{x},\bar{y})(y^*), \|y^*\| = 1\} > 0;$$

进一步, 当 $\dim Y < \infty$ 时, 有下述估计:

$$\text{reg}F(\bar{x},\bar{y}) \leqslant \|D_N^*F^{-1}(\bar{y},\bar{x})\| = \|D_N^*F(\bar{x},\bar{y})^{-1}\|, \tag{4.14}$$

$$\text{cov}F(\bar{x},\bar{y}) \geqslant \inf\{\|x^*\| \mid x^* \in D_N^*F(\bar{x},\bar{y})(y^*), \|y^*\| = 1\}. \tag{4.15}$$

如果 F^{-1} 在 $(\bar{y},\bar{x})$ 点还是上导数正规的, 那么

$$\text{reg}F(\bar{x},\bar{y}) = \|D^*F^{-1}(\bar{y},\bar{x})\| = \|D^*F(\bar{x},\bar{y})^{-1}\|, \tag{4.16}$$

$$\text{cov}F(\bar{x},\bar{y}) = \inf\{\|x^*\| \mid x^* \in D^*F(\bar{x},\bar{y})(y^*), \|y^*\| = 1\}, \tag{4.17}$$

这里 D^* 代表 D_N^*, D_M^* 或 $\tilde{D}_M^*$.

证明 在任意 Banach 空间中, 等价关系 (a) $\Leftrightarrow$(b) 已经在定理 1.52(i) 中证过了. 等价关系 (a)$\Leftrightarrow$(c) 和 (a)$\Leftrightarrow$ (d) 来自定理 1.49(i) 中度量正则性和类 Lipschitz 性质的关系, 以及定理 4.10 中的刻画. 等价性 (a)$\Leftrightarrow$(d) 蕴涵 (b)$\Leftrightarrow$(e), 这是因为由定理 1.52(i), 并且对任意正齐次多值函数, 成立

$$1/\|H^{-1}\| = \inf\{\|y\| \mid y \in H(x), \|x\| = 1\}. \tag{4.18}$$

把 (4.5) 式中的估计应用于逆映射 F^{-1}, 并把公式 (4.18) 应用于上导数 $H = D_N^*F(\bar{x},\bar{y})$, 则导出估计 (4.14) 和 (4.15). 由 (4.14) 式和在定理 1.54(ii) 中建立的反向不等式

$$\text{reg}F(\bar{x},\bar{y}) \geqslant \|D_M^*F^{-1}(\bar{y},\bar{x})\|,$$

则得, 当 F^{-1} 在 $(\bar{y},\bar{x})$ 点上导数正规时, 等式 (4.16) 对 $D^* = D_N^*$ 成立. 这等价于 $\|\tilde{D}_M^*F(\bar{x},\bar{y})\| = \|D_N^*F(\bar{x},\bar{y})\|$. 进一步就有 $D_M^*F(\bar{x},\bar{y}) = D_N^*F(\bar{x},\bar{y})$ 在 Y 是有限维时成立. 这样 (4.16) 式在给定假设下对 $D^* = D_M^*$ 和 $D^* = \tilde{D}_M^*$ 也成立. 最后, 根据 (4.18) 式, 此时 (4.16) 式和 (4.17) 式是等价的. △

下述例子表明, 对定理 4.18 中无限维空间上多值函数覆盖和度量正则性的刻画 (也包括定理 4.10 中等价的 Lipschitz 稳定性的刻画), PSNC 条件是至关重要的.

例 4.19 (缺少 PSNC 而失去覆盖和度量正则性) 对任意可分 Banach 空间 X, 存在凸值映射 $F\colon X \rightrightarrows X$, 它在 $(\bar{x},\bar{y}) \in \text{gph}F$ 点不具有覆盖和度量正则性, 但 $D_N^*F(\bar{x},\bar{y}) = \{0\}$.

证明　对任意可分 Banach 空间 X, 令 $\{e_n\}_{n=1}^{\infty}$ 为在 X 中稠密的线性无关单位向量. 构造凸集

$$\Omega_1 := \text{clco}\left\{\frac{e_n}{2^n}, -\frac{e_n}{2^n}\right\} \quad 和\ \Omega_2 := \left\{ta \middle| t \in [-1,1]\right\}, \quad 其中\ a := \sum_{n=1}^{\infty} \frac{e_n}{n^2} \in X.$$

显然它们是范数紧的且 $\Omega_1 \cap \Omega_2 = \{0\}$. 定义集值映射 $F\colon X \rightrightarrows X$:

$$F(x) := \begin{cases} x + \Omega_1, & x \in \Omega_2, \\ \varnothing, & 其他, \end{cases}$$

它满足 $(0,0) \in \text{gph}F$. 因为 $\text{span}\,\Omega_1$ 在 X 中稠密, 有

$$N((0,0); \text{gph}F) \subset [\{0\} \times \Omega_1]^{\perp} = X^* \times \{0\}.$$

从而 $\ker D_N^* F(0,0) = \{0\}$. 剩下来需要验证 F 在 $(0,0)$ 附近不具有局部覆盖性质. 这只需证明, 对任意 $r > 0$, 像集

$$F(r\mathbb{B}) = \bigcup_{\alpha \in [0, r/\|a\|]} [\alpha a + \Omega_1]$$

不包含包括原点的开球. 事实上, 取 $b := \sum_{n=1}^{\infty} \frac{e_n}{n^3}$ 和任何小的数 $\beta > 0$, 有 $\beta b - \alpha a \in \Omega_1$ 对某 $\alpha \in [0, r/\|a\|]$ 成立. 这就导致 $\beta b - \alpha a = 0$. △

根据定理 4.18 和 1.2.3 小节中建立的局部与半局部性质的关系, 对 Asplund 空间中的局部紧多值函数可以得出半局部覆盖和两种度量正则性的刻画.

推论 4.20 (半局部覆盖和度量正则性的刻画)　令 $F\colon X \rightrightarrows Y$ 为 Asplund 空间之间的集值映射. 则下述论断等价:

(i) 给定 $\bar{x} \in \text{dom}F$, 设 F 在 $\bar{x}$ 附近局部紧且具有闭图, 则 F 在 $\bar{x}$ 附近有半局部覆盖性质当且仅当定理 4.18 的等价条件 (c)~(e) 对任何向量 $\bar{y} \in F(\bar{x})$ 都成立. 如果进一步假设 $\dim Y < \infty$, 那么

$$\text{cov}F(\bar{x}) \geqslant \inf\{\|x^*\| \mid x^* \in D_N^* F(\bar{x}, \bar{y})(y^*), \bar{y} \in F(\bar{x}), \|y^*\| = 1\}.$$

如果 F^{-1} 在 $(\bar{y}, \bar{x})$ 点上导数正规对任意 $\bar{y} \in F(\bar{x})$ 成立, 那么此不等式成为等式 (此时 $D_N^* = D_M^* = \tilde{D}_M^*$).

(ii) 在 (i) 的假定下, F 在 $\bar{x}$ 附近有半局部度量正则性当且仅当定理 4.18 的等价条件 (c)~(e) 对任何向量 $\bar{y} \in F(\bar{x})$ 都成立. 此时还有

$$\text{reg}F(\bar{x}) \leqslant \max_{\bar{y} \in F(\bar{x})} \|D_N^* F^{-1}(\bar{y}, \bar{x})\| = \max_{\bar{y} \in F(\bar{x})} \|D_N^* F(\bar{x}, \bar{y})^{-1}\|.$$

如果 F^{-1} 在 $(\bar{y},\bar{x})$ 点上导数正规对任意 $\bar{y}\in F(\bar{x})$ 成立, 那么此不等式成为等式 (此时 $D_N^*=D_M^*=\tilde{D}_M^*$).

(iii) 给定 $\bar{y}\in \mathrm{rge}F$, 假定 F^{-1} 在 $\bar{y}$ 附近局部紧且有闭图. 则 F^{-1} 在 $\bar{y}$ 点附近半局部度量正则当且仅当, 对任意 $\bar{x}\in F^{-1}(\bar{y})$, F^{-1} 在 $(\bar{y},\bar{x})$ 点 PSNC, 并且下述相互等价的条件成立:

$$D_M^*F^{-1}(\bar{y},\bar{x})(0)=\{0\},\quad \ker\tilde{D}_M^*F(\bar{x},\bar{y})=\{0\},$$

$$\|D_M^*F^{-1}(\bar{y},\bar{x})\|=\|\tilde{D}_M^*F(\bar{x},\bar{y})^{-1}\|<\infty.$$

当 $\dim Y<\infty$ 时, 则有估计

$$\mathrm{reg}F^{-1}(\bar{y})\leqslant \max_{\bar{x}\in F^{-1}(\bar{y})}\|D_N^*F^{-1}(\bar{y},\bar{x})\|=\max_{\bar{x}\in F^{-1}(\bar{y})}\|D_N^*F(\bar{x},\bar{y})^{-1}\|.$$

如果 F^{-1} 在 $(\bar{y},\bar{x})$ 点上导数正规对任意 $\bar{x}\in F^{-1}(\bar{y})$ 成立, 那么此不等式成为等式 (此时 $D_N^*=D_M^*=\tilde{D}_M^*$).

证明 由于有命题 1.50 和推论 1.53 建立的局部和半局部性质的关系, 所有结论都归结到定理 4.18 里的对应结果. △

这节余下的部分考虑与局部覆盖和度量正则有关的各种结果. 根据推论 4.20, 这也蕴涵着对应的关于半局部的结果.

如果 $F=f\colon X\to Y$ 是在 $\bar{x}$ 点严格可微的单值函数, 定理 4.18 就回到了定理 1.57 的刻画. 在那里, 充分性 (Lyusternik-Graves 定理) 是在任意 Banach 空间中证明的.

下面的结果源于定理 4.18, 其证明类似于定理 4.12. 它其实就是定理 4.12 用到逆函数上时的一个直接推论. 注意下面的蕴涵关系 (c)⇒(d) 是 Robinson-Ursescu 闭图/度量正则性定理的主要部分, 该定理在任意 Banach 空间中成立 (参见文献 [52, 定理 3.3.1]).

定理 4.21 (凸图映射的度量正则性与覆盖) 令 $F\colon X\rightrightarrows Y$ 为 Asplund 空间之间的凸图多值映射. 给定 $\bar{y}\in\mathrm{rge}F$ 并假定 F 的图在 $\bar{y}$ 附近闭, 则下述等价:

(a) 存在 $\bar{x}\in F^{-1}(\bar{y})$, 使得 F 在 $(\bar{x},\bar{y})$ 附近局部度量正则 (即具有局部覆盖性质);

(b) 凸集 $\mathrm{rge}F$ 在 $\bar{y}$ 点 SNC, 且 $N(\bar{y};\mathrm{rge}F)=\{0\}$;

(c) $\bar{y}$ 是 F 值域的内点;

(d) 对任何 $\bar{x}\in F^{-1}(\bar{y})$, F 在 $(\bar{x},\bar{y})$ 附近度量正则 (即具有局部覆盖性质).

如果进一步假设 $\dim Y<\infty$, 那么对任意 $\bar{y}\in F(\bar{x})$, 有

$$\mathrm{reg}F(\bar{x},\bar{y})=\sup_{\|x^*\|\leqslant 1}\big\{\|y^*\|\big|\langle x^*,x-\bar{x}\rangle\leqslant\langle y^*,y-\bar{y}\rangle,\ \forall(x,y)\in\mathrm{gph}F\big\},$$

$$\mathrm{cov}F(\bar{x},\bar{y})=\inf_{\|y^*\|\leqslant 1}\big\{\|x^*\|\big|\,\langle x^*,x-\bar{x}\rangle\leqslant\langle y^*,y-\bar{y}\rangle,\ \forall(x,y)\in\mathrm{gph}F\big\}.$$

证明 这是定理 4.12 应用于 F^{-1} 的反向版本. 此时 F^{-1} 在 $(\bar{y},\bar{x})$ 附近是类 Lipschitz 的. 正则性和覆盖界限的精确公式可以由 (4.16) 式, (4.17) 式根据命题 1.37 直接导出. △

对 4.2.1 小节中 Lipschitz 连续的情形, 所得刻画蕴涵了保证度量正则性和覆盖性质在一般映射复合下得以保持的有效条件.

定理 4.22 (复合映射的度量正则性和覆盖) 令 $\bar{z}\in(F\circ G)(\bar{x})$, 其中 $G\colon X\rightrightarrows Y$, $F\colon Y\rightrightarrows Z$ 是 Asplund 空间之间的集值映射. 假设 G 和 F^{-1} 的图在 $\bar{x}$ 和 $\bar{z}$ 点分别闭, 并且下述条件成立:

(a) 集值映射 $(x,z)\to G(x)\cap F^{-1}(z)$ 在 $(\bar{x},\bar{z})$ 点附近内半紧;

(b) 对任意 $\bar{y}\in G(\bar{x})\cap F^{-1}(\bar{z})$, 映射 G 和 F 在 $(\bar{x},\bar{y})$ 和 $(\bar{y},\bar{z})$ 附近分别局部度量正则 (即有局部覆盖性质).

则 $F\circ G$ 在 $(\bar{x},\bar{z})$ 附近局部度量正则 (即具有局部覆盖性质). 如果进一步假设 $\dim Z<\infty$, 且对任意 $\bar{y}\in G(\bar{x})\cap F^{-1}(\bar{z})$, 映射 F^{-1} 和 G^{-1} 在 $(\bar{z},\bar{y})$ 和 $(\bar{y},\bar{x})$ 分别上导数正规, 那么有

$$\operatorname{reg}(F\circ G)(\bar{x},\bar{z})\leqslant\max_{\bar{y}\in G(\bar{x})\cap F^{-1}(\bar{z})}\operatorname{reg}G(\bar{x},\bar{y})\cdot\operatorname{reg}F(\bar{y},\bar{z}),$$
$$\operatorname{cov}(F\circ G)(\bar{x},\bar{z})\geqslant\min_{\bar{y}\in G(\bar{x})\cap F^{-1}(\bar{z})}\operatorname{cov}G(\bar{x},\bar{y})\cdot\operatorname{cov}F(\bar{y},\bar{z}).$$

证明 这里从定理 4.14 推导这个结果. 事实上, 易验证, 对任何集值映射有

$$(F\circ G)^{-1}=G^{-1}\circ F^{-1}.$$

因此如果把定理 4.14 应用到复合 $G^{-1}\circ F^{-1}$ 上, 则给出所列的度量正则性和覆盖性质的条件. 度量正则性和覆盖性质的确切界限直接来自 (4.11) 式和 1.2.3 小节建立的三种确切界限间的关系. △

4.2.3 扰动下的度量正则性

数值分析中的一个重要课题是研究在解的良好性态消失之前可以容许多大的扰动. 这相关于数值分析里经典的 Eckart-Young 定理和所谓的不可行差距, 以及数学规划中的条件数定理.

在变分分析中, 度量正则性和等价的 Lipschitz 与覆盖的概念是“良好性态”的关键性质. 下面的常数是用来度量一个集值映射在不破坏度量正则性的前提下可以被扰动的程度的.

定义 4.23 (度量正则半径) 令 $F\colon X\rightrightarrows Y$ 为 Banach 空间之间的集值映射, $(\bar{x},\bar{y})\in\operatorname{gph}F$. F 在 $(\bar{x},\bar{y})$ 附近的度量正则半径定义为

$$\operatorname{rad}F(\bar{x},\bar{y}):=\inf_{g\in\mathcal{L}(X,Y)}\{\|g\|\mid F+g\text{ 不具有度量正则性}\},$$

这里 $\mathcal{L}(X,Y)$ 表示从 X 到 Y 的有界线性算子空间, 而 $F+g$ 的度量正则性是在点 $(\bar{x},\bar{y}+g(\bar{x}))$ 附近考虑的.

定义 4.23 中的半径也可叫做非正则差距, 这也是对给 F 增加一个线性扰动而言的. 后面的主要目标是把这个值和定义 1.47(ii) 里引入的确切正则界限 $\mathrm{reg}F(\bar{x},\bar{y})$ 联系起来.

下面首先建立 Eckart-Young 定理在正齐次多值函数情形的一个推广. 这里的正齐次多值函数的范数是在 (1.22) 式定义的. 易看到, 逆映射 F^{-1} 是正齐次的当且仅当 F 是正齐次的.

定理 4.24 (Eckart-Young 定理的推广) 令 $F\colon X\rightrightarrows Y$ 为 Banach 空间之间的正齐次多值函数, 则

$$\inf_{g\in\mathcal{L}(X,Y)}\{\|g\|\mid\|(F+g)^{-1}\|=\infty\}=1/\|F^{-1}\|.$$

如果限制 $g\in\mathcal{L}(X,Y)$ 为单位模的, 那么这里的下确界是保持不变的. 若 X 是某 Banach 空间 Z 的对偶, 则还可以限制 g 为弱* 到范数连续的.

证明 首先注意到, 如果 $\|F^{-1}\|=\infty$, 那么两边都是零, 等式成立. 因此可以假设 $\|F^{-1}\|<\infty$. 进一步可设 $\|F^{-1}\|>0$, 否则就有 $\mathrm{dom}F=\{0\}$, 这蕴涵 $\mathrm{dom}(g+F)=\{0\}$, 因此 $\|(F+g)^{-1}\|=0$. 此时, 等式成立并且两边都是 ∞.

现在任取满足 $\|(F+g)^{-1}\|=\infty$ 的 $g\in\mathcal{L}(X,Y)$, 根据定义可找到序列 $(x_k,y_k)\in\mathrm{gph}(F+g)$, 满足 $\|y_k\|\leqslant 1$ 和 $0<\|x_k\|\to\infty$ (当 $k\to\infty$ 时). 由于 $y_k\in(F+g)(x_k)$, 有 $x_k\in F^{-1}(y_k-g(x_k))$, 因此 $\|x_k\|\leqslant\|F^{-1}\|\cdot\|y_k-g(x_k)\|$. 接下来,

$$1/\|F^{-1}\|\leqslant(\|y_k\|+\|g(x_k)\|)/\|x_k\|\leqslant(1/\|x_k\|)+\|g\|.$$

令 $k\to\infty$ 取极限, 则 $1/\|F^{-1}\|\leqslant\|g\|$ 从而就证明了定理中的不等式“$\geqslant$”. 剩下需要证明反向不等式.

任取有限数 $\gamma>1/\|F^{-1}\|$, 根据 (1.22) 式中范数的定义找到 $(\hat{x},\hat{y})\in\mathrm{gph}F$, 满足 $\|\hat{y}\|=1$ 和 $\|\hat{x}\|>1/\gamma$. 则存在 $\hat{x}^*\in X^*$ 满足 $\langle\hat{x},\hat{x}^*\rangle=\|\hat{x}\|$ 和 $\|\hat{x}^*\|=1$. 现在定义模一的映射 $\hat{g}\in\mathcal{L}(X,Y)$ 为 $\hat{g}(x):=-\|\hat{x}\|^{-1}\langle x,\hat{x}^*\rangle\hat{y}$, 则

$$\hat{g}(\hat{x})=-\hat{y},\quad 0\in F(\hat{x})-\hat{y}=F(\hat{x})+\hat{g}(\hat{x})=(F+\hat{g})(\hat{x}).$$

所以 $\hat{x}\in(F+\hat{g})^{-1}(0)$, 这蕴涵 $\|(F+\hat{g})^{-1}\|=\infty$. 另外, $\|\hat{g}\|=\|\hat{y}\|/\|\hat{x}\|=1/\|\hat{x}\|<\gamma$. 根据 γ 的选取, 就得到定理中的不等式“$\leqslant$”. 最后, 对 $X=Z^*$ 的情形, 最后这段论证可以修正为, 对小的 $\delta>0$, 取 $\hat{x}^*\in\mathbb{B}_{Z^*}$ 满足 $\langle\hat{x},\hat{x}^*\rangle>1-\delta$, 则余下的论证可以类似进行. △

要注意的是, 经典的 Eckart-Young 定理 (用来度量一个非奇异 $n\times n$ 矩阵在保证非奇异性的前提下, 可允许 $n\times n$ 矩阵扰动的限度) 对应于定理 4.24 的线性算子

$F\colon \mathbb{R}^n \to \mathbb{R}^n$ 的情形. 在这个情形, 定理 4.24 显然可以重写为方阵的形式, 而此时条件 $\|(F+g)^{-1}\| = \infty$ 对应于矩阵的奇异性.

现在要把定理 4.24 应用于作为正齐次多值函数的上导数, 并且结合 (4.16) 式中的正则性界限 $\mathrm{reg}F(\bar{x},\bar{y})$ 的精确上导数公式和上导数的分析公式, 建立 $\mathrm{reg}F(\bar{x},\bar{y})$ 与定义 4.23 中的度量正则半径的关系. 这里还需要确切正则界限在增加了一个单值 Lipschitz 扰动下的下述估计, 其证明基于 Lyusternik-Graves 递归过程, 这和定理 1.57 证明中使用的方法类似. 易见, 对单值映射 $g\colon X \to Y$, 定义 1.40 中的确切 Lipschitz 界限可以如下计算:

$$\mathrm{lip}g(\bar{x}) = \limsup_{\substack{x \to \bar{x} \\ u \to \bar{x}}} \frac{\|g(x) - g(u)\|}{\|x - u\|}.$$

定理 4.25 (Lipschitz 扰动下的度量正则性)　令 $F\colon X \rightrightarrows Y$ 为 Banach 空间之间的集值映射, 它在 $(\bar{x},\bar{y}) \in \mathrm{gph}F$ 附近有闭图. 考虑满足 $\mathrm{reg}F(\bar{x},\bar{y}) < \mu < \infty$ 和 $\mathrm{lip}g(\bar{x}) < \ell < \mu^{-1}$ 的单值映射 $g\colon X \to Y$ 和常数 μ, ℓ, 则

$$\mathrm{reg}(F+g)(\bar{x},\bar{y}+g(\bar{x})) < (\mu^{-1} - \ell)^{-1} = \frac{\mu}{1 - \ell\mu}.$$

证明　还用记号 $\mathrm{B}_\alpha(\bar{x}) := \bar{x} + \alpha\mathbb{B}_X$ 和 $\mathrm{B}_\alpha(\bar{y}) := \bar{y} + \alpha\mathbb{B}_Y$. 取足够小的 $\alpha > 0$, 使得 $\mathrm{gph}F$ 相对于 $\mathrm{B}_\alpha(\bar{x}) \times \mathrm{B}_\alpha(\bar{y})$ 是闭的, g 在 $\mathrm{B}_\alpha(\bar{x})$ 上 Lipschitz 连续且具有 Lipschitz 常数 ℓ, 并且根据 F 在 $(\bar{x},\bar{y})$ 附近的度量正则性,

$$\mathrm{dist}(x; F^{-1}(y)) \leqslant \mu \mathrm{dist}(y; F(x)), \quad \forall (x,y) \in \mathrm{B}_\alpha(\bar{x}) \times \mathrm{B}_\alpha(\bar{y}).$$

这蕴涵

$$\mathrm{dist}(\bar{x}; F^{-1}(y)) \leqslant \mu\|y - \bar{y}\|, \quad \forall y \in \mathrm{B}_\alpha(\bar{y}).$$

从而 $F^{-1}(y) \neq \varnothing$ 对任意这样的 y 成立. 选取 ν 满足

$$0 < \nu < \frac{1}{4}\alpha(1 - \mu\ell)\min\{1, \mu\},$$

并取 $x \in \mathrm{B}_{\nu/4}(\bar{x})$ 和 $y \in \mathrm{B}_{\nu/4\mu}(\bar{y})$, 则

$$\|y - g(x) + g(\bar{x}) - \bar{y}\| \leqslant \ell\|x - \bar{x}\| + \|y - \bar{y}\| \leqslant (\ell\nu/4) + (\nu/4\mu) \leqslant \alpha.$$

现在取 ε 使得

$$0 < \varepsilon < \frac{1}{4}\alpha(1 - \mu\ell)\min\{1, 1/\ell\},$$

则有 $z_1 \in F^{-1}(y - g(x) + g(\bar{x}))$, 满足

$$\|z_1 - x\| \leqslant \mathrm{dist}(x; F^{-1}(y - g(x) + g(\bar{x}))) + \varepsilon.$$

根据 F 在 $(\bar{x},\bar{y})$ 附近的度量正则性, 有

$$\begin{aligned}\|z_1-x\| &\leqslant \|x-\bar{x}\|+\operatorname{dist}(\bar{x};F^{-1}(y-g(x)+g(\bar{x})))+\varepsilon\\&\leqslant \|x-\bar{x}\|+\mu\operatorname{dist}(y-g(x)+g(\bar{x});F(\bar{x}))+\varepsilon\\&\leqslant \|x-\bar{x}\|+\mu\|y-\bar{y}\|+\mu\ell\|x-\bar{x}\|+\varepsilon\\&\leqslant (\nu/4)+(\mu\nu/4\mu)+(\mu\ell\nu/4)+\varepsilon\leqslant(3\nu/4)+\varepsilon.\end{aligned}$$

进而蕴涵

$$\|z_1-\bar{x}\|\leqslant\|z_1-x\|+\|x-\bar{x}\|\leqslant(3\nu/4)+\varepsilon+(\nu/4)\leqslant\nu+\varepsilon\leqslant\alpha.$$

现在归纳构造序列 $z_j\in X$, $j=1,2,\cdots$, 满足

$$z_{j+1}\in F^{-1}(y-g(z_j)+g(\bar{x}))\quad 和 \quad \|z_{j+1}-z_j\|\leqslant(\mu\ell)^j\|z_1-\bar{x}\|.$$

事实上, 假设已经从 z_1 生成了 $z_2,\cdots,z_k$, 则根据 ν 和 ε 的选取, 有

$$\begin{aligned}\|z_j-\bar{x}\|&\leqslant\sum_{i=1}^{j-1}\|z_{i+1}-z_i\|+\|z_1-\bar{x}\|\leqslant\sum_{i=0}^{j-1}(\mu\ell)^i\|z_1-x\|+\|z_1-\bar{x}\|\\&\leqslant\frac{1}{1-\mu\ell}\|z_1-x\|+\|z_1-\bar{x}\|\leqslant\frac{1}{1-\mu\ell}(3\nu/4+\varepsilon)+\nu+\varepsilon\leqslant\alpha\end{aligned}$$

对 $j=1,\cdots,k$ 成立, 并且

$$\|y-g(z_j)+g(\bar{x})-\bar{y}\|\leqslant\frac{\nu}{4\mu}+\frac{\ell}{1-\mu\ell}(3\nu/4+\varepsilon)+\ell(\nu+\varepsilon)\leqslant\alpha.$$

根据 F 在 $\bar{x}$ 点附近的度量正则性, 可找到 $z_{k+1}\in F^{-1}(y-g(z_k)+g(\bar{x}))$ 满足

$$\|z_{k+1}-z_k\|\leqslant\mu\operatorname{dist}(y-g(z_k)+g(\bar{x});F(z_k)).$$

因为 $z_k\in F^{-1}(y-g(z_{k-1})+g(\bar{x}))$, 这蕴涵

$$\|z_{k+1}-z_k\|\leqslant\mu\|g(z_k)-g(z_{k-1})\|\leqslant\mu\ell\|z_k-z_{k-1}\|.$$

这就完成了归纳过程.

很容易看到 $\{z_1,z_2,\cdots\}$ 是 Gauchy 序列. 因为 F 有局部闭图, 该序列收敛到 F 图中的某点 z. 进一步, $z\in F^{-1}(y-g(z)+g(\bar{x}))$, 这意味着 $z\in(F+g)^{-1}(y+g(\bar{x}))$ 以及

$$\begin{aligned}\operatorname{dist}(x;(F+g)^{-1}(y+g(\bar{x})))\leqslant\|z-x\|&\leqslant\lim_{k\to\infty}\sum_{i=1}^{k}\|z_{i+1}-z_i\|+\|z_1-\bar{x}\|\\&\leqslant\lim_{k\to\infty}\sum_{i=0}^{k}(\mu\ell)^i\|z_1-x\|\leqslant\frac{1}{1-\mu\ell}\|z_1-x\|\end{aligned}$$

$$\leqslant \frac{\mu}{1-\mu\ell}\left[\text{dist}(y+g(\bar{x});(F+g)^{-1}(x))+\varepsilon\right].$$

因为上式左边不依赖于 ε, 它可以任意小. 这就证明了 $F+g$ 在 $(\bar{x},\bar{y}+g(\bar{x}))$ 附近的度量正则性, 并具有模 $\mu(1-\ell\mu)^{-1}$. △

推论 4.26 (Lipschitz 扰动的下估计) 设 $F\colon X\rightrightarrows Y$ 在 $(\bar{x},\bar{y})$ 附近具有局部闭图, $g\colon X\to Y$ 在 $\bar{x}$ 附近 Lipschitz. 则

$$\text{lip}g(\bar{x})\geqslant 1/\text{reg}F(\bar{x},\bar{y}),$$

这里 $g(\cdot)$ 是任意的, 并使得 $F+g$ 在 $(\bar{x},\bar{y}+g(\bar{x}))$ 附近不是度量正则的.

证明 如果 $\text{lip}g(\bar{x})<1/\text{reg}F(\bar{x},\bar{y})$, 那么存在常数 $\ell>\text{lip}g(\bar{x})$ 和 $\mu>\text{reg}F(\bar{x},\bar{y})$, 满足 $\ell<1/\mu$. 根据定理 4.25, 则 $F+g$ 必然在 $(\bar{x},\bar{y}+g(\bar{x}))$ 则 $F+g$ 必然在 $(\bar{x},\bar{y}+g(\bar{x}))$ 附近度量正则. △

现在可以建立本节的主要结果了, 它给出了集值映射度量正则半径和确切正则界限的关系. 要注意的是, 保证下述定理中上导数正规性成立的有效条件和分析法则是在命题 4.9 中列出的.

定理 4.27 (度量正则半径与确切界限的关系) 令 $F\colon X\rightrightarrows Y$ 为 Banach 空间之间的集值映射, 并在 $(\bar{x},\bar{y})\in\text{gph}F$ 附近有局部闭图, 则有

$$\text{rad}F(\bar{x},\bar{y})\geqslant 1/\text{reg}F(\bar{x},\bar{y}).$$

如果进一步设 X 是 Asplund 空间, $\dim Y<\infty$, 并且 F^{-1} 在点 $(\bar{y},\bar{x})$ 上导数正规, 那么等式

$$\text{rad}F(\bar{x},\bar{y})=1/\text{reg}F(\bar{x},\bar{y})$$

成立. 此时, 若 $\text{rad}F(\bar{x},\bar{y})$ 定义中的下确界是对单位范数的 $g\in\mathcal{L}(X,Y)$ 取的, 则其值不变; 若把扰动函数空间从线性有界算子空间放大到包含所有局部 Lipschitz 函数, 则下确界也不变, 也就是说

$$\text{rad}F(\bar{x},\bar{y})=\inf_{g\colon X\to Y}\left\{\text{lip}g(\bar{x})\,\middle|\,F+g\text{ 不具有度量正则性}\right\}.$$

证明 不等式 $\text{rad}F(\bar{x},\bar{y})\geqslant 1/\text{reg}F(\bar{x},\bar{y})$ 可直接由推论 4.26 和定义得出. 因为对线性连续算子 g 有 $\text{lip}g(\bar{x})=\|g\|$, 推论 4.26 还保证了定理中第二个不等式可由第一个导出. 这样就只剩下在给定条件下证明 $\text{rad}F(\bar{x},\bar{y})=1/\text{reg}F(\bar{x},\bar{y})$ 以及下确界的不变性. 用定理 4.18 中度量正则性的点基上导数刻画和简单的上导数分析法则来证明.

应用定理 4.18 于映射 $(F+g)\colon X\rightrightarrows Y$, 因为 $\dim Y<\infty$, $(F+g)^{-1}\colon Y\rightrightarrows X$ 在点 $(\bar{y}+g(\bar{x}),\bar{x})$ 自动具有 PSNC 性质. 根据定理 4.18 中的等价关系 (a)⇔(d), 得

$F+g$ 在点 $(\bar{x},\bar{y}+g(\bar{x}))$ 附近不具有度量正则性当且仅当

$$\|D_M^*(F+g)^{-1}(\bar{y}+g(\bar{x}),\bar{x})\|=\|\tilde{D}_M^*(F+g)(\bar{x},\bar{y}+g(\bar{x}))^{-1}\|=\infty.$$

在 Y 是有限维的假设下证明

$$\tilde{D}_M^*(F+g)(\bar{x},\bar{y}+g(\bar{x}))(y^*)=\tilde{D}_M^*F(\bar{x},\bar{y})(y^*)+g^*(y^*),\quad g\in\mathcal{L}(X,Y).$$

此式事实上对任意在 $\bar{x}$ 严格可微的函数 $g\colon X\to Y$ 成立 (需要把 g 的共轭换成 $\nabla g(\bar{x})$ 的共轭).

事实上, 取 $x^*\in\tilde{D}_M^*(F+g)(\bar{x},\bar{y}+g(\bar{x}))(y^*)$, 利用 $\tilde{D}_M^*$ 在 Asplund 空间中的表示 (见推论 2.36) 以及 $\dim Y<\infty$, 则有满足 $y_k\in F(x_k)$ 的序列 $x_k\to\bar{x}$, $y_k\to\bar{y}$ 和满足 $x_k^*\in\hat{D}^*(F+g)(x_k,y_k+g(x_k))(y_k^*)$ 的序列 $(x_k^*,y_k^*)\to(x^*,y^*)(k\in\mathbb{N})$. 由命题 1.62(i), 得

$$\hat{D}^*(F+g)(x_k,y_k+g(x_k))(y_k^*)=\hat{D}^*F(x_k,y_k)(y_k^*)+g^*(y_k^*).$$

这给出 $x_k^*-g^*(y_k^*)\in\hat{D}^*F(x_k,y_k)(y_k^*)$. 因为 $x_k^*-g^*(y_k^*)\to x^*-g^*(y^*)$, 通过对 $k\to\infty$ 取极限, 则保证 $x^*\in\tilde{D}_M^*F(\bar{x},\bar{y})(y^*)+g^*(y^*)$. 这就是上面关于 $\tilde{D}_M^*(F+g)(\bar{x},\bar{y}+g(\bar{x}))$ 公式中的包含关系“$\subset$”的部分. 反向包含关系是由于

$$\tilde{D}_M^*\big[(F+g)+(-g)\big](\bar{x},\bar{y})(y^*)\subset\tilde{D}_M^*(F+g)(\bar{x},\bar{y}+g(\bar{x}))(y^*)-g^*(y^*).$$

这样 $F+g$ 在 $(\bar{x},\bar{y}+g(\bar{x}))$ 附近非度量正则当且仅当

$$\|(\tilde{D}_M^*F(\bar{x},\bar{y})+g^*)^{-1}\|=\infty,\quad g\in\mathcal{L}(X,Y).$$

现在应用定理 4.18 中的确切界限公式 (4.16) 与映射 F^{-1}(根据假定, 它是在 $(\bar{x},\bar{y})$ 是上导数正规的), 并注意到 $\|g^*\|=\|g\|$ 对任意 $g\in\mathcal{L}(X,Y)$ 成立, 目标等式 $\mathrm{rad}F(\bar{x},\bar{y})=1/\mathrm{reg}F(\bar{x},\bar{y})$ 可以写成

$$\inf_{g\in\mathcal{L}(X,Y)}\big\{\|g^*\|\,\big|\,\|\tilde{D}_M^*F(\bar{x},\bar{y})+g^*\|=\infty\big\}=1/\|\tilde{D}_M^*F(\bar{x},\bar{y})^{-1}\|.$$

注意到, 当 Y 是自反空间的时候 (在定理里, $\dim Y<\infty$), 任何 $h\in\mathcal{L}(Y^*,X^*)$ 都可以表述为某个 $g\in\mathcal{L}(X,Y)$ 的共轭算子 $g^*\colon Y^*\to X^*$. 事实上, 因为 $X\subset X^{**}$ 和 $Y^{**}=Y$, 可取 $g\in\mathcal{L}(X,Y)$ 为 $h^*\colon X^{**}\to Y^{**}$ 在 X 上的限制. 最后, 应用定理 4.24 于正齐次映射 $\tilde{D}_M^*F(\bar{x},\bar{y})\colon Y^*\rightrightarrows X^*$, 就完成了定理的证明. △

定理 4.27 也给出了度量正则半径在扰动下的信息.

推论 4.28 (度量正则半径的扰动) 令 $F\colon X \rightrightarrows Y$, $g\colon X \to Y$. 假定 X 是 Asplund 空间, $\dim Y < \infty$, F 在 $(\bar{x}, \bar{y}) \in \mathrm{gph} F$ 附近具有局部闭图, F^{-1} 在 $(\bar{y}, \bar{x})$ 点上导数正规, 则

$$\mathrm{rad}(F+g)(\bar{x}, \bar{y}+g(\bar{x})) \geqslant \mathrm{rad}F(\bar{x}, \bar{y}) - \mathrm{lip}g(\bar{x}) \quad (\text{如果 } \mathrm{lip}g(\bar{x}) < \mathrm{rad}F(\bar{x}, \bar{y})).$$

证明 考虑满足 $\mathrm{lip}h(\bar{x}) < \mathrm{rad}F(\bar{x}, \bar{y}) - \mathrm{lip}g(\bar{x})$ 的映射 $h\colon X \to Y$, 则 $(F+g)+h$ 在 $(\bar{x}, \bar{y}+g(\bar{x})+h(\bar{x}))$ 附近度量正则. 事实上, 如果令 $\tilde{g} := g+h$, 那么这和 $F+\tilde{g}$ 在 $(\bar{x}, \bar{y}+\tilde{g}(\bar{x}))$ 点的度量正则性是一样的. 因为 $\mathrm{lip}\tilde{g}(\bar{x}) \leqslant \mathrm{lip}g(\bar{x}) + \mathrm{lip}h(\bar{x}) < \mathrm{rad}F(\bar{x}, \bar{y})$, 根据定理 4.27 就知道这是正确的. △

从定理 4.27 还可以得到另外一个结论. 这里需要一个定义. 映射 $G\colon X \rightrightarrows Y$ 被称为映射 $F\colon X \rightrightarrows Y$ 在点 $(\bar{x}, \bar{y})$ 附近的一阶逼近, 如果对 $\bar{x}$ 的某邻域 U, 存在映射 $g\colon U \to Y$, 满足

$$G = F + g, \quad g(\bar{x}) = 0, \quad \mathrm{lip}g(\bar{x}) = 0.$$

推论 4.29 (一阶逼近下的度量正则半径) 设 $F\colon X \rightrightarrows Y$ 满足推论 4.28 中的假定, $G\colon X \rightrightarrows Y$ 是 F 在 $(\bar{x}, \bar{y})$ 附近的一阶逼近. 则有等式

$$\mathrm{rad}F(\bar{x}, \bar{y}) = \mathrm{rad}G(\bar{x}, \bar{y}).$$

证明 考虑一阶逼近定理中的 $g\colon U \to Y$, 并任意扩张成 X 到 Y 的映射. 因为 $g(\bar{x}) = 0$, 并且 $F+g$ 和 G 在 $\bar{x}$ 点相等, 有 $\mathrm{rad}G(\bar{x}, \bar{y}) = \mathrm{rad}(F+g)(\bar{x}, \bar{y})$. 另外, 因为 $\mathrm{lip}g(\bar{x}) = 0$, 根据推论 4.28, 有 $\mathrm{rad}(F+g)(\bar{x}, \bar{y}) \geqslant \mathrm{rad}F(\bar{x}, \bar{y})$. 因此 $\mathrm{rad}G(\bar{x}, \bar{y}) \geqslant \mathrm{rad}F(\bar{x}, \bar{y})$. 因为 g 可以换成 $-g$, 一阶逼近关系是对称的, 所以 F 给出 G 的一个一阶逼近, 因此反向不等式成立. △

应用推论 4.28 的一阶逼近的例子可以在如下情形见到:

$$F(x) = F_0(x) + f(x),$$

这里 $F_0\colon X \rightrightarrows Y$, 并且 $f\colon X \to Y$ 在点 $\bar{x}$ 严格可微. 此时 F 的一阶逼近由 $G(x) = F_0(x) + g(x)$ 给出, 此处

$$g(x) := f(\bar{x}) + \langle \nabla f(\bar{x}), x - \bar{x} \rangle.$$

这样的一阶逼近的一个部分参数版本将在 4.4.3 小节中用到.

注 4.30 (由上导数分析法则计算和估计度量正则半径) 上面得到的结果把一般映射的度量正则半径和确切正则界限的计算联系起来了, 而后者是通过对应的上导数来刻画和估计的. 这样一来, 对一个具体的带约束和/或变分系统, 利用上导数和 SNC 分析法则, 可以得出一些行之有效的结果, 用所给系统的原始数据来计算

(估计) 正则半径. 接下来对一些在应用中有代表性的约束和变分系统表述这样的上导数计算结果, 然后用这些结果来研究约束和变分系统的 Lipschitz 稳定性. 基于 Lipschitz 和正则性界限之间的关系, 可以用这些结果来计算或估计具体情形下的度量正则半径.

4.3 约束系统的灵敏性分析

对前面建立的点基刻画和广义微分法则, 本节将其有效地应用于依赖参数一般约束系统的局部灵敏性分析中. 这样的约束系统特别地包括线性规划问题中可行解的参数集. 此处最基本的讨论在于多值解映射针对参数扰动的 Lipschitz 鲁棒稳定性. 本节把主要精力放在约束系统解映射的类 Lipschitz 性质上, 因为易见其包含了对应于经典局部 Lipschitz 性质的结果. 对初始数据扰动, 类 Lipschitz 性质和经典的局部 Lipschitz 性质都是鲁棒的 (稳定的), 这对灵敏性分析至关重要. 下面将建立 Lipschitz 稳定性的一些行之有效的充分 (以及充要) 条件, 并计算确切 Lipschitz 界限, 这基于 Lipschitz 鲁棒性质的上导数刻画, 基本广义微分结构的分析法则, 以及对应的序列法紧性质.

对这样的局部灵敏性分析, 首要的步骤是由初始数据表示一般参数约束系统及其一些重要特殊情形的上导数. 结合无限维空间中的 SNC 分析法则, 通过上节里的点基上导数刻画, 这些表示对 Lipschitz 灵敏性分析是举足轻重的, 当然它们本身也有独立的意义.

4.3.1 参数约束系统的上导数

这里讨论如下形式的一类多值函数 $F: X \rightrightarrows Y$,

$$F(x) := \{y \in Y \mid g(x, y) \in \Theta, (x, y) \in \Omega\}, \tag{4.19}$$

其中 $g\colon X \times Y \to Z$ 是 Banach 空间之间的单值映射, Θ 和 Ω 分别是 Z 和 $X \times Y$ 的子集. 这样的集值映射描述了依赖于一个参数 $x \in X$ 的约束系统. 考虑非线性规划里一个受扰问题, 它具有如下给出的不等式和等式约束:

$$\begin{aligned} F(x) := \big\{ y \in Y \big| & \varphi_i(x, y) \leqslant 0, i = 1, \cdots, m; \\ & \varphi_i(x, y) = 0, i = m+1, \cdots, m+r \big\}, \end{aligned} \tag{4.20}$$

这里 φ_i 是 $X \times Y$ 上的实值函数. 若令 $g = (\varphi_1, \cdots, \varphi_{m+r})$, $\Omega = X \times Y$, $Z = \mathbb{R}^{m+r}$ 和

$$\Theta := \big\{ (\alpha_1, \cdots, \alpha_{m+r}) \,\big|\, \alpha_i \leqslant 0, i = 1, \cdots, m,$$

$$\alpha_i = 0, i = m+1, \cdots, m+r\}, \tag{4.21}$$

则 (4.20) 式成为 (4.19) 式的一个特殊情况, 因此参数系统 (4.19) 可看成扰动非线性规划可行解集的一个自然推广. (4.19) 式的另一个特例是关于经典的隐函数定理的, 此时 $\Theta = \{0\}$, $\Omega = X \times Y$, 且要求

$$F(x) := \{y \in Y \mid g(x,y) = 0\} \tag{4.22}$$

是单值并且光滑的. 一般来说, (4.22) 式的隐函数是多值的, 而研究兴趣往往在于其 Lipschitz 连续性. 对可归结为 (4.19) 形式的参数系统, 下一节中会给出更多例子.

对 (4.19), (4.20), (4.22) 式定义的集值映射, 在这一小节中建立其正常和混合上导数基于初始数据 $\{g, \Theta, \Omega\}$ 的表示, 这是接下来灵敏性分析的重要部分. 下面的定理提供了在一般 Banach 空间和 Asplund 空间中计算这些上导数的精确公式 (等式). 对该定理和下面给出的另外结果, 其证明都基于第 1 章和第 3 章中的广义微分与 SNC 的分析法则.

定理 4.31 (约束系统上导数的计算)　对 (4.19) 式给出的 $F\colon X \times Y \rightrightarrows Z$, 其中 $g : X \times Y \to Z, \Theta \subset Z$ 且 $\Omega \subset X \times Y$, 取 $(\bar{x}, \bar{y}) \in \mathrm{gph} F$, 并令 $\bar{z} := g(\bar{x}, \bar{y}) \in \Theta$, 则:

(i) 设 X, Y, Z 是 Banach 空间, $\Omega = X \times Y$, g 在 $(\bar{x}, \bar{y})$ 点严格可微, 且其导数 $\nabla g(\bar{x}, \bar{y})$ 为满射, 则对任意 $y^* \in Y^*$, 有

$$D_N^* F(\bar{x}, \bar{y})(y^*) = \{x^* \in X^* \mid (x^*, -y^*) \in \nabla g(\bar{x}, \bar{y})^* N(\bar{z}; \Theta)\}. \tag{4.23}$$

若进一步设 $\dim Z < \infty$, 则表示 (4.23) 对混合上导数 $D_M^* F(\bar{x}, \bar{y})$ 也成立, 亦即, F 在 $(\bar{x}, \bar{y})$ 点强上导数正规.

(ii) 令 X, Y, Z 为 Asplund 空间, g 在 $(\bar{x}, \bar{y})$ 附近 Lipschitz 连续. 设

$$(D_N^* g(\bar{x}, \bar{y}) \circ N(\bar{z}; \Theta)) \cap (-N((\bar{x}, \bar{y}); \Omega)) = \{0\}, \tag{4.24}$$

或者 g 在 $(\bar{x}, \bar{y})$ 点 N-正则且 $\dim Z < \infty$, 或者 g 在 $(\bar{x}, \bar{y})$ 严格可微, 并且设 Ω 和 Θ 分别在 $(\bar{x}, \bar{y})$ 和 $\bar{z}$ 附近局部闭与法正则, 则等式

$$\begin{aligned} D^* F(\bar{x}, \bar{y})(y^*) = \Big\{x^* \in X^* \,\Big|\, &(x^*, -y^*) \in D^* g(\bar{x}, \bar{y}) \circ N(\bar{z}; \Theta) \\ &+ N((\bar{x}, \bar{y}); \Omega)\Big\}, \quad y^* \in Y^* \end{aligned} \tag{4.25}$$

对 $D^* = D_N^*, D_M^*$ 在如下条件下成立: 假设

$$N(\bar{z}; \Theta) \cap \ker D_N^* g(\bar{x}, \bar{y}) = \{0\}, \tag{4.26}$$

并且, Ω 在 $(\bar{x},\bar{y})$ 点 SNC 且 g^{-1} 在 $(\bar{z},\bar{x},\bar{y})$ 点 PSNC, 或者 Θ 在 $\bar{z}$ 点 SNC. 此时, F 在 $(\bar{x},\bar{y})$ 点 N-正则, 因此在该点是强上导数正规的.

证明 对 (i), 注意到

$$\mathrm{gph}F = g^{-1}(\Theta) \quad (\text{当}\,\Omega = X \times Y\text{时}),$$

则 (4.23) 式可直接由定理 1.17 得出. 另外由定理 1.17 的证明可得

$$N_{w^*\times\|\cdot\|}((\bar{x},\bar{y}); g^{-1}(\Theta)) = \nabla g(\bar{x},\bar{y})^* N(\bar{x};\Theta),$$

这里 $N_{w^*\times\|\cdot\|}(\cdot;\Omega)$ 表示注 3.23 中定义的 $X\times Y$ 子集的极限法锥, 其中极限是对应于 X^* 上的弱* 拓扑和 Y^* 上的范数拓扑. 由此, 如果 Z 是有限维的, 那么 (4.23) 式对混合上导数 $D_M^*F(\bar{x},\bar{y})$ 成立.

现在证明, 在 (ii) 的假设下, 表示 (4.25) 对 $D^* = D_N^*$ 成立, 并且 F 在 $(\bar{x},\bar{y})$ 点是 N-正则的. 首先, 对 (4.19) 式中的映射 F, 总有如下表示

$$\mathrm{gph}F = g^{-1}(\Theta) \cap \Omega. \tag{4.27}$$

现在设 Ω 在 $(\bar{x},\bar{y})$ 点 SNC, 根据定理 3.13(iii), $g^{-1}(\Theta)$ 在点 $(\bar{x},\bar{y})$ 法正则. 应用定理 3.4 中的等式/正则性表述, 则

$$N((\bar{x},\bar{y});\mathrm{gph}F) = N((\bar{x},\bar{y}); g^{-1}(\Theta)) + N((\bar{x},\bar{y});\Omega). \tag{4.28}$$

并且, 若

$$N((\bar{x},\bar{y}); g^{-1}(\Theta)) \cap (-N((\bar{x},\bar{y});\Omega)) = \{0\}, \tag{4.29}$$

则 F 的图在 $(\bar{x},\bar{y})$ 点法正则. 在外映射是 Θ 的指标函数的情形, 应用定理 3.13(iii) 中的链式法则, 则如果规范条件 (4.26) 成立, 并且, Θ 在 $\bar{z}$ 点 SNC 或者 g^{-1} 在 $(\bar{z},\bar{x},\bar{y})$ 点 PSNC, 就有

$$N((\bar{x},\bar{y}); g^{-1}(\Theta)) = D_N^* g(\bar{x},\bar{y}) \circ N(\bar{z};\Theta).$$

将此等式代入 (4.28) 式和 (4.29) 式, 就在给定假设下证明了 $D^* = D_N^*$ 情形时的 (4.25) 式和 F 在 $(\bar{x},\bar{y})$ 点的 N-正则性.

当不假定 Ω 在 $(\bar{x},\bar{y})$ 点 SNC 的时候, 如果 $g^{-1}(\Theta)$ 在 $(\bar{x},\bar{y})$ 点 SNC, 那么根据定理 3.4 在条件 (4.29) 下同样能得到等式 (4.28) 和 F 在 $(\bar{x},\bar{y})$ 点的 N-正则性. 为此在外映射是 $\delta(\cdot;\Theta)$ 的情形应用定理 3.98 中的 SNC 分析法则, 则可看到, 根据命题 1.68 以及 $\delta(\cdot;\Theta)$ 与 Θ 列法紧性质的等价性, 内映射 g 在 $(\bar{x},\bar{y})$ 点 PSNC. 因此, 如果规范条件 (4.26) 成立, 并且, g 在 $(\bar{x},\bar{y})$ 点 SNC 或者 Θ 在 $\bar{z}$ 点 SNC, 那

么 $g^{-1}(\Theta)$ 在 $(\bar{x},\bar{y})$ 点 SNC. 当 g 在 $(\bar{x},\bar{y})$ 点严格可微时, 根据推论 3.30, g 的 SNC 性质蕴涵 Z 是有限维的, 亦即, Θ 在 $\bar{z}$ 点自动 SNC. 综合上述, 就完成了定理的证明. △

如果设定理 4.31(ii) 中映射 g 为严格 Lipschitz, 那么根据定理 3.28 中的标量化结果, 有

$$D^*g(\bar{x},\bar{y})(z^*) = \partial\langle z^*, g\rangle(\bar{x},\bar{y}), \quad z^* \in Z^*,$$

$$D^*g(\bar{x},\bar{y}) \circ N(\bar{z};\Theta) = \bigcup \big\{\partial\langle z^*, g\rangle(\bar{x},\bar{y})(z^*) \,\big|\, z^* \in N(\bar{z};\Theta)\big\}.$$

这对 $D^* = D_N^*$ 和 D_M^* 都对. 进一步, 根据推论 3.69, 定理 4.31(ii) 中 g 在 $(\bar{x},\bar{y})$ 点的 N-正则假设和 $\dim Z < \infty$ 蕴涵 g 在该点严格 Hadamard 可微. 这样一来定理 3.66(i) 就保证了 (4.25) 式中的 $D^*g(\bar{x},\bar{y})$ 事实上是一个 (单值) 有界线性算子.

和定理 4.31(ii) 相比, 下面的定理在更松的假设下给出了 F 基本/混合上导数的上估计. 简化起见, 对两种上导数给出了相同的上估计 (见定理后的注 4.33).

定理 4.32 (约束系统上导数的上估计)　令 $g\colon X \times Y \to Z$ 为 Asplund 空间之间的映射, 并且在点 $(\bar{x},\bar{y}) \in \operatorname{gph}F$ 连续, 这里 F 是 (4.19) 式定义的约束系统, Ω 和 Θ 分别在 $(\bar{x},\bar{y})$ 和 $\bar{z} = g(\bar{x},\bar{y})$ 局部闭. 设 $\{g,\Theta,\Omega\}$ 满足 (4.24) 式并且下述条件之一成立:

(a) Ω 在 $(\bar{x},\bar{y})$ 点 SNC, Θ 在 $\bar{z}$ 点 SNC, 且 $\{g,\Theta\}$ 满足

$$N(\bar{z};\Theta) \cap \ker \tilde{D}_M^* g(\bar{x},\bar{y}) = \{0\}; \tag{4.30}$$

(b) Ω 在 $(\bar{x},\bar{y})$ 点 SNC, g^{-1} 在 $(\bar{z},\bar{x},\bar{y})$ 点 PSNC, 且 $\{g,\Theta\}$ 满足约束规范条件 (4.30) 式;

(c) g 在 $(\bar{x},\bar{y})$ 点 SNC, 且 $\{g,\Theta\}$ 满足 (4.26) 式;

(d) g 在 $(\bar{x},\bar{y})$ 点 PSNC, Θ 在 $\bar{z}$ 点 SNC, 且 $\{g,\Theta\}$ 满足 (4.26) 式.

则对任意 $y^* \in Y^*$, 有下述包含关系

$$\begin{aligned} D^*F(\bar{x},\bar{y})(y^*) \subset \big\{x^* \in X^* \,\big|\, &(x^*,-y^*) \in D_N^* g(\bar{x},\bar{y}) \circ N(\bar{z};\Theta) \\ &+ N((\bar{x},\bar{y});\Omega)\big\}, \end{aligned} \tag{4.31}$$

这对 $D^* = D_N^*$ 和 D_M^* 都成立.

证明　只要对 $D^* = D_N^*$ 证明 (4.31) 式就可以了. 应用推论 3.5 与 (4.27) 式的集合交集, 根据规范条件 (4.19), 如果 Ω 在 $(\bar{x},\bar{y})$ 点 SNC 或者 $g^{-1}(\Theta)$ 在 $(\bar{x},\bar{y})$ 点 SNC, 那么

$$N((\bar{x},\bar{y});\operatorname{gph}F) \subset N((\bar{x},\bar{y});g^{-1}(\Theta)) + N((\bar{x},\bar{y});\Omega). \tag{4.32}$$

由 (4.30) 式, 若 g^{-1} 在 $(\bar{z},\bar{x},\bar{y})$ 点 PSNC 或 Θ 在 $\bar{z}$ 点 SNC, 根据定理 3.8 就有

$$N((\bar{x},\bar{y});g^{-1}(\Theta))\subset D_N^*g(\bar{x},\bar{y})\circ N(\bar{z};\Theta). \tag{4.33}$$

现在, 需要保证 $g^{-1}(\Theta)$ 在 $(\bar{x},\bar{y})$ 点为 SNC 的条件, 当 Ω 不在 $(\bar{x},\bar{y})$ 点 SNC 时这是需要的. 事实上, 由定理 3.84 中逆像集合的 SNC 性质, 若 $\{g,\Theta\}$ 满足 (4.26) 式, 并且 g 在 $(\bar{x},\bar{y})$ 点 SNC, 或者 Θ 在 $\bar{z}$ 点 SNC 且 g 在 $(\bar{x},\bar{y})$ 点 PSNC (特别地, 当 g 在该点局部 Lipschitz 时), 则 $g^{-1}(\Theta)$ 在 $(\bar{x},\bar{y})$ 点 SNC. 综合所有这些条件, 并将 (4.33) 式代入 (4.29) 式和 (4.32) 式, 就完成了定理的证明. △

注 4.33 (约束系统混合上导数的改良估计) 沿定理 4.32 证明的思路, 可以用映射 $g\colon X\times Y\to Z$ 的改进上导数结构, 来得到约束系统 (4.19) 混合上导数 $D_M^*F(\bar{x},\bar{y})$ 更细致的上估计. 如注 3.23 所述, 混合上导数具有几何表示

$$D_M^*F(\bar{x},\bar{y})(y^*)=\{x^*\in X^*\mid(x^*,-y^*)\in N_\tau((\bar{x},\bar{y});\mathrm{gph}F)\}. \tag{4.34}$$

这是通过注 3.23 中定义和讨论过的 τ-极限法锥 N_τ 来实现的. 在 (4.34) 式中, $\tau=w^*\times\|\cdot\|$ 是 $X^*\times Y^*$ 上的范数 $\times$ 弱* 拓扑. Mordukhovich 和 B. Wang 在文献 [963] 中证明了, 对满足恰当条件的一般的拓扑 τ, τ-极限法锥以及相关的上导数和次微分结构具有丰富的分析法则. 特别地, 有交集和逆像公式 (4.32) 和 (4.33) 在 τ-情形的类似公式. 当 $\tau=w^*\times\|\cdot\|$ 时, 后者的 τ-类型公式为

$$N_\tau((\bar{x},\bar{y});g^{-1}(\Theta))\subset D_{\tau\times w^*}^*g(\bar{x},\bar{y})\circ N(\bar{z};\Theta),$$

这里 $D_{\tau\times w^*}^*g(\bar{x},\bar{y})\colon Z^*\rightrightarrows X^*\times Y^*$ 是由 $X^*\times Y^*\times Z^*$ 上的拓扑 $w^*\times\|\cdot\|\times w^*$ 来定义的, 这和混合上导数 (1.25) 类似. 这样就可以用 $\tau=w^*\times\|\cdot\|$ 时的 $D_{\tau\times w^*}^*g(\bar{x},\bar{y})$ 来得到 $D_M^*F(\bar{x},\bar{y})$ 在 (4.19) 式的改良估计. 基于前述文章 [963] 中的技术, 读者可以给出这些估计的更详细推导.

下面给出定理 4.31 和定理 4.32 的一个推论, 相关的多值映射由经典的隐函数形式 (4.22) 给出, 但此处并不需要经典的假设.

推论 4.34 (隐函数的上导数) 令

$$F(x):=\{y\in Y\mid g(x,y)=0\},$$

这里 $g\colon X\times Y\to Z$ 并且 $g(\bar{x},\bar{y})=0$. 则下述论断对上导数 $D^*=D_N^*$ 和 D_M^* 都成立:

(i) 假设 X, Y, Z 为 Banach 空间, g 在 $(\bar{x},\bar{y})$ 点严格可微并具有满射导数 $\nabla g(\bar{x},\bar{y})$, 则

$$D_N^*F(\bar{x},\bar{y})(y^*)=\{x^*\in X^*\mid \text{对某 } z^*\in Z^*,\ (x^*,-y^*)=\nabla g(\bar{x},\bar{y})^*z^*\}.$$

若还有 $\dim Z < \infty$, 则此表示对混合上导数 $D^*_M F(\bar{x},\bar{y})$ 亦真.

(ii) 令 X 和 Y 为 Asplund 空间, $\dim Z < \infty$. 设 g 在点 $(\bar{x},\bar{y})$ 附近 Lipschitz 连续, 在此点 N-正则, 并满足次微分条件

$$\ker \partial\langle\cdot, g\rangle(\bar{x},\bar{y}) = \{0\},$$

则 F 在 $(\bar{x},\bar{y})$ 点 N-正则, 且

$$D^*F(\bar{x},\bar{y})(y^*) = \{x^* \in X^* \mid \text{对某个 } z^* \in Z^*, (x^*, -y^*) \in \partial\langle z^*, g\rangle(\bar{x},\bar{y})\}.$$

(iii) 令 X, Y, Z 为 Asplund 空间. 设 g^{-1} 在 $(\bar{z},\bar{x},\bar{y})$ 点 PSNC 并且

$$\ker \tilde{D}^*_M g(\bar{x},\bar{y}) = \{0\},$$

则对任意 $y^* \in Y^*$,

$$D^*F(\bar{x},\bar{y})(y^*) \subset \{x^* \in X^* \mid (x^*, -y^*) \in \mathrm{rge} D^*_N g(\bar{x},\bar{y})\}.$$

证明 论断 (i) 直接来自定理 4.31(i) 中 $\Theta = \{0\}$ 的情形. 论断 (ii) 是定理 4.31(ii) 与上导数标量化的直接推论. 此时, 由于条件 $\ker\nabla g(\bar{x},\bar{y})^* = \{0\}$ 和 $\nabla g(\bar{x},\bar{y})$ 的满射性质等价, g 的严格可微假设可以把定理 4.31 中的 (ii) 归结到 (i).

利用定理 4.32 可证明 (iii), 这需要注意到, 对 (4.31) 式, 条件 (b) 在 (a)~(d) 中是最广的, 此处 $\Omega = X \times Y$ 总是 SNC, 而 $\Theta = \{0\}$ 总不是, 除非 Z 是有限维 (见定理 1.21). 注意, 此时 g^{-1} 在点 $(\bar{z},\bar{x},\bar{y})$ 总是 PSNC 的. △

接下来考虑定理 4.31 和定理 4.32 在参数约束系统 (4.20) 上的推论, 它描述了无限维空间中扰动数学规划问题的可行解. 这里给出两个结果. 第一个结果是关于 (光滑) 非线性规划的经典约束系统的, 等式和不等式约束由严格可微函数给出. 此时, 假定 Mangasarian-Fromovitz 约束规范条件的一个参数版本成立, 则可得到可行解映射上导数的一个确切公式.

推论 4.35 (非线性规划约束系统的上导数) 令 $F: X \rightrightarrows Y$ 为 Asplund 空间之间具有 (4.20) 形式的多值函数, 这里所有 $\varphi_i\colon X \times Y \to \mathbb{R}$, $i = 1, \cdots, m+r$ 都在 $(\bar{x},\bar{y}) \in \mathrm{gph} F$ 严格可微. 记 $\bar{z} := (\varphi_1(\bar{x},\bar{y}), \cdots, \varphi_{m+r}(\bar{x},\bar{y}))$,

$$I(\bar{x},\bar{y}) := \{i \in \{I, \cdots, m+r\} \mid \varphi_i(\bar{x},\bar{y}) = 0\},$$

并设

(a) $\nabla\varphi_{m+1}(\bar{x},\bar{y}), \cdots, \nabla\varphi_{m+r}(\bar{x},\bar{y})$ 线性无关;

(b) 存在 $u \in X \times Y$, 满足

$$\langle\nabla\varphi_i(\bar{x},\bar{y}), u\rangle < 0, \quad i \in \{1, \cdots, m\} \cap I(\bar{x},\bar{y}),$$
$$\langle\nabla\varphi_i(\bar{x},\bar{y}), u\rangle = 0, \quad i = m+1, \cdots, m+r.$$

则 F 在 $(\bar{x},\bar{y})$ 点 N-正则, 且有

$$\begin{aligned}D^*F(\bar{x},\bar{y})(y^*) =&\Big\{x^*\in X^*\;\Big|\;(x^*,-y^*)=\sum_{i\in I(\bar{x},\bar{y})}\lambda_i\nabla\varphi_i(\bar{x},\bar{y}),\\ &\qquad 其中\ \lambda_i\geqslant 0\,(如果\, i\in\{1,\cdots,m\}\cap I(\bar{x},\bar{y})),\\ &\qquad \lambda_i\in\mathbb{R}(如果\, i=m+1,\cdots,m+r)\Big\}.\end{aligned}\tag{4.35}$$

证明 对 $g=(\varphi_1,\cdots,\varphi_{m+r})$, $\Omega=X\times Y$ 和 (4.21) 式的 Θ 应用定理 4.31(ii). 注意集合 Θ 是凸的 (从而在每一点都是法正则的), 且

$$N(\bar{z};\Theta)=\{(\lambda_1,\cdots,\lambda_{m+r})\in\mathbb{R}^{m+r}\mid\lambda_i\geqslant 0,\lambda_i\varphi_i(\bar{x},\bar{y})=0,\quad i=1,\cdots,m\}.$$

此时规范条件(4.26)等价于推论中的(a)和(b), 这样(4.25)式就归结为(4.35)式. △

在无参数的情形 ($\varphi_i(x,y)=\varphi_i(y)$), 条件 (a) 和 (b) 简化为经典的 Mangasarian-Fromovitz 约束规范条件 (见推论 3.87). 要注意的是, 如果这里的全微分 $\nabla\varphi_i(\bar{x},\bar{y})$ 替换成对应于 y 的偏微分, 则这些条件自动成立.

定理 4.32 的下述推论给出了 Asplund 空间中非光滑参数规划问题可行解映射的两种上导数的上估计, 其中的等式和不等式约束由 Lipschitz 连续函数描述.

推论 4.36 (非光滑规划里约束系统的上导数) 令 $F:X\rightrightarrows Y$ 为 Asplund 空间之间具有 (4.20) 形式的多值函数, $(\bar{x},\bar{y})\in\operatorname{gph}F$, $\bar{z}$ 和 $I(\bar{x},\bar{y})$ 如推论 4.35 中所定义. 设所有的 φ_i, $i=1,\cdots,m+r$, 在 $(\bar{x},\bar{y})$ 附近 Lipschitz 连续, 并且

$$\left[\sum_{i\in I(\bar{x},\bar{y})}\lambda_i x_i^*=0\right]\Longrightarrow\big[\lambda_i=0,i\in I(\bar{x},\bar{y})\big]\tag{4.36}$$

对 $\lambda_i\geqslant 0$ $(i\in I(\bar{x},\bar{y}))$, $x_i^*\in\partial\varphi_i(\bar{x},\bar{y})$ $(i\in\{1,\cdots,m\}\cap I(\bar{x},\bar{y}))$ 和 $x_i^*\in\partial\varphi_i(\bar{x},\bar{y})\cup\partial(-\varphi_i)(\bar{x},\bar{y})(i=m+1,\cdots,m+r)$ 成立. 则下述包含关系对 $D^*=D_N^*$ 和 D_M^* 都成立:

$$\begin{aligned}D^*F(\bar{x},\bar{y})(y^*)\subset&\Big\{x^*\in X^*\Big|(x^*,-y^*)\in\sum_{i\in\{1,\cdots,m\}\cap I(\bar{x},\bar{y})}\lambda_i\partial\varphi_i(\bar{x},\bar{y})\\ &+\sum_{i=m+1}^{m+r}\lambda_i\big(\partial\varphi_i(\bar{x},\bar{y})\cup\partial(-\varphi_i)(\bar{x},\bar{y})\big),\lambda_i\geqslant 0(i\in I(\bar{x},\bar{y}))\Big\}.\end{aligned}$$

证明 利用定理 4.32(d). 此时 g 在 $(\bar{x},\bar{y})$ 点自动 PSNC, $\Theta\subset\mathbb{R}^{m+r}$ 在任意点 SNC. 令 $g=(\varphi_1,\cdots,\varphi_{m+r})$ 并根据定理 3.28 中 $D_N^*g(\bar{x},\bar{y})$ 的标量化公式 (此时也可以用定理 1.90), 以及定理 2.33(c) 中的次微分加法法则, 对 $z^*=(\lambda_1,\cdots,\lambda_{m+r})\in\mathbb{R}^{m+r}$, $\lambda_i\geqslant 0$, $i=1,\cdots,m$, 有

$$D_N^*g(\bar{x},\bar{y})(z^*)=\partial\left(\sum_{i=1}^{m+r}\lambda_i\varphi_i\right)(\bar{x},\bar{y})\subset\sum_{i=1}^{m}\lambda_i\varphi_i(\bar{x},\bar{y})+\partial\left(\sum_{i=m+1}^{m+r}\lambda_i\varphi_i\right)(\bar{x},\bar{y}).$$

对 $N(\bar{z};\Theta)$ 考虑上面的表示式, 根据定理 4.32 对应的关系 (4.26) 和 (4.31), 在规范条件 (4.36) 下, 就导出推论中的包含关系. △

4.3.2 约束系统的 Lipschitz 稳定性

现在可以建立约束系统 Lipschitz 鲁棒稳定性的有效条件了, 这基于定理 4.10 中类 Lipschitz 性质的上导数刻画和上一小节里参数约束系统的上导数表示. 首先考虑正则假设下的约束系统, 此时能用初始数据来得到 Lipschitz 稳定性的充要条件. 下述定理及其后续结果的证明需要应用无限维空间中 SNC 的分析法则, 以及上面提到的上导数刻画和表示.

定理 4.37 (正则约束系统的 Lipschitz 稳定性)　令 $F: X \rightrightarrows Y$ 为约束系统 (4.19) 定义的 Asplund 空间之间的集值映射. 设 $\bar{z} := g(\bar{x},\bar{y})$, $(\bar{x},\bar{y}) \in \text{gph}F$, Θ 在 $\bar{z}$ 点附近局部闭, 且在此点 SNC, 则下述论断成立:

(i) 假设 Z 是 Banach 空间, $\Omega = X \times Y$, g 在 $(\bar{x},\bar{y})$ 点严格可微并有满射导数 $\nabla g(\bar{x},\bar{y})$, 则条件

$$(x^*,0) \in \nabla g(\bar{x},\bar{y})^* N(\bar{z};\Theta) \Longrightarrow x^* = 0 \tag{4.37}$$

对 F 在 $(\bar{x},\bar{y})$ 附近的类 Lipschitz 性质是充分的. 若 F 在 $(\bar{x},\bar{y})$ 强上导数正规 (特别地, 当 Y 是有限维时), 则该条件是充要的. 若进一步有 $\dim X < \infty$, 则

$$\text{lip}F(\bar{x},\bar{y}) = \sup\left\{\|x^*\| \,\middle|\, (x^*,-y^*) \in \nabla g(\bar{x},\bar{y})^* N(\bar{z};\Theta), \|y^*\| \leqslant 1\right\}. \tag{4.38}$$

若 $N(\cdot;\Theta)$ 的图在 $\bar{z}$ 附近对应于 $Z \times Z^*$ 的范数 $\times$ 弱* 拓扑局部闭, 则上式中的极大值可以达到.

(ii) 假设 Z 是 Asplund 空间, Θ 在 $\bar{z}$ 点法正则, Ω 在 $(\bar{x},\bar{y})$ 附近局部闭, 在该点法正则, 相对于 X 具有 PSNC, 并且, g 在 $(\bar{x},\bar{y})$ 严格可微, 或者在该点 N-正则且 $\dim Z < \infty$. 再假定规范条件 (4.24) 和 (4.26) 都成立, 则蕴涵关系

$$(x^*,0) \in D^*g(\bar{x},\bar{y}) \circ N(\bar{z};\Theta) + N((\bar{x},\bar{y});\Omega) \Longrightarrow x^* = 0 \tag{4.39}$$

对 F 在 $(\bar{x},\bar{y})$ 附近的类 Lipschitz 性质是充分且必要的. 如果进一步有 $\dim X < \infty$, 那么

$$\begin{aligned}\text{lip}F(\bar{x},\bar{y}) = \sup\Big\{\|x^*\| \,\Big|\, &(x^*,-y^*) \in D^*g(\bar{x},\bar{y}) \circ N(\bar{z};\Theta)\\ &+ N((\bar{x},\bar{y});\Omega), \|y^*\| \leqslant 1\Big\}.\end{aligned}$$

证明　应用定理 4.10 中的刻画 (c) 和确切界限公式 (4.6). 为证明 (i), 首先看到, 根据 $\text{gph}F = g^{-1}(\Theta)$ 和定理 1.22, F 在给定假设下在 $(\bar{x},\bar{y})$ 点是 SNC 的. 利用 (4.32) 式, 可以从条件 $D_M^*F(\bar{x},\bar{y})(0) = \{0\}$ 得到刻画 (4.37) 式, 从 (4.6) 式得到确

切界限公式 (4.38). 当 $N(\cdot;\Theta)$ 的图在 $\bar{z}$ 附近闭时, 根据 $\|D^*F(\bar{x},\bar{y})\|<\infty$ 和与引理 1.18 有关的 $\nabla g(\bar{x},\bar{y})$ 的满射性质, 就可以在 (4.38) 式中以"max"代替"sup".

为证明 (ii), 把 F 的图表示成交集形式 (4.27), 并从推论 3.80 得到, 如果规范条件 (4.29) 成立, Ω 在 $(\bar{x},\bar{y})$ 点相对于 X 为 PSNC, $g^{-1}(\Theta)$ 在该点 SNC (根据定理 3.84, 如果 Θ 在 $\bar{z}$ 点 SNC, 并有规范条件 (4.26), 那么此成立), 那么 F 在 $(\bar{x},\bar{y})$ 点 PSNC. 进一步, 根据定理 3.8 中 $N((\bar{x},\bar{y});g^{-1}(\Theta))$ 的包含关系, 这些假设保证了规范条件 (4.24) 和 (4.26) 蕴涵 (4.29). 根据 (ii) 中另外的假设和定理 4.31(ii), 则等式 (4.25) 对 F 在 $(\bar{x},\bar{y})$ 点的基本和混合上导数都是对的. 所以条件 $D^*F(\bar{x},\bar{y})(0)=\{0\}$ 等价于 (4.39) 式, 并且定理中的确切界限公式归结为定理 4.10 中的 (4.6) 式. △

注意到, 当 Z 是弱紧生成 (WCG) 的 Banach 空间, 并且 Θ 是其具有 CEL 性质的闭子集 (当 Z 是 WCG 和 Asplund 时, 这和 Θ 的 SNC 性质一致. 见注 1.27 和定理 3.60), 则 $N(\cdot;\Theta)$ 的图在 $Z\times Z^*$ 的范数 $\times$ 弱 * 拓扑下在 $\bar{z}$ 附近是局部闭的. 另外, 当 $\Theta=\{0\}$ 时, $N(\cdot;\Theta)$ 的图显然是闭的, 见下面这个推论的情形.

推论 4.38 (由正则映射定义的 Lipschitz 隐函数) 令 $F:X\rightrightarrows Y$ 为 (4.22) 式中通过 $g\colon X\times Y\to Z$ 定义的一个"隐函数", 并有 $g(\bar{x},\bar{y})=0$. 下述论断成立:

(i) 若 $\dim Z<\infty$, X 和 Y 为 Asplund 空间, g 在 $(\bar{x},\bar{y})$ 严格可微, 其导数 $\nabla g(\bar{x},\bar{y})$ 为满射, 则条件

$$\big[\nabla_y g(\bar{x},\bar{y})^*z^*=0\big]\Longrightarrow\big[\nabla_x g(\bar{x},\bar{y})^*z^*=0\big],\quad \forall z^*\in Z^*$$

对 F 在 $(\bar{x},\bar{y})$ 附近的类 Lipschitz 性质是充分和必要的. 如果进一步有 $\dim X<\infty$, 那么

$$\operatorname{lip}F(\bar{x},\bar{y})=\max\big\{\|\nabla_x g(\bar{x},\bar{y})^*z^*\|\,\big|\,\|\nabla_y g(\bar{x},\bar{y})^*z^*\|\leqslant 1\big\}.$$

(ii) 令 X 和 Y 为 Asplund 空间, Z 是有限维的. 假设 g 在 $(\bar{x},\bar{y})$ 附近 Lipschitz 连续, 并且在该点 N-正则, $\ker\partial\langle\cdot,g\rangle(\bar{x},\bar{y})=\{0\}$, 则条件

$$(x^*,0)\in\partial\langle z^*,g\rangle(\bar{x},\bar{y})\Longrightarrow x^*=0,\quad \forall z^*\in Z^*. \tag{4.40}$$

对 F 在 $(\bar{x},\bar{y})$ 附近的类 Lipschitz 性质是充分和必要的. 如果进一步有 $\dim X<\infty$, 那么

$$\operatorname{lip}F(\bar{x},\bar{y})=\sup\big\{\|x^*\|\,\big|\,\exists z^*\in Z^*, \text{满足 } (x^*,-y^*)\in\partial\langle z^*,g\rangle(\bar{x},\bar{y}), \|y^*\|\leqslant 1\big\}.$$

另外, 如果

$$0\in\partial_y\langle z^*,g\rangle(\bar{x},\bar{y})\Longrightarrow\partial_x\langle z^*,g\rangle(\bar{x},\bar{y})=\{0\},\quad \forall z^*\in Z^*, \tag{4.41}$$

则 (4.40) 式成立. 如果 X 是有限维的, 那么有下述上界估计

$$\operatorname{lip}F(\bar{x},\bar{y})\leqslant\sup\big\{\|x^*\|\,\big|\,\exists z^*\in Z^*, \text{满足 } x^*\in\partial_x\langle z^*,g\rangle(\bar{x},\bar{y}),$$

$$-y^* \in \partial_y\langle z^*, g\rangle(\bar{y}, \bar{x}), \|y^*\| \leqslant 1\big\}.$$

证明　论断 (i) 源于定理 4.37(i) 中 $\Theta = \{0\}$ 的情形以及此时 F 的强上导数正规性质. 论断 (ii) 的第一部分, 刻画 (4.40) 式, 以及确切 Lipschitz 界限等式, 可由定理 4.37(ii) 得到. 现在应用推论 3.17 中 N-正则函数全上导数与偏上导数的关系, 和上导数的标量化, 就得出 (4.41) 式蕴涵 (4.40) 式, 并且上界估计成立. △

下面这个推论刻画了参数非线性规划经典可行解的 Lipschitz 稳定性.

推论 4.39 (非线性规划中约束系统的 Lipschitz 稳定性)　令 $F: X \rightrightarrows Y$ 为 (4.20) 式给出的约束系统, 其中 X 和 Y 为 Asplund 空间, $\varphi_i\colon X \times Y \to \mathbb{R}$ 在 $(\bar{x}, \bar{y}) \in \mathrm{gph}F$ 点严格可微 ($\forall i = 1, \cdots, m+r$). $\bar{z}$ 和 $I(\bar{x}, \bar{y})$ 如推论 4.35 一样给出, 并设那里的参数 Mangasarian-Fromovitz 约束规范条件成立, 则条件

$$\left[\sum_{i\in I(\bar{x},\bar{y})} \lambda_i \nabla_y \varphi_i(\bar{x}, \bar{y}) = 0\right] \Longrightarrow \left[\sum_{i\in I(\bar{x},\bar{y})} \lambda_i \nabla_x \varphi_i(\bar{x}, \bar{y}) = 0\right],$$

其中 $\lambda_i \in \mathbb{R}$ 且如果 $i \in \{1, \cdots, m\} \cap I(\bar{x}, \bar{y})$, 那么 $\lambda_i \geqslant 0$, 对 F 在 $(\bar{x}, \bar{y})$ 附近的类 Lipschitz 性质是充分和必要的. 如果进一步有 $\mathrm{dim}X < \infty$, 那么

$$\mathrm{lip}F(\bar{x}, \bar{y}) = \max\left\{\left\|\sum_{i\in I(\bar{x},\bar{y})} \lambda_i \nabla_x \varphi_i(\bar{x}, \bar{y})\right\| \,\middle|\, \lambda_i \in \mathbb{R}, \left\|\sum_{i\in I(\bar{x},\bar{y})} \lambda_i \nabla_y \varphi_i(\bar{x}, \bar{y})\right\| \leqslant 1,\right.$$

$$\left.\text{且若 } i \in \{1, \cdots, m\} \cap I(\bar{x}, \bar{y}),\ \text{则 } \lambda_i \geqslant 0\right\}. \tag{4.42}$$

证明　推论中的充要条件, “max”换成“sup”时的确切界限公式 (4.42), 都可直接由定理 4.37(ii) 得出, 这里 $\Omega = X \times Y$, $g = (\varphi_1, \cdots, \varphi_{m+r})$, Θ 如 (4.21) 式中定义. 因此仅需要证明 (4.42) 式中的上确界是能达到的. 反之, 则有序列 $\lambda_{ik} \in \mathbb{R}$, 满足 $i \in I(\bar{x}, \bar{y})$, $k \in \mathbb{N}$ 和关系

$$\lambda_{ik} \geqslant 0(i \in \{1, \cdots, m\} \cap I(\bar{x}, \bar{y})), \lambda_k := \sum_{i\in I(\bar{x},\bar{y})} |\lambda_{ik}| \to \infty(k \to \infty),$$

$$\lim_{k\to\infty} \left\|\sum_{i\in I(\bar{x},\bar{y})} \lambda_{ik} \nabla_x \varphi_i(\bar{x}, \bar{y})\right\| = \ell, \quad \limsup_{k\to\infty} \left\|\sum_{i\in I(\bar{x},\bar{y})} \lambda_{ik} \nabla_y \varphi_i(\bar{x}, \bar{y})\right\| \leqslant 1,$$

这里 $\ell := \mathrm{lip}F(\bar{x}, \bar{y}) < \infty$. 考虑常数

$$\tilde{\lambda}_{ik} := \frac{\lambda_{ik}}{\lambda_k}, \quad i \in I(\bar{x}, \bar{y}), \quad k \in \mathbb{N}, \quad \text{满足} \sum_{i\in I(\bar{x},\bar{y})} |\tilde{\lambda}_{ik}| = 1,$$

并找到子序列 (不重新标记下标), 使得 $\tilde{\lambda}_{ik} \to \tilde{\lambda}_i (k \to \infty)$ 对任意 $i \in I(\bar{x},\bar{y})$ 成立. 则 $\tilde{\lambda}_i$ 对 $i \in I(\bar{x},\bar{y})$ 不同时为零, 且对 $\tilde{\lambda}_i \geqslant 0$, $(i \in \{1,\cdots,m\} \cap I(\bar{x},\bar{y}))$, 有

$$\sum_{i\in I(\bar{x},\bar{y})} \tilde{\lambda}_i \nabla_x \varphi_i(\bar{x},\bar{y}) = 0, \qquad \sum_{i\in I(\bar{x},\bar{y})} \tilde{\lambda}_i \nabla_y \varphi_i(\bar{x},\bar{y}) = 0.$$

这与 Mangasarian-Fromovitz 约束规范条件矛盾. 证毕 △

下面在初始数据没有正则假设的情形得出一般约束系统 (4.19) Lipschitz 稳定性的充分条件以及一些特殊情况.

定理 4.40 (一般约束系统的 Lipschitz 稳定性) 令 $F: X \rightrightarrows Y$ 为一个由约束系统 (4.19) 定义的集值映射, $(\bar{x},\bar{y}) \in \mathrm{gph} F$. 假设 $g\colon X \times Y \to Z$ 在 $(\bar{x},\bar{y})$ 附近连续, X, Y, Z 是 Asplund 空间, 集合 Ω 和 Θ 分别在 $(\bar{x},\bar{y})$ 和 $\bar{z} = g(\bar{x},\bar{y})$ 附近局部闭. 同时假定

(a) Ω 在点 $(\bar{x},\bar{y})$ 相对于 X 具有 PSNC;

(b) g 在 $(\bar{x},\bar{y})$ 点 PSNC 且 Θ 在 $\bar{z}$ 点 SNC, 或者 g 在 $(\bar{x},\bar{y})$ 点 SNC;

(c) 规范条件 (4.24), (4.26) 成立, 且

$$\big[(x^*,0) \in D_N^* g(\bar{x},\bar{y}) \circ N(\bar{z};\Theta) + N((\bar{x},\bar{y});\Omega)\big] \Longrightarrow x^* = 0. \tag{4.43}$$

则 F 在 $(\bar{x},\bar{y})$ 附近是类 Lipschitz 的. 如果进一步有 $\dim X < \infty$, 那么

$$\begin{aligned}\mathrm{lip} F(\bar{x},\bar{y}) \leqslant \sup\big\{\|x^*\| \big| (x^*,-y^*) \in D_N^* g(\bar{x},\bar{y}) \circ N(\bar{z};\Theta) \\ + N((\bar{x},\bar{y});\Omega), \|y^*\| \leqslant 1\big\}.\end{aligned}$$

证明 应用定理 4.10 中具有上估计 (4.5) 的点基刻画 (c) 及 3.1 节和 3.3 节中对应的分析法则. 先来验证所给假设保证 F 在 $(\bar{x},\bar{y})$ 点的 PSNC 性质. 沿定理 4.37 证明的思路, 利用推论 3.80 和定理 3.84 中的 SNC 分析法则, 以及定理 3.8 中 $N((\bar{x},\bar{y}); g^{-1}(\Theta))$ 的表示, 可以得到, 在假设 (a), (b) 和规范条件 (4.24), (4.26) 下, F 在 $(\bar{x},\bar{y})$ 是 PSNC 的. 可以看到, 给定假设保证了定理 4.32 中的上导数包含关系 (4.31). 因此如果规范条件 (4.43) 也成立时, 那么 $D_M^* F(\bar{x},\bar{y})(0) = \{0\}$. 如果进一步有 $\dim X < \infty$, 那么可以从 (4.5) 式和 (4.31) 式的 $D^* = D_N^*$ 情形得到定理中的确切界限估计. △

下面的推论指出, 如果 g 在 $(\bar{x},\bar{y})$ 附近严格 Lipschitz, 那么定理 4.40(c) 中的三个规范条件可以统一起来.

推论 4.41 (严格 Lipschitz 映射生成的约束系统) 令 $F: X \rightrightarrows Y$ 由 (4.19) 式给出, 这里 $g\colon X \times Y \to Z$ 是 Asplund 空间之间的映射, 且在 $(\bar{x},\bar{y}) \in \mathrm{gph} F$ 点严格 Lipschitz. 则条件 (4.24), (4.26) 和 (4.43) 同时成立当且仅当

$$\big[(x^*,0) \in \partial\langle z^*, g\rangle(\bar{x},\bar{y}) + N((\bar{x},\bar{y});\Omega), z^* \in N(\bar{z};\Theta)\big] \Longrightarrow z^* = 0, \quad x^* = 0. \tag{4.44}$$

此时如果 Ω 和 Θ 分别在 $(\bar{x},\bar{y})$ 和 $\bar{z}=g(\bar{x},\bar{y})$ 局部闭, 且 Ω 在 $(\bar{x},\bar{y})$ 点相对于 X 是 PSNC 的, Θ 在 $\bar{z}$ 点 SNC, 那么条件 (4.44) 对 F 在 $(\bar{x},\bar{y})$ 附近的类 Lipschitz 性质是充分的. 如果进一步有 $\dim X<\infty$, 那么

$$\begin{aligned}\operatorname{lip}F(\bar{x},\bar{y})\leqslant\sup\Big\{\|x^*\|\,\Big|\,&(x^*,-y^*)\in\partial\langle z^*,g\rangle(\bar{x},\bar{y})+N((\bar{x},\bar{y});\Omega),\\&z^*\in N(\bar{z};\Theta),\|y^*\|\leqslant 1\Big\}.\end{aligned}$$

证明　根据定理 3.28, 若 $g\colon X\times Y\to Z$ 为 Asplund 空间之间的严格 Lipschitz 函数, 则

$$D_N^*g(\bar{x},\bar{y})(z^*)=\partial\langle z^*,g\rangle(\bar{x},\bar{y}),\quad\forall z^*\in Z^*.$$

推论 3.30 此时蕴涵, 定理 4.40(b) 中 g 的 SNC 假设是多余的. 因此只需证明 (4.44) 式等价于 (4.24), (4.26), (4.43) 式同时成立.

设 (4.44) 式成立, 它显然包含 (4.43) 式. 为证明 (4.24) 式, 取 $(x^*,y^*)\in\partial\langle z^*,g\rangle(\bar{x},\bar{y})$, 满足 $(-x^*,-y^*)\in N((\bar{x},\bar{y});\Omega)$ 和 $z^*\in N(\bar{z};\Theta)$, 则

$$(0,0)\in\partial\langle z^*,g\rangle(\bar{x},\bar{y})+N((\bar{x},\bar{y});\Omega),\quad z^*\in N(\bar{z};\Theta).$$

根据 (4.44) 式, $z^*=0$. 从而 $(x^*,y^*)=(0,0)$, 这给出 (4.24) 式. 类似地, 如果 z^* 属于 (4.26) 式中的交集, 那么

$$(0,0)\in\partial\langle z^*,g\rangle(\bar{x},\bar{y}),\quad z^*\in N(\bar{z};\Theta).\tag{4.45}$$

因此由 (4.44) 式有 $z^*=0$, 亦即 (4.26) 式成立.

现在证明反向的蕴涵关系, 亦即 (4.44) 式含于 (4.24), (4.26) 和 (4.43) 式. 取 (x^*,z^*) 为 (4.44) 式左边集合里的元素, 根据 (4.43) 式立刻有 $x^*=0$. 剩下需要证明 $z^*=0$ 是系统 (4.45) 的唯一解. 事实上, 如果 z^* 满足 (4.45) 式, 那么存在 $(x^*,y^*)\in\partial\langle z^*,g\rangle(\bar{x},\bar{y})$, 满足 $(-x^*,-y^*)\in N((\bar{x},\bar{y});\Omega)$. 根据 (4.24) 式, 有 $(x^*,y^*)=(0,0)$, 从而

$$z^*\in N(\bar{z};\Theta)\cap\ker\partial\langle\cdot,g\rangle(\bar{x},\bar{y}).$$

这样根据 (4.26) 式就有 $z^*=0$, 从而完成了推论的证明.　△

从上面的论证容易看出, 对 $\Omega=X\times Y$, 即使没有 g 的严格 Lipschitz 假定, 条件

$$\big[(x^*,0)\in D_N^*g(\bar{x},\bar{y})(z^*),z^*\in N(\bar{z};\Theta)\big]\Longrightarrow z^*=0,x^*=0\tag{4.46}$$

也等价于 (4.26) 式和 (4.43) 式同时成立. 如果此时 g 在 $(\bar{x},\bar{y})$ 严格 Lipschitz, 那么只能要求在 (4.44) 式和 (4.46) 式中 $z^*=0$, 这显然蕴涵 $x^*=0$.

下面给出定理 4.40 的两个推论来结束本节. 这些结果给出了 Lipschitz 稳定性的有效条件, 其中涉及了两个引人注目的系统: 一般/非正则映射定义的隐函数和不可微规划问题可行解映射.

推论 4.42 (非正则映射定义的 Lipschitz 隐函数) 设 $g\colon X\times Y\to Z$ 为 Asplund 空间之间的映射, 且 $g(\bar{x},\bar{y})=0$. 假定 g 在 $(\bar{x},\bar{y})$ 点 SNC (这在 g 于 $(\bar{x},\bar{y})$ 附近 Lipschitz 连续且 $\dim Z<\infty$ 时是自动成立的), 则条件

$$(x^*,0)\in D_N^*g(\bar{x},\bar{y})(z^*)\Longrightarrow z^*=0,x^*=0$$

对下述函数 F 在 $(\bar{x},\bar{y})$ 附近的类 Lipschitz 性质是充分的:

$$F(x):=\{y\in Y\mid g(x,y)=0\}.$$

如果进一步有 $\dim X<\infty$, 那么

$$\mathrm{lip}F(\bar{x},\bar{y})\leqslant\sup\big\{\|x^*\|\big|(x^*,-y^*)\in\mathrm{rge}D_N^*g(\bar{x},\bar{y}),\|y^*\|\leqslant 1\big\}.$$

证明 这是定理 4.40 在 $\Theta=\{0\}$ 和 $\Omega=X\times Y$ 的特殊情况. 注意此时只有 Z 是有限维时, 定理 4.40(c) 中的假设才成立, 从而 g 的 PSNC 性质可归结为 SNC. △

推论 4.43 (不可微规划中约束系统的 Lipschitz 稳定性) 设 $F:X\rightrightarrows Y$ 为 (4.20) 式给出的 Asplund 空间之间的多值函数. 令 $(\bar{x},\bar{y})\in\mathrm{gph}F$, 并且 $\bar{z}$ 和 $I(\bar{x},\bar{y})$ 由推论 4.35 中定义. 假设所有 φ_i, $i=1,\cdots,m+r$, 在 $(\bar{x},\bar{y})$ 附近 Lipschitz 连续, 并且约束规范条件 (4.36) 成立, 则条件

$$\Big[(x^*,0)\in\sum_{i\in\{1,\cdots,m\}\cap I(\bar{x},\bar{y})}\lambda_i\partial\varphi_i(\bar{x},\bar{y})+\sum_{i=m+1}^{m+r}\lambda_i\big(\partial\varphi_i(\bar{x},\bar{y})\cup\partial(-\varphi_i)(\bar{x},\bar{y})\big),$$
$$\lambda_i\geqslant 0(i\in I(\bar{x},\bar{y}))\Big]\Longrightarrow x^*=0$$

对 F 在 $(\bar{x},\bar{y})$ 附近的类 Lipschitz 性质是充分的. 如果进一步有 $\dim X<\infty$, 那么有上估计

$$\mathrm{lip}F(\bar{x},\bar{y})\leqslant\sup\big\{\|x^*\|\,\big|\,(x^*,-y^*)\in\sum_{i\in\{1,\cdots,m\}\cap I(\bar{x},\bar{y})}\lambda_i\partial\varphi_i(\bar{x},\bar{y})$$
$$+\sum_{i=m+1}^{m+r}\lambda_i\big(\partial\varphi_i(\bar{x},\bar{y})\cup\partial(-\varphi_i)(\bar{x},\bar{y})\big),\lambda_i\geqslant 0(i\in I(\bar{x},\bar{y})),\|y^*\|\leqslant 1\big\}.$$

证明 根据推论 4.36 中的上导数公式, 这源于定理 4.40 的 $g=(\varphi_1,\cdots,\varphi_{m+r})\colon X\times Y\to\mathbb{R}^{m+r}$, $\Omega=X\times Y$ 和 Θ 由 (4.21) 式定义的情形. 注意 g 在 $(\bar{x},\bar{y})$ 是自动 SNC 的, 这是因为它是局部 Lipschitz, 并且其像空间是有限维的. △

4.4　变分系统的灵敏性分析

在这节中讨论所谓的广义方程, 它由下式给出

$$0 \in f(y) + Q(y), \tag{4.47}$$

这里 Banach 空间之间的映射 f 是单值的, Q 是集值的. 方便起见, 用“基”和“域”分别来表示 (4.47) 式的单值和多值部分.

广义方程是由 Robinson[1130] 作为标准方程的一个扩展而引入的, 起初没有多值部分. 作为共识, 这个模型对许多与优化有关领域里最优解的统一研究提供了一个方便的框架, 这些领域包括数学规划、互补问题、变分不等式、最优控制、数理经济、均衡理论、对策论等. 特别地, 当 $Q(y) = N(y;\Omega)$ 为凸集 Ω 生成的法锥时, 广义方程 (4.47) 归结为经典的变分不等式

$$\text{求 } y \in \Omega, \quad \text{s.t. } \langle f(y), v - y\rangle \geqslant 0, \quad \forall v \in \Omega. \tag{4.48}$$

经典的互补问题对应于 (4.48) 式在 Ω 为 $\mathbb{R}^n$ 非负象限的情形. 众所周知, 在非线性规划中, 这个形式包含了满足一阶最优必要条件 Lagrange 乘子的最优解集, 亦即 KKT (Karush-Kuhn-Tucker) 向量集.

注意到, 对 $\varphi(y) = \delta(y;\Omega)$ 和次微分映射 $Q(y) = \partial\varphi(y)$, 变分不等式 (4.48) 可写成 (4.47) 式的形式. 这样广义方程模型 (4.47) 可看做变分不等式的一个自然推广, 因为它包含了 φ 不是指标函数甚至是非凸的情形, 这相关于所谓的“半变分不等式 (HVI)”.

这节的主要目标是对广义方程 (4.47) 及其在初始数据发生扰动时的具体情形作灵敏性分析. 为此考虑 (4.47) 式的一个参数版本如下：

$$0 \in f(x, y) + Q(x, y), \tag{4.49}$$

这里 x 是扰动参数, y 一般称为决策变量. 按上节的叫法, 因为 (4.49) 这个模型适合描述依赖参数的变分和其他问题的最优解, 称之为“参数变分系统”. 对 (4.49) 式的局部灵敏性分析, 核心问题是要搞清楚, 当 (x, y) 在参考点 $(\bar{x}, \bar{y}) \in \mathrm{gph}S$ 附近变动时, 解映射

$$S(x) := \{y \in Y \mid 0 \in f(x, y) + Q(x, y)\} \tag{4.50}$$

是如何依赖于参数 x 的. 和以前一样, 最关心的是解映射的 Lipschitz 鲁棒稳定性, 并把主要注意力放在建立多值函数 (4.50) 在 $(\bar{x}, \bar{y})$ 点附近的类 Lipschitz 性质上. 基于前述类 Lipschitz 性质的上导数刻画, 从解映射 (4.50) 及其具体情形的上导数计算出发来建立变分系统的灵敏性分析.

4.4.1 参数变分系统的上导数

首先, 建立解映射 (4.50) 基本和混合上导数的精确计算公式. 这要求广义方程 (4.49) 中的基 f 具有光滑性 (严格可微). 给定满足 (4.49) 式的 $f\colon X\times Y\to Z$, 设其在参考点 $(\bar{x},\bar{y})$ 严格可微, 定义伴随广义方程

$$0\in\nabla f(\bar{x},\bar{y})^*z^*+D_N^*Q(\bar{x},\bar{y},\bar{z})(z^*),\tag{4.51}$$

这里 $\bar{z}:=-f(\bar{x},\bar{y})\in Q(\bar{x},\bar{y})$.

定理 4.44 (正则变分系统上导数的计算) 设 $f\colon X\times Y\to Z$ 在 $(\bar{x},\bar{y})$ 严格可微, $Q\colon X\times Y\rightrightarrows Z$ 满足 $\bar{z}=-f(\bar{x},\bar{y})\in Q(\bar{x},\bar{y})$, 并令 $S\colon X\rightrightarrows Y$ 为解映射 (4.50), 则下述论断成立:

(i) 若 X, Y, Z 为 Banach 空间, $\nabla_x f(\bar{x},\bar{y})$ 为满射, 并且 Q 不依赖于 x, 则

$$\begin{aligned}D_N^*S(\bar{x},\bar{y})(y^*)=&\{x^*\in X^*\mid\exists z^*\in Z^*,\ \text{满足}\ x^*=\nabla_x f(\bar{x},\bar{y})^*z^*,\\&-y^*\in\nabla_y f(\bar{x},\bar{y})^*z^*+D_N^*Q(\bar{y},\bar{z})(z^*)\}.\end{aligned}$$

进一步, 如果 Q 在 $(\bar{x},\bar{y})$ 点强上导数正规, 那么 S^{-1} 在 $(\bar{y},\bar{x})$ 点强上导数正规;

(ii) 若 X, Y, Z 为 Asplund 空间, Q 在 $(\bar{x},\bar{y},\bar{z})$ 附近具有闭图且在该点 N-正则, 并且假设, Z 是有限维, 或者 Q 在 $(\bar{x},\bar{y},\bar{z})$ 点 SNC. 则如果伴随广义方程 (4.51) 只有平凡解 $z^*=0$, 就有 S 在 $(\bar{x},\bar{y})$ 点 N-正则, 且

$$\begin{aligned}D^*S(\bar{x},\bar{y})(y^*)=&\{x^*\in X^*\mid\exists z^*\in Z^*,\ \text{满足}\ (x^*-\nabla_x f(\bar{x},\bar{y})^*z^*,\\&-y^*-\nabla_y f(\bar{x},\bar{y})^*z^*\in D_N^*Q(\bar{x},\bar{y},\bar{z})(z^*)\}.\end{aligned}$$

证明 利用定理 4.31 中对应的论断来平行地证明 (i) 和 (ii). 注意到解映射 (4.50) 的图可表示为

$$\text{gph}S=\{(x,y)\in X\times Y\mid g(x,y)\in\Theta\},\quad \Theta:=\text{gph}Q,\tag{4.52}$$

这里 g 定义为

$$g(x,y):=(y,-f(x,y))\quad (Q=Q(y)),\tag{4.53}$$

$$g(x,y):=(x,y,-f(x,y))\quad (Q=Q(x,y)).\tag{4.54}$$

在 (4.53) 式的情形, 应用定理 4.31(i), 并注意到 $\nabla g(\bar{x},\bar{y})$ 是满射等价于 $\nabla_x f(\bar{x},\bar{y})$ 是满射. 由基本上导数 $D_N^*Q(\bar{y},\bar{z})$ 的表示 (1.26) 和初等的计算, 从 (4.53) 式可得 $\nabla g(\bar{x},\bar{y})$, 从而有此情形下 $D_N^*S(\bar{x},\bar{y})$ 的表示. 进一步可证,

$$\tilde{D}_M^*S(\bar{x},\bar{y})(y^*)\supset\{x^*\in X^*\mid\exists z^*\in Z^*,\ \text{s.t}\ x^*=\nabla_x f(\bar{x},\bar{y})^*z^*,$$

$$-y^* \in \nabla_y f(\bar{x},\bar{y})^* z^* + D_M^* Q(\bar{y},\bar{z})(z^*)\}$$

在 (i) 的假设下成立. 为此沿着上面对 D_N^* 的证明进行, 这里要利用 D_M^* 和 $\tilde{D}_M^*$ 的定义, 并且注意到, 由于有对相关映射所假定的光滑性和满射性, Fréchet 类型的法锥和上导数拥有所需要的分析法则, 请对比引理 1.16 和定理 1.62. 由上面这个包含关系和 $D^*S(\bar{x},\bar{y})$ 的表示, 如果 $D_M^*Q(\bar{y},\bar{z}) = D_N^*Q(\bar{y},\bar{z})$, 那么

$$\tilde{D}_M^* S(\bar{x},\bar{y})(y^*) = D_N^* S(\bar{x},\bar{y})(y^*), \quad \forall y^* \in Y^*.$$

因此 S^{-1} 在 $(\bar{y},\bar{x})$ 点强上导数正规.

对 (ii), 不可以应用定理 4.31 的论断 (i), 这是因为 $\nabla g(\bar{x},\bar{y})$ 在 (4.54) 式的情形永远不是满射. 这里来应用该定理的论断 (ii). 可以验证, 规范条件 (4.26) 等价于伴随广义方程只有平凡解. 这样 S 就在 $(\bar{x},\bar{y})$ 点 N-正则, 并且可以在 Q 于 $(\bar{x},\bar{y},\bar{z})$ 点 SNC, 或者 g^{-1} 在 $(\bar{w},\bar{x},\bar{y})$ 点 PSNC ($\bar{w} := (\bar{x},\bar{y},\bar{z})$) 的假设下从 (4.25) 式导出 $D^*S(\bar{x},\bar{y})$ 的表示.

为完成定理的证明, 剩下需要说明最后一个假设等价于 $\dim Z < \infty$. 事实上, 根据定理 1.38 和严格导数的定义, g^{-1} 在 $(\bar{w},\bar{x},\bar{y})$ 点的 PSNC 性质等价于, 对任意序列 $(x_k,y_k) \to (\bar{x},\bar{y})$, $(u_k^*,v_k^*,z_k^*) \xrightarrow{w^*} (0,0,0)$, 以及

$$\text{满足 } \|(x_k^*,y_k^*)\| \to 0 \text{ 的 } (x_k^*,y_k^*) = (u_k^*,v_k^*) - \nabla f(\bar{x},\bar{y})^* z^*, \tag{4.55}$$

有 $\|(u_k^*,v_k^*,z_k^*)\| \to 0 (k \to \infty)$. 从 (4.55) 式直接就可以得到, 该性质在 Z 是有限维时是成立的. 另外, 对应任意无限维空间 Z, 可以找到 (根据 Josefson-Nissenzweig 定理) 一个单位向量序列 $z_k^* \in Z^*$ 弱* 收敛到零. 这样一来, 对任意满足 $\|(x_k^*,y_k^*)\| \to 0$ 的序列 (x_k^*,y_k^*), 根据 (4.55) 式定义序列 (u_k^*,v_k^*), 则 $(u_k^*,v_k^*) \xrightarrow{w^*} (0,0)$, 因为 $\|(u_k^*,v_k^*,z_k^*)\| \nrightarrow 0$, 这和 g^{-1} 在 $(\bar{w},\bar{x},\bar{y})$ 的 PSNC 性质矛盾. △

当 $Q = Q(y)$ 并且 f 在 $(\bar{x},\bar{y})$ 点严格可微时, 可考虑如下的“部分伴随广义方程”

$$0 \in \nabla_y f(\bar{x},\bar{y})^* z^* + D_N^* Q(\bar{y},\bar{z})(z^*), \tag{4.56}$$

这里 $\bar{z} = -f(\bar{x},\bar{y}) \in Q(\bar{y})$. 此时, z^* 是 (完整) 伴随广义方程 (4.51) 的一个解当且仅当它满足部分方程 (4.56) 和 $z^* \in \ker \nabla_x f(\bar{x},\bar{y})^*$, 最后这个要求在 $\nabla_x f(\bar{x},\bar{y})$ 是满射时是多余的. 因此定理 4.44(ii) 中关于 (4.51) 式解的平凡性的规范条件在 $Q = Q(y)$ 的情形归结为 (4.56) 式解的平凡性, 而这些解属于 $\nabla_x f(\bar{x},\bar{y})^*$ 的核. 这些观察在后面是有用的.

当所给广义方程 (4.49) 的域 Q 是特殊的形式, 从而能计算/估计基本上导数 $D_N^* Q$ 时, 就可以得到定理 4.44 的各种推论. 为此可以利用上导数的分析法则及其

他具体公式, 比如在 4.3.1 中的那些. 下面在 Q 为凸图多值函数的情形给出一些非常有用的结果.

给定 $Q\colon X\times Y\rightrightarrows Z$ 和在 $(\bar{x},\bar{y})$ 点严格可微的 $f\colon X\times Y\to Z$. 考虑“线性化”集值算子 $L\colon X\times Y\rightrightarrows Z$, 它满足

$$L(x,y):=f(\bar{x},\bar{y})+\nabla_x f(\bar{x},\bar{y})(x-\bar{x})+\nabla_y f(\bar{x},\bar{y})(y-\bar{y})+Q(x,y). \tag{4.57}$$

在 $Q=Q(y)$ 的情形, 考虑如下定义的“部分线性化”算子 $\tilde{L}\colon Y\rightrightarrows Z$:

$$\tilde{L}(y):=f(\bar{x},\bar{y})+\nabla_y f(\bar{x},\bar{y})(y-\bar{y})+Q(y). \tag{4.58}$$

推论 4.45 (凸图域广义方程解映射的上导数) 设 $(\bar{x},\bar{y})$ 满足广义方程 (4.49), 这里 $f\colon X\times Y\to Z$ 在 $(\bar{x},\bar{y})$ 严格可微, 并且 $Q\colon X\times Y\rightrightarrows Z$ 的图是凸的, 则下述关于解映射上导数的论断成立:

(i) 假设 X,Y,Z 为 Banach 空间, $\nabla_x f(\bar{x},\bar{y})$ 为满射, 并且 Q 不依赖于 x, 则 S 在 $(\bar{x},\bar{y})$ 点 N-正则, 且有

$$D^*S(\bar{x},\bar{y})(y^*)=\{\nabla_x f(\bar{x},\bar{y})^*z^*\mid -(y^*,z^*)\in N((0,0);\mathrm{rge}\tilde{M})\},$$

这里 $\tilde{M}\colon Y\rightrightarrows Y\times Z$ 定义为

$$\tilde{M}(y):=(y-\bar{y},\tilde{L}(y)).$$

(ii) 假设 X,Y,Z 为 Asplund 空间, Q 在 $(\bar{x},\bar{y},\bar{z})$ 附近具有闭图, $\bar{z}=-f(\bar{x},\bar{y})$. 再假设, Z 是有限维, 或者 Q 在 $(\bar{x},\bar{y},\bar{z})$ 点 SNC, 且

$$N(0;\mathrm{rge}L)=\{0\}, \tag{4.59}$$

这里的映射 L 由 (4.57) 式给出. 则 S 在 $(\bar{x},\bar{y})$ 点是 N-正则的, 且

$$\begin{aligned}D^*S(\bar{x},\bar{y})(y^*)=&\{x^*\in X^*\mid \exists z^*\in Z^*,\ \text{满足}\\ &(x^*,-y^*,-z^*)\in N((0,0,0);\mathrm{rge}M)\},\end{aligned}$$

这里 $M\colon X\times Y\rightrightarrows X\times Y\times Z$ 定义为

$$M(x,y):=(x-\bar{x},y-\bar{y},L(x,y)).$$

证明 这里根据定理 4.44 的相应结果来同时证明论断 (i) 和 (ii). 首先验证, 伴随方程 (4.51) 解的平凡性此时可以叙述为规范条件 (4.59).

应用命题 1.37 中凸图映射上导数的表示并重写 (4.51) 式为

$$\langle\nabla f(\bar{x},\bar{y})^*z^*,(x,y)-(\bar{x},\bar{y})\rangle+\langle z^*,f(\bar{x},\bar{y})+z\rangle\geqslant 0,\quad \forall(x,y,z)\in\mathrm{gph}Q.$$

这等价于

$$\langle z^*, L(x,y)+z\rangle \geqslant 0, \quad \forall (x,y,z)\in \mathrm{gph}Q, \tag{4.60}$$

这里 L 在 (4.57) 式定义. 这意味着 $\bar{w}=0$ 是下述“凸极小化问题”的最优解:

$$\min\langle z^*, w\rangle, \quad \text{s.t. } w\in\Omega := \mathrm{rge}L.$$

对凸函数 $\varphi(w) := \langle z^*, w\rangle + \delta(w;\Omega)$ 的极小化问题应用作为充要条件的广义 Fermat 原理 $0\in\partial\varphi(\bar{w})$, 并接着应用命题 1.107 中的微分加法法则, 则得 (4.60) 式等价于 $-z^*\in N(0;\mathrm{rge}L)$. 因此伴随广义方程 (4.51) 只有平凡解当且仅当规范条件 (4.59) 成立.

为在给定假设下证明 (i) 和 (ii) 中的上导数表示, 可应用证明定理 4.44 中对应表示的类似推理. 因为凸图映射在其图上的每一点都是 N-正则的, 则可推知解映射 (4.50) 在推论中的假设下在 $(\bar{x},\bar{y})$ 点是 N-正则的. △

如果 $0\in\mathrm{int}(\mathrm{rge}L)$, 那么规范条件 (4.59) 显然成立. 事实上, 若 L 的值域在 $\bar{w}=0$ 附近局部闭且在该点 SNC, 则此包含关系与 (4.59) 式是等价的. 由于集合 $\mathrm{rge}L$ 和 $\mathrm{gph}Q$ 的凸性, 其 SNC 性质根据定理 1.21 可以通过它们的有限余维数来刻画. 同时, 当 $Q=Q(y)$ 时, 规范条件 (4.59) 等价于

$$\ker\nabla_x f(\bar{x},\bar{y})^*\cap N(0;\mathrm{rge}\tilde{L}) = \{0\}, \tag{4.61}$$

这里 $\tilde{L}$ 在 (4.58) 式中定义.

对 (4.49) 式, 有一个值得一提的特殊情形, 即

$$Q(x,y) = \begin{cases} E, & (x,y)\in\Omega, \\ \varnothing, & \text{其他}, \end{cases} \tag{4.62}$$

这里 $E\subset Z$ 和 $\Omega\subset X\times Y$ 是闭凸集. 此时内点条件 $0\in\mathrm{int}(\mathrm{rge}L)$ 化归为

$$0\in\mathrm{int}\{f(\bar{x},\bar{y})+\nabla f(\bar{x},\bar{y})(\Omega-(\bar{x},\bar{y}))+E\}.$$

在 (4.62) 式中, 如果 $Q=Q(y)$, 那么对应的规范条件 (4.61) 在下述“Robinson 规范条件”下自动成立:

$$0\in\mathrm{int}\{f(\bar{x},\bar{y})+\nabla_y f(\bar{x},\bar{y})(\Omega-\bar{y})+E\}.$$

对于 (4.62) 式的情形, 推论 4.45 中的上导数公式可以相应地修改.

与前面的结果不同, 在没有满射和/或法正则假设下, 下面得到一些关于解映射 (4.50) 上导数的有效条件. 此时考虑 (4.49) 式中一般的非光滑基 f, 而定理 4.44 中的对应等式变成上估计.

定理 4.46 (一般变分系统的上导数估计) 设 $(\bar{x},\bar{y})$ 满足 (4.49) 式, 这里 X, Y, Z 为 Asplund 空间, $f\colon X\times Y\to Z$ 在 $(\bar{x},\bar{y})$ 附近连续, 并且 Q 的图在 $(\bar{x},\bar{y},\bar{z})$ 附近是闭的, $\bar{z}=-f(\bar{x},\bar{y})$. 则对解映射 (4.50) 在 $(\bar{x},\bar{y})$ 点的两种上导数 $D^*=D^*_N$, D^*_M, 公式

$$D^*S(\bar{x},\bar{y})(y^*)\subset\{x^*\in X^*\mid \exists z^*\in Z^*,\ \text{满足}\\ (x^*,-y^*)\in D^*_Nf(\bar{x},\bar{y})(z^*)+D^*_NQ(\bar{x},\bar{y},\bar{z})(z^*)\}\tag{4.63}$$

在下述条件之一满足时成立:

(a) Q 在 $(\bar{x},\bar{y},\bar{z})$ 点 SNC, 并且 $(x^*,y^*,z^*)=(0,0,0)$ 是满足如下条件的唯一三元组:

$$(x^*,y^*)\in D^*_Nf(\bar{x},\bar{y})(z^*)\cap(-D^*_NQ(\bar{x},\bar{y},\bar{z})(z^*)).\tag{4.64}$$

如果 f 在 $(\bar{x},\bar{y})$ 严格 Lipschitz, 这等价于

$$[0\in\partial\langle z^*,f\rangle(\bar{x},\bar{y})+D^*_NQ(\bar{x},\bar{y},\bar{z})(z^*)]\Longrightarrow z^*=0.\tag{4.65}$$

(b) f 在 $(\bar{x},\bar{y})$ 附近 Lipschitz 连续, $\dim Z<\infty$, 并且满足平凡性条件 (4.65).

证明 基于定理 4.32 和 (4.50) 式中 S 图的表示 (4.52), 并由条件 (a) 和 (b) 平行地来证明 (4.63) 式, 这里 g 和 Θ 由 (4.54) 式给出. 对定理 4.32, 只用到其中与 (4.30) 式无关的那些假设, 包括规范条件 (4.26) 式. 这是因为, (4.30) 式涉及"逆向"上导数 $\tilde{D}^*_Mg$, 而该结构没有令人满意的分析法则来有效处理 (4.54) 类型的函数 g. 现在使用基本上导数 D^*_Ng 并考虑到, 对 (4.54) 式中的 g, 有

$$g(x,y)=(x,y,0)+(0,0,-f(x,y)),$$

并且, $D^*_N(-f)(\bar{x},\bar{y})(z^*)=D^*_Nf(\bar{x},\bar{y})(-z^*)$. 根据定理 1.62(ii), 有

$$D^*_Ng(\bar{x},\bar{y})(x^*,y^*,z^*)=(x^*,y^*)+D^*_Nf(\bar{x},\bar{y})(-z^*).$$

易验证, 对 (4.54) 式的 g 和 Θ, 规范条件 (4.26) 等价于, 对任意满足 (4.64) 式的三元组, 有 $(x^*,y^*,z^*)=(0,0,0)$. 当 f 严格 Lipschitz 时, 根据定理 3.28 和命题 3.26, 这归结为 (4.65) 式. 类似地可以验证, 当上述关于 (4.64) 式的平凡性条件成立并且 Q 在 $(\bar{x},\bar{y},\bar{z})$ 点 SNC 或者 (4.54) 式中的 g^{-1} 在 $(\bar{w},\bar{x},\bar{y})$ 点 PSNC ($\bar{w}:=(\bar{x},\bar{y},\bar{z})$), 定理 4.32 的上导数包含关系 (4.31) 归结为 (4.63) 式.

对 (b) 的情形需要说明, 若 f 在 $(\bar{x},\bar{y})$ 附近是 Lipschitz 连续的, 同时 Z 是有限维的, 则 g^{-1} 具有 PSNC 性质. 根据 g 在 (4.54) 式的结构和局部 Lipschitz 函数 Fréchet 上导数简单的标量化公式, 得出 g^{-1} 在 $(\bar{w},\bar{x},\bar{y})$ 点的 PSNC 性质此时意味着, 对任意序列 $(x_k,y_k)\to(\bar{x},\bar{y})$, $(u^*_k,v^*_k)\xrightarrow{w^*}(0,0)$ 和满足 $\|(x^*_k,y^*_k,z^*_k)\|\to 0$ 的

$$(x^*_k,y^*_k)-(u^*_k,v^*_k)\in\hat{\partial}\langle -z^*_k,f\rangle(x_k,y_k),$$

有 $\|(u_k^*, v_k^*)\| \to 0(k \to \infty)$. 而根据 Fréchet 次导数的定义, 这可以从上面的包含关系直接导出. △

下面给出定理 4.46 在参数广义方程具有光滑 (严格可微) 基时的特例, 这个情形在应用中有特别的重要性.

推论 4.47 (具有光滑基的广义方程的上导数估计)　设 $f\colon X\times Y \to Z$ 为满足广义方程 (4.49) 的 Asplund 空间之间的映射, 并且在 $(\bar{x}, \bar{y})$ 点严格可微, $Q\colon X\times Y \rightrightarrows Z$ 在 $(\bar{x}, \bar{y}, \bar{z})$ 点附近具有局部闭图, $\bar{z} = -f(\bar{x}, \bar{y})$. 则如果伴随广义方程 (4.51) 只有平凡解, 且 Q 在 $(\bar{x}, \bar{y}, \bar{z})$ 点 SNC 或 $\dim Z < \infty$, 那么关于解映射 (4.50) 的公式

$$\begin{aligned} D^*S(\bar{x}, \bar{y})(y^*) \subset \{x^* \in X^* \mid \exists z^* \in Z^*, \text{ 满足 } (x^* - \nabla_x f(\bar{x}, \bar{y})^* z^*, \\ -y^* - \nabla_y f(\bar{x}, \bar{y})^* z^*) \in D_N^* Q(\bar{x}, \bar{y}, \bar{z})(z^*)\} \end{aligned}$$

对 $D^* = D_N^*, D_M^*$ 都成立.

证明　根据严格可微映射上导数的表示, 这可直接由定理 4.46 导出. △

下面的推论是关于参数无关基的广义方程的. 简化起见, 只叙述广义方程的基是光滑的情形.

推论 4.48 (光滑基 HVI 解映射的上导数)　设 $(\bar{x}, \bar{y})$ 满足 (4.49) 式, 这里 X, Y, Z 为 Asplund 空间, $f\colon X \times Y \to Z$ 在 $(\bar{x}, \bar{y})$ 点严格可微, $Q\colon Y \rightrightarrows Z$ 在 $(\bar{y}, \bar{z})$ 点附近具有闭图, $\bar{z} = -f(\bar{x}, \bar{y})$. 假设部分伴随广义方程 (4.56) 在 $\ker\nabla_x f(\bar{x}, \bar{y})^*$ 上只有平凡解, 并且 Q 在 $(\bar{y}, \bar{z})$ 点 SNC, 或者 $\dim Z < \infty$, 则关于解映射 (4.50) 的包含关系

$$D^*S(\bar{x}, \bar{y})(y^*) \subset \{\nabla_x f(\bar{x}, \bar{y})^* z^* \mid -y^* \in \nabla_y f(\bar{x}, \bar{y})^* z^* + D_N^* Q(\bar{y}, \bar{z})(z^*)\}$$

对 $D^* = D_N^*, D_M^*$ 都成立. 如果 $\nabla_x f(\bar{x}, \bar{y})$ 是满射, 或 Q 在 $(\bar{y}, \bar{z})$ 点 N-正则, 那么等式成立.

证明　上导数包含关系直接源于推论 4.47 在域 Q 不依赖于 x 的情况. 等式包含在定理 4.44 中. △

对在其图上每个点都是 SNC 的 Q, 再次指出两个简单实用的情形：X, Y, Z 是有限维或 Q 具凸图且内部非空. 有关 Q 的 SNC 性质更一般的充分条件可以从 1.2.5 小节的结果和 3.3 节中的 SNC 分析法则中得到. 而 Asplund 空间中丰富的上导数分析法则能应用上述结果来导出参数变分系统的域 Q 和随之而来的解映射 (4.50) 的有效上导数估计.

变分系统 (4.49) 的许多重要应用相关于 $Q = \partial\varphi$ 的情形, 它是由一个 l.s.c. 函数 φ 生成的次微分算子. 根据二阶次微分在 1.118(i) 中的定义, 此时 $D_N^* Q(\bar{x}, \bar{y}) = \partial_N^2 \varphi(\bar{x}, \bar{y})$, 从而可以应用 1.3.5 小节和 3.2.5 小节叙述的二阶次微分分析法则. 这里借用力学里的术语, 称 φ 为“势”.

如本节开头所述, 势函数 φ 在变分不等式和互补性问题的经典框架中是凸的并和参数无关. 在势函数非凸和参数相关的情形, 对应的广义方程涉及半变分不等式 (HVI). 它通常是用 Lipschitz 连续函数的 Clarke 次微分这些结构来表述的. 方便起见, 当其势函数为 l.s.c. 函数并用到基本次微分时, 本书用了相同的名字.

接下来把注意力集中在 (4.49) 式的一般类型上, 这里依赖于参数的域 $Q = Q(x,y)$ 有两种复合形式, 它们都涉及一阶基本次微分. 为以后方便, 称这种具有次微分域的广义方程为“广义变分不等式 (GVI)”.

要考虑的第一类 GVI 的域具有 $\varphi \circ g$ 类型的复合势函数, 这里 $g\colon X \times Y \to W$ 和 $\varphi\colon W \to \overline{\mathbb{R}}$ 是 Banach 空间之间的映射. 也就是说, 将研究由复合给出的解映射

$$S(x) := \{y \in Y \mid 0 \in f(x,y) + \partial(\varphi \circ g)(x,y)\}. \tag{4.66}$$

要指出的是, (4.66) 式中 f 和 $Q = \partial(\varphi \circ g)$ 的值域空间在 $g = g(x,y)$ 时是 $X^* \times Y^*$, 或者在 $g = g(y)$ 时是 Y^*.

下面考虑的第二类 GVI 涉及形式 $Q(x,y) = \partial\varphi \circ g$ 的“复合域”, 这里 $g\colon X \times Y \to W$, $\varphi\colon W \to \overline{\mathbb{R}}$. 这种 GVI 的解映射由下式给出

$$S(x) := \{y \in Y \mid 0 \in f(x,y) + (\partial\varphi \circ g)(x,y)\}, \tag{4.67}$$

这里 $f\colon X \times Y \to W^*$. 根据基本次微分的定义, 如果 $g(x,y) \notin \mathrm{dom}\varphi$, 那么在 (4.66) 式和 (4.67) 式中皆有 $\partial(\varphi \circ g)(x,y) = \varnothing$.

除了上面提到的经典变分不等式和相关系统外, 模型 (4.66) 和 (4.67) 还广泛涵盖了一些在应用中重要的参数变分系统. 特别地, 在约束依赖于参数的复合优化问题中, 框架 (4.66) 可以方便地描述驻点映射和驻点乘子映射. 形式 (4.67) 包含了下述类型的扰动隐性互补性问题: 求 $y \in Y$, 满足

$$f(x,y) \geqslant 0, \quad y - g(x,y) \geqslant 0, \quad \langle f(x,y), y - g(x,y)\rangle = 0,$$

这里的不等式是对应于 Y 上的某种序 (特别地, 在有限维时按照分量的序). 这种类型的问题在许多数学模型中经常涌现, 它们涉及经济学和力学均衡的各种类型. 更多的参考文献和讨论见本章的注解.

这里的目标是建立解映射 (4.66) 和 (4.67) 以初始数据给出的有效上导数表示 (估计). 从 (4.66) 式开始, 并首先在 Banach 空间中得到条件来给出 (4.67) 式上导数的一个上估计和一个确切公式. 这些条件在势与参数无关的情形也适用, 此情形涉及参数半变分不等式 (按本书的表述) 的解映射, 它的势由合成形式给出.

定理 4.49 (具有复合势 HVI 解映射上导数的计算) 令 X, Y 和 W 为 Banach 空间. 设 $(\bar{x},\bar{y}) \in \mathrm{gph}S$, 这里 S 在 (4.66) 式定义, $g\colon Y \to W$ 和 $\varphi\colon W \to \overline{\mathbb{R}}$. 令 $\bar{q} := -f(x,y) \in \partial(\varphi \circ g)(\bar{y})$ 并假设:

(a) $f\colon X\times Y\to Y^*$ 在 $(\bar{x},\bar{y})$ 点严格可微, 且偏导数 $\nabla_x f(\bar{x},\bar{y})\colon X\to Y^*$ 是满射;

(b) 在 $\bar{y}$ 附近 $g\in\mathcal{C}^1$, 其导数 $\nabla g(\bar{y})\colon Y\to W$ 是满射, 且映射 $\nabla g\colon Y\to\mathcal{L}(Y,W)$ 在 $\bar{y}$ 点严格可微.

令 $\bar{v}\in W^*$ 为满足下述关系的唯一泛函:

$$\bar{q}=\nabla g(\bar{y})^*\bar{v},\quad \bar{v}\in\partial\varphi(\bar{w}),\quad \bar{w}:=g(\bar{y}).$$

则有包含关系

$$\begin{aligned}D_N^*S(\bar{x},\bar{y})(y^*)\subset\{x^*\in X^*|\exists u\in Y^{**},\ \text{满足}\ x^*=\nabla_x f(\bar{x},\bar{y})^*u,\quad -y^*\in\nabla_y f(\bar{x},\bar{y})^*u\\ +\nabla^2\langle\bar{v},g\rangle(\bar{y})^*u+\nabla g(\bar{y})^*\partial_N^2\varphi(\bar{w},\bar{v})(\nabla g(\bar{y})^{**}u)\},\end{aligned}\tag{4.68}$$

当 $\nabla g(\bar{y})^*$ 的像集在 Y^* 中是 w^*-可扩张的, 则等式成立. 特别地, 这包含此像集子空间在 Y^* 中是可补的, 或者 Y^{**} 的闭单位球是弱* 列紧的情形. 如果进一步假设次微分映射 $\partial\varphi\colon W\rightrightarrows W^*$ 在 $(\bar{w},\bar{v})$ 点是强上导数正规的, 那么 S^{-1} 在 $(\bar{y},\bar{x})$ 点是强上导数正规的.

证明 首先应用定理 4.44(i) 和 $\partial_N^2(\varphi\circ g)$ 的定义, 在假设 (a) 下可得

$$\begin{aligned}D_N^*S(\bar{x},\bar{y})(y^*)=&\{x^*\in X^*\mid\exists u\in Y^{**},\ \text{使得}\ x^*=\nabla_x f(\bar{x},\bar{y})^*u,\\ &-y^*\in\nabla_y f(\bar{x},\bar{y})^*u+\partial_N^2(\varphi\circ g)(\bar{y},\bar{q})(u)\}.\end{aligned}$$

接下来应用定理 1.27 中二阶次微分 $\partial_N^2(\varphi\circ g)$ 的链式法则, 若有 (a) 和 (b), 则得 (4.68) 式. (4.68) 式的等式形式来自定理 1.127 的相应结果. 最后, 假设一阶次微分映射 $\partial\varphi$ 在 $(\bar{w},\bar{v})$ 点强上导数正规, 由定理 1.127 中 $\partial_N^2(\varphi\circ g)$ 和 $\partial_M^2(\varphi\circ g)$ 的等式链式法则, 有

$$\partial_M^2(\varphi\circ g)(\bar{y},\bar{q})(u)=\partial_N^2(\varphi\circ g)(\bar{y},\bar{q})(u),\quad u\in Y^{**}.$$

据定理 4.44(i), 这蕴涵逆映射 S^{-1} 在 $(\bar{y},\bar{x})$ 点的强上导数正规性. △

注意这里没有给出定理 4.44(ii) 等式情形在解映射 (4.66) 上的应用, 这是因为, 定理 4.44(ii) 中对域 Q 的 N-正则性假定对次微分映射是不合理的. 事实上, 即使是在有限维空间中势函数 φ 是凸的情形 (或更广一些), 由于 $\partial\varphi$ 是图像 Lipschitz 的, 所以其正则性等价于光滑性, 这样就不能包含所研究的变分不等式了 (见定义 1.45, 定理 1.46, 以及 1.2.2 小节的相关讨论).

下面得出复合势 (4.66) 依赖于参数 x 的 GVI 之解映射上导数的上估计. 与定理 4.49 相比, 这里对映射 f 和 g 的假设有了显著的放宽. 这需要把定理 4.46 中的一般变分系统上导数上估计和定理 3.74 中 $\partial^2(\varphi\circ g)$ 的二阶链式法则结合起来. 简单起见, 此处仅限于有限维空间, 而不给出该方向最一般的情形.

定理 4.50 (合成势 GVI 解映射的上导数估计) 设 $(\bar{x},\bar{y})\in \text{gph}S$, S 由 (4.66) 式定义, X, Y, W 为有限维, $g\colon X\times Y\to W$ 在 $(\bar{x},\bar{y})$ 附近连续, 且 $\varphi\colon W\to\overline{\mathbb{R}}$ 在 $\bar{w}:=g(\bar{x},\bar{y})$ 附近 l.s.c. 记 $\bar{q}:=-f(\bar{x},\bar{y})\in\partial(\varphi\circ g)(\bar{x},\bar{y})$ 和

$$M(\bar{x},\bar{y}):=\{\bar{v}\in W^*\mid \bar{v}\in\partial\varphi(\bar{w}),\nabla g(\bar{x},\bar{y})^*\bar{v}=\bar{q}\},$$

并假设

(a) 当 w 在 $\bar{w}$ 附近时, $\partial\varphi$ 和 $\partial^\infty\varphi$ 的图是闭的 (特别地, 当 φ 是局部连续或凸时), 并且 φ 在 $\bar{w}$ 附近下正则;

(b) 规范条件

$$\partial^\infty\varphi(\bar{w})\cap\ker\nabla g(\bar{x},\bar{y})^*=\{0\},\tag{4.69}$$

$$\partial^2\varphi(\bar{w},\bar{v})(0)\cap\ker\nabla g(\bar{x},\bar{y})^*=\{0\}\tag{4.70}$$

成立, 这里 (4.70) 式成立是对任意 $\bar{v}\in M(\bar{x},\bar{y})$;

(c) 关系

$$(x^*,y^*)\in\bigcup_{\bar{v}\in M(\bar{x},\bar{y})}\left[\nabla^2\langle\bar{v},g\rangle(\bar{x},\bar{y})u+\nabla g(\bar{x},\bar{y})^*\partial^2\varphi(\bar{w},\bar{v})(\nabla g(\bar{x},\bar{y})u)\right]$$
$$\bigcap\big[-D^*f(\bar{x},\bar{y})(u)\big]$$

仅对 $X^*\times Y^*\times(X\times Y)$ 中的三元组 $(x^*,y^*,u)=(0,0,0)$ 成立.
则对解映射 (4.66) 的上导数, 成立包含关系

$$\begin{aligned}D^*S(\bar{x},\bar{y})(y^*)\subset\big\{&x^*\in X^*\mid\exists u\in X\times Y,\ \text{使得}(x^*,-y^*)\in D^*f(\bar{x},\bar{y})(u)\\&+\bigcup_{\bar{v}\in M(\bar{x},\bar{y})}\left[\nabla^2\langle\bar{v},g\rangle(\bar{x},\bar{y})(u)+\nabla g(\bar{x},\bar{y})^*\partial^2\varphi(\bar{w},\bar{v})(\nabla g(\bar{x},\bar{y})u)\right]\big\}.\end{aligned}\tag{4.71}$$

证明 令 $Q(x,y)=\partial(\varphi\circ g)$ 并应用定理 4.46, 在相应的假定下, 用 $\partial^2(\varphi\circ g)$ 替换 D_N^*Q, 则得包含关系

$$\begin{aligned}D^*S(\bar{x},\bar{y})(y^*)\subset&\{x^*\in X^*\mid\exists u\in X\times Y,\ \text{使得}\\&(x^*,-y^*)\in D^*f(\bar{x},\bar{y})(u)+\partial^2(\varphi\circ g)(\bar{x},\bar{y},\bar{q})(u)\},\end{aligned}$$

这里 S 来自 (4.66) 式, SNC 条件在有限维空间中是自动成立的. 接着应用定理 3.74(ii) 中的二阶链式法则而得到 $\partial^2(\varphi\circ g)(\bar{x},\bar{y},\bar{q})$ 的一个上估计. 由此结果 (事实在所给假设下就是推论 3.75) 并考虑到有限维空间中经典 Hesse 矩阵的对称性, 就得到定理的结论. △

上述结果有一个有用的推论, 它涉及 (4.66) 式中势函数是强顺从的情形 (见 3.2.5 小节中的定义). 这在参数优化的应用中尤其重要, 此时定理 4.50 中的假设 (a) 和一阶规范条件 (4.69) 式是自动成立的.

推论 4.51 (具有顺从势函数 GVI 解映射的上导数)　设在有限维空间中, S 为 GVI 的解映射 (4.66), 势函数 $\psi = \varphi \circ g$ 在 $(\bar{x}, \bar{y}) \in \mathrm{gph}S$ 点强顺从. 用定理 4.50 相同的记号, 假定 f 在 $(\bar{x}, \bar{y})$ 点附近连续, (c) 和二阶规范条件 (4.70) 成立. 则上导数估计 (4.71) 成立.

证明　根据强顺从的定义, 这源于定理 4.50. 也可以由定理 4.46 和推论 3.76 导出. △

在基函数 f 严格可微的假设下, 下面推论给出了定理 4.50 和推论 4.51 的简化结果.

推论 4.52 (具有复合势函数和光滑基 GVI 解映射的上导数)　设 f 在 $(\bar{x}, \bar{y})$ 点严格可微且定理 4.50 和推论 4.51 的其他假设成立, 则定理 4.50 中的条件 (c) 等价于

$$\left[0 \in \nabla f(\bar{x}, \bar{y})^* u + \nabla^2 \langle \bar{v}, g \rangle (\bar{x}, \bar{y}) u + \nabla g(\bar{x}, \bar{y})^* \partial^2 \varphi(\bar{w}, \bar{v})(\nabla g(\bar{x}, \bar{y}) u)\right] \Longrightarrow u = 0,$$

且有上导数上估计

$$D^* S(\bar{x}, \bar{y})(y^*) \subset \Big\{ x^* \in X^* \big| \exists u \in X \times Y, \text{ 使得 } (x^* - \nabla_x f(\bar{x}, \bar{y})^* u, -y^* - \nabla_y f(\bar{x}, \bar{y})^* u) \\ \in \bigcup_{\bar{v} \in M(\bar{x}, \bar{y})} \left[\nabla^2 \langle \bar{v}, g \rangle (\bar{x}, \bar{y})(u) + \nabla g(\bar{x}, \bar{y})^* \partial^2 \varphi(\bar{w}, \bar{v})(\nabla g(\bar{x}, \bar{y}) u)\right] \Big\}.$$

证明　这可由严格可微映射上导数的表示直接得出. △

需要指出, 若 $g = g(y)$, 则回到上导数包含关系 (4.68), 这是在定理 4.49 中以等式形式在有限维空间中证明的, 那里假定了 $\nabla_x f(\bar{x}, \bar{y})$ 和 $\nabla g(\bar{y})$ 的满射性质. 而这里证明的是相同形式的上方估计, 但没有假定满射性质.

在这小节的最后, 计算具有复合域 (4.67) 的 GVI 解映射之上导数. 下面先建立 (4.67) 式的基本上导数在 Banach 空间中的一个确切公式, 其中 $g = g(y)$, 并假定满射条件.

命题 4.53 (具有复合域 GVI 解映射的上导数之计算)　令 X, Y, W 为 Banach 空间, $(\bar{x}, \bar{y}) \in \mathrm{gph}S$, S 在 (4.67) 式中定义, $g\colon Y \to W$, $\varphi\colon W \to \overline{\mathbb{R}}$. 记 $\bar{w} := g(\bar{y})$, $\bar{q} := -f(\bar{x}, \bar{y}) \in \partial\varphi(\bar{w})$, 并设

(a) $f\colon X \times Y \to W^*$ 在 $(\bar{x}, \bar{y})$ 点严格可微, 偏导数 $\nabla_x f(\bar{x}, \bar{y})$ 为满射;

(b) g 在 $\bar{y}$ 点严格可微, 导数 $\nabla g(\bar{y})$ 为满射.

则对 (4.67) 式的解映射 S, 有基本上导数表示

$$D_N^* S(\bar{x}, \bar{y})(y^*) = \big\{ x^* \in X^* \big| \exists u \in W^{**}, \text{ s.t. } x^* = \nabla_x f(\bar{x}, \bar{y})^* u, \\ -y^* \in \nabla_y f(\bar{x}, \bar{y})^* u + \nabla g(\bar{y})^* \partial_N^2 \varphi(\bar{w}, \bar{q})(u) \big\}.$$

进一步, 如果 $\partial\varphi$ 在 $(\bar{w},\bar{q})$ 点强上导数正规, 那么 S^{-1} 在 $(\bar{x},\bar{y})$ 点强上导数正规.

证明 在 $\nabla_x f(\bar{x},\bar{y})$ 是满射的假设下, 首先由定理 4.44(i) 得到等式

$$\begin{aligned}D_N^*S(\bar{x},\bar{y})(y^*) =&\big\{x^*\in X^*|\exists u\in W^{**},\ 使得\ x^*=\nabla_x f(\bar{x},\bar{y})^*u,\\&-y^*\in\nabla_y f(\bar{x},\bar{y})^*u+D_N^*(\partial\varphi\circ g)(\bar{y},\bar{q})(u)\big\}.\end{aligned}$$

进一步, 如果 $\partial\varphi\circ g$ 在 $(\bar{y},\bar{q})$ 点为强上导数正规, 那么 S^{-1} 在 $(\bar{x},\bar{y})$ 点具有此性质. 现在应用定理 1.66 中的上导数链式法则 (对 $D^*=D_N^*$ 和 $D^*=D_M^*$) 于复合映射 $\partial\varphi\circ g$, 这里 $\nabla g(\bar{x},\bar{y})$ 为满射, 则得到本命题的两个结论. △

接下来, 应用 Asplund 空间中上导数链式法则和 SNC 分析法则, 则可得到在一般的依赖参数情形 $g=g(x,y)$ 下, (4.67) 式的上导数上估计.

定理 4.54 (复合域 GVI 解映射的上导数估计) 设 X, Y, W 为 Asplund 空间, 并设对偶空间 W^* 也是 Asplund 空间, 取 $(\bar{x},\bar{y})\in \mathrm{gph}S$, 这里 S 由 (4.67) 式定义, $\bar{q}=-f(\bar{x},\bar{y})\in\partial\varphi(\bar{w})$, $w=g(\bar{x},\bar{y})$. 假定 $g:X\times Y\to W$ 和 $f\colon X\times Y\to W^*$ 在 $(\bar{x},\bar{y})$ 附近连续, $\partial\varphi\colon W\rightrightarrows W^*$ 的图在 $(\bar{w},\bar{q})$ 附近是范数闭的, 且

$$\partial_N^2\varphi(\bar{w},\bar{q})(0)\cap\ker D_N^*g(\bar{x},\bar{y})=\{0\}. \tag{4.72}$$

再设下述条件 (a) 和 (b) 中之一成立:

(a) 蕴涵关系

$$\begin{aligned}&\big[(x^*,y^*)\in D_N^*f(\bar{x},\bar{y})(u)\cap(-D_N^*g(\bar{x},\bar{y})\circ\partial_N^2\varphi(\bar{w},\bar{q})(u))\big]\\\Longrightarrow&(x^*,y^*,u)=(0,0,0)\end{aligned}\tag{4.73}$$

成立, g 在 $(\bar{x},\bar{y})$ 点 PSNC 且 $\partial\varphi$ 在 $(\bar{w},\bar{q})$ 点 SNC, 或者 g 在 $(\bar{x},\bar{y})$ 点 SNC 且 $\partial\varphi^{-1}$ 在 $(\bar{q},\bar{w})$ 点 PSNC;

(b) f 在 $(\bar{x},\bar{y})$ 附近 Lipschitz, W 为有限维, 且约束规范条件 (4.73) 成立.

则关于 (4.67) 解映射的包含关系

$$\begin{aligned}D^*S(\bar{x},\bar{y})(y^*)\subset&\big\{x^*\in X^*\mid\exists u\in W^{**},\ \text{s.t.}\\&(x^*,-y^*)\in D_N^*f(\bar{x},\bar{y})(u)+D_N^*g(\bar{x},\bar{y})\circ\partial_N^2\varphi(\bar{w},\bar{q})(u)\big\}\end{aligned}\tag{4.74}$$

对 $D^*=D_N^*$ 和 D_M^* 皆成立.

证明 应用定理 4.46 于 (4.67) 式, 在该定理的假定下令 $Q=\partial\varphi\circ g$, 则有包含关系

$$\begin{aligned}D^*S(\bar{x},\bar{y})(y^*)\subset&\big\{x^*\in X^*\mid\exists u\in W^{**},\ \text{s.t.}\\&(x^*,-y^*)\in D_N^*f(\bar{x},\bar{y})(u)+D_N^*(\partial\varphi\circ g)(\bar{x},\bar{y},\bar{q})(u)\big\},\end{aligned}$$

对两种上导数 $D^* = D^*_N$ 和 D^*_M 都成立. 为了从这个包含关系得到 (4.74) 式, 并用 (4.67) 式的初始数据来有效表达定理 4.46 中对 Q 的假设, 需要 $D^*_N(\partial\varphi \circ g)$ 的链式法则和复合映射的 SNC 分析法则. 对此恰当的链式法则在定理 3.13(i) 建立了, 对应的 SNC 分析法则由定理 3.98 给出. 把这些结果应用于 $\partial\varphi \circ g$, 可以验证定理中给出的假设保证了定理 4.46 中需要的假设. 证毕. △

在 W 为有限维时, 上面定理的假定可以合并和简化, 这包含在本节最后的这个结果之中.

推论 4.55 (具有有限维复合域值域的 GVI 之上导数)　设 $(\bar{x}, \bar{y}) \in \mathrm{gph} S$, 这里 S 在 (4.67) 式定义, X, Y 为 Asplund 空间, $g\colon X \times Y \to \mathbb{R}^m$ 和 $f\colon X \times Y \to \mathbb{R}^m$ 在 $(\bar{x}, \bar{y})$ 附近连续. 使用定理 4.54 中的记号, 假定 $\partial\varphi\colon \mathbb{R}^m \rightrightarrows \mathbb{R}^m$ 的图在 $(\bar{w}, \bar{q})$ 附近闭 (这对连续或顺从函数是自动成立的), (4.72) 式和 (4.73) 式成立, f 在 $(\bar{x}, \bar{y})$ 附近 Lipschitz 连续, 并且, g 在该点 Lipschitz 连续, 或者 X 和 Y 是有限维. 则解映射 (4.67) 满足上导数估计 (4.74).

证明　这由下述结论得到: 如果 W 是有限维并且, g 是局部 Lipschitz 的, 或者 X 和 Y 是有限维的, 那么定理 4.54(a) 中 g 和 $\partial\varphi$ 的 SNC 假定是自动成立的. △

4.4.2 Lipschitz 稳定性的上导数分析

本节专门研究前述参数变分系统 Lipschitz 稳定性的上导数分析. 重点放在变分系统解映射的类 Lipschitz 性质上, 建立其充分 (以及必要) 条件, 并估算确切 Lipschitz 界限. 此处的主要工具是定理 4.10 建立的点基判据和确切界限公式及其推论, 另外还需要用到前一节中解映射上导数的表示和估计, 以及 SNC 分析法则等有用结果.

首先考虑变分系统 Lipschitz 稳定性的一个刻画, 它是由正则条件下的广义方程描述的.

定理 4.56 (正则广义方程 Lipschitz 稳定性的刻画)　设 S 为解映射 (4.50), $f\colon X \times Y \to Z$ 在 $(\bar{x}, \bar{y}) \in \mathrm{gph} S$ 点严格可微, $Q\colon X \times Y \rightrightarrows Z$ 在 $(\bar{x}, \bar{y}, \bar{z})(\bar{z} := -f(\bar{x}, \bar{y}))$ 附近有局部闭图, 并且在该点 SNC, X, Y 为 Asplund 空间. 则下述成立:

(i) 假定 Z 为 Banach 空间, $\nabla_x f(\bar{x}, \bar{y})$ 为满射, Q 不依赖于 x, 则如果部分伴随广义方程 (4.56) 仅有平凡解, 就有 S 在 $(\bar{x}, \bar{y})$ 附近类 Lipschitz. 若 S 在 $(\bar{x}, \bar{y})$ 点强上导数正规, 则此条件对 $(\bar{x}, \bar{y})$ 附近 S 的类 Lipschitz 性质也是必要的. 特别地, 当 Y 是有限维时, 这是成立的. 如果进一步假设 X 是有限维的, 那么

$$\begin{aligned}\mathrm{lip} S(\bar{x}, \bar{y}) = \sup\big\{&\|\nabla_x f(\bar{x}, \bar{y})^* z^*\| \mid \exists y^* \in D^*_N Q(\bar{y}, \bar{z})(z^*),\ \text{使得}\\ &\|\nabla_y f(\bar{x}, \bar{y})^* z^* + y^*\| \leqslant 1\big\}.\end{aligned}$$

若集值映射 $(y,z,z^*)\to D_N^*Q(y,z)(z^*)$ 在 $(\bar{y},\bar{z})$ 附近按照 $(Y\times Z)\times(Y^*\times Z^*)$ 中的范数 $\times$ 弱* 拓扑是局部闭的, 则极大值能够达到.

(ii) 假定 Z 为 Asplund 空间, Q 在 $(\bar{x},\bar{y},\bar{z})$ 点 N-正则, 则 S 在 $(\bar{x},\bar{y})$ 点 N-正则, 且条件

$$[(x^*,0)\in\nabla f(\bar{x},\bar{y})^*z^*+D^*Q(\bar{x},\bar{y},\bar{z})(z^*)]\Longrightarrow x^*=z^*=0 \tag{4.75}$$

对 S 在 $(\bar{x},\bar{y})$ 点附近的类 Lipschitz 性质是充分的. 如果伴随广义方程 (4.51) 只有平凡解, 那么此条件也是充分的. 若进一步假设 X 是有限维的, 则

$$\begin{aligned}\text{lip}S(\bar{x},\bar{y})=\sup\big\{\|x^*\|\mid\exists z^*\in Z^*,\ \text{使得}\ &(x^*-\nabla_x f(\bar{x},\bar{y})^*z^*,\\ &-y^*-\nabla_y f(\bar{x},\bar{y})^*z^*)\in D^*Q(\bar{x},\bar{y},\bar{z})(z^*),\|y^*\|\leqslant 1\big\}.\end{aligned}$$

特别地, 对 $Q=Q(y)$, 如果伴随广义方程 (4.56) 仅有平凡解, 那么 S 在 $(\bar{x},\bar{y})$ 附近类 Lipschitz. 若 (4.56) 式在 $\ker\nabla_x f(\bar{x},\bar{y})^*$ 上只有平凡解, 则此条件也是必要的. 如果进一步有 $\dim X<\infty$, 那么 $\text{lip}S(\bar{x},\bar{y})$ 可由 (i) 中的公式计算.

证明 论证基于定理 4.10 中的判据 (c) 和确切界限公式 (4.6), 为此也需要恰当使用定理 4.44 中的上导数公式和 SNC 分析法则.

对 (i), 根据定理 4.44(i) 有

$$D_N^*S(\bar{x},\bar{y})(0)=\{\nabla_x f(\bar{x},\bar{y})^*z^*\mid z^*\in Z^*\ \ \text{满足 (4.56)式}\}. \tag{4.76}$$

由 $\nabla_x f(\bar{x},\bar{y})$ 的满射性质, $D_N^*S(\bar{x},\bar{y})=\{0\}$ 当且仅当部分伴随广义方程 (4.56) 仅有平凡解. 进一步, 表示

$$\text{gph}S=\{(x,y)\in X\times Y\mid g(x,y)\in\text{gph}Q\},\quad g(x,y)=(y,-f(x,y))$$

和定理 1.22 蕴涵, 在 Banach 空间中, 如果 $\nabla g(\bar{x},\bar{y})$ 是满射, 那么 S 在 $(\bar{x},\bar{y})$ 点 SNC 当且仅当 Q 在 $(\bar{y},\bar{z})$ 点 SNC. 因为这个满射条件等价于 $\nabla_x f(\bar{x},\bar{y})$ 的满射性质, $D_M^*S(\bar{x},\bar{y})(y^*)\subset D_N^*S(\bar{x},\bar{y})(y^*)$ 且对强上导数正规的映射成立等式, 就得到 (i) 中 S 的类 Lipschitz 性质和确切界限公式. 对剩下的部分注意到, (i) 假定的 D_N^*Q 的局部闭性质显然等价于 $N(\cdot;\text{gph}Q)$ 的对应性质, 从而根据定理 4.37(i) 中的对应论断, (i) 中关于 $\text{lip}S(\bar{x},\bar{y})$ 公式中的极大值是能达到的 (见定理 4.37 后的讨论).

对 (ii), 注意到条件 (4.75) 式蕴涵 (全) 伴随广义方程 (4.51) 仅有平凡解, 因此定理 4.44(ii) 就保证了 S 在 $(\bar{x},\bar{y})$ 的 N-正则性, 以及 $D^*S(\bar{x},\bar{y})$ 可以由那里的公式计算. 从而

$$D^*S(\bar{x},\bar{y})(0)=\{x^*\in X^*\mid\exists z^*\in Z^*,\text{使得}\ (x^*-\nabla_x f(\bar{x},\bar{y})^*z^*,$$

$$-\nabla_y f(\bar{x},\bar{y})^*z^*)\in D^*Q(\bar{x},\bar{y},\bar{z})(z^*)\}$$

这样条件 (4.75) 就蕴涵 $D^*S(\bar{x},\bar{y})(0)=\{0\}$. 进一步, 根据定理 3.98 和表示 (4.52), 这里 g 由 (4.52) 式定义, 则得 S 在给定的假设下在 $(\bar{x},\bar{y})$ 点 SNC. 因此定理 4.10 保证了 S 在 $(\bar{x},\bar{y})$ 点附近的类 Lipschitz 性质和 (ii) 中的确切界限公式. 根据上面的论证, 如果 (4.51) 仅有平凡解, 那么条件 (4.75) 对 S 的类 Lipschitz 性质也是必要的.

最后考虑情形 $Q=Q(y)$. 此时, 方程 (4.51) 仅有平凡解当且仅当

$$\ker\nabla_x f(\bar{x},\bar{y})^*\cap\{\text{满足 (4.56) 式的 } z^*\in Z^*\}=\{0\}.$$

据此以及 (4.76) 式, 定理得证. △

推论 4.57 (凸图域广义方程的 Lipschitz 稳定性) 设 (4.50) 式的解映射 S 满足定理 4.56 中相关的条件, Q 的图为凸集, 映射 M, $\tilde{M}$, L 定义于推论 4.45, 则下述论断成立:

(i) 若 Z 为 Banach 空间, $\nabla_x f(\bar{x},\bar{y})$ 为满射, Q 不依赖于 x, 则条件

$$(0,z^*)\in N((0,0);\mathrm{rge}\tilde{M})\Longrightarrow z^*=0$$

对 S 在 $(\bar{x},\bar{y})$ 点附近的类 Lipschitz 性质是充分必要的. 进一步, 如果 X 是有限维的, 那么

$$\mathrm{lip}S(\bar{x},\bar{y})=\sup\left\{\|\nabla_x f(\bar{x},\bar{y})^*z^*\|\;\middle|\;-(y^*,z^*)\in N((0,0);\mathrm{rge}\tilde{M}),\|y^*\|\leqslant 1\right\}.$$

(ii) 若 Z 为 Asplund 空间, 则条件

$$(x^*,0,z^*)\in N((0,0,0);\mathrm{rge}M)\Longrightarrow x^*=z^*=0$$

对 S 在 $(\bar{x},\bar{y})$ 附近的类 Lipschitz 性质是充分的; 若 $N(0;\mathrm{rge}L)=\{0\}$, 则该条件也是必要的. 此时, 如果 X 是有限维的, 那么

$$\begin{aligned}\mathrm{lip}S(\bar{x},\bar{y})=\sup\{&\|x^*\|\mid\exists(y^*,z^*)\in Y^*\times Z^*,\ \text{使得}\\&(x^*,-y^*,-z^*)\in N((0,0,0);\mathrm{rge}L),\|y^*\|\leqslant 1\}\end{aligned}$$

证明 根据命题 1.37 中凸图映射上导数的表示, 这可由定理 4.56 导出. 请比照推论4.45的证明. 与定理4.56类似, 它亦可由定理4.10和推论4.45直接推出. △

注 4.58 (Lipschitz 稳定性中基本法向量和 Clarke 法向量的对比) 可以看到, 如果基本法锥 $N((\bar{x},\bar{y},\bar{z});\mathrm{gph}Q)$ 弱* 闭 (特别地, 如推论 4.57, 当 X,Y,Z 为有限维, 或者 Q 的图为凸时, 这是成立的), 定理 4.56(ii) 不用区分基本法向量和 Clarke 法向量的使用. 与此相反, 定理 4.56(i) 却是万万不可的. 事实上, 如果把定理 4.56(i) 中的 $D_N^*Q(\bar{y},\bar{z})(z^*)$ 换成锥

$$\{(y^*,z^*)\in Y^*\times Z^*\mid(y^*,-z^*)\in N_C((\bar{y},\bar{z});\mathrm{gph}Q)\},$$

那么其显然是解映射 (4.50) 在 $(\bar{x},\bar{y})$ 点的类 Lipschitz 性质的充分条件. 但是, 该条件离必要性却很遥远. 事实上, 对很大一类集值映射 Q, 它根本是不成立的. 对此给出两个例子.

首先考虑参数广义方程

$$0\in x+[-y,y],\quad x,y\in\mathbb{R}.$$

此时 $Q(y)=[-y,y]$, 并可以直接验证,

$$N((0,0);\mathrm{gph}Q)=\{(v,u)\in\mathbb{R}^2\mid |u|=|v|\}\ \text{和}\ N_C((0,0);\mathrm{gph}Q)=\mathbb{R}^2.$$

因此 $D^*Q(0,0)(u)=\{-u,u\}$, 条件 $D^*Q(0,0)(0)=\{0\}$ 显然成立并刻画了 (4.50) 式的 Lipschitz 稳定性, 但其 Clarke 版本

$$[(-\nabla_y f(\bar{x},\bar{y})z^*,-z^*)\in N_C((\bar{y},\bar{z});\mathrm{gph}Q)]\Longrightarrow z^*=0 \tag{4.77}$$

却不成立, 虽然此时解映射 $S(x)=\{y\in\mathbb{R}\mid -x\in[-y,y]\}$ 在 $(0,0)$ 附近显然是类 Lipschitz 的.

第二个例子涉及经典框架下的扰动变分不等式/互补问题:

$$\text{求 } y\geqslant 0,\quad \text{满足 } (ay+x)(v-y)\geqslant 0,\quad \forall v\geqslant 0, \tag{4.78}$$

这里 $a\in\mathbb{R}$ 为给定常数, $x\in\mathbb{R}$ 为扰动参数. 这个例子可以写成广义方程 (4.49) 的形式如下:

$$f(x,y):=ay+x\text{和 } Q(y):=\begin{cases}0, & y>0,\\ \mathbb{R}_-, & y=0,\\ \varnothing, & y<0.\end{cases}$$

容易看到, 对 $\Omega:=\mathbb{R}_+$, 有 $Q(y)=N(y;\Omega)=\partial\delta(y;\Omega)$, 从而 Q 具有非凸图

$$\mathrm{gph}Q=\{(y,z)\in\mathbb{R}^2\mid y\geqslant 0,z\leqslant 0,yz=0\}.$$

由定理 1.6 可计算出此图的基本法锥:

$$N((0,0);\mathrm{gph}Q)=\{(v,u)\in\mathbb{R}^2\mid v\leqslant 0,u\geqslant 0\}.$$

这给出上导数表达式

$$D^*Q(0,0)(u)=\begin{cases}0, & u>0,\\ \mathbb{R}, & u=0,\\ \mathbb{R}_-, & u<0.\end{cases}$$

由定理 4.56(i), (4.78) 的解映射在 $(0,0)$ 附近为类 Lipschitz 当且仅当 $a>0$. 另外, 对 Clarke 法锥有 $N_C((0,0);\mathrm{gph}Q)=\mathbb{R}^2$, 从而充分条件 (4.77) 对扰动变分不等式 (4.78) 的 Lipschitz 稳定性没有提供任何信息.

事实上, 上面的例子对包括经典变分不等式在内的足够广的一类变分系统是有代表性的. 考虑 n 维空间中的映射 $Q\colon \mathbb{R}^n \rightrightarrows \mathbb{R}^n$, 它在 $(\bar{y},\bar{z})$ 附近图像 Lipschitz(这包括极大单调关系, 特别是凸函数的次微分映射 $Q=\partial\varphi$ 及其他具有良好性质的函数, 见定义 1.45 后的讨论). 从定理 1.46 的证明可以得到, $N_C((\bar{y},\bar{z});\text{gph}Q)$ 为 $\mathbb{R}^{2n}$ 的子空间, 其维数至少为 n. 此时易验证, 充分条件 (4.77) 蕴涵子空间 $N_C((\bar{y},\bar{z});\text{gph}Q)$ 的维数恰好为 n, 从而集合 gph$Q$ 在 $(\bar{y},\bar{z})$ 点是图像光滑的 (见定理 1.46(ii)). 进一步, 如果 Q 为 $\mathbb{R}^n$ 上的正常 l.s.c. 函数, 且 $Q=\partial\varphi$, 那么这个性质对应于 φ 的某些二阶可微性质, 这几乎就是经典的内容了 (参见文献 [1153]). 这样一来, 涉及 Clarke 法向量的条件 (4.77) 事实上就不能涵盖有限维中变分不等式和互补问题的标准情形了, 这里说的 φ 为某凸集的指标函数. 与此相反, 利用基本法锥和二阶次微分, 这里建立了这种系统以及更广情形 Lipschitz 稳定性的刻画和充分条件.

现在讨论一般的非光滑变分系统 (4.50) 在初始条件没有正则假设的情形, 下面的定理用基和域的上导数给出了其 Lipschitz 稳定性的充分条件.

定理 4.59 (非正则广义方程的 Lipschitz 稳定性) 令 S 为解映射 (4.50), 这里 $f\colon X\times Y\to Z$ 在 $(\bar{x},\bar{y})\in \text{gph}S$ 附近连续, $\bar{z}=-f(\bar{x},\bar{y})$, $Q\colon X\times Y\rightrightarrows Z$ 在 $(\bar{x},\bar{y},\bar{z})$ 附近具有局部闭图, 且在该点 SNC, X, Y, Z 为 Asplund 空间. 设 f 在 $(\bar{x},\bar{y})$ 点 PSNC 并有规范条件

$$[(x^*,0)\in D_N^*f(\bar{x},\bar{y})(z^*)+D_N^*Q(\bar{x},\bar{y},\bar{z})(z^*)]\Longrightarrow x^*=0,$$

$$[(x^*,y^*)\in D_N^*f(\bar{x},\bar{y})(z^*)\cap(-D_N^*Q(\bar{x},\bar{y},\bar{z})(z^*))]\Longrightarrow x^*=y^*=z^*=0.$$

则 S 在 $(\bar{x},\bar{y})$ 附近类 Lipschitz. 若再有 $\dim X<\infty$, 则

$$\begin{aligned}\text{lip}S(\bar{x},\bar{y})\leqslant \sup\big\{\|x^*\|\ \big|\ \exists z^*\in Z^*,\ \text{s.t.}\\ (x^*,-y^*)\in D_N^*f(\bar{x},\bar{y})(z^*)+D_N^*Q(\bar{x},\bar{y},\bar{z})(z^*),\|y^*\|\leqslant 1\big\}.\end{aligned}$$

证明 首先注意到, 定理中的假设蕴涵定理 4.46 中的, 因此上导数包含关系 (4.63) 成立, 从而定理中第一个规范条件保证了 $D_M^*S(\bar{x},\bar{y})(0)=\{0\}$. 根据定理 4.10, 接下来只需证明 S 在 $(\bar{x},\bar{y})$ 点是 PSNC 就够了.

下面证明, 如果在定理中规范条件和 Q 在 $(\bar{x},\bar{y},\bar{z})$ 点 SNC 的基础上假定 f 在相应点 PSNC, 那么 S 在 $(\bar{x},\bar{y})$ 点是 SNC 的. 为此应用定理 3.84 于逆像集合

$$\text{gph}S=g^{-1}(\text{gph}Q),\quad g(x,y)=(x,y,-f(x,y)).$$

只需验证, 如果 f 在 $(\bar{x},\bar{y})$ 点是 PSNC, 那么 g 在该点 PSNC. 事实上, 取序列 $(x_k^*,y_k^*)\in\hat{D}^*g(x_k,y_k)(u_k^*,v_k^*,z_k^*)$, 满足 $(x_k^*,y_k^*)\xrightarrow{w^*}(0,0)$ 和 $\|(u_k^*,v_k^*,z_k^*)\|\to 0$. 由表示式

$$g(x,y)=(x,y,0)+(0,0,-f(x,y))$$

和定理 1.62(i) 中的加法法则, 有

$$(x_k^*, y_k^*) = (u_k^*, v_k^*) + (\hat{x}_k^*, \hat{y}_k^*), \quad 满足\ (\hat{x}_k^*, \hat{y}_k^*) \in \hat{D}^* f(x_k, y_k)(-z_k^*).$$

从而 $(\hat{x}_k^*, \hat{y}_k^*) \xrightarrow{w^*} (0,0)$. 根据 f 的 PSNC 性质, 就有 $\|(\hat{x}_k^*, \hat{y}_k^*)\| \to 0$. 从而 $\|(x_k^*, y_k^*)\| \to 0$, 即 g 在 $(\bar{x}, \bar{y})$ 点 PSNC. △

若 f 在 $(\bar{x}, \bar{y})$ 点严格 Lipschitz, 则定理 4.59 中的两个规范条件可以统一起来, 因此上面的结果有下述简化.

推论 4.60 (严格 Lipschitz 基广义方程的稳定性) 在定理 4.59 的框架下假定 f 在 $(\bar{x}, \bar{y})$ 点严格 Lipschitz, Q 的图是闭的且在 $(\bar{x}, \bar{y}, \bar{z})$ 点 SNC. 设

$$[(x^*, 0) \in \partial\langle z^*, f\rangle(\bar{x}, \bar{y}) + D_N^* Q(\bar{x}, \bar{y}, \bar{z})(z^*)] \Longrightarrow x^* = z^* = 0 \tag{4.79}$$

成立, 则解映射 (4.50) 在 $(\bar{x}, \bar{y})$ 附近是类 Lipschitz 的. 若 f 在 $(\bar{x}, \bar{y})$ 点严格可微, 则 (4.79) 式归结为 (4.75) 式的 $D^* = D_N^*$ 情形. 如果再有 $\dim X < \infty$, 那么

$$\begin{aligned}\operatorname{lip} S(\bar{x}, \bar{y}) \leqslant \sup \big\{ \|x^*\| \mid \exists z^* \in Z^*,\ 满足\ (x^*, -y^*) \in \partial\langle z^*, f\rangle(\bar{x}, \bar{y}) \\ + D_N^* Q(\bar{x}, \bar{y}, \bar{z})(z^*), \|y^*\| \leqslant 1 \big\}.\end{aligned}$$

证明 如果 f 在 $(\bar{x}, \bar{y})$ 点严格 Lipschitz, 那么根据定理 3.28 中的标量化公式, 定理 4.59 中的第二个规范条件等价于 (4.65) 式. 最后容易验证, 合并了的规范条件 (4.79) 等价于 (4.65) 和定理 4.59 中的第一个规范条件同时成立. △

下面的推论涉及扰动广义方程解映射的 Lipschitz 稳定性, 它具有不依赖于参数的基 $Q = Q(y)$.

推论 4.61 (一般 HVI 解映射的稳定性) 在定理 4.59 的框架下, 设 $Q = Q(y)$ 具有闭图且在 $(\bar{y}, \bar{z})$ 点 SNC, 则如果

$$[(x^*, y^*) \in D_N^* f(\bar{x}, \bar{y})(z^*), -y^* \in D_N^* Q(\bar{y}, \bar{z})(z^*)] \Longrightarrow x^* = y^* = z^* = 0,$$

就有解映射 (4.50) 在 $(\bar{x}, \bar{y})$ 点类 Lipschitz. 当 f 在 $(\bar{x}, \bar{y})$ 点严格 Lipschitz 时, 这个条件等价于

$$\big[\varnothing \neq \operatorname{proj}_y \partial\langle z^*, f\rangle(\bar{x}, \bar{y}) \cap (-D_N^* Q(\bar{y}, \bar{z})(z^*))\big] \Longrightarrow z^* = 0, \tag{4.80}$$

这里 proj_y 表示 Y^* 上的投影.

证明 容易看到, 若 $Q = Q(y)$, 定理 4.59 中的两个规范条件成立当且仅当推论里的规范条件成立. 根据严格 Lipschitz 函数上导数的标量化这归结为

$$\big[(x^*, y^*) \in \partial\langle z^*, f\rangle(\bar{x}, \bar{y}), -y^* \in D_N^* Q(\bar{y}, \bar{z})(z^*)\big] \Longrightarrow z^* = 0.$$

这显然等价于 (4.80) 来. △

接下来讨论具有复合势的广义变分不等式 (GVI) 解映射 (4.66) 的类 Lipschitz 性质. 对这类系统, 下面的定理用其初始数据建立了充分条件和刻画. 简化起见, 论断 (ii) 仅考虑基为 Lipschitz 连续的情形.

定理 4.62 (复合势 GVI 的 Lipschitz 稳定性) 令 $(\bar{x},\bar{y})\in \mathrm{gph}S$, 这里 S 在 (4.66) 式中定义, $f\colon X\times Y\to X^*\times Y^*$, $\bar{q}:=-f(\bar{x},\bar{y})$, $g\colon X\times Y\to W$, $\bar{w}:=g(\bar{x},\bar{y})$, 且 $\varphi\colon W\to\overline{\mathbb{R}}$. 则下述论断成立:

(i) 设 W 为 Banach 空间, X 为 Asplund 空间, $Y=\mathbb{R}^m$, $g=g(y)$, 且定理 4.49 中的 (a) 和 (b) 对其中定义的 $\bar{v}$ 成立, 则 S 在 $(\bar{x},\bar{y})$ 点类 Lipschitz 当且仅当 $u=0\in\mathbb{R}^m$ 为满足下式的唯一向量:

$$0\in\nabla_y f(\bar{x},\bar{y})^*u+\nabla^2\langle\bar{v},g\rangle(\bar{y})^*u+\nabla g(\bar{y})^*\partial_N^2\varphi(\bar{w},\bar{v})(\nabla g(\bar{y})u).$$

如果 X 还是有限维的, 那么

$$\begin{aligned}\mathrm{lip}S(\bar{x},\bar{y})=\sup\big\{&\|\nabla_x f(\bar{x},\bar{y})^*u\|\,\big|\,-y^*\in\nabla_y f(\bar{x},\bar{y})^*u\\&+\nabla^2\langle\bar{v},g\rangle(\bar{y})^*u+\nabla g(\bar{y})^*\partial_N^2\varphi(\bar{w},\bar{v})(\nabla g(\bar{y})u),\ \|y^*\|\leqslant 1\big\}.\end{aligned}$$

特别地, 当 W 为有限维时, 极大值能够达到.

(ii) 假设三个空间 X,Y,W 都是有限维的, $g\in\mathcal{C}^2$ 且 f 在 $(\bar{x},\bar{y})$ 附近 Lipschitz 连续, φ 在 $\bar{w}$ 附近 l.s.c., 且定理 4.50 中的 (a) 和 (b) 对其中定义的 $M(\bar{x},\bar{y})$ 成立. 则条件

$$\begin{aligned}&\Big[(x^*,0)\in\partial\langle u,f\rangle(\bar{x},\bar{y})+\bigcup_{\bar{v}\in M(\bar{x},\bar{y})}\big[\nabla^2\langle\bar{v},g\rangle(\bar{x},\bar{y})(u)+\nabla g(\bar{x},\bar{y})^*\partial^2\varphi(\bar{w},\bar{v})(\nabla g(\bar{x},\bar{y})u)\big]\Big]\\&\Longrightarrow x^*=u=0\end{aligned}\tag{4.81}$$

对 S 的类 Lipschitz 性质是充分的, 且有

$$\begin{aligned}\mathrm{lip}S(\bar{x},\bar{y})\leqslant\sup\big\{&\|x^*\|\,\big|\,\exists u\in X\times Y, \text{满足}\\&(x^*,-y^*)\in\partial\langle u,f\rangle(\bar{x},\bar{y})+\bigcup_{\bar{v}\in M(\bar{x},\bar{y})}[\nabla^2\langle\bar{v},g\rangle(\bar{x},\bar{y})(u)\\&+\nabla g(\bar{x},\bar{y})^*\partial^2\varphi(\bar{w},\bar{v})(\nabla g(\bar{x},\bar{y})u)],\ \|y^*\|\leqslant 1\big\}.\end{aligned}$$

证明 为证明 (i), 对 $D_N^*S(\bar{x},\bar{y})=D_M^*S(\bar{x},\bar{y})$ 应用定理 4.49 中的上导数表示 (4.68). 因为 Y 是有限维的, 表示中等式成立. 进一步, S 的图在 $(\bar{x},\bar{y})$ 点 SNC. 这是因为, 它是 gph$Q$ 在具满射导数严格可微函数的逆像, 此处 $Q=\partial(\varphi\circ g)\colon Y\rightrightarrows Y^*$ 自动是 SNC 的 (比照定理 4.56(i) 的证明). 这样条件 $D_M^*S(\bar{x},\bar{y})(0)=\{0\}$ 就归结为

(i) 中的对应假定. 根据定理 4.10, 它对 S 的类 Lipschitz 性质是充分必要的. 这也蕴涵 (i) 中确切界限公式, 并且由定理 4.56(i) 知道在有限维的时候最大值能达到.

对 (ii), 应用定理 4.50 中的上导数上方估计 (4.71), 这里 (c) 中的规范条件根据 (4.81) 式是成立的. 进一步, 根据 (4.71) 式, 则 (4.81) 式也保证了 $D^*S(\bar{x},\bar{y})(0)=\{0\}$, 从而 S 在 $(\bar{x},\bar{y})$ 附近是类 Lipschitz 的. 根据定理 4.10 则有 (ii) 中的确切界限公式. △

推论 4.63 (顺从势 GVI 的 Lipschitz 稳定性) 在有限维空间中, 设 S 为 GVI 的解映射 (4.66), 其势函数 $\psi=\varphi\circ g$ 在 $(\bar{x},\bar{y})\in \mathrm{gph}S$ 强顺从. 假定 f 在 $(\bar{x},\bar{y})$ 附近局部 Lipschitz, 且条件 (4.70) 和 (4.81) 成立. 则 S 在 $(\bar{x},\bar{y})$ 附近类 Lipschitz, 并有定理 4.62(ii) 中确切界限估计.

证明 根据 3.2.5 小节中强顺从函数的定义和讨论, 并应用定理 4.62(ii). △

下面的推论涉及具有光滑势函数的变分系统 (4.66), 此时

$$S(x)=\big\{y\in Y\mid 0\in f(x,y)+\nabla(\varphi\circ g)(x,y)\big\},$$

它描述了扰动梯度方程的解. 注意 φ 不必是二阶光滑的, 特别地, 可以有 $\varphi\in\mathcal{C}^{1,1}$. 在此情形, 可得到如下有效条件来保证梯度方程 Lipschitz 稳定性. 简单起见, 此处只给出有限维的情形, 并统一了定理 4.62 中的两个论断, 且删去了确切 Lipschitz 界限的公式.

推论 4.64 (梯度方程的 Lipschitz 稳定性) 在有限维空间中令 S 为解映射 (4.66), 在 $\bar{w}$ 附近有 $\varphi\in\mathcal{C}^{1,1}$, 且设 $g\in\mathcal{C}^2$, f 在 $(\bar{x},\bar{y})$ 附近 Lipschitz 连续, 则条件 (4.81) 对 S 在 $(\bar{x},\bar{y})$ 附近的类 Lipschitz 性质是充分的. 进一步, 如果 $g=g(y)$, 导数 $\nabla g(\bar{y})$ 为满射, f 在 $(\bar{x},\bar{y})$ 点严格可微且偏导数 $\nabla_x f(\bar{x},\bar{y})$ 是满射, 那么该条件也是必要的.

证明 这只要看到, 如果在 $\bar{w}$ 附近有 $\varphi\in\mathcal{C}^{1,1}$, 那么定理 4.50 中 (a) 和 (b) 中的所有假设都是成立的. △

为说明推论 4.64 的应用, 考虑参数化梯度方程

$$0=f(x,y)+\nabla\varphi(y),\quad 其中\ \varphi(y)=\frac{1}{2}\mathrm{sign}(y),\quad f(x,y)=ay+x,$$

此处 $x,y\in\mathbb{R}$, $a>1$. 则 $\varphi\in\mathcal{C}^{1,1}$, 但其导数 $\nabla\varphi(y)=|y|$ 是非光滑的. 容易得到,

$$N((0,0);\mathrm{gph}\nabla\varphi)=\{(v,u)\mid u\leqslant|v|,u\leqslant 0\}\cap\{(v,u)\mid u=|v|,u>0\},$$

这蕴涵

$$\partial^2\varphi(0)(u)=[-u,u](u\geqslant 0)\quad 和\quad \partial^2\varphi(0)(u)=\{u,-u\}(u<0).$$

根据推论 4.64, 该梯度方程的解映射在 $(0,0)$ 是类 Lipschitz 的当且仅当包含关系

$$0 \in \begin{cases} [(a-1)u, (a+1)u], & u \geqslant 0, \\ \{(a-1)u, (a+1)u\}, & u < 0 \end{cases}$$

仅对 $u=0$ 成立. 这在 $a>1$ 时当然是对的. 要注意的是, 涉及 Clarke 法向量的充分条件 (4.77) 在这个例子中是不成立的, 这是因为 $N_C((0,0);\mathrm{gph}\nabla\varphi)=\mathbb{R}^2$.

这节最后的这个结果涉及解映射 (4.67) 的 Lipschitz 稳定性在 GVI 具有复合域的情形. 简化起见, 在论断 (ii) 中只考虑基是严格 Lipschitz 的情况.

定理 4.65 (具有复合域 GVI 的 Lipschitz 稳定性)　设 S 由 (4.67) 式定义, $g\colon X\times Y\to W$, $\varphi\colon W\to\overline{\mathbb{R}}$, $f\colon X\times Y\to W^*$. 给定 $(\bar{x},\bar{y})\in\mathrm{gph}S$, 并记 $\bar{w}:=g(\bar{x},\bar{y})$ 和 $\bar{q}:=-f(\bar{x},\bar{y})$, 则下述论断成立:

(i) 假设 X, Y 为 Asplund 空间, W 为 Banach 空间, $g=g(y)$ 在 $\bar{y}$ 点严格可微, 且导数 $\nabla g(\bar{y})$ 为满射, f 在 $(\bar{x},\bar{y})$ 严格可微且偏导数 $\nabla_x f(\bar{x},\bar{y})$ 为满射. 则条件

$$\big[0\in\nabla_y f(\bar{x},\bar{y})^*u+\nabla g(\bar{y})^*\partial_N^2\varphi(\bar{w},\bar{q})(u)\big]\Longrightarrow u=0$$

对 S 在 $(\bar{x},\bar{y})$ 附近的类 Lipschitz 性质是充分的. 若 S 在 $(\bar{x},\bar{y})$ 点强上导数正规 (特别地, 当 $\dim Y<\infty$ 时), 则该条件也是必要的. 如果还有 $\dim X<\infty$, 那么

$$\begin{aligned}\mathrm{lip}S(\bar{x},\bar{y})=\sup\big\{&\|\nabla_x f(\bar{x},\bar{y})^*u\|\;\big|\;\exists z^*\in\partial_N^2\varphi(\bar{w},\bar{q})(u),\ \text{满足}\\ &\|\nabla_y f(\bar{x},\bar{y})^*u+\nabla g(\bar{y})^*z^*\|\leqslant 1\big\}\end{aligned}$$

在 $\partial\varphi$ 于 $(\bar{w},\bar{q})$ 点 SNC 时成立.

(ii) 设 X, Y, W, W^* 为 Asplund 空间, g 在 $(\bar{x},\bar{y})$ 附近连续, f 在此点严格 Lipschitz, $\partial\varphi$ 的图在 $(\bar{w},\bar{q})$ 附近范数闭, 且规范条件 (4.72) 成立. 如果 g 在 $(\bar{x},\bar{y})$ 点 PSNC 且 $\partial\varphi$ 在 $(\bar{w},\bar{q})$ 点 SNC, 或者 g 在 $(\bar{x},\bar{y})$ 点 SNC 且 $\partial\varphi^{-1}$ 在 $(\bar{q},\bar{w})$ 点 PSNC, 那么蕴涵关系

$$\big[(x^*,0)\in\partial\langle u,f\rangle(\bar{x},\bar{y})+D_N^*g(\bar{x},\bar{y})\circ\partial_N^2\varphi(\bar{w},\bar{q})(u)\big]\Longrightarrow x^*=u=0$$

对 S 在 $(\bar{x},\bar{y})$ 点附近的类 Lipschitz 性质是充分的. 如果再有 $\dim X<\infty$, 那么有确切界限估计

$$\begin{aligned}\mathrm{lip}S(\bar{x},\bar{y})\leqslant\sup\big\{\|x^*\|\;\big|\;&\exists u\in W^{**},\ \text{满足}\\ &(x^*,-y^*)\in\partial\langle u,f\rangle(\bar{x},\bar{y})+D_N^*g(\bar{x},\bar{y})\circ\partial_N^2\varphi(\bar{w},\bar{q})(u),\|y^*\|\leqslant 1\big\}.\end{aligned}$$

证明　对于 (i), 应用命题 4.53 中的上导数表示和定理 4.10, 并注意到 $\partial\varphi$ 在 $(\bar{w},\bar{q})$ 点的 SNC 性质蕴涵 S 在 $(\bar{x},\bar{y})$ 点的该性质, 这是因为

$$\mathrm{gph}S=\{(x,u)\in X\times Y\mid g(x,y)\in\mathrm{gph}(\partial\varphi\circ g)\}$$

且有定理 1.22 和定理 3.98. 利用定理 1.66 中的链式法则和 SNC 分析法则, 这个论断也可以从定理 4.56(i) 导出.

对于 (ii), 应用定理 4.54(a) 中的上导数包含关系和定理 4.10 中的基本刻画. 注意, 当 f 在 $(\bar{x},\bar{y})$ 点严格 Lipschitz 时, 如果 (ii) 中的蕴涵关系成立, 那么条件 (4.73) 式和 (4.74) 式中的 $D^*_M S(\bar{x},\bar{y})(0)=\{0\}$ 都满足 (比照推论 4.60 的证明). 剩下来只需看到, 如定理 4.54 的证明那样, 复合映射 $\partial\varphi\circ g$ 在所给假设下在 $(\bar{x},\bar{y},\bar{q})$ 点是 SNC 的. 从而 S 在 $(\bar{x},\bar{y})$ 点 SNC. 证毕. △

要指出的是, 如果 g 在 $(\bar{x},\bar{y})$ 点附近 Lipschitz 连续, 那么它在该点自动 PSNC; 如果 W 是有限维的, 那么 $\partial\varphi$ 为 SNC. 此时如果 g 在 $(\bar{x},\bar{y})$ 点度量正则, 那么有 (4.72) 式. 在 f 和 g 都在 $(\bar{x},\bar{y})$ 点严格可微时, 下面给出了定理 4.65(ii) 的一个有效推论. 简单起见, 这里只表述 $W=\mathbb{R}^m$ 的情形.

推论 4.66 (光滑假设下具有复合域的 GVI) 设 $(\bar{x},\bar{y})\in\operatorname{gph}S$, 这里 S 在 (4.67) 式中定义, X 和 Y 为 Asplund 空间, $g\colon X\times Y\to\mathbb{R}^m$, $f\colon X\times Y\to\mathbb{R}^m$ 在 $(\bar{x},\bar{y})$ 点严格可微. 假定 $\partial\varphi$ 的图在 $(\bar{w},\bar{q})$ 附近闭 (特别地, 这对连续函数和顺从函数成立), 并且

$$\begin{aligned}&\partial^2\varphi(\bar{w},\bar{q})(0)\cap\ker\nabla g(\bar{x},\bar{y})^*=\{0\},\\&\partial^2\varphi(\bar{w},\bar{q})(0)\subset\ker\nabla_x g(\bar{x},\bar{y})^*.\end{aligned}\tag{4.82}$$

再假设

$$\left[0\in\nabla_y f(\bar{x},\bar{y})^*u+\nabla_y g(\bar{x},\bar{y})^*\partial^2\varphi(\bar{w},\bar{q})(u)\right]\Longrightarrow u=0.\tag{4.83}$$

则 S 在 $(\bar{x},\bar{y})$ 附近类 Lipschitz. 如果还有 $\dim X<\infty$, 那么

$$\begin{aligned}\operatorname{lip}S(\bar{x},\bar{y})\leqslant\sup\Big\{\|x^*\|\ \Big|\ &\exists u\in\mathbb{R}^m, y^*\in\nabla_y g(\bar{x},\bar{y})^*\partial^2\varphi(\bar{w},\bar{q})(u),\ \text{满足}\\&x^*-\nabla_x f(\bar{x},\bar{y})^*u\in\nabla_x g(\bar{x},\bar{y})^*\partial^2\varphi(\bar{w},\bar{q})(u), \|\nabla_y f(\bar{x},\bar{y})^*u+y^*\|\leqslant 1\Big\}.\end{aligned}$$

证明 对 $W=\mathbb{R}^m$ 应用定理 4.65(ii), 并注意到 (4.72) 式在严格可微的假设下归结为 (4.82) 式中的第一个条件, 同时 (4.83) 式和 (4.82) 式中第二个条件显然蕴涵 (事实上是等价于) 定理 4.65(ii) 中的规范条件. △

在本小节的最后, 讨论所得结果在实际中的一个应用, 它是关于连续介质力学的. 这方面更多的细节、说明以及其他的应用, 请查阅文献 [939].

例 4.67 (一个具有非单调摩擦接触问题的 Lipschitz 稳定性) 下面的力学问题取材于 Haslinger, Miettinen 和 Panagiotopoulos 的书[551], 它可以描述如下:

设有一个被刚体支撑的弹性物体 Ω, 所受外力给出了扰动 x. 向量 y_t 和 y_n 分别表示接触边界 Γ_c 上离散化结点的切向和法向位移. 在很多情况下可以把“不可穿透性条件” $y_n\geqslant 0$ 替换成等式 $y_n=0$. 接着令 $y:=y_t\in\mathbb{R}^m$, 并用下面的半变分

不等式来描述这个力学问题, 它具有 (4.67) 式类型的复合域:

$$0 \in Ay + p(x) + \partial\varphi(By), \tag{4.84}$$

这里 m 是 Γ_c 上结点的个数, n 是外力 $x \in \mathbb{R}^n$ 的维数, A 是 $m \times m$ 正定“刚度”矩阵, $p: \mathbb{R}^n \to \mathbb{R}^m$ 是相关于外力的连续可微映射, 且 B 是一个 $m \times m$ 非奇异矩阵, 它由一个沿 Γ_c 边界积分的求积公式来定义. (4.84) 式中的函数 φ 由下面的形式给出:

$$\varphi(z) = \sum_{i=1}^{m} \varphi_i(z_i), \quad 其中\ z = (z_1, \cdots, z_m) \in \mathbb{R}^m, \tag{4.85}$$

对给定的参数 $z_0 > 0$, $k_1 > 0$ 和 $k_2 > 0$, 此处 $\varphi_i: \mathbb{R} \to \mathbb{R}$ 表示下面描述的“非单调摩擦定律”:

$$\varphi_i(z_i) := \begin{cases} (-k_1 + k_2 z_0)z_i + \dfrac{k_2}{2}(z_0)^2, & z_i < -z_0, \\ -k_1 z_i - \dfrac{k_2}{2}(z_i)^2, & z_i \in [-z_0, 0), \\ k_1 z_i - \dfrac{k_2}{2}(z_i)^2, & z_i \in [0, z_0), \\ (k_1 - k_2 z_0)z_i + \dfrac{k_2}{2}(z_0)^2, & z_i \geqslant z_0. \end{cases} \tag{4.86}$$

(4.85), (4.86) 式类型的函数 $\varphi: \mathbb{R}^m \to \overline{\mathbb{R}}$ 属于“可分分段”$\mathcal{C}^2$ 函数类. 这类函数的二阶导数 $\partial^2\varphi$ 在文献 [939] 中有有效的计算. 这里给出 (4.84), (4.86) 式情况的计算结果, 这样就能有效地验证定理 4.65 中关于半变分不等式 (4.84) 解映射 $S: \mathbb{R}^n \to \mathbb{R}^m$ Lipschitz 稳定性的条件. 给定一个点 $(\bar{x}, \bar{y}) \in \text{gph}S$, 将它关联于下述指标集合:

$$\begin{aligned}
I_1(\bar{x}, \bar{y}) &= \{i \in \{1, \cdots, m\} \mid (B\bar{y})_i < -z_0\}, \\
I_2(\bar{x}, \bar{y}) &= \{i \in \{1, \cdots, m\} \mid (B\bar{y})_i = -z_0\}, \\
I_3(\bar{x}, \bar{y}) &= \{i \in \{1, \cdots, m\} \mid (B\bar{y})_i \in (-z_0, 0)\}, \\
I_4(\bar{x}, \bar{y}) &= \{i \in \{1, \cdots, m\} \mid (B\bar{y})_i = 0, (-A\bar{y} - p(\bar{x}))_i = -k_1\}, \\
I_5(\bar{x}, \bar{y}) &= \{i \in \{1, \cdots, m\} \mid (B\bar{y})_i = 0, (-A\bar{y} - p(\bar{x}))_i \in (-k_1, k_1)\}, \\
I_6(\bar{x}, \bar{y}) &= \{i \in \{1, \cdots, m\} \mid (B\bar{y})_i = 0, (-A\bar{y} - p(\bar{x}))_i = k_1\}, \\
I_7(\bar{x}, \bar{y}) &= \{i \in \{1, \cdots, m\} \mid (B\bar{y})_i = (0, z_0)\}, \\
I_8(\bar{x}, \bar{y}) &= \{i \in \{1, \cdots, m\} \mid (B\bar{y})_i = z_0\}, \\
I_9(\bar{x}, \bar{y}) &= \{i \in \{1, \cdots, m\} \mid (B\bar{y})_i > z_0\}.
\end{aligned}$$

这些集合完整地描述了点 $(B\bar{y}, -A\bar{y}-p(\bar{x}))$ 在 $\partial\varphi$ 图上的位置, 它们的并集刚好是整个指标集 $\{1, \cdots, m\}$. 对上面的各个指标集, 计算对应 $\partial\varphi_i$ 的图在点 $((B\bar{y})_i, (-A\bar{y}-$

$p(\bar{x}))_i)$ 的基本法锥. 为简化记号, 用 $(B\bar{y}, -A\bar{y}-p(\bar{x}))$ 的分量所属指标集合的序数 (作为下标) 来标记各个法锥:

$$\begin{aligned}
&N_1 = N_9 = \{0\}\times\mathbb{R},\\
&N_2 = N_1 \cup \left\{(w,u)\in\mathbb{R}^2 \mid u = \frac{1}{k_2}w\right\} \cup \{(w,u)\in\mathbb{R}^2 \mid 0 \leqslant w \leqslant k_2 u\},\\
&N_3 = N_7 = \left\{(w,u)\in\mathbb{R}^2 \mid u = \frac{1}{k_2}w\right\},\\
&N_4 = N_3 \cup \{(w,u)\in\mathbb{R}^2 \mid u = 0\} \cup \{(w,u)\in\mathbb{R}^2 \mid w - k_2 u \geqslant 0, u \leqslant 0\},\\
&N_5 = \{(w,u)\in\mathbb{R}^2 \mid u = 0\},\\
&N_6 = N_3 \cup N_5 \cup \{(w,u)\in\mathbb{R}^2 \mid w - k_2 u \leqslant 0, u \geqslant 0\},\\
&N_8 = N_1 \cup N_3 \cup \{(w,u)\in\mathbb{R}^2 \mid k_2 u \leqslant w \leqslant 0\}.
\end{aligned}$$

对 (4.85) 式和 (4.86) 式定义的势函数 φ 所对应的半变分不等式 (4.84), 为建立其解映射 Lipschitz 稳定性容易验证的条件, 考虑下面的广义方程

$$0 \in A^* u + \Xi(\bar{x}, \bar{y}, u), \tag{4.87}$$

其中域 Ξ 定义为

$$\Xi(\bar{x},\bar{y},u) = \prod_{i=1}^{m} \Xi_i(\bar{x},\bar{y},u_i), \quad 此处\ \Xi_i(\bar{x},\bar{y},u_i) := \{w_i \in \mathbb{R} \mid (w_i, -u_i) \in N_j\},$$

这里锥 N_j 由上面的公式计算, j 是满足 $i \in I_j(\bar{x},\bar{y})$ 的 $\{1,\cdots,m\}$ 中的唯一指标. 根据定理 4.65 及其推论 4.66 中的具体表述, 如果伴随广义方程 (4.87) 只有平凡解, 那么 (4.84) 式的解映射在 $(\bar{x},\bar{y})$ 点类 Lipschitz. 进一步, 如果 Jacobi 矩阵 $\nabla p(\bar{x})$ 满秩, 那么该条件对此稳定性也是必要的.

最后, 考虑一个 (4.84) 类型的二维半变分不等式并对其解映射 Lipschitz 稳定性验证上面说的这个条件在 (4.84) 式中令 $n = m = 2$. $p(x) = x$, $A = \begin{bmatrix} 5 & 4 \\ 4 & 5 \end{bmatrix}$, $B = \begin{bmatrix} 1 & 0 \\ 0 & 1 \end{bmatrix}$, φ 由 (4.85) 式和 (4.86) 式给出, 其中 $k_1 = 1$, $k_2 = \frac{1}{2}$, $z_0 = 1$. 置参考点 $(\bar{x}_1, \bar{x}_2, \bar{y}_1, \bar{y}_2) = \left(3, \frac{13}{4}, 0, -\frac{1}{2}\right)$, 从上述公式得到 $I_3(\bar{x},\bar{y}) = \{2\}$, $I_4(\bar{x},\bar{y}) = \{1\}$, 并且所有其他指标集都是空集. (4.83) 式的伴随广义方程具有如下形式:

$$\begin{aligned}
&0 \in 5u_1 + 4u_2 + \{w_1 \in \mathbb{R} \mid (w_1, -u_1) \in N_4\},\\
&0 \in 4u_1 + 5u_2 + \{w_2 \in \mathbb{R} \mid u_2 = -2w_2\},
\end{aligned} \tag{4.88}$$

其中锥 N_4 的计算见上. 此时定理 4.65(i) 保证了, 在给定数据下, (4.84) 式的解映射在 $(\bar{x},\bar{y})$ 点类 Lipschitz 当且仅当伴随广义方程 (4.88) 仅有平凡解. 现在验证这

是成立的. 事实上, 从 (4.88) 式的第二个关系有 $u_2 = -\frac{8}{9}u_1$. 代入 (4.88) 式的第一个关系, 就有包含关系

$$0 \in \frac{13}{9}u_1 + \{w_1 \in \mathbb{R} \mid (w_1, -u_1) \in N_4\}.$$

根据上面 N_4 的表达式, 这仅当 $u_1 = 0$ 时成立. 从而也有 $u_2 = 0$, 这就证明了例子中所考虑的解映射的类 Lipschitz 性质.

4.4.3　正常扰动下的 Lipschitz 稳定性

在这节中, 考虑由所谓广义方程 (4.47) 的"正常扰动"引出的参数变分系统. 这样系统具有形式

$$\Sigma(x,q) := \{y \in Y \mid q \in f(x,y) + Q(x,y)\}, \tag{4.89}$$

其中 $f\colon X \times Y \to Z$ 和 $Q\colon X \times Y \rightrightarrows Z$ 为 Banach 空间之间的映射. 与 (4.50) 式的解映射 S 不同, 在 (4.89) 式有一对参数 $p := (x,q)$, 其中正常参数 q 对应于 (4.47) 式左边的扰动. 对解映射 (4.50) 显然有 $S(x) = \Sigma(x,0)$. 另外, (4.89) 式可被看成是 (4.50) 式对应于参数对 $p = (x,q)$ 的特殊情况. 因此由 4.4.2 小节的结果很容易就能导出正常扰动下变分系统 Lipschitz 稳定性的条件.

在这节中探讨正常扰动系统 (4.89) 式 Lipschitz 鲁棒稳定性研究中的另一种方法, 利用 (4.89) 式特殊的参数结构, 可得到更细致的结果. 和上节中发展的办法不同, 这个方法并不直接应用 4.4.1 小节定理 4.10 中由上导数公式导出的刻画, 而是首先对初始系统讨论一个"一阶逼近", 然后建立初始系统和近似系统 Lipschitz 稳定性的关系, 并对近似系统应用 4.4.2 小节中的结果, 从而得到正常扰动变分系统 Lipschitz 稳定性的刻画和充分条件. 而对 Σ 所得的充分条件显然保证了 (4.50) 式解映射的类 Lipschitz 性质. 即使在有限维空间中, 这一般也独立于 4.4.2 小节的结果.

下面首先给出一阶逼近的恰当定义, 它是经典线性化思想的自然推广.

定义 4.68 (强逼近)　令 $f\colon X \times Y \to Z$ 为 Banach 空间之间的映射. 如果 $h\colon Y \to Z$, $h(\bar{y}) = f(\bar{x},\bar{y})$, 且对任意 $\varepsilon > 0$, 存在 $\bar{x}$ 的邻域 U, $\bar{y}$ 的邻域 V 满足, 对任意 $x \in U$, $y_1, y_2 \in V$,

$$\|[f(x,y_1) - h(y_1)] - [f(x,y_2) - h(y_2)]\| \leqslant \varepsilon\|y_1 - y_2\|,$$

那么称映射 h 在 $(\bar{x},\bar{y})$ 点对变量 y"强逼近"f.

这个定义的意思是, 尽管 f 和 h 在任何意义下都可以是不可微的, 其差 $g(x,y) := f(x,y) - h(y)$ 在 $(\bar{x},\bar{y})$ 点对变量 y 在下述意义下严格可微:

$$\lim_{\substack{y,v \to \bar{y} \\ x \to \bar{x}}} \left[\frac{g(x,y) - g(x,v) - \nabla_y g(\bar{x},\bar{y})(y-v)}{\|y-v\|}\right] = 0 \tag{4.90}$$

且满足 $\nabla_y g(\bar{x},\bar{y})=0$. 特别地, 当 g 在 $(\bar{x},\bar{y})$ 点对 y Fréchet 可微且 $\nabla_y g$ 对 x 和 y 在该点连续时, (4.90) 式成立.

注意到, 对任何具有分离形式的映射 f,

$$f(x,y)=f_1(x)+f_2(y),$$

显然 f_2 给出 f 的一个相对于 y 的强逼近. 如果 f 本身在 $(\bar{x},\bar{y})$ 点对 y 是 (4.90) 式意义下严格可微的, 那么其有效的强逼近可以由"线性化"

$$h(y):=f(\bar{x},\bar{y})+\nabla_y f(\bar{x},\bar{y})(y-\bar{y}) \tag{4.91}$$

给出. 另外可以验证, 如果 $f(x,z)$ 在 $(\bar{x},\bar{z})$ 点对 z 严格可微, 那么复合映射 $p(x,y)=f(x,s(y))$ 允许一个在 $(\bar{x},\bar{y})$ 点对 y 的强逼近, 这里 $\bar{z}:=s(\bar{y})$, s 在 $\bar{y}$ 附近 Lipschitz 连续.

令 $h\colon Y\to Z$ 在 $(\bar{x},\bar{y})$ 点对 y 在定义 4.68 的意义下强逼近 f. 在有 (4.89) 式的同时, 考虑"近似系统"

$$\Xi(x,q):=\{y\in Y\mid q\in h(y)+Q(x,y)\}. \tag{4.92}$$

下面的引理指出, 类 Lipschitz 性质在这样的一阶逼近下是不变的. 这里回顾一下概念: 称 $f\colon X\times Y\to Z$ 在 $(\bar{x},\bar{y})$ 点附近对 x 局部 Lipschitz 且对 y 一致, 如果存在 $\bar{x}$ 的邻域 U, $\bar{y}$ 的邻域 V 和常数 $\ell\geqslant 0$, 满足, 对任意 $x_1,x_2\in U$ 和 $y\in V$ 有

$$\|f(x_1,y)-f(x_2,y)\|\leqslant \ell\|x_1-x_2\|.$$

引理 4.69 (强逼近下的类 Lipschitz 性质) 设 X, Y, Z 为 Banach 空间, Σ 和 Ξ 由 (4.89) 式和 (4.92) 式给出, 并令 $\bar{y}\in\Sigma(\bar{p})$, 其中 $\bar{p}:=(\bar{x},\bar{q})$. 假设 Σ 和 Ξ 在 $\bar{p}$ 附近的值是闭的, f 在 $(\bar{x},\bar{y})$ 附近对 x 局部 Lipschitz 且对 y 一致, h 在该点对 y 强逼近 f. 则下述等价:

(a) Ξ 在 $(\bar{p},\bar{y})$ 附近类 Lipschitz;

(b) Σ 在 $(\bar{p},\bar{y})$ 附近类 Lipschitz.

证明 这里用定理 1.57 和定理 4.25 中使用的 Lyusternik-Graves 递归过程来证明 (a)⇒(b). 由 Ξ 在 $(\bar{p},\bar{y})$ 点附近的类 Lipschitz 性质, 存在正常数 μ, ν, η, 满足

$$\Xi(\tilde{w})\cap \mathrm{B}_\nu(\bar{y})\subset\Xi(\hat{w})+\mu\|\tilde{w}-\hat{w}\|\mathbb{B}_Y,\quad \forall \tilde{w},\hat{w}\in \mathrm{B}_\eta(\bar{p}).$$

设 ε 来自定义 4.68, ℓ 为 f 对 y 的 Lipschitz 模. 取 $\alpha>0$ 和 $\beta>0$, 满足

$$\alpha<\min\{\nu,\eta/\varepsilon\},\quad \beta\leqslant\min\left\{\frac{\alpha(1-\varepsilon\mu)}{4\mu(1+\ell)},\frac{\eta-\varepsilon\alpha}{1+\ell}\right\},$$

且对所有 $\tilde{y},\hat{y}\in \mathrm{B}_\alpha(\bar{y})$ 和 $x\in \mathrm{B}_\beta(\bar{x})$, 有

$$\|f(x,\tilde{y})-h(\tilde{y})-f(x,\hat{y})+h(\hat{y})\|\leqslant\varepsilon\|\tilde{y}-\hat{y}\|.$$

固定 $\tilde{p},\hat{p}\in \mathrm{B}_\beta(\bar{p})$, 其中 $\tilde{p}=(\tilde{x},\tilde{q})$ 和 $\hat{p}=(\hat{x},\hat{q})$, 并令 $\tilde{y}\in\Sigma(\tilde{p})\cap \mathrm{B}_{\alpha/2}(\bar{y})$. 注意到对 $\tilde{w}:=(\tilde{x},\tilde{q}+h(\tilde{y})-f(\tilde{x},\tilde{y}))$, 有 $\tilde{y}\in\Xi(\tilde{w})\cap\mathrm{B}_{\alpha/2}(\bar{y})$. 根据上述构造和 β 的选取,

$$\|\tilde{w}-\bar{p}\|\leqslant\|\tilde{p}-\bar{p}\|+\varepsilon\|\tilde{y}-\bar{y}\|+\ell\|\tilde{x}-\bar{x}\|\leqslant\beta(1+\ell)+\varepsilon\alpha/2\leqslant\eta,$$

即 $\tilde{w}\in\mathrm{B}_\eta(\bar{p})$. 类似地, 对 $\hat{w}:=(\hat{x},\hat{q}+h(\hat{y})-f(\hat{x},\hat{y}))$, 有 $\hat{w}\in\mathrm{B}_\eta(\bar{p})$. 现在记 $y_1:=\tilde{y}$ 并根据 Σ 的类 Lipschitz 性质找到 y_2, 满足 $\hat{q}+h(\tilde{y})-f(\hat{x},y_1)\in h(y_2)+Q(\hat{x},y_2)$ 和

$$\|y_2-y_1\|\leqslant\mu\|\tilde{w}-\hat{w}\|\leqslant\mu(\ell+1)\|\tilde{p}-\hat{p}\|.$$

用归纳法, 假设已有 $y_2,\cdots,y_{n-1}$ 满足下述性质

$$\begin{aligned}&\hat{q}+h(y_{i-1})-f(\hat{x},y_{i-1})\in h(y_i)+Q(\hat{x},y_i),\\&\|y_i-y_{i-1}\|\leqslant\mu(\ell+1)\|\tilde{p}-\hat{p}\|(\mu\varepsilon)^{i-2},\end{aligned}$$

其中 $i=2,\cdots,n-1$. 根据上面 β 的选取,

$$\begin{aligned}\|y_i-\bar{y}\|\leqslant&\|y_1-\bar{y}\|+\sum_{j=2}^{i}\|y_j-y_{j-1}\|\leqslant\frac{\alpha}{2}+\mu(\ell+1)\|\tilde{p}-\hat{p}\|\sum_{j=2}^{i}(\mu\varepsilon)^{j-2}\\&\leqslant\frac{\alpha}{2}+\frac{\mu(\ell+1)}{1-\mu\varepsilon}\|\tilde{p}-\hat{p}\|\leqslant\frac{\alpha}{2}+\frac{2\mu\beta(\ell+1)}{1-\mu\varepsilon}\leqslant\alpha.\end{aligned}$$

类似于归纳的第一步, 利用 Σ 的类 Lipschitz 性质找到一个点 $y_n\in\mathrm{B}_\alpha(\bar{y})$, 满足

$$\begin{aligned}&\hat{q}+h(y_{n-1})-f(\hat{x},y_{n-1})\in h(y_n)+Q(\hat{x},y_n),\\&\|y_n-y_{n-1}\|\leqslant\mu(\|\tilde{q}-\hat{q}\|+\ell\|\tilde{x}-\hat{x}\|)(\mu\varepsilon)^{n-2}.\end{aligned}$$

从而 $\|y_n-y_{n-1}\|\to0(n\to\infty)$, 并且进一步有 $\{y_n\}$ 是一个收敛到 $\hat{y}^0\in\mathbb{B}_\alpha(\bar{y})$ 的 Cauchy 序列. 下面证明 $\hat{y}^0\in\Sigma(\hat{p})$, 并对上面选取的 $\hat{p}$ 得到 $\|\tilde{y}-\hat{y}^0\|$ 的估计, 从而证明 Σ 在 $(\bar{p},\bar{y})$ 附近的类 Lipschitz 性质.

令 $\hat{w}^0:=(\hat{x},\hat{q}+h(\hat{y}^0)-f(\hat{x},\hat{y}^0))$, 易得

$$\|\hat{w}^0-\bar{p}\|\leqslant(1+\ell)\beta+\varepsilon\alpha\leqslant\eta.$$

根据 y_n 的构造和 Ξ 在 $(\bar{p},\bar{y})$ 附近的类 Lipschitz 性质, 则

$$\mathrm{dist}(y_n;\Xi(\hat{w}^0))\leqslant\mu\varepsilon\|y_{n-1}-\hat{y}^0\|\to0\quad(n\to\infty).$$

因为 Ξ 的值是闭的, 这给出 $\hat{y}^0\in\Xi(\hat{w}^0)$. 从而 $\hat{y}^0\in\Sigma(\hat{p})$, 并且

$$\|y_n-\tilde{y}\|\leqslant\sum_{i=2}^{n}\|y_i-y_{i-1}\|\leqslant\mu(\ell+1)\|\tilde{p}-\hat{p}\|\sum_{i=2}^{n}(\mu\varepsilon)^{i-2}\leqslant\frac{\mu(\ell+1)}{1-\mu\varepsilon}\|\tilde{p}-\hat{p}\|.$$

因此, 对 $n \to \infty$ 取极限, 就有需要的估计

$$\|\hat{y}^0 - \tilde{y}\| \leqslant \frac{\mu(\ell+1)}{1-\mu\varepsilon}\|\tilde{p} - \hat{p}\|.$$

这就完成了 (a)⇒(b) 的证明.

对反向蕴涵关系 (b)⇒(a), 记 $G(x,y) := f(x,y) + Q(x,y)$, 并注意到 $\Sigma(x,q) = \{y \in Y \mid q \in G(x,y)\}$ 和

$$\Xi(x,q) = \{y \in Y \mid q \in h(y) - f(x,y) + G(x,y)\}.$$

因为 $g(y) := 0$ 对 y 强逼近 $h-f$, 根据上面证明的 (a)⇒ (b), 即可从 Σ 的类 Lipschitz 性质得到 Ξ 的相应性质. △

由所得到的 Σ 和 Ξ 类 Lipschitz 性质的关系, 利用 4.4.2 小节的结果, 就可以通过 (更简单的) 近似系统 (4.92) 来建立解映射 (4.89) Lipschitz 稳定性一些有效上导数条件. 下面先给出定理 4.56 在正常扰动情形的一个版本, 此处的必要和充分条件都有了改进.

定理 4.70 (正常扰动系统 Lipschitz 稳定性的刻画) 设 $\bar{y} \in \Sigma(\bar{x},\bar{q})$, $\Sigma\colon X \times Z \rightrightarrows Y$ 来自 (4.89) 式, X, Y, Z 为 Asplund 空间. 假定 $f\colon X \times Y \to Z$ 在 $(\bar{x},\bar{y})$ 点对 y 严格可微且在该点对 x 局部 Lipschitz, 对 y 一致, $Q\colon X \times Y \rightrightarrows Z$ 的图是闭的且在 $(\bar{x},\bar{y},\bar{s})$ 点 SNC, 其中 $\bar{s} := \bar{q} - f(\bar{x},\bar{y})$. 则下述成立:

(i) 设 $Q = Q(y)$, 则如果部分伴随广义方程 (4.56) 在 $\bar{z} = \bar{s}$ 时只有平凡解, 就有 Σ 在 $(\bar{x},\bar{q},\bar{y})$ 附近类 Lipschitz. 这个条件在 $\dim Y < \infty$ 或 Q 在 $(\bar{y},\bar{s})$ 点 N-正则时对 Σ 的类 Lipschitz 性质也是必要的.

(ii) 设 $Q = Q(x,y)$ 在 $(\bar{x},\bar{y},\bar{s})$ 点 N-正则, 则条件

$$(x^*, -\nabla_y f(\bar{x},\bar{y})^* z^*) \in D^*Q(\bar{x},\bar{y},\bar{s})(z^*) \Longrightarrow x^* = z^* = 0 \tag{4.93}$$

对 Σ 在 $(\bar{x},\bar{q},\bar{y})$ 附近的类 Lipschitz 性质是充分必要的.

证明 如前所述, 如果 f 在 $(\bar{x},\bar{y})$ 点对 y 严格可微, 则其 (4.91) 式中定义的线性化 $h(y)$ 在 $(\bar{x},\bar{y})$ 点对 y 强逼近 f. 注意到 $\nabla h(\bar{y}) = \nabla_y f(\bar{x},\bar{y})$, 从引理 4.69 得到, Σ 在 $(\bar{x},\bar{q})$ 附近的类 Lipschitz 性质等价于 (4.92) 式 Ξ 的这个性质, 其中 h 来自 (4.91) 式. 应用定理 4.56 于 $\Xi\colon P \rightrightarrows Y$, 这里 $p = (x,q) \in P := X \times Z$ 且 Ξ 可以写成标准形式

$$\Xi(p) = \{y \in Y \mid 0 \in \tilde{h}(p,y) + \tilde{Q}(p,y)\}, \tag{4.94}$$

其中 $\tilde{h}(p,y) := h(y) - q$, $\tilde{Q}(p,y) := Q(x,y)$. 显然 $\tilde{h}$ 在 $(\bar{p},\bar{y})$ 的严格导数是满射, 且

$$\nabla\tilde{h}(\bar{p},\bar{y})^* z^* = (0, -z^*, \nabla_y f(\bar{x},\bar{y})^* z^*), \quad \forall z^* \in Z^*.$$

如果 $Q = Q(y)$, 对 (4.94) 式应用定理 4.56(i) 可得, 若 Y 是有限维的, 则部分伴随广义方程 (4.56) 解的平凡性对 Ξ (从而 Σ) 在 $(\bar{p}, \bar{y})$ 点附近的类 Lipschitz 性质是充分必要的. 在正则性假设下, (i) 剩下的部分立刻可以从论断 (ii) 在 Q 不依赖于 x 的情况得出.

对 (4.94) 式应用定理 4.56(ii), 则可证明 (ii) 在一般情形 $Q = Q(x, y)$ 时成立. 事实上, 易验证, 此时 (4.94) 式的伴随广义方程 (4.51) 仅有平凡解. 进一步, 判据 (4.75) 应用于 $\tilde{h}$ 与 $\tilde{Q}$ 时显然归结为 (4.93) 式. △

可以看到, 如果 f 在 $(\bar{x}, \bar{y})$ 点对两个变量 x 和 y 严格可微, 那么定理 4.70 可直接由定理 4.56 在正常参数的情形导出. 相比之下, 强逼近能够研究 f 仅对 y 严格可微的情形. 另外, 定理 4.56 适用范围更广, 而不局限于正常扰动的情形. 类似于推论 4.57, 当 (4.89) 式中的 Q 具有凸图时, 可以得到定理 4.70 有用的特例.

下面对具有非光滑和非正则数据的正常扰动变分系统 (4.89) 得到其 Lipschitz 稳定性的充分条件. 在本小节余下的部分, D^*F 表示 $F = F(x, y)$ 的基本上导数, D_y^*F 则为 F 对应于 y 的"偏"基本上导数.

定理 4.71 (正常扰动下非正则系统的 Lipschitz 稳定性)　令 $\bar{y} \in \Sigma(\bar{x}, \bar{q})$, Σ 来自 (4.89) 式, $\bar{s} = \bar{q} - f(\bar{x}, \bar{y})$. 设 X, Y, Z 为 Asplund 空间, f 在 $(\bar{x}, \bar{y})$ 点对 y 具有强近似, 并且下述成立:

(a) f 在 $(\bar{x}, \bar{y})$ 连续, 在 $(\bar{x}, \bar{y})$ 附近对 x 局部 Lipschitz 且对 y 一致, 并且 $f(\bar{x}, \cdot)$ 在 $\bar{y}$ 点 PSNC (当 $f(\bar{x}, \cdot)$ 在 $\bar{y}$ 附近 Lipschitz 连续时, 这是自动成立的);

(b) Q 在 $(\bar{x}, \bar{y}, \bar{s})$ 附近具有闭图且在该点 SNC.

则如果条件

$$\left[y^* \in D_y^* f(\bar{x}, \bar{y})(z^*), (x^*, -y^*) \in D^*Q(\bar{x}, \bar{y}, \bar{s})(z^*)\right] \Longrightarrow x^* = y^* = z^* = 0$$

成立, 就有 Σ 在 $(\bar{x}, \bar{q}, \bar{y})$ 附近类 Lipschitz. 如果 $f(\bar{x}, \cdot)$ 在 $\bar{y}$ 严格 Lipschitz, 那么该条件等价于

$$[y^* \in \partial_y \langle z^*, f\rangle(\bar{x}, \bar{y}), (x^*, -y^*) \in D^*Q(\bar{x}, \bar{y}, \bar{s})(z^*)] \Longrightarrow x^* = z^* = 0.$$

证明　根据引理 4.69, 可以等价地考虑 (4.94) 式中定义的解映射 Ξ 的类 Lipschitz 性质, 其中 $h\colon Y \to Z$ 在 $(\bar{x}, \bar{y})$ 点对 y 强逼近 f. 应用定理 4.59 于 (4.94) 式, 需要验证所给假设蕴涵 (事实上是等价于) 定理 4.59 对 (4.94) 式情形的假设. 因为 h 强逼近 f, 映射 $g(y) := f(\bar{x}, y) - h(y)$ 在 $\bar{y}$ 严格可微且 $\nabla g(\bar{y}) = 0$. 由定理 1.62(ii) 和定理 1.70, 有

$$D^*h(\bar{y})(z^*) = D_y^*f(\bar{x}, \bar{y})(z^*), \quad \forall z^* \in Z^*,$$

并且, h 在 $\bar{y}$ 点 PSNC 当且仅当 $f(\bar{x}, \cdot)$ 在该点 PSNC. 进一步, 根据 (4.94) 式中 $\tilde{h}$ 和 $\tilde{Q}$ 的构造, 定理 4.59 中的规范条件同时成立当且仅当定理中的一般规范条件成

立. 当 $f(\bar{x},\cdot)$ 在 $\bar{y}$ 严格 Lipschitz 时, 根据定理 3.28 中的标量化公式, 后者等价于定理中的第二个规范条件. 这就证明了 Σ 在 $(\bar{x},\bar{q},\bar{y})$ 附近的类 Lipschitz 性质, 从而完成了定理的证明. △

下面给出定理 4.71 的一些推论. 第一个推论涉及 (4.89) 式中域不依赖于参数的情形.

推论 4.72 (域不依赖于参数的正常扰动) 在定理 4.71 的假设下令 $Q=Q(y)$, 则如果

$$\left[0\in D_y^*f(\bar{x},\bar{y})(z^*)+D^*Q(\bar{y},\bar{s})(z^*)\right]\Longrightarrow z^*=0$$

和

$$D_y^*f(\bar{x},\bar{y})(0)\cap(-D^*Q(\bar{y},\bar{s})(0))=\{0\}$$

成立, 就有 Σ 在 $(\bar{x},\bar{q},\bar{y})$ 附近类 Lipschitz. 当 $f(\bar{x},\cdot)$ 在 $\bar{y}$ 严格 Lipschitz, 或者 Q 在 $(\bar{y},\bar{s})$ 附近类 Lipschitz 且于该点上导数正规时, 上面第二个条件自动成立.

证明 容易看到, 当 $Q=Q(y)$, 定理 4.71 的规范条件等价于推论中的两个条件同时成立. 最后面的论断来源于上导数标量化以及定理 1.44 中类 Lipschitz 映射的必要条件 $D_M^*Q(\bar{y},\bar{s})(0)=\{0\}$. △

对具有光滑基的正常扰动广义方程, 下面的推论给出了其解映射 Lipschitz 稳定性的充分条件. 这和定理 4.70(ii) 具有一样的形式, 但不必假定 Q 的正则性.

推论 4.73 (具有光滑基广义方程的正常扰动) 在定理 4.70 假定的基础上, 设规范条件 (4.93) 式成立. 则 Σ 在 $(\bar{x},\bar{q},\bar{y})$ 附近类 Lipschitz.

证明 应用定理 4.71 并注意到, 若映射 f 相对于 y 是光滑的, 则总有 (4.93) 形式的强逼近. △

当 $Q=Q(y)$ 时, 条件 (4.93) 归结为部分伴随广义方程 (4.56) 在 $\bar{z}=\bar{s}$ 情形解的平凡性, 其对 Σ 类 Lipschitz 性质的充分性已在定理 4.70(i) 中建立. 另外, 因为 $S(x)=\Sigma(x,0)$, 若光滑的 f 仅对 y 严格可微 (不是对 (x,y)), 则推论 4.73 无保留地改进了 (4.50) 式中标准解映射类 Lipschitz 性质的充分条件. 一般来说, 定理 4.59 和定理 4.71 中得到的关于 S 的 Lipschitz 稳定性的充分条件是"独立"的. 事实上, 考虑到推论 3.44, 可以验证定理 4.71 中的第二个规范条件总是蕴涵 (4.79) 式. 但是, 定理 4.59 及其推论并不像定理 4.71 中那样要求 f 具有强逼近. 而定理 4.71 要求 f 对 x 的 Lipschitz 连续性, 这在定理 4.59 中是不需要的.

对正常扰动"广义变分不等式 (GVI)"的解映射, 下面给出上面的结果在其 Lipschitz 稳定性上的一些应用. 这样的系统具有"复合势":

$$\Sigma(x,q):=\{y\in Y\mid q\in f(x,y)+\partial(\varphi\circ g)(x,y)\},\tag{4.95}$$

其中 $g\colon X\times Y\to W$, $\varphi\colon W\to\overline{\mathbb{R}}$ 和 $f\colon X\times Y\to X^*\times Y^*$. 映射 (4.95) 是 (4.89) 式中次微分域由 $Q=\partial(\varphi\circ g)$ 给出的特殊情况. 因此可以由二阶次微分分析法则 (比

照 4.4.2 小节), 从 (4.89) 式的对应条件导出 (4.95) 类 Lipschitz 性质的有效条件. 下面的推论给出了这个方向的一些结果. 简单起见, 在其中的论断 (ii) 中只考虑了强顺从函数的情形.

推论 4.74 (具有复合势 GVI 的正常扰动)　对 (4.95) 式中定义的 Σ, 令 $\bar{y} \in \Sigma(\bar{x}, \bar{q})$, 其中 $Y = \mathbb{R}^m$, X 和 W 为 Asplund 空间, g 在 $(\bar{x}, \bar{y})$ 附近为 $\mathcal{C}^2$ 函数. 则下述对 $\bar{s} := \bar{q} - f(\bar{x}, \bar{y})$ 和 $\bar{w} := g(\bar{x}, \bar{y})$ 成立:

(i) 假设 $g = g(y)$ 并具有满射导数 $\nabla g(\bar{y})$, f 对 y 在 $(\bar{x}, \bar{y})$ 点严格可微, 并在该点对 x 局部 Lipschitz, 对 y 一致. 取 $\bar{v} \in W^*$ 为满足关系

$$\bar{s} = \nabla g(\bar{y})^* \bar{v}, \quad \bar{v} \in \partial \varphi(\bar{w})$$

的唯一泛函, 则 Σ 在 $(\bar{x}, \bar{q}, \bar{y})$ 附近类 Lipschitz 当且仅当 $u = 0 \in \mathbb{R}^m$ 是满足

$$0 \in \nabla_y f(\bar{x}, \bar{y})^* u + \nabla^2 \langle \bar{v}, g \rangle (\bar{y}) u + \nabla g(\bar{y})^* \partial^2 \varphi(\bar{w}, \bar{v})(\nabla g(\bar{y}) u)$$

的唯一向量, 其中 $\partial^2 \varphi$ 表示基本二阶次微分.

(ii) 假设 X 和 Y 为有限维空间, f 在 $(\bar{x}, \bar{y})$ 附近 Lipschitz 连续且在该点对 y 具有强逼近, 势函数 $\psi := \varphi \circ g$ 在 $(\bar{x}, \bar{y})$ 点强顺从. 记

$$M(\bar{x}, \bar{y}) := \{\bar{v} \in W^* \mid \bar{v} \in \partial \varphi(\bar{w}), \nabla g(\bar{x}, \bar{y})^* \bar{v} = \bar{s}\},$$

并假定规范条件

$$\begin{aligned}
&\partial^2 \varphi(\bar{w}, \bar{v})(0) \cap \ker \nabla g(\bar{x}, \bar{y})^* = \{0\}, \quad \forall \bar{v} \in M(\bar{x}, \bar{y}), \\
&\Big[y^* \in \partial_y \langle u, f \rangle (\bar{x}, \bar{y}), (x^*, -y^*) \in \bigcup_{\bar{v} \in M(\bar{x}, \bar{y})} [\nabla^2 \langle \bar{v}, g \rangle (\bar{x}, \bar{y})(u) \\
&+ \nabla g(\bar{x}, \bar{y})^* \partial^2 \varphi(\bar{w}, \bar{v})(\nabla g(\bar{x}, \bar{y}) u)]\Big] \\
\Longrightarrow\ & x^* = u = 0,
\end{aligned}$$

其中后者在 $g = g(y)$ 时归结为

$$\Big[0 \in \partial_y \langle u, f \rangle (\bar{x}, \bar{y}) + \bigcup_{\bar{v} \in M(\bar{x}, \bar{y})} [\nabla^2 \langle \bar{v}, g \rangle (\bar{y})(u) + \nabla g(\bar{y})^* \partial^2 \varphi(\bar{w}, \bar{v})(\nabla g(\bar{y}) u)]\Big]$$
$$\Longrightarrow u = 0.$$

则 Σ 在 $(\bar{x}, \bar{q}, \bar{y})$ 附近类 Lipschitz.

证明　对(i), 先应用定理 4.70(i), 然后用定理 1.127 中的二阶链式法则. 根据推论 3.76 强顺从函数的二阶链式法则, 论断(ii)可由定理 4.71 和推论 4.72 导出. △

最后这个推论涉及具有复合域的正常扰动广义变分不等式, 这里所说的复合域为

$$\Sigma(x, q) := \{y \in Y \mid 0 \in f(x, y) + (\partial \varphi \circ g)(x, y)\}, \tag{4.96}$$

其中 $g\colon X \times Y \to W$, $\varphi\colon W \to \overline{\mathbb{R}}$ 和 $f\colon X \times Y \to W^*$.

推论 4.75 (具有复合域 GVI 的正常扰动) 对 (4.96) 式给出的 Σ, 令 $\bar{y} \in \Sigma(\bar{x}, \bar{q})$, $\bar{s} := \bar{q} - f(\bar{x}, \bar{y})$, $\bar{w} := g(\bar{x}, \bar{y})$, 其中 X, Y, W 为 Asplund 空间, 一阶次微分映射 $\partial\varphi$ 在 $(\bar{w}, \bar{s})$ 点 SNC. 用 $\partial^2\varphi$ 记 φ 的基本二阶次微分, 则下述成立:

(i) 假设 $g = g(y)$ 在 $\bar{y}$ 点严格可微且其导数 $\nabla g(\bar{y})$ 为满射, f 在 $(\bar{x}, \bar{y})$ 点对 y 严格可微, 且在该点对 x 局部 Lipschitz, 对 y 一致. 则如果 $\dim Y < \infty$, 条件

$$\left[0 \in \nabla_y f(\bar{x}, \bar{y})^* u + \nabla g(\bar{y})^* \partial^2\varphi(\bar{w}, \bar{s})(u)\right] \Longrightarrow u = 0$$

对 Σ 在 $(\bar{x}, \bar{z})$ 附近的类 Lipschitz 性质是充分必要的.

(ii) 假设 W^* 为 Asplund 空间, g 在 $(\bar{x}, \bar{y})$ 点附近连续且在该点 PSNC, $\partial\varphi$ 的图在 $(\bar{w}, \bar{s})$ 点附近范数闭, f 在 $(\bar{x}, \bar{y})$ 附近严格 Lipschitz 且在该点对 y 有强逼近. 再假设下述规范条件成立

$$\partial^2\varphi(\bar{w}, \bar{s})(0) \cap \ker D^*g(\bar{x}, \bar{y}) = \{0\},$$
$$\left[y^* \in \partial_y\langle u, f\rangle(\bar{x}, \bar{y}), (x^*, -y^*) \in D^*g(\bar{x}, \bar{y}) \circ \partial^2\varphi(\bar{w}, \bar{s})(u)\right] \Longrightarrow x^* = u = 0,$$

其中后者在 $g = g(y)$ 时归结为

$$\left[0 \in \partial_y\langle u, f\rangle(\bar{x}, \bar{y}) + D^*g(\bar{x}, \bar{y}) \circ \partial^2\varphi(\bar{w}, \bar{s})(u)\right] \Longrightarrow u = 0.$$

则 Σ 在 $(\bar{x}, \bar{q}, \bar{y})$ 附近类 Lipschitz.

证明 对 (i), 先应用定理 4.70(i), 然后对复合映射 $\partial\varphi \circ g$ 应用定理 1.66 的链式法则和定理 1.74 的 SNC 分析法则. 把定理 3.13(ii) 的上导数链式法则和定理 3.98 的 SNC 分析法则应用到复合映射 $\partial\varphi \circ g$ 上, 则论断 (ii) 可由定理 4.71 和推论 4.72 导出. △

容易看到, 如果 f 在 $(\bar{x}, \bar{y})$ 点对 y 严格可微, g 在该点对两个变量是严格可微的, 那么推论 4.75(ii) 的最后一个规范条件“等价”于

$$\left[0 \in \nabla_y f(\bar{x}, \bar{y})^* u + \nabla_y g(\bar{x}, \bar{y})^* \partial^2\varphi(\bar{w}, \bar{s})(u)\right] \Longrightarrow u = 0$$

和 $\partial^2\varphi(\bar{w}, \bar{s})(0) \subset \ker \nabla_x g(\bar{x}, \bar{y})^*$.

注 4.76 (Robinson 强正则性) 参数广义方程解映射在参考点的“单值和 Lipschitz 连续”性质与 Robinson 的“强正则性”有关. 这个性质事实上是 Robinson 对广义方程线性化的解映射定义的, 并证明了其蕴涵初始系统的相同性质 (参见文献 [1131]). 在原来的广义方程 (4.47) 具有“单调”域 $Q = Q(y)$ 的情形, 上面给出的结果得到 Robinson 强正则性的充分和充要条件, 这特别包括了次微分算子 $Q = \partial\varphi$

在 φ 为正常凸函数的情形 (比如, 经典的变分不等式和互补问题). 这涉及这样一个众所周知的事实:"当一个单调映射是下/内半连续时, 它必为单值连续的". 因此上面变分系统解映射的类 Lipschitz 性质的条件事实上保证了单调假设下的强正则性. 解映射的这种单调性可由 Q 的单调性和 f 在定义 4.68 意义下强逼近的对应单调性导出 (请比照文献 [912, 第七节]), 那里有更多的讨论和有限维空间中相同方法得到的广义方程强正则性的上导数条件. 注意在基 f 对 y"严格可微"情形, 强逼近的"单调性"对应于 $\nabla_y f(\bar{x},\bar{y})$ 的半正定性.

如果 $Q=\delta(y;\Omega)$ 是一个凸多面体 $\Omega\subset\mathbb{R}^n$ 的指标函数, 并且 f 对 y 是光滑的, 正常扰动变分不等式强正则性的有效刻画由 Dontchev 和 Rockafellar[364] 给出, 此时不必假定 $\nabla_y f(\bar{x},\bar{y})$ 的半正定性. 他们的主要结果建立了原来广义方程强正则性和其线性化的解映射类 Lipschitz 性质之等价关系, 其中导出了一个可验证的"临界面"条件, 它是基于定理 4.70(i) 中的上导数判据的. 在那个框架下, 他们得到了一些问题强正则性的新刻画. 这些问题包括非线性互补问题与非线性规划标准问题 Karush-Kuhn-Tucker 条件相关的变分不等式, 其中的规划问题具有二阶可微数据且置于正常扰动之下.

注 4.77 (参数优化中解映射的 Lipschitz 稳定性)　上面的上导数分析对下面形式"参数化极小问题"解映射的 Lipschitz 稳定性研究是有用的:

$$\min\ \varphi_0(x,y)+\varphi(x,y), \tag{4.97}$$

其中 φ_0 是依赖于参数 x 和决策变量 y 的"价值函数", $\varphi(x,y)$ 是一个 l.s.c. 增广实值约束函数, 它纳入了所考虑问题的依赖于参数的约束. 模型 (4.97) 特别地覆盖了非线性规划的参数化了的问题, 其焦点在于驻点多值函数和驻点乘子多值函数的灵敏性分析, 这些函数涉及与一阶必要最优条件相关的 Karush-Kuhn-Tucker(KKT) 向量. 在价值函数 φ_0 为定义于 $\mathbb{R}^n\times\mathbb{R}^m$ 的 $\mathcal{C}^2$ 函数时, 这样的分析见 Levy 和 Mordukhovich 的文章[769]. 优化问题 (4.97) 的驻点多值函数是作为"不依赖参数广义方程"的解映射给出的,

$$S(x):=\{y\in\mathbb{R}^m\mid 0\in\nabla\varphi_0(x,y)+\partial_y\varphi(x,y)\}, \tag{4.98}$$

这里 $\partial_y\varphi(x,y)$ 表示约束函数对应于决策变量的基本偏次导数集合. 4.4 节的结果能计算/估计驻点多值函数 (4.98) 的上导数, 并且导出 (4.98) 式在参考点 $(\bar{x},\bar{y})\in\mathrm{gph}S$ 附近类 Lipschitz 性质的条件, 这里要使用约束函数 φ 在 $(\bar{x},\bar{y},\bar{z})$ 点 (其中 $\bar{z}:=-\nabla\varphi_0(\bar{x},\bar{y})$) 的偏二阶次微分

$$\partial_y^2\varphi(\bar{x},\bar{y},\bar{z}):=D^*(\partial_y\varphi)(\bar{x},\bar{y},\bar{z}).$$

考虑到 (4.97) 式和 (4.98) 式的特殊性质, 进一步的分析可以导致 (4.98) 式 Lipschitz 稳定性的改进条件, 它由"全"二阶次微分 $\partial^2\varphi(\bar{x},\bar{y},\bar{z})$ 给出, 而这样的次微分具有在 1.3.5 小节和 3.2.5 小节中建立的丰富分析法则. 基于二阶链式法则, 对一些问题可以得到更有效的结果. 这些问题的约束函数 $\varphi(x,y)$ 对 y 是强顺从的, 且具有相对于 x 的相容参数化, 特别是正常扰动的情形. 对涉及 KKT 向量以及相关于 (4.97) 式驻点的驻点乘子函数, 类似的条件也成立. 请读者参阅 Dutta 和 Dempe 近期的文章[377], 那里有这个方法的更多拓展及其在双层规划中的应用.

注 4.78 (度量正则性的上导数分析) 4.3 节和 4.4 节把主要注意力放在了 4.2 节中点基刻画在参数约束和变分系统 Lipschitz 稳定性上的应用. 根据众所周知的映射度量正则性和其逆映射的类 Lipschitz 性质的等价性, 这些结果可以用来研究这些系统的度量正则性.

另一方面, 利用定理 4.18 中的刻画和应用计算 (估计) 对应解映射"逆混合上导数"的改进公式, 由此可以得出约束和变分系统度量正则性的有效上导数条件 (参见文献 [503]). 特别地, 对 Banach 空间中的约束系统

$$F(x) := \{y \in Y \mid g(x,y) \in \Theta\},$$

有表示

$$\tilde{D}^*_M F(\bar{x},\bar{y})(y^*) = \{x^* \in X^* \mid (x^*,-y^*) \in \nabla g(\bar{x},\bar{y})^* N(\bar{z};\Theta)\},$$

其中 $\bar{z} := g(\bar{x},\bar{y})$, 这里 g 在 $(\bar{x},\bar{y})$ 点严格可微且导数是满射, Θ 在 $\bar{z}$ 是可靠的, 也就是说, 该点的基本法锥等同于 $z^* \in \hat{N}_{\varepsilon_k}(z_k;\Theta)$ 在 $\varepsilon_k \downarrow 0$ 和 $z_k \to \bar{z}$ 时沿范数的序列极限集合. 这个可靠性质显然涵盖了有限维空间的任意子集及任意在 $\bar{z}$ 点正则的集合. 上述表示立即给出推论 4.35 中经典约束系统逆混合上导数的表示 (4.35); 反过来, 它给出了对应的度量正则性的有效条件 (Mangasarian-Fromovitz 类型). 关于如下类型的参数变分系统解映射

$$S(x) := \{y \in Y \mid 0 \in f(x,y) + Q(y)\},$$

在定理 4.44(i) 的假设下有

$$\begin{aligned}\tilde{D}^*_M S(\bar{x},\bar{y})(y^*) =& \{x^* \in X^* \mid \exists z^* \in Z^*,\ \text{满足}\ x^* = \nabla_x f(\bar{x},\bar{y})^* z^*,\\ & -y^* \in \nabla_y f(\bar{x},\bar{y})^* z^* + D^*_M Q(\bar{y},\bar{z})(z^*)\}.\end{aligned}$$

进一步,

$$\ker \tilde{D}^*_M S(\bar{x},\bar{y}) = -D^*_M Q(\bar{y},\bar{z})(0).$$

根据定理 1.127 中混合二阶次微分的等式链式法则, 上式蕴涵对应 $\tilde{D}^*_M S(\bar{x},\bar{y})$ 的表示及其复合次微分系统

$$S(x) = \{y \in Y \mid 0 \in f(x,y) + \partial(\varphi \circ g)(y)\}$$

的核, 这里假设对应的度量正则条件.

4.5 第 4 章评注

4.5.1 度量正则和相关性质的变分方法

度量正则性、线性开性 (覆盖) 和集值与单值映射的 Lipschitz 鲁棒性质在非线性分析及其应用, 特别是最优化及其相关问题中是“最基本”的概念. 在第 1 章及其对应的注解里已引入了这些概念以及相近的性质, 并讨论了其历史和相互关系. 在 1.2 节建立了这些性质在一般 Banach 空间中成立的“必要上导数条件”. 这个上导数条件具体到单值函数“严格可微”的情形则变成经典的 Lyusternik-Graves 正则性假设. 众所周知, 该正则性是度量正则性、映射覆盖和其逆映射 (一般是集值的) 的类 Lipschitz 性这些等价性质的“完整判据”.

这一章的主要目的就是阐明上面的上导数条件在 Asplund 空间框架下对前面提到的性质是“充分必要的”. 而且, 这还诱导出计算 Lipschitz 性质、度量正则性和覆盖的模“确切界限”的“精确公式”. 得益于第 3 章中建立的上导数分析及其相关法则, 这些结果可建立起参数约束和变分系统的有效“灵敏性分析”.

对这些充分条件的推导, 本章中采用的方法“截然不同”于第 1 章中用的 Lyusternik-Graves 递归过程 (对该过程的注解和进一步的发展与改进, 见第 1 章). 这里最关键的不同在于由“Ekeland 变分原理”导出一系列“非光滑极小化”问题, 它们需要恰当应用广义微分分析的结果. 这个方法是由 Ioffe[587] 在研究一个相关于集合 Lipschitz 单值函数的“单点”(度量) 正则性的过程中首创的 (比照定义 5.15 中的“弱化度量正则性”). 最后这个性质的第一个充分条件是在文献 [587] 中通过 Clarke 次导数和切向结构给出的, 这些结构定义在问题点的一个“邻域”上. 通过使用更先进的广义微分结构, 这些结果在 Ioffe 接下来的文章[589,594,598] 中得到了提高, 那里导出了相关满射性质的邻域充分条件, 这与线性率覆盖/开性的单点版本很接近. 文章[589,598] 还包括与本书中覆盖/正则性界限有关的“满射常数”的“下估计”.

需要指出, 尽管 Ioffe 最初是研究在参考点的正则和满射性质, 但其基于 Ekeland 变分原理和次微分分析的方法事实上得出的是问题中点“附近”更强性质的充分条件, 而这类结果的重要性最初是由 Milyutin 强调的 (见 1.4.14 小节中的注解和 Ioffe 最近的文章[607,608]). 推导度量正则及其相关性质“充分条件”的这个方法后来在很多文章中得以发展, 例如文献 [49, 52, 53, 57, 69~71, 88, 137, 164~166, 282, 339, 506, 647, 651, 652, 655~657, 661, 563, 686, 709, 727, 728, 751, 901, 909, 946, 951, 1008, 1066, 1068, 1070, 1071].

4.5.2 覆盖和度量正则的第一个刻画

覆盖 (线性开性) 的第一个“充分必要”条件和“确切界限”的“精确/等式”公式似乎是在文献 [894] 中对有限维空间上的集值映射建立的. 这些上导数结果对应于定理 4.18 的点基刻画 (e) 和公式 (4.17), 其完整证明出现在 Mordukhovich 的书[901]中. 需要强调的是, 这个判据的“必要”部分和确切界限的“上估计”严重依赖所考虑的“附近”(邻域) 覆盖性质, 以及本书中基本的“极限 Fréchet”结构的应用.

文献 [894, 901] 中得到的结果特别地蕴涵着, 经典的“光滑”Lyusternik-Graves 定理和“凸图”Robinson-Ursescu 定理中的假设在所考虑的情况下不仅是充分的, 其实还是必要的. 另外, 该文章中还在光滑和凸的情形第一次建立了“等式”类型的“确切界限公式”. 而在之前的经典框架下, 这类结果却被忽略了. 据作者所知, 这之前的文献从未注意经典的正则性/开性条件的必要性, 仅在文献 [337] (Milyutin 著) 第五节中没有证明地提到“Lyusternik 条件对光滑算子类的覆盖性质是必要和充分的”. 其他讨论请读者参阅 1.4.14 小节中和后来 Cominetti 的文章[282], 该文章涵盖任意 Banach 空间中经典的“光滑”和“凸图”情形的完整研究, 但没有考虑确切界限.

4.5.3 对偶空间和本原空间的邻域判据

无限维空间中覆盖性质的“邻域判据”是首先由 Kruger[709] 对“Fréchet 光滑”空间上的集值映射得到的. 其结果的“对偶”特性是由邻域常数给出的, 这些对偶常数是通过 ε-上导数类型双参数结构来定义的. 4.1 节中的所有邻域刻画和确切界限公式都是由 Mordukhovich 和 Shao[946] 在“Asplund 空间”框架下建立的. 在某些恰当 Banach 空间中, 追加特定切向条件, 这些邻域判据的部分类似结果可由别的次微分表述, 这些结果见于 Ioffe 后来的文章[607].

有关本原空间中的结果, 提一下 Kummer[727,728] (亦可见 Klatte 和 Kummer 的书[686]) 的结果. 他根据 Aubin 和 Ekeland 的方法[52] 通过使用所谓的“Ekeland 点”得到了度量正则性的本原空间“邻域”判据. 对完备“度量空间”之间集值映射的度量正则性, 另外一些本原空间判据由 Ioffe[608] 利用“强斜率”得出. 强斜率是 De Giorgi, Marino 和 Tosques[312] 在发展方程理论中引入的, 并由 Azé, Govellec 和 Lucchetti[70] 首先用于度量正则的研究, 有关于此也请见他们的文章[69] 和其中的参考文献. 在本原空间这个方向的一些最新结果和应用由 Dontchev, Quincampoix 和 Zlateva[363] 建立.

4.5.4 Lipschitz 鲁棒性质的点基上导数刻画

4.2 节探讨了 Lipschitz 性质、度量正则和覆盖/开性的“点基”刻画. 这些性质的点基条件由仅在参考点定义的广义微分结构表述. 与涉及一个邻域“所有”点的对应邻域条件相比, 这似乎更引人注目, 在应用中也更为方便. 这些点基条件的一个主要优点在于, 它们通过具有完整分析法则的鲁棒/稳定广义微分结构来刻画上述基本性质, 这使得它们特别适合应用于由各种合成具体定义的结构型约束和变分系统中.

4.2 节的主要结果是定理 4.10 中类 Lipschitz 性质的"完整点基刻画", 它出自 Mordukhovich[924]. 对有限维空间之间的集值映射 F, 以及 $(\bar{x},\bar{y})\in \text{gph}F$, 这些刻画归结为下面这个优美的结果:

$$D^*F(\bar{x},\bar{y})(0)=\{0\},\quad \text{lip}F(\bar{x},\bar{y})=\|D^*F(\bar{x},\bar{y})\|. \tag{4.99}$$

该"上导数判据"和"确切 Lipschitz 界限"的精确公式是由 Mordukhovich 早期在文献 [907] 中建立的. 事实上, 根据集值映射的覆盖/度量正则性与其逆映射类 Lipschitz 性质的等价性, (4.99) 式中两个结果均可由 F 在 $(\bar{x},\bar{y})$ 附近覆盖性质的点基刻画[894,901] 导出, 只是在那个时候本书作者还不熟悉这个等价关系. 基于这个等价性, (4.99) 式中条件的"充分性"部分也可由 Ioffe 关于满射性质的结果[596] 得出. 这个方面和相关问题在有限维空间中的一个综合处理可见 Mordukhovich 接下来的文章[909], 读者可在那里找到各种扩展和进一步的发展. (4.99) 式中的类 Lipschitz 性质 (Aubin 性质) 的上导数判据和界限公式的另一个证明见于 Rockafellar 和 Wets 的书[1165]. 该书也强有力地阐明, 这些基本结果在有限维变分分析理论及其在优化相关问题应用中的地位都是举足轻重的.

值得注意的是, 在 Lipschitz 稳定性/度量正则性/覆盖有关的应用中, (4.99) 式中的上导数判据凸显出基本法锥和 Clarke 是卓然不同的. 事实上, 判据 $D^*F(\bar{x},\bar{y})(0)=\{0\}$ 由 Clarke 法向量表述的版本当然对 F 在 $(\bar{x},\bar{y})$ 的类 Lipschitz 性质是充分的, 这由 Aubin 在文献 [49] (也请比照文献 [1154]) 中首先证明. 但是, 这个版本对非光滑 Lipschitz 单值函数及其集值图像 Lipschitz 推广却"永远不成立". 更多的讨论见文献 [909] 和本书中注 4.13.

4.5.5　无限维中涉及部分法紧性质的点基判据

在无限维空间中 (这里真正有区别的是在度量正则/覆盖时值域空间的维数无限性和在 Lipschitz 性质时定义域空间的维数无限性), 点基广义微分条件本身对这些基本性质是不充分的. 这需要一些额外的"紧性性质" (非传统类型). 在 Lyusternik-Graves 和 Robinson-Ursescu 定理这些分别针对光滑和凸图映射的经典框架下, 这样的紧性 (隐含地) 由定理的满射和内点条件保证 (请比照定理 1.57 和定理 4.21).

对定义于闭集上的非光滑单值映射来说, 这种类型的第一个条件由 Ioffe[595] 以"有限余维数条件"为名称引入, 它是由 Clarke 广义微分结构表述的. 其起初的推动力来源于 Ioffe 和 Tikhovirov[618] 提出的极点问题中抽象“Lagrange 原理”非光滑版本的研究. 这些问题具有涉及算子约束的混合光滑凸结构, 而这些算子约束映射导数值域的有限余维数条件起了关键的作用. 有限余维数条件由“近似”法向量和次导数给出的改进和推广见于 Ioffe[598] 和他与 Ginsburg 合作的文章[506]. 这些版本的有限余维数条件在文献 [506, 595, 604, 618] 中被证明对无限维算子的很多类型都成立. 特别地, 这包括对最优控制很重要的“Fredholm 类型”的算子.

这个方向的进一步发展见 Ioffe[607], Jourani 与 Thibault[655,661], Mordukhovich 与 Shao[950,951] 和 Penot[1068,1071]. 这种类型最弱的性质在文献 [950] 中以名字“部分序列法紧”定义, 它和在前面章节建立广义微分法则中大量应用的 PSNC 性质是一样的. 这个性质及其拓扑网版本由各种法向量和次微分给出并有不同的名字, 这包括文献 [607] 中的“序列余向紧性”, 文献 [661] 中“部分上导数紧性”, 文献 [1071] 中的“上导数紧性”.

定理 4.10 提供了“Asplund 空间”之间集值映射 Lipschitz 性质的完整“点基刻画”, 它来自 Mordukhovich[917], 不过其中的“上导数正规性”(定义 4.8) 和确切界限公式 (4.6) 需要的命题 4.9 的有效条件摘自他接下来的文章[924]. 定理中判据 (b), 式 (c), 以及 (4.5) 式中下界估计的完整证明出现在 Mordukhovich 和 Shao[953], 而其中的“上界”估计早在他们的文章[951] 就给出了. 读者还可以在该文中找到之前的 Lipschitz 稳定性/度量正则性/覆盖性质的一些充分条件, 它们是对 Asplund 空间中集值映射通过上导数 $D_N^*F(\bar{x},\bar{y})$ 给出的.

定理 4.8 是定理 4.10 中 Lipschitz 性质刻画的度量正则/覆盖版本. 该定理中类似于判据 (c) 以拓扑网极限结构给出的结果见文献 [1071], 但那里没有界限估计. 对恰当的“可信”(trustworthy) Banach 空间之间的集值映射, 度量正则性这种类型的充分条件由 Ioffe[607] 和 Jourani 与 Thibault[661] 得到, 他们用的是基本上导数的类似结构. 该方向以前在一般 Banach 空间上以“近似”次微分和上导数给出的结果 (见文献 [598, 655]). 进一步, 当定义域空间 X 是有限维时, $F\colon X \rightrightarrows Y$ 度量正则性的点基必要上导数条件见文献 [607, 661]. 对无限维空间之间映射的度量正则性及其相关性质, 例 4.19 说明了法紧条件的重要性, 它取自文献 [162].

在覆盖和度量正则性次微分/上导数条件的各种应用中 (有些在本书中讨论了), 要提一下其在推导广义微分法则中的作用. 这个方法似乎起始于 Kruger[709], 然后由 Jourani 与 Thibault[651,652,656] 和 Ioffe[607,608] 积极推动发展.

4.5.6 Lipschitz 性质和度量正则性在复合运算下的保持

鉴于类 Lipschitz 性质, 度量正则性和覆盖/开放性质在非线性分析及其应用中的重要作用, 搞清楚在各种运算下保持这些性质的有效条件是至关重要的. 对有限维空间之间集值映射的类 Lipschitz (“伪 Lipschitz ”) 性质, Rockafellar 首先在文

献 [1154] 中研究了这些问题, 并依靠定义和有限维空间几何, 通过相当复杂的手续在该方向建立了各种结果. 本书中所阐述的 Lipschitz 及其相关性质的点基上导数刻画使得对此可以应用上导数分析法则, 这进一步导致确切界限在复合运算下关系的建立.

由此 Rockafellar 和 Wets[1165] 在刻画 (4.99) 的基础上导出一些易于验证的条件, 它们保证有限维空间之间集值映射 Lipschitz 鲁棒稳定性与对应的界限估计在各种运算下的保持. 在无限维空间中, 4.2.1 小节的定理 4.14、定理 4.16 及其推论取自文献 [934]. 与此相关的定理 4.22 中度量正则性和覆盖性质的保持结果以前没发表过.

4.5.7 扰动下的良好性态

扰动下适定性 (也就是"良好性态") 的研究是灵敏性分析中的主要课题, 它对理论和数值方法都是很重要的. 在测算扰动确切界限问题的量化方面, 不违背适定性 (也就是不导致非正则/非适定行为) 时的研究似乎首见于经典的 Eckart-Young 定理[388], 它相关于非奇异矩阵的扰动, 是受数值分析推动的. Eckart-Young 定理指出, 使给定矩阵失去非奇异性质的 $n \times n$ 扰动矩阵的极小范数是 $\|A^{-1}\|$ 的倒数. 这类定理经常叫做"非适定距离定理", 也叫做"条件数定理", 它们在很多数值分析问题中有重要的作用. 例如文献 [315] 及其中的文献.

在优化理论及其应用中, 这类结果首先由 Renegar[1122,1123] 发展并完整研究. 他对锥线性规划中约束系统引入了"不可行性距离"这个概念, 并把这个概念与解决相关联的线性和半定规划问题的复杂性联系起来. Renegar 的不可行性距离刻画可以看做是 Eckart-Young 定理在锥线性规划中的恰当推广, 当然他的推动力主要来自内点方法的复杂性分析. 内点方法是由 Nesterov 和 Nemirovsky 发展的.

后来关于优化条件的研究大多是基于 (或是受到很大影响) Renegar 的开创性工作, 例如文献 [219, 361, 366, 405, 475, 776, 777, 780, 996, 1055~1058, 1061, 1206, 1376, 1377, 1332] 及其中的文献. 特别提一下 Peña 的工作[1055~1059], 他引入和发展了"秩一扰动" (rank-one perturbation) 技术, 这在非适定距离理论中是基本的. 另外还要提到 Lewis 的工作[776,777,780], 他把 Renegar 的结果推广到了"凸过程" (在 Rockafellar[1142] 意义下), 从而把凸分析优美的语言和结构引入了条件研究领域.

此领域的一个关键贡献由 Dontchev, Lewis 和 Rockafellar 在文献 [361] 作出, 他们引入了定义 4.23 中"度量正则半径"的概念并将其与正则模确界的倒数联系起来. 进一步, 利用一个齐次性过程和 Robinson-Ursescu 定理, 他们建立了度量正则半径和 Renegar 锥约束系统不可行性距离 (事实上是对凸图映射) 的联系, 这就为现代变分分析及其先进工具在优化条件研究中的大量应用铺平了道路.

定理 4.24 把经典的 Eckart-Young 定理推广到 Banach 空间之间正齐次集值映

射上, 它是在文献 [361] 中证明的, 而其之前次线性映射 (即闭凸过程) 的版本是由 Lewis[775] 建立的. 定理 4.25 提供了 Lipschitz 扰动下确切正则界限的上估计, 它可追溯到 Milyutin 的工作[337], 他用 Lyusternik-Graves 过程证明了单值映射的情形. 这里提供的完整版本来自文献 [361], 请读者同时比照文献 [598, 608]. 这个事实很容易蕴涵定理 4.27 中度量正则半径的下估计

$$\text{rad}F(\bar{x},\bar{y}) \geqslant \frac{1}{\text{reg}F(\bar{x},\bar{y})}. \tag{4.100}$$

而这里的主要结果, 也就是 (4.100) 式的等式和 $\text{rad}F(\bar{x},\bar{y})$ 定义中的下确界在只取线性扰动时不变的陈述, 是由 Dontchev, Lewis 和 Rockafellar 在文献 [361] 中对有限维空间之间的一般集值映射建立的.

值得一提的是, 文献 [361] 中的证明严重依赖于有限维空间中 Lipschitz 稳定性/度量正则性的上导数刻画 (4.99), 其中上导数判据和确切界限公式都要用到, 还依赖于通过上导数给出的初始映射的齐次化. 对相关的“强度量正则性”和“强度量次正则性”, 这里推荐 Dontchev 和 Rockafellar 的文章[366]. 文献 [361] 中的半径定理在 Riemann 流形 (相关于有限维空间) 上集值映射的推广最近由 Dontchev 和 Lewis 在文献 [360] 中得到.

在文献 [924] 中, Mordukhovich 把文献 [361] 中的方法推广到从 Asplund 空间到有限维空间的集值映射上, 并建立了完整的定理 4.27, 这基于定理 4.18 中无限维多值函数度量正则的上导数刻画和一定数量的上导数分析法则. 后来 Ioffe 在文献 [609] 中指出, 对 Lipschitz 连续的单值函数, (4.100) 式中的不等式可以是严格的, 这个函数可以是从 Hilbert 空间到其本身, 并且具有很好的弱可微性质. Ioffe 在文献 [610] 中进一步证明, 如果度量正则半径定义中的下确界是对所有 Lipschitz 扰动取的, 而不是像定义 4.23 中那样是对线性扰动取的 (进而不是对那些秩一扰动取的, 见定理 4.27 的阐述), 则 (4.100) 式的一个类似版本对一般无限维空间之间的单值映射成立等式.

最后, 提一下 Cánovas, Dontchev 和 López 的近期文章[219], 他们对一类特殊的集值映射建立了 Eckart-Young 定理 (4.100) 中等式形式的一个版本, 这些集值映射是从有限维空间到由紧 Hausdorff 上连续函数组成的 Banach 空间, 由等式和不等式 (下标集合是紧集) 的所谓“线性半无限系统” (linear semi-infinite system) 定义, 并描述了半无限规划的可行约束. 基于 Lyusternik-Graves 定理, 该文作者还把他们的结果推广到了非线性半无限约束系统.

4.5.8 基于广义微分学的参数约束系统灵敏性分析

在 4.3 节和 4.4 节中专门研究了以集值映射微分学为工具的约束和变分系统灵敏性分析. 基于不同的方法, 对优化有关问题的灵敏性分析有大量的工作, 例如

文献 [45～47, 54, 56, 57, 60, 70, 133, 134, 137, 164, 255, 348, 355～367, 424, 447, 448, 469, 519, 523, 562, 563, 584, 623, 639, 640, 641, 681, 685, 686, 692, 697, 698, 727, 729, 734, 751, 763, 766, 768, 773, 797, 816, 820, 832, 834, 907, 911, 912, 929, 939, 1030, 1031, 1043, 1044, 1047, 1128, 1131, 1136, 1138, 1154, 1183, 1191, 1196, 1203, 1205, 1225, 1378] 及其中的参考文献. 本书主要探讨了参数系统的 Lipschitz 鲁棒稳定性, 所发展的方法主要是应用该稳定性的点基上导数刻画和广义微分与 SNC 的分析法则.

4.3 节中 (4.19) 形式的一般参数约束系统是由 Rockafellar[1154] 作为非线性规划中标准约束系统 (4.20) 的推广引入的. 研究 (4.19) 和 (4.20) 形式参数系统的原始动力是做扰动下可行解的局部灵敏性分析. 另外, 一般的约束形式 (4.19) 方便地描述了隐函数 (4.22), 并提供了扩充经典隐函数和逆函数定理的一个自然形式.

Rockafellar 的研究工作[1154] 是关于有限维中形式 (4.19) 约束系统及其具体情形的 Lipschitz 稳定性的. 他用 Clarke 广义法向量和次导数得出了多值函数类 Lipschitz (“伪 Lipschitz”) 及其相关性质的充分条件. 事实上, 这些 Lipschitz 性质的充分条件在文献 [1154] 中是通过类 Lipschitz 性质的标量化 (见由文献 [1154] 建立的定理 1.41), 并应用 Clarke 结构的分析法则得到的. 这个办法是在 Mordukhovich[907,911] 中发展的, 那里由基本/非凸广义微分结构及其分析代替了 Clarke 的结构. 由此文献 [907, 911] 中发展了约束系统 Lipschitz 稳定性更细致的充分条件; 进一步, 这些条件在某些情形还是必要的, 这包括 Mangasarian-Fromovitz 约束规范条件下的经典框架 (4.20).

有限维空间中参数约束系统 (4.19) 及其具体形式 (4.20), (4.22) 式的上导数是在 Mordukhovich 的文章[910,913] 中用上导数分析计算的. 根据 (4.100) 式中的上导数刻画, 这些结果不仅能够推导 Lipschitz 稳定性的有效条件, 还能计算对应约束系统的确切 Lipschitz 界限 (参见文献 [913]). 此方向在特殊约束系统类型的各种发展见 Avelin[66,67], Dontchev, Lewis 和 Rockafellar[361], Dontchev 和 Rockafellar[364,366], Dutta 和 Dempe[377], Flegel, Kanzow 和 Outrata[457], Henrion[557,558], Henrion 和 Outrata[561,562], Henrion 和 Römisch[563,564], Jourani[647], Kočvara, Kružik 和 Outrata[689], Kočvara 和 Outrata[690], Lee, Tam 和 Yen[755], Levy[768], Levy 和 Mordukhovich[769], Levy 和 Poliquin[770], Lucet 和 Ye[1338,1339], Mordukhovich 和 Outrata[939], Outrata[1024,1025,1027,1030], Ye[1338,1339], Ye 和 Ye[1343], Ye 和 Zhu[1345] 等. 文献 [910, 911, 913]中的结果的一些无限维推广由 Mordukhovich 和 Shao[951] 在 Asplund 空间框架下得到. Ledyaev 和 Zhu[751] 给出了 Fréchet 光滑空间中多值函数隐函数 Lipschitz 及其相关性质的完整研究, 并计算和估计了对应的 Fréchet 上导数和基本

上导数.

在通过集值映射微分学研究灵敏性分析的众多其他文献中, 这里提一下下面的工作: Aubin[49], Aubin 和 Frankowska[53,54] Dontchev 和 Rockafellar[365], Frankowska[467,469], Fusek, Klatte 和 Kummer[482], King 和 Rockafellar[681], Klatte 和 Kummer[686,687], Kummer[725,726,728], Levy[766,767], Levy 和 Rockafellar[773,774], Rockafellar 和 Wets[1165], Zhang[1360]. 这些文章特别地包含了各种图像导数 (在原空间) 的确切公式和上估计及其在各种约束系统 Lipschitz 性质研究上的应用.

4.3 节中在无限维空间 (大多是 Asplund 空间) 的大部分结果取自文献 [927]. 事实上, 它们是文献 [910, 911, 913] 中对应有限维结果的推广. 和有限维的框架不同, SNC 条件及其分析在无限维空间中起着重要的作用.

4.5.9 广义方程与变分条件

广义方程框架 (4.47) 及其参数扰动 (4.49) 由 Robinson[1130] 引入. 似乎他的原动力是想把变分不等式 (4.48) 及其互补情形包含到方程 (4.47) 中, 并且在集值部分 Q 消失时, 能化归标准方程 $f(x) = 0$. 事实证明, 这样的"广义方程"观点能方便地通过类比标准方程的结果 (比如对应版本的 Newton 类型的方法) 来发展变分不等式和互补问题的定性和数值结果.

尽管广义方程 (4.47) 在无限维空间中也是意义清楚的, 但起初却是在有限维空间中引入的, 因为那时的相关原动力和应用是有限维优化, 特别是非线性规划和互补问题 (见文献 [294, 424, 550, 1134] 的综述). 另外, (4.48) 类型的变分不等式在无限维空间中 (主要是 Hilbert 空间) 已经得到了研究, 这涉及到非线性偏微分方程及其在力学中的应用, 并起始于 Stampacchia 在 20 世纪 60 年代早期的工作 (参见文献 [504, 680, 795, 1223]).

对凸集 Ω 的法锥映射 $Q(y) = N(y;\Omega)$, 变分不等式 (4.48) 显然化归为广义方程 (4.47). 另外一种 ("第二种") 经典类型的变分不等式对应于广义方程模型 (4.47) 在 $Q(y) = \partial\varphi(y)$ 的情形, 这里 φ 是凸连续函数. 这个情形的一个推广是当 $Q(y) = \partial_C\varphi(y)$, 这里 φ 是 Lipschitz 连续函数, $\partial_C\varphi$ 代表 Clarke 广义次导数. 它是由 Panagiotopoulos[551,994,1042] 以术语"半变分不等式"引入的. 在文献 [911] 中, Mordukhovich 首先研究了形式 (4.47) 在 $Q(y) = \partial\varphi(y)$ 时的更广情形, 其中 $\partial\varphi$ 表示任意 l.s.c. 函数 φ 的基本/极限次微分. 这样的系统被 Rockafellar 和 Wets[1165] 称为"变分条件". 更多内容请读者参阅 Robinson 的近期文章[1137~1139].

从 Robinson 的奠基工作[1130~1133] 开始, 大家公认广义方程提供了参数扰动下最优解灵敏性分析的方便模型. 特别地, 在非线性规划问题中它们描述了驻点和 Karush-Kuhn-Tucher(KKT) 点的扰动集合.

4.5.10 广义方程和变分不等式的 Lipschitz 鲁棒稳定性

Robinson 原来的努力和接下来的许多工作几乎都是集中在推导一些有效条件来保证解映射的局部单值性和 Lipschitz 连续性. 这些性质和通过线性化定义的 Robinson 强正则性紧密相关, 更多讨论见注解 4.76 和 4.5.11 小节中的评论. 另一方面, Robinson 首先意识到“上 Lipschitz 性质”(现在通常使用名字“平静性”) 这个概念, 并对多面体多值函数和广义方程的对应解映射建立了该性质. 读者可以在前面提到的文献里找到有关这方面的更多信息, 特别是在 Facchinei 和 Pang 最近的书[424] 中, 那里有很全的文献.

上 Lipschitz 性质在初始数据扰动时是不具有鲁棒 (稳定) 性质的, 这似乎是个缺点. 对单值函数它甚至不能化归为经典的局部 Lipschitz 连续性. 新的多值函数鲁棒 Lipschitz 性质由 Aubin[49] 以名字“伪 Lipschitz ”引入; 本书广泛应用了该性质, 所用的术语为“类 Lipschitz 性质”. 这是因为它是经典 Lipschitz 连续性最自然的推广, 事实上恰好是图像局部化. 在文献 [49] 中, Aubin 用 Clarke 广义微分结构导出了扰动优化问题集值解映射的这个鲁棒 Lipschitz 性质的充分条件.

这之后不久, Rockafellar[1154] 考虑了扰动广义方程

$$0 \in f(x, y) + Q(y), \tag{4.101}$$

其中 $f: \mathbb{R}^n \times \mathbb{R}^m \to \mathbb{R}^d$ 是局部 Lipschitz 映射, 并导出了 (4.101) 解映射类 Lipschitz 性质的充分条件, 他使用了 f 的 Clarke 类型的广义 Jacobi 和 Q 图像的法锥. Rockafellar 清楚地知道所得结果有很大的局限, 特别是在由凸函数 φ 生成的次微分映射 $Q = \partial\varphi$ 这个最有意思的情形, 它们与对 (4.101) 式一些特殊情形得到的 Robinson 条件有很大的差距. 这是由于 Clarke 法锥 (Robinson 从来没用过) 的子空间性质, 这被证明对这类次微分变分系统的应用有根本的局限 (见注释 4.58 的例子和讨论). 但是, 文献 [1154] 中并没有提出该用什么样的非光滑结构来代替 Clarke 的结构.

对有限维空间中扰动广义方程 (4.101) 解映射的类 Lipschitz 性质, Mordukhovich 在文献 [911] 中利用本书中的非凸广义微分结构建立了足够的充分条件, 以及在某些情形的充要条件. 在 f 为光滑 (严格可微) 映射的情形, 所得的条件变成要求伴随广义方程

$$0 \in \nabla_y f(\bar{x}, \bar{y})^* z^* + D^*Q(\bar{y}, -f(\bar{x}, \bar{y}))(z^*)$$

仅有平凡解 $z^* = 0$. 这个形式可联想到积分方程理论中的 Fredholm 类似结果, 并反映出原系统的“良好性态”与其伴随/对偶系统解平凡之间的深刻关系.

4.4.1 小节和 4.4.2 小节中的大部分材料是基于 Mordukhovich 的近期文章[924,931,933], 其中在有限维和无限维中都有新的结果. 在 (4.101) 的情形某些无限维空间中的类似结果可以在文献 [911] 中找到. 值得注意的是, 本书的分析是关

于扰动广义方程

$$0 \in f(x,y) + Q(x,y)$$

的解映射的, 其中单值和多值的部分都依赖于参数 x. 这个系统是 (4.101) 式的扩充, 它被证明要从根本上复杂得多. 当 (4.48) 式中的 Ω 是动 (即依赖于参数) 的, 这特别地包括所谓的“拟变分不等式”. 这里也提一下 Mordukhovich 和 Outrata[939] 的工作, 这涉及具有下述特殊复合次微分结构

$$Q(x,y) = \partial\varphi(g(x,y))$$

的参数变分系统, 其中 g 为有限维空间之间的光滑映射, 其推广见定理 4.65 和推论 4.66.

针对有限维空间中一般的非凸移动集合 $\Omega(x)$, 扰动变分系统

$$0 \in f(x,y) + N(y;\Omega(x))$$

灵敏性分析的另一方法最近由 Robinson 在文献 [1137, 1138, 1139] 发展, 更多内容也请见这些文章里的文献. 例子 4.67 中的一些在连续介质力学实际问题 Lipschitz 稳定性应用出自 Mordukhovich 和 Outrata[939], 读者可以在该文中找到这个方向更多的结果和应用.

4.5.11　强逼近和正常扰动

4.4.3 小节涉及的扰动变分系统 Lipschitz 鲁棒稳定性和 4.4.2 小节的结果是截然不同的. 事实上, 4.4.2 小节发展的灵敏性分析方法是基于把一般 (4.49) 形式的参数变分系统化归成 4.3 节研究过的一种特殊约束系统, 从而就可以使用本书中强有力的基本广义微分结构的分析结果, 这能计算参数变分系统解映射的上导数. 基于 4.2.1 小节中建立的点基上导数刻画, 就能导出其 Lipschitz 稳定性的有效条件 (并计算/估计确切 Lipschitz 界限).

4.4.3 小节使用了另外的方法, 这些方法事实上是经典的逆函数和隐函数定理的继续. Robinson 是该方法的拥戴者并在优化和变分分析的框架下将其发扬光大. 粗略地讲, 这些方法脱离不了初始系统线性化 (或者更一般地说, 恰当逼近) 这个根本思想, 它要求近似系统更容易分析, 并同时保证初始系统的性质能从近似系统的相应性质得出.

为实现这样一个过程, Robinson 在文献 [1131] 中引入了“强正则性”, 它取代了线性化类型 (4.101) 广义方程解映射的单值性和 Lipschitz 连续性, 其中方程具有光滑基 f. 他证明这样一个正则性态可以继承到初始的非线性系统上. 在隐函数和

广义方程的框架下, 为展开非光滑基情形的近似过程, Robinson 提出了 4.4.3 小节的“强逼近”概念. 这些思想在很多工作中得到了极大的发展并应用到了各种优化和均衡问题中, 例如文献 [133, 348, 350~352, 355, 356, 364, 365, 424, 686, 639, 640, 692, 767, 768, 797, 820, 912, 929, 1043, 1044, 1047, 1092, 1133, 1134, 1205] 及其中的文献.

Mordukhovich 在文献 [912] 中, 利用 Robinson 的线性化/强逼近思想和先进的广义微分学工具, 在无限维空间中研究了 (4.101) 类型参数广义方程的 Lipschitz 鲁棒稳定性. 与 4.4.1 小节和 4.4.2 小节中的方法不同, 这里通过这个过程把上导数判据 (4.100) 式应用到近似系统, 而不是直接应用到原来的广义方程, 并且同时考虑到, 根据 Dontchev 和 Hager[356], 近似系统的类 Lipschitz 性质蕴涵原系统解映射的该性质. 由此得到的结果一般来说和出自文献 [911] 的结果是独立的 (参见 4.4.3 小节).

线性化/强逼近对 (4.49) 类型的正常扰动系统似乎是最有效的方法. 人们长期以来就认识到, 扰动的结构应该“足够丰富”才能保证灵敏性分析中比较好的结果, “正常”扰动一直到 Rockafellar 的工作[1160] 才被强调, 这个名词也才第一次出现. 这个结构在 Dontchev 和 Rockafellar 的优秀文章[364] 中得到了很好的开发, 该文研究了有限维空间中多面体凸集上的正常扰动变分不等式. 他们建立了这种系统解映射 Robinson 强正则性和类 Lipschitz /Aubin 性质的等价性, 并且基于上导数判据 (4.100) 导出了这些性质的一个“临界面”刻画. 作为该临界面刻画的一个应用, 他们得到了一般非线性正常扰动互补问题强正则性的可验证充要条件, 并最后用这些结果来刻画具有二次可微数据非线性规划中 KKT 系统的强正则性. 用这个方法, 他们解决了一个长期悬而未决的问题, 即关于强正则性的所谓“强二阶充分条件”的必要性问题. 这个条件的必要性是由 Robinson 在其标志性的文章[1131] 中建立的. 对没有使用非光滑分析工具的相关工作, 建议读者参阅文献 [134, 640, 692].

正常扰动在倾斜稳定极小的概念中也扮演着重要的角色, 这个概念是由 Poliquin 和 Rockafellar 在文献 [1092] 中以灵敏性分析的观点引入的. 如文献 [1092] 中建立的, 文献 [907] 中二阶次微分 (见 1.3.5 小节) 的正定性刻画了一个倾斜稳定极小. 这个方向更多强有力的工作见 Levy, Poliquin 和 Rockafellar 接下来的文章[771].

4.4.3 小节的材料主要来自 Mordukhovich 的文章[929]. 关于正常扰动广义方程 Lipschitz 稳定性与其强逼近等价性的引理 4.69 由 Dontchev 在文献 [350] 中证明, 这是通过应用 Lyusternik-Graves 递归过程实现的.

参考文献

1. Y. A. ABRAMOVICH AND C. D. ALIPRANTIS (2002), *An Invitation to Operator Theory*, American Mathematical Society, Providence, Rhode Island.
2. A. A. AGRACHEV AND Y. L. SACHKOV (2004), *Control Theory from the Geometric Viewpoint*, Springer, Berlin.
3. N. U. AHMED (2005), Necessary conditions of optimality with discontinuous vector fields, *Nonlinear Funct. Anal. Appl.* **10**, 129–150.
4. N. U. AHMED AND K. L. TEO (1981), *Optimal Control of Distributed Parameter Systems*, Elsevier, New York.
5. N. U. AHMED AND X. XIANG (1997), Nonlinear uncertain systems and necessary conditions of optimality, *SIAM J. Control Optim.* **35**, 1755–1772.
6. N. U. AHMED AND X. XIANG (1997), Necessary conditions of optimality for differential inclusions in Banach spaces, *Nonlinear Anal.* **30**, 5437–5445.
7. V. M. ALEKSEEV, V. M. TIKHOMIROV AND S. V. FOMIN (1987), *Optimal Control*, Consultants Bureau, New York.
8. A. D. ALEXANDROV (1939), Almost everywhere existence of the second differential of a convex function and some properties of convex surfaces connected with it, *Uchenye Zapiski Leningrad Gos. Univ., Ser. Math.* **6**, 3–35.
9. J. J. ALIBERT AND J.-P. RAYMOND (1998), A Lagrange multiplier theorem for control problems with state constraints, *Numer. Funct. Anal. Optim.* **19**, 697–704.
10. C. D. ALIPRANTIS, D. J. BROWN AND O. BURKINSHAW (1990), *Existence and Optimality of Competitive Equilibria*, Springer, New York.
11. C. D. ALIPRANTIS AND O. BURKINSHAW (1988), The fundamental theorems of welfare economics without proper preferences, *J. Math. Econ.* **17**, 41–54.
12. C. D. ALIPRANTIS, M. FLORENZANO AND R. TOURKY (2005), Linear and non-linear price decentralization, *J. Econ. Theory*, to appear.
13. C. D. ALIPRANTIS, P. K. MONTEIRO AND R. TOURKY (2004), Non-marketed options, non-existence of equilibria, and non-linear prices, *J. Econ. Theory* **114**, 345–357.
14. C. D. ALIPRANTIS, R. TOURKY AND N. C. YANNELIS (2001), A theory of value with non-linear prices: Equilibrium analysis beyond vector lattices, *J. Econ. Theory* **100**, 22–72.
15. K. ALLALI AND L. THIBAULT (2005), Fréchet subdifferentials of marginal functions, *Control Cybernet.*, to appear.

16. T. AMAHROQ AND N. GADHI (2001), On the regularity conditions for vector programming problems, *J. Global Optim.* **21**, 435–443.
17. L. AMBROSIO, O. ASCENZI AND G. BUTTAZZO (1989), Lipschitz regularity of intergral functionals with highly discontinuous integrands, *J. Math. Anal. Appl.* **142**, 301–316.
18. R. M. ANDERSON (1988), The second welfare theorem with non-convex preferences, *Econometrica* **56**, 361–282.
19. T. S. ANGELL AND A. KIRSCH (1990), On the necessary conditions for optimal control of retarded systems, *Appl. Math. Optim.* **22**, 117–145.
20. M. ANITESCU (2005), Global convergence of an elastic mode approach for a class of mathematical programs with complementarity constraints, *SIAM J. Control Optim.*, to appear.
21. N. ARADA (2001), Minimax Dirichlet boundary control problem with state constraints, *Nonlinear Anal.* **46**, 653–673.
22. N. ARADA, M. BERGOUNIOUX AND J.-P. RAYMOND (2000), Minimax controls for uncertain distributed parabolic systems, *SIAM J. Control Optim.* **38**, 1481–1500.
23. N. ARADA AND J.-P. RAYMOND (1999), Optimality conditions for state-constrained Dirichlet boundary control problems, *J. Optim. Theory Appl.* **102**, 51–68.
24. N. ARADA AND J.-P. RAYMOND (2002), Dirichlet boundary control of semilinear parabolic equations, II: Problems with pointwise state constraints, *Appl. Math. Optim.* **45**, 145–167.
25. V. I. ARKIN AND V. L. LEVIN (1973), Convexity of the values of vector integrals, theorems on measurable selection, and variational problems, *Russian Math. Surveys* **27**, 21–85.
26. K. J. ARROW (1951), An extension of the basic theorems of classical welfare economics, in *Proceedings of the Second Berkeley Symposium on Mathematical Statistics and Probability*, pp. 507–532, University of California, Berkeley, California.
27. K. J. ARROW AND L. HURWICZ (1960), Decentralization and computation in resource allocation, in *Essays in Economics and Econometrics in Honor of Harold Hotelling*, edited by R. W. Pfouts, pp. 34–104, University of North Carolina Press, Chapel Hills, North Carolina.
28. Z. ARTSTEIN (1994), First order approximations for differential inclusions, *Set-Valued Anal.* **2**, 7–17.
29. Z. ARTSTEIN (1995), A calculus for set-valued maps and set-valued evolution equations, *Set-Valued Anal.* **3**, 213–261.
30. Z. ARTSTEIN AND V. GAITSGORY (2000), The value function of singularly perturbed control systems, *Appl. Math. Optim.* **41**, 425–445.
31. Z. ARTSTEIN AND C. C. POPA (2004), Orlicz-Young structures of Young measures, *Acta Appl. Math.* **80**, 1–33.
32. A. V. ARUTYUNOV (2000), *Optimality Conditions: Abnormal and Degenerate Problems*, Kluwer, Dordrecht, The Netherlands.
33. A. V. ARUTYUNOV AND S. M. ASEEV (1997), Investigation of the degeneracy phenomenon of the maximum principle for optimal control problems with state constraints, *SIAM J. Control Optim.* **35**, 930–952.
34. A. V. ARUTYUNOV, S. M. ASEEV AND V. I. BLAGODATSKIKH (1994), Necessary conditions of the first order in the problem of optimal control of a differential inclusion with phase constraints, *Math. Sbornik* **79**, 117–139.

35. A. V. ARUTYUNOV AND A. F. IZMAILOV (2005), Sensitivity analysis for cone-constrained optimization problems under relaxed constraint qualifications, *Math. Oper. Res.* **30**, 333–353.
36. A. V. ARUTYUNOV AND A. F. IZMAILOV (2005), Directional stability theorem and directional metric regularity, *Math. Oper. Res.*, to appear.
37. A. V. ARUTYUNOV AND F. L. PEREIRA (2005), Second-order necessary conditions of optimality for problems without a priori normality assumptions, *Math. Oper. Res.*, to appear.
38. A. V. ARUTYUNOV AND R. B. VINTER (2004), A simple 'finite approximations' proof of the Pontryagin maximum principle under reduced differentiability hypotheses, *Set-Valued Anal.* **12**, 5–24.
39. S. M. ASEEV (1991), Smooth approximations of differential inclusions and the time-optimality problem, *Proc. Steklov Inst. Math.* **200**, 27–34.
40. S. M. ASEEV (1997), A method of smooth approximations in the theory of necessary optimality conditions for differential inclusions, *Izvestia: Mathematics* **61**, 235–258.
41. S. M. ASEEV (2001), Extremal problems for differential inclusions with phase constraints, *Proc. Steklov Inst. Math.* **233**, 1–63.
42. L. T. ASHCHEPKOV AND O. V. VASILIEV (1975), On optimality of singular controls in Goursat-Darboux systems, *USSR Comput. Maths. Math. Phys.* **15**, 1157–1167.
43. E. ASPLUND (1968), Fréchet differentiability of convex functions, *Acta Math.* **121**, 31–47.
44. H. ATTOUCH (1984), *Variational Convergence for Functions and Operators*, Pitman, Boston, Massachusetts.
45. H. ATTOUCH AND H. RUANI (1993), Stability results for Ekeland's ε-variational principle and cone extremal solutions, *Math. Oper. Res.* **18**, 173–201.
46. H. ATTOUCH AND R. J-B. WETS (1991), Quantitative stability of variational systems, I: The epigraphical distance, *Trans. Amer. Math. Soc.* **338**, 695–729.
47. H. ATTOUCH AND R. J-B. WETS (1993), Quantitative stability of variational systems, III: ε-approximate solutions, *Math. Progr.* **61**, 197–214.
48. J.-P. AUBIN (1981), Contingent derivatives of set-valued maps and existence of solutions to nonlinear inclusions and differential inclusions, in *Mathematical Analysis and Applications*, edited by L. Nachbin, pp. 159–229, Academic Press, New York.
49. J.-P. AUBIN (1984), Lipschitz behavior of solutions to convex minimization problems, *Math. Oper. Res.* **9**, 87–111.
50. J.-P. AUBIN AND A. CELLINA (1984), *Differential Inclusions*, Springer, Berlin.
51. J.-P. AUBIN AND I. EKELAND (1976), Estimates of the duality gap in nonconvex programming, *Math. Oper. Res.* **1**, 225–245.
52. J.-P. AUBIN AND I. EKELAND (1984), *Applied Nonlinear Analysis*, Wiley, New York.
53. J.-P. AUBIN AND H. FRANKOWSKA (1987), On inverse function theorems for set-valued maps, *J. Math. Pures Appl.* **66**, 71–89.
54. J.-P. AUBIN AND H. FRANKOWSKA (1990), *Set-Valued Analysis*, Birkhäuser, Boston, Massachusetts.
55. R. J. AUMANN (1965), Integrals of set-valued functions, *J. Math. Anal. Appl.* **12**, 1–12.

56. A. AUSLENDER (1978), Differential stability in nonconvex and nondifferentiable programming, *Math. Progr. Study* **10**, 29–41.
57. A. AUSLENDER (1984), Stability in mathematical programming with nondifferentiable data, *SIAM J. Control Optim.* **22**, 239–254.
58. A. AUSLENDER AND R. COMINETTI (1991), A comparable study of multifunction differentiability with applications in mathematical programming, *Math. Oper. Res.* **16**, 240–258.
59. A. AUSLENDER AND J.-P. CROUZEIX (1988), Global regularity theorems, *Math. Oper. Res.* **13**, 243–253.
60. A. AUSLENDER AND M. TEBOULLE (2003), *Asymptotic Cones and Functions in Optimization and Variational Inequalities*, Springer, New York.
61. D. AUSSEL, J.-N. CORVELLEC AND M. LASSONDE (1995), Mean value property and subdifferential criteria for lower semicontinuous functions, *Trans. Amer. Math. Soc.* **347**, 4147–4161.
62. D. AUSSEL, J.-N. CORVELLEC AND M. LASSONDE (1995), Nonsmooth constrained optimization and multidimensional mean value inequalities, *SIAM J. Optim.* **9**, 690–706.
63. D. AUSSEL, A. DANIILIDIS AND L. THIBAULT (2004), Subsmooth sets: Functional characterizations and related concepts, *Trans. Amer. Math. Soc.* **357**, 1275–1302.
64. E. P. AVAKOV (1988), Necessary conditions of minima for nonregular problems in Banach spaces: Maximum principle for abnormal problems of optimal control, *Proc. Steklov Inst. Math.* **185**, 3–29.
65. E. R. AVAKOV, A. A. AGRACHEV AND A. V. ARUTYUNOV (1992), The level set of a smooth mapping in a neighborhood of a singular point, *Math. Sbornik* **73**, 455–466.
66. J. AVELIN (1997), *Differential Calculus cfor Multifunctions and Nonsmooth Functions*, Ph.D. dissertation, Department of Mathematics, Uppsala University, Sweden.
67. J. AVELIN (2000), Differential calculus for complex-valued multifunctions, *J. Appl. Anal.* **6**, 47–76.
68. V. I. AVERBUKH AND O. G. SMOLYANOV (1968), The various definitions of the derivative in linear topological spaces, *Russian Math. Surveys* **23**, 67–113.
69. D. AZÉ AND J.-N. CORVELLEC (2004), Characterizations of error bounds for lower semicontinuous functions on metric spaces, *Control Optim. Calc. Var.*, **10**, 409-425.
70. D. AZÉ, J.-N. CORVELLEC AND R. E. LUCCHETTI (2002), Variational pairs and applications to stability in nonsmooth analysis, *Nonlinear Anal.* **49**, 643–670.
71. D. AZÉ AND J.-B. HIRIART-URRUTY (2002), Optimal Hoffman type estimates in eigenvalue and semidefinite inequality constraints, *J. Global Optim.* **24**, 133–147.
72. R. L. BAIRE (1905), *Lecons sur les Fonctions Discontinues*, Gauthier-Villars, Paris.
73. A. V. BALAKRISHNAN (1965), Optimal control problems in Banach spaces, *SIAM J. Control* **3**, 152–180.
74. A. V. BALAKRISHNAN (1981), *Applied Functional Analysis*, 2nd edition, Springer, New York.
75. E. J. BALDER (2000), Lectures on Young measure theory and its applications to economics, *Rens. Istit. Mat. Univ. Trieste* **31**, 1–69.

76. S. BANACH (1932), *Théorie des Opérations Linéaires*, Monografje Matematyczne, Warsaw.
77. B. BANK, J. GUDDAT, D. KLATTE, B. KUMMER AND K. TAMMER (1982), *Non-Linear Parametric Optimization*, Birkhaüser, Basel.
78. H. T. BANKS (1968), Necessary conditions for control problems with variable time lags, *SIAM J. Control* **6**, 9–47.
79. H. T. BANKS AND G. A. KENT (1972), Control of functional differential equations of retarded and neutral type to target sets in function spaces, *SIAM J. Control* **10**, 567–591.
80. H. T. BANKS AND K. KUNISCH (1989), *Estimation Techniques for Distributed Parameter Systems*, Birkhäuser, Boston, Massachusetts.
81. H. T. BANKS AND A. MANITIUS (1974), Applications of abstract variational theory to hereditary systems – a survey, *IEEE Trans. Autom. Control* **19**, 524–533.
82. V. BARBU (1993), *Analysis and Control of Nonlinear Infinite Dimensional Systems*, Academic Press, Boston, Massachusetts.
83. V. BARBU, I. LASIECKA AND R. TRIGGIANI (2005), Boundary stabilization of Navier-Stokes equations, *Mem. Amer. Math. Soc.*, to appear.
84. V. BARBU AND T. PRECUPANU (1986), *Convexity and Optimization in Banach Spaces*, D. Reidel, Dordrecht, The Netherlands.
85. M. BARDI AND I. CAPUZZO DOLCETTA (1997), *Optimal Control and Viscosity Solutions of Hamilton-Jacobi Equations*, Birkhäuser, Boston, Massachusetts.
86. N. E. BARRON AND R. JENSEN (1991), Optimal control and semicontinuous viscosity solutions, *Proc. Amer. Math. Soc.* **113**, 397–402.
87. T. BAŞAR AND P. BERNHARD (1995), *H_∞-Optimal Control and Related Minimax Design Problems*, 2nd edition, Birkhäuser, Boston, Massachusetts.
88. H. BAUSCHKE, J. M. BORWEIN AND W. LI (1999), Strong conical hull intersection property, bounded linear regularity, Jameson's property (G), and error bounds in convex optimization, *Math. Progr.* **86**, 135–160.
89. M. S. BAZARAA, J. J. GOODE AND M. Z. NASHED (1974), An the cone of tangents with applications to mathematical programming, *J. Optim. Theory Appl.* **13**, 389–426.
90. C. R. BECTOR, S. CHANDRA AND J. DUTTA (2004), *Principles of Optimization Theory*, Alpha Science International Publishers, UK.
91. E. M. BEDNARCZUK (2003), Order-Lipschitzian properties of multifunctions with applications to stability of efficient points, *Control Cybernet.* **32**, 491–502.
92. G. BEER (1993), *Topologies on Closed and Convex Sets*, Kluwer, Dordrecht, The Netherlands.
93. S. BELLAASSALI AND A. JOURANI (2004), Necessary optimality conditions in multiobjective dynamic optimization, *SIAM J. Control Optim.* **42**, 2043–2061.
94. R. BELLMAN AND K. L. COOKE (1963), *Differential-Difference Equations*, Academic Press, New York.
95. R. BELLMAN, I. GLICKSBERG AND O. GROSS (1956), On the "bang-bang" control problem, *Quart. Appl. Math.* **14**, 11–18.
96. H. BENABDELLAH (2000), Existence of solutions to the nonconvex sweeping process, *J. Diff. Eq.* **164**, 286-295.
97. H. BENABDELLAH, C. CASTAING, A. SALVADORI AND A SYAM (1996), Nonconvex sweeping process, *J. Appl. Anal.* **2**, 217–240.

98. M. Benaim, J. Hofbauer and S. Sorin (2005), Stochastic approximations and differential inclusions, *SIAM J. Control Optim.* **44**, 328–348.
99. J. Benoist (1994), Approximation and regularization of arbitrary sets in finite dimensions, *Set-Valued Anal.* **2**, 95–115.
100. A. Bensoussan (1988), *Perturbation Methods in Optimal Control*, Wiley, New York.
101. A. Bensoussan, G. Da Prato, M. Delfour, S. K. Mitter (1992–93), *Representation and control of infinite-dimensional systems*, published in two volumes, Birkhäuser, Boston, Massachusetts.
102. A. Ben-Tal and J. Zowe (1985), Directional derivatives in nonsmooth optimization, *J. Optim. Theory App.* **47**, 483–490.
103. M. Bergounioux and D. Tiba (1996), General optimality conditions for constrained convex control problems, *SIAM J. Control Optim.* **34**, 698–711.
104. M. Bergounioux and F. Tröltzsch (1996), Optimality conditions and generalized bang-bang principle for a state-constrained semilinear parabolic problem, *Numer. Func. Anal. Optim.* **17**, 517–536.
105. L. D. Berkovitz (1974), *Optimal Control Theory*, Springer, New York.
106. L. D. Berkovitz (1976), A penalty function proof of the maximum principle, *Appl. Math. Optim.* **2**, 291–303.
107. H. Berliocchi and J. M. Lasry (1973), Principe de Pontryagin pour des systémes régis par une equation différentielle multivoque, *C. R. Acad. Sci. Paris* **277**, 1103–1105.
108. F. Bernard and L. Thibault (2004), Prox-regularity of functions and sets in Banach spaces, *Set-Valued Anal.* **12**, 25–47.
109. F. Bernard and L. Thibault (2005), Prox-regular functions in Hilbert spaces, *J. Math. Anal. Appl.* **303**, 1–14.
110. F. Bernard and L. Thibault (2005), Uniform prox-regularity of functions and epigraphs in Hilbert spaces, *Nonlinear Anal.* **60**, 187–207.
111. D. P. Bertsekas (1999), *Nonlinear Programming*, Athena Scientific, Boston, Massachusetts.
112. D. P. Bertsekas and A. E. Ozdaglar (2002), Pseudonormality and a Lagrange multiplier theory for constraint optimization, *J. Optim. Theory Appl.* **114**, 287–343.
113. D. Bessis, Y. S. Ledyaev and R. B. Vinter (2001) Dualization of the Euler and Hamiltonian inclusions, *Nonlinear Anal.* **43**, 861–882.
114. R.-M. Bianchini and M. Kawski (2003), Needle variations that cannot be summed, *SIAM J. Control Optim.* **42**, 218–238.
115. J. Birge and L. Qi (1995), Subdifferential convergence in stochastic programming, *SIAM J. Optim.* **5**, 436–453.
116. E. Bishop and R. R. Phelps (1963), The support functionals of convex sets, in *Convexity*, edited by V. Klee, vol. VII of *Proceedings of Symposia in Pure Mathematics*, pp. 27–35, American Mathematical Society, Providence, Rhode Island.
117. V. I. Blagodatskikh (1984), The maximum principle for differential inclusions, *Proc. Steklov Inst. Math.* **166**, 23–43.
118. V. I. Blagodatskikh and A. F. Filippov (1986), Differential inclusions and optimal control, *Proc. Steklov Inst. Math.* **169**, 199–259.
119. G. A. Bliss (1946), *Lectures on the Calculus of Variations*, University of Chicago Press, Chicago, Illinois.

120. N. A. Bobylev, S. V. Emel'yanov and S. K. Korovin (2004), Convexity of images of convex sets under smooth maps, *Comput. Math. Model.* **15**, 213–222.
121. N. N. Bogolyubov (1930), Sur quelques methodes nouvelles dans le calculus des variations, *Ann. Math. Pura Appl.* **7**, 249–271.
122. J. Bolte, A. Daniilidis and A. Lewis (2004), The Lojasiewicz inequality for nonsmooth subanalytic functions with applications to subgradient dynamical systems, preprint.
123. J. Bolte, A. Daniilidis and A. Lewis (2005), A nonsmooth Morse-Sard theorem for subanalytic functions, *J. Math. Anal. Appl.*, to appear.
124. V. G. Boltyanskii (1958), The maximum principle in the theory of optimal processes, *Dokl. Akad. Nauk SSSR* **119**, 1070–1073.
125. V. G. Boltyanskii (1968), Local section method in the theory of optimal processes, *Diff. Eq.* **4**, 2166–2183.
126. V. G. Boltyanskii (1973), The maximum principle for problems of optimal steering, *Diff. Eq.* **9**, 1363–1370.
127. V. G. Boltyanskii (1973), *Optimal Control of Discrete Systems*, Nauka, Moscow.
128. V. G. Boltyanskii (1994), The maximum principle – how it came to be?, Report No. 526, Math. Institut, Tech. Univ. München, München, Germany.
129. V. G. Boltyanskii, R. V. Gamkrelidze and L. S. Pontryagin (1956), On the theory of optimal processes, *Dokl. Akad. Nauk SSSR* **110**, 7–10.
130. O. Bolza (1913), Über den anormalen fall beim Lagrangeschen und Mayerschen problem mit gemischten behingugen und variabeln endpunkten, *Mathematische Annalen* **74**, 430–446.
131. J. F. Bonnans and E. Casas (1992), A boundary Pontryagin's principle for the optimal control of state-constrained elliptic systems, *Int. Ser. Numer. Math.* **107**, 241–249.
132. J. F. Bonnans, R. Cominetti and A. Shapiro (1999), Second-order optimality conditions based on parabolic second-order tangent sets, *SIAM J. Optim.* **9**, 466–492.
133. J. F. Bonnans and A. Shapiro (2000), *Perturbation Analysis of Optimization Problems*, Springer, New York.
134. J. F. Bonnans and A. Sulem (1995), Pseudopower expansion of solutions of generalized equations and constraint optimization problems, *Math. Progr.* **70**, 123–148.
135. J.-M. Bonnisseau and B. Cornet (1988), Valuation equilibrium and Pareto optimum in non-convex economies, *J. Math. Econ.* **17**, 293–308.
136. D. Borwein, J. M. Borwein and X. Wang (1996), Approximate subgradients and coderivatives in $I\!R^n$, *Set-Valued Anal.* **4**, 375–398.
137. J. M. Borwein (1986), Stability and regular points of inequality systems, *J. Optim. Theory Appl.* **48**, 9–52.
138. J. M. Borwein (1987), Epi-Lipschitz-like sets in Banach spaces: Theorems and examples, *Nonlinear Anal.* **11**, 1207–1217.
139. J. M. Borwein, M. Fabian, I. Kortezov and P. D. Loewen (2001), The range of the gradient of a continuously differentiable bump, *J. Nonlinear Convex Anal.* **2**, 1–19.
140. J. M. Borwein, M. Fabian and P. D. Loewen (2002), The shape of the range of a C^1 smooth bump in infinite dimensions, *Israel J. Math.* **132**, 239–251.

141. J. M. BORWEIN AND S. P. FITZPATRICK (1995), Weak* sequential compactness and bornological limit derivatives, *J. Convex Anal.* **2**, 59–68.
142. J. M. BORWEIN AND S. P. FITZPATRICK (1995), Characterization of Clarke subgradients among one-dimensional multifunctions, in *Proc. Optimization Miniconference II*, edited by B. M. Glover and V. Jeyakumar, pp. 61–64, University of New South Wales, Sydney, Australia.
143. J. M. BORWEIN AND S. P. FITZPATRICK (2001), Duality inequalities and sandwiched functions, *Nonlinear Anal.* **46**, 365–380.
144. J. M. BORWEIN, S. P. FITZPATRICK AND R. GIRGENSOHN (2003), Subdifferentials whose graphs are not norm×weak* closed, *Canad. Math. Bull.* **46**, 538–545.
145. J. M. BORWEIN, S. P. FITZPATRICK AND J. R. GILES (1987), The differentiability of real functions on normed linear spaces using generalized subgradients, *J. Math. Anal. Appl.* **128**, 512–534.
146. J. M. BORWEIN AND J. R. GILES (1987), The proximal normal formula in Banach spaces, *Trans. Amer. Math. Soc.* **302**, 371–381.
147. J. M. BORWEIN AND A. D. IOFFE (1996), Proximal analysis in smooth spaces, *Set-Valued Anal.* **4**, 1–24.
148. J. M. BORWEIN AND A. JOFRÉ (1998), A nonconvex separation property in Banach spaces, *Math. Meth. Oper. Res.* **48**, 169–179.
149. J. M. BORWEIN AND A. S. LEWIS (2000), *Convex Analysis and Nonlinear Optimization: Theory and Examples*, Springer, New York.
150. J. M. BORWEIN, Y. LUCET AND B. S. MORDUKHOVICH (2000), Compactly epi-Lipschitzian convex sets and functions in normed spaces, *J. Convex Anal.* **7**, 375–393.
151. J. M. BORWEIN, B. S. MORDUKHOVICH AND Y. SHAO (1999), On the equivalence of some basic principles of variational analysis, *J. Math. Anal. Appl.* **229**, 228–257.
152. J. M. BORWEIN, W. B. MOORS AND X. WANG (2001), Generalized subdifferentials: A Baire categorical approach, *Trans. Amer. Math. Soc.* **353**, 3875–3893.
153. J. M. BORWEIN AND D. NOLL (1994), Second order differentiability of convex functions in Banach spaces, *Trans. Amer. Math. Soc.* **342**, 43–81.
154. J. M. BORWEIN AND D. PREISS (1987), A smooth variational principle with applications to subdifferentiability and differentiability of convex functions, *Trans. Amer. Math. Soc.* **303**, 517–527.
155. J. M. BORWEIN AND H. M. STRÓJWAS (1985), Tangential approximations, *Nonlinear Anal.* **9**, 1347–1366.
156. J. M. BORWEIN AND H. M. STRÓJWAS (1986), Proximal analysis and boundaries of closed sets in Banach spaces, I: Theory, *Canad. J. Math.* **38**, 431–452.
157. J. M. BORWEIN AND H. M. STRÓJWAS (1987), Proximal analysis and boundaries of closed sets in Banach spaces, II: Applications, *Canad. J. Math.* **39**, 428–472.
158. J. M. BORWEIN, J. S. TREIMAN AND Q. J. ZHU (1998), Necessary conditions for constrained optimization problems with semicontinuous and continuous data, *Trans. Amer. Math. Soc.* **350**, 2409–2429.
159. J. M. BORWEIN, J. S. TREIMAN AND Q. J. ZHU (1999), Partially smooth variational principles and applications, *Nonlinear Anal.* **35**, 1031–1059.

160. J. M. Borwein and Q. J. Zhu (1996), Viscosity solutions and viscosity subderivatives in smooth Banach spaces with applications to metric regularity, *SIAM J. Control Optim.* **34**, 1568–1591.
161. J. M. Borwein and Q. J. Zhu (1997), Variational analysis in nonreflexive spaces and applications to control problems with L^1 perturbations, *Nonlinear Anal.* **28**, 889–915.
162. J. M. Borwein and Q. J. Zhu (1998), Limiting convex examples for nonconvex subdifferential calculus, *J. Convex Anal.* **5**, 221–235.
163. J. M. Borwein and Q. J. Zhu (1999), A survey of subdifferential calculus with applications, *Nonlinear Anal.* **38**, 687–773.
164. J. M. Borwein and Q. J. Zhu (2005) *Techniques of Variational Analysis*, Springer, New York.
165. J. M. Borwein and D. M. Zhuang (1988), Verifiable necessary and sufficient conditions for openness and regularity of set-valued and single-valued maps, *J. Math. Anal. Appl.* **134**, 441–459.
166. P. Bosch, A. Jourani and R. Henrion (2004), Sufficient conditions for error bounds and applications, *Appl. Math. Optim.* **50**, 161–181.
167. G. Bouligand (1930), Sur les surfaces dépourvues de points hyperlimits, *Ann. Soc. Polon Math.* **9**, 32–41.
168. G. Bouligand (1932), *Introduction à la Géométrie Infinitésimale Directe*, Gauthier-Villars, Paris.
169. R. D. Bourgin (1983), *Geometric Aspects of Convex Sets with the Radon-Nicodým Property*, Springer, New York, 1993.
170. M. Bounkhel (2004), Scalarization of the normal Fréchet regularity of set-valued mappings, *New Zealand J. Math.* **33**, 1–18.
171. M. Bounkhel and A. Jofré (2004), Subdifferential stability of the distance function and its applications to nonconvex economics and equilibrium, *J. Nonlinear Convex Anal.* **5**, 331–347.
172. M. Bounkhel and L. Thibault (2002), On various notions of regularity of sets in nonsmooth analysis, *Nonlinear Anal.* **48**, 223–246.
173. M. Bounkhel and L. Thibault (2005), Further characterizations of regular sets in Hilbert spaces and their applications to nonconvex sweeping processes, *J. Nonlinear Convex Anal.*, to appear.
174. K. E. Brennan, S. L. Campbell and L. R. Pretzold (1989), *Numerical Solution of Initial Value Problems in Differential-Algebraic Equations*, North-Holland, New York.
175. A. Bressan (1990), Upper and lower semicontinuous differential inclusions: A unified approach, in *Nonlinear Controllability and Optimal Control*, edited by H. J. Sussmann, pp. 21-31, Marcel Dekker, New York.
176. O. A. Brezhneva and A. A. Tret'yakov (2003), Optimality conditions for degenerate extremum problems with equality constraints, *SIAM J. Control Optim.* **42**, 729–745.
177. H. Bréziz and W. Strauss (1973), Semilinear second-order elliptic equations in L^1, *J. Math. Soc. Japan* **25**, 565–590.
178. J. Brinkhuis and V. M. Tikhomirov (2005), *Optimization: Motivations and Applications*, Princeton University Press, Princeton, New Jersey.
179. A. Brøndsted and R. T. Rockafellar (1965), On the subdifferentiability of convex functions, *Proc. Amer. Math. Soc.* **16**, 605–611.
180. L. E. J. Brouwer (1910), Über eineindeutige, stetige transformationen von flächen in sich, *Math. Ann.* **69**, 176–180.

181. D. J. Brown (1991), Equilibrium analysis with nonconvex technologies, in *Handbook of Mathematical Economics*, Vol. 4, edited by W. Hildenbrand and H. Sonnenschein, North-Holland, Amsterdam, The Netherlands.
182. A. Bruckner (1994), *Differentiation of Real Functions*, American Mathematical Society, Providence, Rhode Island.
183. F. Bucci (1992), A Dirichlet boundary control problem for the strongly damped wave equation, *SIAM J. Control Optim.* **30**, 1092–1100.
184. B. M. Budak, E. M. Berkovich and E. N. Solovieva (1969), Difference approximations in optimal control problems, *SIAM J. Control* **7**, 18–31.
185. B. M. Budak and F. P. Vasiliev (1975), *Some Computational Aspects of Optimal Control Problems*, Moscow University Press, Moscow.
186. R. S. Burachik and A. N. Iusem (2006), *Set-Valued Mappings and Enlargements of Monotone Operators*, SIAM Publications, Philadelphia, Pennsylvania.
187. R. S. Burachik, A. N. Iusem and B. F. Svaiter (1997), Enlargement of monotone operators with applications to variational inequalities, *Set-Valued Anal.* **5**, 159–180.
188. J. V. Burke (1991), Calmness and exact penalization, *SIAM J. Control Optim.* **29**, 493–497.
189. J. V. Burke (1991), An exact penalization viewpoint of constrained optimization, *SIAM J. Control Optim.* **29**, 968–998.
190. J. V. Burke and S. Deng (2002), Weak sharp minima revisted, I: Basic theory, *Control Cybernet.* **31**, 439–469.
191. J. V. Burke and S. Deng (2005), Weak sharp minima revisted, II: Application to linear regularity and error bounds, *Math. Progr.*, to appear.
192. J. V. Burke and M. C. Ferris (1993), Weak sharp minima in mathematical programming, *SIAM J. Control Optim.* **31**, 1340–1359.
193. J. V. Burke, M. C. Ferris and M. Quian (1992), *J. Math. Anal. Appl.* **166**, 199–213.
194. J. V. Burke, A. S. Lewis and M. L. Overton (2000), Optimizing matrix stability, *Proc. Amer. Math. Soc.* **129**, 1635–1642.
195. J. V. Burke, A. S. Lewis and M. L. Overton (2001), Optimal stability and eigenvalue multiplicity, *Found. Comput. Math.* **1**, 205–225.
196. J. V. Burke, A. S. Lewis and M. L. Overton (2002), Approximating subdifferentials by random sampling of gradients, *Math. Oper. Res.* **27**, 567–584.
197. J. V. Burke, A. S. Lewis and M. L. Overton (2003), Robust stability and a criss-cross algorithm for pseudospectra, *IMA J. Numerical Anal.* **23**, 1–17.
198. J. V. Burke, A. S. Lewis and M. L. Overton (2004), Variational analysis of the abscissa mapping for polynomials via the Gauss-Lucas theorem, *J. Global Optim.* **28**, 259–268.
199. J. V. Burke, A. S. Lewis and M. L. Overton (2004), A robust gradient sampling algorithm for nonsmooth, nonconvex optimization, *SIAM J. Optim.* **15**, 751–779.
200. J. V. Burke, A. S. Lewis and M. L. Overton (2005), Variational analysis of functions of the roots of polynomials, *Math. Progr.*, to appear.
201. J. V. Burke and D. R. Luke (2003), Variational analysis applied to the problem of optical phase retrieval, *SIAM J. Control Optim.* **42**, 576–595.

202. J. V. Burke and M. L. Overton (1992), in *Nonsmooth Optimization Methods and Applications*, edited by F. Giannessi, pp. 19–29, Gordon and Breach, Philadelphia, Pennsylvania.
203. J. V. Burke and M. L. Overton (2000), Variational analysis of the abscissa mapping for polynomials, *SIAM J. Control Optim.* **39**, 1651–1676.
204. J. V. Burke and M. L. Overton (2001), Variational analysis of non-Lipschitz spectral functions, *Math. Progr.* **90**, 317–351.
205. J. V. Burke and P. Tseng (1996), A unified analysis of Hoffman's bound via Fenchel duality, *SIAM J. Optim.* **6**, 265–282.
206. J. A. Burns (2003), Nonlinear distributed parameter control systems with non-normal linearizations: Applications and approximations, *Front. Appl. Math.* **27**, 17–53.
207. M. Bustos (1994), Epsilon gradients pour functions localements Lipschitziennes et applications, *Numer. Funct. Anal. Optim.* **15**, 435–453.
208. A. G. Butkovsky (1963), Necessary and sufficient optimality conditions for impulse control systems, *Autom. Remote Control* **24**, 1056–1064.
209. A. G. Butkovsky (1969), *Distributed Control Systems*, Elsevier, New York.
210. A. G. Butkovsky, A. I. Egorov and K. A. Lurie (1968), Optimal control of distributed systems (a survey of Soviet publications), *SIAM J. Control* **6**, 437–476.
211. A. G. Butkovsky and A. J. Lerner (1960), Optimal control systems with distributed parameters, *Autom. Remote Control* **21**, 472–477.
212. G. Buttazzo and G. Dal Maso (1982), Γ-convergence and optimal control problems, *J. Optim. Theory Appl.* **38**, 385–407.
213. G. Buttazzo, M. Giaquinta and S. Hildebrandt (1998), *One-Dimensional Variational Problems: An Introduction*, Oxford University Press, New York.
214. F. Camilli and M. Falcone (1996), Approximation of optimal control problems with state constraints: Estimates and applications, in *Nonsmooth Analysis and Geometric Methos in Deterministic Optimal Control*, edited by B. S. Mordukhovich and H. J. Sussmann, pp. 23–58, Springer, New York.
215. P.-M. Cannarsa and G. Da Prato (1991), Second-order Hamilton-Jacobi equations in infinite dimensions, *SIAM J. Control Optim.* **29**, 474–492.
216. P.-M. Cannarsa and H. Frankowska (1991), Some characterizations of optimal trajectories in control theory, *SIAM J. Control Optim.* **29**, 1322–1347.
217. P.-M. Cannarsa and C. Sinestrari (2004), *Semiconvex Functions, Hamilton-Jacobi Equations, and Optimal Control*, Birkhäuser, Boston, Massuchusetts.
218. M. Cannon, C. Cullum and E. Polak (1970), *Theory of Optimal Control and Mathematical Programming*, McGraw-Hill, New York.
219. M. J. Cánovas, A. L. Dontchev, M. A. López and J. Parra (2005), Metric regularity of semi-infinite constraint systems, *Math. Progr.*, to appear.
220. I. Capuzzo Dolcetta (1983), On a discrete approximation of the Hamilton-Jacobi bequation of dynamic programming, *Appl. Math. Optim.* **10**, 367–377.
221. I. Capuzzo Dolcetta and M. Falcone (1989), Discrete dynamic programming and visocity solutions of the Bellman equation, *Ann. Inst. H. Poincaré: Analyse Non Linéaire* **6**, 161–184.
222. C. Carathéodory (1935), *Variationsrechung und Partielle Differentialgleichungen erster Ordnung*, B. G. Teubner, Leipzig and Berlin, 1935.

223. O. CÂRJĂ (1984), The time optimal problem for boundary-distributed control systems, *Bull. Unione Mat. Italiana* **3-B**, 563–581.
224. D. A. CARLSON, A. HAURIE AND A. LEIZAROWITZ (1991), *Infinite Horizon Optimal Control*, Springer, Berlin.
225. E. CASAS (1997), Pontryagin's principle for state-constrained boundary control problems of semilinear parabolic equations, *SIAM J. Control Optim.* **35**, 1297–1327.
226. E. CASAS, J.-P. RAYMOND AND H. ZIDANI (2000), Pontryagin's principle for local solutions of control problems with mixed control-state constraints, *SIAM J. Control Optim.* **39**, 1182–1203.
227. E. CASAS AND J. YONG (1995), Maximum principle for state-constrained optimal control problems governed by quasilinear elliptic equations, *Diff. Integ. Eq.* **8**, 1–18.
228. C. CASTAING, A. SALVADORI AND L. THIBAULT (2001), Functional evolution equations governed by nonconvex sweeping process, *J. Nonlinear Convex Anal.* **2**, 217–241.
229. C. CASTAING AND M. VALADIER (1977), *Convex Analysis and Measurable Multifunctions*, Springer, New York.
230. E. CAVAZZUTI, M. PAPPALARDO AND M. PASSACANTANDO (2002), Nash equilibria, variational inequalities, and dynamical systems, *J. Optim. Theory Appl.* **114**, 491–505.
231. A. CELLINA (1988), On the set of solutions to Lipschitzian differential inclusions, *Diff. Integ. Eq.* **1**, 459–500.
232. A. CELLINA (2003), The classical problem of the calculus of variations in the autonomous case: Relaxation and Lipschitzianity of solutions, *Trans. Amer. Math. Soc.* **356**, 415–426.
233. A. CERNEA (2001), Some second-order necessary conditions for non-convex hyperbolic differential inclusions problems, *J. Math. Anal. Appl.* **253**, 616–639.
234. A. CERNEA (2005), Second-order necessary conditions for differential-difference inclusion problems, *Nonlinear Anal.* **62**, 963–974.
235. L. CESARI (1983), *Optimization – Theory and Applications*, Springer, New York.
236. R. W. CHANEY (1987), Second-order directional derivatives for nonsmooth functions, *J. Math. Anal. Appl.* **128**, 495–511.
237. A. V. CHERKAEV (2000), *Variational Methods for Structural Optimization*, Springer, New York.
238. F. L. CHERNOUSKO (1994), *State Estimation for Dynamic Systems*, CRC Press, Boca Raton, Florida.
239. A. A. CHIKRII (1997), *Conflict-Controlled Processes*, Kluwer, Dordrecht, The Netherlands.
240. I. CHRYSSOCHOOS AND R. B. VINTER (2003), Optimal control on manifolds: A dynamic programming approach, *J. Math. Anal. App.* **287**, 118–140.
241. E. N. CHUKWU (1992), *Stability and Time-Optimal Control of Hereditary Systems*, Academic Press, Boston, Massachusetts.
242. M. CILIGOT-TRAVAIN AND S. TRAORE (2002), On subgradients of spectral functions, *J. Convex Anal.* **9**, 401–414.
243. F. H. CLARKE (1973), *Necessary Conditions for Nonsmooth Problems in Optimal Control and the Calculus of Variations*, Ph.D. dissertation, Department of Mathematics, University of Washington, Seattle.

244. F. H. CLARKE (1975), Generalized gradients and applications, *Trans. Amer. Math. Soc.* **205**, 247–262.
245. F. H. CLARKE (1975), The Euler-Lagrange differential inclusion, *J. Diff. Eq.* **19**, 80–90.
246. F. H. CLARKE (1975), Admissible relaxation in variational and control problems, *J. Math. Anal. Appl.* **51**, 557–576.
247. F. H. CLARKE (1976), Optimal solutions to differential inclusions, *J. Optim. Theory Appl.* **19**, 469–478.
248. F. H. CLARKE (1976), The generalized problem of Bolza, *SIAM J. Control Optim.* **14**, 682–699.
249. F. H. CLARKE (1976), A new approach to Lagrange multipliers, *Math. Oper. Res.* **2**, 165–174.
250. F. H. CLARKE (1976), The maximum principle under minimal hypotheses, *SIAM J. Control Optim.* **14**, 1078–1091.
251. F. H. CLARKE (1976), Necessary conditions for a general control problem, in *Calculus of Variations and Control Theory*, edited by D. L. Russel, pp. 257–278, Academic Press, New York.
252. F. H. CLARKE (1976), On the inverse function theorem, *Pacific J. Math.* **64**, 97–102.
253. F. H. CLARKE (1977), Extremal arcs and extended Hamiltonian systems, *Trans. Amer. Math. Soc.* **231**, 349–367.
254. F. H. CLARKE (1980), The Erdmann condition and Hamiltonian inclusions in optimal control and the calculus of variations, *Can. J. Math.* **32**, 494–509.
255. F. H. CLARKE (1983), *Optimization and Nonsmooth Analysis*, Wiley, New York.
256. F. H. CLARKE (1987), Hamiltonian analysis of the generalized problem of Bolza, *Trans. Amer. Math. Soc.* **301**, 385–400.
257. F. H. CLARKE (1989), *Methods of Dynamic and Nonsmooth Optimization*, SIAM Publications, Philadelphia, Pennsylvania.
258. F. H. CLARKE (1993), A decoupling principle in the calculus of variations, *J. Math. Anal. Appl.* **172**, 92–105.
259. F. H. CLARKE (1993), An indirect method in the calculus of variations, *Trans. Amer. Math. Soc.* **336**, 655-673.
260. F. H. CLARKE (2003), Necessary conditions in optimal control: A new approach, *Math. Progr.* **97**, 71–89.
261. F. H. CLARKE (2005), Necessary conditions in dynamic optimization, *Mem. Amer. Math. Soc.* **173**, No. 816.
262. F. H. CLARKE AND Y. S. LEDYAEV (1994), Mean value inequality in Hilbert spaces, *Trans. Amer. Math. Soc.* **344**, 307–324.
263. F. H. CLARKE, Y. S. LEDYAEV, E. D. SONTAG AND A. I. SUBBOTIN (1997), Asymptotic controllability implies feedback stabilization, *IEEE Trans. Autom. Control* **42**, 1394–1407.
264. F. H. CLARKE, Y. S. LEDYAEV, R. J. STERN AND P. R. WOLENSKI (1995), Qualitative properties of trajectories of control systems: A survey, *J. Dynam. Control Systems* **1**, 1–47.
265. F. H. CLARKE, Y. S. LEDYAEV, R. J. STERN AND P. R. WOLENSKI (1998), *Nonsmooth Analysis and Control Theory*, Springer, New York.
266. F. H. CLARKE, Y. S. LEDYAEV AND P. R. WOLENSKI (1995), Proximal analysis and minimization principles, *J. Math. Anal. Appl.* **196**, 722–735.

267. F. H. Clarke and P. D. Loewen (1986), The value function in optimal control: Sensitivity, controllability and time-optimality, *SIAM J. Control Optim.* **24**, 243–263.
268. F. H. Clarke and P. D. Loewen (1987), State constraints in optimal control: A case study in proximal normal analysis, *SIAM J. Control Optim.* **25**, 1440–1456.
269. F. H. Clarke and R. J. Stern (2003), State constrained feedback stabilization, *SIAM J. Control Optim.* **42**, 422–441.
270. F. H. Clarke, R. J. Stern and P. R. Wolenski (1993), Subgradient criteria for monotonicity and the Lipschitz condition, *Canad. J. Math.* **45**, 1167–1183.
271. F. H. Clarke, R. J. Stern and P. R. Wolenski (1995), Proximal smoothness and the lower-C^2 property, *J. Convex Anal.* **2**, 117–144.
272. F. H. Clarke and R. B. Vinter (1989), Applications of optimal multiprocesses, *SIAM J. Control Optim.* **25**, 1048–1071.
273. F. H. Clarke and R. B. Vinter (1989), Optimal multiprocesses, *SIAM J. Control Optim.* **25**, 1072–1091.
274. F. H. Clarke and G. G. Watkins (1986), Necessary conditions, controllability and the value function for differential-difference inclusions, *Nonlinear Anal.* **10**, 1155–1179.
275. F. H. Clarke and P. R. Wolenski (1991), The sensitivity of optimal control problems to time delay, *SIAM J. Control Optim.* **29**, 1176–1215.
276. F. H. Clarke and P. R. Wolenski (1996), Necessary conditions for functional differential inclusions, *Appl. Math. Optim.* **34**, 34–51.
277. G. Colombo and V. V. Goncharov (1999), The sweeping processes without convexity, *Set-Valued Anal.* **7**, 357–374.
278. G. Colombo and V. V. Goncharov (2001), Variational inequalities and regularity properties of closed sets in Hilbert spaces, *J. Convex Anal.* **8**, 197–221.
279. G. Colombo and A. Marigonda (2005), Differentiability properties for a class of nonconvex functions, *Calc. Var. Partial Diff. Eq.*, to appear.
280. G. Colombo and P. R. Wolenski (2004), Variational analysis for a class of minimal time functions in Hilbert spaces, *J. Convex Anal.* **11**, 335–361.
281. F. Colonius (1982), The maximum principle for relaxed hereditary differential systems with function space end conditions, *SIAM J. Control Optim.* **20**, 695–712.
282. R. Cominetti (1990), Metric regularity, tangent cones, and second-order optimality conditions, *Appl. Math. Optim.* **21**, 265–287.
283. R. Cominetti and R. Correa (1990), A generalized second order derivative in nonsmooth optimization, *SIAM J. Optim.* **28**, 789–809.
284. R. Conti (1968), Time-optimal solution of a linear evolution equation in Banach spaces, *J. Optim. Theory Appl.* **2**, 277–284.
285. B. Cornet (1981), Regular properties of tangent and normal cones, CEREMADE Publication 8130, Universiteé de Paris IX "Dauphine".
286. B. Cornet (1986), The second welfare theorem in nonconvex economies, CORE discussion paper No. 8630.
287. B. Cornet (1988), General equilibrium theorem and increasing returns: Presentation, *J. Math. Econ.* **17**, 103–118.

288. B. CORNET (1990), Marginal cost pricing and Pareto optimality, in *Essays in Honor of Edmond Malinvaud*, edited by P. Champsaur, Vol. 1, pp. 14–53, MIT Press, Cambridge, Massachusetts.
289. B. CORNET AND M.-O. CZARNECKI (1999), Smooth normal approximations of epi-Lipschitz subset in $I\!R^n$, *SIAM J. Control Optim.* **37**, 710–730.
290. B. CORNET AND M.-O. CZARNECKI (2001), Existence of generalized equilibria: Necessary and sufficient conditions, *Nonlinear Anal.* **44**, 555–574.
291. R. CORREA, P. GAJARDO AND L. THIBAULT (2005), Subdifferential representation formula and subdifferential criteria for the behavior of nonsmooth functions, *Nonlinear Anal.*, to appear.
292. R. CORREA, A. JOFRÉ AND L. THIBAULT (1994), Subdifferential monotonicity as characterization of convex functions, *Numer. Funct. Anal. Optim.* **15**, 1167–1183.
293. R. W. COTTLE, F. GIANNESSI AND J.-L. LIONS, ed. (1980), *Variational Inequalities and Complementarity Problems*, Wiley, New York.
294. R. W. COTTLE, J.-S. PANG AND R. E. STONE (1992), *The Linear Complementarity Problem*, Academic Press, Boston, Massachusetts.
295. M. G. CRANDALL, L. C. EVANS AND P.-L. LIONS (1984), Some properties of viscosity solutions, *Trans. Amer. Math. Soc.* **282**, 487–502.
296. M. G. CRANDALL, H. ISHII AND P.-L. LIONS (1992), User's guide to viscosity solutions of second-order partial differential equations, *Bull. Amer. Math. Soc.* **27**, 1–67.
297. M. G. CRANDALL AND P.-L. LIONS (1983), Viscosity solutions of Hamilton-Jacobi equations, *Trans. Amer. Math. Soc.* **277**, 1–42.
298. B. D. CRAVEN (1994), Convergence of discrete approximations for constrained minimization, *J. Austral. Math. Soc.* **35**, 1–12.
299. B. D. CRAVEN (1995), *Control and Optimization*, Chapman and Hall, London, UK.
300. B. D. CRAVEN AND D. V. LUU (1997), A method for establishing optimality conditions for a nonconvex vector-valued minimax problem, *J. Optim. Theory Appl.* **95**, 295–304.
301. G. P. CRESPI, D. LA TORRE AND M. ROCCA (2003), Second-order mollified derivatives and optimization, *J. Nonlinear Convex Anal.* **3**, 437-454.
302. J. CULLUM (1969), Discrete approximations to continuous optimal control problems, *SIAM J. Control* **7**, 32–49.
303. J. CULLUM (1972), Finite-dimensional approximations of state constrained continuous optimal control problems, *SIAM J. Control* **10**, 649–670.
304. M.-O. CZARNECKI AND L. RIFFORD (2005), Approximation and regularization of Lipschitz functions: Convergence of the gradients, *Trans. Amer. Math. Soc.*, to appear.
305. L. DAI (1989), *Singular Control Systems*, Springer, Berlin.
306. P. DANIELE AND A. MAUGERI (2001), On dynamical equilibrium problems and variational inequalities, in *Equilibrium Problems: Nonsmooth Optimization and Variational Inequality Models*, edited by F. Giannessi, A. Maugeri and P. Pardalos, pp. 59–69, Kluwer, Dordrecht, The Netherlands.
307. J. M. DANSKIN (1967), *The Theory of Min-Max and Its Application to Weapon Allocations Problems*, Springer, New York.
308. F. S. DE BLASI, G. PIANIGIANI AND A. A. TOLSTONOGOV (2004), A Bogolyubov type theorem with a nonconvex constraint in Banach spaces, *SIAM J. Control Optim.* **43**, 466-476.

309. G. Debreu (1951), The coefficient of resource utilization, *Econometrica* **19**, 273–292.
310. G. Debreu (1959), *Theory of Values*, Yale University Press, New Haven, Connecticut.
311. G. Debreu (1970), Economies with a finite set of equilibria, *Econometrica* **38**, 387–392.
312. E. De Giorgi, A. Marino and M. Tosques (1980), Problemi di evoluzione in spazi metric e curve di massima pendenza, *Atti. Accad. Naz. Lincei Rend. Cl. Sci. Fis. Mat. Natur.* **68**, 180–187.
313. M. Degiovanni, A. Marino and M. Tosques (1985), Evolution equations with lack of convexity, *Nonlinear Anal.* **9**, 1401–1443.
314. K. Deimling (1992), *Multivalued Differential Equations*, De Gruyter, Berlin.
315. J. Demmel (1987), The condition number and the distance to the nearest ill-posed problem, *Numerische Math.* **51**, 251–289.
316. S. Dempe (2002), *Foundations of Bilevel Programming*, Kluwer, Dordrecht, The Netherlands.
317. S. Dempe (2003), Annotated bibliography on bilevel programming and mathematical programs with equilibrium constraints, *Optimization* **52**, 333–359.
318. V. F. Demyanov (2005), *Extremality Conditions and Calculus of Variations*, Vysshaya Shkola, Moscow.
319. V. F. Demyanov and V. N. Malozemov (1974), *Introduction to Minimax*, Wiley, New York.
320. V. F. Demyanov amd A. M. Rubinov (1980), On quasidifferentiable functionals, *Dokl. Akad. Nauk SSSR* **250**, 21–25.
321. V. F. Demyanov and A. M. Rubinov (1995), *Constructive Nonsmooth Analysis*, Peter Lang, Frankfurt, Germany.
322. V. F. Demyanov and A. M. Rubinov, eds. (1995), *Quasidifferentiability and Related Topics* (2000), Kluwer, Dordrecht, The Netherlands.
323. Z. Denkowski, S. Migórski and N. S. Papageorgiou (2004), *An Introduction to Nonlinear Analysis and Its Applications*, published in two volumes, Kluwer, Boston, Massachusetts.
324. D. Dentcheva and W. Römisch (2000), Differential stability of two-stage stochastic programs, *SIAM J. Optim.* **11**, 87–112.
325. D. Dentcheva and A. Ruszczyński (2004), Optimization with stochastic dominance constraints, *SIAM J. Optim.* **14**, 548-566.
326. A. De Simone and M. G. Graziano (2004), The pure theory of public goods: The case of many commodities, *J. Math. Econ.* **40**, 847–868.
327. E. N. Devdariani and Y. S. Ledyaev (1999), Maximum principle for implicit control systems, *Appl. Math. Optim.* **41**, 79–103.
328. R. Deville (1994), Stability of subdifferentials of nonconvex functions in Banach spaces, *Set-Valued Anal.* **2**, 141–157.
329. R. Deville and E. M. El Haddad (1996), The viscosity subdifferential of the sum of two functions in Banach spaces, I: First order case, *J. Convex Anal.* **3**, 295–308.
330. R. Deville, G. Godefroy and V. Zizler (1993), A smooth variational principle with applications to Hamilton-Jacobi equations in infinite dimensions, *J. Funct. Anal.* **111**, 197–212.
331. R. Deville, G. Godefroy and V. Zizler (1993), *Smoothness and Renorming in Banach Spaces*, Wiley, New York.

332. J. DIESTEL (1975), *Geometry of Banach Spaces–Selected Topics*, Springer, Berlin.
333. J. DIESTEL (1984) *Sequences and Series in Banach Spaces*, Springer, New York.
334. J. DIESTEL AND J. J. UHL, JR. (1977), *Vector Measures*, American Mathematical Society, Providence, Rhode Island.
335. U. DINI (1878), *Fondamenti per la Teoria delle Funzioni di Variabili Reali*, Pisa, Italy.
336. A. V. DMITRUK (2002), An nonlocal Lyusternik estimate and its applications to control systems with sliding modes, in *Nonlinear Control Systems 2001*, edited by A. B. Kurzhanskii and A. L. Fradkov, Vol. 2, pp. 1061–1064, Elsevier, Exeter, UK.
337. A. V. DMITRUK, A. A. MILYUTIN AND N. P. OSMOLOVSKII (1980), Lyusternik's theorem and the theory of extrema, *Russian Math. Surveys* **35**, 11–51.
338. B. DOITCHINOV AND V. VELIOV (1993), Parameterizations of integrals of set-valued mappings and applications, *J. Math. Anal. Appl.* **179**, 483–499.
339. S. DOLECKI (1980), A general theory of necessary optimality conditions, *J. Math. Anal. Appl.* **78**, 267–308.
340. S. DOLECKI (1982), Tangency and differentiation: Some applications of convergence theory, *Ann. Mat. Pura Appl.* **130**, 223–255.
341. S. DOLECKI AND S. ROLEWICZ (1979), Exact penalties for local minima, *SIAM J. Control Optim.* **17**, 596–606.
342. T. DONCHEV (1997), Lower semicontinuous differential inclusions: One-sided Lipschitz approach, *Coll. Math.* **74**, 177–184.
343. T. DONCHEV (2005), Approximation of solution sets for optimal control problems, in *Large-Scale Scientific Computations*, edited by I. Lirkov, S. Margenov and J. Wasniewski, Lecture Notes Comp. Sci., Springer, Berlin.
344. T. DONCHEV AND E. FARKHI (1998), Stability and Euler approximation of one-sided Lipschitz differential inclusions, *SIAM J. Control Optim.* **36**, 780–796.
345. T. DONCHEV AND E. FARKHI (1999), Euler approximation of discontinuous one-sided Lipschitz convex differential inclusions, in *Calculus of Variations and Differential Equations*, edited by A. Ioffe, S. Reich and I. Shafrir, pp. 101–118, Chapman and Hall/CRC Press, Boca Raton, Florida.
346. T. DONCHEV AND B. S. MORDUKHOVICH (2005), Strong convergence of discrete approximations for one-sided Lipschitzian differential inclusions, preprint.
347. A. L. DONTCHEV (1981), Error estimates for s discrete approximation to constrained control problems, *SIAM J. Numer. Anal.* **18**, 500–514.
348. A. L. DONTCHEV (1983), *Perturbations, Approximations and Sensitivity Analysis of Optimal Control Systems*, Springer, Berlin.
349. A. L. DONTCHEV (1988), Equivalent perturbations and approximations in optimal control, in *International Series of Numerical Mathematics* **84**, pp. 43–54, Birkhäuser, Basel, Switzerland.
350. A. L. DONTCHEV (1995), Characterization of Lipschitz stability in optimization, in *Recent Developments in Well-Posed Variational Problems and Related Topics*, edited by R. Lucchetti and J. Revalski, pp. 95–116, Kluwer, Dordrecht, The Netherlands.

351. A. L. Dontchev (1995), Implicit function theorems for generalized equations, *Math. Progr.* **70**, 91–106.
352. A. L. Dontchev (1996), The Graves theorem revisited, *J. Convex Anal.* **3**, 45–54.
353. A. L. Dontchev (1996), Discrete approximations in optimal control, in *Nonsmooth Analysis and Geometric Methods in Deterministic Optimal Control*, edited by B. S. Mordukhovich and H. J. Sussmann, pp. 59–81, Springer, New York.
354. A. D. Dontchev and E. M. Farkhi (1989), Error estimates for discretized differential inclusions, *Computing* **41**, 349–358.
355. A. L. Dontchev and W. W. Hager (1993), Lipschitzian stability in nonlinear control and optimization, *SIAM J. Control Optim.* **31**, 569–603.
356. A. L. Dontchev and W. W. Hager (1994), Implicit functions, Lipschitz maps and stability in optimization, *Math. Oper. Res.* **19**, 753–768.
357. A. L. Dontchev and W. W. Hager (1998), A new approach to Lipschitz continuity in state constrained optimal control, *Syst. Control Lett.* **35**, 137–143.
358. A. L. Dontchev and W. W. Hager (2001), The Euler approximation in state constrained optimal control, *Math. Comp.* **70**, 173–203.
359. A. L. Dontchev and F. Lempio (1992), Difference methods for differential inclusions: A survey, *SIAM Rev.* **34**, 263–294.
360. A. L. Dontchev and A. S. Lewis (2005), Perturbations and metric regularity, *Set-Valued Anal.*, to appear.
361. A. L. Dontchev, A. S. Lewis and R. T. Rockafellar (2003), The radius of metric regularity, *Trans. Amer. Math. Soc.* **355**, 493–517.
362. A. L. Dontchev and B. S. Mordukhovich (1983), Relaxation and well-posedness of nonlinear optimal processes, *Syst. Control Lett.* **3**, 177–179.
363. A. L. Dontchev, M. Quincampoix and N. Zlateva (2005), Aubin criterion for metric regularity, *J. Convex Anal.*, to appear.
364. A. L. Dontchev and R. T. Rockafellar (1996), Characterizations of strong regularity for variational inequalities over polyhedral convex sets, *SIAM J. Optim.* **7**, 1087–1105.
365. A. L. Dontchev and R. T. Rockafellar (2001), Ample parameterization of variational inclusions, *SIAM J. Optim.* **12**, 170–187.
366. A. L. Dontchev and R. T. Rockafellar (2004), Regularity and conditioning of solution mappings in variational analysis, *Set-Valued Anal.* **12**, 79–109.
367. A. L. Dontchev and T. Zolezzi (1993), *Well-Posed Optimization Problems*, Springer, New York.
368. A. Douglis (1961), The continuous dependence of generalized solutions of non-linear partial differential equations upon initial data, *Comm. Pure Appl. Math.* **14**, 267–284.
369. A. Y. Dubovitskii and A. A. Milyutin (1963), Extremum problems in the presence of constraints, *Dokl. Akad. Nauk SSSR* **149**, 759–762.
370. A. Y. Dubovitskii and A. A. Milyutin (1965), Extremum problems in the presence of restrictions, *USSR Comput. Maths. Math. Phys.* **5**, 1–80.
371. N. Dunford and J. T. Schwartz (1958), *Linear Operators, I: General Theory*, Interscience, New York.
372. J. C. Dunn (1995), Second order optimality conditions in sets of L^∞ functions with range in a polyhedron, *SIAM J. Control Optim.* **33**, 1603–1635.

373. M. DÜR, R. HORST AND M. LOCATELLI (1998), Necessary and sufficient conditions for convex maximization revisited, *J. Math. Anal. Appl.* **217**, 637–649.
374. J. DUTTA (2005), Necessary optimality conditions and saddle points for approximate optimization in Banach spaces, *TOP: Spanish J. Oper. Res.*, **13**, 127–143.
375. J. DUTTA (2005), Optimality conditions for maximizing a locally Lipschitz function, *Optimization* **54**, 377–389.
376. J. DUTTA (2005), Generalized derivatives and nonsmooth optimization: A finite-dimensional tour, *TOP: Spanish J. Oper. Res.*, **13**.
377. J. DUTTA AND S. DEMPE (2005), Bilevel programming with convex lower level problems, in *Optimization with Multivalued Mappings: Theory, Applications and Algorithms*, edited by S. Dempe and V. V. Kalashnikov, Springer, Berlin.
378. J. DUTTA AND C. TAMMER (2005), Lagrangian conditions for vector optimization on Banach spaces, *Math. Meth. Oper. Res.*, to appear.
379. A. N. DYUKALOV (1983), *Problems of Applied Mathematical Economics*, Nauka, Moscow.
380. Z. DZALILOV, A. F. IVANOV AND A. M. RUBINOV (2001), Difference inclusions with delay of economic growth, *Dynam. Syst. Appl.* **10**, 283–293.
381. A. EBERHARD (2001), Prox-regularity and subjects, in *Optimization and Related Topics*, edited by A. Rubinov and B. Glover, *Applied Optimization* **47**, pp. 237–313, Kluwer, Dordrecht, The Netherlands.
382. A. EBERHARD AND M. NYBLOM (1998), Jets, generalized convexity, proximal normality and differences of functions, *Nonlinear Anal.* **34**, 319–360.
383. A. EBERHARD, M. NYBLOM AND D. RALPH (1998), Applying generalized convexity notions to jets, in *Generalized Convexity, Generalized Monotonicity: Recent Results*, edited by J.-P. Crouzeix, J. E. Martinez-Legaz and M. Volle, pp. 111–157, Kluwer, Dordrecht, The Netherlands.
384. A. EBERHARD AND C. E. M. PEARCE (2005), A comparison of two approaches to second-order subdifferentiability concepts with application to optimality conditions, in *Optimization and Control with Applications*, edited by L. Qi, K. L. Teo and X. Yang, pp. 36–100, Springer, Berlin.
385. A. EBERHARD, C. E. M. PEARCE AND D. RALPH (1998), A comparative study of jets, graphical derivatives and coderivatives, RMIT Research Report, No. 8, Melbourne, Australia.
386. A. EBERHARD, R. SIVAKUMARAN AND R. WENCZEL (2005), On the variational behavior of the subhessians of the Lasry-Lions envelope, *J. Convex Anal.*, to appear.
387. A. EBERHARD AND R. WENCZEL (2004), Optimality conditions in nonsmooth analysis, RMIT Research Report, No. 3, Melbourne, Australia.
388. C. ECKART AND G. YOUNG (1936), The approximation of one matrix by another of lower rank, *Psychometrika* **1**, 211–218.
389. J. E. EDMOND AND L. THIBAULT (2002), Inclusions and integration of subdifferentials, *J. Nonlinear Convex Anal.* **3**, 411–434.
390. J. E. EDMOND AND L. THIBAULT (2005), Relaxation of an optimal control problem involving a perturbed sweeping process, *Math. Progr.*, to appear.
391. A. I. EGOROV (1967), Necessary optimality conditions for distributed parameter systems, *SIAM J. Control* **5**, 352–408.
392. A. I. EGOROV (1978), *Optimal Control of Heat and Diffusion Processes*, Nauka, Moscow.

393. Y. V. EGOROV (1963), Certain problems in optimal control theory, *USSR Comput. Maths. Math. Phys.* **3**, 1209–1232.
394. Y. V. EGOROV (1964), Some necessary conditions for optimality in Banach spaces, *Math. Sbornik* **64**, 79–101.
395. K. J. EISENHART (2003), *Multiobjective Optimal Control Problems with End-point and State Constraints*, Ph.D. dissertation, Departments of Mathematics, Western Michigan University, Kalamazoo, Michigan.
396. I. EKELAND (1972), Sur les problémes variationnels, *C. R. Acad. Sci. Paris* **275**, 1057–1059.
397. I. EKELAND (1974), On the variational principle, *J. Math. Anal. Appl.* **47**, 324–353.
398. I. EKELAND (1974), Une estimation a priori en programmation non convexe, *C. R. Acad. Sci. Paris* **277**, 149–151.
399. I. EKELAND (1979), Nonconvex minimization problems, *Bull. Amer. Math. Soc.* **1**, 432–467.
400. I. EKELAND AND G. LEBOURG (1976), Generic Fréchet differentiability and perturbed optimization problems in Banach spaces, *Trans. Amer. Math. Soc.* **224**, 193–216.
401. I. EKELAND AND R. TEMAM (1976), *Convex Analysis and Variational Problems*, North-Holland, Amsterdam, The Netherlands.
402. B. EL ABDOUNI AND L. THIBAULT (1992), Lagrange multipliers for Pareto nonsmooth programming problems in Banach spaces, *Optimization* **26**, 277–285.
403. L. E. ÉLSGOLTS (1955), *Qualitative Methods in Mathematical Analysis* (1955). GITTL, Moscow.
404. L. E. ÉLSGOLTS AND S. B. NORKIN (1973), *Introduction to the Theory and Applications of Differential Equations with Deviating Arguments*, Academic Press, New York.
405. M. EPELMAN AND R. M. FREUND (2002), A new condition measure, preconditioners, and relations between different measures of conditioning for conic linear systems, *SIAM J. Optim.* **13**, 627–655.
406. I. I. EREMIN (1966), The penalty method in convex programming, *Soviet Math. Dokl.* **8**, 458–462.
407. Y. M. ERMOLIEV, V. P. GULENKO AND T. I. TZARENKO (1978), *Finite Difference Method in Optimal Control Problems*, Naukova Dumka, Kiev.
408. Y. M. ERMOLIEV, V. I. NORKIN AND R. J-B. WETS (1995), The minimization of semicontinuous functions: Mollifier subgradients, *SIAM J. Control Optim.* **33**, 149–167.
409. E. ERNST AND M. THÉRA (2005), A converse to the Eidelgeit theorem in real Hilbert spaces, *Bull. Sci. Math.* **129**, 381–397.
410. E. ERNST AND M. THÉRA (2005), Necessary and sufficient conditions for the existence of a global maximum for convex functions in reflexive Banach spaces, *J. Convex Anal.*, to appear.
411. L. EULER (1774), *Methodus Inveniendi Curvas Lineas Maximi Minimive Proprietate Gaudentes Sive Solution Problematis Viso Isoperimetrici Latissimo Sensu Accepti*, Lausanne; reprinted in *Opera Omnia*, Ser. 1, Vol. 24, 1952.
412. U. G. EVTUSHENKO (1982), *Methods of Solving Extremal Problems and Their Application in Optimization Systems*, Nauka, Moscow.
413. M. FABIAN (1986), Subdifferentials, local ε-supports and Asplund spaces, *J. London Math. Soc.* **34**, 568–576.

414. M. FABIAN (1988), On classes of subdifferentiability spaces of Ioffe, *Nonlinear Anal.* **12**, 568–576.
415. M. FABIAN (1989), Subdifferentiability and trustworthiness in the light of a new variational principle of Borwein and Preiss, *Acta Univ. Carolina, Ser. Math. Phys.* **30**, 51–56.
416. M. FABIAN (1997), *Gâteaux Differentiability of Convex Functions and Topology. Weak Asplund Spaces*, Wiley, New York.
417. M. FABIAN, P. HÁJEK AND J. VANDERWERFF (1996), On smooth variational principles in Banach spaces, *J. Math. Anal. Appl.* **197**, 153–172.
418. M. FABIAN, P. D. LOEWEN AND B. S. MORDUKHOVICH (2005), Subdifferential calculus in Asplund generated spaces, *J. Math. Anal. Appl.*, to appear.
419. M. FABIAN AND B. S. MORDUKHOVICH (1998), Smooth variational principles and characterizations of Asplund spaces, *Set-Valued Anal.* **6**, 381–406.
420. M. FABIAN AND B. S. MORDUKHOVICH (1999), Separable reduction and supporting properties of Fréchet-like normals in Banach spaces, *Canad. J. Math.* **51**, 26–48.
421. M. FABIAN AND B. S. MORDUKHOVICH (2002), Separable reduction and extremal principles in variational analysis, *Nonlinear Anal.* **49**, 265–292.
422. M. FABIAN AND B. S. MORDUKHOVICH (2003), Sequential normal compactness versus topological normal compactness in variational analysis, *Nonlinear Anal.* **54**, 1057–1067.
423. M. FABIAN AND N. V. ZHIVKOV (1985). A characterization of Asplund spaces with help of local ε-supports of Ekeland and Lebourg, *C. R. Acad. Bulgare Sci.* **38**, 671–674.
424. F. FACCHINEI AND J.-S. PANG (2003), *Finite-Dimensional Variational Inequalities and Complementary Problems*, published in two volumes, Springer, New York.
425. M. FALCONE (1994), Discrete time high-order schemes for viscosity solutions of the Hamilton-Jacobi equation, *Numer. Math.* **67**, 315–344.
426. L.-T. FAN AND C.-S. WANG (1964), *The Discrete Maximum Principle: A Study of Multistage Systems Optimization*, Wiley, New York.
427. H. O. FATTORINI (1964), Time-optimal control of solutions of operational differential equations, *SIAM J. Control* **2**, 54–59.
428. H. O. FATTORINI (1968), Boundary control problems, *SIAM J. Control* **6**, 349–385.
429. H. O. FATTORINI (1987), A unified theory of necessary conditions for nonlinear nonconvex control systems, *Appl. Math. Optim.* **15**, 141–185.
430. H. O. FATTORINI (1996), Optimal control with state constraints for semilinear distributed parameter systems, *J. Optim. Theory Appl.* **88**, 25–59.
431. H. O. FATTORINI (1997), Nonlinear infinite dimensional optimal control problems with state constraints and unbounded control sets, *Rend. Instit. Mat. Univ. Trieste* **28**, 127–146.
432. H. O. FATTORINI (1999), *Infinite Dimensional Optimization and Control Theory*, Cambridge University Press, Cambridge, Massachusetts.
433. H. O. FATTORINI (2001), The maximum principle for control systems described by linear parabolic equations, *J. Math. Anal. Appl.* **259**, 630–651.
434. H. O. FATTORINI AND H. FRANKOWSKA (1991), Necessary conditions for infinite dimensional control problems, *Math. Contr. Signal Syst.* **4**, 41–67.

435. H. O. Fattorini and T. Murphy (1994), Optimal problems for nonlinear parabolic boundary control problems: Dirichlet boundary conditions, *Diff. Integ. Eq.* **7**, 1367–1388.

436. H. O. Fattorini and T. Murphy (1994), Optimal problems for nonlinear parabolic boundary control systems, *SIAM J. Control Optim.* **32**, 1577-1596.

437. H. Federer (1959), Curvature measures, *Trans. Amer. Math. Soc.* **93**, 418–491.

438. R. P. Fedorenko (1970), Maximum principle for differential inclusions, *USSR Comput. Maths. Math. Phys.* **10**, 57–68.

439. R. P. Fedorenko (1971), Maximum principle for differential inclusions (necessity), *USSR Comput. Maths. Math. Phys.* **11**, 885–893.

440. A. A. Feldbaum (1953), Optimal process in systems of automatic control, *Autom. Telemekh* **14**, No. 6.

441. H. Fenchel (1951), *Convex Cones, Sets and Functions*, Lecture Notes, Princeton University, Princeton, New Jersey.

442. P. de Fermat (1636), Letters to M. Mersenne and J. Roberval, Toulouse, France.

443. M. M. A. Ferreira, F. A. C. C. Fontes and R. B. Vinter (1999), Nondegenerate necessary conditions for nonconvex optimal control problems with state constraints, *J. Math. Anal. Appl.* **233**, 116–129.

444. M. M. A. Ferreira and R. B. Vinter (1994), When is the maximum principle for state-constrained problems degenerate?, *J. Math. Anal. Appl.* **187**, 432–467.

445. M. C. Ferris and O. L. Mangasarian (1993), Error bounds and strong upper semicontinuity for monotone affine variational inequalities, *Ann. Oper. Res.* **47**, 293–305.

446. M. C. Ferris and J.-S. Pang (1997), Engineering and economic applications of complementarity problems, *SIAM Rev.* **39**, 669–713.

447. A. V. Fiacco (1983), *Introduction to Sensitivity and Stability Analysis in Nonlinear Programming*, Academic Press, New York.

448. A. V. Fiacco and G. P. McCormick (1968), *Nonlinear Programming: Sequential Unconstrained Minimization Techniques*, Wiley, New York.

449. A. F. Filippov (1962), On certain questions in the theory of optimal control, *SIAM J. Control* **1**, 76–84.

450. A. F. Filippov (1988), *Differential Equations with Discontinuous Right-Hand Sides*, Kluwer, Dordrecht, The Netherlands.

451. S. P. Fitzpatrick (1980), Metric projections and the differentiability of distance functions, *Bull. Austral. Math. Soc.* **22**, 291–312.

452. S. D. Flåm (2005), Upward slopes and inf-convolutions, *Math. Oper. Res.*, to appear.

453. S. D. Flåm and A. Jourani (2000), Prices and Pareto optima, Research Report.

454. M. L. Flegel (2005), *Constraint Qualifications and Stationarity Concepts for Mathematical Programs with Equilibrium Constraints*, Ph.D. Dissertation, Facult. Math., Univ. Würzburg, Germany.

455. M. L. Flegel and C. Kanzow (2003), A Fritz John approach to first order optimality conditions for mathematical programs with equilibrium constraints, *Optimization* **52**, 277–296.

456. M. L. FLEGEL AND C. KANZOW (2005), On M-stationarity points for mathematical programs with equilibrium constraints, *J. Math. Anal. Appl.* **310**, 286–302.
457. M. L. FLEGEL, C. KANZOW AND J. V. OUTRATA (2005), Optimality conditions for disjunctive programs with equilibrium constraints, preprint.
458. W. H. FLEMING AND H. M. SONER (1993), *Controlled Markov Processes and Viscosity Solutions*, Springer, New York.
459. M. FLORENZANO (2003), *General Equilibrium Analysis: Existence and Optimality Properties of Equilibria*, Kluwer, Dordrecht, The Netherlands.
460. M. FLORENZANO, P. GOURDEL AND A. JOFRÉ (2003), Supporting weakly Pareto optimal allocations in infinite dimensional nonconvex economies, preprint.
461. F. FLORES-BAZÁN (1997), On minima of the difference functions, *J. Optim. Theory Appl.* **93**, 525–531.
462. F. FLORES-BAZÁN AND W. OETTLI (2001), Simplified optimality conditions for minimizing the difference of vector-valued convex functions, *J. Optim. Theory Appl.* **108**, 571–586.
463. D. FOLEY (1967), Resource allocation and the public sector, *Yale Econ. Essays* **7**, 43–98.
464. H. FRANKOWSKA (1985), Necessary conditions for the Bolza problem, *Math. Oper. Res.* **10**, 361–366.
465. H. FRANKOWSKA (1987), The maximum principle for an optimal control to a differential inclusion with endpoint constraints, *SIAM J. Control Optim.* **25**, 145–157.
466. H. FRANKOWSKA (1987), An open mapping principle for set-valued maps, *J. Math. Anal. Appl.* **127**, 172–180.
467. H. FRANKOWSKA (1989), Higher order inverse function theorems, *Ann. Inst. H. Poincaré: Analyse Non Linéaire* **6**, 283–304.
468. H. FRANKOWSKA (1989), Contingent cones to reachable sets of control systems, *SIAM J. Control Optim.* **27**, 170–198.
469. H. FRANKOWSKA (1990), Some inverse mappings theorems, *Ann. Inst. H. Poincaré: Analyse Non Linéaire* **7**, 183–234.
470. H. FRANKOWSKA (1990), A priori estimates for operational differential inclusions, *J. Diff. Eq.* **84**, 100–128.
471. H. FRANKOWSKA (1993), Lower semicontinuous solutions of Hamilton-Jacobi-Bellman equations, *SIAM J. Control Optim.* **31**, 257–272.
472. H. FRANKOWSKA (2005), Optimal synthesis via superdifferentials of value functions, *Control Cybernet.* **34** (2005), No. 3.
473. M. FRÉCHET (1911), Sur la notion de différentielle, *C. R. Acad. Sci. Paris* **152**, 845–847.
474. R. A. FREEMAN AND P. V. KOKOTOVIĆ (1996), *Robust Nonlinear Control Design: State-Space and Lyapunov Techniques*, Birkhäuser, Boston, Massachusetts.
475. R. M. FREUND AND J. R. VERA (1999), Some characterizations and properties of the 'distance to ill-posedness' and the condition measure of a conic linear system, *Math. Progr.* **86**, 225–260.
476. A. FRIEDMAN (1964), Optimal control for hereditary processes, *J. Math. Anal. Appl.* **15**, 396–414.
477. A. FRIEDMAN (1967), Optimal control in Banach spaces, *J. Math. Anal. Appl.* **19**, 35–55.

478. A. FRIEDMAN (1982), *Variational Principles and Free-Boundary Problems*, Wiley, New York.
479. A. FRIEDMAN (1987), Optimal control for parabolic variational inequalities, *SIAM J. Control Optim.* **25**, 482–497.
480. M. FUKUSHIMA AND J.-S. PANG (2005), Quasi-variational inequalities, generalized Nash equilibria, and multi-leader-follower games, *Comput. Management Sci.* **1**, 21–56.
481. A. V. FURSIKOV (2000), *Optimal Control of Distributed Systems. Theory and Applications*, American Mathematical Society, Prividence, Rhode Island.
482. P. FUSEK, D. KLATTE AND B. KUMMER (2002), Examples and couterexamples in Lipschitz analysis, *Control Cybernet.* **31**, 471–492.
483. R. GABASOV AND S. V. CHURAKOVA (1968), Necessary optimality conditions in time-lag systems, *Autom. Remote Control* **29**, 37–54.
484. R. GABASOV AND F. M. KIRILLOVA (1966), On the extension of the maximum principle by L. S. Pontryagin to discrete systems, *Autom. Remote Control* **27**, 1878–1882.
485. R. GABASOV AND F. M. KIRILLOVA (1974), *Maximum Principle in the Theory of Optimal Processes*, Nauka i Tekhnika, Minsk, Belarus.
486. R. GABASOV AND F. M. KIRILLOVA (1976), *Qualitative Theory of Optimal Processes*, Marcel Dekker, New York.
487. R. GABASOV AND F. M. KIRILLOVA (1977), Methods of optimal control, *J. Soviet Math.* **7**, 805–849.
488. R. GABASOV, F. M. KIRILLOVA AND B. S. MORDUKHOVICH (1983), The ε-maximum principle for suboptimal controls, *Soviet Math. Dokl.* **27**, 95–99.
489. N. GADHI (2005), Optimality conditions for a d. c. set-valued problem via the extremal principle, in *Optimization with Multivalued Mappings: Theory, Applications and Algorithms*, edited by S. Dempe and V. V. Kalashnikov, Springer, Berlin.
490. G. N. GALBRAITH (2001), Extended Hamilton-Jacobi characterization of value functions in optimal control, *SIAM J. Control Optim.* **39**, 281–305.
491. G. N. GALBRAITH (2002), Cosmically Lipschitz set-valued mappings, *Set-Valued Anal.* **10**, 331–360.
492. G. N. GALBRAITH (2004), Solution regularity in optimal control via subgradient analysis of the value function, *Set-Valued Anal.* **12**, 111–126.
493. G. N. GALBRAITH AND R. B. VINTER (2003), Lipschitz continuity of optimal controls for state constrained problems, *SIAM J. Control Optim.* **42**, 1727–1744.
494. R. V. GAMKRELIDZE (1957), On the theory of optimal processes in linear systems, *Dokl. Akad. Nauk SSSR* **116**, 9–11.
495. R. V. GAMKRELIDZE (1962), On sliding optimal regimes, *Soviet Math. Dokl.* **3**, 559–561.
496. R. V. GAMKRELIDZE (1965), On some extremal problem in the theory of differential equations with applications to the theory of optimal control, *SIAM J. Control* **3**, 106–128.
497. R. V. GAMKRELIDZE (1978), *Principles of Optimal Control Theory*, Plenum Press, New York.
498. R. V. GAMKRELIDZE (1999), Discovery of the maximum principle, *J. Dynam. Control Syst.* **5**, 437–451.
499. J. GAUVIN AND F. DUBEAU (1982), Differential properties of the marginal function in mathematical programming, *Math. Progr. Study* **19**, 101–119.

500. V. S. Gavrilov and M. I. Sumin (2004), Parametric optimization of nonlinear Goursat-Darboux systems with state constraints, *Comput. Maths. Math. Phys.* **44**, 949–968.
501. M. Geoffroy and M. Lassonde (2000), On a convergence of lower semicontinuous functions linked with the graph convergence of their subdifferentials, in *Constructive, Experimental and Nonlinear Analysis*, edited by M. Théra, Canad. Math. Soc. Conf. Proc. **27**, 93–109.
502. P. G. Georgiev and N. P. Zlateva (1996), Second-order subdifferential of $C^{1,1}$ functions and optimality conditions, *Set-Valued Anal.* **4**, 101–117.
503. W. Geremew, B. S. Mordukhovich and N. M. Nam (2005), Coderivative analysis of metric regularity for constraint and variational systems, preprint.
504. F. Giannessi (2005), *Constrained Optimization and Image Space Analysis*, published in two volumes Springer, Berlin.
505. J. R. Giles (1982), On the characterization of Asplund spaces, *J. Aust. Math. Soc.* **32**, 134–144.
506. B. Ginsburg and A. D. Ioffe (1996), The maximum principle in optimal control of systems governed by semilinear equations, in *Nonsmooth Analysis and Geometric Methos in Deterministic Optimal Control*, edited by B. S. Mordukhovich and H. J. Sussmann, pp. 81–110, Springer, New York.
507. I. V. Girsanov (1972), *Lectures on Mathematical Theory of Extremum Problems*, Springer, Berlin.
508. B. M. Glover and B. D. Craven (1994), A Fritz John optimality condition using the approximate subdifferential, *J. Optim. Theory Appl.* **82**, 253–265.
509. B. M. Glover, B. D. Craven and S. D. Flåm (1993), A generalized Karush-Kuhn-Tucker optimality condition without constraint qualification using the approximate subdifferential, *Numer. Func. Anal. Optim.* **14**, 333–353.
510. B. M. Glover and D. Ralph (1994), First order approximations to nonsmooth mappings with applications to metric regularity, *Numer. Func. Anal. Optim.* **15**, 599–620.
511. R. Goebel (2004), Regularity of the optimal feedback and the value function in convex problems of optimal control, *Set-Valued Anal.* **12**, 127–145.
512. B. Gollan (1984), On the marginal function in nonlinear programming, *Math. Oper. Res.* **9**, 208–221.
513. S. B. Gorelik and B. S. Mordukhovich (1985), High-order necessary optimality conditions in neutral systems with some applications, *Izv. Akad Nauk BSSR. Ser. Fiz.-Mat. Nauk*, No. 6, 111–112; Depon. VINITI # 1154-85, Moscow.
514. S. B. Gorelik and B. S. Mordukhovich (1986), Legendre-Clebsch and Kelley conditions for nonlinear systems of neutral type with applications to existence of optimal control, *Izv. Akad Nauk BSSR. Ser. Fiz.-Mat. Nauk*, No. 65, 119; Depon. VINITI # 4057-85, Moscow.
515. V. V. Gorokhovik (1986), Epsilon-quasidifferentiability of real-valued functions and optimality conditions in extremal problems, *Math. Progr. Study* **29**, 203–218.
516. V. V. Gorokhovik (1990), *Convex and Nonsmooth Problems of Vector Optimization*, Nauka i Tekhnika, Minsk, Belarus.
517. V. V. Gorokhovik and P. P. Zabreiko (1998), Fréchet differentiability of multimappings, in *Nonlinear Analysis and Applications*, edited by I. V. Gaishun, pp. 34–49, Minsk, Belarus.

518. M. G. GOVIL AND A. MEHRA (2005), Epsilon-optimality for nonsmooth programming on a Hilbert space, in *Generalized Convexity, Generalized Monotonicity and Applications*, edited by A. Eberhard et al., Nonconvex Optimization and Its Applications, pp. 287–298, Springer, New York.
519. M. S. GOWDA AND R. SZNAJDER (1996), On the Lipshitzian properties of polyhedral multifunctions, *Math. Progr.* **74**, 267–278.
520. G. GRAMMEL (2003), Towards fully discretized differential inclusions, *Set-Valued Anal.* **11**, 1–8.
521. K. A. GRASSE (1985), A higher order sufficient condition for surjectivity, *Nonlinear Anal.* **9**, 87–96.
522. L. M. GRAVES (1950), Some mapping theorems, *Duke Math. J.* **17**, 111–114.
523. J. GUDDAT, F. GUERRA VASQUEZ AND H. T. JONGEN (1990), *Parametric Optimization: Singularities, Pathfollowing and Jumps*, B. G. Tebner and John Wiley & Sons, Stuttgart and Chichester.
524. R. GUESNERIE (1975), Pareto optimality in non-convex economies, *Econometrica* **43**, 1–29.
525. S. GUILLAUME (2000), Subdifferential evolution inclusions in nonconvex analysis, *Positivity* **4**, 357–395.
526. P. GUPTA, S. SHIRAISHI AND K. YOKOYAMA (2005), Epsilon-optimality without constraint qualifications for multiobjective fractional programs, *J. Nonlinear Convex Anal.* **6**, 347–357.
527. V. I. GURMAN (1997), *The Extension Principle in Control Problems*, 2nd edition, Nauka, Moscow.
528. M. L. GUSAKOVA (1972), Necessary optimality conditions for systems that are not solved with respect to the derivative, *Diff. Eq.* **8**, 1498–1500.
529. M. L. GUSAKOVA (1974), On necessary optimality conditions for systems of neutral type, *Diff. Eq.* **810**, 1894–1897.
530. T. X. D. HA (2003), The Ekeland variational principle for set-valued maps involving coderivatives, *J. Math. Anal. Appl.* **286**, 509–523.
531. T. X. D. HA (2005), Some variants of the Ekeland variational principle for a set-valued map, *J. Optim. Theory Appl.* **124**, 187–206.
532. T. X. D. HA (2005), Lagrange multipliers for set-valued problems associated with coderivatives, *J. Math. Anal. Appl.*, to appear.
533. A. HABTE (2005), *Applications of Variational Analysis to Welfare Economics*, Ph.D. dissertation, Department of Mathematics, Wayne State University, Detroit, Michigan.
534. N. HADJISAVVAS, S. KOMLOSI AND S. SCHAIBLE, eds. (2005), *Handbook of Generalized Convexity and Generalized Monotonicity*, Springer, Berlin.
535. W. W. HAGER (1976), Rates of convergence for discrete approximations to unconstrained control problems, *SIAM J. Numer. Anal.* **13**, 1–14.
536. W. W. HAGER (1979), Lipschitz continuity for constrained processes, *SIAM J. Control Optim.* **17**, 321–332.
537. A. HALANAY (1968), Optimal control for systems with time lag, *SIAM J. Control* **6**, 215–234.
538. J. HALE (1977), *Theory of Functional Differential Equations*, Springer, New York.
539. H. HALKIN (1964), On the necessary condition for the optimal control of nonlinear systems, *J. Analyse Math.* **12**, 1–82.

540. H. HALKIN (1964), Optimal control for systems by nonlinear difference equations, in *Advances in Control Systems*, Vol. 1, pp. 173–196, Academic Press, New York.
541. H. HALKIN (1970), A satisfactory treatment of equality and operator constraints in Dubovitskii-Milyutin optimization formalism, *J. Optim. Theory Appl.* **6**, 138–149.
542. H. HALKIN (1972), Extremal properties of biconvex contingent equations, in *Ordinary Differential Equations*, edited by L. Weiss, pp. 109–119, Academic Press, New York.
543. H. HALKIN (1974), Implicit functions and optimization problems without continuous differentiability of the data, *SIAM J. Control* **12**, 229–236.
544. H. HALKIN (1976), Mathematical programming without differentiability, in *Calculus of Variations and Control Theory*, edited by D. L. Russel, pp. 279–287, Academic Press, New York.
545. H. HALKIN (1978), Necessary conditions for optimal control problems with differentiable and nondifferentiable data, in *Mathematical Control Theory*, Lecture Notes Math. **680**, pp. 77–118, Springer, Berlin.
546. A. H. HAMEL (2001), An epsilon-Lagrange multiplier rule for a mathematical programming problem on a Banach space, *Optimization* **49**, 137–150.
547. A. H. HAMEL (2003), Phelps' lemma, Daneš' drop theorem and Ekeland's variational principle in locally convex spaces, *Proc. Amer. Math. Soc.* **131**, 3025–3038.
548. W. R. HAMILTON (1834), On a general method employed in dynamics, by which the study of the motions of all free systems of attracting or repelling points is reduced to the search and differentiation of one central solution or characteristic function, *Philosophical Transactions of the Royal Society of London* **124**, 247–308.
549. W. L. HARE AND A. LEWIS (2005). Estimating tangent and normal cones, *Math. Oper. Res.*, to appear.
550. P. T. HARKER AND J.-S. PANG (1990), Finite-dimensional variational inequalities and complementarity problems: a survey of theory, algorithms and applications, *Math. Progr.* **60**, 161–220.
551. J. HASLINGER, M. MIETTINEN AND P. D. PANAGIOTOPOULOS (1999), *Finite Elements Methods for Hemivariational Inequalities*, Kluwer, Dordrecht, The Netherlands.
552. F. HAUSDORFF (1927), *Mengenlehre*, Walter de Gruyter, Berlin.
553. R. HAYDON (1990), A counterexample in several quastions about scattered compact spaces, *Bull. London Math. Soc.* **22**, 261–268.
554. Z.-X. HE (1987), State constrained control problems governed by variational inequalities, *SIAM J. Control Optim.* **25**, 1119–1144.
555. R. HENRION (1995), Topological characterization of the approximate subdifferential in the finite-dimensional cases, *Math. Methods Oper. Res.* **41**, 161–173.
556. R. HENRION (1997), Topological properties of the approximate subdifferential, *J. Math. Anal. Appl.* **207**, 345–360.
557. R. HENRION (1997), Characterization of stability for cone increasing constraints in stochastic programming, *Set-Valued Anal.* **5**, 323–349.
558. R. HENRION (2004), Perturbation analysis of chance-constrained programs under variation of all constraint data, in *Dynamic Stochastic Optimization*, Lecture Notes Econ. Math. Syst. **523**, pp. 257–274, Springer, Berlin.

559. R. Henrion and A. Jourani (2002), Subdifferential conditions for calmness of convex constraints, *SIAM J. Optim.* **13**, 520–534.
560. R. Henrion, A. Jourani and J. V. Outrata (2002), On the calmness of a class of multifunctions, *SIAM J. Optim.* **13**, 603–618.
561. R. Henrion and J. V. Outrata (2001), A subdifferential condition for calmness of multifunctions, *J. Math. Anal. Appl.* **258**, 110–130.
562. R. Henrion and J. V. Outrata (2005), Calmness of constraint systems with applications, *Math. Progr.*, to appear.
563. R. Henrion and W. Römisch (1999), Metric regularity and quantitative stability in stochastic programming with probabilistic constraints, *Math. Progr.* **84**, 55–88.
564. R. Henrion and W. Römisch (2000), Stability of solutions to chance constrained stochastic programs, in *Parametric Optimization and Related Topics V*, edited by J. Guddat et al., pp. 95–114, Peter Lang, Frankfurt, Germany.
565. M. R. Hestenes (1966), *Calculus of Variations and Optimal Control Theory*, Wiley, New York.
566. J. R. Hicks (1939), The foundations of welfare economics, *Econ. J.* **49**, 696–712.
567. D. Hilbert (1902), Mathematical problems, *Bull. Amer. Math. Soc.* **7**, 437–479.
568. W. Hildenbrand (1969), Pareto optimality for a measure space of economic agents, *Intern. Econ. Rev.* **10**, 363–372.
569. J.-B. Hiriart-Urruty (1979), New concepts in nondifferentiable programming, *Bull. Soc. Math. France* **60**, 57–85.
570. J.-B. Hiriart-Urruty (1979), Tangent cones, generalized gradients and mathematical programming in Banach spaces, *Math. Oper. Res.* **4**, 79–97.
571. J.-B. Hiriart-Urruty (1979), Refinements of necessary optimality conditions in nondifferentiable programming I, *Appl. Math. Optim.* **5**, 63–82.
572. J.-B. Hiriart-Urruty (1982), Refinements of necessary optimality conditions in nondifferentiable programming II, *Math. Progr. Study* **19**, 120–139.
573. J.-B. Hiriart-Urruty (1989), From convex optimization to nonconvex optimization: Necessary and sufficient conditions for global optimality, in *Nonconvex Optimization and Related Topics*, pp. 219–239, Plenum Press, New York.
574. J.-B. Hiriart-Urruty and Y. S. Ledyaev (1996), A note on the characterization of the global maxima of a (tangentially) convex function over a convex set, *J. Convex Anal.* **3**, 55–61.
575. J.-B. Hiriart-Urruty and C. Lemaréchal (1993), *Convex Analysis and Minimization Algorithms*, published in two volumes, Springer, Berlin.
576. J.-B. Hiriart-Urruty and P. Plazanet (1989), Moreau's decomposition theorem revisited, *Ann. Inst. H. Poincaré: Analyse Non Linéaire* **6**, 325–338.
577. J.-B. Hiriart-Urruty and A. Seeger (1989), Calculus rules on a new set-valued second-order derivative for convex functions, *Nonlinear Anal.* **13**, 721–738.
578. I. Hlaváček, J. Haslinger, J. Nečas and J. Lovišek (1988), *Solution of Variational Inequalities in Mechanics*, Springer, New York.
579. A. J. Hoffman (1952), On approximate solutions to systems of linear inequalities, *J. Nat. Bureau Stand.* **49**, 263–265.
580. R. B. Holmes (1975), *Geometric Functional Analysis and Its Applications*, Springer, New York.

581. L. HÖRMANDER (1954), Sur la function d'appui des ensdembles convexes dans un espace localement convexe, *Arkiv för Mat.* **3**, 181–186.
582. L. HÖRMANDER (1990), *The Analysis of Linear Partial Differential Operators I*, Springer, Berlin.
583. R. HORST, P. D. PARDALOS AND N. V. THOAI (2000), *Introduction to Global Optimization*, 2nd edition, Kluwer, Dordrecht, The Netherlands.
584. X. HU AND D. RALPH (2002), A note of sensitivity of value functions of mathematical programs with complementarity constraints, *Math. Progr.* **93**, 265–279.
585. X. HU, D. RALPH, E. K. RALPH, P. BARDSLEY AND M. C. FERRIS (2002), The effect of transmission capacities on competition in deregulated electricity markets, preprint.
586. D. K. HUGHES (1968), Variational and optimal control problems with delayed argument, *J. Optim. Theory Appl.* **2**, 1–14.
587. A. D. IOFFE (1979), Regular points of Lipschitz functions, *Trans. Amer. Math. Soc.* **251**, 61–69.
588. A. D. IOFFE (1979), Necessary and sufficient conditions for a local minimum, I: A reduction theorem and first order conditions, *SIAM J. Control Optim.* **17**, 245–250.
589. A. D. IOFFE (1981), Nonsmooth analysis: Differential calculus of nondifferentiable mappings, *Trans. Amer. Math. Soc.* **266** (1981), 1–56.
590. A. D. IOFFE (1981), Sous-differentielles approaches de fonctions numériques, *C.R. Acad. Sci. Paris* **292**, 675–678.
591. A. D. IOFFE (1981), Calculus of Dini subdifferentials, CEREMADE Publication 8110, Universiteé de Paris IX "Dauphine".
592. A. D. IOFFE (1981), Approximate subdifferentials of nonconvex functions, CEREMADE Publication 8120, Universiteé de Paris IX "Dauphine".
593. A. D. IOFFE (1983), On subdifferentiability spaces, *Ann. New York Acad. Sci.* **410**, 107–119.
594. A. D. IOFFE (1984), Calculus of Dini subdifferentials and contingent coderivatives of set-valued maps, *Nonlinear Anal.* **8**, 517–539.
595. A. D. IOFFE (1984), Necessary conditions in nonsmooth optimization, *Math. Oper. Res.* **9**, 159–188.
596. A. D. IOFFE (1984), Approximate subdifferentials and applications, I: The finite dimensional theory, *Trans. Amer. Math. Soc.* **281**, 389–415.
597. A. D. IOFFE (1986), Approximate subdifferentials and applications, II: Functions on locally convex spaces, *Mathematika* **33**, 111–128.
598. A. D. IOFFE (1987), On the local surjection property, *Nonlinear Anal.* **11**, 565–592.
599. A. D. IOFFE (1989), Approximate subdifferentials and applications, III: The metric theory, *Mathematika* **36**, 1–38.
600. A. D. IOFFE (1990), Proximal analysis and approximate subdifferentials, *J. London Math. Soc.* **41**, 175–192.
601. A. D. IOFFE (1991), Variational analysis of composite functions: A formula for the lower second order epi-derivative, *J. Math. Anal. Appl.* **160**, 379–405.
602. A. D. IOFFE (1993), A Lagrange multiplier rule with small convex-valued subdifferentials for non-smooth problems of mathematical programming involving equality and non-functional constraints, *Math. Progr.* **72**, 137–145.

603. A. D. IOFFE (1996), Nonsmooth subdifferentials: Their calculus and applications, in *Proceedings of the First World Congress of Nonlinear Analysts*, edited by V. Lakshmikantham, pp. 2299–2310, De Gruyter, Berlin.
604. A. D. IOFFE (1997), Directional compactness and nonsmooth semi-Fredholm mappings, *Nonlinear Anal.* **29**, 201–219.
605. A. D. IOFFE (1997), Euler-Lagrange and Hamiltonian formalisms in dynamic optimization, *Trans. Amer. Amer. Soc.* **349**, 2871–2900.
606. A. D. IOFFE (1998), Fuzzy principles and characterization of trustworthiness, *Set-Valued Anal.* **6**, 265–276.
607. A. D. IOFFE (2000), Codirectional compactness, metric regularity and subdifferential calculus, in *Constructive, Experimental and Nonlinear Analysis*, edited by M. Théra, Canad. Math. Soc. Conf. Proc. **27**, 123–164.
608. A. D. IOFFE (2000), Metric regularity and subdifferential calculus, *Russian Math. Surveys* **55**, 501–558.
609. A. D. IOFFE (2003), On stability estimates for the regularity property of maps, in *Topological Methods, Variational Methods and Their Applications*, edited by H. Breziz et al., pp. 133–142, World Scientific Publishing, River Edge, New Jersey.
610. A. D. IOFFE (2003), On robustness for the regularity property of maps, *Control Cybernet.* **32**, 543–554.
611. A. D. IOFFE (2005), Optimality alternative: A non-variational approach to necessary conditions, in *Variational Analysis and Applications*, edited by F. Giannessi and A. Maugeri, pp. 531–552, Springer, Berlin.
612. A. D. IOFFE AND V. L. LEVIN (1972), Subdifferentials of convex functions, *Trudy Moscow Mat. Ob.* **26**, 3–73.
613. A. D. IOFFE AND T. MILOSZ (2002), On a characterization of $C^{1,1}$ functions, *Cybernetics and Systems Analysis*, No. 3, 3–13.
614. A. D. IOFFE AND J.-P. PENOT (1996), Subdifferentials of performance functions and calculus of coderivatives of set-valued mappings, *Serdica Math. J.* **22**, 359–384.
615. A. D. IOFFE AND J.-P. PENOT (1997), Limiting subhessians, limiting subjects and their calculus, *Trans. Amer. Math. Soc.* **349**, 789–807.
616. A. D. IOFFE AND R. T. ROCKAFELLAR (1996), The Euler and Weierstrass conditions for nonsmooth variational problems, *Calc. Var. Partial Diff. Eq.* **4**, 59–87.
617. A. D. IOFFE AND V. M. TIKHOMIROV (1968), Extensions of variational problems, *Trans. Moscow Math. Soc.* **18**, 207–273.
618. A. D. IOFFE AND V. M. TIKHOMIROV (1979), *Theory of Extremal Problems*, North-Holland, Amsterdam, The Netherlands.
619. A. D. IOFFE AND V. M. TIKHOMIROV (1997), Some remarks on variational principles, *Math. Notes* **61**, 248–253.
620. A. D. IOFFE AND A. J. ZASLAVSKI (2000), Variational principles and well-posedness in optimization and calculus of variations, *SIAM J. Control Optim.* **38**, 566–581.
621. A. N. IUSEM (1998), On some properties of generalized proximal point methods for variational inequalities, *J. Optim. Theory Appl.* **96**, 337–362.
622. M. IVANOV (2004), Sequential representation formulae for G-subdifferential and Clarke subdifferential in smooth Banach spaces, *J. Convex Anal.* **11**, 179–196.

623. A. F. Izmailov (2006), *Sensitivity in Optimization*, Fizmatlit, Moscow.
624. A. F. Izmailov and M. V. Solodov (2001), Error bounds for 2-regular mappings with Lipschitzian derivatives and its applications, *Math. Progr.* **89**, 413–435.
625. C. G. J. Jacobi (1866), *Volesungen über Dynamik*, edited by A. Clebsch, Verlag Georg Reimer, Berlin.
626. M. Q. Jacobs and C. E. Langenhop (1976), Criteria for function space controllability of linear neutral systems, *SIAM J. Control Optim.* **14**, 1009–1048.
627. J. Jahn (2004), *Vector Optimization: Theory, Applications and Extensions*, Springer, Berlin.
628. J. Jahn, A. A. Khan and P. Zeilinger (2005), Second order optimality conditions in set-valued optimization, *J. Optim. Theory Appl.* **125**, 331–347.
629. R. Janin (1973), Sur une classe de fonctions sous-linéarisables, *C. R. Acad. Sci. Paris* **277**, 265–267.
630. V. Jeyakumar and D. T. Luc (1998), Approximate Jacobian matrices for nonsmooth continuous maps and C^1-optimization, *SIAM J. Control Optim.* **36**, 1815–1832.
631. V. Jeyakumar and N. D. Yen (2004), Solution stability, regularity and implicit functions for nonsmooth continuous systems, *SIAM J. Optim.* **14**, 1106–1127.
632. H. Jiang and D. Ralph (2000), Smooth SQP methods for mathematical programs with nonlinear complementarity constraints, *SIAM J. Optim.* **10**, 779–808.
633. A. Jofré (2000), A second-welfare theorem in nonconvex economics, in *Constructive, Experimental and Nonlinear Analysis*, edited by M. Théra, Canad. Math. Soc. Conf. Proc. **27**, 175–184.
634. A. Jofré, D. T. Luc and M. Théra (1998), Epsilon-sundifferentials and epsilon-monotonicity, *Nonlinear Anal.* **33**, 71–90.
635. A. Jofré and J. Rivera (2005), A nonconvex separation property and some applications, *Math. Progr.*, to appear.
636. A. Jofré, R. T. Rockafellar and R. J-B. Wets (2005), A variational inequality scheme for determining an economic equilibrium of classical or extended type, in *Variational Analysis and Applications*, edited by F. Giannessi and A. Maugeri, pp. 553–578, Springer, Berlin.
637. A. Jofré, R. T. Rockafellar and R. J-B. Wets (2005), Variational inequalities and economic equilibrium, *Math. Oper. Res.*, to appear.
638. F. John (1948), Extremum problems with inequalities as side conditions, in *Studies and Essays: Courant Anniversary Volume*, edited by K. O. Fredrichs, O. E. Neugebauer and J. J. Stoker, pp. 187–204, Wiley, New York.
639. H. T. Jongen, D. Klatte and K. Tammer (1990), Implicit functions and sensitivity of stationary points, *Math. Progr.* **49**, 123–138.
640. H. T. Jongen, T. Möbert, J.-J. Rückmann and K. Tammer (1987), Implicit functions and sensitivity analysis of stationary points, *Linear Algerbra Appl.* **95**, 97–109.
641. H. T. Jongen, J.-J. Rückmann and G.-W. Weber (1994), One-parametric semi-infinite optimization: On the stability of the feasible set, *SIAM J. Optim.* **4**, 637–648.
642. E. Jouini (1988), A remark on Clarke's normal cone and the marginal cost pricing rule, *J. Math. Econ.* **17**, 309–315.

643. A. JOURANI (1995), Compactly epi-Lipschitzian sets and A-subdifferentials in WT-spaces, *Optimization* **34**, 1–17.
644. A. JOURANI (1995), Intersection formulae and the marginal function in Banach spaces, *J. Math. Anal. Appl.* **192**, 867–891.
645. A. JOURANI (1998), Necessary conditions for extremality and separation theorems with applications to multobjective optimization, *Optimization* **44**, 327–350.
646. A. JOURANI (1999), Limit superior of subdifferentials of uniformly convergent functions, *Positivity* **3**, 33–47.
647. A. JOURANI (2000), Hoffman's error bound, local controllability and sensitivity analysis, *SIAM J. Control Optim.* **38**, 947–970.
648. A. JOURANI (2003), On a class of compactly epi-Lipschitzian sets, *Nonlinear Anal.* **54**, 471–483.
649. A. JOURANI (2005), Weak regularity of functions and sets in Asplund spaces, *Nonlinear Anal.*, to appear.
650. A. JOURANI AND M. THÉRA (1998), On the limiting Fréchet ε-sibdifferentials, in *Generalized Convexity, Generalized Monotonicity: Recent Results*, edited by J. P. Crouzeix et al., Nonconvex Optim. Appl. **27**, pp. 185–198, Kluwer, Dordrecht, The Netherlands.
651. A. JOURANI AND L. THIBAULT (1990), Approximate subdifferential and metric regularity: The finite-dimensional case, *Math. Progr.* **47**, 203–218.
652. A. JOURANI AND L. THIBAULT (1990), The use of metric graphical regularity in approximate subdifferential calculus rules in finite dimensions, *Optimization* **21**, 1–11.
653. A. JOURANI AND L. THIBAULT (1993), The approximate subdifferential of composite functions, *Bull. Austral. Math. Soc.* **47**, 443–445.
654. A. JOURANI AND L. THIBAULT (1994), A note on Fréchet and approximate subdifferentials of composite functions, *Bull. Austral. Math. Soc.* **49**, 111–116.
655. A. JOURANI AND L. THIBAULT (1995), Verifiable conditions for openness, metric regularity of multivalued mappings, *Trans. Amer. Math. Soc.* **347**, 1225–1268.
656. A. JOURANI AND L. THIBAULT (1995), Metric regularity for strongly compactly Lipschitzian mappings, *Nonlinear Anal.* **24**, 229–240.
657. A. JOURANI AND L. THIBAULT (1996), Metric regularity and subdifferential calculus in Banach spaces, *Set-Valued Anal.* **3**, 87–100.
658. A. JOURANI AND L. THIBAULT (1996), Extensions of subdifferential calculus rules in Banach spaces, *Canad. J. Math.* **48**, 834–848.
659. A. JOURANI AND L. THIBAULT (1998), Chain rules for coderivatives of multivalued mappings in Banach spaces, *Proc. Amer. Math. Soc.* **126**, 1479–1485.
660. A. JOURANI AND L. THIBAULT (1998), Qualification conditions for calculus rules of coderivatives of multivalued mappings, *J. Math. Anal. Appl.* **218**, 66–81.
661. A. JOURANI AND L. THIBAULT (1999), Coderivatives of multivalued mappings, locally compact cones and metric regularity, *Nonlinear Anal.* **35**, 925–945.
662. A. JOURANI AND J. J. YE (2005), Error bounds for eigenvalue and semidefinite matrix inequality systems, *Math. Progr.*, to appear.
663. G. A. KAMENSKII AND E. A. HVILON (1968), Optimality conditions for systems with deviating argument, in *Trudy Sem. Teor. Diff. Urav. Otklon. Argum.* **6**, 213–222.

664. L. V. KANTOROVICH (1940), On an efficient method for solving some classes of extremum problems, *Dokl. Akad. Nauk SSSR* **28**, 212–215.
665. W. KARUSH (1939), *Minima of Functions of Several Variables with Inequalities as Side Conditions*, Master Thesis, Department of Mathematics, University of Chicago.
666. B. KAŚKOSZ AND S. LOJASIEWICZ, JR. (1985), A maximum principle for generalized control systems, *Nonlinear Anal.* **9**, 109–130.
667. B. KAŚKOSZ AND S. LOJASIEWICZ, JR. (1992), Lagrange-type extremal trajectories in differential inclusions, *Syst. Control Lett.* **19**, 241–247.
668. G. A. KENT (1971), A maximum principle for optimal control problems with neutral functional differential systems, *Bull. Amer. Math. Soc.* **77**, 565–570.
669. M. A. KHAN (1988) Ioffe's normal cone and the foundations of welfare economics: An example, *Econ. Lett.* **28**, 5–19.
670. M. A. KHAN (1991), Ioffe's normal cone and the foundations of welfare economics: The infinite dimensional theory, *J. Math. Anal. Appl.* **161**, 284–298.
671. M. A. KHAN (1999), The Mordukhovich normal cone and the foundations of welfare economics, *J. Public Econ. Theory* **1**, 309–338.
672. M. A. KHAN AND S. RASHID (1975), Nonconvexity and Pareto optimality in large markets, *Inter. Econ. Rev.* **16**, 222–245.
673. M. A. KHAN AND R. VOHRA (1987), An extension of the second welfare theorem to economies with non-convexities and public goods, *Quartery J. Econ.* **102**, 223–245.
674. M. A. KHAN AND R. VOHRA (1988), Pareto optimal allocations of nonconvex economies in locally convex spaces, *Nonlinear Anal.* **12**, 943–950.
675. M. A. KHAN AND R. VOHRA (1988), On approximate decentralization of Pareto optimal allocations in locally convex spaces, *J. Approx. Theory* **52**, 149–161.
676. P. Q. KHANH (1986), An induction theorem and general open mapping theorem, *J. Math. Anal. Appl.* **118**, 519–536.
677. P. Q. KHANH (1989), On general open mapping theorems, *J. Math. Anal. Appl.* **144**, 305–312.
678. G. L. KHARATISHVILI (1961), The maximum principle in the theory of optimal processes with a delay, *Soviet Math. Dokl.* **2**, 28–32.
679. G. L. KHARATISHVILI AND T. A. TADUMADZE (1998), A nonlinear optimal control problem with variable delays, nonfixed initial moment, and piecewise-continuous prehistory, *Proc. Steklov Inst. Math.* **220**, 233–252.
680. D. KINDERLEHRER AND G. STAMPACCHIA (1980), *An Introduction to Variational Inequalities and Their Applications*, Academic Press, New York.
681. A. J. KING AND R. T. ROCKAFELLAR (1992), Sensitivity analysis for nonsmooth generalized equations, *Math. Progr.* **55**, 193–212.
682. M. KISIELEWICZ (1991), *Differential Inclusions and Optimal Control*, Kluwer, Dordrecht, The Netherlands.
683. K. C. KIWIEL (1985), *Methods of Descent for Nondifferentiable Optimization*, Springer, Berlin.
684. D. KLATTE (1994), On quantitative stability for non-isolated minima, *Control Cybernet.* **23**, 183–200.
685. D. KLATTE AND R. HENRION (1998), Regularity and stability in nonlinear semi-infinite optimization, in *Semi-Infinite Programming*, edited by R. Reemtsen and J.-J. Rückmann, pp. 69–102, Kluwer, Dordrecht, The Netherlands.

686. D. Klatte and B. Kummer (2002), *Nonsmooth Equations in Optimization: Regularity, Calculus, Methods, and Applications*, Kluwer, Boston, Massachusetts,
687. D. Klatte and B. Kummer (2002), Constrained minima and Lipschitzian penalties in metric spaces, *SIAM J. Optim.* **13**, 619–633.
688. M. Kocan and A. Świech (1996), Perturbed optimization on product spaces, *Nonlinear Anal.* **26**, 81–90.
689. M. Kočvara, M. Kružik and J. V. Outrata (2005), On the control of an evolutionary equilibrium in micromagnetics, in *Optimization with Multivalued Mappings: Theory, Applications and Algorithms*, edited by S. Dempe and V. V. Kalashnikov, Springer, Berlin.
690. M. Kočvara and J. V. Outrata (2004), Optimization problems with equilibrium constraints and their numerical solutions, *Math. Progr.* **101**, 119–149.
691. M. Kočvara and J. V. Outrata (2005), On the modeling and control of delamination processes, in *Control and Boundary Analysis*, edited by J. Cagnol and J.-P. Zolésio, Lecture Notes Pure Applied Math. **240**, pp. 169–185, Marcel Dekker, New York.
692. M. Kojima (1980), Strongly stable stationary solutions in nonlinear programs, in *Analysis and Computation of Fixed Points*, edited by S. M. Robinson, pp. 93–138, Academic Press, New York.
693. P. V. Kokotović, H. K. Khalil and J. O'Reilly (1986), *Singular Perturbations in Control Analysis and Design*, Academic Press, New York.
694. V. B. Kolmanovskii and A. D. Myshkis (1992), *Applied Theory of Functional Differential Equations*, Kluwer, Dordrecht, The Netherlands.
695. V. B. Kolmanovskii and V. R. Nosov (1984), Neutral-type systems with aftereffects, *Autom. Remote Control* **45**, 1–28.
696. V. B. Kolmanovskii and L. E. Shaikhet (1996), *Control of Systems with Aftereffect*, Academic Press, New York.
697. S. Komlosi, T. Rapcsák and S. Schaible, eds. (1994), *Generalized Convexity*, Lecture Notes Econ. Math. Syst. **405**, Springer, Berlin.
698. E. Kostina and O. Kostyukova (2005), Generalized implicit function theorem and its applications to parametric optimal control, *J. Math. Anal. Appl.*, to appear.
699. S. G. Krantz and H. R. Parks (2002), *The Implicit Function Theorem: History, Theory, and Applications*, Birkhäuser, Boston, Massachusetts.
700. N. N. Krasovskii (1964), Optimal processes in systems with time lag, in *Automatics and Remote Control Theory*, edited by L. Butterths, pp. 327–332, Oldenburg, Munish, Germany.
701. N. N. Krasovskii and N. Y. Lukoyanov (2000), Equations of Hamilton-Jacobi type in hereditary systems: Minimax solutions, *Proc. Steklov Inst. Math.: Control in Dynamic Systems, suppl. 1*, 136–153.
702. N. N. Krasovskii and A. I. Subbotin (1988), *Game-Theoretical Control Problems*, Springer, New York.
703. A. J. Krener (1977), The high order maximum principle and its applications to singular extremals, *SIAM J. Control Optim.* **15**, 256–293.
704. V. F. Krotov (1996), *Global Methods in Optimal Control*, Marcel Dekker, New York.
705. A. Y. Kruger (1981), Epsilon-semidifferentials and epsilon-normal elements, Depon. VINITI #1331-81, Moscow.

706. A. Y. KRUGER (1981), *Generalized Differentials of Nonsmooth Functions and Necessary Conditions for an Extremum*, Ph.D. dissertation, Department of Mathematics, Belarus State University, Minsk, Belarus.
707. A. Y. KRUGER (1985), Generalized differentials of nonsmooth functions and necessary conditions for an extremum, *Siberian Math. J.* **26**, 370–379.
708. A. Y. KRUGER (1985), Properties of generalized differentials, *Siberian Math. J.* **26**, 822–832.
709. A. Y. KRUGER (1988), A covering theorem for set-valued mappings, *Optimization* **19**, 763–780.
710. A. Y. KRUGER (1997), Strict ε-semidifferentials and extremality conditions, *Dokl. Nat. Akad. Belarus* **41**, 21–26.
711. A. Y. KRUGER (1998), On extremality of set systems, *Dokl. Nat. Akad. Belarus* **42**, 24–28.
712. A. Y. KRUGER (2002), Strict (ε, δ)-semidifferentials and extremality conditions, *Optimization* **51**, 539–554.
713. A. Y. KRUGER (2003), On Fréchet subdifferentials, *J. Math. Sci.* **116**, 3325–3358.
714. A. Y. KRUGER (2004), Weak stationarity: Eliminating the gap between necessary and sufficient conditions, *Optimization* **53**, 147–164.
715. A. Y. KRUGER (2005), Stationarity and regularity of set systems, *Pacific J. Optim.* **1**, 101–126.
716. A. Y. KRUGER (2005), About regularity of set systems, *SIAM J. Optim.*, to appear.
717. A. Y. KRUGER AND B. S. MORDUKHOVICH (1978), Minimization of nonsmooth functionals in optimal control problems, *Eng. Cybernetics* **16**, 126–133.
718. A. Y. KRUGER AND B. S. MORDUKHOVICH (1980), Extremal points and the Euler equation in nonsmooth optimization, *Dokl. Akad. Nauk BSSR* **24**, 684–687.
719. A. Y. KRUGER AND B. S. MORDUKHOVICH (1980), Generalized normals and derivatives, and necessary optimality conditions in nondifferential programming, Parts I and II, Depon. VINITI: I# 408-80, II# 494-80, Moscow.
720. S. N. KRUZHKOV (1960), The Cauchy problem in the large for certain nonlinear first order differential equations, *Soviet Math. Dokl.* **1**, 474–477.
721. A. V. KRYAZHIMSKII AND Y. S. OSIPOV (1995), On evolutionary-differential games, *Proc. Steklov Math. Inst.* **211**, 257–287.
722. E. I. KUGUSHEV (1973), Maximum principle in optimal control systems with nonsmooth right-hand side, *Vest. Moskov. Univ. Ser. Mat. Mekh.*, No. 3, 107–113.
723. H. W. KUHN (1976), Nonlinear programming: A historical survey, in *Nonlinear Programming*, edited by R. W. Cottle and C. E. Lemke, pp. 1–26, American Mathematical Society, Providence, Rhode Island.
724. H. W. KUHN AND A. W. TUCKER (1951), Nonlinear programming, in *Proceedings of the Second Berkley Symposium on Mathematical Statistics and Probability*, edited by J. Neyman, pp. 481–492, University of California Press, Berkeley, California.
725. B. KUMMER (1991), Lipschitzian inverse functions, directional derivatives and applications in $C^{1,1}$ optimization, *J. Optim. Theory Appl.* **70**, 561–582.
726. B. KUMMER (1991), An implicit function theorem for $C^{0,1}$-equations and parametric $C^{1,1}$-optimization, *J. Math. Anal. Appl.* **158**, 35–46.

727. B. KUMMER (1999), Metric regularity: Characterizations, nonsmooth variations and successive approximation, *Optimization* **46**, 247–281.
728. B. KUMMER (2000), Inverse functions of pseudo regular mappings and regularity conditions, *Math. Progr.* **88**, 313–339.
729. L. KUNTZ AND S. SCHOLTES (1994), Structural analysis of nonsmooth mappings, inverse functions, and metric projections, *J. Math. Anal. Appl.* **188**, 346–386.
730. G. A. KURINA (1979), Application of the method of tents to an optimal control problem for a differential equation with a singular matrix multiplying the derivative, *Diff. Eq.* **15**, 417–423.
731. A. B. KURZHANSKII (1977), *Control and Observation under Conditions of Uncertainty*, Nauka, Moscow.
732. A. B. KURZHANSKII AND I. VÁLYI (1997), *Ellipsoidal Calculus for Estimation and Control*, Burlhäuser, Boston, Massachusetts.
733. A. G. KUSRAEV AND S. S. KUTATELADZE (1995), *Subdifferentials: Theory and Applications*, Kluwer, Dordrecht, The Netherlands.
734. J. KYPARISIS (1992), Parametric variational inequalities with multivalued solution sets, *Math. Oper. Res.* **17**, 341–364.
735. O. A. LADYZHENSKAYA, V. A. SOLONNIKOV AND N. N. URALZEVA (1968), *Linear and Quasilinear Equations of Parabolic Type*, American Mathematical Society, Providence, Rhode Island.
736. J. E. LAGNESE (1989), *Boundary Stabilization of Thin Plates*, SIAM Publications, Philadelphia, Pennsylvania.
737. J. L. LAGRANGE (1813), *Thérie des fonctions analytique*, Paris.
738. O. LANGE (1942), The foundations of welfare economics, *Econometrica* **10**, 215–228.
739. I. LASIECKA (1980), Unified theory of abstract parabolic boundary problems – a semigroup approach, *Appl. Math. Optim.* **6**, 287–333.
740. I. LASIECKA, J.-L. LIONS AND R. TRIGGIANI (1986), Nonhomogeneous boundary value problems for second-order hyperbolic operators, *J. Mat. Pures Appl.* **65**, 149–192.
741. I. LASIECKA AND J. SOKOLOWSKI (1988), Regularity and strong convergence of a variational approximation to a nonhomogeneous Dirichlet hyperbolic boundary problem, *SIAM J. Math. Anal.* **19**, 528–540.
742. I. LASIECKA AND R. TRIGGIANI (1983), Dirichlet boundary control problems for parabolic equations with quadratic cost: Analyticity and Riccati feedback synthesis, *SIAM J. Control Optim.* **21**, 41–67.
743. I. LASIECKA AND R. TRIGGIANI (1987), The regulator problem for parabolic equations with Dirichlet boundary control, I: Riccati's feedback synthesis and regularity of optimal solutions, *Appl. Math. Optim.* **16**, 147–168.
744. I. LASIECKA AND R. TRIGGIANI (1990), Sharp regularity theory for second order hyperbolic equations of Neumann type, I: L_2 nonhomogeneous data, *Ann. Mat. Pura Appl.* **157**, 285–367.
745. I. LASIECKA AND R. TRIGGIANI (1991), Regularity theory of hyperbolic equations with non-homogeneous Neumann boundary conditions, II: General boundary data, *J. Diff. Eq.* **94**, 112–164.
746. I. LASIECKA AND R. TRIGGIANI (2000), *Control Theory for Partial Differential Equations: Continuous and Approximation Theory*, published in two volumes, Cambridge University Press, Cambridge, UK.

747. M. LASSONDE (2001), First-order rules for nonsmooth constrained optimization, *Nonlinear Anal.* **44**, 1031–1056.

748. E. B. LEACH (1961), A note on inverse function theorem, *Proc. Amer. Math. Soc.* **12**, 694–697.

749. G. LEBOURG (1975), Valeur moyenne pour gradient généraliseé, *C. R. Acad. Sci. Paris* **281**, 795–798.

750. Y. S. LEDYAEV (2004), On generic existence and uniqueness in nonconvex optimal control, *Set-Valued Anal.* **12**, 147–162.

751. Y. S. LEDYAEV AND Q. J. ZHU (1999), Implicit multifunction theorem, *Set-Valued Anal.* **7**, 209–238.

752. Y. S. LEDYAEV AND Q. J. ZHU (2004), Techniques for nonsmooth analysis on smooth manifolds I: Techniques for local problems, in *Optimal Control, Stabilization and Nonsmooth Analysis*, edited by M. de Queiroz, M. Malisoff and P. Wolenski, Lecture Notes Cont. Inf. Sci. **301**, pp. 283–287, Springer, New York.

753. Y. S. LEDYAEV AND Q. J. ZHU (2004), Techniques for nonsmooth analysis on smooth manifolds II: Using deformations and flowes, in *Optimal Control, Stabilization and Nonsmooth Analysis*, edited by M. de Queiroz, M. Malisoff and P. Wolenski, Lecture Notes Cont. Inf. Sci. **301**, pp. 299–311, Springer, New York.

754. Y. S. LEDYAEV AND Q. J. ZHU (2005), Nonsmooth analysis on smooth manifolds, *Trans. Amer. Math. Soc.*, to appear.

755. G. M. LEE, N. N. TAM AND N. D. YEN (2005), Normal coderivative for multifunctions and implicit function theorems, preprint.

756. U. LEDZEWICZ AND H. SCHÄTTLER (1998), High-order approximations and generalized necessary conditions for optimality, *SIAM J. Control Optim.* **37**, 33–56.

757. G. W. LEIBNIZ (1696), Letter to Johann Bernoulli of July 31, 1696, Hanover, Germany.

758. G. LEITMANN (1978), On generalized Stackelberg strategies, *J. Optim. Theory Appl.* **59**, 637–643.

759. C. LEMARÉCHAL, F. OUSTRY AND C. SAGASTIZÁBAL (2000), The $\mathcal{U}$-Lagrangian of a convex function, *Trans. Amer. Math. Soc.* **352**, 711–729.

760. F. LEMPIO (1995), Euler's method revisited, *Proc. Steklov Inst. Math.* **211**, 473–494.

761. F. LEMPIO AND V. M. VELIOV (1998), Discrete approximations to differential inclusions, *Mitteilungen der GAMM* **21**, 101–135.

762. S. LENHART, V. PROTOPESCU AND S. STOJANOVIĆ (1993), A minimax problem for semilinear nonlocal competitive systems, *Appl. Math. Optim.* **28**, 113–132.

763. E. S. LEVITIN (1994), *Perturbation Theory in Mathematical Programming and Its Applications*, Wiley, New York.

764. E. S. LEVITIN, A. A. MILYUTIN AND N. P. OSMOLOVSKII (1978), Higher order conditions for a local minimum in the problems with constraints, *Russian Math. Surveys* **33**, 97–168.

765. A. B. LEVY (1993), Second-order epi-derivatives of integral functionals, *Set-Valued Anal.* **1**, 379–392.

766. A. B. LEVY (1996), Implicit multifunction theorems for the sensitivity analysis of variational conditions, *Math. Progr.* **74**, 333–350.

767. A. B. LEVY (2001), Lipschitzian multifunctions and a Lipschitzian inverse function theorem, *Math. Oper. Res.* **26**, 105–118.
768. A. B. LEVY (2001), Solution stability from general principles, *SIAM J. Control Optim.* **40**, 209–238.
769. A. B. LEVY AND B. S. MORDUKHOVICH (2004), Coderivatives in parametric optimization, *Math. Progr.* **99**, 311–327.
770. A. B. LEVY AND R. A. POLIQUIN (1997), Characterizing the single-valuedness of multifunctions, *Set-Valued Anal.* **5**, 351–364.
771. A. B. LEVY, R. A. POLIQUIN AND R. T. ROCKAFELLAR (2000), Stability of locally optimal solutions, *SIAM J. Optim.* **10**, 580–604.
772. A. B. LEVY, R. A. POLIQUIN AND L. THIBAULT (1995), A partial extension of Attouch's theorem and its applications to second-order epi-differentiation, *Trans. Amer. Math. Soc.* **347**, 1269–1294.
773. A. B. LEVY AND R. T. ROCKAFELLAR (1994), Sensitivity analysis of solutions to generalized equations, *Trans. Amer. Math. Soc.* **345**, 661–671.
774. A. B. LEVY AND R. T. ROCKAFELLAR (1996), Variational conditions and the proto-differentiation of partial subgradient mappings, *Nonlinear Anal.* **26**, 1951–1964.
775. A. S. LEWIS (1999), Nonsmooth analysis of engenvalues, *Math. Progr.* **84**, 1–24.
776. A. S. LEWIS (1999), Ill-conditioned convex processes and conic linear systems, *Math. Oper. Res.* **23**, 829–834.
777. A. S. LEWIS (2001), Ill-conditioned inclusions, *Set-Valued Anal.* **9**, 375–381.
778. A. S. LEWIS (2003), Active sets, nonsmoothness and sensitivity, *SIAM J. Optim.* **13**, 702–725.
779. A. S. LEWIS (2003), The mathematics of eigenvalue optimization, *Math. Progr.* **97**, 155–176.
780. A. S. LEWIS (2004), The structured distance to ill-posedness for conic systems, *Math. Oper. Res.* **29**, 776–785.
781. A. S. LEWIS AND M. L. OVERTON (1996), Eigenvalue optimization, *Acta Numerica* **5**, 149–190.
782. A. S. LEWIS AND H. S. SENDOV (2005), Nonsmooth analysis of singular values. Part I: Theory, *Set-Valued Anal.* **13**, 213–241.
783. A. S. LEWIS AND H. S. SENDOV (2005), Nonsmooth analysis of singular values. Part II: Applications, *Set-Valued Anal.* **13**, 243–264.
784. W. LI AND I. SINGER (1998), Global error bounds for convex multifunctions, *Math. Oper. Res.* **23**, 443–462.
785. Y. LI AND S. SHI (2000), A generalization of Ekeland's ε-variational principle and its Borwein-Preiss variant, *J. Math. Anal. Appl.* **246**, 308–319.
786. X. LI AND Y. YAO (1981), On optimal control for distributed parameter systems, in *Proc. IFAC 8th Triennial World Congress*, pp. 207–212, Kyoto, Japan.
787. X. LI AND Y. YAO (1985), Maximum principle of distributed parameter systems with time lags, in *Lecture Notes Cont. Inform. Sci.* **75**, pp. 410–427, Springer, Berlin.
788. X. LI AND J. YONG (1991), Necessary conditions of optimal control for distributed parameter systems, *SIAM J. Control Optim.* **29**, 895–908.
789. X. LI AND J. YONG (1995), *Optimal Control Theory for Infinite-Dimensional Systems*, Birkhäuser, Boston, Massachusetts.

790. L.-J. LIN AND W.-S. DU (2005), Ekeland's variational principles and the existence of nonconvex equilibria and minimax inequalities in complete metric spaces, *J. Math. Anal. Appl.*, to appear.
791. J.-L. LIONS (1971), *Optimal Control of Systems Governed by Partial Differential Equations*, Springer, Berlin.
792. J.-L. LIONS (1983), *Contrôle des Systémes Distribués Singuliers*, Gauthier-Villars, Paris.
793. P.-L. LIONS (1982), *Generalized Solutions of Hamilton-Jacobi Equations*, Pitman, Boston, Massachusetts.
794. J.-L. LIONS AND E. MAGENES (1972), *Nonhomogeneous Boundary Value Problems and Applications*, Springer, New York.
795. J.-L. LIONS AND G. STAMPACCHIA (1967), Variational inequalities, *Comm. Pure Appl. Math.* , 493–519.
796. R. LIPSCHITZ (1877), *Lehrbuch der Analysis*, Cohen & Sohn, Bonn.
797. J. M. LIU (1995), Strong stability in variational inequalities, *SIAM J. Control Optim.* **33**, 725–749.
798. P. D. LOEWEN (1987), The proximal normal formula in Hilbert spaces, *Nonlinear Anal.* **11**, 979–995.
799. P. D. LOEWEN (1988), The proximal subgradient formula in Banach spaces, *Canad. Math. Bull.* **31**, 353–361.
800. P. D. LOEWEN (1992), Limits of Fréchet normals in nonsmooth analysis, in *Optimization and Nonlinear Analysis*, edited by A. Ioffe, L. Marcus and S. Reich, Pitman Research Notes Math. Ser. **244**, pp. 178–188, Longman, Harlow, Essex, UK.
801. P. D. LOEWEN, *Optimal Control via Nonsmooth Analysis* (1993), American Mathematical Society, Providence, Rhode Island.
802. P. D. LOEWEN (1994), A mean value theorem for Fréchet subgradients, *Nonlinear Anal.* **23**, 1365–1381.
803. P. D. LOEWEN, F. H. CLARKE AND R. B. VINTER (1988), Differential inclusions with free time, *Ann. Inst. H. Poincaré: Analyse Non Linéaire* **5**, 573–593.
804. P. D. LOEWEN AND R. T. ROCKAFELLAR (1991), The adjoint arcs in nonsmooth optimization, *Trans. Amer. Math. Soc.* **325**, 39–72.
805. P. D. LOEWEN AND R. T. ROCKAFELLAR (1994), Optimal control of unbounded differential inclusions, *SIAM J. Control Optim.* **32**, 442–470.
806. P. D. LOEWEN AND R. T. ROCKAFELLAR (1996), New necessary conditions for the generalized problem of Bolza, *SIAM J. Control Optim.* **34**, 1496–1511.
807. P. D. LOEWEN AND R. T. ROCKAFELLAR (1997), Bolza problem with general time constraints, *SIAM J. Control Optim.* **35**, 2050–2069.
808. P. D. LOEWEN AND R. B. VINTER (1987), Pontryagin type necessary conditions for differential inclusions, *Syst. Control Lett.* **9**, 263–265.
809. P. D. LOEWEN AND X. WANG (2001), A generalized variational principle, *Canad. J. Math.* **53**, 1174–1193.
810. S. LOJASIEWICZ, JR. (1992), Local controllability of parameterized differential equations, preprint.
811. P. LORIDAN (1982), Necessary conditions for ε-optimality, *Math. Progr. Study* **19**, 140–152.
812. P. LORIDAN AND J. MORGAN (1989), New results on approximate solutions in two level optimization, *Optimization* **20**, 819–836.

813. D. T. LUC (1989), *Theory of Vector Optimization*, Springer, Berlin.
814. D. T. LUC (1996), A strong mean value theorem and applications, *Nonlinear Anal.* **26**, 915–923.
815. D. T. LUC (2005), Chain rules for approximate Jacobians of continuous functions, *Nonlinear Anal.* **61**, 97–114.
816. Y. LUCET AND J. J. YE (2001), Sensitivity analysis of the value function for optimization problems with variational inequality constraints, *SIAM J. Optim.* **40**, 699–723.
817. D. R. LUKE, J. V. BURKE AND R. G. LYON (2002), Optical wavefront reconstruction: Theory and numerical methods, *SIAM Rev.* **44**, 169–224.
818. Y. LUO AND A. EBERHARD (2005), Comparizon principles for viscosity solutions of elliptic equations via fuzzy sum rule, *J. Math. Anal. Appl.* **307**, 736–752.
819. Y. LUO AND A. EBERHARD (2005), An application of $C^{1,1}$ approximation to comparison principles for viscosity solutions of curvature equations, preprint.
820. Z. Q. LUO, J.-S. PANG AND D. RALPH (1996), *Mathematical Programs with Equilibrium Constraints*, Cambridge University Press, Cambridge, UK.
821. K. A. LURIE (1993), *Applied Optimal Control of Distributed Systems*, Plenum Press, New York.
822. A. A. LYAPUNOV (1940), Sur les founctions-vecteurs complétement additives, *Izvest. Akad. Nauk SSSR, Ser. Mat.* **3**, 465–478.
823. S. I. LYASHKO (2002), *Generalized Optimal Control of Linear Systems with Distributed Parameters*, Kluwer, Dordrecht, The Netherlands.
824. L. A. LYUSTERNIK (1934), On conditional extrema of functionals, *Math. Sbornik* **41**, 390–401.
825. U. MACKENROTH (1982), Convex parabolic boundary control problems with pointwise state constraints, *J. Math. Anal. Appl.* **87**, 256–277.
826. G. G. MAGARIL-IL'YAEV (1978), An implicit function theorem for Lipschitzian mappings, *Russian Math. Surveys* **33**, 209–210.
827. E. N. MAHMUDOV (2005), On duality in problems of optimal control described by convex differential inclusions of Goursat-Darboux type, *J. Math. Anal. Appl.* **307**, 628–640.
828. E. N. MAHMUDOV (2005), The optimality principle for discrete and first order partial differential inclusions, *J. Math. Anal. Appl.* **308**, 605–619.
829. V. L. MAKAROV, M. J. LEVIN AND A. M. RUBINOV (1995), *Mathematical Economic Theory: Pure and Mixed Types of Economic Mechanisms*, North-Holland, Amsterdam, The Netherlands.
830. K. MALANOWSKI (1969), On optimal control of the vibrating string, *SIAM J. Control* **7**, 260–271.
831. K. MALANOWSKI (1979), On convergence of finite difference approximations to control and state constrained convex optimal control problems, *Arch. Autom. Telemech.* **24**, 319–337.
832. K. MALANOWSKI (1987), *Stability of Solutions to Convex Problems of Optimization*, Springer, Berlin.
833. K. MALANOWSKI (1994), Regularity of solutions in stability analysis of optimization and optimal control problems, *Control Cybernet.* **23**, 61–86.
834. K. MALANOWSKI (2003), Two-norm approach in stability and sensitivity analysis of optimization and optimal control problems, *Advan. Math. Sci. Appl.* **2**, 397–443.

835. K. Malanowski and Y. Sokolowski (1986), Sensitivity of solutions to convex, control constrained optimal control problems for distributed parameter systems, *J. Math. Anal. Appl.* **120**, 240–263.
836. G. G. Malcolm and B. S. Mordukhovich (2001), Pareto optimality in nonconvex economies with infinite-dimensional commodity spaces, *J. Global Optim.* **20**, 323–346.
837. M. Malisoff, L. Rifford and E. Sontag (2003), Remarks on input to state stabilization, *Proc. 42rd IEEE Conf. Dec. Cont.*, pp. 1053–1058, Maui, Hawaii.
838. M. Malisoff, L. Rifford and E. Sontag (2004), Global asymptotic controllability implies input to state stabilization, *SIAM J. Control Optim.* **42**, 1121–1138.
839. O. L. Mangasarian (1985), A condition number for differentiable convex inequalities, *Math. Oper. Res.* **10**, 175–179.
840. O. L. Mangasarian (1994), *Nonlinear Programming*, SIAM Publications, Philadelphia, Pennsylvania.
841. O. L. Mangasarian and S. Fromovitz (1967), The Fritz John condition in the presence of equality and inequality constraints, *J. Math. Anal. Appl.* **17**, 34–47.
842. O. L. Mangasarian and T. H. Shiau (1986), Error bounds for monotone linear complementarity problems, *Math. Progr.* **36**, 81–89.
843. K. B. Mansimov (1998), Singular controls in systems of neutral type, *Autom. Remote Control* **59**, 653–661.
844. K. B. Mansimov (2001), On the theory of necessary conditions for optimality in a problem with distributed parameters, *Comput. Maths. Math. Phys.* **41**, 1429–1443.
845. C. Marcelli (2002), Variational problems with nonconvex, noncoercive, highly discontinuous integrands: characterization and existence of minimizers, *SIAM J. Control Optim.* **40**, 1473–1490.
846. C. Marcelli (2005), Necessary and sufficient conditions for optimality of nonconvex, noncoercive autonomous variational problems with constraints, preprint.
847. C. Marcelli, E. Outkine and M. Sytchev (2002), Remarks on necessary conditions for minimizers of one-dimensional variational problems, *Nonlinear Anal.* **48**, 979–993.
848. S. Marcellin (2004), *Intégration D'epsilon-sous-différentiels et Problémes D'évolution Non Convexes*, Ph.D. dissertation, Department of Mathematics, University of Montpellier II, Montpellier, France.
849. S. Marcellin and L. Thibault (2005), Integration of ε-Fenchel subdifferentials and maximal cyclic monotonicity, *J. Global Optim.* **32**, 83–91.
850. A. Marchaud (1934), Sur les champs de demi-cônes et les équations différentielles du premier ordre, *Bull. Sc. Math.* **62**, 12–38.
851. A. Marino and M. Tosques (1990), Some variational problems with lack of convexity and some partial differential inequalities, in *Methods of Nonconvex Analysis*, edited by A. Cellina, Lecture Notes in Mathematics **1446**, pp. 58–83, Springer, Berlin.
852. J. E. Martinez-Legaz and P. H. Sach (1999), A new subdifferential in quasiconvex analysis, *J. Convex Anal.* **6**, 1–12.
853. J. E. Martinez-Legaz and M. Théra (1996), Epsilon-subdifferentials in terms of subdifferentials, *Set-Valued Anal.* **4**, 327–332.

854. A. MAS-COLELL (1985), Pareto optima and equilibria: The inifinite-dimensional case, in *Advances in Economics*, edited by C. D. Aliprantis et al., pp. 25–42, Springer, New York.
855. A. MAS-COLELL (1986), Valuation equilibrium and Pareto optimum revisited, in *Contributions to Mathematical Economics*, edited by W. Hildenbrand and A. Mas-Collel, pp. 317–331, North-Holland, Amsterdam, The Netherlands.
856. A. MAS-COLELL, M. D. WHINSTON AND J. R. GREEN (1995), *Microeconomic Theory*, Oxford University Press, Oxford, UK.
857. H. MAURER AND N. P. OSMOLOVSKII (2003), Second order conditions, *Control Cybernet.* **32**, 555–584.
858. H. MAURER AND J. ZOWE (1979), First and second-order necessary and sufficient optimality conditions for infinite-dimensional programming problems, *Math. Progr.* **16**, 98–110.
859. A. MAYER (1884), Zur aufstellung der kriterien des maximums und minimums der einfachen integrale bei variabeln grenwerten, *Leipziger Berichte* **36**, 99–128.
860. E. J. MCSHANE (1939), On multipliers for Lagrange problem, *Amer. J. Math.* **91**, 809–819.
861. E. J. MCSHANE (1940), Generalized curves, *Duke Math. J.* **6**, 513–536.
862. E. J. MCSHANE (1940), Necessary conditions for generalized curve problems in the calculus of variations, *Duke Math. J.* **7**, 1–27.
863. E. J. MCSHANE (1967), Relaxed controls and vbariational problems, *SIAM J. Contr.* **5**, 438–485.
864. E. J. MCSHANE (1973), The Lagrange multiplier rule, *Amer. Math. Monthly* **80**, 922–925.
865. E. J. MCSHANE (1989), The calculus of variations from the beginning through optimal control theory, *SIAM J. Control Optim.* **27**, 916–939.
866. N. G. MEDHIN (1990), Minimizing sequences for differential inclusion problems in the presence of state constraints, *Comput. Math. Appl.* **19**, 127–134.
867. N. G. MEDHIN (1995), On optimal control of functional-differential systems, *J. Optim. Theory Appl.* **85**, 363–376.
868. T. K. MELIKOV (1996), An analogue of Pontryagin's maximum principle in systems with aftereffect of neutral type, *Comput. Maths. Math. Phys.* **26**, 1541–1546.
869. A. A. MELIKYAN (1998), *Generalized Characteristics of First Order PDEs*, Birkhäuser, Boston, Massachusetts.
870. P. MICHEL AND J.-P. PENOT (1984), Calcul sous-différentiel pour des fonctions lipschitziennes et non-lipschitziennes, *C. R. Acad. Sci. Paris* **298**, 684–687.
871. P. MICHEL AND J.-P. PENOT (1992), A generalized derivative for calm and stable functions, *Diff. Integ. Eq.* **5**, 189–196.
872. R. MIFFLIN (1977), Semismooth and semiconvex functions in constrained optimization, *SIAM J. Control Optim.* **15**, 957–972.
873. R. MIFFLIN AND C. SAGASTIZÁBAL (2003), Primal-dual gradient structured functions: Second-order results; links to epi-derivatives and partly smooth functions, *SIAM J. Optim.* **13**, 1174–1194.
874. R. MIFFLIN AND C. SAGASTIZÁBAL (2004), $\mathcal{VU}$-smoothness and proximal point results for some nonconvex functions, *Optim. Meth. Soft.* **19**, 463-478.

875. A. A. MILYUTIN (1999), Convex-valued Lipschitz differential inclusions and Pontryagin's maximum principle, in *Optimal Control*, edited by R. V. Gamkrelidge, Vol. 4, pp. 175–187, VINITI, Moscow.
876. A. A. MILYUTIN (2003), On strengthening the conditions by Clarke and Smirnov for convex-valued differential inclusions, *Math. Sbornik* **194**, 261–280.
877. A. A. MILYUTIN AND N. P. OSMOLOVSKII (1998), *Calculus of Variations and Optimal Control*, American Mathematical Society, Providence, Rhode Island.
878. L. I. MINCHENKO (1999), Necessary optimality conditions for differential-difference inclusions, *Nonlinear Anal.* **35**, 307–322.
879. L. I. MINCHENKO (2003), Multivalued analysis and differential properties of multivalued mappings and marginal functions, *J. Math. Sci.* **116**, 3266–3302.
880. L. I. MINCHENKO AND S. SIROTKO (2002), Controllability of nonsmooth discrete systems with delays, *Optimization* **51**, 161–174.
881. L. I. MINCHENKO AND A. A. VOLOSEVICH (2003), Value function and necessary optimality conditions in optimal control problems for differential-difference inclusions, *Nonlinear Anal.* **53**, 407–424.
882. H. MINKOWSKI (1911), *Theorie der Konvexen Körper, Insbesondere Begründung inhres Ober Flächenbegriffs*, Gesammelte Abhandlungen, II, B. G. Teubner, Leipzig.
883. V. J. MIZEL AND T. I. SEIDMAN (1997), An abstract bang-bang principle and time-optimal boundary control of the heat equation, *SIAM J. Control Optim.* **35**, 1204–1216.
884. N. N. MOISEEV (1971), *Numerical Methods in Optimal Systems Theory*, Nauka, Moscow.
885. N. N. MOISEEV (1975), *Elements of Optimal Systems Theory*, Nauka, Moscow.
886. M. D. P. MONTEIRO MARQUES (1993), *Differential Inclusions in Nonsmooth Mechanical Problems*, Birkhäuser, Boston, Massachusetts.
887. B. S. MORDUKHOVICH (1976), Maximum principle in problems of time optimal control with nonsmooth constraints, *J. Appl. Math. Mech.* **40**, 960–969.
888. B. S. MORDUKHOVICH (1977), Existence of optimal controls, *J. Soviet Math.* **7**, 850–886.
889. B. S. MORDUKHOVICH (1977), Approximation and maximum principle for nonsmooth problems of optimal control, *Russian Math. Surveys* **196**, 263–264.
890. B. S. MORDUKHOVICH (1978), On difference approximations of optimal control systems, *J. Appl. Math. Mech.* **42**, 452–461.
891. B. S. MORDUKHOVICH (1978), On the theory of difference approximations of continuous-time control systems, in *Third USSR Conference on Operations Research*, edited by N. N. Moiseev, pp. 330–331, Gorky, USSR.
892. B. S. MORDUKHOVICH (1980), Metric approximations and necessary optimality conditions for general classes of extremal problems, *Soviet Math. Dokl.* **22**, 526–530.
893. B. S. MORDUKHOVICH (1981), Penalty functions and necessary conditions for an extemum in nonsmooth and nonconvex optimization problems, *Russian Math. Surveys* **36**, 242–243.
894. B. S. MORDUKHOVICH (1984), Nonsmooth analysis with nonconvex generalized differentials and adjoint mappings, *Dokl. Akad. Nauk BSSR* **28**, 976–979.

895. B. S. MORDUKHOVICH (1984), Duality theory in systems with aftereffect, *J. Appl. Math. Mech.* **48**, 440–447.
896. B. S. MORDUKHOVICH (1984), Controllability, observability and duality in dynamical systems with aftereffect. *Autom. Remote Control* **45**, 1019–1027.
897. B. S. MORDUKHOVICH (1985), On necessary conditions for an extremum in nonsmooth optimization, *Soviet Math. Dokl.* **32**, 215–220.
898. B. S. MORDUKHOVICH (1986), Optimal control of the groundwater regime on engineering reclamation systems, *Water Resources* **12**, 244–253.
899. B. S. MORDUKHOVICH (1986), On the theory of difference approximations in optimal control, *Dokl. Akad. Nauk BSSR* **30**, 1964–1067.
900. B. S. MORDUKHOVICH (1987), Approximation methods and optimality conditions in nonconvex control problems, *Soviet Math. Dokl.* **36**, 164–168.
901. B. S. MORDUKHOVICH (1988), *Approximation Methods in Problems of Optimization and Control*, Nauka, Moscow.
902. B. S. MORDUKHOVICH (1988), Approximation and optimization of differential inclusions, *Cybernetics* **24**, 781–788.
903. B. S. MORDUKHOVICH (1988), Approximate maximum principle for finite-difference control systems, *USSR Comput. Maths. Math. Phys.* **28**, 106–114.
904. B. S. MORDUKHOVICH (1989), Necessary optimality conditions for nonsmooth control systems with free time, *Diff. Eq.* **25**, 290–299.
905. B. S. MORDUKHOVICH (1990), Minimax design for a class of distributed parameter systems, *Autom. Remote Control* **50**, 262–283.
906. B. S. MORDUKHOVICH (1990), Maximum principle for nonconvex finite difference systems, in *Analysis and Optimization of Systems*, edited by A. Bensoussan and J.-L. Lions, Lecture Notes Cont. Inf. Sci. **144**, pp. 539–548, Springer, Berlin.
907. B. S. MORDUKHOVICH (1992), Sensitivity analysis in nonsmooth optimization, in *Theoretical Aspects of Industrial Design*, edited by D. A. Field and V. Komkov, SIAM Proc. Appl. Math. **58**, pp. 32–46, Philadelphia, Pennsylvania.
908. B. S. MORDUKHOVICH (1992), On variational analysis of differential inclusions, in *Optimization and Nonlinear Analysis*, edited by A. Ioffe, L. Marcus and S. Reich, Pitman Researh Notes Math. Ser. **244**, pp. 199–213, Longman, Harlow, Essex, UK.
909. B. S. MORDUKHOVICH (1993), Complete characterization of openness, metric regularity, and Lipschitzian properties of multifunctions, *Trans. Amer. Math. Soc.* **340**, 1–35.
910. B. S. MORDUKHOVICH (1994), Generalized differential calculus for nonsmooth and set-valued mappings, *J. Math. Anal. Appl.* **183**, 250–288.
911. B. S. MORDUKHOVICH (1994), Lipschitzian stability of constraint systems and generalized equations, *Nonlinear Anal.* **22**, 173–206.
912. B. S. MORDUKHOVICH (1994), Stability theory for parametetic generalized equations and variational inequalities via nonsmooth analysis, *Trans. Amer. Math. Soc.* **343**, 609–658.
913. B. S. MORDUKHOVICH (1994), Sensitivity analysis for constraint and variational systems by means of set-valued differentiation, *Optimization* **31**, 13–46.
914. B. S. MORDUKHOVICH (1994), Necesary optimality and controllability conditions for nonsmooth control systems, in *Proc. 33rd IEEE Conf. Dec. Cont.*, pp. 3992–3997, Orlando, Florida.

915. B. S. Mordukhovich (1995), Discrete approximations and refined Euler-Lagrange conditions for nonconvex differential inclusions, *SIAM J. Control Optim.* **33**, 882–915.
916. B. S. Mordukhovich (1996), Optimization and finite difference approximations of nonconvex differential inclusions with free time, in *Nonsmooth Analysis and Geometric Methods in Deterministic Optimal Control*, edited by B. S. Mordukhovich and H. J. Sussmann, pp. 153–202, Springer, New York.
917. B. S. Mordukhovich (1997), Coderivatives of set-valued mappings: Calculus and applications, *Nonlinear Anal.* **30**, 3059–3070.
918. B. S. Mordukhovich (1999), Minimax design of constrained parabolic systems, in *Control of Distributed Parameter and Stochastic Systems*, edited by S. Chen et al., pp. 111–118, Kluwer, Boston, Massachusetts.
919. B. S. Mordukhovich (1999), On variational analysis in infinite dimensions, in *Systems Modelling and Optimization*, edited by M. P. Polis et al., pp. 189–197, Chapman and Hall/CRC Press, Boca Raton, Florida.
920. B. S. Mordukhovich (2000), Abstract extremal principle with applications to welfare economics, *J. Math. Anal. Appl.* **251**, 187–216.
921. B. S. Mordukhovich (2000), Optimal control of difference, differential, and differential-difference inclusions, *J. Math. Sci.* **100**, 2613–2632.
922. B. S. Mordukhovich (2001), The extremal principle and its applications to optimization and economics, in *Optimization and Related Topics*, edited by A. Rubinov and B. Glover, Applied Optimization **47**, pp. 343–369, Kluwer, Dordrecht, The Netherlands.
923. B. S. Mordukhovich (2002), Calculus of second-order subdifferentials in infinite dimensions, *Control Cybernet.* **31**, 557–573.
924. B. S. Mordukhovich (2004), Coderivative analysis of variational systems, *J. Global Optim.* **28**, 347–362.
925. B. S. Mordukhovich (2004), Necessary conditions in nonsmooth minimization via lower and upper subgradients, *Set-Valued Anal.* **12**, 163–193.
926. B. S. Mordukhovich (2004), Equilibrium problems with equilibrium constraints via multiobjective optimization, *Optim. Meth. Soft.* **19**, 479–492.
927. B. S. Mordukhovich (2004), Lipschitzian stability of parametric constraint systems in infinite dimensions, in *Generalized Convexity, Generalized Monotonicity and Aplications*, edited by A. Eberhard et al., Nonconvex Optimization and Its Applications, pp. 39–59, Springer, New York.
928. B. S. Mordukhovich (2005), Optimization and equilibrium problems with equilibrium constraints, *OMEGA* **33**, 379–384.
929. B. S. Mordukhovich (2005), Sensitivity analysis for variational systems, in *Variational Analysis and Applications*, edited by F. Giannessi and A. Maugeri, pp. 723–743, Springer, Berlin.
930. B. S. Mordukhovich (2005), Nonlinear prices in nonconvex economies with classical Pareto and strong Pareto optimal allocations, *Positivity* **9**.
931. B. S. Mordukhovich (2005), Sensitivity analysis for generalized variational and hemivariational inequalities, in *Advances in Analysis*, edited by H. G. W. Begehr et al., pp. 305–314, World Scientific Publishing, London, UK.
932. B. S. Mordukhovich (2005), Optimal control of evolution inclusions, *Nonlinear Anal.*, to appear.
933. B. S. Mordukhovich (2005), Coderivative calculus and robust Lipschitzian stability of variational systems, *J. Convex Anal.*, to appear.

934. B. S. Mordukhovich and N. M. Nam (2005), Variational stability and marginal functions via generalized differentiation, *Math. Oper. Res.* **30**, 1–18.
935. B. S. Mordukhovich and N. M. Nam (2005), Subgradients of distance functions with some applications, *Math. Progr.*, to appear.
936. B. S. Mordukhovich and N. M. Nam (2005), Subgradients of distance functions at out-of-state points, *Taiwan. J. Math.*, to appear.
937. B. S. Mordukhovich, N. M. Nam and N. D. Yen (2005), Subgradients of marginal functions in parametric mathematical programming, *Math. Progr.*, to appear.
938. B. S. Mordukhovich, N. M. Nam and N. D. Yen (2005), Fréchet subdifferential calculus and optimality conditions in mathematical programming, *Optimization*, to appear.
939. B. S. Mordukhovich and J. V. Outrata (2001), Second-order subdifferentials and their applications, *SIAM J. Optim.* **12**, 139–169.
940. B. S. Mordukhovich, J. V. Outrata and M. Červinka (2005), Equilibrium problems with complementarity constraints: Case study with applications to oligopolistic markets, *Optimization*, to appear.
941. B. S. Mordukhovich and T. Pennanen (2005), Epi-convergent approximations for generalized Bolza problems, preprint.
942. B. S. Mordukhovich and V. M. Raketskii (1980), Necessary optimality conditions of the maximum principle type in discrete approximations of nonconvex control problems with constraints on trajectories, *Vest. Beloruss. Univ.*, Ser. 1, No. 3, 72–73; Depon. VINITI #791-79, Moscow.
943. B. S. Mordukhovich and J.-P. Raymond (2004), Dirichlet boundary control of hyperbolic equations in the presence of state constraints, *Appl. Math. Optim.* **49**, 145–157.
944. B. S. Mordukhovich and J.-P. Raymond (2004), Neumann boundary control of hyperbolic equations with pointwise state constraints, *SIAM J. Control Optim.* **43**, 1354–1372.
945. B. S. Mordukhovich and A. M. Sasonkin (1985), Duality and optimality conditions in control problems for functional-differential systems of neutral type, *Diff. Eq.* **21**, 532–340.
946. B. S. Mordukhovich and Y. Shao (1995), Differential characterizations of covering, metric regularity, and Lipschitzian properties of multifunctions between Banach spaces, *Nonlinear Anal.* **25**, 1401–1424.
947. B. S. Mordukhovich and Y. Shao (1995), On nonconvex subdifferential calculus in Banach spaces, *J. Convex Anal.* **2**, 211–227.
948. B. S. Mordukhovich and Y. Shao (1996), Extremal characterizations of Asplund spaces, *Proc. Amer. Math. Soc.* **124**, 197–205.
949. B. S. Mordukhovich and Y. Shao (1996), Nonsmooth sequential analysis in Asplund spaces, *Trans. Amer. Math. Soc.* **348**, 1235–1280.
950. B. S. Mordukhovich and Y. Shao (1996), Nonconvex coderivative calculus for infinite-dimensional multifunctions, *Set-Valued Anal.* **4**, 205–236.
951. B. S. Mordukhovich and Y. Shao (1997), Stability of multifunctions in infinite dimensions: Point criteria and applications, *SIAM J. Control Optim.* **35**, 285–314.
952. B. S. Mordukhovich and Y. Shao (1997), Fuzzy calculus for coderivatives of multifunctions, *Nonlinear Anal.* **29**, 605–626.
953. B. S. Mordukhovich and Y. Shao (1998), Mixed coderivatives of set-valued mappings in variational analysis, *J. Appl. Anal.* **4**, 269–294.

954. B. S. Mordukhovich, Y. Shao and Q. J. Zhu (2000), Viscosity coderivatives and their limiting behavior in smooth Banach spaces, *Positivity* **4**, 1–39.
955. B. S. Mordukhovich and I. A. Shvartsman (2002), Discrete maximum principle for nonsmooth optimal control problems with delays, *Cybernet. Systems Anal.* **38**, 255–264.
956. B. S. Mordukhovich and I. A. Shvartsman (2004), The approximate maximum principle in constrained optimal control, *SIAM J. Control Optim.* **43**, 1037–1062.
957. B. S. Mordukhovich and I. A. Shvartsman (2004), Optimization and feedback control of constrained parabolic systems under uncertain perturbations, in *Optimal Control, Stabilization and Nonsmooth Analysis*, edited by M. de Queiroz, M. Malisoff and P. Wolenski, Lecture Notes Cont. Inf. Sci. **301**, pp. 121–132, Springer, New York.
958. B. S. Mordukhovich, J. S. Treiman and Q. J. Zhu (2003), An extended extremal principle with applications to multiobjective optimization, *SIAM J. Optim.* **14**, 359–379.
959. B. S. Mordukhovich and R. Trubnik (2001), Stability of discrete approximations and necessary optimality conditions for delay-differential inclusions, *Ann. Oper. Res.* **101**, 149–170.
960. B. S. Mordukhovich and B. Wang (2000), On variational characterizations of Asplund spaces, in *Constructive, Experimental and Nonlinear Analysis*, edited by M. Théra, Canad. Math. Soc. Conf. Proc. **27**, 245–254.
961. B. S. Mordukhovich and B. Wang (2001), Sequential normal compactness in variational analysis, *Nonlinear Anal.* **47**, 717–728.
962. B. S. Mordukhovich and B. Wang (2002), Necessary optimality and suboptimality conditions in nondifferentiable programming via variational principles, *SIAM J. Control Optim.* **41**, 623–640.
963. B. S. Mordukhovich and B. Wang (2002), Extensions of generalized differential calculus in Asplund spaces, *J. Math. Anal. Appl.* **272**, 164–186.
964. B. S. Mordukhovich and B. Wang (2003), Calculus of sequential normal compactness in variational analysis, *J. Math. Anal. Appl.* **282**, 63–84.
965. B. S. Mordukhovich and B. Wang (2003), Differentiability and regularity of Lipschitzian mappings, *Proc. Amer. Math. Soc.* **131**, 389–399.
966. B. S. Mordukhovich and B. Wang (2004), Generalized differentiation for moving objects, in *Optimal Control, Stabilization and Nonsmooth Analysis*, edited by M. de Queiroz, M. Malisoff and P. Wolenski, Lecture Notes Cont. Inf. Sci. **301**, pp. 351-361, Springer, New York.
967. B. S. Mordukhovich and B. Wang (2004), Restrictive metric regularity and generalized differential calculus in Banach spaces, *Int. J. Maths. Math. Sci.* **50**, 2650–2683.
968. B. S. Mordukhovich and B. Wang (2005), Restrictive metric regularity in variational analysis, *Nonlinear Anal.*, to appear.
969. B. S. Mordukhovich and B. Wang (2005), Generalized differential and normal compactness calculi for moving objects, preprint.
970. B. S. Mordukhovich and D. Wang (2005), Optimal control of semilinear unbounded differential inclusions, *Nonlinear Anal.*, to appear.
971. B. S. Mordukhovich and D. Wang (2005), Optimal control of semilinear evolution inclusions via discrete approximations, *Control Cybernet.* **34**, No. 3.

972. B. S. MORDUKHOVICH AND L. WANG (2002), Optimal control of hereditary differential inclusions, in *Proc. 41st IEEE Conf. Decis. Control*, pp. 1107–1112, Las Vegas, Nevada.
973. B. S. MORDUKHOVICH AND L. WANG (2003), Optimal control of constrained delay-differential inclusions with multivalued initial conditions, *Control Cybernet.* **32**, 585–609.
974. B. S. MORDUKHOVICH AND L. WANG (2004), Optimal control of neutral functional-differential inclusions, *SIAM J. Control Optim.* **43**, 111–136.
975. B. S. MORDUKHOVICH AND L. WANG (2004), Optimal control of differential-algebraic inclusions, in *Optimal Control, Stabilization and Nonsmooth Analysis*, edited by M. de Queiroz, M. Malisoff and P. Wolenski, Lecture Notes Cont. Inf. Sci. **301**, pp. 73–83, Springer, New York.
976. B. S. MORDUKHOVICH AND L. WANG (2005), Optimal control of delay systems with differential and algebraic dynamic constraints, *ESAIM: Control Optim. Calc. Var.* **11**, 285–309.
977. B. S. MORDUKHOVICH AND L. WANG (2005), Optimal control of nonautonomous functional-differential inclusions of neutral type, *Nonlinear Anal.*, to appear.
978. B. S. MORDUKHOVICH AND K. ZHANG (1997), Minimax control of parabolic equations with Dirichlet boundary conditions and state constraints, *Appl. Math. Optim.* **36**, 323–360.
979. B. S. MORDUKHOVICH AND K. ZHANG (1998), Dirichlet boundary control of parabolic systems with pointwise state constraints, *Int. Ser. Numer. Math.* **126**, 223–236.
980. J.-J. MOREAU (1962), Fonctions convexes duales et points proximaux dans un espace hilbertien, *C. R. Acad. Sci. Paris* **255**, 2897–2899.
981. J.-J. MOREAU (1963), Fonctionelles sous-différentiables, *C. R. Acad. Sci. Paris* **257**, 4117–4119.
982. J.-J. MOREAU (1965), Proximité dualité dans espace hilbertien, *Bull. Soc. Math. France* **93**, 273–299.
983. J.-J. MOREAU (1977), Evolution problems associated with moving coinvex set in a Hilbert space, *J. Diff. Eq.* **26**, 347–374.
984. J.-J. MOREAU (1988), Bounded variation in time, in *Topics in Nonsmooth Mechanics*, edited by J.-J. Moreau, P. D. Panagiotopoulos and G. Strang, pp. 1–74, Birkhäuser, Boston, Massachusetts.
985. D. MOTREANU AND N. PAVEL (1999), *Tangency, Flow-Invariance for Differential Equations, and Optimization Problems*, Marcel Dekker, New York.
986. M. MOUSSAOUI AND A. SEEGER (1994), Sensitivity analysis of optimal value functions of convex parametric programs with possibly empty solution sets, *SIAM J. Optim.* **3**, 659–675.
987. M. MOUSSAOUI AND A. SEEGER (1996), Epsilon-maximum principle of Pontryagin type and perturbation analysis of convex optimal control problems, *SIAM J. Control Optim.* **34**, 407–427.
988. M. MUREŞAN (2001), *Analiză Nenetedăsi Aplicatii*, Risoprint, Cluj-Napoca, Romania.
989. A. D. MYSHKIS (1951), *Linear Differential Equations with Retarded Argument*, GITTL, Moscow.
990. N. NAGUMO (1942), Ber diw lage der integralkurven gewohlicher differenialgleichungen, *Proc. Phys. Math. Soc. Japan* **24**, 551–559.

991. N. M. NAM AND N. D. YEN (2005), Relationships between approximate Jacobians and coderivatives, *J. Nonlinear Convex Anal.*, to appear.
992. I. NAMIOKA AND R. R. PHELPS (1975), Banach spaces which are Asplund spaces, *Duke Math. J.* **42**, 735–750.
993. Z. NANIEWICZ (2005), Pseudo-monotone approach to economic equilibrium problem in reflexive Banach space, preprint.
994. Z. NANIEWICZ AND P. D. PANAGIOTOPOULOS (1995), *Mathematical Theory of Hemivariational Inequalities and Applications*, Marcel Dekker, New York.
995. J. F. NASH (1951), Non-cooperative games, *Annals Math.* **54**, 286–295.
996. M. H. NAYAKKANKUPPAM AND M. L. OVERTON (1999), Conditioning of semilinear programs, *Math. Progr.* **85**, 525–540.
997. P. NEITTAAANMÄKI AND D. TIBA (1994), *Optimal Control of Nonlinear Parabolic Systems*, Marcel Dekker, New York.
998. Y. E. NESTEROV (2005), Lexicographical differentiation of nonsmooth functions, *Math. Progr.*, to appear.
999. Y. E. NESTEROV AND A. S. NEMIROVSKY (1993), *Interior Point Methods in Convex Optimization: Theory and Applications*, SIAM Publications, Philadelphia, Pennsylvania.
1000. J. VON NEUMANN AND O. MORGENSTERN (1944), *Theory of Games and Economic Behaviour*, Princeton University Press, Princeton, New Jersey.
1001. L. W. NEUSTADT (1966), An abstract variational theory with applications to a broad class of optimization problems, I: General theory, *SIAM J. Control* **4**, 505–527.
1002. L. W. NEUSTADT (1976), *Optimization: a Theory of Necessary Conditions*, Princeton University Press, Princeton, New Jersey.
1003. K. F. NG AND W. H. YANG (2004), Regularities and their relations to error bounds, *Math. Progr.* **99**, 521–538.
1004. K. F. NG AND X. Y. ZHENG (2001), Error bounds for lower semicontinuous functions in normed spaces, SIAM J. Optim. **12**, 1–17.
1005. K. F. NG AND X. Y. ZHENG (2003), Global weak sharp minima in Banach spaces, *SIAM J. Control Optim.* **41**, 1858–1885.
1006. H. V. NGAI, D. T. LUC AND M. THÉRA(2000), Approximate convex functions, *J. Nonlinear Convex Anal.* **1**, 155–176.
1007. H. V. NGAI, D. T. LUC AND M. THÉRA (2002), Extensions of Fréchet ε-subdifferential calculus and applications, *J. Math. Anal. Appl.* **268**, 266–290.
1008. N. V. NGAI AND M. THÉRA (2001), Metric regularity, subdifferential calculus and applications, *Set-Valued Anal.* **9**, 187–216.
1009. N. V. NGAI AND M. THÉRA (2002), A fuzzy necessary optimality condition for non-Lipschitz optimization in Asplund spaces, *SIAM J. Optim.* **12**, 656–668.
1010. N. V. NGAI AND M. THÉRA (2004), Error bounds, and implicit multifunction theorem in smooth Banach spaces and applications to optimization, *Set-Valued Anal.* **12**, 195–223.
1011. A. NIJENHUIS (1974), Strong derivatives and inverse mappings, *Amer. Math. Monthly* **81**, 969–980.
1012. M. S. NIKOLSKII (2004), Difference approximation of some optimization problems, *Comput. Maths. Math. Phys.* **44**, 467–475.
1013. K. NITKA-STYCZEN (1988), Difference approximations of optimal periodic control problems, *Int. J. Control* **47**, 1893–1904.

1014. K. NITKA-STYCZEN (1989), Approximate discrete maximum principle for the discrete approximation of optimal periodic control problems, *Int. J. Control* **50**, 1863–1871.

1015. K. NITKA-STYCZEN (1999), *Optimal Periodic Control of Hereditary Processes. Theory, Algorithms and Applications*, Technical University of Wrocław, Wrocław, Poland.

1016. A. NOWAKOWSKI AND I. NOWAKOWSKA (2005), Dirichlet problem for semilinear hyperbolic equation, *Nonlinear Anal.*, to appear.

1017. E. A. NURMINSKII (1979), *Methods of Solutions to Deterministic and Stochastic Minimax Problems*, Naukova Dumka, Kiev.

1018. M. N. OĞUZTÖRELI (1966), *Time-Lag Control Systems*, Academic Press, New York.

1019. A. OLBROT (1976), Control of retarded systems with function space constraints: Necessary optimality conditions, *Control Cybernet.* **5**, 5–31.

1020. C. OLECH (1976), Existence theory in optimal control problems, in *Control Theory and Topics in Functional Analysis*, Vol. 1, pp. 291–328, International Atomic Energy Agency, Vienna.

1021. N. ORTIZ (2005), Necessary conditions for the neutral problem of Bolza with continuously varying time delay, *J. Math. Anal. Appl.* **305**, 513–527.

1022. N. ORTIZ AND P. R. WOLENSKI (2004), The decoupling technique for continuously varying time delay systems, *Set-Valued Anal.* **12**, 225–239.

1023. Y. S. OSIPOV, L. PANDOLFI AND V. I. MAKSIMOV (2001), Problems of dynamical reconstruction and robust boundary control: The case of the Dirichlet boundary conditions, *J. Inverse Ill-Posed Probl.* **9**, 149–162.

1024. J. V. OUTRATA (1999), Optimality conditions for a class of mathematical programs with equilibrium constraints, *Math. Oper. Res.* **24**, 627–644.

1025. J. V. OUTRATA (1999), Optimality conditions for a class of mathematical programs with equilibrium constraints: Strongly regular case, *Kybernetika* **35**, 177–193.

1026. J. V. OUTRATA (2000), On mathematical programs with complementarity constraints, *Optim. Meth. Soft.* **14**, 117–137.

1027. J. V. OUTRATA (2000), A generalized mathematical program with equilibrium constraints, *SIAM J. Control Optim.* **38**, 1623–1638.

1028. J. V. OUTRATA (2001), On constraint qualifications for mathematical programs with mixed complementarity constraints, in *Complementarity, Applications and Extensions*, edited by M. C. Ferris, O. L. Mangasarian and J.-S. Pang, pp. 253–272, Kluwer, Dordrecht, The Netherlands.

1029. J. V. OUTRATA (2004), A note on a class of equilibrium problems with equilibrium constraints, *Kybernetika* **40**, 585–594.

1030. J. V. OUTRATA (2005), Mathematical programs with equilibrium constraints: Theory and numerical methods, in *Nonsmooth Mechanics of Solids, CISM Lecture Notes*, edited by J. Haslinger and G. E. Stavroulakis, Springer, New York.

1031. J. V. OUTRATA, M. KOČVARA AND J. ZOWE (1998), *Nonsmooth Approach to Optimization Problems with Equilibrium Constraints*, Kluwer, Dordrecht, The Netherlands.

1032. J. V. OUTRATA AND W. RÖMISCH (2005), On optimality conditions for some nonsmooth optimization problems over L^p spaces, *Optim. Theory Appl.* **126**, 1–28.

1033. M. L. Overton (1988), On minimizing the maximum eigenvalue of a symmetric matrix, *SIAM J. Matrix Anal. Appl.* **9**, 256–268.
1034. M. L. Overton and R. S. Womersley (1993), Optimality conditions and duality theory for minimizing sums of the largest eigenvalue of symmetric matrices, *Math. Progr.* **62**, 321–337.
1035. A. E. Ozdaglar and D. P. Bertsekas (2004), The relation between pseudonormality and quasiregularity in constrained optimization, *Optim. Meth. Soft.* **19**, 493–506.
1036. Z. Páles and V. Zeidan (1994), First and second order necessary conditions for control problems with constraints, *Trans. Amer. Math. Soc.* **346**, 421–453.
1037. Z. Páles and V. Zeidan (1996), Generalized Hessians for $C^{1,1}$ functions in infinite dimensional normed spaces, *Math. Progr.* **74**, 59–78.
1038. Z. Páles and V. Zeidan (2004), Critical and critical tangent cones in optimization problems, *Set-Valued Anal.* **12**, 241–258.
1039. D. Pallaschke, P. Recht and R. Urbański (1987), On extensions of the second-order derivative, *Bull. Polish Acad. Sci., Ser. Math.* **35**, 750–763.
1040. D. Pallaschke and S. Rolewicz (1998), *Foundations of Mathematical Optimization: Convex Analysis without Linearity*, Kluwer, Dordrecht, The Netherlands.
1041. D. Pallaschke and R. Urbański (2002), *Pairs of Compact Convex Sets*, Kluwer, Dordrecht, The Netherlands.
1042. P. D. Panagiotopoulos (1993), *Hemivariational Inequalities: Applications to Mechanics and Engineering*, Springer, Berlin.
1043. J.-S. Pang (1990), Solution differentiability and continuation of Newton's method for variational inequality problems over polyhedral sets, *J. Optim. Theory Appl.* **66**, 121–135.
1044. J.-S. Pang (1993), A degree-theoretical approach to parametric nonsmooth equations with multivalued perturbed solution sets, *Math. Progr.* **62**, 359–383.
1045. J.-S. Pang (1997), Error bounds in mathematical programming, *Math. Progr.* **79**, 299–332.
1046. J.-S. Pang and D. Stewart (2005), Differential variational inequalities, *Math. Progr.*, to appear.
1047. J.-S. Pang and L. Qi (1993), Nonsmooth equations: Motivations and algorithms, *SIAM J. Optim.* **3**, 443–465.
1048. C. Pantelides, D. Gritsis, K. P. Morison and R. W. H. Sargent (1988), The mathematical modelling of transient systems using differential-algebraic equations, *Comput. Chem. Eng.* **12**, 449–454.
1049. N. S. Papageorgiou (1995), On parametric evolution inclusions of the subdifferential type with applications to optimal control problems, *Trans. Amer. Math. Soc.* **347**, 203–231.
1050. M. Papi and S. Sbaraglia (2003), Regularity properties of constrained set-valued mappings, *Nonlinear Anal.* **54**, 1337–1353.
1051. M. Papi and S. Sbaraglia (2005), Lipschitzian estimates in discrete-time constrained stochastic optimal control, *Dynamics Cont. Disc. Impuls. Syst.*, to appear.
1052. M. Papi and S. Sbaraglia (2005), Optimal asset-liability management with constraints: A dynamic programming approach, *Appl. Math. Comput.*, to appear.
1053. V. Pareto (1909), *Manuel d'Economie Politique*, Giard, Paris.

1054. G. PEANO (1892), Sur la définition de la dérivée, *Mathesis* **2**, 12–14.
1055. J. PEÑA (2000), Understanding the geometry of infeasible perturbations of a conic linear system, *SIAM J. Optim.* **10**, 534–550.
1056. J. PEÑA (2001), Conditioning of convex programs from a primal-dual perspectives, *Math. Oper. Res.* **26**, 206–220.
1057. J. PEÑA (2003), A characterization of the distance to infeasibility under structured perturbations, *Linear Algebra Appl.* **370**, 193–216.
1058. J. PEÑA (2004), Conic systems and sublinear mappings: Equivalent approaches, *Operations Research Letters* **32** (2004), 463–467.
1059. J. PEÑA (2005), On the block-structured distance to non-surjectivity of sublinear mappings, *Math. Progr.* **103**, 561–573.
1060. T. PENNANEN (1999), Graph-convex mappings and K-convex functions, *J. Convex Anal.* **6**, 235–266.
1061. T. PENNANEN (2005), Epi-convergent discretizations of multistage stochastic programs, *Math. Oper. Res.* **30**, 245–256.
1062. T. PENNANEN (2005), Epi-convergent discretizations of multistage stochastic programs via integration quadratures, *Math. Progr.*, to appear.
1063. J.-P. PENOT (1974), Sous-différentieles de fonctions numériques non-convexes, *C. R. Acad. Paris* **278**, 1553–1555.
1064. J.-P. PENOT (1978), Calcul sous-différentiel et optimisation, *J. Funct. Anal.* **27**, 248–276.
1065. J.-P. PENOT (1981), A characterization of tangential regularity, *Nonlinear Anal.* **5**, 625–643.
1066. J.-P. PENOT (1989), Metric regularity, openness and Lipschitzian behavior of multifunctions, *Nonlinear Anal.* **13**, 629–643.
1067. J.-P. PENOT (1994), Sub-hessians, super-hessions and conjugation, *Nonlinear Anal.* **23**, 689–702.
1068. J.-P. PENOT (1995), Inverse function theorems for mappings and multimappings, *Southeast. Asian Bull. Math.* **19**, 1–16.
1069. J.-P. PENOT (1996), Favorable classes of mappings and multimappings in nonlinear analysis and optimization, *J. Convex Anal.* **3**, 97–116.
1070. J.-P. PENOT (1997), Metric estimates for the calculus of multimappings, *Set-Valued Anal.* **5**, 291–308.
1071. J.-P. PENOT (1998), Compactness properties, openness criteria and coderivatives, *Set-Valued Anal.* **6**, 363–380.
1072. J.-P. PENOT (1998), Are generalized derivatives useful for generalized convex functions?, *Generalized Convexity, Generalized Monotonicity: Recent Results*, edited by J.-P. Crouzeix, J. E. Martinez-Legaz and M. Volle, pp. 3–59, Kluwer, Dordrecht, The Netherlands.
1073. R. R. PHELPS (1993), *Convex Functions, Monotone Operators and Differentiability*, 2nd edition, Springer, Berlin.
1074. M. D. R. DE PINHO (2003), Mixed constrained control problems, *J. Math. Anal. Appl.* **278**, 293–307.
1075. M. D. R. DE PINHO, M. M. A. FERREIRA AND F. A. C. C. FONTES (2002), An Euler-Lagrange inclusion for optimal control problems with state constraints, *J. Dynam. Control Systems* **8**, 23–45.
1076. M. D. R. DE PINHO, M. M. A. FERREIRA AND F. A. C. C. FONTES (2005), Unmaximized inclusion necessary conditions for nonconvex constrained optimal control problems, *ESAIM: Control Optim. Calc. Var.* **11**.

1077. M. D. R. DE PINHO AND A. ILCHMANN (2002), Weak maximum principle for optimal control problems with mixed constraints, *Nonlinear Anal.* **48**, 1179–1196.
1078. M. D. R. DE PINHO AND R. B. VINTER (1995), An Euler-Lagrange inclusion for optimal control problems, *IEEE Trans. Autom. Control* **40**, 1191–1198.
1079. M. D. R. DE PINHO AND R. B. VINTER (1997), Necessary conditions for optimal control problems involving nonlinear differential algebraic equations, *J. Math. Anal. Appl.* **212**, 493–516.
1080. M. D. R. DE PINHO, R. B. VINTER AND H. ZHENG (2001), A maximum principle for optimal control problems with mixed constraints, *IMA J. Math. Control Inf.* **18**, 189–205.
1081. S. PLASKASZ (1992), On the solution sets for differential inclusions, *Boll. Un. Mat. Ital.* **6**, 387–394.
1082. V. A. PLOTNIKOV, A. V. PLOTNIKOV AND A. N. VITYUK (1999), *Differential Equations with a Multivalued Right-Hand Side: Asymptotic Methods*, AstroPrint, Odessa, Ukraine.
1083. V. I. PLOTNIKOV (1972), Necessary and sufficient conditions for optimality and conditions for uniqueness of the optimizing functions for control systems of general form, *Izv. Akad. Nauk SSSR, Ser. Mat.* **36**, 652–679.
1084. V. I. PLOTNIKOV AND M. I. SUMIN (1982), The construction of minimizing sequences in control problems for systems with distributed paratemers, *USSR Comput. Maths. Math. Phys.* **22**, 292–296.
1085. V. I. PLOTNIKOV AND V. I. SUMIN (1972), Optimization of objects with distributed parameters that can be described by Coursat-Darboux systems, *USSR Comput. Maths. Math. Phys.* **12**, 49–57.
1086. E. POLAK (1999), *Optimization: Algorithms and Consistent Approximations*, Springer, New York.
1087. R. A. POLIQUIN (1990), Subgradient monotonicity and convex functions, *Nonlinear Anal.* **14**, 305–317.
1088. R. A. POLIQUIN (1992), An extension of Attouch's theorem and its application to second-order epi-differentiation of convexly composite functions, *Trans. Amer. Math. Soc.* **332**, 861–874.
1089. R. A. POLIQUIN AND R. T. ROCKAFELLAR (1992), Amenable functions in optimization, in *Nonsmooth Optimization Methods and Applications*, edited by F. Giannessi, pp. 338–353, Gordon and Breach, Philadelphia, Pennsylvania.
1090. R. A. POLIQUIN AND R. T. ROCKAFELLAR (1996), Prox-regular functions in variational analysis, *Trans. Amer. Math. Soc.* **348**, 1805–1838.
1091. R. A. POLIQUIN AND R. T. ROCKAFELLAR (1996), Generalized Hessian properties of regularized nonsmooth functions, *SIAM J. Optim.* **6**, 1121–1137.
1092. R. A. POLIQUIN AND R. T. ROCKAFELLAR (1998), Tilt stability of a local minimum, *SIAM J. Optim.* **8**, 287–299.
1093. R. A. POLIQUIN, R. T. ROCKAFELLAR AND L. THIBAULT (2000), Local differentiability of distance functions, *Trans. Amer. Math. Soc.* **332**, 5231–5249.
1094. E. S. POLOVINKIN AND G. V. SMIRNOV (1986), An approach to differentiation of multifunctions and necessary optimality conditions for differential inclusions, *Diff. Eq.* **22**, 660–668.
1095. E. S. POLOVINKIN AND G. V. SMIRNOV (1986), Time-optimal problem for differential inclusions, *Diff. Eq.* **22**, 940–952.
1096. B. T. POLYAK (1969), Semicontinuity of intergral functionals and existence theorems on extremal problems, *Math. Sbornik* **7**, 59–77.

1097. B. T. Polyak (1987), *Introduction to Optimization*, Optimization Software, New York.

1098. B. T. Polyak (1998), Convexity of quadratic transformations and its use in control and optimization, *J. Optim. Theory Appl.* **99**, 553–583.

1099. B. T. Polyak (2000), History of mathematical programming in the USSR: Analyzing the phenomenon, *Math. Progr.* **91**, 401–416.

1100. B. T. Polyak (2001), Convexity of nonlinear image of a small ball with applicatiobs to optimization, *Set-Valued Anal.* **9**, 159–168.

1101. D. Pompeiu (1905), Fonctions de variables complexes, *Ann. Facul. Sci. Univ. Toulouse* **7**, 265–315.

1102. L. S. Pontryagin, V. G. Boltyanskii, R. V. Gamkrelidze and E. F. Mishchenko (1962), *The Mathematical Theory of Optimal Processes*, Wiley, New York, 1962.

1103. D. Preiss (1984), Gâteaux differentiable functions are somewhere Fréchet differentiable, *Rend. Circ. Mat. Palermo* **33**, 122–133.

1104. D. Preiss (1990), Differentiability of Lipschitz functions on Banach spaces, *J. Funct. Anal.* **91**, 312–345.

1105. A. I. Propoi (1973), *Elements of the Theory of Optimal Discrete Processes*, Nauka, Moscow.

1106. B. N. Pshenichnyi (1971), *Necessary Conditions for an Extremum*, Marcel Dekker, New York.

1107. B. N. Pshenichnyi (1976), Necessary conditions for an extremum for differential inclusions, *Kibernetika* **12**, 60–73.

1108. B. N. Pshenichnyi (1977), On necessary extremality conditions for nonsmooth functions, *Kibernetika* **13**, 92–96.

1109. B. N. Pshenichnyi (1980), *Convex Analysis and Extremal Problems*, Nauka, Moscow.

1110. V. Pták (1974), A quantitative refinement of the closed graph theorem, *Czech. Math. J.* **24**, 503–506.

1111. L. Qi and J. Sun (1993), A nonsmooth version of Newton's method, *Math. Progr.* **58**, 353–368.

1112. Y. P. Qiu and T. L. Magnanti (1992), Sensitivity analysis for variational inequalities, *Math. Oper. Res.* **17**, 61–76.

1113. M. Quinzii (1992), *Increasing Returns and Efficiency*, Oxford University Press, Oxford, UK.

1114. H. Rademacher (1919), Uber partielle und totale differenzierbarkeit von funktionen mehrerer varieabeln und über die transformation der doppelintegrale, *Math. Ann.* **79**, 340–359.

1115. D. Ralph (1994), A chain rule for nonsmooth composite functions via minimization, *Bull. Austral. Math. Soc.* **49**, 129–137.

1116. D. Ralph (2002), A stable homotopy approach to horizontal linear complementarity problems, *Control Cybernet.* **31**, 575–599.

1117. D. Ralph and S. J. Wright (2004), Some properties of regularization and penalization schemes for MPECs, *Optim. Meth. Soft.* **5**, 527–556.

1118. F. Rampazzo and R. B. Vinter (2000), Degenerate optimal control problems with state constraints, *SIAM J. Control Optim.* **39**, 989–1007.

1119. T. Rapcsák (1997), *Smooth Nonlinear Optimization in* $\mathbb{R}^n$, Kluwer, Dordrecht, The Netherlands.

1120. J.-P. RAYMOND (1997), Nonlinear boundary control of semilinear parabolic problems with pointwise state constraints, *Disc. Cont. Dynam. Systems* **3**, 341–370.
1121. J.-P. RAYMOND AND H. ZIDANI (1998), Pontryagin's principle for state-constrained control problems governed by parabolic equations with unbounded controls, *SIAM J. Control Optim.* **38**, 1853–1879.
1122. J. RENEGAR (1995), Incorporating condition measures into the complexity theory of linear programming, *SIAM J. Optim.* **5**, 506–524.
1123. J. RENEGAR (1995), Linear programming, complexity theory and elementary functional analysis, *Math. Progr.* **70**, 279–540.
1124. L. RIFFORD (2002), Semiconcave control Lyapunov functions and stabilizing feedback, *SIAM J. Control Optim.* **41**, 659–681.
1125. S. M. ROBINSON (1972), Normed convex processes, *Trans. Amer. Math. Soc.* **174**, 127–140.
1126. S. M. ROBINSON (1973), Bounds for error in the solution set of a perturbed linear program, *Linear Algebra Appl.* **6**, 69–81.
1127. S. M. ROBINSON (1975), An application of error bounds for convex programming in a linear space, *SIAM J. Control* **13**, 271–273.
1128. S. M. ROBINSON (1976), Stability theory for systems of inequalities, II: Differentiable nonlinear systems, *SIAM J. Numer. Anal.* **13**, 130–143.
1129. S. M. ROBINSON (1976), Regularity and stability for convex multivalued functions, *Math. Oper. Res.* **1**, 130–143.
1130. S. M. ROBINSON (1979), Generalized equations and their solutions, I: Basic theory, *Math. Progr. Study* **10**, 128–141.
1131. S. M. ROBINSON (1980), Strongly regular generalized equations, *Math. Oper. Res.* **5**, 43–62.
1132. S. M. ROBINSON (1981), Some continuity properties of polyhedral multifunctions, *Math. Progr. Study* **14**, 206–214.
1133. S. M. ROBINSON (1982), Generalized equations and their solutions, II: Applications to nonlinear programming, *Math. Progr. Study* **19**, 200–221.
1134. S. M. ROBINSON (1983), Generalized equations, in *Mathematical Programming: The State of the Art*, edited by A. Bachem et al., pp. 346–367, Springer, Berlin.
1135. S. M. ROBINSON (1987), Local epi-continuity and local optimization, *Math. Progr. Study* **37**, 208–222.
1136. S. M. ROBINSON (1991), An implicit function theorem for a class of nonsmooth functions, *Math. Oper. Res.* **16**, 292–309.
1137. S. M. ROBINSON (2003), Constraint nondegeneracy in variational analysis, *Math. Oper. Res.* **28**, 201–232.
1138. S. M. ROBINSON (2003), Variational conditions with smooth constraints: Structure and analysis, *Math. Progr.* **97**, 245–265.
1139. S. M. ROBINSON (2004), Localized normal maps and the stability of variational conditions, *Set-Valued Anal.* **12**, 259–274.
1140. R. T. ROCKAFELLAR (1963), *Convex Functions and Dual Extremum Problems*, Ph.D. dissertation, Department of Mathematics, Harvard University, Cambridge, Massachusetts.
1141. R. T. ROCKAFELLAR (1966), Characterization of subdifferentials of convex functions, *Pacific J. Math.* **17**, 497–510.
1142. R. T. ROCKAFELLAR (1970), *Convex Analysis*, Princeton University Press, Princeton, New Jersey.

1143. R. T. ROCKAFELLAR (1970), Conjugate convex functions in optimal control and the calculus of variations, *J. Math. Anal. Appl.* **32**, 174–222.
1144. R. T. ROCKAFELLAR (1970), Generalized Hamiltonian equations for convex problems of Lagrange, *Pacific J. Math.* **33**, 411–427.
1145. R. T. ROCKAFELLAR (1971), Existence and duality theorems for convex problems of Bolza, *Trans. Amer. Math. Soc.* **159**, 1–39.
1146. R. T. ROCKAFELLAR (1979), Clarke's tangent cone and the boundaries of closed sets in $I\!R^n$, *Nonlinear Anal.* **3**, 145–154.
1147. R. T. ROCKAFELLAR (1979), Directional Lipschitzian functions and subdifferential calculus, *Proc. London Math. Soc.* **39**, 331–355.
1148. R. T. ROCKAFELLAR (1980), Generalized directional derivatives and subgradients of nonconvex functions, *Canad. J. Math.* **32**, 157–180.
1149. R. T. ROCKAFELLAR (1981), *The Theory of Subgradients and Its Applications to Problems of Optimization: Convex and Nonconvex Functions*, Helderman Verlag, Berlin.
1150. R. T. ROCKAFELLAR (1981), Proximal subgradients, marginal values and augmented Lagrangians in nonconvex optimization, *Math. Oper. Res.* **6**, 424–436.
1151. R. T. ROCKAFELLAR (1982), Favorable classes of Lipschitz continuous functions in subgradient optimization, in *Progress in Nondifferentiable Optimization*, edited by E. A. Nurminskii, pp. 125–143, IIASA, Laxenburg, Austria.
1152. R. T. ROCKAFELLAR (1982), Lagrange multipliers and subderivatives of optimal value functions in nonlinear programming, *Math. Progr. Study* **17**, 28–66.
1153. R. T. ROCKAFELLAR (1985), Maximal monotone relations and the second derivatives of nonsmooth functions, *Ann. Inst. H. Poincaré: Analyse Non Linéaire* **2**, 167–184.
1154. R. T. ROCKAFELLAR (1985), Lipschitzian properties of multifunctions, *Nonlinear Anal.* **9**, 867–885.
1155. R. T. ROCKAFELLAR (1985), Extensions of subgradient calculus with applications to optimization, *Nonlinear Anal.* **9**, 665–698.
1156. R. T. ROCKAFELLAR (1988), First- and second-order epi-differentiability in nonlinear programming, *Trans. Amer. Math. Soc.* **307**, 75–108.
1157. R. T. ROCKAFELLAR (1989), Letter to B. S. Mordukhovich of March 6, 1989, Seattle, Washington.
1158. R. T. ROCKAFELLAR (1989), Derivation of some improved formulas in subdifferential calculus, privately circulated note.
1159. R. T. ROCKAFELLAR (1989), Proto-differentiability of set-valued mappings and its applications in optimization, in *Analyse Non Linéaire*, edited by H. Attouch et al., pp. 449–482, Gauthier-Villars, Paris.
1160. R. T. ROCKAFELLAR (1993), Lagrange multipliers and optimality, *SIAM Rev.* **35**, 183–238.
1161. R. T. ROCKAFELLAR (1993), Dualization of subgradient conditions for optimality, *Nonlinear Anal.* **20**, 627–642.
1162. R. T. ROCKAFELLAR (1996), Equivalent subgradient versions of Hamiltonian and Euler-Lagrange equations in variational analysis, *SIAM J. Control Optim.* **34**, 1300–1315.
1163. R. T. ROCKAFELLAR (2000), Second-order convex analysis, *J. Nonlinear Convex Anal.* **1**, 1–16.
1164. R. T. ROCKAFELLAR (2004), Hamilton–Jacobi theory and parametric analysis in fully convex problems of optimal control, *J. Global Optim.* **28**, 419–431.

1165. R. T. ROCKAFELLAR AND R. J-B. WETS (1998), *Variational Analysis*, Springer, Berlin.

1166. R. T. ROCKAFELLAR AND P. R. WOLENSKI (2000), Convexity in Hamilton-Jacobi theory, I: Dynamics and duality, *SIAM J. Control Optim.* **39**, 1323–1350.

1167. R. T. ROCKAFELLAR AND P. R. WOLENSKI (2000), Convexity in Hamilton-Jacobi theory, II: Envelope representations, *SIAM J. Control Optim.* **39**, 1351–1372.

1168. R. T. ROCKAFELAR AND D. ZAGRODNY (1997), A derivative-coderivative inclusion in second-order nonsmooth analysis, *Set-Valued Anal.* **5**, 1–17.

1169. S. ROLEWICZ (1979), On paraconvex multifunctions, *Oper. Res. Verfahren* **31**, 540–546.

1170. S. ROLEWICZ (1979), On γ-paraconvex multifunctions, *Math. Japon.* **24**, 293–300.

1171. S. ROLEWICZ (2005), On differentiability of strongly $\alpha(\cdot)$-paraconvex functions in non-separable Asplund spaces, *Studia Math.*, **167**, 235–244.

1172. S. ROLEWICZ (2005), Paraconvex analysis on $C_{\mathbf{E}}^{1,u}$ manifolds, *Optimization*, to appear.

1173. J. F. ROSENBLUETH AND R. B. VINTER (1991), Relaxation procedures for time delay systems, *J. Math. Anal. Appl.* **162**, 542–563.

1174. J. F. ROSENBLUETH, J. WARGA AND Q. J. ZHU (1997), On the characterization of properly relaxed delayed controls, *J. Math. Anal. Appl.* **209**, 274–290.

1175. I. M. ROSS AND F. FAHROO (2004), Legendre pseudospectral approximations of optimal control problems, *Lecture Notes Cont. Inf. Sci.* **295**, pp. 327–342, Springer, New York.

1176. R. ROSSI AND G. SAVARÉ (2005), Gradient flows of nonconvex functionals in Hilbert spaces and applications, *ESAIM: Control Optim. Cal. Var.*, to appear.

1177. T. ROUBÍČEK (1997), *Relaxation in Optimization Theory and Variational Calculus*, De Gruyter, Berlin.

1178. J. D. L. ROWLAND AND R. B. VINTER (1992), Pontryagin type conditions for differential inclusions, *J. Math. Anal. Appl.* **165**, 587–597.

1179. J. D. L. ROWLAND AND R. B. VINTER (1993), Dynamic optimization problems with free-time and active state constraints, *SIAM J. Control Optim.* **31**, 677–697.

1180. L. I. ROZONOÉR (1959), L. S. Pontryagin maximum principle in the theory of optimal systems, I–III, *Autom. Remote Control* **20**, 1288–1302, 1405–1421, 1517–1532.

1181. A. M. RUBINOV (2000), *Abstract Convexity and Global Optimization*, Kluwer, Dordrecht, The Netherlands.

1182. A. M. RUBINOV (2002), Equilibrium with restriction on exchange, *Cybernetics and Systems Analysis*, No. 2, 55–70.

1183. J.-J. RÜCKMANN (1999), On existence and uniqueness of stationary points in semi-infinite programming, *Math. Progr.* **86**, 387–415.

1184. D. L. RUSSELL (1966), Optimal regulation of linear symmetruc hyperbolic systems with finite dimensional control, *SIAM J. Control* **4**, 276–294.

1185. L. D. SABBAGH (1969), Variational problems with lags, *J. Optim. Theory Appl.* **3**, 34–51.

1186. S. SAKS (1937), *Theory of the Integral*, 2nd edition, Hafner Publishing Co., New York.

1187. D. SALAMON (1984), *Control and Observation of Neutral Systems*, Pitman, Harlow, Essex, UK.
1188. P. A. SAMUELSON (1947), *Foundations of Economic Analysis*, Harvard University Press, Cambridge, Massachusetts.
1189. P. A. SAMUELSON (1954), The pure theory of public expenditures, *Rev. Econ. Stat.* **36**, 387–389.
1190. J. SCHAUDER (1930), Über die umkerhrung linearer, stetiger funktionaloperationen, *Studia Math.* **2**, 1–6.
1191. H. SCHEEL AND S. SCHOLTES (2000), Mathematical programs with equilibrium constraints: Stationarity, optimality and sensitivity, *Math. Oper. Res.* **25**, 1–22.
1192. S. SCHOLTES (2001), Convergence properties of a regularization scheme for mathematical programs with complementarity constraints, *SIAM J. Optim.* **11**, 818–936.
1193. S. SCHOLTES (2002), On the existence and computation of EPEC solutions, talk given at the ICCP Conference in Cambridge, UK.
1194. S. SCHOTES AND M. STÖHR (1999), Exact penalization of mathematical programs with equilibrium constraints, *SIAM J. Control Optim.* **37**, 617–652.
1195. L. SCRIMALI (2004), Variational inequalities and optimal equilibrium distributions in transportation networks, *Math. Ineq. Appl.* **7**, 439–451.
1196. R. SCHULTZ (2000), Some aspects of stability in stochastic programming, *Ann. Oper. Res.* **100**, 55–84.
1197. L. SCHWARTZ (1966), *Théorie des Distributions*, Hermann, Paris.
1198. A. SEEGER (1992), Limiting behavior of the approximate second-order subdifferential of a convex function, *J. Optim. Theory Appl.* **74**, 527–544.
1199. A. SEEGER (1994), Approximate Euler-Lagrange inclusion, approximate transversality condition, and sensitivity analysis of convex parametric problems of calculus of variations, *Set-Valued Anal.* **2**, 307–325.
1200. H. S. SENDOV (2000), *Variational Spectral Analysis*, Ph.D. dissertation, Department of Combinatorics and Optimization, University of Waterloo, http://etd/uwaterloo.ca/etd/hssendov2000.pdf, Waterloo, Canada.
1201. B. SENDOV AND V. A. POPOV (1988), *The Averaged Moduli of Smoothness*, Wiley, New York.
1202. F. SEVERI (1930), Su alcune questioni di topologia infinitesimale, *Ann. Soc. Polon. Math.* **9**, 97–108.
1203. A. SHAPIRO (1988) Sensitivity analysis of nonlinear programs and differentiability property of metric projections, *SIAM J. Control Optim.* **26**, 628–645.
1204. A. SHAPIRO (1990), On concepts of directional defferentiability, *J. Math. Anal. Appl.* **66**, 477–487.
1205. A. SHAPIRO (1994), Sensitivity analysis of parameterized programs via generalized equations, *SIAM J. Control Optim.* **32**, 553–571.
1206. A. SHAPIRO, T. HOMEM-DE-MELLO AND J. KIM (2002), Conditioning of convex pievewise linear stochastic programs, *Math. Progr.* **94**, 1–19.
1207. N. Z. SHOR (1972), On a class of almost-differentiable functions and on a minimization method for functions from this class, *Kibernetika*, No. 4. 65–70.
1208. N. Z. SHOR (1985), *Minimization Methods for Non-Differentiable Functions*, Springer, Berlin.
1209. I. A. SHVARTSMAN (2005), New approximation method in the proof of the maximum principle for nonsmooth optimal control problems with state constraints, *J. Math. Anal. Appl.*, to appear.

1210. I. A. SHVARTSMAN AND R. B. VINTER (2005), Regularity properties of optimal controls for state constrained problems with time-varying control constraints, *Nonlinear Anal.*, to appear.

1211. G. H. SILVA AND R. B. VINTER (1998), Necessary conditions for optimal impulsive control problems, *SIAM J. Control Optim.* **35**, 1829–1846.

1212. J. SIMON (1987), Compact sets in the space $L^p(0, T; B)$, *Ann Mat. Pura Appl.* **146**, 65–96.

1213. S. SIMONS (1998), *Minimax and Monotonicity*, Springer, Berlin.

1214. I. SINGER (1997), *Abstract Convex Analysis*, Wiley, New York.

1215. G. V. SMIRNOV (1991), Discrete approximations and optimal solutions to differential inclusions, *Cybernetics* **27**, 101–107.

1216. G. V. SMIRNOV (2001), *Introduction to the Theory of Differential Inclusions*, American Mathematical Society, Providence, Rhode Island.

1217. A. SMITH (1776), *An Inquiry into the Nature and Causes of the Wealth of Nations*, Clarendon Press, Oxford, England.

1218. S. L. SOBOLEV (1963), *Applications of Functional Analysis in Mathematical Physics*, American Mathematical Society, Providence, Rhode Island.

1219. M. V. SOLODOV AND B. F. SVAITER (2000), Error bounds for proximal point subproblems and associated inexasct proximal point algorithms, *Math. Progr.* **88**, 371–389.

1220. E. SONTAG (1999), Stability and stabilization: Discontinuity and the effect of disturbances, in *Nonlinear Analysis, Differential Equations, and Control*, edited by F. H. Clarke and R. J. Stern, pp. 551–598, Kluwer, Dordrecht, The Netherlands.

1221. V. A. SROCHKO (1984), Optimality conditions of the maximum principle type in Goursat-Darboux systems, *Siberian J. Math.* **25**, 126–132.

1222. H. VON STACKELBERG (1934), *Marktform und Gleichgewicht*, Springer, Berlin.

1223. G. STAMPACCHIA (1964), Formes bilinéaires coercitives sur les ensemble convexes, *C. R. Acad. Sci. Paris* **258**, 4413–4416.

1224. C. STEGALL (1978), Optimization of functions on certain subsets of Banach spaces, *Trans. Amer. Math. Soc.* **236**, 171–176.

1225. O. STEIN (2003), *Bilevel Strategies in Semi-Infinite Programming*, Kluwer, Boston, Massachusetts.

1226. A. S. STREKALOVSKY (1987), On the problem of global extremum, *Soviet Math. Dokl.* **35**, 194–198.

1227. A. S. STREKALOVSKY (1998), Global optimality conditions for nonconvex optimization, *J. Global Optim.* **12**, 415–434.

1228. A. S. STREKALOVSKY (2003), *Elements of Nonconvex Optimization*, Nauka, Novosibirsk.

1229. M. STUDNIARSKI AND D. E. WARD (1999), Weak sharp minima: Characterizations and sufficient conditions, *SIAM J. Control Optim.* **38** (1999), 219–236.

1230. A. I. SUBBOTIN (1995), *Generalized Solutions of First-Order PDEs*, Birkhäuser, Boston, Massuchusetts.

1231. N. N. SUBBOTINA (1989), The maximum principle and the superdifferential of the value function, *Prob. Control Inform. Theory* **18**, 151–160.

1232. F. SULLIVAN (1981), A characterization of complete metric spaces, *Proc. Amer. Math. Soc.* **83**, 345–346.

1233. M. I. SUMIN (2000), Optimal control of semilinear elliptic equations with state constraints: Maximum principle for minimizing sequences, regularity, normality, sensitivity, *Control Cybernet.* **29**, 449–472.

1234. M. I. Sumin (2001), Suboptimal control of a semilinear elliptic equation with a phase constraint and a boundary control, *Diff. Eq.* **37**, 281–300.
1235. H. J. Sussmann (1994), A strong version of the Lojasiewicz maximum principle, in *Optimal Control and Differential Equations*, edited by N. N. Pavel, pp. 293–309, Marcel Dekker, New York.
1236. H. J. Sussmann (1998), Geometry and optimal control, in *Mathematical Control Theory*, edited by J. Baillieul and J. C. Willems, pp. 140-198, Springer, New York.
1237. H. J. Sussmann (2000), New theories of set-valued differentials and new versions of the maximum principle, in *Nonlinear Control in the Year 2000*, edited by A. Isidori, F. Lamnabhi-Lagarrigue and W. Respondek, pp. 487–526, Springer, Berlin.
1238. H. J. Sussmann (2002), Needle variations and almost lower semicontinuous differential inclusions, *Set-Valued Anal.* **10**, 233–285.
1239. H. J. Sussmann and J. V. Willems (1997), 300 years of optimal control: From the brachystochrone to the maximum principle, *IEEE Control Syst. Magaz.* **17**, 32–44.
1240. A. Świech (1994), Unbounded second order partial differential equations in infinite dimensional Hilbert spaces, *Comm. Part. Diff. Eq.* **19**, 1999-2036.
1241. A. Świech (1996), Sub- and superoptimality principles of dynamic programming revisited, *Nonlinear Anal.* **26**, 1429–1436.
1242. T. Tadumadze and L. Alkhazishvili (2003), Formulas of variations of solutions for nonlinear controlled delay differential equations with discontinuous initial conditions, *Mem. Diff. Eq. Math. Phys.* **29**, 125–150.
1243. W. Takahashi (2000), *Nonlinear Functional Analysis*, Yokohama Publishers, Yokohama, Japan.
1244. L. Thibault (1976), Probléme de Bolza dans un espace de Banach séparable, *C. R. Acad. Sci. Paris* **282**, 1303–1306.
1245. L. Thibault (1978), Sous-différentiel de fonctions vertorielles compactement lipschitziennes, *C. R. Acad. Sci. Paris* **286**, 995–998.
1246. L. Thibault (1980), Subdifferentials of compactly Lipschitzian vector functions, *Ann. Mat. Pura Appl.* **125**, 157–192.
1247. L. Thibault (1982), On generalized differentials and subdifferentials of Lipschitz vector-valued functions, *Nonlinear Anal.* **6**, 1037–1053.
1248. L. Thibault (1983), Tangent cones and quasi-interiorly tangent cones to multifunctions, *Trans. Amer. Math. Soc.* **277**, 601–621.
1249. L. Thibault (1991), On subdifferentials of optimal value functions, *SIAM J. Control Optim.* **29**, 1019–1036.
1250. L. Thibault (1992), Lagrange-Kuhn-Tucker multipliers for general mathematical programming problems, in *Optimization and Nonlinear Analysis*, edited by A. Ioffe, L. Marcus and S. Reich, Pitman Researh Notes Math. Ser. **244**, pp. 311–315, Longman, Harlow, Essex, UK.
1251. L. Thibault (1995), A note on the Zagrodny mean value theorem, *Optimization* **35**,127–130.
1252. L. Thibault (1997), On compactly Lipschitzian mappings, in *Recent Advances in Optimization*, edited by P. Gritzmann et al., Lecture Notes Econ. Math. Syst. **456**, pp. 356–364, Springer, Berlin.
1253. L. Thibault (2003), Sweeping process with regular and nonregular sets, *J. Diff. Eq.* **193**, 1–26.

1254. L. THIBAULT AND D. ZAGRODNY (1995), Integration of subdifferentials of lower semicontinuous functions, *J. Math. Anal. Appl.* **189**, 22–58.
1255. D. TIBA (1990), *Optimal Control of Nonsmooth Distributed Parameter Systems*, Springer, Berlin.
1256. V. M. TIKHOMIROV (1990), *Stories about Maxima and Minima*, American Mathematical Society, Providence, Rhode Island.
1257. V. M. TIKHOMIROV (1997), *Elements of the Theory of Extrema*, Tinbergen Institute, TI 97-048/4, Amsterdam, The Netherlands.
1258. A. A. TOLSTONOGOV (2000), *Differential Inclusions in a Banach Spaces*, Kluwer, Dordrecht, The Netherlands.
1259. A. A. TOLSTONOGOV (2004), Properties of the attainable sets of evolution inclusions and control systems of subdifferential type, *Siberian Math. J.* **45**, 763–784.
1260. L. TONELLI (1923), *Fondamenti di Calcolo delle Variazioni*, published in two volumes, Zanichelli, Bologna, Italy.
1261. R. TOURKY (1998), A new approach to the limit theorem on the core of an economy in vector lattices, *J. Econ. Theory* **78**, 321–328.
1262. J. S. TREIMAN (1983), Characterization of Clarke's tangent and normal cones in finite and infinite dimensions, *Nonlinear Anal.* **7**, 771–783.
1263. J. S. TREIMAN (1986), Clarke's gradients and epsilon-subgradients in Banach spaces, *Trans. Amer. Math. Soc.* **294**, 65–78.
1264. J. S. TREIMAN (1988), Shrinking generalized gradients, *Nonlinear Anal.* **12**, 1429–1450.
1265. J. S. TREIMAN (1989), Finite dimensional optimality conditions: B-gradients, *J. Optim. Theory Appl.* **62**, 771–783.
1266. J. S. TREIMAN (1990), Optimal control with small generalized gradients, *SIAM J. Control Optim.* **28**, 720–732.
1267. J. S. TREIMAN (1995), The linear nonconvex generalized gradients and Lagrange multipliers, *SIAM J. Optim.* **5**, 670–680.
1268. J. S. TREIMAN (1999), Lagrange multipliers for nonconvex generalized gradients with equality, inequality, and set constraints, *SIAM J. Control Optim.* **37**, 1313–1329.
1269. J. S. TREIMAN (2002), The linear generalized gradient in infinite dimensions, *Nonlinear Anal.* **48**, 427–443.
1270. A. A. TRET'YAKOV AND J. E. MARSDEN (2003), Factor-analysis of nonlinear mappings: p-Regularity theory, *Commun. Pure Appl. Anal.* **2**, 425–445.
1271. F. TRÖLTZSCH (1984), *Optimality Conditions for Parabolic Control Problems and Applications*, Teubner Texte, Leipzig.
1272. I. TSEVENDORJ (2001), Piecewise-convex maximization problems, *J. Global Optim.* **21**, 1–14.
1273. H. D. TUAN (1995), On controllability and extremality in nonconvex differential inclusions, *J. Optim. Theory Appl.* **85**, 435–472.
1274. A. UDERZO (2002), Notes on metric regularity and open covering, Technical Report MS2.7.8, pp. 1–26, Dipartimento di Sistemi ed Istituzioni per l'Economia, Univ. di L'Aquila.
1275. C. URSESCU (1975), Multifunctions with closed convex graphs, *Czech. Math. J.* **25**, 438–441.
1276. C. URSESCU (1982), Tangent sets' calculus and necessary conditions for extremality, *SIAM J. Control Optim.* **20**, 563–574.

1277. M. Valadier (1990), Young measures, in *Methods of Convex Analysis*, Lecture Notes Math. **1446**, pp. 152–188, Springer, Berlin.
1278. P. P. Varajay (1967), Nonlinear programming in Banach spaces, *SIAM J. Appl. Math.* **15**, 284–293.
1279. F. P. Vasiliev (1969), Optimality conditions for certain classes of systems which are not solved with respect to the derivative, *Soviet Math. Dokl.* **10**, 224–227.
1280. F. P. Vasiliev (1981), *Solution Methods for Extremal Problems*, Nauka, Moscow.
1281. O. V. Vasiliev (1996), *Optimization Methods*, World Federation Publishers, Atlanta, Georgia.
1282. V. Veliov (1994), Differential inclusions with stable subinclusions, *Nonlinear Anal.* **23**, 1027–1038.
1283. V. Veliov (1997), Lipschitz continuity of the value function in optimal control, *J. Optim. Theory Appl.* **94**, 335–363.
1284. V. Veliov (1997), On the time-discretization of control systems, *SIAM J. Control Optim.* **35**, 1470–1486.
1285. I. Y. Verchenko and A. N. Kolmogorov (1934), Continuation of investigation on discontinuity points for functions of two variables, *Dokl. Acad. Nauk SSSR* **4**, 361–364.
1286. J.-P. Vial (1983), Strong and weak convexity of sets and functions, *Math. Oper. Res.* **8**, 231–259.
1287. A. Villar (2000), *Equilibrium and Efficiency in Production Economies*, Springer, Berlin.
1288. A. Villar (2001), On the efficiency of market equilibrium in production economies, *J. Global Optim.* **20**, 375–389.
1289. R. B. Vinter (2000), *Optimal Control*, Birkhäuser, Boston, Massachusetts.
1290. R. B. Vinter and G. Pappas (1982), A maximum principle for non-smooth optimal control problems with state constraints, *J. Math. Anal. Appl.* **89**, 212–232.
1291. R. B. Vinter and F. L. Pereira (1988), A maximum principle for optimal processes with discontinuous trajectories, *SIAM J. Control Optim.* **26**, 205–229.
1292. R. B. Vinter and P. R. Wolenski (1990), Coextremals and the value function for control problems with data measurable in time, *J. Optim. Theory Appl.* **153**, 37–51.
1293. R. B. Vinter and P. D. Woodford (1997), On the occurrence of intermediate local minimizers that are not strong local minimizers, *Systems Cont. Lett.* **31**, 235–342.
1294. R. B. Vinter and H. Zheng (1997), The extended Euler-Lagrange condition for nonconvex variational problems, *SIAM J. Control Optim.* **35**, 56–77.
1295. R. B. Vinter and H. Zheng (1998), The extended Euler-Lagrange condition for nonconvex variational problems with state constraints, *Trans. Amer. Math. Soc.* **350**, 1181–1204.
1296. R. B. Vinter and H. Zheng (2000), Necessary conditions for free end-time, measurable time dependent optimal control problems with state constraints, *Set-Valued Anal.* **8**, 10–29.
1297. R. B. Vinter and H. Zheng (2003), Some finance problems solved with nonsmooth optimization techniques, *J. Optim. Theory Appl.* **119**, 1–18.

1298. V. Volterra (1931), *Théories Mathématoque de la Lutte pour la Vie*, Guathoer-Villar, Paris.
1299. D. W. Walkup and R. J-B. Wets (1969), A Lipschitzian characterization of convex polyhedra, *Proc. Amer. Math. Soc.* **20**, 167–173.
1300. L. Walras (1874-7), *Eléments d'Economie Politique Pure*, L. Corbaz and Company, Lausanne.
1301. L. Wang (2005), Discrete approximations to optimization of neutral functional differential inclusions, *J. Math. Anal. Appl.* **309**, 474–488.
1302. P. K. C. Wang (1964), Control of distributed parameter systems, in *Advances in Control Systems, Theory and Applications*, edited by C. T. Leondes, Vol. 1, pp. 75–172, Academic Press, New York.
1303. X. Wang (2005), Subdifferentiability of real functions, *Real Anal. Exchange* **30**, 137–171.
1304. X. Wang (2005), Extremal characterizations of reflexive spaces, *Pacific J. Optim.*, to appear.
1305. X. Wang and V. Jeyakumar (2000), A sharp Lagrange multiplier rule for nonsmooth mathematical programming problems involving equality constraints, *SIAM J. Optim.* **10**, 1136–1148.
1306. D. E. Ward (1993), Calculus for parabolic second-order derivatives, *Set-Valued Anal.* **1**, 213–246.
1307. D. E. Ward (1994), A chain rule for parabolic second-order epiderivatives, *Optimization* **28**, 223–236.
1308. D. E. Ward (1995), A comparison of second-order epiderivatives: Calculus and optimality conditions, *J. Math. Anal. Appl.* **193**, 465–482.
1309. D. E. Ward (1996), Dini derivatives of the marginal functions of a non-Lipschitzian program, *SIAM J. Optim.* **6**, 198–211.
1310. D. E. Ward (1999), Second-order necessary conditions in nonsmooth programming, in *Systems Modelling and Optimization*, edited by M. P. Polis et al., pp. 216–224, Chapman and Hall/CRC Press, Boca Raton, Florida.
1311. D. E. Ward and J. M. Borwein (1987), Nonconvex calculus in finite dimensions, *SIAM J. Control Optim.* **25**, 1312–1340.
1312. D. E. Ward and G. M. Lee (2001), Generalized properly efficient solutions of vector optimization problems, *Math. Oper. Res.* **53**, 215–232.
1313. J. Warga (1962), Relaxed variational problems, *J. Math. Anal. Appl.* **4**, 111–128.
1314. J. Warga (1962), Necessary conditions for minimum in relaxed variational problems, *J. Math. Anal. Appl.* **4**, 129–145.
1315. J. Warga (1972), *Optimal Control of Differential and Functional Equations*, Academic Press, New York.
1316. J. Warga (1975), Necessary optimality conditions without differentiability assumptions in optimal control, *J. Diff. Eq.* **15**, 41–62.
1317. J. Warga (1976), Necessary conditions withiut differentiability assumptions in unilatateral control problems, *J. Diff. Eq.* **21**, 25–38.
1318. J. Warga (1976), Derivate containers, inverse functions, and controllability, in *Calculus of Variations and Control Theory*, edited by D. L. Russel, pp. 13–46, Academic Press, New York.
1319. J. Warga (1978), Controllability and a multiplier rule for nondifferentiable optimization problems, *SIAM J. Control Optim.* **16**, 803–812.
1320. J. Warga (1981), Fat homeomorphisms and unbounded derivate containers, *J. Math. Anal. Appl.* **81**, 545–560.

1321. J. WARGA (1983), Controllability, extremality and abnormality in nonsmooth optimal control, *J. Optim. Theory Appl.* **41**, 239–260.
1322. J. WARGA (1988), Homeomorphisms and local $\mathcal{C}^1$ approximations, *Nonlinear Anal.* **12**, 593–597.
1323. J. WARGA (1995), A proper relaxation of control with variable shifts, *J. Math. Anal. Appl.* **196**, 783–793.
1324. D. WASHBURN (1979), A bound on the boundary input map for parabolic equations with applications to time optimal control, *SIAM J. Control Optim.* **17**, 652–671.
1325. T. WAŻEWSKI (1961), Systémes de commandes et équations au contingent, *Bull. Acad. Pol. Sci., Ser. Math. Ast. Phys.* **9**, 151–155.
1326. K. WEIERSTRASS (1927), *Vorlesungen über Variationsrechnung*, Akademische Verlagsgesellschaft, Leipzig.
1327. R. J-B. WETS (1996), Challenges in stochastic programming, *Math. Progr.* **75**, 115–135.
1328. L. W. WHITE (1985), Distributed control of a hyperbolic problem with control and stress constraints, *J. Math. Anal. Appl.* **106**, 41–53.
1329. P. R. WOLENSKI (1990), The exponential formula for the reachable set of a Lipschitz differential inclusion, *SIAM J. Control Optim.* **28**, 1148–1161.
1330. P. R. WOLENSKI AND Y. ZHUANG (1998), Proximal analysis and the minimal time function, *SIAM J. Control Optim.* **36**, 1048–1072.
1331. P. D. WOODFORD (1997), *Optimal Control for Nonsmooth Dynamic Systems*, Ph.D. dissertation, Department of Electric. Electron. Eng., Imperial College, London, UK.
1332. M. H. WRIGHT (1999), Ill-conditioning and computational error in interior methods for nonlinear programming, *SIAM J. Optim.* **9**, 84–111.
1333. S. E. WRIGHT (1995), Consistency of primal-dual approximations for convex optimal control, *SIAM J. Control Optim.* **33**, 1489–1509.
1334. Z. WU AND J. J. YE (2002), On error bounds for lower semicontinuous functions, *Math. Progr.* **92**, 421–435.
1335. Z. WU AND J. J. YE (2003), First-order and second-order conditions for error bounds, *SIAM J. Optim.* **14**, 621–645.
1336. Z. WU AND J. J. YE (2003), Equivalence between various derivatives and subdifferentials of the distance function, *J. Math. Anal. Appl.* **282**, 629–647.
1337. X. Q. YANG AND V. JEYAKUMAR (1992), Generalized second-order directional derivatives and optimization with $C^{1,1}$ functions, *Optimization* **26**, 165–185.
1338. J. J. YE (1999), Optimality conditions for optimization problems with complementarity constraints, *SIAM J. Control Optim.* **9**, 374–387.
1339. J. J. YE (2000), Constraint qualifications and necessary optimality conditions for optimization problems with variational inequality constraints, *SIAM J. Optim.* **10**, 943–962.
1340. J. J. YE (2001), Multiplier rules under mixed assumptions on differentiability and Lipschitz continuity, *SIAM J. Control Optim.* **39**, 1441–1460.
1341. J. J. YE (2004), Nondifferentiable multiplier rules for optimization and bilevel optimization problems, *SIAM J. Optim.* **15**, 252–274.
1342. J. J. YE (2005), Necessary and sufficient optimality conditions for mathematical programs with equilibrium constraints, *J. Math. Anal. Appl.* **307**, 350–369.

1343. J. J. YE AND X. Y. YE (1997), Necessary optimality conditions for optimization problems with variational inequality constraints, *Math. Oper. Res.* **22**, 977–997.

1344. J. J. YE, D. L. ZHU AND Q. J. ZHU (1997), Exact penalization and necessary optimality conditions for generalized bilevel programming problems, *SIAM J. Optim.* **7**, 481–507.

1345. J. J. YE AND Q. J. ZHU (2003), Multiobjective optimization problems with variational inequality constraints, *Math. Progr.* **96**, 139–160.

1346. N. D. YEN (1995), Lipschitz continuity of solutions of variational inequalities with a parametric polyhedral constraint, *Math. Oper. Res.* **20**, 695–708.

1347. N. D. YEN (1995), Hölder continuity of solutions to a parametric variational inequality, *Appl. Math. Optim.* **31**, 245–255.

1348. D. YOST (1993), Asplund spaces for beginners, *Acta Univ. Carolinae, Ser. Math. Phys.* **34**, 159–177.

1349. L. C. YOUNG (1933), On approximation by polygons in the calculus of variations, *Proc. Royal Soc.* (A) **141**, 325–341.

1350. L. C. YOUNG (1937), Generalized curves and the existence of an attained absolute minimum in the calculus of variations, *C. R. Soc. Sci. Lett. Varsovie*, Cl. III, **30**, 212–234.

1351. L. C. YOUNG (1969), *Lectures on the Calculus of Variations and Optimal Control Theory*, Saunders, Philadelphia, Pennsylvania.

1352. D. ZAGRODNY (1988), Approximate mean value theorem for upper subderivatives, *Nonlinear Anal.* **12**, 1413–1428.

1353. C. ZĂLINESCU (2002), *Convex Analysis in General Vector Spaces*, World Scientific, Singapore.

1354. W. I. ZANGWILL (1967), Nonlinear programming via penalty functions, *Management Sci.* **13**, 344–358.

1355. S. C. ZAREMBA (1936), Sur les équations au paratingent, *Bull. Sci. Math.* **60**, 139–160.

1356. A. J. ZASLAVSKI (2000), Generic well-posedness of optimal control problems without convexity assumptions, *SIAM J. Control Optim.* **39**, 250–280.

1357. A. J. ZASLAVSKI (2006), *Turnpike Properties in the Calculus of Variations and Optimal Control*, Springer, New York.

1358. V. M. ZEIDAN (2001), New second-order optimality conditions for variational problems with C^2-Hamiltonians, *SIAM J. Control Optim.* **40**, 577–609.

1359. M. I. ZELIKIN AND N. B. MELNIKOV (2004), The Bellman function and optimal synthesis in control problems with nonsmooth constraints, *J. Math. Sci.* **121**, 2281–2294.

1360. R. ZHANG (1994), Problems of hierarchical optimization in finite dimensions, *SIAM J. Optim.* **4**, 521–536.

1361. R. ZHANG (2003), Multistage bilevel programming problems, *Optimization* **52**, 605–616.

1362. R. ZHANG (2005), Weakly upper Lipschitzian multifunctions and applications to parametric optimization, *Math. Progr.* **102**, 153–166.

1363. R. ZHANG AND J. S. TREIMAN (1995), Upper-Lipschitz multifunctions and inverse subdifferentials, *Nonlinear Anal.* **24**, 273–286.

1364. X. Y. ZHENG AND K. F. NG (2005), The Fermat rule for multifunctions in Banach spaces, *Math. Progr.* **104**, 69–90.

1365. X. Y. Zheng and K. F. Ng (2005), Metric regularity and constraint qualifications for generalized equations in Banach spaces, *SIAM J. Optim.*, to appear.
1366. X. Y. Zhou (1990), Maximum principle, dynamic programming and their connections in deterministic control, *J. Optim. Theory Appl.* **65**, 363–373.
1367. X. Y. Zhou (1995), Deterministic near-optimal controls, part I: Necessary and sufficient conditions for near optimality, *J. Optim. Theory Appl.* **85**, 473–488.
1368. X. Y. Zhou (1996), Deterministic near-optimal controls, part II: Dynamic programming and viscosity solution approach, *Math. Oper. Res.* **21**, 655–674.
1369. X. Y. Zhou (1998), Stochastic near-optimal controls: Necessary and sufficient conditions for near-optimality, *SIAM J. Control Optim.* **36**, 929–947.
1370. Q. J. Zhu (1996), Necessary optimality conditions for nonconvex differential inclusions with endpoint constraints, *J. Diff. Eq.* **124**, 186–204.
1371. Q. J. Zhu (1998), The equivalence of several basic theorems for subdifferentials, *Set-Valued Anal.* **6**, 171–185.
1372. Q. J. Zhu (2000), Hamiltonian necessary conditions for a multiobjective optimal control problem, *SIAM J. Control Optim.* **39**, 97–112.
1373. Q. J. Zhu (2002), Necessary conditions for optimization problems in smooth Banach spaces, *SIAM J. Optim.* **12**, 1032–1047.
1374. Q. J. Zhu (2003), Lower semicontinuous Lyapunov functions and stability, *J. Nonlinear Convex Anal.* **4**, 325–332.
1375. Q. J. Zhu (2004), Nonconvex separation theorem for multifunctions, subdifferential calculus and applications, *Set-Valued Anal.* **12**, 275–290.
1376. T. Zolezzi (2002), On the distance theorem in quadratic optimization, *J. Convex Anal.* **9**, 693–700.
1377. T. Zolezzi (2003), Condition number theorems in optimization, *SIAM J. Optim.* **14**, 507–516.
1378. J. Zowe and S. Kurcyusz (1979), Regularity and stability for the mathematical programming problem in Banach spaces, *Appl. Math. Optim.* **5**, 49–62.
1379. E. Zuazua (2005), Propagation, observation, and control of waves approximated by finite difference methods, *SIAM Rev.* **47**, 197–243.

陈 述 表

第 1 章

定义 1.1：广义法向量 2

命题 1.2：笛卡儿乘积的法向量 3

命题 1.3：凸集的 ε-法向量 4

定义 1.4：集合的法向正则性 4

命题 1.5：局部凸集的正则性 4

定理 1.6：有限维空间中的基本法向量 5

例 1.7：ℓ^2 中基本法锥的非闭性 8

定义 1.8：切锥 10

定理 1.9：切锥之间的关系 11

定理 1.10：法向量切向量的关系 12

推论 1.11：法向量切向量的对偶性 13

注 1.12：法向逼近与切向逼近的对比 14

定义 1.13：严格可微性 15

定理 1.14：可微映射逆像的 ε-法向量 16

推论 1.15：可微映射下逆像的 Fréchet 法向量 18

引理 1.16：ε-法向量的一致估计 19

定理 1.17：严格可微映射下逆像的基本法向量 21

引理 1.18：伴随线性算子的性质 22

定理 1.19：严格可微映射下逆像的法向正则性 22

定义 1.20：序列法紧性 23

定理 1.21：SNC 集合的有限余维数 23

定理 1.22：严格可微映射下逆像的 SNC 性质 25

命题 1.23：线性算子逆像下的 SNC 性质 25

定义 1.24：上图 Lipschitz 和紧上图 Lipschitz 集合 26

命题 1.25：上图 Lipschitz 凸集 26

定理 1.26：CEL 集合的 SNC 性质 27

注 1.27：CEL 集的刻画 27

命题 1.28：ε-法向量的变分描述 28

引理 1.29：$\mathbb{R}$ 中的光滑函数 28

定理 1.30：Fréchet 法向量的光滑变分描述 30

命题 1.31：基本法锥的最小性 33

定义 1.32：上导数 35

命题 1.33：指示映射的上导数 36

定理 1.34：凸值集值映射的极点性质 36

例 1.35：混合和基本上导数的区别 37

定义 1.36：集值映射的图正则性 38

命题 1.37：凸值集值映射的上导数 39

定理 1.38：可微映射的上导数 39

推论 1.39：线性算子的上导数 40

定义 1.40：集值映射的 Lipschitz 性质 41

定理 1.41：类 Lipschitz 性质的标量化 42

定理 1.42：局部紧映射的 Lipschitz 连续性 43

定理 1.43：Lipschitz 映射的 ε-上导数 44

定理 1.44：Lipschitz 映射的混合上导数 46

定义 1.45：图次 Lipschitz 和半光滑映射 47

定理 1.46：图次 Lipschitz 集值映射的图正则性 48

定义 1.47：度量正则性 49

命题 1.48：局部度量正则性的等价描述 50

定理 1.49：Lipschitz 性质和度量正则性之间的关系 51

命题 1.50：局部度量正则性和半局部度量正则性之间的关系 52

定义 1.51：覆盖性质 53

定理 1.52：覆盖与度量正则性之间的关系 53

推论 1.53：局部与半局部覆盖性质之间的关系 55

定理 1.54：局部度量正则性和覆盖中的上导数条件 55

推论 1.55：半局部度量正则性和覆盖的上导数条件 56

引理 1.56：度量正则映射导数像的闭性 57

定理 1.57：严格可微映射的度量正则性和覆盖 58

推论 1.58：线性算子的度量正则性和覆盖 59

推论 1.59：严格可微映射的类 Lipschitz 逆映射 59

定理 1.60：严格可微逆映射 60

注 1.61：限制度量正则性 61

定理 1.62：具有等式形式的上导数加法法则 62

定义 1.63：内半连续和内半紧映射 62

定理 1.64：复合映射的上导数 63

定理 1.65：严格可微外映射的上导数链式法则 65

定理 1.66：具有满射导数的内映射的上导数链式法则 66

定理 1.67：集值映射的序列法紧性 66

命题 1.68：类 Lipschitz 集值映射的 PSNC 性质 67

推论 1.69：单值映射及其逆的 SNC 性质 67

定理 1.70：严格可微映射在加法运算下的 SNC 性质 67

命题 1.71：复合下的 SNC 性质 68

定理 1.72：具有严格可微外映射的复合的 SNC 性质 69

推论 1.73：具有类 Lipschitz 内映射的复合 SNC 69

定理 1.74：具有严格可微内映射的复合的 SNC 性质 69

定理 1.75：部分 CEL 映射的 PSNC 性质 70

命题 1.76：上图的基本法向量 72

定义 1.77：基本和奇异次微分 72

定义 1.78：上次梯度 73

命题 1.79：指示函数的次微分 74

定理 1.80：连续函数的上导数而得的次微分 74

推论 1.81：Lipschitz 函数的次微分 76

推论 1.82：严格可微函数的次微分 76

定义 1.83：ε-次梯度 77

命题 1.84：ε-次梯度的描述 77

命题 1.85：局部 Lipschitz 函数的 ε-次梯度 77

定理 1.86：ε-次梯度之间的关系 78

命题 1.87：Fréchet 可微性的次梯度描述 79

定理 1.88：Fréchet 次梯度的变分描述 80

定理 1.89：基本次梯度的极限表示 81

定理 1.90：混合上导数的标量化 82

定义 1.91：函数的下正则性 83

命题 1.92：下正则性关系 83

定理 1.93：凸函数的次梯度 84

命题 1.94：双侧正则性关系 85

命题 1.95：距离函数在集合内的点的 ε-次梯度 86

推论 1.96：距离函数在集合内的点的 Fréchet 次梯度 87

定理 1.97：由距离函数在集合内的点的次梯度来描述基本法向量 87

推论 1.98：集合的正则性和距离函数在集合内的点的正则性 88

定理 1.99：距离函数在集合外的点的 ε-次梯度 89

定义 1.100：右侧次微分 91

定理 1.101：距离函数的在集合外的点的右侧次梯度和基本法向量 92

定理 1.102：距离函数的 ε-次梯度和在投影点的 ε-法向量 94

定理 1.103：距离函数的 ε-次梯度和扰动投影的 ε-法向量 95

定义 1.104：最佳逼近的适定性 97

定理 1.105：距离函数在集合外的点的基本次梯度的投影表示 97

推论 1.106：具有 Kadec 范数的空间中距离函数的基本次梯度 98

命题 1.107：具有等式的次微分和运算法则 100

定理 1.108：边际函数的次微分 101

推论 1.109：具有光滑费用的边际函数 102

定理 1.100：复合的次微分：等式 103

推论 1.111：乘积和商的次微分 104

命题 1.112：内映射具有满射导数的复合函数的次微分 105

命题 1.113：极小值映射的次微分 106

命题 1.114：Fermat 法理的非光滑版本 106

命题 1.115：中值定理 106

定义 1.116：函数的上图序列法紧性 107

命题 1.117：具有严格可微内映射的复合的 SNEC 性质 108

定义 1.118：二阶次微分 108

命题 1.119：二次可微函数的二阶次微分 109

命题 1.120：$\mathcal{C}^{1,1}$ 函数的混合二阶次微分 110

命题 1.121：二阶次微分的等式和法则 110

定义 1.122：弱* 可扩张性 111

命题 1.123：弱* 可扩张性的充分条件 111

例 1.124：弱* 可扩张性的反例 111

命题 1.125：具有弱* 可扩张值域的线性算子的稳定性 112

引理 1.126：上导数的特殊链式法则 112

定理 1.127：内映射的导数是满射的二阶链式法则 116

定理 1.128：二次可微外映射的二阶链式法则 117

评注 1.4.1：非光滑分析的动因和早期发展 118

评注 1.4.2：切向量和方向导数 118

评注 1.4.3：Clarke 结构和相关发展 120

评注 1.4.4：避免凸性的动因 123

评注 1.4.5：基本法向量和次梯度 125

评注 1.4.6：类 Fréchet 表示 126

评注 1.4.7：近似次微分 128

评注 1.4.8：进一步历史评注 128

评注 1.4.9：非凸性的优点 130

评注 1.4.10：主要课题和贡献者清单 130

评注 1.4.11：Banach 空间中的广义法向量 135

评注 1.4.12：集值映射的导数和上导数 137

评注 1.4.13：Lipschitz 性质 138

评注 1.4.14：度量正则性和线性开性 140

评注 1.4.15：Banach 空间中上导数分析法则 143

评注 1.4.16：增广实值函数的次梯度 144

评注 1.4.17：距离函数的次梯度 145

评注 1.4.18：Banach 空间中的次微分分析法则 146

评注 1.4.19：二阶广义微分 147

评注 1.4.20：Banach 空间中的二阶次微分分析法则 148

第 2 章

定义 2.1：集合系统局部极点 150

命题 2.2：极点系统的内部 151

命题 2.3：极点性质和分离性质 152

推论 2.4：凸集极点性质的刻画 152

定义 2.5：极点原理的各种版本 153

命题 2.6：非凸集合的近似支撑性质 154

命题 2.7：支撑性质的刻画 156

定理 2.8：有限维空间中的确切极点原理 156

推论 2.9：有限维空间里基本法锥的非平凡性 157

定理 2.10：Fréchet 光滑空间中的近似极点原理 158

注 2.11：有界型光滑空间 160

引理 2.12：凸次梯度的本原刻画 161

引理 2.13：凸函数次微分和的本原刻画 163

引理 2.14：Fréchet 次微分和的本原刻画 166

定理 2.15：基本可分约化 166

推论 2.16：极点原理的可分约化 172

定义 2.17：Asplund 空间 173

命题 2.18：不具有 Asplund 性质的 Banach 空间 174

例 2.19：非 Asplund 空间中法锥的退化性 174

定理 2.20：Asplund 空间的极点刻画 176

推论 2.21：Asplund 空间的边界刻画 177

引理 2.22：Asplund 空间里的确切极点原理 178

例 2.23：缺少 SNC 时确切极点原理不成立 178

推论 2.24：Asplund 空间中基本法锥的非平凡性 179

推论 2.25：Asplund 空间上 Lipschitz 函数的次可微性 179

定理 2.26：Ekeland 变分原理 180

推论 2.27：ε-稳定条件 182

定理 2.28：下次微分变分原理 183

推论 2.29：下半连续函数的 Fréchet 次可微性 185

定理 2.30：上次微分变分原理 185

定理 2.31：Asplund 空间中的光滑变分原理 187

引理 2.32：极点原理的次导数描述 189

定理 2.33：半 Lipschitz 加法法则 192

定理 2.34：Asplund 空间中的次微分表示 193

定理 2.35：Asplund 空间中的基本法锥 196

推论 2.36：Asplund 空间之间映射的上导数 197

引理 2.37：上图的水平 Fréchet 法向量 198

定理 2.38：Asplund 空间中的奇异次导数 201

推论 2.39：序列法紧性的次微分描述 202

定理 2.40：连续函数图像的水平 Fréchet 法向量 203

定义 2.41：预法锥结构 205

命题 2.42：预次微分给出预法锥 206

命题 2.43：ℓ 预次微分给出预法锥 207

定义 2.44：序列和拓扑法锥结构 208

命题 2.45：基本次微分的极小性 208

2.5.2A 讨论 Clarke 的凸值结构 209

2.5.2B 讨论 近似法向量和次导数 211

2.5.2C 讨论 黏性次微分 212

2.5.2D 讨论 邻近 (Proximal) 结构 213

2.5.2E 讨论 导集 (Derivate Sets) 214

定理 2.46：导集和 Fréchet 次导数 214

推论 2.47：Fréchet 次导数和屏的关系 216

推论 2.48：Fréchet 次导数与导容的关系 216

例 2.49：Lipschitz 函数次导数的计算 217

定义 2.50：抽象序列法紧性 218

定理 2.51：极点原理的抽象版本 218
推论 2.52：边界点上的预法锥和法锥结构 220
评注 2.6.1：极点原理的由来 221
评注 2.6.2：Fréchet 光滑空间中的极点原理和可分约化 222
评注 2.6.3：Asplund 空间 223
评注 2.6.4：Asplund 空间上的极点原理 223
评注 2.6.5：Ekeland 变分原理 224
评注 2.6.6：次微分变分原理 225
评注 2.6.7：光滑变分原理 225
评注 2.6.8：Asplund 空间中极限法向量和次导数的表示 226
评注 2.6.9：其它次微分结构和极点原理的抽象版本 228

第 3 章

引理 3.1：由极点原理而得的模糊交法则 230
定义 3.2：集合的基本规范条件 233
定义 3.3：乘积空间上的 PSNC 性质 234
定义 3.4：乘积空间中交集的基本法向量 234
推论 3.5：SNC 条件下的交法则 236
例 3.6：无 CEL 假设的交法则 236
定理 3.7：广义法向量的和法则 238
定理 3.8：逆映射的基本法向量 239
推论 3.9：在度量正则映射下的逆映像 241
定理 3.10：上导数的和法则 241
推论 3.11：类 Lipschitz 映射的上导数和法则 243
命题 3.12：特殊和的上导数 243
定理 3.13：上导数的链式法则 244
定理 3.14：混合上导数的零链式法则 246
推论 3.15：类 Lipschitz 和度量正则映射的上导数链式法则 247
推论 3.16：具有严格可微内映射的上导数链式法则 247
推论 3.17：部分上导数 248

定理 3.18：h-复合的上导数 248

推论 3.19：上导数的内积法则 250

命题 3.20：上导数交法则 250

注 3.21：模糊上导数分析法则 251

注 3.22：反向混合上导数的分析法则 251

注 3.23：相对于一般拓扑的极限法向量和上导数 252

注 3.24：生成族光滑空间的上导数分析法则 252

定义 3.25：严格 Lipschitz 映射 253

命题 3.26：严格 Lipschitz 映射的关系 253

引理 3.27：严格 Lipschitz 映射的上导数刻画 254

定理 3.28：基本上导数的标量化 255

推论 3.29：$\mathcal{C}^{1,1}$ 函数的基本二阶次微分 256

推论 3.30：严格 Lipschitz 映射 SNC 性质的刻画 256

注 3.31：相对于一般拓扑的标量化结果 256

定义 3.32：紧严格 Lipschitz 映射 257

引理 3.33：紧严格 Lipschitz 映射的上导数刻画 258

定义 3.34：广义 Fredholm 映射 259

定理 3.35：广义 Fredholm 映射的 PSNC 性质 259

定理 3.36：基本和奇异次梯度的和法则 261

推论 3.37：有限多集合交集的基本法向量 261

定理 3.38：边际函数的基本和奇异次梯度 262

注 3.39：广义边际函数和距离函数的奇异次梯度 264

推论 3.40：具有 Lipschitz 或度量正则数据的边际函数 265

定理 3.41：一般复合的次微分 265

推论 3.42：Lipschitz 映射的逆像 266

推论 3.43：基本和奇异次梯度的链式法则 267

推论 3.44：部分次梯度 267

命题 3.45：改进的基本次梯度的积与商法则 267

定理 3.46：极大值函数的次微分 268

定理 3.47：中值定理的推广 280

推论 3.48：Lipschitz 函数的中值定理 270

定理 3.49：l.s.c. 函数的近似中值定理 271

推论 3.50：l.s.c. 函数的中值不等式 272

推论 3.51：Lipschiz 函数的中值不等式 273

定理 3.52：Lipschitz 函数的次微分刻画 273

推论 3.53：常值 l.s.c. 函数的次梯度刻画 274

定理 3.54：严格 Hadamard 可微性的次梯度刻画 275

定理 3.55：l.s.c. 函数单调性的次梯度刻画 276

定理 3.56：l.s.c. 函数的次微分的单调性和凸性 277

定理 3.57：Clarke 法向量与次梯度之间的关系 278

引理 3.58：弱* 拓扑极限和序列极限 281

定理 3.59：与“近似”法向量和次梯度的关系 282

定理 3.60：基本法向量的鲁棒性 284

例 3.61：Lipschitz 连续函数基本次微分的非闭性 287

定理 3.62：凸化法锥的子空间性质 288

定义 3.63：弱和严格弱可微性 289

例 3.64：弱 Fréchet 可微性与 Gǎteaux 可微性 290

命题 3.65：弱可微映射的 Lipschitz 性质 290

定理 3.66：上导数的单值性和严格弱可微性 291

推论 3.67：子空间性质和严格 Hadamard 可微性 292

定理 3.68：图正则性和弱可微性的关系 292

推论 3.69：映入有限维空间中的 Lipschitz 映射的图正则性 293

注 3.70：关于一般拓扑的子空间性质和图正则性 293

定义 3.71：次 Lipschitz 和半光滑集合 293

定理 3.72：次 Lipschitz 集合的性质 294

定理 3.73：二阶次微分和法则 295

定理 3.74：具有光滑内映射的二阶链式法则 296

推论 3.75：复合中中间空间是有限维的二阶链式法则 297

推论 3.76：顺从函数的二阶链式法则 298

定理 3.77：具有 Lipschitz 内映射的二阶链式法则 298

定义 3.78：集合系统的混合规范条件 299
定理 3.79：交集的 PSNC 性质 300
推论 3.80：两个空间乘积中的 PSNC 集合 301
推论 3.81：交集的 SNC 性质 302
定理 3.82：交集的强 PSNC 性质 302
定理 3.83：集合加法运算下的 SNC 性质 302
定理 3.84：逆像的 SNC 性质 303
推论 3.85：水平集和解集的 SNC 性质 304
定理 3.86：约束集的 SNC 性质 304
推论 3.87：在 Mangasarian-Fromovitz 约束规范下的 SNC 性质 306
定理 3.88：集值映射和的 PSNC 性质 306
推论 3.89：l.s.c. 函数的和的 SNEC 性质 307
定理 3.90：集值映射的和的 SNC 性质 307
推论 3.91：连续函数的线性组合的 SNC 性质 308
命题 3.92：极大值函数的 SNEC 性质 309
命题 3.93：实值连续函数的 SNEC 和 SNC 性质之间的关系 309
推论 3.94：极大值和极小值函数的 SNC 性质 309
定理 3.95：复合的 PSNC 性质 310
推论 3.96：外映射是 Lipschitz 的复合的 PSNC 性质 311
推论 3.97：复合的 SNEC 性质 311
定理 3.98：复合的 SNC 性质 311
命题 3.99：聚集映射的 SNC 性质 312
推论 3.100：二元运算的 SENC 和 SNC 性质 312
推论 3.101：乘积和商的 SNC 性质 313
注 3.102：集合和映射的 CEL 性质的分析法则 313
注 3.103：Asplund 生成空间中的次微分分析法则和相关课题 314
评注 3.4.1：分析法则的关键作用 316
评注 3.4.2：广义微分分析法则的对偶空间几何方法 316
评注 3.4.3：无限维空间中的法紧性条件 317
评注 3.4.4：基本法向量的分析法则 317

评注 3.4.5：完整的上导数分析法则 318

评注 3.4.6：无限维空间中映射的严格 Lipschitz 性质 320

评注 3.4.7：完整次微分分析法则 321

评注 3.4.8：中值定理 322

评注 3.4.9：与其它法向量和次梯度的联系 323

评注 3.4.10：Lipschitz 映射的图正则性和可微性 325

评注 3.4.11：Asplund 空间中二阶次微分分析法则 326

评注 3.4.12：Asplund 空间中关于集合和映射的 SNC 分析法则 326

第 4 章

定理 4.1：局部覆盖的邻域刻画 329

推论 4.2：凸图像多值函数局部覆盖的邻域刻画 331

推论 4.3：单值映射的邻域覆盖判据 331

定理 4.4：半局部覆盖的邻域刻画 331

定理 4.5：局部度量正则性的邻域刻画 332

定理 4.6：半局部度量正则性的邻域刻画 333

定理 4.7：类 Lipschitz 多值函数的邻域刻画 333

定义 4.8：上导数正规映射 335

命题 4.9：强上导数正规映射类 335

定理 4.10：类 Lipschitz 性质的点基刻画 336

推论 4.11：局部 Lipschitz 性质的点基刻画 337

定理 4.12：凸图多值函数的类 Lipschitz 性质 338

注 4.13：Lipschitz 性质的 Clarke 法锥表述 339

定理 4.14：复合运算下的类 Lipschitz 性质 339

推论 4.15：内映射单值时的复合 341

定理 4.16：映射和的类 Lipschitz 性质 341

推论 4.17：h-复合集值映射的类 Lipschitz 性质 342

定理 4.18：局部覆盖和度量正则性的点基刻画 342

例 4.19：缺少 PSNC 而失去覆盖和度量正则性 343

推论 4.20：半局部覆盖和度量正则性的刻画 344

定理 4.21：凸图映射的度量正则性与覆盖 345

定理 4.22：复合映射的度量正则性和覆盖 346

定义 4.23：度量正则半径 346

定理 4.24：Eckart-Young 定理的推广 347

定理 4.25：Lipschitz 扰动下的度量正则性 348

推论 4.26：Lipschitz 扰动的下估计 350

定理 4.27：度量正则半径与确切界限的关系 350

推论 4.28：度量正则半径的扰动 352

推论 4.29：一阶逼近下的度量正则半径 352

注 4.30：由上导数分析法则计算和估计度量正则半径 352

定理 4.31：约束系统上导数的计算 354

定理 4.32：约束系统上导数的上估计 356

注 4.33：约束系统混合上导数的改良估计 357

推论 4.34：隐函数的上导数 357

推论 4.35：非线性规划约束系统的上导数 358

推论 4.36：非光滑规划里约束系统的上导数 359

定理 4.37：正则约束系统的 Lipschitz 稳定性 360

推论 4.38：由正则映射定义的 Lipschitz 隐函数 361

推论 4.39：非线性规划中约束系统的 Lipschitz 稳定性 362

定理 4.40：一般约束系统的 Lipschitz 稳定性 363

推论 4.41：严格 Lipschitz 映射生成的约束系统 363

定理 4.42：非正则映射定义的 Lipschitz 隐函数 365

推论 4.43：不可微规划中约束系统的 Lipschitz 稳定性 365

定理 4.44：正则变分系统上导数的计算 367

推论 4.45：凸图域广义方程解映射的上导数 369

定理 4.46：一般变分系统的上导数估计 371

推论 4.47：具有光滑基的广义方程的上导数估计 372

推论 4.48：光滑基 HVI 解映射的上导数 372

定理 4.49：具有复合势 HVI 解映射上导数的计算 373

定理 4.50：合成势 GVI 解映射的上导数估计 375

推论 4.51：具有顺从势函数 GVI 解映射的上导数 376

推论 4.52：具有复合势函数和光滑基 GVI 解映射的上导数 376

命题 4.53：具有复合域 GVI 解映射的上导数之计算 376

定理 4.54：复合域 GVI 解映射的上导数估计 377

推论 4.55：具有有限维复合域值域的 GVI 之上导数 378

定理 4.56：正则广义方程 Lipschitz 稳定性的刻画 378

推论 4.57：凸图域广义方程的 Lipschitz 稳定性 380

注 4.58：Lipschitz 稳定性中基本法向量和 Clarke 法向量的对比 380

定理 4.59：非正则广义方程的 Lipschitz 稳定性 382

推论 4.60：严格 Lipschitz 基广义方程的稳定性 383

推论 4.61：一般 HVI 解映射的稳定性 383

定理 4.62：复合势 GVI 的 Lipschitz 稳定性 384

推论 4.63：顺从势 GVI 的 Lipschitz 稳定性 385

推论 4.64：梯度方程的 Lipschitz 稳定性 385

定理 4.65：具有复合域 GVI 的 Lipschitz 稳定性 386

推论 4.66：光滑假设下具有复合域的 GVI 387

例 4.67：一个具有非单调摩擦接触问题的 Lipschitz 稳定性 387

定义 4.68：强逼近 390

引理 4.69：强逼近下的类 Lipschitz 性质 391

定理 4.70：正常扰动系统 Lipschitz 稳定性的刻画 393

定理 4.71：正常扰动下非正则系统的 Lipschitz 稳定性 394

推论 4.72：域不依赖于参数的正常扰动 395

推论 4.73：具有光滑基广义方程的正常扰动 392

推论 4.74：具有复合势 GVI 的正常扰动 396

推论 4.75：具有复合域 GVI 的正常扰动 397

注 4.76：Robinson 强正则性 397

注 4.77：参数优化中解映射的 Lipschitz 稳定性 398

注 4.78：度量正则性的上导数分析 399

评注 4.5.1：度量正则和相关性质的变分方法 400

评注 4.5.2：覆盖和度量正则的第一个刻画 401

评注 4.5.3：对偶空间和本原空间的邻域判据 401

评注 4.5.4：Lipschitz 鲁棒性质的点基上导数刻画 401

评注 4.5.5：无限维中涉及部分法紧性质的点基判据 402

评注 4.5.6：Lipschitz 性质和度量正则性在合成运算下的保持 403

评注 4.5.7：扰动下的良好性态 404

评注 4.5.8：基于广义微分学的参数约束系统灵敏性分析 405

评注 4.5.9：广义方程与变分条件 407

评注 4.5.10：广义方程和变分不等式的 Lipschitz 鲁棒稳定性 408

评注 4.5.11：强逼近和正常扰动 409

记 分 号

运算和记号

$:=, =:$	定义为
$\equiv$	恒等于
$*$	表示某些对偶/伴随/极化运算
$\langle\cdot,\cdot\rangle$	空间 X 和它的拓扑对偶 X^* 之间的典范偶对
$x \to \bar{x}$	x 强 (范数) 收敛于 $\bar{x}$
$x \xrightarrow{w} \bar{x}$	x 弱 (在弱拓扑下) 收敛于 $\bar{x}$
$x \xrightarrow{w^*} \bar{x}$	x 弱*(在弱* 拓扑下) 收敛于 $\bar{x}$
$x \xrightarrow{\Omega} \bar{x}$	x 收敛于 $\bar{x}$ 且 $x \in \Omega$
$\liminf$	实数的下极限
$\limsup$	实数的上极限
Liminf	集值映射的下/内极限
Limsup	集值映射的上/外极限
$\dim X$, $\operatorname{codim} X$	X 的维数和余维数
$\prec$	序关系
$\lVert\cdot\rVert, \lvert\cdot\rvert, \lvert\lvert\lvert\cdot\rvert\rvert\rvert$	范数
$\operatorname{haus}(\Omega_1, \Omega_2)$	集合之间的 Pompieu-Hausdorff 距离
$\operatorname{lip}F(\bar{x}, \bar{y})$	F 在 $(\bar{x}, \bar{y})$ 附近的确切 Lipschitz 界
$\operatorname{reg}F(\bar{x}, \bar{y})$	F 在 $(\bar{x}, \bar{y})$ 附近的确切度量正则界
$\operatorname{cov}F(\bar{x}, \bar{y})$	F 在 $(\bar{x}, \bar{y})$ 附近的确切覆盖/线性开性界
$\operatorname{rad}F(\bar{x}, \bar{y})$	F 在 $(\bar{x}, \bar{y})$ 附近度量正则性的半径
$\triangle$	证明结束

空间

$\mathbb{R} := (-\infty, \infty)$	实直线
$\overline{\mathbb{R}} := [-\infty, \infty]$	增广实直线
$\mathbb{R}^n$	n 维 Euclid 空间
$\mathbb{R}^n_+$, $\mathbb{R}^n_-$	$\mathbb{R}^n$ 的非负和非正象限
$\mathcal{C}([a,b];X)$	取上确界范数的 $[a,b]$ 到 X 的连续映射空间
$\mathcal{C}(K)$	紧集 K 上的连续函数空间
$\mathcal{C}[0,\omega_1]$	$[0,\omega_1]$ 上的连续函数，其中 ω_1 是第一不可数序数
$\mathcal{C}_0$	具有紧支集的连续函数空间
$\mathcal{C}^k, 1 \leqslant k \leqslant \infty,$	具有 k 次连续导数的可微函数空间

$\mathcal{C}^{1,1}$	具有 LIpschitz 导数的连续可微函数
$L^p([a,b];X), 1 \leqslant q \leqslant \infty,$	X-值映射的标准 Lebesgue 空间
$W^{1,p}, H^p$	标准 Sobolev 空间
$\mathcal{M}, \mathcal{M}_b$	测度空间 (连续函数空间的对偶)
BV	有界变差函数空间
c	具有上确界范数的实数序列的空间
c_0	所有收敛于 0 的序列组成的 c 的子空间
$l^p, 1 \leqslant p \leqslant \infty,$	具有 p-范数的实数序列空间

集合

$\varnothing$	空集
$\mathbb{N}$	自然数集
$B_r(x)$	球心在 x 半径为 r 的球
$\mathbb{B}_X$	空间 X 的闭单位球
$\mathbb{B}, \mathbb{B}^*$	空间及其对偶的闭单位球
S, S^*	空间及其对偶的单位球面
$\text{int}\,\Omega, \text{ri}\,\Omega$	Ω 的内部和相对内部
$\text{cl}\,\Omega, \text{cl}^*\,\Omega$	Ω 的闭包和弱$*$ 拓扑闭包
$\text{bd}, \partial\Omega$	集合的边界
$\text{co}\Omega, \text{clco}\Omega$	凸包和闭凸包
$\text{cone}\Omega$	锥包
$\text{aff}\Omega, \overline{\text{aff}}$	仿射包和闭仿射包
$\text{mes}\Omega, \mathcal{L}^n(\Omega)$	Lebesgue(n-维) 测度
$\Pi(x;\Omega)$	x 在 Ω 上的投影
$T(\bar{x};\Omega)$	Ω 在 $\bar{x}$ 的相依切锥
$T_W(\bar{x};\Omega)$	Ω 在 $\bar{x}$ 的弱相依切锥
$T_C(\bar{x};\Omega)$	Ω 在 $\bar{x}$ 的 Clarke 切锥
$N(\bar{x};\Omega)$	Ω 在 $\bar{x}$ 的基本/极限法锥
$N_+(\bar{x};\Omega(\bar{y}))$	$\Omega(\bar{y})$ 在 $\bar{x}$ 的增广极限法锥
$\widehat{N}(\bar{x};\Omega)$	Ω 在 $\bar{x}$ 的预法锥或 Fréchet 法锥
$N_C(\bar{x};\Omega)$	Ω 在 $\bar{x}$ 的 Clarke 法锥
$N_G(\bar{x};\Omega), \tilde{N}_G(\bar{x};\Omega)$	Ω 在 $\bar{x}$ 的近似 G-法锥及其核
$N_P(\bar{x};\Omega)$	Ω 在 $\bar{x}$ 的近邻/邻近法锥
$\widehat{N}_\varepsilon(\bar{x};\Omega)$	Ω 在 $\bar{x}$ 的 ε-法向量的集合
$S_\varepsilon(\bar{x};\Omega)$	Ω 在 $\bar{x}$ 的 ε-支撑

函数

$\delta(\cdot;\Omega)$	集合的指示函数

$\operatorname{dist}(\cdot;\Omega)$, $d_\Omega(\cdot)$	距离函数
$\rho(x,y) := \operatorname{dist}(y;F(x))$	增广距离函数
$\operatorname{dom}\varphi$	$\varphi: X \to \overline{\mathbb{R}}$ 的有效域
$\operatorname{epi}\varphi$, $\operatorname{hypo}\varphi$, $\operatorname{gph}\varphi$	φ 的上图、下图和图
$x \xrightarrow{\varphi} \bar{x}$	$x \to \bar{x}$ 且 $\varphi(x) \to \varphi(\bar{x})$
$\mathcal{H}$	最优控制中的 Hamilton 函数
H	最优控制中的 Hamilton-Pontryagin 函数
L	最优化中的 Lagrange 函数
L_Ω	相对于 Ω 的基本 Lagrange 函数
$\tau(F;h)$	连续性的平均模
$\varphi'(\bar{x})$, $\nabla\varphi(\bar{x})$	φ 在 $\bar{x}$ 的 Fréchet 导数/梯度
$\varphi'_\beta(\bar{x})$, $\nabla_\beta\varphi(\bar{x})$	φ 在 $\bar{x}$ 相对于某生成族的导数/梯度
$\lvert\nabla\varphi\rvert(\bar{x})$	φ 在 $\bar{x}$ 的 (强) 斜率
$\varphi'(\bar{x};v)$	φ 在 $\bar{x}$ 沿方向 v 的经典方向导数
$\varphi^\circ(\bar{x};v)$, $\varphi^\uparrow(\bar{x};v)$	φ 的广义方向导数和次导数
$d^-\varphi(\bar{x};v)$, $d^+\varphi(\bar{x};v)$	φ 的 Dini-Hadamard 下/上方向导数
$\partial\varphi(\bar{x})$	φ 在 $\bar{x}$ 的基本/极限次微分
$\partial^+\varphi(\bar{x})$	φ 在 $\bar{x}$ 的上次微分
$\partial^0\varphi(\bar{x})$	φ 在 $\bar{x}$ 的对称次微分
$\partial_\geqslant\varphi(\bar{x})$	φ 在 $\bar{x}$ 的右边次微分
$\partial^\infty\varphi(\bar{x})$	φ 在 $\bar{x}$ 的奇异次微分
$\widehat{\partial}\varphi(\bar{x})$, $\widehat{\partial}^+\varphi(\bar{x})$	φ 在 $\bar{x}$ 的 Fréchet 次微分和上次微分
$\partial_A\varphi(\bar{x})$, $\nabla_G\varphi(\bar{x})$	φ 在 $\bar{x}$ 的近似 A-次微分和 G-次微分
$\partial_C\varphi(\bar{x})$	φ 在 $\bar{x}$ 的 Clarke 次微分/广义梯度
$\partial_\beta\varphi(\bar{x})$	φ 在 $\bar{x}$ 的粘性 (生成族的)β-次微分
$\partial_P\varphi(\bar{x})$	φ 在 $\bar{x}$ 的迫近次微分
$\widehat{\partial}_\varepsilon\varphi(\bar{x})$, $\widehat{\partial}_{a\varepsilon}\varphi(\bar{x})$, $\widehat{\partial}_{g\varepsilon}\varphi(\bar{x})$	φ 在 $\bar{x}$ 的 Fréchet 型 ε-次微分
$\partial^-_\varepsilon\varphi(\bar{x})$	φ 在 $\bar{x}$ 的 Dini ε-次微分
$\nabla^2\varphi(\bar{x})$	φ 在 $\bar{x}$ 的经典 Hesse 阵 (在 $\mathbb{R}^n$ 中则为二阶导数矩阵)
$\partial^2\varphi$, $\partial^2_N\varphi$, $\partial^2_M\varphi$	φ 的二阶次微分 (广义 Hesse 阵)

映射

$f: X \to Y$	从 X 到 Y 的单值映射
$F: X \rightrightarrows Y$	从 X 到 Y 的集值映射
$\operatorname{dom} F$	F 的有效域
$\operatorname{rge} F$	F 的值域
$\operatorname{gph} F$	F 的图
$\ker F$	F 的核

$F^{-1}: Y \rightrightarrows X$	$F: X \rightrightarrows Y$ 的逆映射
$F(\Omega)$, $F^{-1}(\Omega)$	Ω 在 F 下的像和逆像/预像
$F \circ G$	映射的复合
$F \circ^h G$	映射的 h-复合
$\Delta(\cdot;\Omega)$	集合的指示映射
Ω_ρ	集合的增大映射
E_φ	上图映射
$\varepsilon(f,\Theta)$	$f: X \to Y$ 相对于 $\Theta \subset Y$ 的广义上图
$DF(\bar{x},\bar{y})$	F 在 $(\bar{x},\bar{y}) \in \operatorname{gph} F$ 的图/余切锥导数
$D^*F(\bar{x},\bar{y})$	F 在 $(\bar{x},\bar{y}) \in \operatorname{gph} F$ 的 (基本) 上导数
$D^*_N F(\bar{x},\bar{y})$	F 在 $(\bar{x},\bar{y})$ 的基本上导数
$D^*_M F(\bar{x},\bar{y})$, $\widetilde{D}^*_M F(\bar{x},\bar{y})$	F 在 $(\bar{x},\bar{y})$ 的混合和逆混合上导数
$\widehat{D}^* F(\bar{x},\bar{y})$, $\widehat{D}^*_\varepsilon F(\bar{x},\bar{y})$	F 在 $(\bar{x},\bar{y})$ 的 Fréchet 上导数和 ε-上导数
$Jf(\bar{x})$	f 在 $\bar{x}$ 的广义 Jacob 矩阵
$\Lambda f(\bar{x})$	f 在 $\bar{x}$ 的导容

索　　引

B

变分不等式 (variational inequalities) 124, 373, 408

　　广义 —(generalized) 384, 395

变分条件见广义方程 (variational conditions see generalized equations) 328, 407

变分系统 (variational systems) 108, 130, 367

　　正则 —(regular) 367, 399

半 Lipschitz 和 (semi-Lipschitzian sums) 47, 140, 330

伴随导数 (adjoint derivatives) 35, 138, 148

伴随弧 (见伴随系统)(adjoint arcs see adjoint systems) 130, 138

伴随系统 (adjoint systems) 130, 138

伴随线性算子 (adjoint linear operators) 16, 22, 39

伴随运算 (adjoint operations) 306

闭包 (closure) 2, 8, 23

　　弱 —(weak) 282

　　弱* 序列 —(weak*sequential) 8

　　弱* 拓扑 —(weak*topological) 278

闭图性质 见鲁棒性

边际函数 (marginal functions) 100, 102, 129

变分法 (calculus of variations) 10, 123, 129

标量化 (scalarization) 42, 230, 252

　　一般拓扑 —(for general topologies) 357

　　Fréchet 上导数的 —(of Fréchet coderivatives) 258, 292, 331

　　混合上导数的 —(of mixed coderivatives) 145, 250, 291

　　基本上导数的 —(of normal coderivatives) 255, 293, 325

　　类 Lipschitz 性质的 —(of the Lipschitz-like property) 42, 406

部分序列法紧性 (partial sequential normal compactnesss) 66, 234, 317

强的 —(strong) 234

C

超梯度 见上次梯度
次变分不等式 (hemivariational inequalities) 148
次微分 见次梯度
次正则性 (subregularity) 141, 405
次最优性条件 (suboptimality conditions) 133
长 James 空间 (long James spaces) 295
次导数 见方向导数
次梯度 (subgradient) 15, 71, 78
M-次梯度 见基本次梯度
ε-次梯度 (ε-subgradients) 77, 81, 283
近似次梯度 (approximate subgradients) 145
基本次梯度 (basic subgradients) 72, 76, 81
Clarke 次梯度 (Clarke subgradients) 141, 288, 323
凸函数的 —(for convex functions) 84, 145
Fréchet 次梯度 (Fréchet subgradients) 81, 107
极限 ε-次梯度 (limiting ε-subgradients) 见基本次梯度
其他次梯度 (other subgradients) 278
近邻次梯度 (proximal subgradients) 129, 144
单边次梯度 (sided subgradients) 146
奇异次梯度 (singular subgradient) 99, 101, 260
对称次梯度 (symmetric subgradients) 73, 82, 107
上次梯度 (upper subgradients) 71, 73, 82
黏性 β-次梯度 (viscosity β-subgradients) 252
次微分变分原理 (subdiffernetial variational principles) 183, 184
下 —(lower) 183
上 —(upper) 185
次微分正则性 见下正则性

D

导集 (derivative sets) 241, 215

导容 (derivative containers) 129, 141

导数 (derivative) 1, 5, 8

相依 —(contingent) 120

方向 —(directional) 见方向导数

分布 —(distribution) 118

图 —(graphical) 14

单调性 (monotonicity) 3, 29, 110

上导数的 —(of coderivatives) 110

函数的 —(of functions) 271

法向量集的 —(of normal sets) 3

集值映射的 —(of set-valued mappings) 323

次微分的 —(of subdifferentials) 277

到不可行性的距离 (distance to infeasibility) 131

度量逼近 (metric approximations) 125, 126, 318

度量正则性 (metric regularity) 17-25, 49-62, 66, 123, 130, 140-142, 229, 241, 242, 328-339, 342-352, 399-404

— 的界 (bounds) 404

方向 —(directional) 142

— 的保持 (Preservation) 403, 404

— 半径 (radius) 334, 346, 404

限制 —(restrictive) 61

半局部 —(semi-local) 50, 51, 52

扰动下的 —(under perturbations) 346, 348

弱 —(weakened) 400

极小性 (minimality properties) 28, 32, 33

法向量的 —(for normals) 32

次梯度的 —(for subgradients) 268

对策论 (games) 366

对偶空间方法 (dual-space approach)　1
对偶性 (duality)　13, 14, 123
多目标最优化 (multiobjective optimization)　133
典范扰动 (canonical perturbations)　1, 22

E

二次福利定理 (second welfare theorem)
二阶次微分 (second-order subdifferentials)　108, 109, 110
— 分析法则 (calculus)　116, 131
二阶规范条件 (second-order qualification conditions)　296, 297, 298
二阶上导数 (second-order coderivatives)　117, 149, 298
二元运算 (binary operations)　312

F

福利经济 (welfare economics)　151
覆盖性质　见线性开性临界面条件
罚函数 (penalty functions)　125, 317, 326
法紧性 (normal compactness)　23, 24, 28
序列 —(sequential see sequential normal compactness)　23, 28
拓扑 —(topological)　28
法向量 (normals)　1, 2, 3
M-法向量　见基本/极限法向量
ε-法向量 (ε-normals)　107, 232, 255
抽象法向量 (abstract normals)　32
近似法向量 (approximate normals)　211
基本/极限法向量 (basic/limiting normals)　2
Clarke 法向量 (Clarke normals)　129, 130, 140
水平法向量 (horizontal normals)　144
邻近法向量 (proximal normals)　131, 224
对凸集的 —(to convex sets)　4, 39
法向量–切向量关系 (normal-tangent relations)　12
法锥 (normal cones see normals)　3, 4, 5

反馈控制 (feedback controls) 134
泛函微分系统 (functional-differential systems) 134
范数 (norm) 23, 30, 31
  等价 —(equivalent) 2, 3, 7
  Euclid—(Euclidean) 5, 7, 8
  正齐次映射的 —(of positively homogeneous mappings) 34, 47
  粗糙 —(rough) 2
  光滑 —(smooth) 31, 236, 287
方向导数 (directional derivatives) 10, 14, 118
  Clarke—(Clarke) 121
  Dini—(Dini) 120, 121, 126
  Dini-Hadamard—(Dini-Hadamard) 120
  Rockafellar—(Rockafellar) 123
方向紧性 (directional compactness) 321
仿射包 (affine hulls) 23, 27
  闭 —(closed) 23, 27
非规范的必要最优性条件 (non-qualified necessary optimality conditions) 132
分离 (separation) 58, 118, 120
  近似的 (approximate) 317
  凸的 (convex) 118, 122, 316
  非凸的 (nonconvex) 120
分析法则公式 见分析法则

G

广义变分不等式 (GVI see generalized variational inequalities) 373, 384, 395
光滑变分描述 (smooth variational descriptions) 30, 137, 145
  法向量的 —(of normals) 30, 137
  次梯度的 —(of subgradients) 137
光滑变分原理 (smooth variational principles) 252
  Borwein-Preiss—(Borwein-Preiss) 226, 227
  Deville-Goderfroy-Zizler—(Deville-Goderfroy-Zizler) 226

Stegall—(Stegall) 226
光滑空间 (smooth spaces) 252, 318, 321
光滑流形 (smooth manifolds) 141
光滑重赋范 见光滑空间
广义 Hesse 阵 见二阶次微分
广义 Jacobi 矩阵 (generalized Jacobians) 216
广义方程 (generalized equations) 124, 130, 143
伴随 —(adjoint) 367, 368, 370
基 (bases) 372, 395
域 (fields) 369, 373
广义梯度 见 Clarke 次梯度
规范必要最优性条件 (qualified necessary optimality conditions) 53, 120, 125
规范条件 (qualification conditions) 22, 126, 129
分析法则 —(for calculus) 314
Lipschitz 稳定性 —(for Lipschitzian stability) 353, 360, 363, 365, 381, 384, 389, 390, 393-395, 398, 402, 407
法紧性 —(for normal compactness) 230
最优性 —(for optimality) 33, 133
Mangasarian-Fromovitz—(Mangasarian-Fromovitz) 327, 358, 359
Robinson—(Robinson) 370

H

横截性条件 (transversality conditions) 139
互补问题/条件 (complementarity problems/conditions) 124, 366, 381
函数 (functions) 5, 7, 10
顺从 —(amenable) 294, 298, 326
连续 —(continuous) 16, 26, 29
凸/凹 —(convex/concave) 31, 73
方向 Lipschitz 的 —(directionally Lipschitzian) 147
有效域 (domain) 119, 277
增广实值 —(extended-real-valued) 1, 14, 71

Lipschitz 连续 —(Lipschitz continuous) 26, 85, 122
下半连续 —(lower semicontinuous) 123, 144, 271
正常 —(proper) 80, 271, 272
— 鞍点 (saddle) 48, 124, 140
半凸/半凹 —(semiconvex/semiconcave) 147
可分分片 C^2—(separable piecewise C^2) 110
次可微连续 —(subdifferentially continuous) 287
上半连续 —(upper semicontinuous) 72, 268
函数的正则性 (regularity of functions) 88, 145
有关分析法则的 —(calculus) 144, 148
Clarke 正则性 (Clarke regularity) 145
上图正则性 (epigraphical regularity) 83, 84, 269
下图正则性 (hypergraphical regularity) 83
下正则性 (lower regularity) 83, 145
迫近–正则性 (prox-regularity) 125
上正则性 (upper regularity) 83, 85

J

极限 Fréchet 法向量/次梯度 见基本法向量/次梯度
极限次梯度 见基本次梯度
集值映射的下半连续性 见集值映射的内半连续性
基本次梯度的分析法则 (calculus of basic subgradients) 321
基本法向量的分析法则 (calculus of basic normals) 316, 317
极大单调映射 见集值映射的单调性
极大极小问题 (minimax problems) 398
极点原理 (extremal principle) 107, 125, 230
抽象 —(abstract) 33, 150, 152
近似 —(approximate) 230, 231, 316
确切 —(exact) 316, 319
极性 见对偶性
集合代数 (set algebra) 1

集合的极点系统 (extremal systems of sets) 317
集合的正则性 (regularity of sets) 88
　分析法则中的 —(calculus) 5, 40, 86
　Clarke 正则性 (Clarke regularity) 145
　法向正则性 (normal regularity) 4, 5, 145
　追近 - 正则性 (prox-regularity) 125
集合增大 (set enlargements) 146
集值映射 (multifunctions see set-valued mappings) 1, 5, 8
集值映射 (set-valued mappings) 34, 35, 37
　—h-复合 (h-compositions) 248, 342
　闭值的 —(closed valued) 34, 49
　凸值的 —(convex-valued) 34, 36, 39
　— 导数 (derivatives) 1, 34
　有效域 (domain) 36, 53
　— 的图 (graph) 8, 14, 38
　内半紧 —(inner semicompact) 238, 241
　内半连续 —(inner semicontinuous) 68, 143, 238
　— 交 (intersections) 250, 308
　— 核 (kernel) 142
　局部紧的 —(locally compact) 43
　闭图的 —(of closed graph) 306, 307
　凸图的 —(of convex graph) 331
　正齐次的 —(positively homogeneous) 34
　— 的值域 (range) 24
　— 的和 (sums) 299, 306, 307
尖最小值 (sharp minima) 84, 107
紧 Lipschitz 映射 见 Lipschitz 连续性, 严格的紧 Lipschitz 映射
紧上图–Lipschitz 性质 (compactly epi-Lipschitzian property) 26, 27, 70
　凸集的 —(for convex sets) 7, 23, 26, 150
　部分/偏 —(partial) 26

拓扑极限描述 (topological limiting description) 27
具有均衡约束的均衡问题 (equilibrium problems with equilibrium constrains)130, 133, 148
具有均衡约束的数学规划 (mathematical programs with equilibrium constrains) 110, 322
具有均衡约束的数学规划 (MPECs see mathematical programs with equilibrium constrains) 110, 322
距离估计 见度量正则性
距离函数 (distance function) 5, 41, 86
— 的正则性 (regularity) 88
— 的次梯度 (subgradients) 87, 92, 145
聚集映射 (aggregate mappings) 312
均衡 (equilibrium) 110, 118, 125
经济 —(economic) 373
力学 —(mechanical) 110, 148, 373
Pareto— 见 Pareto 最优性

K

可补空间 (complemented spaces) 25, 61, 374
可信空间 (trustworthy spaces) 280, 324, 403
开映射定理 (open mapping theorem) 17, 22, 49
可分空间 (separable spaces) 27, 236, 295
可分约化 (separable reduction) 27, 282
可控性 (controliability) 134
可逆性 (invertibility) 60, 61, 143
可微性 (differentiability) 15, 16, 19
几乎处处 —(almost everywhere(a.e.)) 122, 147
生成族 —(bornological) 289, 290, 325
Fréchet—(Fréchet) 16, 39, 79
Gâteaux—(Gâteaux) 160, 173, 182
严格 —(strict) 15, 16, 18
严格 Hadamard—(strict Hadamard) 145, 271, 274
严格–弱 —(strict-weak) 288

弱 —(weak) 288, 289, 290
扩大参数化 (ample parameterizations) 124

L

类 Lipschitz 性质 (Lipschitz-like property) 41, 42, 43
连续介质力学 (continuum mechanics) 387, 409
灵敏性分析 (sensitivity analysis) 124, 129, 130
零化子 (ammihilator) 23, 283
垄断市场 (oligopolistic markets) 135
鲁棒性 (robustness) 8, 121, 123
法向量的 —(of normals) 284, 325
次梯度的 —(of subgradients) 321
鲁棒性质 (robust behavior) 8, 325, 353
率 (rates) 114, 131, 137
线性的 —(linear) 41, 53, 131
收敛的 —(of convergence) 41, 328
严格可微性的 —(of strict differentiability) 15, 19, 113

M

满射导数 (surjective derivatives) 16, 21, 22
满射性 (surjectivity) 58, 61, 116
满射性质 (surjection property) 358, 361376
模糊分析法则 (fuzzy calculus) 129, 251, 320

N

内部 (interior) 2, 23, 24
相对 —(relative) 23, 27
内部条件 (interiority conditions) 23
拟变分不等式 (quasivariational inequalities) 409
拟可微性 (quasidifferentiability) 119
逆像 (inverse images) 15, 16, 18
集值映射的 —(for set-valued mappings) 299, 303, 318
单值映射的 —(for single-valued mappings) 40, 41, 48, 53, 142, 331, 344, 347, 404

逆映射定理 (inverse mapping theorems) 47, 60

P

平静性 (calmness) 132, 140, 408

集值映射的 —(of set-valued mappings) 140

迫近光滑集合 见近邻–正则集合

屏 (screens) 216

Q

切线 (见切向量)(tangents see tangent cones) 10, 137

切向逼近 (见切锥)(tangential approximations see tangent cones) 3, 10, 12

切锥 (tangent cones) 12, 13, 14

Clarke 切锥 (Clarke tangent) 14, 121, 122

相依/余切锥 (contingent) 10, 11, 12

内部位移, D-M—(of interior displacements, Dubovitskii-Milyutin) 118

拟切锥 (paratingent) 61

弱相依/余切锥 (weak contingent) 1, 12, 13

倾斜稳定性 (tilt stability) 410

奇异次梯度的分析法则 (calculus of singular subgradients) 260

奇异性 (singularity) 347, 348, 404

强逼近 (strong approximations) 143, 390, 409

球 (balls) 1, 11, 26

对偶 —(dual) 28, 320

球面 (sphere) 1, 11, 91

R

弱* 切片 (weak*slice)

弱* 序列紧性 (weak*sequential compactness) 13, 235, 374

弱* 可扩展性 (weak*extensibility property) 111, 112, 113

弱 Asplund 空间 (weak Asplund spaces) 337

弱 Fréchet 可微性 见可微性, 弱的

弱紧生成空间 (weakly compactly generated spaces) 128, 361

S

上半连续 见上半连续函数

时滞系统 (delay systems) 134
适定的最小值 (well-posed minimum) 97
适定性 (well-posedness) 81, 97, 98
最佳逼近 —(of best approximations) 97, 98
水平次梯度 见奇异次梯度
上导数 (coderivative) 1, 5, 8
ε-上导数 (ε-coderivatives) 251, 259, 401
Fréchet 上导数 (Fréchet 上导数) 35, 254, 258
混合上导数 (mixed coderivatives) 35, 36, 38
基本上导数 (normal derivatives) 62, 65, 83
逆混合上导数 (reversed mixed coderivatives) 399
上导数 Hesse 阵 见二阶次微分
上导数的分析法则 (calculus of coderivatives) 62, 131, 230
上导数正则化 (coderivative normality) 47
强 —(strong) 47
上图 (epigraphs) 14, 26, 27
广义 —(generalized) 145
上图 Lipschitz 性质 (epi-Lipschitz property) 26, 27, 107
上图收敛 (epi-convergence) 120
上图序列法紧性 (sequential normal epi-compactness) 99, 107
SNEC 见上图序列法紧性
生成性质 (generic property) 9, 125
生成族 (bornologies) 252, 289, 290
示性函数 (characteristic function) 83
势 (potentials) 372, 373, 374
数学规划 (mathematical programming) 10, 110, 125
双层 —(bilevel) 399
锥 —(conic) 302, 313, 319
凸 —(convex) 118, 119, 120
线性 —(linear) 140, 141, 353

不可微 —(nondifferentiable) 133, 365
非线性 —(nonlinear) 327, 398, 406
半无限 —(semi-infinite) 405
随机 —(stochastic) 134

T

条件 (conditioning) 404
条件数 见条件
凸包 (convex hulls) 2, 122, 125
凸逼近 (convex approximations) 118
凸多面体 (convex polyhedra) 398
凸过程 (convex processes) 141, 404, 405
凸化 见凸包
凸集 (convex sets) 1, 4, 8
拓扑法紧性 (TNC see topological normal compactness) 28
特征值最优化 (eigenvalue optimization) 133
梯度方程 (gradient equations) 385, 386
通过 ε-法向量的 —(via ε-normals) 107, 232, 255
投影 (projections) 5, 6, 7
Euclid—(Euclidean) 5, 6, 7
反向的, 逆 —(inverse) 7, 15
投影算子 (见投影)(projector see projections) 111, 125
图 (graphs) 5, 8, 10
增广实值函数的 —(of extended-real-valued functions) 14, 72, 107
集值映射的 —(of set-valued mappings) 14, 38, 47
图 Lipschitz 映射 (graphically Lipschitzian mappings) 48, 124, 140
图次 Lipschitz 映射 (graphically hemi-Lipschitzian mappings) 5, 48, 124
图次光滑映射 (graphically hemismooth mappings) 47, 140
图光滑映射 (graphically smooth mappings) 140

W

微分包含 (differential inclusions) 125, 128, 146

伪 Lipschitz 性质 见类 Lipschitz 性质
误差界 (error bounds) 132, 141

X

下卷积 (infimal convolution) 129
下图 (hypergraphs) 71, 73, 83
线性开性 (linear openness) 49, 53, 140
— 界 (bounds) 401
— 保持 (preservation) 404
相容参数化 (compatible parameterization) 399
下半连续函数 (l.s.c. see lower semicontinuous functions) 144, 271, 330
斜率 (slopes) 137, 401
序列法紧性 (sequential normal compactness) 22, 23, 24
— 分析法则 (calculus) 326
映射的 —(for mapping) 61, 66, 67
集合的 —(for sets) 23, 136
凸性下的 —(under convexity) 23
SNC 见序列法紧性

Y

隐映射 (implicit mappings)
约束规范 见规范条件
约束系统 (constraint systems) 327, 353, 354
正则 —(regular) 360
严格 Fréchet 可微性 见可微性, 严格的
严格 Lipschitz 连续性 见 Lipschitz 连续性, 严格的
严格光滑集合 见图光滑映射
演化系统 (evolution systems) 148
一阶近似 (first-order approximations) 352, 390, 391
映射的正则性 (regularity of mappings) 5
M(混合)–正则性 (M(ixed)-regularity) 319
N(法向)–正则性 (N(ormal)-regularity) 4, 5, 22

分析法则中的 —(calculus) 5, 40, 86
图正则性 (graphical regularity) 38, 40, 48
一致迫近–正则性 (uniform prox-regularity) 125
有限余维 (finite codimension) 27, 259, 370
有限余维条件, Ioffe(finite codimension condition, Ioffe) 23, 402, 403
余维数 (codimension) 23, 295, 370
预导数 (prederivatives) 320, 321
预法锥 见 Fréchet 法锥
预次微分抽象结构 (presubdifferentials abstract structures) 127
Fréchet 次梯度 (Fréchet subgradient) 13
具体化 (specifications) 338
预法锥结构 (prenormal structures) 5
预上导数 见 Fréchet 上导数
预像 见逆像
原始空间方法 (primal-space approach) 3, 14, 15

Z

支撑 (supports) 28, 80, 81
ε-支撑 (ε-supports) 127
支撑点 见支撑性质
支撑函数 见支撑
支撑性质 (supporting properties) 153, 154, 156
值函数 (value functions) 1, 14, 28
指示函数 (indicator functions) 74, 83, 110
指示映射 (indicator mappings) 36, 63, 68
锥包 (conic hulls) 2
在线性率的开性 见线性开性
在有限维空间中的 —(in finite dimensions) 8, 402
增长性条件 (growth conditions) 225
针状变分 (needle variations) 118
真子集 (proper subset) 1

正可达集　见迫近正则的集合
正则次梯度　见 Fréchet 次梯度
正则法向量　见 Fréchet 法向量
正则切锥　见 Clarke 切锥
中值定理 (mean value theorems)　106, 107, 124
　近似 —(approximate)　260, 271, 273
　Clarke-Ledyaev—(Clarke-Ledyaev)　323
　经典, Lagrange—(Classical, Lagrange)　234, 269, 274
　Kruger-Mordukhovich—(Kruger-Mordukhovich)　127, 131, 132
　Lebourg—(Lebourg)　124, 322
重赋范　见等价范数
驻点性 (stationarity)　106, 373, 398
自反空间 (reflexive spaces)　7, 11, 13
阻尼函数 (bump functions)　30, 31, 80
最大值函数 (maximum functions)　117, 287
最小值点映射 (argminimum mappings)　101
最小值函数 (minimum functions)　105, 268, 309
最优控制 (optimal control)　10, 36, 41

其他

AGS　见 Asplund 生成空间
Alexandrov 定理 (Alexandrov theorem)　147
Asplund 生成空间的正常性条件 (properness conditions in Asplund generated spaces) 315
Asplund 空间 (Asplund spaces)　7, 8, 14
Asplund 生成空间 (Asplund generated spaces)　314, 315
Asplund 性质　见 Asplund 空间
Aubin 性质　见类 Lipschitz 性质
Banach-Schauder 定理　见开映射定理
Banach 空间 (Banach spaces)　1, 7, 8
Bishop-Phelps 定理 (Bishop-Phelps theorem)　155, 220, 224
Bouligand-Severi 切锥　见相依锥

Bouligand 切锥 见相依锥
Brouwer 不动点定理 (Brouwer fixed-point theorem) 18
CEL 性质 紧上图 -Lipschitz 性质
Dirac 测度 (Dirac measure) 237, 287
Eberlein-Šmulian 定理 (Eberlein-Šmulian theorem) 282
Eberlein 紧的 (Eberlein compact) 315
Eckart-Young 定理 (Eckart-Young theorem) 346, 348, 404
Ekeland 变分原理 (Ekeland variational principle) 88, 93, 96
Euler-Lagrange 条件/包含 (Euler-Lagrange conditions/inclusions) 121,
　　完全凸化的, Clarke—(fully convexified, Clarke) 121
　　部分凸化的, 广义的 —(partially convexified, extended) 121, 153, 221
Euler 方程 (Euler equations) 153, 221, 222
　　广义 —(generalized) 153, 221, 222
Fermat 法则 见 Fermat 稳定性原理
Fermat 稳定性原理 (Fermat stationary principle) 124
Fréchet 次梯度的分析法则 (calculus of Fréchet subgradients) 3, 18
Fréchet 法向量的分析法则 (calculus of Fréchet normals) 326
Fredholm 替换 (Fredholm alternative) 3, 18
Fredholm 性质 (Fredholm properties) 259, 321
Grothendieck-Šmulian 生成空间 见 Asplund 生成空间
Hahn-Banach 定理 (Hahn-Banach theorem) 17, 58, 111
Hamilton-Jacobi 方程 (Hamilton-Jacobi equations) 127, 134, 157
Hamilton 条件/包含 (Hamilton conditions/inclusions) 129
Hausdorff 距离 见 Pompieu-Hausdorff 距离
Hausdorff 空间 (Hausdorff spaces) 173
Hilbert 空间 (Hilbert spaces) 8, 37, 38
Hoffman 估计 见误差界
Josefson-Nissenzweig 定理 (Josefson-Nissenzweig theorem) 24, 256, 368
Kadec 性质 (Kadec property) 98
Karush-Kuhn-Tucker 条件 (Karush-Kuhn-Tucker conditions) 398

KKT　见 Karush-Kuhn-Tucker 条件
Lagrange 乘子 (Lagrange multipliers)　141, 366
Lagrange 原理 (Lagrange principle)　403
Lebesgue 空间 (Lebesgue spaces)　145, 314
Lyusternik-Graves 定理 (Lyusternik-Graves theorm)　17, 49, 57
Lipschitz 界 (Lipschitzian bounds)　1, 46, 334
Lipschitz 连续性 (Lipschitz continuity)　41, 42, 43
　函数的 —(of functions see functions)　41, 264, 270
　集值映射的, Aubin 的　见类 Lipschitz 性质
　集值映射的 —, Huasdorff—(of set-valued mappings, Hausdorff)　41, 47, 139
　单值映射的 —(of single-valued mappings)　41
　— 的保持 (preservation)　339
　严格 —(strict)　256
Lipschitz 流形　见图 Lipschitz 映射
Lipschitz 稳定性 (Lipschitzian stability)　124, 130, 139
Minkowski 度规 (Minkowski gauge)　188
Moreau-Rockafellar 定理 (Moreau-Rockafellar theorem)　85, 188
Newton 迭代 (Newton iterations)　59
Painlevé-Kuratowski 极限 (Painlevé-Kuratowski limit)　1, 7, 10
　下/内 —(lower/inner)　10
　序列 —(sequential)　208
　拓扑 —(topological)　128, 211
　上/外 —(upper/outer)　1, 10
Pompieu-Hausdorff 距离 (Pompieu-Hausdorff distance)　41, 139
Pontryagin 最大值原理 (Pontryagin maximum principle)　118
PSNC　见部分序列法紧性
PDEs 的黏性解 (viscosity solutions to PDEs)　118
Rademacher 定理 (Rademacher 定理)　122
Riemannian 流形 (Riemannian manifolds)　405
Robinson-Ursescu 定理 (Robinson-Ursescu theorem)　339, 401, 402

Robinson 强正则性 (Robinson strong regularity) 397, 408, 410

Taylor 展开 (Taylor expansions) 147

WCG 空间 见弱紧生成空间

weak* 极限 (weak*limit) 196

网/拓扑 —(net/ topological) 10

序列 —(sequential) 33, 115, 127

Weierstrass 存在性定理 (Weierstrass existence theorem) 180

Whitney 结构 (Whitney construction) 283, 324

ε-法向量的分析法则 (calculus of ε-normals) 317

《现代数学译丛》已出版书目

（按出版时间排序）

1 椭圆曲线及其在密码学中的应用——导引 2007. 12 〔德〕Andreas Enge 著 吴 铤 董军武 王明强 译
2 金融数学引论——从风险管理到期权定价 2008. 1 〔美〕Steven Roman 著 邓欣雨 译
3 现代非参数统计 2008. 5 〔美〕Larry Wasserman 著 吴喜之 译
4 最优化问题的扰动分析 2008. 6 〔法〕J. Frédéric Bonnans 〔美〕Alexander Shapiro 著 张立卫 译
5 统计学完全教程 2008. 6 〔美〕Larry Wasserman 著 张 波 等译
6 应用偏微分方程 2008. 7 〔英〕John Ockendon, Sam Howison, Andrew Lacey & Alexander Movchan 著 谭永基 程 晋 蔡志杰 译
7 有向图的理论、算法及其应用 2009. 1 〔丹〕J. 邦詹森 〔英〕G. 古廷 著 姚兵 张忠辅 译
8 微分方程的对称与积分方法 2009.1〔加〕乔治 W. 布卢曼 斯蒂芬 C. 安科 著 闫振亚 译
9 动力系统入门教程及最新发展概述 2009.8 〔美〕Boris Hasselblatt & Anatole Katok 著 朱玉峻 郑宏文 张金莲 阎欣华 译 胡虎翼 校
10 调和分析基础教程 2009.10 〔德〕Anton Deitmar 著 丁勇 译
11 应用分支理论基础 2009. 12 〔俄〕尤里·阿·库兹涅佐夫 著 金成桴 译
12 多尺度计算方法——均匀化及平均化 2010. 6 Grigorios A. Pavliotis, Andrew M. Stuart 著 郑健龙 李友云 钱国平 译
13 最优可靠性设计：基础与应用 2011. 3 〔美〕Way Kuo, V. Rajendra Prasad, Frank A.Tillman, Ching-Lai Hwang 著 郭进利 闫春宁 译 史定华 校
14 非线性最优化基础 2011.4 〔日〕Masao Fukushima 著 林贵华 译
15 图像处理与分析：变分，PDE，小波及随机方法 2011.6 Tony F. Chan, Jianhong (Jackie) Shen 著 陈文斌，程晋 译
16 马氏过程 2011.6 〔日〕福岛正俊 竹田雅好 著 何萍 译 应坚刚 校

17 合作博弈理论模型 2011.7 〔罗〕Rodica Branzei 〔德〕Dinko Dimitrov 〔荷〕Stef Tijs 著 刘小冬 刘九强 译

18 变分分析与广义微分 I：基础理论 2011.9 〔美〕 Boris S. Mordukhovich 著 赵亚莉 王炳武 钱伟懿 译